南京林业大学研究生课程系列教材

高等土木工程理论基础

主 编 杨平 王元纲 郑晓燕

中国林业出版社

内容简介

　　本书主要以土木工程、交通运输工程等专业的硕士研究生高等土木工程理论基础，即"土木工程材料学""高等土力学""土木工程数值计算"三门专业基础课为背景，全书分三篇内容，系统地介绍了土木工程、交通运输工程等专业的硕士研究生所需土木工程理论基础，第1篇是胶凝材料及其复合材料，主要包括第1章气硬性胶凝材料、第2章水泥、第3章水泥基复合材料、第4章沥青、第5章沥青混合料；第2篇是高等土力学，主要包括第6章土的本构关系、第7章土的固结与流变理论、第8章土的动力特性与动力分析、第9章高等土工试验及测试；第3篇是土木工程数值计算，包括第10章数值计算方法概述、第11章有限元数值计算理论、第12章土木工程有限元分析法、第13章 ANSYS 及在土木工程应用、第14章 ABAQUS 及工程应用、第15章 FLAC 及在土木工程应用。本书每篇相对独立，力求以各类工程问题为基线，注重理论研究与实际应用并重，适当吸收了最新研究成果，并进行一些必要的讨论。全书阐述简明，图文并茂，层次分明、重点突出。

　　本书主要作为普通高等学校土木工程、交通运输工程、水利水电工程等专业硕士研究生"土木工程材料学""高等土力学""土木工程数值计算"等专业基础课及"沥青与沥青混合料"选修课的教材，亦可供其他相关专业师生及工程技术人员参考。

图书在版编目(CIP)数据

高等土木工程理论基础／杨平，王元纲，郑晓燕主编. —北京：中国林业出版社，2016.8
南京林业大学研究生课程系列教材
ISBN 978-7-5038-8650-8

Ⅰ.①高⋯　Ⅱ.①杨⋯　②王⋯　③郑⋯　Ⅲ.①土木工程 – 研究生 – 教材　Ⅳ.①TU

中国版本图书馆 CIP 数据核字(2016)第 182422 号

国家林业局生态文明教材及林业高校教材建设项目

中国林业出版社·教育出版分社

策划编辑：康红梅
责任编辑：张东晓
电　　话：(010)83143560　　　传　　真：(010)83143516

出版发行　中国林业出版社(100009　北京市西城区德内大街刘海胡同7号)
　　　　　E-mail：jiaocaipublic@163.com　电话：(010)83143500
　　　　　http：//lycb.forestry.gov.cn
经　　销　新华书店
印　　刷　北京市昌平百善印刷厂
版　　次　2016年9月第1版
印　　次　2016年9月第1次印刷
开　　本　850mm×1168mm　1/16
印　　张　36.5
字　　数　888千字
定　　价　88.00元

南京林业大学研究生课程系列教材编委会

《高等土木工程理论基础》编写人员

主　编：杨　平　王元纲　郑晓燕

参　编(以姓氏笔画为序)：

王宏畅　王海波　刘　成　吕伟华

李　强　侯彦明　黄凯健

前　言

加强研究生课程建设与教材建设是我国研究生教育综合改革，提升研究生培养质量的重要方面，土木工程、交通运输工程等土建类专业的研究生培养，既要求实践性强，又要求有扎实的理论基础，作为土木工程理论基础的"土木工程材料学""高等土力学""土木工程数值计算"三门专业基础课，是土木工程、交通运输工程等土建类专业的硕士研究生核心基础课程，为此，作为我校研究生系列教材之一，我们进行了改革尝试，将这三门课程进行组合，编写了本研究生教材。本教材编写遵循土木工程、交通运输工程专业的硕士研究生培养方案，符合三门课程的大纲要求，体现特色和多样性。每篇相对独立，力图考虑学科发展新水平，结合新规范，反映土木工程的成熟和创新性成果，力求以各类工程问题为基线，注重理论研究与实际应用并重，适当吸收了最新研究成果，并进行一些必要的讨论。全书阐述简明，图文并茂，层次分明、重点突出。

本书由南京林业大学杨平教授、王元纲教授、郑晓燕教授任主编，王元纲负责第1篇统稿、杨平负责第2篇统稿、郑晓燕负责第3篇统稿，全书由杨平统稿，具体编写人员分工如下：王元纲编写第1篇第1、3章，黄凯健编写第1篇第2章，侯彦明编写第1篇第4章，王宏畅编写第1篇5.1～5.2节及第3篇第14章，李强编写第1篇5.3～5.8节，杨平编写第2篇第6章、第8章、9.1节、9.4节，刘成编写第2篇第7章，王海波编写9.2～9.3节，郑晓燕编写第3篇第10章、第13章，吕伟华编写第3篇第11章、第12章、第15章。

本书是根据土木工程、交通运输工程学科研究生培养需要而组织编写的，得到了中国林业出版社和南京林业大学的大力支持，并获"南京林业大学研究生课程系列教材建设"项目的经费资助，在此一并表示衷心感谢。本书作者要特别感谢庄惠敏等研究生为本书相关文字、图表所做的大量工作。本书引用了大量的发表于各类期刊和出版教材、专著的资料成果，并将引用的文章、教材、专著列入参考文献中，但难免会有疏漏，敬请谅解，并在此表示感谢！

　　限于编者的水平，不妥之处在所难免，恳请读者批评指正。

编　者

2016 年 1 月

目 录

第1篇 胶凝材料及其复合材料

第 2 篇　高等土力学

第 3 篇　土木工程数值计算

第1篇 胶凝材料及其复合材料

胶凝材料(或称胶结材料)及以其为基体的复合材料是土木工程材料中最常用、使用范围最广的材料。学习和掌握胶凝材料及相关复合材料的基础理论，对于开展土木工程领域的科学技术研究和工程实践具有重要的作用。

胶凝材料是指通过特定的工艺方法加工后(如加热或加水拌和等)，经过一系列的物理作用、化学作用，能将散粒状或块状材料粘结成整体的材料。根据胶凝材料的化学组成，可将其分为无机胶凝材料和有机胶凝材料两大类。

有机胶凝材料是以天然的或合成的有机高分子化合物为基本成分的胶凝材料，或者是天然的有机高分子化合物经过加工以后制成的材料，如沥青、各种树脂等。

无机胶凝材料是以无机化合物为基本成分的胶凝材料，根据其凝结硬化条件的不同，一般分为气硬性和水硬性两类。气硬性胶凝材料只能在空气中硬化，且只能在空气中保持和发展其强度。气硬性胶凝材料一般只适用于干燥环境中，而不宜用于潮湿环境，更不可用于水中，如石灰、石膏、水玻璃等。水硬性胶凝材料既能在空气中硬化，又能更好地在水中硬化、并保持和继续发展其强度。水硬性胶凝材料既适用于干燥环境，又适用于潮湿环境或水下工程，如各种水泥。

以胶凝(结)材料为基体材料，以不同的散粒材料、纤维材料等原材料为组成材料，通过专门的工艺方法，制成混合料，再经过凝结和硬化，可以形成具有较高强度和其他良好性能的复合材料，最常用的有水泥混凝土、沥青混合料等。

第**1**章

气硬性胶凝材料

[**本章提要**] 石灰胶凝材料和石膏胶凝材料是气硬性胶凝材料中的两个主要品种,在土木工程中的应用很广泛。采用不同的生产方法可制成具有不同性质和不同用途的石灰胶凝材料和石膏胶凝材料。对于石灰和石膏胶凝材料的理论研究,主要包括生石灰的结构特性与活性的关系、生石灰水化反应时的放热特性及体积变化机理、石灰在水作用下的分散与浆体结构形成过程、石灰浆体的硬化机理、石膏脱水机理及相组成、建筑石膏的水化与凝结硬化机理等内容,这些内容与石灰和建筑石膏的主要性能及应用之间有着密切的关系。

1.1 石灰胶凝材料

石灰是不同化学组成和物理形态的生石灰、消石灰的统称,其主要成分为 CaO 或 $Ca(OH)_2$,一般为气硬性胶凝材料。根据成品加工方法的不同,石灰可分成下面几种品种:

①块状生石灰 它是将以碳酸钙为主要成分的原料(如钙质石灰石、镁质石灰石),经过煅烧(焙烧)后所得到的成品,一般呈块状或粒状。其主要成分是 CaO。根据(CaO + MgO)含量和 MgO 含量分为两类 5 个品种:钙质石灰(MgO 含量不大于 5%)有 3 种(CL 90、CL 85、CL 75);镁质石灰(MgO 含量大于 5%)有两种(ML 85、ML 80)。

②生石灰粉 由块状或粒状生石灰磨细而得的细粉,其品种划分与块状生石灰相同。

③消石灰粉 以生石灰为原料,经过用适量水消化(或称消解、熟化)、筛选(或风选、或研磨)而得的粉末,亦称熟石灰,主要成分为 $Ca(OH)_2$。根据(CaO + MgO)含量和 MgO 含量分为两类 5 个品种:钙质消石灰粉有 3 种(HCL 90、HCL 85、HCL 75);镁质消石灰粉有两种(HML 85、HML 80)。

④石灰膏 将生石灰用多量水(约为生石灰体积的 3~4 倍)消解而得的可塑性浆体,经沉淀而得到的膏状材料,主要成分为 $Ca(OH)_2$ 和水。如果在石灰浆体中加入更多的水,所得到的白色悬浊液,称为石灰乳。

石灰产品的化学成分和物理性质等应符合 JC/T 479—2013《建筑生石灰》、JC/T 481—2013《建筑消石灰粉》的规定(可参见标准文本和相关教材)。

1.1.1　生石灰的结构特性与活性

1.1.1.1　生石灰的形成

生石灰是石灰石在煅烧过程中，由碳酸钙分解而成。分解反应的反应式如下：

$$CaCO_3 \xrightarrow{898℃} CaO + CO_2$$

(1)碳酸钙的分解温度

碳酸钙的分解决定于煅烧时温度和周围介质中 CO_2 分压。碳酸钙分解过程是可逆的，根据煅烧温度和周围介质中 CO_2 的分压不同，反应可以向任何一个方向进行。

碳酸钙在 550℃ 时已发生分解，由于此时分解压力很低，反应很容易达到平衡，因此碳酸钙分解速度很小；800～850℃ 时分解加快，到 898℃ 时，分解压力达到 1atm，通常就把这个温度作为 $CaCO_3$ 的分解温度。继续提高温度，分解速度会继续加快。

据有关文献介绍，比较纯净的石灰石，当温度为 900℃ 时，石灰石块以 3mm/h 的分解速度向内移动；而当温度为 1100℃ 时，则以 14mm/h 的速度向内移动，这时的分解速度为 900℃ 时的 4.67 倍。因此，为了提高煅烧石灰的产量，同时考虑到热损失，实际煅烧温度都大于理论分解温度。

(2)石灰石的煅烧温度

应该指出，前述碳酸钙的分解温度，是在实验室里得到的。在实际生产中，为了加快石灰石的煅烧过程往往采用更高的温度，一般为 1000～1200℃。石灰石的致密程度、料块大小以及杂质的含量，对其煅烧温度都有较大的影响。石灰石越致密，或块度越大时，则其煅烧温度越高。

石灰石中往往含少量的黏土杂质，如果黏土含量过高(如超过 8%)，则由于石灰中 β 型硅酸二钙、铝酸一钙、铁铝酸二钙的成分增多，会使石灰性质发生变化，即由气硬性石灰转为水硬性石灰。因此煅烧石灰时，石灰石中黏土含量一般不得超过 8%。

石灰石中常含有菱镁矿杂质(主要成分为 $MgCO_3$)，其分解温度比 $CaCO_3$ 低，在 600～650℃ 时分解很快，此时所得的 MgO 能够与水较快的发生反应，即具有良好的消解性能。但随着温度的升高，MgO 变得紧密，甚至成为方镁石结晶体，其消解能力大大降低。故当原料中菱镁矿含量增加时，在保证 $CaCO_3$ 分解完全的前提下，应尽量降低煅烧温度(袁润章，1996)。

1.1.1.2　生石灰的活性与结构的关系

石灰石中碳酸钙分解时，理论上每 100 份重量的 $CaCO_3$，可以得到 56 份重量的 CaO，并失去 44 份重量的 CO_2。由于生石灰的体积比原来石灰石的体积一般只缩小 10%～15%，所以生石灰的密度比石灰石显著减小。这是由于密实的石灰石结构转变为多孔的生石灰结构所决定的(图 1-1)。

生石灰的活性是指其与水反应的能力，活性越高，与水反应的能力就越强，反应速度就越快。形成 CaO 所用的原材料的结构、煅烧温度、煅烧时间以及煅烧时环境状态(真空或是在空气中)对其活性有着很大的影响。

D. R. 格拉森(D. R. Glasson)对煅烧石灰的研究表明，生石灰的活性，主要是由其

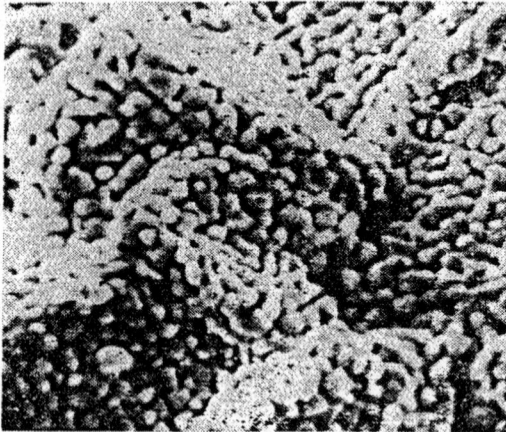

**图 1-1 在空气中 950℃下煅烧 1h
而获得的生石灰**

（扫描电镜照片，放大 4000 倍）

内比表面积和晶格变形程度决定的。内比表面积越大，晶格变形程度越大，则生石灰的活性就越高。格拉森认为碳酸钙在煅烧过程中经历 3 个变化阶段：

①碳酸钙分解，CO_2 逸出，形成具有碳酸钙假晶的氧化钙。这时的 CaO 仍然保持着碳酸钙晶格，Ca^{2+} 和 O^{2-} 均保持在原来的晶格位置上，因此，也可以把它称之为亚稳的氧化钙。

②亚稳的氧化钙晶体再结晶成更稳定的氧化钙晶体，这时其内比表面积达到最大。

③再结晶的氧化钙烧结，这时内比表面积降低（图 1-2）。

图 1-3、图 1-4 是方解石分解过程晶格变化的图示（袁润章，1996）。

氧化钙晶体的晶格紧密排列时，其密度应为 $3340kg/m^3$，但是在一般情况下，当 $CaCO_3$ 在 800℃煅烧，CO_2 从坚实的石灰石中逸出时，石灰石的体积实际上改变不是很大，所形成的生石灰具有良好的多孔性（图 1-1），内比表面积大，其表观密度为 $1570kg/m^3$，与理论值很相近。这种在较低温度下煅烧形成的生石灰晶体的大小约为

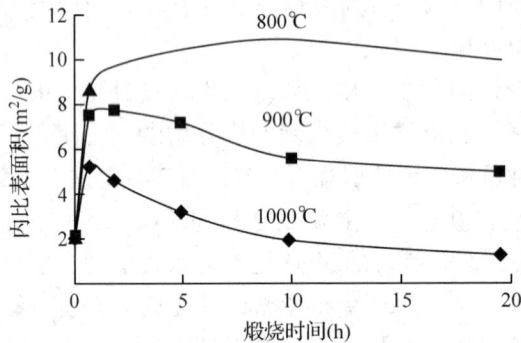

图 1-2 碳酸钙在煅烧过程中其内比表面积随温度和时间的变化（在空气中）

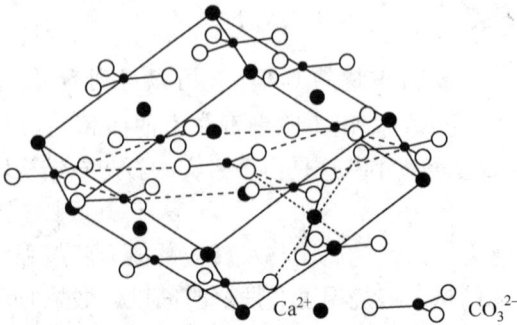

图 1-3 $CaCO_3$ 的结构

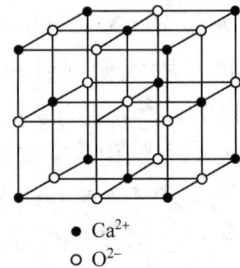

图 1-4 CaO 的晶格

0.3μm，并且所有颗粒的尺寸大致相同。提高煅烧温度则使颗粒的尺寸增大，生石灰的内比表面积减小，活性减小。

Ю. М. 布特测得900℃时氧化钙晶体颗粒尺寸为0.5～0.6μm；1000℃时为1～2μm；1100℃时为2.5μm；1200℃时，起初颗粒增大到6～13μm，然后开始产生烧结，这时单个的晶体相互连生在一起，难以确定它们的大小。在1400℃或更高温度时，经过长时间恒温煅烧就能得到完全烧结的、表观密度接近密度（3340 kg/m³）的生石灰，这就是通常所说的"死烧"，这时的生石灰完全没有活性。

1.1.2　生石灰的水化反应

1.1.2.1　生石灰水化反应式及其放热特性

实际工程上，生石灰在使用之前通常用水进行处理，此工艺过程称为石灰的熟化（或消解、消化），制成的产品称为熟石灰或消石灰。

生石灰与水作用时，CaO迅速水化生成氢氧化钙，并放出大量热量，其反应式如下：

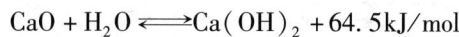

$$CaO + H_2O \Longleftrightarrow Ca(OH)_2 + 64.5kJ/mol$$

上式是可逆反应，反应方向取决于温度及周围介质中蒸汽的压力。在常温下，反应向右方进行，在547℃时，反应向左方进行，即$Ca(OH)_2$分解为CaO和H_2O。当其水蒸气分解压力达到一个大气压时，在较低温度下，$Ca(OH)_2$也能部分分解。因此，生石灰水化时，要注意控制温度及周围介质中的蒸汽压，才能保证反应向右方进行。

在一般条件下，生石灰与其他胶凝材料相比，具有更强的水化反应能力。生石灰水化时放出的热量是半水石膏的10倍；生石灰在水化初期1h所放出的热量几乎是普通硅酸盐水泥水化1d放出热量的9倍、水化28天放出热量的3倍（袁润章，1996）。

生石灰的这种特性，与它的结构有密切的关系。从上节可知，生石灰内部具有大量孔隙，内比表面积很大，因此当生石灰与水混合后，水立刻渗入孔内与之水化，从而引起强烈的水化反应，并显著放热。

1.1.2.2　影响生石灰水化反应能力的主要因素

（1）煅烧温度

在不同温度条件下煅烧得到的生石灰，其结构的物理特征有很大的差异，主要表现在CaO的内比表面积和晶粒大小上，因此其水化反应过程就呈现出差别来。

在适当温度下煅烧得到的生石灰，往往具有较大的内比表面积，CaO晶粒较小，其水化反应能力大。而在过高温度下煅烧得到的含有一定量"过烧石灰"的生石灰，往往具有较小的内比表面积，CaO晶粒较大，其水化反应能力就小。

刘润静等学者将纯度为97%的石灰石分别在900℃、1000℃、1100℃温度下煅烧2h，测定不同煅烧温度下所得生石灰的消化温升，结果如图1-5所示（刘润静等，2012）。

由图可见，消化前20s，石灰消化时温度升高比较显著，随后趋于平缓；在1000℃煅烧的石灰，其消化时的温度最高，说明在1000℃煅烧时，石灰石能完全分解，生石灰的活性最高，水化反应能力最强。在 1100℃煅烧时，石灰石虽然能完全分解，但氧化钙粒子产生烧结，内比表面积降低，其水化反应能力反而减小。

（2）煅烧升温方式

刘润静等学者采用 3 种不同的煅烧制度将石灰石进行煅烧，比较升温方式对石灰活性的影响。3 种升温方式分别为：

①升温到 500℃保温 2h，再升温到 1000℃煅烧 2h；

②升温到 800℃保温 2h，再升温到 1000℃煅烧 2h；

③直接升温到 1000℃煅烧 2h。

由图 1-6 可以看出，第 3 种方式所得石灰的消化温升速率和消化温度明显高于其他两种升温方式。说明随着煅烧时间的延长，氧化钙活性是一个逐步变化的过程。煅烧时间过长，石灰晶粒会逐步发育长大，孔隙率和内比表面积减小，导致水化反应能力降低。

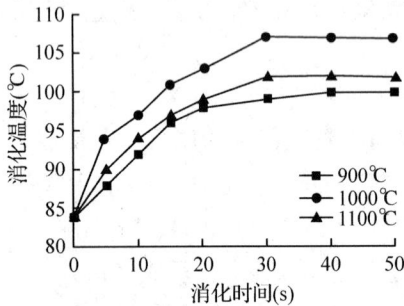

图 1-5　不同煅烧温度下所得生石灰的
消化温升曲线

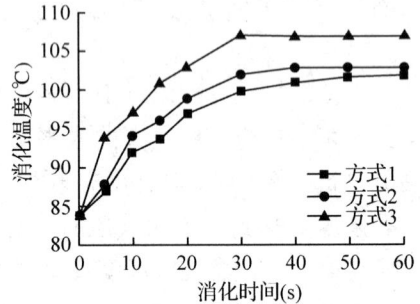

图 1-6　不同升温方式所得生石灰的
消化温升曲线

（3）水化温度

生石灰水化反应速度随着水化温度的提高而显著增加。试验表明，在温度 0 ~ 100℃的范围内，温度每升高 10℃，其消解速度增加 1 倍，即反应温度由 20℃提高到 100℃时，生石灰的水化反应速度理论上加快 256（即 2^8）倍。

（4）外加剂

在水中加入各种外加剂，对生石灰的水化反应速度也有明显的影响。例如氯盐（NaCl 等）与石灰相互作用时，生成比 $Ca(OH)_2$ 易溶的化合物，能加快石灰的消解速度，而磷酸盐、草酸盐、硫酸盐和碳酸盐等与石灰相互作用时，生成比 $Ca(OH)_2$ 难溶的化合物，并沉淀在 CaO 颗粒的表面上，阻碍 CaO 和水的相互作用，从而延缓石灰的消解。

1.1.3　生石灰水化时的体积变化

1.1.3.1　体积变化的特点

生石灰水化过程中，除了上述强烈的放热反应外，还伴随着体积的显著增大。

通过分析 $CaO - H_2O$ 体系中体积变化的情况（表 1-1）可知，生石灰和水进行化学反应时，固相的绝对体积增加了97.92%，而系统的绝对体积减小了4.54%，即产生了化学减缩。然而，实际上生石灰与水作用时，外观体积并不是减小，而确实明显增大。

表 1-1 CaO – H₂O 体系中体积变化（以 1mol 计算）

反应式	摩尔质量 (g)	密度 (g/cm³)	系统的绝对体积 (cm³)		固相的绝对体积 (cm³)		绝对体积的变化 (%)	
			反应前	反应后	反应前	反应后	系统	固相
CaO	56.08	3.34						
+ H₂O	18.02	1.00	34.81	33.23	16.79	33.23	− 4.54	+ 97.92
= Ca(OH)₂	74.10	2.23						

O. B. 库恩采维奇曾经测定了生石灰粉在水灰比为 0.33 的情况下，石灰浆体体积增大的数值（图 1-7）。石灰浆体在没有外加荷载作用的情况下（见曲线 1），膨胀率达 44%，而且大部分膨胀是发生在生石灰拌水后 30min 以内。如果要完全控制生石灰浆体不出现膨胀，则需要加上约 14MPa 以上的外力（见曲线 6），这种力称之为"膨胀压力"。

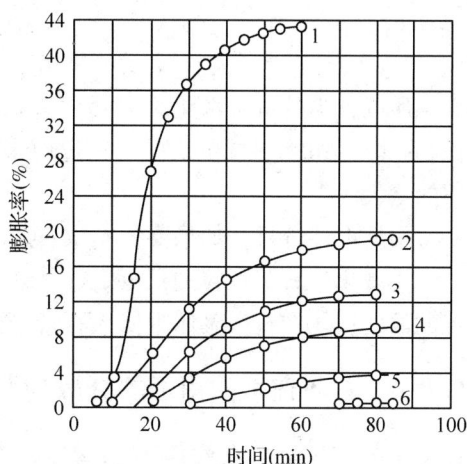

图 1-7 石灰浆体的膨胀率与时间的关系

1-$\sigma = 0$；2-$\sigma = 0.6$；3-$\sigma = 1.2$；4-$\sigma = 2.8$；
5-$\sigma = 8$；6-$\sigma = 14$；σ 为外加应力（MPa）

1.1.3.2 体积增大的原因分析

袁润章（1996）认为生石灰水化时产生显著体积增大的原因有如下两种解释：

(1) 从水化过程中物质转移的观点来分析

当生石灰与水拌和后，立即产生两类物质的转移过程：

①水分子（或氢氧根离子）进入生石灰粒子内部，并与 CaO 发生水化反应，生成水化产物 Ca(OH)₂；

②水化反应产物向原来充水空间转移。

如果水化速度与水化产物转移速度相适应时，石灰—水系统的体积不会发生膨胀。但是，由于生石灰的结构特性，即内比表面积大，水化速度很快，常常是水化速度大于水化产物的转移速度，这时，由于生石灰粒子内部及周围的反应产物还没有转移走，而里面的反应产物又大量地产生了，这些新的反应产物，将冲破原来的反应层，使粒子产生机械跳跃，因而使石灰浆体膨胀和开裂，甚至散裂成粉末。

(2) 从孔隙体积增量的观点来分析

B. B. 奥新认为，生石灰水化过程中，在固相体积增加的同时，要引起孔隙体积的增加，从而使石灰浆体产生体积膨胀。

这里所指的固相体积增加包括两个因素：

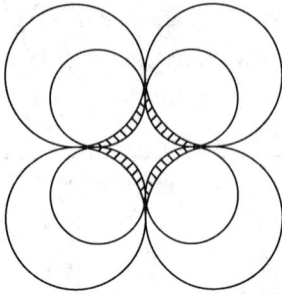

图1-8 孔隙体积的增量效应

①生成 $Ca(OH)_2$ 的固相体积要比 CaO 的固相体积增大 97.92%；

②分散粒子的表面上吸附水分子，由于被吸附的水分子具有某种固体的性质，可以把这种被吸附的水分子也看作固相体积的增加。

为什么固相体积的增加会引起孔隙体积的增加呢？

假定生石灰粒子水化前后均为球形粒子，水化过程中按理想的紧密六角形堆放，显然其固相粒子体积为总体积的 74%，固相粒子间的孔隙体积为总体积的 26%，它们的相对含量是保持不变的，而且与粒子的直径无关，然而孔隙体积的绝对值却随固相体积的改变而改变(图1-8)。球体的绝对体积每增加1%，孔隙绝对体积就增加 0.351%。

$$\frac{26}{74} \times 1\% = 0.351\%$$

所以，当生石灰水化时，固相体积的增大，必然会引起孔隙体积的增大，固相体积和孔隙体积增量之和就可能超过原来生石灰—水系统的空间，从而引起石灰浆体体积的增大。

根据上述分析，如果要控制生石灰—水系统的体积膨胀，可采取以下方法：

①减小生石灰颗粒的尺寸；②增大生石灰—水系统中水的比例；③降低消解时系统的温度；④在石灰浆体中掺入石膏等外加剂等。

1.1.4 石灰在水作用下的分散与浆体结构形成过程

1.1.4.1 石灰在水作用下的溶解与分散

(1)溶解

当生石灰与水拌和后，在其颗粒表面上的氧化钙立即开始水化，生成氢氧化钙，由于反应产物能够溶解于水，所以立即进入溶液内并离解成带正电荷的钙离子和带负电荷的氢氧根离子，如下所示：

$$Ca(OH)_2 \longrightarrow Ca^{2+} + 2OH^-$$

由于生石灰表层的最初水化物进到溶液内，石灰粒子的新表面层就暴露出来，它继续和水发生化学反应，反应的产物再进行溶解。此过程一直进行到液体变成 $Ca(OH)_2$ 饱和溶液为止。由于 $Ca(OH)_2$ 的溶解度很小(每升水中大约溶解 1.2g 左右的 CaO)，所以石灰浆体中的拌和水较少时，生成饱和溶液时所消耗的 CaO 是极少的一部分。

(2)分散

分散是指固体粒子由大颗粒变成许多小颗粒的物理现象。生石灰与水拌和后，会出现分散，即由块状变成细小的颗粒。袁润章(1996)认为分散的原因是：

①吸附分散 当达到 $Ca(OH)_2$ 饱和溶液以后，水对生石灰的作用并未停止。这一方面是水分子和氢氧根离子，沿着石灰粒子的微细裂纹向内深入，并在裂纹的两壁形成吸附层，由于这种吸附层降低了石灰粒子内部的表面张力，因此，在热运动的作用

下，将加速石灰粒子沿着这些裂缝分裂成更细的颗粒，这种分散称之为吸附分散。

②化学分散 水分子或氢氧根离子（OH^-）直接与 CaO 反应，形成 $Ca(OH)_2$ 晶体。显然，这时 $Ca(OH)_2$ 晶体的形成，不是通过溶解，而是通过 OH^- 和石灰粒子中的 Ca^{2+}、O^{2-} 重新排列来实现。当 CaO 转变为 $Ca(OH)_2$ 时，固相体积增大，当膨胀产生的力超过粒子之间的结合力，就会使石灰颗粒产生分散，变成粉末，这种分散称之为化学分散。

③分散过程的特点

生石灰在水中分散的过程呈现出强烈的放热特性，温度快速上升；CaO 水化后形成 $Ca(OH)_2$，固相体积明显增大；在水灰比较大的石灰—水系统中，分散使得浆体体系内部形成了大量胶体尺寸的粒子，因而固相的比表面积急剧增大；胶体粒子的结构如图 1-9 所示，固体胶核周围吸附的一层 Ca^{2+} 和反离子 OH^- 构成吸附层，最外面浓集了一群 OH^- 构成反离子扩散层。

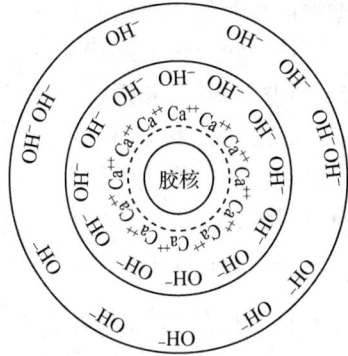

图 1-9 石灰胶体粒子结构示意图

1.1.4.2 石灰浆体凝聚结构的形成及其特性

（1）凝聚结构的形成

石灰—水浆体体系具有与其他分散体系类似的性质。随着生石灰与水的不断作用，形成大量的胶体粒子，并逐渐形成凝聚结构。关于石灰—水浆体凝聚结构的形成过程有两种观点：

①在石灰—水浆体分散体系中，当带有水分子扩散层的胶体粒子之间的距离较大时，粒子依靠其重力作用逐渐沉降而互相靠近。当粒子靠近到某一个程度（约 10^{-5} cm）时，若继续靠近，就要消耗功来排除扩散层中的 OH^-。在这种情况下，可以把水扩散层看成在各粒子之间打入了一个"楔子"，使相邻的两个粒子不能互相靠近，这个阻碍粒子互相靠近的力称之为"楔入力"。

胶体粒子在重力作用下逐渐互相靠近，使相邻粒子之间的扩散层会越来越薄，当其厚度接近到某一程度（约为 10^{-7} cm）时，胶体粒子之间的范德华分子引力经过扩散层开始发生作用。随着粒子间距离的继续减小，范德华引力很快增大并开始超过符号相反的楔入力，这时粒子相互结合，浆体开始逐渐形成凝聚结构。

②石灰粒子与水拌和后，水逐渐渗透到粒子内部，当石灰粒子的表面层已经成为水扩散层时，粒子内层欲继续水化，必须从扩散层中"吸入"结合得最弱的水分子，生成新的胶体物质，从而发生粒子的紧密过程，并且使石灰浆体中粒子之间的水夹层厚度减小，胶体扩散层压缩，这时，粒子在热运动的作用下碰撞不断加剧，当粒子的碰撞发生在活性最大区段（如：端、棱、角处）时，分子引力可能超过楔入力，于是粒子就在分子力的作用下互相粘结起来，并逐渐形成一个凝聚结构的空间网。在这个空间网内，分布着吸附水和游离水。同时，这个由凝聚而产生的凝聚结构，将随着扩散层的进一步压缩和胶体体系的进一步紧密而加强（袁润章，1996）。

（2）凝聚结构的特性

石灰浆体的凝聚结构具有触变性。在外力作用下，结构体系会发生破坏，浆体重新变成流动状态；但只是要外力一取消，由于布朗运动和粒子间的相互作用，粒子彼此碰撞而重新粘结起来，恢复其凝聚结构。

石灰浆体的凝聚结构是由于石灰胶粒的接触而产生的，胶体粒子非常细小，具有巨大的表面自由能，从热力学第二定律可知，任何储有大量自由能的系统，都力求自发地向具有最小自由能转变。

固态物质分散度增大时，溶解度也随之增加。即粒子越小，溶解度越大，所以对于微细粒子是饱和的溶液，对于正常尺寸的晶体来说，已经是过饱和溶液。在这种情况下，必然要发生同时进行的两个过程：最细的胶体粒子溶解并进入溶液和较粗大粒子吸收溶解的物质而长大。因此，石灰浆体在凝聚结构的基础上向结晶结构转变是一自发过程，通过细分散状态的氢氧化钙晶粒不断溶解，较粗大的氢氧化钙晶粒不断长大，并互相连生而形成结晶结构(胶凝材料学编写组，1980)。

1.1.5　石灰浆体的硬化

含大量水的石灰浆体经沉淀后得到膏状物，俗称石灰膏，是工程上用于拌制石灰砂浆或水泥混合砂浆的主要基体材料。生石灰经水化反应、分散作用、沉淀过程，形成具有凝聚结构的石灰浆体，在空气中再经过物理作用和化学作用，会逐渐硬化。从作用机理分析，硬化可分为两个过程，即干燥过程和碳化过程。

(1)干燥硬化

处于空气中的石灰浆体，由于干燥作用，水分逐渐蒸发，使得留在孔隙内的自由水不断减少，在表面张力的作用下，水在孔隙最窄处形成凹形弯月面，从而产生毛细管压力，使石灰粒子更加紧密而获得强度。这个过程称为石灰浆体的干燥硬化。

在干燥中，氢氧化钙胶体粒子逐渐结晶，石灰浆体由凝聚结构逐渐转变为结晶结构，氢氧化钙晶粒不断长大，并互相连生，使粒子更加紧密而获得强度。

(2)碳化硬化

在空气中逐渐硬化的石灰浆体从空气中吸收碳酸气(即 CO_2 气体和水汽的混合物)，可以生成实际上不会溶解于水的碳酸钙。碳酸钙的晶粒互相共生，或与石灰粒子共生，从而进一步提高了硬化浆体的强度，这个过程称为碳化硬化。当发生碳化反应时，碳酸钙固相体积比氢氧化钙固相体积稍微增大一些，从而使硬化石灰浆体更加紧密。实验表明，碳化反应只能在有水的存在下才能进行，当使用干燥的 CO_2 气体作用于完全干燥的氢氧化钙粉末时，碳化作用几乎不能进行。所以这个反应应该用下式表达较为正确。

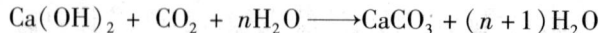

$$Ca(OH)_2 + CO_2 + nH_2O \longrightarrow CaCO_3 + (n+1)H_2O$$

生石灰从水化到凝结、干燥硬化和碳化硬化，这就完成了物质的转变循环：

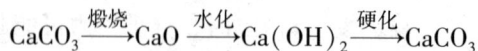

$$CaCO_3 \xrightarrow{煅烧} CaO \xrightarrow{水化} Ca(OH)_2 \xrightarrow{硬化} CaCO_3$$

得到的原始产物——碳酸钙，它在自然条件下具有较大的稳定性，因此，石灰浆体在碳化后获得最终强度(袁润章，1996)。

1.1.6　石灰产品的性能特点及应用

石灰浆体(工程上常用产品为石灰膏)具有较强的保水性和良好的可塑性，将它掺入水泥砂浆中，配成混合砂浆，可显著提高砂浆的和易性。但石灰膏硬化缓慢，硬化后的强度也不高，耐水性差。因此，石灰不宜在长期潮湿和受水浸泡的环境中使用。石灰膏在硬化过程中水分大量蒸发，引起体积显著收缩，易出现干缩裂缝。所以，石灰膏不宜单独使用，一般要掺入砂、纸筋、麻刀等材料，以减少收缩，增加抗拉强度，并能节约石灰。

石灰具有较强的碱性，在常温下，能与玻璃态的活性氧化硅或活性氧化铝反应，生成具有水硬性的产物。因此，生石灰粉是建筑材料工业中重要的原材料，主要用于生产硅酸盐制品，而消石灰粉在路基路面工程中，常用于配制石灰稳定土、石灰粉煤灰稳定土等材料。

1.2 石膏胶凝材料

石膏胶凝材料是一种以硫酸钙为主要成分的气硬性胶凝材料，它的应用历史很悠久。石膏制品具有质轻、强度较高、防火性较好等许多优良的性质，且原材料来源广泛，生产能耗较低，因此在建筑工程中有着广泛的应用。

生产石膏胶凝材料的原料有天然二水石膏、天然无水石膏和化工石膏等。其中，天然二水石膏又称生石膏、软石膏，主要成分为含有两个结晶水的硫酸钙（$CaSO_4 \cdot 2H_2O$），是生产石膏胶凝材料的主要原料。天然无水石膏又称硬石膏，主要成分是无水硫酸钙（$CaSO_4$），可用于生产无水石膏水泥和高温煅烧石膏等。化工石膏是含有二水石膏的化工副产品及废渣，如氟石膏、磷石膏和排烟脱硫石膏等。

石膏胶凝材料的生产有原料破碎、加热和磨细等工序。根据加热方式与加热温度的不同，可生产出不同品种的石膏胶凝材料。建筑石膏（β 型半水石膏）和高强石膏（α 型半水石膏）是常用的石膏胶凝材料，尤其是建筑石膏及其制品在建筑工程中的应用更为广泛。

1.2.1 石膏的脱水相组成

二水石膏在一定的温度和压力条件下会脱水分解，变成半水石膏或无水石膏。研究石膏脱水机理、脱水相组成及各相之间的相互转变关系，对指导石膏生产和应用具有重要的价值。

1.2.1.1 石膏的脱水温度

向才旺（1998）根据研究资料，对不同产地石膏的脱水温度变化点做了归纳和分析：

①德国克脑夫公司的资料：

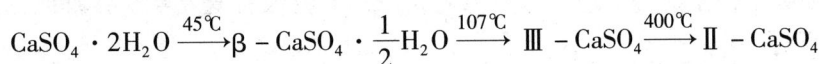

$$CaSO_4 \cdot 2H_2O \xrightarrow{45℃} \beta - CaSO_4 \cdot \frac{1}{2}H_2O \xrightarrow{107℃} Ⅲ - CaSO_4 \xrightarrow{400℃} Ⅱ - CaSO_4$$

②HO. B. 卡尔雅金的资料：

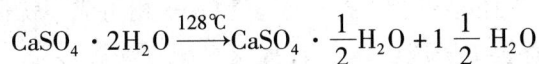

$$CaSO_4 \cdot 2H_2O \xrightarrow{128℃} CaSO_4 \cdot \frac{1}{2}H_2O + 1\frac{1}{2}H_2O$$

③B. E. 什涅依杰夫的资料：

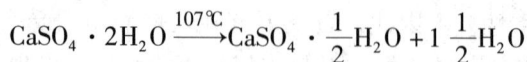

$$CaSO_4 \cdot 2H_2O \xrightarrow{107℃} CaSO_4 \cdot \frac{1}{2}H_2O + 1\frac{1}{2}H_2O$$

④Lehmann 的资料：

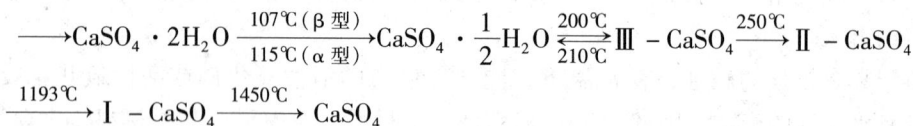

$$\longrightarrow CaSO_4 \cdot 2H_2O \xrightarrow[115℃(\alpha 型)]{107℃(\beta 型)} CaSO_4 \cdot \frac{1}{2}H_2O \underset{210℃}{\overset{200℃}{\rightleftharpoons}} \text{Ⅲ} - CaSO_4 \xrightarrow{250℃} \text{Ⅱ} - CaSO_4$$

$$\xrightarrow{1193℃} \text{Ⅰ} - CaSO_4 \xrightarrow{1450℃} CaSO_4$$

⑤岳文海、向才旺的资料：

$$CaSO_4 \cdot 2H_2O \xrightarrow{100℃} CaSO_4 \cdot \frac{1}{2}H_2O + 1\frac{1}{2}H_2O$$

上述研究资料所报道的石膏脱水温度相差较大，而且相互矛盾。如何解释这种情况呢？

首先讨论什么叫脱水温度。石膏是含有结晶水的物质，理论上在任何温度下都有与其相平衡的水蒸气压力，如果连续地破坏平衡即减少蒸气压力，含水物质将连续地脱去水分。某含水物质在某一温度下的平衡蒸气压越高，则在该温度下脱水速度就越快。

向才旺认为二水石膏的脱水温度应该是与其平衡的水蒸气压力达到 1atm 时的温度。从二水石膏脱水成半水石膏有一个水蒸气压力为 1atm 的温度，而从半水石膏脱水成无水石膏也有一个水蒸气压力为 1atm 的温度。研究表明，第一个温度应该在 100℃以上，第二个温度应该更高。压力平衡时脱水速度比较缓慢，α 型半水石膏恰好是在 100～110℃蒸压条件下由二水石膏缓慢脱水而成，由此估计在第一个平衡条件下生成的是 α 型半水石膏。而 β 型半水石膏则是在与大气相通的较低水蒸气压的非平衡条件下快速脱水生成的，也就是说从二水石膏转变为 β 型半水石膏没有一个固定的平衡脱水温度。

在常压条件下制备 β 型半水石膏时，很难精确地测定其脱水温度值。这是因为二水石膏脱水生成 β 型半水石膏，并不是一个简单的加热脱水过程，会受到很多因素的影响，如二水石膏的晶体结构、杂质含量、品位高低、颗粒大小、加热方式、测定条件和方法等。

1.2.1.2　石膏脱水相的组成

向才旺认为，二水石膏、半水石膏、无水石膏均处于一个 $CaSO_4 - H_2O$ 的平衡系统中，如果将石膏加热到一定的温度，平衡系统中水分发生迁移，即脱水，平衡就被打破，产生了相变，如二水石膏转变为半水石膏，半水石膏转变为无水石膏。可溶性无水石膏极易吸水，在空气中是一种不稳定状态，其吸水后变成半水石膏或二水石膏，达到新的平衡。

因此在石膏脱水过程中，平衡被打破时就会发生相变。根据打破这个平衡系统时的因素不同，石膏有多种相变过程，产生了多种脱水相组成。就目前的研究而言，在 $CaSO_4 - H_2O$ 的平衡系统中一般公认的石膏脱水相有 5 种形态，7 种变体。它们是：$CaSO_4 \cdot 2H_2O$、α 型与 β 型 $CaSO_4 \cdot 0.5H_2O$、α 型与 β 型 $CaSO_4 Ⅲ$（也有资料称为 Ⅲ -

$CaSO_4$)、硬石膏Ⅱ（Ⅱ - $CaSO_4$)、硬石膏Ⅰ（Ⅰ - $CaSO_4$)。有些研究者还指出上述变体之间还存在中间相。

向才旺认为，由半水石膏或可溶性无水石膏水化而成的二水石膏，应称之为再生二水石膏（或再结晶二水石膏），它在晶体结构和性能上与原生二水石膏不同，因此应该把它作为二水石膏相的一个变体。研究还发现，由二水石膏脱水获得的半水石膏（一次制取的半水石膏）与可溶性无水石膏水化而成的半水石膏（二次制取的半水石膏）在物理性能上也有差异。二次制取的半水石膏比表面积小，标准稠度低，凝结时间较短，强度较高。

1.2.1.3　$CaSO_4$ - H_2O 的平衡系统中脱水相的性能及特点

(1)二水石膏

二水石膏既是形成脱水相的原材料，又是脱水相水化以后的最终产物。显微镜下观察可见，原生二水石膏呈较大的片状或柱状晶体；而再生二水石膏则呈微细的针状晶体，比表面积大，结构不如原生二水石膏致密，故加热时更加容易脱水，热稳定性差，但其掺入到熟石膏中作为晶种的结晶效果大于原生二水石膏，能加快半水石膏的水化反应，加快浆体的凝结速度。

(2)半水石膏

半水石膏根据脱水条件和制备方式的不同，有α型与β型两个变体，β系列中又包含两个变体，即二水石膏直接脱水制取的半水石膏和可溶性无水石膏水化而成的半水石膏。

α型与β型半水石膏虽然在细微结构上相似，但是作为石膏胶凝材料，其宏观特性相差较大。例如，α型半水石膏的标准稠度用水量约为 0.40 ~ 0.45，而β型半水石膏约为 0.70 ~ 0.85；α型半水石膏的抗压强度可达 24 ~ 40MPa，而β型半水石膏只有 7 ~ 10MPa。这两种半水石膏的差别还表现在以下方面（向才旺，1998）：

①结晶形态　扫描电镜观察表明，α型半水石膏结构比较致密，晶体颗粒完整，比较粗大，而β型半水石膏结构比较疏松，晶体则是片状的、不规则的，由细小的单个晶粒组成的次生颗粒。结晶形态的差别也表现在它们的密度上，α型半水石膏的密度为 2.73 ~ 2.75g/cm³，而β型半水石膏密度为 2.62 ~ 2.64g/cm³。

②晶粒分散度　有学者用小角度 X 射线衍射仪测定过α型和β型半水石膏的比表面积，并确定了晶粒的平均粒径。α型半水石膏的比表面积为 19.3m²/g，晶粒平均粒径为 $940 × 10^{-10}$m；β型半水石膏的比表面积为 47m²/g，晶粒平均粒径为 $388 × 10^{-10}$m。可见β型半水石膏的晶粒分散度比α型半水石膏大得多，所以β型半水石膏的需水量大，标准稠度用水量大，硬化后石膏制品的孔隙率大，密度小，强度较低。

③水化热　资料表明，α型半水石膏完全水化为二水石膏时的水化热为 17200 ± 85J/mol，而β型半水石膏的水化热为 19300 ± 85J/mol，后者比前者高。

(3)Ⅲ型无水石膏（可溶性无水石膏）

向才旺认为可溶性无水石膏是半水石膏在 160 ~ 200℃ 的温度范围内脱水形成的。根据脱水方式的不同，可溶性无水石膏可分为α型和β型两种变体，这两种变体的制备条件与半水石膏的 α 型和 β 型变体相同。大多学者认为可溶性无水石膏中残留微量的水。Wirsching 认为，α 型可溶性无水石膏晶格中残留水分为 0.02% ~ 0.05%，而 β 型可溶性无水石膏晶格中残留水分为 0.6% ~ 0.9%，而且这些水分子是与结构无关的沸石水。因此也有人将半水石膏脱水成可溶性无水石膏的过程称为沸石水反应，并且此反应是可逆的，这样就进一步证实了可溶性无水石膏具有特别强的吸附水能力的原因。

在较低的水蒸气分压甚至在真空条件下，二水石膏可通过加热脱水直接转变为可溶性无水石膏。由此种方式得到的可溶性无水石膏的比表面积比采用半水石膏加热脱水得到的可溶性无水石膏的比表面积大 10 倍。

（4）Ⅱ 型无水石膏

Ⅱ 型无水石膏（Ⅱ - $CaSO_4$）又称为硬石膏 Ⅱ，天然硬石膏也属于此类，它在常温下是稳定的。半水石膏的差热分析曲线表明，当脱水温度达到 360℃ 左右时，β-Ⅲ 型无水石膏（可溶性无水石膏）可转变为 Ⅱ 型无水石膏，而 α 型的转化温度则提前到 230℃ 左右。

向才旺认为 Ⅱ 型无水石膏在 360 ~ 1180℃ 的温度范围内是一个稳定相。当煅烧温度不同时，其溶解度不同，据此可将其分为 3 个变体。一般认为，在 360 ~ 500℃ 范围内煅烧得到的是慢溶性无水石膏，简称为 AⅡ - S；在 500 ~ 700℃ 范围内煅烧得到的是不溶性无水石膏，简称为 AⅡ - U；在 700 ~ 1180℃ 范围内煅烧得到的是地板石膏，简称为 AⅡ - E。这 3 种变体在结构上的差别很小，其主要差别在于其晶粒的大小、密实度及连生程度的不同。

作为石膏胶凝材料，这三种变体的水化反应能力是不同的。AⅡ - S 在没有激发剂的情况下能够水化，但速度慢，比半水石膏或 Ⅲ 型无水石膏慢得多。AⅡ - U 在没有激发剂的情况下，几乎没有水化反应能力。AⅡ - E 有一定的水化反应能力，可以用于浇注地板，故由此得名。AⅡ - E 在高温煅烧后具有活性，可能是少量 Ⅱ - $CaSO_4$ 发生了如下分解：

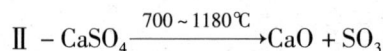

$$Ⅱ - CaSO_4 \xrightarrow{700 \sim 1180℃} CaO + SO_3$$

发生分解时，硬石膏 Ⅱ 的晶格结构出现位移，表面变得疏松，分解出来的 CaO 又是硬石膏的活性激发剂，这就是 AⅡ - E 具有水化反应能力的原因。

（5）Ⅰ 型无水石膏

Ⅰ 型无水石膏（Ⅰ - $CaSO_4$）又称为 Ⅰ 型硬石膏，它是 Ⅱ 型无水石膏在 1180℃ 时转变而得的，它只有在高于 1180℃ 时才是稳定的，但是由于高温测试技术所限，对其结晶结构研究较少。在高温状态，可能伴随有 $CaSO_4$ 分解后的 CaO 存在，不过含量很少。

由于 Ⅰ 型无水石膏需要较高的煅烧温度，热耗较大，其水化反应能力也很差，对其在石膏工业上的用途研究不多（向才旺，1998）。

1.2.2　建筑石膏的水化与凝结硬化

1.2.2.1　凝结硬化的理论

建筑石膏是最常用的品种。建筑石膏加水后，很快形成了具有可塑性的石膏浆体，随后浆体失去塑性产生凝结，并逐渐硬化为具有一定力学强度的固体材料。其水化反应式为：

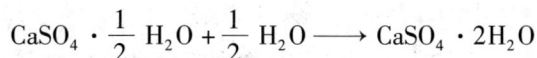

$$CaSO_4 \cdot \frac{1}{2} H_2O + \frac{1}{2} H_2O \longrightarrow CaSO_4 \cdot 2H_2O$$

整个反应过程尽管十分简单，但石膏浆体内部却发生了一系列的物理化学变化过程。关于建筑石膏水化及凝结硬化机理的研究，报道的资料很多，但归纳起来有两种理论，即晶体理论和胶体理论。向才旺(1998)对这两种理论进行了如下分析和归纳。

(1)晶体理论

以吕查得理(Le Chatelier)为代表的晶体理论派认为，当半水石膏与水反应生成二水石膏时，由于半水石膏在水中的溶解度(以 $CaSO_4$ 计，20℃时约为 7g/L)远比二水石膏(以 $CaSO_4$ 计，20℃时约为 2.05g/L)高，当半水石膏在水中溶解后，所生成的溶液对二水石膏来说是过饱和的。于是，溶解度较小的二水石膏便从过饱和溶液中析晶出来。

吕查得理将半水石膏与水作用的过程分为 3 个阶段：即水化作用的化学阶段、结晶作用的物理阶段、硬化作用的力学阶段。

二水石膏析晶后，此时溶液的浓度降低，使新的一批半水石膏又可继续溶解和水化，如此循环进行，直至半水石膏全部耗尽，这就是溶解—结晶理论。随着水化进行，二水石膏晶体生成量不断增多，水分逐渐减少，浆体开始失去可塑性，这称为初凝。之后浆体继续变稠，晶体之间的摩擦力、黏结力增加，并开始产生结构强度，表现为终凝。晶体颗粒长大并交错共生，直至水分完全蒸发后，强度才停止增长，这就是建筑石膏的硬化过程。

Magnan 通过研究，把半水石膏的水化过程描述为 4 个连续阶段：

①半水石膏相溶解并形成半水石膏饱和与二水石膏过饱和的离子系统，形成结晶不完全或不稳定的初始水化物即晶胚。该水化物中的含水量比化学计算值高。②初始水化物在诱导期内逐渐稳定，起到了晶核的作用。③晶核生长，半水石膏颗粒上出现新的表面，产生新的离子和初始水化物，二水石膏晶体很快增长。④半水石膏比率减少，并且水化速度减慢。

溶解—结晶理论可以对水化过程的许多现象进行解释，已得到许多学者的支持。

(2)胶体理论

胶体理论又称为局部化学反应理论。持这一理论的学者认为：

半水石膏在结晶生成二水石膏之前，首先溶于水，在半水石膏和水之间形成凝胶或吸附络合物，即在半水石膏浆体出现初凝时是一个胶凝过程而不是结晶过程。

Michaelis 首先提出了胶凝理论。几年后，Cavazzi 用酒精在水溶液中沉淀出了二水石膏，并用它制备了一种凝胶体。Rohland 也认为，水是被呈"胶凝"形态的半水石膏所吸收了。Neville 证实了熟石膏浆体的稠化不是由于二水石膏的预先结晶所造成的。他把凝结分为两个阶段：

①反应物与水进行化学接触，半水石膏多孔的晶体结构在这种接触中处于有利地位，因为它与水接触的表面积大。此外，这种化学接触在产生了悬浮液体积凝缩的同时还伴随着放热效应；

②两种反应物之间产生放热的水化反应，并伴随着大幅度地升温。

H. G. Fischer 用以下 4 个阶段来形容熟石膏的凝结机理：

①半水石膏晶体结构中内在的残余力将水吸附在半水石膏颗粒的表面上。

②水进入半水石膏的毛细孔内，并保持物理吸附状态。结果形成了胶凝结构，这就是初凝。

③凝胶体产生膨胀，水进入分子间或离子间的孔隙内。

④由于水从物理吸附状态过渡到化学吸附状态，就产生了水化作用，伴随着溶液温度的升高，从而形成了二水石膏晶体。这些晶体逐渐长大，交错共生形成了一种密实的物体，这就是终凝。

从 20 世纪 60 年代起，国外陆续发表了一些主张胶体学说的论文。例如 Triollier 曾用扫描电镜观察了在真空、低水蒸气压下脱水的半水石膏在水蒸气中的水化过程，确认半水石膏粒子表面在水化初期附有一种类似胶状物质的水化物。

至于在这两种理论之外是否还有其他更新更完整的理论观点，目前还不十分清楚。当然，这两种理论观点都是建立在半水石膏水化反应基础上的。事实上，无论是刚刚烧制出来的熟石膏，还是经过陈化效应后的建筑石膏，其中所含的变体不只是半水石膏，还含有 $\mathrm{III} - CaSO_4$ 和未分解的 $CaSO_4 \cdot 2H_2O$。它们也会影响到半水石膏水化反应速度。

1.2.2.2　影响建筑石膏水化过程的因素

影响熟石膏水化过程的因素有多种，通过对这些因素加以合理利用和控制，从而获得所需要的建筑石膏性能。向才旺的研究资料表明主要因素有以下方面：

①陈化效应　经过陈化的熟石膏，内部发生了相变，比表面积也发生了变化，需水量较少，凝结速度加快，硬化后的强度高。

②熟石膏的颗粒度　颗粒度（粒径）大小对水化也有一定的影响。颗粒形状、颗粒度和比表面积的大小在某种程度上影响到标准稠度用水量。颗粒度小，则熟石膏与水接触的面积大，水化速度快，形成饱和溶液也就快。但颗粒度太小则会加大标准稠度用水量。另外，水化速度过快，生成的二水石膏晶体不均匀，会使硬化后的石膏制品强度降低。所以 GB/T 9776—2008《建筑石膏》对其有专门的细度规定。

③温度　水化温度直接影响水化速度及硬化后的石膏制品强度。一些研究表明，熟石膏无论陈化时间长短，在其水化热试验和强度试验时可以发现，当熟石膏的放热量达到最大值（即水化热达到最高温度点）时，其强度增长速度也对应达到最高点，如图 1-10 所示。因此，抗压强度与水化温度的关系有一个临界温度点，在此点以下，水化速度和强度随温度升高而增加，超过这一临界点，随水化温度变化而在水化速度和强度上出现降低。这一临界点温度一般在 25~40℃之间变化。

④水膏比　为达到石膏浆体所需要的流变特性，α - 型半水石膏需水量比 β - 型半水石膏小。拌制石膏浆时，α - 型半水石膏浆体凝结速度稍慢于 β - 型半水石膏。这是由于 β - 型半水石膏比表面积大于 α - 型半水石膏，需水量大，即水膏比大，水化速度快。

⑤外加剂　当熟石膏水化时，加入某些外加剂可以改变水化过程中的相变速度或

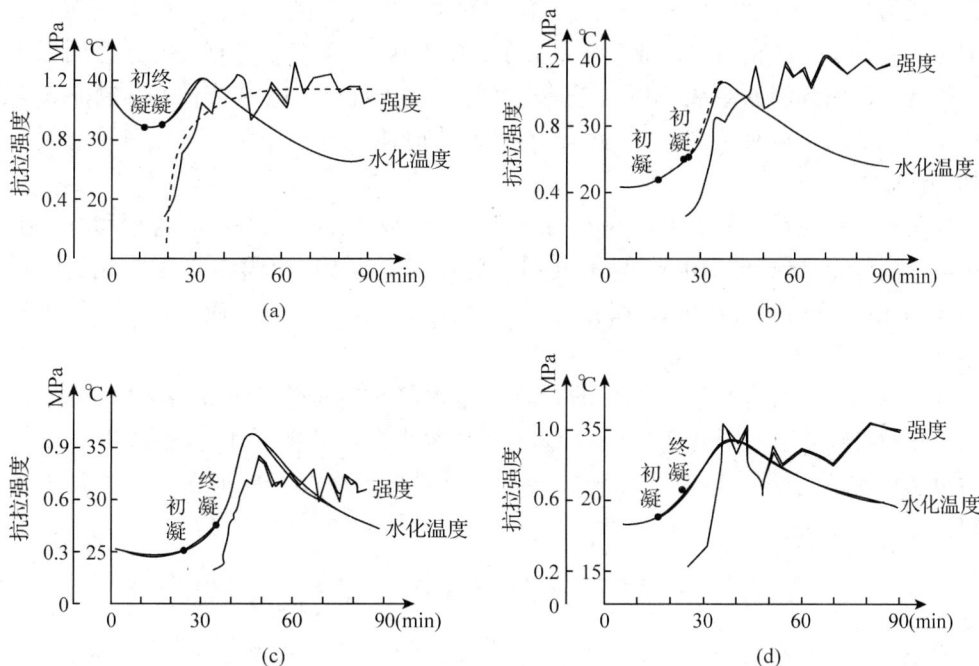

图 1-10　几种熟石膏的水化热曲线和强度变化曲线
（a）坩塘无水石膏试样 1（陈化 1d）　（b）坩塘无水石膏试样 1（陈化 32d）
（c）坩塘半水石膏试样 2（陈化 1d）　（d）坩塘半水石膏试样 2（陈化 32d）

改变反应过程的动力学。因为外加剂可以改变一些脱水相的溶解度或溶解速度。根据对石膏水化作用的影响以及工业生产上的实际需要，常用的外加剂有促凝剂、缓凝剂、激发剂、纯化剂等。

促凝剂可以通过提高半水石膏的溶解度、溶解速度或增加二水石膏晶核的数量，加快熟石膏的水化过程。许多无机酸及其盐类都起到很好的促凝作用，特别是硫酸盐类，因此，工业上常常加入生石膏粉，尤其是再生的二水石膏粉作为石膏水化的促凝剂。

缓凝剂的作用效果表现在降低半水石膏的溶解度、放慢半水石膏的溶解速度，或把离子吸附在正在成长的二水石膏晶体的表面上，并把它们结合到晶格内，形成络合物，限制离子向二水石膏晶体附近扩散。常用的缓凝剂主要有：碱性磷酸盐和磷酸铵、有机酸及其可溶盐（例如：柠檬酸和柠檬酸盐）、已破坏的蛋白质等。佐野亲辛、三浦邦彦等人认为有 $Ca(OH)_2$ 存在的情况下，蔗糖对熟石膏有明显的缓凝作用，并认为对此可以用吸附理论来加以解释。

1.2.3　石膏胶凝材料的性能及用途

建筑石膏及制品的主要特性是：

①凝结硬化快。标准规定建筑石膏的初凝时间不小于 6min，终凝时间不大于 30min。一般一星期左右完全硬化。②硬化后强度较低。其硬化后的强度（抗压）仅为 3~5MPa，但已能满足用作隔墙和饰面的要求。③隔热性和吸声性能良好，制品的导热

系数一般为 0.121~0.205W/(m·K)。但其耐水性差，在潮湿条件下吸湿性强，水分削弱了晶体粒子间的粘结力，故软化系数小，仅为 0.3~0.45，长期浸水还会因二水石膏晶体溶解而引起制品溃散破坏。④具有良好的防火性能。⑤装饰性好。制品表面细腻平整、色洁白，典雅美观。而且建筑石膏硬化时体积略有膨胀，干燥时不开裂。⑥可加工性好。

　　建筑石膏在建筑工程中可用作室内粉刷材料，或用于生产各种石膏板和石膏砌块等制品。高强石膏（α 型半水石膏）硬化后抗压强度可达 10~40MPa，通常比建筑石膏要高 2~7 倍。其用途与建筑石膏相近，但生产成本较高。所以其应用不如建筑石膏更为广泛。

　　天然的或二水石膏高温煅烧后的硬石膏与激发剂共同磨细可制得无水石膏水泥。天然二水石膏或天然硬石膏在 800~1000℃ 下煅烧得到的 Ⅱ 型无水石膏（AⅡ-E），磨细后可制成地板石膏。其硬化后具有较高的强度和耐磨性，抗水性好，适宜作地板材料。

小　结

　　石灰和石膏胶凝材料是土木工程中广泛应用的两类气硬性胶凝材料。本章介绍了石灰和石膏胶凝材料的相关理论知识，主要包括生石灰的结构特性与活性的关系、生石灰水化反应时的放热特性及影响生石灰水化反应能力的主要因素、生石灰与水反应过程中的体积膨胀及其原因、石灰浆体的结构形成过程及硬化机理、石膏脱水相的五种形态与性能特点、建筑石膏水化与凝结硬化的晶体理论和胶体理论，以及影响建筑石膏水化过程的主要因素等；阐述了石灰和石膏主要产品的性能及其应用。

思考题

　　1. 生石灰具有何种结构特性？结构与活性之间有何关系？

　　2. 生石灰水化时具有何种特性？影响生石灰水化反应能力的主要因素有哪些？

　　3. 为何生石灰水化时会产生显著的体积膨胀？

　　4. 石灰浆体在空气中是如何逐渐硬化的？

　　5. 石灰产品具有哪些性能特点？

　　6. 石膏有哪些脱水相？它们具有何种性能特点？

　　7. 建筑石膏水化及凝结硬化的机理主要有哪两种理论？影响建筑石膏水化的主要因素有哪些？

　　8. 建筑石膏具有哪些性能特点？

推荐阅读书目

1. 胶凝材料学.《胶凝材料学》编写组. 中国建筑工业出版社，1980.

2. 胶凝材料学(第 2 版). 袁润章. 武汉工业大学出版社，1996.

3. 建筑石膏及其制品. 向才旺. 中国建材工业出版社，1998.

4. 土木工程材料. 王元纲，李洁，周文娟. 人民交通出版社，2007.

第2章
水　泥

[**本章提要**]　水泥是一种水硬性胶凝材料。目前工程上大量使用的是硅酸盐类的通用水泥。根据我国现行国家标准，通用硅酸盐水泥按混合材料的品种和掺量分为 6 种水泥，其中硅酸盐水泥是最重要的品种。多年来，国内外学者研究了硅酸盐水泥熟料矿物具有胶凝性能的本质和条件、硅酸盐水泥水化反应及其凝结硬化的机理、新拌水泥浆的结构形成过程及其性质、硅酸盐水泥硬化浆体（水泥石）的结构以及硅酸盐水泥的工程性质等，提出了各种理论。这些理论对指导水泥领域的科学研究和工程应用具有十分重要的意义。各种水泥都具有自身特定的组成，它们的水化反应机理、技术性质和应用范围都存在差异，因此在工程应用中必须合理选用水泥品种。

2.1　概述

水泥是一种水硬性胶凝材料，它与水拌和后形成的浆体具有流动性、可塑性等工艺性质，能将砂石等散粒材料胶结在一起，硬化后形成具有一定强度和良好耐久性的石状体材料。水泥是制造各种混凝土、钢筋混凝土和预应力混凝土建筑物或构筑物的基本组成材料之一。水泥的生产和应用具有悠久的历史。进入 20 世纪以后，随着钢筋混凝土和预应力混凝土技术的发展和水泥科学的发展，水泥工业的技术水平不断提高，产量大幅增加，品种不断增多。

目前我国水泥品种很多，按照水泥熟料的矿物组成，可以分为硅酸盐类水泥、铝酸盐类水泥、硫铝酸盐类水泥、铁铝酸盐类水泥等类型，其中使用量最大的是硅酸盐类的通用水泥。根据我国现行 GB 175—2007《通用硅酸盐水泥》，通用硅酸盐水泥是指以硅酸盐水泥熟料和适量石膏及规定的混合材料制成的水硬性胶凝材料。按混合材料的品种和掺量分为硅酸盐水泥、普通硅酸盐水泥、矿渣硅酸盐水泥、火山灰质硅酸盐水泥、粉煤灰硅酸盐水泥和复合硅酸盐水泥。本章以硅酸盐水泥为主要内容，并在此基础上介绍其他品种的水泥。

按现行国家标准，硅酸盐水泥分为Ⅰ型和Ⅱ型两种类型。由硅酸盐水泥熟料和适量石膏磨细制成的，称Ⅰ型硅酸盐水泥，代号 P·Ⅰ；由硅酸盐水泥熟料和适量石膏及不超过水泥质量 5% 的石灰石或粒化高炉矿渣共同磨细制成的，称为Ⅱ型硅酸盐水泥，代号 P·Ⅱ。

目前，硅酸盐水泥的生产主要有以下几个工艺过程：

①生料制备　包括石灰石、黏土等原料的开采、破碎、预均化、磨细、均化。

②水泥熟料的煅烧　包括预分解、煅烧、冷却。

③水泥的粉磨　将熟料与适量石膏、混合材料（P·Ⅱ有）共同磨细制成水泥。

2.2　硅酸盐水泥熟料矿物的结构与胶凝性能的关系

按国家标准 GB/T 21372—2008《硅酸盐水泥熟料》的定义，硅酸盐水泥熟料（简称水泥熟料）是一种由主要含 CaO、SiO_2、Al_2O_3、Fe_2O_3 的原料按适当配比，磨成细粉，烧至部分熔融，所得以硅酸钙为主要矿物成分的产物。水泥熟料有多种品种，生产硅酸盐水泥使用的是通用水泥熟料。

2.2.1　硅酸盐水泥熟料的矿物组成

在高温煅烧过程中，原料所含的 CaO、SiO_2、Al_2O_3、Fe_2O_3 发生反应，形成多种水泥熟料矿物，其主要矿物是：硅酸三钙（$3CaO·SiO_2$，简写为 C_3S）、硅酸二钙（$2CaO·SiO_2$，简写为 C_2S）、铝酸三钙（$3CaO·Al_2O_3$，简写为 C_3A）、铁铝酸四钙（$4CaO·Al_2O_3·Fe_2O_3$，简写为 C_4AF）。标准规定，硅酸钙矿物（包括硅酸三钙与硅酸二钙）含量（质量分数）不小于 66%。CaO 与 SiO_2 质量比不小于 2.0。硅酸盐水泥熟料的化学组成和矿物组成大致范围见表 2-1 所列。

表 2-1　硅酸盐水泥熟料组成的范围　　　　　　　　%

化合物或矿物	SiO_2	Al_2O_3	Fe_2O_3	CaO	MgO	C_3S	C_2S	C_3A	C_4AF
含量	18~22	4~6	2~4	60~70	<5	55~65	15~25	8~14	8~12

硅酸盐水泥的性质与其熟料矿物的性质与组成有着密切关系。不同熟料矿物在标准条件下的强度发展见表 2-2 所列。

表 2-2　水泥熟料单矿物的强度　　　　　　　　MPa

矿物名称	在各龄期的抗压强度				
	3d	7d	28d	90d	180d
C_3S	29.6	32.0	49.6	55.6	62.6
C_2S	1.4	2.2	4.6	19.4	28.6
C_3A	4.0	5.2	6.0	8.0	8.0
C_4AF	15.4	16.9	18.6	16.6	19.6

从表 2-2 可以看到，C_3S 具有较高的强度，特别是早期强度较高。而 C_2S 的早期强度较低，后期强度较高。C_3A 和 C_4AF 的强度均在早期形成，后期强度也有一定增长，但 C_4AF 的强度要大于 C_3A 的强度。硅酸盐水泥的强度发展与各矿物成分的相对含量有

密切关系，但是两者之间不是简单的加权平均关系，因为熟料矿物之间存在着相互作用。

2.2.2 水泥熟料矿物的结构特征

水泥熟料矿物不仅具有不同的化学成分，而且具有不同的微观结构。对于熟料矿物微观结构的研究是水泥化学的主要内容，以下简要介绍 4 种熟料矿物微观结构的特征。

(1)硅酸三钙

通过研究 $CaO - SiO_2$ 二元体系可知，硅酸三钙的结构特征是：

①纯硅酸三钙只有在 1250℃ 以上才能稳定。在常温下存在的硅酸三钙是一种介稳的高温型矿物，因而其结构在热力学上是不稳定的结构。

②在硅酸三钙结构中，进入了 Al^{3+} 与 Mg^{2+} 离子并形成固溶体，固溶程度越高，活性越大。如固溶程度较高的是 $C_{54}S_{16}MA$，被称为阿利特或 A 矿。在 $C_{54}S_{16}MA$ 结构中，由于 Al^{3+} 离子取代 Si^{4+} 离子，同时为了补偿静电而引入 Mg^{2+}，因而引起了硅酸三钙的变形，提高了其活性。

③在硅酸三钙的结构中，硅离子与氧离子形成硅氧四面体(SiO_4^{4-})，联系它们的钙离子为钙氧八面体(CaO_6^{10-})，钙离子的配位数是 6，比正常的配位数(8~12)低，并且处于不规则的状态，因而使钙离子具有较高的活性。

④由于钙氧八面体(CaO_6^{10-})中的氧离子分布不规则，所以在结构中存在着较大的"空穴"，这可以使硅酸三钙水化时氢氧根离子直接进入其晶格中，使其水化速度快。

(2)硅酸二钙

通过研究 $CaO - SiO_2$ 二元体系可知，硅酸二钙具有 $\alpha - C_2S$、$\alpha' - C_2S$、$\beta - C_2S$ 和 $\gamma - C_2S$ 等晶形。$\alpha - C_2S$ 在 1447℃ 以上的温度范围内是稳定的，$\alpha' - C_2S$ 在 630~1425℃ 的温度范围内是稳定的，在温度为 630℃ 时，$\beta - C_2S$ 可以直接转变为 $\gamma - C_2S$。

但是，要实现这样的转变，晶格要做很大的重排。如果冷却速度很快，这种晶格的重排来不及完成，这样便形成了介稳的 $\beta - C_2S$。在水泥熟料的实际生产中，由于采用了急冷的方法，所以硅酸二钙是以 $\beta - C_2S$ 的形式存在。

$\beta - C_2S$ 的结构特征如下(袁润章，1996)：

①$\beta - C_2S$ 是在常温下存在的介稳的高温型矿物，因此，其结构具有热力学不稳定性。

②与硅酸三钙的结构相似，$\beta - C_2S$ 中的钙离子具有不规则配位，使其具有较高的活性。

③$\beta - C_2S$ 结构中的杂质和稳定剂的存在，也提高了它的结构活性。

④在 $\beta - C_2S$ 结构中没有 C_3S 结构中所具有的那种大"空穴"，这是它水化速度较慢的因素之一。

(3)铝酸三钙

C_3A 具有以下结构特征：

①在 C_3A 晶体结构中，钙离子具有不规则的配位数，其中处于配位数为 6 的钙离子以及虽然配位数为 12 但联系松散的钙离子，均具有较大的活性。

②在 C_3A 晶体结构中，铝离子也具有两种配位情况，而且四面体 $[AlO_4]^{5-}$ 是变了形的，因此，铝离子也具有较大的活性。

③在 C_3A 结构中存在与硅酸三钙结构相似的较大"空穴"，这可以使 C_3A 水化时 OH^- 离子容易进入晶格内部，因此 C_3A 的水化速度较高(袁润章，1996)。

(4) 铁铝酸四钙

在水泥熟料中，C_4AF 常常是以铁铝酸盐固溶体的形式存在。其结构特征在于：它是在高温时形成的一种固溶体，由于铝原子取代铁原子，所以引起晶格稳定性降低。

2.2.3　水泥熟料矿物水化反应能力的热力学判断

从热力学的观点来看，水泥熟料矿物结构的稳定性越低，则其水化反应能力也越强。根据 O. Π. 姆契德洛夫·彼德罗相等人的工作，可以得到以下结论：

①根据 4 种熟料矿物形成过程熵变值的计算，可知 4 种矿物的结构有序度都是降低，所以稳定性降低，具有水化反应能力。其中 C_3A、C_4AF 和 C_3S 的熵变值较高，水化反应能力较强。

②根据水化反应过程自由能变化值的计算，可知 4 种熟料矿物的水化反应都能自发进行。

③根据 4 种熟料矿物与水反应前后钙—氧键能的变化值，可知由无水矿物向水化物的转变是键能增大并趋向稳定的过程。

2.2.4　水泥熟料矿物具有胶凝能力的本质与条件

上述关于晶体结构和热力学分析的结果表明，硅酸盐水泥熟料矿物的结构具有不稳定性，其水化过程是自动进行的。它们具有胶凝能力的本质与条件可以归纳为以下几点：

①由于硅酸盐水泥熟料矿物是介稳的高温型结构，在矿物中形成了有限的固溶体，微量元素的掺杂使晶格排列的规律性受到影响等原因，使其结构具有不稳定性，所以其具有水化反应活性。

②水泥熟料矿物具有水化反应活性的另一个结构特征，是在晶体结构中存在着活性阳离子(如钙离子、铝离子等)。由于它们不规则的配位或配位数降低，形成价键不饱和状态，或者是它们在结构中具有电场分布的不均匀性，所以它们处于活性状态。这种活性阳离子在水介质的作用下，与极性离子 OH^- 或极性水分子作用并进入溶液，使熟料矿物溶解和解体。

③硅酸盐水泥熟料矿物具有胶凝能力的条件，是它们水化后形成了足够数量的、稳定的水化物，并且这些水化物能彼此连生，形成坚实的网状结构。

2.3　硅酸盐水泥的水化反应及机理

硅酸盐水泥与水之间发生的化学反应，称为水化反应，研究水化反应的过程、水化产物以及水化机理，对于认识和合理应用硅酸盐水泥具有重要的意义。

2.3.1 水泥熟料矿物的水化作用

硅酸盐水泥含有多种矿物，要了解硅酸盐水泥的水化反应及机理，首先要了解熟料矿物与水之间发生的水化作用。

2.3.1.1 硅酸钙矿物的水化作用

对不同硅酸钙矿物水化反应的试验研究表明：不同硅酸钙的水化反应能力相差很大。

①硅酸一钙（$\beta - CS$）在一般条件下不具有水化反应能力，γ 型硅酸二钙（$\gamma - C_2S$）在常温下的水化反应能力很小。

②β 型硅酸二钙（$\beta - C_2S$）具有明显的水化反应能力，但是水化反应速度比较慢。

③硅酸三钙（C_3S）具有较强烈的水化反应能力。

当硅酸钙在与有限的水作用时，水化反应的进程如图 2-1 所示。由图可知，C_3S 在最初几小时就强烈水解，而 $\beta - C_2S$ 与 $\gamma - C_2S$ 在经过 8h 以后才有少量的 CaO 进入溶液。

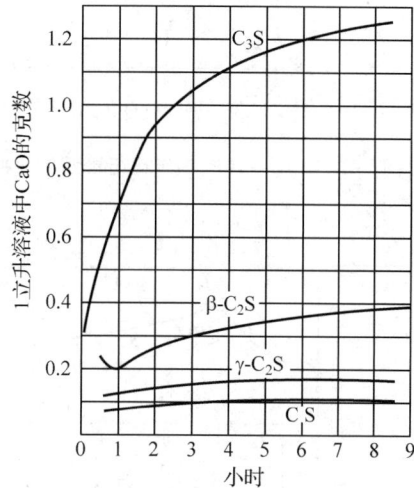

图 2-1 硅酸钙在有限量水中的分解速度

硅酸盐水泥水化时，C_3S 与 $\beta - C_2S$ 的水化反应实际上是在 CaO 饱和溶液中发生的。C_3S 与 $\beta - C_2S$ 在常温下的水化反应可以用下式表示：

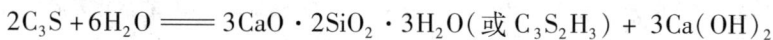

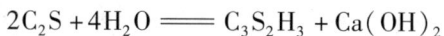

$$2C_3S + 6H_2O = 3CaO \cdot 2SiO_2 \cdot 3H_2O(或 C_3S_2H_3) + 3Ca(OH)_2$$

$$2C_2S + 4H_2O = C_3S_2H_3 + Ca(OH)_2$$

应该指出，上述反应式是假定的，它只表明其水化物是 $Ca(OH)_2$ 和水化硅酸钙，而在常温下水化硅酸钙呈现凝胶状，其化学组成也是不固定的。因此其比较确切的反应式为：

$$C_3S(或 C_2S) + mH_2O \longrightarrow C-S-H + nCH$$

式中，$C-S-H$ 表示组成不固定的水化硅酸钙；CH 为 $Ca(OH)_2$ 的简写。

水化硅酸钙的组成可以用钙硅比（C/S，即 CaO 与 SiO_2 的摩尔数比）和水硅比（H/S，即 H_2O 与 SiO_2 的摩尔数比）表示。试验研究指出，水化硅酸钙的组成与溶液中 CaO 的浓度和水固比（W/S）有关（图 2-2 和图 2-3）（申爱琴，2000）。实际上水化硅酸钙是一大类水化物，其类型和结晶程度不仅与 C/S 比值有关，而且与温度有关。当温度提高时，其类型和结晶程度都会发生变化。

根据 C_3S 的水化放热曲线（图 2-4），可以将其水化过程分为 5 个阶段（图 2-5）（申爱琴，2000）：

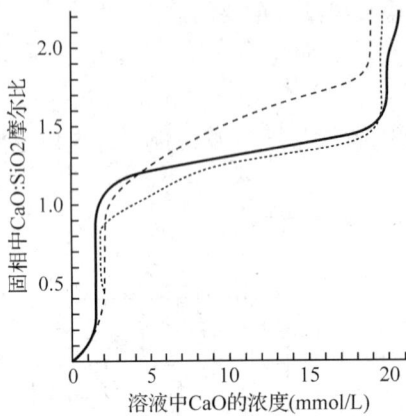

图 2-2 C - S - H 的钙硅比与溶液的平衡

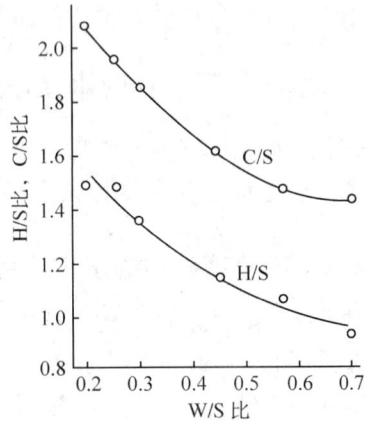

图 2-3 水固比对 C - S - H 的 C/S 和 H/S 的影响（浆体龄期在 6 个月以上）

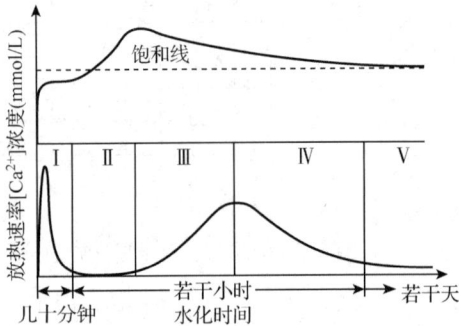

图 2-4 C₃S 的水化放热速率和 Ca²⁺ 离子 浓度变化曲线

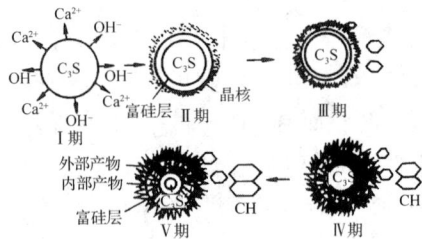

图 2-5 C₃S 的水化各阶段示意图

阶段 Ⅰ：初始水化期（又称为诱导前期）。C_3S 与水混合后立即发生急剧反应，水化放热量迅速增大，随后水化放热量又迅速降低。但此阶段持续时间很短。在此阶段，Ca^{2+} 和 OH^- 进入溶液，并在 C_3S 表面形成一个缺钙的富硅层（约为 5×10^{-9} m）。

阶段 Ⅱ：诱导期（又称为静止期）。此阶段水化反应速率非常缓慢，水化放热量很低。此阶段持续时间一般为 $2 \sim 4h$，是硅酸盐水泥浆体能在几小时内保持塑性的原因。初凝时间基本上相当于诱导期的结束。在此阶段，水化反应仍然在进行，Ca^{2+} 和 OH^- 不断进入溶液，当溶液中 $Ca(OH)_2$ 浓度达到一定程度而过于饱和时，就会在 C_3S 表面形成 $Ca(OH)_2$ 晶核和 C - S - H。

阶段 Ⅲ：加速期。此阶段水化反应速率又重新加快，出现第二个放热峰，此阶段持续时间一般为 $4 \sim 8h$，在到达顶峰时本阶段即告结束。此时浆体已终凝，开始硬化。在此阶段，随着水化反应的进行，$Ca(OH)_2$ 晶体和 C - S - H 不断生长。水化产物可能在 C_3S 表面生长，也可能在颗粒之间的孔隙中形成。

阶段 Ⅳ：衰退期（又称为减速期）。此阶段水化反应速率又随时间逐渐下降，持续时间一般为 $12 \sim 24h$，水化作用逐渐受扩散速率控制。在此阶段，随着水化产物不断形成和生长,液相中 Ca(OH)$_2$ 和 C-S-H 的过饱和度降低,从而使水化产物生长速度减慢。并且在 C$_3$S 表面形成很多的水化产物,也使其水化作用受到阻碍。

阶段 V:稳定期。此阶段水化反应速率很低,持续时间很长,趋于稳定。水化作用完全受扩散速率控制,并且内部水化产物(颗粒原始周界以内区域形成的水化产物)开始逐渐形成和发展。

β-C$_2$S 的水化作用与 C$_3$S 有很多类似之处,但因两者结构不同,在水化反应速度上存在明显差异。有研究表明,β-C$_2$S 水化时 Ca^{2+} 的过饱和度较低,Ca(OH)$_2$ 晶体或 C-S-H 成核晚,可能是水化反应速度慢的一个主要原因。

2.3.1.2 铝酸钙矿物的水化作用

在硅酸盐水泥熟料矿物中,C$_3$A 的水化反应能力是最大的,对水泥早期凝结有重要影响。

试验表明,铝酸三钙在常温下的可能水化物是 C$_4$AH$_{19}$、C$_4$AH$_{13}$、C$_2$AH$_8$、C$_3$AH$_6$。在高碱性环境中的水化物主要是水化铝酸四钙,在低碱性环境中的水化物主要是水化铝酸二钙。当温度高于 30℃ 时,C$_3$A 的水化物主要是 C$_3$AH$_6$。C$_3$AH$_6$ 为立方晶体。应该指出,C$_4$AH$_{19}$、C$_4$AH$_{13}$ 和 C$_2$AH$_8$ 都是不稳定的,它们有转化为 C$_3$AH$_6$ 的趋势。所以 C$_3$A 的水化反应表达式一般写为:

$$C_3A + 6H_2O = 3CaO \cdot Al_2O_3 \cdot 6H_2O(或 C_3AH_6)$$

铁铝酸四钙水化时,一般认为生成六方形的水化铝酸钙和胶体状的水化铁酸一钙,因此其表达式可写为:

$$4CaO \cdot Al_2O_3 \cdot Fe_2O_3 + aq \longrightarrow 3CaO \cdot Al_2O_3 \cdot aq + CaO \cdot Fe_2O_3 \cdot aq$$

X 射线分析的研究结果表明,C$_4$AF 水化时生成的水化铝酸盐中含有若干氧化铁,所以其分子式可用下式表示:3CaO · (Al · Fe)$_2$O$_3$ · nH$_2$O。其中铝和铁的比例是不定的,也就是说可能生成一系列由 3CaO · Al$_2$O$_3$ · nH$_2$O 到 3CaO · Fe$_2$O$_3$ · nH$_2$O 的固溶体。另外,由于 C$_4$AF 水化时可生成 CaO · Fe$_2$O$_3$ · nH$_2$O 的凝胶体,它会在 C$_4$AF 的周围形成薄膜,使其水化速度降低。

由于铝酸三钙的水化、凝结和硬化速度很快,造成水泥的凝结过快,不利于施工。为了调节水泥的凝结时间,在水泥粉磨时掺入了适量二水石膏(CaSO$_4$ · 2H$_2$O)。铝酸三钙水化后形成的水化铝酸钙会与二水石膏作用,生成三硫型水化硫铝酸钙 (Ca$_6$Al$_2$(SO$_4$)$_3$(OH)$_{12}$ · 26H$_2$O),也称钙矾石(以 AFt 表示),其反应式如下:

$$3CaO \cdot Al_2O_3 \cdot 6H_2O + 3(CaSO_4 \cdot 2H_2O) + 20H_2O = 3CaO \cdot Al_2O_3 \cdot 3CaSO_4 \cdot 32H_2O$$

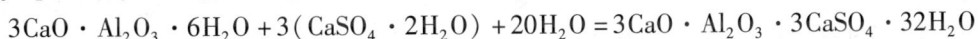

钙矾石呈针状晶体,它难溶于水。当石膏耗尽后,钙矾石将与水化铝酸钙反应生成单硫型水化硫铝酸钙(3CaO · Al$_2$O$_3$ · CaSO$_4$ · 12H$_2$O),以 AFm 表示。

图 2-6 描述了在有二水石膏的条件下,C$_3$A 的水化放热速率随时间的变化规律以及水化反应产物的形成过程。由图可见,C$_3$A 的水化过程可分为 4 个阶段。

阶段 I:此阶段相应于 C$_3$A 的溶解和钙矾石的形成,开始水化放热很快,但随后又迅速降低。

阶段 II:由于 C$_3$A 表面形成的钙矾石包覆层变厚,并产生结晶压力。当此压力达到一定数值后,包覆层出现局部破裂。此阶段水化放热速率很低。

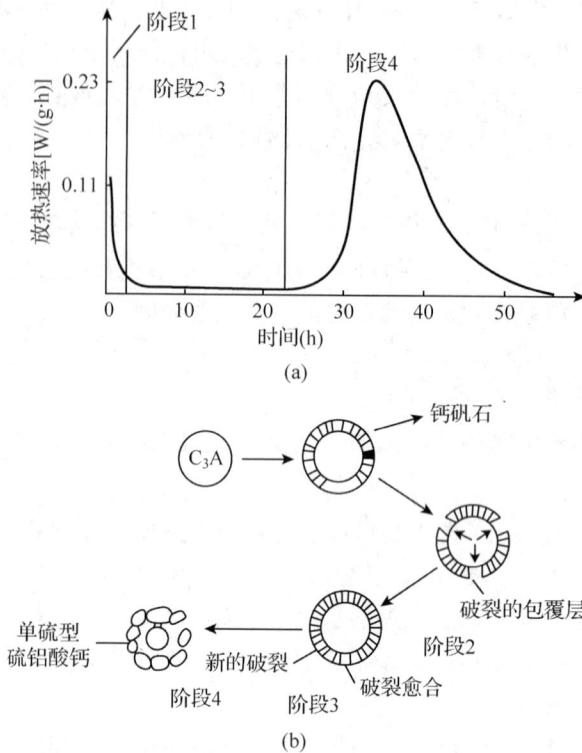

图 2-6　在有石膏存在时 C_3A 的水化反应过程（申爱琴，2000）

阶段Ⅲ：由于钙矾石包覆层破裂处被迅速形成的钙矾石所封闭，所以水化放热速率很低。

阶段Ⅳ：由于石膏消耗完毕，体系中剩余的 C_3A 与钙矾石反应，生成单硫型水化硫铝酸钙，因而出现第二个放热峰。可见在形成钙矾石的第一个放热峰以后，经过较长时间才出现水化重新加速的第二放热峰，足以说明二水石膏具有延缓水化速率的作用。

在水泥浆体中生成的钙矾石是促进水泥石早期强度提高的因素，因为钙矾石呈柱状（或针状）结晶，从而"加固"了结构。同时，试验证明，如果二水石膏过量，在水泥浆体硬化以后，还会继续生成钙矾石，并由于固相体积显著增加，反而会引起水泥石结构出现不均匀膨胀，甚至产生开裂。

2.3.2　硅酸盐水泥的水化作用

水泥颗粒是一个多矿物聚集体，它在与水作用时，不仅各种熟料矿物要发生水化作用，而且彼此之间还存在相互影响。硅酸盐水泥的水化实际上是在少量水中进行的，水灰比一般为 0.3～0.6。水泥与水混合后，C_3S、C_3A 与水发生作用并迅速溶解，石膏和熟料中的碱也很快溶解，使水变成含有 Ca^{2+}、OH^-、$Al(OH)_4^-$、SO_4^{2-}、K^+、Na^+ 等多种离子的溶液。因此，水化作用开始时，基本上是在含碱的 $Ca(OH)_2$ 和 $CaSO_4$ 饱和溶液或过饱和溶液中进行的。

高浓度的钙离子和硫酸根离子在溶液中保持的时间长短，取决于水泥的组成。藤井钦二郎等人曾确定，$Ca(OH)_2$ 溶液的过饱和度在起始的 10min 内达到极大值后，又急剧地降低，此后溶液变为饱和的或者是弱过饱和的。但也有研究表明，$Ca(OH)_2$ 的过饱和度能保持 4h 或 1~3d。孔隙溶液中 SO_4^{2-} 离子的浓度在达到极大值后，因铝酸钙消耗 $CaSO_4$ 形成水化硫铝酸钙，SO_4^{2-} 离子的浓度就开始降低，从而使孔隙中溶液逐渐变成基本上是 $Ca(OH)_2$、$NaOH$、KOH 的溶液。但在钾、钠离子存在的条件下，钙离子的溶解度变小，加快了 $Ca(OH)_2$ 的结晶，更会使液相成为以 OH^-、K^+、Na^+ 离子为主的溶液。由此可见，孔隙液相中的离子组成依赖于水泥中各种组成的溶解度，但液相组成必然又反过来影响到各熟料矿物的水化速率，所以在水化过程中，固、液两相的组成也是处于随时间而变化的动态平衡之中（申爱琴，2000）。

水泥与水拌和后，C_3A 立即与水发生作用，C_3S、C_4AF 水化也较快，而 C_2S 水化较慢。在电镜下观察，几分钟后可以看到在水泥颗粒表面生成钙矾石针状晶体、无定型的水化硅酸钙凝胶体以及 $Ca(OH)_2$ 或水化铝酸钙等六方板状晶体。由于钙矾石不断生成，液相中 SO_4^{2-} 离子逐渐减少，并在其耗尽之后，就会有单硫型水化硫铝酸钙生成。如石膏不足，还有 C_3A 和 C_4AF 剩留，则会生成单硫型水化硫铝酸钙与 $C_4(A、F)H_{13}$ 的固溶体，甚至单独的 $C_4(A、F)H_{13}$，而后者逐渐转变成稳定的等轴晶体 $C_3(A、F)H_6$。

2.3.3 水泥的水化速度及其影响因素

水泥的水化速度是决定水泥凝结硬化速度的一个主要因素。所谓水化速度是指单位时间内水泥的水化程度或水化深度。而水化程度是指一定时间内水泥发生水化作用的量与完全水化的量的比值，以百分率表示。水泥的水化深度是指某一时刻水泥粒子表面已发生水化作用部分的厚度。

测定水化速度的方法有直接法和间接法两类。直接法是采用岩相分析、X 射线分析、热分析等方法，定量地测定水泥未水化的数量以及相应的水化部分的数量。间接法包括测定水化过程的水化热、结合水以及 $Ca(OH)_2$ 生成量等方法。其中较常用的方法是测定结合水法和微热量热器测定水化热法。

硅酸盐水泥的水化放热曲线与 C_3S 的基本相同（图 2-7），图中出现了 3 个放热峰。第一个峰一般认为是由于 AFt 的生成，第二个峰则是由于 C_3S 水化生成 C–S–H 和 CH 相，第三个峰是由于石膏耗尽之后 AFt 向 AFm 的转变所引起的。

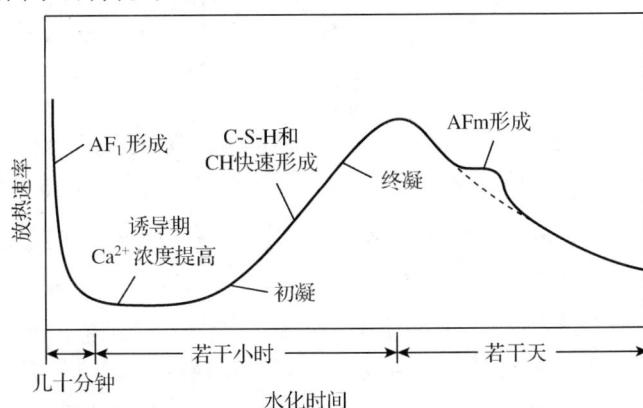

图 2-7 硅酸盐水泥的水化放热曲线（袁润章，1996）

影响水泥水化速度的因素很多，但主要有以下几个方面：

①水泥熟料的矿物组成 山口悟郎等人用 X 射线分析对不同水泥熟料单矿物的水化速度以及水泥水化时，水泥中各种矿物的水化速度进行过试验研究。试验结果如图 2-8 所示。

图 2-8 表明，在水泥中 4 种矿物的水化速度与 4 种矿物单独水化的速度相比没有很大差别。早期水化速度的关系是：$C_3A > C_4AF > C_3S > C_2S$，后期水化速度的关系是：$C_3S > C_3A > C_4AF > C_2S$。

水泥是由各种矿物组成的，它们彼此之间会发生相互作用，对水化过程也要产生影响。例如有资料表明，C_3A 的存在就能促进硅酸钙的水化。

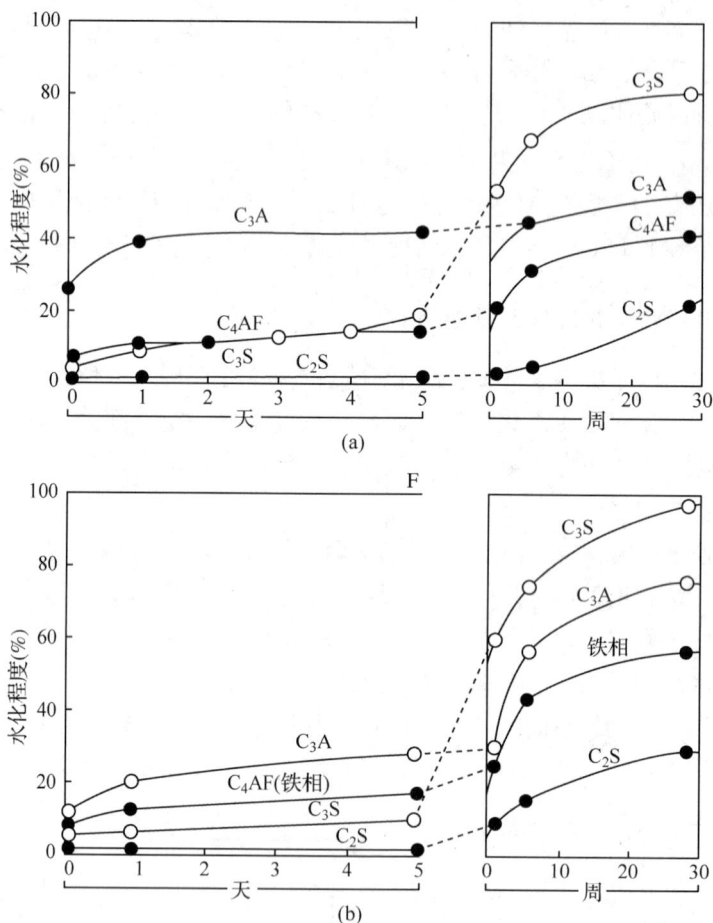

图 2-8 水泥熟料矿物的水化程度随时间的变化

(a) 各种矿物单独水化 (b) 在水泥中水化

②水化温度 水泥的水化反应也遵循一般的化学反应规律，即提高温度会加速水化反应的过程。试验研究表明，提高温度对 C_2S 的水化反应影响最大，温度越高，其水化反应越快。而对 C_3A、C_4AF 影响最小。对 C_3S 来说，温度的影响主要表现在水化的早期阶段，对水化后期影响不大。温度对水泥水化速度的影响与温度对 C_3S 的影响情况相似。在低于常温的条件下硅酸盐水泥及其组成矿物的水化与常温相比并无明显

差异，形成的水化产物一般也和常温时相同。硅酸盐水泥及其组成矿物在 -5℃时仍能水化，但在 -10℃时水化反应基本停止。

③水泥细度 近藤连一对4种细度的水泥的早期水化速度进行的试验表明(图2-9)，水泥水化反应与一般化学反应的规律是一致的。比表面积大的水泥放热峰的值最大，达到最大值的时间最早。也就是说，比表面积越大(即水泥越细)，其早期水化速度也越快。

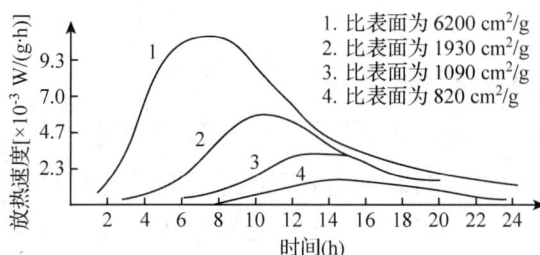

图2-9 不同分散度的水泥水化速度与时间的关系(申爱琴，2000)

④水灰比 从水泥熟料矿物的溶解和水化来看，水灰比较大时，有利于水泥熟料矿物的溶解和水化，水泥的水化程度就高。有资料表明：水灰比在0.25~1.0之间变化时，其对水泥的早期水化速度并无明显影响。但水灰比过小时，由于水化所需的水分不足，会使后期的水化速度变慢，所以为了使水泥充分水化和浆体具有良好的塑性，拌和时的用水量应为水化反应理论加水量的1倍左右，一般水灰比宜在0.4以上。

⑤外加剂 在水泥中加入促凝剂、缓凝剂、快硬剂等外加剂可以调节水泥的水化速率。除氟化物和磷酸盐之外，绝大多数无机电解质都有促进水泥水化的作用，如 $CaCl_2$，可以形成可溶性钙盐，使液相提早达到必需的 $Ca(OH)_2$ 过饱和浓度，使 $Ca(OH)_2$ 结晶析出，从而加快熟料矿物的水化作用。而许多有机外加剂对水泥水化有延缓作用，如糖蜜类和木质素磺酸盐类减水剂等。

2.3.4 硅酸盐水泥的水化机理

关于硅酸盐水泥的水化历程与机理最早是由两位化学家分别提出的两种不同理论：

(1)溶解沉淀反应理论

这个理论始于法国学者吕查得理(H. Lechatelier)的结晶理论。他认为水泥的水化是水泥在水中溶解和水化物在溶液中结晶沉淀的过程。以硅酸钙的水化为例，其水化历程如下：①水泥粒子在水作用下，首先在其表面形成水化离子，并向溶液中扩散；②当溶液达到过饱和时，离子彼此聚集形成 C-S-H 分子，并形成水化相的晶胚；③晶胚长大并形成胶体尺寸的水化物；④水化物沉淀。如此溶解—沉淀不断进行，直到水泥完全水化为止。

(2)局部化学反应理论

这个理论始于德国学者米哈爱利斯(W. Miehaelis)关于水泥水化的胶体理论。他认为含有很多钙离子的硅酸盐熟料矿物与水作用时，在溶液中析出钙离子，并留下缺少钙离子的结晶格子。这种结晶格子在水溶液进入后发生肿胀并形成凝胶。水化反应过程是由于水泥粒子吸收溶液并在晶格内部进行的。

这两种理论从不同的角度论述了水泥的水化历程，也有学者认为，对于硅酸钙类的胶凝材料，其早期的水化反应是溶解沉淀反应，而后期才是局部化学反应。尽管当时的理论已被现代观点所取代，但是他们的理论对研究水泥水化历程与机理发挥了很大作用。

为了理解硅酸盐水泥的水化机理，以下先介绍水泥熟料矿物的水化机理（申爱琴，2000）。

2.3.4.1 硅酸三钙的水化机理

C_3S 是硅酸盐水泥的主要矿物，它对水泥的胶凝性质起着重要作用。因此，对 C_3S 水化机理的研究有利于人们掌握硅酸盐水泥的水化特性。对于 C_3S 的水化机理，人们提出了两种不同的理论，即保护层理论和延迟成核理论。

①保护层理论 保护层理论是将诱导期（或称潜伏期）归因于保护层的生成。当保护层破裂时，诱导期就结束。H. N. 斯特恩（H. N. Stein）等人认为：在 C_3S 的水化过程中假设连续形成了 3 类不同的水化物。第一类水化物（C/S = 3.0）在几分钟内生成，并很快在 C_3S 的周围形成了致密的保护层，从而阻碍了 C_3S 的水化，使放热变慢，Ca^{2+} 进入液相的速度降低，导致诱导期的开始。在诱导期，水化物的钙硅比降低，第一类水化物向第二类水化物（C/S = 0.8~1.5）转变，这时保护层的透水性提高，同时液相也变成为对 $Ca(OH)_2$ 的过饱和溶液。而加速期的出现是由于 C_3S 粒子表面的保护层的崩裂或重结晶的结果，这时形成的第三类水化物（C/S = 1.5~2.0）呈纤维状。

②延迟成核理论 J. F. 杨（J. F. Yang）等人认为，诱导期受溶液中 $Ca(OH)_2$ 晶核的形成与生长所控制，因 C_3S 缓慢溶解，以生成富有 Ca^{2+} 及 OH^- 离子的溶液，为了克服溶液中硅酸盐离子对 $Ca(OH)_2$ 晶体形成的抑制作用，直到溶液浓度达到过饱和，才能迅速形成稳定的 $Ca(OH)_2$ 晶核。当 $Ca(OH)_2$ 晶体成长时会吸收 Ca^{2+} 及 OH^- 离子，饱和度降低后，C_3S 的水化就恢复加速期。所以在溶液中 Ca^{2+} 达到最高浓度时（它相当于达到 $Ca(OH)_2$ 的最大过饱和度），便是诱导期的终止和加速期的开始。

2.3.4.2 硅酸二钙的水化机理

$\beta - C_2S$ 与水反应生成的水化产物与 C_3S 类似。因此，它的水化作用与 C_3S 也有很多类似之处。由于 $\beta - C_2S$ 水化速度慢，所以很容易区别各种表面形态现象。$\beta - C_2S$ 的溶解及水化产物的生成都是非均匀性的。它在 24h 的表面状态类似于 C_3S 水化 5min 的状态。因为各种离子释放进入液相的速度很慢，所以 $Ca(OH)_2$ 的浓度达不到过饱和度，其结果是形成了较大的 $Ca(OH)_2$ 晶体。现已发现，$\beta - C_2S$ 在有少量 C_3S 存在时与水反应的速度要快些，这是因为 C_3S 较快的水化速度形成了较高的 $Ca(OH)_2$ 过饱和度，而这是晶核快速形成和生长的必要条件。

2.3.4.3 铝酸三钙的水化机理

C_3A 在纯水中的水化与在水泥中的水化有很大差别，这是因为水泥中存在少量石膏，并且水化时会产生 $Ca(OH)_2$，它们对 C_3A 的水化速率和形成的产物都有一定的影响。

德国 U. Ludwig 教授对 C_3A 的水化机理的研究表明，在室温和水固比为 5 的条件下，C_3A 在有 $Ca(OH)_2$ 的情况下水化，在前 4h 内形成 C_3AH_6，而在以后的水化过程中形成 C_4AH_{19}。水化 8h 后就已经没有 C_3A 的痕迹。3 年后水化产物还以同样的数量存在。

H. N. 斯特恩(H. N. Stein)等人根据对 $C_3A - CaSO_4 - Ca(OH)_2 - H_2O$ 体系水化动力学研究的结果，提出了在有 $CaSO_4$ 和 $Ca(OH)_2$ 存在时 C_3A 的水化作用机理：C_3A 开始与水作用后，在水泥颗粒表面迅速形成 AFt 相薄膜，随着 AFt 相的增加薄膜逐渐增厚，并产生结晶压力；在结晶压力的作用下，薄膜破坏；重新形成的 AFt 相又会填充被破坏的部分；当石膏消耗完以后，C_3A 与 AFt 相作用形成 AFm 相和 C_4AH_{13} 以及二者的固溶体。

2.3.4.4 铁铝酸四钙的水化机理

在有 $CaSO_4$ 和 $Ca(OH)_2$ 存在时，C_4AF 早期的水化比 C_3A 延缓得更为显著。因此，$CaSO_4$ 的吸附作用对 C_4AF 早期水化的延缓作用似乎是非常有效的。C_4AF 的水化过程与 C_3A 很相似，在有 $Ca(OH)_2$ 存在时，C_4AF 水化 4min 之后，就有六方的水化物生成，而水化 24h 之后，有立方的水化物生成。当 $Ca - Al -$ 铁酸盐与 $CaSO_4$ 和 $Ca(OH)_2$ 发生作用时，类 AFt 相作为最初的相形成。C_4AF 水化 6h 之后，就可鉴别出 AFt 相。AFt 相与未反应的 C_4AF 之间会发生反应，并生成单硫酸盐相(AFm)。AFt 相的溶解和 AFm 相的形成规律与 C_3A 相同。

2.4 水泥浆体的凝结硬化及结构形成过程

水泥与水拌和后，形成具有流动性和可塑性的浆体，随着水泥水化反应的不断进行，浆体逐渐失去流动性和可塑性，强度不断提高，并最终转变为坚硬的石状体，这个过程称为水泥的凝结硬化。从整体来看，凝结和硬化是同一个过程的两个不同阶段，凝结标志着水泥浆体的结构具有一定的塑性强度，而硬化则标志着水泥浆体固化后所形成的结构具有一定的机械强度。

2.4.1 水泥的凝结硬化理论

研究塑性水泥浆体如何转变成坚硬的水泥石结构的理论，称为水泥凝结硬化理论。以下介绍几种著名的理论(申爱琴，2000)。

(1)结晶理论

1882 年吕查得理(H. Lechateier)提出了结晶理论。他认为水泥的水化、硬化过程是溶解—沉淀过程。水泥中各熟料矿物首先溶解于水，与水反应后，生成的水化产物由于溶解度小于反应物，所以就结晶沉淀出来。随后熟料矿物继续溶解，形成的水化产物不断结晶和沉淀，直到水泥完全水化为止。水化产物晶体互相交叉穿插，联结成整体而凝结硬化。

（2）胶体理论

1892 年，米哈爱丽斯（W. Michaelis）又提出了胶体理论。他认为水泥水化以后生成大量胶体物质，再由于干燥或未水化的水泥颗粒继续水化产生"内吸作用"而使得浆体失水，从而使胶体凝聚，水泥浆体逐渐硬化。与上述溶解—沉淀反应最主要的差别，就是水泥不需要经过矿物溶解于水的阶段，而是固相直接与水反应生成水化产物。然后，通过水分的扩散作用，使水化反应界面由颗粒表面继续向内延伸。所以凝结、硬化是胶体凝聚成刚性凝胶的过程，与石灰或硅溶胶的情况基本相似。

（3）"凝聚—结晶"三维网状结构学说

列宾捷尔（П. А. Ребинер）等人认为：水泥的凝结、硬化是一个凝聚—结晶三维网状结构的发展过程。他们认为胶粒在适当的接触点依靠分子间力而相互联结，逐渐形成三维的凝聚网状结构，导致浆体的凝结。随着水化作用的不断进行，微晶体之间依靠较强的化学键结合起来，直接连生，形成了三维结晶网状结构。当三维结晶网状结构贯穿整个浆体时，水泥浆体达到硬化状态。这样，水泥浆体中就既有凝聚作用，又有结晶作用，即形成了凝聚—结晶网状结构。事实上，这两种网状结构的形成过程并不能机械地截然分开，凝结是凝聚结晶网状结构形成过程中凝聚结构占主导的一个特定阶段，而硬化过程则是由晶体结构的形成与发展占主导。

（4）三阶段理论

洛赫尔（F. W. Locher）等人则从水化产物形成及其发展的角度，提出整个硬化过程可分为如图 2-10 所示的 3 个阶段。该图概括地表明了各阶段主要水化产物的生成情况。

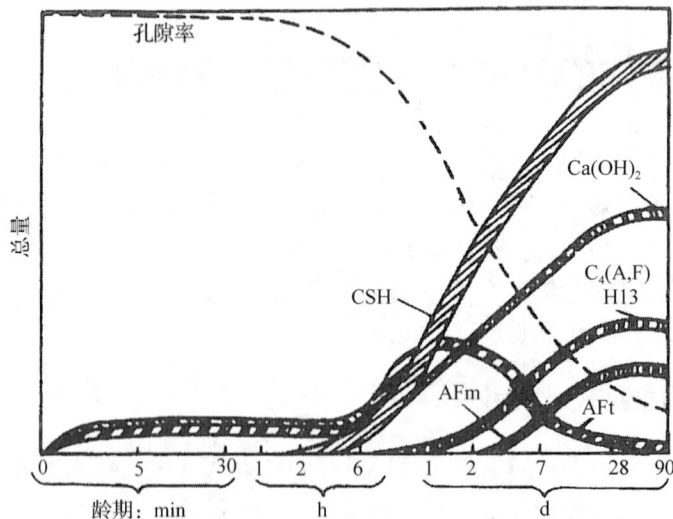

图 2-10 水泥水化产物的形成和浆体结构发展示意图

第一阶段：从水泥与水拌和起到初凝时为止，C_3S 与水迅速反应生成 $Ca(OH)_2$ 饱和溶液，并从中析出 $Ca(OH)_2$ 晶体。同时，石膏也很快进入溶液与 C_3A 反应生成细小的钙矾石晶体。在这一阶段，由于水化产物尺寸细小，数量又少，不足以在颗粒间产生联结，网状结构未能形成，水泥浆呈塑性状态。

第二阶段：大约从初凝起至24h为止，水泥水化开始加速，生成较多的 $Ca(OH)_2$ 和钙矾石晶体。同时水泥颗粒上长出纤维状的 C－S－H。在这个阶段中，由于钙矾石晶体的长大以及 C－S－H 的大量生成，产生强(结晶的)、弱(凝聚的)不等的接触点，将各颗粒初步联结成网，而使水泥浆凝结。随着接触点数目的增加，网状结构不断加强，强度相应增长。原先剩留在颗粒间空间中的非结合水，就逐渐被分割成各种尺寸的水滴，填充在相应大小的孔隙之中。

第三阶段：是指24h以后，直到水化结束。在一般情况下，石膏已经耗尽，所以钙矾石开始转化为单硫型水化硫铝酸钙，还可能会形成 $C_4(A、F)H_{13}$。随着水化的进行，C－S－H、$Ca(OH)_2$、$C_3ACS－H_{12}$、$C_4(A、F)H_{13}$ 等水化产物数量不断增加，结构更趋致密，强度相应提高。

水泥浆体凝结后，其中未水化的水泥继续水化，水化产物进一步增加，孔隙进一步减少，水泥浆体的强度则不断提高。只有在适当的条件下，水泥才能全部水化，所以硬化过程可能持续很长时间，甚至几年或更长时间。在水化、凝结和硬化过程中，水泥浆体结构的发展变化如图2-11所示。

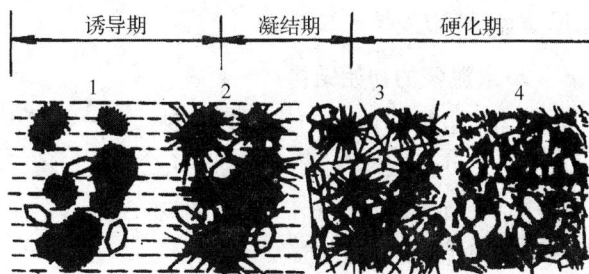

图2-11 水泥浆体结构发展示意图

除了上述理论之外，一些学者根据研究提出了新的观点。如塞切夫的两阶段观点、泰麦斯的硅酸盐阴离子聚合反应观点等。由此可见，水泥的凝结硬化过程很复杂。随着近代分析方法(如X射线技术、电子光学技术、核磁技术等)应用于水泥研究领域，人们对水泥凝结硬化机理的认识有新的进展，但仍存在不同的观点。实际上，在不同条件下水化过程会有不同的情况；不同的矿物在不同阶段，水化机理也不会完全相同。所以要更清晰地揭示水泥凝结硬化的过程与实质，更好地解决水泥硬化问题，还需要未来开展更多的研究。

2.4.2 水泥浆体的结构及形成过程

水泥的凝结硬化过程实质上是水泥浆体的结构形成过程。一般认为，水泥浆体结构的形成经历了3个阶段，即悬浮体结构阶段、凝聚结构阶段、凝聚—结晶结构阶段。各阶段具有不同的特点。

(1)固相粒子表面的双电层

水泥与水拌和以后的早期阶段为水泥浆悬浮体。关于水泥水化的研究表明，C_3S 与水接触后，O^{2-} 离子转化为 OH^-，SiO_4^{4-} 离子转化为 $H_nSiO_4^{(n-4)}$，Ca^{2+}(固相)则变为 Ca^{2+}(水化)。此时，原 C_3S 粒子表面形成一个富硅层，为维持电荷平衡，在其表面吸附溶液中的钙离子，从而建立起一个表面双电层，如图2-12所示。

A.A 斯诺罗谢利斯基等人通过实验发现，C_3S 表面双电层的 Zeta(ξ)电位值为负值，并且随着水化龄期的增加其绝对值减少。因此，可以把处于早期水化阶段的新拌

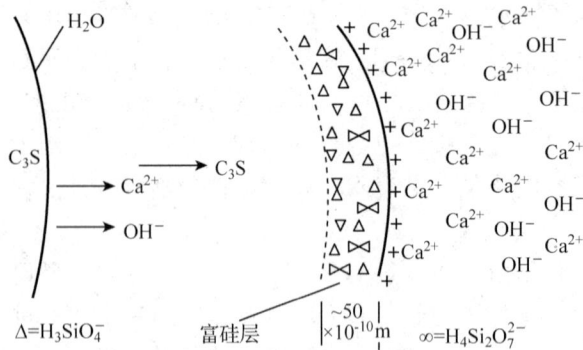

图 2-12　C₃S 早期水化扩散层的形成

位迅速降低(申爱琴，2000)。

(2)水泥浆的初始结构

水泥与水拌和以后的最初几分钟，可看成是一个由固相粒子在溶液中互相作用而形成的粗分散体系——即水泥浆的初始结构。

新拌水泥浆的典型例子是由 40%的固体粒子与 60%的水溶液组成(按体积计)，水泥熟料粒子的大小一般在 $0.5 \sim 75\mu m$ 之间，而其中 2/3 的粒子大于 $7\mu m$。粒子被水隔开，颗粒之间的平均距离大约为 $7\mu m$。由于水泥粒子在水作用下的分散和水化，水泥浆

水泥浆看成是带有表面双电层的固相颗粒的分散体系。水泥浆体的特性就决定于这些粒子之间的相互作用。图 2-13 中表示固相粒子扩散双电层及其 Zeta(ξ)电位变化的情况。图 2-13 表明，扩散双电层的厚度及 ξ 电位的降低不仅与表面电荷的数量有关，而且与离子的价数和浓度有关，提高反离子的价数和浓度，可以压缩扩散层的厚度，并使 ξ 电位迅速降低。

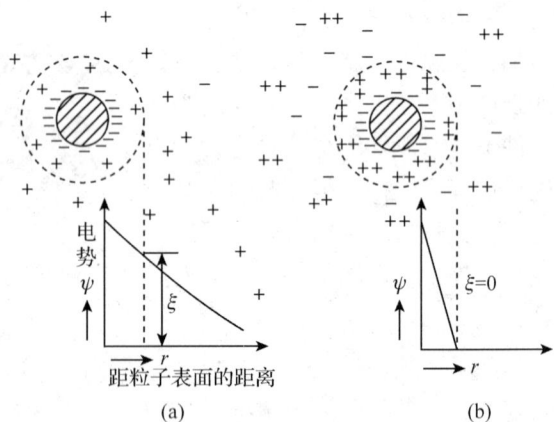

图 2-13　固相粒子扩散双电层及表面电势
(a)单价正离子　(b)二价正离子

中逐步形成了细粒子和胶体尺寸的水化物粒子，因而水泥浆体逐渐转变为具有多尺度固相离子组成的悬浮体。随着水化反应的进行，单位体积内固相粒子的数目、形态、尺度会发生变化，水泥浆体结构也随之发生变化。

(3)水泥浆的凝聚结构

处于水泥浆溶液中的固体粒子之间既有排斥作用，又有吸引作用。B. B. 捷良金认为两个粒子之间的引力可用范德华分子引力表示。而斥力则由于颗粒互相接触的情况不同而有所差异，它主要取决于溶液浓度、粒子的数量、温度、粒子的直径及粒子之间的距离。如果粒子之间的排斥力不能克服，则粒子彼此独立，浆体成为稳定的悬浮体。如果斥力被克服，则粒子在引力作用下彼此凝聚起来，形成凝聚结构。

图 2-14 可以解释水泥浆体结构形成过程的条件。当其他条件确定时，两个离子之间总的力 N(斥力与引力之差)及其间的能量 E 主要与两个粒子的距离 h 有关。

如果粒子间的距离大于 h_3，它们之间的相互作用几乎为零。这时浆体处于无塑性强度的悬浮体阶段。如果粒子间的距离相互靠近至 h_3 时，就会出现范德华分子力。如果要进一步靠近，就要克服扩散层电荷的排斥力(袁润章，1996)。

当范德华分子引力作用半径大于排斥力作用半径时，粒子之间可在 h_2 的位置上产

生远程凝聚。这时粒子之间在最少受溶剂化层保护的区段以范德华分子引力相互连接。如果这种区段在粒子表面部分占有较大的比例，粒子就会产生凝聚而沉淀，并形成比较紧密的凝聚沉淀物。但如果这种区段只集中在个别地点，例如棒状或片状粒子的尖部或棱边，那么粒子之间就会在这些地点形成凝聚中心，并相互联结而形成疏松的骨架—空间网，这种结构网称为凝聚结构。凝聚结构的主要特征是：

①粒子之间互相联结的力主要是范德华分子引力，因而其强度不大。

②具有触变性，即在外力作用下结构会发生破坏，但在外力去除后能够复原。

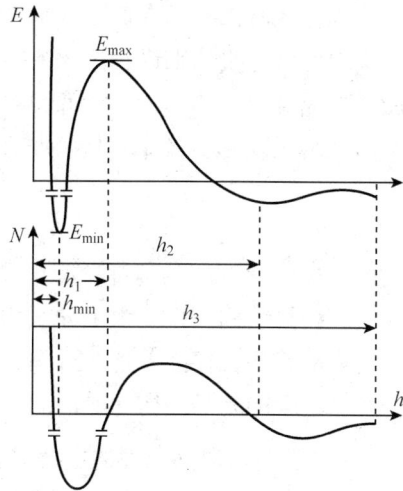

图 2-14 各种距离上凝聚结构的稳定性

（4）水泥浆的结晶结构

随着水化物粒子的大量生成，水化物粒子之间交叉结合，或者粒子界面上晶核连生，从而形成凝聚—结晶结构网。结晶结构中粒子之间的相互作用力是化学键力或次化学键力，因而水泥浆的结构进一步强化，强度显著提高。但结晶结构网不具有触变复原的特性。

2.5 新拌水泥浆的物理特性及流变性质

水泥浆和水泥混凝土拌和物的一系列工艺性质，不仅与水泥浆体的结构形成过程有关，而且与其物理特性和流变特性有关。

2.5.1 水泥浆中水的作用及泌水性

（1）水泥浆中水的作用

水在水泥浆中的作用主要有两个方面：一是保证水泥水化过程的进行；二是使新拌水泥浆具有良好的流动性和可塑性，以便于搅拌、浇筑、成型等施工操作。在常规工艺条件下，为了满足后者，实际加水量必须大于满足前者所需的最低需水量。这些多出的水分在水泥浆或混凝土输送、浇捣过程中以及在凝结硬化以前的静置期中，都容易产生泌水。所以拌制水泥浆时的用水量必须适当。

（2）泌水现象与水泥浆体结构的关系

在水泥—水体系中，固体粒子的表面都存在一个吸附水和扩散水层。当固相粒子的浓度足够时，它们在分子力的作用下，通过水膜互相联结成为一个凝聚空间结构网。如果水泥—水体系中的水量过少（即水灰比小于某一数值 K_m），就不足以在固相粒子表面形成吸附水层，同时也由于缺少水分，粒子也不能在热运动作用下互相碰撞而凝聚，这时水泥浆表现出松散的状态。相反，如果原始加水量过高（即水灰比超过某一数值 K_P），则分散的固相粒子所形成的凝聚结构空间网所能占有的体积会明显小于原始的水泥—水体系所占有的空间，这时就会出现多余水分的分离，即泌水现象。因此对于某一确定的水泥浆体来说，应该有一个适当的加水量范围。在这个范围内，水泥浆体既能够形成凝聚结构，而且凝聚结构空间网又能基本占满原始的水泥—水体系的空间，不出现泌水现象。И. Н. 阿赫维尔多夫根据对硅酸盐水泥的试验结果得到如下经验关系：

$$K_m = 0.876\ K_H,\quad K_P = 1.65\ K_H$$

式中，K_H 为水泥浆的标准稠度用水量。

在凝聚结构网里，由于分子力和重力对粒子的进一步作用，凝聚结构有进一步紧固密实的趋势，伴随着这个过程，也会使水泥浆出现泌水。当水泥浆进入硬化阶段时，已经有连续的结晶结构网的形成，自动密实的过程就停止下来，泌水现象也就停止。

(3) 影响水泥泌水性的主要因素

泌水现象是与浆体中固相粒子的沉淀同时发生的，测定泌水性的方法有两种：

①测定在重力作用或离心作用下水泥浆体积的变化；

②测定由于水泥浆自动密实而在其表面所析出的水的体积。

水泥浆的泌水是与浆体中固相粒子的沉降同时发生的。对于比较干硬的浆体，泌水性则与毛细通道是否上下贯穿有关。由于泌水过程主要发生在水泥浆体形成凝聚结构之前，所以水泥的泌水量、泌水速率与水泥的矿物组成、粉磨细度、混合材料的种类和掺量、加水量、温度等多种因素有关。

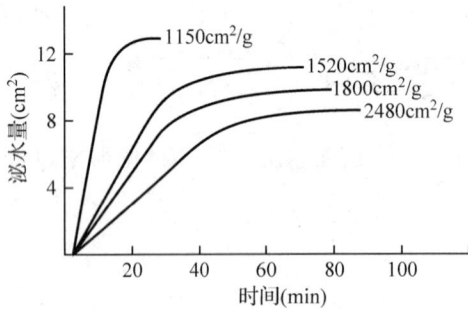

图 2-15　水泥浆泌水量与细度和时间的关系

提高水泥细度，不仅可使水泥颗粒均匀地分散在浆体中，减弱其沉降作用，而且可加快形成浆体的凝聚结构，降低泌水性。由图 2-15（申爱琴，2000）可见，比表面积越大（即水泥越细），水泥浆泌水量就越小，并且达到最大泌水量的时间也越长。

水泥浆泌水性的反面是保水性，保水性取决于水泥粒子对水的吸附性能和水泥浆凝聚结构的密实度。水泥粒子对水的吸附量与细度有关，水泥越细，比表面积越大，吸附水的数量也就越多，所以水泥越细，保水性越强，泌水性就越小。

研究表明，水泥中 C_3A 的含量对保水性的影响最为明显，C_3A 含量越高，其保水性就越好。这是因为 C_3A 的分散与水化作用较强烈，C_3A 含量越高，使得水泥浆体内分散的胶体粒子数量增加，粒子的表面积增加，形成的凝聚结构的接触点增多，所以保水性就越好。

除了提高水泥细度或 C_3A 含量之外，在水泥浆中加入减水剂，也可以起到较好的效果。减水剂在水泥浆中的作用有两个：一是在水泥粒子表面形成吸附层，减少粒子间的互相作用，起着"润滑"作用，在保证水泥浆良好流动性的情况下，可以减少加水量；二是产生"分散"作用，促进水泥粒子之间的分离，增加水泥浆中单个粒子的数量，提高保水性，避免出现过多泌水。

2.5.2　水泥浆的流变特性

2.5.2.1　流变学概述

流变学是研究物体中的质点因相对运动而产生流动和变形的科学，它以时间为基本因素综合地研究物体弹性应变、塑性变形和黏性流动。因为流变学能够表述材料的内部结构和宏观力学性质之间的关系，所以它逐渐成为材料科学基础理论的一个重要部分，可用于各种类型的材料性质研究。

流变学采用三种理想物体建立了 3 种基本模型，如图 2-16 所示。

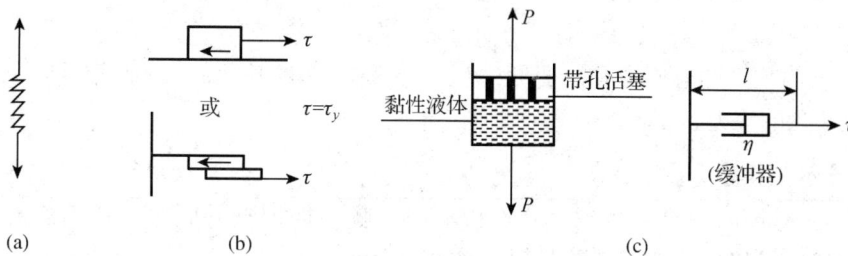

图 2-16　流变学的三种理想物体
(a) 虎克 (Hooke) 弹性体　(b) 圣·维南 (St. Venant) 塑性体　(c) 牛顿 (Newton) 黏性液体

(1) 虎克弹性模型

用一个完全弹性的弹簧作为理想弹性体的模型元件，当外力产生的应力在弹性极限以内时，剪应力 τ 与剪应变 γ 成正比；与弹性极限相对应的应力称为极限剪应力 τ_0 或屈服应力。其流变方程为：

$$\tau = E\gamma \tag{2-1}$$

(2) 圣·维南塑性模型

用两个做相对运动的滑板 (或者用一个在桌面上运动的物体) 作为理想塑性体的模型元件，当使物体产生变形的力超过屈服应力 (τ_0) 时，在应力保持不变的情况下，物体产生塑性流动。如果这个外加的应力等于屈服应力 (τ_0) 时，物体以匀速流动。其流变方程为：

$$\tau = \tau_0 \tag{2-2}$$

(3) 牛顿黏性模型

用一个装满黏性液体的圆柱形油壶及在其内运动的带孔的活塞 (或者用一个缓冲器) 作为理想黏性体的模型元件。当液体在外力作用下产生流动时，其剪应力 τ 与流动层间速度梯度 $\dot{\gamma}$ 成正比。其流变方程为：

$$\tau = \eta\dot{\gamma} \text{ 或 } \quad \tau = \eta \cdot \frac{\mathrm{d}\gamma}{\mathrm{d}t} \tag{2-3}$$

式中，η 为黏度系数或塑性黏度，$\mathrm{Pa \cdot s}$；$\dot{\gamma} = \dfrac{\mathrm{d}\gamma}{\mathrm{d}t}$ 为速度梯度或剪切应变速率，s^{-1}。

实际上大量的物体并不是理想的弹性体、塑性体、黏性体，而是具有上述两种或三种基本流变性质，只是在程度上有差异。因此流变学是根据材料的流变特性，用基本模型元件进行组合，并用一些参数把应力与变形的关系联系起来，表述为流变方程式。这些参数往往反映材料的流变特性。以下是 3 个典型的材料流变模型。

(1) 马克斯威尔模型

马克斯威尔(Maxwell)模型是将虎克弹性模型与牛顿黏性模型串联组合得到的流变模型(图 2-17)。它可以用于研究黏弹性材料的流变特性。在此模型中，各基本元件所受的应力相等，而总变形为各基本元件的变形之和，即：

$$\tau = \tau_e = \tau_v; \ \gamma = \gamma_e + \gamma_v$$

其流变方程为：

$$\frac{\tau}{\eta} = \frac{\dot{\tau}}{E} = \dot{\gamma} \tag{2-4}$$

式中，τ、γ 为模型的总应力和总变形；τ_e、γ_e 分别为弹性基元的应力、变形；τ_v、γ_v 分别为黏性基元的应力、变形。

(2) 开尔文模型

开尔文(Kelvin)模型是将虎克弹性模型与牛顿黏性模型并联组合得到的流变模型(图 2-18)。它可以用于研究滞弹性材料的流变特性。在此模型中，各基本元件所受的应变相等，而总应力为各基本元件的应力之和，即：

$$\tau = \tau_e + \tau_v; \ \gamma = \gamma_e = \gamma_v$$

其流变方程为：

$$\tau = E\gamma + \eta \dot{\gamma} \tag{2-5}$$

(3) 宾汉姆模型

将圣·维南塑性模型与牛顿黏性模型并联后再与虎克弹性模型串联即得到宾汉姆模型(图 2-19)。在宾汉姆模型中，当 $\tau < \tau_y$ 时，并联部分不发生变形，因此：

$$\tau = E\gamma_e$$

当 $\tau > \tau_y$ 时，则在并联部分发生与应力 $(\tau - \tau_y)$ 成正比的黏性流动变形，因此流变方程为：

$$\tau - \tau_y = \eta \dot{\gamma} = \eta \frac{d\gamma_v}{dt} \tag{2-6}$$

因为总的变形 $\gamma = \gamma_e + \gamma_v$，而 γ_e 是常数，因此式(2-6)可写成：

$$\tau = \tau_y + \eta \frac{d\gamma}{dt} \tag{2-6'}$$

式(2-6')即为宾汉姆模型的流变方程。当式中 $\tau_y = 0$ 时，则成为牛顿黏性液体流变方程。

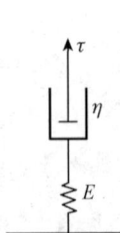

图 2-17　马克斯威尔模型　　　　图 2-18　开尔文模型　　　　图 2-19　宾汉姆模型

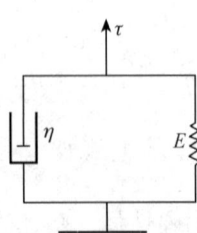

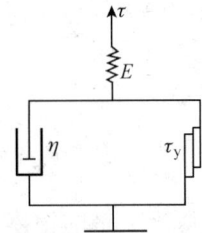

2.5.2.2 水泥浆的流变特性

研究表明，水泥浆属于非牛顿流体，其流变特性接近宾汉姆体，所以可以用宾汉姆体的流变模型表示，如图2-20所示。其流变方程可用下式表示：

$$\tau = \tau_0 + \eta_0 \dot{\gamma}$$

式中，τ 为剪应力；τ_0 为屈服应力；η_0 为黏度系数或塑性黏度；$\dot{\gamma}$ 为速度梯度或剪切应变速率(s^{-1})。

研究水泥浆的流变特性主要是确定 $\dot{\gamma}$ 与 τ 之间的关系，从而确定表征水泥浆流变特性的参数 τ_0、η_0 等值。水泥浆的流变特性，通常采用旋转黏度计的方法测定。旋转黏度计的工作部分包括内外两个圆筒，在内外两个筒之间放入要测定的试样。

外筒的半径为 R_c，内筒的半径为 R_b，试样的有效高度为 h，当外力使外筒以不同的角速度 Ω(r/min) 旋转时，通过水泥浆试样，可以带动内筒旋转。根据扭转角速度可以得到扭矩 T。因此，在对水泥浆流变特性进行测定时可能直接得到 Ω 与 T 两个参数。这两个参数与 τ_0 和 η_0 值的关系，可以用雷诺—里利布(Reiner – Riwlib)所推导的式(2-7)表示：

$$\Omega = \frac{T}{4\pi\eta_0 h}\left(\frac{1}{R_b^2} - \frac{1}{R_c^2}\right) - \frac{\tau_0}{\eta_0}\ln\frac{R_c}{R_b} \qquad (2\text{-}7)$$

以 Ω 和 T 为纵横坐标作图，可以从所得曲线的斜率和截距计算出 τ_0 和 η_0 值。

采用旋转黏度计测定水泥浆流变性质时，由于外筒和内筒作相对转动，在两筒之间水泥浆体的黏滞性使得两筒之间承受扭矩，所以可以作出流体旋转层之间的剪应力(τ)与两筒相对旋转速度(D)之间的相关曲线[$\tau = f(D)$]，此曲线可称为水泥浆的流变曲线。

有些流体只有当剪应力大于其流动极限 τ_0 时，才产生流动变形，其流变曲线如图2-20所示(申爱琴，2000)。流变方程可写成：

$$\tau = \tau_0 + \eta_0 D$$

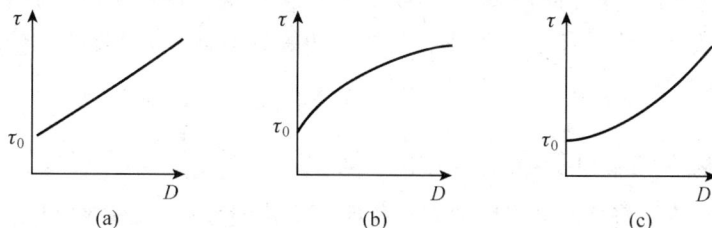

图 2-20　具有流动极限 τ_0 的流变曲线类型

(a)宾汉姆流体　(b)塑性流体　(c)流胀型流体

水泥浆流变曲线的形状类似于塑性流体曲线，如图2-20(b)所示，对宾汉姆流体或牛顿流体($\tau_0 = 0$)，η_0 为常数，所以有：

$$\frac{\mathrm{d}\tau}{\mathrm{d}D} = \eta_0 = 常数，\quad \frac{\mathrm{d}(\mathrm{d}\tau)}{\mathrm{d}D} = 0$$

对塑性流体或假塑性流体($\tau_0 = 0$)，η_0 不是常数，η_0 随着 D 增大而减小，所以：

$$\frac{\mathrm{d}\tau}{\mathrm{d}D} = \eta_0 \neq 常数, \quad \frac{\mathrm{d}(\mathrm{d}\tau)}{\mathrm{d}D} < 0$$

对流胀型流体，η_0 随着 D 增大而增大，所以：

$$\frac{\mathrm{d}\tau}{\mathrm{d}D} = \eta_0 \neq 常数, \quad \frac{\mathrm{d}(\mathrm{d}\tau)}{\mathrm{d}D} > 0$$

将 $\eta_0 = \mathrm{d}\tau/\mathrm{d}D$ 定义为流体的黏度，其值不仅是转动速度 D 的函数，也可能是时间的函数。因此，η_0 随着转动速度的变化而变化。根据转动速度先增加后减少所得的流变曲线，可将流变性质分为 3 种，即可逆性、触变性和反触变性(图 2-21)。

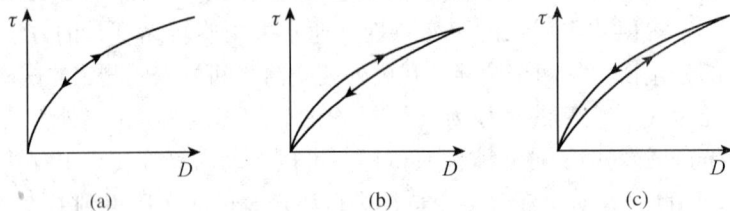

图 2-21　可逆性、触变性和反触变性流体的流变曲线(申爱琴，2000)
(a)可逆性　(b)触变性　(c)反触变性

触变性是指流体在外力作用下，随着转动速度 D 的增加黏度逐渐减小，流动性暂时增加，而当外力除去后，具有缓慢的可逆复原的性能。这是一种等温条件下凝胶—溶胶可逆互变的现象，是胶体体系的特性。

反触变性是指流体在外力作用下，黏度随着转动速度 D 的增加而增大，流动性暂时减小，而当外力除去后，具有缓慢的可逆复原的性能。这是某些粗粒子悬浮体的特性。

S. A. 格里伯格(S. A. Greenbeng)等人研究了水化时间分别为 15min、45min、3h 的水泥浆流变特性，试验结果表明，15min 时为反触变性，45min 时为可逆性，3h 时为触变性。

随着水化过程的进行，水泥浆中不断形成水化物凝胶体，所以水泥浆的流变特性从具有反触变性过渡到具有触变性是水泥粒子初始分散体系向具有胶体尺寸粒子的水泥凝胶体系转变的过程。

2.5.2.3　影响水泥浆流变特性的主要因素

影响水泥浆流变特性的主要因素有水灰比、水化温度、水泥矿物组成、搅拌制度。

①水灰比　水灰比(W/C)越小，则水泥浆中固体粒子的浓度就越大，水泥浆稠度的发展速度也就越快。研究表明，W/C 对水泥浆流变特性的影响较大。随着 W/C 的降低，塑性黏度 η_0 和极限剪应力 τ_0 均明显增大。

②水化温度　温度变化会使水化反应速度发生变化，从而使水泥浆稠度发生相应变化，所以水化温度对水泥浆流变特性有较大影响。试验结果表明，随着水化温度的提高，τ_0 和 η_0 增大，但是在 45min 以前增大不显著，45min 后明显增大。

③水泥的矿物组成　水泥熟料矿物组成对水泥浆流变特性也有影响，但是其中最主要的是 C_3A 含量。水泥熟料中 C_3A 的含量提高时，水泥浆的 τ_0 和 η_0 也随之提高。当

C_3A 的含量大于 4% , 水化时间长于 2h 时, 这种情况更为明显。

④搅拌制度 连续搅拌对水泥浆持续扰动, 使水泥浆的 τ_0 和 η_0 比间歇搅拌时要小, 停止对水泥浆扰动将使其 τ_0 和 η_0 增大。这是因为停止扰动时, 水泥浆体中的水化产物可形成凝聚结构, 使流动性降低, 而连续扰动则破坏了凝聚结构的形成。

2.6 硅酸盐水泥硬化体(水泥石)的结构

硬化以后的硅酸盐水泥浆体具有与天然石材相似的外观和其他性能, 所以通常称其为水泥石。常温下的水泥石一般是由未水化的水泥粒子、水泥水化产物、水和少量的空气, 以及孔隙网所组成的固—液—气三相多孔体系。体系中各组成部分的相对含量, 是随着水泥水化的不断进行而变化的, 主要与水泥熟料的矿物组成和水泥的水化程度有很大关系, 而水化程度又与水泥浆水灰比、水化时间(龄期)、水化环境条件等多种因素有关。根据泰勒等学者的研究资料, 采用水灰比 0.5, 常温养护 3 个月的硅酸盐水泥石总体积中, C–S–H 凝胶体占 40% , 氢氧化钙占 12% , 水化硫铝酸钙(AFm)占 16% , 未水化的水泥占 8% , 孔隙占 24% 。

由于水泥石的结构是影响其性能的主要内在因素, 所以了解水泥石结构对研究水泥石性能具有重要意义。

2.6.1 水泥石中水化产物的组成结构与粒子形态

硅酸盐水泥与水作用后, 生成的主要水化产物有两类, 一类是结晶度很差的 C–S–H 凝胶体, 另一类是结晶度较好的氢氧化钙、水化铝酸钙和水化硫铝酸钙等晶体。

(1)C–S–H 凝胶体的组成和结构

C–S–H 凝胶体的组成具有不固定性, 其钙硅比(C/S)和水硅比(H/S)受多种因素影响, 在较大的范围内变动, 并且其内部还可能存在一些其他离子, 如 Fe^{3+}、Al^{3+}、SO_4^{2-} 等。

硅酸盐水泥水化时, Ca^{2+} 和单硅酸根离子 $[SiO_4]^{4-}$ 会首先溶解出来, C_3S 和 C_2S 中的硅酸盐阴离子都以孤立的 $[SiO_4]^{4-}$ 四面体存在。随着水泥不断的水化, $[SiO_4]^{4-}$ 会不断的聚合, 形成了由不同聚合度的硅酸根与 Ca^{2+} 组成的 C–S–H 凝胶。水化初期硅酸根的聚合度比较低, 以二聚物为主, 完全水化时, 约有 50% 的硅以多聚物存在, 而且即使水化反应已经基本结束, 聚合作用仍然在进行。

(2)水化产物粒子的形态

水泥石中的水化物具有不同的形态, 它们的形态对水泥石性质也有影响。

对水化硅酸钙胶体用扫描电子显微镜观察时, 可以发现它具有不同的存在形态。S. 戴蒙德(S. Diamond)认为至少有以下 4 种:

①纤维状粒子, 称为 I 型 C–S–H 凝胶, 如图 2-22(a)所示。它是在水化早期, 从水泥粒子表面向外辐射生长而形成的细长物质, 其长约为 $0.5 \sim 2\mu m$, 宽一般小于 $0.2\mu m$ 。

②网络状粒子，称为 Ⅱ 型 C–S–H 凝胶，如图 2-22（b）所示。它是由许多小的粒子互相接触并结合起来而形成的，具有互相连锁的网状构造。

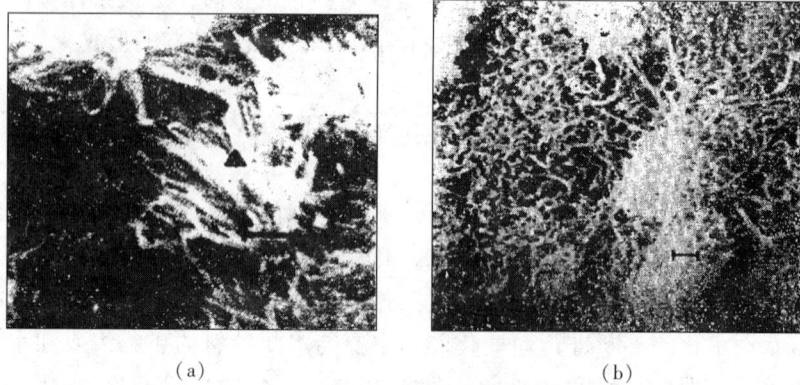

(a)　　　　　　　　　　　　　(b)

图 2-22　C–S–H 凝胶粒子的扫描电子显微镜照片

(a) Ⅰ 型 C–S–H 凝胶　　(b) Ⅱ 型 C–S–H 凝胶

③粒径大且不规则的等大粒子或扁平粒子，称为 Ⅲ 型 C–S–H 凝胶。其尺寸一般不大于 0.3μm。它在水泥石中占有相当数量，通常在水泥水化进行到相当程度时才出现，而且 Ca(OH)$_2$ 晶体常常插入在这类凝胶体中。

④"内部产物"，称为 Ⅳ 型 C–S–H 凝胶。其外观呈绉状，具有规正的孔隙或紧密集合的等大粒子，尺寸为 0.1μm 左右。由于存在于水泥粒子原来边界的内部，所以称为内部产物。但它们与其他产物的外缘保持紧密接触。这种产物在水泥石中不容易观察到（袁润章，1996）。

水泥水化初期生成的氢氧化钙粒子呈薄的六角板状，其宽度为几十个微米，然后生成厚实的晶体并失去六角形轮廓（图 2-23）。扫描电子显微镜观测到的钙矾石晶体（AFt）一般呈针状或棒状，其尺寸和长径比虽有变化，但两端挺直，无分叉（图 2-24）。而透射显微镜观测到的钙矾石晶体中也有一些呈空心管状。单硫型水化硫铝酸钙晶体（AFm）一般呈六方板状。

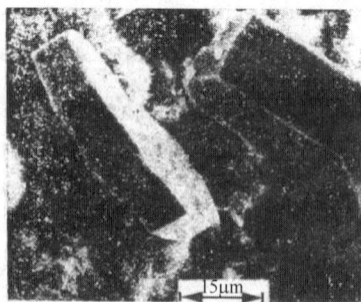

图 2-23　Ca(OH)$_2$ 晶体的扫描电子
显微镜照片

图 2-24　钙矾石晶体的扫描电子
显微镜照片

由于影响水化产物形态的因素很多，所以在不同的水化阶段，不同的水化环境，可以有不同的形态。在水化初期可以观察到间隔比较大的水化物聚集体，主要是 Ⅰ 型

C-S-H凝胶体，也有棒状的钙矾石形成，与此同时，在局部也有Ⅱ型C-S-H凝胶体形成，并有薄的氢氧化钙晶体插入其中；当水化到一定程度后，才有Ⅲ型C-S-H凝胶体粒子形成；进一步的水化使每个水泥粒子放射出的水化物凝胶相互交织，连成一体，形成网络状粒子，这时水泥石强度明显增长。在这个阶段以后，水泥继续水化形成的凝胶体大部分属于Ⅲ型C-S-H粒子，并有厚实的$Ca(OH)_2$晶体插入其间。当绝大部分水泥已经水化或在完全水化时，各种粒子的形态就不容易分辨。

2.6.2 水泥石的孔结构

水泥石中的孔隙率以及不同尺寸孔径的分布状况，是水泥石的重要结构特征。所谓水泥石孔结构，一般包括总孔隙率、各种尺寸孔径的分布、孔的形态等。

2.6.2.1 水泥石孔的分类

Ю. M. 布特等人通过对水泥石孔结构的大量研究，认为水泥石中的孔按孔径大小可分为4级，即：凝胶孔（小于100Å，15～30Å）、过渡孔（10^2～10^3Å）、毛细孔（10^3～10^4Å）、大孔（$>10^4$Å）。许多试验表明，这种简便的孔分类，可以把水泥石的某些宏观性能与孔的分布联系起来。

Jawed等人通过对水泥石的孔结构研究后，给出了水泥石中不同类型的孔尺寸及来源、相应的测试方法、对水泥石性质的影响，见表2-3所列（申爱琴，2000）。

表2-3 水泥石中孔的分类

孔的分类		尺寸(m)	测定方法	来源	作用
大孔		$>5 \times 10^4 \times 10^{-10}$	光学显微镜	气泡，未充分凝结硬化，不正确的养护，水灰比大	影响结构强度
毛细孔	大孔	$>500 \times 10^{-10}$	压汞法	水泥浆体中水填充的孔隙	控制渗透性和耐久性
	间隙孔	$(26～500) \times 10^{-10}$	压汞法气体吸附法	水泥浆体中水填充的孔隙，较小的孔与C-S-H凝胶有关	干燥时可产生很大的毛细压力
	微孔	$<26 \times 10^{-10}$	气体吸附法	与C-S-H凝胶有关	干湿循环过程中可能分解

2.6.2.2 水泥石的孔隙率

T. C. Powers等人认为C-S-H凝胶粒子的直径约为100×10^{-10}m左右，其中含有28%的凝胶孔，孔的尺寸约为$(30～40) \times 10^{-10}$m。他们还提出了简便计算毛细孔孔隙率的公式，如式(2-8)所示：

$$p_0 = 1 - \frac{m\left[(1 + W_n^0/C)\frac{V_g}{V_c} - 1 \right] + 1}{1 + \frac{W_0 C}{V_c}} \tag{2-8}$$

式中，C为水泥在原来状态下的质量，g；m为成熟度因子，等于水泥已水化的部分；

V_c 为水泥的比容(干重)，cm^3/g；W_n^0 为非蒸发水量，g；V_g 为水泥凝胶的比容(干重)，cm^3/g；W_0 为新拌水泥浆中水的质量，并校正了析水量，g。

孔隙率一般可通过试验测定。

2.6.2.3　水泥石的孔径分布(孔级配)

目前测定水泥石孔径分布的常用方法有：汞压力法、等温吸附法，X 射线小角度散射法等，以下介绍这些方法的基本原理(申爱琴，2000)。

①汞压力法　该法又称压汞法，主要根据压入孔系统中的水银体积与所加压力之间的函数关系，计算孔的直径和不同大小孔的体积。该法最适合测定平均半径为 15×10^{-10}m ~ 100×10^{-6}m 范围的孔。

图 2-25 为高压测孔法所得水中养护 11 年的 3 种水灰比的水泥浆体孔级配曲线。曲线均有双峰现象。汞压力法所用试样需进行干燥，而干燥有可能引起结构不可逆变化。

②等温吸附法　当气体吸附在固体表面时，随着相对气压的增加，会在固体表面形成单分子层或多分子层。根据吸附的分子数量及固体中细孔产生的毛细管凝结，可计算固体比表面积和孔径。

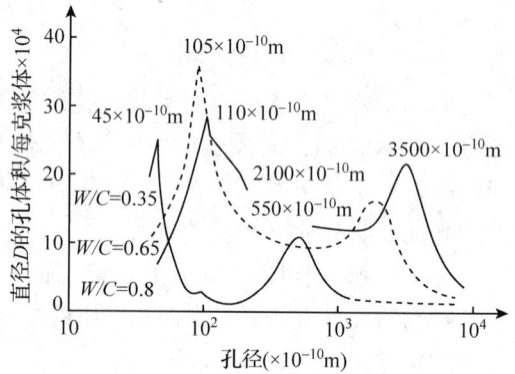

图 2-25　水泥浆体孔级配曲线

目前对水灰比为 0.35 ~ 0.7 的水泥浆体，可用氮气吸附曲线或环己烷解吸曲线计算孔径分布，可能由于分子太小的缘故，用环己烷与氮气测出的结果有差别。用氮气时，孔峰在 22×10^{-10}m ($W/C = 0.35$) 和 32×10^{-10}m ($W/C = 0.70$) (图 2-26)，而环己烷吸附所测孔峰在 45×10^{-10}m 处 (图 2-27)，由后者计算出的比表面积和总孔隙率均比氮气吸附所得的为小。由吸附法所计算的最大孔径只有 300×10^{-10}m，故曲线上不出现双峰。吸附法，尤其是氮气吸附的方法，通常用于测定 $(5 ~ 350) \times 10^{-10}$m 的孔。

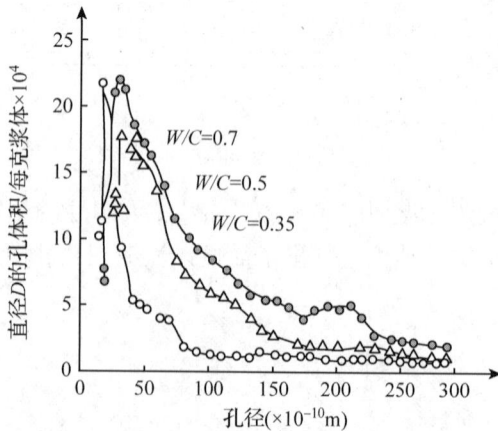

图 2-26　氮气吸附法测定的水泥浆体孔径分布

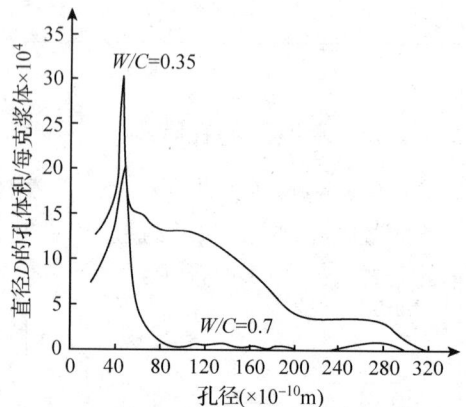

图 2-27　环己烷吸附法测定的水泥浆体孔径分布

③小角度 X 射线散射法　该法的缩写为 SAXS,此法可在常压下测定材料中$(20 \sim 300) \times 10^{-10}$m 细孔的孔径分布。用 SAXS 测定材料孔结构,不要求预先对试样进行抽气和干燥处理,因而可测定任意含水状态试样的孔结构。图 2-28 为用小角度 X 射线散射法测定的水化 28d 的水泥浆体孔径分布曲线。由此图可见,水泥浆体的最可几孔峰约在$(40 \sim 50) \times 10^{-10}$m 处,受水灰比影响不明显。但水灰比大时,则在$(10 \sim 300) \times 10^{-10}$m 范围内有较大的总孔隙率(图中曲线与横坐标范围的面积部分)。总孔隙率随着水灰比的增大而增加。

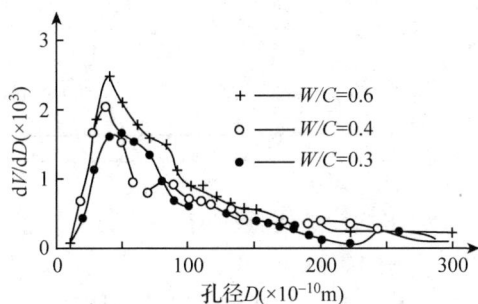

图 2-28　用 SAXS 测定的水泥浆体
孔径分布曲线

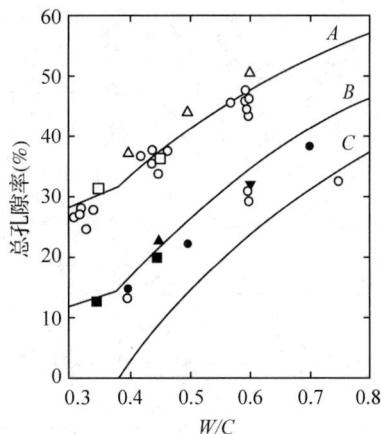

图 2-29　总孔隙率与水灰比的关系
A-总孔隙率; B-自由水所占的孔隙;
C-毛细孔隙

2.6.2.4　影响水泥石孔分布的因素

影响水泥石孔分布的因素很多,以下对水灰比、水化龄期、水泥的矿物组成、养护制度及外加剂等主要因素的影响作了分析(申爱琴,2000)。

①水灰比　随着水灰比的增大,总孔隙率增加,水灰比对总孔隙率的影响如图 2-29 所示。图中测定的试样经过 18 个月的正常养护。

改变 W/C,除改变总孔隙率外,对孔级配也有影响。当 W/C 低时,最可几孔径也小,如前所述,当水灰比降低到 0.35 以下时,几乎就消除了大于1500×10^{-10}m 以上的大孔(图 2-25 及表 2-4)。

②水化龄期　通常随着水化龄期的增长,水化产物的数量会不断增长,一方面总孔隙率会不断降低,另一方面,C – S – H 凝胶的数量不断增长,虽然使凝胶孔不断增

表 2-4　水灰比对孔结构的影响

水灰比	最可几孔径($\times 10^{-10}$m)		孔隙率(%)
	特征峰1	特征峰2	
0.80	110	3500	55
0.65	105	2100	40
0.35	45	550	<10

多，但毛细孔会显著减少。IO. B. 齐霍夫斯基等人的研究表明，当水化龄期超过 3 个月以后，由于水化产物的结晶度提高，凝胶孔的百分率稍有降低，毛细孔的百分率稍有增加的趋势。

③水泥矿物组成　水泥单矿物硬化体（标准条件下硬化 28d）的孔分布试验结果见表 2-5。

表 2-5　水泥熟料单矿物的孔分布

矿　物	总孔隙 （cm³/g）	孔分布（%）			
		$>10^4$ $\times 10^{-10}$ m	$(10^4 \sim 10^3)$ $\times 10^{-10}$ m	$(10^4 \sim 10^2)$ $\times 10^{-10}$ m	$(10^2 \sim 10)$ $\times 10^{-10}$ m
C_2S	0.078	9.1	4.6	44.4	41.9
$\beta - C_2S$	0.144	3.6	21.9	65.4	18.1
C_3A	0.220	12.9	57.8	19.2	10.1
C_4AF	0.104	6.0	32.5	50.0	11.5

由表 2-6 可以看出，总孔隙率及毛细孔的百分率均按下述顺序增加：

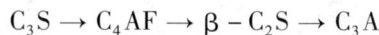

$$C_3S \rightarrow C_4AF \rightarrow \beta - C_2S \rightarrow C_3A$$

而凝胶孔则按上述顺序减少。孔分布的这一特征与它们 28d 强度值的顺序也是一致的。

④掺外加剂　水泥浆中加入减水剂可以提高其流动性，若保持流动性不变，则可以降低水灰比，从而使总孔隙率减少，同时可使孔分布中最可几孔径的尺寸减小。

陈红岩（2007）认为，不同减水剂对水泥石孔结构有不同的影响，如图 2-30 所示，掺加聚羧酸系高效减水剂（PC）的水泥石中孔径小于 0.1μm 的孔隙率超过 70%，明显大于掺加萘系高效减水剂（FDN）和木质素磺酸盐减水剂（LS）的水泥石，而孔径大于 0.1μm 的孔隙率为 20%，明显小于掺加 FDN 和 LS 的水泥石。

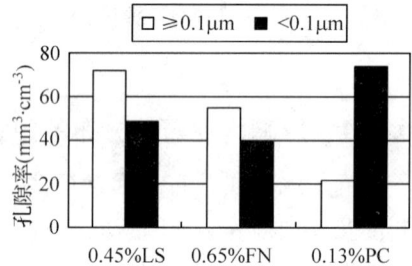

图 2-30　养护 28d 的硬化水泥浆体孔结构

⑤养护条件的影响　养护条件不同时，水泥水化速度和水化产物结晶程度不同，造成水泥水化程度和硬化后孔结构会有不同程度的差别，尤其是在养护早期，这种影响比较明显。

2.6.3　水泥石中的水及其形态

2.6.3.1　水泥石中水的分类

水可以以多种形式存在于水化水泥浆体中。根据水与固相组分的相互作用以及水从水化水泥浆体中失去的难易程度，可将水泥石中的水分为结晶水、吸附水以及自由水。

①结晶水　又称化学结合水，根据其结合力的强弱，又分为强结晶水和弱结晶水

两种。

强结晶水又称结构水或晶体配位水，以 OH^- 状态存在，并占有晶格上的固定位置，和其他元素有确定的含量比，结合力强。只有在较高温度下晶格破坏时才能将其脱去，例如在 $Ca(OH)_2$ 中就是以 OH^- 形式存在的强结晶水。

弱结晶水则是以中性分子 H_2O 形式存在的水，在晶格中也占据固定位置，由氢键和晶格上质点的剩余键相结合，但不如强结晶水牢固，脱水温度不高，在 $100\sim200℃$ 以上即可脱去，而且也不会导致晶格的破坏，当晶体为层状结构时，此种水分子常存在于层状结构之间，此时又称层间水。这种层间水在矿物中的含量不确定，通常随外界的温度、湿度而变，当环境温度升高或相对温度降低时会使部分层间水脱出，使相邻层之间的距离减小，从而会引起某些物理性质的相应变化。

②吸附水　以中性水分子的形式存在，但并不参与组成水化物的晶体结构，而是在吸附效应或毛细管力的作用下被机械的吸附于固相粒子表面或孔隙之中。按其所处的位置，又分为凝胶水和毛细孔水两种。凝胶水又包括凝胶微孔内所含水分及胶粒表面吸附的水分，由于受凝胶表面强烈吸附而高度定向。结合强弱可能有相当差别，脱水温度有较大的范围。凝胶水的数量大体上正比于凝胶体的数量。鲍维斯认为凝胶水占凝胶体积的28%，基本上是常数。毛细孔水仅受到毛细管力的作用，结合力较弱，脱水温度也较低。在数量上取决于毛细孔的数量。

③自由水　又称游离水，存在于粗大孔隙内，与一般水的性质相同。

除了上述3种基本类型以外，还有层间水和沸石水，它们的性质介于结晶水和吸附水之间。层间水一般存在于层状结构的硅酸盐水化物的结构层之间，这种水与 $C-S-H$ 结构有关。在 $C-S-H$ 层间单分子水为氢键所牢固固定。层间水仅在强烈干燥时(即在11%相对湿度以下时)才会失去。当失去层间水时，$C-S-H$ 结构明显收缩。沸石水则存在于晶格孔穴位中，由氢键联系，一部分和阳离子配位，但不影响晶格结构。最典型的沸石水是存在于各种沸石矿物晶体结构中的水，沸石水的脱水温度范围为$80\sim440℃$。

水泥石中水的形态复杂，很难定量加以区分。因此，T. C. 鲍威斯从实用观点出发，把水泥中的水分为两类，即蒸发水和非蒸发水。凡是在 P 干燥或 D 干燥条件下可以蒸发的水称为蒸发水，而不能蒸发的水称为非蒸发水。吸附水和一部分弱结晶水属于蒸发水，而一部分强结晶水和化合水(结构水)属于非蒸发水。结晶水根据其在水化物中结合的牢固程度分别属于不同类型的水(表2-6)(申爱琴，2000)。

表2-6　水泥水化物中不可蒸发的水分子数

水化产物	可蒸发的水分子数	不可蒸发的水分子数
$Ca(OH)_2$		H_2O
$3CaO \cdot 2SiO_2 \cdot 3H_2O$	$0.2H_2O$	$2.8H_2O$
$3CaO \cdot Al_2O_3 \cdot 3CaSO_4 \cdot 31H_2O$	$22H_2O$	$9H_2O$
$4CaO \cdot Fe_2O_3$，$19H_2O$	$6H_2O$	$13H_2O$
$4CaO \cdot Al_2O_3 \cdot 19H_2O$	$6H_2O$	$13H_2O$
$3CaO \cdot Al_2O_3 \cdot 6H_2O$	0	$6H_2O$

因此，水泥石中非蒸发水的含量，不仅与水化物的数量有关，而且与水化物的类型有关，而水化物的类型又主要与水泥熟料矿物组成有关，T. C. 鲍威斯根据实验结果，认为可用式(2-9)表明硅酸盐水泥硬化浆体中不可蒸发水的含量与熟料矿物水化部分的数量关系：

$$\frac{W_n}{C} = 0.187(C_3S) + 0.158(C_2S) + 0.665(C_3A) + 0.213(C_4AF) \qquad (2-9)$$

式中，C 为水泥用量；W_n 为水泥石中非蒸发的含量；C_3S、C_2S、C_3A、C_4AF 为相应熟料中的计算矿物组成。

上述关系式对于水灰比不低于 0.44，水泥比表面约为 1700~2000cm²/g（按瓦格纳法测定）以及水化程度不太充分的水泥硬化浆体来说是近似准确的。

试验表明，蒸发水的体积可概略地作为浆体内孔隙体积的量度，其含量越大，则在一定干燥条件下出现的毛细孔隙就越多；而非蒸发水量则与水化产物的数量存在着一定的比例关系，因此在不同龄期实测的非蒸发水量可以作为水泥水化程度的一个表征值。另外，蒸发水与非蒸发水的数量在相当程度上受到干燥方法的影响。各种干燥方法的效果见表 2-7，其中，用干冰(−79℃)干燥的即通常所称的 D 干燥法；用高氯酸镁的则称为 P 干燥法。由表中数据可知：在较为强烈的干燥条件下，蒸发水的数量会增加，而非蒸发水则相应减少。在毛细孔水、凝胶水脱出的同时，硫铝酸钙、六方晶系的水化铝酸钙以及 C−S−H 等也会失去部分结合不牢的结晶水。因此，所测得的非蒸发水并不一定是真正的结晶水，仅仅是一个近似值而已。

表 2-7　干燥方法对硅酸盐水泥浆体中剩留水量的影响（申爱琴，2000）

干燥方法	蒸气压(Pa, 25℃)	剩留水的相对数量
Mg(ClO₄)₂·(2~4)H₂O	1.07	1.0
P₂O₃	0.003	0.8
浓硫酸	<0.4	1.0
干冰(−79℃)	0.07	0.9
50℃加热	—	1.2
105℃加热	—	0.9

2.6.3.2　非蒸发水的含量与水化程度的关系

T. C. 鲍维斯曾通过大量试验测定了各种试体的可蒸发水和非蒸发水的含量，并得出下列关系式：

$W_t/C = W_o/C + 0.058m$；　$W_e/C = W_t/C - 0.227m$；　$W_e/W_t = 1 - 0.227mC/W_t$

上面诸式中，W_t 为试体总含水量，即蒸发水和非蒸发水的总量；C 为水泥用量；W_o/C 为原始水灰比；W_e 为可蒸发水的含水量；m 为水化程度，完全水化时，$m=1$。则非蒸发水的含水量为：

$$W_n = W_t - W_e = 0.227mC$$

式中的 0.227 实际上是非蒸发水 W_n/C 可能的最大数值，即试验用水泥已经完全水化时的非蒸发水含量。当已知水灰比 W_o/C，并测定了非蒸发水的含量时，就可以求出水泥的水化程度 m。试验研究还表明，当 $W_t/C < 0.437$ 时，即使在潮湿条件下，水泥

也只有一部分能水化，W_t/C 越低，不能水化的水泥就越多。

2.6.3.3 水泥石中水的转移与相变

水泥石中水的转移与环境的温度和相对湿度有关。若将处于水饱和状态的水泥石置于相对湿度为100%的环境中，然后随着环境中湿度的降低，则该水泥石内毛细孔中的水开始蒸发，即向干燥的大气中转移。有试验表明：当湿度从100%降至30%时，毛细管水与湿度成正比地减少，并开始伴随凝胶水的转移，当湿度从30%进一步降至1%时，水泥石中的凝胶水大量向毛细孔中转移并向外蒸发。这时，水泥石出现明显收缩。

常温下水泥石中的结晶水和结构水不会随湿度的变化而变化，只有当温度显著提高时它们才能失去。不同形态水的失去与温度、湿度的关系见表2-8（申爱琴，2000）。

表 2-8 水泥石失水与温度、湿度的关系

序号	失水的湿度或温度范围	失水量(%)(累计值)	失去水的主要类别
1	相对湿度 30%~100%	14.5	毛细孔水
2	相对湿度 1%~30%	16.3	凝胶水
3	相对湿度 1%，脱水温度 200℃	17.3	弱结晶水
4	脱水温度 200~525℃	18.7	强结晶水（结构水）

水泥石中的水在低温下达到结冰温度时就发生相变。水泥石中不同的水与固相互相作用力不同，其相变温度相差很大。塞茨（Setzer）等人用差热分析方法研究了水泥石的相变温度。他们认为可分为4类，见表2-9所列。

表 2-9 水泥石中水的相变温度

水的类型	孔径(×10^{-10} m)	相变温度(℃)
毛细孔水（自由水）	>1000	0
过渡孔水	约100	<0
凝胶孔水	30~100（相对湿度为60%~90%）	-43
强吸附水	层厚≤2.5 单分子层	约 -160

2.7 硅酸盐水泥的工程性质

硅酸盐水泥的工程性质主要指硬化后的水泥石所应具备的强度、抗变形性能以及耐久性。

2.7.1 水泥石的强度

水泥石的强度是指它抵抗破坏与断裂的能力。水泥是重要的结构材料，所以强度是评定水泥质量的重要指标。通常将28d以前的强度称为早期强度，28d以后的强度称为后期强度。由于影响水泥强度的因素比较多，所以必须采用标准方法测定水泥强度。目前国家标准规定采用胶砂强度试验方法，测定规定龄期水泥胶砂试件的抗压强度和

抗折强度。水泥石抗拉（或抗折）强度远远低于其抗压强度，一般抗拉强度是抗压强度的 $\frac{1}{10} \sim \frac{1}{7}$。

2.7.1.1　强度理论

关于水泥石强度的研究有许多成果。以下介绍几个具有代表性的理论：

（1）脆性材料断裂理论

水泥石抗压强度高，抗拉强度低，具有脆性材料的特点。断裂理论认为：水泥石的强度主要取决于水泥石的弹性模量、表面能以及裂缝大小，其抗断裂的能力可以用格蕾菲斯（Griffith）公式来表述，如式（2-10）所示：

$$\sigma = \sqrt{\frac{2E\gamma}{\pi C}} \tag{2-10}$$

式中，σ 为断裂应力；E 为弹性模量；γ 为单位面积的材料表面能；C 为裂缝长度。

由于 $C-S-H$ 凝胶体具有巨大的比表面积，在浆体组成中所占比例又最多，所以其总的表面能应该是决定浆体强度的一个重要因素。但另一方面，由于硬化水泥浆体在水中具有很好的稳定性，如刚性凝胶的特性，所以水化产物可能还存在着其他形式的化学胶结，如 $O-Ca-O$ 键、氢键或 $Si-O-Si$ 键等。因此，可认为硬化水泥浆体形成强度时，水化物粒子之间的黏结力既有范德华力，也有化学键力。

（2）结晶理论

硬化水泥浆体是由无数钙矾石针状晶体和多种形貌的 $C-S-H$ 以及六方板状的氢氧化钙和单硫型水化硫酸钙等晶体交织在一起而构成的。它们密集连生、交叉接触和结合，形成了牢固的结晶结构网。所以结晶理论认为，水泥石的强度主要决定于结晶结构网中接触点的强度与数量。A. ф. 巴拉克（A. ф. ПоЈІak）曾提出下列方程：

$$f = \bar{f}F \tag{2-11}$$

式中，f 为水泥石多孔体的强度；$\bar{f}$ 为结晶接触点的强度；F 为断裂面上结晶接触点的面积。

（3）胶空比理论

胶空比理论认为，水泥石是由大量的水化物凝胶体构成的，其强度主要决定于水化物凝胶体在水泥石体积中填充的程度。

T. G. 鲍威斯（T. C. Powers）建立的水泥石的强度与胶空比的关系如下：

$$f = AX_A^n \tag{2-12}$$

式中，f 为水泥石抗压强度；A、n 为经验常数，与水泥熟料矿物组成有关；X_A 为水化物凝胶体在水泥石体积中填充的程度，可按下式计算，其值介于 $0 \sim 1$ 之间。

$$X_A = \frac{凝胶体的体积}{凝胶体体积 + 毛细孔体积}$$

也有其他学者根据大量的试验结果，提出水泥浆体的强度 S 与胶空比（X_A）有如下关系：

$$S = S_0 X_A^n \tag{2-13}$$

式中，S_0 为毛细孔隙率为零(即 $X_A = 1$)时的浆体强度；n 为与水泥种类及实验条件有关的常数，$n = 2.6 \sim 3.0$。

由图 2-31 可以看出，胶空比较小时，水泥石抗压强度随胶空比的增加而缓慢增长，而胶空比较大时，两者近乎成直线关系。

(4)孔隙率理论

水泥石中存在各种孔隙，大量的试验表明，孔隙率对水泥石的强度有很大影响。近年来，已有学者相继提出以下水泥石强度与孔隙率的半经验公式：

$$\sigma = \sigma_0(1 - P)^B \qquad \text{(Balshin)} \qquad (2\text{-}13')$$

$$\sigma = \sigma_0 e^{(-CP)} \qquad \text{(Ryshkewitch)} \qquad (2\text{-}14)$$

$$\sigma = D\ln(P_0/P) \qquad \text{(Schiller)} \qquad (2\text{-}15)$$

$$\sigma = \sigma_0(1 - EP) \qquad (2\text{-}16)$$

图 2-31 水泥石抗压强度与胶空比的关系

式中，σ 为水泥石抗压强度；σ_0 为水泥石假想能达到的最大抗压强度；P 为孔隙率；P_0 为最大孔隙率，即强度值为零时的孔隙率；B、C、D、E 均为试验常数。

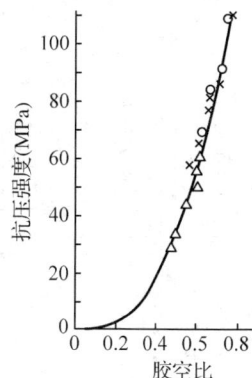

2.7.1.2 影响水泥石强度的主要因素

水泥石强度是在水泥凝结硬化后形成的，影响水泥石强度的因素很多，主要有水泥熟料矿物组成含量、水灰比、水泥水化程度、水泥石孔结构等。此外养护条件(温度和湿度)、拌和及成型条件、龄期以及试验方法等均影响水泥石强度的形成与发展。

(1)水泥熟料的矿物组成

水泥熟料矿物组成不同，其水泥的水化速度、水化产物本身的强度、形态与尺寸以及彼此构成网状结构时各种键的比例均不相同。水泥矿物组成中，硅酸钙矿物的含量是决定水泥强度的主要因素，28d 强度基本上依赖于 C_3S 含量。图 2-32 (申爱琴，2000)表示 C_3S 和 C_2S 的相对含量对强度发展的影响(曲线 1：C_3S 为 $65.7\% \sim 71.3\%$，C_2S 为 $6.2\% \sim 11.8\%$；曲线 2：C_3S 为 $26.0\% \sim 31.0\%$，C_2S 为 $47.1\% \sim 59.7\%$)。C_3S 含量高的水泥，早期强度的增长非常显著。

C_3A 主要对水化初期的强度有明显作用，C_4AF 对水泥早期强度和后期强度的发展都有贡献。

(2)水泥浆体的水灰比和水泥水化程度

在熟料矿物组成大致相近的条件下，水泥浆体的强度主要与水灰比和水化程度有关。水化程度相同时，水灰比越大，产生的毛细孔隙越多，胶空比越小，强度就越低。一般情况下，水泥石抗压强度与水灰比之间有较好的线性关系(图 2-33)。水灰比相同时，随着水化程度的提高，凝胶体不断增加，毛细孔相应减少，强度随之提高。

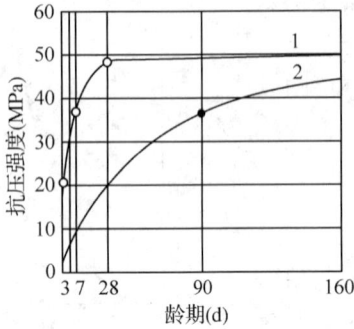

图 2-32 C₃S 和 C₂S 的含量
对强度发展的影响

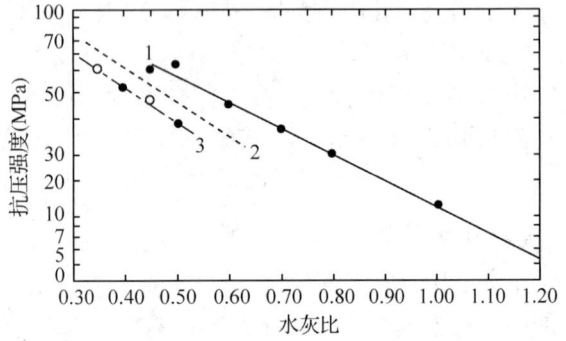

图 2-33 水泥石抗压强度与水灰比的关系
1、2、3 分别采用不同来源的研究数据

（3）水泥石孔结构

表 2-10 是 J. Jamber 得出的强度与孔径的试验结果。他认为，不同水化产物的孔隙率相同时，但强度不同，而且相差很大，这是因为不同水化产物中孔的大小和分布不同所致。当孔隙率相等时，孔径越小，强度则越大，

表 2-10 水泥抗压强度与平均孔径（半径）的关系

平均孔半径（×10⁻¹⁰m）	抗压强度（MPa）	平均孔半径（×10⁻¹⁰m）	抗压强度（MPa）
100	>140.0	1000	<10.0
250	40.0 左右	5000~10000	<5.0

Jambor 通过研究认为孔径对水泥石强度的影响有以下 3 点：

①孔径随总孔隙率降低而减小，平均孔径取决于水化产物种类及体积，进而平均孔径可以明显地表征水泥石"成熟"度及复合材料孔结构和稳定性；

②相同孔隙率时，强度随孔径的增大而降低；

③水泥石中对强度最不利的是拌制水泥浆时形成的气孔，尽管其含量很少。

2.7.2 水泥石的变形性质

2.7.2.1 短期荷载作用下的变形

在短期荷载作用下水泥石的应力—应变曲线近似于一条直线（图 2-34）。在应变较小时基本成线性关系，而当应变较大时，不再成线性关系。对于弹性体的应力—应变关系，用虎克定律表示：

$$\sigma = \varepsilon \cdot E$$

式中，σ 为应力，MPa；ε 为应变；E 为弹性模量，MPa。

弹性模量一般也用来描述水泥石的刚性，Helmuth 和 Turk 用共振法测定的水化良好的水泥

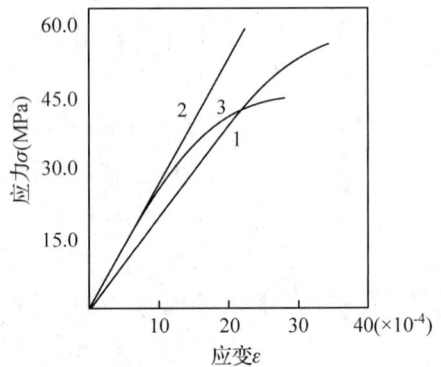

图 2-34 水泥石的应力—应变曲线
1-水泥浆体；2-细粒砂岩；3-水泥砂浆

石的动态弹性模量为$(2 \sim 3) \times 10^4$ MPa。水泥石的弹性模量主要与水泥石的孔隙率有很大关系，Helmuth 和 Turk 建立了水泥石的弹性模量 E 与毛细孔(半径 $> 100 \times 10^{-10}$m)孔隙率 P 之间的关系，如式(2-17)所示：

$$E = E_0(1 - P)^3 \tag{2-17}$$

式中，E_0 为孔隙率 P 为 0 时的水泥石弹性模量值，$E_0 \approx 3 \times 10^4$ MPa。

2.7.2.2 徐变

水泥石在长期恒定荷载作用下，随时间的增加而增长的变形称为徐变，其变形的规律如图 2-35 所示。试件采用硅酸盐水泥制作，在标准条件下养护 28d 后进行加载，至作用应力为 32MPa 时保持荷载恒定不变，持续作用 21d 后卸掉荷载。由图 2-35 可以看出，达到恒定荷载之前产生的变形称为瞬时弹性变性，此后，受荷载持续作用，变形随着时间的增长而逐渐增大，即产生了徐变变形。卸载后立即产生一个瞬时弹性变形，随后，反向变形随时间而增长并逐渐趋于稳定，称其为弹性后效。

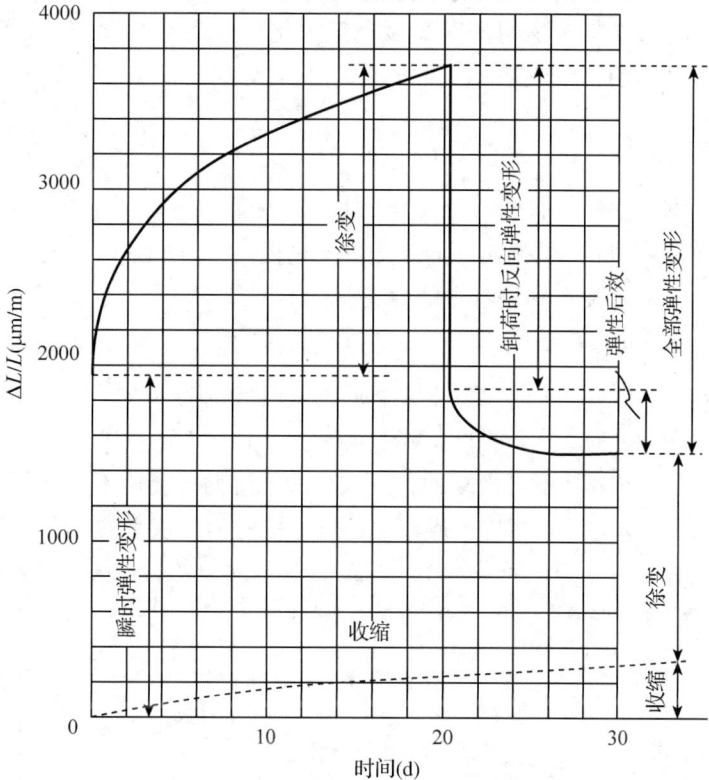

图 2-35 水泥石在恒定荷载作用下的变形曲线

水泥石的徐变与水泥石凝聚——结晶结构网接触点的性质有关，以分子力互相作用的接触点，在应力作用下容易产生位移和偏转，导致水泥石产生较大的徐变值。所以晶体结构越发达，徐变值就越小。

一般认为，水泥石中的凝胶体在持续应力作用下，容易产生缓慢的流变，凝胶体从高应力区向低应力区流变的结果，导致水泥石产生徐变，所以徐变与硬化水泥浆体中晶体与凝胶体的相对含量有关，晶胶比(晶体与凝胶体的比值)越大，徐变值就越小。

　　有学者认为，水泥石中的水在持续应力作用下，由高应力区向低应力区转移，从而引起水泥石发生变形，这也是水泥石产生徐变的原因之一。如果水泥石含水处于饱和状态，当应力消除后，水分可以复原，因水分转移而引起的变形也可以恢复，但是，如果水泥石处于干燥状态，水分蒸发后变形就不能恢复，并且徐变和干燥收缩互相叠加，互相促进，使总变形增大。Powers 认为水泥石产生徐变主要与凝胶水的转移有关。而 Feldmann 等人则认为徐变主要与水化硅酸钙的层间水的转移有关。

2.7.2.3　非荷载作用引起的变形

(1)化学收缩

　　水泥在水化过程中，由于无水的熟料矿物转变为水化物，所以导致固相体积显著增大，水泥完全水化后水化凝胶约为水化总水泥体积的 2.2 倍。但水泥—水体系的总体积却要缩小，这种因水化反应产生的收缩称为化学收缩(又称化学减缩)。产生化学收缩的原因是水化前熟料矿物的密度明显大于水化后生成物的密度。对水泥熟料中各单矿物化学收缩性质的研究表明，无论是收缩的绝对数值，还是收缩的相对速度，都可按下列顺序排列：

$$C_3A > C_4AF > C_3S > C_2S$$

　　由此可知，水泥熟料的收减量与 C_3A 含量的关系最大。此外，每 100g 硅酸盐水泥的收缩总量约为 $7 \sim 9cm^3$。虽然实际的收缩量不是很大，但水泥化学收缩作用可能产生孔隙或微裂缝，并对水泥石和混凝土的性能产生不利影响。

(2)湿胀与干燥收缩

　　水泥石在湿润条件下吸水时要发生轻微的膨胀(即湿胀)，在干燥条件下失去水分时要产生收缩(即干缩)，对于水化程度很好的水泥石，干缩量可达 2% 以上，水泥石在第一次干燥时的收缩量大部分是不可恢复的，进一步的干湿循环会使不可恢复的收缩量有所增加，但经几次干湿循环后，每次干燥产生的收缩将变为可恢复的(图 2-36)。水养护后的硬化浆体在相对湿度为 50% 的空气中干燥时，其收缩值约为 $(2000 \sim 3000) \times 10^{-6}$，完全干燥时约为 $(5000 \sim 6000) \times 10^{-6}$(申爱琴，2000)。

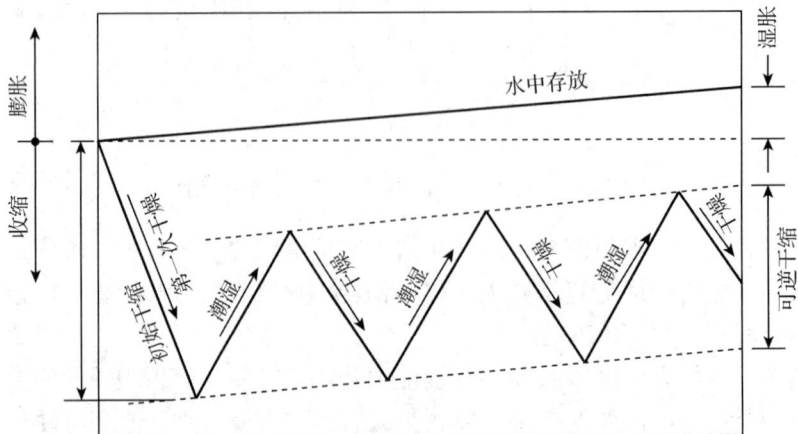

图 2-36　水泥石的干缩和湿胀示意图

造成干缩的主要原因是毛细孔中的水蒸发引起变形。水泥石失水时，毛细孔中的水首先蒸发，并形成凹月面，随着水分不断蒸发，毛细孔中水的凹月面曲率半径逐渐减小，从而使毛细孔水在液面下所受到的张力逐渐增加，致使固相产生弹性压缩变形。

由于水泥凝胶具有巨大的比表面积，胶粒表面上由于分子排列不规整而具有较高的表面能，表面上所受到的张力极大，致使胶粒受到相当大的压缩应力。吸湿时，由于分子的吸附，胶粒表面张力降低，压缩应力减小，使其体积增大。而干燥时，水分子解吸，使其体积减小。

(3) 碳化收缩

空气中 CO_2 含量虽然很低(约占 0.03%)，但如果有一定的湿度，水泥石中的氢氧化钙与 CO_2 作用，生成碳酸钙和水，出现不可逆的收缩，称为碳化收缩。图 2-37 为水泥石在不同相对湿度下，由于干燥和碳化作用所造成的体积收缩。由图可见，在相对湿度约 50% 条件下干燥后再碳化作用所造成的体积收缩最大。相对湿度较小时，碳化收缩减小，有资料表明，相对湿度小于 25% 时，CO_2 与水化物之间的反应几乎停止。因此，适当的湿度将导致产生最大的碳化收缩。产生碳化收缩的原因可能是由于空气中的二氧化碳与水泥石中的水化物，特别是与 $Ca(OH)_2$ 的不断作用，引起水泥石结构的解体所致(申爱琴，2000)。

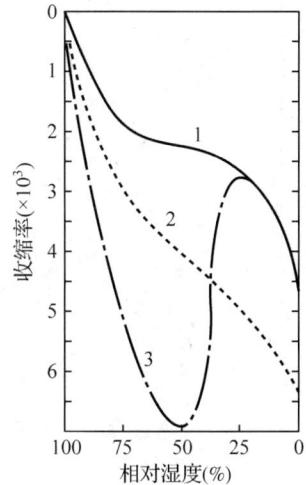

图 2-37 水泥石的碳化收缩与湿度的关系

1-在无 CO_2 的空气中干燥；

2-干燥与碳化同时进行；

3-先干燥再碳化

2.7.3 水泥石的耐久性

2.7.3.1 抗冻性

硬化水泥石的抗冻性主要与水泥石孔隙内的水分结冰以及由此而产生的物理变化有关。水结冰以后，其体积增大约 9%，因此水泥石孔隙中的水结冰会使孔壁承受一定的膨胀应力，应力如果超过水泥石的抗拉强度，就会引起微裂等不可逆的结构变化，而且这种变化在冰融化后并不能完全复原，所产生的膨胀仍有部分残留。水泥石经过多次冻融循环作用就可能发生结构破坏。

水泥石经受冻融过程时的体积变化如图 2-38 所示。图中曲线表明，温度下降过程中，水泥石受冻而发生体积膨胀，而温度重新升高后体积膨胀逐渐减少，但融解时曲线是不可逆的，并且留下了永久变形(不可恢复的膨胀约占总值的 30%)。再次冻融时，原先形成的裂缝又由于结冰膨胀而扩大，如此经过反复的冻融循环作用，裂缝越来越大，导致更为严重的破坏。为了提高水泥石的抗冻性，通常在水泥浆体中加入引气剂。由图 2-39 可见，含 10% 引气剂的水泥石在受冻时呈现收缩。这是因为水分冻结引起的体积膨胀力被引气剂气泡的压缩变形所平衡，而压缩的气泡又作用于凝胶体，使凝胶水向毛细孔转移，凝胶水的转移使得水泥石体积缩小。

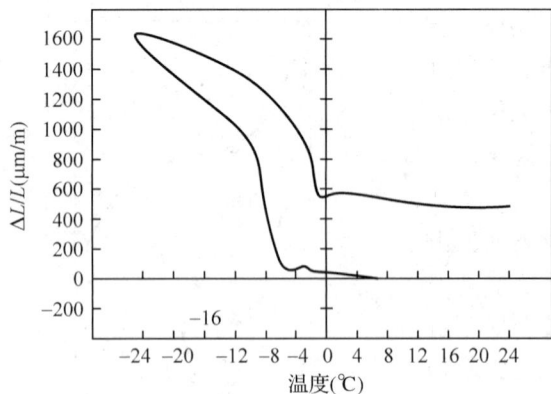

图 2-38　冻融过程中水泥石的体积变化

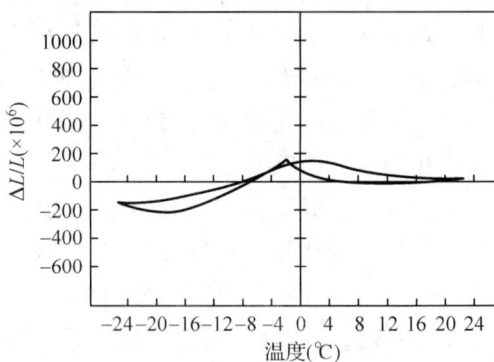

图 2-39　加入引气剂的水泥石在冻融时的体积变化

有关理论研究认为,水泥石中可结冰的水是可蒸发水。表 2-11 是标准条件下硬化的水泥石中,可蒸发水的成冰量与温度的关系。可见饱水的水泥石中可蒸发水的成冰量随温度的降低而增大(申爱琴,2000)。

有关水泥石发生冻融破坏的机理主要有静水压和渗透压两种理论。

①静水压理论认为:毛细孔内的水结冰并不直接使水泥石胀坏,而是由于水结冰后迫使未结冰的水向外流动,并受到阻碍,从而产生危害性的静水压力,过大的压力导致水泥石破坏。

②渗透压理论认为:毛细孔水部分结冰时,水中所含的碱以及其他物质等溶质的浓度会增大,但在凝胶孔内的水并不结冰,溶液浓度不变。因而产生浓度差,促使凝胶孔内的水向毛细孔渗透,其结果产生渗透压,造成一定的膨胀压力,过大的压力会导致水泥石破坏。

表 2-11　水泥石中水分冻结与温度的关系

温度 (℃)	成冰的水量与 水泥质量之比	成冰率(以 −30℃ 成冰率为 100%)	温度 (℃)	成冰的水量与 水泥质量之比	成冰率(以 −30℃ 成冰率为 100%)
0	0	0	−5.0	0.131	62
−0.5	0.045	21	−6.0	0.137	65
−1.5	0.075	36	−8.0	0.147	70
−2.0	0.093	44	−12.0	0.168	80
−3.0	0.109	52	−16.0	0.181	86
−4.0	0.122	58	−30.0	0.210	100

此外,Litvan 的理论认为,水泥浆体中 C – S – H 中层间和凝胶孔中吸附的水在 0℃时不能结冰,据估计凝胶孔中的水在 −78℃以上不会结冰,因此,当水泥石处于结冰环境时,凝胶孔中的水以过冷态的液态水存在,从而使毛细管中处于低能状态结冰的水与凝胶孔中处于高能状态的过冷水之间形成热力学不平衡。冰和过冷水两者熵的差别迫使后者迁入低能位置,使其结冰,这个过程会产生内部压力和系统膨胀。

影响水泥石抗冻性的因素主要有以下三个方面:

①孔结构及充水程度　水泥石中毛细孔越少，毛细孔越细，则抗冻性越好。有关研究表明，当水泥石的充水程度小于 85%~90% 时，一般也不会有冻害的问题。

②水泥品种与水灰比　硅酸盐水泥比掺混合材料水泥的抗冻性要好，增加熟料中的 C_3S 含量，抗冻性可以改善。当水灰比小于 0.4 时，抗冻性好；当水灰比大于 0.55 时，抗冻性将显著降低。

③养护龄期　抗冻性与遭受冻融前的养护龄期有关，硬化时间越长，受冻后其膨胀值就越小。因此，工程上应加强养护，防止水泥石过早受冻。

采用树脂浸渍方法，或加入引气剂，可提高水泥石抗冻性。

2.7.3.2　抗渗性

抗渗性也是评价水泥石耐久性的重要指标之一。水泥石是一个多孔体系，所以水泥石的抗渗性与其孔结构有很大关系。根据达西（Darcy）理论，多孔体在水压作用下的渗水速率与渗透系数成正比，所以通常用渗透系数 k 表示材料抗渗性的优劣。渗透系数 k 可用式(2-18)表示：

$$k = C\frac{\varepsilon \cdot r^2}{\eta} \tag{2-18}$$

式中，ε 为总孔隙率；r 为孔的水力半径(孔隙体积/孔隙表面积)；η 为流体的黏度；C 为常数。

水泥石渗透性的实验结果见表 2-12 所列(申爱琴，2000)。由表可见，水化龄期越长，孔隙率越小，渗透系数就越小。

表 2-12　水泥石的渗透性

龄期 (d)	孔隙率 (%)	渗透系数 k (cm/s)	龄期 (d)	孔隙率 (%)	渗透系数 k (cm/s)
新拌浆体	67	1.15×10^{-3}	5	53	5.9×10^{-9}
1	63	3.65×10^{-5}	7	52	1.38×10^{-9}
2	60	3.05×10^{-6}	12	51	1.95×10^{-10}
3	57	1.91×10^{-7}	24	48	4.6×10^{-11}
4	55	2.3×10^{-8}			

研究表明，当毛细孔管径小于 $1\mu m$ 时，所有的水都吸附于管壁作定向排列，很难流动。而水泥凝胶的胶孔尺寸非常小，鲍维斯的测定结果表明，其渗透系数仅为 $7 \times 10^{-16} m/s$。因此，凝胶孔的多少实际上对抗渗性无影响。

由于毛细孔与水灰比有关，所以渗透系数随水灰比的增大而提高。研究表明，当水灰比较小时，水泥石中的毛细孔常被水泥凝胶所堵隔，不易连通，渗透系数较小。因此，提高水泥石抗渗性的有效措施是减小水灰比，从而降低毛细孔的数量，尤其是降低连通的毛细孔数量。渗透系数还与养护龄期、水化程度有关。水化反应龄期越长、水化程度越高，则水化产物越多，毛细管系统变得更加细小曲折，致使渗透系数变小。

2.7.3.3　抗侵蚀性

水泥石在水介质中会发生一系列的化学、物理及物理化学的变化，使水泥石遭受侵蚀。所以研究水泥石的抗侵蚀性也是研究其耐久性的重要内容。

(1)侵蚀的分类

水介质对水泥石的侵蚀作用一般分为 3 类。第一类侵蚀称为溶出性侵蚀(或淡水侵蚀)，其特点是由于水的浸析作用，将水泥石中的固相组分逐渐溶解并带走，导致水化产物的分解溶蚀。

第二类侵蚀称为离子交换侵蚀(包括：碳酸、有机酸及无机酸侵蚀、镁盐侵蚀等)，其特点是水泥石的组分与水介质发生了离子交换反应，反应生成物是容易溶解的物质，会被水所带走，或者是一些没有胶结能力的无定型物质，破坏了原有水泥石的结构。

第三类侵蚀称为硫酸盐侵蚀，其特点是硫酸盐与水化产物互相作用后，在水泥石内部气孔和毛细管内形成难溶解的盐类，如果这些盐类结晶并积聚长大，体积增加，会使水泥石内部产生有害的膨胀应力。

(2)溶出性侵蚀(或软水侵蚀)

多数河水和湖水或雨水、雪水中的重碳酸盐含量低，均属于软水。当水泥石处在软水环境中时，水泥石中的氢氧化钙将很快溶解，每升水可达 1.3g。如果水是静止或无水压的情况，周围的水易为氢氧化钙所饱和，氢氧化钙的溶解作用就不会持续进行，水泥石所受影响极小。但是，如果水是流动水或有压力的水，则氢氧化钙将不断溶解而流失，使得水泥石变得疏松。另一方面，由于其他水化产物(水化硅酸钙、水化铝酸钙等)只有在一定的碱度环境中才能稳定存在，所以氢氧化钙的不断溶出，使水泥石的碱度明显降低，又导致其他水化产物分解溶蚀，最终使水泥石破坏。

(3)离子交换侵蚀

溶解于水中的酸类和盐类可以与水泥石中氢氧化钙发生离子交换反应，生成易溶性盐或无胶结力的物质，导致水泥石结构破坏。最常见的是碳酸、盐酸及镁盐的侵蚀。

①碳酸侵蚀　雨水、地下水或工业废水中常含有一些游离的碳酸。碳酸与水泥石中氢氧化钙的反应历程如下：

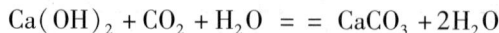

$$Ca(OH)_2 + CO_2 + H_2O == CaCO_3 + 2H_2O$$
$$CaCO_3 + CO_2 + H_2O == Ca(HCO_3)_2$$

$Ca(HCO_3)_2$(碳酸氢钙)易溶于水，如果水中碳酸浓度较高，并超过平衡浓度，反应就会不断地向右进行，使氢氧化钙转变为碳酸氢钙而溶失，导致水泥石结构破坏。

②一般酸侵蚀　工业废水、地下水等水中常含有盐酸、硝酸、氢氟酸、醋酸等无机酸或有机酸，这些酸都能够与水泥石中的氢氧化钙发生反应，生成易溶物，如：

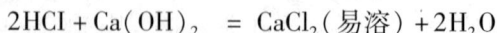

$$2HCl + Ca(OH)_2 = CaCl_2(易溶) + 2H_2O$$

这些易溶物不断溶失，最终导致水泥石结构破坏。

③镁盐侵蚀　海水及地下水中含有的氯化镁等镁盐，都能与水泥石中氢氧化钙发生反应，生成易溶及无胶结力的物质，这种反应不断进行，就会导致水泥石结构破坏。如：

$$MgCl_2 + Ca(OH)_2 = CaCl_2(易溶) + Ma(OH)_2(无胶结力)$$

(4)硫酸盐侵蚀

海水及地下水中含有很多硫酸盐,当水泥石与硫酸盐接触时,氢氧化钙与硫酸盐发生反应,将产生有害膨胀物质。其反应式为:

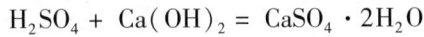

$$H_2SO_4 + Ca(OH)_2 = CaSO_4 \cdot 2H_2O$$

二水石膏不但可在水泥石的孔隙中结晶产生膨胀,也可以和水泥石中的水化铝酸钙反应生成三硫型水化硫铝酸钙(即钙矾石)。

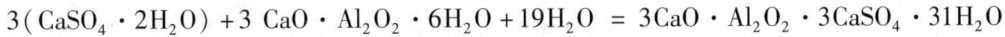

$$3(CaSO_4 \cdot 2H_2O) + 3CaO \cdot Al_2O_3 \cdot 6H_2O + 19H_2O = 3CaO \cdot Al_2O_3 \cdot 3CaSO_4 \cdot 31H_2O$$

由于钙矾石含有大量结晶水,形成后体积膨胀 1.5 倍左右,会产生较大的应力,因而会对水泥石产生很大的破坏作用。

其他一些盐类结晶时也会产生膨胀,几种常见盐类晶体转化产生的膨胀率见表 2-13(申爱琴,2000)。

表 2-13　盐类晶体转化膨胀率

盐类晶体转化	转化温度(℃)	膨胀率(%)
$NaCl \rightarrow NaCl \cdot 2H_2O$	0.15	130
$Na_2CO_3 \rightarrow Na_2CO_3 \cdot 2H_2O$	33.0	148
$Na_2SO_4 \rightarrow Na_2SO_4 \cdot 2H_2O$	32.3	311
$MgSO_4 \rightarrow MgSO_4 \cdot 6H_2O$	73.0	145
$MgSO_4 \cdot 6H_2O \rightarrow MgSO_4 \cdot 10H_2O$	47.0	11

(5)防止侵蚀的方法

根据上述侵蚀机理的分析可知,引起水泥石被侵蚀的主要原因为:

①侵蚀性介质以液相形式与水泥石接触,并具有一定浓度和数量;

②水泥石中存在有引起侵蚀的组分,即氢氧化钙和水化铝酸钙;

③水泥石本身结构不致密,有一些可供侵蚀介质渗入的毛细通道。

为了防止水泥石被侵蚀,应针对具体原因,采取相应措施。主要措施有:

①根据环境特点,合理选用水泥品种。选用硅酸三钙含量低的水泥,使水化产物中 $Ca(OH)_2$ 含量减少,以提高耐溶出性侵蚀的能力。选用铝酸三钙含量低的水泥,则可降低硫酸盐类的侵蚀作用。选用矿渣硅酸盐水泥、复合硅酸盐水泥等掺混合材料的硅酸盐水泥,也可提高水泥的抗侵蚀能力。

②通过使用外加剂、改进施工工艺等各种途径减少水泥石的孔隙率,提高密实度。

③使用各种不透水的沥青层、沥青毡、水泥砂浆、沥青砂浆薄层或沥青混凝土薄层等覆盖在水泥石或混凝土表面,将水泥石或混凝土与侵蚀介质隔离开,避免直接接触。

2.7.4　硅酸盐水泥的技术性质、性能特点及应用

2.7.4.1　硅酸盐水泥的技术性质

(1)密度

硅酸盐水泥的密度一般为 $3.05 \sim 3.15 g/cm^3$,其大小主要取决于水泥熟料的矿物组

成。堆积密度为 1000 ~ 1600kg/m³。

（2）细度

细度是指水泥颗粒的粗细程度，水泥颗粒粒径一般为 7 ~ 200μm。国家标准规定，硅酸盐水泥的细度采用勃氏透气法比表面积仪（GB/T 8074—2008《水泥比表面积测定方法　勃氏法》）进行检验，要求其比表面积大于 300m²/kg。

（3）标准稠度用水量

水泥的标准稠度用水量是指水泥净浆稠度达到标准测定方法规定要求时的拌和用水量，按水泥质量百分比计。硅酸盐水泥的标准稠度用水量通常为 24% ~ 30%。

（4）凝结时间

凝结时间分为初凝时间和终凝时间。初凝时间是指水泥与水拌和至标准稠度净浆达到初凝状态所需的时间；终凝时间是水泥与水拌和至标准稠度净浆达到终凝状态所需的时间。国家标准规定，硅酸盐水泥的初凝时间不小于 45min，终凝时间不大于 390min（6.5h）。

（5）体积安定性

体积安定性是指水泥净浆硬化过程中体积变化的均匀性和稳定性。如果在水泥硬化过程中，产生不均匀的体积变化，就会使水泥石产生膨胀性裂缝，这种现象称为水泥体积安定性不良。国家标准规定采用沸煮法检验安定性，标准测试方法为雷氏法。雷氏夹中的水泥净浆经沸煮（恒温 3h）后的膨胀值不大于 5.0mm 时，安定性为合格。

（6）强度及强度等级

根据国标 GB 17671—1999《水泥胶砂强度检验方法（ISO 法）》中规定的方法，测定 3d 和 28d 龄期的水泥胶砂抗折强度和抗压强度。按现行国家标准规定，硅酸盐水泥有 42.5、42.5R、52.5、52.5R、62.5、62.5R 六个强度等级。各强度等级水泥在各龄期的强度不得低于表 2-14 规定的数值。强度等级中带 R 的为早强型，不带 R 的为普通型。

表 2-14　硅酸盐水泥的各种强度等级在不同龄期的强度要求

强度等级	抗压强度（MPa）不低于		抗折强度（MPa）不低于	
	3d	28d	3d	28d
42.5	17.0	42.5	3.5	6.5
42.5R	22.0	42.5	4.0	6.5
52.5	23.0	52.5	4.0	7.0
52.5R	27.0	52.5	5.0	7.0
62.5	28.0	62.5	5.0	8.0
62.5R	32.0	62.5	5.5	8.0

(7)其他技术指标

国家标准对硅酸盐水泥中的有害成分含量、不溶物含量、烧失量都有规定限量（表2-15）。水泥中碱含量按 $Na_2O + 0.658K_2O$ 计算值表示，若使用活性集料，用户要求提供低碱水泥时，水泥中碱含量应不大于0.6%或由供需双方商定。

表 2-15　硅酸盐水泥的其他技术要求

SO_3含量 （%）	MgO 含量 * （%）	不溶物含量 （%）	烧失量 （%）	氯离子含量 * * （%）
≤3.5	≤5.0	P·Ⅰ≤0.75	P·Ⅰ≤3.0	≤0.60
≤3.5	≤5.0	P·Ⅱ≤1.5	P·Ⅱ≤3.5	≤0.60

注：* 如果水泥经压蒸安定性试验合格，则水泥中 MgO 含量允许放宽到6.0%；

* * 当有更低要求时，该指标由买卖双方确定。

2.7.4.2　硅酸盐水泥的性能与应用

由于硅酸盐水泥的 C_3S 含量高，同时 C_3A 含量较高，所以其凝结硬化速率高，早期强度和后期强度都比较高，并且水化放热量大，抗冻性好。但是硅酸盐水泥水化后形成较多的氢氧化钙和水化铝酸钙，易遭受严重侵蚀；并且其主要水化产物在高温下会发生脱水和分解，使水泥石结构遭受破坏，所以耐热性较差。

硅酸盐水泥一般用于配制 C40 以上的混凝土，主要用于地上、地下和水中钢筋混凝土和预应力混凝土结构工程，尤其适用于早期强度要求高、冬季施工以及严寒地区会遭受反复冻融作用的混凝土工程。但不宜用于受流动及压力水作用或受海水、矿物水等侵蚀作用的工程；不宜用于长期受高温作用的工程；不宜用于大体积混凝土工程。

2.8　其他水泥品种

在硅酸盐水泥的基础上，人们又研究和生产出许多水泥品种，以下介绍几种常用品种。

2.8.1　通用硅酸盐水泥的其他品种

通用硅酸盐水泥的其他品种包括普通硅酸盐水泥、矿渣硅酸盐水泥、火山灰质硅酸盐水泥、粉煤灰硅酸盐水泥和复合硅酸盐水泥。这五种水泥都是由硅酸盐水泥熟料和适量石膏及规定的混合材料制成的水硬性胶凝材料。

2.8.1.1　水泥混合材料概述

混合材料是指在生产水泥时加入的各种矿物质材料。通常分为活性混合材料和非活性混合材料两类。

(1)活性混合材料

活性混合材料是指与石灰、石膏或硅酸盐水泥一起，加水拌和后能发生化学反应，并生成具有胶凝性和水硬性水化物的混合材料。活性混合材料的这种性质也称为火山灰性。活性混合材料中一般均含有活性成分，如活性 SiO_2 和活性 Al_2O_3，能与水泥水化生成的氢氧化钙发生作用，生成水硬性水化产物。常用的活性混合材料有粒化高炉矿渣(渣或粉)、火山灰质混合材料和粉煤灰等。

粒化高炉矿渣是钢铁厂用水淬方法，将炼铁高炉的熔融矿渣进行急速冷却处理后得到的质地疏松、多孔的粒状物。其化学成分是 CaO、MgO、Al_2O_3、SiO_2、Fe_2O_3 等氧化物和少量的硫化物。在一般矿渣中 CaO、SiO_2、Al_2O_3 含量占 90% 以上，其化学成分与硅酸盐水泥的化学成分相似，但其 CaO 含量较低，而 SiO_2 含量偏高。

火山灰质混合材料是泛指天然的或人工的以活性氧化硅和活性氧化铝为主要成分，具有火山灰活性的矿物质材料，其本身一般无水硬性，但在常温下能与石灰和水作用，生成水硬性的水化物。火山灰质混合材料的品种很多，按其化学成分和矿物结构可分为含水硅酸质、铝硅玻璃质、烧黏土质等。含水硅酸质混合材料有硅藻土、硅藻石、蛋白石和硅质渣等，其活性成分以氧化硅为主；铝硅玻璃质混合材料有火山灰、凝灰岩、浮石和某些工业废渣，其活性成分为氧化硅和氧化铝。

粉煤灰是火力发电厂从煤粉炉烟道气体中收集的粉末状废渣。粉煤灰中含有较多的活性 SiO_2 和活性 Al_2O_3，两者总含量可达 60% 以上。由于它是由煤粉在煤粉炉中，经悬浮态燃烧后急冷而成，所以多呈直径为 $1 \sim 50 \mu m$ 的实心或空心的玻璃态球粒状。按其化学成分和具有火山灰性的特点，它也属于火山灰质混合材料，但它在性状上具有与其他火山灰质混合材料不同的特点，而且其量大面广，因此我国水泥标准中将其单独列出。

GB 175—2007《通用硅酸盐水泥》规定，生产通用硅酸盐水泥时，活性混合材料应采用质量符合 GB/T 203—2008《用于水泥中的粒化高炉矿渣粉》、GB/T 18046—2008《用于水泥和混凝土中的粒化高炉矿渣粉》、GB/T 1596—2005《用于水泥和混凝土中的粉煤灰》、GB/T 2847—2005《用于水泥中的火山灰质混合材料》要求的粒化高炉矿渣、粒化高炉矿渣粉、粉煤灰、火山灰质混合材料。

(2)非活性混合材料

非活性混合材料是指不具有活性或活性非常低的人工或天然的矿物质材料。这类材料在水泥水化过程中不发生化学反应，或者化学反应甚微。石英砂、石灰石、黏土、慢冷矿渣以及不符合质量标准的活性混合材料均可以作为非活性混合材料应用。

非活性混合材料掺入到水泥中仅能起调节水泥强度等级、增加水泥产量、降低水化热等作用。非活性混合材料应具有足够的细度，不含或极少含对水泥有害的杂质。

2.8.1.2　普通硅酸盐水泥

普通硅酸盐水泥的代号为 P·O。根据 GB 175—2007 规定，普通硅酸盐水泥中火山灰质混合材料的质量分数应大于 5% 且不超过 20%，其中允许用不超过水泥质量 5% 的窑灰(水泥回转窑窑尾废气中收集下的粉尘)或不超过水泥质量 8% 的非活性混合材料来代替。

(1)普通硅酸盐水泥的主要技术性质

国家标准规定，普通硅酸盐的水泥强度等级分为 42.5、42.5R、52.5 和 52.5R 四个等级。各种强度等级水泥在不同龄期的强度均不得低于表 2-16 所规定的数值。

表 2-16　普通水泥的各种强度等级在不同龄期的强度要求

强度等级	抗压强度（MPa）		抗折强度（MPa）	
	不低于		不低于	
	3d	28d	3d	28d
42.5	17.0	42.5	3.5	6.5
42.5R	22.0	42.5	4.0	6.5
52.5	23.0	52.5	4.0	7.0
52.5R	27.0	52.5	5.0	7.0

国家标准对普通硅酸盐水泥的细度、初凝时间、安定性的要求与硅酸盐水泥相同，但终凝时间与硅酸盐水泥不同，要求不大于 600 min。

（2）普通硅酸盐水泥的特性及应用

在普通硅酸盐水泥中掺入少量混合材料的主要目的是调节水泥强度等级，便于实际工程中合理选用，并能降低生产成本和工程造价。由于混合材料掺加量较少，所以其性能、应用范围与同强度等级的硅酸盐水泥相近或相同。普通硅酸盐水泥是我国最常用的水泥品种之一，广泛应用于各种混凝土工程中。

2.8.1.3　矿渣硅酸盐水泥、火山灰质硅酸盐水泥、粉煤灰硅酸盐水泥及复合硅酸盐水泥

根据 GB 175—2007，这 4 种水泥中混合材料掺加量的规定分别是：

①矿渣硅酸盐水泥分为 A 型和 B 型，A 型的代号为 P·S·A，矿渣掺量（质量分数）的要求是：>20%且≤50%，；B 型的代号为 P·S·B，矿渣掺量（质量分数）的要求是：>50%且≤70%。允许用其他任一种符合标准要求的活性混合材料或非活性混合材料或窑灰代替粒化高炉矿渣，但代替量不得超过水泥质量的 8%。

②火山灰质硅酸盐水泥的代号为 P·P，水泥中火山灰质混合材料的质量分数要求是：>20%且≤50%。

③粉煤灰硅酸盐水泥的代号为 P·F，水泥中粉煤灰的质量分数要求是：>20%且≤40%。

④复合硅酸盐水泥的代号为 P·C，水泥中混合材料的质量分数要求是：>20%且≤50%。

其中混合材料为两种（含）以上符合标准要求的活性混合材料或非活性混合材料，允许用不超过水泥质量 8% 的符合标准要求的窑灰代替。掺矿渣时混合材料掺量不得与矿渣硅酸盐水泥重复。

（1）水泥水化反应的主要特点

由于这四种水泥中掺入了数量较多的混合材料，硅酸盐水泥熟料的数量明显减少，所以它们的水化反应具有与硅酸盐水泥不同的特点，这个特点就是水化反应包含两个过程。首先是水泥熟料矿物与水作用，生成氢氧化钙、水化硅酸钙、水化铝酸钙等水

化产物，这一过程与硅酸盐水泥水化时基本相同。当氢氧化钙生成之后，它就与混合材料中的活性氧化硅和活性氧化铝进行二次反应，生成水化硅酸钙和水化铝酸钙。即：

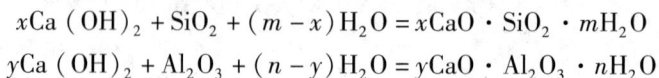

$$xCa(OH)_2 + SiO_2 + (m-x)H_2O = xCaO \cdot SiO_2 \cdot mH_2O$$

$$yCa(OH)_2 + Al_2O_3 + (n-y)H_2O = yCaO \cdot Al_2O_3 \cdot nH_2O$$

上述二次反应过程就是"火山灰反应"，其中，溶液中的氢氧化钙是激发混合材料活性的物质，所以称为碱性激发剂，而磨细时加入的石膏称为硫酸盐激发剂，它的作用是进一步与水化铝酸钙化合而生成水化硫铝酸钙。矿渣硅酸盐水泥中的石膏掺量可比硅酸盐水泥稍多一些，国家标准规定其 SO_3 的含量应不超过 4%。但其他三种水泥中 SO_3 的含量仍不得超过 3.5%。

（2）水泥的主要技术性质

国家标准对于这四种水泥凝结时间和体积安定性的技术要求与普通硅酸盐水泥相同。这四种水泥的细度采用筛析法检验，要求 $80\mu m$ 方孔筛筛余不大于 10% 或 $45\mu m$ 方孔筛筛余不大于 30%；强度等级分为 32.5、32.5R、42.5、42.5R、52.5、52.5R 六个等级。各强度等级水泥在不同龄期的强度不得低于表 2-17 所规定的数值。

表 2-17　矿渣硅酸盐水泥等 4 种水泥的强度要求

强度等级	抗压强度（MPa），不低于		抗折强度（MPa），不低于	
	3d	28d	3d	28d
32.5	10.0	32.5	2.5	5.5
32.5R	15.0	32.5	3.5	5.5
42.5	15.0	42.5	3.5	6.5
42.5R	19.0	42.5	4.0	6.5
52.5	21.0	52.5	4.0	7.0
52.5R	23.0	52.5	4.5	7.0

（3）水泥的特性及应用

这 4 种水泥与硅酸盐水泥或普通硅酸盐水泥相比，在性能上有如下共同的特点：

①早期凝结硬化慢，强度低，后期强度高　由于这四种水泥的水化反应具有二次反应的特点，所以它们的凝结硬化速度慢，早期（3d）强度较低。但在硬化后期，硬化速度增大，强度明显增长，甚至 28d 以后的强度发展将超过硅酸盐水泥或普通硅酸盐水泥。一般混合材料的掺入量越多，早期强度就越低，但后期强度增长率越大。为了保证其强度不断增长，应长时间在潮湿环境下养护。此外，这 4 种水泥对温度影响的敏感性比硅酸盐水泥大，在低温下硬化很慢，早期强度显著降低；而采用蒸汽养护，提高养护温度，则能加快硬化速度，早期强度显著提高，而且对其后期强度的发展无不利影响。因此，这 4 种水泥不宜用于早期强度要求高的混凝土工程，但对承受荷载较迟的工程更为适用，并适用于制作蒸汽养护的预制构件。

②具有较强的抗侵蚀能力　由于水泥石中易受侵蚀的氢氧化钙大为减少，所以这四种水泥抗侵蚀能力较强。它们可用于需要抗溶出性侵蚀或抗硫酸盐侵蚀的水工混凝土、海洋混凝土等工程。

③水化热低，抗冻性较差　由于水化速度较慢，水化热也相应较低，所以这四种水泥适用于大体积混凝土工程。但它们的抗冻性较差，不宜用于严寒地区会遭受反复冻融作用的混凝土工程。

除上述共同特点外，这 4 种水泥在性能上也存在各自的特点。如矿渣硅酸盐水泥具有较好的耐热性，可用于高温车间的混凝土结构工程。火山灰质硅酸盐水泥硬化后的水泥石结构致密，具有较高的抗渗性和耐水性，因而可用于有抗渗要求的混凝土工程。火山灰质硅酸盐水泥在硬化过程中干缩现象较显著，如果养护不当，易产生干缩裂缝，所以不宜用于干燥地区及高温车间的混凝土结构工程。由于粉煤灰硅酸盐水泥标准稠度需水量较小，干缩性也小，因而抗裂性较高，宜用于干燥地区混凝土结构工程。但其保水性差，泌水较快，若养护不当，也易引起失水收缩而产生裂缝。

由于复合硅酸盐水泥中的混合材料品种不固定，因此其性质和用途与所含混合材料的品种有很大的关系。

2.8.2　铝酸盐水泥

2.8.2.1　概述

凡以铝酸钙为主的铝酸盐水泥熟料，磨细制成的水硬性胶凝材料称为铝酸盐水泥，代号 CA。根据需要也可在磨制 Al_2O_3 含量大于 68% 的水泥时掺加适量的 $\alpha - Al_2O_3$ 粉。

根据 GB 201—2000《铝酸盐水泥》，铝酸盐水泥按 Al_2O_3 含量百分数分为 4 类，各类的化学成分、技术要求如表 2-18、表 2-19、表 2-20 所列。铝酸盐水泥细度的要求为：比表面积不小于 $300m^2/kg$，或 $45\mu m$ 方孔筛筛余不大于 20%，由供需双方商定，在无约定的情况下发生争议时以比表面积为准。

表 2-18　铝酸盐水泥的化学成分要求

类型	Al_2O_3 含量 * (%)	SiO_2 含量 (%)	Fe_2O_3 含量 (%)
CA – 50	≥50，<60	≤8.0	≤2.5
CA – 60	≥60，<68	≤5.0	≤2.0
CA – 70	≥68，<77	≤1.0	≤0.7
CA – 80	≥77	≤0.5	≤0.5

除表 2-18 中的化学成分外，还要求碱含量（按 $Na_2O + 0.658K_2O$ 计算值）不大于 0.4%、S（全硫）和 Cl 含量均不大于 0.1%。

表 2-19　铝酸盐水泥的凝结时间要求

类型	初凝时间 (min)	终凝时间 (h)
CA – 50、CA – 70、CA – 80	≥30	≤6
CA – 60	≥60	≤18

表 2-20　铝酸盐水泥各龄期的强度要求

类型	抗压强度(MPa)，不低于				抗折强度(MPa)，不低于			
	6h	1d	3d	28d	6h	1d	3d	28d
CA－50	20	40	50	—	3.0	5.5	6.5	—
CA－60	—	20	45	85	—	2.5	5.0	10.0
CA－70	—	30	40	—		5.0	6.0	—
CA－80	—	25	30	—		4.0	5.0	—

2.8.2.2　铝酸盐水泥的主要矿物成分及水化反应

铝酸盐水泥的主要矿物成分是铝酸一钙（$CaO \cdot Al_2O_3$，简写为 CA）和二铝酸一钙（$CaO \cdot 2Al_2O_3$，简写为 CA_2），其中铝酸一钙的含量约占 70%。

铝酸盐水泥的水化过程主要是铝酸一钙的水化过程，其水化作用与温度有关。

当温度小于 20℃时，其反应式为：

$$CaO \cdot Al_2O_3 + 10H_2O = CaO \cdot Al_2O_3 \cdot 10H_2O$$

（铝酸一钙）　　　　　　　（水化铝酸一钙，即 CAH_{10}）

当温度为 20~30℃，其反应式为：

$$2(CaO \cdot Al_2O_3) + 11H_2O = 2CaO \cdot Al_2O_3 \cdot 8H_2O + Al_2O_3 \cdot 3H_2O$$

（水化铝酸二钙，即 C_2AH_8）　（铝胶）

当温度大于 30℃时，其反应式为：

$$3(CaO \cdot Al_2O_3) + 12H_2O = 3CaO \cdot Al_2O_3 \cdot 6H_2O + 2(Al_2O_3 \cdot 3H_2O)$$

（水化铝酸三钙，即 C_3AH_6）　（铝胶）

铝酸一钙的水化反应速度快，能放出大量的水化热。反应后生成大量的水化铝酸钙晶体和氢氧化铝凝胶体，能迅速胶结成为晶体骨架，难溶于水的氢氧化铝凝胶，填充于这些晶体骨架之中，短期内使水泥石很快密实和硬化，早期强度迅速增长。

二铝酸一钙的水化与铝酸一钙的水化基本相同，但速度较慢。由于二铝酸一钙的数量很少，在硬化过程中不起很大作用。

水化物 CAH_{10} 为片状晶体，C_2AH_8 为针状晶体，它们通过互相交错搭接，形成晶体骨架，氢氧化铝凝胶体填充于这些晶体骨架之中，使水泥石形成密实的结构，因而强度高。但在较高温度下（大于 25℃），CAH_{10} 和 C_2AH_8 会随时间的增长而发生晶型转化，逐渐转化为立方晶体的水化铝酸三钙（C_3AH_6），环境温度越高，转化就越快。由于晶体转化，使水泥石内析出游离水，增大了孔隙数量，同时也由于 C_3AH_6 本身存在缺陷，强度较低，所以水泥石强度明显下降，最终强度约为早期最高强度的 40%~60%。

2.8.2.3　铝酸盐水泥的特性及应用

(1) 水化热高，放热快

铝酸盐水泥硬化时放热量大，且集中在早期，1d 内可放出总热量的 70%~80%。因此，铝酸盐水泥适用于寒冷地区冬季施工的混凝土工程，但不宜用于大体积混凝土工程。

(2)强度增长快，早期强度高

铝酸盐水泥最大的特点是强度发展非常迅速，24h 的强度可达到其极限强度的80%以上，而且在低温（5～10℃）下也能很好硬化。但在较高温度（大于30℃）下养护时，强度反而急剧下降，后期强度下降更严重，甚至引起结构破坏，这一特性与硅酸盐水泥正好相反。因此，铝酸盐水泥适用于紧急抢修和早期强度要求高的特殊工程，不适用于蒸汽养护及在较高温度季节施工的工程。在自然条件下，铝酸盐水泥长期强度下降后会达到一个最低稳定值，工程设计时应按其最低稳定强度取值。

(3)耐侵蚀性强

普通硬化条件下铝酸盐水泥石中没有水化铝酸三钙和氢氧化钙，结构致密。因此具有很好的抗硫酸盐及海水侵蚀能力，比抗硫酸盐水泥还要好，同时对其他侵蚀性介质也有很好的稳定性。但碱溶液对铝酸盐水泥的侵蚀性极强，因此，铝酸盐水泥适用于有抗硫酸盐侵蚀要求的工程。

(4)耐热性强

铝酸盐水泥的水化产物，经过晶型转化后，强度虽然降低，但此时的产物十分稳定，将来即使遇到高温，也不会产生明显影响结构强度的化学变化。因此铝酸盐水泥的耐高温性能很好，可应用于耐高温工程。

(5)可与石膏配合使用

在铝酸盐水泥中掺入二水石膏或无水石膏时，水化物 CAH_{10} 和 C_2AH_8 等能与石膏反应生成稳定的硫铝酸钙，可有效克服铝酸盐水泥长期强度降低的现象，并可用于配制膨胀水泥，这是目前铝酸盐水泥的主要用途之一。

此外铝酸盐水泥不能与硅酸盐水泥、石灰等混用，否则会使铝酸盐水泥出现"闪凝"，并引起强度降低。这是因为铝酸盐水泥析出的铝胶（$Al_2O_3 \cdot aq$）与氢氧化钙反应，很快形成 C_3AH_6，使起缓凝作用的 $Al_2O_3 \cdot aq$ 薄膜破坏而使水浆体过快凝结。

2.8.3　道路硅酸盐水泥

凡由适当成分的生料烧至部分熔融，得到以硅酸钙为主要成分和较多量铁铝酸钙的硅酸盐水泥熟料，称为道路硅酸盐水泥熟料。由道路硅酸盐水泥熟料、0%～10% 活性混合材料和适量石膏磨细制成的水硬性胶凝材料，称为道路硅酸盐水泥，简称道路水泥，代号 P·R。

按照 GB 13693—2005《道路硅酸盐水泥》的要求，道路水泥熟料中 C_3A 含量不得大于 5.0%，C_4AF 含量不得小于 16%。限制 C_3A 的含量主要是因为水化铝酸三钙孔隙较多、干缩较大，降低其水化物含量，可以减少水泥的干缩率。提高 C_4AF 的含量是为了增加水泥的抗折强度和耐磨性，因为 C_4AF 脆性小，硬化时体积收缩小。

国家标准还规定道路硅酸盐水泥中氧化镁含量不得超过 5.0%，三氧化硫含量不得超过 3.5%；水泥的初凝不得早于 1.5h，终凝不得迟于 10h；比表面积为 $300～450m^2/kg$；沸煮法检验安定性必须合格；28d 干缩率不得大于 0.10%；耐磨性以磨损量表示，28d 磨损量不得大于 $3.0kg/m^2$。

　　道路硅酸盐水泥有 32.5、42.5 和 52.5 三个强度等级，各龄期的强度不得低于表 2-21 中的数值。

表 2-21　道路硅酸盐水泥各龄期的强度值

强度等级	抗压强度（MPa）不低于		抗折强度（MPa）不低于	
	3d	28d	3d	28d
32.5	16.0	32.5	3.5	6.5
42.5	21.0	42.5	4.0	7.0
52.5	26.0	52.5	5.0	7.5

　　道路硅酸盐水泥具有抗折强度高、干缩小及耐磨性、抗冻性和抗冲击性能好的特点，主要用于道路路面、飞机跑道、车站、公共广场等对抗折强度、耐磨性、抗干缩性能要求较高的面层混凝土。

小　结

　　本章以硅酸盐水泥的理论知识为主要内容，介绍了硅酸盐水泥熟料的矿物组成及单矿物的主要特性，以及硅酸盐水泥熟料矿物的结构与胶凝性能的关系；阐述了硅酸盐水泥水化反应机理及相关理论、水泥凝结硬化的机理以及著名的结晶理论、胶体理论、"凝聚—结晶"三维网状结构学说和三阶段理论。在此基础上，探讨了新拌水泥浆的结构与特性，其中包括水泥浆的结构及其形成的一般规律、水泥浆的需水性、泌水性与凝聚结构的关系以及水泥浆的流变特性；阐述了硅酸盐水泥硬化浆体（水泥石）的结构、硅酸盐水泥的强度、变形性质和耐久性。最后介绍了工程中常用的其他几种通用硅酸盐水泥以及铝酸盐水泥、道路硅酸盐水泥的组成、水化反应机理、技术性质和工程应用。

思考题

　　1. 硅酸盐水泥熟料是由哪些矿物组成的？它们对水泥的性能（如强度、水化反应速度和水化热等）有何影响？

　　2. 简述水泥熟料矿物具有胶凝能力的本质与条件。

　　3. 简述 C_3S 水化放热时 5 个水化过程阶段。

　　4. 简述水泥凝结硬化理论中三阶段理论中各阶段的特点。

　　5. 什么是水泥的水化速度？影响水泥水化速度的主要因素有哪些？

　　6. 如何研究水泥浆体的流变特性？

　　7. 简述水泥石中孔结构的分类及对其性能的影响。影响水泥石孔分布的主要因素有哪些？

　　8. 简述硅酸盐水泥的强度理论。

　　9. 铝酸盐水泥水化反应有哪些特点？有哪些特性和主要用途？

　　10. 道路硅酸盐水泥的组成和技术性质有哪些特点？其主要用途是什么？

推荐阅读书目

1. 水泥与水泥混凝土. 申爱琴. 人民交通出版社, 2000.
2. 胶凝材料学(第2版). 袁润章. 武汉理工大学出版社, 2006.
3. Lea's Chemistry of Cement and Concrete. Peter Hewlett. 2004.
4. 水泥混凝土——组成·性能·应用. 汪澜. 中国建材工业出版社, 2005.

第**3**章

水泥基复合材料

[**本章提要**]　水泥基复合材料是用硬化水泥浆体作为基体材料，与其他各种无机或有机材料复合而制成的材料，其中水泥混凝土是最重要的品种。混凝土的组成材料应满足相关标准的要求，对集料的粒形可以采用数值表征。混凝土拌和物具有黏、塑、弹性质，用流变学理论能够对混凝土拌和物性质进行研究。硬化混凝土的结构是影响混凝土性能的关键因素。混凝土拌和物的工作性，以及硬化混凝土的物理性质、力学性质和耐久性涉及多方面的具体性质，通过理论研究阐明了相关机理，以及主要影响因素，对评定和控制混凝土质量具有重要作用。在普通混凝土组成材料的基础上，掺入纤维材料或聚合物，能够改善混凝土结构，显著提高混凝土性能。

目前对水泥基复合材料的定义有不同的表述，一般认为水泥基复合材料是用水泥水化、凝结和硬化后形成的硬化水泥浆体作为基体材料，与其他各种无机非金属材料、金属材料、有机材料复合而制成的各种复合材料。

水泥基复合材料有很多品种，例如各种水泥混凝土、水泥砂浆、钢丝网水泥制品、纤维增强水泥基复合材料、聚合物水泥基复合材料等。水泥混凝土是指以水泥（或水泥与矿物掺合料）作为胶凝材料，水、集料（或称骨料）、外加剂等为组成材料，按一定的配合比和方法配制而成的水泥基复合材料。其中用量最大、应用范围最广的是干表观密度为 $2000 \sim 2800 kg/m^3$ 的混凝土，通常称其为普通混凝土。

水泥混凝土是一种非匀质的颗粒型复合材料，其性能与组成材料性质、配合比、养护条件、龄期等诸多因素有关。通过从宏观和微观的不同层次对水泥混凝土进行研究，掌握各种因素对硬化混凝土微观结构和性能的影响及其相关规律，才能生产出满足工程需要的混凝土材料。本章着重介绍普通混凝土。

3.1　水泥混凝土的组成材料

普通水泥混凝土（一般简称混凝土）的基本组成材料是指水泥、粗集料（石子）、细集料（砂）和水。为了改善混凝土的性能，在现代混凝土生产过程中，各种外加剂或矿物掺合料已成为重要的组成材料。

3.1.1 胶凝材料

配制混凝土的胶凝材料主要是各种水泥。在混凝土中掺入矿物掺合料时，通常将矿物掺合料作为胶凝材料的组成部分。

3.1.1.1 水泥

配制混凝土的水泥一般采用通用硅酸盐水泥，有特殊需要时可采用其他品种水泥。水泥品种的选择应充分考虑工程性质、施工方法、结构所处的环境条件等因素，按各种水泥的特性和应用范围进行合理的选择。选择水泥强度等级时，既要考虑水泥强度对保证混凝土强度的作用，又要考虑对其他性能及经济性的影响。

水泥的质量必须符合相关国家标准的规定。

3.1.1.2 矿物掺合料

为了节约水泥、改善或调节混凝土性能，在制备混凝土拌和物时掺入的各种矿物材料或工业废渣，统称为混凝土矿物掺合料，其掺入量一般超过水泥质量的5%。

混凝土矿物掺合料分为活性掺合料及非活性掺合料两类，前者具有火山灰活性，其本身不具有胶凝特性，或胶凝特性极低，但在混凝土中其活性成分能与游离 $Ca(OH)_2$ 反应，生成胶凝性水化物，并能对混凝土的硬化和性能起改善作用。所以工程上通常使用活性矿物掺合料，如粉煤灰、硅灰、矿渣微粉和钢渣粉等工业废料，以及凝灰岩、硅藻土、沸石粉等天然火山灰质材料。非活性掺合料一般与水泥组分不起化学作用，或化学作用很小，如磨细的石英砂、石灰石、硬矿渣等粉状材料。但近年来对石灰石粉的活性已有了新的认识。以下介绍几种常用活性矿物掺合料。

(1) 粉煤灰

粉煤灰是煤粉经高温燃烧后形成的一种似火山灰质混合材料。以煤粉为燃料的火电厂将煤磨成 $100\mu m$ 以下的煤粉，用预热空气喷入炉膛成悬浮状态燃烧，产生混杂有大量不燃物的高温烟气，经集尘装置捕集就得到了粉煤灰。粉煤灰是我国当前排量较大的工业废渣之一，由于湿排灰的活性较干排灰低，且费水费电，污染环境，所以，随着除尘和干灰输送技术的成熟，干灰收集与利用已成为发展趋势。

粉煤灰的主要化学成分为 SiO_2、Al_2O_3、Fe_2O_3、CaO、MgO、SO_3、Na_2O、K_2O 和未燃尽碳等。粉煤灰的活性主要来自活性 SiO_2 和活性 Al_2O_3 在一定碱性条件下的水化作用，因此，活性 SiO_2、活性 Al_2O_3 和 CaO 都是其活性的有利成分。一部分 SO_3 以可溶性石膏($CaSO_4$)的形式存在，它对粉煤灰早期强度的发挥有一定作用。粉煤灰中少量的 MgO、Na_2O、K_2O 等生成较多玻璃体，在水化反应中会促进碱硅反应。但 MgO 含量过高时，对安定性带来不利影响。粉煤灰中的未燃碳粒疏松多孔，是一种惰性物质，对粉煤灰的活性有害。过量的 Fe_2O_3 对粉煤灰的活性也不利。

粉煤灰的结构是在煤粉燃烧和排出过程中形成的，比较复杂。显微镜观察表明，粉煤灰是晶体、玻璃体及少量未燃碳组成的混合体，这三者的比例随着煤燃烧技术的不同而不同。其中结晶体包括石英、莫来石、磁铁矿等；玻璃体包括光滑的球体形玻璃体粒子、形状不规则且孔隙少的小颗粒、疏松多孔且形状不规则的玻璃体球等。一般硅铝玻璃体含量占 70% 以上，是粉煤灰具有活性的主要矿物成分，在其他条件相同的情况下，玻璃体含量越多，活性就越好。

粉煤灰的性质对混凝土性能有很大影响，应按照 GB/T 1596—2005《用于水泥和混凝土的粉煤灰》的规定进行选择和检验。

根据 GB/T 1596—2005，按煤种的不同，粉煤灰分为 F 类粉煤灰和 C 类粉煤灰。F 类粉煤灰是由无烟煤或烟煤煅烧收集的粉煤灰；C 类粉煤灰是由褐煤或次烟煤煅烧收集的粉煤灰，其氧化钙含量一般大于 10%。粉煤灰分为三个等级：Ⅰ级、Ⅱ级、Ⅲ级，各级粉煤灰的技术要求见表 3-1。

粉煤灰的放射性应合格，碱含量和均匀性也要符合 GB/T 1596—2005 的规定。

表 3-1　用于混凝土的粉煤灰技术要求

项目	种类	技术要求		
		Ⅰ级	Ⅱ级	Ⅲ级
细度（0.045mm 方孔筛筛余量），不大于,%	F 类、C 类	12.0	25.0	45.0
需水量比，不大于,%	F 类、C 类	95.0	105.0	115.0
烧失量，不大于,%	F 类、C 类	5.0	8.0	15.0
含水率，不大于,%	F 类、C 类	1.0		
三氧化硫，不大于,%	F 类、C 类	3.0		
游离氧化钙，不大于,%	F 类	1.0		
	C 类	4.0		
安定性（雷氏夹沸煮后增加距离），不大于，mm	C 类	5.0		

在混凝土中掺入粉煤灰以后，可以改善混凝土拌和物的和易性、可泵性和抹面性；降低混凝土水化热；提高混凝土抗硫酸盐性能、抗渗性；抑制碱—骨料反应等。

（2）粒化高炉矿渣粉

粒化高炉矿渣粉（简称矿渣粉或 GGBS），是以钢铁厂排出的水淬粒化高炉矿渣为主要原料，磨制成一定细度的粉体材料。粉磨矿渣粉时可以加入少量石膏（以 SO_3 含量计，一般为 2%）。由于矿渣粉颗粒微小，80μm 的方孔筛几乎无筛余，在颗粒粒径分布中，小于 30μm 的颗粒占到 80% 以上，所以常称为矿渣微粉。

矿渣粉的主要化学成分为 SiO_2、Al_2O_3、Fe_2O_3、CaO、MgO、SO_3 等，主要矿物成分为硅铝酸钙与硅酸钙，如黄长石（$2CaO \cdot Al_2O_3 \cdot SiO_2$，即 C_2AS）、钙长石（$CaO \cdot Al_2O_3 \cdot 2SiO_2$，即 CAS_2）、硅酸二钙（$CaO \cdot 2SiO_2$，即 C_2S）、假硅灰石（$CaO \cdot SiO_2$，即 CS），其中 C_2AS 和 C_2S 为玻璃体结构，活性好，并且具有一定的自身水硬性。

矿渣粉的质量应符合 GB/T 18046—2008《用于水泥与混凝土中的粒化高炉矿渣粉》的规定。GB/T 18046—2008 按比表面积、活性指数将粒化高炉矿渣粉分为 S105、S95 和 S75 三个级别，各级别的技术指标及要求见表 3-2。

表 3-2   用于混凝土的粒化高炉矿渣粉的技术要求

项目		级别		
		S105	S95	S75
密度, g/cm³	≥		2.8	
比表面积, m²/kg	≥	500	400	300
活性指数,%	7d ≥	95	75	55
	28d ≥	105	95	75
流动度比,%	≥		95	
含水量(质量分数),%	≤		1.0	
三氧化硫(质量分数),%	≤		4.0	
氯离子(质量分数),%	≤		0.06	
烧失量(质量分数),%	≤		3.0	
玻璃体含量(质量分数),%	≥		85	
放射性			合格	

矿渣粉掺入混凝土中可等量取代水泥，并能改善混凝土拌和物的和易性，降低水泥水化热和混凝土温升，提高混凝土耐久性，增长混凝土后期强度。

(3)硅灰

硅灰按其使用时的状态，可分为硅灰(代号 SF)和硅灰浆(代号 SF-S)。钢厂和铁合金厂在冶炼硅铁合金或工业硅时，通过烟道排出的粉尘，经收集得到的以无定形二氧化硅为主要成分的粉体材料，称为硅灰(也称硅粉)。硅灰浆是以水为载体的含有一定数量硅灰的均质性浆体。通常采用硅灰作为混凝土掺合料。

硅灰的主要成分为 SiO_2(含量为85%~98%)，其颗粒极细，粒径为 0.1~1.0μm，是水泥颗粒粒径的 1/100~1/50，多数小于 0.3μm，其比表面积可达 20~30m²/g，因此，硅灰具有很高的火山灰活性。但由于硅灰比表面积很大，导致混凝土需水量大增，给其应用带来了困难。20 世纪 70 年代后期高效减水剂的出现和应用，为更好的应用硅灰创造了条件。硅灰可配制高强混凝土，其掺量一般为水泥用量的 5%~10%，在配制超高强混凝土时，掺量可达 20%~30%。硅灰的有效取代系数可达 3~4，即1kg 硅灰可取代 3~4kg 水泥。硅灰的质量应符合 GB/T 27690—2011《砂浆和混凝土用硅灰》的规定。硅灰的技术指标及要求见表 3-3。

表 3-3   用于混凝土的硅灰技术要求

项目	指标	项目	指标
固含量(液料)	按生产厂控制值的 ±2%	需水量比	≤125%
总碱量	≤1.5%	比表面积(BET 法)	≥15 m²/g
SiO₂ 含量	≥85.0%	活性指数(7d 快速法)	≥105%
氯含量	≤0.1%	放射性	$I_{ra} \le 1.0$ 和 $I_r \le 1.0$
含水量(粉料)	≤3.0%	抑制碱骨料反应性	14d 膨胀率降低值≥35%
烧失量	≤4.0%	抗氯离子渗透性	28d 电通量之比≤40%

硅灰能改善混凝土拌和物的黏聚性和保水性，改善混凝土的孔结构，提高混凝土的密实性、强度、抗渗性、抗冻性及抗侵蚀性，抑制碱—骨料反应等，但混凝土在空气中硬化时，其对混凝土的干缩和徐变有不利影响。

3.1.2　集料(骨料)

配制混凝土的粗细集料一般采用石子和砂子。集料(通常又称为骨料)是混凝土中起骨架和填充作用的粒料，其总体积一般占混凝土体积的 60%~80%。集料的质量必须符合我国现行的集料质量标准 GB/T 14684—2001《建筑用砂》和 GB/T 14685—2001《建筑用卵石、碎石》。

由于篇幅所限，本章不再对粗细集料的质量要求和检验方法加以论述，可参考相关的标准和本科《土木工程材料》教材。以下着重介绍集料的几何性质。

徐定华和徐敏在《混凝土材料学概论》中对集料的几何性质作过详细的论述。他们认为集料的几何性质是指集料的粒形、粒径与级配等。这些性质是人们熟知的混凝土工艺中的内容，却也是历来研究很不充分的内容，但近年来在这方面的研究已有进展。本节简要介绍有关集料粒形数值表征的基本概念。数值表征就是通过适当的数值指标，将集料的几何性质纳入定量研究，为采用数值方法研究混凝土性质提供先决条件。

集料颗粒为不规则形状，很难充分地定义和度量。由于粒形和颗粒表面组织缺少明确的数值指标，因此它们对混凝土性质的影响，多年来只能局限于定性的描述，不能进行定量评价。目前在这方面的研究已有进展，有学者将集料的粒形区分为两种独立的性质，即颗粒圆度与球度。

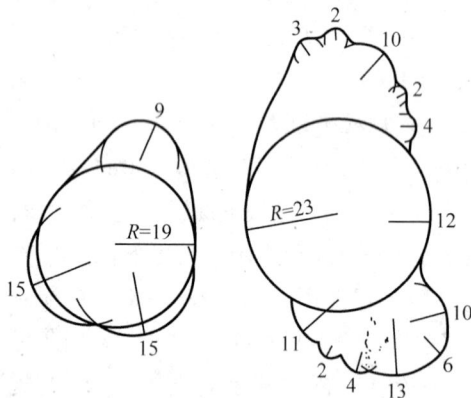

图 3-1　圆度定义

(1)圆度

圆度(其反面为棱角度)是指集料颗粒棱边及隅角的相对尖锐程度。按照 H. Waddell 的定义，圆度为颗粒各隅角及棱边平均曲率半径对于颗粒最大内接圆半径的比值，如图 3-1、式(3-1)所示(颗粒在长轴及中间轴平面上投影)：

$$R_K = \frac{\sum r_i/R}{n} = \frac{r_1 + r_2 + \cdots + r_n}{nR}$$

(3-1)

式中，R_K 为圆度；r_i 为石子颗粒任意突出部分的曲率半径，mm；R 为石子颗粒最大内接圆的半径，mm；n 为颗粒突出部分的数目。

实测计算圆度比较麻烦，事实上根据 Waddell 方法早已制出所谓圆度图(图 3-2)，测定时将石子颗粒图像与此图比较，就可迅速确定圆度。从一批石子颗粒中随机取样石 50~100 粒，分别测定圆度后，用加权平均法算出该批石料总体的平均圆度。

(2)球度

H. Waddell 提出的球度定义为集料颗粒表面积与其同体积球体的表面积的比值，按下式计算：

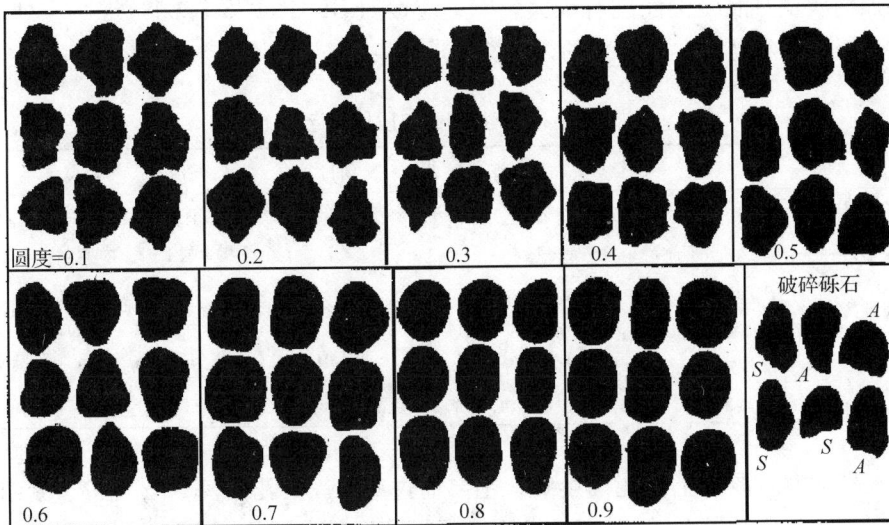

图 3-2　集料颗粒圆度图

$$\psi = \frac{S}{S_n} \tag{3-2}$$

式中，ψ 为球度；S 为集料颗粒表面积；S_n 为与集料颗粒同体积球体的表面积。

因式(3-2)中的 S 值测定困难，此后 Waddell 又提出采用下式计算球度近似值：

$$\psi = \sqrt{\frac{V}{V_S}} = \frac{d_n}{D_n} \tag{3-2'}$$

式中，V 为集料颗粒体积；V_S 为与集料颗粒外接最小球的体积；d_n 为与集料颗粒同体积球体的直径；D_n 为与集料颗粒外接最小球的直径。

一批集料颗粒可以随机取样，逐个测定颗粒球度，然后加权平均算出整批集料颗粒的球度。

上述圆度及球度的定义，虽然概念或测定方法都是科学的，但测定过于复杂，耗时太多。所以实用上大多使用简化方法。在球度方面 Th. Zingg 提出形状分类法如下，主要是实测颗粒长轴(a)、中间轴(b)与短轴(c)，根据比值将形状划分为四类：Ⅰ：圆盘状 $b/a > 2/3$，$c/b < 2/3$；Ⅱ：球状 $b/a > 2/3$，$c/b > 2/3$；Ⅲ：片状 $b/a < 2/3$，$c/b < 2/3$；Ⅵ：棒状 $b/a < 2/3$，$c/b > 2/3$(徐定华等，2002)。

3.1.3　混凝土外加剂

混凝土外加剂是一种在混凝土搅拌之前或拌制过程中加入的，用以改善新拌混凝土和硬化混凝土性能的材料。

混凝土外加剂种类繁多，每种外加剂常常具有一种或多种功能，其化学成分可以是有机物、无机物或二者的复合产品。外加剂按其主要使用功能，一般分为四类：

①改善混凝土拌和物流变性能的外加剂，包括各种减水剂、泵送剂等；

②调节混凝土凝结时间和硬化性能的外加剂，包括缓凝剂、促凝剂和速凝剂等。

③改善混凝土耐久性的外加剂，包括引气剂、防水剂、阻锈剂和矿物外加剂等。

④改善混凝土其他性能的外加剂，包括膨胀剂、防冻剂和着色剂等。

外加剂质量对混凝土性能有很大影响，应按照 GB/T 8076—2008《混凝土外加剂》的规定进行检验和评定。外加剂的匀质性要求见表 3-4。

表 3-4 外加剂的匀质性指标

项目	指标	项目	指标
氯离子含量,%	不超过生产厂控制值	密度, g/cm³	$D > 1.1$ 时，应控制在 $D \pm 0.03$；$D \leq 1.1$ 时，应控制在 $D \pm 0.02$
总碱量,%	不超过生产厂控制值		
含固量,%	$S > 25\%$ 时，应控制在 $0.95S \sim 1.05S$；$S \leq 25\%$ 时，应控制在 $0.90S \sim 1.10S$	细度	应在生产厂控制范围内
		pH 值	应在生产厂控制范围内
含水率,%	$W > 5\%$ 时，应控制在 $0.9W \sim 1.10W$；$W \leq 5\%$ 时，应控制在 $0.8W \sim 1.20W$	硫酸钠含量,%	不超过生产厂控制值

掺入外加剂对混凝土性能的影响，主要通过减水率、泌水率、含气量、凝结时间之差、坍落度和含气量 1h 经时变化量、抗压强度比(1d、3d、7d 和 28d)、收缩率比、相对耐久性等指标进行检验和评定。各类外加剂的品种及其性能特点、质量要求、作用机理等内容可参考外加剂的相关标准和本科《土木工程材料》教材。

3.2 混凝土拌和物的性质

混凝土拌和物(又称新拌混凝土)是指各组成材料经混合、搅拌后制成的，未达到凝结硬化状态的混凝土。它是由不同粒径的集料粒子(分散相)分散在胶凝材料浆体(分散介质)中形成的一种复合分散体系，具有弹性、黏性、塑性等特性。

混凝土拌和物在运输、浇筑、振捣和表面处理等工序中是否具有良好的性质，不仅对完成施工工序有影响，而且在很大程度上制约着硬化后混凝土的性能，因此，研究混凝土拌和物的特性具有十分重要的意义。

3.2.1 混凝土拌和物的流变特性

凡是在适当的外力作用下，物质能够流动和变形的性能称为该物质的流变性。对水泥混凝土而言，可以用流变学理论，对混凝土拌和物的黏、塑、弹的性质，以及硬化混凝土的弹性模量和徐变等问题进行研究。

3.2.1.1 混凝土拌和物的流变方程

研究混凝土拌和物的流变特性时，要研究其在某一瞬间的应力和应变的定量关系，并用流变方程来表示。弹性、黏性和塑性是三个基本流变性质，流变方程的建立，都基于三种理想材料的基本模型(或称流变基元)的基本流变方程，三种基本模型及其流变方程见 2.5 节。

混凝土材料的流变性质可用具有不同的弹性模量 E、黏性系数 η 和表示塑性的屈服应力 τ_y 的流变基元，以不同的形式组合成流变模型来研究。而流变模型可由流变基元串联或并联而成。若用 H、N、stv 分别表示上述三种流变基元，用符号"｜"表示并联，"—"表示串联，则可用不同的符号表示出各种流变模型的结构式。

混凝土拌和物在外力作用下要发生弹性变形和流动，应力小于屈服应力 τ_y 时为弹性变形，应力大于屈服应力 τ_y 时产生流动，但由于屈服值很小，所以其变形由流动方面的特性所支配。混凝土拌和物的流变特性通常用宾汉姆（Bingham）模型来研究，该模型是牛顿液体模型与圣维南固体模型并联后共同与胡克固体模型串联，结构式为：

$$M = (N \mid stv) - H \tag{3-3}$$

显然，当 $\tau < \tau_y$ 时，只发生弹性变形，并联部分不发生变形，$\tau = E\gamma_e$，即

$$\gamma_e = \frac{\tau}{E}$$

当 $\tau = \tau_y$ 时，γ_e 达到最大值；

当 $\tau > \tau_y$ 时，并联部分发生与应力 $(\tau - \tau_y)$ 成正比的黏性流动，则有：

$$\tau - \tau_y = \eta\dot{\gamma} = \eta\frac{\mathrm{d}\gamma_v}{\mathrm{d}t} \tag{3-4}$$

因为总的变形 $\gamma = \gamma_e + \gamma_v$，而弹性变形 γ_e 可视为常数，因此上式可写成：

$$\tau = \tau_y + \eta\frac{\mathrm{d}\gamma_v}{\mathrm{d}t} \tag{3-4'}$$

以上各式中，τ、γ 为模型的总应力和总变形；τ_e、γ_e、τ_v、γ_v 分别为弹性基元的应力、变形和黏性基元的应力、变形；E 为弹性模量；t 为外力作用的时间。

式（3-4）称为宾汉姆方程。符合宾汉姆方程的液体称为宾汉姆体，若式（3-4）中 $\tau_y = 0$，则成为牛顿液体方程。

牛顿液体和宾汉姆体的流变方程中黏度系数 η 为常数，变形速率 $\dot{\gamma}$ 与剪切应力 τ 的关系曲线（称流动曲线）成直线形状，如图 3-3(a)(c)所示。但若液体中有分散粒子存在时，胶体中凝聚结构比较强，则黏度系数 η 将是 τ 或 $\dot{\gamma}$（即剪切应变的速率）的函数，则流变曲线形状如图 3-3(b)(d)所示，分别称为非牛顿液体和一般宾汉姆体。超流动性的混凝土拌和物接近于牛顿液体，一般的混凝土拌和物接近于一般宾汉姆体。

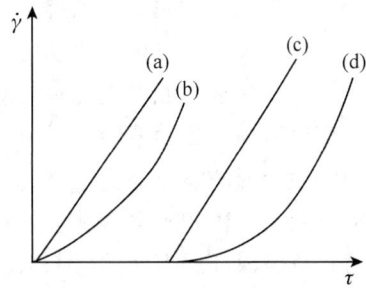

图3-3　流动曲线的基本类型

（a）牛顿液体　（b）非牛顿液体
（c）宾汉姆体　（d）一般宾汉姆体

3.2.1.2 混凝土拌和物流变参数 τ_y 与 η 的意义

由混凝土拌和物的流变方程可知，屈服剪切应力 τ_y 与黏度系数 η 是决定混凝土拌和物流变特性的两个基本参数。

(1) τ_y 的意义

屈服剪切应力 τ_y 是阻止材料发生塑性变形的最大应力，故又称为塑性强度。当外力产生的剪切应力小于 τ_y 时，混凝土拌和物不发生塑性变形和流动，只有当剪切应力比 τ_y 大时，才会发生塑性变形和流动，并可塑造成任一形状的制品。而且只有当制品本身受重力作用产生的应力不超过 τ_y 时，混凝土制品的形状才可能保持不变。

(2) η 的意义

黏性系数 η 是反映材料黏性大小的特征参数。黏性是液体内部结构阻碍流动的一

种性能。因此黏性是流动的反面，黏性越小，则流动性越大。当液体的黏性大到无穷大时，其流动微乎其微，以致无法测量，实际上成为弹性固体。

混凝土拌和物是能够由分散粒子形成凝聚结构的特殊液体，随着水泥不断发生水化反应，混凝土拌和物逐渐形成凝聚结构，其黏性不断增大，并逐渐失去流动性。形成凝聚结构后，要产生流动性，就要施加外力，其黏性系数随剪切应力或剪切应变的速率而变化，实质上是随其凝聚结构的破坏程度而变化。这种随结构破坏程度而变化的黏性系数称为结构黏性系数。当剪切应力较小时，凝聚结构未破坏，此时黏性系数具有恒定的最大值(η_0)，虽然也会发生缓慢地流动，但实际上觉察不到。当 τ 达到 τ_y 时，η 大大降低，结构发生"雪崩"式的破坏。当结构完全破坏时，η 就会达到最低值 η_m，不再随应力值的变化而变化。

3.2.2　混凝土拌和物的工作性

3.2.2.1　混凝土拌和物工作性的定义

由于混凝土拌和物流变特性的研究成果尚未达到可以在工程上广泛使用的程度，所以目前在实际工程中，为了方便地对混凝土拌和物的性能进行控制，人们普遍使用"工作性"（或"和易性"）这一术语来描述和评价混凝土拌和物的性能。

关于工作性的定义虽有不同的看法，但目前较多学者认为工作性是混凝土拌和物的一项综合性质，包括流动性、可塑性、稳定性和易密性四个方面。

流动性是指混凝土拌和物在自重或施工机械振捣的作用下，能产生流动，并均匀密实地填满模板的性能。可塑性是指混凝土拌和物在一定外力作用下产生没有"脆断"的塑性变形的能力。稳定性是指混凝土拌和物内各组成部分保持均匀分布，不发生集料分层、离析和泌水等现象的性质。易密性是指混凝土拌和物在进行捣实或振动成型时，克服内部和表面的（即和模板之间的）阻力，以达到完全密实的能力。

由此可见，混凝土拌和物的流动性、可塑性、稳定性、易密性有其各自的内容，它们之间既互相联系，又存在着矛盾。拌和物具有较多且稠度较小的浆体对流动性、可塑性、易密性有利，而对稳定性不利。因此，工作性就是这四方面性质在某种具体条件下矛盾统一的概念。

我国有很多学者将混凝土拌和物易于施工操作（搅拌、运输、浇筑、捣实）并能获得质量均匀、成型密实的性能称为和易性。和易性包括流动性、黏聚性和保水性等三方面的涵义。流动性的涵义与上述相同。黏聚性是指混凝土拌和物在施工过程中其组成材料之间有一定的黏聚力，不致产生分层和离析的现象。保水性是指混凝土拌和物在施工过程中，具有一定的保水能力，不致产生严重的泌水现象。

由此可见，混凝土拌和物的和易性与工作性在本质上是一致的，只是表述的方式不同而已。

3.2.2.2　工作性具有的综合、相对和复杂性的概念

（1）综合性

工作性良好意味着混凝土拌和物容易浇筑、密实，能够满足各个工序的细致要求，顺利施工。像这样多方面细致要求的综合，很难通过某一个指标来表示其优劣。但是

尽管如此，有经验的施工人员却又完全能够判断出工作性的好与差，做出"好用"与"不好用"的总体判断。

(2)相对性

工程对象有不同的尺寸、形状、轮廓、配筋数量等差异，浇筑成型的条件和方法也有多种(如手工成型、机械振捣、翻转脱模法、离心法、碾压法、真空吸水法等)，工作性的好与差是相对的，适合于某一个工程对象和浇筑成型方法的工作性可能并不适合于其他的工程对象和浇筑成型方法。

(3)复杂性

T. C. Powers 曾说："工作性涉及无法进行直接测量的各种复杂性能。"他又说："工作性仅仅是定性的，它代表一种不能以'质量—长度—时间等基本单位度量的性能，没有普遍认可的明确意义；它在内在本质上就是模糊的 。探索符合这样定义的工作性的直接量测手段，显然是徒劳的；对于这样一种复杂性能，不可能设想有一种基本量测单位。"

Tassios and Neville 1973 年明确说过："工作性不是混凝土一项固有性质。"T. C. Powers (1941 年)和 Uzomaka(1970 年)也都有过这种提法。

前面介绍过一些学者常把工作性写成某几项性质相加的形式。实际上工作性的全面内涵是不能用一个公式穷尽的，公式本身的差异也恰恰说明了当事人的主观选择和希求。借用 Powers 的话可以说："各种定义、说法和公式说明的都只是大部分，而不是全部。"(徐定华等，2002)

3.2.2.3 工作性的测定和评价方法

混凝土拌和物工作性对施工过程中和施工后的混凝土性能都有显著影响，所以各国混凝土研究者对拌和物工作性的试验方法做了大量研究，虽然至今尚未有一种能完全定量的量测出符合工作性定义的试验方法，但已提出了一些较简便的测定混凝土拌和物工作性的试验方法，在一定范围内起到了有效的作用。

(1)我国国家标准规定的稠度试验方法

混凝土拌和物的流动性与其稠度有关，我国 GB/T 50080—2002《普通混凝土拌和物性能试验方法标准》规定，混凝土拌和物的和易性采用稠度试验方法(包含坍落度与坍落扩展度法和维勃稠度法)进行测定。

①坍落度试验　坍落度试验方法最早由美国学者提出，是世界各国广泛应用的现场测试方法。我国标准规定的试验方法简述如下：将混凝土拌和物按规定方法装入坍落度筒内，人工捣实并刮平后，将坍落度筒垂直向上提起，混凝土拌和物在重力作用下将会产生坍落现象。然后测量坍落后拌和物试体最高点的高度(用毫米表示)，此高度与筒高之间的高度差，即为混凝土拌和物的坍落度值。坍落度越大，表示混凝土拌和物的流动性越大。当坍落度值大于 220mm 时，则用钢尺测量混凝土扩展后底面最终的最大直径和最小直径，在这两个直径之差小于 50mm 的情况下，用其算术平均值作为坍落扩展度值，此值越大，表示混凝土拌和物的流动性越大。

在测定坍落度后，用捣棒在已坍落的混凝土拌和物锥体一侧轻轻敲打，此时如果锥体逐渐下沉，无崩裂或离析现象，则表示黏聚性良好；观察锥体周围，若没有稀浆或仅有少量稀浆从底部析出，集料也无外露现象，则表示保水性良好。

坍落度是混凝土拌和物在重力作用下发生的变形，所以坍落度值的大小只对富水泥浆的混凝土拌和物才比较敏感。坍落度试验只适用集料最大粒径不大于40mm，坍落度值不小于10mm的混凝土拌和物。

通过流变学理论分析可知，坍落度值大小主要与拌和物的密度和屈服剪切应力有关。密度越大，屈服剪切应力越小，坍落度值就越大。

②维勃稠度试验 对坍落度小于10mm的拌和物，可采用维勃稠度仪，以维勃稠度值为指标来测定稠度，此方法适用于集料粒径不大于40mm及维勃稠度值在5~30s之间的干稠性混凝土拌和物。

我国现行试验法简述如下：将坍落度筒放在直径为240mm、高度为200mm的圆柱形容器中，容器安装在专用的振动台上。按坍落度试验的方法将混凝土拌和物装入坍落度筒内后再拔去坍落度筒，并在混凝土拌和物顶上置一透明圆盘。开动振动台并记录时间，从开始振动至透明圆盘底面被水泥浆布满瞬间止，所经历的时间，以秒计（精确至1s），即为维勃稠度值。此值越大，拌和物的流动性就越大。

对于维勃稠度值大于30s的特干稠性混凝土拌和物的稠度，可采用GB/T 50080—2002规定的增实因素法进行测定。

（2）其他工作性试验方法

①球体贯入度试验（沉球试验） 该试验所用的设备为金属半球体，名为凯利球（图3-4），其直径为152mm，重13.6kg。将凯利球置于拌和物的表面，在重力作用下其沉入拌和物中，以其沉入的深度（称为凯利值）作为评价拌和物的稠度指标。

此方法可直接用于运输车或模板内的拌和物，试验简便而迅速。为了避免边界的影响，试验时拌和物的深度不小于200mm，最小的横向尺寸不小于460mm。由于试验中，作用于静止的重球上的力是球体所受的重力、拌和物的浮力及拌和物对变形的抵抗力。所以影响试验值的因素与坍落度试验一样是拌和物的密度和屈服剪切应力。因此凯利值和坍落度值成直线关系，每沉入2.5cm相当于5cm的坍落度。

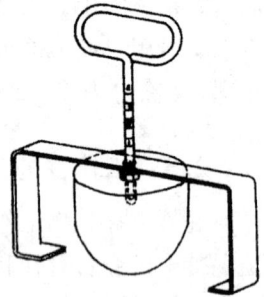

图3-4 凯利球

②密实因素试验（Compacting Factor Test） 此方法是英国的工作性试验方法，它是测定混凝土拌和物在标准功作用下所达到的捣实程度。

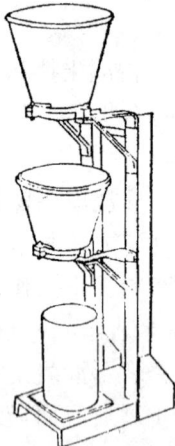

图3-5 密实因素试验仪

试验仪器由两个截头圆锥体漏斗和一个圆柱体量筒组成（图3-5）。上漏斗容积大于下漏斗，漏斗底部有可开启的活门，上漏斗装满混凝土拌和物后，不经捣实刮去多余的试样，开启漏斗底部的活门，在重力作用下试样下落，注满下漏斗；刮去多余的试样后开启下漏斗底部的活门，试样落入圆柱筒内，这就获得了在标准密实状态下的混凝土拌和物，同时避免了人为因素的影响；刮去圆筒顶部的试样，称其质量，计算得到这种密实状态下的混凝土拌和物的密度，然后除以相同混凝土拌和物完全捣实状态下的密度（按照规定方法捣实后测定的密度），便得到捣实系数（或称为密实数）。

③重塑数试验（Remouiding Test）　此试验方法是美国学者鲍尔斯（T. C. Powers）研究提出的，此方法以改变拌和物试样的形状所做的功来评价拌和物的工作性。

试验时将一个标准的坍落度筒放在一直径为305mm、高为203mm的圆柱筒内，此圆柱筒固定在跳桌上，跳桌的落差为6.3mm。圆柱筒内设有一个直径为210mm、高为127mm的圆环，其下缘至圆柱筒底的距离可在67mm到76mm之间调整。

按标准方法将拌和物填满坍落度筒，脱去坍落度筒后，将一个重为1.9kg的圆盘置于拌和物顶部，跳桌以每秒跳一次的速度跳动，直至圆盘到达离圆柱筒底81mm时为止，这时拌和物的形状由截头圆锥体变成圆柱体。所跳动的次数即为重塑数。以重塑数值评价拌和物的工作性。

综上所述，以上介绍的几种试验方法都是在特定的条件下测定拌和物的某一方面的性能，而不是工作性的全部。这些试验方法的原理基本上可分为两类：一类是以一定的力作用于拌和物，使其变形，以变形程度表示其流动性能，适用于流动性拌和物；另一类是以测定密实拌和物所做的功为基础，或以时间，或以密实数等指标表示，适用于干硬性拌和物。对于测定拌和物工作性的更理想的方法，仍然是各国混凝土研究工作者所注意研究的问题。

3.2.2.4　影响工作性的主要因素

（1）组成材料的性质

①水泥的细度　水泥越细，则比表面积就越大，为了获得一定的流动性，其需水量也要相应地增加，但能够提高混凝土拌和物的黏聚性和保水性。

②集料　集料级配良好，其空隙率小，在水泥浆量相同的情况下，填充集料空隙的水泥浆越少，则包裹集料表面的水泥浆层越厚，拌和物的流动性就越好。

粗集料的最大粒径较大时，其比表面积较小，在同样水泥砂浆量的条件下，可获得较大的流动性。砂石颗粒圆整、表面光滑时，混凝土拌和物的流动性较大。因此卵石与碎石相比，用前者配制的混凝土拌和物具有更好的流动性。

③混凝土外加剂和掺合料　掺加减水剂，可以在用水量不变的情况下，提高混凝土拌和物的流动性，减少混凝土的离析和泌水。掺加粉煤灰可以改善混凝土拌和物的工作性，因为粉煤灰的球形颗粒有利于拌和物的流动性，并且无论是采用超量取代或是等量取代，都可使混凝土拌和物中胶凝材料浆体增加，使混凝土拌和物更具有黏性且易于捣实。

（2）组成材料的用量

①单位用水量（即拌制$1m^3$混凝土的用水量）　研究表明，在很大范围内，流动性的变化率与单位加水量的变化率成正比，即：

$$\frac{dy}{y} = n\left(\frac{dW}{W}\right) \tag{3-5}$$

将式（3-5）积分得：

$$y = KW^n \tag{3-5'}$$

式中，y 为拌和物的流动性（如坍落度），mm；K 为由材料特性、搅拌方法等确定的常数；W 为单位用水量，kg/m^3；n 为由流动性试验方法而定的仪器常数，若以坍落度表示流动性时，$n = 10$。

式（3-5′）表明，随着单位用水量的增加，水泥浆增加，坍落度呈上升的趋势。

②浆集比　浆集比是指单位体积的混凝土拌和物（$1m^3$）中，水泥浆绝对体积与集料绝对体积之比。水泥浆包裹集料表面，减少了集料颗粒间的摩阻力，使混凝土拌和物具有一定的流动性。如果水灰比保持不变，则浆集比越大，水泥浆数量就越多，拌和物流动性越大。但浆集比过大，水泥浆过多，将会出现流浆现象，反而使黏聚性和保水性变差，并对混凝土强度和耐久性产生不利影响。因此，浆集比应适当。在满足工作性要求的前提下，考虑到强度和耐久性，可采用较小的浆集比。

③水灰比　水灰比决定水泥浆的稠度。水灰比过小，则水泥浆太稠，混凝土拌和物的流动性小；反之，水灰比过大，水泥浆太稀，黏聚性和保水性差，将产生严重的离析、泌水现象。因此，水灰比应适当。研究表明，当混凝土中用水量一定时，水灰比在合理范围内发生较小的变化，对混凝土拌和物的工作性影响不大。

④砂率　砂率是指混凝土拌和物中砂的质量占砂、石总质量的百分率。图 3-6 表明，砂率对拌和物流动性的影响呈抛物线变化。在一定范围内，随着砂率的增加，水泥砂浆润滑作用明显增加，流动性就增大。如果砂率过小，即砂子用量过少时，水泥砂浆的数量不足以包裹石子表面，减弱了水泥砂浆的润滑作用，混凝土拌和物的流动性降低，且会影响其黏聚性和保水性。但砂率过大，即砂子用量过多时，水泥浆需要量就增大，若不增加水泥浆量，则水泥浆的润滑作用减弱，导致混凝土拌和物流动性降低。因此，为保证良好的工作性应采用最佳砂率。在最佳砂率范围内，可根据不同情况选用不同的砂率。如果石子空隙率大，表面粗糙，砂率要适当增大些；如石子级配较好，空隙率较小，粒径较大，水泥用量较多，并采用机械振捣时，应尽量选用较小的砂率，以节省水泥。

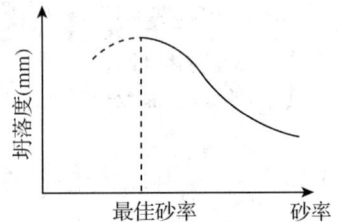

图 3-6　砂率与坍落度的关系
（水泥与水用量一定）

由于影响最佳砂率的因素较多，因此用计算方法难以得出准确的最佳砂率。一般情况下，可根据集料的品种、规格及混凝土拌和物的水灰比，参照混凝土配合比设计规范选用。对于混凝土用量大的工程，应通过试验确定最佳砂率。

（3）环境条件和时间

①环境条件　环境因素主要有温度、湿度和风速。对于给定组成材料性质和配合比的混凝土拌和物，其工作性的变化，主要受水泥的水化程度和水分的蒸发率所支配。在混凝土拌和物从搅拌到捣实的这段时间里，温度升高会加速水泥的水化以及水分的蒸发，使拌和物中水分减少，从而导致拌和物坍落度的减小。同样，风速和湿度因素会影响拌和物水分的蒸发率，因而影响坍落度。

②时间　混凝土拌和物在搅拌后，其坍落度随时间的增长而逐渐减小，称为坍落度损失。研究表明，引起拌和物坍落度损失的原因，主要是蒸发作用、集料吸水和水泥早期水化，造成拌和物中的自由水随时间而减少。

3.2.3　混凝土拌和物的泌水性

3.2.3.1　泌水性对混凝土性能的影响

施工过程中混凝土浇筑后到开始凝结期间，构件或制品表面析出较多水的现象称为泌水。原因是固体颗粒在重力作用下向下运动，而水向上迁移。少量泌水有利于施工时表面修整，但严重的泌水现象应当避免。因为，泌水使混凝土表面产生含水量大的浮浆，水分蒸发后，使构件表面形成容易剥落和磨损的表层；对于路面及桥面混凝土，虽然抹面能把泌出的水重新修整，但其表面耐磨性会变差。泌水使硬化混凝土的强度上下不均匀，面层强度较内部强度低；水在上升时还会受到粗集料或钢筋的阻碍，在其下方形成大孔、连通孔，降低混凝土耐久性，或削弱混凝土与钢筋的黏结；若在混凝土分层浇筑过程中，不设法及时除去表面的浮浆，则会使混凝土构件出现分层现象。所以过多泌水对混凝土性能是有害的。

如果拌和物表面水的蒸发速度比析水速度快，水的蒸发面深入到拌和物表面以下，则水面形成凹面。由于表面张力的影响，凹面上压力较凸面所受压力大，同时在引力作用下固体粒子会发生凝聚。由于表面张力产生的压力差与曲面的曲率半径成反比，所以颗粒越细，凝聚的倾向就越强。在拌和物表面尚未凝结硬化时，这种引力作用使得混凝土产生塑性收缩，如果收缩大或引力作用不均匀，便产生塑性收缩裂缝。

3.2.3.2　测定泌水性的方法及影响泌水性的主要因素

(1)测定泌水性的方法

GB/T 50080—2002《普通混凝土拌和物性能试验方法标准》要求采用泌水试验或压力泌水试验测定普通混凝土拌和物的泌水性。

泌水试验方法规定采用容积为 5L 的试样筒进行测定。将混凝土拌和物装入试样筒，采用人工捣实或振动台振动使拌和物密实，并使拌和物顶面低于试样筒顶面 30mm，然后称取试样筒与拌和物试样的总质量；将试样筒放置于室内(温度保持在 20±2℃)，按照规定的时间间隔用吸管吸取试样表面渗出的水，直至试样不再泌水为止；吸出的水放入量筒中，记录每次吸出的水量并计算累计水量，精确至 1mL。

采用泌水量和泌水率表示拌和物的泌水性。泌水量按下式进行计算：

$$B_\alpha = \frac{V}{A} \tag{3-6}$$

式中，B_α 为泌水量，mL/mm^2；V 为最后一次吸水后累计的水量，mL；A 为试样外露的表面面积，mm^2。

泌水率按下式进行计算：

$$B = \frac{V_W}{(W/G)G_W} \times 100 \tag{3-7}$$

$$G_W = G_1 - G_0 \tag{3-8}$$

式中，B 为泌水率，%；V_W 为泌水总量，mL；W 为混凝土拌和物总用水量，g；G 为混凝土拌和物总质量，g；G_1 为试样筒与试样总质量，g；G_W、G_0 分别为试样质量、试样筒质量，g。

(2)影响泌水性的主要因素

影响泌水性的主要因素是水泥的性能。水泥越细,保水性越好,所以提高水泥的细度可以减少拌和物泌水。水泥中掺入火山灰等磨细掺合料,可以提高水泥的保水性而减少泌水。水泥用量较大的拌和物不易泌水。此外,使用减水剂或引气剂,减少单位加水量,也可以改善拌和物的泌水性。

3.3 混凝土的结构

对混凝土内部结构的研究常在粗观(宏观)、细观和微观三个尺度上进行。不同尺度的体系及所研究的对象如图 3-7 所示。硬化混凝土由水泥浆体、界面过渡区和集料三个重要环节组成,如图 3-8 所示(吴中伟、廉慧珍,1999)。混凝土性质取决于这 3 个环节各自的性质及相互间的关系和整体的均匀性。三个环节都很重要,由于界面过渡区是将性质完全不同的水泥浆体和集料这两种材料联成一个整体的最重要环节,所以界面过渡区的性质对混凝土的性质起着决定性的作用,但是界面过渡区的性质又受水泥浆体和集料性质的支配,而其中水泥浆体又起着主导作用。

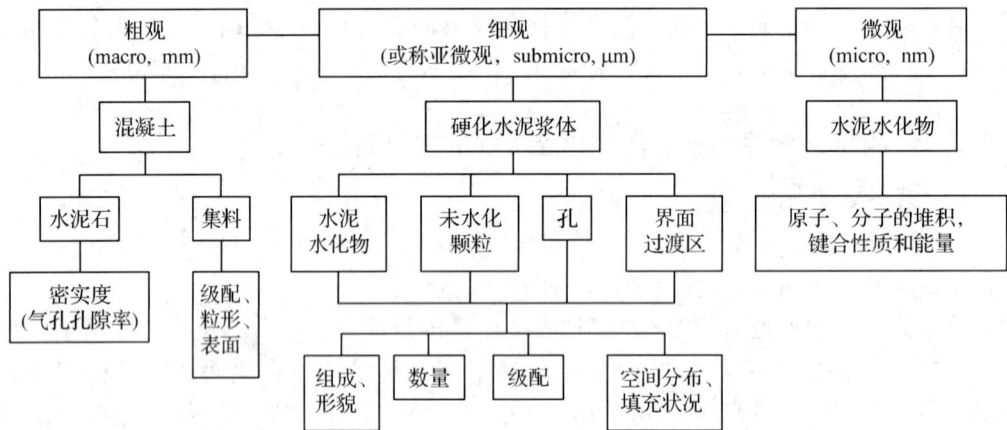

图 3-7 硬化混凝土的结构层次

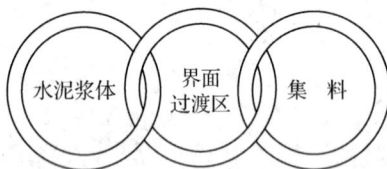

图 3-8 硬化混凝土 3 个重要环节

吴中伟等认为混凝土是一种多孔的、在各尺度上多相的非均质复杂体系,而且其相组成随时间而变化并受环境影响,目前对混凝土内部结构和性能的研究仍以粗观和细观为主。

细观结构又称微结构,它对混凝土的宏观行为有重要影响。尽管目前无法对混凝土的微结构进行确切的定量分析以实现对混凝土的材料设计,然而已有的研究对控制混凝土的宏观行为已起着作用。

混凝土细观结构研究的主要对象是混凝土中的水泥石(硬化水泥浆体)及其和集料间的界面。

3.3.1 混凝土的宏观堆聚结构

3.3.1.1 结构形式及特点

普通混凝土的宏观组织呈堆聚状，它是由各种形状和大小的集料颗粒堆聚在一起，通过水泥浆凝结硬化而形成的水泥石将集料颗粒胶结成为一个整体(图 3-9)，其中，水泥石含量约占混凝土总体积的 1/4，但对混凝土的性能却起着主要作用。

普通混凝土还具有多孔结构的特点，其内部孔隙包括混凝土成型时残留下来的气泡、水泥石中的毛细孔和凝胶孔，以及水泥石和集料界面的孔穴等。此外，还可能存在着由于水泥石的干燥收缩和温度变形而引起的微裂缝。普通混凝土的孔隙率一般不少于 8%~10%。

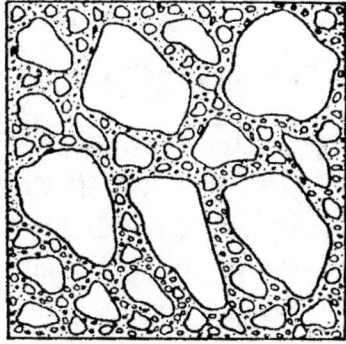

图 3-9　混凝土宏观堆聚结构的形式

集料作为混凝土中主要的相组成之一，其组成、孔隙构造、外形与表面构造、密度与强度等特性对混凝土的结构及物理力学性能均产生影响。尤其是集料的级配对混凝土的结构密实程度有很大影响，级配不良，会增大混凝土的孔隙率，降低性能。水泥石与集料之间存在界面过渡区，它是影响混凝土强度等性能的重要因素。

混凝土结构的形成过程起始于混凝土拌和物的制备和浇灌入模，但是，对混凝土结构的形成起着重要作用的则是从混凝土拌和物的密实成型时起，到混凝土拌和物凝结，以及随后养护和硬化的一段时间。

3.3.1.2 宏观堆聚结构的分层现象

流动性混凝土拌和物在浇灌成型的过程中和在凝结以前，由于固体粒子的沉降作用，很少能保持其稳定性，一般都会发生不同程度的分层现象。图 3-10 为混凝土外分层形成过程的示意图。图 3-10(a) 表示不同粒径的固体粒子在黏性流体中的沉降距离，如粗集料在水泥砂浆中的沉降；图 3-10(b) 表示分层的开始；图 3-10(c) 表示分层的结果。粗大的颗粒沉积于下部，多余的水分被挤上升或积聚于粗集料的下方。由于外分层，使混凝土沿着浇灌方向的宏观堆聚结构不均匀，其下部强度大于上部。由于水分被挤上升，使表层混凝土成为最疏松和最软弱的部分，顶部强度最弱(申爱琴，2000)。

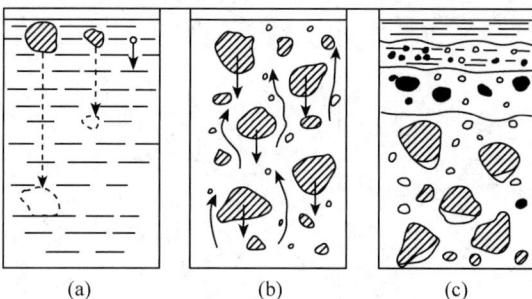

图 3-10　混凝土外分层形成过程的示意图

在混凝土中，大粒径粗集料形成的大空隙中还会发生内分层现象。莫尚斯基将混凝土内分层划分为三个区域：区域 1 为粗集料下方，含水量最大，称为充水区域，水蒸发后则形成"孔穴"，是混凝土中最薄弱的部分；区域 2 的砂浆则比较正常，称为正常区；区域 3 为粗集料上方，是混凝土中最密实和最强的部位，称为密实区。由于混凝土的内分层，使混凝土具有各向异性的特征，表现为其沿着浇灌方向的抗拉强度较垂直于该方向的抗拉强度为低。

至于混凝土中起胶结作用的水泥石，可以近似地把它看作为匀质且具有各向同性的材料。但是，实际上水泥浆中水泥粒子也会沉降，并引起水泥石上下部位密实度的差异，但这种差异一般较小。

3.3.2　硬化水泥浆体的微结构

硬化水泥浆体(又称为水泥石)是一种复杂的、非均质的多相体，而且对于固定的原材料组成，硬化水泥浆体微结构是随时间而变化的。

水泥与水混合后立即发生水化反应，液相中迅速溶有各种离子而达到饱和状态。几分钟后，钙、硫酸盐、铝和氢氧根离子结合生成钙矾石针状晶体。几小时后氢氧化钙棱柱形大晶体和水化硅酸钙很微细的纤维状凝胶体开始填充原先由水与溶解的水泥颗粒所占据的空间。几天之后根据水泥中铝与硫的比例，钙矾石与水化铝酸钙反应形成六方板状形态的单硫型水化硫铝酸钙，在低硫或高 C_3A 含量的硅酸盐水泥中会生成水化铝酸钙，水化铝酸钙也呈六方板状形态。

充分水化的水泥浆体组成是：C–S–H 约占 70%，$Ca(OH)_2$ 约占 20%，钙矾石和单硫酸型水化硫铝酸盐等共约 7%，未水化熟料粒子和其他杂质约占 3%。其中大量的 C–S–H 是一种比表面积很大、含有凝胶孔的非晶态多孔物质。

孔是混凝土微结构中重要的组成之一，孔的结构比孔隙率对混凝土宏观行为的影响更为重要。孔结构包括孔径分布(或称孔级配)、孔的形貌(几何特征)及孔在空间排列的状况。目前各国对孔结构研究最多的是孔径分布。

吴中伟院士等学者综合孔级配和孔隙率两个因素，提出了各孔级分孔隙率 e 和该级孔影响系数 x 的概念，建立了如下轻质高强混凝土的数学模型：

$$\begin{cases} \sum e_i x_i = \max & \text{强度最高,性能最好} \\ \sum e_i = \min & \text{容重最小} \end{cases}$$

式中，e_i 为第 i 级孔的分孔隙率，即该级孔的孔隙率占总孔隙率的百分率，%；x_i 为影响系数，即第 i 级孔的孔隙率对某一性能的影响程度。

根据当时有限的数据绘制出不同孔级分孔隙率 e_i 和影响系数 x_i 的曲线，可划分出不同影响的孔级，如图 3-11 所示(吴中伟、廉慧珍，1999)。因此，通过适当的手段调节孔结构，就能在一定程度上控制混凝土的性能。

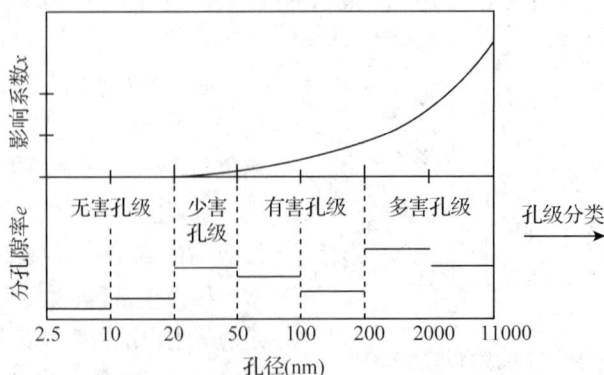

图3-11　孔分级、分孔隙率和影响系数的关系

3.3.3 水泥石与集料的界面过渡层

吴中伟院士等学者认为，从细观尺度上看，水泥石和集料的界面并不是一个"面"，而是一个有一定厚度的"层"（或称"区""带"）。这个"层"的结构和性质与水泥石本体有较大区别，在厚度方向从集料表面向水泥石逐渐过渡，因此被称为"过渡层"，其厚度为 $0 \sim 100 \mu m$。

"过渡层"是由于从集料表面向水泥石本体形成水灰比的梯度而产生的。新拌混凝土中的集料颗粒表面包裹着微米厚的水膜，水泥浆体中的水会向集料表面迁移，造成集料表面水灰比大，从集料表面向水泥石本体，水灰比逐渐减小，直至达到水泥石本体的水灰比；水泥浆中硫酸钙和铝酸钙溶解产生的钙、硫、氢氧根和铝离子结合，首先生成钙矾石和氢氧化钙。由于集料周围水灰比高，空间限制较小，生成的水化物晶体尺寸可以长得很大。这些大晶体形成了多孔疏松的网状结构，并且六方薄片结晶 $Ca(OH)_2$ 以层状平行于集料表面取向生长，其取向程度随着离集料表面距离的增加而下降。$C-S-H$ 凝胶体和次生较小的钙矾石、氢氧化钙晶体，填充于大晶体的网构空隙中。

申爱琴认为，过渡层存在微裂缝是其另一个弱点。微裂缝的形成与数量取决于集料粒径与级配、水泥用量、水灰比、混凝土拌和物成型时的密实程度、养护条件、环境湿度和混凝土内部温度变化等许多因素。例如大颗粒粗集料周围易形成较厚的水膜，集料粒径越大生成水膜越厚，当混凝土干燥或冷却收缩时，因水泥石变形大于集料，使得水泥石受到拉应力作用，拉应力较大时就会使过渡层产生微裂缝。

综上所述，过渡层是混凝土最弱的区域，其具有下列特点：

①孔隙率较高，并随着离集料表面距离的增加而迅速下降：集料表面处水泥石孔隙率为40%左右，离集料表面35~40nm处则为12%左右，接近水泥石本体的数值。

②水化产物形成大晶体，与紧密交叉排列的晶体比较，大晶体更容易开裂，裂纹更容易扩展，强度也低。氢氧化钙晶体择优取向形成 C 轴垂直于界面的定向排列结构，造成开裂与裂纹传播的有利条件。

③水泥石与集料的收缩变形差异导致形成微裂缝。

混凝土凝结硬化后，水泥石与集料颗粒之间通过范德华力产生黏结。由于集料颗粒周围的高水灰比过渡层，一般要比水泥石或砂浆本体疏松多孔，随着水化龄期的增加，水泥石的组分与能够结合的集料间发生缓慢的化学反应，在过渡层孔隙内生成新的产物，使结构紧密。例如采用硅质材料可生成水化硅酸钙，采用石灰石集料可生成水化碳铝酸盐，这种集料与水泥石组分之间的反应，能够降低氢氧化钙的浓度，反应生成物能填充过渡层的孔隙，从而增进界面黏结强度。

3.4 混凝土的物理性质

3.4.1 混凝土的密实度

混凝土的密实度是指混凝土中固体物质体积占混凝土总体积的百分率，它反映混凝土的密实程度，与混凝土的一系列物理性质有着密切的关系。由于精确测定混凝土的密实度很烦琐，所以在实际应用中，可采用单位体积混凝土中所有固体组分的体积总和（包括化学结合水和单分子层吸附水）近似地作为其密实度。考虑到水泥不断水化，使水泥和水的体积随着龄期的变化而变化，所以密实度可按下式计算：

$$D = \left(\frac{m_c}{\gamma_c} + \frac{m_s}{\gamma_s} + \frac{m_g}{\gamma_g} + \frac{\beta m_c}{1000} \right) \times 100\% \tag{3-9}$$

式中，D 为混凝土的密实度，%；m_c、m_s、m_g 分别为 $1m^3$ 混凝土中水泥、细集料、粗集料的用量，kg；γ_c、γ_s、γ_g 分别为水泥的密度和细粗集料的表观密度，kg/m^3；β 为一定龄期的混凝土中强结合水占水泥质量的百分数，见表 3-5（申爱琴，2000）。

表 3-5 中的 β 值随龄期的增长而增大，所以混凝土的密实度随龄期的增长而增大。

表 3-5　水泥在不同龄期的结合水系数

水 泥 品 种	β 值				
	3d	7d	28d	90d	360d
普通硅酸盐水泥	0.11	0.12	0.15	0.19	0.25
矿渣硅酸盐水泥等	0.06	0.08	0.10	0.15	0.23

除上述方法之外，也可用 γ 射线和超声波等仪器测试混凝土的密实度。

由于密实度越大，混凝土越密实，内部孔隙就越少，所以混凝土的主要技术性能（如强度、抗冻性、抗渗性、耐久性、声学性能和热性能等）几乎与其密实度都有密切联系。但必须指出，混凝土密实度并不能完全反映混凝土结构中孔隙的特征，如孔径大小与分布、孔隙的形状及其封闭程度，而孔隙的这些特征却是直接影响混凝土性能的重要因素。

3. 4. 2　非荷载因素引起的变形

混凝土在施工及使用过程中会因为一些非荷载因素的作用而发生变形，如果变形很大，将影响混凝土的性能。

（1）化学收缩

由于水泥水化作用引起水泥浆体产生收缩，从而引起混凝土产生的收缩，称其为化学收缩（又称化学减缩）。这种收缩具有不可恢复性，其收缩量随混凝土龄期的延长而增加，并且大致与时间的对数成正比。混凝土成型后的 40d 内收缩量增长较快，以后收缩量增长值逐渐减小，并趋于稳定。混凝土化学收缩值约为 $(4 \sim 100) \times 10^{-6} mm/mm$。通常化学收缩值随温度升高、水泥用量增大或水泥细度增大而增大。虽然化学收缩值一般并不大，但也是混凝土内部可能产生微裂缝的因素，并且对大体积混凝土的影响较明显。

（2）湿胀与干缩变形

混凝土在环境相对湿度变化时内部水分会发生变化，从而产生变形。

混凝土在干燥过程中，首先发生气孔水和毛细孔水的蒸发。气孔孔径较大，水的蒸发不会引起混凝土收缩。毛细孔水的蒸发，使毛细孔内水面后退，弯月面的曲率变大，在表面张力的作用下，水的内部压力比外部压力小。随着毛细孔水的不断蒸发，水的负压逐渐增大，产生收缩力，引起混凝土收缩。

当毛细孔水蒸发完后，如继续干燥，则凝胶体颗粒表面吸附的水也发生部分蒸发。失去水膜的凝胶体颗粒，在分子引力的作用下，粒子间的距离变小，甚至发生新的化学结合，从而使混凝土收缩增加。

因干燥作用而产生的收缩称为干燥收缩（简称干缩）。一般条件下，混凝土的极限干缩值为$(50 \sim 90) \times 10^{-5}$左右。但实际工程中，混凝土并不处于完全干燥环境，所以设计时，其线收缩值采用$(1.5 \sim 2.0) \times 10^{-4}$，即收缩值为$1.5 \sim 2.0 \text{mm/m}$。

图 3-12 表明，置于水中的混凝土会膨胀，这是由于水泥石中凝胶体颗粒的吸附水膜增厚

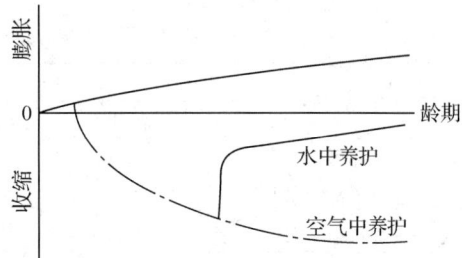

图 3-12 混凝土的干湿变形

所致。如果将已经干缩的混凝土重新放入水中或潮湿环境中，混凝土还会重新产生湿胀，使一部分干缩变形恢复，但普通混凝土不可恢复的干缩变形约为总变形的30% ~ 60%。这是由于水泥石中一部分接触较紧密的凝胶体颗粒，在干燥期间失去吸附水膜后，结合更加牢固，混凝土再吸水并不能完全破坏这种新的结合。所以混凝土的干缩值大于湿胀值。

混凝土的干缩变形进行得很慢，而且干燥过程是由表面逐步扩展到内部的，在混凝土内呈现含水梯度，使表面收缩大于内部收缩，从而导致混凝土表面受拉。当拉应力超过混凝土的抗拉强度时，混凝土表面将产生裂缝。此外，在混凝土干缩过程中，集料一般并不产生收缩，因而在集料与水泥石界面上，水泥石收缩将受到集料的限制，在水泥石中产生较大的拉应力，从而形成微裂缝，对混凝土强度及耐久性产生不利影响。混凝土的干缩变形与下列因素有关：

①水泥浆量和水灰比　混凝土的干缩主要产生于水泥浆（或水泥石）的干缩，所以在水灰比相同的条件下，水泥浆量越多，混凝土的干缩率越大，水泥用量一定时，毛细孔水的含量随水灰比的增大而增大，所以干缩率随水灰比的增大而提高。

②水泥品种与细度　如火山灰质硅酸盐水泥配制的混凝土干缩率大；采用的水泥越细，干缩率越大。

③集料　集料起着限制收缩的作用，所以采用弹性模量大的集料或集料用量大时，干缩率会减小；在水灰比、集浆比相同时，干缩率随着砂率的提高而增大。

④成型和养护　混凝土成型越密实，养护越充分，则干缩率就越小。

(3)温度变化引起的变形

混凝土随温度变化发生的热胀冷缩变形称为温度变形。在一般温度变化范围内，混凝土产生温度变形的大小与其温度变形系数 α（又称为热膨胀系数）有关，根据混凝土试件长度方向的变形，可按下式计算温度变形系数：

$$\alpha = \frac{\Delta L}{L \cdot \Delta t} \tag{3-10}$$

式中，α 为混凝土温度变形系数；L、ΔL 分别为混凝土试件长度和长度变化值，m；Δt 为温差，℃；

混凝土的温度变形系数一般为 $(10 \sim 20) \times 10^{-6}/℃$,即温度每升降 1℃,每米胀缩变形为 $0.01 \sim 0.02$mm,与钢材接近,这是构成钢筋混凝土结构的条件之一。

混凝土作为一种类似于多孔的材料,其热膨胀性能取决于水泥石和集料的性质。不同水泥品种和含水状态的混凝土热膨胀系数见表 3-6(申爱琴,2000)。

表 3-6 不同水泥品种的净浆与混凝土的热膨胀系数

水泥品种	水泥净浆 ($\times 10^{-6}$)		混凝土 ($\times 10^{-6}$)	
	气干状态	含水状态	气干状态	含水状态
普通硅酸盐水泥	22.6	14.7	13.1	12.2
矿渣硅酸盐水泥	23.2	18.2	14.2	12.4
铝酸盐水泥	14.2	12.0	13.5	10.6

由表 3-6 可以看出,混凝土的热膨胀系数比水泥净浆小,说明集料减小了混凝土的热膨胀性;混凝土在含水状态下的热膨胀系数比气干状态下要小。

过大的温度变形会在混凝土内产生较大的内应力,易引起开裂。为了减少温度变形造成的危害,在纵长的混凝土及钢筋混凝土结构物中,每隔一段长度,设置伸缩缝,或在结构物中设置抗温度应力钢筋。在大体积混凝土或钢筋混凝土中,可采用低热水泥或人工降温等措施,防止水泥水化热引起混凝土内部产生过高的温升。

3.4.3 混凝土的热工性质

3.4.3.1 比热

混凝土的比热也称为比热容,是指 1kg 混凝土材料的温度每升高或降低 1K 所吸收或放出的热量。比热是混凝土结构温度场分析时需要采用的热物理参数之一。普通混凝土的比热一般为 $840 \sim 1170$J/(kg·K)。常温常压条件下水的比热比空气大得多,为 4.18×10^3J/(kg·K),所以混凝土的比热随着含水量的增加而显著增加。

由于测定混凝土比热的标准试验方法比较复杂,而且测定实际环境中混凝土比热的工作量很大,因此有必要对水泥基材料的比热进行合理推定。在水工结构分析中,通常根据混凝土拌和前各原材料的热物性,按照它们所占质量比利用加权平均方法来推定其比热,相关规范中也采用此方法。计算公式为(3-11):

$$C = C_P(1 - W_a) + C_a \cdot W_a \tag{3-11}$$

式中,C、C_P、C_a 分别为混凝土的比热、水泥石的比热、集料的比热,J/(kg·K);W_a 为混凝土集料的质量比。

但陈德鹏等学者认为这种计算方法既不能反映出混凝土凝结硬化过程中所发生的化学反应的影响,也与材料比热随温度发生变化的事实不符,因此存在不合理性。他们采用差示扫描量热法(即 DSC 法)进行测定,并提出应将加权平均方法应用于混凝土凝结硬化后的不同相(水泥石、粗细集料等),计算公式为:

$$c_p = \frac{\sum w_i c_i}{\sum w_i} \tag{3-12}$$

式中,c_p 为混凝土的比热,J/(kg·K);w_i、c_i 分别为混凝土不同组成部分(相)的质量分数和比热。

3.4.3.2 导热系数

导热系数是评价混凝土传递热量能力的指标。导热系数 λ 值越小，则混凝土的绝热保温性能就越好。普通混凝土的导热系数为 2.3 ~ 3.49 W/(m·K)。影响混凝土导热系数的主要因素是集料种类、集料用量、混凝土的温度及其含水量。集料导热系数为 1.71 ~ 3.14 W/(m·K)，比其他组分的导热系数大，集料用量越大，混凝土的导热系数就越大；空气的导热系数为 0.026 W/(m·K)，而水的导热系数为 0.605 W/(m·K)，所以混凝土的导热系数随含水量增大而增大。

3.5 混凝土的力学性质

3.5.1 混凝土的强度

因为混凝土结构物主要用以承受荷载或抵抗各种作用力，所以混凝土的强度是其最重要的力学性质。由于混凝土的许多性质与混凝土强度之间存在一定的相关性，并且混凝土强度比较容易测定，因此，在实际工程中混凝土强度通常作为评定和控制混凝土质量的重要指标。

3.5.1.1 抗压强度与强度等级

(1) 立方体抗压强度

按照标准方法制作的边长为 150mm 的混凝土立方体试件，在标准养护条件下(温度20±3℃，相对湿度90%以上)养护至 28d 龄期，按照标准方法测得的抗压强度值，称为混凝土立方体试件抗压强度(简称立方体抗压强度，以 f_{cu} 表示)，按式(3-13)计算，以 N/mm^2 即 MPa 计。

$$f_{cu} = \frac{F}{A} \tag{3-13}$$

式中，F 为破坏荷载，N；A 为试件承压面积，mm^2。

以三个试件为一组，一般取三个试件的强度平均值作为每组试件的强度代表值。

(2) 立方体抗压强度标准值($f_{cu,k}$)及强度等级

按我国现行国家标准的定义，混凝土"立方体抗压强度标准值"，是按照标准方法制作和养护的边长为 150mm 的立方体试件，在 28d 龄期，用标准试验方法测定的抗压强度总体分布中的一个值，强度低于该值的百分率不超过 5%(即具有 95% 保证率的抗压强度)，以 N/mm^2 即 MPa 计。

混凝土强度等级是根据"立方体抗压强度标准值"来确定的。强度等级是用符号"C"和"立方体抗压强度标准值"两项内容表示。例如"C30"，即表示混凝土立方体抗压强度标准值 $f_{cu,k}$ 为 30MPa。

我国现行规范 GB 50010—2002《混凝土结构设计规范》规定，普通混凝土按立方抗压强度标准值划分为 14 个强度等级：C15、C20、C25、C30、C35、C40、C45、C50、

C55 、C60 、C65、C70、C75、C80。

（3）轴心抗压强度(f_{cp}）

我国现行标准规定，采用 150mm × 150mm × 300mm 棱柱体作为标准试件，轴心抗压强度的测定方法与立方体抗压强度相同，并按式（3-14）计算，以 MPa 计。

$$f_{cp} = \frac{F}{A} \tag{3-14}$$

式中，F 为破坏荷载，N；A 为试件承压面积，mm^2。

确定混凝土的强度等级是采用立方体试件，但实际工程中，钢筋混凝土结构形式大部分是棱柱体型或圆柱体型。所以在钢筋混凝土结构计算中，计算轴心受压构件时，都是采用混凝土轴心抗压强度作为其强度取值依据。通过许多组棱柱体和立方体试件的强度试验表明：在立方体抗压强度为 10 ~ 55MPa 的范围内，轴心抗压强度与立方体抗压强度之比约为 0.7 ~ 0.8。

3.5.1.2　抗拉强度

混凝土是一种脆性材料，其抗拉强度通常只有抗压强度的 1/20 ~ 1/10，并且拉压比随着混凝土强度等级的提高而降低，即混凝土抗压强度提高时，抗拉强度的增加值不及抗压强度的增加值。

（1）轴心抗拉强度(f_t）

采用直接拉伸方法测定混凝土轴心抗拉强度需要专门的设备，如图 3-13 所示。将特定形状的试件养护到规定龄期后，在试验机上直接进行拉伸，直至破坏，按式（3-15）计算轴心抗拉强度(f_t)，以 MPa 计。

$$f_t = \frac{F}{A} \tag{3-15}$$

式中，F 为破坏荷载，N；A 为试件受拉破坏截面的面积，mm^2。

图 3-13　直接抗拉试验设备与试件

（2）劈裂抗拉强度(f_{ts}）

由于测定混凝土轴心抗拉强度需要特殊的试验设备，试件制作繁琐，并且夹具在夹紧试件时易引入二次应力，使得测定结果产生较大偏差，所以可采用劈裂抗拉试验法间接地测定混凝土抗拉强度，此强度称为劈裂抗拉强度，简称劈拉强度。

该方法的原理是通过试验装置在试件中心平面上，施加均匀分布的压力，并在竖向平面内产生均匀分布的拉伸应力，该应力可以根据弹性理论计算得出（图 3-14）。我国现行国家标准规定，采用边长为 150mm 的立方体作为标准试件，在试件中心平面内用圆弧为垫层施加两个方向相反、均匀分布的压应力（图 3-15），当压力增大至一定程度时，试件就会沿此平面发生劈裂破坏，这样测得的强度即为劈拉强度，按式（3-16）计算：

$$f_{ts} = \frac{2F}{\pi A} = 0.637 \frac{F}{A} \tag{3-16}$$

式中，f_{ts} 为劈拉强度，MPa；F 为破坏荷载，N；A 为试件劈裂面面积，mm^2。

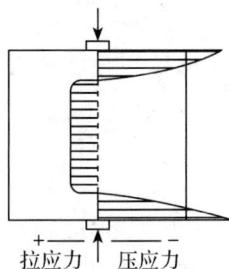

图 3-14 劈裂试验时垂直于受力
面的应力分布

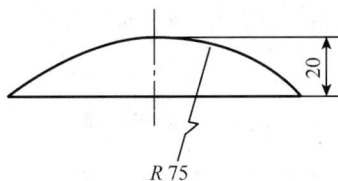

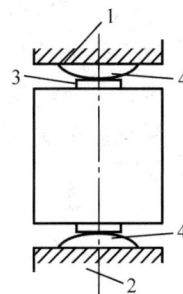

图 3-15 劈裂抗拉试验装置
1-上压板；2-下压板；
3-垫条；4-垫层

3.5.1.3 抗弯拉强度（抗折强度）

对于承受弯曲荷载作用的素混凝土结构（如无配筋的道路路面或机场道面等），以抗弯拉强度（或称抗折强度）作为混凝土强度的主要指标，抗压强度作为参考指标。道路水泥混凝土是以标准方法制成 150mm × 150mm × 550mm 的小梁形试件，在标准条件下养护 28d 后，按规定的双点加荷方式，测定其抗折强度（f_{cf}），强度计算公式为（3-17）：

$$f_{cf} = \frac{FL}{bh^2} \tag{3-17}$$

式中，F 为破坏荷载，N；L、b、h 分别为支座间距、试件宽度、试件高度，mm。

3.5.2 影响混凝土强度的因素

普通混凝土的破坏一般是水泥石破坏或者是集料与水泥石的界面破坏引起的，所以混凝土强度主要决定于水泥石强度及其与集料的界面黏结强度。而水泥石强度及黏结强度又与材料性质及组成、施工方法、养护条件及龄期等因素有密切关系。

（1）材料的性质与用量

混凝土组成材料的性质与用量是决定混凝土强度的主要内在因素。

①水泥强度　水泥是混凝土中的活性组分，在混凝土配合比相同的条件下，水泥强度越高，则配制的混凝土强度就越高。但水泥强度存在波动性，这种波动主要是由于水泥细度和 C_3S 含量的波动引起的，而这些因素的影响在早期最明显，随着时间的延长，其影响逐渐减弱。

②水灰比　当水泥品种及强度等级相同时，混凝土的强度主要决定于水灰比（即配制单位体积混凝土时的用水量与水泥用量之比，以 W/C 表示）。由于水泥水化时所需的结合水，一般只占水泥质量的 23% 左右，但为了使混凝土拌和物获得必要的流动性，实际用水量约占水泥质量的 40%~70%，当混凝土硬化后，多余的水分就会在混凝土中形成毛细孔，减少了混凝土抵抗荷载的有效断面，而且可能在孔隙周围产生应力集中，所以水灰比越大，毛细孔越多，混凝土强度就越低。但是，如果水灰比太小，拌和物

过于干稠，在一定的捣实成型条件下，混凝土拌和物不能密实成型时，反而会导致硬化混凝土强度降低。研究表明，密实成型条件下混凝土抗压强度随水灰比增大而降低，两者成抛物线关系。

根据大量的实验资料统计结果，得到了混凝土 28d 立方体抗压强度与水灰比、水泥实际强度的关系公式，如式(3-18)所示：

$$f_{\mathrm{cu},28} = Af_{\mathrm{ce}}\left(\frac{C}{W} - B\right) \tag{3-18}$$

式中，$f_{\mathrm{cu},28}$ 为混凝土 28d 龄期的立方体抗压强度，MPa；f_{ce} 为水泥的实际强度，MPa；C/W 为灰水比(即水灰比的倒数)；A、B 是与粗集料有关的常数，取决于卵石或碎石。

根据 JGJ 55—2011《普通混凝土配合比设计技术规定》提供的 A、B 系数为：采用碎石时，$A = 0.53$，$B = 0.20$；采用卵石时，$A = 0.49$，$B = 0.13$。式(3-20)一般只适用于流动性混凝土及低流动性混凝土。因此必须根据工地的具体条件(如施工方法及材料质量等)，采用不同水灰比进行混凝土强度试验，确定符合实际条件的 A、B 值，这样既能保证混凝土的质量，又能取得较好的经济效果。

③集料特性　混凝土的破坏机理与集料强度有着密切关系，如果集料强度低于水泥石强度，则集料受力破坏时将导致混凝土破坏，此时集料强度越低，混凝土强度就越低。如果集料强度大于水泥石强度，则混凝土强度由界面强度及水泥石强度所支配，在此情况下，集料强度对混凝土强度几乎没有什么影响。但集料强度过高，弹性模量过大，可能在混凝土因温度或湿度变化而发生体积变化时，使水泥石受到较大的应力而开裂，对混凝土产生不利影响。

集料颗粒形状以接近球形或立方形者为好。若针状或片状颗粒过多，就会对施工带来不利影响，并且会增加混凝土的孔隙率，扩大混凝土中集料表面积，增加混凝土的薄弱环节，导致混凝土强度降低。

④水泥浆用量　确定水泥浆用量时需兼顾强度、耐久性、和易性、成本几方面因素。水泥浆用量较低时，将会导致集料间的水泥浆润滑不够，施工流动性和黏聚性差，混凝土难以均匀和密实，硬化后混凝土强度低，耐久性差。若水泥浆用量过多，则会导致混凝土硬化后收缩增大，容易引起干缩裂缝增多。

(2)养护环境的温度和湿度

混凝土成型后必须在适宜的温度和湿度条件下进行养护，从而保证水泥充分水化和混凝土硬化过程能正常进行。

环境温度对水泥水化反应速度及混凝土凝结硬化速度有很大影响，其影响的程度随水泥品种、混凝土配合比等条件而异。通常养护温度高，水泥水化速度快，混凝土的早期强度就高。但早期养护温度过高，混凝土后期强度的增长率就越小。这是由于早期水化速度太快，将导致水泥水化产物的分布不够均匀所至。一般来说，同样的混凝土，若在夏天浇灌，其后期强度要比在秋冬季浇灌的为低。但如果环境温度太低，甚至降至冰点以下，则水泥水化反应停止进行，混凝土强度停止发展，并因冰冻的破坏作用，使混凝土已获得的强度受到损失。

环境湿度对水泥水化反应能否正常进行有显著影响。由于水泥水化反应进行的时间较长，适当湿度能保证混凝土内有充足的水分，使水泥水化顺利进行，混凝土强度才能得到充分发展。如果湿度过低，不仅水泥水化反应不能正常进行，混凝土强度不能增长，而且混凝土内部水分蒸发过多，易形成干缩裂缝，从而影响混凝土的耐久性。因此在混凝土浇灌成型后，必须保持一定时间的湿润养护环境，尽可能保持混凝土处于饱水状态。

(3) 养护龄期

在适宜的环境条件下，混凝土强度将随养护龄期的增加而增长。一般早期增长较为显著，后期增长较为缓慢，但只要保持适宜的环境温度和湿度，使水泥水化反应能够进行，龄期延续很久其强度仍有所增长。

在相同养护条件下，混凝土强度与龄期的关系一般呈抛物线变化规律。工程上为了确定混凝土的拆模时间或预计承载应力，需要根据混凝土早期强度推算混凝土后期强度。目前常采用的方法有：

①简单对数计算法 假定混凝土强度与龄期的对数成正比，则可以用早期强度($f_{cu,a}$)和式(3-19)推算后期强度($f_{cu,n}$)：

$$f_{cu,n} = f_{cu,a} \frac{\lg n}{\ln a} \tag{3-19}$$

式中，$f_{cu,a}$、$f_{cu,n}$ 分别为 a 天龄期、n 天龄期的混凝土抗压强度，MPa。

由于影响混凝土强度的因素很多，混凝土强度与龄期的对数并不完全成正比，所以上式计算结果只能作为参考。

②线性回归方程统计分析法 假定混凝土28d强度与早龄期的强度(3d 或 7d 强度)成线性变化关系，并建立了回归方程，如式(3-20)所示：

$$f_{cu,28} = a f_{cu,a} + b \tag{3-20}$$

式中，$f_{cu,a}$ 为 3d 或 7d 龄期的混凝土抗压强度，MPa；$f_{cu,28}$ 为 28d 龄期的混凝土抗压强度，MPa；a、b 为回归方程系数(魏秀军等，2007)。

制作多组混凝土试件，标准养护至 3d(或 7d)、28d，测定各组试件的抗压强度，采用线性回归方程统计分析法，确定回归方程系数 a、b。混凝土试件组数越多，线性回归方程的相关性就越好，采用 3d(或 7d)混凝土强度推算出的 28d 强度就越可靠。由于水泥和集料品种不同，回归方程系数也不同，所以要根据实际工程采用的水泥和集料，通过大量试验才能得到相关性好的线性回归方程。

关于混凝土后期强度预测问题是混凝土工程中重要的研究课题，国内外很多学者曾进行过大量的研究，但由于影响强度的因素较为复杂，并未能得到统一的推算方法。目前多采用线性回归方程统计分析法或根据积累的经验数据进行推算。

除了上述主要因素之外，试验条件和施工质量控制对混凝土强度也有较大影响。影响混凝土力学强度的试验条件主要有试件形状与尺寸、试件湿度、试件温度、支承条件和加载方式等，必须按照标准规定的方法进行测定。施工质量控制包括配料的准确性、搅拌的均匀性、振捣密度的效果等。这些工序如果不能按照有关规程进行操作，必然会导致混凝土强度达不到设计要求。

3.5.3　混凝土破坏机理及强度理论

3.5.3.1　混凝土裂缝的扩展

混凝土试件在外力作用下，其内部会产生拉应力，这种拉应力很容易在楔形的微裂缝顶部形成应力集中，随着拉应力的逐渐增大，导致微裂缝的进一步延伸、汇合、扩大，最后形成几条可见的大裂缝。试件就随着这些裂缝的形成和扩展而破坏。混凝土在压力作用下的裂缝的扩展过程分为以下三个阶段，如图 3-16 所示。

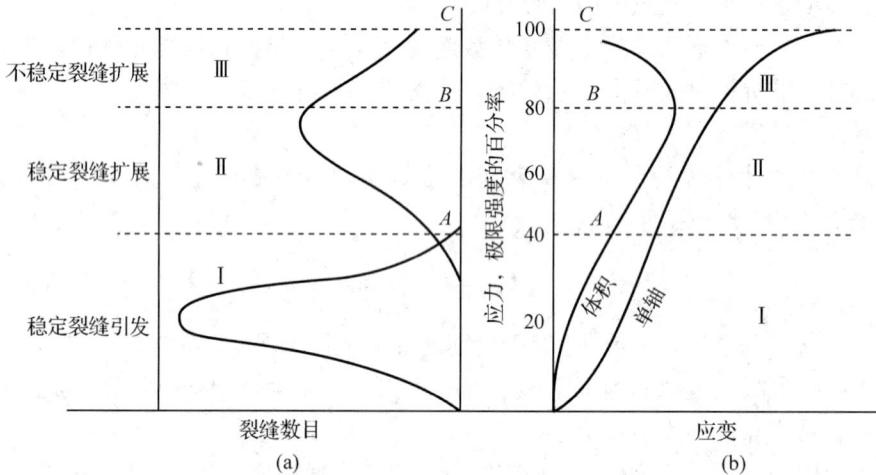

图 3-16　混凝土裂缝扩展阶段
(a)裂缝的引发和扩展　(b)应力—应变曲线

①裂缝受力引发阶段(应力不超过极限应力的 40%)　在加荷初期，一些收缩裂缝会由于荷载作用而部分闭合，使混凝土密实起来，因而可以观察到在应力—应变曲线上原点附近的一小段向上弯曲。随着荷载的增加，在拉应变高度集中的各点上会出现新的微裂缝。这种微裂缝的新增数目，随着荷载的增加而变化，如图 3-16(a)中阶段 Ⅰ 所示的变化规律；而在图 3-16(b)中的 A 点以下部分，应力—应变曲线接近于直线，混凝土表现为准弹性性状。

②稳定的裂缝扩展阶段(应力为极限应力的 40%~80%)　随着内部应力的进一步增大，发生裂缝的扩展，但是这时如果保持应力水平不变，则裂缝的扩展也就停止。由图 3-16(b)可见，AB 点之间，应力—应变曲线出现弯曲。

③不稳定的裂缝扩展阶段(应力超过极限应力的80%)　应力超过 B 点以后，裂缝的扩展会自发进行。这时不管荷载增加与否，均会导致混凝土的破坏。此阶段的应力约为极限应力的70%~90%，并出现结构的膨胀，这可从体积变化曲线的反转看出，如图 3-16(b)所示。极限应力达到 C 点时，混凝土发生破坏。

在荷载作用下，混凝土中的裂缝扩展会发生在以下区域：水泥石与集料的界面上；水泥石或砂浆基体内；集料颗粒内。

3.5.3.2 混凝土的强度理论

(1) Griffith 理论

Griffith 提出结晶固体材料的理论抗拉强度可近似地用式(3-21)计算:

$$\sigma_m = \sqrt{\frac{E\gamma}{a_0}} \tag{3-21}$$

式中,σ_m 为材料的理论抗拉强度;E 为二原子间作用力与拉伸位移关系曲线的斜率(相当于弹性模量);γ 为单位面积的表面能(又称比表面能);a_0 为原子间的平衡距离。

许多材料单位面积的表面能与 E 和原子间的平衡距离具有如下关系:

$$\gamma \approx \frac{Ea_0}{40}$$

则 σ_m 可用下式粗略地估计:

$$\sigma_m \approx 0.1E \tag{3-21'}$$

若按此式估计,普通混凝土的理论抗拉强度可以达到 10^3 MPa 的数量级,而实际的抗拉强度则远远低于这个理论值。Griffith 脆性断裂理论表明,在一定应力状态下混凝土中的裂缝到达临界宽度后,将处于不稳定状态,会自发扩展,导致材料断裂。而断裂时的拉应力与裂缝临界宽度之间的关系基本服从式(3-22):

$$\sigma_c = \sqrt{\frac{2E\gamma}{\pi(1-\mu^2)C}} \tag{3-22}$$

式中,σ_c 为材料的断裂拉应力;c 为裂缝临界宽度的一半;μ 为材料的泊松比。

上式可近似地写为:

$$\sigma_c \approx \sqrt{\frac{E\gamma}{c}} \tag{3-23}$$

将理论抗拉强度计算式(3-21)与式(3-23)对比,可得出:

$$\frac{\sigma_m}{\sigma_c} = \left(\frac{c}{a_0}\right)^{\frac{1}{2}}$$

即:

$$\sigma_m = \sigma_c \left(\frac{c}{a_0}\right)^{\frac{1}{2}}$$

从这个结果可以解释实际抗拉强度远低于理论抗拉强度的原因,即在外力作用下混凝土内部产生裂缝,在某些裂缝的两端引起应力集中,从而将外加应力显著放大,放大的倍数为:

$$\left(\frac{c}{a_0}\right)^{\frac{1}{2}}$$

由于放大后的外加应力在局部区域达到或超过了理论强度,从而导致混凝土断裂。如果材料原子间距离为 2×10^{-8} cm,则当混凝土中存在着一个 c 为 2×10^{-4} cm 的裂缝时,就可以使断裂强度降为理论值的1/100。

(2) 混凝土强度细观力学理论的研究

混凝土的强度理论有宏观力学和细观力学之分。宏观力学理论,是假定混凝土为宏观匀质且各向同性的材料，研究混凝土在复杂应力作用下的破坏条件。宏观力学理论的发展对混凝土结构设计具有重要的意义。细观力学理论是根据混凝土细观非匀质性的特征，研究组成材料对混凝土强度所起的作用。细观力学理论的发展将成为混凝土材料设计的主要理论依据之一。

马怀发等学者(2004)认为：细观力学理论将混凝土作为一种由粗集料、硬化水泥浆体以及两者之间的界面黏结带所组成的三相非均质复合材料来进行研究的。首先选择适当的混凝土细观结构模型，在细观层次上划分为三个单元，即粗集料单元、固化水泥砂浆单元及界面黏结带单元，然后根据三者不同的材料力学特性，以及简单的破坏准则或损伤模型反映单元刚度的退化，利用数值方法计算模拟混凝土试件的裂缝扩展过程及破坏形态，直观地反映出试件的损伤断裂破坏机理。由于细观上破坏或损伤单元刚度的退化，使得混凝土试件所受荷载与变形之间的关系表现为非线性。

细观力学的研究需要将试验、理论分析和数值计算三方面相结合。试验观测结果提供了细观力学的实物性数据和检验判断标准；理论研究总结出细观力学的基本原理和理论模型；数值模拟计算是细观力学不可少的有效研究手段。人们可以在细观层次上合理地采用各相介质本构关系，并借助于计算机的强大运算能力，对混凝土复杂的力学行为进行数值模拟。采用数值模拟，不仅可直观再现混凝土细观结构的损伤和破坏过程，而且能够避开试验机特性对于试验结果的影响。

当前混凝土细观力学数值模拟主要沿着两个方向进行：

①将连续介质力学、损伤力学和计算力学相结合去分析细观尺度的变形、损伤和破坏过程，以发展较精确的细观本构关系和模拟细观破坏的物理机制。

②基于对细观结构和细观本构关系的认识，将随机分析等理论方法与计算力学相结合去预测材料的宏观性质和本构关系，对混凝土试件的宏观响应进行计算仿真。

3.5.4　荷载作用下的变形性质

3.5.4.1　短期荷载作用下的变形及弹性模量

(1)变形特点

由于混凝土本身具有不匀质性，其内部结构中含有固、液、气多种组成成分，所以它不是一种完全的弹性体，其应力—应变关系是非线性的，但静压应力一般为 $(0.3 \sim 0.5)f_{cp}$(f_{cp}为轴心抗压强度)时，混凝土塑性变形占总变形的比例很小，混凝土的变形接近弹性变形，在此范围以上受力时产生的变形是弹塑性变形，既有可以恢复的弹性变形，又有不可恢复的塑性变形。

(2)弹性模量

在计算钢筋混凝土的变形、裂缝开展及大体积混凝土的温度应力时，均需知道混凝土变形模量。在应力—应变曲线上任一点的应力 σ 与其应变 ε 的比值，称为混凝土在该应力下的变形模量。混凝土的应力—应变曲线不是直线，但静压应力不大且在一定范围内，其接近于直线，在此情况下的模量称为静力受压弹性模量。

通过静力受压试验得到的应力—应变曲线，可以确定混凝土的三种静力受压弹性模量(图 3-17)：①应力—应变曲线原点的切线斜率($\tan\alpha_s$)为初始切线弹性模量 E_s；

②应力—应变曲线 m 点与原点连线的斜率($\tan\alpha_i$)为割线弹性模量 E_i；③应力—应变曲线任一点的切线斜率($\tan\alpha_t$)为切线弹性模量 E_t。由于割线弹性模量在试验中比较容易准确地测定，所以在混凝土及钢筋混凝土结构计算中，当混凝土的应力在容许应力范围内时，通常使用割线弹性模量。

图 3-17　混凝土静力受压
弹性模量的确定方法

GB/T 50081—2002《普通混凝土力学性能试验方法标准》规定采用 $150mm \times 150mm \times 300mm$ 的标准棱柱体试件和变形测量仪测定静力受压弹性模量。

试验时，在初始荷载（即基准应力为 0.5MPa 时荷载）和测定荷载（即应力为 1/3 轴心抗压强度时的荷载）之间进行数次加荷与卸荷，进行对中、预压和变形值的测定。静力受压弹性模量按下式(3-24)计算：

$$E_c = \frac{F_a - F_0}{A} \times \frac{L}{\Delta n} \qquad (3\text{-}24)$$

式中，E_c 为混凝土弹性模量，MPa；F_a 是应力为 1/3 轴心抗压强度时的荷载，N；F_0 是应力为 0.5MPa 时的荷载，N；A 为试件承压面积，mm^2；L 为测量标距，mm。

$$\Delta n = \varepsilon_a - \varepsilon_0 \qquad (3\text{-}25)$$

式中，Δn 为最后一次从 F_0 加荷至 F_a 时试件两侧变形的平均值，mm；ε_a、ε_0 分别为荷载是 F_a、F_0 时试件两侧变形的平均值，mm。

(3) 影响混凝土静弹性模量的主要因素

①混凝土密实度与强度　混凝土密实度越高，孔隙越少，静弹性模量就越大；一般密实度越高，强度就越高，所以强度与静弹性模量存在一定的相关性。当混凝土的强度等级由 C10 变换至 C60 时，静弹性模量由 $1.75 \times 10^4 MPa$ 增至 $3.60 \times 10^4 MPa$。

②集料的弹性模量及集灰比　混凝土中集料的弹性模量越大，集料与水泥用量的比例越大，则混凝土的静弹性模量越大。

③养护条件与龄期　在相同强度情况下，早期养护温度较低的混凝土具有较大的弹性模量，因此蒸汽养护混凝土的弹性模量较具有相同强度在标准条件下养护的混凝土小。混凝土后期的弹性模量随龄期的增长而增大。

④环境湿度　混凝土在潮湿状态下吸收水分后的弹性模量较干燥状态时大。

3.5.4.2　恒定荷载持续作用下的变形——徐变

混凝土在恒定荷载持续作用下，发生的随时间增长而增加的变形，称为徐变。

(1) 徐变特点

混凝土变形与荷载作用时间的关系如图 3-18 所示。在开始加荷的瞬间混凝土发生以弹性变形为主的变形，称为"瞬时应变"。此后保持荷载数值不变，混凝土受荷载持续作用缓慢地发生徐变。在受荷初期（如图中前 20d），徐变增长较快，以后增长较慢，并逐渐趋于稳定。当荷载卸除后，部分变形将立即消失，即产生"瞬时恢复"，其数值

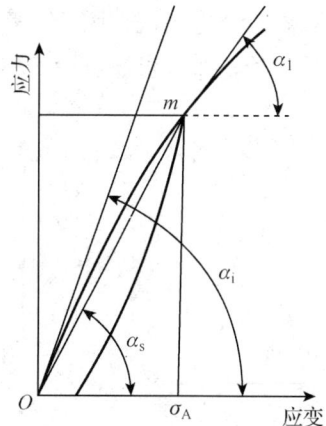

较瞬时应变稍低。此后随着时间的延长，原来产生的徐变逐渐减小，称为"徐变恢复"。最后残留的不可恢复徐变称为"残余变形"。

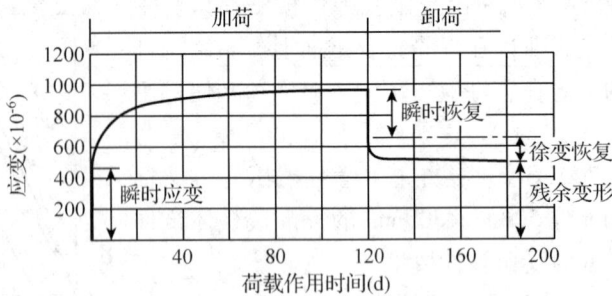

图 3-18 混凝土的变形与荷载作用时间的关系曲线

在实际工程上，混凝土的徐变往往与干缩同时并存，很多试验资料也往往是在徐变和干缩同时存在的情况下取得的。为方便起见，常假定徐变与干缩具有叠加的性质，即徐变等于总变形与相同条件下无荷载试件的干缩变形之差。

依据混凝土的徐变性状，可以应用流变学理论进行分析，并研究徐变计算方法。混凝土徐变包含恢复性徐变和非恢复性徐变两部分。恢复性徐变是一种滞弹性现象，而非恢复性徐变则可能是黏性变形和塑性变形。黏性变形速度与作用应力成正比，而塑性变形则不存在这种正比关系。

(2) 徐变的流变模型及计算

T·C·亨逊利用勃格尔（Burger）模型进行了混凝土基本徐变的分析和计算公式的推导。勃格尔模型是麦克斯韦体和开尔文体的串联模型，结构式为：

$$B_u = M - K = (N - H) - (N \mid H)$$

设作用应力为 σ，则在持荷时间为 t 时的总变形 ε 为：

$$\varepsilon = \frac{\sigma}{E_m} + \frac{\sigma_t}{\lambda_m} + \frac{\sigma}{E_k}\left[1 - \exp\left(-\frac{E_k}{\lambda_k}t\right)\right] \tag{3-26}$$

式中，E_m 为混凝土的弹性模量，第一项表示混凝土的瞬时应变；λ_m 为麦克斯韦体的混凝土黏性系数，第二项表示徐变的黏性部分，即非恢复性徐变；E_k 和 λ_k 分别为开尔文体的混凝土滞弹性模量和黏性系数。第三项表示徐变的滞弹性部分，即恢复性徐变。

亨逊采用式(3-26)，假定徐变取决于水泥石的质量和体积率，而不考虑集料质量的影响，并应用细观力学混合律推导得出：

$$c = \beta \frac{V_c}{x_0}(1 - e^{-mt}) + \alpha_1 \frac{W}{C}V_c \ln \frac{t + t_1}{t_1} \tag{3-27}$$

式中，c 为比徐变，即单位作用应力 σ 产生的徐变；V_c 为水泥石在混凝土中的体积率；t_1、x_0 分别为加荷时混凝土的龄期、水泥石胶空比；α_1、β、m 为试验系数；W/C 为经过泌水校正的水灰比。

(3) 徐变形成机理及主要影响因素

根据已有研究认为，混凝土徐变主要源于水泥石。在外力持续作用下，水泥浆体中凝胶体产生黏滞流变和凝胶粒子间的滑移而产生变形；渗出假说认为徐变的产生原因是凝胶粒子的吸附水和层间水的迁移。在水泥石承受压力时，吸附在凝胶粒子表面的水分子，由应力高的部位向应力低的部位迁移，从而引起混凝土变形。吸附水的渗出速度取决于压应力和毛细管通道的阻力。作用应力越大，水分子渗出速度和变形速度也越大，徐变也大。

混凝土最终徐变值的大小与荷载大小及持续时间、材料组成（如水泥用量及水灰比等）、混凝土受荷龄期、环境条件（温度和湿度）等许多因素有关。混凝土的水灰比较小或混凝土在水中养护时，同龄期的水泥石中孔隙较少，故徐变较小。集料能阻碍水泥石的变形，从而减小混凝土的徐变，因此，水灰比相同的混凝土中，集料含量较大或集料弹性模量较大时，徐变较小。此外，徐变与混凝土的弹性模量也有密切关系，一般徐变随着弹性模量的增大而减小。

对钢筋混凝土构件来说，徐变能使应力较均匀地重新分布，消除钢筋混凝土内的应力集中；对于大体积混凝土，徐变则能消除一部分由于温度变形而产生的破坏应力。但是，在预应力混凝土结构中，徐变会引起预应力损失，在结构设计和施工时必须考虑徐变的影响。为了降低徐变，在配制混凝土时，可选用较小的水灰比，并保证充分的潮湿养护条件；选用级配优良的集料，并采用较高的集浆比；选用快硬高强水泥，或适当采用早强剂，提高混凝土早期强度。施工时应适当延长混凝土的养护龄期，推迟钢筋张拉时间。

3.6 混凝土的耐久性

由于混凝土在使用过程中，会受到环境中多种因素的侵蚀作用而破坏，因此，在土木工程上应用的混凝土不仅应具有优良的施工和易性及满足结构设计要求的强度，还应具有在所处的自然环境及使用条件下经久耐用的性能，以保证工程结构物具有较长的使用年限，并减少维护的工作量和费用。

混凝土受到所处环境中各种因素的影响时，其性能不发生显著变化的性质称为耐久性。由于影响混凝土长期使用性能的因素较多，主要有冻害、碳化、碱—集料反应、盐害（简称"四害"）等，所以耐久性是一个综合性质，它包含多个方面性质。

3.6.1 混凝土的抗冻性

混凝土的抗冻性是指混凝土在饱水状态下，能经受多次冻融循环而不破坏，同时强度也不显著降低的性能。GB/T 50082—2009《普通混凝土长期性能和耐久性能试验方法》规定，抗冻性的试验方法，可分为慢冻法和快冻法两种。通过试验确定混凝土的抗冻等级。抗冻等级分为 D25、D50、D100、D150、D200、D250 和 D300 等。

3.6.1.1 冻融循环破坏机理

混凝土的冻融破坏过程是比较复杂的物理变化过程。一般认为寒冷地区的混凝土结构经常接触水的部位，当气温下降至混凝土中水的冰点以下时，水就会结冰，其体积增加约9%。当混凝土内部孔隙中充满水时，由于增大的体积没有足够的空间可以容纳，所以会对孔壁产生很大的挤压力，或孔隙中过冷水发生迁移，引起挤压力。当压力超过混凝土能承受的应力时使混凝土内部产生微细裂缝，在反复冻融循环作用下，裂缝不断地形成和扩展，并互相连通，最终导致混凝土强度降低或破坏。

张士萍等学者认为，关于冻融破坏的理论主要有静水压经典理论、渗透压理论、冰棱镜理论、基于过冷液体的静水压修正理论、饱水度理论等。但目前公认程度较高的，仍是由美国学者 T. C. Powers 提出的膨胀压理论和渗透压理论，即吸水饱和的混凝土在冻融过程中遭受的破坏力主要有以下两个部分：膨胀压力和渗透压力。其中静水压理论最具有代表性，混凝土在潮湿条件下，首先毛细孔吸满水，混凝土在搅拌成型时都会带一些大的空气泡，这些空气泡内壁也能吸附水，但在常压下很难吸满水，总会存在没有水的空间。在低温下毛细孔中水结成冰，体积膨胀，趋向于把未冻水推向大的空气泡方向流动，流动受到阻碍时，就形成静水压力。冰的饱和蒸汽压小于水，这个蒸汽压的差别推动未冻水向冻结区迁移，就形成渗透压。

对静水压和渗透压何者是冻融破坏的主要因素，很多学者有不同的见解。Powers 本人后来偏向渗透压假说，而 Fagerlund 等人的研究结果却从不同侧面支持了静水压假说。李天媛从理论分析计算着手及客观存在的实验现象出发来论证静水压和渗透压大小、危害作用及程度，最后得出静水压是混凝土冻害的主要因素。渗透压假说和静水压假说最大的不同在于未结冰孔溶液迁移的方向。静水压和渗透压目前既不能由试验测定，也很难用物理化学公式准确计算。一般认为，对水胶比大、强度较低以及龄期较短、水化程度较低的混凝土，静水压力破坏是主要的；而对水胶比较小、强度较高及含盐量大的环境下冻融的混凝土，渗透压起主要作用（张士萍、邓　敏、唐明述，2008）。

3.6.1.2　影响混凝土抗冻性的主要因素及改善措施

除外部环境温度变化引起的冻融循环外，影响抗冻性的因素主要有以下方面：

①水泥品种　用硅酸盐水泥或普通硅酸盐水泥配制的混凝土具有较好的抗冻性。

②混凝土的孔隙率、孔隙构造、孔隙饱水程度　孔隙率越小，密实度越大，其抗冻性就越好；开口孔隙越多，抗冻性就越差；如果毛细孔内的水超过临界含水量或达到饱和状态，就能产生冰冻破坏。

③水灰比　水灰比越大，孔隙率就越大，对抗冻不利。

④养护龄期　随着龄期的增加，水泥不断水化，水化产物不断增加，使得可冻结水逐渐减少，同时密实度不断提高。并且，水中溶解的盐的浓度不断增加，使得毛细管内水的冰点下降，对抗冻性有利。

⑤外加剂　掺用减水剂，可以减小水灰比，对抗冻有利；掺用引气剂，在混凝土内部产生互不连通的微细气泡，截断了渗水通道，使水分不易渗入内部。同时气泡有一定的适应变形能力，对冰冻的破坏起一定的缓冲作用。但引气量一般以 4% ~ 6% 为宜，如果过多，反而会导致混凝土强度下降。

因此提高混凝土抗冻性的最有效途径是掺用引气剂。其他措施有减小水灰比、选用硅酸盐水泥、加强养护、严格控制施工质量等。

3.6.2 混凝土的碳化

混凝土的碳化是指混凝土中的液相碱性物质与空气中的二氧化碳气体发生反应，使得混凝土碱性下降和混凝土中化学成分改变的中性化反应过程。有资料表明，近 100 多年来，大气中二氧化碳浓度增加了 25%，目前已达到 0.035%，并且二氧化碳的浓度正逐年上升，预计到 2100 年将上升到 0.054%。同时，工厂排放的废液和废渣也可使地下水中的碳酸浓度增加。因此混凝土的碳化问题越来越受到重视。为了提高混凝土抗碳化性能，国内外研究者进行了大量的研究工作，研究内容主要集中在混凝土碳化机理、碳化模型、碳化影响因素以及碳化深度的预测等方面。

混凝土的碳化应按照 GB/T 50082—2009《普通混凝土长期性能和耐久性能试验方法》的规定进行试验，测定指标主要为碳化深度。

3.6.2.1 碳化机理

肖佳、勾成福认为，在大气环境下，二氧化碳与混凝土中碱性物质的反应是一个很复杂的物理化学过程。水泥水化后的产物为氢氧化钙、水化硅酸钙、水化铝酸钙、水化硫铝酸钙等，其稳定存在的 pH 值分别为 12.23、10.4、11.43、10.17。混凝土中的孔隙水为氢氧化钙饱和液，其 pH 值约为 12~13，呈强碱性。

在水泥水化过程中，由于化学收缩、水分蒸发等诸多原因，在混凝土内部形成了许多大小各异的孔隙，大气中的二氧化碳便通过这些孔隙向混凝土内部扩散，并在水的参与下形成碳酸。碳酸与水泥水化过程中产生的可碳化物质（主要是氢氧化钙）发生反应，生成碳酸钙和其他物质。

由于碳化作用，氢氧化钙变成了碳酸钙，水泥石的原有强碱性逐渐降低，pH 值降至 8.5 左右，这种现象称为中性化。国内外研究表明，对于混凝土中的钢筋，存在两个临界 pH 值，其一是 pH = 9.88，这时钢筋表面的钝化膜开始生成，或者说低于此临界值时钢筋表面不可能有钝化膜的存在，即完全处于活化状态；其二是 pH = 11.5，这时钢筋表面才能形成完整的钝化膜，或者说低于此临界值时钢筋表面的钝化膜仍是不稳定的。钝化膜能保护钢筋免于锈蚀，因此，要使混凝土中的钢筋不锈蚀，则混凝土的 pH 值必须大于 11.5。如果钢筋的碱性环境由于碳化而呈中性，则钝化膜破坏，从而导致钢筋锈蚀（肖佳等，2010）。

Papadakis VG 等认为从化学分析的角度出发，水泥中的可碳化物质不仅有氢氧化钙，还有 C-S-H、未水化的 C_3S 和 C_2S。碳化作用生成碳酸钙、硅胶、铝胶及游离水，从而引起混凝土收缩，在混凝土表面产生拉应力，如果拉应力超过混凝土的抗拉强度，则会产生微细裂纹，观察发现碳化混凝土切割面上细裂纹的深度与碳化层的深度是一致的。细裂纹的产生导致混凝土抗拉、抗折强度的降低。但碳化过程中能产生游离水，有利于水泥的水化作用，因此对提高混凝土抗压强度有一定的作用。

3.6.2.2 影响混凝土抗碳化性能的主要因素

研究表明，混凝土的碳化深度随碳化作用时间的增加而增加，碳化速度越快，在相同的碳化作用时间内碳化深度就越大。从混凝土碳化的机理可知，影响碳化的最主要因素，是混凝土本身的密实性和碱性储备，混凝土渗透性越小，密实性越大，氢氧化钙等碱性物质的含量越大，碱性储备越大，混凝土抗碳化性能就越好。

从工程实际的角度分析，影响混凝土碳化的因素主要分为三个方面：材料因素、环境因素和施工因素(肖佳、勾成福，2010)。

①材料因素包括水灰比、水泥品种、水泥用量、掺合料、外加剂、集料品种与级配、混凝土表面覆盖层等，它们主要通过影响混凝土的碱度和密实性来影响混凝土碳化速度。

②环境因素包括相对湿度、温度、二氧化碳浓度等自然环境因素，以及使用环境中混凝土构件的受力状态及应力水平，它们主要通过影响二氧化碳扩散速度及碳化反应速率来影响混凝土碳化速度。

③施工因素主要是指混凝土的搅拌、振捣和养护条件等，它们主要通过影响混凝土的密实性来影响混凝土的碳化速度。

3.6.2.3 碳化模型

肖佳、勾成福归纳和分析了多种碳化模型。其中前苏联的一些学者在研究了这个多相物理化学过程的基础上，得到了碳化过程受二氧化碳在混凝土孔隙中扩散控制的结论，并由 Fick 第一扩散定律推导得到了经典的混凝土碳化理论模型，如式(3-28)所示：

$$X_c = K \cdot \sqrt{t} = K \cdot \sqrt{\frac{2D_e C_0}{m_0}} \cdot \sqrt{t} \tag{3-28}$$

式中，X_c 为碳化深度，mm；K 为碳化速度系数；t 为碳化时间，年；D_e 为二氧化碳在混凝土中的有效扩散系数；C_0 为环境中二氧化碳的浓度；m_0 为单位混凝土的二氧化碳吸收量。

式(3-28)表明，混凝土的碳化深度随碳化作用时间的增长而增加，该式用有效扩散系数 D_e 反映二氧化碳在混凝土中的扩散能力，用单位体积混凝土吸收二氧化碳的量 m_0 反映混凝土碳化过程中吸收二氧化碳的能力。水灰比、水泥品种与用量、相对湿度等因素对碳化速度的影响都是通过这两个参数来体现的。但是该模型中的 D_e 和 m_0 两个参数的定义模糊，其计算公式或者计算方法尚未交代清楚。只具有理论意义，不具有实际的可操作性。

为确定 K 值，国内外学者进行了大量的理论分析和试验研究，形成了基于气体扩散理论的理论模型和基于试验结果的经验模型，以及基于扩散理论和试验结果的模型。其中将扩散理论与试验结果相结合建立的模型，既有充分的理论依据，又具有实际可操作性，应是碳化预测模型的理想模式，式(3-29)是同济大学提出的模型：

$$X_c = 839(1 - RH)^{1.1} \cdot \sqrt{\frac{W/C - 0.34}{C} \cdot v_0} \cdot \sqrt{t} \tag{3-29}$$

式中，X_c 为碳化深度，mm；RH 为环境相对湿度，%，$RH > 55\%$ 时适用；W/C 为混凝土的水灰比；C 为水泥用量，kg/m³；v_0 为二氧化碳的体积分数；t 为碳化时间，年。

碳化预测模型确定了碳化深度与碳化时间等主要因素之间的关系，对早期预测和控制碳化具有重要作用。但碳化过程很复杂，单纯使用回归分析仍存在不足，所以研究人员开始建立基于可靠度理论的随机模型、基于神经网络的碳化分析方法等。

3.6.2.4 降低碳化不利影响的主要措施

根据对碳化影响因素的分析，可采取适当措施，降低碳化作用的不利影响：

①根据工程所处环境及使用条件，合理选择水泥品种。

②采用水灰比小、单位水泥用量较大的混凝土配合比；或使用减水剂，以改善混凝土和易性，并减小水灰比，提高混凝土密实性。

③在钢筋混凝土结构中，采用适当厚度的混凝土保护层，使碳化深度在建筑物设计年限内达不到钢筋表面，使钢筋免于因混凝土碳化锈蚀；或在混凝土表面刷涂料或水泥砂浆抹面，防止二氧化碳的侵入等。

④在施工过程中，保证振捣成型的质量，加强养护，减少或避免混凝土出现蜂窝麻面、早期开裂等质量事故。

3.6.3 混凝土的碱—集料反应

在有水条件下，混凝土中水泥所含的碱(主要是氧化钠和氧化钾)与集料中的某些活性成分发生化学反应，形成体积膨胀的物质，并在混凝土内部产生显著的不均匀膨胀，引起混凝土出现裂缝的现象，称为碱—集料反应(AAR)。

碱—集料反应会造成混凝土甚至整个建筑物或构筑物的强度和耐久性降低，危害很大。近年来，我国混凝土工程中普遍存在水泥含碱量增加、水泥用量提高，以及应用含碱外加剂的现象，增大了发生碱—集料反应破坏的潜在危险，因此，必须重视混凝土碱—集料反应问题。混凝土的碱—集料反应应按照 GB/T 50082—2009《普通混凝土长期性能和耐久性能试验方法》的规定进行试验。

3.6.3.1 碱—集料反应的种类和特点

(1)碱—硅酸反应(ASR)

水泥中的碱与集料中的活性二氧化硅发生反应而造成膨胀破坏的现象，称为"碱—硅酸"反应，这是碱—集料反应中的主要类型。

唐明述院士认为，所谓活性二氧化硅一般系指无定形二氧化硅、隐晶质、微晶质和玻璃质二氧化硅。这包括蛋白石、玉髓、石英玻璃体、隐晶质和微晶质二氧化硅以及受应力变型的石英。研究表明，硅质岩石的碱活性主要决定于二氧化硅的结晶度，无定型者活性最大，晶体缺陷越强，则活性越高。

页岩、千枚岩、泥质石英岩等某些硅酸盐岩石中含有的硅酸盐，也会与水泥中的碱发生反应，这种反应称为"碱—硅酸盐"反应。但经过众多研究之后，比较一致的意见是碱硅酸盐反应实质上仍然是碱硅酸反应，只是细小的二氧化硅分散在岩石的基质之中，因而膨胀要缓慢得多。

"碱—硅酸"反应的主要特点是：①混凝土表面形成网状裂缝；②活性集料周围出现反应环；③在裂缝及附近孔隙中，有硅酸钠(钾)凝胶，当其失水后，可硬化或粉化，如图 3-19 所示。

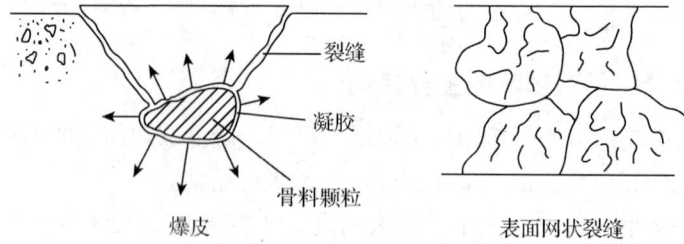

图 3-19 典型的混凝土碱—集料反应引起的开裂形式

(2)碱—碳酸盐反应(ACR)

集料中某些微晶或隐晶的碳酸盐岩石中的碳酸钙与水泥中的碱和水起反应,产生体积膨胀破坏。事实上众多石灰石和白云石用于实际混凝土中均有良好的体积稳定性。这里所指具有破坏作用的岩石是泥质白云石质石灰石,其中一般黏土的质量分数为 5%~20%。白云石和石灰石含量大致相等。白云石的菱形晶体粒径在 $50\mu m$ 以下,分散分布于基质之中,基质由微晶方解石和黏土构成,紧密包裹白云石微晶(唐明述,2000)。

3.6.3.2 碱—集料反应的机理

(1)碱—硅酸反应的机理

在高碱含量的混凝土中,水泥等材料溶出的碱形成碱溶液,并与活性集料中的硅酸发生反应,生成硅酸钠或硅酸钾。形成硅酸钠的反应式为:

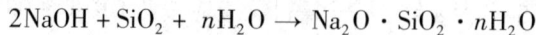

$$2NaOH + SiO_2 + nH_2O \rightarrow Na_2O \cdot SiO_2 \cdot nH_2O$$

硅酸钠或硅酸钾呈胶体状,当其从周围介质中吸水后,体积可增大 3 倍。在混凝土中这种膨胀会受到周围水泥石或岩石基质的限制而产生较大的膨胀压力和渗透压力,使混凝土产生裂缝或破坏。

(2)碱—碳酸盐反应机理

碱—碳酸盐反应的膨胀机理与碱—硅酸反应是完全不同的。当碱与白云石作用时发生如下的反应,并称为去白云石化反应。碱—碳酸盐反应式为:

$$CaMg(CO_3)_2 + 2ROH \rightarrow Mg(OH)_2 + CaCO_3 + R_2CO_3$$

式中,R 代表 K、Na。

唐明述院士发现,当碳酸盐与碱反应之后,在白云石微晶和基质之间形成定向排列的水镁石氢氧化镁晶体。同时还发现裂纹多穿过菱形白云石晶面并与之平行。尽管反应产物的固相体积比反应物固相体积小,但白云石晶体的分散分布并镶嵌在紧密包裹的基质之中,其间没有剩余的空间能容许其他离子进入,因而当 K^+、Na^+、OH^- 和水进入被基质包裹的限制空间就必然引起膨胀。再加以形成的水镁石、方解石晶体生长的结晶就进一步产生膨胀压力。

3.6.3.3 碱—集料反应的条件及防止碱—集料反应膨胀的措施

根据碱—集料反应的机理可知,发生碱—集料反应的条件是:①原材料含有较高的碱量；②混凝土中存在活性集料并超过一定数量；③存在水分。

为了防止碱—集料反应膨胀的破坏作用，可以采取以下措施：①控制水泥的碱含量，采用低碱水泥。②提高混凝土密实度，降低渗透性，保持干燥状态。③不用活性集料，使用前对集料活性进行检验。④掺加矿物细掺料。⑤掺加引气剂。引气会减少碱集料反应膨胀，这是因为反应产物能嵌进分散的孔隙中，降低了膨胀压力。

3.6.4 混凝土的耐磨性

混凝土结构物(如混凝土路面等)的表面在使用过程中，长期受到外部荷载的反复磨耗作用，易使混凝土表面出现损坏或造成混凝土性能降低。因此耐磨性是路面混凝土的重要性能之一。

混凝土表面的磨损作用是一个复杂的物理力学过程。路面混凝土的主要磨损形式为疲劳磨损和磨粒磨损。疲劳磨损是由车辆荷载的作用力造成的。当混凝土表面受到行驶车辆的推压力作用时，混凝土所承受的最大法向正应力虽然在表面上，但最大剪应力却发生在表面以下的次表面层。在剪应力的反复作用下，表面层会产生破坏。磨粒磨损使混凝土表面产生局部破坏，平整度降低。

混凝土耐磨性的评价，是以试件磨损面上单位面积的磨损量作为评定混凝土耐磨性的相对指标。按照 GB/T 16925—1997《混凝土及其制品耐磨性试验方法(滚珠轴承法)》规定的方法进行测定。路面混凝土也可以按照公路工程试验规范进行测定。

普通混凝土耐磨性主要与水泥强度、水泥与集料的黏结力、集料硬度有很大关系。道路硅酸盐水泥具有较强的耐磨性，与同强度等级的其他水泥相比，其磨损量约低20%~40%，从而能够延长混凝土路面的使用寿命。通过提高混凝土的断裂韧性，减少原生缺陷，提高硬度及降低弹性模量，能够提高混凝土抗磨损能力。

3.7 纤维增强水泥基复合材料

除水泥混凝土之外，水泥基复合材料还有许多品种，本节着重介绍纤维增强水泥基复合材料。

3.7.1 概述

纤维增强水泥基复合材料是指以水泥净浆、砂浆或混凝土为基体，以非连续的短切纤维材料或连续的长纤维材料作增强材料，采用特定的工艺方法所制成的复合材料。由于水泥基材料抗压强度较高，但抗拉强度和抗弯强度较低，抗裂性、韧性等性能较差，所以在水泥基材料中加入纤维以后，能有效地降低脆性，提高韧性，以及提高抗拉、抗裂、抗弯、抗冲击等性能。

根据基体材料的不同，纤维增强水泥基复合材料主要分为纤维增强水泥和纤维增强混凝土两种类型。

纤维增强水泥的主要特点是：以水泥净浆或砂浆为基体，增强材料是短纤维、长纤维、纤维织物或短纤维与长纤维(或纤维织物)并用，纤维体积率为1%~20%，一般需采用专门的工艺与装备制备，复合材料的物理、力学性能有显著的改进或提高，主要用于制作厚度为 3~20mm 的薄壁预制产品。

纤维增强混凝土的主要特点是：以混凝土为基体，增强材料是短切纤维，纤维体积率为 0.05%~2%，一般采用普通混凝土的工艺与装备制备，复合材料的某些性能有适度改进或提高，主要用于现场浇筑的构件或构筑物。

3.7.2 纤维材料

按纤维材料的弹性模量大小，可分为低弹性模量纤维(如尼龙纤维、聚乙烯纤维、聚丙烯纤维等)和高弹性模量纤维(如钢纤维、碳纤维、玻璃纤维、芳族聚酰亚胺纤维等)。低弹性模量纤维极限伸长率较大，而高弹性模量纤维抗拉强度较高。

按纤维材料的化学成分，可分为无机纤维材料和高分子合成纤维材料。几种主要纤维材料的物理力学性能见表 3-7 所列(王冰，2013)。

表 3-7　几种主要纤维的物理力学性能

纤维名称	相对密度 (g/cm³)	抗拉强度 (MPa)	弹性模量 10^4 (MPa)	极限伸长率 (%)	泊松比
低碳钢纤维	7.80	400~1500	20.0~21.0	3.5~4.0	0.30~0.33
不锈钢纤维	7.80	2100	15.4~16.8	3.0	
抗碱玻璃纤维	2.70	1400~2500	7.0~8.0	2.0~3.5	0.22
聚丙烯单丝	0.91	400~650	0.5~0.7	18.0	
聚丙烯膜裂纤维	0.91	400~650	0.8~1.0	8.0	0.29~0.46
尼龙纤维	1.16	900~960	0.5~0.6	18.0~20.0	
聚乙烯单丝	0.96	200~260	0.22~0.25	10.0	
改性聚乙烯醇纤维	1.30	800~850	1.2~1.4	11.0~12.0	
高模量聚乙烯醇纤维	1.30	1200~1500	3.0~3.5	5.0~7.0	
改性聚丙烯腈纤维	1.18	830~940	1.6~1.9	9.0~11.0	
芳族聚酰亚胺纤维 (PRD-49)	1.45	2900	13.3	2.1	
芳族聚酰亚胺纤维 (PRD-29)	1.45	2900	6.9	4.0	
碳纤维(高强度)	1.74	2450~3150	24.5~31.5	1.0	

由表 3-7 可以看出，钢纤维、碳纤维、芳族聚酰亚胺纤维(PRD-49)都是高弹模纤维，抗拉强度也较高；聚乙烯纤维、尼龙纤维、聚丙烯纤维等都是低弹模纤维，这几种纤维的极限伸长率较大。由于纤维材料的物理力学性能有明显差异，并且纤维的掺量、长径比、弹性模量、耐碱性等对混凝土性能有很大影响，所以使用时应根据不同需求选择合适的纤维材料。

(1)钢纤维

钢纤维主要采用碳素钢加工制成，对长期处于受潮条件下的钢纤维混凝土，可采用不锈钢加工制成的纤维。钢纤维的形状有平直形和异形两类，异形纤维有波形、哑铃形、凸凹型、端部带弯钩形、压棱型、书钉型、不规则型等形状，异形纤维与混凝土之间的黏结力强，因而对混凝土的增强效果更显著。钢纤维的尺寸主要由其对混凝土的强化效果和施工的难易程度决定。钢纤维太粗或太短，其强化效果较差；而钢纤维过长或过细，混凝土拌和时钢纤维易结团，不易分散均匀，从而影响混凝土的性能。钢纤维的几何特征，通常用其长径比表示，即纤维的长度与截面当量直径之比。一般钢纤维的直径为 0.25 ~ 0.75mm，长度约为 20 ~ 60mm，长径比为 30 ~ 150（黄晓明等，2007）。当使用单根状钢纤维时，其长径比不应大于 100，一般为 50 ~ 70。

（2）抗碱玻璃纤维

抗碱玻璃纤维又称为耐碱玻璃纤维，是 100% 无机纤维，其特点是耐碱性好，能有效抵抗水泥中高碱物质的侵蚀，并且握裹力强，弹性模量、抗冲击、抗拉、抗弯强度高，不燃、抗冻、耐温度、湿度变化能力强，具有可设计性强、易成型等特点。耐碱玻璃纤维是一种新型的绿色环保型增强材料，广泛应用在高性能增强（水泥）混凝土中。在非承重的水泥构件中是钢材和石棉的理想替代品。

（3）改性聚丙烯腈纤维

聚丙烯腈纤维（又称腈纶纤维 PAN）的产品在服装领域曾有"人造羊毛"的美誉，其抗腐蚀性质和抗紫外线能力优越，但纤维强度不高（200 ~ 260 MPa），弹性模量低，极限伸长率较大，有吸湿性。通过调整其大分子链的构成比，生产出的"高强高弹模"改性聚丙烯腈纤维，其抗拉强度和弹性模量显著提高，极限伸长率降低。早在 20 世纪 70 ~ 80 年代，改性聚丙烯腈纤维已代替石棉，用于生产水泥波形瓦。近年来改性聚丙烯腈纤维已成功应用于混凝土工程，显著提高了混凝土早期抗裂性能。

（4）碳纤维（CF）

碳纤维是用人造有机纤维（如聚丙烯腈纤维、黏胶纤维、沥青基纤维等）为原料，通过在高温下预氧化、碳化以及石墨化等工艺制成的高强高弹模纤维，其含碳量在 95% 以上。碳纤维"外柔内刚"，质量比金属铝轻，但强度却高于钢铁，并且具有耐腐蚀、高模量的特性，在国防军工和民用方面都是重要材料。它不仅具有碳材料的固有本征特性，又兼备纺织纤维的柔软可加工性，是混凝土结构使用的新一代增强纤维。

3.7.3　纤维增强水泥基复合材料的阻裂机理

分析纤维增强水泥基复合材料的阻裂机理主要有以下两种理论（王冰，2013）：

（1）纤维间距理论

纤维间距理论是根据断裂力学解释纤维对混凝土中裂缝的阻裂作用，这一机理认为：水泥和混凝土内部本身存在尺度不同的微裂缝、空隙和缺陷，欲提高这种材料的强度，必须尽可能减小缺陷的程度，提高这种材料的韧性，降低内部裂缝端部的应力集中系数，降低裂缝的数量和尺度。而纤维的加入有效地提高了基体阻止裂缝发生和扩展的能力，达到纤维对混凝土的增强目的。当纤维的间距小于某一值后复合材料的抗拉强度会提高。Rumualdi 等人认为，当纤维的平均中心间距小于 7.6mm 时，纤维增强水泥基复合材料的抗拉或抗弯初裂强度得以显著提高。

Rumualdi 等提出了纤维增强水泥基复合材料中纤维呈三维乱向排列时的纤维平均间距计算公式为：

$$\bar{S} = 13.8d\sqrt{\frac{1}{V_t}} \tag{3-30}$$

式中，$\bar{S}$ 为纤维平均间距；d 为纤维直径；V_t 为纤维体积率。

（2）复合材料理论

复合材料理论是考虑纤维在基体中的连续性、分散均匀性和分布方向对水泥基复合材料增强效果的影响，将纤维增强水泥基复合材料看作是一种纤维强化体系。复合材料理论将复合材料视为多相系统，在弹性范围内，复合材料的弹性模量和强度性能可视为复合体内各相性能的叠加，通过应用混合原理推定纤维增强水泥基复合材料的抗拉强度，建立纤维增强水泥基复合材料的抗拉强度与纤维的掺入量、方向、长径比及黏结力之间的关系。

当使用连续的长纤维时，纤维增强水泥基复合材料的抗拉极限强度公式为：

$$R_{fc}^u = R_f^u V_F \tag{3-31}$$

式中，R_{fc}^u 为纤维增强水泥基复合材料的抗拉极限强度；R_f^u 为纤维的抗拉极限强度；V_F 为纤维体积。

当使用短纤维时，纤维增强水泥基复合材料的抗拉极限强度公式为：

$$R_{fc}^u = 2\eta_1\eta_0\tau\frac{l}{d}V_F \tag{3-32}$$

式中，R_{fc}^u 为纤维增强水泥基复合材料的抗拉极限强度；V_F、η_1 分别为纤维体积、纤维有效长度系数；η_0 为纤维在纤维增强水泥基复合材料中的取向系数；τ 为纤维与水泥基材料的黏结强度；l/d 为纤维长度与直径的比值。

3.7.4 纤维增强水泥基复合材料性能的评价方法

评价纤维增强水泥基复合材料性能的方法主要有：①力学性能试验方法，包括立方体或轴心抗压强度、静力受压弹性模量、劈裂抗拉强度、直接拉拔强度、抗剪强度、抗折强度、抗折弹性模量、弯曲韧性、抗冲击性等试验。②耐久性试验方法，包括抗冻性、抗水渗透性、收缩、碳化等试验。③断裂试验方法，包括楔入劈拉试验、三点弯曲梁试验等。其中弯曲韧性是反映纤维增强水泥基复合材料性质的重要指标，是纤维增强水泥基复合材料开发设计和控制其种类、配比的重要指标。弯曲韧性试验有四种代表性方法：美国 ASTM – C1018 韧度指数法、ASTM – C1399 – 98 方法、日本 JCI – SF4 当量抗折强度法和挪威 NPB N07 法（王冰，2013）。

3.7.5 纤维增强水泥基复合材料性能特点与工程应用

纤维增强水泥基复合材料具备许多优越性能，如较高的抗裂、抗渗性能，较强的抗冻、耐碱性能，良好的韧性和抗冲击性能等，能够满足土木工程结构的多种需要。

纤维增强水泥基复合材料的主要用途有：①桥面、公路路面和机场跑道的罩面层；②建筑、桥梁、水工、隧道和采矿工程中各种混凝土结构的增强结构；③高层建筑的地下室、污水处理厂的污水池、游泳池、渡槽等防水、防渗工程；④对抗震、防火、防爆、抗侵蚀要求高的特种工程与军事工程；⑤大坝面层、护坡、梁、板、柱、墩的混凝土修补和加固工程；⑥公路边坡的固定；⑦各种预制水泥基产品等。

3.8 聚合物水泥基复合材料

聚合物水泥基复合材料是聚合物水泥混凝土、聚合物水泥砂浆和聚合物水泥净浆的泛称。本节着重介绍聚合物水泥混凝土。

3.8.1 概述

按照制备方法的不同，聚合物水泥混凝土可分为聚合物浸渍混凝土(PIC)和聚合物改性混凝土(PMC)两类。聚合物水泥混凝土的物理力学性能和耐久性都比普通混凝土有较大提高，并且由于生产工艺不同，不同的聚合物水泥混凝土的性能也有所差异，见表3-8所列(申爱琴，2000)。

表3-8 不同聚合物混凝土与普通混凝土性能比较

测试性能	普通水泥混凝土	聚合物浸渍混凝土(PIC)	聚合物改性混凝土(PMC)
抗压强度	1	3~5	1~2
抗拉强度	1	4~5	2~3
弹性模量	1	1.5~2	0.5~0.75
吸水率	1	0.05~0.10	—
抗冻性冻融循环次数	700	2000~4000	—
质量损失	25	0~2	—
耐酸性	1	5~10	1~6
耐磨性	1	2~5	10

聚合物浸渍混凝土(PIC)是将干燥和真空处理后的硬化混凝土(基材)浸渍在聚合物的液态单体中(浸渍液)，然后用加热辐射或加催化剂的方法，使渗入到混凝土内部孔隙中的单体发生聚合，生成一种坚硬的玻璃状聚合物，并与混凝土紧密结合，形成整体混凝土。经过浸渍处理后的普通混凝土，因内部的部分孔隙及微裂缝被聚合物所填充，孔隙率显著降低，尤其是大孔显著减少，留下的多数为微小孔隙，因此其密实度显著增大，抗压强度、抗拉强度、弹性模量、冲击强度、耐久性等都明显提高，并且徐变大大减少。但聚合物浸渍混凝土的制作需要专门的条件，工艺比较复杂，尤其是现场浇筑成型的混凝土构件不易处理，所以其应用受到较大限制。以下重点介绍聚合物改性水泥混凝土。

3.8.2 聚合物改性混凝土(PMC)

在普通水泥混凝土搅拌阶段掺入聚合物或单体，浇筑成型后经养护而成为一种含有机聚合物的水泥混凝土，由于聚合物可使混凝土性能得到明显改善，所以称为聚合物改性混凝土(PMC)。这是一种新型混凝土材料。一般情况下，聚合物的掺量约为水泥质量的5%~25%。

拌制聚合物改性混凝土可使用与普通混凝土同样的设备，既可以在加水时掺入一定量的聚合物分散体及助剂，也可将聚合物粉末直接掺入水泥中。聚合物混凝土浇筑后，未硬化前不能洒水养护或遭雨淋，否则表面将形成一层白色脆性的聚合物薄膜，降低使用性能，最好是硬化后先湿养护，待水泥水化后进行干养护。

3.8.2.1 组成材料

拌制 PMC 的聚合物材料主要有橡胶乳液及树脂乳液等水溶性乳胶、纤维素衍生物及聚丙烯酸盐等水溶性聚合物、不饱和聚酯及环氧树脂等液体聚合物。

为了使聚合物在混凝土中更好地发挥作用，避免产生不利影响，可根据需要掺入助剂材料。例如稳定剂(如 OP 型乳化剂等)能使聚合物与水泥混合均匀、与混凝土中的粒子有效地结合；消泡剂能消除乳胶与水泥拌和时产生的许多小气泡，防止因混凝土孔隙率增加，导致强度明显下降。乳胶树脂或其乳化剂以及稳定剂等聚合物的耐水性较差，使用时需加入抗水剂，以提高其耐水性。如果乳胶树脂等聚合物的掺量较多，可加入适当的促凝剂，避免混凝土凝结速度变慢。

3.8.2.2 聚合物的增强作用机理

聚合物在混凝土内部能够形成薄膜，将水泥水化物结成一体；聚合物能够填充水泥粒子和集料之间的孔隙，改善混凝土的孔结构，所以聚合物能够提高水泥浆体与集料的黏结性，减少硬化水泥浆体中的微裂纹，使混凝土物理力学性能明显提高。

(1)水泥水化过程中聚合物结构的形成过程

在水泥混凝土搅拌均匀后，以乳液形式加入到混凝土中的聚合物乳液颗粒会均匀分散在混凝土体系中。在水泥水化过程中，体系中的水不断地被水泥水化产物所结合。随着水分的不断减少，乳液中的聚合物颗粒会相互连接在一起形成网状结构。Ohama认为这一结构形成过程可分为三个阶段：

阶段Ⅰ：乳液中的聚合物颗粒通过搅拌均匀分布在水泥浆体中，形成聚合物水泥浆体。随着水泥水化的进行，水化硅酸钙凝胶逐渐形成，并且液相中的氢氧化钙达到饱和状态。同时，聚合物颗粒沉积在水化硅酸钙凝胶颗粒表面。

阶段Ⅱ：随着浆体中水分减少和水化硅酸钙凝胶结构的发展，聚合物逐渐被限制在毛细孔隙中。随着水化的进一步进行，毛细孔隙中的水分不断减少，聚合物颗粒絮凝在一起，水化硅酸钙凝胶的表面形成聚合物密封层，聚合物密封层也通过表面黏结作用将集料颗粒、水泥水化物与水泥颗粒混合物黏结在一起。因此，混合物中的较大孔隙被有黏结性的聚合物所填充。

阶段Ⅲ：由于水化不断进行，凝聚在一起的聚合物颗粒之间的水分逐渐被全部吸收到水泥水化物中去，成为化学结合水，最终聚合物颗粒完全黏结在一起形成连续的聚合物网状结构，并将水泥水化物黏结在一起，因而改善了水泥石结构形态。

(2)聚合物与水泥的相互作用

聚合物、水泥与水混合以后，它们之间就会发生相互作用。在聚合物颗粒与水泥水化产物之间会产生离子键型的化学结合，从而形成了联结强度，而且发生的这种化学作用对聚合物成膜以及水泥水化过程均有明显的影响。聚合物不仅与无机的水泥水化产物发生化学作用形成离子键，而且也可通过氢键、范德华键产生相互作用，从而增强水泥石及水泥混凝土的结构强度。

Bachionini 等人借助于微分扫描量热器、红外光谱、电子显微镜等分析手段，分析了丙烯醛基乙烯及丙酮基乙烯类聚合物乳液与 C_3A + 石膏 + 石灰体系的相互作用以及与 C_3S 的相互作用。结果表明，这类聚合物乳液的存在会降低 C_3S 以及 C_3A + 石膏 + 石灰体系的水化速度，同时聚合物可与无机的水泥矿物及水泥水化产物形成多种联结，聚合物中的—CH_2—及—CH_3—原子团可与无机物发生化学吸附。聚合物链上的聚酯基团的水解产物可与水泥浆体体系中的盐类反应生成如 $-COO-Ca^{++}$ 型的化学结合物。发生的这些化学结合对水泥体系的力学性能必定会有改善作用（申爱琴，2000）。

（3）聚合物的减水作用

Atzeti 等人的研究表明，聚丙烯酸乳液在较小的掺量范围内（聚丙烯酸/水泥为 0.05 ~ 0.1）有明显改善水泥浆体流动性的作用，进一步提高掺量，则作用变得不甚明显。聚乙烯乳液与聚丙烯酸乳液有相似的作用，但前者的塑化作用要小。

聚合物颗粒在混凝土体系中具有轴承效应，并且聚合物乳液中的表面存在活性物质，所以绝大部分聚合物对水泥浆体和混凝土的流动性有改善作用。在保持流动性不变的情况下，聚合物具有减水作用，可减少加水量，降低混凝土的水灰比，使混凝土孔隙率大为减少，从而使强度得到提高。

3.8.2.3　PMC 的主要性能

在混凝土中掺入聚合物以后，改善了混凝土微观结构，从而使混凝土物理力学性能及耐久性得到非常明显的改善。

（1）强度和变形性能

聚合物使改性混凝土的脆性减小，柔性增加，所以混凝土抗折及抗拉强度有非常明显的改善。影响 PMC 强度的主要因素有：聚合物品种及掺量、水泥品种、养护条件等。

图 3-20 为聚苯乙烯—丙烯酸改性混凝土 28d 龄期时在常温下的压应力—应变曲线。

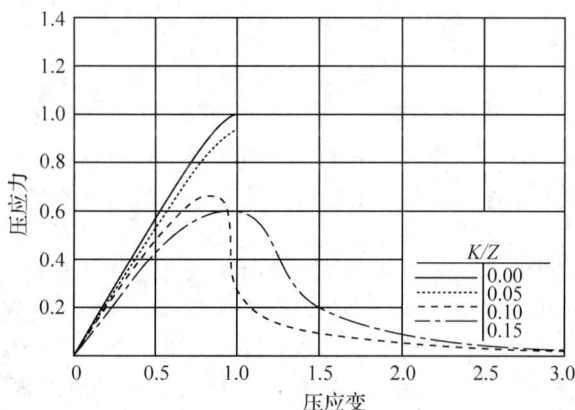

图 3-20　聚苯乙烯—丙烯酸改性混凝土的压应力—
应变曲线（K/Z = 聚合物/水泥）

由图可知，随着聚合物掺量的增加，应力—应变曲线上表现出更明显的塑性特性，变形能力的增加也与聚合物掺量的增加成相关关系，并且随着聚合物掺量的增加，应力—应变曲线逐渐由直线变为曲线，表明试件在压力荷载作用下不再是突然破坏，而是逐渐破坏，即混凝土由具有脆性变为具有柔性（申爱琴，2000）。

PMC 的干缩性质主要取决于聚合物的类型及掺量，其干缩率有可能大于或小于普通水泥混凝土的干缩率。温度变化时聚合物改性混凝土产生的胀缩变形比普通混凝土的胀缩变形要略大一些。

（2）耐久性

PMC 的结构密实，因而水的渗透、水的吸附以及水在混凝土中的迁移都比较困难，并且在低温下结冰膨胀的水分减少，所以抗渗性、耐水性、抗冻性都比普通混凝土好。结构密实使强度提高，所以改性混凝土的耐磨性比较好。PMC 的抗侵蚀性取决于所掺加聚合物的性质及掺量。大部分 PMC 对碱、盐类、油脂具有良好的抵抗能力，但抗酸性较差。

3.8.2.4 PMC 的特点及工程应用

PMC 具有较高的抗折强度及良好的变形能力，用于高等级公路的水泥混凝土路面修筑时，不仅可以降低面层厚度，而且可以减轻面层开裂，提高耐久性，延长使用寿命。PMC 具有较高的抗渗透性，可以直接用于桥面铺装层，施工工艺简单，可降低工程造价。PMC 可通过直接浇铸，形成混凝土地面，或制成地面板进行铺砌。

聚合物能够提高钢筋与混凝土之间的黏结力，在弹性剪切阶段约提高 30%。所以在结构工程中，PMC 可用于钢筋混凝土构件的制作。如果将 PMC 用于预应力混凝土结构，可以克服普通混凝土空气中收缩较大、受压时徐变明显等缺点，使预应力损失减少。

PMC 用于结构物修补时，聚合物会渗透进入原结构物混凝土的孔隙中，新混凝土硬化及聚合物成膜后，在新旧混凝土之间形成了聚合物"黏结桥"，大大增强了界面黏结，提高了修补效果。由于 PMC 硬化收缩小、刚度小、变形能力较大，所以界面处因收缩产生的剪应力减小，裂缝减少，加上聚合物具有一定的密封作用，能使界面处的抗侵蚀能力提高。

小 结

水泥基复合材料是用水泥水化、凝结和硬化后形成的硬化水泥浆体作为基体材料，与其他各种无机非金属材料、金属材料、有机材料复合而制成的各种复合材料。水泥基复合材料有很多品种，其中用量最大、应用范围最为广泛的是普通混凝土。本章重点介绍了普通混凝土的理论知识，包括混凝土组成材料的技术要求及有关集料粒形数值表征的研究成果、混凝土拌和物流变特性和工作性、硬化混凝土的结构、混凝土物理力学性质和耐久性的理论研究成果以及影响各种性质的主要因素。在此基础上介绍了纤维增强水泥基复合材料和聚合物水泥基复合材料的主要品种、增强作用机理、物理力学性能和耐久性。

思考题

1. 常用的活性矿物掺合料有哪些品种？它们的组成和性质各有何特点？

2. 如何对集料的几何性质进行数值表征？

3. 外加剂质量可通过哪些指标进行检验和评定？

4. 混凝土拌和物的流变特性通常用什么模型进行研究？决定混凝土拌和物流变特性的基本参数及其意义是什么？

5. 如何理解混凝土拌和物工作性具有的综合、相对、复杂概念？国内外检验和评定混凝土拌和物工作性的方法有哪些？这些方法的原理是什么？

6. 泌水性对混凝土性能有何影响？影响泌水性的因素有哪些？

7. 研究混凝土内部结构常在哪3个尺度上进行？影响混凝土性质的3个重要环节是什么？集料与水泥石界面过渡层具有哪些特点？

8. 混凝土会发生哪些非荷载因素作用的变形？这些变形对混凝土性能有何影响？

9. 影响混凝土强度的主要因素有哪些？研究混凝土强度的理论有哪些？

10. 如何应用流变学理论分析和计算混凝土的徐变？

11. 关于混凝土发生冻融破坏的机理有哪些理论？如何提高混凝土的抗冻性？

12. 研究混凝土碳化的理论模型有哪些？如何降低碳化对混凝土性能的不利影响？

13. 碱—集料反应有哪些类型？碱—集料反应的条件和机理是什么？

14. 制备纤维增强水泥基复合材料的常用纤维材料有哪些品种？关于纤维增强水泥基复合材料的阻裂机理有哪些理论？

15. 聚合物浸渍混凝土与聚合物改性混凝土的制作工艺、增强作用机理有何不同？

推荐阅读书目

1. 水泥与水泥混凝土. 申爱琴. 人民交通出版社，2000.

2. 混凝土材料学概论. 徐定华，徐敏. 中国标准出版社，2002.

3. 混凝土学. 张巨松. 哈尔滨工业大学出版社，2011.

4. 先进水泥基复合材料. 胡曙光. 武汉理工大学出版社，2009.

第 **4** 章

沥青

[本章提要] 目前沥青已广泛应用于国民经济的各个领域。沥青材料有明确的定义和分类，石油沥青是沥青材料中最重要的品种，在公路建设中得到了广泛应用。对道路石油沥青的认识是随着科学研究和工程实践的积累而逐渐发展的。对石油沥青的元素组成、组分分析、胶体结构、技术性质的研究，已形成了系统的理论。美国战略研究计划中提出的 SHRP 沥青胶结料评价方法是道路石油沥青研究的新进展；针对改善沥青性能的需求，研究和生产改性沥青，以及运用流变学理论，研究沥青的流变性质都是道路石油沥青研究的新发展。

4.1 概述

自公元前 3000 多年被人类发现利用以来，沥青材料不断发展，如今已在公路交通、建筑、工业、农业、水利水电等多个领域广泛应用，其中在道路交通建设中的应用最引人瞩目，世界上 85% 的沥青用于道路工程建设。

4.1.1 沥青的定义、分类与用途

4.1.1.1 沥青的定义

长期以来，有关沥青的定义存在多种说法。国际道路会议常设委员会（简称 AIPCR）在《道路名词技术辞典》中将沥青定义为：由天然或热分解或两者兼而有之得到的烃类混合物，它通常可以是气体、液体、半固体或固体，完全溶解于二硫化碳。美国材料试验协会（简称 ASTM）在 ASTM – D8 中明确指出，所谓沥青是指黑色或暗褐色的黏稠状物（固体、半固体或黏稠状物），由天然或人工制造而得，主要由高分子烃类组成。

在我国，通常将沥青定义为：由高分子碳氢化合物及其非金属（氧、硫、氮）的衍生物组成的固体或半固体混合物，呈暗褐色至黑色，可溶于苯或二硫化碳等溶剂，是自然界中天然存在的或从原油中经蒸馏得到的残渣。

4.1.1.2 沥青的分类

沥青按其在自然界中的获得方式可分为两大类：地沥青和焦油沥青。

(1)地沥青

地沥青是天然存在或由石油经人工提炼而得到的沥青。按其产源又可分为两类：

①天然沥青　是地壳中的石油在各种自然因素的作用下，经过轻质油分蒸发、氧化和缩聚作用而形成的天然产物。天然沥青的产状有以湖状（如特立尼达湖沥青）、泉状等纯净状态存在的"纯地沥青"，也有存在于岩石裂隙中的"岩地沥青"，岩地沥青中一般含有许多的砂石或卷石，可经过水煮法或溶剂抽提法得到纯净的沥青。

②石油沥青　是石油经过各种炼制工艺加工而得到的产品。

(2)焦油沥青

焦油沥青是各种有机物干馏的焦油，经再加工而得到的。焦油沥青按其加工的有机物的不同来命名，如由煤干馏所得到的焦油经再加工后得到的沥青，称为煤沥青。其他还有"木沥青""页岩沥青"等。

在道路、建筑工程中最常用的沥青是石油沥青，其次是天然沥青和煤沥青。

4.1.1.3　沥青的用途

①道路沥青　用于铺筑道路路面的沥青称为道路沥青；适用于在重交通道路上的沥青称为重交通道路沥青；适用于一般中、轻交通道路上使用的沥青称为中、轻交通道路沥青，即普通道路沥青。由于道路面层要承受荷载，要求沥青具有良好的黏结性、延性和耐久性。

②建筑沥青　建筑工程用的石油沥青主要用于防水、防潮，也用于制作防水材料，如油毡等。一般要求沥青具有良好的黏结性和防水性，高温下不变软，低温下不脆裂，并具有良好的耐久性。建筑沥青标号较高，针入度在 5~40(0.1mm)范围内。

③机场沥青　适用于铺筑机场跑道道面的沥青称为机场沥青。由于机场道面承受飞机荷载，所以要求沥青具有良好的黏结性和耐久性。

④其他沥青　适用于其他工程领域（如水利工程、电缆工程、管道工程等）的沥青。

4.1.2　石油沥青的生产工艺

石油沥青的生产工艺主要有蒸馏法、氧化法、溶剂法和调和法，工艺不同，产品也就不同。

(1)蒸馏法

原油脱水后加热至一定温度，进入常压塔，在塔内分馏出汽油、煤油和柴油等轻质油分。塔底常压渣油再进一步加热至更高的温度，进入具有一定真空度的减压蒸馏塔，分馏出减压馏分，塔底所存的减压渣油往往可以获得合格的道路沥青。蒸馏法生产的沥青称为直馏沥青，由于其含有许多不稳定的烃，温度稳定性和耐候性较差，但其黏度与塑性之间的关系较好（即黏度增加时延性降低较少）。蒸馏法工艺最简单、最经济。

(2)氧化法

氧化法是先将常减压渣油预热脱水，然后加热至 240~290℃ 的高温，并在氧化塔内吹入一定量的空气对渣油进行不同深度的氧化加工，所得沥青称为"氧化沥青"或"吹制沥青"。在生产沥青的过程中，随着空气吹入量的增加、反应时间的延长及反应温度的增高，渣油中的化学组分将发生转化，其转化规律大致为饱和酚、芳香酚、胶质的含量逐渐减少，沥青质的含量不断增加，而蜡的含量几乎不变。随着化学组分的变化，其网状结构更为发达，最终可以使沥青的稠度和软化点提高，针入度减小，延度降低。

(3) 溶剂法

溶剂法是利用溶剂对各组分的不同溶解能力，选择性地溶解其中一个或几个组分，从渣油中分离出富含有饱和烃和芳香烃的脱沥青油，同时得到胶质、沥青质含量高的不同稠度的溶剂沥青。目前常用溶剂为丙烷，采用溶剂法处理石蜡基原油能够生产出质量优良的沥青。

(4) 调和法

调和法是按照沥青的质量要求，将几种沥青按适当比例进行调配，通过调整沥青组分之间的比例以获得所要求的产品。调和法的关键在于配合比例正确并混合均匀。调和沥青的性质与各组分的比例不是简单的加和，而与形成的胶体结构类型有关。

综上所述，由石油炼制各种石油沥青的生产工艺流程如图4-1所示。

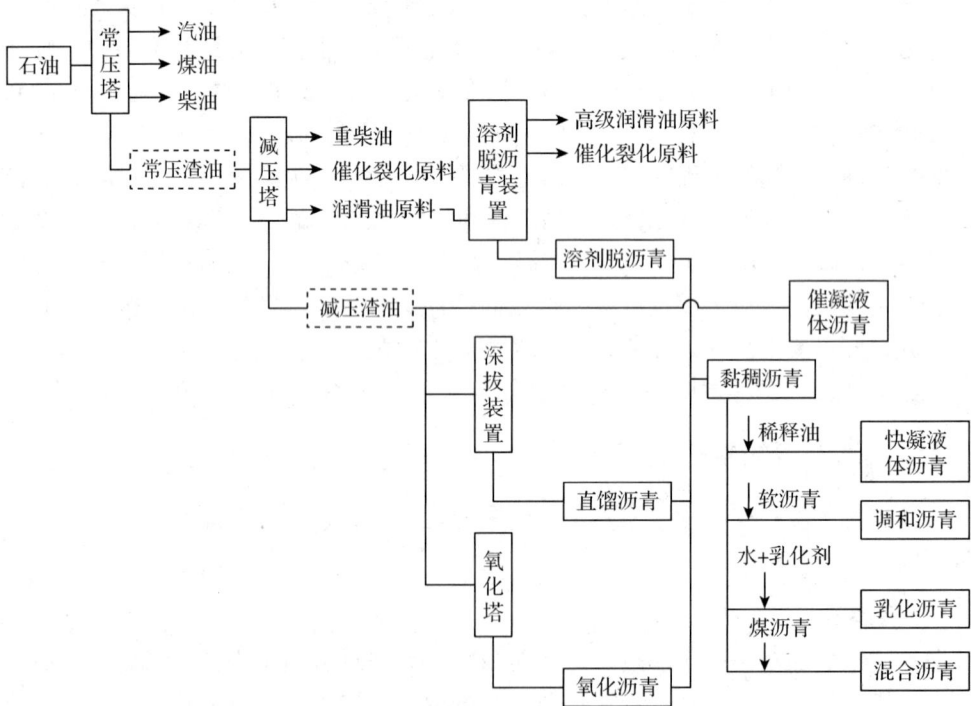

图4-1 石油沥青生产工艺示意图

4.1.3 沥青的元素组成

沥青是由多种复杂的碳氢化合物及其氧、硫、氮等非金属衍生物组成的混合物，其主要组成元素为碳、氢、氧、硫和氮五种元素。通常，石油沥青的含碳量为80%~87%，含氢量为10%~15%，氧、硫和氮的总含量小于3%。几种典型的石油沥青的元素组成见表4-1所列。

　　许多沥青材料的元素组成虽然十分相似，但由于沥青材料的组成结构极其复杂，而且高分子材料具有同分异构的特征，其性质往往有较大的差别。因此，无法建立起沥青的化学元素含量与其性能之间的直接相关关系，其化学元素组成仅能用于概略地了解沥青的组成和性质。必须进一步了解沥青的化学组分和化学结构，才能确定沥青组成与其性能的关系。

表 4-1　沥青的元素组成

沥青名称	C(%)	H(%)	C/H(原子比)	平均分子式
阿拉伯轻质原油沥青	84.0	10.3	0.68	$C_{68.5}H_{104.2}O_{1.1}S_{0.1}$
伊朗重质原油沥青	83.6	10.2	0.68	$C_{71.8}H_{105}S_{1.8}$
美国加利福尼亚氧化 AC-10 沥青	80.2	10.1	0.68	$C_{81.1}H_{122.6}O_{0.8}S_{2.0}$
大庆丙脱 A-60 沥青	86.1	11.0	0.66	$C_{68.5}H_{104.2}O_{1.1}S_{0.1}$
胜利氧化 A-60 沥青	84.5	10.6	0.67	$C_{71.8}H_{107.3}O_{1.1}S_{0.8}$

4.1.4　石油沥青的化学组分

　　沥青材料是由多种化合物组成的混合物，由于它的结构复杂，将其分离为纯粹的化合物单体，在技术上还存在困难，而且在实际生产应用中，也没有这种必要。因此，许多研究者就致力于沥青"化学组分"分析的研究。化学组分分析就是将沥青分离为化学性质相近、而且与其路用性质有一定联系的几个组，这些组就称为"组分"。

　　对于石油沥青化学组分的分析，研究者曾提出许多不同的分析方法。早在 1916 年德国的马尔库松就将石油沥青分离为沥青酸、沥青酸酐、油分、树脂、沥青质、沥青碳和似碳物等组分。后来经过许多研究者的改进，美国的哈巴尔德和斯坦菲尔德将其完善为三组分分析法，1969 年美国的科尔贝特又提出四组分分析法。现将目前较为常用的两种方法分述如下。

　　(1) 三组分分析法

　　三组分分析法是将石油沥青分离为油分(Oil)、树脂(Resin)和沥青质(Asphaltene)三个组分。由于国产沥青多属于石蜡基或中间基沥青，油分中往往还有蜡(Paraffin)，在分析时还应将蜡分离出来，因此，它的主要组分应该是油分、树脂、沥青质和蜡四个组分。

　　由于三组分分析法兼用了选择性溶解和选择性吸附的方法，所以又称为"溶解—吸附"法。这一方法的原理是将沥青在某一溶剂中沉淀出沥青质，再将可溶物用吸附剂吸附，最后再用不同溶剂进行抽提，分离出各组分。

　　该方法先用正庚烷沉淀沥青质，然后将溶于正庚烷中的可溶组分用硅胶吸附，装于抽提仪中，用正庚烷抽提油蜡，再用苯—乙醇抽提出树脂。最后将抽出的油蜡用丁酮—苯作脱蜡溶剂，在 -20℃ 的条件下，冷冻过滤分离出油分、蜡。该方法的流程如图 4-2 所示。

　　三组分分析法的优点是组分界线较明确，组分含量能在一定程度上反映出它的路用性能，但是它的主要缺点是分析流程复杂，分析时间较长。

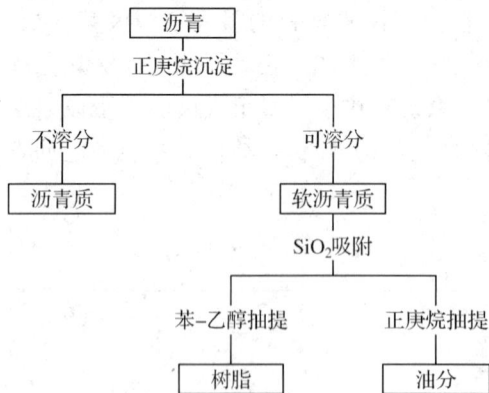

图4-2 三组分分析法流程图

（2）四组分分析法

科尔贝特首先提出将沥青分离为饱和酚（Saturates，S）、环烷芳香酚（Naphetene-Aromatics，NA）、极性芳香酚（Polar-Aromatics，PA）和沥青质（Asphaltene，AT）等的色层分析方法。后来将上述四组分简称为饱和酚、芳香酚、胶质和沥青质，故这一方法亦简称为"SARA"法。四组分分析法是按沥青中各化合物的化学组成结构来进行分组的，所以它与沥青的路用性能的关系更为密切，这是此种方法的优越之处。

该方法先用正庚烷沉淀沥青质，再将可溶组分吸附于氧化铝谱柱上；先用正庚烷冲洗，所得组分称为"饱和酚"，继而用甲苯冲洗，所得组分称为"芳香酚"；最后用甲苯、乙醇冲洗，所得组分称为"胶质"。对于含蜡沥青，最后还可将分离得到的饱和酚和芳香酚用丁酮—苯作脱蜡溶剂，在 −20℃的条件下，冷冻过滤分离出蜡。

为了进一步了解石油沥青的组成，对沥青的某些性能特征进行更详尽的解释，还可以将其分离为更多的组分（五组分或多组分）。但分析操作过程会更为繁杂，分析时间会更长。

（3）石油沥青的化学组分与沥青性能的关系

①沥青质　沥青质为呈黑褐色到深黑色易碎的粉末状固体，无固定熔点，加热时一般首先膨胀，温度达到300℃以上时，可分解成气体和焦炭。沥青质在存放时，在苯溶剂中的溶解度会逐渐下降。沥青质的这种老化过程与道路沥青或其他沥青在使用过程中出现老化和开裂有着密切的关系。沥青质具有比胶质更大的着色能力。

普遍认为沥青质是复杂的芳香族物质，其极性很强，分子量相当大。通过使用不同分离技术测试结果证实它的分子量是在 600 ~ 300000 的范围内。不过大部分数据表明沥青质的分子量为 1000 ~ 100000，颗粒粒径为 5 ~ 30nm，H/C 约为 1.1。沥青质的相对密度大于 1.0。

沥青中沥青质的含量为 5% ~ 25%。沥青质含量对沥青的流变特性有很大影响。增加沥青质含量，便可生产出针入度较小和软化点较高的沥青，因此黏度也较大。

②胶质　胶质的化学组成和性质介于沥青质和油分之间，但更接近沥青质。因来源及加工条件的不同，石油沥青中的胶质一般为半固体状，有时为固体状的黏稠性物质。颜色从深黑到黑褐色，相对密度接近 1.00。沥青中胶质的分子量大约在 500 ~ 1000之间或更大。胶质能溶于各种石油产品（不是石油化工产品）及大部分常用有机溶剂中，但不溶于乙醇或其他醇类。胶质具有很强的着色能力，例如在无色透明的汽油中，只要含有 0.005% 的胶质就足以使汽油呈淡黄色。各种油馏分之所以具有或深或浅的颜色，主要就是由于胶质的存在引起的。与各油馏分比较，胶质的分子量虽大，沸点虽高，但还是可能随着各馏分同时被馏出，所以单纯用蒸馏的方法不能把胶质和油分、胶质和烃类混合物分开。

胶质最大的特点之一是化学稳定性很差。在吸附剂的影响下稍稍加热，甚至在室温下，在有空气存在时(特别是阳光的作用下)很容易氧化缩合，部分地变为沥青质。胶质在开口容器中单纯加热到 $100 \sim 150℃$ 也会部分地变为沥青质。

胶质的分子结构中含有相当多的稠环芳香族和杂原子的化合物，在沥青中是属于强极性的组分，道路沥青必须含有适当的胶质才能使沥青具有足够的黏附力。此外胶质对沥青的黏弹性、形成良好的胶体溶液等方面都有重要的作用。

③油分　在石油沥青中，油分的含量因沥青的种类不同而异，道路沥青中油分(未脱蜡)的含量一般都在 $40\% \sim 50\%$ 或更多，高软化点沥青的油分含量较少。脱蜡后的油分绝大多数都是混合烃类及非化合物组成的混合物。所谓混合烃就是指在同一个分子中除芳香环外，还有环烷基及烷基侧链。单纯的某种烃类化合物几乎是不存在的。对于石油沥青中的烃类混合物，不应当用烃类族组成的概念来说明，而应当用结构族组成来表示石油沥青中油分的组成。

4.1.5　石油沥青的胶体结构

现代胶体学说认为沥青是一种胶体分散系。按三组分解释：固态微粒的沥青质是分散相，液态的油分是分散介质，过渡性的树脂起保护作用，使分散相能很好地胶溶于分散介质中。

(1)胶体结构分类

根据沥青中各组分的化学组成和相对含量的不同，可以形成不同的胶体结构。沥青的胶体结构，可分为下列三种类型：

①溶胶型结构　当沥青中沥青质分子量较低，并且含量很少(例如在 10% 以下)，同时有一定数量的芳香度较高的胶质时，胶团能够完全胶溶而分散在芳香分和饱和分的介质中。在此情况下，胶团相距较远，它们之间吸引力很小(甚至没有吸引力)，胶团可以在分散介质黏度许可范围之内自由运动，这种胶体结构的沥青，称为溶胶型沥青[图 4-3(a)]。溶胶型沥青的特点是流动性和塑性较好，开裂后自行越合能力较强，而对温度的敏感性强，即对温度的稳定性较差，温度过高会流淌。通常，大部分直馏沥青都属于溶胶型沥青。

②溶—凝胶型结构　若沥青中沥青质含量适当(例如在 $15\% \sim 25\%$ 之间)，并有较多数量芳香度较高的胶质，这样形成的胶团数量增多，胶体中胶团的浓度增加，胶团距离相对靠近[图 4-3(b)]，它们之间有一定的吸引力。这是一种介乎溶胶与凝胶之间的结构，称为溶—凝胶型结构。具有这种结构的沥青称为"溶—凝胶型沥青"。通常，环烷基稠油的直馏沥青或半氧化沥青，以及按要求组分重(新)组(配)的溶剂沥青等，往往具有这类胶体结构。这类沥青在高温时具有较低的感温性，低温时又具有较好的形变能力。所以修筑现代高等级沥青路面的沥青，都应属于这类胶体结构类型。

③凝胶型结构　沥青中沥青质含量很高(例如大于 30%)，并有相当数量芳香度高的胶质来形成胶团，这样，沥青中胶团浓度很大程度的增加，它们之间相互吸引力增强，使胶团靠得很近，形成空间网络结构。此时，液态的芳香分和饱和分在胶团的网络中成为"分散相"，连续的胶团成为"分散介质"[图 4-3(c)]。这种胶体结构的沥青，称为凝胶型沥青。这类沥青的特点是弹性和黏性较高，温度敏感性较小，开裂后自行

越合能力较差，流动性和塑性较低。在工程性能上，虽具有较好的温度感应性，但低温变形能力较差。

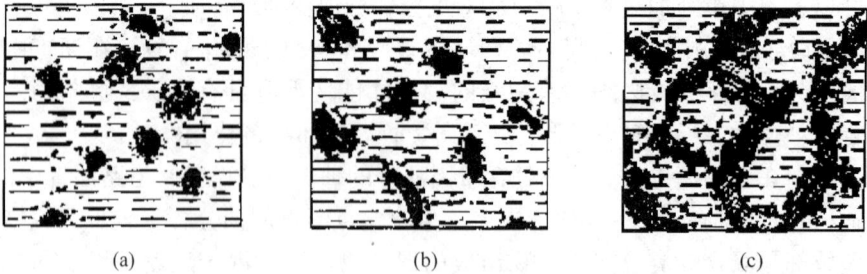

图4-3 沥青胶体结构
(a)溶胶型结构 (b)溶—凝胶型结构 (c)凝胶型结构

(2)胶体结构类型的判定

沥青的胶体结构与其工程性质有密切的关系。胶体结构类型可以根据流变学方法和物理化学方法等确定。为了工程使用方便，通常根据其对温度的敏感程度—针入度指数进行判断。

针入度指数(PI)是沥青高温稳定性的一种指标，它与针入度与软化点有关。PI大表示沥青的感温性小。针入度指数按式(4-1)计算：

$$PI = \frac{30}{1 + 50\dfrac{\lg800 - \lg P_{(25℃,100g,5s)}}{T_{R\&B} - 25}} - 10 \tag{4-1}$$

当 PI < -2 时，为溶胶型结构；当 -2 ≤ PI ≤ 2 时，为溶—凝胶型结构；当 PI > 2 时，为凝胶型结构。

随着对石油沥青研究的深入发展，有些学者已开始怀疑石油沥青胶体结构的观点，而认为它是一种高分子溶液。在石油沥青高分子溶液里，分散相—沥青质与分散介质—软沥青质(树脂和油分)具有很强的亲和力，而且在每个沥青质分子的表面上紧紧地保持着一层软沥青质的溶剂分子，而形成高分子溶液。石油沥青高分子溶液对电解质具有较强的稳定性，即加入电解质不能破坏高分子溶液。高分子溶液具有可逆性，即随沥青质与软沥青质相对含量的变化，高分子溶液可以是较浓的或是较稀的。较浓的高分子溶液，沥青质含量就多，相当于凝胶型石油沥青；较稀的高分子溶液，沥青质含量少，软沥青质含量多，相当于溶胶型石油沥青；稠度介于两者之间的为溶—凝胶型石油沥青。这是一个新的研究发展方向，目前这种理论，应用于沥青老化和再生机理的研究已取得一些初步的成果。

4.2 石油沥青的技术性质

多年来，人们一直在研究由实验室测定的沥青性能，与它们在沥青混合料中表现的路用性能两者之间的关系。随着交通载荷的不断增加，对沥青路用性能的要求也越来越高，因而有必要预测沥青长期的路用性能。沥青的路用性能取决于多方面因素，其中包括设计、应用以及其他各成分的品质。虽然按体积而言沥青在混合料中仅属次要成分，但它是耐久的黏结料并且使混合料具有黏弹性质，因而不可忽视它的关键作用。

沥青面层的低温裂缝和温度疲劳裂缝，以及在高温条件下的车辙深度、推挤，拥包等永久形变与沥青的性质有很大关系。因此，近30多年来，不少国家都对沥青的温度敏感性、流变性、低温特性以及沥青混合料的高温和低温力学性质进行了广泛的研究，一些国家已纷纷开始修改和补充沥青的技术指标，以期改善沥青面层的长期使用性能。例如，弗罗姆(Fromm)和方格(Phang)建议禁止使用针入度指数 PI < −1.0 的沥青；俄罗斯、瑞士和西班牙等在沥青技术指标中增添了温度敏感性指标，并规定了标准值 −1.2 ~ +1.0；美国宾夕法尼亚州规定了沥青的最小针入度—黏度数 PVN(表示沥青温度敏感性的指标之一)和135℃时的最小黏度值；里得肖(Readshow)根据加拿大观测的路面温度裂缝与沥青的关系得出结论：最低温度下和加荷时间为7200s时，若沥青的劲度模量不超过200MPa，则路面不会出现裂缝。

因此，深入了解和研究沥青的各种技术性质对于建设高质量的道路沥青面层相当重要。

4.2.1　沥青的黏度

沥青的黏滞性(简称黏性)是沥青在外力作用下抵抗剪切变形的能力。在沥青技术性质中，沥青黏性是与沥青路面力学行为联系最密切的一种性质。沥青的黏性通常用黏度表示，所以黏度是我国目前沥青等级(标号)划分的主要依据。

4.2.1.1　沥青黏度的表达方式

(1)牛顿流型沥青的黏度

溶胶型沥青或沥青在高温条件下，可视为牛顿流体。设在两金属板中夹一层沥青，如图4-4所示，按牛顿内摩擦定律可推导出牛顿流型沥青的黏度为：

$$\eta = \frac{\tau}{\dot{\gamma}} \qquad (4\text{-}2)$$

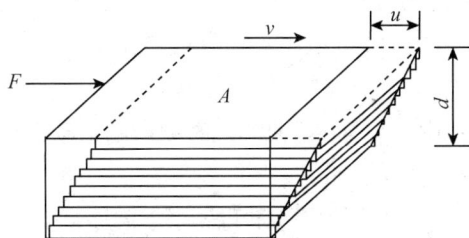

图4-4　沥青黏度示意图

式中，η 为动力黏度系数(简称黏度)，Pa·s；τ 为剪应力，Pa，$\dot{\gamma}$ 为剪应变速率(简称剪变率)，s。

这种以长度、质量和时间等绝对单位表示的黏度称为"绝对黏度"。由式(4-2)可知，流体流层间速度梯度(即剪变率)为单位"1"时，每单位面积所受到的内摩擦力称为"动力黏度"。在运动状态下测定沥青黏度时，考虑到密度的影响，动力黏度还可以采用另一种量描述，即沥青在某一温度下的动力黏度与同温度下沥青密度之比，称为"运动黏度"。运动黏度(v_{T})计算如式(4-3)所示：

$$v_{\text{T}} = \frac{\eta}{\rho} \qquad (4\text{-}3)$$

(2)非牛顿流型沥青的黏度

沥青是一种复杂的胶体物质,只有当其在高温时(例如加热至施工温度时)才接近于牛顿流体。而当其处于路面的使用温度时,沥青均表现为黏弹性体,故其在不同剪变率时表现出不同的黏度。因此沥青的剪应力与剪变率并非线性关系,通常以表观黏度(或称视黏度)表达如下:

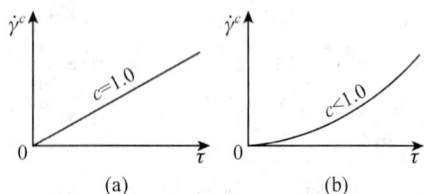

图4-5 剪应力与剪变率关系曲线
(a)牛顿流型沥青 (b)非牛顿流型沥青

$$\eta_a = \frac{\tau}{\dot{\gamma} c} \tag{4-3'}$$

式中,η_a 为沥青表观黏度,Pa·s;τ、$\dot{\gamma}$ 意义同前;c 为沥青复合流动度系数。

沥青复合流动系数 c 是评价沥青流变性质的重要指标。$c = 1.0$ 表示牛顿流型沥青,$c < 1$ 表示非牛顿流型沥青,c 值越小表示非牛顿性越强。剪应力和剪变率关系曲线如图4-5所示。

4.2.1.2 沥青黏度的测定方法

沥青黏度的测定方法可分为两类,一类为"绝对黏度"法,另一类为"相对黏度"(或称"条件黏度")法,针入度、软化点属于条件黏度法的范畴。

(1)绝对黏度测定方法

我国现行试验规程JTG E20—2011《公路工程沥青及沥青混合料试验规程》规定,沥青运动黏度采用毛细管法;沥青动力黏度采用减压毛细管法。

毛细管法是测定沥青运动黏度的一种方法。该法是将沥青试样在严密控温条件下,在规定温度(通常为135℃),通过选定型号的毛细管黏度计,流经规定体积所需的时间(以秒计),按下式计算运动黏度:

$$v_T = ct \tag{4-4}$$

式中,v_T 为在温度 $T℃$ 时测定的运动黏度,mm²/s;c 为黏度计标定常数,mm²/s²;t 为流经时间,s。

真空减压毛细管法是测定沥青动力黏度的一种方法。该法是将沥青试样在严密控制的真空装置内,保持一定的温度(通常为60℃),通过规定型号的毛细管黏度计,流经规定的体积所需要的时间(以秒计),按下式计算动力黏度:

$$\eta_T = kt \tag{4-5}$$

式中,η_T 为在温度 $T℃$ 时测定的动力黏度,Pa·s;k 为黏度计常数,Pa·s/s;t 为流经时间,s。

(2)条件黏度测定方法

条件黏度测定方法可分以下两种。

①标准黏度计法 该试验方法(图4-6)测定液体状态的沥青材料在标准黏度计中,于规定的温度条件下,通过规定的流孔直径流出 50 mL 体积所需的时间(s),用 $C_{T,d}$ 表示,其中 C 为黏度,T 为试验温度,d 为流孔直径。试验温度和流孔直径根据液体状态

沥青的黏度选择，常用的流孔有 3 mm、4 mm、5 mm 和 10 mm 4 种。按上述方法，在相同温度和相同流孔条件下，流出时间越长，表示沥青黏度越大。

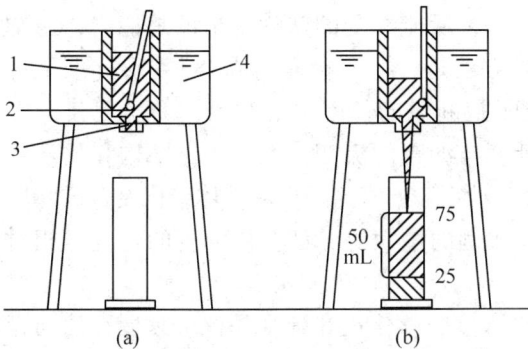

图 4-6　标准黏度计测定液体沥青黏度示意图
1-沥青试样；2-活动球杆；3-流杆；4-水

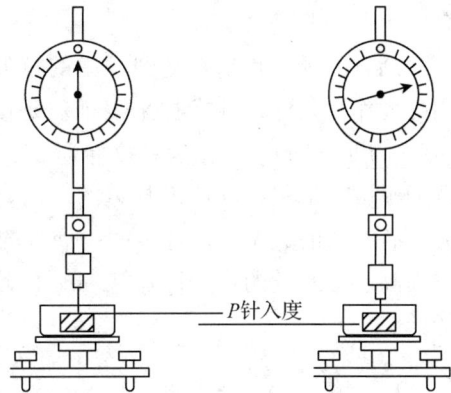

图 4-7　沥青针入度值试验示意图

②针入度法　是国际上经常用来测定黏稠(固体、半固体)沥青稠度的一种方法，如图 4-7 所示。该法测定沥青材料在规定温度条件下，以规定质量的标准针经过规定时间贯入沥青试样的深度(以 0.1 mm 为单位计)，以 $P_{T,m,t}$ 表示，其中 P 为针入度，T 为试验温度，m 为标准针(包括连杆及砝码)的质量，t 为贯入时间。沥青分级标准试验条件为 $P_{25℃,100g,5s}$。此外，为确定针入度指数(PI)，试验温度为 5℃、15℃、25℃ 和 35℃ 等，但标准针质量和贯入时间不变。

按上述方法测定的针入度值越大，表示沥青越软(稠度越小)。实质上，针入度是测定沥青稠度的一种指标。通常沥青的稠度越高，黏度就越高。

③软化点法　沥青材料是一种非晶质高分子材料，它由液态凝结为固态，或由固态溶化为液态时，没有敏锐的固化点或液化点，通常采用条件的硬化点和滴落点来表示，称为软化点。沥青材料在硬化点至滴落点之间的温度阶段时，是一种黏滞流动状态。

软化点的数值随采用的仪器不同而不同，我国现行试验法是采用环与球法软化点。如图 4-8 所示，该方法规定将沥青试样注于内径

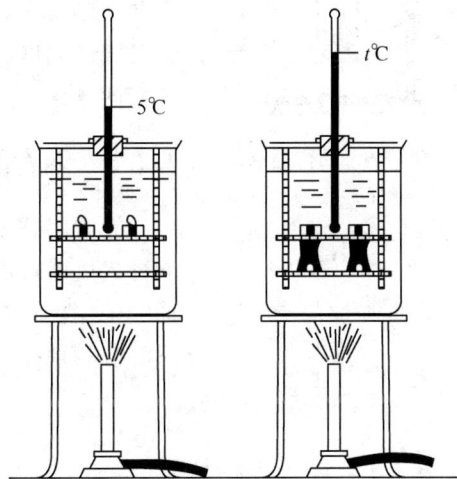

图 4-8　环与球法测定沥青软化点示意图

为 18.9 mm 的铜环中，环上置一重 3.5 g 的钢球，在规定的加热速度(5℃/min)下进行加热，沥青试样逐渐软化，并在钢球荷重作用下产生下坠，测定使沥青产生 25.4 mm 下坠时的温度，称为软化点。由此可见，针入度是在规定温度下测定沥青的条件黏度，而软化点则是沥青达到规定条件黏度时的温度。软化点越高，沥青黏度就越大。此外，软化点也能反映沥青的温度敏感性，软化点越低，温度敏感性就越大。

4.2.2 沥青的延性和脆性

4.2.2.1 延性

沥青的延性是当其受到外力的拉伸作用时，所能承受的塑性变形的总能力，通常用延度作为条件延性指标来表征。延度试验方法是，将沥青样制成"8"字形标准试件（最小断面 1 cm²），在规定拉伸速度和温度下拉断时的长度（以厘米计）称为延度。沥青的延度是采用延度仪来测定的。沥青的延度与沥青的流变特性、胶体结构和化学组分等有密切的关系。研究表明：沥青的复合流动系数 c 值的减小、胶体结构发育成熟度的提高、含蜡量的增加以及饱和蜡和芳香蜡比例的增大等，都会使沥青的延度值相对降低。

以上所论及的针入度、软化点和延度是评价黏稠石油沥青路用性能最常用的经验指标，通称之为"三大指标"。

4.2.2.2 脆性

沥青材料在低温时受到瞬间荷载的作用，通常表现为脆性破坏。沥青脆性的测定极为复杂，通常采用弗拉斯（A. Fraass）脆点作为条件脆性指标。

弗拉斯脆点的试验方法是将 0.4g 沥青试样涂在一个标准的金属薄片上，摊成薄层，再将其置于有冷却设备的脆点仪内（图4-9），摇动脆点仪的曲柄，使涂有沥青薄膜的金属片产生弯曲。随着冷却设备中制冷剂温度以 1℃/min 的速度降低，沥青薄膜的温度亦逐渐降低，当降至某一温度时，沥青薄膜在规定弯曲条件下产生渐裂，此温度即为沥青的脆点。

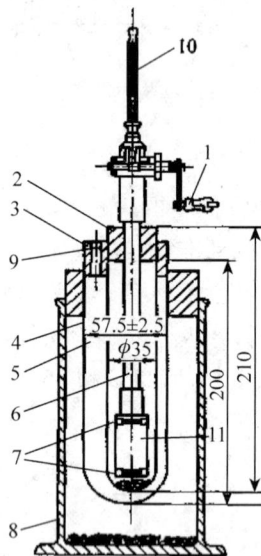

图4-9 沥青脆点仪

1-摇把；3-通冷却液管道；
4-试样管；5-真空玻璃管；
6-硬塑料管；7-夹钳；
8-外筒；10-温度计；
2、9-橡胶管

4.2.3 沥青的感温性

沥青的感温性（即温度敏感性）是指给定温度变化下，沥青的针入度或黏度的变化。它是决定沥青使用性质的重要指标。通常采用沥青黏度随温度而变化的特点（黏温关系）来评价沥青感温性。现在普遍采用的黏度温度表达方式有针入度指数 PI 和针入度—黏度数 PVN 等。

4.2.3.1 针入度指数法

针入度指数法是根据沥青在25℃时的针入度值和软化点来表达沥青感温性的一种方法，PI 值大表示沥青的感温性小。

沥青的针入度 P（以对数坐标表示 $\lg P$）和相应的温度 T（以普通坐标表示）在半对数坐标图上为一直线关系，并可用式(4-6)表示：

$$\lg P = AT + K \tag{4-6}$$

$$A = \frac{1}{T_1 - T_2} \lg \frac{P_2}{P_1} \tag{4-7}$$

式(4-6)中的系数 A 是直线的斜率,称为针入度温度感应性系数,可由针入度和软化点确定。A 可以用两个不同温度(T_1 和 T_2)时的针入度(P_1 和 P_2)和式(4-7)计算求得。

现在有些国家已在沥青标准中纳入了 PI 指标。例如,荷兰对针入度为 80~100 的沥青规定其 PI 应在 -1.2~$+1.0$ 之间;西班牙和瑞士等国的沥青标准中都规定 PI 应在 -1.0~$+1.0$ 范围内;前苏联国家标准 TOCT 22245—90 规定普通石油沥青的 PI 应在 -1.5~$+1.0$ 范围内,改性沥青的 PI 应在 -1.0~$+1.0$ 范围内。

4.2.3.2　针入度黏度数

麦克劳德建议以针入度—黏度数(PVN)来评价沥青的感温性。

①已知 25℃时针入度值 P 和 135℃运动黏度值 $v(\text{mm}^2/\text{s})$ 时,用式(4-8)计算 PVN:

$$\text{PVN} = \left(\frac{4.2580 - 0.7967\lg P - \lg v}{0.7951 - 0.1858\lg P}\right)(-0.15) \tag{4-8}$$

②已知 25℃时针入度值 P 和 60℃时绝对黏度值 $\eta(\text{Pa·s})$ 时,用式(4-9)计算 PVN:

$$\text{PVN} = \left(\frac{5.489 - 1.590\lg P - \lg v}{1.0500 - 0.2234\lg P}\right)(-1.5) \tag{4-9}$$

麦克劳德建议,沥青的 PVN 为 0~-0.5 时属低温度敏感性沥青,PVN 为 -0.5~-1.0 时属中等温度敏感性沥青,PVN 为 -1.0~-1.5 或更低时属高温度敏感性沥青。

4.2.4　耐久性

不同等级的沥青路面都有一定的使用寿命要求,沥青材料的耐久性是影响沥青路面适用寿命的重要因素。因此对沥青的耐久性也提出更高的要求。

4.2.4.1　影响耐久性的主要因素

沥青在路面施工时,需要在空气介质中进行加热。路面建成后会长期裸露在现代工业环境中,经受日照、降水、气温变化等自然因素的作用。因此,影响沥青耐久性的因素主要有大气(氧)、日照(光)、温度(热)、雨雪(水)、环境(氧化剂)以及交通强度(应力)等。

①热的影响　热能加速沥青分子的运动,除了引起沥青的蒸发外,还能促进沥青化学反应的加速,最终导致沥青技术性能的降低。尤其是在施工加热时,由于有空气中的氧参与共同作用,会使沥青性质产生严重的劣化。

②氧的影响　空气中的氧在加热的条件下,能促使沥青组分对其吸收,并产生脱氢作用,使沥青的组分发生转变(如芳香酚转变为胶质,胶质转变为沥青质)。

③光的影响　日光(特别是紫外线)对沥青照射后,能产生光化学反应,促使氧化速率加快,使沥青中羟基、羧基和碳氧基等基团增加。

④水的影响　水在与光、氧和热共同作用时,能起催化剂的作用。

综上所述,沥青在上述因素的综合作用下,发生"不可逆"的化学变化,导致路用性能的逐渐劣化,这种变化过程称为"老化"。

4.2.4.2 评价方法

(1)短期老化

对于由路面施工加热导致沥青性能变化的评价,我国标准规定:对中、轻交通量道路用石油沥青,应进行"蒸发损失试验";对重交通量道路用石油沥青应进行"薄膜加热试验";对液体沥青,则应进行"蒸馏试验"。

沥青蒸发损失试验:该试验方法是将50g沥青试样盛于直径为55mm、深为35mm的器皿中。在163℃的烘箱中加热5h,然后测定其质量损失(%)以及残留物的针入度占原试样针入度的百分率。由于沥青试样与空气接触面积太小,试样太厚,所以这种方法的试验效果较差。

沥青薄膜加热试验:该试验又称"薄膜烘箱试验",试验方法是将50g沥青试样盛于内径(140 ± 1)mm、深为9.5~10mm的铝皿中,使沥青成为厚约3mm的薄膜。将沥青薄膜在(163 ± 1)℃的标准烘箱中加热5h,如图4-10(a)所示,以加热前后的质量损失(%)、针入度比和25℃及15℃的延度值作为评价指标。

沥青在薄膜加热试验后的性质,相当于沥青在150℃拌和机中拌和1.0~1.5min后的性质。后来又发展了"旋转薄膜烘箱试验"(简称RTFOT),烘箱试样如图4-10(b)所示。这种试验方法的优点是试样在垂直方向旋转,沥青膜较薄;能连续鼓入热空气,以加速老化,使试验时间缩短为75min,并且试验结果精度较高。

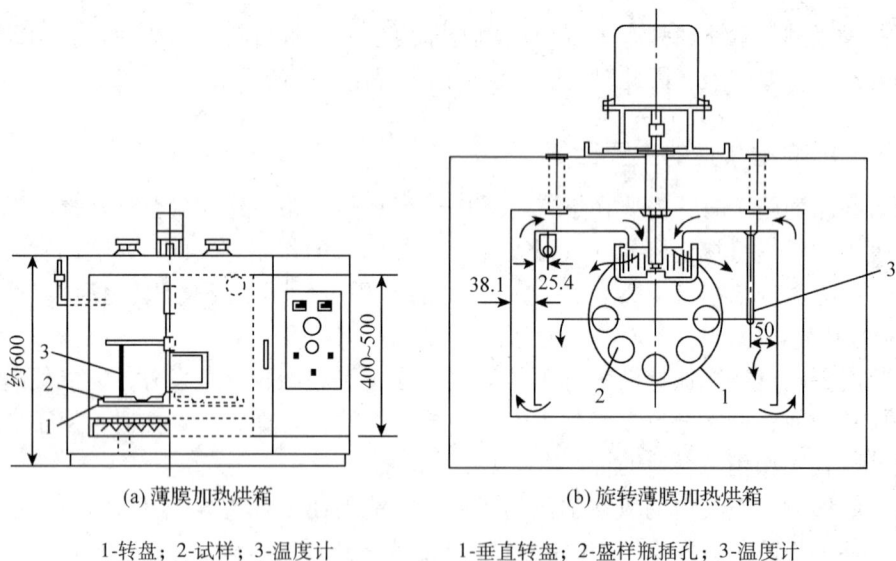

(a) 薄膜加热烘箱   (b) 旋转薄膜加热烘箱

1-转盘;2-试样;3-温度计   1-垂直转盘;2-盛样瓶插孔;3-温度计

图4-10 沥青薄膜加热烘箱(mm)

(2)长期老化

沥青加速老化试验法(PAV法)是用高温和压缩的空气对沥青进行加速老化(氧化)的试验方法,目的是模拟沥青在道路使用过程中发生的长期氧化老化。PAV方法的唯一目的是准备老化胶结料,用作进一步试验和Superpave胶结料试验评估。

PAV试验的设备系统由一个压力容器、压力控制设备、温度控制设备、压力与温度测量设备和温度与压力记录系统组成。图4-11是容器、盘和盘架的结构示意图和规

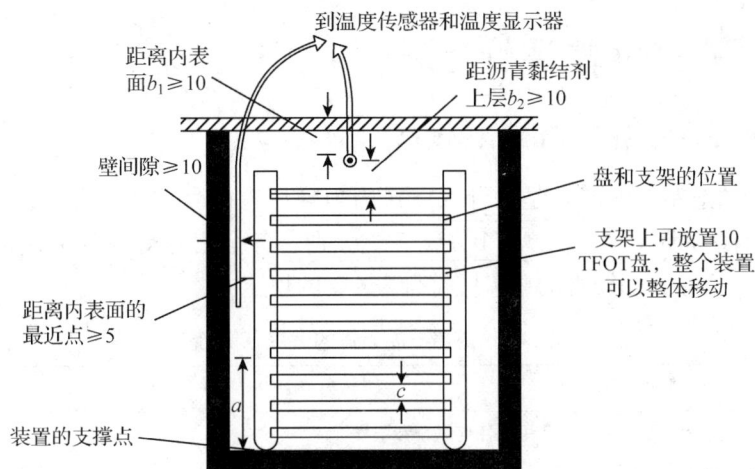

图4-11 PAV的样品盘和温度传感器位置示意图(单位:mm)

定尺寸。

将试样加热到易于浇注的程度,并且搅拌均匀、浇样,每个压力老化容器试样质量为50g,预热压力容器。将TFOT盘放在天平上,向盘中加入(50±0.5)g的沥青,摊铺成约3.2mm厚的沥青膜。将装有样品的盘放在盘架上,然后将装有试样的盘与盘架放入压力容器中,关闭容器。容器内部的温度和压力保持20h±10min。当老化结束时,用放空阀开始慢慢减少PAV的内部压力,对老化试样进行真空脱气。将盘和盘架从PAV中移出,将盘放入设定在163℃的烘箱中加热(15±1)min。将真空烘箱预热到(170±5)℃。从烘箱中移出盘,将含有单一样品的盘中热的残留物单独倒入一个尺寸合适的容器中,使残留物厚度为15~40mm。刮完最后一个盘后,在1min内将容器转移到170±5℃的真空烘箱中,保持10±1min。以加热前后的质量损失、针入度比和25℃及15℃的延度值作为评价指标。

4.2.5 安全性

沥青材料在使用时必须加热,当加热至一定温度时,沥青材料中挥发的油分蒸气与周围空气组成混合气体,此混合气体与火焰易发生闪火。若继续加热,油分蒸气的饱和度增加,由于此种蒸气与空气组成的混合气体遇火焰极易燃烧,而引起溶油车间发生火灾或使沥青烧坏。为此,必须测定沥青加热闪火和燃烧的温度,即所谓的闪点和燃点。

闪点和燃点是保证沥青加热质量和施工安全的一项重要指标。对黏稠石油沥青采用克利夫兰开口杯法(简称COC法)测定闪点及燃点;对液体石油沥青,采用泰格式开口杯(简称TOC法)测定闪点及燃点。测定闪点及燃点的试验方法是将沥青试样盛于标准杯中,按规定加热速度进行加热。当加热到某一温度时,点火器扫拂过沥青试样任何一部分表面,出现一瞬即灭的蓝色火焰状闪光时,此时的温度即为闪点。按规定加热速度继续加热,至点火器扫拂过沥青试样表面出现燃烧火焰,并持续5s以上,此时的温度即为燃点。

4.3 道路石油沥青评价方法

4.3.1 我国现行的沥青评价指标体系

我国现行的道路石油沥青是以针入度作为划分沥青标号的依据，再结合延度、软化点等其他指标将沥青划分为 A、B、C 三个级别，各个沥青等级的适用范围应符合表 4-2 的规定，道路石油沥青的质量应符合表 4-3 的规定。

表 4-2   道路石油沥青的适用范围

沥青等级	适用范围
A 级沥青	各个等级的公路，适用于任何场合和层次
B 级沥青 C 级沥青	高速公路、一级公路沥青下面层及以下的层次，二级及二级以下公路的各个层次 用作改性沥青、乳化沥青、改性乳化沥青、稀释沥青的基质沥青； 三级及三级以下公路的各个层次。

我国现有的沥青指标确定方法中，最重要的是针入度试验或黏度试验（图 4-12）。黏度指标能反映沥青流动状态时的基本性能，但仅能提供沥青在高温流动状态的特性，针入度仅描述沥青处于黏稠状态时的特性，因此，沥青的针入度或黏度并不能很好地描述沥青的优缺点。

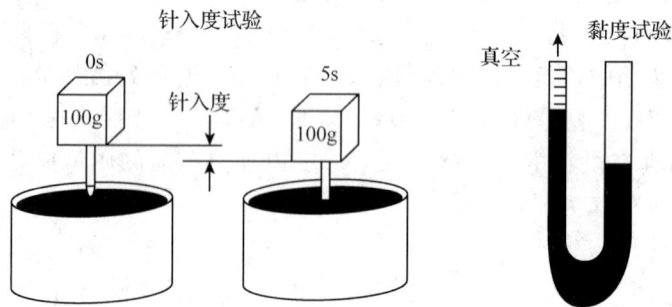

图 4-12   沥青的针入度和黏度试验示意图

4.3.2 SHRP 沥青胶结料评价方法

1987 年美国公路战略研究计划（SHRP）开始酝酿全新的沥青混合料设计系统。其最终的试验成果是一个全新的试验系统，称为 Superpave，即 Superior Performance Asphalt Pavement 的简称。Superpave 软件是帮助设计人员进行材料选择和混合料设计的工具，但 Superpave 的意义远不是其软件的内容，更重要的是它表示了一个在混合料组成设计和分析方面的改进系统，这种系统包括试验设备、试验仪器和试验标准。

4.3.2.1 试验方法

SHRP 的一个主要成就是提出了一套沥青胶结料试验规程，之所以称为沥青胶结料试验规程是因为它对改性沥青或一般沥青均适用。

表 4-3　道路石油沥青技术要求

指标	单位	等级	160号[4]	130号[4]	110号	90号	70号[3]	50号	30号	试验方法[1]
针入度(25℃,5s,100g)	dmm		140~200	120~140	100~120	80~100	60~80	40~60	20~40	T 0604
适用的气候分区[6]			注[4]	注[4]	2-1 2-2 3-2	1-1 1-2 1-3 2-2 2-3 1-4 2-3 2-4	1-3 2-2 2-3 1-4 2-3 2-4	1-4	注[4]	附录A[5]
针入度指数 PI[2]		A	-1.5~+1.0							T 0604
		B	-1.8~+1.0							
软化点(R&B) 不小于	℃	A	38	40	43	45 / 44	46 / 44 / 45	49	55	T 0606
		B	36	39	42	43 / 42	44 / 43	46	53	
		C	35	37	41	42	43	45	50	
60℃动力黏度[2] 不小于	Pa·s	A	—	60	120	160 / 140	180 / 160	200	260	T 0620
10℃延度[2] 不小于	cm	A	50	50	40	45 / 30	30 / 20	15	10	T 0605
		B	30	30	30	20 / 20	20 / 15	10	8	
15℃延度 不小于	cm	A,B	100							
		C	80	80	60	50	40	30	20	
蜡含量(蒸馏法) 不大于	%	A	2.2							T 0615
		B	3.0							
		C	4.5							
闪点 不小于	℃		230	230	230	245	260	260	260	T 0611
溶解度 不小于	%		99.5							T 0607
密度(15℃)	g/cm³		实测记录							T 0603
TFOT(或RTFOT)后[5]										T 0610 或 T 0609
质量变化 不大于	%		±0.8							
残留针入度比 不小于	%	A	48	54	55	57	61	63	65	T 0604
		B	45	50	52	54	58	60	62	
		C	40	45	48	50	54	58	60	
残留延度(10℃) 不小于	cm	A	12	12	10	8	6	4	—	T 0605
		B	10	10	8	6	4	2	—	
残留延度(15℃) 不小于	cm	C	40	35	30	20	15	10	—	T 0605

注:[1] 试验方法按照现行《公路工程沥青及沥青混合料试验规程》(JTJ 052)规定的方法执行。用于仲裁试验求取 PI 时的5个温度关系的针入度关系的相关系数不得小于 0.997。
[2] 经建设单位同意,表中 PI 值、60℃动力黏度、10℃延度可作为选择性指标,也可不作为施工质量检验指标。
[3] 70号沥青可根据需要要求供应商提供针入度范围为 60~70 或 70~80 的沥青,50号沥青可要求提供针入度范围为 40~50 或 50~60 的沥青。
[4] 30号沥青仅适用于沥青稳定基层。130号和160号沥青除寒冷地区可直接在中低级公路上直接应用外,通常用作乳化沥青、稀释沥青、改性沥青的基质沥青。
[5] 老化试验以 TFOT 为准,也可以 RTFOT 代替。

新的沥青胶结料试验规程是唯一的一个基于性能的胶结料试验规程。它对路面特定的环境和气候提出特定的胶结料标准，虽然其物理特性要求基本与原来的相同，但其试验温度随特定条件的改变而改变。例如在高温下，没有老化的沥青的劲度 $G^*/\sin\delta$ 至少应大于 1kPa，如果修建的公路在高温地区，其沥青胶结料在高温下必须达到以上标准。

胶结料的性能等级(PG)表示为 PG$X-Y$，第一个数 X 指高温等级，这表明其胶结料在 X℃时其性能必须满足使用要求，这表明胶结料将可以在这种高温的气候环境中工作。第二个数字 Y 指低温等级，这表明其胶结料在 Y℃时其性能也必须满足使用要求。其他需要考虑的因素是公路的设计年限、道路类型、荷载的大小等。由于沥青的一些物理特性是在老化后表现出来的，SHRP 评价沥青的另一个重要试验是进行老化试验，以模拟沥青路面的老化特性。

为了进行沥青材料的合理分级，必须进行沥青胶结料技术指标的测定，SHRP 经过大量研究，提出以下试验设备。

①老化试验仪　SHRP 采用旋转式薄膜烘箱(RTFOT)和压力老化容器(PAV)来评价沥青老化特性。旋转式薄膜烘箱试验模拟施工期的老化，压力老化容器试验模拟路面使用期的老化，如图 4-13 所示。

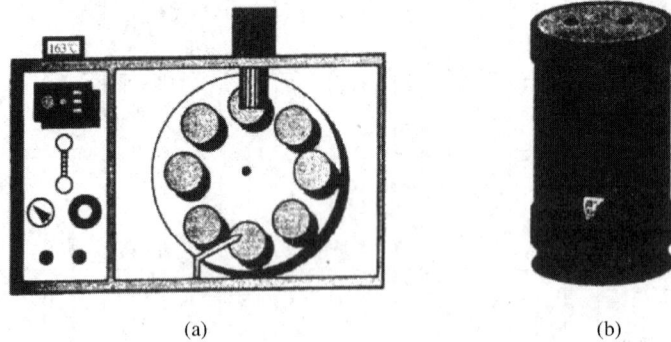

(a) (b)

图 4-13　旋转式薄膜烘箱

(a)旋转式薄膜烘箱　(b)压力老化容器

②动态剪切流变仪(DSR)　动态剪切流变仪用来检验沥青胶结料的黏弹性特性，它通过测定沥青的复数剪切模量 G^* 和转角 a 的关系来表明沥青的温度特性。

DSR 是测定在特定剪切应变或应力下试样的复数模量和相位角，图 4-14 所示为作

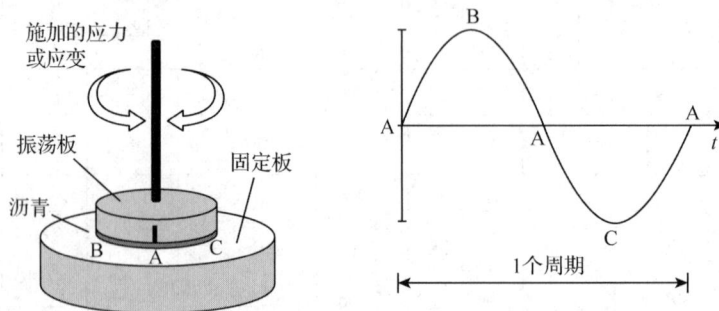

图 4-14　动态剪切流变仪

用在胶结料试样上的剪切应力是一个周期变化的力，这个时间间隔代表应力变化的间隔，相位滞后通常用角度表示，即用滞后时间和旋转频率的积来表示。对完全弹性材料，在施加的剪切应变

与剪切应变响应之间没有滞后，则相位角为零；对完全黏性的材料，应变响应与应力完全相反，其相位差为90°。对于沥青这种黏弹性材料，其相位差在0°~90°之间，具体值取决于试验温度，即在高温时相位差接近90°，在低温时其相位差接近0°，参见图4-15。

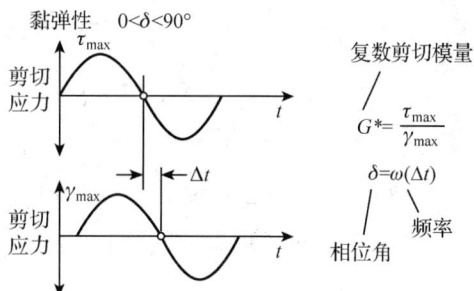

图4-15　G^* 和 δ 的计算

通过控制高温时的劲度，沥青胶结料标准能保证在高温时的剪切强度，同时，限定沥青胶结料低温时的劲度在中间状态就能保证沥青混合料疲劳性能。

③旋转式黏度计（RTV）　RTV 用来测定沥青在135℃时的劲度，此时沥青基本处于黏性状态。浸没在一恒定温度试样中的纺锤形轴以一定速度旋转，通过测定所需的扭矩来表示劲度（图4-16）。根据 SHRP 规范规定，135℃未老化沥青的黏度不得超过3Pa·s，用这种方法测定劲度是为了保证沥青在泵送和拌和时具有足够的流动性。

④弯曲梁流变仪（BBR）　BBR 用于测定低温时沥青的劲度，它主要测定沥青的蠕变劲度（S）和沥青劲度变化率（m）。通过测定沥青小梁试件在蠕变荷载作用下的劲度就可以确定沥青的性质。测定小梁的施加荷载和试验时小梁的弯曲变形，应用工程中梁的理论就可以计算小梁的劲度。胶结料规范规定了路面实际的气候条件下的蠕变劲度和 m 值。大的 m 值将促使沥青路面在温度发生变化时内应力能及时消散，从而减少路面的温度开裂，如图4-17所示。

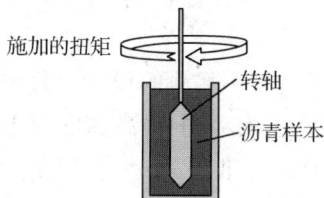

图4-16　旋转式黏度计

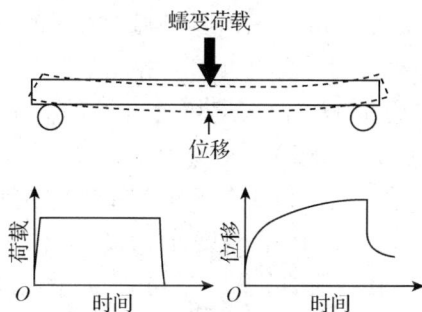

图4-17　弯曲梁流变试验

⑤直接拉伸试验仪（DTT）　对一些胶结料，尤其是聚合物改性沥青，其低温时的劲度比设计的要小，但其裂缝率仍然比较小，原因是低温时的沥青劲度变化率较大。因此，除了沥青在低温时较小的直接拉伸试验结果，沥青胶结料规范容许沥青可以具有较高的蠕变劲度。DTT 的试验结果是沥青的拉伸破坏应变，该应变是哑铃状试件在低温时拉伸至破坏时的应变量。同 BBR 的试验目的一样，DTT 试验也是为了保证沥青在低温下抵抗变形的能力达到最大，如图4-18所示。

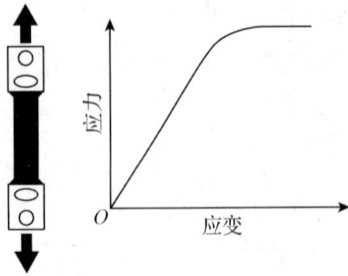

图 4-18 直接拉伸试验

4.3.2.2 性能等级

新的 SHRP 胶结料标准是唯一的一个基于道路所在地区气候特点的性能标准，其物理要求对各种胶结料是一个常数。沥青胶结料标准的特点是必须满足对应的温度要求，如胶结料规定为 PG64 - 22，意味着胶结料高温时的物理特性试验温度必须达到 64℃以上，低温下的物理特性试验温度必须小于 22℃。

表 4-4 给出了现有的胶结料等级，在该表中，PG76 和 PG82 仅适用于静载和重载情况。

Superpave 提供了三种选择胶结料等级的方法：①根据地理区域。根据要求，设计人员提供不同气候或政策要求的胶结料等级图；②根据路面温度。设计人员必须了解路面的设计温度；③根据气温。设计人员确定该地区的气温，然后转换为路面温度。

（1）Superpave 气候数据库

Superpave 软件提供美国和加拿大 6500 个观测站的温度数据库，设计人员可以根据所在地区的温度选择胶结料的等级。每个观测站根据观测结果，计算 7d 最高温度的区间及对应温度的平均值，通过对所有这些观测计算的平均值和标准差的计算分析，同样可以计算最低温度的平均值和标准差。

表 4-4 Superpave 胶结料等级

高温等级	低温等级
PG46 -	34, 40, 46
PG52 -	10, 16, 22, 28, 34, 40, 46
PG58 -	10, 22, 28, 34, 40
PG64 -	10, 16, 22, 28, 34, 40
PG70 -	10, 16, 22, 28, 34, 40
PG76 -	10, 16, 22, 28, 34
PG82 -	10, 16, 22, 28, 34

①可靠性 在 Superpave 设计系统中，可靠性指某一年的实际温度不超过设计温度的百分率，Superpave 设计系统提供不同的可以采用的高温和低温的可靠度水平。假定某地的平均最高气温为 36℃，标准差为 2℃，图 4-19 为温度的频率分布图，7d 的平均最高温度为 36℃，但温度超过 40℃的概率仅有 2%，即设计温度为 40℃的可靠度为98%（黄晓明，2002）。

②原始气温 为了弄清胶结料选择的具体方法，下面举某地的设计事例。图 4-20 为设计气温最高和最低温度分布曲线，对一般的夏天，平均 7d 的最高温度为 36℃，标准差 2℃，在一般的冬天，平均 7d 的最低温度为 23℃，标准差为 4℃。对某一非常冷的冬天，其最低温度为 - 31℃。因此如取温度区间 - 23 ~ 36℃，则可靠性只有 50%，如取温度区间 - 31 ~ 40℃就可大大提高可靠性。

③路面温度的转化 Superpave 提供了计算路面下 20mm 的最高温度和路表最低温度的计算办法。对路表磨耗层，假定可靠度为 50% 的某地区的路面温度为 56℃ 和 - 23℃，假定可靠度为 98% 的某地的路面温度为 60℃和 - 31℃，如图 4-21 所示。

在 Superpave 路面设计体系中，在路面下 20mm 的路面最高设计温度按式（4-10）计算：

$$T_{20mm} = (T_{air} - 0.00618L_{at}^2 + 0.2298L_{at} + 42.2) \times 0.9545 - 17.78 \qquad (4-10)$$

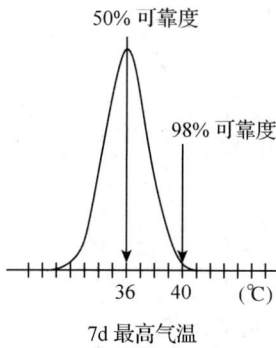

图 4-19 温度分布

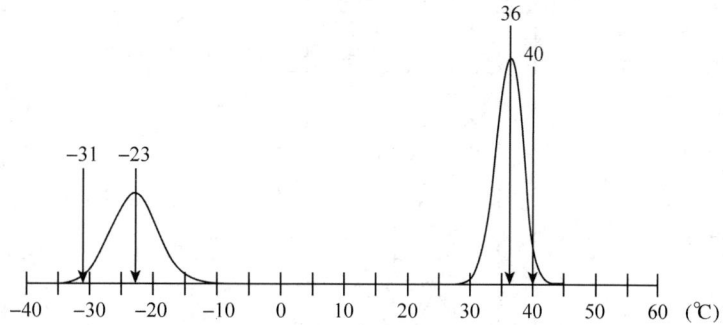

图 4-20 气温分布

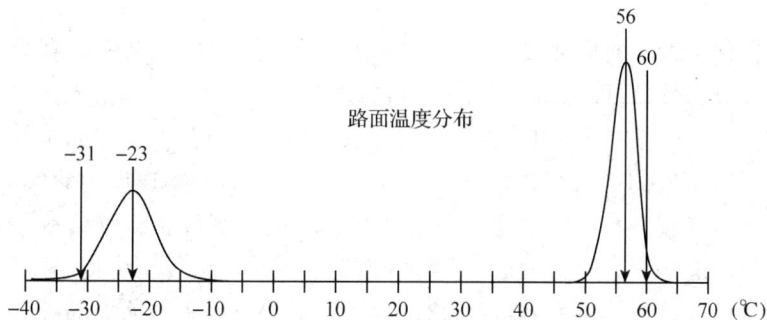

图 4-21 路面温度分布

式中，T_{20mm} 为路面下 20mm 的路面最高设计温度；T_{air} 为最高 7d 的温度的平均值；L_{at} 为工程所处的纬度。

有两种确定路面最低温度的方法：一种方法是简单地假定路面最低温度与最低气温相同，这种方法最初由 SHRP 研究人员提出的。这是一种很保守的假定，因为在冬天，路面的温度高于气温；另一种方法是用加拿大研究人员提出的式(4-11)计算：

$$T_{min} = 0.895T'_{air} + 1.7 \tag{4-11}$$

式中，T_{min} 为路表的最低设计温度；T'_{air} 为最低温度的平均值。

这样，该路面的最低温度为 $0.895 \times (-23) + 1.7 = -19℃$。

(2) 选择胶结料的等级

①胶结料等级的确定　由于可靠度至少必须达到 50%，该地的最高温度至少应该大于 PG58，实际上 PG58 这个等级的可靠度达到 85%，另一个稍低的等级为 PG52，其可靠度将小于 10%。低温等级应该为 PGXX - 28，对这种高温等级，其低温等级的可靠度将达到 90%。对 98% 的可靠度，其高温等级应该为 PG64，低温等级应该为 PGXX - 34。胶结料等级的确定如图 4-22 所示。

以上低温等级的确定方法假定最低气温与路面最低温度相同，利用以上介绍的方法，胶结料的等级对可靠度最低达 50% 时应该为 PG58 - 28，达到 98% 的可靠度时应该为 PG64 - 34。最低气温到路面温度的转化方法被认为是可行的。

设计人员计算温度频率分布时比较简单，因为 Superpave 已经提供设计计算软件。

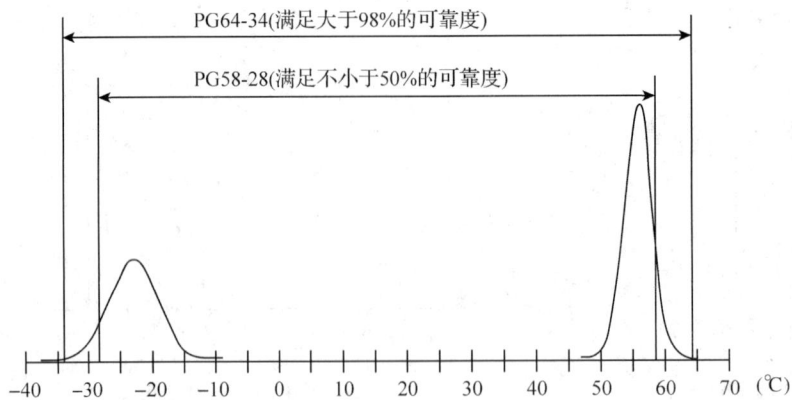

图 4-22 胶结料等级的确定

设计人员只要给定最小的可靠度水平，计算软件就可以给出胶结料的等级，而给定胶结料等级，计算软件就可以计算出相应的可靠度。

②荷载等级对胶结料选择的影响 SHRP 胶结料选择方法假定路面承受快速移动荷载，动态剪切流变仪的荷载变化速率是 10r/min，对应的汽车速度为 90km/h，小的旋转速度对交叉口和收费站比较合适，其他一些场合的荷载静止，胶结料必须具有高的劲度以抵抗材料的蠕变。为了满足以上特殊情况，胶结料必须至少提高一到一个等级。如果基于温度的胶结料等级为 PG64 – 22，为了减少低速荷载对路面的破坏，设计的胶结料等级应该为 PG70 – 22，对静止荷载，设计的胶结料等级应该为 PG76 – 22，荷载速率对低温等级没有影响。76℃和82℃的路面温度等级不对应于北美的气候特征，规定76℃和82℃的路面温度等级主要为了在路面温度高于64℃时胶结料具有较高的劲度。对低速荷载，由于北美路面的最高温度约70℃，必须附加 PG76 和 PG82 两个等级。

③交通等级对胶结料选择的影响 Superpave 的胶结料等级必须考虑交通等级，当设计的交通等级超过 10^7 的当量单轮荷载时，设计人员必须将胶结料等级提高一个等级。同荷载等级一样，交通等级对低温等级没有影响。对某地区选择的温度等级为 PG58 – 28，当承受很高的交通等级时，温度等级应该为 PG64 – 28。

另外，施工安全性及可操作性采用原样沥青的闪点及 135℃黏度（开始曾经是165℃黏度）予以反映，要求闪点大于230℃，135℃黏度不超过3Pa·s。对通常使用的非改性沥青来说，135℃黏度一般不超过1Pa·s，因此，高温黏度指标极限值主要是针对改性沥青的。

4.4 改性沥青

现代高等级沥青的交通特点是交通密度大、轴载重，荷载作用间歇时间短，以及严重的交通渠化现象。这些特点造成沥青路面产生严重的车辙和裂缝等病害。为解决高等级路面的车辙和裂缝，对高等级沥青路面使用的沥青，提出了更高要求，即必须在高温和低温下都具有良好的性能，而这两种互相矛盾的性能是现有沥青生产工艺难以达到的。因此要求对现有普通沥青的性能进行改善，即生产改性沥青。

4.4.1 改性剂及其分类

4.4.1.1 概述

JTG F40—2004《公路沥青路面施工技术规范》中将改性沥青定义为"掺加橡胶、树脂、高分子聚合物、天然沥青、磨细的橡胶粉或者其他材料等外掺剂(改性剂)，使沥青或沥青混合料的性能得以改善而制成的沥青结合料"。国际上并没有统一的改性沥青分类标准。目前按改性剂品种分为四类：

①无机填料类　代表性品种有炭黑、玻璃纤维、木质素纤维等。

②橡胶类　代表性品种有苯橡胶(SBR)及其乳液。

③树脂类　包括热塑性树脂与热固性树脂，前者有聚乙烯(PE)、乙烯—醋酸—乙烯共聚物(EVA)、聚乙氯烯(PVC)、低密度聚乙烯(LDPE)、聚烯烃等；后者有环氧树脂(EP)。

④热塑性弹性体类　代表性品种有苯乙烯—丁二烯—苯乙烯嵌段共聚物(SBS)、苯乙烯—异二烯—苯乙烯嵌段共聚物(SIS)。

早期主要用炭黑、玻璃纤维、木质素纤维等无机材料作为填料，用于改善沥青材料的性质，这类材料能够改善沥青路面的抗永久变形能力，但无法改善其低温抗裂性能和疲劳性能，因此橡胶类、热塑性树脂类及热塑性弹性体类等聚合物改性沥青迅速发展起来。改性沥青的分类如图4-23所示。

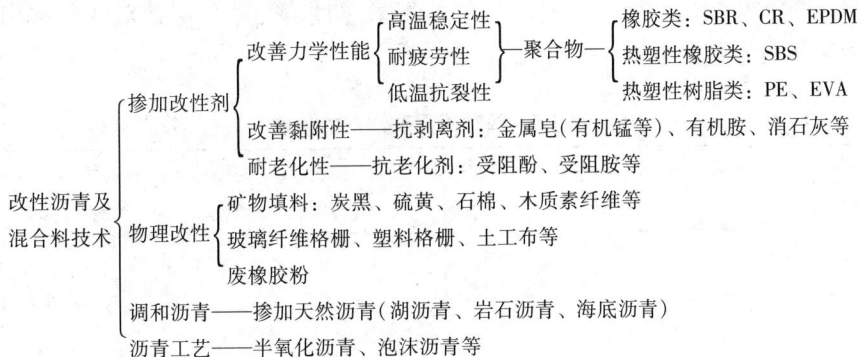

图4-23　改性沥青及改性沥青混合料类型

4.4.1.2 聚合物改性剂

聚合物是由很多小分子(单聚体)通过化学反应形成的大链状或簇状分子，一般相对分子量可达几万甚至几百万。聚合物的物理性质是由组成该聚合物的单聚物的排列顺序和化学结构决定的。通常弹性体聚合物被用于修建更有弹性、柔韧的路面，而塑性体聚合物会增加高聚物稳定性，使沥青混合料劲度模量更大。

SBR、PE、EVA、SBS能够改变基质沥青的高温稳定性或低温抗裂性，已成为我国目前乃至今后相当长一段时间内使用的主要聚合物改性剂，因此将其分为SBS(属热塑性弹性体类)、SBR(属橡胶类)、EVA及PE(热塑性树脂类)三类。其他未列入的改性剂，可以根据其性质，参照相应的类别执行。聚合物改性沥青也相应分为Ⅰ类、Ⅱ类、Ⅲ类。

①Ⅰ类 SBS类热塑性弹性体聚合物改性沥青，其中Ⅰ-A型及Ⅰ-B型适用于寒冷地区，Ⅰ-C型适用于较热地区，Ⅰ-D型适用于炎热地区及重交通量路段；SBS由苯乙烯和丁二烯组成，互不相容和保持分离，成为聚丁二烯三维似橡胶网络的物理交叉连接点。苯乙烯段有强度，丁二烯段有弹性。

②Ⅱ类 SBR橡胶类聚合物改性沥青，其中Ⅱ-A型用于寒冷地区，Ⅱ-B和Ⅱ-C适用于较热地区。早期曾用废旧轮胎和天然橡胶（NR）等作为改性剂，后来发现用丁苯橡胶等生产的改性沥青性能更加优良，促使改性沥青进入一个新的发展阶段，其中使用最多的是丁苯橡胶和氯丁橡胶（CR）。

③Ⅲ类 热塑性树脂类改性沥青，乙烯醋酸—乙烯酯改性沥青、聚乙烯改性沥青适用于较热和炎热地区。要求其软化点比最高月使用温度的最大日空气温度高20℃。

4.4.2 改性剂与沥青的相容性及改性机理

4.4.2.1 各类改性剂对沥青性质的最终影响

各类改性剂对沥青性质的最终影响是不同的，例如天然橡胶增加混合料的黏结力，有较低的低温敏感性，与集料有较好的黏附性；氯丁胶乳和丁苯胶乳SBR将可增加弹性、黏结力，降低感温性；嵌段共聚物SBS则还可以改善柔性，增强抵抗永久变形的能力并减小温度敏感性；再生橡胶粉将增加柔性、黏附性，提高抗滑、低抗疲劳和阻碍发生裂缝的能力。塑料包括PE、聚丙烯、EVA、乙丙橡胶等将增加稳定性和劲度模量，提高抵抗永久变形的能力，有较低的低温敏感性。壳牌公司曾对四种常用改性剂的改性效果进行对比，见表4-5所列。

表4-5 四种不同改性剂的功效

改性剂品种	抗车辙变形	抗温缩裂缝	抗温度疲劳裂缝	抗荷载疲劳裂缝	裂缝自愈合性	抗磨耗性能	抗老化性能
SBS	+	+	+	+	+	+	+
SIS	+	+	+	+	+	+	+
EVA	+	–	–	+	?	+	0
PE	+	–	–	–	–	–	0

注：表中"+"表示提高；"–"表示降低；"0表示没有影响；"?"表示尚不清楚。

根据改性的目的和要求选择改性剂时，可作如下选择：

①为提高抗永久变形能力，宜使用热塑性橡胶类、热塑性树脂类改性剂。

②为提高抗低温开裂能力，宜使用热塑性橡胶类、橡胶类改性剂。

③为提高抗疲劳开裂能力，宜使用热塑性橡胶类、橡胶类、热塑性树脂类改性剂。

④为提高抗水损害能力，宜使用各类抗剥落剂等外掺剂。

4.4.2.2 相容性定义

所谓相容性，在热力学上的含义是指两种或两种以上物质按任意比例形成均相体系（或物质）的能力。实际上能完全互溶的物质几乎是不存在的，因此道路工程上，相容性是指"聚合物改性剂以微细的颗粒与基质沥青发生反应或均匀、稳定地分散在基质沥青中，而不发生分层、凝聚或离析等现象"。改性剂与基质沥青的相容性主要取决于两者之间的界面作用、基质沥青的组分以及集合物的极性、颗粒大小、分子结构等因素。一般聚合物的极性越强，分子结构与沥青越接近，则它与基质沥青的相容性越好，相应地改性效果也较好。国内的研究还表明聚烯烃类改性剂与高饱和酚的沥青相容性较好，而 SBR、SBS 等则与高芳香酚的基质沥青相容性较好。大量研究认为聚合物在沥青—聚合物体系中的理想状态是细分布而不是完全互溶。沥青与聚合物之间的相容性取决于沥青及聚合物性质，并不是某种改性剂对任何沥青都具有改性作用，同样也不是任何沥青都适于改性，这就是相容性问题(或称配伍性)。

4.4.2.3　改性沥青相容性与溶解度参数的关系

严格来讲，改性剂与基质沥青的相容性与改性剂在沥青中的分散程度无关，利用高速剪切机或胶体磨增加改性剂的分散度，只能从工艺角度改善相容性，而不能解决起主导作用的热力学相容性问题。国内学者认为，混合体系呈单相或多相状态的推动力源于热力学上的相容性，每一种聚合物在另一种聚合物中都有一定的溶解性，在大多数情况下，溶解度的数值是微小的。热力学上的相容性是指两种或两种以上的物质按任意比例都能形成均质体系的能力，这种相容性可以用溶解度参数来判断。溶解度参数是表征简单液体相互作用强度特征的有效数值，其有效性可以推广到聚合物体系。由热力学理论可知，两种状态不同的物质，在混合过程中，体系自由能的变化 ΔG 遵循 Gibbs 公式：

$$\Delta G = \Delta H - T \cdot \Delta S$$

式中，ΔH、ΔS 分别为混合过程中的焓变、熵变，kJ/mol；T 为温度，℃。

混合体系稳定的条件是 $\Delta G = 0$。由 Scatchard-Hildebrand 理论出发，可以得到以下关系式：

$$\Delta G = \sum \left[X_i V_i \left(\delta_i - \delta \right)^2 \right] \tag{4-12}$$

$$\delta = \sum \left(X_i V_i \delta_i \right) / \sum \left(X_i V_i \right) \tag{4-13}$$

式中，X_i、V_i 分别为组分 i 的质量分数、体积分数；δ 为混合物的溶解度参数；δ_i 为组分 i 的溶解度参数。

溶解度参数是温度的函数，但是$(\delta_i - \delta)$值与温度关系很小。从式(4-12)可以看出，物质的极性越接近，两物质的溶解度参数差越小，ΔG 值越接近 0，则越容易互溶。所以，改性剂与沥青的溶解度参数可作为评价改性沥青相容性的指标。高分子聚合物的混合溶解度参数 δ 可按下式计算

$$\delta = \sum F \cdot \rho_i / M_i \tag{4-14}$$

式中，F 为化学分子团的引力系数；ρ_i 为聚合物 i 的密度，g/cm³；M_i 为聚合物 i 的分子量。

当然，影响改性沥青储存稳定性的因素很多，其中包括基质沥青中沥青质百分含量、沥青的芳香度、改性剂剂量、聚合物分子量及结构、储存温度等。

4.4.2.4　聚合物改性沥青对相容性的要求

在进行改性沥青设计时，改性体系首先要满足相容性要求。一种聚合物能否作为

改性剂，主要看它是否具备以下几个条件：①与沥青相容；②在沥青的混合温度下能够抵抗分解；③易加工与批量生产；④在使用过程中能够始终保持原有的优良性能；⑤经济上合理，不会显著增加工程造价。

其中相容性是沥青改性的首要条件，是影响改性沥青性能的主要因素。改性的效果在很大程度上取决于聚合物的浓度、分子重量、化学成分、分子排列、炼制沥青的原油品种、加工过程以及所采用的基质沥青，因此首先要看相容性及其影响因素。

沥青和聚合物的相容性质是决定聚合物改性沥青性能的关键因素，当一种聚合物加入到两种不同的沥青时，产品的物理性能可能会截然不同，聚合物在沥青中呈连续网状结构时，其改性效果最明显。要达到这种效果，需要聚合物和沥青的化学性质相容。

4.4.2.5 选择沥青的原则

沥青的原油基属、组分构成以及沥青标号对相容性和改性效果均有很大的影响，其中沥青组分构成对相容性的影响最为显著。研究认为，沥青中芳香油酚在聚合物剂量很小的情况下可以溶解聚合物，而饱和油酚对改性效果起很大的作用，沥青质含量较大的沥青与聚合物的相容性很差。壳牌公司提出，当沥青的组分比例在如下范围时，它与聚合物的相容性好：①饱和油酚：8%～12%；②芳香油酚及树脂：85%～89%；③沥青质：1%～5%。

总体上沥青标号不仅影响到沥青与聚合物的相容性，而且影响到改性性质，所以在选择沥青时应以相容性作为首要条件。一般随着针入度的减小，相容性降低，形成网状结构所需聚合物增加，温度敏感性也会提高，所以改性沥青宜采用高标号沥青。这样高分子聚合物可改善沥青的高温抗变形能力，同时低黏度沥青的低温柔性也较好，从而达到高、低温性能同时改善的效果。但沥青标号也不宜太大，标号的选择要结合沥青路面使用温度的范围而定。

4.4.3 改性沥青的生产和技术标准

我国现有的改性剂中只有少量可以用于直接投入法，生产改性沥青（如 SBR 胶乳），大部分改性剂与道路沥青的相容性很不好，所以必须采取特殊的加工方式，才能将改性剂完全分散在沥青中。我国长期以来对改性沥青的研究和推广进展缓慢，主要是因为在改性沥青设备上陷入了误区，对 PE、SBS 等仅仅采用常规的机械搅拌方式，以致加工效果不明显，严重影响了改性沥青的发展。所以改性沥青生产设备成了发展改性沥青的关键。

4.4.3.1 改性沥青生产方法

改性沥青的加工制作及使用方式如图 4-24 所示。实际上，直接投入法是制作改性沥青混合料的工艺，只有预混法才是名副其实的制作改性沥青，不过现在统称为改性沥青。下面介绍有代表性的两种改性沥青生产工艺。

改性沥青 {
　直接投入法：SBR 乳胶、纤维、磨细橡胶粉(干法等)
　预混法 {
　　母体法：先加工成聚合物高剂量母体，再在现场调稀使用
　　改性沥青 {
　　　简单搅拌法：EVA、PAO 及橡胶粉(湿法)、SBR 乳胶(脱水均混)、有机锰等抗剥落与天然沥青混合
　　　高速剪切法 { SBS、SIS
　　　胶体磨 { PE、EVA、APP
　　}
　工厂制作的改性沥青产品：SBS、EVA 等
}

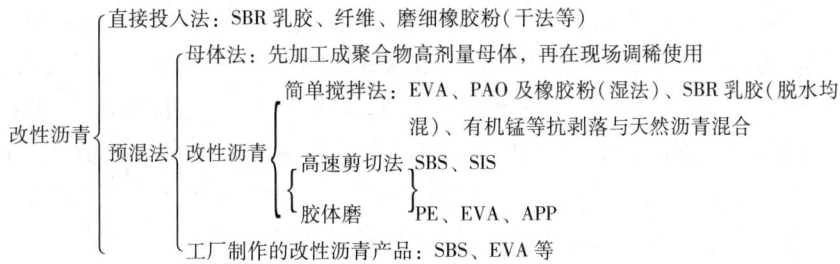

图 4-24　改性沥青生产工艺

(1) 母体法

母体法的原理是先采用一种适当的方法制备加工成高剂量聚合物改性沥青母体，再在现场将改性沥青母体与基质沥青掺配，调制成要求剂量的改性沥青，所以又称为二次掺配法。母体法可以采用溶剂法和混炼法制备改性沥青母体。对与沥青相容性不好的 SBR、SBS、PE 等聚合物改性剂，都可以采用高速剪切等工艺生产高浓度的改性沥青母体。为了避免改性剂发生离析，影响改性效果，在二次掺配时还必须进行强力搅拌，使改性剂分散均匀。

我国曾经用母体法生产 SBR 橡胶沥青，其中能形成规模生产、工艺较为成熟的主要是交通部重庆公路科学研究所发明的"溶剂法"橡胶沥青生产工艺。该工艺分如下两步。

第一步：先将固体丁苯橡胶切成薄片，用溶剂使丁苯橡胶溶解(溶胀)变成微粒，液态与熟沥青共混，再回收溶剂，制成高浓度 SBR 改性沥青母体，以商品形式销售。成品 SBR 改性沥青母体固体成分含量一般为 20%。由于生产过程中的溶剂难以完全回收，母体中一般残留有 5% 以下的溶剂。

第二步：在工程上使用时，用户将此固体形态的母体用人工方式切碎，按要求比例投入热态的沥青中，采用搅拌机或循环泵搅拌，直至混合均匀(一般需 1 ~ 2h)。制成要求比例的改性沥青，再投入沥青混合料在锅中拌和即可。现在已经有了热法切割改性沥青母体的专用配套设备，切碎的程度越小越好，一般小于 1kg，均混的温度宜保持在 120 ~ 150℃ 范围内，并保持温度稳定。

母体法加工后需要采取防离析措施，否则在使用过程中照样要离析。采用溶剂法生产成母体，成本较高，母体再熔化加工也比较困难，因此使用受到限制。

(2) 胶体磨式与高速剪切式

目前我国主要采用一种制作法生产改性沥青，即采用专用的改性沥青制造设备在现场加工制造改性沥青，然后直接送入拌和机使用。由于它生产成本较低，改性剂分散后不等离析或凝聚，就与混合料拌和，所以改性效果较好，值得推广。所加工的改性沥青也可供应一定范围内的沥青混合料拌和厂，由沥青车调运使用，只需在现场设置可投拌的储存罐即可。

现场使用的改性沥青设备有胶体磨式与高速剪切式两大类，这两类设备都是国外常用的专用改性沥青制作设备。采用胶体磨法和高速剪切法加工改性沥青，一般都需要经过改性剂融胀、分散磨细、继续发育三个阶段。每一阶段的工艺流程和时间随改

性剂及加工设备的不同而不同，而加工温度是关键。改性剂经过融胀阶段(SBS 充油将使融胀变得很容易)后，磨细分散才做到又快又好，加工出来的改性沥青还需进入储存罐中不停地搅拌，使之继续发育(对 SBS 一般需 30min 以上)，才能喷入拌和锅中使用。

制造改性沥青的关键在于将改性剂磨细，并使其均匀地分散于沥青胶体中。沥青改性设备一般包括 7 个子系统：沥青外掺剂供给系统、炼磨搅拌系统、加热保温系统、控制系统、称量称重系统、液压站及成品储存罐。胶体磨是整个改性设备的核心，它应在高温、高压环境下长时间高速旋转，同时还应能控制物料的均混粒度以及胶溶效果。我国都已经有胶体磨式、高速剪切式等专用设备相关产品。

对目前工程上使用较多的 SBS、SIS 等热塑性橡胶类和 EVA、PE 热塑性树脂类改性剂，由于它与沥青相容性较差，仅仅采用简单的机械搅拌势必需要太长的时间，且效果不好。对这些改性剂，必须采用胶体磨设备或高速剪切设备等，通过研磨和剪切力强制将改性剂打碎，使改性剂充分分散到基质沥青中。例如在热沥青中加入 SBS 后，SBS 在受到剪切粉碎的同时，聚合物中的聚苯乙烯块吸收了沥青中的部分芳香酚及轻胶质而使体积较原来膨胀了 9 倍，当混合物冷却到 100℃以下时，聚苯乙烯块黏结而强化了结构，聚丁二烯则可提供弹性。

4.4.3.2 改性沥青的技术标准

各国改性沥青的技术标准都有一些共同的特点，应根据聚合物类型、不同的气候条件选择合适的改性沥青的种类。我国现行的 JTG F40—2004 规定了聚合物改性沥青技术要求，见表 4-6 所列。它是在我国改性沥青实践经验和试验研究的基础上提出的，制定时主要是参考了 ASTM 标准，既吸取了国外标准的长处，又采用了我国经过努力可以实现的指标和试验方法。

(1)关于改性沥青性能的评价指标

对每一类改性沥青的路用性能，采用不同的评价指标，这是目前国际上流行的做法，但要针对改性沥青的特点，选择代表性的试验指标作为重点评价指标。同一类分级中的 A、B、C、D 主要是基质沥青标号及改性剂剂量的不同，从 A 到 D，沥青的针入度变小，沥青越硬，高温性能越好，相反低温性能降低。

SBS 类改性沥青的高温、低温性能都好，具有良好的弹性恢复性能，所以采用软化点、5℃低温延度、回弹率作为主要指标。由于试验后的性能降低很少，甚至比老化前还要好一些，再加上试验要求的样品数量较多，所以没有列入旋转薄膜加热试验(RTFOT)后的弹性恢复。SBS 类改性沥青适于在各种气候条件下使用，应根据所在地区高、低温情况及主要目的选择相适宜的标号。

SBR 改性沥青最大特点是低温性能得到改善，所以以 5℃低温延度作为主要指标，考虑到 SBR 改性沥青在老化试验后延度严重降低的实际情况，故还列入了 RTFOT 后的低温延度。另外黏韧性试验对评价 SBR 改性沥青特别有价值，软化点试验作为施工控制较为简单，也列入标准中。SBR 类改性沥青，主要适宜在寒冷气候条件下使用，使用者应该根据所在地区的低温情况及主要目的选择相适宜的标号。

表4-6　我国聚合物改性沥青技术标准

指　标	单位	SBS类（Ⅰ类）				SBR类（Ⅱ类）			EVA、PE类（Ⅲ类）			
		Ⅰ-A	Ⅰ-B	Ⅰ-C	Ⅰ-D	Ⅱ-A	Ⅱ-B	Ⅱ-C	Ⅲ-A	Ⅲ-B	Ⅲ-C	Ⅲ-D
25℃针入度	0.1mm	>100	80~100	60~80	30~60	>100	80~100	60~80	>80	60~80	40~60	30~40
针入度指数 PI，≥		-1.2	-0.8	-0.4	0	-1.0	-0.8	-0.6	-1.0	-0.8	-0.6	-0.4
5℃延度，≥	cm	50	40	30	20	60	50	40			—	
软化点 $T_{R\&B}$，≥	℃	45	50	55	60	45	48	50	48	52	56	60
135℃运动黏度，≤	Pa·s						3					
闪点，≥	℃						230					
溶解度，≥	%				99						—	
25℃弹性恢复，≥	%	55	60	65	75		—				—	
黏韧性，≥	N·m		—				5				—	
韧性，≥	N·m						2.5					
贮存稳定性 离析度（48h），≤	℃		2.5				—			无改性剂明显析出、凝聚		
TFOT（或RTFOT）后残留物 质量变化，≤	%						1.0					
针入度比25℃，≥	%	50	55	60	65	50	55	60	50	55	58	60
延度5℃，≥	cm	30	25	20	15	30	20	10			—	

注：①试验方法按照现行JTJ 052—2000《公路工程沥青及沥青混合料试验规程》规定的方法执行。

②若在不改变改性沥青物理力学性质并符合安全条件的温度下易于泵送和拌和，或经证明适当提高泵送和拌和温度时能保证改性沥青的质量，容易施工，可不要求测定135℃运动黏度。

③贮存稳定性指标适用于工厂生产需经贮存的成品改性沥青，现场制作或工厂生产不经贮存就使用的改性沥青可不作要求，但必须在制作后保持不间断的搅拌或泵送循环，保证使用时没有明显的离析。

④对采用几种不同类型改性剂制备的复合改性沥青，根据不同改性剂的类型和剂量比例，按照工程上改性的目的和要求，参照表中指标综合确定应该达到的技术要求。

⑤直接加入混合料中使用的高分子乳胶类改性剂，可将改性剂与基质沥青混融检验改性沥青的质量。

⑥确实有困难，SBR改性沥青的黏韧性和韧性指标可以不要求。

⑦老化试验以TFOT为准，也可以RTFOT代替。

　　EVA及PE类改性沥青的最大特点是高温性能明显改善，故以软化点作为主要指标。在5℃试验温度条件下，延度一般要降低，不足以评定低温抗裂性能，故不列入。由于PE不溶于三氯乙烯，对此类改性沥青，溶解度也不要求。EVA及PE类改性沥青，主要适合在炎热气候条件下使用，使用者应该根据所在地区的高温情况及主要目的选择相适宜的标号。

我国一般采用现场生产和使用改性沥青，使用前必须一直保持搅拌状态，一旦停止搅拌，改性沥青就不可避免地会产生离析。所以标准要求对工厂生产的改性沥青产品进行离析试验。对针入度、软化点、延度试验来说，没有办法保持搅拌状态，试样冷却过程中必然会离析，这是一个很大的缺陷，说明它并不能完全反映实际情况。

（2）关于老化试验的标准试验方法

我国普通沥青的老化试验通常采用薄膜加热试验（TFOT），但对改性沥青来说，最好采用RTFOT。如果采用TFOT，某些改性沥青的试样离析会在表面发生"结皮"（Skinning），从而使老化条件降低，妨碍老化的进行。如果采用RTFOT，试验过程中始终保持旋转和搅拌的状态，比较接近老化的实际情况，故技术上对所有改性沥青都要求在人工老化试验后仍保留有较小的黏度指标的变化率（残留针入度）和延度、弹性恢复等其他参数。有时用RTFOT试验的改性沥青会从玻璃瓶中流出来，使测定质量损失，这时也可采用TFOT。RTFOT（或TFOT）并不是最理想的仿真老化方法，还不能全面反映路面使用期沥青老化问题，但其他更好的方法（如压力老化试验PAV）在我国还未具备普遍采用的条件。

（3）关于黏度指标

改性沥青的60℃黏度是一个非常重要的指标，它特别能说明改性沥青在高温稳定方面的改善效果。但是，随着改性剂剂量的增加，黏度增高很大，测定方法上也有困难。尽管SHRP主张采用工程上常用的布洛克菲尔德（Brookfield）型旋转黏度计进行测定，但作为标准试验方法，ASTM规定仍然采用毛细管黏度计。但由于黏度大，毛细管的型号要求有所不同（常用400号），再加上我国尚缺乏这方面的数据，标准要求值的提出有一定的困难，所以在我国的标准中，暂时作为一个要求指标列入，仅在注中说明。

改性沥青施工一般无需特殊的要求，然而因为许多改性沥青在高温时有较高的黏度，故在国外的改性沥青标准中，通常都对改性沥青设置高温黏度的界限，且这个界限一般是根据材料的泵送性能规定的。例如在美国AASHTO的标准中，为使目前常规使用的泵能有效地操作，要求135℃黏度不超过$2000mm^2/s$。美国SHRP规范用Brookfield型旋转黏度计测定，要求不超过3Pa·s，作为标准列入，但如果施工没有困难，可以不测定。此要求实际上是对改性沥青混合料工作性的要求。

4.5 沥青材料的流变学性质

沥青是一种具有流变特征的典型材料，所以经常采用流变学的方法来研究沥青的性质。

4.5.1 表征沥青材料流变性质的常用模型

流变模型可以用基本单元通过各种串联和并联的方式得到。基本单元为虎克弹性元件、牛顿黏性元件、圣·维南塑性元件，它们的模型与流变方程以及常用流变模型中的Maxwell模型和Kelvin模型在相关文献中都有介绍（谭亿秋，2007）。以下再介绍3

个常用模型。

(1) Jeffreys 模型

该模型为 Maxwell 模型与牛顿黏性元件(黏壶)的并联(图4-25)。假定 ε 为第二号黏壶的应变(与模型的总应变相同),ε_e 为弹簧的应变,ε_1 为第一号黏壶的应变,因为:

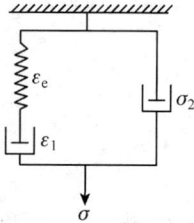

图 4-25　Jeffreys 模型　　　　图 4-26　Burgers 模型

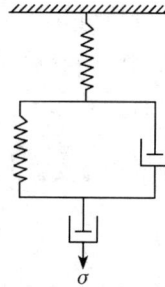

$$\sigma_2 = \eta_2 \dot{\varepsilon} \quad \sigma_1 = E\varepsilon_e = \eta_1 \dot{\varepsilon}_1$$
$$\sigma = \sigma_1 + \sigma_2 \quad \varepsilon = \varepsilon_e + \varepsilon_1$$

所以

$$\sigma = \sigma_1 + \sigma_2 = \eta_1 \dot{\varepsilon}_1 + \eta_2 \dot{\varepsilon} \tag{4-15}$$

则

$$\eta_1 \dot{\varepsilon}_1 = \sigma - \eta_2 \dot{\varepsilon} \tag{4-15'}$$

同理

$$\sigma = \sigma_1 + \sigma_2 = E\dot{\varepsilon}_1 + \eta_2 \dot{\varepsilon} \tag{4-16}$$

$$\eta_2 \dot{\varepsilon} + E(\varepsilon - \varepsilon_1) = \sigma \tag{4-16'}$$

对式(4-16')两边求导得

$$\eta_2 \ddot{\varepsilon} + E(\dot{\varepsilon} - \dot{\varepsilon}_1) = \dot{\sigma} \tag{4-17}$$

将 ε_1 代入(4-17)得

$$\eta_2 \ddot{\varepsilon} + E\left(\dot{\varepsilon} - \frac{\sigma - \eta_2 \ddot{\varepsilon}}{\eta_1}\right) = \dot{\sigma} \tag{4-18}$$

则广义本构方程为

$$\sigma + \frac{\eta_1}{E}\dot{\sigma} = (\eta_1 + \eta_2)\dot{\varepsilon} + \frac{\eta_1 \eta_2}{E}\ddot{\varepsilon} \tag{4-19}$$

(2) Van de Poel 模型

该模型为 Kelvin 模型与弹性元件(弹簧)的串联,其广义本构方程为

$$\frac{\eta E_1}{E_1 + E_2}\dot{\varepsilon} + \frac{E_1 E_2}{E_1 + E_2}\varepsilon = \frac{\eta}{E_1 + E_2}\dot{\sigma} + \sigma \tag{4-20}$$

(3) Burgers 模型

该模型为 Maxwell 模型(E_1、η_1)与 Kelvin 模型(E_2、η_2)的串联(图4-26)。

Burgers 模型的广义本构方程为:

$$\frac{\eta_1 \eta_2}{E_2}\ddot{\varepsilon} + \eta_1\dot{\varepsilon} = \frac{\eta_1\eta_2}{E_1 E_2}\ddot{\sigma} + \frac{(\eta_1+\eta_2)E_1 + \eta_1 E_2}{E_1 E_2}\dot{\sigma} + \sigma \tag{4-21}$$

由式(4-21)推导可得伯格斯(Burgers)模型的蠕变方程为:

$$\varepsilon(t) = \sigma_0\left\{\frac{1}{E_1} + \frac{t}{\eta_1} + \frac{1}{E_2}\left[1 - e^{-(\frac{E_2}{\eta_2})t}\right]\right\} \tag{4-22}$$

通过以上模型分析可知道,由有限个元件组成的黏弹性模型本构方程阶数取决于黏壶个数,如果模型中串联有单个弹簧,那么模型具有瞬时弹性,如果模型中串联有黏壶,则变形可以发展到无穷,应力能完全松弛。

4.5.2 沥青材料的流变性质

(1)蠕变

沥青材料作为一种黏—弹性体,在应力保持不变的情况下,应变随时间增加而增加的现象称为"蠕变"。蠕变试验可以采用静载或动载试验方法,最简单的方法是采用静态剪切蠕变试验,以确定时间与弹性效应的关系。图4-27表示沥青在恒定的剪应力条件下,"剪应变"与"时间"关系的典型曲线。通过剪切蠕变试验可以得到剪切蠕变柔量。同样,通过简单拉伸蠕变试验可以得到拉伸蠕变柔量 $D(t)$。图4-28是用Burgers模型描述沥青蠕变行为的示例。

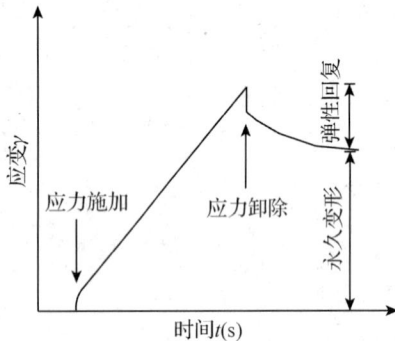

图4-27 沥青在恒定剪应力下变形与时间的关系

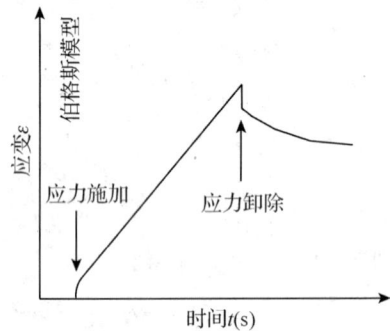

图4-28 伯格斯模型的变形与时间的关系

设一个定值的剪应力施加于沥青材料,在时间 $t=0$ 时的广义蠕变方程为:

$$\gamma(t) = \tau_0\left[J_0 + \frac{t}{\eta} + \psi(t)\right] \tag{4-23}$$

式中,J_0、$\psi(t)$ 分别为瞬时弹性柔量、延迟弹性柔量,Pa^{-1};η 为黏度,$Pa\cdot s$。

图4-29表示典型的应变—时间曲线。其中 η 为沥青材料参数,可由实验测定。

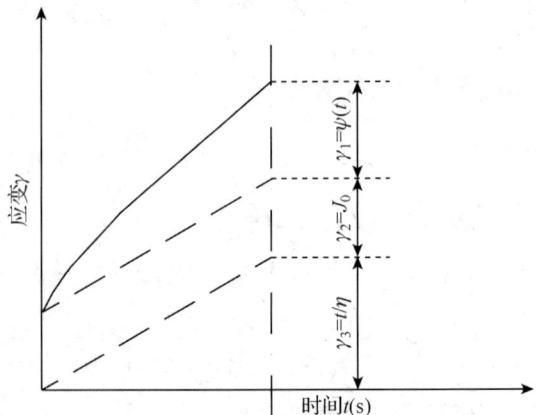

图4-29 在单位应力作用下线黏弹性材料的应变—时间曲线

(2)松弛

对黏弹性沥青材料,在保持应变不

变的情况下，应力随时间的增加而逐渐衰减的现象称为应力松弛。

应力松弛试验是通过拉伸（剪切）蠕变试验进行的，在蠕变试验中，采用不同的拉伸（或剪切）应力，获得蠕变时间与蠕变变形的关系。同时测定不同蠕变时间后剩余应力与松弛时间的关系。

在试验中每隔一定时间测定一次应力，测出应力随时间而衰减的函数，从而计算出拉伸松弛模量 $E(t)$；同样，如为剪切试验，可得剪切松弛模量 $G(t)$：

$$E(t) = \frac{\sigma(t)}{\varepsilon_0}, \ G(t) = \frac{\tau(t)}{\gamma_0}$$

小　结

目前石油沥青在公路建设中得到了广泛应用。对道路石油沥青的认识是随着科学研究和工程实践的积累而逐渐发展的。本章首先介绍了沥青的定义与分类、石油沥青的生产工艺、元素组成、化学组分分析及胶体结构，分析了化学组分与性能的关系；在此基础上对我国沥青的技术性质及试验评价方法作了系统介绍，同时介绍了美国战略研究计划中 SHRP 沥青胶结料评价方法。由于普通石油沥青不能适应特殊气候的要求，从而提出了对沥青进行改性的需求，本章对主要改性沥青的性质和生产工艺作了系统介绍；沥青作为一种典型的流变材料，可以用流变学理论进行研究，本章最后对沥青的流变性质作了相关介绍。

思考题

1. 简述沥青的定义和分类。

2. 石油沥青有哪些化学组分？化学组分与性能有何关系？

3. 石油沥青的胶体结构有哪些类型及特点？

4. 石油沥青的技术性质包含哪些方面？如何评价这些技术性质？

5. 与目前我国道路石油沥青评价体系相比较，SHRP 沥青胶结料评价体系的特点是什么？

6. 为什么要对普通石油沥青进行改性？影响沥青和改性剂相容性的因素是什么？

7. 试用流变学理论解释沥青的蠕变现象。

推荐阅读书目

1. 道路沥青生产与应用技术. 廖克俭，丛玉凤. 化学工业出版社，2004.

2. 高性能沥青路面（Superpave）基础参考手册. 美国沥青协会［著］. 江苏省交通科学研究院［编译］. 人民交通出版社，2005.

3. 沥青与沥青混合料. 黄晓明，吴少鹏，赵永利. 东南大学出版社，2002.

4. 沥青与沥青混合料. 谭忆秋. 哈尔滨工业大学出版社，2007.

第**5**章

沥青混合料

[**本章提要**] 沥青混合料是由矿料与沥青胶结料拌和而成的混合料的总称，主要由沥青、粗骨料、细骨料、填充料组成，有的还加入聚合物和纤维。由于具有较好的强度、刚度、高低温稳定性、水稳定性、耐久性、平整性和抗滑性等优点，被广泛地应用于高等级公路的面层及基层。本章从原材料要求、设计方法、力学特性和使用性能等多方面入手，依据最新的相关技术规范，结合理论分析和试验评价等技术手段对沥青混合料的基础知识和研究成果进行全面的论述，并重点介绍了国内外沥青路面领域的最新技术及其发展情况。

5.1 集料与级配

集料的性质对沥青混合料性能有很大的影响，集料性质对减少永久变形起着重要的作用，集料性质对疲劳开裂和低温开裂的影响较小。集料性能要求分为：一致特性和原状特性。

5.1.1 集料的一致特性

集料的一些特性对提高沥青混合料的性能有十分重要的作用，这些性质被称为一致特性，因为对于规定值，其满足的范围较宽。这些特性为：粗集料的棱角、细集料的棱角、集料的扁平细长含量、黏土的含量。集料的这些特性虽有规定的标准，但一致特性的具体标准是不完全相同的，它们与交通等级及路面结构层位有关。由于路面表面的集料直接承受行车的作用，必须有高的标准，同时必须考虑混合集料的性质，而不是采用单一材料的性质。因为许多地区采用单一材料的要求，所以这些地区已经出现一些预想不到的情况。

(1)粗集料的棱角

粗集料的这一特性主要是为了保证混合料具有较高的内摩阻角和抵抗永久变形的能力。它定义为大于 4.75mm 的颗粒具有一个或两个轧碎面的百分比。

许多地区人工测定集料的破碎面，集料的破碎面定义为破碎面占集料轮廓线面积应大于 25%。表 5-1 给出了不同的交通等级和路面位置的棱角性的要求。

表 5-1 粗集料破裂面标准和细集料空隙率要求

当量单轮荷载累计交通量 10^6	粗集料		细集料	
	距路表的厚度		距路表的厚度	
	<100mm	>100mm	<100mm	>100mm
<0.3	55/—	—/—	—	—
<1.0	65/—	—/—	40	—
<3.0	75/—	50/—	40	40
<10.0	85/80	60/—	45	40
<30.0	95/90	80/75	45	40
<100.0	100/100	95/90	45	45
>100.0	100/100	100/100	45	45

注：①对粗集料：85/80 是指 85% 的粗集料有 1 个破裂面，80% 有 2 个破裂面；
　　②对细集料：40 是指细集料松散状态时的空隙率为 40%。

(2)细集料的棱角

细集料的这一特性主要是为了保证混合料具有较高的内摩阻角和抵抗永久变形的能力。它定义为小于 2.36mm 的颗粒松散未压实状态的空隙率，高的空隙率表明其棱角性较好。其试验方法为国际碎石协会的试验方法，其试验简图如图 5-1 所示。

通过确定规定体积(V)容器中细集料重量(W)，就可以计算其空隙率。细集料的密度(G_{sb})主要用来计算细集料的体积。表 5-1 为不同交通等级和路面位置的棱角性要求。

(3)集料的扁平细长含量

集料的扁平细长的定义为粗集料的长边与短边之比大于 5 的颗粒的百分率。由于扁平颗粒在碾压和交通荷载的作用下容易出现断裂。它主要对大于 4.75mm 的粗集料进行试验，如图 5-2 所示。

一般测定扁平和细长两种颗粒的含量，表 5-2 为具体的标准。

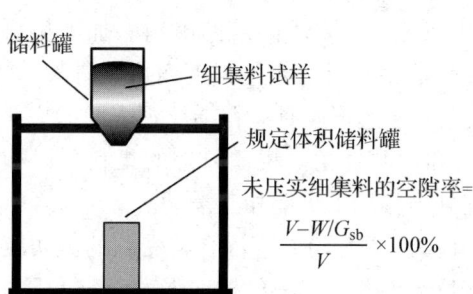

未压实细集料的空隙率=
$$\frac{V-W/G_{sb}}{V}\times100\%$$

图 5-1 细集料的棱角试验仪

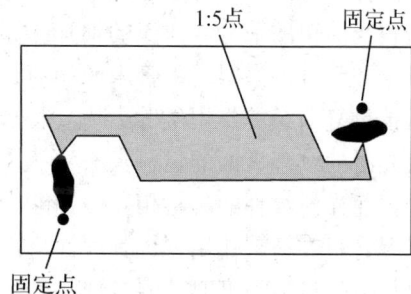

图 5-2 扁平和细长测定

表 5-2　粗集料扁平状含量要求和细集料黏土含量要求

当量单轮荷载累计交通量 (10^6)	粗集料扁平细长状颗粒百分率 (%)	细集料当量砂(%) 最小
<0.3	—	40
<1.0	—	40
<3.0	10	40
<10.0	10	45
<30.0	10	45
<100.0	10	50
>100.0	10	50

注：10 是指扁平细长状颗粒含量与集料总质量的比为 10%。

（4）黏土的含量

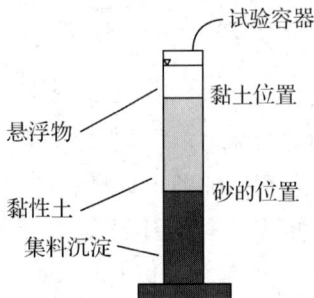

图 5-3　当量砂试验仪

黏土含量（Clay Content）为在小于 4.75mm 的细集料中黏土材料占总集料的百分率。表 5-2 为标准的规定。试验方法是将细集料置于有增稠剂的量筒里，然后搅拌，增稠剂促使黏土颗粒悬浮在集料上方，过一定时间后，开始沉淀。量测量筒中黏土的高度和沉淀砂的高度，当量砂即为沉淀砂高度与黏土高度之比，如图 5-3 所示。

5.1.2　沥青路面集料质量控制

5.1.2.1　粗集料

热拌沥青混合料可以采用许多种矿料，即为天然集料和加工集料。天然集料为天然材料经简单的筛分或河流的河床中的材料并满足一定要求的筑路材料。加工集料为经加工和筛分的集料。不管来源如何，要求提供的集料有一定的强度而形成骨架结构，以抵抗重复荷载的作用（图 5-4）。根据试验表明，多边形及具有粗糙纹理表面的集料比圆或光滑的纹理表面的集料具有更大的黏聚力和内摩擦角。粗糙纹理的集料可以相互嵌锁，而光滑纹理的集料相互嵌锁能力差，在外力作用下可能相互滑动。

混合料在荷载作用下，其表面将产生剪切应力（图 5-5），当混合料受到的剪切应力超过材料的抗剪强度时，混合料将产生剪切变形。因此，材料的抗剪强度十分重要。

集料的抗剪强度可以从集料的堆积实验中得到证明，有纹理的集料比光滑的集料有更高的堆积高度（图 5-6）。一般集料的黏聚力很小，其抗剪强度主要取决于集料的内摩阻角，集料间相互嵌锁的能力主要取决于集料的内摩擦角。另外，在集料作用外力以后，集料趋近于更加密实，同样将使集料的抗剪强度增加。

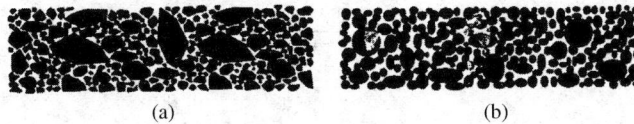

图 5-4 集料骨架

(a)立方形颗粒材料 (b)圆形颗粒材料

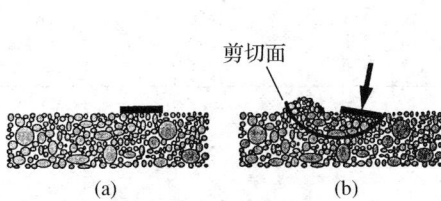

图 5-5 集料的剪切变形

(a)荷载作用前 (b)荷载作用后

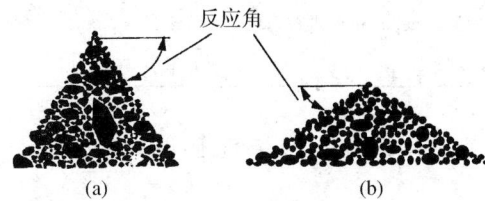

图 5-6 集料骨架堆积特性

(a)立方形颗粒材料 (b)圆形颗粒材料

集料的另一个重要特性是体积受力膨胀特性。在剪切应力作用下，集料之间将出现相互开裂和蠕动的现象，因为这种现象将使得集料体积增加，所以被称为集料的膨胀(图5-7)。

为了保证集料有较高的抗剪强度，一般应规定集料的压碎面的比例。因为砾石或天然砂的表面光滑，其内摩擦角比较小，因此必须限制混合料中砾石或天然砂的比例。

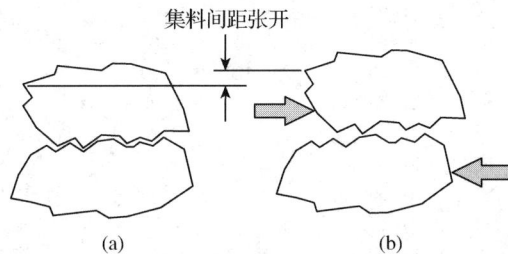

图 5-7 集料受剪时的张开特性

(a)受剪前 (b)受剪后

沥青层用粗集料包括碎石、破碎砾石、筛选砾石、钢渣、矿渣等，但高速公路和一级公路不得使用筛选砾石和矿渣。粗集料必须由具有生产许可证的采石场生产或施工单位自行加工。粗集料应该洁净、干燥、表面粗糙，质量应符合规定。当单一规格集料的质量指标达不到要求，而按照集料配比计算的质量指标符合要求时，工程上允许使用。对受热易变质的集料，宜采用经拌和机烘干后的集料进行检验。

表 5-3 沥青混合料用粗集料质量技术要求

指 标		单位	高速公路及一级公路		其他等级公路	试验方法
			表面层	其他层次		
石料压碎值	不大于	%	26	28	30	T 0316
洛杉矶磨耗损失	不大于	%	28	30	35	T 0317
表观相对密度	不小于	t/m³	2.60	2.50	2.45	T 0304
吸水率	不大于	%	2.0	3.0	3.0	T 0304
坚固性	不大于	%	12	12	—	T 0314

（续）

指　　标		单位	高速公路及一级公路		其他等级公路	试验方法
			表面层	其他层次		
针片状颗粒含量（混合料）	不大于	%	15	18	20	
其中粒径大于9.5mm	不大于	%	12	15	—	T 0312
其中粒径小于9.5mm	不大于	%	18	20	—	
水洗法 <0.075mm 颗粒含量	不大于	%	1	1	1	T 0310
软石含量	不大于	%	3	5	5	T 0320

粗集料的粒径规格应按表5-4 的规定生产和使用。

表5-4　沥青混合料用粗集料规格

规格名称	公称粒径(mm)	106	75	63	53	37.5	31.5	26.5	19.0	13.2	9.5	4.75	2.36	0.6
		通　过　下　列　筛　孔(mm) 的　质　量　百　分　率(%)												
S1	40~75	100	90~100	—	—	0~15	—	0~5						
S2	40~60		100	90~100	—	0~15	—	0~5						
S3	30~60		100	90~100	—	—	0~15	—	0~5					
S4	25~50			100	90~100	—	—	0~15	—	0~5				
S5	20~40				100	90~100	—	0~15	—	0~5				
S6	15~30					100	90~100	—	—	0~15	—	0~5		
S7	10~30					100	90~100	—	—	0~15	0~5			
S8	10~25						100	90~100	—	0~15	—	0~5		
S9	10~20							100	90~100	—	0~15	0~5		
S10	10~15								100	90~100	0~15	0~5		
S11	5~15								100	90~100	40~70	0~15	0~5	
S12	5~10									100	90~100	0~15	0~5	
S13	3~10									100	90~100	40~70	0~20	0~5
S14	3~5										100	90~100	0~15	0~3

生产碎石用的原石不得含有土块、杂物，集料成品不得堆放在泥土地上。

高速公路、一级公路沥青路面的表面层（或磨耗层）的粗集料的磨光值应符合表5-5 的要求。除 SMA、OGFC 路面外，允许在硬质粗集料中掺加部分较小粒径的磨光值达不到要求的粗集料，其最大掺加比例由磨光值试验确定。

表5-5　粗集料与沥青的黏附性、磨光值的技术要求

雨量气候区年降雨量(mm)	1（潮湿区） >1000	2（湿润区） 1000~500	3（半干区） 500~250	4（干旱区） <250	试验方法 附录A
粗集料的磨光值 PSV，不小于					
高速公路、一级公路表面层	42	40	38	36	T 0321
粗集料与沥青的黏附性，不小于					
高速公路、一级公路表面层	5	4	4	3	T 0616
高速公路、一级公路的其他 层次及其他等级公路的各个层次	4	4	3	3	T 0663

粗集料与沥青的黏附性应符合表5-5的要求，当使用不符合要求的粗集料时，宜掺加消石灰、水泥或用饱和石灰水处理后使用，必要时可同时在沥青中掺加耐热、耐水、长期性能好的抗剥落剂，其剂量由沥青混合料水稳定性检验确定。也可采用改性沥青，使水稳定性达到要求。

破碎砾石应采用粒径大于50mm、含泥量不大于1%的砾石轧制，其破碎面要求见表5-6。

表5-6 粗集料对破碎面的要求

路面部位或混合料类型	具有一定数量破碎面颗粒的含量(%)		试验方法
	1个破碎面	2个或2个以上破碎面	
沥青路面表面层			
高速公路、一级公路	100	90	
其他等级公路	80	60	
沥青路面中下面层、基层			T 0346
高速公路、一级公路	90	80	
其他等级公路	70	50	
SMA混合料	100	90	
贯入式路面	80	60	

筛选砾石仅适用于三级及三级以下公路的沥青表面处治路面。经破碎且存放期超过6个月以上的钢渣可作为粗集料使用。除吸水率允许适当放宽外，其他指标应符合表5-3的要求。钢渣在使用前应进行活性检验，要求游离氧化钙含量不大于3%，浸水膨胀率不大于2%。

5.1.2.2 细集料与填料

沥青路面的细集料包括天然砂、机制砂、石屑。细集料必须由具有生产许可证的采石场、采砂场生产。细集料应洁净、干燥、无风化、无杂质，并有适当的颗粒级配，其质量应符合表5-7的规定。细集料的洁净程度，天然砂以小于0.075mm含量的百分数表示，石屑和机制砂以砂当量(适用于0~4.75mm)或亚甲蓝值(适用于0~2.36mm或0~0.15mm)表示。

表5-7 沥青混合料用细集料质量要求

项 目	单位	高速公路、一级公路	其他等级公路	试验方法
表观相对密度，不小于	t/m³	2.50	2.45	T 0328
坚固性[①](>0.3mm部分)，不小于	%	12	—	T 0340
含泥量(小于0.075mm的含量)，不大于	%	3	5	T 0333
砂当量，不小于	%	60	50	T 0334
亚甲蓝值，不大于	g/kg	25	—	T 0349
棱角性(流动时间)，不小于	s	30	—	T 0345

注：①坚固性试验可根据需要进行。

天然砂可采用河砂或海砂，通常宜采用粗、中砂，其规格应符合表5-8的规定，砂的含泥量超过规定时应水洗后使用，海砂中的贝壳类材料必须筛除。开采天然砂必须取得当地政府主管部门的许可，并符合水利及环境保护的要求。热拌密级配沥青混合料中天然砂的用量通常不宜超过集料总量的20%，SMA 和 OGFC 混合料不宜使用天然砂。

表 5-8　沥青混合料用天然砂规格

筛孔尺寸	通过各孔筛的质量百分率（%）		
（mm）	粗砂	中砂	细砂
9.5	100	100	100
4.75	90～100	90～100	90～100
2.36	65～95	75～90	85～100
1.18	35～65	50～90	75～100
0.6	15～30	30～60	60～84
0.3	5～20	8～30	15～45
0.15	0～10	0～10	0～10
0.075	0～5	0～5	0～5

石屑是采石场破碎石料时通过 4.75mm 或 2.36mm 的筛下部分，其规格应符合表5-9的要求。采石场在生产石屑的过程中应具备抽吸设备，高速公路和一级公路的沥青混合料，宜将 S14 与 S16 组合使用，S15 可在沥青稳定碎石基层或其他等级公路中使用。

表 5-9　沥青混合料用机制砂或石屑规格

规格	公称粒径	水洗法通过各筛孔的质量百分率（%）							
	（mm）	9.5	4.75	2.36	1.18	0.6	0.3	0.15	0.075
S15	0～5	100	90～100	60～90	40～75	20～55	7～40	2～20	0～10
S16	0～3		100	80～100	50～80	25～60	8～45	0～25	0～15

机制砂宜采用专用的制砂机制造，并选用优质石料生产，其级配应符合 S16 的要求。

混合料中粒径小于 0.075mm 的矿粉称为填料。矿粉必须采用石灰岩或岩浆岩中的强基性岩石等憎水性石料，经磨细制成。矿粉应干燥、洁净，质量应符合表5-10的技术要求。

表 5-10　沥青混合料用矿粉质量要求

项　目		单　位	高速公路、一级公路	其他等级公路	试验方法
表观相对密度，不小于		t/m³	2.50	2.45	T 0352
含水量，不大于		%	1	1	T 0103 烘干法
粒度范围	＜0.6mm	%	100	100	
	＜0.15mm	%	90～100	90～100	T 0351
	＜0.075mm		75～100	70～100	

（续）

项　目	单　位	高速公路、一级公路	其他等级公路	试验方法
外观		无团粒结块		
亲水系数		<1		T 0353
塑性指数		<4		T 0354
加热安定性		实测记录		T 0355

拌和机的粉尘回收后可作为一部分矿粉使用。但每盘用量不得超过填料总量的25%，掺有粉尘填料的塑性指数不得大于4%。粉煤灰作为填料使用时，用量不得超过填料总量的50%，粉煤灰的烧失量应小于12%，与矿粉混合后的塑性指数应小于4%，其余质量要求与矿粉相同。高速公路、一级公路的沥青面层不宜采用粉煤灰做填料。

5.1.3　级配设计

5.1.3.1　基本概念

在道路路面的建筑材料中，从基层的级配碎（砾）石、水泥稳定碎石、二灰（石灰、粉煤灰）稳定碎石，到沥青混凝土、沥青碎石混合料、水泥混凝土，总要根据现场材料的实际情况，把大小不同的碎石等矿质材料混合在一起，然后根据需要不掺入或掺入一定数量的结合料，如水泥、石灰、粉煤灰、沥青等，以组成路面材料。对材料的级配，各地均结合实际提出了大量的曲线、表格，并有各种的限制与规定，计算方法也不同。但各种级配的形成总是符合一定的规律，下面将对级配设计的基本理论与方法进行介绍。首先介绍一些基本概念：

①连续级配　某一混合料在标准筛孔配成的套筛中进行筛析时，所得的级配曲线平顺圆滑，具有连续不间断的性质，相邻粒径的粒料之间有一定的比例关系。这种由大到小，逐级粒径均有，按比例互相搭配组成的矿质混合料称为连续级配。

②间断级配　矿质混合料中剔除其一个分级或几个分级形成一种不连续的矿质混合料。

③连续开级配　虽然各粒径颗粒都有一定数量，但比例相差较大。由于细集料含量较少甚至没有，细料不能充分填充粗颗粒之间的空隙而有较大的空隙率，这种组成称连续开级配。

5.1.3.2　级配设计基本要求及内容

良好的集料组成，总要求空隙率最小，而比表面的总和也不太大，前者的目的是要使集料本身最为紧密，而后者的目的是要使掺加料最为节约。因此，必须研究粗细集料各自本身的配比问题以及它们组成后的配比问题。而研究材料级配必须考虑以下基本要求：

①最小空隙率　不同粒径的各级矿质集料，按一定的比例配合，使组成的矿质混合料具有最小的空隙率（即最大密度）。

②最大摩擦力　任何一级集料应不干涉其他各级集料的紧密排列，使其形成一个多级空间骨架的结构，具有最大的摩擦力。

③拌加料　比表面总和适当，拌加料最为节约。

级配设计的主要内容和任务包括以下两方面：①基本组成的设计方法；②级配理论和级配范围的确定。

5.1.3.3　材料级配组成设计基本理论

进行级配组成设计的基本途径有嵌挤原则和级配原则，前者的理论基础是填充理论，后者的理论基础是干涉理论。

(1)嵌挤原则——填充理论

讲述填充理论的基本方法是借用球体代替集料进行研究，以搞清填充理论的基础并简化计算，实际上集料不是球体，但它们颗粒间排列、堆积的基本关系，与球体颗粒是相同的。

①简单的立方体填积　颗粒排列堆积的最松状况为边长为 D 的立方体放一个直径为 D 的球，其空隙率按式(5-1)计算：

$$v = 1 - \frac{\frac{\pi}{6}D^3}{D^3} = 47.6\% \tag{5-1}$$

如果为 $D/2$ 的圆球，则可放8个，其空隙率按式(5-2)计算：

$$v = 1 - \frac{8\frac{\pi}{6}\left(\frac{D}{2}\right)^3}{D^3} = 1 - \frac{\pi}{6} = 47.6\% \tag{5-2}$$

如果为 $D/4$ 的圆球，可放为64个；$D/8$ 的圆球，可放512个；计算所得的空隙率总是：$1 - \pi/6 \approx 47.6\%$。

②棱柱体堆积——最紧密的排列堆积　如球体第一层仍按简单立方体排列，各球心间构成正方形。但上面一层与其交错排列，各球心间仍为正方形。此时上、下两层相邻球心则构成60°角，第三层又如第一层，第四层又如第二层，余类推。其空隙率按式(5-3)计算：

$$v = 1 - \frac{\frac{\pi}{6}D^3}{\frac{\sqrt{2}}{2}D^3} = 26\% \tag{5-3}$$

③平面紧密排列　如球体只有一层而不是空间堆积时，最松散的状况是简单的立方体堆积，其空隙率为47.6%，而最紧密的状况是球心连成平行四边形，即相邻球体交叉排列，组成一个厚度为 D 棱柱体，棱柱体体积为：

$$V = D \cdot D \cdot D \cdot \sin 60°$$

空隙率按式(5-4)计算：

$$v = 1 - \frac{\frac{\pi}{6}}{\frac{\sqrt{3}}{2}} \approx 40\% \tag{5-4}$$

当两层为紧密排列时，则上层下半部与下层上半部其紧密程度同平面紧密排列棱柱体堆积,空隙率为26%,上层上半部与下层下半部其紧密程度相当于一层的平面紧密排列,空隙率为40%,其平均空隙率为33%。

④嵌挤后状况 如在最松散状况排列(简单的立方体堆积)的8个球中嵌入一个小球,该球与8个球相切,该小球的球心在8个球空隙的中心。嵌入小球的直径为0.732D,如小球直径比此值大就会把大球隔开。

如把8个大球球心连成正方体,则它包容8个大球的球片组成一个大球体积外,还容有一个直径为0.732D的小球,此时的空隙率按式(5-5)计算:

$$v = 1 - \frac{\frac{\pi}{6}D^3 + \frac{\pi}{6}(0.732D)^3}{D^3} = 27\% \qquad (5\text{-}5)$$

如在立方体最紧密排列中嵌入一个小球,则该球与6个球相切,小球球心必在4个大球空隙中心,小球直径为0.414D,如把8个大球球心相连,则它包容8个大球的球片组成一个大球体积外,还容有2个各半只的直径为0.732D的小球,组成相当一个小球体积,此时的空隙率按式(5-6)计算:

$$v = 1 - \frac{\frac{\pi}{6}D^3 + \frac{\pi}{6}(0.414D)^3}{\frac{\sqrt{2}}{2}D^3} = 20.7\% \qquad (5\text{-}6)$$

说明:最松状况可以嵌入的小球最大直径为0.732D,嵌入后空隙率可以从48%降为27%;最紧状况可以嵌入的小球最大直径为0.414D,嵌入后空隙率可以从26%降至20.7%。

⑤填充理论 相同粒径的球体因排列方式不同,其空隙率也不同。空隙率的大小主要取决于同径球体的排列情况,与其粒径的大小无关;当同径粒径排列后,如以适当尺寸的较小球体填充空隙,使空隙率下降,空隙减小的程度则随填充方式的不同而不同。

在实际应用中,如沥青贯入、沥青表处等,其主集料的排列既不会处于最松散的状况,也难达到最紧密的状况,因此沥青贯入、沥青表处等的嵌缝填料粒径一般要为主集料粒径的一半,层层嵌挤,层层的粒径都减少为1/2,其理论依据就在此,而材料强度的主要来源是颗粒间的内摩擦力。

(2)级配原则——干涉理论

嵌挤原则对面层并不完全合适,因为面层在行车作用下经受多种的外力作用,所以希望材料不仅摩擦角大而且有一定的凝聚力,不仅抗压强度大而且具有相当的弯拉强度,因此,对沥青混合料等都应采用最佳级配组成,当然这对于以粒料为混合料的基层材料同样适用。

对最佳级配组成的理论基础是 C. A. G. Weymouth(魏矛斯)提出的粒子干涉理论。

干涉理论:颗粒间的空隙应由次一级颗粒所填充,其所余空隙又由再次一级颗粒所填充,但填隙的颗粒不得大于其间隙的距离,否则小颗粒之间势必发生干涉现象。这种既有填充,又有干涉(挤开),而不过分干涉的大小粒子间具有一定数量关系,即为干涉理论。

5.1.3.4 材料级配组成设计方法

(1)连续级配

组成混合料的级配曲线平顺圆滑，相邻粒径间有一定的重量比例，这种级配不易离析。

①早期设计思路 Phlay1897 年以空隙作为控制水泥混凝土强度的因素，提出式(5-7)：

$$R = k\left(\frac{C}{C + W + a}\right)^2 = k\left(\frac{1}{1 + \dfrac{W + a}{C}}\right)^2 \qquad (5\text{-}7)$$

式中，R 为水泥混凝土抗压强度；k 为同水泥、砂料性质等有关的常数；C、W、a 分别为水泥、水、空气的体积。

公式表明当水泥用量一定时，抗压强度就取决于水和空气的体积，即空隙的体积，空隙体积越小，则强度越高。

②W. B. Fuller 公式 Fuller 根据实验提出的理想级配，认为颗粒级配曲线越接近抛物线，则密度越大，其不同粒径通过百分率(%)的表达式为(5-8)：

$$P_x = 100\sqrt{\frac{d}{D}} \quad (\%) \qquad (5\text{-}8)$$

式中，P_x 为某粒径 d 集料的通过百分率，%；D 为集料的最大粒径。

③A. N. Talbol 曲线(n 法) Talbol 将 Fuller 曲线指数 0.5 改成 n，认为指数不应该是一个常数，而应该是一个变数，如式(5-9)。

$$P_x = 100\left(\frac{d}{D}\right)^n \quad (\%) \qquad (5\text{-}9)$$

$n = 0.5$ 即为 Fuller 曲线，实验结果认为 $n = 0.3 \sim 0.5$。

说明：Fuller 曲线为一种理想曲线，实际矿料允许有一定的波动范围。

④同济大学公式(i 法) 同济大学通过实践，提出以通过百分率的递减率 i 为参数的计算公式(5-10)：

$$P_x = 100(i)^{x-1} \qquad (5\text{-}10)$$

式中，P_x 为第 x 级的通过量。x 为级数，最大粒径为 D 时，$x = 1$；直径按 1/2 递减，$D/2$ 时，$x = 2$；$D/4$ 时，$x = 3$。i 为通过百分率的递减率，即集料中最大粒径为 D 时，通过百分率为 100%；$D/2$ 时，通过百分率为 $100 \times i\%$；$D/4$ 时，通过百分率为 $100 \times i^2\%$。

此式适用于各级粒径以 1/2 递减时的情况。使用时只要根据路面厚度控制最大粒径，然后以最大粒径 D 为第一级，小于 D 的颗粒百分率为 100%，不断乘以 i 可得到后一级的通过百分率，绘制级配曲线。根据实践认为 i 取 $0.7 \sim 0.8$ 是合理的，$i > 0.8$，细粒太多，不够稳定；$i < 0.7$，细粒太少，容易透水；$i = 0.75$ 时为最佳组成。这与 n 法认为 $n = 0.3 \sim 0.5$ 是合理范围，日本认为 $n = 0.35 \sim 0.45$ 是合理范围是一致的（以后将进一步说明）。

⑤前苏联法(k 法) n 法与 i 法都存在一个缺点，因为它是无穷级数，没有最小粒径的控制。对于沥青混合料，往往造成矿粉含量过高，使路面高温稳定性不足。前苏联采用控制筛余量递减系数 k 的方法，恰好克服了这个缺点。k 法以颗粒直径的 1/2 为

递减标准，认为：$d_0 = \dfrac{D}{2^0}$；$d_1 = \dfrac{D}{2^1}$；$d_2 = \dfrac{D}{2^2}$；$\cdots$ $d_n = \dfrac{D}{2^n}$；

这样 $D \sim D/2$ 为第一级；$D/2 \sim D/4$ 为第二级；$\cdots$

认为第一级筛余量 $a_1 = a_1 k^0$；第二级筛余量 $a_2 = a_1 k^1$；第三级筛余量 $a_3 = a_1 k^2$；$\cdots$ 第 n 级筛余量 $a_n = a_1 k^{n-1}$。n 为粒径 D 到 d_n 的分级数；k 为筛余量的递减系数；d_n 为最小粒径。

前苏联确定 k 法时，假定 $d_n = 0.004 \mathrm{mm}$，并控制其通过量为零，则分级数 $n = 3.32 \lg D/0.004$。有了最小粒径的控制，就解决了 i 法或 n 法存在的问题。将各级筛余量相加应为 100%，则：

$$a_1(k^0 + k^1 + k^2 + \cdots + k^{n-1}) = 100\%$$

可以计算出：

$$a_1 = \frac{100(1-k)}{1-k^n}$$

因第 x 级的筛余量 $a_x = a_1 k^{x-1}$，则通过量为 $P_x = (100 - a_x)\%$，即：

$$P_x = 100\left(1 - \frac{1-k^x}{1-k^n}\right) \quad (\%) \tag{5-11}$$

式中，$x = 3.32 \lg D/d_x$；$n = 3.32 \lg D/d_n$。

如果设计最大粒径为 10mm，最小粒径为 0.075mm，则 $n = 3.32 \lg 10/0.075 = 7.05$，则划分的颗粒尺寸数为 $n + 1 = 8$ 个，粒径 0.075 的通过量必定为 0。

⑥$k - P_n$ 法。k 法规定 d_n 级的通过量为零，实际采用时不一定能满足这一条件，必须假定 $d_n = 0.004 \mathrm{mm}$，并控制其通过量为零。而有些工程要求规定某一级或某几级的通过量，k 法就不能满足这一要求，必须采用 $k - P_n$ 法。

设 n 代表矿质混合料粒径比等于 1/2 时粒级的分级数，则：

$$d_n = D/2^n, \quad n = 3.32 \lg D/d_n$$

各级颗粒分级粒径的序号 X 按下式计算：

$$X = 3.32 \lg D/d_x$$

实践证明，各颗粒尺寸筛孔的累计筛余有式(5-12)的关系时，混合料能达到最大密实度：

$$(100 - P_x):(100 - P_n) = (1 - k^x):(1 - k^n) \tag{5-12}$$

$$P_x = 100 - (100 - P_n)\frac{1 - k^x}{1 - k^n} \tag{5-13}$$

如果已知最大粒径 D，最小粒径 d_n，递减系数 k 和通过 d_n 的百分率 P_n，即可计算各筛孔的通过百分率。且筛孔尺寸可以是 D 到 d_n 之间的任何孔径(不一定是粒径比为 1/2 的整数倍)。

［例1］ $D = 20 \mathrm{mm}$，$d_n = 0.5 \mathrm{mm}$，$P_n = 5\%$，$k = 0.6$

d_x	20	15	10	5	2	0.5
$x = 3.32 \lg D/d_x$	0	0.4150	1	2	3.3219	5.3219
$1 - k^x$	0	0.1910	0.4	0.64	0.8167	0.9340
$P_x = 100 - (100 - P_n)\dfrac{1-k^x}{1-k^n}$	100	80	59	35	17	5

［例 2］ $D_1 = 35mm$，$d_n = 10mm$，$d_n = 10 \sim 2.5mm$ 处间断；$D_2 = 2.5mm$，$d_{2n} = 0.075mm$，$P_{1n} = 40$，$P_{2n} = 4$，$k = 0.65$

d_x	35	25	15	10	5	2.5	1.2	0.6	0.3	0.15	0.075
x	0	0.4854	1.222	1.801	0		1.059	2.059	3.059	4.059	5.059
$1-k^x$	0	0.1887	0.409	0.541			0.366	0.588	0.733	0.826	0.887
P_{x1}	100	79	55	40	40						
P_{x2}						40	25	16	10	6	4

$$P_{x1} = 100 - (100 - 40)\frac{1-k^x}{1-k^n}, \quad n = 3.32 \lg 35/10, \quad x = 3.32 \lg 35/d_x$$

$$P_{x2} = 40 - (40 - 4)\frac{1-k^x}{1-k^n}, \quad n = 3.32 \lg 2.5/0.075, \quad x = 3.32 \lg 2.5/d_x$$

⑦变 k 法　k 值的大小反映了级配曲线的变化曲率，实际工程中不仅要求控制某一粒径的通过量，而且要求改变不同粒径的变化比例，这种方法就是变 k 法。

［例 3］ $D_{max} = 40mm$，粒径分组为 40mm，20mm，10mm，5mm，2.5mm，1.2mm，0.6mm，0.3mm，0.15mm，0.075mm，前四级粒径要求 $k = 0.63$，以后各级 $k = 0.76$，粗细之间不间断。

	d_x	40	20	10	5	2.5	1.2	0.6	0.3	0.15	0.075
前四级	$n_1 = 9.059$　x_1	0	1	2	3						
	$k_1 = 0.63$　P_{x_1}	100	62.4	38.8	23.8						
其余各级	$n_2 = 6.059$　x_2				0	1	2.06	3.06	4.06	5.05	6.06
	$k_2 = 0.76$　P_{x_2}				23.8	16.75	11.39	7.00	4.07	1.78	0

$$P_{x_1} = 100\left(1 - \frac{1-k^{x_1}}{1-k^{n_1}}\right), \quad n_1 = 3.32 \lg 40/0.075, \quad x_1 = 3.32 \lg 40/d_{x_1}$$

$$P_{x_2} = P_{x_1} - 5\left(1 - \frac{1-k^{x_2}}{1-k^{n_2}}\right), \quad n_2 = 3.32 \lg 5/0.075, \quad x_2 = 3.32 \lg 5/d_{x_2}$$

（2）间断级配

在连续级配中剔除其中一个分级或 n 个分级形成一种不连续的级配就称为间断级配。

间断级配是综合干涉理论和填充理论而成，细粒部分仍按连续级配原则以保持其凝聚力。以填充理论知，如粗集料的空隙以更小的粒径而不用次级集料填充会得到更大的密实度，因而把粗细集料予以间断。它具有嵌挤原则和级配原则的优点，是摩阻力、凝聚力、密实度最好的混合料。

5.2　混合料组成设计

　　为了得到性能优良的沥青路面，就必须重视沥青路面混合料组成设计。沥青混合料组成设计的主要任务是选择合适的材料、矿料级配、沥青等级和沥青用量。设计的总目标是确定混合料的最佳沥青用量，以满足路用性能的要求。

　　目前高等级公路的沥青混合料组成设计国内外均以马歇尔试验为主，并通过车辙试验对抗车辙能力进行辅助性检验。马歇尔试验的优点是试验方法简单，费用较低，且有一定的理论依据。但是大量实践证明，传统马歇尔设计方法的整个指标体系，既不能确切反映沥青混合料的力学性能，也不能较好地对应沥青路面的技术性能。也就是说，以经验为基础并局限在一定温度范围的马歇尔设计方法，不能准确反映和控制住沥青路面在较大温度范围内表现出的黏弹力学性能。例如，马歇尔试验的稳定度和流值与沥青路面的长期使用性能相关性不好，流值合格但高温车辙仍很严重，证明该法不能很好地反映沥青混合料的高温稳定性。

　　鉴于马歇尔设计方法存在的不足或缺陷，国内外都在致力于探索、研究新的沥青混合料设计方法。总的设计思路是以路用性能为出发点来决定混合料的结构参数，即沥青混合料的路用性能→混合料的力学特性→混合料的结构特点→混合料的结构参数。通过这一思路的逆过程，使沥青混合料的试验室组成设计逐步符合工程实际，具有较好的相关性。目前归纳起来主要有三种方法：沥青混合料综合设计法、SUPERPAVE 沥青混合料设计方法和美国旋转压实剪切试验机设计法。其中，于 1992 年完成的美国公路战略研究计划(SHRP)研究出的高性能沥青路面(SUPERPAVE)设计方法，由于采用了旋转压实成型试件，较好地模拟了野外路面受力情况，且提出了一套全新的评价沥青胶结料技术性能方法、标准及混合料体积设计法，为更好地改善和提高沥青路面的高温稳定性等路用性能提供了一条有效的途径。下面简单介绍上述三种设计方法。

5.2.1　沥青混合料的综合设计方法

　　为补充和完善马歇尔试验方法的不足，研究人员提出了对沥青混合料的综合设计方法，综合考虑沥青路面的各种可能的破坏形式及相应的沥青混合料路用性能。它包括两种方法：第一种方法是当选定一种矿料级配后，根据沥青混合料路用性能，确定最佳沥青用量。包括两方面的内容：一是混合料的体积设计，二是基于路用性能的沥青混合料设计。第二种方法如同 SHRP 一样，选择粗、中、细三种不同级配，然后根据路用性能来最终确定与不同气候区相适应的级配类型。这里仅阐述第一种方法的具体设计。

5.2.1.1　混合料的体积设计

　　混合料的体积设计是指以矿料间隙率 VMA 为沥青混合料体积控制的依据，若经 VMA 检验后不满足规范要求，应重新进行马歇尔试验设计；若满足规范要求，确定最佳沥青用量初始值 $OAC_1 = (a_1 + a_2 + a_3)/3$ 为初始设计沥青用量。矿料间隙率 VMA 是指压实沥青混合料试件内矿料部分以外的体积占试件总体积的百分率，是沥青体积百分率 Va 和试件空隙率 VV 之和。

尽管我国规范根据美国的设计方法，提出了对矿料间隙率的要求，但由于石料不规则等多种原因，我国的工程技术人员常忽视对 VMA 的要求。混合料体积设计法则十分重视对 VMA 的要求，即严格控制沥青体积百分率和试件空隙率，以防沥青不足或过量。

5.2.1.2 基于路用性能的沥青混合料设计

(1) 综合设计方法的控制指标

目前为止，我国还没有沥青混合料路用性能的规范指标。通常以"八五"攻关专题建议的沥青混合料技术指标(高温稳定性、低温抗裂性能和水稳定性)作为依据，并作为沥青混合料的综合设计方法的控制指标。

(2) 路用性能和气候分区的相关关系

由于沥青路面是受温度、荷载速率影响的黏弹性体，要使沥青混合料的各项路用性能都能得到保证，是十分困难的。因此，必须考虑项目所在地的气候情况和该地区公路最主要的破坏形式，作为选择级配和进行配合比设计的控制指标。依据这一原则将路用性能和气候分区建立如下相关关系：

①对于年极端最低气温低于 −21.5℃ 及七月平均最高气温小于 30℃ 的地区，低温缩裂成为主要病害，因此以低温抗裂性能指标作为配合比设计的控制指标。

②对于七月平均最高气温高于 30℃ 及年极端最低气温高于 −21.5℃ 地区，高温车辙是主要病害，因此以高温稳定性指标作为配合比设计的控制指标。

③对于年极端最低气温低于 −21.5℃ 及七月平均最高气温高于 30℃ 地区，高温车辙和低温缩裂成为主要病害，因此以高、低温稳定性指标作为配合比设计的控制指标。

④对于年极端最低气温高于 −21.5℃ 及七月平均最高气温低于 30℃ 地区，应视当地具体情况而定。主要考虑一年中高、低温天气所占的比例，从而确定优先考虑何种破坏形式及控制指标。

5.2.1.3 基于路用性能的沥青混合料设计方法

根据项目所在地区的气候特点，将基于路用性能的沥青混合料设计方法分为三种情况。

(1) 抗车辙沥青混合料配合比设计

抗车辙沥青混合料配合比设计框图如图 5-8 所示。对于不满足车辙要求的沥青混合料，需要通过以下因素加以调整：

①选择黏度较大的沥青或采用聚合物改性沥青，并严格控制沥青用量；②调整级配，选择粗粒料含量相对较多的级配，但要注意矿粉用量；③选择表面粗糙、有棱角的矿料；④用机制砂代替天然砂。

（2）抗低温开裂沥青混合料配合比设计

抗低温开裂沥青混合料配合比设计框图，如图 5-9 所示。对于不满足低温地区指标要求的沥青混合料，可作如下调整：①选择黏度较低、针入度较大的沥青或采用抗裂性较好的或应力松弛性能好的改性沥青；②选择空隙较小的密级配，要注意选用合理的粉油比；③可掺加适当的加筋纤维。

（3）考虑路用性能的沥青混合料配合比设计

考虑路用性能的沥青混合料配合比设计过程，如图 5-10 所示。①根据设计地区所处的气候确定气候类型；②在初始设计沥青用量 ±0.5% 基础上用成型车辙试件、低温蠕变试件及水稳定性试件；③进

图 5-8　抗车辙沥青混合料配合比设计框图

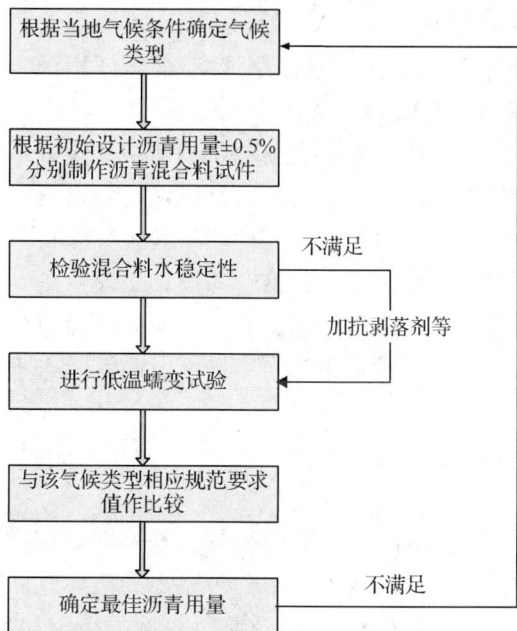

行车辙试验、低温蠕变试验和残留稳定度试验；④以沥青用量为横坐标、测定的各指标为纵坐标，绘制曲线；⑤求出各项指标均符合要求的沥青混合料路用性能标准的沥青用量范围，然后取其中值作为最佳沥青用量。

若经过上述设计后，不满足路用性能指标，可通过以下方法加以调整：

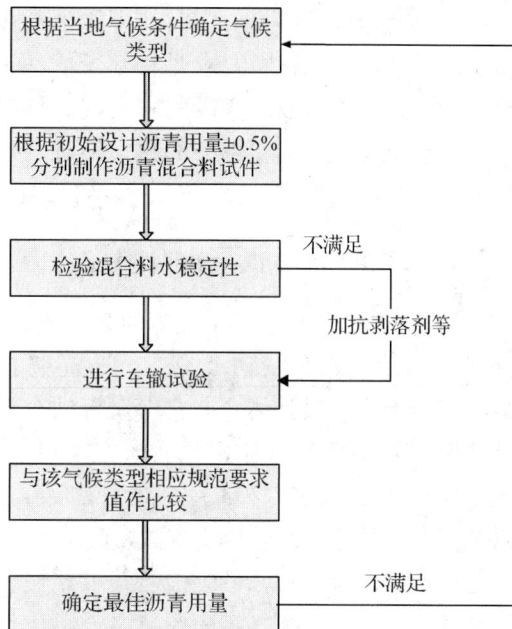

图 5-9　抗低温开裂沥青混合料配合比设计框图

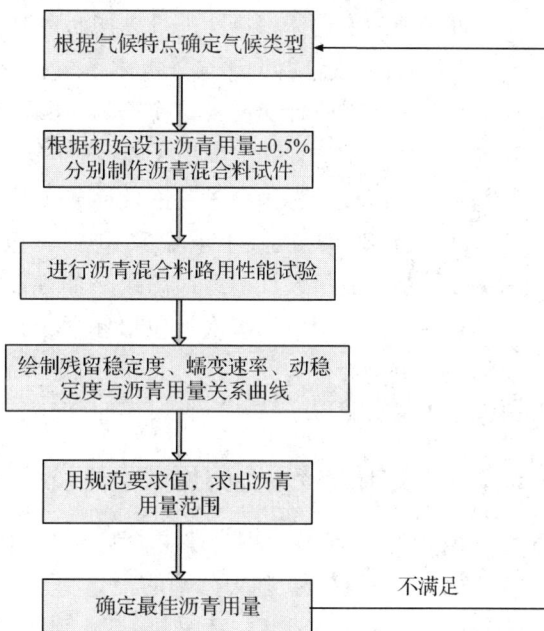

图 5-10　考虑路用性能沥青混合料配合比设计框图

①水稳定性不符合要求时，可掺加抗剥落剂、用消石灰粉或水泥代替矿粉等；②由于高低温性能对材料要求是相互矛盾的，因此高温、低温性能不满足要求时，仅能通过沥青改性技术或改变级配来实现。最好采用间断级配，如沥青玛蹄脂碎石混合料（SMA），该结构中有足够多的粗集料可以形成矿质骨架，又有较多矿粉和沥青来填充骨架空隙，从而形成一种骨架密实结构，以提高沥青混合料的高、低温性能。

5.2.2　Superpave 沥青混合料设计方法

20 世纪 90 年代道路工程界的突出成就，是美国战略公路研究计划即夏普（SHRP）计划。它历时五年耗资 1.5 亿美元，提出了一套全新的沥青混合料设计方法，即 Superpave 沥青混合料设计体系。它由沥青结合料规范、混合料设计与分析系统、计算机软件系统三部分组成。SHRP 沥青研究项目的成果共有 21 项，其中胶结料规范、弯曲梁流变仪、低温直接拉伸试验、高温黏度试验、动态剪切流变仪、短期老化共计 6 项，以及混合料规范、旋转压实方法、改进的最大理论密度试验方法 3 项是重点推广项目。其他则仍属评价项目，可应用但其可靠性还需验证。该设计体系根据项目所在地的气候和设计交通量，把材料选择与混合料设计都集中在设计方法中。它要求在设计沥青路面时，要充分考虑在服务期内温度对路面的影响及沥青路面在最高设计温度时能满足高温性能的要求，不产生过量车辙。其特点是提出了一套新观点：

①以使用性能为基础的沥青分级方法，并采用新指标、新试验设备和试验方法检验沥青。

②以体积配合比法进行混合料组成设计。

所谓 Superpave 沥青混合料体积设计是根据沥青混合料的空隙率、矿质集料间隙率、沥青填隙率等体积特性进行热拌沥青混合料设计的。

Superpave 混合料设计与分析体系包括三个等级。I 级设计称为沥青混合料体积设计，与此相应的设计交通量是换算为 80kN 的标准累计轴载次数小于 10^6 次。集料特性和混合料体积性质，如空隙率 VV、矿质集料骨架间隙率（VMA）是选择沥青等级和用量的基础。II 级设计称为中等路面性能的沥青混合料设计，与此相应的设计交通量是累计标准轴载（80kN）次数小于等于 10^7 次；包括体积设计和主要路面性能试验，并能预测路面性能。III 级设计称为最高级路面性能的混合料设计，与此相应的设计交通量是标准轴载（80kN）大于 10^7 次；包括体积设计和更广泛的路用性能试验，从而对路面性能的预测更为严格。此外，Superpave 设计方法适用于新建或再生、密级配、改性或未改性沥青混合料以及特殊混合料，如 SMA、OGFC 等。

5.2.3　美国旋转压实剪切试验机设计法

20 世纪 60 年代美国为解决大型轰炸机跑道易破损问题，专门研制了美国旋转压实剪切试验机（GTM）。随着公路的渠化交通、轴载及胎压的增大，车辆对路面的破坏越来越严重，美国 ASTM 规范采用 GTM 作为沥青混合料配合比设计及质量控制的标准。我国石家庄至太原高速公路和北京至福州高速公路河北省段，也采用此方法比较成功地铺筑了试验路段。

旋转压实剪切试验机（GTM）能最大程度地模拟汽车在公路上行驶时轮胎路面作用

的实际情况，利用充气型滚轮，通过设定垂直压力（压应力），改变旋转角度（剪应力），对材料施加周期性的圆周型压力，使试件被旋转压实到平衡状态，并以此来决定沥青混凝土路面的设计密度和沥青用量。旋转压实剪切试验机采用一个圆柱型的钢模装上沥青混合料，将钢模置于夹盘中，开机后上部的滚球活塞和下部的千斤顶同时对试件施压，可以说它是集压实、剪切和模拟交通于一身的综合性试验设备。GTM 不但具有夏普计划中旋转压实机揉压的能力，同时还能电脑自动分析，从上盘的旋转角度来得出混合料抗剪强度。当试件压实到平衡状态时，即可测出沥青混合料的压实稳定值、抗剪安全系数及密度。

材料的抗剪强度越大，倾斜角就越小。角度传感器能够通过绘制角曲线准确反映倾斜角的大小。一旦混合料的空隙被沥青填满，如果继续压实，混合料就会出现塑性变形，抗剪强度下降。故当压实机达到每旋转 100 转，试件单位重量的变化小于等于 0.016g/cm^3 的状态时，混合料即被压实到平衡状态，应停止压实。GTM 试验中确定最佳用油量的三个指标是：

①试件压实到平衡状态时的密度。

②旋转压实稳定度 GSI，即最终应变与压实过程中最小应变之比（应小于等于 1），是检验沥青混合料在被压实到平衡状态时是否出现塑性变形的指标；对于不稳定的混合料 GSI 明显大于 1。

③抗剪安全系数 GSF，即抗剪强度与最大剪应力之比（应大于 1），是检验沥青混合料被压实到平衡状态时的抗剪强度是否达到在行车荷载的作用下需要承受的剪应力。

5.3 黏弹性力学行为

真实材料在工程应用中一般可以分为两大类：弹性固体和黏性流体。弹性固体材料在外部荷载作用下其变形行为一般不受时间影响且一般情况下具有固定的形态，而黏性流体材料在外部荷载作用下会产生不可恢复的永久变形。现实生活中不少材料同时体现出弹性固体和黏性流体这两者的特性，这类材料被称为黏弹性（Visco-elastic）材料。时间和温度对黏弹性材料的力学性能有着明显的影响。沥青及沥青混合料在其工作温度范围内就属于典型的黏弹性材料，在不同的温度和不同的加载方式下可以表现出不同的力学性能，其变形一般也可以分为弹性变形，黏弹性变形和塑性变形（张肖宁，2006）。大量研究表明，沥青路面的车辙、裂缝等主要病害问题均与沥青混合料的黏弹性性能有着密切的关联。因此全面掌握沥青混合料在不同时温域内的黏弹性力学行为对于提高沥青路面结构和材料的设计水平有着重要意义。

5.3.1 沥青混合料的黏弹性特性

众所周知，沥青混合料工作温度的变化范围跨度很大。夏季我国很多地区沥青路面路表温度可达 60℃以上，沥青钢桥面铺装层表面的温度甚至高于 70℃，而冬季北方严寒地区的极限路表温度可达 -40℃甚至更低。另外，沥青路面作用的交通荷载的大小和频率也存在较大的差异。因此，沥青混合料在低温高频小变形范围内表现接近于线弹性体，在高温低频大变形范围内表现偏向于黏塑性体，而在常温的过渡范围内则

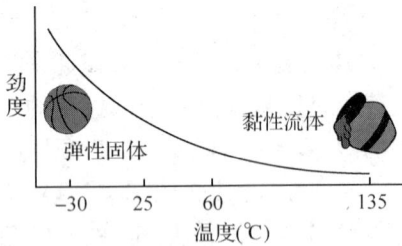

图 5-11 温度对沥青混合料力学特性的影响

处于这两个状态之间，即处于黏弹性状态，如图 5-11 所示。材料的黏弹性可分为线性和非线性两大类。目前，有关黏弹性理论方面的研究已经取得了许多成果。作为黏弹性理论的两个分支，线性黏弹性理论已相当成熟，非线性黏弹性理论的研究还处在不断地发展和完善之中，目前主要通过理论方法、经验方法、半经验的修正方法、材料科学研究方法以及细观理论等途径对非线性黏弹性本构模型进行研究。本书将主要讨论沥青混合料线性黏弹性特性。

沥青混合料的黏弹性特性主要表现为以下几个方面(蔡峨，1989)。

①变形过程不可逆　弹性体在外荷载作用下产生的变形只与荷载水平有关，而与加载历史无关，并且一旦卸载会恢复原状。从能量观点看，外力在材料变形过程中做的功全部以弹性势能的形式储存在弹性体的内部，并且可以随卸载过程中全部释放出来而恢复原来的形状，可见这是一个可逆的热力学过程，弹性体的变形不包含残余变形。对于黏弹性材料来说，在外力作用下部分变形可以瞬间完全恢复，部分变形需要慢慢恢复，最后还有一定的黏性变形不可恢复。外力做的功不能全部转化为内能，有一部分在这个过程中转换成热能耗散。因此，其变形过程是不可逆的。

②记忆"功能"　在外力作用下弹性体的应变只与当前所处的应力状态相关，而与应力状态的历史变化无关。而对于黏弹性体，不仅要考虑当前的荷载状况，还要考虑在这个荷载之前的加载历史。黏弹性材料每一次加载和卸载都会有残余变形，黏弹性材料具有"记忆"功能，能记住每次加载和卸载过程的变形。因此，加载历史能够影响黏弹性体当前的应变响应，且随着时间间隔的增大影响越来越小。

③时间相关性　弹性体的力学响应与荷载作用时长无关。即在当前荷载水平一定的情况下，无论弹性体所受荷载作用时间长短，其变形量是不变的。而对于黏弹性体来说，时间相关性是其重要的属性特征。荷载作用的时间长短将对应力应变响应关系产生影响，一般而言，随应力作用时间的延长，应变会持续增大。在施加当前荷载之前的历史荷载对它也有影响，并且卸载时间越短对黏弹性材料的影响越大。

④温度相关性　弹性体的力学响应与温度无关，其应变不会随着温度的改变而改变，只需利用弹性常数来表征应力应变响应关系。而黏弹性材料不但与时间相关而且还与外界温度密切相关。在外力作用下，随着温度的升高黏弹性材料的黏性逐渐增强而弹性逐渐减弱。

⑤蠕变与应力松弛特性　蠕变(creep)和应力松弛(stress relaxation)是黏弹性材料的两大基本力学特征。在恒定应力作用下，应变随加载时间的延长而增加的过程称为蠕变(图 5-12)；在恒定应变作用下，应力随时间的延长而减小的现象称为应力松弛(图 5-13)。

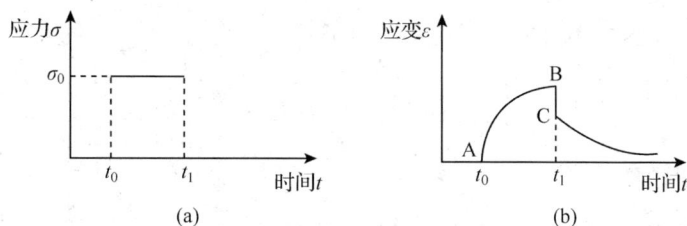

图 5-12 黏弹性材料蠕变行为

（a）施加荷载　（b）蠕变曲线

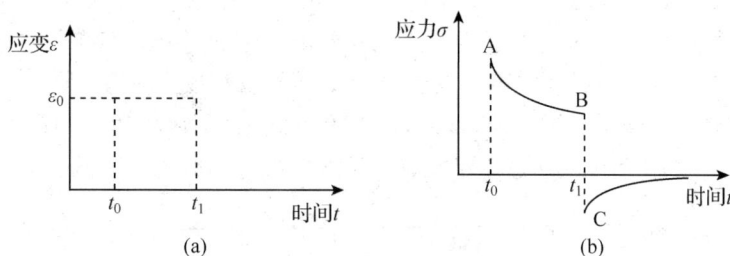

图 5-13 黏弹性材料应力松弛行为

（a）施加荷载　（b）应力松弛曲线

5.3.2　蠕变函数和松弛函数

5.3.2.1　蠕变函数

黏弹性材料的蠕变响应如图 5-12 所示。在图 5-12（a）中，在整个加载过程（$t_0 \sim t_1$）中给定 $\sigma = \sigma_0$ 为常数。图 5-12（b）为在图 5-12（a）应力条件下对应的蠕变曲线。蠕变曲线表示黏弹性材料的蠕变力学特征，当施加的荷载 σ_0 为单位应力时，蠕变曲线所表示的函数为蠕变函数。在时间 $t_0 \sim t_1$ 阶段，应变从 A 点非线性增大到 B 点，增长幅度逐渐减小，应变逐渐趋向一个定值，这一阶段称为蠕变阶段；在 $t = t_1$ 时，由于应力突然卸载（$\sigma = 0$）的影响，应变从 B 点变化到 C 点，部分应变瞬时恢复；在 $t > t_1$ 阶段，应变经过相当长的时间逐渐恢复，但蠕变过程结束后还存在部分的残余变形，这一阶段称为应变恢复。

假设黏弹性材料体受到具有 Heavisider 单位阶跃函数 $H(t)$ 特性的应力作用，黏弹性材料在恒定应力作用下的应力应变响应关系可用如下的蠕变函数 $J(t)$ 来表示：

$$H(t) = \begin{cases} 1, & t > t_0, \\ 0, & t < t_0. \end{cases} \tag{5-14}$$

$$\sigma(t) = H(t) \tag{5-15}$$

在 $t = \tau$ 时刻施加的应力 $\Delta\sigma(\tau)$ 所产生的应变响应为：

$$\Delta\varepsilon(t) = J(t - \tau)\Delta\sigma(\tau) \tag{5-16}$$

通过叠加原理可以得到在整个变形过程中的应变响应，$\varepsilon(t)$ 为 $[0, t]$ 时间范围内在 n 个不同时刻所施加的 n 个不同应力所产生的应变响应之和：

$$\varepsilon(t) = \sum_{i=1}^{n} J(t - \tau_i)\Delta\sigma_i(\tau_i) \tag{5-17}$$

如果应力为连续变化历史过程，也可表示为：

$$\varepsilon(t) = \int_{-\infty}^{t} J(t - \tau) d\sigma(\tau) \tag{5-18}$$

5.3.2.2　松弛函数

黏弹性材料的应力松弛行为如图 5-13 所示。在图 5-13(a)中，在整个加载过程 $(t_0 \sim t_1)$ 中给定 $\varepsilon = \varepsilon_0$ 为常数。图 5-13(b)为在图 5-13(a)应变条件下对应的应力松弛曲线。应力松弛曲线表示黏弹性材料的应力松弛特征，当施加的荷载 ε_0 为单位应变时，应力松弛曲线所表示的函数为松弛函数。在时间 $t_0 \sim t_1$ 阶段，应力从 A 点衰减到 B 点的，这一阶段称为应力松弛；在 $t = t_1$ 时，由于应变突然卸载($\varepsilon = 0$)的影响，应力瞬间变化到 C 点；在 $t > t_1$ 阶段，应力又逐渐减小，并趋向于 $\sigma = 0$，这种变化成为应力消除。

假设黏弹性材料体受到具有 Heavisider 单位阶跃函数 $H(t)$ 特性的应变作用，黏弹性材料在恒定应变作用下的应力应变响应关系可用如下的应力松弛函数 $G(t)$ 来表示：

$$H(t) = \begin{cases} 1, & t > t_0, \\ 0, & t < t_0. \end{cases} \tag{5-19}$$

$$\varepsilon(t) = H(t) \tag{5-20}$$

在 $t = \tau$ 时刻施加的应变 $\Delta\varepsilon(\tau)$ 所产生的应力响应为：

$$\Delta\sigma(t) = G(t - \tau)\Delta\varepsilon(\tau) \tag{5-21}$$

通过叠加原理可以得到在整个变形过程中的应力响应，$\sigma(t)$ 为 $[0, t]$ 时间范围内在 n 个不同时刻所施加的 n 个不同应变所产生的应力响应之和：

$$\sigma(t) = \sum_{i=1}^{n} G(t - \tau_i)\Delta\varepsilon_i(\tau_i) \tag{5-22}$$

如果应力为连续变化历史过程，也可表示为：

$$\sigma(t) = \int_{-\infty}^{t} G(t - \tau) d\varepsilon(\tau) \tag{5-23}$$

5.3.3　时间—温度等效原理及其应用

热流变材料在不同的温度和观测时间下呈现出不同的力学状态：玻璃态、橡胶态和黏流态，如图 5-14 所示。在受到应力或温度变化的情况下，其状态也会发生改变。在低温、高频的工作状态下，材料较为硬脆，其性能与玻璃相似，称为玻璃态；在高温、低频的工作状态下，开始出现黏弹性形变，这时材料比较柔软，既有弹性同时也有黏性，称为橡胶态(黏弹态)；随着温度急剧升高，流动形变逐渐占据优势，材料近似黏稠的液体趋向流动状态，称为黏流态。由玻璃态到橡胶态的转化温度称为玻璃化温度 T_g，由橡胶态到黏流态的转化温度称为黏流温度 T_f。沥青混合料的上述三种状态和两个转变温度对其应用都有重要的实际及理论意义，其中玻璃化温度 T_g 更为重要。

沥青混合料是一种典型的具有黏弹性质的热流变材料，其力学性能对于温度和荷载作用时间具有明显的依赖性。大量研究表明，在低温、长荷载作用时间条件下材料的力学响应和在高温、短荷载作用时间下是一样的。即改变时间尺度和改变温度尺度是等效的，温度效应和时间效应可以相互转换，这就是时间—温度等效(Time-temperature Superposition, TTS)原理。

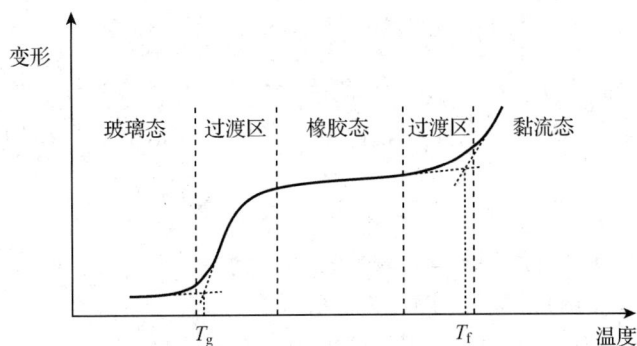

图 5-14　不同温度下黏弹性材料的力学状态

　　常规的室内黏弹性能试验仅适用于一定的时间和温度范围内,目前实验室条件下很难测出加载时间小于 0.1s 的材料黏弹参数,采集几天或更长加载时间的试验数据也是不现实的。同样,在实验室内一般也无法实现过高和过低的极端温度条件。但是沥青混合料在实际施工和使用过程中所经历的温度变化范围从 $-40 \sim 160℃$,所承受的荷载从 10^{-2}s 量级的高速行车荷载到长达数十年的温度应力松弛和蠕变(尹应梅,2010)。因此,可以利用时间—温度等效原理将一定时间和温度域内测得的沥青混合料黏弹特性扩展到更广泛的时温空间中去,用以预测实验室内无法测定的极端条件下的材料参数,克服定义材料性能时试验和设备条件的限制,减少试验工作量,提高工作效率。

　　基于时间—温度等效原理,可以将在不同温度和荷载作用时间下的黏弹性参数实测值通过移位因子函数进行平移,形成一条在某一参考温度下的光滑曲线,即主曲线(Master Curve)。主曲线概念是 Hastie 于 1984 年提出的,是通过数据分布"中央"并满足"自相合"的光滑曲线,其目的是根据给定的数据集合求出一条曲线,使得这条曲线对给定的数据集合是某种意义下的对偶。形象地说,希望能寻找通过数据分布"中央"的曲线,使它能真实地反映数据的形态,即曲线是数据集合的"骨架",数据集合是这个曲线的"云"。主曲线对数据的信息保持性好,因此在各个领域得到了广泛的应用。图 5-15 给出了一种密级配沥青混合料的动态模量(Dynamic Modulus)主曲线,一般通过Sigmoidal 数学模型来描述:

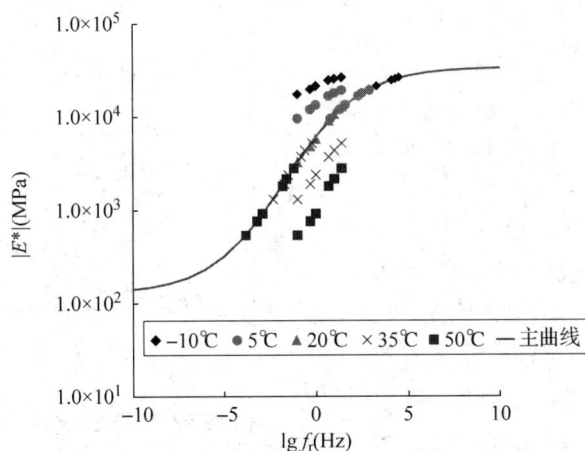

图 5-15　沥青混合料动态模量主曲线的构建

$$\lg(|E^*|) = \delta + \frac{\alpha}{1 + e^{\beta + \gamma(\lg f_r)}} \tag{5-24}$$

式中，$|E^*|$ 为动态模量；δ、α、β、γ 均为参数，其中 δ 表征动态模量最小值，$\delta + \alpha$ 表征动态模量最大值，β 和 γ 表征动态模量主曲线形状；f_r 为基准温度 T_r 下的换算频率，由下式计算：

$$\lg f_r = \lg f + \lg a_T \tag{5-25}$$

式中，f 为某温度下的实际荷载作用频率；a_T 为移位因子（Shift Factor），移位因子与温度的关系如图 5-16 所示。最常用的移位因子函数为 Williams-Lardel-Fesry（WLF）模型 和 Arrhenius 模型：

WLF 模型：

$$\lg a_T = \frac{C_1(T - T_r)}{C_2 + T - T_r} \tag{5-26}$$

Arrhenius 模型：

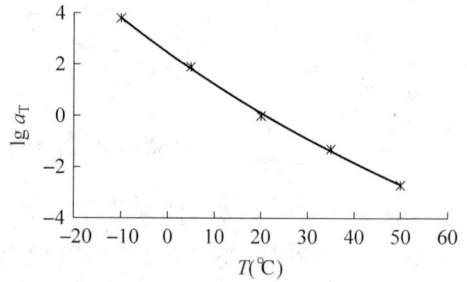

图 5-16 移位因子曲线

$$\lg a_T = \frac{\Delta E_a}{2.303R}\left(\frac{1}{T} - \frac{1}{T_r}\right) \tag{5-27}$$

式中，T 为某试验温度；C_1、C_2 为模型参数；ΔE_a 为流体的活化能；R 为气体常数，$R = 8.314 \ \mathrm{J/(K \cdot mol)}$。一般认为，WLF 模型仅为一种依赖于理论的经验公式，适用于玻璃态转移点 $T_g \sim T_g + 100\,℃$ 左右的温度范围内；而 Arrhenius 模型在低于软化点的温度范围内有效，在沥青混合料以及沥青路面低温问题的研究中应用广泛。表 5-11 中列出了分别使用这两种模型得到的 AC-20 普通沥青混合料在不同温度下的移位因子。

表 5-11 基于不同模型的移位因子（$\lg a_T$）计算结果

计算模型	-10℃	5℃	20℃	35℃	50℃
WLF	3.697	1.696	0	-1.457	-2.721
Arrhenius	3.583	1.637	0	-1.425	-2.669

早期研究认为，沥青混凝土仅在小应变的线黏弹性范围内（$\varepsilon < 10^{-4}$）属于简单热流变材料，具有时间—温度等效性，因此绝大多数的相关研究都集中于线性黏弹性参数（蠕变柔量、松弛模量、动态模量）方面。近期大量研究表明，在大应变乃至破坏状态下，沥青混合料的力学性能仍满足时间—温度等效原理，而且其在压缩和拉伸破坏的整个过程中均成立。移位因子也并不依赖于应变水平，可以用

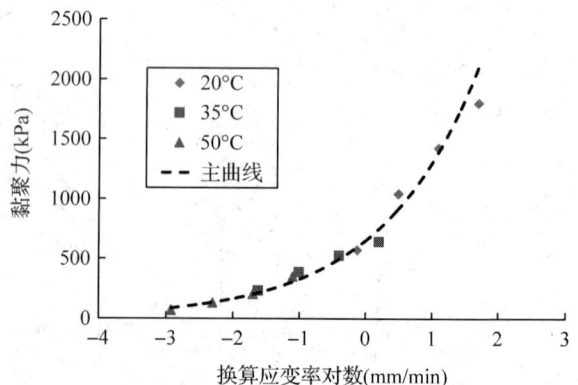

图 5-17 沥青混合料黏聚力主曲线

线黏弹性范围内获取的移位因子来预测材料在大应变响应下的力学特性。因此，研究范围逐渐扩展到应力—应变关系以及材料强度参数方面。图 5-17 所示为某沥青混合料黏聚力（Cohesion）主曲线。

5.4　高温稳定性

目前我国通车的高等级公路中绝大多数采用沥青路面。随着交通量和车辆荷载的快速增长，大量的沥青路面在建成后不久就出现了各类病害。高温变形类病害是沥青路面的主要病害形式之一。国外研究表明，约 70% 的沥青路面存在这类问题。而我国由于公路超载、超限现象比较严重，情况更不容乐观。高温变形的存在不仅直接影响行车的舒适性，而且可导致结构破坏，大大缩短沥青路面的使用寿命。大量研究发现，高温变形主要存在于沥青混凝土面层。尤其是在我国，绝大多数沥青路面都采用强度高和板体性好的半刚性基层，基层及基层以下的变形极小，沥青面层产生的车辙深度占到总车辙深度的 90% 以上（王辉等，2009）。因此，在沥青路面结构与材料设计过程中必须对其高温稳定性进行准确的评估。

沥青路面的高温稳定性一般是指沥青混合料在夏季高温条件下，经过车辆荷载长期反复作用后，不产生明显的永久变形并保证路面平整度的能力。稳定性不足的问题容易出现在高温、低加载速率以及抗剪切性能不足的情况下，即沥青路面的劲度较低的情况下。

5.4.1　高温病害形式

常见的沥青路面高温病害形式主要包括以下几种：

（1）车辙

车辙是指在高温条件下行车荷载反复作用在沥青路面各结构层内所产生的竖向永久变形的积累。车辙是渠化交通的沥青路面最主要的高温病害。车辙不仅使路面平整度变差，而且可降低面层以及路面结构整体强度，大大缩短沥青路面的使用寿命。更为严重的是，存在较大辙槽的路段，车辆变向难以控制，且雨天时路表排水不畅，路面的抗滑能力不足，车辆易于发生漂滑而影响高速行车的安全，造成了道路运输的安全隐患。因此，一般认为沥青路面的车辙深度应该控制在 13 ~ 15mm 以内，否则就应该进行翻修和罩面（Robert et al, 1996）。

（2）推移、波浪、拥包类

推移、波浪、拥包等病害主要是由于沥青混合料在水平荷载作用下抗剪强度不足所引起的。导致这类病害产生的因素有多方面，如沥青面层矿料级配不合理，细集料或填料过多；沥青标号选择不合理，含蜡量偏高，软化点偏低，油石比过大；沥青混合料稳定度差；在沥青混合料铺筑之前表面平整度较差，层间接触光滑等。在夏季高温时间长、交通量大、车速慢、刹车较多的路段，如弯道、交叉口、长大纵坡及变坡路段等处，易产生这类病害。

（3）泛油

在夏季高温条件下受行车荷载的作用，沥青混合料内的集料不断受到嵌挤，最终多余的沥青胶浆向沥青路面表面迁移，形成一层有光泽的沥青膜的现象称为泛油。泛油的主要原因是沥青含量偏多或混合料残留空隙率太小。一般可以将泛油现象分为两类：传统型和新型。传统型定义为沥青面层中的自由沥青受热膨胀，直至沥青混凝土空隙无法容纳而溢出路表的现象；新型定义为路表水侵入面层内部并长期滞留在沥青层底部，在行车荷载的反复作用和动压水冲刷下，集料表面的沥青膜剥落成为自由沥青，并在水的作用下被迫向上部迁移，从而导致面层上部泛油而底部松散的沥青迁移现象。泛油的出现使得路表面抗滑性能下降，对行车安全构成严重威胁。另外，中下面层的沥青损失也会损害其抗疲劳和抗水损害性能。

5.4.2 车辙形成机理

5.4.2.1 车辙类型

根据成因的不同，沥青路面的车辙一般可以分为五个类别：

①失稳型车辙 也称为流动性车辙，是目前车辙研究的主要对象。在高温条件下，沥青路面结构层在车轮碾压的反复作用下，荷载产生的剪应力超过沥青混合料的抗剪强度，使流动变形不断累积形成车辙，通常发生在轮迹处，主要是由于沥青混合料高温稳定性不足所导致。这种变形的一般特点是车轮作用部位下凹，两侧伴有隆起现象，横断面一般呈 W 型，如图 5-18 所示。

②结构型车辙 一般由于路面结构在交通荷载作用下产生整体永久变形而形成，主要发生在沥青面层以下包括路基在内的各结构层。这种车辙的宽度较大，两侧没有隆起现象，其断面呈浅盆状的 U 形，如图 5-19 所示。对于半刚性基层沥青路面来说，由于基层强度和刚度较大，在施工良好的条件下结构性车辙出现的几率较小。

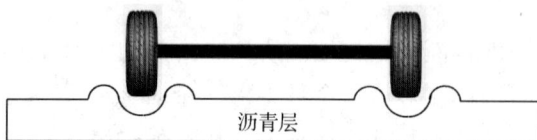

| 图 5-18 沥青路面失稳型车辙 | 图 5-19 沥青路面结构型车辙 |

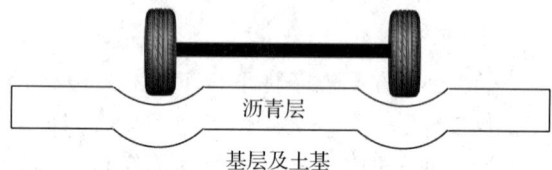

③压密型车辙 沥青路面在开放交通后轮迹带下沥青混合料进一步被压密引起的。主要是由于沥青面层施工时为了片面地追求平整度而在降低温度后进行碾压，造成压实度不足。在通车后的第一个高温季节混合料继续压密，空隙率不断减小，同时平整度迅速下降，甚至形成明显的车辙。这种车辙的特点是只出现在轮迹下，呈 V 形或 W 形，两侧没有隆起，车辙的形成在初期阶段发展很快。虽然属于非正常的车辙，但在我国沥青路面中比较普遍。

④磨耗型车辙 由于沥青路面顶层的材料在车轮磨耗和自然环境因素下持续不断地损失形成。在一些寒冷地区的冬季，为了防滑在轮胎上加挂防滑链或采用凸钉轮胎，更容易形成磨耗型车辙。这种车辙在我国较少，基本上不加考虑。

⑤水损害型车辙 由于沥青路面的中下面层产生明显的水损害，而失去了沥青膜的黏结作用，从而在荷载的作用下出现变形累积而形成的车辙。

上述五类车辙中，在我国以半刚性基层为主的沥青路面中失稳型车辙最为严重，通常所说的车辙基本都是该种类型；其次为压密型车辙；其他三种类型车辙较少。

5.4.2.2 车辙形成过程

沥青路面车辙的形成过程可简单地分为以下三个阶段(李洪华,2008)：

①开始阶段的压密过程　沥青混合料是由矿料、沥青胶浆和空气组成的松散混合物，在碾压时，高温下处于半流动状态的沥青胶浆被挤进矿料间隙中，同时集料被强力作用排列成具有一定骨架的结构。路面投入使用后，在行车荷载作用下这种密实过程还会进一步发展。

②沥青混合料的流动　高温下的沥青混合料处于以黏性为主的半固体状态，在荷载作用下，沥青胶浆便产生流动，从而使混合料的网络骨架结构失稳。这部分半固态物质除部分填充混合料空隙外，还将随沥青混合料自由流动，从而使路面受载处被压缩变形。

③矿质集料的重排及矿质骨架的破坏　高温下处于半固态的沥青混合料，由于沥青胶浆在荷载作用下首先流动，混合料中粗、细集料组成的骨架逐渐破坏，在荷载直接作用下会沿矿料间接触面滑动，促使沥青胶浆向富集区流动，以至流向混合料自由面，特别是当个别集料间沥青胶浆过多时，这一过程会更加明显。

一般认为，车辙的形成过程非常复杂，一般认为由两种不同的机理组成：压密变形(表现为空隙率减小)和剪切流动变形(表现为空隙率不变，集料横向推挤形成隆起变形)。其中，对于在施工中充分压实的路段，剪切流动变形是其主要产生机理，有环道试验研究证实剪切流动变形占到车辙总变形的80%以上。但是，实体工程中发现沥青路面的高温变形行为非常复杂，结构、材料、交通、环境及施工条件等因素对沥青路面的车辙形成机理有很大的影响，不同条件下沥青路面车辙的组成和发展规律相差较大。在有的路段压密变形和剪切流动变形会同时出现，且相互比例随使用时间的增加而不断变化。

5.4.3 车辙影响因素

影响沥青路面车辙的内因主要反映在沥青混合料自身的高温稳定性以及路面结构组合形式等；而外因则主要包括气候条件、交通条件以及施工条件。其影响因素具体总结如下。

5.4.3.1 内部因素

(1)沥青性质及用量

沥青混合料的高温稳定性取决于其高温下的抗剪性能。一般认为，抗剪强度由黏聚力和内摩阻力组成，其中黏聚力主要与沥青胶结料本身的性能及沥青与矿料之间的黏附作用密切相关。在一定温度和加载速率下，稠度较高，黏度较大，软化点较高，温度敏感性较低的沥青在高温下仍具有较大的黏滞性，使得混合料在高温下抗流动变形的能力较强，混合料结构易于维持稳定。在沥青指标体系中软化点和60℃黏度是表征其高温性能的主要控制指标。图5-20显示了不同种类沥青的60℃黏度与其对应混合料车辙试验结果(动稳定度)的相关性。

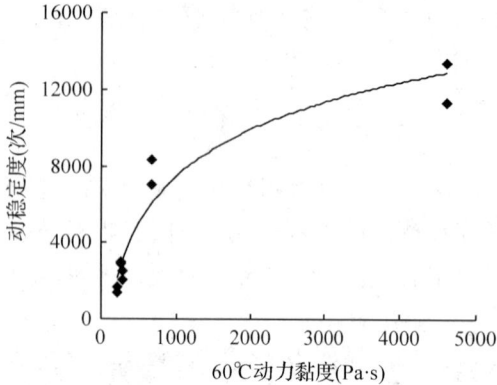

图 5-20 沥青路面结构型车辙

沥青黏附性越好，混合料抗高温变形能力越强。一般沥青质含量较高，沥青热稳定性也较好。含蜡量高的沥青，当温度接近软化点时，蜡熔融会引起沥青黏度明显降低而失稳。另外，在沥青中添加合适的改性剂，可大幅度提高其高温黏度，从而有效地改善混合料的高温稳定性。

沥青含量对其高温稳定性也有明显的影响。矿料表面裹覆的沥青膜通常由自由沥青与结构沥青构成。当沥青含量过低时，集料表面沥青膜过薄，沥青混合料难以压实，使其抗车辙能力差。而随着沥青含量的增加，自由沥青所占的比例增大，其润滑作用也增强，使得混合料的高温稳定性急剧下降。因此，为保证沥青混合料的高温稳定性应限制沥青膜厚度。有研究认为用马歇尔方法确定的最佳沥青用量比用于控制车辙的最佳沥青用量高 0.3%~0.5%。

（2）集料性质及级配

沥青混合料的内摩阻角主要取决于集料性质以及级配组成。压碎值大、耐磨性强、表面不光滑、磨光值小、扁平细长颗粒含量少、颗粒形状接近立方体的破碎碎石，具有丰富的棱角和粗糙的纹理构造，经压实后颗粒之间能形成紧密的嵌挤作用，内摩阻角较大，抗车辙能力较强。增大集料的最大粒径也可以增强混合料的抗高温变形能力。为了避免在沥青混合料内产生大的塑性变形，应严格控制小于 0.075mm 的填料颗粒含量。

级配是集料中最重要的技术性质，直接影响沥青混合料的骨架结构形成、集料颗粒间嵌挤力的大小及混合料的密实程度，因此对其高温稳定性也起着决定性的影响。中粒式沥青混合料抗车辙性能最好，其次为细粒式，粗粒式最差。骨架密实结构混合料的抗车辙能力要高于密实骨架结构或者骨架空隙结构混合料。在通常情况下，密级配混合料比开级配混合料更容易形成稳定结构，具有更强的抗永久变形能力。但是，以沥青玛蹄脂碎石混合料（SMA）为代表的间断级配混合料粗集料含量较高，大量粗集料颗粒互相接触形成较为完整的骨架结构，因此其抗车辙性能明显优于传统的密级配混合料。

（3）混合料体积参数

对于沥青混合料的高温稳定性，空隙率存在一个最佳值。如果空隙率过小，混合料内部没有足够的空隙来吸收流动的部分，容易引起混合料整体性流动而形成车辙；如果空隙率过大，则容易产生压密变形。一般建议密级配混合料的初始现场空隙率应不大于 8%，尽量维持在 4% 的水平，最低不能小于 3%。为了保证热稳定性，混合料的矿料间隙率 VMA 应维持在一个较大的数值水平上。一般情况下，增大 VMA 可以使混合料的抗车辙性能增强。

(4)路面结构组合

路面结构层的厚度和组合形式也是影响车辙的重要因素。有资料显示，对于路面车辙量来说，存在一个沥青层的临界厚度。在低于此临界值时，随着沥青面层厚度的增加车辙量逐渐增大；而达到此临界值后，沥青面层厚度的增加不会导致更严重的车辙。临界厚度一般认为 15~25cm。柔性基层沥青路面的车辙在各结构层内分布较为均匀，而半刚性基层沥青路面的车辙主要产生在沥青面层内。

5.4.3.2　外部因素

(1)交通条件

交通条件对沥青路面高温稳定性的影响主要体现在交通量、荷载大小、行车速度、车流渠化等。交通量和荷载大小对沥青路面车辙的影响是显而易见的，交通量越大、轮载越重，路面累积车辙越大。行车速度的影响主要反映在荷载的持续时间上，车辆行车速度越慢，荷载作用时间越长，相同交通量所引起的路面高温变形越大。这种情况主要出现在停车场、交叉路口、长大纵坡、收费站等地方。渠化交通会使得车辆荷载在道路行车道某一位置的分布越来越集中，也会加快沥青路面车辙的形成。特别是大量重载车和超载车的出现，更加剧了沥青路面的变形。通常轮胎气压是适应行车荷载的，超载车荷载较大，必然引起轮胎气压较高，超载还会同时造成行车速度较慢，因此其造成的车辙病害要远远严重于一般车辆。有研究表明标准车辆中若有 20% 轴重 42kN 的超重车，将使路面车辙增加 2.37 倍。

(2)气候条件

气候条件对沥青路面高温稳定性的影响主要体现在温度和湿度两方面。其中，温度是最显著的因素。夏季沥青路面内的温度要比气温高出 15~30℃，由于热量难以从沥青路面中散出，使得路面长时间处于高温状态。而沥青混合料是一种典型的黏弹性材料，在高温条件下材料强度会明显降低。因此，在外部荷载作用下就很容易产生流动变形，从而形成车辙。有研究表明，气温低于 30℃ 时，一般不会有大的车辙；气温低于 35℃ 时，车辙能够限制在几毫米的范围内；气温超过 38℃ 时，车辙就会很快增长；如果气温连续超过 40℃，几天时间就会使路面发生严重的车辙破坏。在 40~60℃ 范围内，沥青混合料的温度每上升 5℃，其变形量将增加 2 倍(胥吉，2010)。路表下 4~9cm 处的温度最高，即中面层内更容易发生车辙。

路面在潮湿状态下，沥青混合料的水敏感性增大，同时使得高温稳定性也降低。尽管下雨能使路面温度下降 5℃ 左右，但是当路面积水或路面结构含水量增加时，沥青和矿料之间的黏结作用会被削弱，因此有水状态比干燥更容易产生车辙。

(3)施工质量

压实度、离析程度以及层间黏结状况等施工质量对沥青路面高温性能会产生重要影响。在外界交通和环境条件几乎相同的路段，路面车辙情况往往会存在明显差异，这归因于施工质量问题。施工出现严重离析、压实度达不到要求或者层间黏结不良时，路面容易产生局部路段车辙现象。有研究表明，当混合料空隙率提高 3% 时，沥青路面车辙量可提高 2~3 倍。

表 5-12 列出了某密级配沥青混合料(AC–20)的车辙试验结果,从表中可以证实沥青种类、集料种类和温度条件都对沥青混合料的高温稳定性有着显著的影响。

表 5-12 AC–20 沥青混合料车辙试验结果

混合料类型	60℃		70℃	
	总变形量(mm)	动稳定度/(次/mm)	总变形量(mm)	动稳定度/(次/mm)
普通沥青(石灰岩)	2.460	2376	6.066	758
SBS 改性沥青(石灰岩)	1.364	5609	4.447	1125
SBS 改性沥青(玄武岩)	1.389	7843	3.629	1722
SBS 改性沥青(玄武岩 + 纤维)	1.478	6388	3.403	1951

5.4.4 高温稳定性评价方法

目前高温性能试验方法可以归纳为以下三种:①经验性方法,如马歇尔稳定度试验等;②与性能相关的方法,如室内车辙试验、大型环道/直道试验等加速加载足尺试验等;③基于力学原理的方法,例如单轴蠕变、三轴蠕变、弯曲蠕变以及扭转剪切蠕变等。我国规范规定采用马歇尔稳定度试验来评价沥青混合料高温稳定性;对高速公路、一级公路、城市快速路、主干路用沥青混合料,还应通过基于车辙试验的动稳定度指标来检验其抗车辙能力。

5.4.4.1 马歇尔稳定度试验

马歇尔稳定度试验方法的提出迄今已半个多世纪,经过许多研究者的改进,目前普遍是测定马歇尔稳定度、流值和马歇尔模数三项指标,如图 5-21 所示。马歇尔稳定度是指标准马歇尔试件在规定温度(60℃)和加荷速度下,在马歇尔仪中最大的破坏荷载(kN);流值是达到最大破坏荷重时试件的垂直变形(以 0.1mm 计);而马歇尔模数为稳定度除以流值的商,即

$$T = \frac{MS \times 10}{FL} \tag{5-28}$$

式中,T 为马歇尔模数,kN/mm;MS 为稳定度,kN;FL 为流值,0.1mm。

我国现行规范(JTG F40—2004)规定,密级配沥青混凝土混合料(公称最大粒径小于或等于 26.5mm)用于高速公路、一级公路时,稳定度应不小于 8kN;用于其他公路时,应不小于 5kN。虽然马歇尔试验要求的温度与混合料高温变形性能评价相关,但是马歇尔试验对现场的模拟较差,与沥青混合料高温性能的相关性较差。

5.4.4.2 车辙试验

采用 300mm × 300mm × 50mm 的沥青混合料试件,在 60℃温度条件下,以一定荷载的车轮在同一轨迹上作一定时间的反复行走,形成车辙深度,测量荷载作用次数与试件的变形之间的关系曲线,然后按式(5-29)计算试件变形 1mm 时试验车轮行走次数,即动稳定度,如图 5-22 所示。

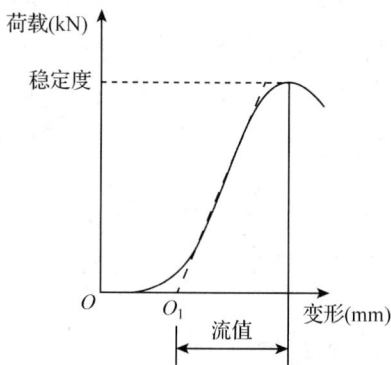

图 5-21　马歇尔稳定度试验结果

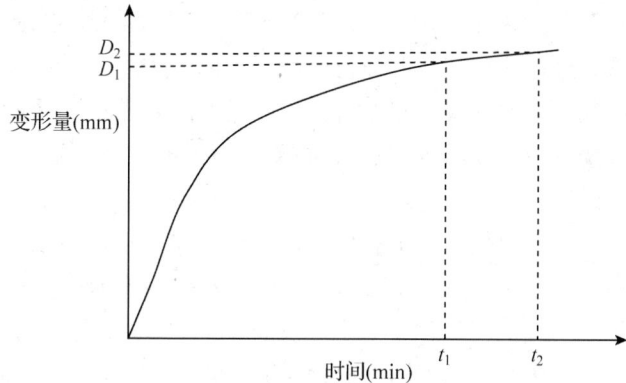

图 5-22　车辙试验动稳定度

$$DS = M \frac{(t_2 - t_1) \times 42}{d_2 - d_1} \times c_1 \times c_2 \tag{5-29}$$

式中，DS 为动稳定度，次/mm；d_1、d_2 为时间 t_1、t_2 时测得的变形量，mm；c_1、c_2 为试验机和试样修正系数。

我国现行规范(JTG F40—2004)规定，对用于高速公路和一级公路的公称最大粒径等于或小于 19mm 的密级配沥青混合料(AC)及 SMA、OGFC 混合料在配合比设计时必须在规定的试验条件下进行车辙试验，并符合表 5-13 的要求。车辙试验方法简单，模拟现场状态较好，但是试件中应变分布复杂，且不能得到用于路面结构力学分析的基本材料参数。

表 5-13　沥青混合料车辙试验动稳定度技术要求(次/mm)

七月平均最高气温(℃)及气候分区	>30				20~30				<20
	1. 夏炎热区				2. 夏热区				3. 夏凉区
	1-1	1-2	1-3	1-4	2-1	2-2	2-3	2-4	3-2
普通沥青混合料	≥800		≥1000		≥600		≥800		≥600
改性沥青混合料	≥2400		≥2800		≥2000		≥2400		≥1800
SMA 混合料(非改性)	≥1500								
SMA 混合料(改性)	≥3000								
OGFC 混合料	≥1500(一般交通路段)								
	≥3000(重交通量路段)								

注：①如果其他月份的平均最高气温高于七月时，可使用该月平均最高气温；②在特殊情况下，如钢桥面铺装、重载车特别多或纵坡较大的长距离上坡路段、厂矿专用道路，可酌情提高动稳定度的要求；③对因气候寒冷确需使用针入度很大的沥青(如大于100)，动稳定度难以达到要求，或因采用石灰岩等不很坚硬的石料，改性沥青混合料的动稳定度难以达到要求等特殊情况，可酌情降低要求；④为满足炎热地区及重载车要求，在配合比设计时采取减少最佳沥青用量的技术措施时，可适当提高试验温度或增加试验荷载进行试验，同时增加试件的碾压成型密度和施工压实度要求；⑤车辙试验不得采用二次加热的混合料，试验必须检验其密度是否符合试验规程的要求；⑥如需要对公称最大粒径等于和大于 26.5mm 的混合料进行车辙试验，可适当增加试件的厚度，但不宜作为评定合格与否的依据。

5.4.4.3　单轴和三轴蠕变试验

蠕变试验分为单轴蠕变试验和三轴蠕变试验。按加载方式的不同，又可分为动态和静态。蠕变试验一般采用旋转压实成型的尺寸为 $\Phi 100\text{mm} \times 150\text{mm}$ 的圆柱形试件，试验过程中在试件上方施加恒定轴向压力 σ_d，测量试件的应变—时间关系曲线。三轴试验在单轴试验基础上增加了通过气体或者液体提供的围压 σ_c，如图 5-23 所示。通过蠕变试验可以测定的数据包括动态模量、回弹模量、泊松比、永久变形与荷载作用次数或时间的关系等。

采用动载三轴试验将更符合路面结构的实际受力状态，可以直接测试材料的力学参数，但也需要更为复杂的试验设备，而且恒定的围压条件与实际路面也并不完全相符。

在蠕变试验中沥青混合料的永久变形一般会经历三个阶段(图 5-24)：第 1 阶段迁移期，应变迅速增大，但应变率随时间逐渐减小；第 2 阶段稳定期，应变稳定增长，应变速率基本保持稳定；第 3 阶段破坏期，应变和应变率均急剧增大，出现剪切流动，直至破坏。第 2 阶段和第 3 阶段的分界点所对应的荷载作用次数即为流变次数 FN，其物理意义为沥青混合料进入剪切流动阶段的起点。可以通过三个物理破坏过程对试验现象进行解释：在第 1 阶段，荷载作用下混合料中错位的胶结料、集料以及空隙逐渐移动，出现应变硬化现象；在第 2 阶段，当永久应变累积到一定程度时，材料内部形成微裂纹并不断扩展，从而出现应变软化现象，并与应变硬化行为逐渐达到平衡；在第 3 阶段，微裂纹不断扩展形成宏观裂缝，应变软化加速，直至最终破坏。

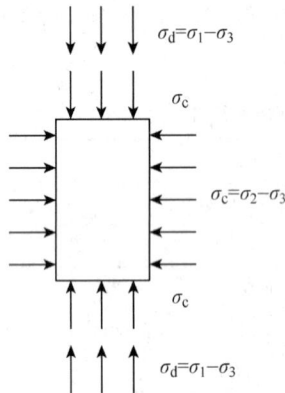

图 5-23 三轴试验中试件的应力状态　　图 5-24 沥青混合料永久变形三阶段曲线

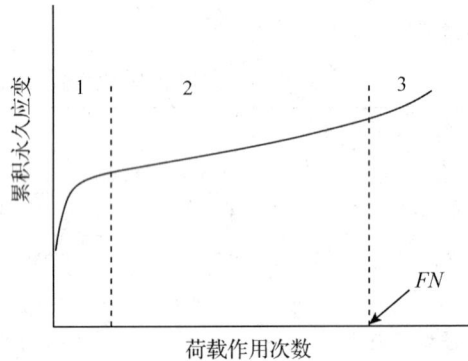

5.4.4.4 加速加载试验

加速加载试验是一种大型环道或直道形式的足尺路面结构在实际车轮和交通荷载作用下的试验，可以测量路面结构在不同荷载作用次数和温度条件下的累积变形量。其试验条件可以精确控制，试验结果与实际路面结构的关系密切，但是足尺试验的成本很大、周期较长，一般很少在工程实践中采用。美国公路研究合作项目计划 NCHRP 总结了前人研究成果，提出以动态模量试验、静态蠕变试验和动态蠕变试验作为评价热拌沥青混合料高温性能的推荐试验方法(Witczak et al, 2002)。另外，为了模拟路面的实际工作状态，国内外学者对室内高温稳定性评价试验也进行了一系列改进，相继提出了局部三轴试验、单轴贯入试验、同轴剪切试验、整体结构高温变形模拟试验等试验方法。

5.4.5 车辙预估模型

国内外对沥青路面车辙预估的研究已有几十年的历史。根据所依据的方法,车辙预估模型大致可分为以下四类(沈金安,2004):

(1)控制土基顶面的压应变法

早期的美国地沥青协会 AI 设计法、Shell 设计法等都是以土基顶面压应变作为路面车辙的控制指标。其依据是路面材料的永久应变同弹性应变成正比,如果将一定交通荷载作用下的路基顶面的弹性应变控制在一定范围内,则路基以上各层的永久应变都将得到控制,从而在一定程度上可以控制车辙。土基顶面压应变 ε_Z 与达到永久变形失效时允许的荷载作用次数 N 之间的相关关系如下:

$$\varepsilon_Z = aN^b \tag{5-30}$$

式中,a,b 为回归系数。

然而,随着较厚沥青面层的大量采用,这些方法与沥青路面车辙形成机理就不相符合了。首先,弹性应变同永久应变的相关关系尚不明确。其次,车辙深度与路基顶面的压应变不存在定量的关系,用它来控制车辙不够准确。第三,较多地考虑基层和路基材料的变形,忽视了沥青层车辙贡献,从而严重低估了路面的车辙病害。

(2)经验法

经验法,也称统计法,是从试验路或者室内试验测定材料性能和路用性能数据,采用统计方法建立沥青层永久变形与材料参数及荷载作用次数 N 的经验关系式并预测车辙的方法。根据各种不同的工程实践中总结出来的经验法预估模型主要有:

Ohio 州模型:

$$\varepsilon_p = aN^{1-m} \tag{5-31}$$

Superpave 模型:

$$\lg\varepsilon_p = \lg\varepsilon_p(1) + S\lg N \tag{5-32}$$

AASHTO 模型:

$$DR_{it} = \delta_i + a_i(1 - e^{b_i N_{it}}) \tag{5-33}$$

式中,ε_p 为累积永久应变;$\varepsilon_p(1)$ 为第 1 次荷载作用时产生的永久应变;DR_{it}、N_{it} 分别为在时间 t 时路面断面 i 的车辙深度、累积荷载重复作用次数;δ_i 为路面断面 i 竣工时源于下卧层的车辙深度,与全部初始车辙深度相关的非观察值;a_i、b_i 为路面特性函数;a、m、S 为回归系数。

以幂函数模型为代表的经验模型简单易用,但由于模型参数依赖于材料特性、试验温度、荷载水平以及数据处理方法,故只能用于某一具体的环境,外延性差,适用面窄,很难广泛应用。而且,使用幂函数形式不能准确地描述沥青混凝土永久变形第 3 阶段的剪切流动。

(3)力学—经验法

由于可以克服经验法的缺陷,力学—经验法逐渐受到大家的重视。该类方法采用弹性层状体系理论或黏弹性层状体系理论计算路面应力和应变,结合室内外试验数据,回归得到沥青路面车辙与路面结构、荷载作用次数以及温度的经验关系。代表性模型有：

VESYS 模型：

$$\varepsilon_{pn} = \mu \cdot \varepsilon_r N^{-\alpha} \tag{5-34}$$

Monismith 模型：

$$\lambda^i = a e^{b\tau} \gamma N^c \tag{5-35}$$

MEPDG 模型：

$$\frac{\varepsilon_p}{\varepsilon_r} = k_1 a_1 T^{b_1} N^{c_1} \tag{5-36}$$

剪切应力强度比模型：

$$\varepsilon_p = A e^{BN} e^{C\frac{\tau}{\tau_f} ND} t^E \tag{5-37}$$

式中，ε_{pn} 为第 n 次荷载作用时产生的永久应变；ε_r 为回弹应变；γ 为弹性剪应变；λ^i 为 50mm 深度处的永久（无弹性）剪应变；τ_f 为沥青混合料抗剪强度；τ 为同深度处的剪应力；T 为路面温度；t 为荷载作用时间；k_1 为路面深度修正函数；μ、α，a、b、c、a_1、b_1、c_1、A、B、C、D、E 为回归系数。

基于力学—经验法的模型可以有效地结合理论分析和室内试验结果，是经验法和理论法相互取长补短、相互渗透的产物，代表目前沥青路面车辙预估模型的发展趋势。但在材料参数的选择以及室内模型的现场修正等方面还需进一步研究。

(4) 理论法

理论法，也称为分析法，通过试验测得沥青混合料材料参数，采用弹性或黏弹性层状体系理论求解路面内部的应力、应变及位移，并根据永久变形与应力之间的关系，求得沥青层永久变形，建立路面车辙预估模型。根据理论基础的不同，理论法可以细分为弹性层状体系法、黏弹性方法、黏弹塑性方法。近些年来研究发现结合黏弹塑性力学原理、损伤力学以及有限元方法能准确地描述沥青路面的永久变形行为。但是，建立这类模型需要较高的理论知识水平，而且模型参数众多，难以通过简单的性能试验获取。

5.5 低温抗裂性

在寒冷冬季或在温差较大的季节，虽然沥青混合料的强度增加，但是由于材料刚性变大导致其抗变形能力反而降低，柔性逐渐损失。当路面结构的温度降低尤其是短时间内有大幅降温时，混合料的应力松弛性能赶不上，结构内部积累的温度应力一旦大于材料的强度极限，路面易产生冻胀裂缝、低温收缩裂缝及温度疲劳裂缝等破坏现象。一般认为，沥青面层的温度开裂是路面破坏的主要形式之一，在我国北方地区尤为普遍。有研究表明：裂缝类破坏中有三分之一是由于沥青混合料的低温抗裂性不足引起的。

低温抗裂性就是指沥青路面在低温条件下抵抗因温度应力而引起开裂的能力。裂缝的存在破坏了路面结构整体性和连续性，更为严重的是随着表面雨水或雪水的浸入，加之行车荷载反复作用，路面结构强度明显下降，产生冲刷和唧浆等病害，加速了路面破坏，并降低路面行驶质量。因此，在进行沥青混合料设计时必须充分考虑其低温抗裂性。

5.5.1 低温开裂机理

根据裂缝产生机理的不同，沥青面层的低温开裂病害可以分为以下几类：

(1) 严冬期温度骤降出现的横向收缩裂缝

由于冬季气温骤降，沥青混合料变硬并产生收缩，在有约束的沥青层内会产生温度应力，过快的降温速率使得路面内的应力来不及松弛，另外在低温条件下沥青混合料的应力松弛性能也会降低。当温度用力积累到超过沥青混合料抗拉强度时，面层产生横向裂缝。这类裂缝一般并不发生在当地的极端温度条件下，而是经常发生在寒流和寒潮到来的时间里，沥青路面往往会在寒流到来的一夜之间产生大量的温缩裂缝。这种情况在沥青面层与基层黏结力不好时更容易发生。不同温度下沥青路面内的温度收缩应力和抗拉强度的对应关系如图5-25所示，T_k 为沥青混合料产生裂缝的临界温度。

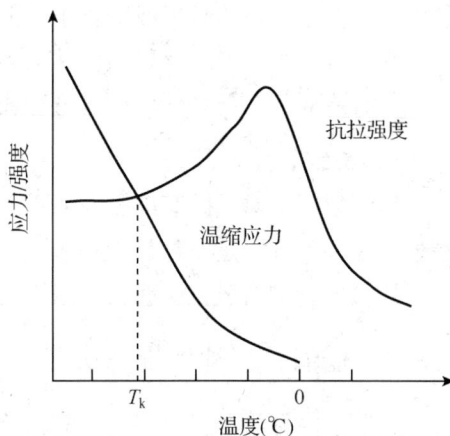

图 5-25 不同温度下沥青混合料的温缩应力和抗拉强度

路面开裂以后，温度继续下降，而且随着使用年限的增加，沥青混合料的劲度模量也同时增加，所以新的裂缝还会持续地形成，从而使得裂缝间距缩短，裂缝宽度增加，开裂越来越严重。同时纵向无限长的沥青面层开裂后，其承载模式转变为有限尺寸板。承受重复车轮荷载时，开裂后路面会被扯断成更小尺寸的板，并发生龟裂。裂缝随着时间逐渐加宽，边缘折断破碎，使路面平整度降低，从而危及道路的使用寿命和行驶质量。

(2) 温度疲劳裂缝

温度疲劳裂缝是由于温度疲劳循环的作用所造成的。气温的反复升降可以引起沥青混合料产生温度应力疲劳，混合料的极限抗拉伸应变也会逐渐减小，应力松弛性能变差，最后导致在并不太大的温度应力下路面也会产生开裂。除了温度疲劳作用年循环外，温度的日循环、短时间内的温度循环、冷热交替，都能在混合料内部出现疲劳损坏现象。温度疲劳裂缝可能发生在冬季最低气温并不太低但温度变化较频繁的地区，同时在紫外老化和荷载等综合因素的作用下，裂缝随着道路的使用年限的增加而不断增加。

(3) 温度型反射裂缝

反射裂缝是指已开裂的旧沥青路面或水泥路面内的裂缝在行车荷载和温度荷载的反复作用下反射到新加铺面层上形成的裂缝。而对于半刚性基层沥青路面，反射裂缝特指由于半刚性基层在温度梯度和湿度变化下先产生收缩开裂，而后沿开裂基层向上方反射到沥青面层而形成的裂缝。通常把温度变化引起的反射裂缝称为温度型反射裂缝。

季节性温度变化一般会在沥青面层中引起三种拉应力：基层的收缩变形在面层裂缝处产生拉应力、沥青面层收缩在裂缝正上方产生的抵制基层在此处开裂的附加应力以及由于基层或旧路面与面层没有完全黏结引起的上述两种拉应力的应力松弛。这三部分应力叠加若超过混合料抗拉强度，面层就会产生反射裂缝。日气温变化也会在面层中产生应力，虽然日气温变化小，但变化频率高，路面内温度梯度会引起翘曲变形，导致裂缝进一步扩展。反射裂缝主要与交通状况、当地气候条件、沥青层厚度以及基层或原有路面在接缝处的传荷能力有关。

（4）冻缩裂缝

冻缩裂缝主要是路基冻胀及收缩产生的开裂，可以一直延伸到路基范围之外的田野里，或者本来就是路外开裂延伸到路上，在路面与路肩交界处最常见。裂缝宽度和深度均较大。如果设置防冻层，冻缩裂缝一般可以得到一定程度的缓解。

5.5.2 低温抗裂性评价方法

目前国内外主要通过测量沥青混合料的开裂温度、在低温下的变形能力和应力松弛能力或在低温断裂时所能承受的断裂拉来评价其低温抗裂性能。试验方法主要包括：等应变加载的破坏试验（间接拉伸试验、弯曲试验、压缩试验）、直接拉伸试验、弯曲拉伸蠕变试验、受限试件温度应力试验、三点弯曲 J 积分试验、C^* 积分试验、收缩系数试验、应力松弛试验等。

（1）低温弯曲试验

我国现行规范（JTG F40—2004）规定，宜对用于高速公路和一级公路的公称最大粒径等于或小于 19mm 的密级配沥青混合料在温度 -10℃、加载速率 50mm/min 的条件下进行弯曲试验，测定其破坏强度、破坏应变、破坏劲度模量。采用由轮碾成型的板块状试件上切割制成的棱柱体试件，尺寸符合长（250±2）mm、宽（30±2）mm、高（35±2）mm 的要求。根据应力应变曲线的形状，综合评价沥青混合料的低温抗裂性能。其中沥青混合料的破坏应变宜不小于表 5-14 的要求。计算公式见式（5-38）～式（5-40）。

表 5-14 沥青混合料低温弯曲试验破坏应变（με）技术要求

年极端最低气温（℃）及气候分区	< -37.0		-21.5 ~ -37.0			-9.0 ~ -21.5		> -9.0	
	1. 冬严寒区		2. 冬寒区			3. 冬冷区		4. 冬温区	
	1-1	2-1	1-2	2-2	3-3	1-3	2-3	1-4	2-4
普通沥青混合料	≥2600		≥2300			≥2000		≥2000	
改性沥青混合料	≥3000		≥2800			≥2500		≥2500	

$$R_B = \frac{3LP_B}{2bh^2} \tag{5-38}$$

$$\varepsilon_B = \frac{6hd}{L^2} \tag{5-39}$$

$$S_B = \frac{R_B}{\varepsilon_B} \tag{5-40}$$

式中，R_B、S_B 分别为试件破坏时的抗弯拉强度、抗弯拉模量，MPa；ε_B 为破坏应变；L、d 分别为试件的跨径、试件破坏时的跨中挠度，mm；P_B 为试件破坏时的最大荷载，N；b、h 分别为跨中断面试件的宽度、高度，mm。

通常破坏应变和弯拉强度越大，混合料的低温抗裂性能越好。但是在评价沥青混合料低温抗裂性时仅考虑强度和变形并不全面，较高的强度和较大的变形一般很难兼得。因此，根据试验结果，绘制出应力—应变关系曲线，如图 5-26 所示，采用式（5-41）弯曲应变能密度函数（图 5-26 中的阴影部分）来评价沥青混合料的低温性能更为合适。

$$W = \int_0^{\varepsilon_{max}} \sigma_{ij} \mathrm{d}\varepsilon_{ij} \tag{5-41}$$

式中，W 为应变能密度函数；σ_{ij}、ε_{ij} 分别为应力、应变分量。

（2）间接拉伸试验（劈裂试验）

间接拉伸试验，即劈裂试验，是对规定尺寸的圆柱体试件，通过一定宽度的圆弧形压条施加按一定的变形速率、施加压缩荷载于试件，通过位移传感器测量试件的垂直、水平变形，并获得沥青混合料的劈裂强度和变形曲线，如图 5-27 所示。一般采用标准马歇尔试件（$\Phi 101.6\text{mm} \times 63.5\text{mm}$）或旋转压实试件（$\Phi 150\text{mm} \times 50\text{mm}$）。我国现行规范（JTG E20—2011）规定劈裂试验温度与加载速率由当地气候条件根据试验目的或有关规定选用，如无特殊规定，当用于评价沥青混合料低温抗裂性能时，宜采用的试验温度为（-10 ± 0.5）℃及加载速率 1mm/min。其评价指标有劈裂强度、破坏变形及劲度模量等。当采用马歇尔标准试件时，各参数的计算公式如下所示：

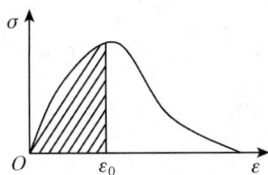

图 5-26　低温条件下沥青混合料的
应力—应变关系

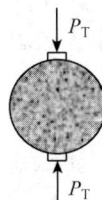

图 5-27　劈裂试验示意图

$$R_T = 0.006287 P_T / h \tag{5-42}$$
$$\mu = (0.135A - 1.794)/(-0.5A - 0.0314) \tag{5-43}$$
$$A = Y_T / X_T \tag{5-44}$$
$$\varepsilon_T = X_T \times (0.0307 + 0.0936\mu)/(1.35 + 5\mu) \tag{5-45}$$
$$S_T = P_T \times (0.27 + \mu)/(h \times X_T) \tag{5-46}$$

式中，R_T、S_T 分别为劈裂强度、破坏劲度模量，MPa；μ、ε_T 分别为泊松比、破坏应变；P_T 为试验荷载的最大值，N；A、h 分别为试件垂直变形与水平变形的比值、试件高度，mm；Y_T 为试件相应于最大破坏荷载时的垂直方向总变形，mm；X_T 为试件相应于最大破坏荷载时的水平方向总变形，mm。

(3) 低温蠕变试验

根据加载模式的不同低温蠕变试验可以分为直接拉伸蠕变、劈裂拉伸蠕变和弯曲蠕变试验。其中比较常用的是弯曲蠕变试验，在我国现行规范(JTG E20—2011)中规定弯曲蠕变试验采用 $250\text{mm} \times 30\text{mm} \times 35\text{mm}$ 的棱柱体小梁试件，跨径 200mm，试验温度为 0℃，荷载水平为破坏荷载的 10%，对于密实型沥青混合料采用 1MPa。弯曲蠕变试验评价指标主要是蠕变速率。

$$\sigma_0 = \frac{3LP_0}{2\,bh^2} \times 10^{-6} \tag{5-47}$$

$$\varepsilon(t) = \frac{6hd(t)}{L^2} \tag{5-48}$$

$$\varepsilon_s = \frac{\varepsilon_2 - \varepsilon_1}{(t_2 - t_1)/\sigma_0} \tag{5-49}$$

式中，σ_0 为试件的蠕变弯拉应力，MPa；$\varepsilon(t)$ 为试件梁底的弯拉应变；ε_s 为试件的蠕变速率，$1/(\text{s} \cdot \text{MPa})$；$t_1$、$t_2$ 分别为蠕变稳定期直线段起始点及终点的时间，s；ε_1、ε_2 分别为对应于 t_1、t_2 时的蠕变应变；L、b、h 分别为试件的跨径、跨中断面试件的宽度和高度，m；P_0 为试件在试验加载过程中承受的荷载，N。

(4) 受限试件温度应力试验

美国战略公路研究计划(SHRP)采用受限试件温度应力试验(TSRST)作为沥青混合料低温抗裂性能的评价方法，该试验能较好地模拟沥青路面在降温过程中的开裂行为，在我国又称为冻断试验。试验所选棱柱体小梁试件($50\text{mm} \times 50\text{mm} \times 250\text{mm}$)必须在 135℃下短期老化 4h 或在 85℃下长期老化 5d，降温速率为 10℃/h。试验测定冷却过程中的温度—应力曲线，主要评价指标有：冻断温度、破坏强度、转折点温度和温度—应力曲线斜率，如图 5-28 所示。

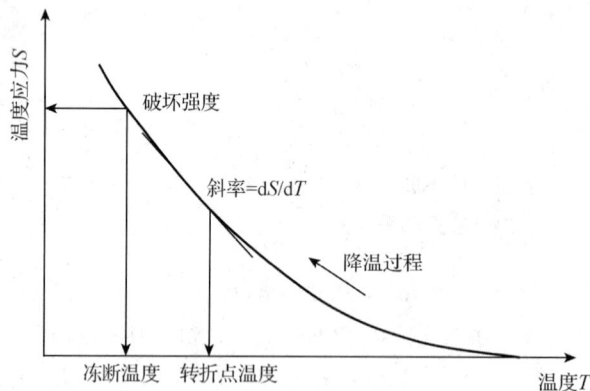

图 5-28　受限试件温度应力试验温度—应力曲线

5.5.3　低温开裂的影响因素及控制措施

影响沥青路面低温开裂的因素很多，大致分为材料、环境、路面结构三个方面。

（1）材料因素

①沥青　稠油沥青在低温时能承受较大的拉伸应变，具有较低的劲度模量和较强的柔韧性，所以其抗裂性能明显较优。因此，选择稠油来炼制沥青是减少沥青路面横向收缩裂缝的重要措施之一。为了提高混合料低温抗裂性能，应尽量选用温度敏感性低、低温劲度低、针入度大、延度大、含蜡量低的沥青。其中，影响沥青混合料低温抗裂性能的最主要因素是沥青的低温劲度，而沥青黏度和温度敏感性是决定沥青劲度的主要指标。另外，沥青在使用期间的老化也会降低其抗裂能力。

②混合料　在进行沥青混合料抗裂设计时，宜采用耐磨性好、低冻融损失、与沥青黏附性好、吸水性小的集料。通常，密级配混合料的低温抗拉强度高于开级配混合料，但是矿料级配的构成粒径较粗、粒径大、空隙率大的混合料内部的微空隙较多，应力松弛极限温度降低，使温度应力有所减小，两方面的影响可以相互抵消。按照经验，在进行寒冷地区沥青混合料设计时，应按照基于传统马歇尔方法确定的最佳沥青用量的基础上追加 0.3%~0.5%，以提高其抗裂能力。空隙率大的路面易老化，使得混合料劲度增大，易开裂。

表 5-15 列出了某密级配沥青混合料（AC-20）的低温弯曲试验结果。从表中可以看出 SBS 改性沥青混合料比普通沥青混合料的低温抗裂性能好，有纤维沥青混合料的破坏应变和应变能密度较无纤维沥青混合料的破坏应变要大，表现出更好的低温抗裂性能。

表 5-15　AC-20 沥青混合料低温弯曲试验结果

混合料类型	抗弯拉强度（MPa）	破坏应变（ε）	劲度模量（MPa）	应变能密度（$kJ \cdot m^{-3}/mm$）
普通沥青（石灰岩）	10.41	1.122×10^{-3}	10327	4.781
SBS 改性沥青（石灰岩）	6.28	1.484×10^{-3}	4838	4.257
SBS 改性沥青（玄武岩）	8.04	1.083×10^{-3}	7451	5.525
SBS 改性沥青（玄武岩+纤维）	6.57	1.327×10^{-3}	5351	5.761

（2）环境因素

对于沥青混合料低温抗裂性来说，最主要的环境因素就是温度。一般来说，路表面温度越低则温度开裂的可能性越大。降温是产生沥青路面温度裂缝的最直接原因，大多数沥青路面的低温开裂是在温度降到低于沥青材料的玻璃化温度并保持一段时间时产生的。降温速率越大，沥青路面越容易产生温度裂缝。沥青层内温度梯度越大，产生的温度应力越大，则路面开裂趋势越明显。对于大多数地区，温度梯度在春季和秋季最大。路表面温度及路面内温度梯度与周围大气温度、风速和太阳辐射有关。另外，路龄越大则温度开裂可能性越大，这是由于沥青路面老化后劲度增大而造成的。

（3）路面结构因素

①几何尺寸　较窄路面比较宽路面的温度裂缝间隔更小。有现场调查显示，7m 宽的道路初始裂缝间距约为 30m，而 15~30m 宽的普通机场沥青道面的初始裂缝间距大于 45m。但随着道路使用时间的增长，裂缝间距的差异逐渐消失（贾志清，2006）。当使用相同类型沥青时，沥青面层越厚，温度裂缝产生的可能性越小。但是，沥青面层

过厚,不仅经济性差,还可能导致产生较大的车辙病害。而且,沥青面层厚度的影响要明显小于沥青性质的影响。如果采用质量较差的沥青,即使路面设计厚度较大,大量裂缝也会很快地出现。

②基层类型　与柔性基层相比,半刚性基层由于本身干缩和温缩严重、热容量小、与面层附着性能差,容易造成面层有一定自由收缩变形,沥青混合料应力松弛性能不易发挥,温度应力无法向下传递而在面层内部积累,最终加剧路面结构的开裂。增大基层摩擦系数,提高层间黏结条件可以有效地减少温度裂缝。

除了考虑上述因素以外,在进行路面施工时,应合理安排施工工序,防止层间污染。充分进行碾压,严格控制空隙率,能够有效延缓沥青混合料的老化。慎用钢轮压路机,采用合理碾压工艺,减少碾压微裂缝。这些措施均有利于抵抗沥青路面低温开裂。另外,对半刚性基层进行合理的设计和处治对于减少沥青面层温度裂缝(尤其是反射裂缝)的效果更为显著,如严格控制半刚性基层强度、进行基层和面层连贯施工、在基层设置预锯缝、在基层和面层之间设置级配碎石层、土工织物和格栅、应力吸收层等抗反射裂缝夹层等。

5.6　水稳定性

沥青混合料的水稳定性,即抗水损害性,是指沥青混合料在有水条件下能够保持其路用性能的能力大小。水损害是沥青路面在水或冻融循环的作用下,由于汽车车轮荷载和温度胀缩作用,进入路面空隙中的水不断产生动水压力或真空负压抽吸的反复循环作用,水分渗入到沥青与集料的界面上,使沥青黏聚力降低和逐渐丧失黏附力,沥青膜剥落,导致混合料的整体力学强度降低,从而出现沥青路面坑槽、松散、拥挤变形等损坏现象。

水损害是沥青路面最普遍的早期病害类型。有路面破损状况调查显示,在极端气候影响下,松散、坑槽等水损害占总路面病害的比例约为39%(曲超,2010)。在各种类型沥青路面病害中,有高达80%的与沥青混合料的水稳定性相关。在美国、日本等发达国家的沥青路面中都广泛地发生水损害现象。而由于我国南方地区夏季高温多雨而北方地区冬春季节会出现冰雪融化,路面水损害更为严重。沥青路面水损害的出现不仅直接导致路面耐久性降低、使用功能下降,而且还可以间接地诱发其他类型路面病害。另外,许多其他路面病害在发生和发展过程中也会逐步形成水损害。所以,对沥青混合料的水稳定性提出要求具有重要的意义。

5.6.1　沥青混合料水损害机理

近几十年来,国内外学者已从不同的角度对沥青路面的水损害机理进行了大量的研究,各种理论解释不断涌现。相关研究成果主要体现在以下方面。

(1)水损害的破坏形式

沥青路面的水损害通常发生在雨季、春融季节或者冰雪季节,发生水损害的地方多为排水不畅或透水性差的地方。沥青膜一般首先从沥青层中薄弱的部位(表面层或底面层)开始剥离,行车道车辆轮迹带处的水损害尤为严重。沥青路面水损害的破坏形式可分为以下几类：

①松散类 如路表麻面、松散、掉粒、坑洞等。在大量的车辆冲击荷载的作用下，路面积水所产生的孔隙水压力反复作用，使得沥青混合料丧失黏结力而变软，沥青膜从集料（特别是粗粒矿料）表面剥落，直至松垮，沥青混合料的强度逐渐损失，导致麻面、松散现象；在局部松散处，松散的集料颗粒逐渐掉粒、流失进而形成大小不一的坑洞。松散类病害的影响范围较广，可能只在局部区域出现，也可能散布在整个路表面，产生的主要原因是沥青与矿料间的黏附性较差。受行车荷载的影响，一般情况下，松散在轮迹处比较严重。

②裂缝类 如唧浆、网裂、坑洞等。在冻水压力作用下，表面层和中面层中部分碎石上的沥青剥落。石料上的沥青一旦剥落，在荷载的作用下表面层就会产生形变和网裂。从路表连通孔隙及裂缝处下渗的水分长期滞留在基层顶面，浸泡和冲刷半刚性基层层顶结合料和细集料，形成灰浆并从裂缝中被挤压而出而形成了唧浆现象。随着基层结合料的逐渐流失，面层也随着底部脱空现象的产生而形成沉陷、网裂。另外，沥青混合料一旦松散，在大量的快速行车荷载作用下松散的石料被车轮甩出或被雨水带走，进而发展成坑洞。坑洞是坑槽的早期形态，对于冰冻地区，坑洞一旦产生，在水的进一步冲刷作用下即会发展为大的坑槽。

③变形类 如辙槽。沥青面层产生松散后，在行车轮迹带下不仅会出现压缩变形现象，而且还会产生严重的剪切破坏现象。轮下松散的沥青混合料向两侧挤出并鼓起，在轮迹带下形成车辙。辙槽内有时还伴随着唧浆和网裂现象。这种破坏现象是国际上通称的经典水损害，主要发生在行车道上。这种水损害主要是表面型坑槽，只发生在表面层。它的形成条件是水能够渗入表面层，但继续往下渗比较困难，同时表面有大的孔隙。产生的原因主要是因为沥青混合料的设计空隙率或施工后的残余空隙率较大，渗水严重。有研究表明，当路面的实际空隙率为 8%～15% 的范围内时，水容易进入并滞留在混合料内部，不容易排走且易在荷载作用下产生很大的毛细压力成为动水力，造成沥青混合料的水损害。

④冻融循环破坏类 在冰冻地区或季节性冰冻地区，由于水凝聚结冰时体积增大，在沥青混合料内部会产生很大的膨胀力，致使混合料内部黏结力下降。而当其融化时，又滞留于路面层内，在行车荷载作用下加速沥青膜的剥落。在路表，冰雪融水进入沥青混合料内部，在行车荷载和冻融循环的反复作用下产生破坏。而在下面层，当基础有较多的细粒土和孔隙时，冬季特有的毛细水使水分逐渐积聚在基层顶面，春融期过饱和的水进入下面层孔隙，在荷载反复作用下产生剥落现象和基顶冲刷。

（2）水损害的成因

由于混合料空隙率太大或者排水设施不完善，自由水容易进入并滞留在沥青层内部，使得沥青混合料饱水率增大，严重时饱水率可达到 70% 左右，几乎相当于室内试验真空饱水后马歇尔试件的饱水率。沥青混合料内部积存的水是沥青路面产生早期水损害的根本原因。

在车轮荷载的抽吸正负压力和气候变化形成的冻融循环双重作用下，沥青混合料极易发生水损害。当空隙率越小时，饱水量越少，受冻融危害和程度也较小；当空隙率越大（10% 以上）时，饱水量越多且不易流出，受冻融破坏就会越严重。这是因为当水冻结时,其体积要增加 9%；另外,在渗透作用下,周围未冻结区的水分也会向表面冻结区迁移和集聚,使冻结区水分增加。冻融作用水稳定性破坏,导致路面的鼓包、开裂以及随之而来的车辙、拥包等病害。尤其是在空隙率大,有连通水存在的地方,这种破坏更严重。

路面积水在高速行车轮胎下产生的动水压力非常大。车速与动水压力的相关关系如图 5-29 所示。从图中可以看出,在车速为 120km/h 时,动水压力可以达到 0.56MPa。而这种抽吸式正负压作用无疑加剧了水损害现象的发生。如图 5-30 所示,沥青路面存在着大大小小的空隙,有连通和不连通,当车轮快速驶来,轮底即将接触整个 A 空隙时,A 孔上方的空气和水来不及流走而迅速被车轮压入到 A 孔中,此时 A 孔压力大于外界压力,这种正压冲刷会加速集料尖端或裂缝处沥青膜的剥落；而当车轮将要驶过 A 孔时(以 B 孔的位置来描述 A 孔此地情况),同样车轮快速驶过 B 孔,而在此之前 B 孔处于较大正压下,随着车轮驶离 B 孔,B 孔中的正压释放,水和空气迅速冲出 B 孔到达路表,在短时内 B 孔会形成负压,同样这种负压冲刷会加速集料表面沥青膜的剥离而造成水损害(庄继德,1996)。

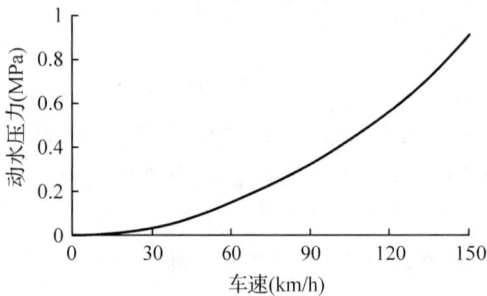

图 5-29 动水压力与车速的关系

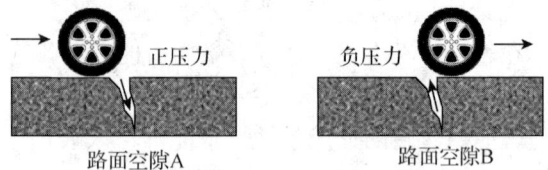

图 5-30 动水压力冲刷作用

沥青路面水损坏的产生,主要经过以下三个阶段。

①孕育期 在内因、外因的共同作用下,沥青路面出现了诸如损伤、裂缝等的破坏形式,从而导致结构层内部出现集水现象。

②发展期 路面结构层在交通荷载的作用下产生动水压力和泵吸作用,从而导致沥青路面出现各种水损坏现象。长期滞留在基层顶面的水,对基层形成冲刷破坏。

③恶化期 在行车荷载及冲击荷载的作用下,沥青面层产生了更为严重的破坏,基层出现了极限断裂甚至松散,地基承载力大幅下降。

(3)水损害的机理

目前研究者常用内聚破坏机理和黏附—剥落破坏机理来解释沥青路面的水损害现象,其中黏附—剥落破坏机理是水稳定性破坏的主要机理。同一种材料分子间的相互吸引作用就称之为内聚作用,内聚破坏机理主要包括移位、置换、天然的乳化作用、空隙水压力和水力冲刷。

沥青与集料之间的相互作用过程是复杂的、多种多样的吸附过程,包括沥青层被集料表面的物理吸附过程,沥青与集料接触界面上进行的化学吸附过程以及沥青组分向集料的选择性扩散作用过程。良好的黏附层对集料来讲应具有足够的正电荷中心,同时具有大的比表面积，对沥青来讲应该含有相当数量的表面活性物质，以利于润湿集料并与集料发生电性引力而生成化学吸附层。同时应有充分的热拌和时间以利于结构沥青层中的表面活性组分向集料界面的迁移。集料的粗糙度对于黏附的牢固程度来说，有时比集料的矿物成分更重要。

解释沥青与集料黏附性的理论主要有机械黏附理论、化学反应理论、表面能理论、极性理论、表面构造理论以及胶浆理论。这些理论从不同角度对沥青与集料黏附机理进行了有限的解释，但由于影响黏附力的因素很多，因此用单一理论难以进行解释，只有进行综合运用。

由剥离的过程可以发现，沥青从集料表面脱落、失去附着力必须以水的存在为先决条件。另一个条件是外力的存在。剥离是路面破坏的第一个阶段，随之而来的是交通荷载的反复作用，使集料松散、掉粒，继而成为坑槽而导致路面的全面破坏。破坏的进程与荷载大小、频率密切相关。在开始阶段，集料与集料之间是一种剪切破坏，集料滑动面上沥青膜脱离。剪切力很大程度起因于超载的轮压，一旦造成剪切破坏，水分立即浸入界面而导致附着力的丧失，所以剥离的过程是一个短暂的过程。当一条路长时间并无破坏迹象，由于水的存在突然产生网状龟裂或坑洞，都可以从水损害形成剥离破坏上考虑。

综上所述，水的存在不仅降低了沥青本身的黏结力，也破坏了沥青与集料间的黏附，因而水的存在加速了剥落现象的产生，造成了道路的水损害。

5.6.2 水稳定性评价方法

国内外沥青混合料水稳定性的评价方法一般可以分为两大类：一类是沥青与矿料的黏附性评价方法，即将未经压实的松散沥青混合料浸于水中一段时间后，通过肉眼观察或仪器观测来检查沥青跟集料的黏附程度，以水煮法、浸水法和光电分光度法为代表。另一类是沥青混合料的水稳定性评级方法，即在室内模拟强化自然环境（水温作用等）对混合料的侵蚀作用，测试沥青混合料试件的一些物理力学指标的衰变程度来表征混合料试件整体对水的抗剥落能力。这类方法有残留马歇尔试验、浸水马歇尔试验、冻融劈裂试验、洛特曼试验以及浸水车辙试验等。我国目前常采用的是水煮法、浸水马歇尔试验、冻融循环劈裂试验以及浸水车辙试验，各种评价方法的对比详见表5-16。

表5-16 沥青混合料水稳定性评价方法对比

试验方法	评价指标	优 点	缺 点
水煮法	黏附等级	试验时间短，设备简单，沥青膜剥落情况直观明显，推广性较好	只能针对大粒径矿质集料进行检验，试验中煮沸条件往往难于控制，指标缺乏定量的评价，等级评定人为因素影响大
浸水马歇尔	残留稳定度	试验简单，易于推广	试件空隙率小于实际路面情况，静水模式也不能模拟动水冲击破坏
冻融劈裂	残留强度比	增添了真空吸水及冻融循环试验	试验结果不能体现在实际受到水分冲击损坏的效果，也不能模拟混合料在施工过程中揉搓成型的条件
浸水车辙	辙槽深度比	能模拟实际路面情况	评价指标尚需进一步检验

(1) 水煮法

水煮法是一种针对混合料最大尺寸在 13.2mm 以上的矿质集料与沥青胶结料间的黏附性检验方法，适用于基质沥青、改性沥青、经过热处理的掺加抗剥落剂的沥青混合料。首先将矿质集料浸入已经加热易于流动的沥青中 45s，使沥青能充分包裹集料；然后取出裹有沥青的集料置于室温条件下冷却，待冷却后将集料颗粒放入煮沸的水中煮 3min；取出颗粒观察沥青膜的剥落情况，并根据剥落面积比例确定集料与沥青间的黏附等级。我国现行规范(JTG E20—2011)根据沥青膜的剥落程度和剥离面积将黏附性分为五个等级。沥青膜剥落面积越小，黏附性等级越高，混合料水损害可能性就越小。

(2) 浸水马歇尔试验(残留稳定度试验)

采用马歇尔击实法双面击实 75 次成型圆柱体试件，一部分试件放在 60℃条件恒温水槽中保温 30~40min，另一部分放在 60℃条件恒温水槽中保温 48h。分别测定两部分试件的马歇尔稳定度，通过下式计算残留稳定度比，用于评价混合料的水稳定性能。

$$MS_0 = \frac{MS_1}{MS} \times 100 \tag{5-50}$$

式中，MS_0 为浸水残留稳定度，%；MS 为马歇尔稳定度，kN；MS_1 为浸水马歇尔稳定度，kN。

我国现行规范(JTG F40—2004)规定，对用于高速公路和一级公路的公称最大粒径等于或小于 19mm 的沥青混合料，必须在规定的条件下进行浸水马歇尔试验和冻融劈裂试验，以检验沥青混合料的水稳定性，并应同时符合表 5-17 中的两个要求。达不到要求时必须采取抗剥落措施，调整最佳沥青用量后再次试验。

(3) 冻融劈裂试验

在浸水马歇尔试验的基础上，通过增加混合料真空饱水和冻融循环试验进一步地模拟实际环境条件。采用马歇尔击实法双面击实 50 次成型圆柱体试件，将其中一部分试件在 98.3~98.7kPa 真空条件下饱水 15min，然后在 (−18±2)℃冰箱内保持 (16±1)h，取出试件后立即在 60℃恒温水槽中浸水 24h 后，然后将两组试件同时放入 25℃水浴中浸泡 2h 后，测定劈裂强度，通过下式计算劈裂强度比。

表 5-17　沥青混合料浸水马歇尔试验残留稳定度技术要求(%)

年降雨量(mm) 及气候分区	>1000	500~1000	250~500	<250
	1. 潮湿区	2. 湿润区	3. 半干区	4. 干旱区
普通沥青混合料，≥	80	80	75	75
改性沥青混合料，≥	85	85	80	80
SMA 混合料(普通沥青)，≥	75	75	75	75
SMA 混合料(改性沥青)，≥	80	80	80	80

$$TSR = \frac{R_2}{R_1} \times 100 \tag{5-51}$$

式中，TSR 为冻融劈裂试验强度比，%；R_1 为未冻融循环试件的劈裂强度，MPa；R_2 为冻融循环后试件的劈裂强度，MPa。

我国现行规范(JTG F40—2004)规定的冻融劈裂试验标准见表5-18。

表 5-18　沥青混合料冻融劈裂试验残留强度比技术要求(%)

年降雨量(mm) 及气候分区	>1000	500~1000	250~500	<250
	1. 潮湿区	2. 湿润区	3. 半干区	4. 干旱区
普通沥青混合料，≥	75	75	70	70
改性沥青混合料，≥	80	80	75	75
SMA混合料(普通沥青)，≥	75	75	75	75
SMA混合料(改性沥青)，≥	80	80	80	80

(4)浸水车辙试验

浸水车辙试验是一种同时考虑了成型条件、车辆荷载、水分冲击的水稳定性检验方法。一般将成型好的车辙试件放入60℃的保温箱内保温6~12h，然后取出试件放入60℃水槽内进行车辙碾压试验；或将成型好的车辙试件放入60℃水槽内保温6h后，取出试件放入车辙仪进行普通车辙试验，测定辙槽深度，计算动稳定度。浸水车辙试验的评价指标主要有：辙槽深度比、车辙曲线突变点处的荷载作用次数等。

5.6.3　水稳定性的影响因素

沥青混合料的水稳定性受到复杂得多因素综合影响，其中主要包括材料本身的因素、排水设计因素、荷载和环境因素以及施工因素等。

(1)材料因素

①沥青　沥青与集料之间的黏附性与沥青本身的黏度密切有关，黏度越大，水稳定性越好。沥青胶结料黏度、针入度、表面张力、润湿角、活性成分、沥青酸等指标的差异是影响沥青混合料黏结力的主要原因。宜选择黏附性能较好、酸含量较大的沥青，在考虑经济性的前提下尽量采用改性沥青。

②集料　为了增强集料与沥青之间的黏结作用，宜选择孔隙率小于0.5%的矿质集料，同时应严格控制集料棱角状及针片状含量，并要求集料坚硬，表面洁净，具有较大的比表面积和合理的孔隙分布、表观构造、致密程度及吸水率。碱性石料与沥青的黏附性比酸性石料要好，因为其能与沥青中的酸性化合物充分反应，生成黏附性较大的混合物。如受条件限制必须采用酸性石料时，则需要掺加一定的抗剥离剂。一般来说，石灰岩沥青混合料的水稳定性较好，玄武岩次之，花岗岩较差。

图5-31和图5-32分别显示了四种不同沥青混合料的浸水马歇尔试验和冻融劈裂试验结果。从图中可以看出，石灰岩的水稳定性要优于玄武岩，这是因为碱性矿料较酸性矿料与沥青有更好的黏附性。改性沥青混合料的水稳定性明显优于普通沥青混合料，这是因为优质沥青与矿料的黏附性好，从而增强了沥青混合料的抗水损害能力。纤维添加剂可以增强沥青混合料的水稳定性，主要是因为纤维添加剂的加入使沥青混合料的沥青用量增加，矿料表面的有效沥青膜厚度有所增加，从而有效地减少了水与沥青—矿料界面作用的可能性。

③混合料　级配类型与沥青混合料的黏聚力、内摩阻力、沥青含量和空隙率均有

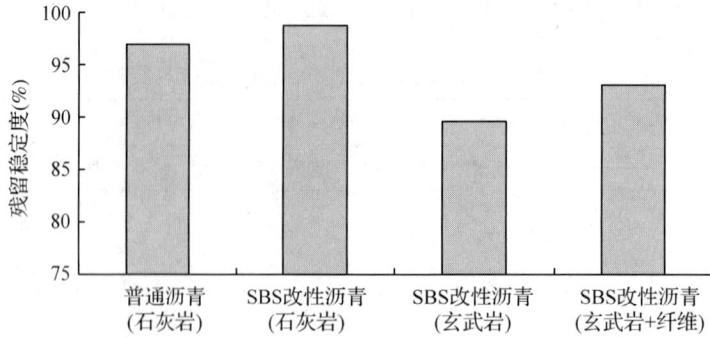

图 5-31　AC－20 沥青混合料浸水马歇尔试验结果

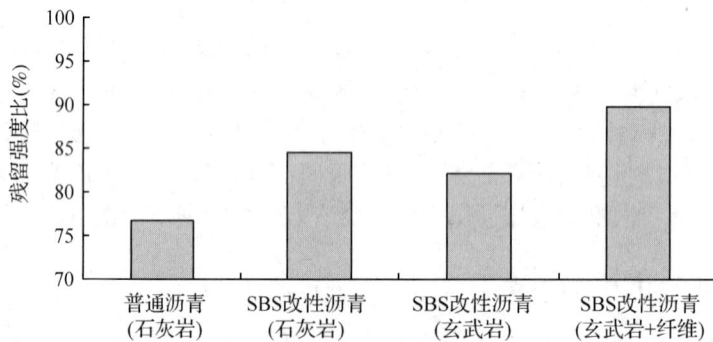

图 5-32　AC－20 沥青混合料冻融劈裂试验结果

关，对其水稳定性起着重要的作用，应严格进行混合料的级配设计，其中最重要的指标是设计空隙率。大量研究表明，空隙率在 8%～15% 之间时最容易引发水损害。处在该空隙率区间的混合料中的水易进不易出，以薄膜状态存在于混合料空隙中，在荷载作用下易产生较大的毛细压力而成为动力水。当空隙率高于 15% 时，路面结构内的水很容易排出；当空隙率小于 8% 时，沥青面层不易透水。因此，密级配混合料初期空隙率不应高于 8%（相当于设计空隙率 4%），且在路面服务期中不宜低于 3%。减小空隙率最有效的途径是增大压实度（沙庆林，2000）。

沥青混合料中的沥青膜越厚，其柔韧性和耐久性越好；沥青膜越薄，越容易被水穿透，从而产生开裂和剥落。沥青膜的厚度一般要求在 $6\sim8\mu m$。某混合料中沥青膜厚度与浸水马歇尔试验残留稳定度的相关关系如图 5-33 所示。

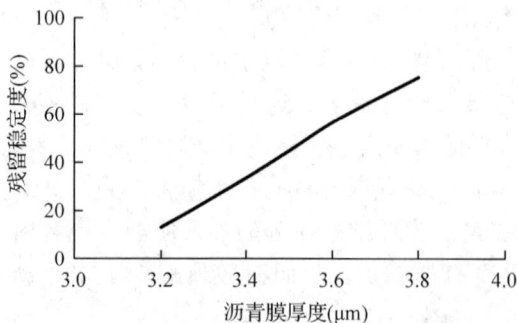

图 5-33　沥青膜厚度与混合料水稳定性的关系

④抗剥落剂　对于抗水损害性能设计来说，目前较常用的措施是向沥青混合料内添加化学外掺剂、石灰及水泥等抗剥落剂。对于不同属性的集料，必须使用不同的抗剥落剂。对表面带正电荷的石料，应使用阴离子型表面活性剂；对表面带负电荷的石料，应使用阳离子型表面活性剂、化学外掺剂及石灰与水泥外掺剂。消石灰在沥青混合料中发生

化学反应生成的（RCOO⁻）₂Ca 具有较强的吸附性能，能牢固地黏附在集料表面，可以显著改善沥青混合料的水稳定性。另外，消石灰还能在矿料间结合成为独立的结晶质的石灰石，改善活化矿料表面，与沥青的黏结性起到叠加作用。

（2）路面排水设计

由于近年来对半刚性基层的强度要求越来越高，导致基层越来越致密。在雨季，水进入沥青层内部是不可避免的，因此建立路面排水系统显得尤为重要。首先必须保证路面降水的顺畅排除，避免路表水的滞留。可以根据具体情况采用设置路缘石或者拦水带措施，也可以适当的增大路拱的横坡度，改善超高路段的排水。在进行边沟、边坡、挡墙排水设计时，不仅要考虑外部来水对公路的侵蚀，还必须给路堤、路面内部的水尽快排出提供出路，不能封死。为了排除积聚在层间的水，常见的处置措施是在沥青面层外侧设置间距 10m 的碎石盲沟，或在半刚性基层上设置防水层或封层。各种防、排水措施可同时使用。

（3）环境因素

水是沥青路面产生水损害的最直接原因，水分对混合料的损害主要表现为降低沥青胶结料的黏聚力以及使沥青与矿质集料黏附能力失效。路表水与荷载作用产生的动水压力能强行剥离路表混合料的沥青膜，其压力大小与行车速度的平方成正比。车速越快，车载越重，孔隙水压力就越大，产生的水损害就越严重。

空隙水压力的形成与路面温度变化也密切相关。夏季路面温度上升时，空隙中的水产生水蒸气，部分膨胀的水蒸气能突破尘封的毛细管口到达路表面。而降雨后路面被水膜封住，同时由于降水使路面温度降低，水蒸气冷却凝结，体积收缩产生局部真空，路面水就被吸到空隙中，在荷载的作用下空隙水将产生空隙水压力，反复撕拉沥青膜，造成路面水损害。

（4）施工与养护因素

施工过程中应严格按照设计级配进行混合料拌和，同时应严格控制混合料粗细集料的离析和温度离析。在压实过程中应注重压实度，不要因为一味地追求平整度而降低压实度，从而加大了混合料的空隙率，加速了混合料水损害。当混合料出现磨损、老化、裂缝、光滑、松散等病害后，应立即采用阳离子乳化沥青稀浆封层、微表处理、灌缝、局部挖补等技术，使沥青路面迅速得到修复，改善路表的功能并起到防水、防滑、平整、耐磨等效果。

5.7　抗疲劳性能

疲劳是结构在应力或应变标准低于材料极限强度的情况下，由于荷载的重复作用导致开裂的一种破坏现象。由于气候环境因素和车轮荷载的重复作用，沥青路面长期承受拉、压应力重复循环变化，致使路面结构强度逐渐下降。当荷载重复作用超过一定次数后，荷载应力超过路面材料极限强度，路面出现裂缝，即为疲劳断裂破坏。路面裂缝的出现不但破坏路面结构的整体性，影响路面美观，更为严重的是水从裂缝进入路面结构内部进而进入路基导致结构引起水损坏，大大缩短路面结构的使用寿命。

沥青混合料抗疲劳性能是指其在特定荷载环境与气候环境条件下抵抗重复加载作用而不产生破裂的能力。疲劳开裂是沥青路面结构的主要破坏形式之一,世界上许多国家沥青路面厚度设计方法均以路面疲劳特性作为基本的控制性破坏模式,路面疲劳性能指标已经成为沥青路面设计方法中不可或缺的重要指标。因此,研究沥青混合料在特定交通与环境条件下的疲劳性能非常重要。

5.7.1 疲劳试验方法

沥青混合料的抗疲劳性能主要通过疲劳试验进行评价,目前疲劳试验方法大多是基于现象学法,归纳起来可以分为如下四类(谢军等,2007)。

(1)试验路

实际路面在真实行车荷载作用下的疲劳破坏试验,以美国著名的 AASHTO 试验路为代表。试验结果具有较高的可靠性,但试验耗费时间较长,耗资较大,且受现场气候条件影响。

(2)足尺路面加速加载试验

足尺路面结构在模拟行车荷载作用下的疲劳试验,包括环道试验和加速加载试验,如南非的重型车辆模拟车(HVS)、澳大利亚和新西兰的加速加载设备(ALF)、重庆公路研究所和东南大学的室内大型环道疲劳试验以及长沙理工大学的路面直道试验等。这类试验方法采用现场实际路面结构与荷载形式,比较符合路面实际受力状态,试验结果较为准确,但是同样需要花费较长的时间和较高的费用。

(3)试板试验法

有脉冲压头式、动轮轮迹式、轮胎加压式、动板轮迹式等,试验用沥青块体常用橡胶垫支撑,可测量块体底部应变并检验裂缝的产生和发展,但试板法只能模拟路面二维受力状态。

(4)室内小型试件的疲劳试验

目前大量采用的是周期短、费用少的室内小型试件的疲劳试验方法。沥青混合料的室内小型疲劳试验方法众多,主要包括重复弯曲试验、直接拉伸试验、间接拉伸疲劳试验(劈裂疲劳试验)、重复拉伸或拉压疲劳试验、重复三轴拉压试验、室内轮辙试验等。其中弯曲疲劳试验又分为三点梁弯拉(3PB)、四点梁弯拉(4PB)、五点梁弯拉(5PB)、半圆弯拉(SCB)、旋转悬臂梁和梯形悬臂梁等多种形式。典型的小梁弯曲疲劳试验加载模式如图 5-34 所示。北美大多采用梁式试件进行反复疲劳试验;欧洲研究者多采用悬臂梯形梁试件;日本则较多选用基于圆柱体试件的间接拉伸疲劳试验。

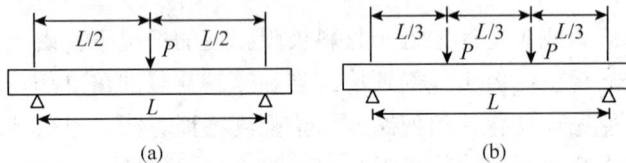

图 5-34 小梁弯曲试验加载模式

(a)三点梁 (b)四点梁

美国SHRP研究计划从对现场情况的模拟程度、试验结果的可应用性、试验方法的简便性、现场修正因素等几方面对上述众多的室内小型试件疲劳试验方法进行了综合评价，提出重复弯曲疲劳试验，特别是四点梁弯曲试验，最能代表实际路面的受力状况，敏感程度最好，试验结果可直接用于设计，是疲劳试验的首选方法；但该试验需专门设备，耗时、成本高。间接拉伸试验简单易做，不需专门设备，成型方便，也可直接评价路面芯样，也是值得推荐的疲劳测试方法。各种试验方法的具体对比见表5-19。

表5-19 沥青混合料抗疲劳性能评价方法对比

试验方法	优 点	缺 点
重复弯曲	应用广泛；结果可直接用于设计；可以选择加载模式	试验耗时较长，需要专门的试验设备
直接拉伸	不要进行疲劳试验	试验难度较大；成功率较低
间接拉伸	简单易行；可以直接利用路面芯样	只是二维的受力状态；容易低估疲劳寿命
重复拉压	能较好地模拟路面现场情况	试验成本高；需要专门的试验设备
室内轮辙	能准确地模拟路面现场情况	试验成本高；需要专门的试验设备；试验结果受到车辙的影响

我国JTG E20—2011《公路工程沥青及沥青混合料试验规程》采用三点梁弯曲方法研究沥青混合料弯曲破坏的力学性能，所用试件的尺寸为 250mm×30mm×35mm。

5.7.2 疲劳寿命影响因素

沥青混合料疲劳试验的疲劳响应与加载模式有关。目前疲劳试验中通常采用控制应力和控制应变两种不同的加载模式。控制应力方式是指试验时每次施加的循环荷载大小不变，随着荷载循环次数的不断增加，沥青混合料强度降低，直到试件发生断裂破坏，试件破坏时的荷载循环作用次数即为疲劳寿命。控制应变方式是指试验时保证每次加载过程中试件挠度或者试件底部应变峰谷值不变，随着荷载作用次数的不断增加，沥青混合料试件的强度降低，通过减小循环荷载的大小来保证应变峰谷值不变，一般以试件的劲度模量衰减为初始模量的50%或更少时的荷载循环作用次数作为疲劳寿命。

控制应力方式再现能力较好，试验时间较短，疲劳破坏的定义明确，所需试件数量较少；疲劳数据分散程度小，应力精度控制可靠，易设定试件破坏状态；在控制应变方式下，试件一般不会出现明显的断裂，疲劳损坏标准的确定具有一定的随意性，试验数据离散性较大。两组加载模式的对比见表5-20。通过对路面进行弹性层状体系的分析发现，通常控制应力方式适用于劲度较大、面层较厚的路面，而控制应变方式更适用于劲度较小、面层较薄的路面，两者的界限为12.7cm(Rowe, et al, 2000)。我国已建成和正在建设的高等级公路路面厚度大都超过此值，因此采用控制应力方式研究沥青混合料疲劳特性比较接近于路面的实际受力状态。

表 5-20　控制应力和控制应变方式的对比

变量	控制应力	控制应变
沥青层厚度	较厚	较薄
破坏定义	试验会出现破坏，定义明确	由人为定义，标准不统一
数据分散程度	较小	较大
所需试件数量	较少	较多
疲劳寿命	较短	较长
混合料性能影响	较敏感	不敏感
裂缝扩展速率	比实际情况快	更符合实际情况
间歇期的影响	有益影响较大	有益影响较小

　　影响沥青路面疲劳寿命的因素主要包括试验条件、材料性质和环境条件。这些因素通过改变沥青混合料劲度对其疲劳寿命产生影响，见表 5-21 所列。

表 5-21　沥青混合料抗疲劳性能的主要影响因素

影响因素	变化方向	混合料劲度	控制应力的疲劳寿命	控制应变的疲劳寿命
加载速率	增加	增加	增加	减少
加载时间	增加	减少	减少	增加
沥青黏度	增加	增加	增加	减少
沥青用量	增加	增加	增加	增加
集料级配	开到密	增加	增加	减少
空隙率	减少	增加	增加	增加
温度	减少	增加	增加	减少
老化	增加	增加	增加	减少

（1）试验条件

　　①加载模式　如上所述，采用两种不同加载模式所得出的疲劳寿命试验结果存在较大的差异。在控制应力方式中，由于材料劲度随着加载次数的增加而逐渐减小，因而为了要保持各次加载时的常量应力不变，每次加载实际作用于试件的变形就要增加；而在控制应变方式中，为了要保持每次加载常量应变，每次加载作用于试件的实际应力则减小。

　　②加载速率　在沥青混合料疲劳试验中，材料的劲度模量是随着加载作用次数的增加而下降的。加载速率越高，劲度模量越大。虽然速率不同，但是劲度模量随着作用次数下降的趋势却是相近的，即不同速率的劲度曲线基本平行。

　　③间歇时间　由于沥青混合料具有黏弹塑性，故在荷载之间设置间歇时间，路面结构内部就会产生有利于裂缝自我愈合的应力，可以在一定程度上延长疲劳寿命。荷载间歇时间的影响取决于间歇时间的长短和试验温度。疲劳寿命增长速率随间歇时间的增长而逐渐减小，但当超过某一间歇时间后，间歇时间的有利作用就会稳定下来，

此时疲劳寿命比值达极限值。

④加载波形 加载波形对沥青混合料的抗疲劳性能也有着一定的影响。一般其他试验条件相同的情况下，采用三角波加载的疲劳寿命最大，半正弦波次之，方形波最小。

（2）材料性质

①沥青 在控制应力方式下，混合料疲劳寿命随沥青硬度的增大而增大；而在控制应变方式下，沥青越软，混合料疲劳寿命则越长。

图 5-35 所示为相同级配（AC-20）不同胶结料类型沥青混合料在 600με 应变水平下的疲劳寿命对比实例。沥青软硬程度可以用针入度和软化点两个指标来衡量。在级配一定的条件下，沥青饱和度与沥青膜厚度会随着沥青用量的增加而增加，继而在一定程度上影响混合料的疲劳寿命。研究表明，在控制应力方式下，存在一个使疲劳寿命达到最高的最佳沥青用量，并比马歇尔试验所确定的最佳沥青含量稍大。从疲劳寿命的角度出发，配合比设计的沥青用量应在保证高温稳定性的前提下，尽量用得大一些。

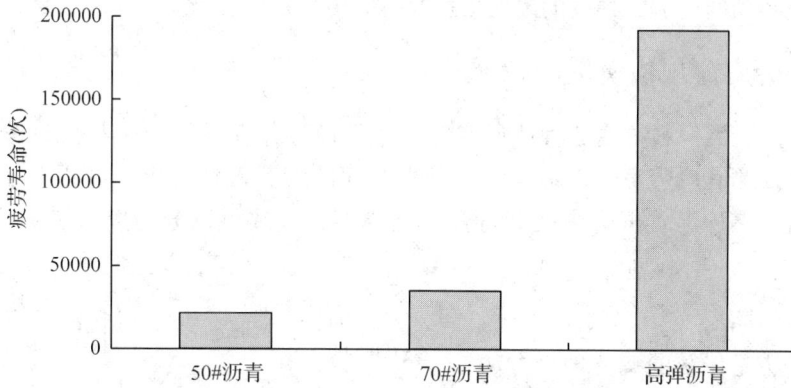

图 5-35 不同胶结料类型沥青混合料的疲劳寿命

②集料和级配 集料的表面纹理、形状和级配可以影响混合料空隙结构、沥青用量以及沥青与集料的相互作用，因此对疲劳寿命有着重要的影响。棱角尖锐、表面粗糙的开级配集料通常因难以压实而造成高的空隙率，可能引起裂缝，从而导致沥青混合料疲劳寿命的缩短。粗糙有棱角但级配良好的集料，可以产生劲度值相对高的混合料；而纹理光滑的圆集料形成劲度较低的混合料，因而对疲劳可以产生不同的影响。密级配混合料要比开级配混合料有较长的疲劳寿命。在控制应变（600με）方式下不同级配沥青混合料的疲劳寿命如图 5-36 所示。

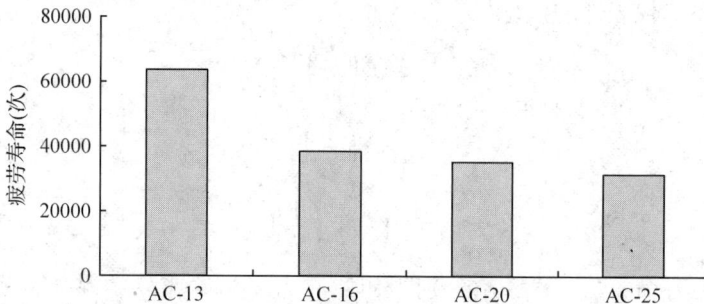

图 5-36 不同级配类型沥青混合料的疲劳寿命

③混合料　当采用控制应力方式时，材料劲度模量大，所产生的应变较小，因而可以延长其疲劳寿命；而采用控制应变方式时，材料劲度模量大，则保持一定应变所需的力增大，故而减短了其疲劳寿命。一般认为厚沥青层路面下为了获得高劲度的沥青混合料，应首选采用密级配和高黏沥青的组合；而对于薄沥青层路面，则应采用开级配和较软的沥青。混合料的疲劳寿命随空隙率的降低而显著地增长。这个规律在两种加载模式下均适用。

(3)环境条件

①温度　温度在一定限度内下降时，沥青混合料的劲度增大，试件在承受一定应力的条件下所产生的应变就小，因而在控制应力方式下导致有较长的疲劳寿命；而在控制应变方式下，温度增加引起混合料劲度降低，为了维持应变所需的应力增大，继而导致疲劳寿命减小。

②湿度和老化　湿度的作用可使沥青混合料的劲度减小，而大气因素作用下的老化过程可使其劲度增大，劲度的改变会引起抗疲劳性能的变化。

5.7.3　疲劳寿命预估模型

在进行沥青混合料抗疲劳性能研究时，通常通过建立力学响应与荷载作用次数的相关关系来预测其疲劳寿命，进而评价沥青路面的疲劳破坏效果。近几十年来，国内外学者提出了多种沥青混合料疲劳寿命预估模型，大致可以分为以下三类（Li，et al，2012）。

(1)现象学法

现象学法是传统的疲劳理论方法，通常采用疲劳特征曲线表征材料的疲劳性质，认为沥青混合料的疲劳是在荷载重复作用下产生强度衰减累积引起的破坏现象。荷载的重复作用次数越多，强度的损伤越剧烈，沥青路面所能承受的应力或应变值就越小。典型的沥青混合料疲劳曲线如图 5-37 所示。基于现象学法的疲劳模型的主要

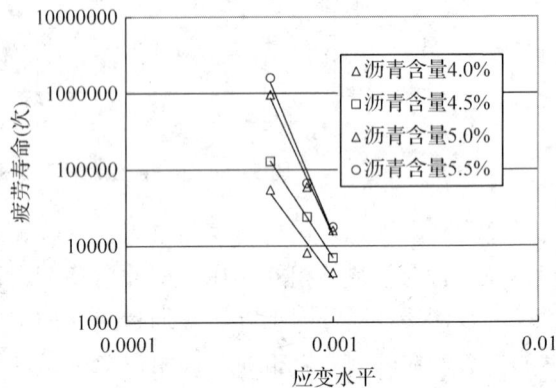

图 5-37　沥青混合料疲劳曲线

特征是建立了沥青路面沥青层层底拉应变或拉应力与路面开裂时承受的累积荷载作用次数之间的关系。代表性的模型如下：

$$N_{\mathrm{f}} = C\left(\frac{1}{\varepsilon_0}\right)^m \qquad (5\text{-}52)$$

$$N_{\mathrm{f}} = K\left(\frac{1}{\sigma_0}\right)^n \qquad (5\text{-}53)$$

$$N_{\mathrm{f}} = a\left(\frac{1}{\varepsilon_0}\right)^b\left(\frac{1}{S_0}\right)^c \qquad (5\text{-}54)$$

式中，N_{f} 为疲劳寿命；σ_0、ε_0、S_0 分别为初始应力、初始应变、混合料初始劲度；C、m、K、n、a、b、c 为回归系数。

虽然基于现象学法的疲劳模型简单易用,可以综合评价裂缝的形成和扩展阶段,但是其模型参数严重依赖于荷载模式、混合料类型、试验方法以及试验温度等因素。这些预测模型很难统一,不同的模型有不同的适用范围。因此,很难在工程实践中进行推广和应用。

(2)能耗法

能耗法是以能耗表征沥青疲劳损伤,假定疲劳寿命依赖于每次荷载作用产生能耗的累积。通过疲劳试验建立不同应变水平下沥青混合料的疲劳寿命和达到疲劳破坏时的累积能耗的关系,以此来评价沥青混合料疲劳性能。国内外学者提出的基于能耗法的疲劳模型主要包括:

$$N_f = a\left(\frac{1}{DE_f}\right)^b \tag{5-55}$$

$$N_f = c\left(\frac{1}{PV}\right)^d \tag{5-56}$$

$$N_f = \frac{1}{m + n\left(\frac{DE_f}{DE}\right)^k} \tag{5-57}$$

式中,DE_f 为重复荷载试验中某一脉冲荷载单次作用所累积的耗散能密度;PV 为耗散能变化率曲线的低值,如图 5-38 所示;DE 为强度试验中测得的总耗散能密度;a,b,c,d,m,n,k 为回归系数。

大量的试验研究表明,耗散能与疲劳寿命之间存在唯一的关系,该相关关系仅与混合料本身性质有关,而与试验方法、温度条件和加载模式无

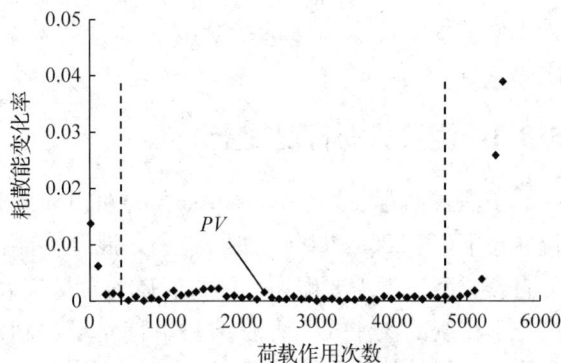

图5-38 沥青混合料耗散能变化率曲线

关。但是,这种以材料能耗作为参数的疲劳模型仍不能准确表达沥青混合料疲劳过程中的能量耗散特性,而且假定所有能耗均导致损伤并不准确,实际上仅有一部分能耗造成了材料的损伤。另外,在沥青混合料疲劳试验过程中,由于损伤的累积,每一循环的耗散能不可能保持不变。这些都会对预估结果造成一定的误差。

(3)力学近似法

力学近似法即应用断裂力学原理分析疲劳裂缝扩展规律以确定材料疲劳寿命的一种方法。该方法认为疲劳现象是由初始裂缝在荷载作用下发生扩展直至破坏的一个过程。裂缝尖端的应力强度因子决定了裂缝的扩展能力。疲劳裂缝扩展速率曲线如图 5-39 所示。通过对大量疲劳裂缝扩展试验结果进行分析,发现如下的 Paris 方程能较好地描述混合料疲劳裂缝的扩展与应力强度的关系:

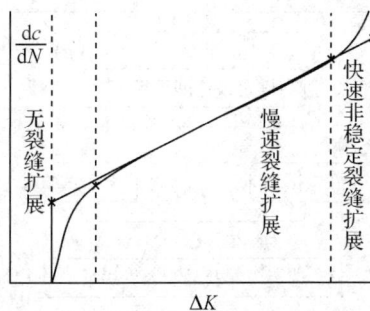

图5-39 疲劳裂缝扩展速率曲线

$$\frac{\mathrm{d}c}{\mathrm{d}N} = AK^m \tag{5-58}$$

式中，c 为裂缝长度；N 为荷载作用次数；K 为应力强度因子；A 和 m 为材料常数。

力学近似法把疲劳破坏过程人为地划分为两个阶段：裂纹起裂阶段和裂纹扩展阶段，并且只考虑裂缝扩展阶段的寿命，认为材料一开始就有初始裂缝存在，因此不考虑裂缝的形成阶段。然而这不符合实际情况，实际上，从疲劳裂纹形成到裂纹扩展是一个连续变化的过程，沥青混合料经历相当长的疲劳过程后才会产生初始裂纹，起裂阶段的疲劳寿命并不能忽视。

5.8　新型沥青混凝土及路面再生技术

近年来，随着道路交通荷载条件和环境气候的变化，为了提高沥青路面的使用性能和行驶质量，一系列新型沥青混凝土材料相继得到研究开发和推广应用。常见的新型沥青混凝土包括浇筑式沥青混凝土、环氧沥青混凝土以及排水性沥青混凝土。另外，由于传统的养护方式如铣刨重铺等需要耗费大量的材料和建设资金，同时废料会对环境造成污染，所以沥青路面再生技术作为一种资源循环利用技术应运而生，在旧路养护维修工程中产生显著的经济效益和社会效益，是我国公路建设可持续发展的必由之路。

5.8.1　浇筑式沥青混凝土

浇注式沥青混凝土（Guss Asphalt）可以简单解释为"注入式沥青混凝土"，是指在高温状态下（约 220~260℃）进行拌和，混合料摊铺时流动性大，完全依赖本身的流动性能自密成型，不需要碾压，沥青、矿粉含量较大，空隙率小于 1% 的一种特殊的沥青混凝土。传统的浇注式沥青胶结料由特立尼达湖沥青（TLA）与石油沥青掺配而成。TLA 特有的胶体结构使得与普通石油沥青混合得更加容易，可以降低普通石油沥青的温度敏感性。

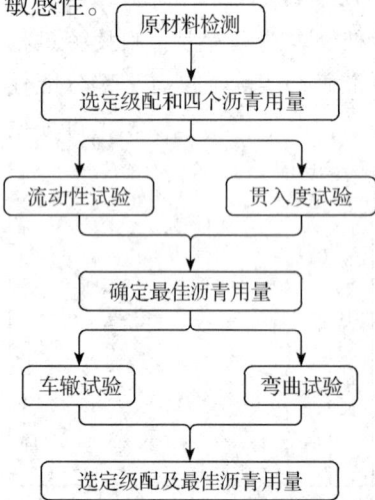

图5-40　浇筑式沥青混合料
配合比设计流程

浇注式沥青混凝土胶结料黏度高、沥青含量高、矿粉含量高、粉胶比高、粗集料含量低，因此成型后基本上无空隙，不透水，耐侵蚀性好，耐冻融循环能力强，抗老化；耐磨性优良；变形能力强，整体稳定性好，具有良好的疲劳性能和低温抗裂性能；施工时无需碾压，可以在低温环境下进行施工。因此浇注式沥青混凝土被广泛应用于大跨径桥梁桥面铺装、隧道内铺装，水工坝体心墙等防水结构以及人行道。自浇注式沥青混凝土研发成功后，德国、英国、日本等国家先后对该技术进行了进一步的推广和改进，尤其在桥面铺装领域获得了较为成功的应用。我国从 20 世纪 90 年代才开始引进浇注式沥青混凝土，目前主要的工程应用实例有南京长江第四大桥、江阴长江大桥、香港青马大桥、台湾新东大桥和高屏溪大桥等。

浇注式沥青混凝土在国外的设计方法有所不同，试验方法及指标也存在差异。德国根据贯入度试验进行配合比设计，同时使用汉堡车辙试验检验其路用性能。英国采用的控制指标为硬度数及45℃车辙试验。日本采用的技术指标主要包括刘埃尔流动度、贯入度、动稳定度与低温极限弯曲应变。目前我国主要采用日本的设计理论，具体的设计指标和参考标准见表5-22，配合比设计流程如图5-40所示。

表5-22 浇筑式沥青混合料设计指标及标准

试验项目	技术指标	技术要求
流动性试验	流动性(240℃)	≤ 40s
贯入度试验	贯入度(240℃、52.5kgf/5cm、30min)	1~4mm
车辙试验	动稳定度(60℃、0.63MPa)	≥350 次/mm
弯曲试验	极限应变(-10℃、50mm/min)	≤ 8000με

早期在欧洲桥面铺装层多采用单层浇注式沥青混凝土。由于浇注式沥青混合料高温抗变形能力及抗滑能力较差，在交通量较大以及气候变化明显的地区，为了避免桥面铺装层产生车辙和裂缝等早期破坏，一般将其用作铺装结构下层，上层则一般采用高温性能更好的沥青混凝土，典型的组合结构见图5-41。

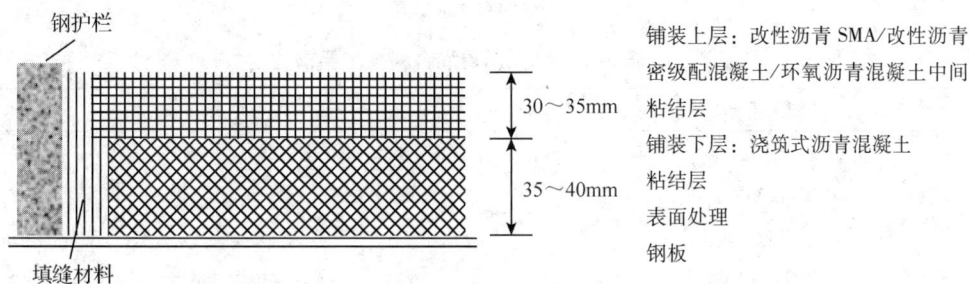

铺装上层：改性沥青 SMA/改性沥青密级配混凝土/环氧沥青混凝土中间粘结层
铺装下层：浇筑式沥青混凝土
粘结层
表面处理
钢板

图5-41 典型钢桥面双层铺装方案

5.8.2 环氧沥青混凝土

环氧沥青由壳牌石油公司最初开发并应用于机场道面以抵抗飞机燃油和喷气的侵害，是由环氧树脂(组分 A)与掺配固化剂的石油沥青(组分 B)两相系统，按照一定配比混合后发生固化反应生成的不可逆的聚合物。环氧树脂是由双酚 A 和表氯醇经反应得到的液态双环氧树脂，不含任何稀释剂、软化剂、增塑剂、无机填料、色素、其他污染物及不溶物质。掺配固化剂的沥青是一种由石油沥青和环氧树脂固化剂组成的匀质合成物，不含不溶物质(如无机填料或色素等)和污染物等。环氧沥青的性质不同于普通沥青及其他改性沥青，它赋予了沥青一种全新的物理力学性质，改变了传统沥青的热塑性能，在使用时以热固性物质性能表现出来。如在 A、B 组分混合的同时掺加一定级配的集料，充分拌和并进行一定时间的预反应后，碾压成型即形成强度高、韧性好的环氧沥青混凝土(Epoxy Asphalt)。

环氧沥青混凝土具有超强的高温稳定性、良好的低温抗开裂性、优异的抗疲劳性能、较好的抗滑性能以及高度的抵抗化学物质侵蚀的能力。另外，该种材料能与钢板形成牢固的黏结，不因温度变化和交通荷载的作用而脱开，而且能适应因温度变化引起钢板尺寸的变化而不致脱落。因此，环氧沥青混凝土被视为最适合大跨径正交异性钢桥面板的一种桥面铺装材料。目前将其用作钢桥面铺装的国家主要有美国、日本、加拿大、荷兰和澳大利亚，其中以美国应用最为广泛。2000 年 9 月，南京长江第二大桥首次使用环氧沥青混凝土进行桥面铺装，该桥通车至今路面质量良好，未出现大的病害。其后又相继应用于润扬大桥、广州珠江黄埔大桥、南京长江第三大桥、苏通大桥等工程。

目前的钢桥面铺装体系多采用双层环氧沥青混凝土结构或图 5-41 所示的环氧沥青混凝土 + 浇注式沥青混凝土组合结构。环氧沥青混合料的配合比设计仍然采用马歇尔方法确定。各种原材料在按照一定配合比和温度条件下拌和后，环氧沥青混合料就会发生固化反应，生成不可逆的环氧沥青聚合物，使混合料的性质由热塑性转变为热固性。由于固化前后的试验规律不尽相同，采用普通规范推荐的设计参数不能完全满足环氧沥青混合料的指标。因此，环氧沥青混合料的设计参数不能完全采用常规的马歇尔指标。另外，环氧沥青混合料具有很强的高温稳定性与抗车辙能力，其小梁弯曲破坏应变较小。考虑到大跨径钢箱梁桥跨径大、桥梁总体柔性大的特点，国内一般选用混合料的空隙率、视密度、冻融劈裂强度比（TSR）等指标作为环氧沥青混合料的设计参数，如表 5-23 所示。

表 5-23 环氧沥青混合料技术要求

技术指标	技术要求
马歇尔稳定度（60℃）	≥5.4kN（未固化）、≥40kN（固化）
流值（60℃）	2～5mm
空隙率	1.5～3%
表观密度（20℃）	≥2.500g/cm³
TSR	≥70%

在矿料级配和混合料性能指标确定之后，综合考虑抗疲劳性能、高温稳定性能、低温抗裂性能以及水温定性等各方面的因素，最终确定沥青混合料的沥青用量。为了防止水分渗入、破坏黏结层、腐蚀钢板，同时保证满足抗车辙、抗疲劳的要求，混合料必须达到一定的密实度。环氧沥青混合料的空隙率一般控制在 3% 以内。在明确环氧沥青混合料目标配合比后，还需通过劈裂、弯曲、车辙等试验评价其路用性能。

5.8.3 排水性沥青混凝土

排水性沥青路面是指采用高空隙率的沥青混合料作为面层，下承层设置辅助防水性黏层，渗入到排水功能层内的水在黏层上流向排水设施并迅速排出，而不再向中下面层及其以下渗透的路面结构。排水性沥青混凝土的设计空隙率一般为 15%～25%。排水性路面因为具有大空隙率和高粗集料含量，因此有以下优点：

①雨天能迅速排除路表积水，防止路表水膜的形成，提高路面粗糙度。抵抗车辆的滑移；消除或减轻车尾溅水和喷雾现象，保障驾驶员视线，从而能明显提高车辆高

速行驶的安全性；

②具有降低交通噪声等保护环境的功能。

排水性沥青混凝土属于骨架空隙结构。这种结构的沥青混凝土粗颗粒集料彼此紧密相连，石料与石料能够形成互相嵌挤的骨架。较细粒料数量较少，不足以充分填充骨架空隙，混凝土中形成的空隙较大。在这种结构中，粗集料之间内摩擦力与嵌挤力起着决定作用，高温稳定性较好。但由于空隙率较大，其耐老化性能、低温抗裂性能、耐久性差于同种沥青的密级配混合料。国内外的研究表明，可以通过改进沥青胶结料的性能以保证排水性沥青混合料的路用性能。排水性沥青混凝土与普通密级配沥青混凝土的材料构成如图 5-42 所示。

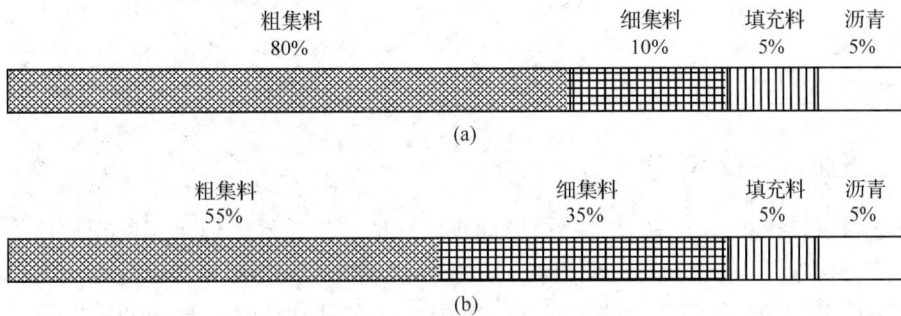

图 5-42 沥青混合料材料组成
(a)排水性沥青混合料 (b)普通密级配沥青混合料

由于其优良的使用品质与服务功能，排水性沥青路面在西欧、美国与日本高速公路得到了广泛应用，目前已形成较为完善的排水性沥青混合料设计方法。在城市道路的交叉口，出于减噪与安全目的城市街道，排水路面也被较多使用。20 世纪 80 年代我国开始引进排水性沥青路面技术，先后应用于咸阳机场高速、盐通高速、宁杭高速二期等工程。目前国内所铺设的排水性沥青路面主要为单层式结构，厚度大都为4cm，最大粒径为13.2mm。排水性路面在运营过程中容易出现堵塞，为了避免或减轻堵塞现象，欧洲国家开始采用双层式排水性路面。

排水性沥青混合料要求采用高黏度沥青以提高胶结料的黏结能力，其合理的级配范围见表 5-24 所列。进行配合设计时，首先应确定目标空隙率，根据目标空隙率选取若干种级配，使2.36mm 筛孔通过率控制在中值范围 ±3% 之内。再利用理论计算法，根据沥青膜厚度和集料表面积初定沥青用量，进行试拌，试件成型方法采用马歇尔击实成型，击实次数为双面各 50 次。如不能达到目标空隙率的要求，应对级配进行调整重新试拌，达到目标空隙率的要求后再按 ±0.5%、±1% 变化沥青用量，分别进行析漏试验、飞散试验。根据析漏试验和飞散试验的结果，以沥青析漏试验的反弯点作为最大沥青用量，以试件飞散试验的反弯点作为最小沥青用量，由此得到沥青用量的范围。在此范围内再参照马歇尔试验的结果，确定最佳沥青用量。最后通过混合料性能试验对其排水性能、抗滑性能、降噪能力、高温稳定性、水稳定性和低温抗裂性进行验证。排水性沥青混凝土的参考指标及其标准见表 5-25 所列。

表 5-24 排水性沥青混合料的矿料级配范围

筛孔尺寸（mm）	通过率（%）	
	最大公称粒径 13.2mm	最大公称粒径 16.0mm
16.0	100	90 ~ 100
13.2	90 ~ 100	75 ~ 85
9.5	70 ~ 81	50 ~ 60
4.75	15 ~ 26	4 ~ 20
2.36	7 ~ 20	3 ~ 20
1.18	6 ~ 17	3 ~ 17
0.6	6 ~ 14	3 ~ 15
0.3	5 ~ 12	3 ~ 12
0.15	4 ~ 9	3 ~ 9
0.075	3 ~ 7	3 ~ 7

表 5-25 排水性沥青混合料性能试验技术要求

试验指标	技术要求
空隙率	17% ~ 23%
马歇尔稳定度	≥3.5kN
析漏损失	≤0.3%
飞散损失	≤15%
动稳定度	≥3000 次/mm
MS_0	≥80%
TSR	≥70%
浸水飞散损失	≤10%
浸透系数	>0.015cm/s
渗水量	>900mL/15s

5.8.4 路面再生技术

发达国家早在 20 世纪初就开始研究沥青路面的再生技术。但真正的规模应用始于 20 世纪 70 年代。目前，沥青路面再生利用技术已经成为欧美国家公路建设与维修养护的最常用技术，普及程度高，技术成熟。美国、日本以及欧盟成员国的废旧沥青路面材料的再生利用率均超过 80%。近年来，为适应建设资源节约型、环境友好型社会的要求，北京、辽宁、广东、江苏、上海等省市对沥青路面再生技术也进行了研究，并铺筑了一系列的再生工程。沥青路面再生技术在我国公路建设和养护中逐步得到推广和应用。2008 年 4 月交通部发布了《公路沥青路面再生技术规范》，以规范我国路面再生应用技术，保证路面再生工程质量。沥青路面再生技术主要包括四大类，分别为厂拌热再生、就地热再生、厂拌冷再生和就地冷再生。

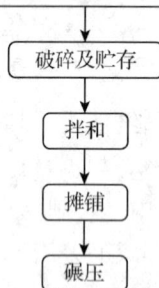

图 5-43 厂拌热再生施工工艺流程

（1）厂拌热再生

厂拌热再生就是将旧沥青路面经过翻挖后运回拌和厂，再集中破碎，根据路面不同层次的质量要求，进行配比设计，确定旧沥青混合料的添加比例，再生剂、新沥青材料、新集料等在拌和机中按一定比例重新拌和成新的混合料，从而获得优良的再生沥青混凝土，铺筑成再生沥青路面。其工艺流程如图 5-43 所示。

该再生方式的优点是可以重复使用旧沥青路面材料，具有较高的经济性；可修复路面的绝大多数破坏，如松散、泛油、推挤、磨光、车辙、裂缝等；再生混合料有热拌混合料相同的路用性能，可以用于沥青路面的表层；运输、摊铺和碾压设备及施工工艺与传统的热拌沥青混合料基本相同，只需要对现有的拌和设备作较小的改动。其缺点主要表现为回收的沥青混合料用量较少，一般为混合料总量的 10% ~ 30%，连续式拌和楼回收的沥青混合料最高用量可以超过 50%；混合料生产效率低、工期长；施工对交通的干扰较大、运输费用较高；出料温度略低，再生混合料比热拌混合料硬，可供碾压的时间略有减少。因此，厂拌热再生可用于处理表面缺陷、变形、荷载与非荷载引起的开裂以及养护补丁，适用于各等级公路沥青路面经铣刨、挖除下来的沥青层材料的再生利用。再生后的沥青混合料根据其性能和工程情况，可用于各个等级公路的沥青面层及柔性基层。

（2）就地热再生

就地热再生技术是在原有沥青路面上经过加热软化，以机械方式翻松路面旧料，根据需要添加一定数量的沥青、再生剂、新混合料或新集料，将拌和后的沥青混合料现场重新摊铺压实，从而达到消除路面病害、恢复路面性能的目的。其工艺流程如图 5-44 所示。

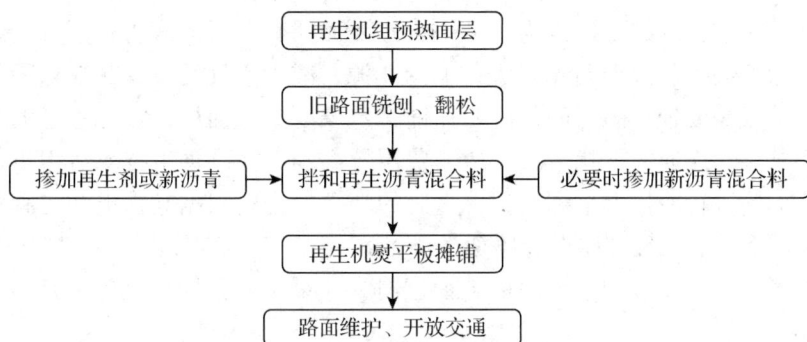

```
              ┌──────────────────┐
              │  再生机组预热面层  │
              └────────┬─────────┘
                       ↓
              ┌──────────────────┐
              │  旧路面铣刨、翻松  │
              └────────┬─────────┘
                       ↓
┌──────────────┐  ┌──────────────────┐  ┌──────────────────┐
│ 掺加再生剂或新沥青 │→│  拌和再生沥青混合料 │←│ 必要时掺加新沥青混合料 │
└──────────────┘  └────────┬─────────┘  └──────────────────┘
                       ↓
              ┌──────────────────┐
              │  再生机熨平板摊铺  │
              └────────┬─────────┘
                       ↓
              ┌──────────────────┐
              │ 路面维护、开放交通  │
              └──────────────────┘
```

图 5-44　就地热再生施工工艺流程

就地热再生有 3 种方式：

①表面再生　只添加再生剂，充分拌和松散的再生混合料，然后摊铺压实。

②复拌再生　翻松后的材料与新沥青混合料在复拌机中拌和均匀，然后摊铺压实。

③重铺再生　在表面再生或复拌再生的基础上，再铺设一层新沥青混合料加铺层，最后再生层与新混合料加铺层一起同时碾压。

相比传统的养护方法和厂拌再生技术，就地热再生具有如下优点：旧料 100% 得到利用；工序少，工期短，开放交通快，当天即可开放交通；养护效果好，再生路面具有优良的性能；能保证路面的高程和桥梁的净空；新料用量少，节约运输成本，降低工程造价，经济效益高。其缺点为只能处理表层病害；要求有大的工作平面；污染环境。一般而言，就地热再生技术对处治深度不超过 5cm 的表面功能性病害恢复较为适宜，不适合老路有明显基层破坏、不规则的频繁修补。另外，原沥青面层至少应有75mm 厚，过薄的沥青面层容易使基层被翻松齿轮产生的横向剪切应力撕开、打散。施工时气温应大于 15℃，且路表面应没有积水。因此，就地热再生技术适用于仅存在浅层轻微病害的高速公路及一、二级公路沥青路面表面层的就地再生利用，再生层可用作上面层或者中面层。

（3）厂拌冷再生

厂拌冷再生是将回收沥青路面材料运至拌和厂，经破碎、筛分后，以一定的比例与新集料、活性填料、水分进行常温拌和，常温铺筑形成路面机构层的沥青路面再生技术。该技术以冷拌沥青混合料的形式实现旧路面沥青层材料的再生利用,并恢复和改善旧沥青混合料的路用性能。其施工工艺流程如图 5-45 所示。

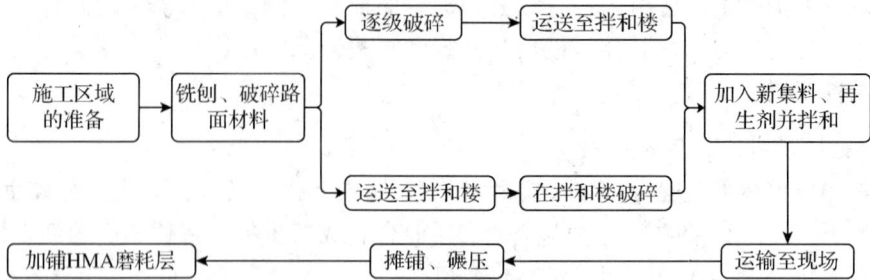

图 5-45　厂拌冷再生施工工艺流程

厂拌冷再生技术的主要优点为:可用于修复面层和基层的病害;不改变路面几何特性;生产效率高,回收旧料用量大;节约能源,减少空气污染。其缺点为:再生混合料强度的形成需要较长的时间;需要加铺一定厚度的罩面层;需要考虑沥青与旧料的配伍性;施工对交通的干扰较大、运输费用较高。厂拌冷再生技术适用于对各等级公路的回收旧料进行冷拌再生利用,再生后的沥青混合料根据其性能和工程情况,可用于高速公路和一、二级公路沥青路面的下面层及基层、底基层,三、四级公路沥青路面的面层。当用于三、四级公路的上面层时,应采用稀浆封层、碎石封层、微表处等做上封层。

(4)就地冷再生

就地冷再生是指利用沥青再生设备将旧沥青路面材料就地打碎,并加入适当的沥青及改性材料后拌和压实,以旧路面材料为主修筑道路的技术。按再生剂进行分类可以分为水泥就地冷再生、乳化沥青就地冷再生和泡沫沥青就地冷再生。按照再生材料和厚度分类可以分为沥青层就地冷再生和全深式就地冷再生。就地冷再生施工流程如图 5-46 所示。

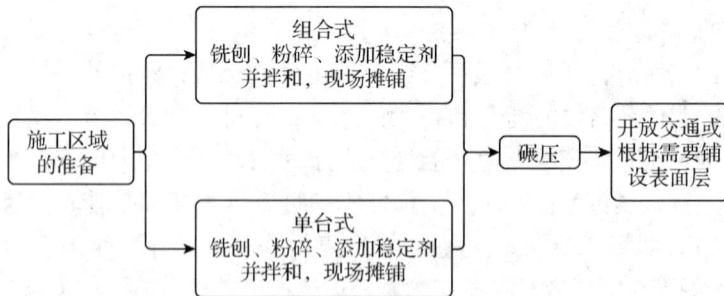

图 5-46　就地冷再生施工工艺流程

就地冷再生技术可以比较彻底地解决各种路面病害,如纵横缝、坑洞、车辙、不规则裂缝;旧料利用率高,节约运输成本,降低工程造价;节约能源,减少烟尘、废气对环境的污染;减少沥青路面反射裂缝,延长路面使用寿命,提高行车舒适性。但是该技术质量控制和质量保证不可靠;施工气候条件要求高,需要相对温暖、干燥的施工条件;再生后的路面水稳定性差;需加铺热拌沥青混凝土罩面层;再生后的路面通常需经过一段时间的养护。因此，就地冷再生技术一般用于实现旧沥青路面的翻修、重建。再生混合料可用于中下面层或柔性基层。

小　结

本章对沥青混合料的原材料要求、设计方法、力学性能和使用性能进行了详细介绍，主要涉及集料与级配、混合料组成设计、黏弹性力学行为、高温稳定性、低温抗裂性、抗疲劳性能、水稳定性，以及新型沥青混凝土和路面再生技术等方面内容。重点归纳和总结了集料的主要技术要求、级配设计基本理论、国内外主流的沥青混合料配合比设计方法、沥青混合料黏弹特性及其表征方法、沥青路面主要病害的形成机理、影响因素与评价方法，以及新型混凝土及路面再生技术的主要特点和适用条件等。

思考题

1. 集料的一致特性以及沥青路面集料质量控制的要求有哪些？
2. 级配组成的理论有哪些？其区别是什么？目前有哪几种设计方法？
3. 沥青混合料组成设计的主要目标是什么？目前主要采用哪几种设计方法来实现？
4. 沥青混合料具有哪些力学特性？如何通过时间—温度等效原理来表征其黏弹特性？
5. 沥青混合料的路用性能有哪些主要影响因素？如何在配合比设计中综合地考虑各种不同的路用性能？
6. 我国现行规范采用哪些试验方法和指标来评价沥青混合料的路用性能？现行方法有哪些优势和缺陷？
7. 概述沥青路面车辙和疲劳寿命预估方法的主要类别和代表性模型。
8. 简述各种新型沥青混凝土和再生技术的主要特点和适用条件。

推荐阅读书目

1. 沥青混合料及其设计与应用. 张金升，郝秀红，张旭，等. 哈尔滨工业大学出版社，2013.
2. 沥青与沥青混合料. 谭忆秋. 哈尔滨工业大学出版社，2007.
3. 沥青与沥青混合料. 黄晓明，吴少鹏，赵永利. 东南大学出版社，2002.
4. 沥青与沥青混合料. 郝培文，张肖宁. 人民交通出版社，2009.
5. 路面设计原理与方法. 邓学钧，黄晓明. 人民交通出版社，2007.
6. Modeling of Asphalt Concrete. KIM YR. Virginia：ASCE Press，2009.
7. 沥青及沥青混合料路用性能. 沈金安. 人民交通出版社，2001.

第 1 篇参考文献

蔡峨. 黏弹性力学基础[M]. 北京：北京航空航天大学出版社，1989.

陈德鹏，钱春香，王辉，等. 水泥基材料比热容测定及计算方法的研究[J]. 建筑材料学报，2007，10(2)：129-131.

陈红岩. 减水剂对水泥浆体水化性能和孔结构影响的试验研究[J]. 山东建材，2007，(2)：16-19.

陈栓发，陈华鑫，郑木莲. 沥青混合料设计与施工[M]. 北京：化学工业出版社，2006.

陈团结. 大跨径钢桥面环氧沥青混凝土铺装裂缝行为研究[D]. 南京：东南大学，2006.

陈志源，李启令. 土木工程材料[M]. 武汉：武汉理工大学出版社，2003.

重庆建筑工程学院，等. 混凝土学[M]. 北京：中国建筑工业出版社，1981.

程靳，赵树山. 断裂力学[M]. 北京：科学出版社，2006.

邓学钧，黄晓明. 路面设计原理与方法[M]. 北京：人民交通出版社，2007.

冯乃谦. 高性能混凝土结构[M]. 北京：机械工业出版社，2004.

郝培文，张肖宁. 沥青与沥青混合料[M]. 北京：人民交通出版社，2009.

郝培文，张肖宁. 沥青与沥青混合料[M]. 北京：人民交通出版社，2009.

黄晓明，赵永利，高英. 土木工程材料[M]. 2 版. 南京：东南大学出版社，2007.

贾志清. 北方沥青路面低温抗裂性研究[D]. 西安：长安大学，2006.

交通部公路科学研究所. JTG E20—2011 公路工程沥青及沥青混合料试验规程[S]. 北京：人民交通出版社，2011.

交通部公路科学研究所. JTG E20—2011 公路工程沥青及沥青混合料试验规程[S]. 北京：人民交通出版社，2011.

交通部公路科学研究所. JTG F40—2004 公路沥青路面施工技术规范[S]. 北京：人民交通出版社，2004.

胶凝材料学编写组. 胶凝材料学[M]. 北京：中国建筑工业出版社，1980.

李洪华. 沥青路面车辙成因分析及车辙试验研究[D]. 西安：长安大学，2008.

刘润静，谷丽，张志昆，郭志伟. 石灰活性影响因素研究[J]. 无机盐工业. 2012，44(9)：29-31.

马怀发，陈厚群，黎保琨. 混凝土细观力学研究进展及评述[J]. 中国水利水电科学研究院学报，2004，2(2)：124-130.

美国国家沥青研究中心，阿拉巴马州奥本大学. 热拌沥青材料、混合料设计与施工[M]. 王嬬，译. 北京：人民交通出版社，2009.

美国沥青协会，江苏省交通科学研究院. 高性能沥青路面(Superpave)基础参考手册[M]. 贾渝，曹荣吉，等，译. 北京：人民交通出版社，2005.

彭波，李文瑛，危拥军. 沥青混合料材料组成与特性[M]. 北京：人民交通出版社，2007.

秦匡宗，郭绍辉. 石油沥青质[M]. 北京：石油工业出版社，2002.

曲超. 冻雨冰雪极端气候的沥青混合料抗水损害性能研究[D]. 长沙：长沙理工大学，2010.

人民交通出版社. 旋转剪切压实试验法(GTM)沥青混合料设计与施工技术指南[M]. 北京：人民交通出版社，2006.

申爱琴. 水泥与水泥混凝土[M]. 北京：人民交通出版社，2000.

沈金安. 国外沥青路面设计方法总汇[M]. 北京：人民交通出版社，2004.

潭忆秋. 沥青与沥青混合料[M]. 哈尔滨：哈尔滨工业大学出版社，2007.

唐明述. 碱硅酸反应与碱碳酸盐反应[J]. 中国工程科学，2000，(1)：34-40.

王冰．浅谈纤维增强水泥基复合材料[J]．北方交通，2013，(5)：5-8.

王辉，李雪连，张起森．高温重载作用下沥青路面车辙研究[J]．土木工程学报，2009，42(5)：139-144.

王旭东，张蕾．基于骨架嵌挤型原理的沥青混合料均衡设计方法[M]．北京：人民交通出版社，2014.

魏秀军，李迁．混凝土强度预测与推定[M]．沈阳：辽宁大学出版社，2007.

魏艳萍．沥青路面水稳定性评价方法研究[D]．长沙：长沙理工大学，2011.

吴中伟，廉慧珍．高性能混凝土[M]．北京：中国铁道出版社，1999.

向才旺．建筑石膏及其制品[M]．北京：中国建材工业出版社，1998.

肖佳，勾成福．混凝土碳化研究综述[J]．混凝土，2010，(1)：40-52

谢军，郭忠印．沥青混合料疲劳响应模型试验研究[J]．公路交通科技，2007，24(5)：21-25.

胥吉．重庆地区沥青混合料高温稳定性研究[D]．重庆：重庆交通大学，2010.

徐定华，徐敏．混凝土材料学概论[M]．北京：中国标准出版社，2002.

徐浩俊．干旱高寒地区沥青混合料低温抗裂性能研究[D]．西安：长安大学，2008.

徐皓．排水性沥青混合料性能及设计方法研究[D]．南京：东南大学，2005.

尹应梅．基于DMA法的沥青混合料动态黏弹特性及剪切模量预估方法研究[D]．广州：华南理工大学，2010.

袁润章．胶凝材料学[M]．2版．武汉：武汉工业大学出版社，1996.

詹俞．南京长江第四大桥桥面铺装组合结构性能研究[D]．南京：南京林业大学，2013.

张德勤．石油沥青的生产与应用[M]．北京：中国石化出版社，2001.

张登良．沥青路面工程手册[M]．北京：人民交通出版社，2003.

张金升，郝秀红，张旭，等．沥青混合料及其设计与应用[M]．哈尔滨：哈尔滨工业大学出版社，2013.

张士萍，邓敏，唐明述．混凝土冻融循环破坏研究进展[J]．材料科学与工程学报，2008，26(6)：990-994.

张肖宁．沥青与沥青混合料的黏弹力学原理及应用[M]．北京：人民交通出版社，2006.

赵斌．沥青混合料热再生机理及技术性能研究[D]．西安：长安大学，2012.

庄继德．汽车轮胎学[M]．北京：北京理工大学出版社，1996.

GAO L, NI F, CHARMOT S, et al. High-temperature Performance of Multilayer Pavement with Cold In-place Recycling Mixtures[J]. Road Materials and Pavement Design, 2014, 15(4): 804-819.

LI J, NI F, HUANG Y, et al. New Additive for Use in Hot In-Place Recycling to Improve Performance of Reclaimed Asphalt Pavement Mix[J]. Transportation Research Record, 2014, 2445: 39-46.

LI Q, LEE HJ, KIM TW. A Simple Fatigue Performance Model of Asphalt Mixtures Based on Fracture Energy[J]. Construction and Building Materials, 2012: 27: 605-611.

ROBERT FL, KANDHAL PS, BROWN ER, et al. Hot Mix Asphalt Materials, Mixture Design and Construction (second edition) [M]. Maryland: NAPA Education Foundation, 1996.

ROWE GM, BOULDIN MG. Improved Techniques to Evaluate the Fatigue Resistance of Asphalt Mixture [C]. 2nd Euro Asphalt and Euro Bitumen Congress, Barcelona, 2000.

SOUSA JB, CRAUS J, MONISMITH CL. Summary Report on Permanent Deformation in Asphalt Concrete[R]. Washington, C: SHRP-A/IR-91-104, 1991.

WITCZAK MW, KALOUS K, PELLINEN T, et al. Simple Performance Test for Superpave Mix Design [R]. Washington, D. C: National Cooperative Highway Research Program (NCHRP) Report 465, Transportation Research Board, National Research Council, 2002.

第2篇　高等土力学

　　高等土力学课程是土木工程、交通运输工程、水利水电等专业的硕士研究生的重要专业基础课，是岩土工程专业硕士研究生的骨干学位课程。高等土力学学习以本科阶段土力学知识为起点，但高等土力学以更宽广、更深层次、应用多学科交叉的理论和方法对土的性质进行研究，解决更复杂的工程问题，因此从某种意义上讲也是发展中的土力学。许多学校都为研究生开设了高等土力学课程，国内也已有不少高等土力学教材，但已有教材涵盖的内容均较多，有的与本科阶段的土力学内容重复，为此本教材力求避免了与本科阶段土力学的内容重复，全书重点内容为：土的本构关系，重点讨论 $E-\upsilon$ 模型、$E-B$ 模型、$K-G$ 模型等弹性非线性的代表性模型，剑桥（Cam-clay）模型、修正剑桥模型、莱特（Lade）邓肯（Duncan）等弹塑性模型，土与结构接触面模型等；土的固结与流变理论，重点讨论单向固结理论、太沙基三维固结理论及其对称问题、比奥固结理论、土体大变形固结理论、动力固结理论及土体的流变理论；土的动力特性与动力分析，主要包括动力荷载作用下的土的强度特性、土的主要动力特征参数、土的动弹塑性模型、等效非线性黏弹性模型等；考虑到高等土力学的理论性与实践性均很强的特点，本书增加了高等土工试验及测试一章，以加强研究生的试验能力。

第**6**章

土的本构关系

[**本章提要**] 土的本构关系是土工数值计算的依据和正确计算前提，本章首先讨论了土体的主要变形特性，包括非线性和非弹性、塑性体积应变和剪胀性、塑性剪应变、硬化与软化、固结压力与中主应力对变形的影响、土的各向异性等；在此基础上重点讨论了 $E-v$ 模型、$E-B$ 模型、$K-G$ 模型等弹性非线性的代表性模型，剑桥(Cam-clay)模型、修正剑桥模型、莱特(Lade)邓肯(Duncan)等弹塑性模型，无厚度接触面单元模型、有厚度接触面单元模型等土与结构接触面模型，黏弹塑性模型、弹塑性损伤模型、冻土与结构接触面剪切损伤模型等其他模型，这些模型能较好地反映岩土的某种或几种变形特征，是建立工程实用模型的基础。

6.1 概述

6.1.1 引言

材料的本构关系(constitutive relationship)，即为反映物质宏观性质的数学模型。简单而言，指将描述连续介质变形、内力与时间的参量等联系起来的一组关系式，又称为本构定律(constitutive law)、本构方程(constitutive equation)或者数学模型(mathematical model)。对于不同的物质，在不同变形条件下具有不同的本构关系。广义上说，本构关系是指自然界某一作用与由该作用产生的效应两者之间的关系。而土的本构关系则是以土为研究对象，以建立土体的应力—应变—时间关系为核心内容，以土体工程问题的模拟和预测为目标，以非线性理论和土质学为基础的一个课题。可以包括如下几类：①应力 σ—应变 ε 关系；②应力 σ—时间 t 关系(如应力松弛)；③应变 ε—时间 t 关系(蠕变)；④强度 σ_t—时间 t 关系等。

土体作为一种材料，其应力—应变关系十分复杂，影响因素除了时间外，还有温度、湿度等。土体在外部荷载作用下，随加载条件的不同其实际性状有很大变化，表现为应力—应变关系通常具有弹性、塑性、黏性以及非线性、剪胀性、各向异性等性状。然而，实际上，大多数土的本构模型都是在整理分析实验结果的基础上提出的。用压缩仪、三轴仪、平面应变仪、真三轴仪等进行试验，得出土的应力—应变关系。但试验有一定的局限性，试验总是在某种简化条件下进行的，即使真三轴能考虑三维受力状态，试验也只能按某种应力状态、某种加荷方式进行。路堤、地基等实际问题中，土体各点的受力状况、变化历史是千变万化的，无法在试验中模拟所有这些变化。也就是说，并不存在一种能描述实际土介质在所有条件下复杂性状的本构模型，每种土的本构模型都只是反映了土的某一类现象，描述了某种条件下的基本特性并忽略了许多不太重要的特性。因此，有必要通过有限的试验揭示土的应力应变基本特性，再引入土的本构理论建立数学模型，将特定条件下的试验结果推广到一般。

6.1.2 土体本构关系的发展

土力学是人类在长期生产实践中不断发展形成的，经过分析总结出很多的工程经验，形成了土力学的基本理论。如土的莫尔—库仑(Mohr-Coulomb)强度理论、有效应力原理和饱和黏土的一维固结理论等。在高层建筑物还尚未出现之前，变形问题和稳定问题便是长期以来人们在解决土工建筑物和地基问题时的两大类问题。

对于变形问题，人们基本上是基于弹性理论计算土体中的应力，用简单的侧限压缩试验测定土的变形参数，在弹性应力应变理论的范畴中计算变形。在计算设计中辅以一定的经验方法和经验公式。由于当时建筑物并不是十分高重，使用中对变形的要求也不高，所以这些计算一般能满足设计要求。对于稳定问题，解决方法是对土体进行极限平衡分析确定其稳定安全系数。一般用莫尔—库仑破坏准则对不同工程问题中的土体进行极限平衡分析。这种分析不考虑土体破坏前的变形过程及变形量，只关心土体处于最后整体滑动时的状态及条件。实际上使用的是刚塑性或理想塑性理论。目前的许多工程问题，仍采用这种在变形计算中使用弹性理论，在解决强度问题时使用完全塑性理论的方法。

20 世纪 50 年代末到 60 年代初是土的本构关系研究初期，由于这一时期诸多大型建筑物的兴建，使土体变形成为主要矛盾，给土体的非线性应力变形计算提出了必要性。同时，伴随着电子计算机和计算技术以及土工试验技术的发展，土的本构关系研究工作日益广泛和深入，成为岩土工程的重要研究领域之一。70 年代到 80 年代迎来了土体本构关系迅速发展的时期，主要表现在：一方面是学者们提出了数以百计的各种土的本构关系数学模型，其中有些已经在工程实践中得到应用和验证，逐渐被人们所接受；另一方面是召开了一系列有关土的本构关系方面的学术会议，其中在加拿大召开的岩土工程中极限平衡、塑性力学和广义应力—应变(关系)北美研讨会标志着对各种土的本构关系数学模型进行全面的、系统的验证和比较，已成为土的本构关系主要研究任务。

随着土力学实践的不断发展，一些形式相对比较简单、参数不多且有明确的物理意义、易于用简单试验确定模型参数的本构模型被商业程序使用，如目前广泛采用的大型有限元软件 ABAQUS, MC. MARC, ADINA, ANSYS 等，这些软件中针对岩土给出了常用的材料模型，包括 Mohr-Coulomb 模型、Drucker-Prager 模型、Cam-clay 模型、Duncan & Chang 模型。同时人们也针对某些工程领域的特殊条件建立了与特殊性土的本构模型，例如土的动本构模型、冻土本构模型、流变模型及损伤模型等。这些研究大大推动了岩土工程数值计算的发展，也为实际工程的检测等提供了参考。如今，人们对土的本构关系研究越来越深入，从宏观研究发展到了微观结构的研究。从微观探究土体变形特性的机理，使人们更加深刻地认识土体的应力应变特性。

6.2 土的变形特性

人们常用总结的数学模型来体现试验中所发现的土的变形特性，该数学模型即为土的本构关系。土体的变形特性是建立本构模型的根据，也是检验本构模型理论的客观标准。在介绍本构模型理论之前，首先来了解土体变形究竟有哪些规律。

6.2.1 非线性和非弹性

土木材料中金属和混凝土等坚硬材料，在受轴向拉压时，应力—应变关系如图 6-1 中曲线 a 所示，初始阶段为直线，材料处于弹性变形状态；当应力达到某一临界值时，应力—应变关系明显地转为曲线，材料同时存在弹性变形和塑性变形。土体也有类似的特性，图 6-1 中曲线 b 为土的三轴试验得出的轴向应力 σ 与轴向应变 ε 之间关系曲线。与金属等材料不同的是初始直线阶段很短，对于松砂和正常固结黏土，几乎没有直线阶段，加荷一开始就呈非线性，因此土的非线性变形特性比其他材料明显得多。

这种非线性变化的产生，就是因为除弹性变形以外还出现了不可恢复的塑性变形。土体是松散介质，受力后颗粒之间的位置调整在荷载卸除后，不能完全恢复，形成较大的塑性变形。如果加荷到某一应力后再卸荷，曲线将如图 6-2 所示。OA 为加荷段，AB 为卸荷段。卸荷后能恢复的应变为弹性应变 ε^e，不可恢复的那部分应变为塑性应变 ε^p。

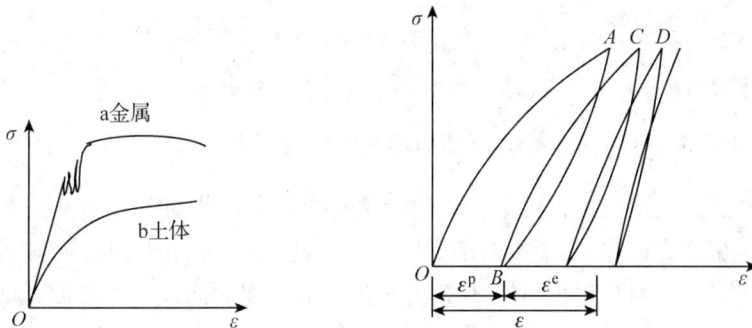

图 6-1 材料的应力—应变关系   图 6-2 加荷与卸荷的应力应变曲线

经过一个加荷退荷循环后，再加荷，如图 6-2 中的 BC 段所示，它并不与 AB 线重合，而存在一个环，称为回滞环。回滞环的存在表示退荷再加荷过程中消耗了能量，要给以能量的补充。再加荷还会产生新的不可恢复的变形，不过同一荷载多次重复后塑性变形逐渐减小。

土体在各种应力状态下都有塑性变形，哪怕在加荷初始应力—应变关系接近直线的阶段，变形仍然包含弹性和塑性两部分，退荷后不能恢复到原点。非线性和非弹性是土体变形的突出特点。

6.2.2 塑性体积应变和剪胀性

土体受力后产生明显的塑性体积变形。土样在三轴仪中逐步施加各向相等的压力 p

后，再卸除，得到压力 p 与体积应变 ε_v 之间的关系曲线，如图 6-3 所示。由图可见存在不可恢复的塑性体积应变 ε^p，而且它往往比弹性体积应变更大。这一点与金属不同，金属被认为是没有塑性体积变形的。塑性变形是由于晶格之间的错动滑移而造成的，它只体现形状改变，不产生体积变化。土体的塑性变形也与颗粒的错位滑移有关。在各向相等的压力作用下，从宏观上来说，是不受剪切的；但在微观上，颗粒间有错动。图 6-4 可以说明这种变形机理。

压缩前，颗粒是架空的，存在较大孔隙；压缩后，有些颗粒挤入原来的孔隙中，颗粒错动，位置产生调整，颗粒之间发生剪切位移。当荷载卸除后，不能再使它们架空，无法恢复到原来的体积，就形成较大的塑性体积变形。

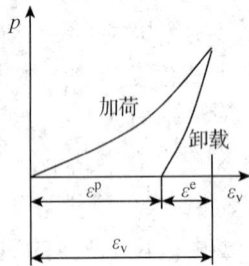

图 6-3 $p - \varepsilon_v$ 曲线

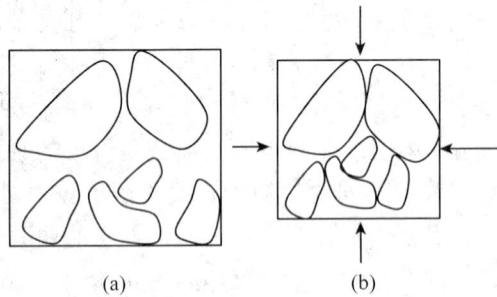

图 6-4 土体的压缩
(a)压缩前 (b)压缩后

不仅压力会引起塑性体积变形，而且剪切也会引起塑性体积变形。在三轴仪中对土样施加偏应力 $(\sigma_1 - \sigma_3)$ 的同时，减小围压 σ_3，而保持平均法向应力（球应力）p 不变，即 $p = \frac{1}{3}(\sigma_1 + \sigma_2 + \sigma_3)$ 不变，所得应力—应变曲线如图 6-5 所示。尽管体积应力 P 不变，但图中仍有体积应变，可见测得的体积应变完全是剪切造成的。在图 6-5(a)中，体积应变 ε_v 随偏应力 $\sigma_1 - \sigma_3$ 增大而增大。剪切引起的体积收缩，称为剪缩，软土和松砂常表现为剪缩。在图 6-5(b)中，开始阶段为剪缩，以后曲线向上弯曲，即体积膨胀，这种现象称为剪胀，紧密砂土，超固结黏土，常表现为剪胀。常把剪切引起的体积变化，不管膨胀还是收缩，都称为剪胀性，剪胀性是散粒体材料的一个非常重要的特性，剪缩是负的剪胀。

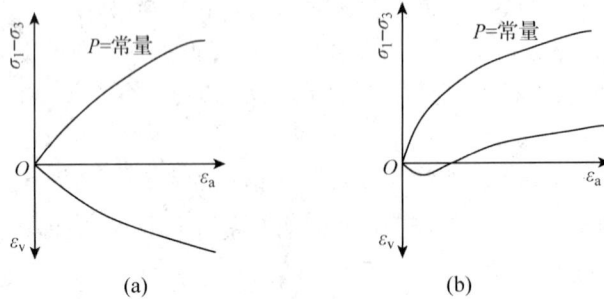

图 6-5 剪切引起的体积应变
(a)剪缩 (b)剪胀

砂土受剪所产生的体积变形可用图6-6来说明。假定土体沿水平方向受剪切。对于松砂，受剪后某些颗粒填入原来的孔隙，体积减小；对于密砂，原来的孔隙体积较小，受剪时一些颗粒必须上抬才能绕过前面的颗粒产生错动滑移，于是体积膨胀。黏土的剪胀、剪缩机理也是相似的。剪切引起的体积变形与颗粒的错动相关联，当荷载卸除后便不能恢复，应看作塑性体积变化，另外，根据虎克定律，剪应力不引起弹性体积变形。因此，剪切所引起的体积变形也只能认为全部是塑性变形。

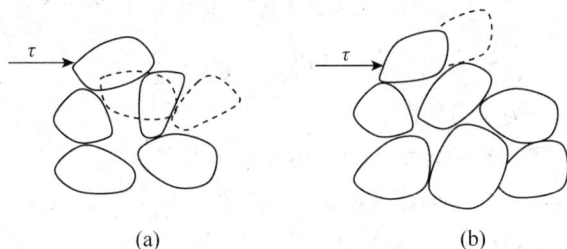

图6-6 松砂和密砂的剪胀性
(a)松砂 (b)密砂

6.2.3 塑性剪应变

土体受剪发生剪应变。剪应变的一部分与骨架的轻度偏斜相对应，荷载卸除后能恢复，它是弹性剪应变。另一部分则与颗粒之间的相对错动滑移相联系，为塑性剪应变。

不仅剪应力能引起剪应变，体积应力也会引起剪应变。三轴仪中的土样，在应力$(\sigma_1 - \sigma_3)$和σ_3下变形稳定后，保持$(\sigma_1 - \sigma_3)$不变而降低σ_3，则会发现，随着σ_3减小，轴向应变不断增大，直至最后达到破坏。在这一应力变化过程中，应力摩尔圆直径不变，位置不断向左移动，如图6-7(a)，摩尔圆从A移动到B。当围压降到一定值，摩尔圆与库仑破裂线相切，土样剪坏，这时剪应变已发展到很大数值。由此可见，球应力的变化确实引起了不可恢复的剪应变。这种应力变化可以用图6-7(b)中$q-p$坐标系中的应力路径AB来表示。这里p为球应力，q由式(6-1)确定，即

$$q = \frac{1}{\sqrt{2}} \sqrt{(\sigma_1 - \sigma_2)^2 + (\sigma_2 - \sigma_3)^2 + (\sigma_3 - \sigma_1)^2} \qquad (6-1)$$

q称偏应力，它反映了复杂应力状态下受剪的程度，因此常用来表示剪应力。对于轴对称的试样受力情况，$q = \sigma_1 - \sigma_3$。与q相应的偏应变为

$$\varepsilon_s = \frac{\sqrt{3}}{3} \sqrt{(\varepsilon_1 - \varepsilon_2)^2 + (\varepsilon_2 - \varepsilon_3)^2 + (\varepsilon_3 - \varepsilon_1)^2} \qquad (6-2)$$

ε_s表示了复杂受力状态下的剪切变形。对轴对称三轴试样的变形

$$\varepsilon_s = \varepsilon_a - \frac{\varepsilon_v}{3} \qquad (6-3)$$

通过试验可点绘出剪应变ε_s，随球应力p减小而增加的关系曲线，如图6-7(c)中的AB段。若p增大，同样会发生剪应变，只是方向与上述的相反。

前面讲到，作用各向相等的球应力，也会引起颗粒间的相对错动滑移。如果初始应力是各向相等的，即不存在初始剪应力，这种微观的错动滑移在各方向上都是均匀的，宏观上便没有剪应变。如果土体存在初始剪应力，则施加各向相等的正应力增量

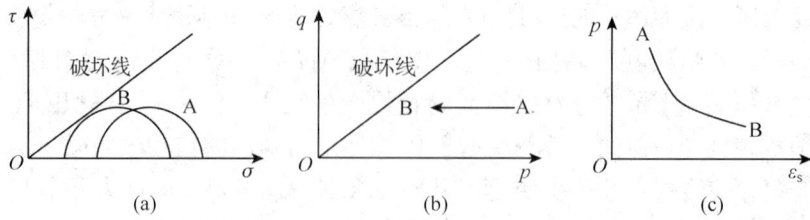

图 6-7 球应力变化引起的剪应变

时,微观错动在各方向上是不均匀的,宏观上就表现为剪应变。这种由球应力引起的剪应变显然是一种不可恢复的塑性变形。

对于弹性材料,根据虎克定律,剪应力不引起体积应变,体积应力不引起剪应变。即不存在所谓"交叉影响"。土体却具有这种"交叉影响",而且往往相当可观,不可忽视。这种"交叉影响"自然要反映到应力—应变关系上。其增量形式为

$$\{\Delta\sigma\} = [D]\{\Delta\varepsilon\} \tag{6-4}$$

或者写成

$$\{\Delta\varepsilon\} = [C]\{\Delta\sigma\} \tag{6-5}$$

其中

$$\{\Delta\sigma\} = [\Delta\sigma_x, \Delta\sigma_y, \Delta\sigma_z, \Delta\tau_{yz}, \Delta\tau_{zx}, \Delta\tau_{xy}]^{\mathrm{T}}$$

$$\{\Delta\varepsilon\} = [\Delta\varepsilon_x, \Delta\varepsilon_y, \Delta\varepsilon_z, \Delta\gamma_{yz}, \Delta\gamma_{zx}, \Delta\gamma_{xy}]^{\mathrm{T}}$$

式中,$[D]$ 为刚度矩阵,$[C]$ 为柔度矩阵,显然有 $[C] = [D]^{-1}$,对于平面问题,式(6-5)的展开形式为

$$\begin{Bmatrix} \Delta\varepsilon_x \\ \Delta\varepsilon_y \\ \Delta\gamma_{xy} \end{Bmatrix} = \begin{pmatrix} C_{11} & C_{12} & C_{13} \\ C_{21} & C_{22} & C_{23} \\ C_{31} & C_{32} & C_{33} \end{pmatrix} \begin{Bmatrix} \Delta\sigma_x \\ \Delta\sigma_y \\ \Delta\tau_{xy} \end{Bmatrix} \tag{6-6}$$

如果剪应力不引起正应变,没有剪胀性,则元素 $C_{13} = C_{23} = 0$。如果正应力不引起剪应变,则 $C_{31} = C_{32} = 0$。它的逆矩阵 $[D]$ 中相应位置上的元素也为 0。土体有"交叉影响",因此,合理的本构模型应该使这些元素成为非零元素。

6.2.4 硬化与软化

三轴试验测得的轴向应力 $\sigma_1 - \sigma_3$ 与轴向应变 ε_a 的关系曲线有两种形态。图 6-8(a) 所示曲线 $\sigma_1 - \sigma_3$ 有一直上升的趋势直至破坏,这种形状的应力应变关系称为应变硬化型,软土和松砂表现为这种形态;图 6-8(b)所示曲线前面部分是上升的,应力达到某一峰值后转为下降曲线,即应力在降低,而应变却在增加,这种形态称为应变软化型,紧密砂土和超固结黏土表现为这种形态。用式(6-3)将 ε_a 转换为 ε_s,点绘 $q - \varepsilon_s$ 曲线,其形式与图 6-8 也相似,存在硬化和软化两种形式。对于其他剪切试验(直切、单切、扭剪等),得出的 $\tau - \gamma$ 关系曲线也有硬化和软化的区别。

密砂受剪时,由于颗粒排列紧密,一部分颗粒要滚过另一部分颗粒而产生相对错动,须克服较大的"咬合"作用力,故表现为较高的抗剪强度。而一旦一部分颗粒绕过了另一部分颗粒,结构便变松,抗剪能力减小了,因而表现为软化。超固结黏土剪切

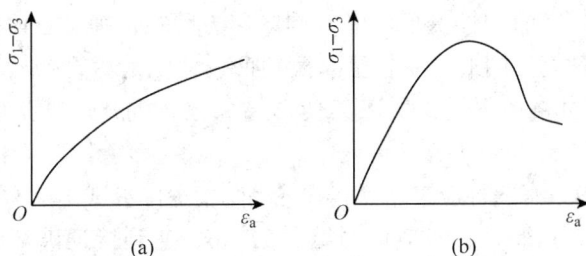

图 6-8 硬化和软化

(a)硬化 (b)软化

破坏后结构凝聚力丧失，也降低强度，表现为软化。对于松砂和软土，剪切过程中结构变得紧密，一般表现为剪缩，且强度也在不断提高，呈现硬化特性。硬化和软化与剪缩和剪胀，常有一定联系，但也不是必然联系，软化类型的土往往是剪胀的，剪胀土未必都是软化的。通常软化阶段都发生在材料达到破坏以后。如果设计中考虑相当的安全度，不允许材料达到破坏，那么软化阶段也就不会出现，就可以不考虑软化问题。然而实际工程中，只要破坏区域不大，不致危及建筑物整体安全，有时允许局部区域达到剪切破坏。那么达到破坏的区域，由于材料软化，降低了强度，便不能承受与峰值强度相应的荷载，而将多余的荷载转移到周围区域，加重了周围负担，使周围区域达到破坏，实际破坏区将比不考虑软化特性时来得大，因此这时最好考虑软化问题。

6.2.5 应力路径和应力历史对变形的影响

土体内一点的应力状态可以用三个主应力 σ_1、σ_2 和 σ_3 来表示。以三个主应力为坐标轴构成一个直角坐标系，称为应力空间。这个空间内的一点有三个坐标值，代表了某种应力状态。图 6-9 中的 A 点代表了应力状态 σ_{1A}、σ_{2A} 和 σ_{3A}，而 B 点代表了另一种应力状态 σ_{1B}、σ_{2B} 和 σ_{3B}。

设土体中一点的初始应力状态如应力空间 A 点所示，受力后变化到 B。从 A 到 B，可以有多种加荷方式，如 σ_1、σ_2 和 σ_3 同时按比例增加；或初期 σ_3 增加得多，σ_1 和 σ_2 增加得少，而后期反过来；或者其他某种加荷方式。对于一

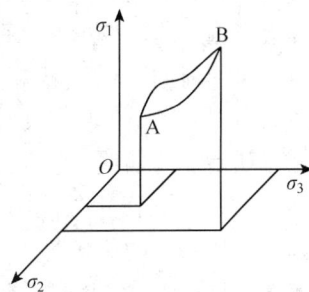

图 6-9 应力空间

种加荷方式，代表应力状态的点将从 A 点沿某种轨迹移动到 B 点，加荷过程中，应力空间内代表应力状态的点所移动的轨迹，称为应力路径。不同的加荷方式对应不同的应力路径。

应力空间还可以用其他形式的应力分量来表示，如果以 σ_x，σ_y，σ_z，τ_{xy}，τ_{yz} 和 τ_{xz} 六个应力分量为坐标，则应力空间是六维空间，但该应力空间无法用图形表示，仅可作抽象的理解。如果忽略第三应力不变量或应力罗德角对变形的影响，则可以只用 p、q 两个分量来构成二维的应力空间。如图 6-7(b)便使用了这种二维空间，即平面。在后面介绍的本构模型理论中，常用到这种 p-q 平面，这种平面上可以清楚地表示应力路径。

岩土材料存在较大的塑性变形。沿不同的应力路径加荷，各阶段的塑性变形增量不同，累积起来，就有不同的应变总量。换句话说，就是尽管初始和终了的应力状态相同，但加荷的应力路径不同，所以其变形结果也不同，这就是应力路径对变形的影响。

如图6-10(a)中，有两种应力路径：虚线 AC 表示排水试验的有效应力路径。实线 ABC 表示先做不排水试验，其有效应力路径为 AB，达到接近破坏的 B 点后，排水固结，保持 q 不变而 p 增加，应力路径为 BC。两种应力路径初始和终了应力状态相同，两种路径所对应的轴向应变 ε_a 如图6-10(b)所示。对于实线，因 B 点接近破坏线，必然产生较大的轴向应变，因此最终 ε_a 必然较大，如图6-10(b)中的 ABC 所示。反之因虚线远离破坏线，其轴向应变必然较小，如图6-10(b)中的 AC 线所示。因此应力路径对变形的影响不可忽视。

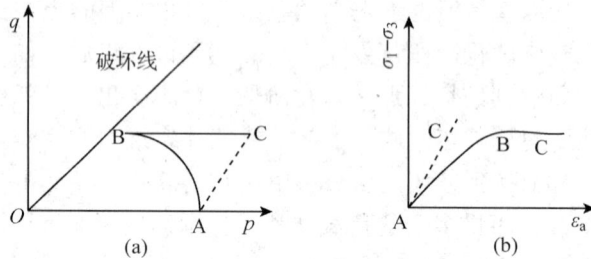

图6-10　应力路径对变形的影响

应力历史，是指历史上的应力路径。由于塑性变形不可恢复，历史上发生的变形将保存和积累起来，所以它无疑会影响之后的变形。前面讲过，经过一个加荷卸荷循环后，再加荷时，变形就减小了，这就是应力历史的影响。图6-11 中，A、B 两点具有相同的应力 $\sigma_1 - \sigma_3$，然而 A 点处于初始加荷曲线上，B 点处于再加荷曲线上，两点对应不同的 ε_a，它们所处应力—应变关系曲线的斜率也不同。

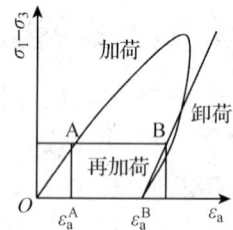

图6-11　应力历史对变形的影响

如果施加同样的荷载增量，则对应 A 状态的土体应变增量大，而对应 B 状态的土体应变增量小。因 A、B 两点有着不同的应力历史，加荷后就有不同的变形。超固结土比正常固结土变形小，就是这个原理。

6.2.6　固结压力对变形的影响

高压三轴试验资料表明，土体在高围压(固结压力)下的变形性状与低围压情况下有所不同，主要包括以下三个方面。

①强度包线不呈直线，而是呈向下微弯的曲线，如图6-12 所示，这表示有效强度指标 φ 随着固结压力的增加而降低了。为了反映这种变化，可以用折线来代替曲线，也就是在不同的压力范围用不同的强度指标。图6-12 中，压力低于 σ_A 用 φ_1，压力高于 σ_A 用 φ_2。另一种方法是将 φ 表示成固结压力的某种函数。常采用式(6-7)，即

$$\varphi = \varphi_0 - \Delta\varphi \lg \frac{\sigma_3}{p_a} \tag{6-7}$$

式中，P_a 为大气压力；φ_0 为 $\sigma_3 = p_a$ 时的 φ 值；$\Delta\varphi$ 为反映 φ 随 σ_3 而降低的一个参数。$\Delta\varphi$ 和 φ_0 可由半对数纸上点绘 $\varphi - \sigma_3$ 关系来确定。

②前面讲到，有些土如紧密砂土，受剪时体积会发生膨胀，那是在低压力下的性态。当在高压时，所有土都将表现为剪缩。

③软化现象一般也是在低压下表现出的。在高压下，通常 $(\sigma_1 - \sigma_3) - \varepsilon_a$ 曲线都是硬化型的。

图 6-12　抗剪强度随法向应力的变化

在高围压下土体的变形特性之所以不同，主要是由于高压使土颗粒破碎。试验前的颗粒分析试验结果与受过高压后土样的颗粒分析结果往往不同，后者细颗粒增多了。所以在应力—应变模型的建立和参数确定方面，也会有不同，它们都要考虑高压的特性。此外，由于高围压下变形特性与低围压不同，对于高土石坝、高层建筑物地基等，就需要用高压三轴仪来研究土的强度和变形特性。

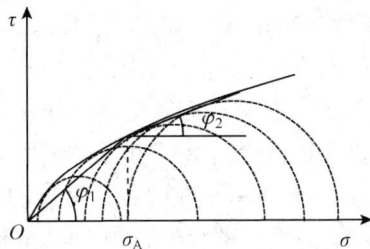

6.2.7　中主应力对变形的影响

常规三轴试验研究土体变形，其受力条件为中主应力 σ_2 与小主应力 σ_3 相等。而实际问题中，σ_2 与 σ_3 一般是不等的，因此有必要研究 σ_2 的变化对变形的影响。

中主应力 σ_2 变化于大主应力 σ_1 和小主应力 σ_3 之间。为了说明 σ_2 在 σ_1 和 σ_3 之间的位置，可以用如下指标进行表示。

①罗德参数 μ_σ　其定义为：

$$\mu_\sigma = \frac{(\sigma_2 - \sigma_3) - (\sigma_1 - \sigma_2)}{\sigma_1 - \sigma_3} = \frac{2\sigma_2 - \sigma_1 - \sigma_3}{\sigma_1 - \sigma_3} \tag{6-8}$$

若 $\sigma_2 = \sigma_1$，$\mu_\sigma = 1$；若 $\sigma_2 = \frac{1}{2}(\sigma_1 + \sigma_3)$，$\mu_\sigma = 0$；若 $\sigma_2 = \sigma_3$，$\mu_\sigma = -1$。

②罗德角 θ_σ　它是根据应力在 π 面（主应力空间内与三个坐标轴 σ_1、σ_2、σ_3 交角相等的平面）上的位置所确定的角度，与 μ_σ 有如下关系

$$\theta_\sigma = \arctan \frac{\mu_\sigma}{\sqrt{3}} \tag{6-9}$$

它的变化范围为 $-30° \sim 30°$。

③参数 b　其定义为：

$$b = \frac{\sigma_2 - \sigma_3}{\sigma_1 - \sigma_3} \tag{6-10}$$

当 $\sigma_2 = \sigma_1$ 时，$b = 1$；$\sigma_2 = \frac{1}{2}(\sigma_1 + \sigma_3)$ 时，$b = 0.5$；$\sigma_2 = \sigma_3$ 时，$b = 0$。可以推得

$$b = \frac{\mu_0 + 1}{2} \tag{6-11}$$

中主应力对土体变形有明显影响。首先，中主应力的变化会影响到土的抗剪强度。试验表明，土在 $\sigma_2 > \sigma_3$ 时的抗剪强度比 $\sigma_2 = \sigma_3$ 时的强度大，对于相同的 σ_3，平面变形条件下的最大偏应力，即破坏摩尔圆直径 $(\sigma_1 - \sigma_3)_f$，比轴对称条件下的值大，而破坏

时的轴向应变 ε_a 相近。因此，平面变形条件下的 $(\sigma_1-\sigma_3)-\varepsilon_a$ 曲线必然比三轴试验时的曲线陡。

中主应力还会改变应力—应变曲线的软化或硬化形态。对砂土进行不同 b 值下的真三轴试验，得到相应的应力—应变试验曲线，如图 6-13 所示，当 $b=0(\sigma_2=\sigma_3)$ 时，$(\sigma_1-\sigma_3)-\varepsilon_a$ 曲线没有明显的峰值，基本上呈硬化型；但当 $b=0.5$ 时，曲线呈软化型，有明显的峰值；当 $b=1.0$ 时，软化特性更显著。并且随着 b 的增加，材料的破坏更接近于脆性破坏。对于 $\varepsilon_v-\varepsilon_a$ 曲线，由于 p 的增加，所以随着 b 的增加，体积压缩量增大，而剪胀量减小。

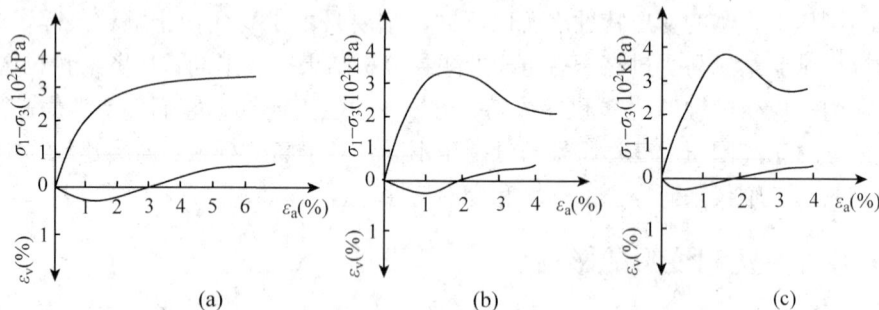

图 6-13 中主应力对应力—应变关系的影响
(李广信，1985)
(a) $b=0$ (b) $b=0.5$ (c) $b=1.0$

不少模型的建立以及参数的确定仅依据常规三轴试验资料，不能反映中主应力的影响。实际问题如土坝、地基等往往是平面变形问题，不考虑中主应力的影响将使计算结果产生误差，甚至是较大的误差。

6.2.8 各向异性

各向异性是指材料在不同方向上的物理力学性质不同。土的结构在水平和竖直方向上有着一定的差异，所以土体在许多方面表现为各向异性，应力—应变关系也不例外，这种称为原生各向异性。此外，各向应力状态不同还能引起新的各向异性。如重塑土，本来不存在土体结构上的两向差异，但是如果施加的各向应力不等，那么在应力—应变关系上就会表现为各向异性，这种称为诱发各向异性。

下面的例子可以说明这种应力状态所引起变形的各向异性。设处于平面变形条件下的某土体单元受有初始应力各向不等，$\sigma_1>\sigma_3$，其摩尔圆如图 6-14(a) 中实线圆所示。现分别从 σ_1 和 σ_3 方向作用相等的应力增量 $\Delta\sigma$ 看其变形情况，图 6-14(b) 中所示为加荷情况 A，在 σ_1 方向作用一应力增量 $\Delta\sigma$，则在该方向上(图中为竖向)引起的压缩应变为 $\Delta\varepsilon_1^A$，而在侧向(图中为水平方向)产生侧向膨胀应变 $\Delta\varepsilon_3^A$，加荷后的摩尔圆如图 6-14(a) 中虚线圆 A 所示。另一种加荷方式，情况 B，如图 6-14(c) 所示，在 σ_3 方向作用一应力增量 $\Delta\sigma$，在该方向，即图中水平方向，引起压应变 $\Delta\varepsilon_3^B$，而在竖向产生侧向膨胀应变 $\Delta\varepsilon_1^B$，加荷后的摩尔圆如图 6-14(a) 中虚线圆 B 所示。比较 A、B 两种状态，如果材料的变形是各向同性的，那么对于相同的应力增量，无论作用在哪一方向，所引起的该方向上的压缩应变都应该是相等的，即 $\Delta\varepsilon_1^A=\Delta\varepsilon_3^B$，同时另一方向上的侧向膨胀应变也应该相等，即 $\Delta\varepsilon_3^A = \Delta\varepsilon_1^B$。然而，对土来说，由于前面所讲的变形特性，它们必然不相等，由图 6-14（a）可见，与应力状态 A 相应的摩尔圆比原来的扩大了，并更接近破坏线；而与应力状态 B 相应的摩尔圆比原来的缩小了，并远离破坏线。对土体而言，越接近破坏状态越软弱，越易产生变形，由图 6-10（b）可见，应力—应变曲线在接近破坏的地方平缓，也就是相同应力增量会引起较大的应变增量。可以推断，$\Delta\varepsilon_1^A > \Delta\varepsilon_1^B$，同样，侧向膨胀应变的绝对值也是 $\Delta\varepsilon_3^A > \Delta\varepsilon_1^B$。可见，由于应力的各向不等，造成了变形的各向异性。这种变形的各向异性也可以说是应力历史所造成的，各方向受压历史不同，使以后加荷时所产生的变形也不同。

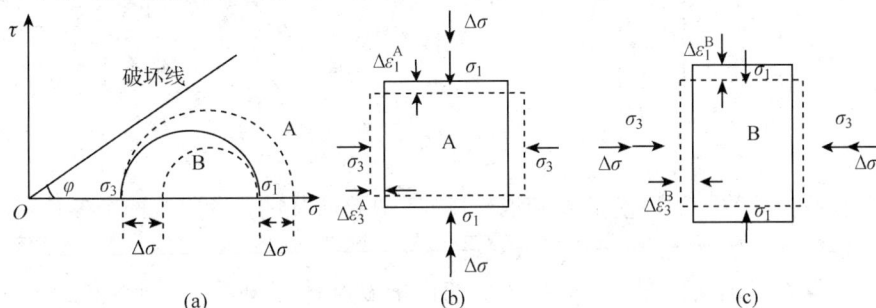

图 6-14 应力引起的各向异性

各向异性反映到关系式上，就是刚度矩阵 $[D]$ 或柔度矩阵 $[C]$ 为非对称矩阵。由式（6-6）可知，若 $\Delta\sigma_x = 1$，而 $\Delta\sigma_y = \Delta\tau_{xy} = 0$，则 $\Delta\varepsilon_x = C_{11}$，$\Delta\varepsilon_y = C_{21}$，$\Delta\gamma_z = C_{31}$；同样，若 $\Delta\sigma_y = 1$，而 $\Delta\sigma_x = \Delta\tau_{xy} = 0$，则 $\Delta\varepsilon_x = C_{12}$，$\Delta\varepsilon_y = C_{22}$，$\Delta\gamma_z = C_{32}$。可见，矩阵 $[C]$ 中任一元素的 C_{ij} 的物理意义为：当微小单元体上仅作用有 j 方向的单位应力增量，而其他方向无应力增量时，i 方向的应变增量分量就等于 C_{ij}。图 6-14 中，若 σ_1 和 σ_3 分别与 y 和 x 轴方向一致，且 $\Delta\sigma = 1$，则 $\Delta\varepsilon_1^A = C_{22}$，$\Delta\varepsilon_3^A = C_{12}$，$\Delta\varepsilon_1^B = C_{21}$，$\Delta\varepsilon_3^B = C_{11}$。前面分析表明 $C_{12} \neq C_{21}$，故 $[C]$ 是非对称矩阵，前面分析还表明 $C_{11} \neq C_{22}$。

由于 $[C]$ 是非对称的，其逆矩阵 $[D]$ 当然也是非对称的。$[D]$ 矩阵元素 D_{ij} 的物理意义是：要使微小单元体只在 j 方向发生单位应变，而其他方向不允许发生应变，则必须造成某种应力组合，在这种应力组合中，i 方向应力分量为 D_{ij}。

矩阵 $[D]$ 或 $[C]$ 非对称，从机理上来说是合理的，然而它给数学模型带来复杂性，也增加了有限元计算的困难。从工程实用的角度来考虑，往往忽略这种非对称性，而处理为对称矩阵。

以上八个方面概括了土体变形的基本特性。当然，影响土体变形的因素还很多，如土的种类、结构性等。土体的变形规律十分复杂，要在本构关系数学模型中全部反映这些特性是不可能的，也是不必要的，所以应该抓住影响变形的主要特性去建立数学模型。比如，摩尔库仑模型因其参数容易确定而被广泛应用，它在以极限承载力为分析重点的问题中是很适用的，但在研究固结沉降的问题中就不合适了。

6.3 弹性非线性模型

弹性非线性模型是土的本构关系中最典型也是常用的模型之一，解决了目前工程中不少问题。

线弹性模型假定土是弹性材料，应力应变关系符合广义胡克定律，其刚度矩阵可以写成

$$
[D] = \frac{E}{(1+v)(1-2v)}
\begin{bmatrix}
(1-v) & v & v & 0 & 0 & 0 \\
v & (1-v) & v & 0 & 0 & 0 \\
v & v & (1-v) & 0 & 0 & 0 \\
0 & 0 & 0 & \dfrac{(1-2v)}{2} & 0 & 0 \\
0 & 0 & 0 & 0 & \dfrac{(1-2v)}{2} & 0 \\
0 & 0 & 0 & 0 & 0 & \dfrac{(1-2v)}{2}
\end{bmatrix}
$$

$$ \text{(6-12)} $$

式中只含有两个参数：弹性模量 E 和泊松比 v，只要通过试验确定这两个参数，即可用式(6-12)推广到千变万化的复杂应力状态。

弹性模量 E 和泊松比 v 也可转换成剪切模量 G 和体积模量 B。剪切模量 G 的意义是材料在剪切应力作用下，在弹性变形比例极限范围内，剪应力与剪应变的比值，即 $G = \dfrac{\tau}{\gamma}$；体积模量 B 的意义为球应力与体积应变之比，即 $B = \dfrac{p}{\varepsilon_v}$。它们与 E 和 v 的关系为

$$ G = \frac{E}{2(1+v)} \tag{6-13} $$

$$ B = \frac{E}{3(1-2v)} \tag{6-14} $$

参数 E、v、G、B 中只要确定两个就可以算出另外两个。

土体变形最显著的特点是非线性，假定为线弹性材料会有较大误差，因此提出非线性弹性模型。假定弹性参数随应力状态而变化，通过试验得出弹性参数随应力变化而变化的规律，从而建立相应公式。

6.3.1　弹性参数的确定

6.3.1.1　弹性模量 E

由应力应变全量的广义胡克定律：当 $\sigma_2 = \sigma_3 = 0$ 时，$\varepsilon_1 = \dfrac{\sigma_1}{E}$，因此，$E = \dfrac{\sigma_1}{\varepsilon_1}$。对于黏性土，做无侧限压缩试验，此时，$\sigma_2 = \sigma_3 = 0$，加竖向应力 σ，测得相应的应变 ε_a。绘出轴向应力 σ 与轴向应变 ε_a 的关系曲线(图6-15)，曲线上的点 A 所对应的大主应力 $\sigma_1 = \sigma$，大主应变 $\varepsilon_1 = \varepsilon_a$，故弹性模量为 $E_s = \dfrac{\sigma}{\varepsilon_a}$ 它是曲线在 A 点处割线的斜率，故称割线模量，以 E_s 表示。

对于增量广义胡克定律，当增量很小时，用 E_t 和 v_t 分别表示模量和泊松比，则

$$ d\varepsilon_1 = \frac{d\sigma_1}{E_t} - v_t \frac{d\sigma_2 + d\sigma_3}{E_t} \tag{6-15} $$

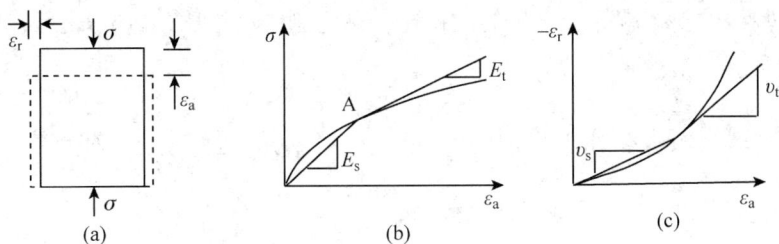

图 6-15 弹性模量

(a)试样加荷 (b)割线模量 (c)泊松比

无侧限压缩试验时，$d\sigma_2 = d\sigma_3 = 0$，自然有 $E_t = \dfrac{d\sigma_1}{d\varepsilon_1}$。因此，$\sigma - \varepsilon_a$ 曲线的切线斜率，就等于增量关系中的弹性模量，称为切线模量，即

$$E_t = \frac{d\sigma}{d\varepsilon_a} \tag{6-16}$$

无侧限压缩试验，侧向无应力作用，只能用于黏性土，不能用于无黏性土。而实际土层的内部各点都存在周围的限制压力，故不宜用无侧限压缩仪作应力应变试验，通常采用三轴压缩仪。三轴仪试样受到围压 σ_3。当围压保持不变时增加偏应力$(\sigma_1 - \sigma_3)$，则 $d\sigma_2 = d\sigma_3 = 0$，只有大主应力增加 $d\sigma_1 = d(\sigma_1 - \sigma_3)$。由式(6-16)可得

$$E_t = \frac{d(\sigma_1 - \sigma_3)}{d\varepsilon_a} \tag{6-17}$$

点绘$(\sigma_1 - \sigma_3) - \varepsilon_a$ 关系曲线，如图 6-16 所示，曲线上任意一点的切线斜率就具有切线模量的物理意义了。注意，此时的割线斜率不具有割线模量的物理意义，因为$(\sigma_1 - \sigma_3)$并不是应力全量，ε_a 也不是应力变量，施加围压 σ_3 的应变就没有计入。

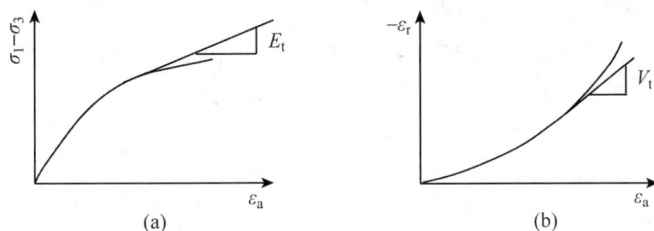

图 6-16 三轴仪试验所得弹性常数

(a)切线弹性模量 (b)切线泊松比

6.3.1.2 泊松比 v

广义胡克定律的另一公式：

$$\varepsilon_3 = \frac{\sigma_3}{E} - v\frac{\sigma_1 + \sigma_2}{E} \tag{6-18}$$

做无侧限压缩试验，$\sigma_2 = \sigma_3 = 0$，则 $\varepsilon_3 = -v\dfrac{\sigma_1}{E}$，而$\dfrac{\sigma_1}{E} = \varepsilon_1$，故 $\varepsilon_3 = -v\varepsilon_1$，$v = \dfrac{-\varepsilon_3}{\varepsilon_1}$。量测侧向膨胀应变 ε_r，为 ε_3。点绘$(-\varepsilon_r) - \varepsilon_a$ 关系曲线，如图 6-15(c)所示，

则线上一点割线的斜率就等于全量的泊松比，称为割线泊松比，以 v_s 表示，即

$$v_s = \frac{-\varepsilon_r}{\varepsilon_a}$$

曲线的切线斜率具有切线泊松比的意义，以 v_t 表示，即

$$v_t = \frac{-\mathrm{d}\varepsilon_r}{\mathrm{d}\varepsilon_a} \tag{6-19}$$

它用于反映增量的应力应变关系。

做常规三轴仪试验，保持 $\sigma_2 = \sigma_3 = $ 常量，加偏应力，则侧向应变 ε_r 与轴向应变 ε_a 间的关系曲线的切线斜率，也具有切线泊松比的物理意义，如图 6-16(b) 所示。同样，其割线的斜率没有物理意义，不是割线泊松比。

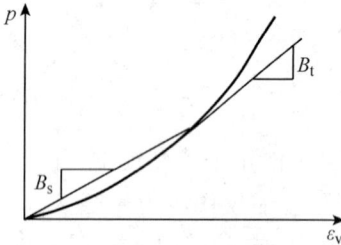

图 6-17 体积模量

6.3.1.3 体积模量 B

在三轴仪中对土样施加各向相等的压力 σ_3（即球应力 p），逐步增大，测相应的体积应变 ε_v，可点绘出 $\varepsilon_v - p$ 关系曲线，如图 6-17 所示，其割线斜率为割线体积模量：

$$B_s = \frac{p}{\varepsilon_v}$$

切线的斜率为切线体积模量：

$$B_t = \frac{\mathrm{d}p}{\mathrm{d}\varepsilon_v} \tag{6-20}$$

6.3.1.4 剪切模量 G

在三轴仪试验中对土样逐级施加偏应力 $q = \sigma_1 - \sigma_3$，测得相应的轴向应变 ε_a 和体积应变 ε_v，可求得广义剪应变为

$$\varepsilon_s = \varepsilon_a - \frac{\varepsilon_v}{3} \tag{6-21}$$

由式 $q = \frac{3}{\sqrt{2}}\tau_{OCT}$ 可得八面体剪应力 $\tau_{OCT} = \frac{\sqrt{2}}{3}q$；由式 $\varepsilon_s = \frac{\sqrt{3}}{2}$ $\sqrt{(\varepsilon_1 - \varepsilon_2)^2 + (\varepsilon_2 - \varepsilon_3)^2 + (\varepsilon_3 - \varepsilon_1)^2}$ 可得剪应变 $\gamma_{OCT} = \sqrt{2}\varepsilon_s$。利用八面体面上的剪应力剪应变的关系可确定剪切模量：

$$G = \frac{\tau_{OCT}}{\gamma_{OCT}} = \frac{q}{3\varepsilon_s} \tag{6-22}$$

点绘 $\frac{q}{3} - \varepsilon_s$ 关系曲线，可得割线剪切模量 G_s 和切线剪切模量 G_t，如图 6-18 所示。

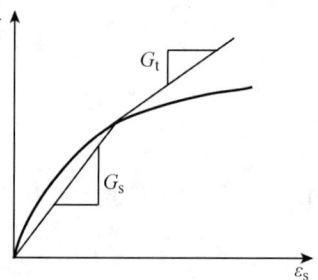

图 6-18 剪切模量

6.3.2　双曲线模型($E-\nu$模型和$E-B$模型)

邓肯(Duncan)和张(Chang)依据三轴仪应力应变试验结果提出了双曲线模型。常规三轴试验，在围压σ_3不变条件下施加偏应力$(\sigma_1-\sigma_3)$，并测出轴向应变ε_a和体积应变ε_v，点绘成关系曲线。利用这一组曲线的弹性模量、泊松比和体积模量。

6.3.2.1　切线弹性模量E_t和回弹模量E_{ur}

(1)切线弹性模量

康纳(kondner)等人发现，在加荷时，$(\sigma_1-\sigma_3)-\varepsilon_a$关系曲线可以用双曲线来拟合，如图6-19(a)所示。对于某一小主应力σ_3来说，可以用式(6-23)表示：

$$\sigma_1-\sigma_3=\frac{\varepsilon_a}{a+b\varepsilon_a} \tag{6-23}$$

式中，a和b为试验常数。式(6-23)也可写成

$$\frac{\varepsilon_a}{\sigma_1-\sigma_3}=a+b\varepsilon_a \tag{6-24}$$

若以$\dfrac{\varepsilon_a}{\sigma_1-\sigma_3}$为纵坐标，$\varepsilon_a$为横坐标，构成新的坐标系，则双曲线转换成直线，如图6-19(b)所示，其斜率为b，截距为a。

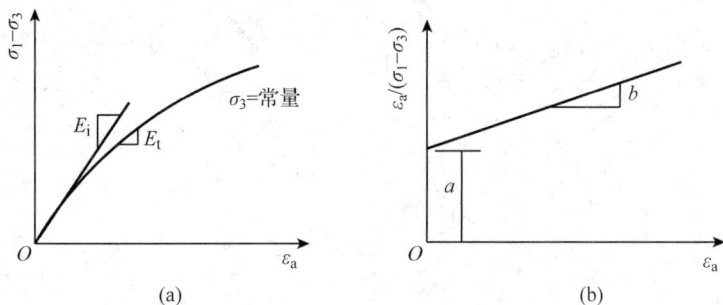

图6-19　两种围压下的双曲线模型

(a)$(\sigma_1-\sigma_3)-\varepsilon_a$关系曲线　(b)$\dfrac{\varepsilon_a}{\sigma_1-\sigma_3}-\varepsilon_a$关系曲线

邓肯和张利用上述关系推导出了弹性模量公式。在σ_3不变条件下，由式(6-16)得增量弹性模量(即切线弹模)：

$$E_t=\frac{\Delta\sigma_1}{\Delta\varepsilon_1}=\frac{\Delta(\sigma_1-\sigma_3)}{\Delta\varepsilon_a}=\frac{\partial(\sigma_1-\sigma_3)}{\partial\varepsilon_a} \tag{6-25}$$

将式(6-23)代入式(6-25)得

$$E_t=\frac{a}{(a+b\varepsilon_a)^2} \tag{6-26}$$

由式(6-24)，得

$$\varepsilon_a=\frac{a}{\dfrac{1}{\sigma_1-\sigma_3}-b} \tag{6-27}$$

代入式(6-26)，得

$$E_t = \frac{1}{a}\left[1 - b(\sigma_1 - \sigma_3)\right]^2 \tag{6-28}$$

现在来研究 a 和 b 的意义以及它们随应力的变化。由式(6-24)可见，当 $\varepsilon_a \to 0$ 时

$$a = \left(\frac{\varepsilon_a}{\sigma_1 - \sigma_3}\right)_{\varepsilon_a \to 0}$$

而 $\left(\dfrac{\sigma_1 - \sigma_3}{\varepsilon_a}\right)_{\varepsilon_a \to 0}$ 是曲线 $(\sigma_1 - \sigma_3) - \varepsilon_a$ 的初始斜率，其意义为初始切线模量，用 E_i 来表示，如图 6-19(a)所示，因此

$$a = \frac{1}{E_i} \tag{6-29}$$

这表示 a 是初始切线模量的倒数。试验表明，E_i 随 σ_3 变化，如果在双对数纸上点绘 $\lg\left(\dfrac{E_i}{p_a}\right)$ 和 $\lg\left(\dfrac{\sigma_3}{p_a}\right)$ 的关系，则近似为一直线，如图 6-20 所示。p_a 为大气压力，引入 p_a 是为了使纵横坐标化为无因次量。直线的截距为 $\lg K$，斜率为 n，于是有 $\lg\dfrac{E_i}{p_a}$

$$= \lg K + n\lg\frac{\sigma_3}{p_a}, \text{ 由此得}$$

$$E_i = Kp_a\left(\frac{\sigma_3}{p_a}\right)^n \tag{6-30}$$

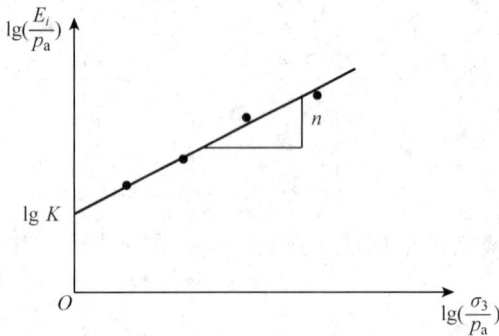

图 6-20　$\lg\left(\dfrac{E_i}{p_a}\right)$ 与 $\lg\left(\dfrac{\sigma_3}{p_a}\right)$ 关系曲线

由式(6-24)还可得，当 $\varepsilon_a \to \infty$ 时

$$b = \frac{1}{(\sigma_1 - \sigma_3)_{\varepsilon_a \to \infty}} = \frac{1}{(\sigma_1 - \sigma_3)_u} \tag{6-31}$$

式中用 $(\sigma_1 - \sigma_3)_u$ 表示当 $\varepsilon_a \to \infty$ 时 $(\sigma_1 - \sigma_3)$ 的值，也就是 $(\sigma_1 - \sigma_3)$ 的渐近值。实际上，ε_a 不可能趋向无穷大，在达到一定值后试样就破坏了，这时的偏应力为 $(\sigma_1 - \sigma_3)_f$，它总是小于 $(\sigma_1 - \sigma_3)_u$，令

$$R_f = \frac{(\sigma_1 - \sigma_3)_f}{(\sigma_1 - \sigma_3)_u} \tag{6-32}$$

R_f 称为破坏比。将式(6-29)和式(6-31)代入式(6-28)，并利用式(6-32)，得

$$E_t = \left[1 - R_f\frac{(\sigma_1 - \sigma_3)}{(\sigma_1 - \sigma_3)_f}\right]^2 E_i \tag{6-33}$$

令

$$s = \frac{(\sigma_1 - \sigma_3)}{(\sigma_1 - \sigma_3)_f} \tag{6-34}$$

s 为应力水平，它表示当前应力圆直径与相同小主应力 σ_3 条件下破坏应力圆直径之比，反映了强度发挥程度。式(6-33)也可写成

$$E_t = (1 - R_f s)^2 E_i \tag{6-35}$$

破坏偏应力$(\sigma_1 - \sigma_3)_f$与固结压力σ_3有关，由图6-21中的几何关系不难推出

$$(\sigma_1 - \sigma_3)_f = \frac{2\cos\varphi + 2\sin\varphi}{1 - \sin\varphi}$$

将上式和式(6-30)代入式(6-33)，得

$$E_t = \left[1 - R_f \frac{(1 - \sin\varphi)(\sigma_1 - \sigma_3)}{2\cos\varphi + 2\sigma_3\sin\varphi}\right]^2 Kp_a\left(\frac{\sigma_3}{p_a}\right)^n$$

(6-36)

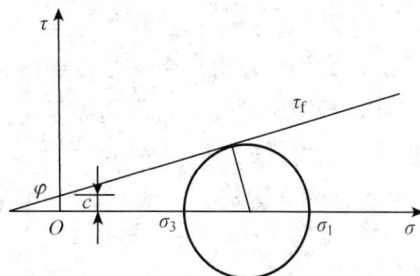

图6-21 极限莫尔圆

式(6-36)表示，E_t随应力水平增加而降低，随固结压力增加而增加。式中包含5个参数，c、φ为强度指标，另外K、n和R_f的确定方法在推导中已作说明，其中R_f对不同的σ_3会有不同的值，一般取其平均值。

（2）回弹模量

式(6-36)为加荷情况下的弹性模量。对卸载再加载的情况，试验表明应力应变关系曲线与加荷是不一样的，应该由回弹试验确定弹性模量。图6-22中，OA为加荷状态的应力应变关系曲线，其斜率为E_t；而卸载与再加载的曲线之间略有差异，中间本应存在一个回滞环，这里近似假定它们一致，且为一直线，如AB所示，其斜率为E_{ur}。它具有卸荷再加荷情况下弹性模量的物理意义，称为回弹模量，显然E_{ur}大于E_t。在曲线的不同位置卸荷，回弹模量略有不同。邓肯等人认为可以忽略这种差异，假定E_{ur}不随$(\sigma_1 - \sigma_3)$变化。但对于不同的围压σ_3，可测出不同的E_{ur}，即E_{ur}需随σ_3而变。在双对数纸上点绘$\lg\dfrac{E_{ur}}{p_a}$与$\lg\left(\dfrac{\sigma_3}{p_a}\right)$关系曲线，可得一直线，如图6-23所示，其截距为$K_{ur}$，斜率为$n$。这样回弹模量可由式(6-37)计算：

$$E_{ur} = K_{ur}p_a\left(\frac{\sigma_3}{p_a}\right)^n \tag{6-37}$$

一般来说，n与加荷时基本一致，而$K_{ur} = (1.2 \sim 3.0)K$。对于密砂和硬黏土，$E_{ur} = 1.2K$；对于松砂和软土$E_{ur} = 3.0K$；一般土介于其间。

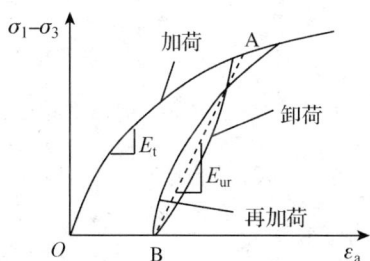

图6-22 加荷与卸荷

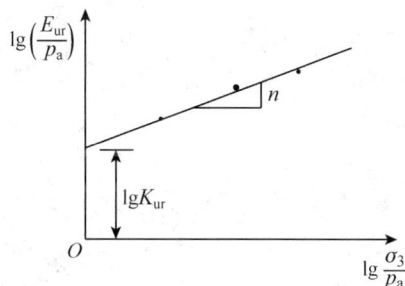

图6-23 $\lg\left(\dfrac{E_{ur}}{p_a}\right)$与$\lg\left(\dfrac{\sigma_3}{p_a}\right)$关系曲线

在有限元计算中要给出一个在什么情况下使用E_{ur}的标准，实际上是一个屈服准则。这里无法像弹塑性模型那样给出较严格的屈服准则，只能给出一个粗略的经验规定。一种近似的取值方法为：当$(\sigma_1 - \sigma_3) < (\sigma_1 - \sigma_3)_0$，且$s < s_0$时，用$E_{ur}$，否则用

E_{t}。这里$(\sigma_1-\sigma_3)_0$为历史上曾经达到的最大偏应力，s_0为历史上曾达到的最大应力水平。邓肯模型没有给出固结压力降低情况下弹性模型的确定方法。这是另一种性质的回弹。固结压力降低后为超固结土，其弹性模量和先期固结压力有关。在有限元计算中可以做这样的处理：当σ_3降低时，用历史上曾经达到的最大固结压力σ_{30}计算E_i，再以式(6-35)求E_{t}。式(6-35)中的应力水平s仍用当前固结应力σ_3计算，计算E_{ur}和计算E_i一样，也应用σ_{30}计算。

6.3.2.2 切线泊松比 υ

普通三轴仪竖向加荷，侧向为膨胀应变，故ε_{r}为负值。点绘$\varepsilon_{\mathrm{a}}-(-\varepsilon_{\mathrm{r}})$关系曲线，如图6-24(a)所示。库哈维(Wulhawy)和邓肯也用曲线拟合，与式(6-23)相似，将有

$$\varepsilon_{\mathrm{a}} = \frac{-\varepsilon_{\mathrm{r}}}{f + D(-\varepsilon_{\mathrm{r}})} \tag{6-38}$$

式中，f和D为两个参数。式(6-38)可转换成

$$\frac{-\varepsilon_{\mathrm{r}}}{\varepsilon_{\mathrm{a}}} = f + D(-\varepsilon_{\mathrm{r}}) \tag{6-39}$$

上式表示，若以$\dfrac{-\varepsilon_{\mathrm{r}}}{\varepsilon_{\mathrm{a}}}$为纵坐标，$(-\varepsilon_{\mathrm{r}})$为横坐标，则试验关系将为一直线，如图6-24(b)所示。许多试验资料表明，用直线近似拟合是可行的。

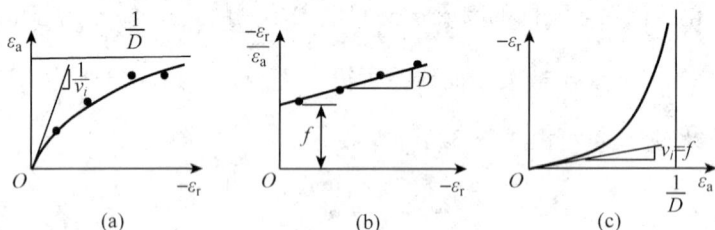

图 6-24 侧向应变与轴向应变间的关系

(a)$\varepsilon_{\mathrm{a}}-(-\varepsilon_{\mathrm{r}})$关系曲线　(b)$\dfrac{-\varepsilon_{\mathrm{r}}}{\varepsilon_{\mathrm{a}}}-(-\varepsilon_{\mathrm{r}})$关系曲线　(c)$(-\varepsilon_{\mathrm{r}})-\varepsilon_{\mathrm{a}}$关系曲线

由式(6-39)可得

$$-\varepsilon_{\mathrm{r}} = \frac{f\varepsilon_{\mathrm{a}}}{1 - D\varepsilon_{\mathrm{a}}} \tag{6-40}$$

如果将图6-24(a)纵横坐标交换，就形成$(-\varepsilon_{\mathrm{r}})-\varepsilon_{\mathrm{a}}$曲线，其斜率为增量泊松比：

$$\upsilon_{\mathrm{t}} = \frac{-\Delta\varepsilon_{\mathrm{r}}}{\Delta\varepsilon_{\mathrm{a}}} = \frac{\partial(-\varepsilon_{\mathrm{r}})}{\partial\varepsilon_{\mathrm{a}}}$$

将式(6-40)代入上式，并利用式(6-27)把所含ε_{a}用应力代替可得

$$\upsilon_{\mathrm{t}} = \frac{f}{(1-A)^2} \tag{6-41}$$

其中

$$A = \frac{D(\sigma_1 - \sigma_3)}{K p_a \left(\dfrac{\sigma_3}{p_a}\right)^n \left[1 - \dfrac{R_f(1 - \sin\varphi)(\sigma_1 - \sigma_3)}{2c\cos\varphi + 2\sigma_3\sin\varphi}\right]} \tag{6-42}$$

由式(6-38)可知，当$(-\varepsilon_r) \to \infty$时，$D = \dfrac{1}{\varepsilon_a}$，可见$D$是$\varepsilon_a$渐近值的倒数。当$(-\varepsilon_r) \to 0$时

$$f = \left(\frac{-\varepsilon_r}{\varepsilon_a}\right)_{\varepsilon_a \to 0} = v_i \tag{6-43}$$

式中，v_i为初始切线泊松比，即各向等压状态下的泊松比。

对于不同的σ_3，有不同的v_i值，在半对数纸上点绘v_i与$\lg\left(\dfrac{\sigma_3}{p_a}\right)$关系曲线，近似为一直线，如图6-25所示，其截距为G，斜率为F。于是有初始切线泊松比：

$$v_i = G - F\lg\left(\frac{\sigma_3}{p_a}\right) \tag{6-44}$$

最后得切线泊松比公式为

$$v_t = \frac{G - F\lg\left(\dfrac{\sigma_3}{p_a}\right)}{(1 - A)^2} \tag{6-45}$$

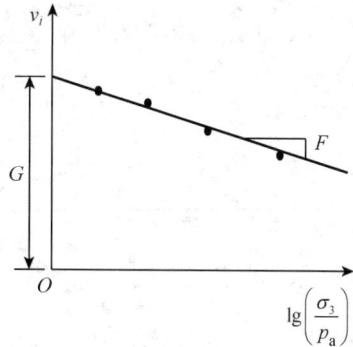

图6-25 v_i与$\lg\left(\dfrac{\sigma_3}{p_a}\right)$关系曲线

由上式算得的v_t有时可能大于0.5，在试验中测得得出v值也确有可能超过0.5，这是由于土体存在剪胀性。然而，有限元计算中，v若大于或等于0.5，劲度矩阵就出现异常。因此，实际计算中，当$v > 0.49$时，令$v = 0.49$。

6.3.2.3 切线体积模量 B_t

邓肯等人提出了一种确定切线体积模量B_t的方法，并在有限元计算中使用E_t和B_t两参数，也就是说以B_t来代替v_t。这习惯上被称作$E-B$模型，而计算中使用E_t和v_t者被称作$E-v$模型。对于$E-B$模型，二维问题的刚度矩阵可表示为

$$(D) = \frac{3B}{9B - E}\begin{pmatrix} 3B + E & 3B - E & 0 \\ 3B - E & 3B + E & 0 \\ 0 & 0 & E \end{pmatrix} \tag{6-46}$$

在三轴试验中施加偏应力$(\sigma_1 - \sigma_3)$，则平均正应力的变化为$\Delta p = \dfrac{1}{3}(\sigma_1 - \sigma_3)$，因此

$$B_t = \frac{1}{3}\frac{\partial(\sigma_1 - \sigma_3)}{\partial \varepsilon_v} \tag{6-47}$$

邓肯等人假定，B与应力水平s无关，或者说与偏应力$(\sigma_1 - \sigma_3)$无关，它仅仅随固结压力σ_3而变，对于同一σ_3，B_t为常量。由式(6-47)可见，这相当于假定ε_v与$(\sigma_1 - \sigma_3)$成比例关系。而$(\sigma_1 - \sigma_3) - \varepsilon_a$为双曲线，故$\varepsilon_v - \varepsilon_a$也是双曲线，而且是完全相似双曲线。根据这种假定，对于同一σ_3，如果点绘$\left(\dfrac{\sigma_1 - \sigma_3}{3}\right) - \varepsilon_v$关系曲线，应为

一直线，如图 6-26 所示。事实上，它常不是直线，邓肯等人取为与应力水平 $s = 0.7$ 相应的点与原点连线的斜率作为平均斜率，即

$$B_t = \frac{(\sigma_1 - \sigma_3)_{s = 0.7}}{3(\varepsilon_{vs = 0.7})}$$

对于不同的 σ_3，B_t 也不同。在双对数纸上点绘 $\lg \dfrac{B_t}{p_a}$ 与 $\lg \dfrac{\sigma_3}{p_a}$ 关系曲线，可得一直线，如图 6-27 所示，其截距为 K_b，斜率为 m，则

$$B_t = K_b p_a \left(\frac{\sigma_3}{p_a}\right)^m \tag{6-48}$$

由于 v 只能在 $0 \sim 0.49$ 之间变化，由式（6-24），B_t 也要有限制，需限制在 $(0.33 \sim 17)E_t$ 之间。

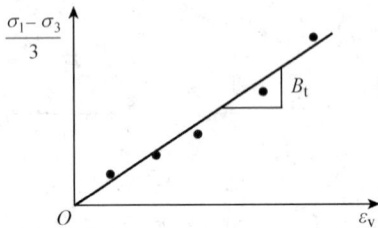

图 6-26　$\left(\dfrac{\sigma_1 - \sigma_3}{3}\right) - \varepsilon_v$ 关系曲线　　图 6-27　$\lg \dfrac{B_t}{p_a}$ 与 $\lg \dfrac{\sigma_3}{p_a}$ 关系曲线

6.3.2.4　参数的确定及参数变化范围

在模型建立过程中实际上已经涉及到参数的确定，这里做进一步说明。作三轴排水试验轴向应变 ε_a 和体积应变 ε_v。点绘应力应变关系曲线。按以下方法确定参数：

①在 $\tau - \sigma$ 坐标系中绘不同 σ_3 时的极限莫尔圆，如图 6-21 所示。极限莫尔圆的直径为最大偏应力 $(\sigma_1 - \sigma_3)_f$，作各莫尔圆的包络直线，其截距为黏聚力 c，仰角为摩擦角 φ。

②对每一个 σ_3，点绘 $\dfrac{\varepsilon_a}{\sigma_1 - \sigma_3} - \varepsilon_a$ 关系曲线，近似取为直线，如图 6-19（b）所示。若有 3 个土样，在 3 个不同围压 σ_3 下试验，可点绘 3 条这样的关系曲线，它们的截距分别为 a_1、a_2、a_3，斜率分别为 b_1、b_2、b_3。各 a 值的倒数分别为 E_{i1}、E_{i2}、E_{i3}，各 b 值的倒数分别为 $(\sigma_1 - \sigma_3)_{u1}$、$(\sigma_1 - \sigma_3)_{u2}$、$(\sigma_1 - \sigma_3)_{u3}$。

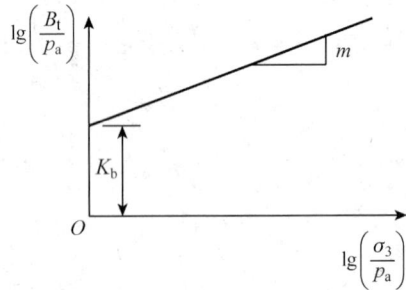

③点绘 $\lg \dfrac{E_i}{p_a}$ 与 $\lg \dfrac{\sigma_3}{p_a}$ 关系曲线，如前文图 6-20 所示，从中可得 K 和 n。K 称为模量数，它表示当 $\sigma_3 = p_a$ 时的初始切线模量。n 称为模量指数，它反映了初始切线模量随 σ_3 增加而增加的急剧程度。

④对各 σ_3 用式（6-32）计算 R_f。R_f 随 σ_3 稍有变化，忽略其间的变化，取各 σ_3 下 R_f 值得平均值作为所要确定的 R_f 值。R_f 值大，表示破坏时的偏应力 $(\sigma_1 - \sigma_3)_f$ 接近偏应力渐近值 $(\sigma_1 - \sigma_3)_u$，在高应力水平下，$(\sigma_1 - \sigma_3) - \varepsilon_a$ 曲线平缓；反之，若 R_f 值小，

则曲线在高应力水平下仍然挺拔，坡度较大。

⑤由试验 $\varepsilon_v - \varepsilon_a$ 关系，利用式 $\varepsilon_r = \dfrac{\varepsilon_v - \varepsilon_a}{2}$ 转换 $\varepsilon_r - \varepsilon_a$ 关系。对每个 σ_3，点绘图 6-24(b) 所示的 $\dfrac{-\varepsilon_r}{\varepsilon_a} - (-\varepsilon_r)$ 关系曲线。若有 3 个 σ_3，可得 3 个斜率，取其平均值为参数 D；3 个截距 v_i，随 σ_3 增加而减小。在半对数纸上点绘 $v_i - \lg \dfrac{\sigma_3}{p_a}$ 关系，如图 6-25 所示，其截距为 G，斜率为 F。G 表示当 $\sigma_3 = p_a$ 时的初始切线泊松比，F 表示初始切线泊松比随 σ_3 增加而减小的急剧程度。而 D 则反映了 $\varepsilon_a - (-\varepsilon_r)$ 关系曲线的形态，D 值高，表示前文图 6-24(a) 所示的 $\varepsilon_a - (-\varepsilon_r)$ 关系曲线在高应力水平下较平缓。也就是说较小的偏应力增量会引起较大的侧向膨胀应变增量。高 D 值的土，往往是剪胀的。

⑥如果要确定体积模量 B 有关参数，可从 $(\sigma_1 - \sigma_3) - \varepsilon_a - \varepsilon_v$ 关系曲线上找出应力水平 $s = 0.7$ 时的 ε_v 值，近似的令

$$B = \frac{\sigma_1 - \sigma_3}{3\varepsilon_v} \tag{6-49}$$

然后点绘 $\lg \dfrac{B_t}{p_a}$ 与 $\lg \dfrac{\sigma_3}{p_a}$ 关系曲线，如图 6-25 所示，从拟合的直线可定 K_b 和 m。

对于 $E-v$ 模型，需用 φ、c、K、n、R_f、G、F、D 共 8 个参数，对于 $E-B$ 模型，则用 φ、c、K、n、R_f、K_b 和 m 共 7 个参数。各参数的大致数值范围列于表 6-1。这只是一般的范围，也有少数土体可能落在该范围以外，但若差别太大则值得推敲。

表 6-1 双曲线模型参数的变化范围

参数	数值范围	备注	参数	数值范围	备注
Φ(有效内摩擦角)	20°~55°	软土取低，砂土中等，堆石取高	F	0.01~0.2	
C(有效黏聚力)	0~0.5MPa		D	1~20.0	
K	50~2500	软土取低，砂土中等，堆石取高	K_b	(0.3~3.0)K	
n	0~0.1		m	0~1.0	
R_f	0.5~0.95		K_{ur}	(1.2~3.0)K	
G	0.2~0.6				

6.3.2.5 对双曲线模型的应用讨论

(1) $E-v$ 模型和 $E-B$ 模型的差异

两种模型采用了相同的弹性模量，无论加荷还是卸荷，它们的差异仅在于泊松比 v 和体积模量 B。$E-v$ 模型假定侧向应变 ε_r 与轴向应变 ε_a 之间呈双曲线关系，推得 v；$E-B$ 模型假定体积应变 ε_v 与轴向应变 ε_a 之间呈双曲线关系，推得 B。曲线 $\varepsilon_r - \varepsilon_a$ 是由曲线 $\varepsilon_v - \varepsilon_a$ 转换而来的，按理说它们不会有多大差异。然而，在有些情况下，用于有限元计算所得结果却差异相当大。譬如，在面板堆石坝的计算中，用 $E-v$ 模型往往会使混凝土面板中得出偏大的拉应力，而用 $E-B$ 模型则有明显改善。为了比较两种模

型的差异，将 $E-B$ 模型中的体积模量换算成泊松比，弹性参数 E、B 和 v 之间存在以下关系：

$$v_t = \frac{1}{2}\left(1 - \frac{E}{3B}\right) \tag{6-50}$$

双曲线模型将弹性模量分成了加荷和卸荷两种，而对 B 和 v 则没有区别。在式 (6-50) 中含有 E，故须区别加荷和卸荷。对加荷情况，将 E_t 和 B 的公式代入得

$$v_t = \frac{1}{2}\left[1 - (1 - R_f s)^2 \frac{K}{3K_b}\left(\frac{\sigma_3}{p_a}\right)^{n-m}\right] \tag{6-51}$$

对卸荷情况，将 E_{ur} 和 B 的公式代入得

$$v_{ur} = \frac{1}{2}\left[1 - \frac{K_{ur}}{3K_b}\left(\frac{\sigma_3}{p_a}\right)^{n-m}\right] \tag{6-52}$$

可见，$E-B$ 模型实际上用了两种泊松比 v_t 和 v_{ur}。这一点与 $E-v$ 模型无论加荷还是卸荷都取一种泊松比是不同的。

（2）双曲线模型反映的变形特征

双曲线模型反映了土体变形的主要规律。

① E、v 或 B 随应力的变化反映了非线性变形特征。非线性是土体变形的最显著的特征，双曲线模型反映了加荷一开始就存在的显著非线性。

②模型恰当地反映了剪切变形随应力水平的增加而增加，随围压的增加而减小；体积变形随围压的增加而减小。由弹性参数 E、v 或 B 在相应公式中随应力的变化，可以清楚地看出这些规律。应力水平越高，表示越接近破坏，抵御变形的能力越弱，故变形越大。另一方面，围压越高，土体越密实，自然也就越难变形。

③模型将回弹模量与加荷模量区别开来。加荷模量小，变形大；而回弹模量大，变形小，这样就存在不可恢复的变形，即塑性变形。用这样的方法可近似反映塑性变形，也近似反映了应力历史对变形的影响。

④由于模型用于增量法有限元计算，故能反映应力路径对变形的影响。图 6-28 中两条应力路径，ABC 和 ADC，它们的起始应力都在点 A，终了应力都在点 C。但 AB 线应力水平低，仅在 BC 线上靠近点 C 时才有较高应力水平；而沿 ADC 的路径，除了 AD 段的初

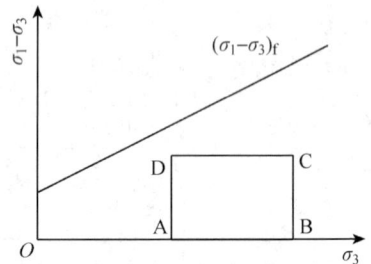

图 6-28　双曲线模型反映应力路径对变形的影响

始阶段外，基本上都处于高应力水平。由双曲线模型，高应力水平下的弹性模量低，故可推断沿 ADC 路径所算得的变形必高于沿 ABC 路径所算得的模型。

（3）双曲线模型存在的问题

双曲线模型当然也有其存在的问题：

①不能反映剪胀剪缩性。这是因为模型用于广义胡克定律，而胡克定律不可能反映剪胀剪缩性。

②不能反映软化特性。双曲线是常增曲线，不能下降，自然不反映软化。

③不能反映各向异性，模型的建立和参数的确定完全依据大主应力 σ_1 方向加荷的

试验结果。但真三轴仪试验表明，从 σ_1 方向与从 σ_3 方向施加荷载，土体的变形是不一样的。土体存在显著的各向异性，双曲线模型没有反映这一特性。在复杂受力时，会有不小的误差。

④模型对卸载状态取回弹模量，以便区别加荷模量。然而没有提出卸载时的泊松比和卸荷时的体积模量，这仍然不能全面说明加荷与卸荷状态的变性差异，此外，对卸荷的标准也缺乏较合理的规定，往往只考虑偏应力加荷还是退荷的问题，其实围压的增减也存在一个加荷卸荷问题，这在模型中没有考虑。

(4)双曲线模型的实用性

双曲线模型在中国学术界和工程界都得到广泛应用。

①因为它能够反映土体变形的主要特点，尽管也还存在许多问题。

②该模型简单。非线性模型含有七八个参数，这在土体本构模型中相对来说也是比较少的。此外确定参数所依据的三轴应力应变试验以及确定方法也都比较简单。

③在广泛应用中逐渐积累了使用它的经验。

6.3.3 非线性 $K-G$ 模型

$K-G$ 模型是用非线性体积模量 K 和非线性剪切模量 G 描述土体的应力应变关系，将应力和应变分解为球张量和偏张量两部分，分别建立球张量 p 与体积应变 ε_v、偏张量 q 与偏应变 ε_s 间的增量关系。即：

$$\left.\begin{array}{l} \mathrm{d}p = K\mathrm{d}\varepsilon_v \\ \mathrm{d}q = 3G\mathrm{d}\varepsilon_s \end{array}\right\} \tag{6-53}$$

一般通过各向等压试验确定体变模量 K，通过为常数的三轴试验确定剪切模量 G。但人们有时为了反映土的剪胀性，也建立了一些这两个张量交叉影响的模型。

6.3.3.1 内勒(Naylor)模型

这个模型建议 K、G 表示为：

$$K_t = K_i + \alpha_K p \tag{6-54}$$

$$G_t = G_i + \alpha_G p + \beta_G q \tag{6-55}$$

式中，K_i、α_K、G_i、α_G 和 β_G 为试验常数，一般 $\alpha_K > 0$，$\alpha_G > 0$，$\beta_G < 0$。亦即 K_t 随 p 增加而增加；G_t 随 p 增加而增加，随 q 增加而减少。K_i 和 α_K 可用各向等压试验确定；其他三个参数可用 p 为常数的三轴压缩试验确定。

6.3.3.2 沈珠江模型

沈珠江用下面两函数表示土的应力应变全量关系：

$$\left.\begin{array}{l} \varepsilon_v = f_1(p,q) \\ \varepsilon_s = f_2(p,q) \end{array}\right\} \tag{6-56}$$

$$\left.\begin{array}{l} \mathrm{d}\varepsilon_v = \dfrac{\partial f_1}{\partial p}\mathrm{d}p + \dfrac{\partial f_1}{\partial q}\mathrm{d}q = A\mathrm{d}p + B\mathrm{d}q \\[3mm] \mathrm{d}\varepsilon_s = \dfrac{\partial f_2}{\partial p}\mathrm{d}p + \dfrac{\partial f_2}{\partial q}\mathrm{d}q = C\mathrm{d}p + D\mathrm{d}q \end{array}\right\} \tag{6-57}$$

因而函数 f_1 与 f_2 的确定是关键问题。其中 f_1 的确定是用各向等压试验和不同 $\frac{q}{p}=\eta$ 的试验，在 $e\sim\ln p$ 曲线上得到一组近似互相平行的直线，则得到 f_1 的函数形式为：

$$\varepsilon_v = \psi(\eta) - \frac{\lambda}{1+e_0}\ln p \tag{6-58}$$

其中 f_2 用不同 p 为常数的三轴压缩试验确定：

$$\left(\frac{q}{p}\right) = \eta = \frac{\varepsilon_s}{a+b\varepsilon_s} \tag{6-59}$$

式中，a、b 为 p 的函数。

$K-G$ 模型将球张量与偏张量分开考虑，如再考虑二者耦合，还可以反映土的剪胀性等特性。因而这类模型有一定的合理性和适用性，但这类模型常要求作"$p=$常数"的这种非常规的三轴试验，一般实验室不易实现，并且受特定应力路径的限制。

6.4 弹塑性模型

弹性非线性模型是假定全部变现都是弹性的，用改变弹性常数的方法来反映非线性。弹塑性模型则把总的变形分成弹性变形和塑性变形两部分，用虎克定律计算弹性变形部分，用塑性理论来求解塑性变形部分。通常塑性理论以经典屈服面理论为基础，由四部分组成：①屈服准则，②破坏准则，③硬化规律，④流动法则，最终目的是建立适用的本构方程。依据试验所揭示土的应力应变特性进行归纳、总结和抽象，应用塑性理论和基本力学原理是建立土体本构模型的基点。应该指出不同于金属、混凝土等坚硬材料，其塑性理论的思路可以借鉴但不能完全套用。

6.4.1 破坏准则

塑性变形是加到一定的荷载时才发生，判别达到何种应力状态发生塑性变形的标准，称为屈服准则，即是否存在塑性变形的准则。荷载逐步增加，变形逐步发展，达到某种应力状态时，土体破坏，判断是否达到这一极限应力状态的标准，称为破坏准则。达到破坏后，变形无限发展，不再遵循一般塑性变形的规律。可以说，屈服是发生塑性变形的下限应力状态，破坏则是其上限应力状态。

土体的破坏决定于应力状态，故破坏准则可写成

$$f^*(\sigma_{ij}) = k_f \tag{6-60}$$

式中，$f^*(\sigma_{ij})$ 为应力分量的某种函数，称为破坏函数；k_f 为试验确定的常数。

若 $f^*(\sigma_{ij})=k_f$，则破坏；$f^*(\sigma_{ij})<k_f$，不破坏；$f^*(\sigma_{ij})$ 不可能超过 k_f。由于破坏与坐标的选取无关，函数 $f^*(\sigma_{ij})$ 的自变量应该是某种形式的应力不变量，常取主应力分量。

函数 $f^*(\sigma_{ij})$ 在主应力空间内代表一曲面，称为破坏面。若表示应力状态的点落在破坏面内，材料不破坏；若落在破坏面上，材料破坏。应力状态永远不能超出破坏面。破坏面也可以说是应力空间内达到破坏的那些点的轨迹。

建立破坏准则，其实就是将抗剪强度以某种应力分量的形式表达出来。它所依据

的试验，还是抗剪强度试验。破坏准则主要有下面几种。

6.4.1.1 屈雷斯卡(Tresca)准则

这一准则是假定最大剪应力达到某一数值时破坏，即

$$\frac{\sigma_1 - \sigma_3}{2} = k_f \tag{6-61}$$

如果主应力的大小不确定，可写成

$$\left(\frac{\sigma_1 - \sigma_3}{2} - k_f\right)\left(\frac{\sigma_2 - \sigma_1}{2} - k_f\right)\left(\frac{\sigma_3 - \sigma_2}{2} - k_f\right)\left(\frac{\sigma_3 - \sigma_1}{2} - k_f\right)$$
$$\times \left(\frac{\sigma_1 - \sigma_2}{2} - k_f\right)\left(\frac{\sigma_2 - \sigma_3}{2} - k_f\right) = 0 \tag{6-62}$$

它在主应力空间内是以空间主对角线(即 $\sigma_1 = \sigma_2 = \sigma_3$ 的线)为中心轴的正六角柱面，如图 6-29(a)所示。上式也可用应力不变量来表示，即

$$4J_2^3 - 27J_3^2 - 36k_f^2J_2^2 + 96k_f^4J_2 - 64k_f^6 = 0 \tag{6-63}$$

式中，J_2 为第二偏应力不变量，$J_2 = \frac{1}{6}\left[(\sigma_1 - \sigma_2)^2 + (\sigma_2 - \sigma_3)^2 + (\sigma_3 - \sigma_1)^2\right]$；$J_3$ 为第三偏应力不变量，$J_3 = \frac{1}{27}(2\sigma_1 - \sigma_2 - \sigma_3)(2\sigma_2 - \sigma_3 - \sigma_1)(2\sigma_3 - \sigma_1 - \sigma_2)$。

饱和土不排水剪强度为

$$\frac{\sigma_1 - \sigma_3}{2} = c_u \tag{6-64}$$

其莫尔圆包线如图 6-29(b)所示，c_u 为不排水黏聚力，与式(6-61)相比可见，$k_f = c_u$，屈雷斯卡准则很好地体现了饱和土不排水条件下的强度特征。

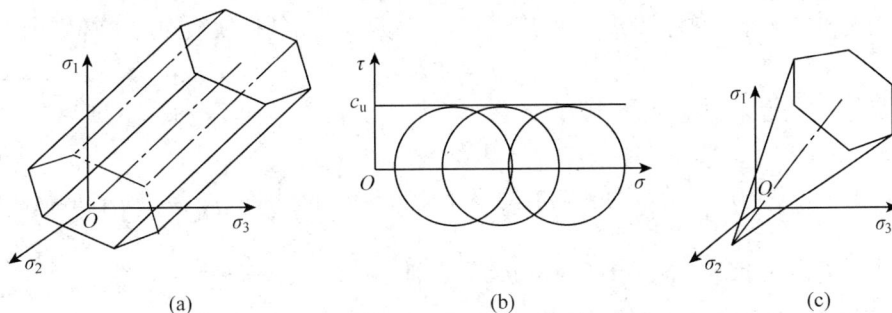

图 6-29 屈雷斯卡准则
(a)屈雷斯卡准则破坏面 (b)不排水剪强度 (c)广义屈雷斯卡准则破坏面

这一准则包含了破坏与体积应力无关的假定，而岩土的强度通常与体积应力有关，为了反映体积应力对强度的影响，将常数 k_f 改为第一应力不变量 I_1 的某种函数，称为广义屈雷斯卡准则：

$$\frac{\sigma_1 - \sigma_3}{2} = \beta I_1 + k_f \tag{6-65}$$

它在主应力空间为一正六角锥面，如图 6-29(c)所示。

第一应力不变量 $I_1 = \sigma_1 + \sigma_2 + \sigma_3$；第二应力不变量 $I_2 = \sigma_1\sigma_2 + \sigma_2\sigma_3 + \sigma_3\sigma_1$；第三

应力不变量 $I_3 = \sigma_1\sigma_2\sigma_3$。

6.4.1.2 米塞斯(Mises)准则

该准则是假定偏应力 q 达到一定值时破坏，即

$$q = \frac{1}{\sqrt{2}} \sqrt{(\sigma_1 - \sigma_2)^2 + (\sigma_2 - \sigma_3)^2 + (\sigma_3 - \sigma_1)^2} = k_f \qquad (6\text{-}66)$$

它在主应力空间为圆柱面，如图 6-30(a)所示。考虑体积应力对强度的影响，将 k_f 用 I_1 的函数代替，则成为广义米塞斯准则，在主应力空间为圆锥面，如图 6-30(b)所示。在 $q-p$ 二维应力空间为一倾斜直线，如图 6-30(c)所示。

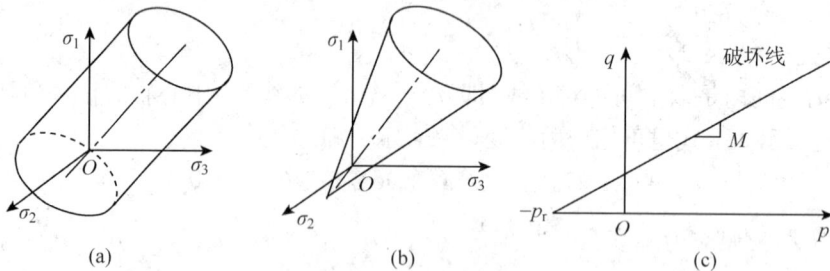

图 6-30 米塞斯准则
(a)米塞斯准则破坏面　(b)广义米塞斯准则破坏面　(c)在 $q-p$ 面内

基于将 k_f 用 I_1 的函数来表示，德洛克(Drucker)和普拉格(Prager)提出了广义米塞斯准则如下：

$$-\beta I_1 + \sqrt{J_2} = k_f \qquad (6\text{-}67)$$

式中，β、k_f 为试验常数。

除此之外，还有一些其他形式的广义米塞斯准则，如剑桥模型中的破坏准则为

$$q = Mp \qquad (6\text{-}68)$$

邓肯等人考虑了中主应力对强度的影响后，将其推广为如下公式

$$q = M(p + p_r) \qquad (6\text{-}69)$$

式中，q 和 p 分别为广义剪应力和正应力；M 为破坏线的斜率；p_r 为在 p 轴的截距。

6.4.1.3 莫尔—库伦(Mohr-Coulomb)准则

对于土体，莫尔—库伦强度理论受到广泛应用，它已将某一面上的抗剪强度转换为达到破坏时单元体主应力之间的关系，其表达式为

$$\frac{\sigma_1 - \sigma_3}{2} = \frac{\sigma_1 - \sigma_3}{2}\sin\varphi + c\cos\varphi \qquad (6\text{-}70)$$

或

$$\sigma_1 = \sigma_3 \tan^2\left(45° + \frac{\varphi}{2}\right) + 2c\tan\left(45° + \frac{\varphi}{2}\right) \qquad (6\text{-}71)$$

它表示破坏与 σ_2 无关，在主应力空间破坏面是与 σ_2 轴平行的面，且投影到 σ_1 轴与 σ_3 轴构成的平面内，是一直线。如果 σ_1、σ_2、σ_3 的大小不确定，则为 6 个面，它们在主应力空间构成不等角的六角锥面，如图 6-31(a)所示。为了便于分析，将该图略转一

个角度，如图 6-31（b）所示。图中锥顶 G 点在 σ_1、σ_2、σ_3 三个方向的坐标值都是 $-c\cot\varphi$。在黏聚力 $c>0$ 的情况下，锥面与 $\sigma_1 O \sigma_3$ 的交线为 AFC，它与坐标轴 OA 和 OC 构成正方形 OCFA。同样，锥面与其他两个坐标面的交线与坐标轴也构成正方形，它们分别是 OADB 和 OBEC。值得注意的是，DEF 和 ABC 不在同一个平面上。如果用通过 A、B、C 的面（显然它是一个 π 面）来切割六棱锥面，则交线为 AHBICJ，它是一个等边不等角的六角形。

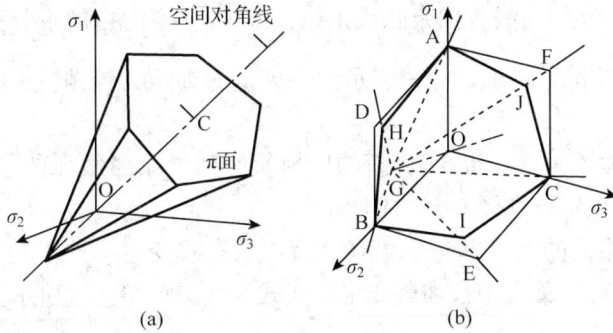

图 6-31　莫尔—库仑准则的破坏面
（a）在主应力空间内　（b）几何关系剖析

6.4.2　屈服准则

与弹性变形阶段相比，材料出现塑性变形后，相同的应力增量所对应的应变增量较大，故常把发生塑性变形称为材料屈服。那么荷载加到什么程度材料才会屈服，就要根据力学试验给出一个屈服的准则。

单轴压缩试验所得的应力应变关系曲线，如图 6-32 所示，初始段 OK 接近于直线，与点 k 相对应的应力为 σ_k。当 $\sigma < \sigma_k$ 时，变形是弹性的；而当 $\sigma = \sigma_k$ 时，材料开始屈服，出现塑性变形，则

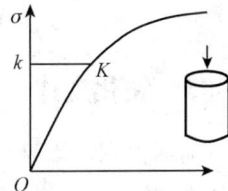

$$\sigma = \sigma_k \tag{6-72}$$

图 6-32　弹性和塑性变形

这就是屈服准则。实际土体的受力情况是三个方向都有应力作用。这时并不能将上述准则分别应用于三个方向，因为若存在侧向压力，土体强度会提高，荷载要加得更大才会屈服。故屈服要将三个方向的应力综合起来考虑，根据三轴试验，乃至真三轴试验建立综合的屈服准则，它可表示为

$$f(\sigma_{ij}) = k \tag{6-73}$$

式（6-73）意味着各应力分量的某种函数组合达到一个临界值 k 时，材料才会屈服。f 称为屈服函数，与坐标轴方向的选取无关，故可将 σ_{ij} 取某种与坐标方向无关的应力不变量，如主应力分量等。

k 是与应力历史有关的常数。对某一 k 值，函数 $f(\sigma_{ij})$ 在应力空间对应一确定的曲面，称为屈服面，如图 6-33 所示。当 k 值变化时，$f(\sigma_{ij})$ 对应一系列的屈服面。

在运用屈服准则时，由当前应力各分量计算 f 值。若 $f < k$，则材料处于弹性变形阶

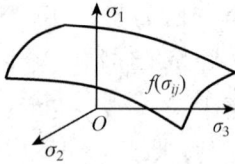

图 6-33 屈服面

段，在应力空间内相应的点落在屈服面内；当 $f=k$，材料屈服。

屈服准则与加卸荷准则一起就可以判定土的变形是弹性变形还是塑性变形。对于处于屈服状态的体系，施加一新的应力增量 $\mathrm{d}\sigma_{ij}$，将有如下三种可能：

①$\mathrm{d}\sigma_{ij}$ 指向屈服面内部，$\mathrm{d}f = \dfrac{\partial f}{\partial \sigma_{ij}}\mathrm{d}\sigma_{ij} < 0$，进入弹性状态，即卸载。$\dfrac{\partial f}{\partial \sigma_{ij}}$ 与屈服面 f 的切线方向余弦成正比，$\dfrac{\partial f}{\partial \sigma_{ij}}\mathrm{d}\sigma_{ij}$ 表示屈服面外法向矢量 n 与应力增量矢量 $\mathrm{d}\sigma$ 的数量积。它小于零，表示两个矢量的夹角为钝角，α 大于 90°，如图 6-34(a) 所示。

②$\mathrm{d}\sigma_{ij}$ 指向屈服面外部，$\mathrm{d}f > 0$，新的应力状态到了原屈服面的外部，转入新的屈服面上，发生塑性变形，如图 6-34(b) 所示。

③$\mathrm{d}\sigma_{ij}$ 沿着屈服面的切线方向，$\mathrm{d}f = 0$，应力状态改变后仍处于同一屈服面上，$\mathrm{d}\sigma_{ij}$ 不引起新的塑性变形，称为中性加载或中性变载，如图 6-34(c) 所示。

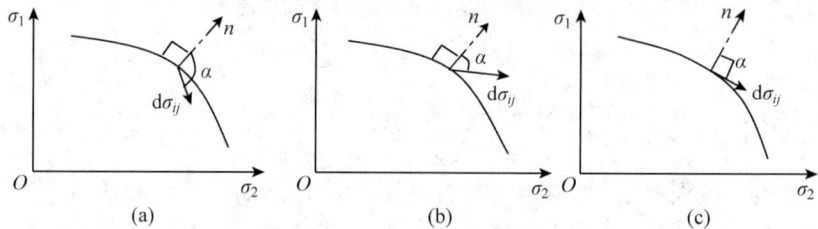

图 6-34 加载、卸载及中性变载时的应力状态

(a)卸载 (b)加载 (c)中性变载

6.4.3 硬化规律

前面提到，当材料达到屈服后，屈服的标准要改变，即式(6-73)中的 k 要变化。k 随什么因素而变，如何变化，就是所谓的硬化规律。k 的变化有三种情况：①对塑性硬化材料，屈服后 k 增加，屈服面扩大；②对塑性软化材料，屈服后 k 减小，屈服面缩小；③对理想塑性材料，k 不变，屈服就等于破坏。图 6-35 反映了这三种情况。它们都有初始屈服面与加载屈服面(后继屈服面)之分。

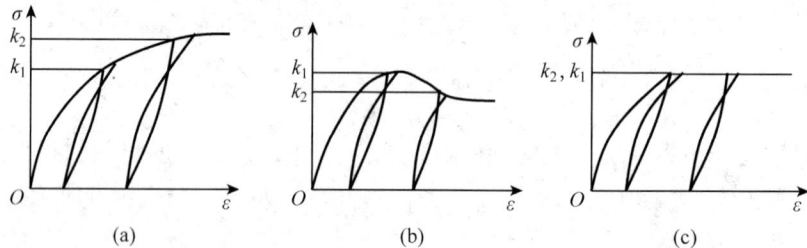

图 6-35 软化与硬化

(a)硬化 (b)软化 (c)理想塑性变形

　　加载屈服函数可由初始屈服条件逐渐按一定的规律向最后破坏条件发展。为了解决这种加载屈服面随应力（应变）增长而发生变化的规律问题，常需引入一个与塑性变形或塑性功有关的硬化参数 H，以反映屈服面随硬（软）化程度而发生胀缩和移动的规律，故完整的屈服准则可写为

$$f(\sigma_{ij}) = F(H) \tag{6-74}$$

或

$$f(\sigma_{ij}, H) = 0 \tag{6-75}$$

　　对一个确定的 H 值，上式给出一个确定的函数值，在应力空间对应一确定的屈服面。

　　硬化规律有如下两种假定：

　　①假定屈服面的中心不变，形状不变，其大小随硬化参数而变，称为等向硬化，相当于作了塑性变形各向同性的假定。

　　②假定屈服面的大小和形状都不变，硬化只是改变其位置，称为运动硬化，或称为随动硬化。

　　关于硬化参数 H 的假定，主要有如下几种：

　　①塑性功 W^p。塑性功的数学表达式为

$$W^p = \int \sigma_{ij} \mathrm{d}\varepsilon_{ij}^p \tag{6-76}$$

　　在 p - q 坐标系里，可表示为

$$W^p = \int p \mathrm{d}\varepsilon_v^p + q \mathrm{d}\varepsilon_s^p \tag{6-77}$$

即塑性功包括体积应力在塑性体积应变上所做的功和偏应力在塑性偏应变上所做的功。

　　②塑性偏应变 ε_s^p。这里 ε_s^p 可由增量累计，用下式表示

$$\varepsilon_s^p = \int \mathrm{d}\varepsilon_s^p = \int \sqrt{\frac{2}{3} \mathrm{d}e_{ij}^p \mathrm{d}e_{ij}^p} \tag{6-78}$$

式中，$\mathrm{d}e_{ij}^p$ 为应变偏量的增量。

$$\mathrm{d}e_{ij}^p = \mathrm{d}\varepsilon_{ij}^p - \frac{\mathrm{d}\varepsilon_v^p}{3}\delta_{ij} \tag{6-79}$$

式中，δ_{ij} 为克罗内克（Kronecker）符号，当 $i=j$ 时为 1，当 $i \neq j$ 时为 0。

　　用 ε_s^p 作硬化参数，相应的屈服面只能是开口的锥形面。

　　③塑性体积应变 ε_v^p。以 ε_v^p 为硬化参数相应的屈服面总是"帽子"形的。

　　④ ε_v^p 和 ε_s^p 的某种函数组合。

　　⑤塑性全应变 ε^p。计算式为

$$\varepsilon^p = \int \mathrm{d}\varepsilon^p = \int \sqrt{\mathrm{d}\varepsilon_{ij}^p \mathrm{d}\varepsilon_{ij}^p} \tag{6-80}$$

$\mathrm{d}\varepsilon^p$ 也可以理解为在应变空间内各应变分量的矢量和。

　　硬化规律是与屈服函数联系在一起的。屈服面的形状与采用的屈服准则有关，它的大小和位置与所采用的硬化参数 H 和胀缩与移动规律有关。对土体来说，加载屈服函数 $f(\sigma_{ij}, H)$ 应该包括剪切屈服函数和体积屈服函数。

　　剪切屈服函数常采用与强度破坏函数相同的形式，只是其中的材料常数随加载而

增大，逐渐由初始屈服面的值增大到破坏时的对应值。并将其和硬化参数相联系。剪切屈服面在主应力空间是以空间对角线为轴心的开口锥面。在 π 平面内，形状视所采用的破坏—屈服准则，可为圆形、正六边形和不等边六边形等，由初始屈服面作等向硬化。在 $p-q$ 平面内，一般取直线型、双曲线型(有以 Mohr-Coulomb 直线为渐近线的和以水平线为渐近线的两类)、幂函数型和指数曲线型等，曲线除原点以外不与 p 轴相交。圆锥形屈服面如图 6-36 所示。

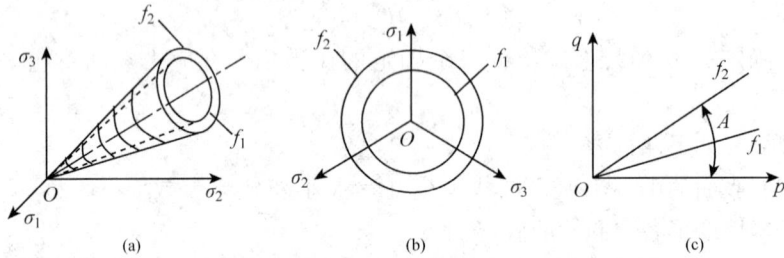

图 6-36 圆锥形屈服面及其轨迹
(a)主应力空间 (b)π 平面 (c)$p-q$ 平面

体积屈服函数包括初始屈服面函数和加载屈服面函数。它一般是硬化参数(塑性体应变)的等值面，称为"帽子"模型，这种屈服面相当于给弹性区加了一个帽子，弹性区不再是开口的，而是被"帽子"封闭起来，"帽子"与剪切屈服面都应光滑连接形成一个统一的封闭屈服面，如图 6-37(a)所示。在 $p-q$ 平面内，即使 $q=0$，p 也会引起塑性体积应变，会发生屈服，因此屈服面应该与 p 轴相交，如图 6-37(b)所示。

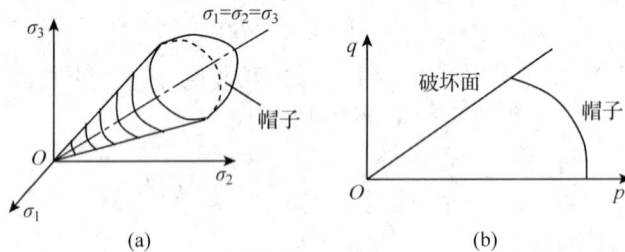

图 6-37 "帽子"屈服面及其轨迹
(a)主应力空间 (b)$p-q$ 平面

6.4.4 流动法则

屈服函数和硬化规律给出了判别屈服的标准以及屈服后这个标准如何发展，但是没有给出达到屈服以后应变增量各分量之间按什么比例变化，也就是说没有给出应变增量的方向。所谓应变增量的方向，是指在以应变分量为坐标轴构成的应变空间内，应变增量分量的合成矢量 $\Delta\varepsilon$ 的方向，如图 6-38(a)所示。

流动规则是用于确定塑性应变增量方向的假定。

塑性变形可以看成是由于某种势的不平衡所引起的，这种势称为塑性势。它是应力状态的函数，以 $g(\sigma_{ij})$ 来表示。它对应力分量的微分决定了塑性应变增量分量之间的比例，表示成数学公式为

$$\mathrm{d}\varepsilon_{ij}^{p} = \mathrm{d}\lambda\,\frac{\partial g}{\partial \sigma_{ij}}$$

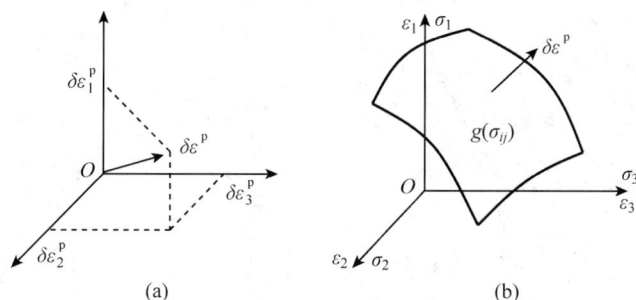

图 6-38 应变增量的方向

或写成矩阵形式:

$$\{d\varepsilon_{ij}^p\} = d\lambda \left\{\frac{\partial g}{\partial \sigma_{ij}}\right\} \tag{6-81}$$

式中，$d\lambda$ 为比例常数。

在应力空间内把塑性势相等的点连接起来，形成许多等势面，称为塑性势面。$\left\{\frac{\partial g}{\partial \sigma}\right\}$ 代表塑性势面法线的方向余弦。上式表示塑性应变增量各分量与塑性势面法线方向余弦成正比。如果把应力空间和应变空间重叠在一起，则上式表示塑性应变增量的方向与塑性势面的法线方向一致，也就是说与塑性势面正交，如图 6-38(b) 所示，因此流动法则也称为正交法则。

如果应力分量用 p、q 表示，应变分量用 ε_v 和 ε_s 表示，则在 $p - q$ 平面内可表示出塑性势线，由上式可推得

$$\left.\begin{array}{l} d\varepsilon_v^p = d\lambda \dfrac{\partial g}{\partial p} \\[2mm] d\varepsilon_s^p = d\lambda \dfrac{\partial g}{\partial q} \end{array}\right\} \tag{6-82}$$

流动规则有两种假定。

6.4.4.1 相关联的流动规则

这个规则假定塑性势函数与屈服函数一致，$g(\sigma_{ij}) = f(\sigma_{ij})$，屈服面就是塑性势面。而且存在以下德洛克公设：一个单元体存在初始应力，缓慢地施加一个外荷，再卸除，则在加荷过程中外荷做了正功(>0)，在加荷与卸荷循环中，外荷做功非负值(≥ 0)，对于弹性情况为零，对塑性变形为正值。根据这一公设可以推断，塑性势面必须与屈服面一致，也就是说，只要承认德洛克公设，流动规则就一定是相关联的。

图 6-39(a) 中，纵坐标为抽象的应力，横坐标为抽象的应变。ABCD 表示了一个加荷卸荷循环。初始状态 A(σ_{ij}^*) 在弹性区，加荷到 B(σ_{ij}) 屈服，再在塑性状态继续加荷到 C($\sigma_{ij} + \delta\sigma_{ij}$)，然后卸荷，退到 D。ABCD 所围成的面积，如图中的阴影所示，即在此循环中所做的功，为正功。这一过程在应力空间的变化示于图 6-39(b)。初始应力为 σ_{ij}^* 处于弹性阶段，加 $\Delta\sigma_{ij}$ 先达到 σ_{ij}，屈服，最后达到 $\sigma_{ij} + \delta\sigma_{ij}$。后一部分应力增量 $\delta\sigma_{ij}$ 引起塑性变形。

在加荷卸荷循环中弹性功为零，所作的只是塑性功，根据公设应为正，$\delta W = \delta W^p > 0$，

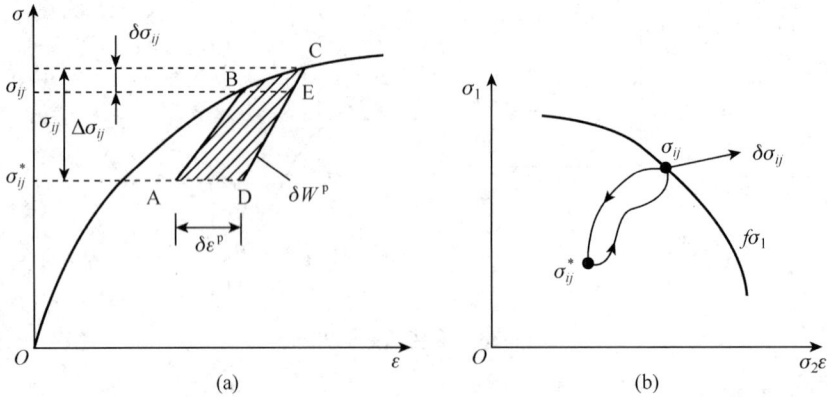

图 6-39　加荷卸荷过程中所做功

(a)塑性功　(b)应力路径

它由两块面积构成，平行四边形 DEBA 和有一条曲边的三角形 ECB，用数字式表示为

$$\delta W = (\sigma_{ij} - \sigma_{ij}^*)\delta\varepsilon_{ij}^p + \beta\delta\sigma_{ij}\delta\varepsilon_{ij}^p > 0 \tag{6-83}$$

式中，β 为在 $0 \sim 1$ 之间的系数。

由式(6-83)，得

$$(\sigma_{ij} - \sigma_{ij}^*)\delta\varepsilon_{ij}^p > -\beta\delta\sigma_{ij}\delta\varepsilon_{ij}^p \tag{6-84}$$

$-\delta\sigma_{ij}\delta\varepsilon_{ij}^p$ 是个负的高阶微量，只有当不等式的左边不小于零时，上式才能成立，故

$$(\sigma_{ij} - \sigma_{ij}^*)\delta\varepsilon_{ij}^p \geqslant 0 \tag{6-85}$$

将应变坐标系重叠于应力坐标系，则上式左边是两个向量的标量积。它不小于零表示这两个向量所成的角度小于或等于 $90°$。$\delta\varepsilon_{ij}^p$ 与 σ_{ij}^* 无关，对弹性区内所有的 σ_{ij}^* 都适合。

由此可推得下述结论：

①代表初始应力 σ_{ij}^* 的所有点都必须落在与 $\delta\varepsilon_{ij}^p$ 垂直的平面的另一侧，如图 6-40(a)所示，这对屈服面上的所有点都成立，故屈服面须是凸的。加入屈服面是凹的，如图 6-40(b)所示，就能找到某些情况使向量 $(\sigma_{ij} - \sigma_{ij}^*)$ 与 $\delta\varepsilon_{ij}^p$ 的夹角大于 $90°$，使式(6-84)不满足。

②$\delta\varepsilon_{ij}^p$ 必须与屈服面垂直。如果不垂直也会存在某些区域使 $(\sigma_{ij} - \sigma_{ij}^*)\delta\varepsilon_{ij}^p < 0$，如图 6-40(c)所示。

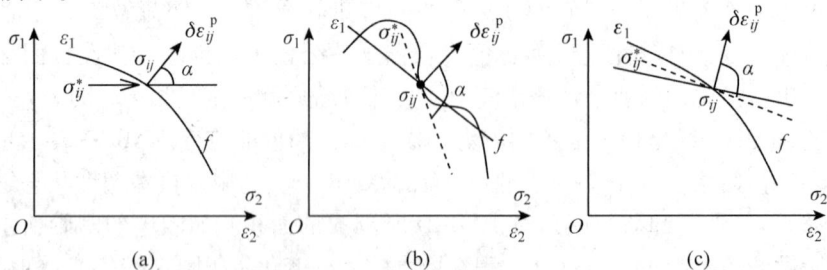

图 6-40　$\delta\varepsilon_{ij}^p$ 方向与屈服面的关系

(a)屈服面为凸面　(b)屈服面为凹面　(c)$\delta\varepsilon_{ij}^p$ 与屈服面不垂直

塑性应变增量 $\delta\varepsilon_{ij}^{p}$ 与塑性势面正交，同时又与屈服面正交，在任一点都如此，这只有两种曲面重合才有可能，即 $g(\sigma_{ij})=f(\sigma_{ij})$。可见，由德洛克公设只能得出相关联的流动规则。

6.4.4.2 不相关联的流动规则

对于岩土类材料，由试验得出的塑性应变增量方向有时并不与屈服面正交，用相关联的流动规则算出的应力应变关系与试验结果有较大偏离。因此有人提出不相关联的流动规则，即 $g(\sigma_{ij})\neq f(\sigma_{ij})$。

在应力空间内一点，若屈服面与塑性势面不一致，则必然存在某一区域，在 $f(\sigma_{ij})$ 面以外而又在 $g(\sigma_{ij})$ 面以内，如图6-39(a)中的阴影部分所示，$\delta\sigma_{ij}\delta\varepsilon_{ij}^{p}<0$，即两向量间的夹角为钝角。换句话说，德洛克公设不适用，荷载增量做了负功。荷载增量做负功是否违反能量守恒原理？实际上并不如此，需要注意的是存在初始应力 σ_{ij}，这时应力全量在塑性应变增量上仍然做了正功，即

$$(\sigma_{ij}+\delta\sigma_{ij})\delta\varepsilon_{ij}^{p}>0 \tag{6-86}$$

此时 $(\sigma_{ij}+\delta\sigma_{ij})$ 与 $\delta\varepsilon_{ij}^{p}$ 的夹角是锐角。

软化就不符合德洛克公设。应力达到峰值后，应力降低，$\delta\sigma<0$，而应变仍在发展，$\delta\varepsilon^{p}>0$，因而 $\delta\sigma_{ij}\delta\varepsilon_{ij}^{p}<0$。

从本质上讲，岩土材料用非关联的流动法则更合适。但由于这会增加计算工作量，大多数模型仍采用相关联流动规则的假定。

由式(6-81)可见，塑性应变增量间的比例关系，即应变增量的方向，完全决定于函数 g，它是应力全量的函数。因此，塑性应变增量的方向也就是完全决定于应力全量，而与应力增量无关。

6.4.5 弹塑性矩阵

下面要讨论如何运用前述的屈服准则、硬化规律和流动规则来建立弹塑性矩阵，即确定弹塑性的刚度矩阵和柔度矩阵。

6.4.5.1 刚度矩阵

应力—应变关系可写成

$$\{\mathrm{d}\sigma\}=[D_{ep}]\{\mathrm{d}\varepsilon\} \tag{6-87}$$

其中应变增量

$$\{\mathrm{d}\varepsilon\}=\{\mathrm{d}\varepsilon^{e}\}+\{\mathrm{d}\varepsilon^{p}\} \tag{6-88}$$

弹性应变和应力之间的关系为

$$\{\mathrm{d}\sigma\}=[D]\{\mathrm{d}\varepsilon^{e}\} \tag{6-89}$$

而塑性应变与应力之间的关系则要用屈服准则和硬化规律来推导。对屈服准则式(6-74)，两边取微分得

$$\left\{\frac{\partial f}{\partial\sigma}\right\}^{T}\{\mathrm{d}\sigma\}=F'\left\{\frac{\partial H}{\partial\varepsilon^{p}}\right\}^{T}\{\mathrm{d}\varepsilon^{p}\} \tag{6-90}$$

其中

$$F' = \frac{\mathrm{d}F}{\mathrm{d}H}$$

上式给出了 $\{\mathrm{d}\sigma\}$ 和 $\{\mathrm{d}\varepsilon^{\mathrm{p}}\}$ 之间的一个函数关系，而没有给出各分量的确定值，这就需要利用流动规则给出各塑性应变增量之间的比例关系，从而确定塑性应变增量各分量。

由式(6-88)和式(6-89)，得

$$\{\mathrm{d}\sigma\} = [D]\{\mathrm{d}\varepsilon\} - [D]\{\mathrm{d}\varepsilon^{\mathrm{p}}\} \tag{6-91}$$

把式(6-91)代入式(6-90)，整理后得

$$\left\{\frac{\partial f}{\partial \sigma}\right\}^{\mathrm{T}}[D]\{\mathrm{d}\varepsilon\} = \left(F'\left\{\frac{\partial H}{\partial \varepsilon^{\mathrm{p}}}\right\}^{\mathrm{T}} + \left\{\frac{\partial f}{\partial \sigma}\right\}^{\mathrm{T}}[D]\right)\{\mathrm{d}\varepsilon^{\mathrm{p}}\}$$

将流动规则式(6-81)代入上式得

$$\left\{\frac{\partial f}{\partial \sigma}\right\}^{\mathrm{T}}[D]\{\mathrm{d}\varepsilon\} = \mathrm{d}\lambda\left(F'\left\{\frac{\partial H}{\partial \varepsilon^{\mathrm{p}}}\right\}^{\mathrm{T}} + \left\{\frac{\partial f}{\partial \sigma}\right\}^{\mathrm{T}}[D]\right)\left\{\frac{\partial g}{\partial \sigma}\right\}$$

则

$$\mathrm{d}\lambda = \frac{\left\{\dfrac{\partial f}{\partial \sigma}\right\}^{\mathrm{T}}[D]\{\mathrm{d}\varepsilon\}}{\left(F'\left\{\dfrac{\partial H}{\partial \varepsilon^{\mathrm{p}}}\right\}^{\mathrm{T}} + \left\{\dfrac{\partial f}{\partial \sigma}\right\}^{\mathrm{T}}[D]\right)\left\{\dfrac{\partial g}{\partial \sigma}\right\}} \tag{6-92}$$

代入式(6-81)，得

$$\{\mathrm{d}\varepsilon^{\mathrm{p}}\} = \mathrm{d}\lambda\left\{\frac{\partial g}{\partial \sigma}\right\} = \frac{\left\{\dfrac{\partial g}{\partial \sigma}\right\}\left\{\dfrac{\partial f}{\partial \sigma}\right\}^{\mathrm{T}}[D]}{\left(F'\left\{\dfrac{\partial H}{\partial \varepsilon^{\mathrm{p}}}\right\}^{\mathrm{T}} + \left\{\dfrac{\partial f}{\partial \sigma}\right\}^{\mathrm{T}}[D]\right)\left\{\dfrac{\partial g}{\partial \sigma}\right\}}\{\mathrm{d}\varepsilon\}$$

上式给出了塑性应变增量各分量与总的应变增量各分量之间的对应关系，将它代入式(6-91)就得到式(6-87)，其中

$$[D_{\mathrm{ep}}] = [D] - \frac{[D]\left\{\dfrac{\partial g}{\partial \sigma}\right\}\left\{\dfrac{\partial f}{\partial \sigma}\right\}^{\mathrm{T}}[D]}{A + \left\{\dfrac{\partial f}{\partial \sigma}\right\}^{\mathrm{T}}[D]\left\{\dfrac{\partial g}{\partial \sigma}\right\}} \tag{6-93}$$

$$A = F'\left\{\frac{\partial H}{\partial \varepsilon^{\mathrm{p}}}\right\}^{\mathrm{T}}\left\{\frac{\partial g}{\partial \sigma}\right\} \tag{6-94}$$

A 是反映硬化特性的一个变量，与硬化参数 H 的选择有关，而 H 又决定于塑性应变，如果在矩阵 $[D_{\mathrm{ep}}]$ 中含有应变作为变量，就难以在计算中应用，必须将 A 用应力分量作为变量，使 $[D_{\mathrm{ep}}]$ 只决定于应力。举几种常用情况说明如何转换。

(1) $H = W^{\mathrm{p}}$

根据功的含义

$$\{\mathrm{d}W^{\mathrm{p}}\} = \{\sigma\}^{\mathrm{T}}\{\mathrm{d}\varepsilon^{\mathrm{p}}\}$$

而由微分关系有

$$\{\mathrm{d}W^{\mathrm{p}}\} = \left\{\frac{\partial W^{\mathrm{p}}}{\partial \varepsilon^{\mathrm{p}}}\right\}^{\mathrm{T}}\{\mathrm{d}\varepsilon^{\mathrm{p}}\}$$

因此

$$\left\{\frac{\partial W^{p}}{\partial \varepsilon^{p}}\right\}^{T} = \{\sigma\}^{T}$$

故

$$A = F'\{\sigma\}^{T}\left\{\frac{\partial g}{\partial \sigma}\right\}$$

(2) $H = \varepsilon_{v}^{p}$

由微分关系有

$$d\varepsilon_{v}^{p} = dH = \left\{\frac{\partial H}{\partial \varepsilon^{p}}\right\}^{T}\{d\varepsilon^{p}\}$$

将式(6-82)代入等式左边，式(6-81)代入等式右边，得

$$d\lambda \frac{\partial g}{\partial p} = d\lambda \left\{\frac{\partial H}{\partial \varepsilon^{p}}\right\}^{T}\left\{\frac{\partial g}{\partial \sigma}\right\}$$

两边乘以 F' 并约去 $d\lambda$ 得

$$F'\frac{\partial g}{\partial p} = F'\left\{\frac{\partial H}{\partial \varepsilon^{p}}\right\}^{T}\left\{\frac{\partial g}{\partial \sigma}\right\}$$

最后推得

$$A = F'\frac{\partial g}{\partial p}$$

(3) $H = \varepsilon_{s}^{p}$

用类似方法可得

$$A = F'\frac{\partial g}{\partial q}$$

6.4.5.2　柔度矩阵

式(6-81)所表示的流动规则中，$\left\{\frac{\partial g}{\partial \sigma}\right\}$ 规定了塑性应变增量的方向，或者说规定了塑性应变增量各分量之间的比例关系；而塑性应变增量的大小主要决定于 $d\lambda$。式(6-92)表明 $d\lambda$ 与屈服函数、塑性势函数及硬化规律都有关。如果将式(6-81)直接代入式(6-90)，还可写出 $d\lambda$ 的另一种表示形式：

$$d\lambda = \frac{\left\{\frac{\partial f}{\partial \sigma}\right\}^{T}\{d\sigma\}}{F'\left\{\frac{\partial H}{\partial \varepsilon^{p}}\right\}^{T}\left\{\frac{\partial g}{\partial \sigma}\right\}} = \frac{\left\{\frac{\partial f}{\partial \sigma}\right\}^{T}\{d\sigma\}}{A} \tag{6-95}$$

将式(6-95)代入式(6-93)，得

$$\{d\varepsilon^{p}\} = \frac{\left\{\frac{\partial g}{\partial \sigma}\right\}\left\{\frac{\partial f}{\partial \sigma}\right\}^{T}}{A}\{d\sigma\}$$

令

$$[C_{p}] = \frac{\left\{\frac{\partial g}{\partial \sigma}\right\}\left\{\frac{\partial f}{\partial \sigma}\right\}^{T}}{A} \tag{6-96}$$

式中，$[C_p]$为塑性变形柔度矩阵。

弹塑性的柔度矩阵为

$$[C_{ep}] = [C_e] + [C_p] = [D]^{-1} + \frac{\left\{\frac{\partial g}{\partial \sigma}\right\}\left\{\frac{\partial f}{\partial \sigma}\right\}^T}{A} \tag{6-97}$$

6.4.6 弹塑性模型举例

目前在国内外比较著名的弹塑性本构模型，有建立在"临界状态土力学"基础上的剑桥（Cam-clay）模型（Roscoe，Schofield，1963）、修正剑桥（Cam-clay）模型；有建立在试验基础上能够考虑土剪胀性的莱特邓肯（Lade-Duncan）模型（1975）、莱特（Lade）新模型等；有建立在用试验寻求塑性势面、屈服面以及符合相适应流动规则硬化参量基础上的黄文熙模型、清华三维模型、"南水"模型等；有建立在空间强度发挥面思路基础上的松冈元模型，还有将这些模型在某些方面进行了一定改进的其他模型。

6.4.6.1 剑桥（Cam-clay）模型

(1) 屈服函数与塑性势函数

剑桥模型采用了相关联的流动规则，故其屈服函数 f 的形式与塑性势函数 g 的形式相同。因此，只要求出塑性势函数，也就有了屈服函数。假定应力 σ_{ij} 与塑性应变增量 $\mathrm{d}\varepsilon_{ij}^p$ 的主轴方向一致，可以使应力空间与塑性应变增量空间的主轴重合。为了确定塑性势函数，如考虑应力空间内某曲面与塑性应变增量方向正交，则得正交条件为：

$$\mathrm{d}\sigma_1\mathrm{d}\varepsilon_1^p + \mathrm{d}\sigma_2\mathrm{d}\varepsilon_2^p + \mathrm{d}\sigma_3\mathrm{d}\varepsilon_3^p = \mathrm{d}p\mathrm{d}\varepsilon_v^p + \mathrm{d}q\mathrm{d}\varepsilon_s^p = 0 \tag{6-98}$$

上式可以改写为正交关系，即

$$\frac{\mathrm{d}q\mathrm{d}\varepsilon_s^p}{\mathrm{d}p\mathrm{d}\varepsilon_v^p} = -1 \tag{6-99}$$

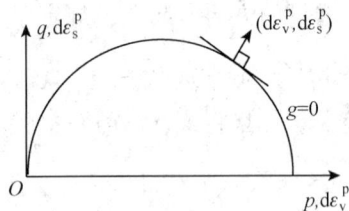

如图 6-41 所示，在使 p 轴与 $\mathrm{d}\varepsilon_v^p$ 轴重合，q 轴与 $\mathrm{d}\varepsilon_s^p$ 轴重合时，能够满足式(6-99)的曲面就是塑性势面。为了确定这个塑性势面，需要确定塑性应变增量方向（或塑性应变增量比）与应力$(p，q)$之间的关系，它可以通过建立下面的能量方程来求取，由于能量方程可写为

$$\mathrm{d}W^p = \sigma_1\mathrm{d}\varepsilon_1^p + \sigma_2\mathrm{d}\varepsilon_2^p + \sigma_3\mathrm{d}\varepsilon_3^p = p\mathrm{d}\varepsilon_v^p + q\mathrm{d}\varepsilon_s^p \tag{6-100}$$

图 6-41 塑性势面和塑性应变增量

在 Cam-clay 模型中，考虑到剪切破坏时有 $qf = Mp$，$\mathrm{d}\varepsilon_v^p = 0$，此外，对正常固结土，破坏时的体积应变增量为零（剪切时体积压缩），将这些关系代入式(6-99)，即有

$$\frac{q}{p} = M - \frac{\mathrm{d}\varepsilon_v^p}{\mathrm{d}\varepsilon_s^p} \tag{6-101}$$

式(6-101)即为 Cam-clay 模型的应力比—应变增量比关系，也即剪胀方程。将正交关系式(6-99)和剪胀方程(6-101)联立，可得常微分方程

$$\frac{\mathrm{d}q}{\mathrm{d}p} + M - \frac{q}{p} = 0 \tag{6-102}$$

它的解即为塑性势函数的表达式 $g=0$，即有

$$g = M\ln p + \frac{q}{p} - C = 0 \qquad (6\text{-}103)$$

式中，C 为积分常数。

在图 6-42 中，用虚线表示了式（6-103），即塑性势函数的图示，它和实线间的关系表示了塑性应变增量方向与塑性势函数的关系。根据式（6-101），当 $q/p=0$ 时，有 $\mathrm{d}\varepsilon_s^p/\mathrm{d}\varepsilon_v^p = 1/M$，当 $q/p=M$ 时，有 $\mathrm{d}\varepsilon_v^p=0$。塑性势面与塑性应变增量方向正交。

这样，当采用屈服函数 f 与塑性势函数 g 相等的相关联流动法则时，根据塑性势函数的式（6-103），屈服函数 f 应为

$$f = M\ln p + \frac{q}{p} - C = 0 \qquad (6\text{-}104)$$

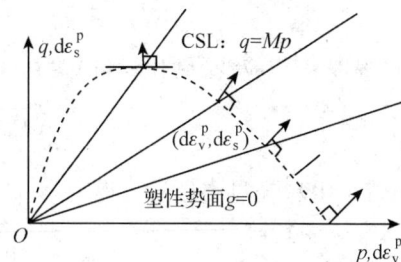

图 6-42　Cam-clay 模型的塑性势面和应变增量方向

在式（6-104）中，如令 $q=0$ 时的平均正应力 $p=p_x$，则得常数 $C=M\ln p_x$，即得屈服函数 $f=0$ 为

$$f = M\ln p + \frac{q}{p} - M\ln p_x = 0 \qquad (6\text{-}105)$$

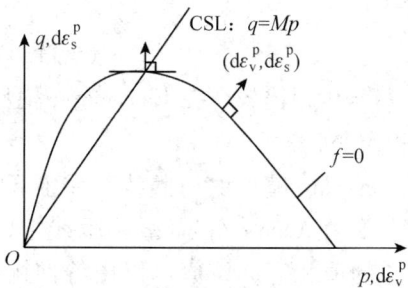

图 6-43　Cam-clay 模型屈服函数 $f=0$ 的曲线

屈服函数 $f=0$ 的形式如图 6-43 中的曲线所示。当应力状态在屈服曲线上变化时，土体不发生塑性应变的增量，在屈服曲线内部变化时，土体只产生弹性应变，屈服曲线内是应变的弹性区域，曲线外是应变的弹塑性区域（随着 p_x 的增大，屈服曲线也相应相似地扩大）。CSL 线为达到破坏时的临界状态线。

（2）硬化规律

根据上述塑性应变增量方向（比）和塑性应变是否发生的屈服条件，还不能确定塑性应变的大小，所以需要引入硬化准则的概念。

Cam-clay 模型根据图 6-44 所示的等向固结（$\sigma_1=\sigma_2=\sigma_3=p$）试验结果（考虑最简单的情况，即当 $q=0$，p 从 $p=p_0(e=e_0)$ 增加到 $p=p_x$ 的等向固结），若把压缩试验的加荷—卸荷—再加荷曲线绘成 $e-\ln p$ 曲线，则加荷曲线和卸荷曲线的斜率分别为 λ 和 κ；Cam-clay 模型认为，卸荷与再加荷曲线有近似相同的斜率，且压缩指数 C_c 与 λ 之间有关系 $\lambda=0.434C_c$。如图 6-44 所示，压缩的关系为

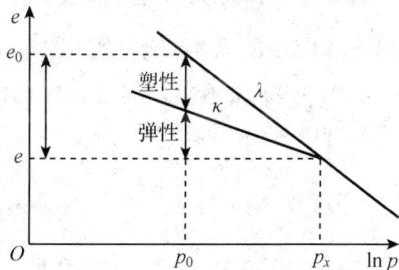

图 6-44　等向固结、再压缩试验的应力孔隙比关系

$$\Delta e = e - e_0 = -\lambda\ln\frac{p_x}{p_0} \qquad (6\text{-}106)$$

总应变为

$$\varepsilon_{\mathrm{v}} = \frac{-\Delta e}{1 + e_0} = \frac{\lambda}{1 + e_0}\ln\frac{p_x}{p_0} \tag{6-107}$$

弹性体积应变为

$$\varepsilon_{\mathrm{v}}^{e} = \frac{\kappa}{1 + e_0}\ln\frac{p_x}{p_0} \tag{6-108}$$

故塑性体积应变(硬化参量)为

$$\varepsilon_{\mathrm{v}}^{\mathrm{p}} = \varepsilon_{\mathrm{v}} - \varepsilon_{\mathrm{v}}^{e} = \frac{\lambda - \kappa}{1 + e_0}\ln\frac{p_x}{p_0} \tag{6-109}$$

式(6-109)经过整理后,得

$$\ln p_x = \frac{1 + e_0}{\lambda - \kappa}\varepsilon_{\mathrm{v}}^{\mathrm{p}} + \ln p_0 \tag{6-110}$$

把式(6-110)代入屈服函数的式(6-105)得

$$M\ln p + \frac{q}{p} - M\left(\frac{1 + e_0}{\lambda - \kappa}\varepsilon_{\mathrm{v}}^{\mathrm{p}} + \ln p_0\right) = 0 \tag{6-111}$$

整理后得

$$f = \frac{\lambda - \kappa}{1 + e_0}\ln\frac{p}{p_0} + \frac{\lambda - \kappa}{1 + e_0}\frac{1}{M}\frac{q}{p} - \varepsilon_{\mathrm{v}}^{\mathrm{p}} = 0 \tag{6-112}$$

式(6-112)就是 Cam-clay 模型以塑性体积应变 $\varepsilon_{\mathrm{v}}^{\mathrm{p}}$ 作为硬化参量的屈服函数(屈服面与土性参数 M、λ、κ、e_0 有关),它可以简记为

$$f = f(p, q, \varepsilon_{\mathrm{v}}^{\mathrm{p}}) = 0 \tag{6-113}$$

和一般的塑性理论中通常表示的屈服函数 $f = f(\sigma_{ij}, H) = 0$ 相比较,在 Cam-clay 模型中,应力 σ_{ij} 用 p、q 表示,硬化参量 H 相当于塑性体积应变 $\varepsilon_{\mathrm{v}}^{\mathrm{p}}$。

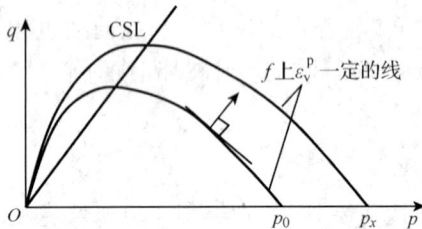

图 6-45 Cam-clay 模型屈服线的含义

图 6-45 是 Cam-clay 模型的屈服线,在推导式(6-112)时可知,在 Cam-clay 模型屈服线上,塑性体积应变 $\varepsilon_{\mathrm{v}}^{\mathrm{p}}$ 的值相等,该值可以由等向固结试验得出。所以,对于非等向固结的试验,在其剪切时,不仅知道了 $\varepsilon_{\mathrm{v}}^{\mathrm{p}}$ 的大小,而且也知道塑性应变增量比 $\mathrm{d}\varepsilon_{\mathrm{v}}^{\mathrm{p}}/\mathrm{d}\varepsilon_{\mathrm{s}}^{\mathrm{p}}$,即可以求出塑性剪应变 $\varepsilon_{\mathrm{s}}^{\mathrm{p}}$ 的大小。因此根据等向固结的试验数据求出土体应变的大小(绝对值)是 Cam-clay 模型的又一个要点。

图 6-45 还示出,随着屈服曲线的向外扩展,塑性体积应变 $\varepsilon_{\mathrm{v}}^{\mathrm{p}}$ 的值逐渐增大。由式(6-112),$\varepsilon_{\mathrm{v}}^{\mathrm{p}}$ 的值为

$$\varepsilon_{\mathrm{v}}^{\mathrm{p}} = \frac{\lambda - \kappa}{1 + e_0}\ln\frac{p}{p_0} + \frac{\lambda - \kappa}{1 + e_0}\frac{1}{M}\frac{q}{p} \tag{6-114}$$

由式(6-114)右边的第一项可见,随着 p 的增加(固结),塑性体积应变 $\varepsilon_{\mathrm{v}}^{\mathrm{p}}$ 增加,由式(6-114)右边的第二项可见,随着 q/p 的增加(剪切),塑性体积应变 $\varepsilon_{\mathrm{v}}^{\mathrm{p}}$ 也增加。

(3)流动法则

为了在已知塑性体积应变增量的基础上进一步得到塑性剪切应变增量,需要利用流动法则,使塑性应变增量与屈服函数相联系。

根据 Cam-clay 模型采用相关联流动法则的假定，塑性势函数与屈服面函数相等 $\mathrm{d}\varepsilon_{ij}^{\mathrm{p}}$ 的方向与塑性势函数 g 的曲线正交方向有相同的方向，所以有

$$\mathrm{d}\varepsilon_{ij}^{\mathrm{p}} = \mathrm{d}\lambda \frac{\partial g}{\partial \sigma_{ij}} \tag{6-115}$$

或

$$\mathrm{d}\varepsilon_{ij}^{\mathrm{p}} = \mathrm{d}\lambda \frac{\partial f}{\partial \sigma_{ij}} \tag{6-116}$$

式中，$\mathrm{d}\lambda$ 为标量；$\dfrac{\partial g}{\partial \sigma_{ij}}$ 表示与 g 正交的方向。

可见在这里，只需求出 $\mathrm{d}\lambda$ 与屈服函数有关的具体表达式。

因 $f = f(p, q, \varepsilon_{\mathrm{v}}^{\mathrm{p}}) = 0$，故 $\mathrm{d}f = 0$，即

$$\mathrm{d}f = \frac{\partial f}{\partial p}\mathrm{d}p + \frac{\partial f}{\partial q}\mathrm{d}q + \frac{\partial f}{\partial \varepsilon_{\mathrm{v}}^{\mathrm{p}}}\mathrm{d}\varepsilon_{\mathrm{v}}^{\mathrm{p}} = 0 \tag{6-117}$$

式中，$\mathrm{d}\varepsilon_{\mathrm{v}}^{\mathrm{p}} = \mathrm{d}\lambda \dfrac{\partial f}{\partial p}$。 $\tag{6-118}$

把式(6-118)代入式(6-117)，即得

$$\mathrm{d}\lambda = \frac{\dfrac{\partial f}{\partial p}\mathrm{d}p + \dfrac{\partial f}{\partial q}\mathrm{d}q}{\dfrac{\partial f}{\partial \varepsilon_{\mathrm{v}}^{\mathrm{p}}}\dfrac{\partial f}{\partial p}} \tag{6-119}$$

这样，将上式代入式(6-116)，就可以求出塑性体积应变增量 $\mathrm{d}\varepsilon_{ij}^{\mathrm{p}}$ 的大小。

(4) 本构关系

Cam-clay 模型的本构关系可将式(6-117)、式(6-116)和式(6-112)结合来获得。由屈服函数式(6-112)可以写出计算式(6-116)所需要的下列各微分式

$$\frac{\partial f}{\partial p} = \frac{\lambda - \kappa}{1 + e_0}\frac{1}{M}\frac{1}{p}\left(M - \frac{q}{p}\right) \tag{6-120}$$

$$\frac{\partial p}{\partial \sigma_{ij}} = \frac{\delta_{ij}}{3} \tag{6-121}$$

$$\frac{\partial f}{\partial q} = \frac{\lambda - \kappa}{1 + e_0}\frac{1}{M}\frac{1}{p} \tag{6-122}$$

$$\frac{\partial q}{\partial \sigma_{ij}} = \frac{3(\sigma_{ij} - p\delta_{ij})}{2q} \tag{6-123}$$

$$\frac{\partial f}{\partial \varepsilon_{\mathrm{v}}^{\mathrm{p}}} = -1 \tag{6-124}$$

所以，有公式

$$\frac{\partial f}{\partial \sigma_{ij}} = \frac{\lambda - \kappa}{1 + e_0}\frac{1}{Mp}\left[\frac{1}{3}\left(M - \frac{q}{p}\right)\delta_{ij} + \frac{3(\sigma_{ij} - p\delta_{ij})}{2q}\right] \tag{6-125}$$

根据式(6-119)、式(6-120)、式(6-121)和式(6-124)，得

$$\mathrm{d}\lambda = \mathrm{d}p + \frac{\mathrm{d}q}{M - \dfrac{q}{p}} \tag{6-126}$$

把式(6-125)和式(6-126)代入式(6-116)，得

$$d\varepsilon_{ij}^{p} = \frac{\lambda - \kappa}{1 + e_0} \frac{1}{Mp} \left[\frac{1}{3} \left(M - \frac{q}{p} \right) + \frac{3(\sigma_{ij} - p)}{2q} \right] \left(dp + \frac{dq}{M - \frac{q}{p}} \right) \qquad (6\text{-}127)$$

式(6-127)就是 Cam-clay 模型要求的塑性应变增量的一般式。所以，塑性体积应变增量和塑性剪应变增量可分别写成

$$\left\{ \begin{array}{c} d\varepsilon_{v}^{p} \\ d\varepsilon_{s}^{p} \end{array} \right\} = \frac{\lambda - \kappa}{1 + e_0} \frac{1}{Mp} \left[\begin{array}{cc} \left(M - \dfrac{q}{p} \right) & 1 \\ 1 & \dfrac{1}{\left(M - \dfrac{q}{p} \right)} \end{array} \right] \left\{ \begin{array}{c} dp \\ dq \end{array} \right\} \qquad (6\text{-}128)$$

对于弹性应变增量 $d\varepsilon_{ij}^{e}$，根据广义的 Hooke 定律写出

$$d\varepsilon_{ij}^{e} = \frac{1 + \mu}{E} d\sigma_{ij} - \frac{\mu}{E} d\sigma_{kk} \delta_{ij} \qquad (6\text{-}129)$$

式中，E 为弹性模量。它可对各向同性条件下的土体由式(6-129)及式(6-108)推得，即由

$$d\varepsilon_{v}^{e} = d\varepsilon_{ii}^{e} \frac{3(1 - 2\mu)}{E} dp \qquad (6\text{-}130)$$

和

$$d\varepsilon_{v}^{e} = \frac{\kappa}{1 + e_0} \frac{dp}{p} \qquad (6\text{-}131)$$

的比较，得

$$E = 3(1 - 2\mu) \frac{(1 + e_0)}{\kappa} p \qquad (6\text{-}132)$$

由上式可知，弹性模量 E 与平均主应力 p 成正比，并且通常假定式中泊松比的取值为 $\mu = 0$(弹性横向变形为0)，或 0.3，或 1/3。

归纳以上内容可知，用 Cam-clay 模型求土单元的应变公式是 $d\varepsilon_{ij} = d\varepsilon_{ij}^{e} + d\varepsilon_{ij}^{p}$，根据式(6-129)计算弹性应变，根据式(6-127)计算塑性应变。需要 5 个土的基本参数，即 λ、κ、e_0、M(或 φ)和 μ。

6.4.6.2 修正剑桥(Cam-clay)模型

Cam-clay 模型如图 6-42 所示，它的塑性势曲线在与 p 轴相交处并不与 p 轴正交，即在该处不仅有体积应变增量还有剪应变增量。但对于等向固结(应力在 p 轴上移动)情况，应力的变化沿着 p 轴，应该只有塑性体积应变增量，塑性应变增量的方向应沿着水平轴变化，故图示的情况显然与实际不符。因此，1968 年又有了修正 Cam-clay 模型的出现(Burland 等)。

在修正 Cam-clay 模型中，塑性势线(与屈服线相同)与 p 轴正交。为简化计算，它采用了椭圆形的塑性势面，因而得到了与 Cam-clay 模型不同的能量方程，或由它推导出的应力比—应变增量比关系。修正 Cam-clay 模型假定的能量方程为

$$dW^{p} = pd\varepsilon_{v}^{p} + qd\varepsilon_{s}^{p} = p \sqrt{(d\varepsilon_{v}^{p})^2 + (Md\varepsilon_{s}^{p})^2} \qquad (6\text{-}133)$$

整理上式得

$$\frac{\mathrm{d}\varepsilon_v^p}{\mathrm{d}\varepsilon_s^p} = \frac{M^2 p^2 - q^2}{2pq} \tag{6-134}$$

这就是修正 Cam-clay 模型的应力比—应变增量比关系，如图 6-46 所示。

下面，类似于前述 Cam-clay 模型的推导，可以根据塑性势函数与塑性应变增量正交的条件式 (6-99)，得

$$\frac{\mathrm{d}q}{\mathrm{d}p} + \frac{M^2 - (q/p)^2}{2(q/p)} = 0 \tag{6-135}$$

它的解即为修正 Cam-clay 模型的塑性势函数 $g = 0$，即

$$g = q^2 + M^2 p^2 - Cp = 0 \tag{6-136}$$

式中，C 为积分常数。

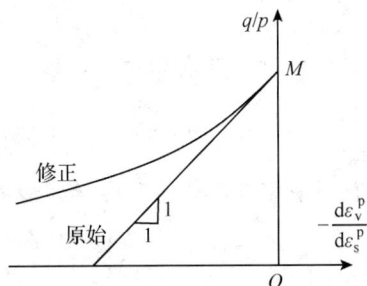

图 6-46　修正 Cam-clay 模型应力
比—应变增量比关系

图 6-47 表示塑性应变增量的方向与用虚线表示的塑性势函数 $g = 0$ 的关系，根据式 (6-134)，$q/p = 0$(等向压缩)时，$\mathrm{d}\varepsilon_s^p = 0$，当 $q/p = M$(破坏)时，$\mathrm{d}\varepsilon_v^p = 0$，是合理的。

根据屈服函数与塑性势函数相等的相关联流动法则，屈服函数 $f = 0$ 为

$$f = q^2 + M^2 p^2 - Cp = 0 \tag{6-137}$$

在上式中，当 $q = 0$ 时，$p = p_x$，代入上式解得积分常数 $C = M^2 p_x$，所以

$$f = q^2 + M^2 p^2 - M^2 p_x p = 0 \tag{6-138}$$

根据式 (6-138) 绘出椭圆形的屈服面如图 6-48 所示。可以看出修正 Cam-clay 模型和 Cam-clay 模型屈服面形状间的不同。

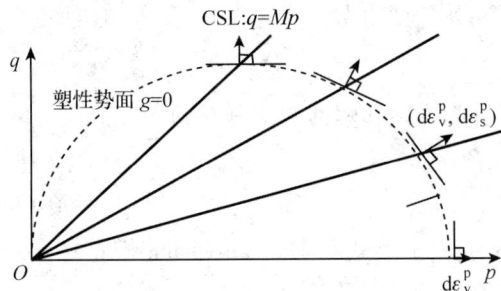

图 6-47　修正 Cam-clay 模型的塑性势
函数和应变增量方向

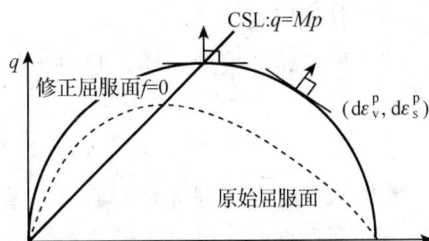

图 6-48　修正 Cam-clay 模型的
屈服函数图形

类似于 Cam-clay 模型的推导，还可以得到修正 Cam-clay 模型的屈服函数为

$$f = \frac{\lambda - \kappa}{1 + e_0}\ln\frac{p}{p_0} + \frac{\lambda - \kappa}{1 + e_0}\ln\left(1 + \frac{q^2}{M^2 p^2}\right) - \varepsilon_v^p = 0 \tag{6-139}$$

可写出

$$\frac{\partial f}{\partial p} = \frac{\lambda - \kappa}{1 + e_0}\frac{1}{p}\frac{M^2 p^2 - q^2}{M^2 p^2 + q^2} \tag{6-140}$$

$$\frac{\partial f}{\partial q} = \frac{\lambda - \kappa}{1 + e_0}\frac{2q}{M^2 p^2 + q^2} \tag{6-141}$$

$$\frac{\partial f}{\partial \sigma_{ij}} = \frac{\lambda - \kappa}{1 + e_0}\left[\frac{M^2 p^2 - q^2}{M^2 p^2 + q^2}\frac{\delta_{ij}}{3p} + \frac{3(\sigma_{ij} - p\delta_{ij})}{M^2 p^2 + q^2}\right] \tag{6-142}$$

故有

$$d\lambda = dp + \frac{2pq}{M^2 p^2 - q^2} dq \tag{6-143}$$

最后，可得修正 Cam-clay 模型求塑性应变的一般式为

$$d\varepsilon_{ij}^{p} = \frac{\lambda - \kappa}{1 + e_0} \left[\frac{M^2 p^2 - q^2}{M^2 p^2 + q^2} \frac{\delta_{ij}}{3p} + \frac{3(\sigma_{ij} - p\delta_{ij})}{M^2 p^2 + q^2} \right] \left(dp + \frac{2pq}{M^2 p^2 - q^2} \right) \tag{6-144}$$

它求取塑性体积应变增量和塑性剪应变增量的表达式分别为

$$d\varepsilon_{v}^{p} = \frac{\lambda - \kappa}{1 + e_0} \frac{1}{p} \frac{M^2 p^2 - q^2}{M^2 p^2 + q^2} \left(dp + \frac{2pq}{M^2 p^2 - q^2} dq \right) \tag{6-145}$$

$$\varepsilon_{s}^{p} = \frac{\lambda - \kappa}{1 + e_0} \frac{1}{p} \frac{2pq}{M^2 p^2 + q^2} \left(dp + \frac{2pq}{M^2 p^2 - q^2} dq \right) \tag{6-146}$$

Cam-clay 模型能较好地适用正常固结土和弱超固结土，且参数少，均可用常规三轴试验测定，应用较多。但它仅用 ε_{v}^{p} 作硬化参量，对剪切变形的影响考虑不够充分，对砂土等就不能考虑剪切引起的体积膨胀特性。因此许多改进研究认为应增加一个塑性剪切变形作硬化参量的剪切屈服面(直线，甚至抛物线或双曲线)，如 Roscoe、Burland(1968)的工作等。

6.4.6.3　莱特—邓肯模型

这个模型是莱特(Lade)和邓肯(Duncan)在砂土的试验基础上建立起来的。它采用不相关联的流动规则，以塑性功 W_p 为硬化参数，较好地反映了砂土的破坏和砂土的剪胀性，成为适用于砂土应力变形分析的代表性弹塑性模型。

(1) 弹性应变

与其他弹塑性模型一样，它将土的变形分为弹性和塑性两部分，即：

$$\varepsilon_{ij} = \varepsilon_{ij}^{e} + \varepsilon_{ij}^{p} \tag{6-147}$$

$$d\varepsilon_{ij} = d\varepsilon_{ij}^{e} + d\varepsilon_{ij}^{p} \tag{6-148}$$

其中 $d\varepsilon_{ij}^{e}$ 用广义虎克定律确定，弹性模量表示形式与 Duncan-Chang 模型中一样。对于弹性变形部分，可以假设泊松比 μ 为常数。

(2) 塑性理论的主要函数

该模型的破坏面不同于其他强度理论，其形式为：

$$f_1 = \frac{I_1^3}{I_3} = k_f \tag{6-149}$$

模型的屈服面函数为：

$$f = \frac{I_1^3}{I_3} = k \quad k < k_f \tag{6-150}$$

塑性势面：

$$g = I_1^3 - k_2 I_3 = 0 \tag{6-151}$$

可见它的破坏面、屈服面和塑性势面都具有相似的函数表达形式，因而在应力空间具有相似的形状。只是破坏面为屈服面及塑性势面的外极限；k 与 k_2 并不相等，因而采用的是不相关联的流动规则。这三种曲面及其轨迹在不同应力空间中的形状如

图6-49所示。它们在主应力空间为一锥体，顶点在应力轴原点。在连续加载时，屈服面和塑性势面以空间对角线为中心膨胀，锥体径向加大，以破坏面为极限。它们在 π 平面上形状类似于梨形。

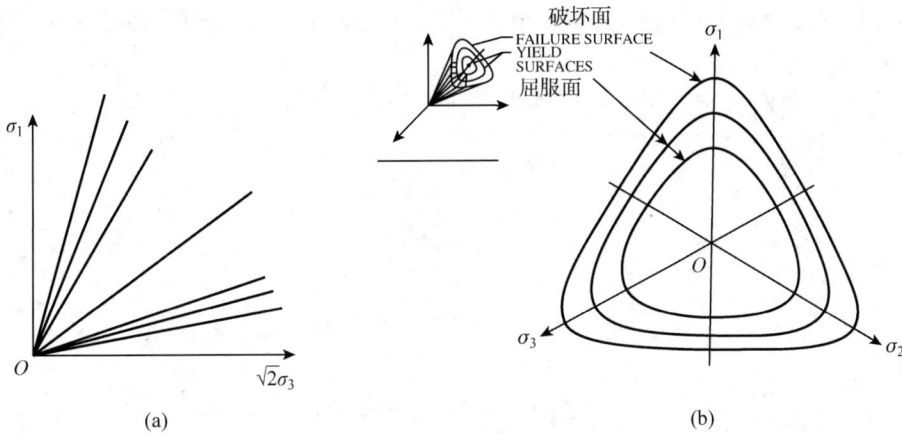

图6-49 莱特—邓肯模型的屈服面及其轨迹
（a）莱特—邓肯模型在三轴平面上的屈服与破坏轨迹 （b）在 π 平面上的屈服与破坏轨迹

（3）硬化参数与应力应变关系

Lade-Duncan 模型以塑性功 W_p 为硬化参数

$$W_p = \int \sigma_{ij} d\varepsilon_{ij}^p \tag{6-152}$$

将式(6-152)两侧微分得：

$$dW_p = d\varepsilon_{ij}^p \sigma_{ij} = d\lambda \frac{\partial g}{\partial \sigma_{ij}} \sigma_{ij} \tag{6-153}$$

因为 g 为 σ_{ij} 的三阶齐次方程，则有

$$\frac{\partial g}{\partial \sigma_{ij}} \sigma_{ij} = 3g \tag{6-154}$$

所以有

$$d\lambda = \frac{dW_p}{3g} \tag{6-155}$$

（4）模型参数确定

①强度参数 k_f　可用不同围压三轴试验计算试样破坏时的 k_f，$k_f = I_1^3/I_3$，如果其强度包线为直线，则不同围压得到的 k_f 是相同的，否则可以取其平均值。

②弹性常数 K_{ur}、n 和 ν　它们的确定方法和 Duncan-Chang 模型中所用的方法一样。可以从卸载—再加载曲线确定，有时也从其加载曲线的初始段确定，一般设泊松比 μ 为常数。

③塑性势函数中 k_2　模型的提出者认为 k_2 与屈服函数 f 间关系可表示成：

$$k_2 = Af + 27(1 - A) \tag{6-156}$$

k_2 可从不同三轴试验中确定的塑性应变增量比确定

$$-\nu^p = \frac{d\varepsilon_3^p}{d\varepsilon_1^p} = \frac{\partial g/\partial \sigma_3}{\partial g/\partial \sigma_1} = \frac{3I_1^2 - k_2\sigma_1\sigma_3}{3I_1^2 - k_2\sigma_3^2} \tag{6-157}$$

则

$$k_2 = \frac{3I_1^2(1 + \nu^p)}{\sigma_3(\sigma_1 + \nu^p\sigma_3)} \tag{6-158}$$

从不同试验点的 f 和 k_2 的关系，绘制成 $f - k_2$ 的关系曲线，式(6-156)表示的直线，确定常数 A。

④硬化参数 W_p 确定　试验结果表明 W_p 与 f 间可表示成双曲线关系：

$$(f - f_t) = \frac{W_p}{a + dW_p} \tag{6-159}$$

其中

$$a = Mp_a\left(\frac{\sigma_3}{p_a}\right)^l \tag{6-160}$$

$$d = \frac{1}{(f - f_t)_{ult}} \tag{6-161}$$

$$(f - f_t)_{ult} = \frac{k_f - f_t}{r_f}$$

式中，M、l 为试验常数，r_f 为破坏比，r_f 与 f_t 也是材料常数，它们都可从不同围压三轴试验确定。因而，该模型共有 9 个常数。

另外还有许多形式的弹塑性模型，如殷宗泽提出的双屈服面模型等。

6.5　土与结构接触面模型

在土木工程中，常会遇到土体与结构的相互作用问题，例如土与基础、桩与土、土与挡土结构、土与防渗墙的相互作用等。而接触面的研究则是土与结构相互作用的主要课题之一。分析土与结构相互作用时，除了根据土与结构的特性，分别采用不同的应力—应变关系外，对于土与结构间的接触面，必须给以特殊的注意。

接触面变形的研究，主要包含两个方面：一是接触面上的本构关系；二是接触面单元，它是有限元计算中用以模拟接触面变形的一种特殊单元。两方面的研究是互相联系的，接触面单元是为了表达接触面上的变形，接触面变形的表示又要适应所选用的接触面单元。

6.5.1　无厚度接触面单元模型

古德曼(Goodman)等人提出的一种接触面单元，如图 6-50 所示，由两片长度为 L 的接触面 $1-2$ 和 $3-4$ 组成。两片接触面之间假象为无数微小的弹簧所连接。在受力前两接触面完全吻合，即单元没有厚度只有长度，是一种一维单元。接触面单元与相邻接触面单元或二维单元之间，只在结点处有力的联系。每片接触面两端有两个结点，一个单元共 4 个结点，如图 6-

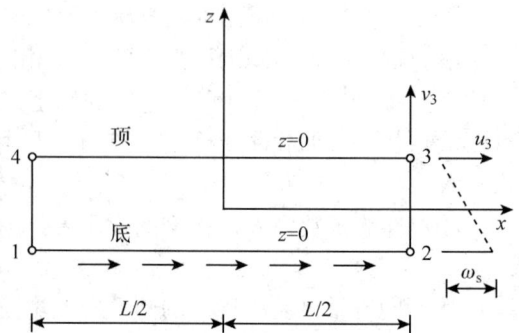

图 6-50　古德曼单元

50 中的 1、2、3、4。

在结点力 $\{F\}^e$ 作用下，两片接触面间的弹簧受内应力为

$$\{\sigma\} = \begin{Bmatrix} \tau \\ \sigma_n \end{Bmatrix} \tag{6-162}$$

相应地在两片接触面之间产生相对位移为

$$\{w\} = \begin{Bmatrix} w_s \\ w_n \end{Bmatrix} \tag{6-163}$$

式中，角标 s 表示切向，n 表示法向。

在线弹性假定下，应力 $\{\sigma\}$ 与相对位移 $\{w\}$（变形）成正比，关系式为

$$\{\sigma\} = [k_0]\{w\} \tag{6-164}$$

式中，$[k_0] = \begin{bmatrix} k_s & 0 \\ 0 & k_n \end{bmatrix}$；$k_s$ 和 k_n 分别为切向和法向的单位长度劲度系数（kN/m^3），由试验确定。对弹性材料为常量，若材料具有非线性特性，则他们为变量。

取线性位移模式，不难把每一片接触面上沿长度方向各点的位移表示为结点位移。

用 u、v 分别表示 x 和 z 向位移，则图 6-50 中顶面和底面的位移分别为

$$\begin{Bmatrix} u_{顶} \\ v_{顶} \end{Bmatrix} = \frac{1}{2}\begin{bmatrix} 1+\dfrac{2x}{L} & 0 & 1-\dfrac{2x}{L} & 0 \\ 0 & 1+\dfrac{2x}{L} & 0 & 1-\dfrac{2x}{L} \end{bmatrix}\begin{Bmatrix} u_3 \\ v_3 \\ u_4 \\ v_4 \end{Bmatrix}$$

$$\begin{Bmatrix} u_{底} \\ v_{底} \end{Bmatrix} = \frac{1}{2}\begin{bmatrix} 1-\dfrac{2x}{L} & 0 & 1+\dfrac{2x}{L} & 0 \\ 0 & 1-\dfrac{2x}{L} & 0 & 1+\dfrac{2x}{L} \end{bmatrix}\begin{Bmatrix} u_3 \\ v_3 \\ u_4 \\ v_4 \end{Bmatrix}$$

上式实际上表示接触面单元内任一点的位移由两端结点位移内插求得。

接触面单元内各点的相对位移为

$$\{w\} = \begin{Bmatrix} w_s \\ w_n \end{Bmatrix} = \begin{Bmatrix} u_{底}-u_{顶} \\ v_{底}-v_{顶} \end{Bmatrix} = \begin{bmatrix} a & 0 & b & 0 & -b & 0 & -a & 0 \\ 0 & a & 0 & b & 0 & -b & 0 & -a \end{bmatrix}\{\delta\}^e \tag{6-165}$$

式中，$\{\delta\}^e = \begin{bmatrix} u_1 & v_1 & u_2 & v_2 & u_3 & v_3 & u_4 & v_4 \end{bmatrix}^T$；$a = \dfrac{1}{2}-\dfrac{x}{L}$；$b = \dfrac{1}{2}+\dfrac{x}{L}$。

这里，法向相对位移以压为正，切向相对位移则是图 6-50 所示方向为正。

相应的剪切应力 τ 的正方向也示于图 6-50 中，正方向的 τ 使单元体逆时针方向转动。

令

$$[B] = \begin{bmatrix} a & 0 & b & 0 & -b & 0 & -a & 0 \\ 0 & a & 0 & b & 0 & -b & 0 & -a \end{bmatrix}$$

则

$$\{w\} = [B]\{\delta\}^e$$

由虚位移原理可推得

$$\{F\}^e = \int_{-\frac{L}{2}}^{\frac{L}{2}} [B]^{\mathrm{T}}[k_0][B]\,\mathrm{d}x\,\{\delta\}^e = [k]\{\delta\}^e \tag{6-166}$$

其中

$$[k] = \frac{L}{6}\begin{bmatrix}
2k_s \\
0 & 2k_n & & & & & \text{对称} \\
k_s & 0 & 2k_s \\
0 & k_n & 0 & 2k_n \\
-k_s & 0 & -2k_s & 0 & 2k_s \\
0 & -k_n & 0 & -2k_n & 0 & 2k_n \\
-2k_s & 0 & k_s & 0 & k_s & 0 & 2k_s \\
0 & -2k_n & 0 & -k_n & 0 & k_n & 0 & 2k_n
\end{bmatrix} \tag{6-167}$$

各接触面单元的劲度矩阵，与一般二维单元一样，可按结点平衡条件叠加到总的劲度矩阵上，求解位移。求得结点位移后，可由公式联立，求得接触面上的应力。

在两种材料的二维单元之间设置接触面单元，受力前接触面的两边重叠，受力后其变形情况如图6-51所示。图6-51(a)表示接触单元法向受拉应力 $\sigma_n < 0$，使两边二维单元在接触面上互相脱开；图6-51(b)表示 $\sigma_n > 0$，接触应力为压应力，则两边二维单元互相嵌入；图6-51(c)表示接触面上 $\tau \neq 0$，受剪，使两边二维单元错开；图6-51(d)表示受 σ_n 和 τ 共同作用的结果。由此可见接触面单元可用于模拟接触面的开裂和错动滑移等现象。

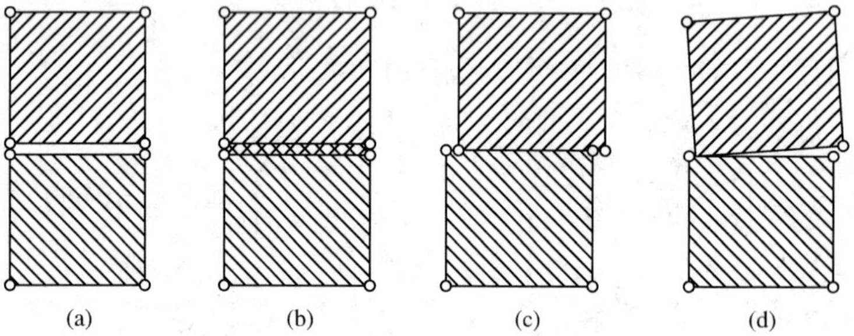

图6-51 接触面的拉开、重叠、错位
(a)拉开 (b)重叠 (c)错位 (d)综合

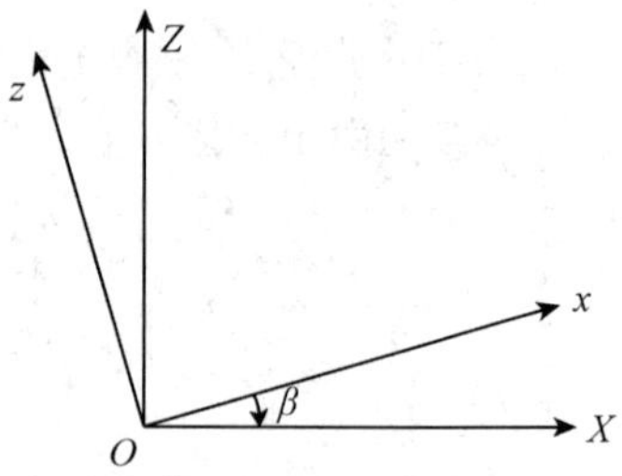

图6-52 坐标转换

以上劲度矩阵的建立是按照图6-50所示坐标系，而实际上接触面不一定水平，这就需要作坐标系的转换。设接触面有仰角 β，如图6-52所示，将局部坐标系 x 轴顺接触面方向设置，与整体坐标系间存在如下关系：

$$\begin{Bmatrix} x \\ z \end{Bmatrix} = \begin{bmatrix} \cos\beta & \sin\beta \\ -\sin\beta & \cos\beta \end{bmatrix}\begin{Bmatrix} X \\ Z \end{Bmatrix} = [a]\begin{Bmatrix} X \\ Z \end{Bmatrix} \tag{6-168}$$

令

$$[Q] = \begin{bmatrix} a & & & \\ 0 & a & & 对称 \\ 0 & 0 & a & \\ 0 & 0 & 0 & a \end{bmatrix} \qquad (6\text{-}169)$$

则结点力和结点位移的局部坐标与整体坐标系间有如下关系

$$\{F\}^e = [Q]\{\bar{F}\}^e, \{\delta\}^e = [Q]\{\bar{\delta}\}^e \qquad (6\text{-}170)$$

式中，$\bar{F}$ 和 $\bar{\delta}$ 分别表示整体坐标的结点力和结点位移。

式(6-170)代入式(6-166)得以整体坐标系表示的劲度关系为

$$\{\bar{F}\}^e = [Q]^{-1}[k][Q]\{\bar{\delta}\}^e = [\bar{k}]\{\bar{\delta}\}^e \qquad (6\text{-}171)$$

在由 $\{\bar{\delta}\}^e$ 求应力时，也应作坐标变换。

对于法向劲度系数 k_n，当接触面受压时，为了模拟两边二维单元不会在接触面处重叠，如图6-51(c)所示，应取一极大的数值，如 $k_n = 10^8 \text{kN/m}^3$，可使互相嵌入的相对位移小到可以忽略不计。但若算出的接触面法向应力为拉，而又认为接触面上不能承受拉应力，则应令 k_n 为很小的值，如取 10kN/m^3，以使算出的拉应力可忽略不计。

至于切向劲度系数 k_s，克拉夫和邓肯对土与其他材料接触面上的摩擦实验表明，τ 与 w_s 呈非线性关系。当 τ 较小时 k_s 较大，τ 较大接近破坏时 k_s 较小。

Goodman 单元能够较好地反映接触面切向应力和应变的发展，能考虑接触面变形的非线性特征。其切向劲度系数可以通过常规直剪试验得到，参数易于确定，并且在一定程度上反映接触面的剪切特性。但是其缺点是要求其法向刚度取值很大，以防止过量嵌入，这种人为设置的大法向刚度往往会使法向应力误差较大，且沿接触面方向还会出现波动。并且 Goodman 单元只适用于小变形条件下的不连续结构面的有限元分析。k_s、k_n 由试验确定时有很大的不确定性。在节理数很多时，设置 Goodman 单元的工作量是巨大的，故难以实现。这种单元在工程实践中被不断完善、修改和发展，因此一直以来应用较多。

6.5.2　有厚度接触面单元模型

Desai 等提出的薄层单元，能够模拟两种性质差异较大的材料界面处相互作用，并且可以模拟发生在界面附近薄层范围内剪切错动而导致的材料破坏现象。为了避免无厚度单元可能造成的两侧单元重叠，及模拟接触面的剪切破坏常常发生在附近土体内这一现象，一些学者主张采用有厚度的薄层单元，如图 6-53 所示。

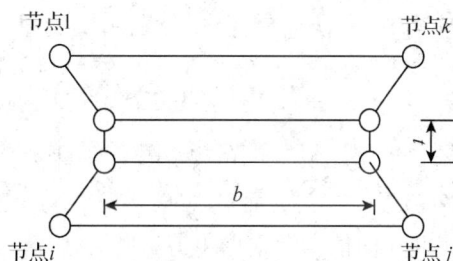

图 6-53　薄层单元模型

薄层单元厚度为 t，长为 b，它的单元劲度矩阵形成方面与普通单元一样。但在本构矩阵中，将法向和切向分量分开来考虑。

$$[D] = \begin{bmatrix} D_{ss} & D_{sn} \\ D_{ns} & D_{nn} \end{bmatrix} \qquad (6\text{-}172)$$

式中，D_{ss} 为剪切分量，D_{nn} 为法向分量；D_{ns} 和 D_{sn} 为考虑耦合效应的分量。由于试验手段没有测定法向和切向的综合影响，Desai 建议 D_{ns} 和 D_{sn} 均取 0。法向分量 D_{nn} 又可表示为：

$$[D_{nn}] = \lambda_1 [D_{nn}]_i + \lambda_2 [D_{nn}]_g + \lambda_3 [D_{nn}]_{st} \tag{6-173}$$

式中，i、g、st 分别表示接触区材料、岩石材料和结构材料。对于静力问题，取 $\lambda_1 = 1$，$\lambda_2 = \lambda_3 = 0$；对于动力问题，假定 $\lambda_1 = 0.75$，$\lambda_2 = 0.25$，$\lambda_3 = 0$。

6.5.2.1 直剪试验确定剪切模量参数

本构矩阵中 D_{ss} 即为非线性剪切模量 G_t，计算公式为

$$G_t = K_s t \tag{6-174}$$

K_s 中计算参数同 Goodman 单元模型，即用直剪试验得到的 $\tau - \omega_s$ 关系曲线确定。由式(6-174)可以看出单元厚度 t 对 G_t 的大小有直接影响，当 t 取得太大，与实体单元宽度 B 处于同一数量级时，接触面单元与普通单元就没有什么差别了；当 t 取得太小时，接触面错动有可能不符合实际，也会使相对剪切位移的计算产生误差。Desai 建议了 t 的取值范围

$$t = (0.01 \sim 0.1)B \tag{6-175}$$

应该指出，Desai 建议 t 的取值变化范围较大，也有一定的随意性；另外直剪试验未能反映和描述剪切错动带现象。

6.5.2.2 单剪试验确定剪切模量参数

利用单剪试验来进行接触面的研究能有效地克服直剪试验的缺陷。主要通过单剪试验可以得到接触面剪切错动带内剪应力—应变的关系。用 $\tau - \gamma$ 关系曲线取代常规的 $\tau - \omega_s$ 关系曲线来描述接触面剪切错动带的应力应变，从而揭示土与结构通过接触面发生的应力变形传递规律。其本构矩阵表达式为 $\{\tau\} = [D][\gamma]$。

单剪试验简图如图 6-54 所示。试验时，先施加某法向力 V，测定压缩量 S，然后逐步施加剪切力 T 测定剪位移 u、法向变形 v，则平均剪应力 τ、平均剪应变 γ、平均法向应力 σ_n 和法向应变 ε_n 分别用实测量表示为：$\tau = \dfrac{T}{A}$，$\gamma = \dfrac{u}{t}$，$\sigma_n = \dfrac{V}{A}$，$\varepsilon_{nn} = \dfrac{S}{t} \varepsilon_{ns} = \dfrac{v}{t}$ $(\varepsilon_n = \varepsilon_{nn} + \varepsilon_{ns})$。这些变量中：$A$ 为接触面的面积，由于并未限制剪切破坏面的位置，因此，最后破坏的位置究竟在土体内还是在理论接触界面上，与土体材料以及接触面粗糙程度有关。面对现实问题时，这就提供了一个判断剪破面位置从而拟定薄层单元厚度 t 的依据。根据单剪试验可建立 $\tau - \gamma$ 及 $\varepsilon_{nn} - \sigma_n$ 关系曲线以及考虑剪胀(剪缩)的关系曲线 $\varepsilon_{nn} - \tau$ 或 $\varepsilon_{ns} - \gamma$。有了这些关系可较好的模拟接触面剪切错动带的变形特征。若假定 $\tau - \gamma$ 关系为双曲线，

$$\tau = \frac{\gamma}{a + b\gamma} \tag{6-176}$$

则可建立接触面单元非线性接触面的切向剪切模量 G_t，即

$$G_t = \left(1 - R_f \frac{\tau}{c_0 + \sigma_n \tan\varphi_0}\right)^2 k p_a \left(\frac{\sigma_n}{p_a}\right)^n \tag{6-177}$$

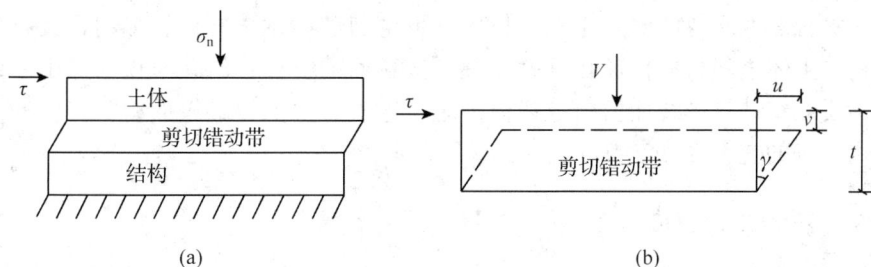

图 6-54　接触面剪切错动带

(a)剪切示意图　(b)接触面的变形

式中包含五个参数：c_0、φ_0 为接触面上的凝聚力和外摩擦角，k、n、R_f 为非线性参数，可用 Duncan 非线性模型确定 E 中参数相同的整理方法和过程。非线性剪切模量 G_t 可以描述接触面切向滑动的情况。

6.5.2.3　考虑剪胀影响的接触面模型

考虑到薄层单元有一定的厚度，其法向将可能出现压缩或张拉现象，可以通过法向压缩模量模拟。根据测定的 $\varepsilon_{nn} - \sigma_n$ 关系曲线以及考虑剪胀(剪缩)的 $\varepsilon_{ns} - \tau$(或 $\varepsilon_{ns} - \gamma$)关系曲线所拟合的函数(不同的土可能表现为不同的函数形式)可得到法向应变增量的表达式如下：

$$\mathrm{d}\varepsilon_n = \mathrm{d}\varepsilon_{nn} + \mathrm{d}\varepsilon_{ns} = \frac{1}{E_{ns}}\mathrm{d}\sigma_n + \frac{1}{G_{ts}}\mathrm{d}\tau \tag{6-178}$$

$$\{\mathrm{d}\varepsilon\} = \begin{Bmatrix} \mathrm{d}\gamma \\ \mathrm{d}\varepsilon_n \end{Bmatrix} = \begin{bmatrix} 1/G_t & 0 \\ 1/G_{ts} & 1/E_{nt} \end{bmatrix} \begin{Bmatrix} \mathrm{d}\tau \\ \mathrm{d}\sigma_n \end{Bmatrix} \tag{6-179}$$

式中，G_t、G_{ts} 和 E_{nt} 分别为非线性切向剪切模量、法向剪缩(剪胀)模量($\varepsilon_{ns} - \tau$ 的导数值)和法向压缩模量。

当接触面的法向受力(出现厚度大于 t)时，可取一个小值。与 Goodman 单元不同的是取值误差不会累积成为系统误差。目前接触面单剪试验是模拟接触面的应力应变特性较为简便易行的方法。其中 G_t、G_{ts} 和 E_{nt} 完全由试验测得的应力应变曲线所决定，不必受某种线型的限制。

对于三维问题也不难写出矩阵 $[D]$ 的形式，应注意的是接触面的法向剪胀/剪缩正应变 ε_{ns} 同时受接触面两个方向剪应力 τ_{xy} 和 τ_{yz} 的影响，而不能简单地叠加起来。两个剪切方向 G_{ts} 可引用剪胀影响系数 η_{xy}，η_{yz} 进行分配并使 $\eta_{xy} + \eta_{yz} = 1$。应该指出，考虑剪胀的耦合本构矩阵是非对称的，会增加方程求解的工作量。

6.5.2.4　接触面抗剪强度取用

单剪试验表明，剪破面发生的位置与土料性质及接触面的性质有关。当接触面较光滑而接触界面上的抗剪强度(参数 c_0、ϕ_0)小于土体内的抗剪强度(参数 c、ϕ)时，剪切破坏发生在接触界面上。当接触界面较粗糙同时土体内的抗剪强度(参数 c、ϕ)小于接触界面上的抗剪强度(参数 c_0、ϕ_0)时，剪破面位置总是发生在土体的一定范围内，说明土体与结构接触界面之间具有一定的咬合力，他能带动附近的土体形成一个剪切错动带，接触面性质使剪破发生在土体内。不论剪破面发生的位置如何，接触面性质影响结构与土体之间力的传递，这就体现了接触面的特性，而并非仅仅是土体或结构单一的性质。在计算非线性切向剪切模量时，应根据模拟接触界面粗糙程度的试验结果，采用对应的抗剪强度参数$(c_0 \text{、} \phi_0)$或$(c \text{、} \phi)$。

6.5.2.5　薄层单元厚度讨论

接触面薄层单元厚度 t 的大小反映薄层剪切错动带的范围，t 的取值影响到对接触面特征的准确模拟，也就势必影响计算结果，因此有限元计算中合理地选择 t 是十分重要的。接触面薄层单元厚度 t 的取值除了参考 Desai 建议值外，用单剪试验确定薄层单元厚度可提供比较可靠的依据。单剪试验时除了测定应力应变曲线外还可观测到试样最终剪破（滑动）面的位置，破坏面的位置与法向压力有关，也与土料性质及接触面粗糙程度有关。试验表明：接触面越光滑，剪破面以几何接触面单元模拟；接触面越粗糙，则接触面上的抗剪强度越高，剪破（滑动）面越可能发生在土体内且剪切错动带的厚度（即 t 值）越大；接触面单元长度方向划分的尺寸越大，为使计算的剪切错动符合实际（剪切错动带 γ 值合理）薄层单元厚度 t 也应该稍大，这就是 Desai 建议取 $t = (0.01 \sim 0.1)B$ 的基本思路。

薄层单元引入了嵌入控制方法，在一定程度上克服了古德曼单元的缺点，其接触面参数为弹性模量 E、剪切模量 G 和泊松比 υ。Desai 引入独立的弹性剪切模量，没有从理论上阐明为什么取 E、G 和 υ 为 3 个独立参数。薄层单元仍有两个问题没有解决好，一是薄层单元厚度 t 的确定，由有限元试算结果与实际观测比较得出，其范围大致在 $(0.01 \sim 0.1)B$，t 的取值直接影响剪切模量；二是 Desai 回避了问题，没有测定和反映法向与切向的耦合影响，因此模型不能客观描述薄层单元的实际应力应变特征。

6.5.3　接触面本构模型

在接触问题中，结构的材料性能与周围土层性质相差较大，在一定的受力条件下有可能在其接触面上产生错动滑移或开裂。因此，为了充分反映接触面的受力及变形特性，应采用一种接触面特有的本构关系。下面介绍几个工程结构中常用的接触面模型。

6.5.3.1　双曲线模型

Clough 根据直剪试验结构，认为 $\tau - \omega$ 关系呈双曲线形，初始剪切劲度与正应力大小有关，导出了与邓肯—张模型相似的接触面本构模型：

$$\tau = \frac{\omega_s}{a + b\omega_s} \tag{6-180}$$

式中，τ 为接触面上的平均剪应力；ω_s 为相对剪切位移；a、b 为实验参数。同时建立它们与法向应力的关系为：

$$\frac{1}{a} = k_{si} = k_1 \gamma_w \left(\frac{\sigma_n}{p_a} \right)^n, \quad b = \frac{1}{\tau_u}, \quad \tau_u = \frac{\tau_f}{R_f} = \frac{\sigma_n \tan\delta}{R_f}$$

$$k_{st} = \left(1 - R_f \frac{\tau}{\sigma_n \tan\delta} \right)^2 k_1 \gamma_w \left(\frac{\sigma_n}{p_a} \right)^n \tag{6-181}$$

式中，k_{st}为初始剪切劲度；γ_w、p_a分别为水的容重和大气压力；k_1、n、R_f、δ为土体参数，可通过直剪试验确定。

因为模型建立在直剪试验基础上，故其相对位移实际上是上下盒的错动，若考虑到土的压缩和膨胀，盒子的位移与土体内部的位移可能不同步。

张冬霁等根据单剪试验，考虑接触面上的凝聚力，推得薄层单元的切向劲度为：

$$\frac{1}{a} = k_{si} = k p_a \left(\frac{\sigma_n}{p_a}\right)^n \tag{6-182}$$

$$k_{st} = \left(1 - R_f \frac{\tau}{\sigma_n \tan\delta + c}\right)^2 k \left(\frac{\sigma_n}{p_a}\right)^n \tag{6-183}$$

虽然式(6-181)与式(6-183)结构相似，但是其中参数的物理意义不尽相同，且得到数据的试验方法也不同，分别是单剪和直剪实验。

6.5.3.2 弹塑性模型

Brant经过较深入的室内实验和现场研究，分析了直剪试验中逐渐破坏作用和沿剪切方向土样的压缩作用对实验结果的影响，推荐了刚塑性模型来描述接触面切向应力和变形，用两折线描述$(\tau/\sigma) - \omega$曲线，如图6-55所示：

$$\begin{aligned} (\tau/\sigma) &= \omega \cdot \tan\varphi_i \qquad \omega \leq \omega_0 \\ (\tau/\sigma) &= (\tau/\sigma)_0 + (\omega - \omega_0) \cdot \tan\varphi_i \qquad \omega > \omega_0 \end{aligned} \tag{6-184}$$

陈慧远认为，当剪切应力小于摩擦力μ时，$\tau - \omega$为线弹性关系；当剪切应力大于或等于摩擦力μ时，接触面进入摩擦滑移阶段，$\tau - \omega$为塑性关系，如图6-56所示。

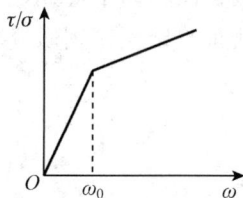

图 6-55　Brant 模型　　　　图 6-56　陈慧远模型

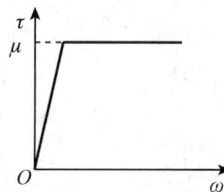

6.5.3.3 刚塑性模型

殷宗泽等根据直剪实验分析，指出实验获得的$\tau - \omega$关系曲线只反应接触面的平均力学特性，认为接触面的破坏是一个由边缘向内部逐渐发展的过程，提出了接触面错动变形的刚塑性模型。接触面土体的变形可以分成两部分：一部分是土体的基本变形$\{\varepsilon\}'$，不管滑动与否都存在的，与其他土体单元一样；另一部分是破坏变形$\{\varepsilon\}''$，包括滑移破坏与拉裂破坏。接触面上某一点土体，破坏前接触面上无相对位移，破坏后相对位移不断发展，变形是刚塑性的。

6.5.3.4 耦合本构模型

以上模型没有测定和反应法向和切向变形的耦合影响，不能客观描述接触面单元的实际应力应变特征。卢廷浩在单剪试验的基础上，建立了接触面二维、三维本构模型，并应用在某超高面板坝的三维计算中，得到了较为合理的结果。

其二维本构方程为:

$$\{\mathrm{d}\varepsilon\} = \left\{ \begin{array}{c} \mathrm{d}\gamma \\ \mathrm{d}\varepsilon_n \end{array} \right\} = \begin{bmatrix} \dfrac{1}{G_t} & 0 \\ \dfrac{s}{G_t} & \dfrac{1}{E_{nt}} \end{bmatrix} \left\{ \begin{array}{c} \mathrm{d}\tau \\ \mathrm{d}\sigma_n \end{array} \right\} = [C]\{\mathrm{d}\sigma\} \tag{6-185}$$

考虑法向应变同时受两个方向的剪应力 τ_{yx} 和 τ_{yz} 的影响,引用两个剪胀(剪缩)影响系数 η_{yx}、η_{yz} 考虑法向的耦合效应:

$$\eta_{yx} = \frac{|\tau_{yx}|}{|\tau_{yz}| + |\tau_{yx}|}, \eta_{yz} = \frac{|\tau_{yz}|}{|\tau_{yz}| + |\tau_{yx}|}\mathrm{d}\varepsilon_{ns} = \frac{s_{yx}\eta_{yx}}{G_{tyx}}\mathrm{d}\tau_{yx} + \frac{s_{yz}\eta_{yz}}{G_{tyz}}\mathrm{d}\tau_{yz} \tag{6-186}$$

则三维耦合本构方程可表示为:

$$\{\mathrm{d}\varepsilon\} = \left\{ \begin{array}{c} \mathrm{d}\gamma_{yz} \\ \mathrm{d}\varepsilon_n \\ \mathrm{d}\gamma_{yz} \end{array} \right\} = \begin{bmatrix} \dfrac{1}{G_{tyz}} & & \\ & \dfrac{1}{E_{nt}} + H & \\ & & \dfrac{1}{G_{tyz}} \end{bmatrix} \left\{ \begin{array}{c} \mathrm{d}\tau_{yz} \\ \mathrm{d}\sigma_n \\ \mathrm{d}\tau_{yz} \end{array} \right\} = [C]\{\mathrm{d}\sigma\} \tag{6-187}$$

迄今为止,中外研究者在接触面本构模型方面进行了细致的研究,可以说是百花齐放,取得了一定的成果。但目前有关土与结构接触面相互作用的研究基本上都是围绕常温土展开的,然而随着我国冻土区建设步伐的显著加快和城市地铁隧道施工过程中冻结法的迅速兴起,新的工程实践使冻土与结构接触面相互作用研究成为一个新的也是必要的研究方向。目前相关的研究成果,有赵联桢、杨平等创建了冻土与结构接触面模型,其他尚不多见。因此,冻土与结构接触面的相互作用研究将成为广大岩土工作者努力的一个方向。

6.6 其他模型

6.6.1 黏弹塑性模型

考虑黏滞性以后,土体的应力应变曲线将与应变速率有关,如图 6-57(a)所示。设 σ_f 为十分缓慢条件下测定的极限应力(称长期强度),如果曲线为硬化型,则当 $\sigma > \sigma_f$ 时,蠕变曲线最后将以一个恒定速度流动,如图 6-57(b)所示。试验中常见的加速破坏现象显然与应变软化有关,如图 6-57(b)中虚线。如果先快速加荷到 σ 后维持应变 ε 不变,即得图 6-57(c)所示的松弛曲线。

按照线性流变模型,等应力下的蠕变曲线或者是等速蠕变型的直线(Maxwell 体),或者是减速蠕变型的指数曲线(Kelvin 体),但实际试验曲线远比此复杂。为了更好拟合试验结果,可以有两种不同的途径。第一种是采用非线性理论模型,即令黏滞系数 η 为变量。另一种是采用直线拟合试验曲线的办法,典型的如下列 Singh-Mitchell 经验公式

$$\dot{\varepsilon} = Ae^{\alpha S_l}\left(\frac{t_1}{t}\right)^m \tag{6-188}$$

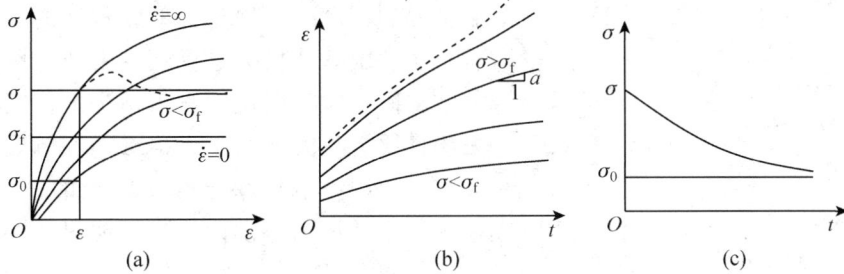

图 6-57　应力—应变—时间曲线

（a）应力应变曲线　　（b）蠕变曲线　　（c）松弛曲线

或对 $m \neq 1$ 的情况积分后得

$$\varepsilon = \varepsilon_0 + A \frac{t_1}{1-m} e^{\alpha S_l} \left(\frac{t}{t_1} \right)^{1-m} \tag{6-189}$$

式中，t_1 为参考时间（例如 1min）；A，α 和 m 三个为常数。ε_0 可以理解为瞬时产生的弹塑性应变。乘子 $e^{\alpha S_l}$ 表明，$t = \text{const}$ 时的应力应变曲线为指数型，Mersi 建议改换成双曲线型即

$$\varepsilon = \varepsilon_0 + A \frac{t_1}{1-m} \frac{S_1}{1-R_f S_1} \left(\frac{t}{t_1} \right)^{1-m} \tag{6-190}$$

Вялов 则建议了另一个经验公式如下

$$\dot{\varepsilon} = \frac{\sigma}{\eta} \left(\frac{1}{1+t} \right)^{n(\sigma)} \tag{6-191}$$

$n > 0$ 时表示减速蠕变，$n = 0$ 时为等速蠕变，$n < 0$ 时为加速蠕变。

关于蠕变问题的具体模型研究可参见第 7 章"土的固结与流变理论"。

6.6.2　土的结构性及土的损伤模型

土是由分散颗粒组成的。土的强度、渗透性和应力应变关系特性是由这些颗粒的矿物、大小、形状，颗粒间的排列和粒间的作用力决定的。所谓土的组构（fabric）通常是指颗粒、粒组和孔隙空间的几何排列方式；而土的结构（structure）则通常用来表示土的组成成分、空间排列和粒间作用力的综合特性。

所谓土的结构性就是指上述结构所造成的力学特性。结构性的强弱表示土的结构对于其力学性质（强度、渗透及变形性质）影响的强烈程度。一般而言，原状土比重塑土表现出更强的结构性，这是由于原状土在漫长的沉积过程及随后的各种地质作用过程中，使土粒间排列和各种作用力表现特有的形式和作用。以往土力学研究中的理论和模型基本上是在对重塑土进行室内试验的基础上建立起来的，而自然界存在和工程实践中遇到的大多数是原状土。土的结构性对土力学性质的影响有很大意义，土的损伤模型就是在此基础上建立起来的。

6.6.2.1　土的结构性

土中颗粒的组成，土颗粒的排列与组合，颗粒间的作用力构成了土的不同的结构。它们对土的强度、渗透性和应力—应变关系特性有极大影响。土的结构对土力学性质

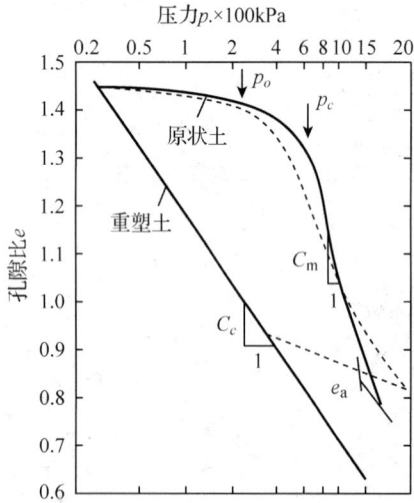

图 6-58 结构性土的压缩曲线

影响的强烈程度，可称为土的结构性的强弱。在黏性土中，敏感性指标是反映黏土结构性的重要指标。在同样的密度及含水量情况下，原状土与重塑土性质有很大差别。图 6-58 为在侧限压缩试验中，正常固结的原状土与重塑土的试验结果，可见在一定的压力范围内二者有明显的差别，超过一定的压力以后，两曲线趋于平行。

以往在土力学中研究建立的理论及模型基本是建立在对重塑土试验的基础上，因而对于土的结构性的考虑是不够的。自然界和工程实践中大量存在和涉及的是原状土，所以考虑土的结构性对土的力学性质的影响非常重要，尤其是对特殊土或区域性土，它们往往具有更强烈或更特殊的结构性。土的结构性对土的应力应变强度的影响以及土的结构性破坏后应力应变强度性质的变化是土力学理论和实践中一个重要研究领域。

6.6.2.2　土的损伤模型及其应用

连续损伤力学是由前苏联的卡恰诺夫（Kachanov）1958 年在研究一维蠕变断裂问题时提出的，他引入了连续性因子和有效应力的概念来表示材料损伤后的应力应变关系。此后损伤力学（Damage Mechanics）被推广应用来模拟金属的疲劳、蠕变及延展塑性变形的损伤，也被用于岩石和混凝土等脆性材料的损伤问题。近年来还被广泛应用于土力学相关研究中。

对于连续性材料，单轴拉伸试样受到拉力 P 作用，其表观（总）截面积为 A，由于产生损伤（断裂）截面上实际受力面积为 A_{ef}，因断裂而产生的孔隙面积为 A_D，则

$$A = A_{ef} + A_D \tag{6-192}$$

两侧除以总面积 A，得

$$1 = \frac{A_D}{A} + \frac{A_{ef}}{A} = D + \psi \tag{6-193}$$

式中，$D = \dfrac{A_D}{A}$ 为损伤因子或损伤变量；$\psi = \dfrac{A_{ef}}{A}$ 为连续性因子。

截面上的表观应力为

$$\sigma = \frac{P}{A}$$

在截面孔隙（断裂）部分应力为零。

$$\sigma_D = 0$$

在截面上连续部分上实际应力为 σ_{ef}

则

$$P = \sigma A = \sigma_D A_D + \sigma_{ef} A_{ef} = \sigma_{ef} A_{ef} \tag{6-194}$$

亦即

$$\sigma_{ef} = \frac{P}{A_{ef}}$$

式中，σ_{ef} 为有效应力，可见

$$\sigma_{ef} = \frac{\sigma}{\psi} = \frac{\sigma}{1-D}$$

或者

$$\sigma = (1-D)\sigma_{ef} \tag{6-195}$$

由于损伤造成有效断面积减小，有效应力增加。最简单的损伤模型是线弹性损伤模型，如果假设损伤对应变的影响只是由于有效断面积的减少和有效应力的增加，只需将无损伤或损伤前材料的本构关系应用于有效应力部分，就可得到损伤材料表观的本构关系。以一维损伤为例，表现的应变为

$$\varepsilon = \frac{\sigma}{E} = \frac{\sigma_{ef}}{E_0} = \frac{\sigma}{E_0(1-D)} = \frac{\sigma}{E_0\psi} \tag{6-196}$$

式中，E 为表观的弹性模量；E_0 为材料的实际弹性模量。

如能确定 $D(\sigma, \varepsilon)$ 或 $\psi(\sigma, \varepsilon)$ 的变化规律，上式就表示一种最简单的损伤本构模型。可见建立损伤模型需做以下三项工作：

①选择或确定一个或一组合适的损伤变量 D。

②确定有效应力与损伤变量间关系，即考虑损伤变量的本构关系。

③确定损伤变量的函数表达式 $D = D(\sigma, \varepsilon)$，亦即确定随应力应变增加材料的损伤发展规律。损伤变量是有明确物理意义的物理量。$D = 0$ 时表示材料无损伤或初始状态；$D = 1.0$ 表示材料达到完全损伤状态。根据材料受力变形和强度的微观机理定义损伤变量，是建立合理有效的损伤模型的关键。

除了上述的损伤模型之外，还有弹塑性损伤，黏弹塑性损伤等本构模型。图6-59就是一种弹塑性材料的损伤变形的分解图。

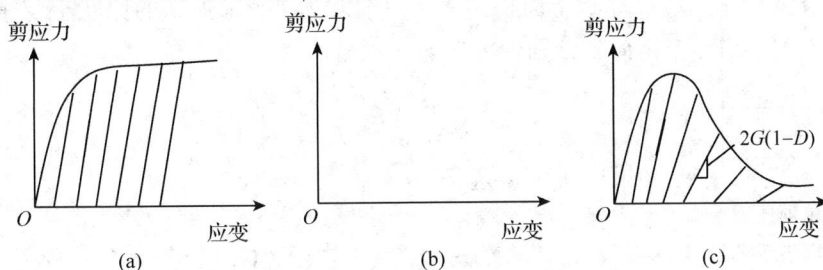

图6-59 弹塑性材料损伤变形特性分析图
(a)初始材料的弹塑性应力应变关系　(b)完全损伤的应力应变关系　(c)损伤材料的平均应力应变关系

材料在变形过程中，一般有两部分。一部分保持其初始的应力应变特性，即弹塑性应力应变关系；另一部分为损伤部分，这是零应力下屈服的刚塑性应力应变关系。损伤部分的体积为 V_D，令 $D = V_D/V$，$D = 0$ 表示材料无损伤，应力应变关系服从图6-59(a)所示曲线；$D = 1$ 则表示完全损伤，变成以零应力为屈服应力的刚塑性应力应变关系[图6-59(b)]；当 D 在 $0 \sim 1$ 之间变化时，部分原状材料，部分损伤材料的平均效应反映在图6-59(c)中，随着损伤部分的增加最后残余强度趋于零。

为了反映材料损伤，沈珠江院士提出了胶结杆物理模型以反映材料的脆性，它的屈服应力 σ_f 为 q，但一旦破裂，屈服应力则变为零，亦即：

$$\begin{cases} \sigma \leqslant q; & \varepsilon = 0 \\ \sigma = 0; & \varepsilon > 0 \end{cases} \tag{6-197}$$

经典的损伤力学是针对金属材料发展起来的，当用于土时则不完全适用。由于土主要是在压应力状态下工作，土体在损伤之后仍可承担压应力，在一定应力条件下仍具有抗剪强度，损伤部分不是不能承担任何荷载了。土的塑性变形主要是源于土粒间相互位置的移动和土粒的破碎，因而土的塑性理论模型主要是土颗粒排列关系的描述，以塑性应变为函数的硬化参数实际上是土中颗粒相互位置及排列积累的一个尺度。从这个意义上讲，土的塑性理论模型也能反映土的结构性及其变化。但是当颗粒间存在以粒间作用力为主的相互联系时，损伤可反映这种作用的破坏过程，这种相互作用的破坏可能由于拉应力、剪应力，也可能在各向等压应力状态下发生。与塑性应变一样，损伤及其引起的应变也是不可恢复的，可以在不可逆热力学理论框架内建立损伤本构模型。因而在一个过程中损伤变量是递增函数。

在建立土的损伤模型时，最常用的方法是将原状土在初始状态作为一种初始无损伤材料，而将完全破坏(重塑)的土体作为损伤后的材料。在加载(或其他扰动)变形过程中土体可认为是原状土与损伤土两种材料的复合体。把损伤土部分所占的比例 ω 称为损伤比。则实际土体力学特性可表示为二者的加权平均值。

$$S = (1 - \omega)S_i + \omega S_d \tag{6-198}$$

式中，S 为土的某一种力学指标；S_i 与 S_d 分别为原状土及重塑土的同一力学指标。ω 为损伤比，亦即损伤土所占的比例，它可以是面积比、体积比、重量比或者其他物理量之比。以单向压缩为例说明式(6-198)。

在图6-60中，土试样总截面积为 A，损伤后的重塑面积为 A_d 原状土面积为 A_i，总荷载为 F。未损伤的原状土与重塑土承担荷载分别为

$$F_i = \sigma_i A_i \tag{6-199}$$

$$F_d = \sigma_d A_d \tag{6-200}$$

如果损伤比 ω 定义为

$$\omega = \frac{A_d}{A} \tag{6-201}$$

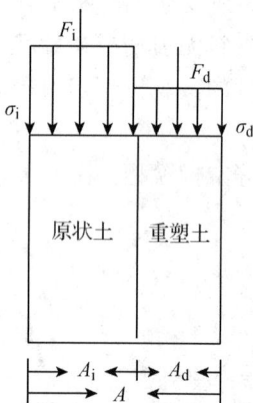

图6-60 单项压缩土体损伤示意图

则表观应力 σ 为

$$\sigma = \frac{F}{A} = \frac{F_i}{A} + \frac{F_d}{A} = \frac{F_i}{A_i} \cdot \frac{A_i}{A} + \frac{F_d}{A_d} \cdot \frac{A_d}{A}$$

$$\sigma = (1 - \omega)\sigma_i + \omega\sigma_d \tag{6-202}$$

如果推广为张量形式

$$\{\sigma\} = (1 - \omega)\{\sigma_i\} + \omega\{\sigma_d\} \tag{6-203}$$

或者

$$\sigma_{ij} = (1 - \omega)\sigma_{ij}^d + \omega\sigma_{ij}^d \tag{6-204}$$

其增量形式为

$$\{\Delta\sigma\} = (1-\omega)\{\Delta\sigma_i\} + \omega\{\Delta\sigma_d\} - [\{\sigma_i\} - \{\sigma_d\}]\Delta\omega \qquad (6\text{-}205)$$

如果表示为增量应力应变关系，则为

$$\{\Delta\sigma\} = (1-\omega)[D_i]\{\Delta\varepsilon\} + \omega[D_d]\{\Delta\varepsilon\} - [\{\sigma_i\} - \{\sigma_d\}]\left\{\frac{\partial\omega}{\partial\varepsilon}\right\}^{\mathrm{T}}\{\Delta\omega\}$$

$$(6\text{-}206)$$

式中，$[D_i]$ 与 $[D_d]$ 分别为原状土与重塑土的切线刚度矩阵，设 ω 是应变的函数，上式也可以写成

$$\{\Delta\sigma\} = [D]_d\{\Delta\varepsilon\} \qquad (6\text{-}207)$$

式中，$\{\Delta\sigma\} = [D]_d = (1-\omega)[D_i] + \omega[D_d] - [\{\sigma_i\} - \{\sigma_d\}]\left\{\frac{\partial\omega}{\partial\varepsilon}\right\}^{\mathrm{T}}$，其中，$[D]_d$ 为切线的损伤模量矩阵。

与其他材料相比，岩土材料的损伤有更广的引发因素。钱德拉·德赛（Chandra S. Desai）提出扰动状态概念（Disturbed State Concept，DSC），即他认为力学、热、环境等因素均可引起材料微结构的扰动，原状材料由于扰动而发生微结构的调整，最后达到完全被调整状态。在完全被调整状态，不同材料表现出如下不同的性状。

①没有了强度，如某些损伤模型所假设。

②无抗剪强度，但可承受静水压力，如同受限制的液体。

③达到临界状态，在一定 p、q 作用下，表现一定抗剪强度，发生剪应变，但不再发生体应变，如一般岩土材料。其平均应力应变可表示为

$$\sigma_{ij}^a = (1-D)\sigma_{ij}^i + D\sigma_{ij}^c \qquad (6\text{-}208)$$

即 $\mathrm{d}\sigma_{ij}^a = \mathrm{d}\sigma_{ij}^i + \mathrm{d}D\sigma_{ij}^r + D\cdot\mathrm{d}\sigma_{ij}^r$

$$\sigma_{ij}^r = \sigma_{ij}^c - \sigma_{ij}^i \qquad (6\text{-}209)$$

式中，上标 a 为平均、表观的意思（average）；i 为初始（intact）；c 为临界状态（critical state）；D 表示一个扰动状态因素，相当于损伤因子（Disturbance Function）。

德赛的扰动因子 D 所包含的因素更广泛，一般可表示为

$$D = D(\zeta, \rho_0, p_0, R, \theta, t) \qquad (6\text{-}210)$$

式中，ζ 为应力应变历史参数，可用塑性应变或塑性功的轨迹表示；ρ_0 为初始密度；p_0 为初始压力；R 为颗粒间接触面性质；θ 为温度；t 为时间。

从上可见引起损伤（或扰动）的因素可以是多方面的，不同土有其主要影响因素。例如对于一般原状土，主要是由于颗粒间移动造成粒间联结与原组织的破坏，损伤表现为塑性应变的函数。而对于冻土，则温度、压力均可引起结冰的融解，宏观上表现出损伤性质。例如围压大到一定水平，冻土的强度包线随围压增加而下降。对于湿陷性黄土则损伤主要是由土中含水量增加引起的。另外反复加载引起的疲劳、长期加载下的蠕变、腐蚀、老化，其损伤主要是时间的函数。广义的损伤可以表现为多种动因及来源于土的多种微观结构的变化，所以广义的土的损伤模型可能是反映土的结构性及应力应变特点的有力表达。

6.6.2.3 沈珠江结构性黏土的弹塑性损伤模型

沈珠江对于结构性黏土提出了一个弹塑性损伤模型。他认为未被扰动的土为原状

土，结构性完全丧失的土为完全损伤土或重塑土。原状黏性土的受力损伤变形可以看作是原状土向重塑土的演变过程。沈珠江认为原状黏土变形性状近似为弹性，只有当达到初始屈服面时，材料才会发生塑性变形。原状黏土也表现出很高的渗透系数和固结系数，有明显的应变软化和压缩性，孔压系数 A 可能大于 1.0。而完全损伤土或重塑土变形性状为弹塑性，具有一组单屈服面 f_d。同时假设损伤比 ω 为土应变的函数。

(1) 完全损伤土的应力应变关系

根据损伤理论，完全损伤土的模量矩阵可表示为：

$$[D_d] = [D_d]_{ep} = [D_d]_e - \frac{[D_d]_e \left\{\frac{\partial f}{\partial \sigma}\right\} \left\{\frac{\partial f}{\partial \sigma}\right\}^T [D_d]_e}{A_d + \left\{\frac{\partial f}{\partial \sigma}\right\} [D_d]_e \left\{\frac{\partial f}{\partial \sigma}\right\}} \tag{6-211}$$

式中，$[D_d]_{ep}$ 与 $[D_d]_e$ 分别为损伤土的弹塑性与弹性模量矩阵；A_d 为塑性硬化模量。

对于损伤土的弹性部分，可以取泊松比 ν_d 为常数，杨氏模量可以通过侧限压缩试验的回弹曲线确定。这样，完全损伤土的变形特性就由 $e - \lg\sigma_1$ 直线的初始压缩指数 C_c 和回弹指数 C_e 以及 $\sin\phi$ 确定。

(2) 损伤的演化规律

而损伤变量 ω 可设为土的应变函数：

$$\omega = 1 - e^{-(a\varepsilon_v + b\varepsilon_s)} \tag{6-212}$$

其中参数 a、b 可以通过侧限压缩试验和无侧限压缩试验确定，若侧限压缩试验中原状与重塑土压缩曲线大体平行时的空隙比为 e_0，设 $\omega = 0.95$，则

$$a = \frac{\ln 20}{(e_0 - e_a)/(1 + e_0)} - b \tag{6-213}$$

再设无侧限压缩试验应力应变曲线下降段后期转折点 ε_b 处的 $\omega = 0.95$，设对应的 $\varepsilon_v = 0$，得

$$b = \frac{\ln 20}{1.5\varepsilon_b} \tag{6-214}$$

那么土的损伤变量 ω 的函数可写成增量形式：

$$d\omega = (1 - \omega)(ad\varepsilon_v + bd\varepsilon_s) \tag{6-215}$$

原状土压缩曲线 $e - \lg\sigma_1$ 的斜率定义为：

$$C_t = \frac{1 + e_0}{0.434} \frac{d\varepsilon_1}{d\sigma_1} \sigma_1 \tag{6-216}$$

设 C_m 为 C_t 最大值，则

$$C_t = (C_m - C_c)\sin\pi\omega + C_c \tag{6-217}$$

则有 e_0，ε_b 和 C_m 3 个参数确定。

综上可知，该模型共有 e_0、ε_b、C_m、C_c、C_e、$\sin\phi$ 以及 ν_d、原状土的模量 E_i、ν_i 和初始屈服参数 p_0、q_0 共 11 个参数。

6.6.2.4 冻土与结构接触面剪切损伤模型

之前提到目前用于描述接触面行为的损伤本构模型大都是在常温条件下建立的，

有关冻土与结构接触面的损伤模型还很少见。鉴于冻土与常温土在力学行为上的巨大差异，如冻土与结构接触面剪切循环初期会出现一个异常明显的最大剪应力，最大剪应力之后接触面的剪应力迅速衰减到一个相对小的数值，然后进入缓慢减小阶段，且当运用摩尔—库仑定律对最大剪应力进行拟合时发现其对应的黏聚力非常大。这些冻土接触面独特的力学特性是常温土接触面损伤本构模型所不能有效描述的，所以建立冻土与结构接触面损伤模型大有必要。而在冻土与结构接触面的力学特性指标中，抗剪强度和压缩体应变是其中最重要的两个参数。

杨平等人利用自行研制的大型多功能冻土—结构接触面循环直剪系统，基于对冻土与结构接触面力学性能及变形规律的试验结果，采用损伤力学理论，同时基于等应变分布假设、零弹性域假设、弹性应变无耦合假设等，选择不可逆性体应变与最大不可逆性体应变的比值作为损伤因子，建立了用于描述冻土与结构接触面剪切行为的抗剪强度与压缩体应变损伤模型。

(1)建模理论基础与基本假定

考虑到冻土—结构接触面的力学和变形特性，当把损伤力学引入该类型接触面描述时，需对损伤概念进行相关外延和推广。结合试验结果，将损伤定义为冻土与结构接触面从初始剪切状态到最终剪切状态的变化过程。除此之外，还需对接触面提出以下基本假定。

①等应变分布假设　接触面厚度在试验过程中保持不变，接触面内的应变沿法向呈等值均匀分布。虽然事实上接触面应变沿法向分布并不均匀，但是由于接触面的厚度一般都很小，所以本假定不但能简化计算，而且也不会造成较大的系统误差。建立模型时视冻土与结构接触面为弹塑性体，则接触面压缩体应变由两部分组成：弹性压缩体应变和塑性压缩体应变，其值根据侧限压缩试验的测量结果按式(6-218)确定：

$$\left.\begin{array}{l} \nu_{vc} = \nu_{vc}^{e} + \nu_{vc}^{p} \\[2mm] \varepsilon_{vc}^{e} = \dfrac{\nu_{vc}^{e}}{t} \\[3mm] \varepsilon_{vc}^{p} = \dfrac{\nu_{vc}^{p}}{t} \end{array}\right\} \tag{6-218}$$

式中，ν_{vc} 为压缩体变；ν_{vc}^{e} 为弹性压缩体变；ν_{vc}^{p} 为塑性压缩体变；ε_{vc}^{e} 为弹性压缩体应变；ε_{vc}^{p} 为塑性压缩体应变；t 为接触面厚度。

②零弹性域假设　压缩作用下接触面产生的弹性和塑性体应变总是同时发生。

③弹性应变无耦合假设　应力作用下的弹性应变分量只和其对应的应力分量有关，各应变分量之间不存在耦合现象。

如前所述，在计算压缩体应变过程中，需知道接触面的厚度。在剪切试验过程中，接触面相对剪切位移由两部分组成，第一部分是钢板和冻土之间的相对滑移，第二部分是接触带内冻土本身的剪切位移。第二部分是决定接触面法向位移的重要因素，这可以通过接触面单调剪切试验获得。

(2)损伤因子的选取

为反映损伤的不可逆性和实际发展规律，选择损伤因子时需满足以下两个原则：

①单调增长原则；②能反映接触面的实际损伤过程。在冻土接触面循环剪切过程中，剪切作用会对冻土产生持续的破坏作用，冻土颗粒由粗变细，剪切带逐渐稳定；接触面法向应变和抗剪强度的发展规律与接触面颗粒破碎过程基本对应，且从总体上看，法向应变呈先快后慢的单调增长趋势。基于此，该模型选择接触面不可逆体应变（不可逆法向位移与接触带厚度的比值）作为损伤参数。该损伤参数由实验来确定。

(3) 抗剪强度初始及最终状态模型

接触面在各个剪切循环的抗剪强度及对应循环的峰值剪应力与试验法向应力符合摩尔—库伦准则，且与剪切方向无关，亦即接触面的抗剪强度 τ_f 与法向应力 σ 有关，可以表述为：$\tau_f = f(\sigma)$。考虑初始状态抗剪强度的非线性表达式如下：

$$\tau_f = \tan\varphi_i \cdot p_a \left(\frac{\sigma}{p_a}\right)^k + c \tag{6-219}$$

式中，τ_f 为抗剪强度；φ_i 为初始剪切时对应的最大接触面摩擦角；σ 为接触面法向应力；k 为非线性系数；c 为黏聚力。

鉴于该模型采用的最大法向应力为 700kPa，其值不大，根据经验 k 取值为 1。于是上式可改写为：

$$\tau_f = \tan\varphi_i \cdot \sigma + c \tag{6-220}$$

初次剪切时抗剪强度由两部分组成：一是接触面之间的静摩擦力，二是由冻结作用产生的冻结力。而在除初次剪切以外的循环内，接触面之间仅存在滑动摩擦力。由于滑动摩擦力和静摩擦力相差很小，因此在此假定二者在数值上大小相等。由于初次循环和其余循环的抗剪强度机理不同，所以如果利用损伤理论对抗剪强度进行描述将存在不合理之处。为了确保损伤理论的合理性，需要把由于冻结力产生的摩擦角分量和黏聚力分离出来。也就是说初次剪切摩擦角也由两部分组成，在此把与静摩擦力对应的摩擦角分量称为 φ_s，把与冻结力对应的摩擦角分量称为 φ_f，所以有：

$$\varphi_i = \varphi_s + \varphi_f \tag{6-221}$$

因此，式(6-220)可改写为：

$$\tau_f = \tan(\varphi_s + \varphi_f)\sigma + c \tag{6-222}$$

而最终状态的抗剪强度为：

$$\tau_f = \tan\varphi_u \sigma \tag{6-223}$$

式中，φ_u 为最终状态摩擦角。

(4) 压缩体应变初始及最终状态模型

压缩引起的体应变只和法向应力有关，且压缩产生的体应变可分为弹性体应变和塑性体应变，这两部分体应变均和法向应力存在对应数函数关系，见式(6-224)，值得注意的是最终状态时压缩不再引起塑性体应变。

$$\begin{cases} \varepsilon_{vc}^e = p_e \ln\left(\dfrac{\sigma}{p_a}\right) + C_1 & \text{①} \\[2mm] \varepsilon_{vc}^p = p_0 \ln\left(\dfrac{\sigma}{p_a}\right) + C_2 & \text{②} \end{cases} \tag{6-224}$$

式中，ε_{vc}^e 为弹性压缩体应变；ε_{vc}^p 为塑性压缩体应变；p_e 为弹性压缩系数；p_0 为塑性压缩系数，只和土的特性有关，可由接触面侧限试验确定；C_1 和 C_2 为常数。

初始状态的弹性压缩体应变表达式可通过对式(6-224)①求导得:

$$\mathrm{d}\varepsilon_{vc}^{e} = p_{e0}\frac{\mathrm{d}\sigma}{\sigma} \tag{6-225}$$

式中, p_{e0} 为初始弹性压缩指数。

同理可得最终状态弹性压缩体应变表达式:

$$\mathrm{d}\varepsilon_{vc}^{e} = p_{eu}\frac{\mathrm{d}\sigma}{\sigma} \tag{6-226}$$

模型中 p_e 、 C_1 、 P_0 和 C_2 均可根据压缩试验来确定。

小　结

本章首先讨论从非线性和非弹性、塑性体积应变和剪胀性、塑性剪应变、硬化与软化、固结压力与中主应力对变形的影响、土的各向异性等八个方面概括了土体变形的基本特性;而土的本构关系要全部反映这些特性是不可能的,应该抓住影响变形的主要特性去建立本构模型。在此基础上重点讨论了 $E-\upsilon$ 模型、 $E-B$ 模型、 $K-G$ 模型等弹性非线性的代表性模型;在讨论求解塑性变形需要解决的:①屈服准则,②破坏准则,③硬化规律,④流动法则四个准则基础上,给出了剑桥(Cam-clay)模型、修正剑桥模型、莱特(Lade)邓肯(Duncan)等代表性的弹塑性模型;同时给出了无厚度接触面单元模型、有厚度接触面单元模型等土与结构接触面模型,并对黏弹塑性模型、弹塑性损伤模型、冻土与结构接触面剪切损伤模型等其他模型做了介绍,这些模型都是通过有限的试验揭示土的应力应变基本特性,在引入土的本构模型理论建立起来的,熟练掌握这些模型的建立与应用,是开展土工数值计算的依据和前提。

思考题

1. 土体的变形具有哪些特性? 其特性对土的本构关系构建及工程有何意义?
2. 构建土的本构关系的途径与方法是什么?
3. 阐述三维弹性模型、弹性非线性模型。
4. 阐述弹塑性模型的构建过程,如何在工程中应用弹塑性剑桥模型?
5. 例举典型的土与结构接触面模型,如何构建新的土与结构接触面模型?

推荐阅读书目

1. 高等土力学. 卢庭浩. 机械工业出版社, 2005.
2. 沈珠江. 理论土力学. 中国水利水电出版社, 2000.
3. 高等土力学. 谢定义, 姚仰平, 党发宁. 高等教育出版社, 2008.
4. 高等土力学. 李广信. 清华大学出版社, 2004.

第 **7** 章

土的固结与流变理论

[**本章提要**]　固结与压缩对土的工程性状有重要影响，与土工建筑物和地基的渗流、稳定和沉降等问题有密切联系。本章首先讨论了土体的压缩性及其主要影响因素，从而引出土体压缩随时间的增长而变化这一过程——固结。在此基础上重点讨论了单向固结理论、太沙基三维固结理论及其对称问题、比奥固结理论、土体大变形固结理论、动力固结理论及土体的流变理论。在土体流变理论中，重点介绍了 3 个基本流变元件、黏性模型、黏弹性模型、黏塑性模型、黏弹性—黏塑性及黏性—黏弹性—黏弹塑性模型 5 种模型，这些理论模型的研究应用对于实际工程具有重要的指导意义。

7.1　概述

7.1.1　固结理论研究进展

土是矿物颗粒的松散堆积体。当作用在土体中的应力发生变化时，土的体积随之改变。体积减小，称为压缩；反之，则为膨胀。由于土体积压缩，地基在垂直方向的位移称为沉降，同时还伴生水平位移。土体完成压缩变形要经历一段时间过程。对于饱和土，荷载增加时，土体一般是逐渐压缩（应力解除一般引起膨胀），部分水量从土体中排出，土中孔隙水压力相应地转为土粒间的有效应力，直至变形趋于稳定。这一变形的全过程称为固结。土体的压缩依赖于其所受有效应力的变化，而固结则取决于土体排水的快慢，它是时间的函数。

土的压缩与固结研究，历史上经历了漫长岁月，直到 1923 年，太沙基提出了土力学中最重要的理论——有效应力原理，才建立起量化的分析计算方法。紧接着他总结了前人关于土的性状的研究成果，结合他创建的单向固结理论，于 1925 年发表了题为《土力学和地基基础》的著作。为此，人们把该书的出版看成是土力学学科的诞生。

固结与压缩对土的工程性状有重要影响，与土工建筑物和地基的渗流、稳定和沉降等问题有密切联系。例如，土体由于压缩，渗透性减小；伴随着固结过程，土体内的粒间应力不断改变，使土的强度相应变化；土体的压缩导致建筑物地基下沉，直接影响上层结构的使用条件和安全。

土的固结和压缩的规律相当复杂。它不仅取决于土的类别和性状，也因其边界条件、排水条件和受荷方式等因素而异。黏性土与无黏性土的变形机理不同，二相土和三相土的固结过程迥然有别，后者由于土中含气，变形指标不易准确测定，状态方程的建立与求解都比较复杂。天然土体一般都是各向异性、非均质或成层的，如何合理地考虑它们对变形的影响，尚待进一步研究。就地基而言，建筑物施加的通常是局部荷载，在固结过程中，除上下方向的排水压缩外，同时有不同程度的侧向排水与膨胀，这一类二向与三向固结问题，迄今还没有获得普遍的解析解。考虑到荷载随时间而改变的情况，更使固结微分方程的数学处理更加复杂化了。

太沙基的饱和土体固结理论是建立在许多简化假设的基础上的：土骨架是线弹性变形材料；土孔隙中所含不可压缩流体按达西定律沿单方向流动引起单向压缩变形等。故这一理论常称为单向固结理论。后来，经太沙基与伦杜立克（Rendulic）发展，得到三向固结方程，可以考虑三向排水时的单向压缩，其中假设了固结过程中总应力（正应力之和）为常量。比奥（Biot）进一步研究了三向变形材料与孔隙压力的相互作用，导出比较完善的三向固结方程。但是，由于比奥理论将变形与渗流结合起来考虑，大大增加了固结方程的求解难度，至今仅得到个别情况的解析解。五十多年来，固结理论的发展，主要围绕着假设不同材料的模式，得到不同的物理方程：

①土骨架　假设为弹性的（各相同性与各相异性的）、塑性的或黏弹性的（线性与非线性以及它们的各种组合）；

②土中流体　假设为不可压缩的，线性黏滞体的或可压缩的；

③土骨架与流体间的相互作用　有人提出以混合体力学（Mechanics of Mixture）为基础，利用连续原理、平衡方程与能量守恒定律，建立混合体特性方程，选用适当边界条件，以获得固结理论解。

虽然二向、三向理论在许多实际情况中比单向理论更为合理，但是，在指标测定与求解方面比较复杂。因此，单向固结理论至今在某些条件下与近似计算中仍被广泛应用。多年来，单向固结理论也获得了较大进展，研究方向侧重于对太沙基基本假设的修正。例如，考虑土的有关性质指标在固结过程中的变化，压缩土层的厚度随时间改变，非均质土的固结，固结荷载为时间的函数以及有限应变时的固结等。这些修正，使得计算模型能更准确地反映土的特性、土层分布和土的加荷过程。

对于土的压缩量（沉降）的计算，随着对土的应力应变关系理解的深化，也从原先只考虑单向压缩变形，发展到考虑侧向变形的计算，后来，更将土的应力历史、应力路径等因素纳入计算方案。20 世纪 60 年代电子计算机问世后，计算技术有了划时代的飞跃，极大地推动了岩土力学理论的发展，使得以往无法考虑的许多土的复杂本构关系，有可能被引入计算。例如，在压缩变形计算中，除土的线性弹性模型外，已经逐渐引用其他各种模型：非线性弹性模型（其中最著名的有邓肯-张模型）、弹塑性模型（如剑桥模型）等。在固结计算中引入有限单元法，可以在一次分析中得到土体应力变形发展的全过程。

在固结理论发展的同时，测试技术也有了相应提高。虽然沿用多年的侧限固结仪至今仍被采用，并作了许多改进，研制了各种形式的连续加荷的试验仪器和方法，但是，越来越多的研究者强调，应该用三轴仪测定土的变形指标，并建立了相应的计算方法。当前，计算技术的飞跃前进，排除了计算途径上的许多障碍，使计算指标测定的可靠性问题跃居于重要地位。

土的固结与压缩理论发展至今，内容已相当广泛，但许多问题还处于探索阶段，在本章中难以全面介绍。因此，只选择了与生产实际比较接近的部分向读者引述。主要包括土的单向固结理论与太沙基理论、太沙基—伦杜立克准三维固结理论、砂井固结理论、比奥固结理论、大变形固结理论、动力固结理论和流变理论。

7.1.2　影响土压缩性的主要因素

和其他材料的变形特性类似，土的压缩（膨胀）性首先取决于土的组成和结构状态，其次还受到外界环境影响。而在计算地基沉降时，要考虑土体所受荷载及其所处边界条件等因素。

7.1.2.1　土体性状

(1) 土粒粒度、成分和土体结构

天然土的土粒尺寸极为分散，从粗粒的砾到微粒的黏粒与胶粒，粒径粗细在很大程度上也反映了土粒的矿物成分。例如，天然土中的石英、长石颗粒通常较粗，而黏土矿物的蒙脱石、伊利石和高岭石的土粒总是较细。粗粒形状多呈多面体或接近球形，而细颗粒如黏粒则多为鳞片状，其比表面积大，故有较高表面活性。

当土体经受力时，土粒可能产生滑动、滚动、挠曲或被压碎。

粗粒土基本上是单粒结构。在压力作用下，土粒发生滑动与滚动，位移到比较密实、更稳定的位置。土的级配越好，密度越高，压缩量越小。如果压力较大，其压缩有可能使部分土粒被压碎。压碎程度随压力和粒径增大以及颗粒带棱角而加剧。粗粒土的压缩一般比细粒土的要小。但是，在高压时，也能达到相当的量级。

细粒土土粒大多呈扁平鳞片状，其典型结构有两种：絮凝结构与分散结构，天然沉积物是这两种结构的组合。黏土的压缩来源于3种主要因素：颗粒间的水膜被挤薄，土粒间发生相对滑移达到较密实状态，以及扁平薄土粒具有弹性，在压力下产生挠曲变形。具有分散结构的黏土颗粒，接近于平行排列。这类土的压缩变形，主要由于颗粒间的水被挤出所引起。人工压密土的结构，多属此型。而疏松的、具絮凝结构的沉积黏土的变形，则往往是颗粒相互滑移到新稳定位置和土粒发生弹性挠曲的结果。

当荷载施加到饱和黏性土时，土体开始产生固结，孔隙中的自由水受压而被挤出，随之粒间应力增大，使得粒间的部分结合水也逐渐被挤出，这部分水的排出速率远比自由水慢。自由水排出时产生的压缩称为主固结压缩；而部分结合水被挤出以及土粒位置重新调整土骨架发生蠕变产生的压缩称为次固结压缩。高塑性黏土与有机土的次压缩量较大，超固结黏土的次压缩量则很小。

对于黏土，当先前施加的压力去除后，由于土粒卸荷回弹和在电磁力作用下被挤出的部分结合水又被吸入，黏附于土粒表面，故黏土体表现为弹性回弹（膨胀）。无黏性土的弹性回弹很小。

(2) 有机质

土中有机质主要为纤维素和腐殖质，其存在使土体的压缩性与收缩性增大，对强

度也有影响。随着有机质的成因、龄期和分解程度的不同，其物理性与化学性变化很大。

有机质对土体压缩性的影响，至今还缺少系统的研究。从我国昆明滇池的泥炭（有机质含量大于60%）与泥炭质土（有机质含量10%~60%）的试验成果，可以看出它们的典型特征。

天然泥炭与泥炭质土的最突出的物理性状，是含水率很高，孔隙比大，比重低，液、塑限大。这类土的压缩性极高，但固结较快。

（3）孔隙水

孔隙水对土的压缩性的影响，表现在水中阳离子对黏土表面性质（包括水膜厚度）的影响。如果土中含有膨胀性黏土矿物，则这种影响更为显著。当孔隙水中的阳离子性质和浓度，使黏结水膜厚度减薄时，土的膨胀性与膨胀压力均将减小，反之亦然。

7.1.2.2 环境因素

（1）应力历史

按先期固结压力 P_c 与该点土现有土层有效覆盖压力 P_0 的比值 P_c/P_0，即超固结比OCR，天然土可区分为3类：

OCR =1，即 $P_0 = P_c$，为正常固结土；OCR >1，即 $P_0 < P_c$，为超固结土；OCR <1，即 $P_0 > P_c$，为欠固结土；土的 OCR 越大，土所受超固结作用越强，在其他条件相同时，其压缩性越低。

（2）温度

温度对土的压缩特性的影响，因土的成分与应力历史而异。试验成果表明，温度对有机质的影响要比对无机质土的影响大，而对超固结土的效应，尤为显著。

有人曾用两类相同试样进行过单向压缩的比较试验。两类黏土的矿物成分及含量大体相同，但有机质土的含碳量远高于无机土的。结果认为，温度对于无机质土的压缩曲线、压缩过程线和次压缩系数等，均影响很小。

但是，对于有机质土，试验温度不同，反映出不同的效应。多个循环的压缩试验表明，温度变化后压缩曲线移动，但压缩指数几乎不变。由于压缩曲线位移，故在升温时，按压缩曲线确定的先期固结压力下降；反之，则增大。

7.1.3 研究固结问题所需的基本方程

固结是土体受外力作用，内部应力变化引起体积变化，同时有部分孔隙水被挤出的压密过程。要探讨固结规律，建立固结微分方程，首先要研究平衡条件、有效应力原理、应力应变关系和水流连续条件等几个基本课题。

（1）平衡条件

当土体受外力作用处于平衡状态时，土体中任何一个单元体上的各应力分量均应该满足下列平衡方程：

$$\begin{cases} \dfrac{\partial \sigma_x}{\partial x} + \dfrac{\partial \tau_{xy}}{\partial y} + \dfrac{\partial \tau_{xz}}{\partial z} + X = 0 \\[2mm] \dfrac{\partial \tau_{xy}}{\partial x} + \dfrac{\partial \sigma_y}{\partial y} + \dfrac{\partial \tau_{yz}}{\partial z} + Y = 0 \\[2mm] \dfrac{\partial \tau_{xz}}{\partial x} + \dfrac{\partial \tau_{yz}}{\partial y} + \dfrac{\partial \sigma_z}{\partial z} + Z = 0 \end{cases} \tag{7-1}$$

式中，σ、τ 分别为单元土体各个面上的正应力与剪应力；x、y、z 为所取坐标轴，它们分别垂直于单元体的各相应面；X、Y、Z 为单元体在 x、y、z 各方向上所受的体积力。

如果只考虑单元体中水体部分的平衡，可按下法求得其平衡方程。其中 x 方向的平衡方程：

$$p_w n_{Ax} \mathrm{d}y\mathrm{d}z - \left(p_w + \frac{\partial p_w}{\partial x}\mathrm{d}x \right) n_{Ax} \mathrm{d}y\mathrm{d}z + F_x n_v \mathrm{d}x\mathrm{d}y\mathrm{d}z = 0 \tag{7-2}$$

式中，p_w 为水压力（未计入由于孔隙水自重引起的水压力变化）；n_{Ax}、n_v 分别为 yz 面上的孔隙率与单元土块的孔隙率；F_x 为在 x 方向的体积力（与渗透力大小相等，方向相反）。

对于均质土体，假设 $n_{Ax} = n_v = n$，式(7-2)可简化为：

$$F_x = \frac{\partial p_w}{\partial x} \tag{7-3}$$

同理，可以求得 y 与 z 方向的平衡方程：

$$F_y = \frac{\partial p_w}{\partial y} \tag{7-4}$$

$$F_z = \frac{\partial p_w}{\partial z} + \gamma_w \tag{7-5}$$

式(7-5)中多一项 γ_w，是因为沿 z 方向水受重力作用。

(2)有效应力原理

饱和土体受到外力作用后，体内任何一点的总应力 σ 将由有效应力 σ' 和孔隙水压力 u 所分担，可以表示为 $\sigma = \sigma' + u$。

在土体固结过程中，随着水量从土体中排出，孔隙水压力逐渐消散（减少），同时有效应力等量增加。

(3)应力—应变关系

有关土的应力—应变关系在前面章节中已作了介绍。对于单向固结，因其应力状态与 K_0 固结试验基本一致，故在推导固结方程时，直接引用固结试验压缩曲线，如下式所示：

$$a_v = \frac{\Delta e}{\Delta \sigma} \tag{7-6}$$

或

$$\Delta \varepsilon = m_v \cdot \Delta \sigma \tag{7-7}$$

对于三向与二向固结问题，土体的受力条件比较复杂，这种复杂应力条件的变形特性也十分复杂，还缺少完善的测试方法。因此，假设土体是理想均质各向同性弹性体，利用弹性常数来表达土体的应力—应变关系。

(4)水流连续条件

研究水流连续条件，以达西定律为依据，其数学表达形式如下：

$$q = kiA \tag{7-8}$$

式中，q 为在与水流方向垂直的平面内，单位时间通过的渗流量；k 为土的渗透系数；i 为沿水流方向的水力梯度；A 为过水面积；

取单元土体，对于饱和土，容易导得进入土单元的流量增量 Δq 应为 x、y、z 三个方向进入的分流量之和：

$$\Delta q = \Delta q_x + \Delta q_y + \Delta q_z = \left(k_x \frac{\partial^2 h}{\partial x^2} + k_y \frac{\partial^2 h}{\partial y^2} + k_z \frac{\partial^2 h}{\partial z^2} \right) dx dy dz \tag{7-9}$$

式中，h 为作用水头；k_x、k_y、k_z 为单元土体在三个方向的渗透系数。

上式是不可压缩流体在渗流过程中体积守恒的连续方程。饱和土在稳定渗流条件下，单元土体内的水量保持不变，即 $\Delta q = 0$，则式(7-9)变成：

$$k_x \frac{\partial^2 h}{\partial x^2} + k_y \frac{\partial^2 h}{\partial y^2} + k_z \frac{\partial^2 h}{\partial z^2} = 0 \tag{7-10}$$

式(7-10)称为拉普拉斯方程，如果土骨架或土孔隙中的流体可以压缩，则 $\Delta q \neq 0$，土体中的渗流即为不稳定流或瞬时流，这种情况就是固结理论所要研究的问题。

7.2 单向固结的普遍方程与太沙基理论

7.2.1 单向固结的普遍方程

土体中一点土骨架作用于水流的阻力与水流作用于土骨架的渗透力是大小相等方向相反的。在图 7-1 所示单向渗流固结条件下，取断面积为 1×1，厚度为 dz 微单元体，力及其作用力表示如下，如图 7-2 所示。

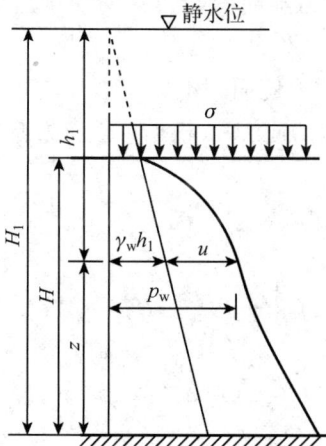

图 7-1 土层内的应力分布

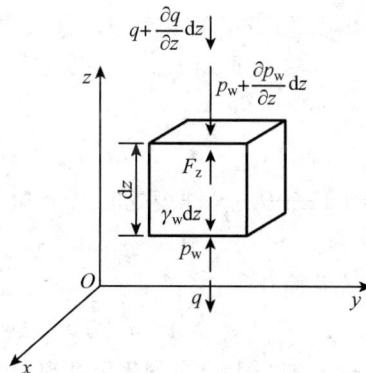

图 7-2 土单元的竖向力

利用7.1节中的基本方程，可建立土体的固结方程。首先研究应用最广的单向固结理论。土体中一点作用于水流的阻力与作用于土骨架的渗透力大小相等而反向，故可以直接写出在 z 方向单位体积土骨架中孔隙壁对水流阻力表达式如下：

$$F_z = -J_z = -i_z \gamma_w dz = -\frac{v}{k} \gamma_w dz \tag{7-11}$$

式中，出逸流速（Discharge Velocity）$v = n \times v_s$，n 为土的孔隙率；v_s 为在土体中沿水流方向的渗透流速（Seepage Velocity）。上式右侧带负号，表示曳阻力与流速方向相反。根据式(7-5)，z 方向的体积力 $F_z = \frac{\partial p_w}{\partial z} + \gamma_w$，所以 $\frac{\partial p_w}{\partial z} + \gamma_w + n \frac{v_s}{k} \gamma_w = 0$。

因此将上式对 z 求导数，因为 $k = f(z)$，故有：

$$\frac{\partial^2 p_w}{\partial z^2} + n\gamma_w \frac{\partial}{\partial z}\left(\frac{v_s}{k}\right) = 0$$

即

$$\frac{\partial^2 p_w}{\partial z^2} + n\gamma_w \left[\frac{1}{k^2}\left(k \frac{\partial v_s}{\partial z} - v_s \frac{dk}{dz}\right)\right] = 0$$

或

$$\frac{\partial^2 p_w}{\partial z^2} + n\gamma_w \frac{1}{k} \frac{\partial v_s}{\partial z} - n\gamma_w v_s \frac{1}{k^2} \frac{dk}{dz} = 0 \tag{7-12}$$

单向固结条件下，由于 $\frac{dv}{dz} = \varepsilon_z$，$q = v$，得到：

$$n \frac{\partial v_s}{\partial z} = -\frac{\partial \varepsilon_z}{\partial t} \tag{7-13}$$

式中，ε_z 为 z 方向的应变；当为单向固结，ε_z 即等于体积应变 ε_v。

因此，式(7-12)可改写成：

$$\frac{\partial^2 p_w}{\partial z^2} + \gamma_w \frac{1}{k} \frac{\partial \varepsilon_z}{\partial t} - n\gamma_w v_s \frac{1}{k^2} \frac{dk}{dz} = 0 \tag{7-14}$$

在固结问题中，研究土体在外力作用下超静水压力随时间与位置的变化是最有实际意义的。因此，可将上式进行适当变化。

假设固结土层的剖面如图7-1。在土层表面的单位面积上原有大片均布荷载 σ，荷载增量为 $\Delta\sigma_0$，在地面下 $(H-z)$ 深度处存在超静水压力 u。根据有效应力原理，在固结过程中该处有效应力 σ' 为：

$$\sigma' = \sigma - p_\omega = \sigma - [\gamma_w(H_1 - z) + u]$$

而按图7-1，$(H-z)$ 深度处的总应力 σ 应为：

$$\sigma = (\sigma_0 + \Delta\sigma) + \gamma_{sat}(H - z) + \gamma_w(H_1 - H)$$

代入上式并简化得：

$$\sigma' = (\sigma_0 + \Delta\sigma) + \gamma'(H - z) - u \tag{7-15}$$

式中，r_{sat}、γ' 分别为土的饱和容重和浮容重。

将式(7-15)对时间 t 求导得：

$$\frac{\partial \sigma'}{\partial t} = \frac{\partial}{\partial t}(\Delta\sigma) + \gamma' \frac{\partial H}{\partial t} - \frac{\partial u}{\partial t} \tag{7-16}$$

其次，垂直应变 ε_z 也可以用有效应力与变形指标表示。根据单向固结试验的压缩曲线，体积压缩系数 m_v 的定义如下：

$$m_v = \frac{1}{1+e} \frac{\partial e}{\partial \sigma'}$$

而

$$\frac{\partial \varepsilon_z}{\partial t} = \frac{1}{1+e} \frac{\partial e}{\partial t}$$

故有

$$\frac{\partial \varepsilon_z}{\partial t} = m_v \frac{\partial \sigma'}{\partial t} \tag{7-17}$$

再将式(7-17)代入式(7-15)，并且注意到式(7-15)的末项具有下列关系：

$$n\gamma_w v_s \frac{1}{k^2} \frac{\mathrm{d}k}{\mathrm{d}z} = -F_z \frac{1}{k} \frac{\mathrm{d}k}{\mathrm{d}z} = \left(\frac{\partial p_w}{\partial z} + \gamma_\sigma\right) \frac{1}{k} \frac{\mathrm{d}k}{\mathrm{d}z}$$

则式(7-15)变成以下形式：

$$\frac{\partial^2 p_w}{\partial z^2} + \frac{m_v \gamma_w}{k} \frac{\partial \sigma'}{\partial t} + \left(\frac{\partial p_w}{\partial z} + r_\sigma\right) \frac{1}{k} \frac{\mathrm{d}k}{\mathrm{d}z} = 0 \tag{7-18}$$

再将式(7-16)代入式(7-18)，并以超静水压力表示，则式(7-18)变为：

$$\frac{\partial^2 u}{\partial z^2} + \frac{m_v \gamma_w}{k} \left[\frac{\partial \Delta\sigma}{\partial t} + \gamma' \frac{\partial H}{\partial t} - \frac{\partial u}{\partial t}\right] + \frac{1}{k} \frac{\mathrm{d}k}{\mathrm{d}z} \frac{\partial u}{\partial z} = 0 \tag{7-19}$$

式(7-19)是反映单向固结过程的普遍方程。它综合考虑了外加荷载随时间变化、土层厚度随时间变化，以及土的渗透性随深度变化等可能遇到的情况。

7.2.2 太沙基单向固结理论

早在 1925 年，太沙基即建立了饱和土单向固结微分方程，并获得一定起始条件与边界条件时的数学解，迄今仍被广泛应用。

7.2.2.1 基本假设

为了便于分析和求解，太沙基作了一系列简化假设：

①土体是均质的，完全饱和的；

②土的渗透性与压缩性均为常量；

③土粒与水均为不可压缩介质；

④外荷载一次瞬时加到土体上，在固结过程中保持不变；

⑤土体的应力与应变之间存在直线关系；

⑥在外力作用下，土体中只引起上下方向的渗流与压缩；

⑦土中渗流服从达西定律；

⑧土体变形完全是由孔隙水排出和超静水压力消散所引起的。

以上假设中将实际情况理想化，近似地反映了实际情况。例如，当地面上的加荷面积比压缩土层的厚度大得很多，或压缩层埋藏比较深，侧向变形和渗流的可能性较小；土骨架的结构黏滞性小，渗透压缩占主要成分；施工期短且土的渗透系数小时，可认为是瞬时加荷等。

7.2.2.2 太沙基方程及其解答

不难看出，太沙基所研究的问题只是前面所讲的普遍情况中的一个特例。在式(7-19)中，令 $k=$ 常量，$H=$ 常量，$\Delta\sigma=0$，则有

$$\frac{\partial^2 u}{\partial z^2} - \frac{m_v \gamma_w}{k} \frac{\partial u}{\partial t} = 0$$

或

$$C_v \frac{\partial^2 u}{\partial z^2} - \frac{\partial u}{\partial t} = 0 \tag{7-20}$$

这就是太沙基单向固结微分方程。

其中

$$C_v = \frac{k(1+e)}{\gamma_w a_v} = \frac{k}{\gamma_w m_v} = \frac{kE_s}{\gamma_w} \tag{7-21}$$

式中，C_v 为土的固结系数。因为假设了 k 和 m 为常量，故 C_v 自然也是常量。式(7-20)表示了超静水压力 u 与位置 z 及时间 t 的函数关系。根据给定的起始条件与边界条件，可以求得它的解析解。

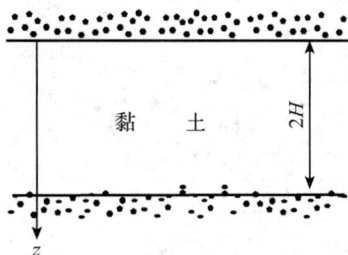

图 7-3 固结方程推导图

如图7-3所示，假设土层厚为 $2H$，顶面与底面均可自由排水，土面上瞬时施加的外荷载为 σ。故起始条件与边界条件如下：

$t=0$，$u=u_0$；

$t>0$，$z=0$，$u=0$；

$t>0$，$z=2H$，$u=0$。

由上述条件，采用傅里叶级数，可得式(7-20)的解答如下：

$$u = \sum_{n=1}^{\infty} \left(\frac{1}{H} \int_0^{2H} u_0 \sin\frac{n\pi z}{2H} dz \right) \left(\sin\frac{n\pi z}{2H} \right) \exp\left(-\frac{n^2 \pi^2 C_v t}{4H^2} \right) \tag{7-22}$$

式中，n 为正整数；u_0 为起始超静水压力，且 $u_0 = \sigma_0$。

如果起始超静水压力不随深度而变，即 $u_0 =$ 常量，并令 n 为奇数 $n=2m+1$（m 为整数），则式(7-22)可改写成：

$$u = \sum_{m=0}^{\infty} \left(\frac{2u_0}{M} \sin\frac{Mz}{H} \right) \exp(-M^2 T_v) \tag{7-23}$$

式中，$M = \pi(2m+1)/2$；T_v 为无因次时间因数。

$$T_v = \frac{C_v t}{H^2} \tag{7-24}$$

根据式(7-23)，容易求得任何时刻 t、任意深度 z 处的超静水压力 u。为了研究土层中超静水压力的消散程度，常应用固结度概念。z 深度处土的固结度 U_z 表示该处超静水压力的消散程度，即：

$$U_z = \frac{u_0 - u}{u_0} = \frac{\sigma - u}{u_0} = 1 - \frac{u}{u_0} \tag{7-25}$$

将式(7-23)代入式(7-25)，可得

$$U = 1 - \sum_{m=0}^{\infty} \left(\frac{2}{M^2} \right) \exp(-M^2 T_v) \tag{7-26}$$

上式表示不同深度处土的固结度与时间关系，即 $U_z = f(T_v)$，可以绘成图7-4。图中的曲线称为等时孔压线。每一等时孔压线（对应于某特定时间 t 或时间因数 T_v）上的各点，给出了该时刻各个深度处所达到的固结度。

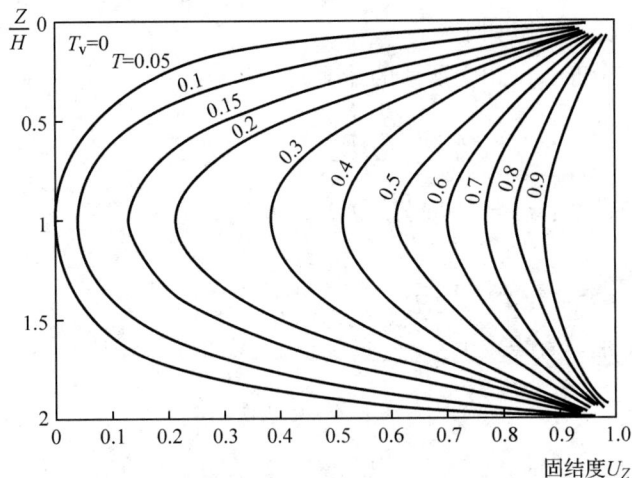

图7-4 土层中各点在不同时刻（T_v）的固结度

对于工程更有实用意义的，是整个土层的平均固结度 U。它反映全压缩土层超静水压力的平均消散程度。类似于式(7-25)，可得土层平均固结度为：

$$U = 1 - \frac{\int_0^{2H} u\,\mathrm{d}z}{\int_0^{2H} u_0\,\mathrm{d}z} \tag{7-27}$$

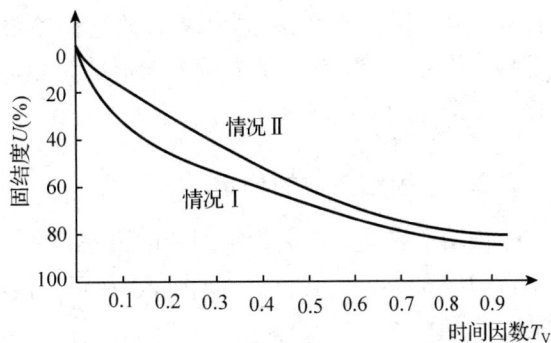

图7-5 理论固结曲线 $U = f(T_v)$

在此情况中，由于 u_0 沿深度为常量，故得：

$$U = 1 - \sum_{m=0}^{\infty} \left(\frac{2}{M^2} \right) \exp(-M^2 T_v) \tag{7-28}$$

上式所示的 $U = f(T_v)$，可绘成图7-5中的曲线 I，或制成表格以供计算。

公式(7-28)还可以足够近似地用下列经验关系式代替：

$$U < 0.6, T_v = \frac{\pi}{4}(U)^2 \tag{7-29}$$

$$U > 0.6, T_v = -0.0851 - 0.933\lg(1 - U) \tag{7-30}$$

顺便指出，在单向固结条件下，由超静水压力所定义的固结度也正反映了以土体变形表示的固结度，即由式(7-28)求得的固结度，同样表示土体完成变形（即地基沉降量）与最终沉降的比值。如果已知地基的最终沉降 S，则任何时刻 t 的沉降量 S_t 即可按下式计算：

$$S_t = U_t S \qquad (7-31)$$

7.2.2.3 起始超静水压力非均匀分布情况

如果不同深度处起始 u_0 的分布不等的，只要把式（7-23）代入式（7-27），可得到类似计算式。

u_0 的几种典型分布情况如下：

情况 I ：均匀分布：即以上所谈的情况；

$$直线分布：u_0 = u_1 + u_1' \frac{H-z}{H}$$

情况 II 半正弦曲线：$u_0 = u_2 \sin \frac{\pi z}{4H}$；

情况 III 正弦曲线：$u_0 = u_3 \sin \frac{\pi z}{2H}$；

情况 IV 直线增加与直线减少：

$$0 < z < H, u_0 = u_4 \frac{z}{H}$$

$$H < z < 2H, u_0 = u_4 \frac{2H-z}{H}$$

将以上分布函数代入式（7-27），得到相应的 U 与 T_v 的相互关系，可制成表格进行计算。固结微分方程是线性函数，故它们的解可以选加。因此，如果某情况下的起始超静水压力分布图能表示为所列图形的组合，则可以利用各组合图形的固结度，来求该分布图形的平均固结度。

7.2.2.4 固结系数的确定

固结系数 C_v 是求解固结问题的重要参数。上述单向固结情况下的理论固结曲线的前段（$U < 60\%$ 左右）近似为抛物线，故可直接从一级荷载下的试验固结曲线以半图解法确定 T_v 值。

它们都要靠作图求解，并且都要利用试验曲线的后半段。事实上，试验曲线后半段反映的是主、次压缩的变形量之和，要靠作图准确定出主固结的终点是困难的。为此，日本学者提出了借计算确定固结系数的三点法。该法认为，土体在任何时刻的固结度 U，为该时刻的压缩量 S_{ct} 与主固结压缩量 S_c 之比，它符合于太沙基固结理论的基本假设。故：

$$U = \frac{S_{ct}}{S_c} \qquad (7-32)$$

从这点出发，可以从试验曲线（某级荷载增量下的压缩量与时间关系曲线）上选取适当的三点，建立三个方程，联立解得 C_v。原理与方法如下。

可以将式（7-29）改写成另一形式，即：

当 T_v 很小，$T_v \ll 1$ 时，$U = (4\pi^{-1} T_v)^{0.5}$

当 T_v 很大，$T_v \gg 1$ 时，$U = 1$

采用曲线配合法，式（7-32）中两个式子可合并成下面的统一关系式：

$$U = \frac{\left(\frac{4T_v}{\pi}\right)^{0.5}}{\left[1 + \left(\frac{4T_v}{\pi}\right)^{2.8}\right]^{0.179}} \tag{7-33}$$

或以 U 表示 T_v：

$$T_v = \frac{\frac{\pi}{4}U^2}{(1 - U^{5.6})^{0.357}} \tag{7-34}$$

如果已经有了某级荷载下的试验固结曲线，假设在该曲线上已经排除了起始压缩与次压缩影响的主固结部分的理论零点与固结终点的读数分别为 R_i 与 R_f，则为了求得 R_i、R_f 和 C_v 值，可以在曲线的开始段（$T_v \ll 1$）选取两个时刻 t_1 和 t_2，它们的读数分别为 R_1 和 R_2，由式(7-24)与(7-29)可得：

当 $T_v = T_{v1}$ 时，$\dfrac{C_v t_1}{H^2} = \dfrac{\pi}{4}\left[\dfrac{(R_1 - R_i)}{(R_f - R_i)}\right]^2$

当 $T_v = T_{v2}$ 时，$\dfrac{C_v t_2}{H^2} = \dfrac{\pi}{4}\left[\dfrac{(R_2 - R_1)}{(R_f - R_1)}\right]^2$

联立解以上两式，可求得：

$$R_i = \frac{\left(R_1 - R_2\sqrt{\dfrac{t_1}{t_2}}\right)}{\left(1 - \sqrt{\dfrac{t_1}{t_2}}\right)} \tag{7-35}$$

再在试验曲线的后段（$T_v \gg 1$），读取时间 t_3 时的 R_3，由式(7-34)，可得：

$$T_v = T_{v3} : \frac{C_v t_3}{H^2} = \frac{\pi}{4}\frac{\left[\dfrac{(R_3 - R_i)}{(R_f - R_i)}\right]^2}{\left\{1 - \left[\dfrac{(R_3 - R_i)}{(R_f - R_i)}\right]^{5.6}\right\}^{0.357}} \tag{7-36}$$

根据 T_{v1}、T_{v2}、T_{v3} 的 3 个式子，可以进一步求得：

$$R_f = R_i - \frac{R_i - R_3}{\left\{1 - \left[(R_i - R_3)(\sqrt{t_2} - \sqrt{t_1})/(R_1 - R_2)\sqrt{t_3}\right]^{5.6}\right\}^{0.179}} \tag{7-37}$$

$$C_v = \frac{\pi}{4}\left[\frac{(R_1 - R_2)}{(R_i - R_f)}\frac{H}{(\sqrt{t_2} - \sqrt{t_1})}\right]^2 \tag{7-38}$$

用不同方法分别求得的 C_v 值，由于它们在配合时所依据的时间—变形曲线段的范围不同，通常是不会相同的。一般是时间平方根法得出的值较大，时间对数法得出的较小，而以前者应用较多。根据单向固结理论，理论曲线的开始段应该是抛物线，而在半对数纸上则为直线。故在时间平方根法中，延长前段直线以寻求理论零点，是比较合理的。但是，根据实测，在试验曲线上固结度相当于 90% 的一点的孔隙水压力，通常比理论计算值高。这表明次压缩可能会大大影响用平方根法求取固结度 90% 的时间 t_{90}，故用对数法来确定 R_{100} 则比较可靠。三点法利用计算确定理论固结零点与终点，更符合单向固结定义，并且避免了作图，可能是较好的方法。

另外，C_v 值受试验方法的影响较大。三向与二向固结时的固结系数，也不同于单向固结时的数值。

7.3 太沙基—伦杜立克准三维固结理论

Terzaghi-Rendulic 固结理论(Rendulic，1936)又称准三维固结理论，根据一维固结论论理，将固结方程进行重要的简化，解决二、三维固结问题。

对饱和土，根据水量变化率等于体积变化率(连续条件)，可得

$$\frac{k}{\gamma_w}\left(\frac{\partial^2 u}{\partial x^2} + \frac{\partial^2 u}{\partial y^2} + \frac{\partial^2 u}{\partial z^2}\right) = -\frac{\partial \varepsilon_v}{\partial t} \tag{7-39}$$

由于 $\varepsilon_v = f(\sigma_1', \ \sigma_2', \ \sigma_3')$

$$\frac{\partial \varepsilon_v}{\partial t} = \frac{\partial \varepsilon_v}{\partial \sigma_1'}\frac{\partial \sigma_1'}{\partial t} + \frac{\partial \varepsilon_v}{\partial \sigma_2'}\frac{\partial \sigma_2'}{\partial t} + \frac{\partial \varepsilon_v}{\partial \sigma_3'}\frac{\partial \sigma_3'}{\partial t} \tag{7-40}$$

根据有效应力原理

$$\left.\begin{aligned}\sigma_1' &= \sigma_1 - u\\ \sigma_2' &= \sigma_2 - u\\ \sigma_3' &= \sigma_3 - u\end{aligned}\right\} \tag{7-41}$$

代入上式得

$$\frac{\partial \varepsilon_v}{\partial t} = \frac{\partial \varepsilon_v}{\partial \sigma_1'}\frac{\partial \sigma_1}{\partial t} + \frac{\partial \varepsilon_v}{\partial \sigma_2'}\frac{\partial \sigma_2}{\partial t}\frac{\partial \varepsilon_v}{\partial \sigma_3'}\frac{\partial \sigma_3}{\partial t} - \frac{\partial u}{\partial t}\left(\frac{\partial \varepsilon_v}{\partial \sigma_1'} + \frac{\partial \varepsilon_v}{\partial \sigma_2'} + \frac{\partial \varepsilon_v}{\partial \sigma_3'}\right) \tag{7-42}$$

设体积应变对各主应力的变化率相等，即

$$\frac{\partial \varepsilon_v}{\partial \sigma_1'} = \frac{\partial \varepsilon_v}{\partial \sigma_2'} = \frac{\partial \varepsilon_v}{\partial \sigma_3'} = \frac{1-2v'}{E'} \tag{7-43}$$

式中，E'、v' 为土体有效弹性模量和有效泊松比。代入 $\frac{\partial \varepsilon_v}{\partial t}$ 有

$$\frac{\partial \varepsilon_v}{\partial t} = \frac{1-2v'}{E'}\frac{\partial(\sigma_1 + \sigma_2 + \sigma_3)}{\partial t} - \frac{3(1-2v')}{E'}\frac{\partial u}{\partial t} \tag{7-44}$$

Terzaghi 假设，当外荷载保持不变时，总应力不随时间变化，则上式为

$$\frac{\partial \varepsilon_v}{\partial t} = -\frac{3(1-2v')}{E'}\frac{\partial u}{\partial t} \tag{7-45}$$

代入连续条件得

$$\frac{k}{\gamma_w}\left(\frac{\partial^2 u}{\partial x^2} + \frac{\partial^2 u}{\partial y^2} + \frac{\partial^2 u}{\partial z^2}\right) = \frac{3(1-2v')}{E'}\frac{\partial u}{\partial t} \tag{7-46}$$

或

$$C_{v3}\left(\frac{\partial^2 u}{\partial x^2} + \frac{\partial^2 u}{\partial y^2} + \frac{\partial^2 u}{\partial z^2}\right) = \frac{\partial u}{\partial t} \tag{7-47}$$

式中，$C_{v3} = \dfrac{kE'}{3\gamma_w(1-2v')}$。

上式与均质固体散热过程的表达式一致，故称它为扩散方程。

上述连续性方程也可写为

$$\frac{k}{\gamma_w} \nabla^2 u = \frac{\partial \varepsilon_v}{\partial t} = \frac{\partial}{\partial t}\left(\frac{1-2v}{E}\Theta'\right) = \frac{1-2v}{E}\frac{\partial}{\partial t}(\Theta - 3u) \tag{7-48}$$

由于 $\frac{\partial \Theta}{\partial} = 0$

$$\frac{k}{\gamma_w} \nabla^2 u = \frac{\partial \varepsilon_v}{\partial t} = \frac{\partial}{\partial t}\left(\frac{1-2v}{E}\Theta'\right) = \frac{3(1-2v)}{E}\frac{\partial u}{\partial t} \Rightarrow C_{v3}\nabla^2 u = \frac{\partial u}{\partial t} \tag{7-49}$$

其固结系数为

$$C_{v3} = \frac{kE}{3(1-2v)\gamma_w} \tag{7-50}$$

$$\frac{k}{\gamma_w} \nabla^2 u = \frac{\partial \varepsilon_v}{\partial t} = \frac{\partial}{\partial t}\left(\frac{1-2v}{E}\Theta'\right) = \frac{3(1-2v)}{E}\frac{\partial u}{\partial t} \Rightarrow \frac{kE}{3(1-2v)\gamma_w}\nabla^2 u = \frac{\partial u}{\partial t} \tag{7-51}$$

设 $\varepsilon_y = 0$，类似可得二维条件下的连续性方程为

$$C_{v2}\left(\frac{\partial^2 u}{\partial x^2} + \frac{\partial^2 u}{\partial z^2}\right) = \frac{\partial u}{\partial t} \tag{7-52}$$

其固结系数为

$$C_{v2} = \frac{k}{\gamma_\omega}\frac{E}{2(1+v)(1-2v)} \tag{7-53}$$

再设 $\varepsilon_x = 0$，类似可得二维条件下的连续性方程为

$$C_{v1}\frac{\partial^2 u}{\partial z^2} = \frac{\partial u}{\partial t} \tag{7-54}$$

其固结系数为

$$C_{v1} = \frac{k}{\gamma_w}\frac{E(1-v)}{(1+v)(1-2v)} = \frac{kE_s}{\gamma_w} \tag{7-55}$$

三个固结系数存在下列关系

$$C_{v1} = 2(1-v')C_{v2} = 3\frac{1-v'}{1+v'}C_{v3} \tag{7-56}$$

7.4　三向固结轴对称问题—砂井地基固结理论

对软土地基，为了加快其固结沉降，提高地基承载力，常采用砂井或塑料排水带加速软土地基固结。这时固结由两种排水作用所引起：①沿垂直方向（z 轴）的渗流；②垂直于 z 轴的平面内的轴对称渗流。

（1）砂井地基固结理论的基本假设
①土体是饱和的，均质的；
②土颗粒和水是不可压缩的；
③水的渗流服从 Darcy 定律；
④每个砂井的有效影响范围为一圆柱体；
⑤外部荷载是一次瞬间施加的；
⑥土体变形是小变形，且只有轴向压缩；
⑦竖向与径向的渗透系数在固结过程中不变；

⑧土体的压缩系数是常数，竖向与径向可不相等。

(2) 砂井的固结方程

对于轴对称问题，将平面内渗流以极坐标表示，固结微分方程表示为：

$$\frac{\partial u}{\partial t} = C_v\left(\frac{\partial^2 u}{\partial r^2} + \frac{1}{r}\frac{\partial u}{\partial r} + \frac{\partial^2 u}{\partial z^2}\right) \tag{7-57}$$

式中，r 为离开砂井轴线的水平距离，随研究点的位置而改变，如图7-6(a)砂井平面布置图7-6(b)剖面 A – A。C_v 为固结系数。

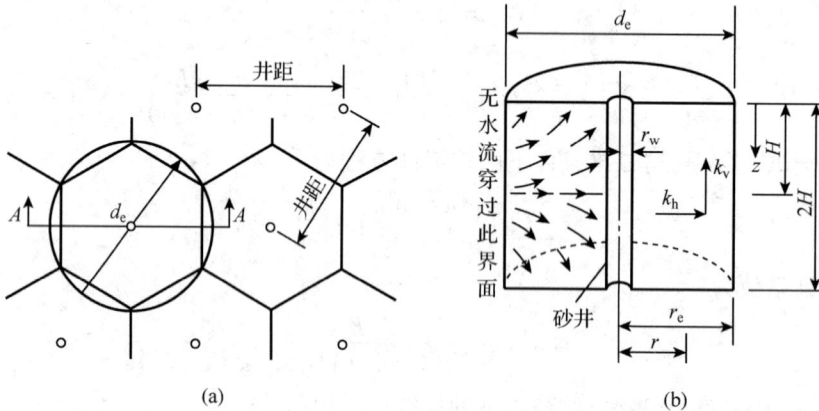

图7-6 砂井和每个砂井影响范围内的渗流

(a)砂井平面布置 (b)剖面 A – A

当竖向固结系数 C_v 和水平向固结系数 C_h 不同时

$$\frac{\partial u}{\partial t} = C_h\left(\frac{\partial^2 u}{\partial r^2} + \frac{1}{r}\frac{\partial u}{\partial r}\right) + C_v\frac{\partial^2 u}{\partial z^2} \tag{7-58}$$

上式分离变量后得

$$\frac{\partial u_z}{\partial t} = C_v\frac{\partial^2 u_z}{\partial z^2} \tag{7-59}$$

$$\frac{\partial u_r}{\partial t} = c_h\left(\frac{\partial^2 u_r}{\partial r^2} + \frac{1}{r}\frac{\partial u_r}{\partial r}\right) \tag{7-60}$$

(3) 砂井固结方程的解

上式第一个方程即为 Terzaghi 一维固结方程，其解为

$$u_z(z,t) = p\sum_{m=1}^{\infty}\frac{2}{M}\sin\frac{Mz}{H}\exp(-M^2 T_v) \tag{7-61}$$

$$\overline{U}_z = 1 - \frac{8}{\pi^2}\exp\left(-\frac{\pi^2}{4}T_z\right) \tag{7-62}$$

第二个方程有 Barron 的解。

Barron 解的假设：

①自由应变—沿径向不同的固结速率产生的不均匀变形不影响应力的分布及沿径向固结率的分布。

②等应变—砂井影响范围内圆柱体土样中同一水平面上各点的竖向变形是相等的。

根据以上两点假设，可得

$$u_r = \frac{4u_{av}}{d_e^2 F(n)}\left[r_e^2\ln\left(\frac{r}{r_w}\right) - \frac{r^2 - r_w^2}{2}\right] \tag{7-63}$$

式中，u_{av} 为土中孔隙水压力平均值，其表达式为

$$u_{av} = u_i e^\lambda \tag{7-64}$$

式中，u_i 为起始孔隙水压力平均值，

$$\lambda = \frac{-8T_h}{F(n)}$$

而

$$T_h = \frac{C_v h}{d_e^2}t$$

$$F(n) = \frac{n^2}{n^2 - 1}\ln(n) - \frac{3n^2 - 1}{4n^2} \approx \ln n - 0.75$$

$$n = \frac{d_e}{d_w} \tag{7-65}$$

式中，n 为井径比；d_e 为砂井影响范围内圆柱体的直径；正方形时取 $1.13l$，正三角形时取 $1.05l$；d_w 为砂井直径。

径向平均固结度为

$$\overline{U}_r = 1 - \frac{u_{av}}{u_i} = 1 - \exp\left[-\frac{8}{F(n)}T_h\right] \tag{7-66}$$

砂井地基的总固结度为

$$U_{rz} = 1 - (1 - \overline{U}_r)(1 - \overline{U}_z) \tag{7-67}$$

应注意的问题：①井阻作用；②涂抹作用；③未打穿整个软土层情况 $U_t = QU_{rz} + (1 - Q)U_z$。

7.5 比奥固结理论

土的固结理论最早由太沙基提出，但它只有在一维的情况下才是精确的，对二维、三维都不够准确。太沙基固结理论的重大局限在于假定固结过程中土体的总应力分布不变。荷载不可能瞬时施加，实际情况是往往具有一定的加荷历史，固结过程中土体的应力分布在不断变化。因而它常被称为准三维（拟三维）固结理论。建立三维固结理论要考虑土体三个方向的排水和变形。

比奥 1840 年从连续介质的基本方程出发，基于较严格的固结机理，推导能准确反映孔隙压力消散与土体骨架变形相互关系的三维固结方程，建立了比奥固结理论，一般称为真三维固结理论。

比奥理论，直接从弹性理论出发，满足土体的平衡条件、弹性应力—应变关系和变形协调条件，此外还考虑了水流连续条件。他在理论上较准三维理论严格，但求解复杂。只有几种情况能获得精确解，故它多用于有限元的计算中。

7.5.1 比奥固结理论方程

(1) 平衡方程

假设一均质，各向同性的饱和土单元体 $dxdydz$，若体力只考虑重力，z 坐标向上为正，以土体为隔离体(土骨架 + 孔隙水)则三维平衡微分方程为

$$\begin{cases} \dfrac{\partial \sigma_x}{\partial x} + \dfrac{\partial \tau_{xy}}{\partial y} + \dfrac{\partial \tau_{xz}}{\partial z} = 0 \\[2mm] \dfrac{\partial \tau_{xy}}{\partial x} + \dfrac{\partial \sigma_y}{\partial y} + \dfrac{\partial \tau_{yz}}{\partial z} = 0 \\[2mm] \dfrac{\partial \tau_{xz}}{\partial x} + \dfrac{\partial \tau_{yz}}{\partial y} + \dfrac{\partial \sigma_z}{\partial z} = -\gamma \end{cases} \tag{7-68}$$

(2) 有效应力原理

以土骨架为隔离体，以有效应力表示平衡方程。

根据有效应力原理，总应力等于有效应力 σ' 与孔隙压力 p_w 之和，孔隙压力等于静水压力与超静水压力 u 之和。

$$\begin{cases} \sigma = \sigma' + p_w \\ p_w = (z_0 - z)\gamma_w + u \end{cases} \tag{7-69}$$

用张量表示为

$$\sigma_{ij} = \sigma'_{ij} + \delta_{ij}u \tag{7-70}$$

或

$$\sigma_x = \sigma'_x + u、\sigma_y = \sigma'_y + u、\sigma_z = \sigma'_z + u \tag{7-71}$$

带入平衡方程得下式

$$\begin{cases} \dfrac{\partial \sigma'_x}{\partial x} + \dfrac{\partial \tau_{xy}}{\partial y} + \dfrac{\partial \tau_{xz}}{\partial z} + \dfrac{\partial u}{\partial x} = 0 \\[2mm] \dfrac{\partial \tau_{xy}}{\partial x} + \dfrac{\partial \sigma'_y}{\partial y} + \dfrac{\partial \tau_{yz}}{\partial z} + \dfrac{\partial u}{\partial y} = 0 \\[2mm] \dfrac{\partial \tau_{xz}}{\partial x} + \dfrac{\partial \tau_{yz}}{\partial y} + \dfrac{\partial \sigma'_z}{\partial z} + \dfrac{\partial u}{\partial z} = -\gamma \end{cases} \tag{7-72}$$

式中，$\dfrac{\partial u}{\partial x}$、$\dfrac{\partial u}{\partial y}$、$\dfrac{\partial u}{\partial z}$ 是作用在骨架上的渗透力的三个方向的分量，与 γ 一样为体积力。

(3) 本构方程

比奥理论最初假定土骨架是线弹性体，服从广义胡克定律，根据弹性力学本构方程，应力用应变来表示。

$$\begin{cases} \sigma'_x = 2G\left(\dfrac{\nu}{1-2\nu}\varepsilon_v + \varepsilon_x\right) \\[2mm] \sigma'_y = 2G\left(\dfrac{\nu}{1-2\nu}\varepsilon_v + \varepsilon_y\right) \\[2mm] \sigma'_z = 2G\left(\dfrac{\nu}{1-2\nu}\varepsilon_v + \varepsilon_z\right) \\[2mm] \tau_{yz} = G\gamma_{yz}、\tau_{yz} = G\gamma_{yz}、\tau_{yz} = G\gamma_{yz} \end{cases} \tag{7-73}$$

式中，G、ν 分别为剪切模量和泊松比；ε_v 为体应变，$\varepsilon_v = \varepsilon_x + \varepsilon_y + \varepsilon_z$。

（4）几何方程

利用几何方程将应变表示成位移，设 x、y、z 方向的位移为 u^s、v^s、w^s 在小变形的假定下，六个应变分量为

$$\begin{cases} \varepsilon_x = -\dfrac{\partial u^s}{\partial x}, \varepsilon_y = -\dfrac{\partial v^s}{\partial y}, \varepsilon_x = -\dfrac{\partial w^s}{\partial z} \\ \gamma_{yz} = -\left(\dfrac{\partial u^s}{\partial z} + \dfrac{\partial w^s}{\partial z}\right) \\ \gamma_{xz} = -\left(\dfrac{\partial u^s}{\partial z} + \dfrac{\partial w^s}{\partial x}\right) \\ \gamma_{xy} = -\left(\dfrac{\partial v^s}{\partial x} + \dfrac{\partial u^s}{\partial y}\right) \end{cases} \tag{7-74}$$

式中，ε_x、ε_y、ε_z 为 x、y、z 方向的正应变其张量形式为

$$\varepsilon_{ij} = -\frac{1}{2}(v_{i,j} + v_{j,i}) \tag{7-75}$$

（5）固结微分方程

将本构方程、几何方程带入到平衡方程就得到以位移和孔隙压力表示的平衡微分方程

$$\begin{cases} -G\nabla^2 u^s - \dfrac{G}{1-2\nu}\dfrac{\partial}{\partial x}\left(\dfrac{\partial u^s}{\partial x} + \dfrac{\partial v^s}{\partial y} + \dfrac{\partial w^s}{\partial z}\right) + \dfrac{\partial u}{\partial x} = 0 \\ -G\nabla^2 v^s - \dfrac{G}{1-2\nu}\dfrac{\partial}{\partial x}\left(\dfrac{\partial u^s}{\partial x} + \dfrac{\partial v^s}{\partial y} + \dfrac{\partial w^s}{\partial z}\right) + \dfrac{\partial u}{\partial y} = 0 \\ -G\nabla^2 w^s - \dfrac{G}{1-2\nu}\dfrac{\partial}{\partial x}\left(\dfrac{\partial u^s}{\partial x} + \dfrac{\partial v^s}{\partial y} + \dfrac{\partial w^s}{\partial z}\right) + \dfrac{\partial u}{\partial z} = -\gamma \end{cases} \tag{7-76}$$

$$\nabla^2 = \frac{\partial^2}{\partial x^2} + \frac{\partial^2}{\partial y^2} + \frac{\partial^2}{\partial z^2}$$

（6）连续性方程

上式的三个方程式中包含四个未知量 u^s、v^s、w^s、u，为了求解还要补充一个方程，由于水是不可压缩的，对于饱和土，土单元体内水量的变化率在数值上等于土体积的变化率，故由达西定律得

$$-\frac{\partial}{\partial x}\left(k_x \frac{\partial h}{\partial x}\right) - \frac{\partial}{\partial y}\left(k_y \frac{\partial h}{\partial y}\right) - \frac{\partial}{\partial z}\left(k_z \frac{\partial h}{\partial z}\right) = \frac{\partial \varepsilon_v}{\partial t} \tag{7-77}$$

令

$$k = k_x = k_y = k_z$$

注意到

$$h = \frac{u}{\gamma_w}$$

得

$$\frac{k}{\gamma_w}\nabla^2 u = \frac{\partial \varepsilon_v}{\partial t} = -\frac{\partial}{\partial t}\left(\frac{\partial \bar{u}_x}{\partial x} + \frac{\partial \bar{u}_y}{\partial y} + \frac{\partial \bar{u}_z}{\partial z}\right) \tag{7-78}$$

而

$$\varepsilon_v = \frac{1-2v}{E}\Theta' = \frac{1-2v}{E}(\Theta - 3u)$$

可得

$$\frac{k}{\gamma_w}\nabla^2 u = \frac{\partial \varepsilon_v}{\partial t} = \frac{\partial}{\partial t}\left(\frac{1-2v}{E}\Theta'\right) = \frac{1-2v}{E}\frac{\partial}{\partial t}(\Theta - 3u) \tag{7-79}$$

即

$$\frac{\partial \varepsilon_v}{\partial t} = -\frac{k}{\gamma_w}\nabla^2 u \tag{7-80}$$

当 Θ 保持常量时，上式就退化为扩散方程，Terzaghi-Rendulic 固结理论可视为比奥固结理论的一种特殊情况。

展开用位移表示得

$$-\frac{\partial}{\partial t}\left(\frac{\partial u^s}{\partial x} + \frac{\partial v^s}{\partial y} + \frac{\partial w^s}{\partial z}\right) + \frac{k}{\gamma_w}\nabla^2 u = 0 \tag{7-81}$$

这就是以位移和孔隙压力表示的连续性方程。k 为渗流系数；γ_w 为水的容重。

$$\begin{cases} -G\nabla^2 u^s - \frac{G}{1-2\nu}\frac{\partial}{\partial x}\left(\frac{\partial u^s}{\partial x} + \frac{\partial v^s}{\partial y} + \frac{\partial w^s}{\partial z}\right) + \frac{\partial u}{\partial x} = 0 \\ -G\nabla^2 v^s - \frac{G}{1-2\nu}\frac{\partial}{\partial x}\left(\frac{\partial u^s}{\partial x} + \frac{\partial v^s}{\partial y} + \frac{\partial w^s}{\partial z}\right) + \frac{\partial u}{\partial y} = 0 \\ -G\nabla^2 w^s - \frac{G}{1-2\nu}\frac{\partial}{\partial x}\left(\frac{\partial u^s}{\partial x} + \frac{\partial v^s}{\partial y} + \frac{\partial w^s}{\partial z}\right) + \frac{\partial u}{\partial z} = -\gamma \\ -\frac{\partial}{\partial t}\left(\frac{\partial u^s}{\partial x} + \frac{\partial v^s}{\partial y} + \frac{\partial w^s}{\partial z}\right) + \frac{K}{\gamma_w}\nabla^2 u = 0 \end{cases} \tag{7-82}$$

上式便是比奥固结方程，它是包含四个偏微分方程的微分方程组，也包含四个未知量，u、u^s、v^s、w^s，他们都是坐标 x、y、z 和时间的函数。在一定的初始条件和边界条件下，可解出这四个变量。

要解上述偏微分方程组，在数学上是困难的，对于对称和平面应变中某些简单情况，已有人推导出了解析解答，并用以分析固结过程中的一些现象。但对于一般的土层情况，边界条件稍微复杂一些，便无法求得解析解。因此，从 1941 年建立比奥方程以来，一直没有在工程中广泛的应用。随着计算技术的发展，特别是有限元方法的发展，真三维固结理论才重现出生命力，并开始应用于工程实践。

对于平面应变问题，在 xoz 平面内，$\varepsilon_y = 0$，$\gamma_{xy} = \gamma_{xz} = 0$，或 $u = u(x, z)$，$v = 0$，$w = w(x, z)$，则

$$\left(\frac{3K+G}{3}\right)\frac{\partial \varepsilon_v}{\partial x} + G\nabla^2 u - \frac{\partial u_w}{\partial x} + X = 0$$

$$\left(\frac{3K+G}{3}\right)\frac{\partial \varepsilon_v}{\partial y} + G\nabla^2 w - \frac{\partial u_w}{\partial y} + Y = 0 \tag{7-83}$$

$$\frac{1}{3K}\frac{\partial(\Theta - 3u_w)}{\partial t} + \frac{k_x}{\gamma_w}\frac{\partial^2 u_w}{\partial x^2} + \frac{k_z}{\gamma_w}\frac{\partial^2 u_w}{\partial z^2} = 0$$

式中，$\varepsilon_v = \varepsilon_x + \varepsilon_z$，$\nabla^2 = \dfrac{\partial^2}{\partial x^2} + \dfrac{\partial^2}{\partial z^2}$。

对于轴对称问题，上述方程可以写为

$$\left(\frac{3K+G}{3}\right)\frac{\partial}{\partial r}\left(\frac{\partial u}{\partial r} + \frac{u}{r} + \frac{\partial w}{\partial z}\right) + G\left(\frac{\partial^2 u}{\partial r^2} + \frac{1}{r}\frac{\partial u}{\partial r}\right) + G\frac{\partial^2 u}{\partial z^2} - \frac{\partial u_w}{\partial r} = 0$$

$$\left(\frac{3K+G}{3}\right)\frac{\partial}{\partial z}\left(\frac{\partial u}{\partial r} + \frac{u}{r} + \frac{\partial w}{\partial z}\right) + G\left(\frac{\partial^2 w}{\partial r^2} + \frac{1}{r}\frac{\partial w}{\partial r}\right) + G\frac{\partial^2 w}{\partial z^2} - \frac{\partial u_w}{\partial r} + z = 0 \quad (7\text{-}84)$$

$$\frac{\partial}{\partial t}\left(\frac{\partial u}{\partial r} + \frac{u}{r} + \frac{\partial w}{\partial z}\right) + \frac{k_r}{\gamma_w}\left(\frac{\partial^2 u_w}{\partial r^2} + \frac{1}{r}\frac{\partial u_w}{\partial r}\right) + \frac{k_z}{\gamma_w}\frac{\partial^2 u_w}{\partial z^2} = 0$$

式中，k_r，k_z 分别为径向（r）和轴向（z）渗透系数；u，w 分别为径向（r）和轴向（z）土体位移。

7.5.2 比奥固结理论与准三维固结理论的比较

(1) 建立方程所依据的假设

两种理论的假设是基本一致的，即土体小变形、线弹性、渗流符合 Darcy 定律。在推导时，比奥理论将水流连续条件与弹性理论相结合，故可得土体受力后的应力、应变、孔隙水压力的生成与消散过程，理论上是完整严密的。而 Terzaghi-Rendulic 理论增加了一个假设，假设了固结过程中三个主应力（总应力）之和不随时间而变，即总应力之和等于常数，不满足变形协调条件。

(2) 孔隙压力与位移的关系

比奥固结理论考虑土骨架变形对孔压的影响，即位移与孔压相互耦合，而 Terzaghi-Rendulic 理论对土体变形和孔压消散分别加以计算。

由于两种理论在假设上有差别，导致建立的方程形式不同。Terzaghi 方程中只包含孔隙水压力一个未知变量，与位移无关；比奥方程则包含孔隙压力与位移的联立方程组；Terzaghi 方程在推导过程中应用了有效应力原理、连续性条件，对物理方程只用了与体积变形有关的公式，在作了总应力不变的假设后把应力和应变从方程中消去，只剩下孔隙压力一个变量，因此，不需要引入几何方程，不需要将孔隙压力与位移联系起来，孔隙压力的消散仅仅决定于孔隙压力的初始条件和边界条件，与固结过程中位移的变化无关；而比奥固结理论没有做总压力和为常量的假定，在方程中不能将应力或应变消去，故需要完整地引入物理方程，进而引入几何方程，最后把孔隙压力与位移联系起来。因此它可以反映固结过程中位移与孔隙压力的相互影响。

(3) 比奥固结方程和 Terzaghi-Rendulic 方程在一维条件下二者相同

在荷载作用下，土体固结初期部分土体中的孔隙水压力不仅不消散，而且有上升的现象。这是由于边界排水，靠近边界处土体很快固结，土中有效应力增大，土体产生收缩变形，对内部产生压缩力，从而引起孔隙水压力的进一步提高，其提高量大于土体排水固结引起超孔隙水压力的下降量时，出现部分土体中超孔隙水压力大于荷载作用值，即产生曼德尔效应。曼德尔在 1953 年分析柱形土体受均布压力沿柱面向外排水时发现一个奇怪现象，即土体中心的初期孔隙压力不是消散，而是上升并超过应有的初始孔隙压力。克莱耶于 1963 年分析土球受均布压力径向向外排水时也发现此现象。

曼德尔效应从机理上可以这样解释：以土球为例，受均布压力作用沿径向向外排水固结，初期某一时间 t 后由于边界排水，靠近周边处的孔压开始下降，但球内某一内径范围内水并未排出。由于土球外壳排水，有效应力增加而产生收缩，对内部施加一收缩应力使内部总应力增加。而内部孔隙水未排出，如果认为土体骨架不能变形（假设土体饱和），有效应力不能增加，所以结果就是内部孔隙压力增大了。其后随着时间增长孔隙水逐渐排出，孔压又会消散。

曼德尔效应与土骨架泊松比 γ 有关，即为该效应在 γ 较小时初期孔压上升明显，随 γ 增大而逐渐减弱，当 $\gamma = 0.5$ 时消失。

泊松比反映的是土体的侧向变形能力，对绝大多数土表现的都是在主方向受力时的体积膨胀程度。对土球，固结初期球外壳由于排水固结对内部施加收缩力，泊松比越大，土球的体积膨胀越明显，孔隙变大，故内部孔隙压力减小，这减弱了由于外壳施加收缩力而产生的孔隙压力增加效应。即泊松比越小，曼德尔效应越明显。

（4）超静水压力的比较

按扩散理论求解固结问题不会出现曼戴尔—克雷尔效应。但是，如果不计起始阶段的超静水压力增长，并且在扩散方程中，对于三向问题，固结系数采用 C_{v3}，二向问题采用 C_{v2}，则解得的超静水压力的消散过程与比奥的精确解是十分相近的。

（5）固结度的比较

无论是单向还是准三向固结理论，都只研究了土体中超静水压力的消散过程，不涉及与变形的耦合作用，并且超静水压力的消散程度定义固结度 U_p，而且认为它等于按土体变形定义的固结度 U_s。实际上，只有在单向固结时才会这样。对于实际存在应力重分布的真二向或三向固结，在同一时刻两种固结度不相等。

7.5.3 比奥固结有限元支配方程及其应用

7.5.3.1 比奥固结有限元支配方程

有限单元法已在求解复杂土工问题中得到广泛应用。用有限单元法解比奥固结方程，首先是桑得霍（Sandhu）和威尔逊（Wilson）于 1969 年提出的。有限单元法基本公式的建立有三种方法，即虚位移原理、变分法及加权余量法。

$$\begin{pmatrix} \overline{K} & K' \\ K'^{\mathrm{T}} & \widetilde{K} \end{pmatrix} \begin{Bmatrix} \Delta W \\ U \end{Bmatrix} = \begin{Bmatrix} R - R_t \\ 0 \end{Bmatrix} \tag{7-85}$$

式中，N 为形函数；

$$[\overline{K}] = \int_\Omega [B]^{\mathrm{T}} [D] [B] \mathrm{d}\Omega$$

$$[K'] = \int_\Omega \left\{ \frac{\partial N}{\partial x} \right\} N |J| \mathrm{d}\Omega \tag{7-86}$$

$$[\widetilde{K}] = -\frac{\Delta t K}{r_w} \int_\Omega \left(\left\{ \frac{\partial N}{\partial x} \right\} \left\{ \frac{\partial N}{\partial x} \right\} + \left\{ \frac{\partial N}{\partial y} \right\} \left\{ \frac{\partial N}{\partial y} \right\}^{\mathrm{T}} + \left\{ \frac{\partial N}{\partial z} \right\} \left\{ \frac{\partial N}{\partial z} \right\}^{\mathrm{T}} \right)$$

$\{R_t\} = [\bar{K}]\{W\}_t$ 为至 t 时刻由有效应力已经平衡了的荷载。

在有限元实际计算中用下式计算，即

$$\{R_t\} = \sum_{\Delta t} \int_{\Omega} [B]^T \{\Delta\sigma'\} d\Omega \tag{7-87}$$

式(7-87)就是比奥固结有限元方程是增量形式。采用增量形式后，对考虑非线性、弹塑性的本构关系就相当方便，只要在每个 Δt 计算中根据应力重新形成 $[K]$ 矩阵即可。

对孔隙水压力，一般指超静孔隙水压力，即由荷载所引起的孔隙水压力的增量。但在许多问题中，无法适用超静孔隙水压力的概念，而必须用总水头，如边界水头变化所引起的固结，土坝自重引起的固结等。在这些情况下，水的流动并不取决于超静孔隙水压力，而是取决于总水头。因此，在固结方程中用总水头来表示孔隙压力要比用超静孔隙水压力表示具有更普遍的意义。在固结有限元程序中用总水头来表示孔压，公式的形式要作相应的变化。

总水头与超静孔隙水压力的关系为：

$$\Delta p = r_w H - p_0 - r_w z \tag{7-88}$$

式中，H 为总水头；z 为位置高度；p_0 为静水压力。

则

$$\begin{pmatrix} \bar{K} & K' \\ K'^T & \tilde{K} \end{pmatrix} \begin{Bmatrix} \Delta W \\ U \end{Bmatrix} = \begin{Bmatrix} R + R_1 + R_2 - R_t \\ 0 \end{Bmatrix} \tag{7-89}$$

式中，$\{R_1\}$、$\{R_2\}$ 分别表示位能和静水压力所对应的结点荷载。

至于连续性方程，在孔压用总水头来表示时，公式的形式不要作任何改变。

7.5.3.2 方程的应用

(1)初始条件

在解比奥方程中，孔隙水压力与外荷载的关系在平衡方程中得到了反映，因此无孔隙水压力初始条件的要求。而在非线性增量计算中，对每一个 Δt 都要用到前一时刻的位移，故需要位移初始条件。一般情况下取 $\{W_0\} = \{0\}$ 即仅考虑加荷以后的位移。如果加载前存在初始残余超静孔隙水压力，则应考虑其影响。这时

$$[\bar{K} \quad K'] \begin{Bmatrix} W \\ U - U_0 \end{Bmatrix} = \{R\} \tag{7-90}$$

即

$$[\bar{K} \quad K'] \begin{Bmatrix} W \\ U \end{Bmatrix} = \{R + R_0\} \tag{7-91}$$

式中，$\{R_0\} = [K']\{U_0\}$ 相当于作用了附加外荷载 $\{R_0\}$。

(2)边界条件

比奥固结的边界条件包括位移边界和孔隙水压力边界两种。对于位移边界条件的处理与通常有限单元法完全一致。而孔隙水压力的边界条件包括：

①透水边界 其孔隙水压力是已知的，不需建立连续性方程；但如果位移未知，则须建立平衡方程；如果已知的孔隙水压力值不为零，则在建立平衡方程时应包含这

些已知的孔压值，而且在建立相邻的内部结点的方程时，也应包含之。

　　②不透水边界　这类边界上的结点须建立连续性方程，但由于边界不透水，通过边界的流量为零，故连续性方程仍然适用，即建立方程时与内部结点无关。

　　③土层均匀向外延伸而被截取的边界　孔隙压力理应渐变过渡和用外插法确定边界孔隙压力，但这样会使总系数矩阵不对称，增加计算的复杂性。故仍简单地处理成前两种边界，这时截取的边界应足够远，这样处理对主要区域的计算成果影响不大。

7.6　土的大变形固结理论

7.6.1　产生背景及必要性

　　传统固结理论假定土体的变形足够小，虽然经过许多工程实践证明了它的适用性，但是，对于软黏土和吹填土，当荷载较高、土体变形较大时，小变形分析通常会带来较大的误差。Weber(1969)曾报导建于泥炭土地基之上的堤坝，在固结期间压缩层厚度减少了 80%，如此大的变形显然已经超出了传统固结理论的基本假定范围。另外，Cargill(1984)分析了卡纳维拉尔角围海造陆吹填工程，土体的初始孔隙比可达 17.0 以上，即使取初始平均孔隙比 12.0，大变形与小变形固结分析的结果仍相差达 50% 以上，而大变形计算结果与实测值相当一致。事实上，当土体变形较大，或产生旋转时，采用小变形理论会出现"物质消失"的现象，这显然与实际不符。

　　我国东南沿海地区，以及某些内陆地区广泛分布着典型的软黏土和超软黏土，随着经济建设的发展，大量工程(高速公路、机场跑道、大型特大型油罐、大坝、矿山尾矿坝、港口工程、围海造陆工程、电厂、建筑深基坑工程、高边坡防护等)在软土和超软黏土地区开展实施，这对软基处理技术提出了更新、更高的要求。根据已有的一些现场实测资料分析表明，工程中正确评估软土地基的变形，尤其是地基的不均匀变形和侧向变形等，则是合理选择地基处理方案及地基形式，提高软基处理质量和有效组织项目施工的重要依据，也是许多工程项目成败的关键所在。目前的状况是理论研究落后于实际应用，前已述及，传统的分析手段仍是小变形固结理论，当荷载等级不高，土层条件尚好时，其分析结果可以满足一般工程的要求。但当荷载等级较高，土层条件不好时，若仍然忽视软土地基的大变形固结特征，其分析结果就可能出现较大的偏差。基于这样的分析，有必要建立合理适用的大变形固结理论并对软黏土的大变形固结性状进行比较深入的研究。

7.6.2　研究现状及发展前景

　　现有的大变形固结理论可以分为两大类：Gibosn 的一维大变形固结理论和基于连续介质力学有限变形理论的多维大变形固结理论。Mikasa 的理论暂且归至第一类。事实上，根据参照系的不同，第二类固结理论又可细分为基于 Lgarnage 描述的大变形固结理论和基于 Euler 描述的大变形固结理论。

　　后人沿着 Gibson 理论进行了长期深入的研究，包括理论完善、数值分析、室内CRD 试验和现场试验等，从而形成了较为完整的体系；同时应用研究方面也取得了一些进步。Townsendetal(1990)针对美国佛罗里达州磷酸盐尾矿库中的固结预测问题，采用一维大变形固结理论进行了有益的尝试，不过其数值分析的预测效果并不能让人满意。Foriero 和 Ldanayi(1999)将 Gibson 理论应用于冻融土的固结分析，对冻融土的固结沉降用有限元法作了预测。Partcrik(1999)归纳提出了均质正常固结在荷载作用下的一维固结求解曲线，并进行了沉降、孔隙水压力的研究对比，同时对固结参数的变化也作了讨论。Wihcmna(2000)提出了含气淤泥的有限变形固结理论，将已有的饱和土体一维有限变形固结理论推广应用于含气土体。

相对 Mikasa(1965)较早提出的一维大变形固结理论而言，Gibsonetal(1967)的理论更加完善、更具有普遍性。Pnae 和 Sehiflhlan(1981)在 Mkiasa(1965)理论取得全新的进展以前，曾对两个理论进行了比较分析，他们认为，Mikasa 理论和 Gibson 理论的主要区别在于，前者的理论只考虑了快速沉积后土体在自重作用(有或无表面荷载)下的固结，而 Gibson 的理论可以考虑快速沉积、缓慢沉积和逐步加荷情况下的土体固结。另外有趣的是，Mikasa 在理论推导时，曾出现了两次失误，然而幸运的是，两次的错误却抵消了，从而得到了正确的固结方程(Imai，1995)。在控制变量的选取方面，Gibson 理论的特色就在于选择了土体孔隙比作为其一维大变形固结理论的控制变量；而 Mikasa(1965)理论中选择了固结比和自然应变两者作为控制变量，由此决定了它所考虑的土体的初始状态必须是均匀的。后来，新的 Mikaas(1995，1998)理论可以考虑非均匀土体和逐步加荷情况；但由于其理论固有的局限性，仍然难以引入有限变形的基本概念和基本理论。

大变形固结理论同于 Terzaghi 一维固结理论的结论：

①大变形理论所预测的土体变形量将大于传统理论的结果，这主要是由于考虑土体的材料非线性引起的。

②传统理论过高估计了固结所需的时间，低估了某一时刻的超静孔隙水压力，从而引起了对土体抗剪强度的过高估计。

③对于双面排水地基，孔隙水压力沿深度的分布不再以地基的中轴线为对称轴，其对称性并不存在。

④外加荷载的大小将影响固结度。对于固结过程初期的同一时间，外载越大则固结度越小，而在后期，外载越大则固结度越大；不过整个固结过程中得到的计算固结度均高于传统理论的计算结果。

7.6.3 基本理论

大变形理论涉及一些专门知识，为此需对有关的专门概念作一般说明。

设 $x_i^0(i=1，2，3，下同)$ 为质点的初始坐标，u_i 为其变位，则 $x_i=x_i^0+u_i$ 即为变位后的坐标。大变形问题有两种描述方法。一种是以初始构形描述的 Lagrange 法，此时同坐标点意味着同一质点，故此法又称物质描述法。另一种是瞬时构形描述的 Euler 法，此时某一坐标点在不同时刻由不同的质点所占据，故此法又称空间描述法。但 Lagrange 描述法有一个变种称为坐标更新法，简称 UL 法，即在每一荷载增量结束时把坐标更新一次，然后在从变位后坐标出发进行下一级荷载增量计算，而始终采用初始坐标的方法则称为全 Lagrange 法，简称 TL 法。

(1)变形梯度

$$F_{ij} = \frac{\partial x_i}{\partial x'} = \delta_{ij} \times \frac{\partial u_i}{\partial x_j^0}$$ (7-92)

式中，δ_{ij} 为单位张量；$\frac{\partial u_i}{\partial x_j^0}$ 为位移梯底。

(2)Green 应变张量

$$E_{ij} = -\frac{1}{2}\left(\frac{\partial u_i}{\partial x_j^0} + \frac{\partial u_j}{\partial x_i^0} + \frac{\partial u_k}{\partial x_i^0}\frac{\partial u_k}{\partial x_j^0}\right)$$ (7-93)

该式用于初始构形描述，其中重复脚标表示求和，以压缩为正。

(3)Euler 应变张量

$$e_{ij} = -\frac{1}{2}\left(\frac{\partial u_i}{\partial x_j} + \frac{\partial u_j}{\partial x_i} + \frac{\partial u_k}{\partial x_i}\frac{\partial u_k}{\partial x_j}\right)$$ (7-94)

该式用于瞬时构形描述。

(4)Cauchy 应力张量

作用于单位面积上 j 方向的力 t_j 可以写为

$$t_j = n_i \sigma_{ij}$$ (7-95)

式中，n_i 为该面法向与坐标轴 i 交角的方向余弦；σ_{ij} 为 Cauchy 应力。

Cauchy 应力应用于瞬时构形描述，与小应变的应力张量相同。

(5)第一 Piola-Kirchhoff 应力张量

$$\sigma_{ij}^* = J\sigma_{ik}F_{kj}^{-1}$$ (7-96)

式中，J 为 Jacob 矩阵，$J = \det F_{ij} = \frac{\mathrm{d}V}{\mathrm{d}V_0}$，为变形前后的体积比。

该式是把瞬时构形上法向 n 面上的力化到初始构形法向 n_0 面上而得到，与变形前后的两点均有关系，故属于两点张量。该张量是不对称的，不能用于应力—应变关系的描述。

(6)第二 Piola-Kirchhoff 应力张量

$$\sigma_{ij}^0 = JF_{ik}^{-1}\sigma_{kl}F_{lj}^{-1} = F_{ik}^{-1}\sigma_{kj}^*$$ (7-97)

该式只涉及到初始构形上一点的应力张量，它是一种二阶对称张量，代表变形前单位面积上的力，可以用于与 Green 应变张量匹配的应力—应变关系表达。

7.6.4　固结方程

大变形固结理论的一些基本假设与 Terzaghi 理论的假设是基本相同的，不同之处是压缩系数不被认为是常数，即有效应力与孔隙比之间有非线性关系；渗透系数与孔隙比有关；渗透速度以孔隙水与骨架的相对速度来表示。下面采用 Lagrange 的物质描述法，也即坐标系统用 x_i^0，应变用 Green 应变 E_{ij}，应力用第二 Piola-Kirchhoff 应力 σ_{ij}^0。

(1)平衡方程

空间描述法的平衡方程与小应变时一样，而当用物质描述法时，Cauchy 应力需改为第一 Piola-Kirchhoff 应力，后者根据式(7-96)应写为 $F_{ik}\sigma_k$，故相应的方程式应为

$$\frac{\partial}{\partial x_j^0}(F_{ik}\sigma_{kj}^0) - f_i = 0 \tag{7-98}$$

式中，f_i 为体积力。

式(7-98)的增量方程为

$$\frac{\partial}{\partial x_j^0}(F_{ik}\Delta\sigma_{kl}^0 + \Delta F_{ik}\sigma_{kj}^0) - \Delta f_i = 0 \tag{7-99}$$

(2)本构方程

$$\Delta\sigma_{ij}^0 - \delta_{ij}\Delta u_w = D_{ijkl}^0\Delta E_{ij} \tag{7-100}$$

(3)几何方程

把式(7-94)写成增量形式

$$\Delta E_{ij} = -\frac{1}{2}\left(\frac{\partial\Delta u_i}{\partial x_j^0} + \frac{\partial\Delta u_j}{\partial x_i^0} + \frac{\partial u_k}{\partial x_j^0}\frac{\partial\Delta u_k}{\partial x_i^0} + \frac{\partial\Delta u_k}{\partial x_i^0}\frac{\partial u_k}{\partial x_j^0}\right) \tag{7-101}$$

(4)连续方程

不计静水压力下的渗流运动，以超静孔隙水压力 u_w 为变量，此时

$$\frac{\partial\varepsilon_v}{\partial t} - \frac{1}{\rho_w g\partial x_i^0}\left(k_i\frac{\partial u_w}{\partial x_i^0}\right) = 0 \tag{7-102}$$

式中，k_i 为 i 方向渗透系数。

把本构关系式(7-100)和几何方程式(7-101)代入平衡方程式(7-99)中，只保留二次项，略去三次项，则

$$-\frac{\partial}{\partial x_j^0}\left[\frac{1}{2}\delta_{ik}D_{kjlm}^0\left(\frac{\partial\Delta u_l}{\partial x_m^0} + \frac{\partial\Delta u_m}{\partial x_l^0}\right)\right] - \frac{\partial}{\partial x_j^0}\left[\frac{1}{2}\frac{\partial u_i}{\partial x_k^0}D_{kjlm}^0\left(\frac{\partial\Delta u_l}{\partial x_m^0} + \frac{\partial\Delta u_m}{\partial x_l^0}\right)\right]$$

$$-\frac{\partial}{\partial x_j^0}\left[\frac{1}{2}\delta_{ik}D_{kjlm}^0\left(\frac{\partial\Delta u_l}{\partial x_m^0}\frac{\partial\Delta u_m}{\partial x_l^0} + \frac{\partial u_l}{\partial x_l^0}\frac{\partial\Delta u_m}{\partial x_m^0}\right)\right] - \frac{\partial}{\partial x_j^0}\left[\sigma_{kj}^0\frac{\partial\Delta u_i}{\partial x_k^0}\right] \tag{7-103}$$

$$-\frac{\partial}{\partial x_j^0}\left[\left(\delta_{ik} + \frac{\partial\Delta u_i}{\partial x_k^0}\right)\delta_{kj}\Delta u_w\right] - \Delta f_i = 0$$

另一方面，体应变公式为

$$\varepsilon_v = 1 - \frac{dV}{dV^0} = 1 - \begin{vmatrix} 1+\frac{\partial u_1}{\partial x_1^0} & \frac{\partial u_1}{\partial x_2^0} & \frac{\partial u_1}{\partial x_3^0} \\ \frac{\partial u_2}{\partial x_1^0} & 1+\frac{\partial u_2}{\partial x_2^0} & \frac{\partial u_2}{\partial x_3^0} \\ \frac{\partial u_3}{\partial x_1^0} & \frac{\partial u_3}{\partial x_2^0} & 1+\frac{\partial u_2}{\partial x_3^0} \end{vmatrix} \tag{7-104}$$

把右端行列式展开后只保留二次项，并对时间求导后代入式(7-103)，可得

$$-\left(1+\frac{\partial u_2}{\partial x_2^0}+\frac{\partial u_3}{\partial x_3^0}\right)\frac{\partial}{\partial x_1^0}\frac{\partial u_1}{\partial t} - \left(1+\frac{\partial u_1}{\partial x_1^0}+\frac{\partial u_3}{\partial x_3^0}\right)\frac{\partial}{\partial x_2^0}\frac{\partial u_1}{\partial t} - \left(1+\frac{\partial u_1}{\partial x_1^0}+\frac{\partial u_2}{\partial x_2^0}\right)\frac{\partial}{\partial x_3^0}\frac{\partial u_3}{\partial t} +$$

$$\frac{\partial u_2}{\partial x_1^0}\frac{\partial}{\partial x_2^0}\frac{\partial u_1}{\partial t} + \frac{\partial u_3}{\partial x_1^0}\frac{\partial}{\partial x_3^0}\frac{\partial u_1}{\partial t} + \frac{\partial u_1}{\partial x_2^0}\frac{\partial}{\partial x_1^0}\frac{\partial u_2}{\partial t} + \frac{\partial u_3}{\partial x_2^0}\frac{\partial}{\partial x_3^0}\frac{\partial u_2}{\partial t} +$$

$$\frac{\partial u_1}{\partial x_2^0}\frac{\partial}{\partial x_1^0}\frac{\partial u_2}{\partial t} + \frac{\partial u_3}{\partial x_2^0}\frac{\partial}{\partial x_3^0}\frac{\partial u_2}{\partial t} + \frac{\partial u_1}{\partial x_3^0}\frac{\partial}{\partial x_1^0}\frac{\partial u_3}{\partial t} +$$

$$\frac{\partial u_2}{\partial x_3^0}\frac{\partial}{\partial x_2^0}\frac{\partial u_3}{\partial t} - \frac{1}{\rho_w g \partial x_i^0}\left(k_i\frac{\partial u_w}{\partial x_i^0}\right) = 0 \tag{7-105}$$

式（7-105）构成了以 Δu_1、Δu_2、Δu_3 和 Δu_w 为变量的大变形固结问题的控制方程式。

式（7-100）中 σ_{ij}^0 和 E_{ij} 为初始构形上定义的应力相应变，而非真实的应力和应变，因而模量矩阵 D_{ijkl}^0 也与通常意义下 D_{ijkl} 的不同。将式（7-97）和从式（7-95）和式（7-95）得到的 E_{ij} 与 e_{ij} 的关系式代入式（7-100）中，可得 D_{ijkl}^0 的表达式如下，即

$$D_{ijkl}^0 = JF_{im}^{-1}F_{jn}^{-1}F_{kp}^{-1}F_{lq}D_{mnpq} + F_{kp}^{-1}F_{lq}\sigma_{ij}^0 - F_{in}^{-1}F_{ln}^{-1}\sigma_{jk}^0 - F_{im}^{-1}F_{lm}^{-1}\sigma_{jk}^0 \tag{7-106}$$

D_{mnpq} 即为按小变形理论确定的模量矩阵。

7.6.5 固结方程的解法

用大变形固结理论计算饱和软黏土的固结问题，实质就是根据初始条件和边界条件解偏微分方程式（7-103）和（7-105），由于上述方程是高度非线性的，即使简单的边界条件也难以求得解析解，通常都是将上述方程简化成线性方程或拟线性方程用数值方法求解。

将位移和孔隙水压力通过节点位移 $\{\bar{u}\}$ 和节点孔隙水压力 $\{\bar{u}_w\}$ 表示，即

$$\{\bar{u}\}\{\bar{u}_w\}\{u\} = [N]\{u\} \tag{7-107}$$

$$\{u_w\} = [\bar{N}]\{\bar{u}_w\} \tag{7-108}$$

式中，$[N]$、$[\bar{N}]$ 的形函数。

采用 Green 应变，将式（7-107）代入（7-101）后可得

$$\{\Delta E\} = [\tilde{B}]\{\Delta\bar{u}\} \tag{7-109}$$

式中

$$\{\tilde{B}\} = [B_{L0}] + [B_{L1}] + [B_N] \tag{7-110}$$

右边第一项 $[B_{L0}] = [L] + [N]$，与小应变的表达式一样，即与式（7-101）中前面两项相当。第二项 $[B_{L1}] = [A][G]$，与式（7-101）中的中间两项相当，$[A]$ 为位移梯度短阵，$[G]$ 为转换矩阵。第三项 $[B_N] = \frac{1}{2}[\Delta A][G]$ 相当于式（7-101）的最后一项，$[\Delta A]$ 是 $[A]$ 的增量形式。这一项的存在将使大变形问题变成增量非线性问题，即增量方程式的系数中将包含增量本身，从而大大增加求解的难度。为了达到线性化，往往删去这一项，事实上在推导式（7-103）时已这样做了。

把式（7-107）和式（7-108）代入式（7-105）中，可得与式（7-105）类似的有限元公式，而矩阵 $[K]$ 应改为 $[\tilde{K}]$

$$[\tilde{K}] = \int[\tilde{B}][D][\tilde{B}]\mathrm{d}\Omega \tag{7-111}$$

此处的 $[\tilde{B}]$ 应当用式（7-110）代入，而 $[D^0]$ 则要用式（7-106）计算。

Gibson 等用固结系数 C_F 将方程（7-103）和（7-105）表示成与 Terzaghi 固结系数相似

的形式, 即

$$C_{\mathrm{F}} = -\frac{k(e)\,(1+e_0)^2}{\gamma_{\mathrm{w}}(1+e)}\frac{\mathrm{d}\sigma'}{d_e} \tag{7-112}$$

式中, e、e_0 为 t 时刻的孔隙比、初始孔隙比; k 为渗透系数。

对于薄黏土层可忽略自重应力对固结的影响, 故有

$$\frac{\partial}{\partial a}\left(C_{\mathrm{F}}\frac{\partial e}{\partial a}\right) = \frac{\partial e}{\partial t} \tag{7-113}$$

设 C_{F} 与孔隙比 e 有线性关系

$$C_{\mathrm{F}} = C_0 + \alpha(e - e_0) \tag{7-114}$$

式中, C_0、α 为常数。

Gibson 等用上述方法对不同情况下的饱和薄软土层进行了固结计算, Gibson 等人还采用固相坐标系, 并设

$$g(e) = -\frac{k(e)}{\gamma_{\mathrm{w}}(1+e)}\frac{\mathrm{d}\sigma'}{\mathrm{d}e} \tag{7-115}$$

$$\lambda(e) = -\frac{\mathrm{d}}{\mathrm{d}e}\left(\frac{\mathrm{d}e}{\mathrm{d}\sigma'}\right) \tag{7-116}$$

将 $g(e)$、$\lambda(e)$ 视为常数, 并以 g 和 λ 表示, 则有线性偏微分方程

$$\frac{\partial^2 e}{\partial z^2} - \lambda(G_{\mathrm{S}}-1)\gamma_{\mathrm{w}}\frac{\partial z}{\partial e} = \frac{1}{g}\frac{\partial e}{\partial t} \tag{7-117}$$

式(7-116)反映了孔隙比与有效应力的关系, G_{S} 为土的饱和重度, z 为固相坐标, 可变换成下列形式

$$e = (e_0 - e_\infty)\mathrm{e}^{-\lambda\sigma'} + e_\infty \tag{7-118}$$

式中, e_∞ 为最大固结压力作用下的稳定孔隙比。

用数值方法对厚土层进行不同情况的固结计算。Cargill 等采用 Gibson 类似的方法通过数值计算, 得出了一套可用于手算的计算图表, 应用较方便, 现介绍如下。对固结方程式(7-117)进行无量纲化, 为此引入中间变量

$$E(Z,t) = \frac{e(z,t)}{e(0,0)} \tag{7-119}$$

$$Z = \frac{z}{l} \tag{7-120}$$

$$T_{\mathrm{f}} = \frac{gt}{l^2} \tag{7-121}$$

$$\lambda l(G_{\mathrm{S}}-1)\gamma_{\mathrm{w}} = N \tag{7-122}$$

式中, l 为固相坐标系的土层厚度。

则方程(7-117)变为无量纲方程

$$\frac{\partial^2 E}{\partial z^2} - N\frac{\partial E}{\partial z} = \frac{\partial E}{\partial T_{\mathrm{f}}} \tag{7-123}$$

根据不同的初始条件及边界条件, 用数值法解上述方程, 得出 $E(Z, T_{\mathrm{f}})$ 的数值。

定义固结度为某一时刻的沉降量 $S(t)$ 与最终沉降量 $S(\infty)$ 之比, 则固结度为

$$U(t) = \frac{S(t)}{S(\infty)} = \frac{\int_0^l [e(z,0) - e(z,t)]\,\mathrm{d}z}{\int_0^l [e(z,0) - e(z,\infty)]\,\mathrm{d}z} \qquad (7\text{-}124)$$

变换成无量纲的形式，则

$$U(T_f) = \frac{\int_0^l [E(Z,0) - E(Z,T_f)]\,\mathrm{d}z}{\int_0^l [E(Z,0) - E(Z,\infty)]\,\mathrm{d}z} \qquad (7\text{-}125)$$

根据不同的初始条件及边界条件，用数值法解上述方程，得出固结度 $U(T_f)$ 与时间因数 T_f 的关系，给出图表，利用图表便可进行固结计算。

7.7　土的动力固结理论

强夯法也称动力固结法(Dynamic Consolidation Method)或动力压实法(Dynamic Compaction Method)，这种方法是反复将很重的锤(一般为8~40t)提到一定高度(一般为8~20m，最大可达40m)使其自由落下，给地基以冲击和振动能量。由于锤的冲击使得在地基土中出现强烈的冲击波和动应力，可以提高地基土的强度，降低土的压缩性，改善砂性土的抗液化条件，消除湿陷性黄土湿陷性；另外还可提高土层的均匀程度，减少将来可能出现的不均匀沉降。

强夯法是由法国 Menard 技术公司于 1969 年首创的一种地基加固方法，由于其具有适用范围广，加固效果明显的优点，目前在我国和世界各地得到了广泛应用。我国于1978 年 11 月至 1979 年初首次由交通部一航局科研所及其协作单位在天津新港三号公路进行了强夯法试验研究。在初步掌握了这种方法的基础上，于 1979 年 8 月至 9 月又在秦皇岛码头堆煤厂细砂地基进行了试验，证明其效果显著，20 世纪 80 年代初在取得强夯试验较好的加固效果后，迅速在全国各地推广应用。现在强夯法已成为我国地基处理的一项主要方法，据不完全统计，仅"八五"期间，全国重大工程项目地基处理中采用强夯技术有文献记载的就达 $300 \times 10^4 \mathrm{m}^2$。

强夯法在开始时仅用于加固砂土和碎石土地基，经过几十年的应用和发展，随着施工方法的改进、排水条件的改善以及其他配合措施的应用，强夯法已适用于杂填土、素填土、吹填土、碎石土、砂土、低饱和度的粉土与黏性土、湿陷性黄土等地基的处理。对饱和度较高的黏性土尤其是淤泥和淤泥质土，处理效果不显著。但饱和黏性土利用强夯法加固成功的实例和饱和黏性土利用强夯法加固机理的研究现在也有报道，不过对于这类土的应用还是应该慎重，一般是经过试验可行后方可实施。夯击能量和加固深度相对于以前有了很大程度提高。强夯夯击能量最大可达到 8000kN·m，加固深度最大可达到 20m。近年来，有人又把强夯法和其他地基处理方法结合起来，更加增大了强夯法处理地基的范围，如强夯置换法、强夯碎石桩法、孔内深层强夯法等。

强夯法加固地基的机理，从加固原理与作用看，分为动力夯实、动力固结、动力置换三种情况，其共同特点是破坏土的天然结构，达到新的稳定状态。

7.7.1 动力夯实

在非饱和土,特别是孔隙多、颗粒粗大的土中,高能量的夯击对土的作用不同于机械辗压、振动压实和重锤夯实。巨大的夯击能量产生的冲击波和动应力在土中传播,使颗粒破碎或使颗粒产生瞬间的相对运动,从而孔隙中气泡迅速排出或压缩,孔隙体积减小,形成较密实的结构。实际工程表明,在冲击动能作用下,地面立即产生沉降,一般夯击一遍后,夯坑深度可达0.6~1.3m,夯坑底部形成一层超压密硬壳层,承载力比夯前提高2~3倍以上,在中等夯击能量1000~3000kN·m的作用下,主要产生冲切变形。加固范围内的气体体积将大大减少,从而使非饱和土变成饱和土,或者使土体的饱和度提高。

湿陷性黄土,性质比较特殊,其湿陷是由于其内部架空孔隙多、胶结强度差、遇水微结构强度迅速降低而突变失稳,造成孔隙崩塌引起附加的沉降。用强夯法处理湿陷性黄土破坏其结构,使微结构在遇水前崩塌,减少其孔隙。

7.7.2 动力固结

强夯法处理饱和黏性土时,巨大的冲击能量在土中产生很大的应力波,破坏土体原有的结构,使土体局部发生液化,产生许多裂隙,增加排水通道,使孔隙水顺利逸出,待超孔隙水压力消散后,土体固结。由于软土的触变性,强度得以提高,这就是动力固结。

动力固结主要是针对于黏性土提出的。实践证明,在夯击过程中,土体的瞬时沉降可达几十厘米,土中产生液化后使土的结构破坏,土的强度下降到最小值,在夯点周围出现径向裂隙,加速孔隙水压力的消散,随后由于黏性的触变特性,使降低的强度得到恢复和增强。Menard教授根据强夯法的实践,对传统的固结理论进行了改进,提出了一个新的弹簧活塞模型,对动力固结的机理作了解释,相对于以前的静力固结理论作了较大的改进。这个模型的特点见图7-7、表7-1。

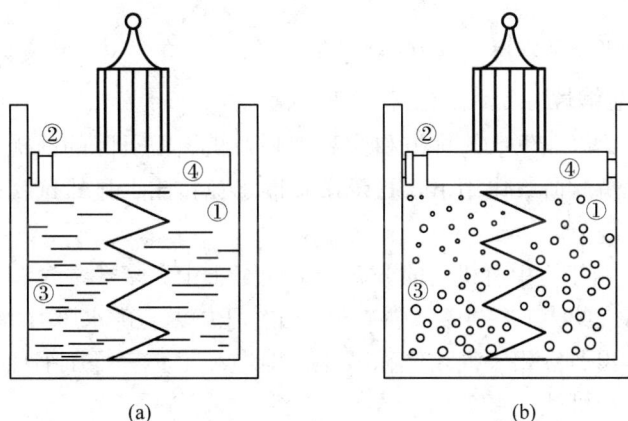

图7-7 静力固结理论与动力固结的模型比较

(a)静力固结理论模型 (b)动力固结理论模型

表 7-1 静力固结与动力固结两种模型对比表

静力固结模型 [图 7-7(a)]	动力固结模型 [图 7-7(b)]
①不可压缩的液体; ②固结时液体排出的孔径不变; ③弹簧刚度为常数; ④无摩擦活塞	①含有少量气泡的可压缩液体; ②固结时液体排出的孔径是变化的; ③弹簧刚度为常数; ④有摩擦活塞

土体的液化:液化度为孔隙水压力与液化压力之比;液化压力即为覆盖压力,当液化度为 100% 时,亦即为土体产生液化的临界状态,而该能量级称为"饱和能"。

从图 7-8 和图 7-9 中可见,每夯击一遍时,体积变化有所减少,而地基承载力有所增长,但体积的变化和承载力的提高,并不是按照夯击能的算术级数规律增加的。

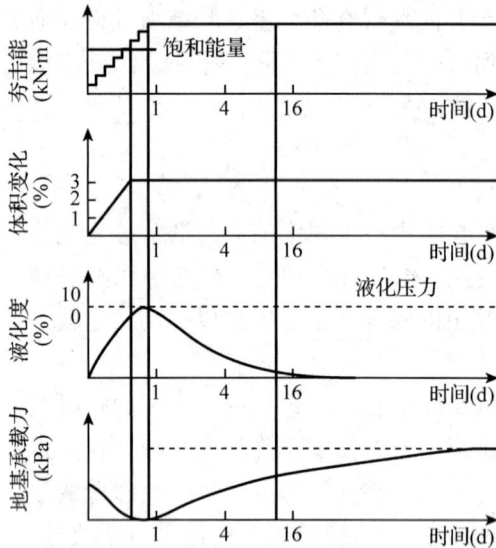

图 7-8 夯击一遍的情况

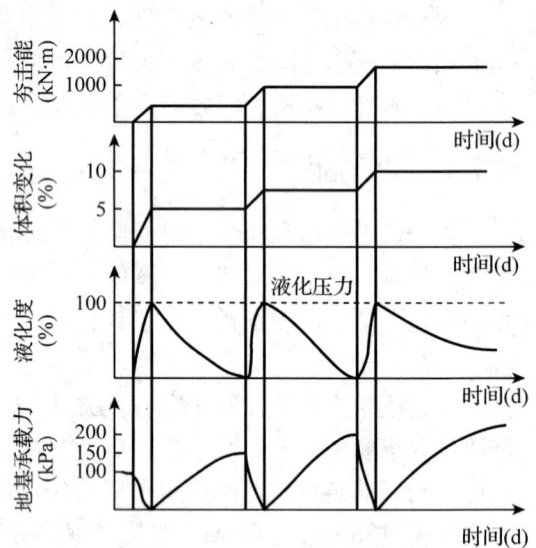

图 7-9 夯击三遍的情况

动力固结理论可概括为以下几方面:

(1)饱和土的压缩性

传统的固结理论以孔隙水的排出和饱和细颗粒土出现沉降的前提为条件。但在进行强夯施工时,在瞬时荷载作用下,孔隙水不能迅速排出,显然这就无法解释强夯时立即发生沉降这一现象。

Menard 以为,由于土中有机物的分解,第四纪土中大多数都含有微气泡形式出现的气体,其含气量大约为 1%~4%,强夯时,气体压缩,孔隙水压力增大,随后气体有所膨胀,孔隙水排出,液相、气相体积减小,即饱和土具有可压缩性。根据试验,每夯击一遍,气体体积可减少 40%。

强夯时,含气孔隙水不能消散而具有滞后现象,气相体积不能立即膨胀,这一现象由动力固结模型中活塞与筒体间存在摩擦来模拟。

(2)局部液化

强夯时,土体被压缩,夯击能越大,沉降越大,孔隙水压力也不断增加,当孔隙水压力达到上覆土压力时，土体产生液化，这时土中吸着水变为自由水，土的强度下降到最小值（图7-8），即土体的压缩模量是可变的，在动力固结模型中以可变弹簧刚度来模拟。

在图7-8中，与液化压力相对应的能量为"饱和能"，一旦达到"饱和能"，再继续施加能量，不仅毫无效果，还起重塑破坏作用。

(3) 渗透性变化

在强夯的冲击能量作用下，当土中的超孔隙水压力大于土颗粒间的侧向压力时，土颗粒间会出现裂隙并形成树枝状排水通路，使土的渗透性变好，孔隙水能顺利排出。图7-10为土的渗透系数与液化度关系曲线。

当液化度小于临界液化度 a_i 时，渗透系数成比例增长，当液化度超过 a_i 时，渗透系数骤增，夯坑周围出现冒气冒水现象。随着孔隙水压力消散，土颗粒重新组合，此时土中液体又恢复到正常状态。

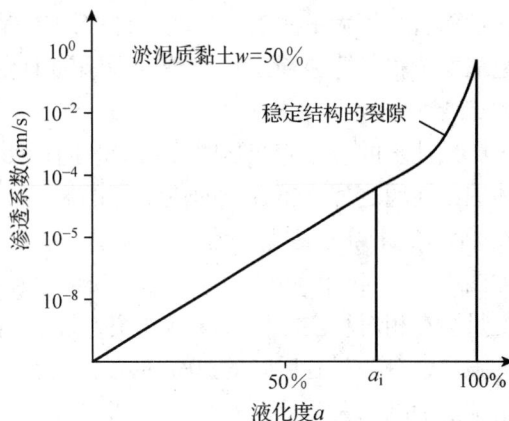

图7-10　土的渗透系数与液化度关系曲线

夯击前后土的渗透性的变化，可用一个孔径可变的排水孔进行模拟。

(4) 触变恢复

土体在夯击能量作用下，结构被破坏，当出现液化时，抗剪强度几乎为零，但随着时间的推移，土的结构逐渐增长，这一过程称为触变恢复，也称为时效。

地基土强度增长规律与土体中孔隙水压力有关。液化度为100%时，土的强度降到零；但随着孔隙水的消散，土的强度逐渐增长，存在一个触变恢复阶段，这一阶段能持续几个月，据实测资料，夯击6个月后所测得的强度比一个月所测得的强度增长20%~30%，而变形模量增长30%~80%。

7.8　土的流变理论

7.8.1　土的流变性

从应力、变形的角度，土具有三个特性：

①非线性　包括应力和应变关系的非线性、变形随时间而变化的非线性、应力随时间而变化的非线性；

②弹性和塑性　经典弹塑性理论所描述的；

③流变性　时间效应，即土的蠕变、应力松弛以及强度的时间效应等特性。通过研究土的流变性能，可以分析工程的长期稳定性。

由于土体具有流变性而表现出的现象主要有四种：蠕变、应力松弛、长期强度、应变率效应。

所谓蠕变是指在应力状态不变的条件下，应变随时间逐渐增长的现象；应力松弛是指维持应变不变,材料内的应力随时间逐渐减小的现象;应变率(荷载率)效应是不同的加荷速率,土体表现出不同的应力、应变关系和强度特性;长期强度是土体抗剪强度随时间而减小,即长期的强度小于相对瞬时强度。

流变与蠕变之间是有区别的,流变是指材料的性质、状态随时间而变化;蠕变是指材料的变形随时间而增加;流变包括蠕变,或者说流变更一般、范围更广。土的流变性而引起了大量的工程问题,许多的工程由于土体流变而破坏失事:黏土地基上挡土墙的位移、边坡稳定性、桥台因蠕动而变形。一般认为:软黏土流变性强,砂性土的流变性弱。

黏性土的应力应变强度关系受时间的影响除了基于有效应力原理的孔压消散和土体固结问题之外,还有土的流变性的影响。图 7-11 表示土的蠕变和应力松弛的现象。在图 7-11(a)中,在某一常应力作用下,土的应变不断增加,但当这个应力值较小时,如图中$(\sigma_1-\sigma_3)_1$和$(\sigma_1-\sigma_3)_2$,试样变形逐渐趋于稳定;当这个常应力较大时,则应变量会在相对稳定之后又突然加快,最后达到蠕变破坏。这种蠕变强度低于常规试验的强度,有时只有后者的 50% 左右。黏性土的蠕变性随着其塑性、活动性和含水量的增加而加剧。

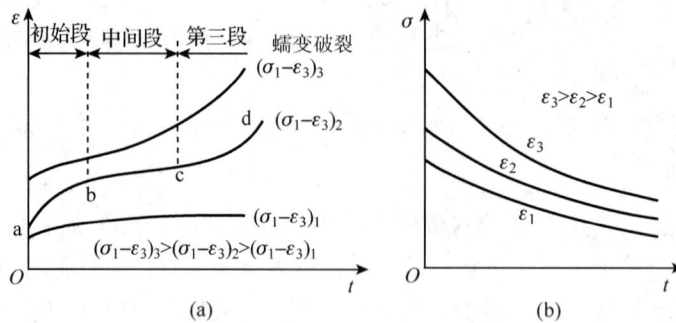

图 7-11 黏土的蠕变与应力松弛
(a)蠕变 (b)应力松弛

在侧限压缩条件下,由于土的流变性而发生的压缩称为次固结,长期的次固结可以使土体不断加密而使正常固结土呈现出超固结土的特性,被称为似超固结土或"老黏土"。

除了黏性土的流变性以外,近年来也发现一些高面板堆石坝的堆石体也随着时间不断发生变形,受到很大关注。这可能与土及堆石块体之间的流变性有关。

(1)黏滞性

液体(或气体)单元颗粒相互位移时表现出的抵抗位移的特性称为流体的黏滞性。理想黏滞液体(牛顿液体):①任意剪应力下,剪应力速率 $\dot{r}$ = 常数;②$\tau = \eta\dot{\gamma}$;③黏滞流动变形不可逆。牛顿液体:$\tau = \eta\dot{\gamma}$,η 为黏滞系数,泊·秒或牛·牛/米^2;黏滞流动不可逆。介质的黏滞性用黏度来表征,例如空气为 1.8×10^{-4} 泊·秒、水为 10^{-2} 泊·秒、各种油约为 $0.5 \sim 10$ 泊·秒、地壳为 5×10^{22} 泊·秒、土为 $10^6 \sim 10^{17}$ 泊·秒、冰为 $10^{10} \sim 10^{15}$ 泊·秒。

土的应力和流动速度之间的关系是非线性的;相应的黏度也就不是常数,而是与荷载的大小、时间有关。黏度的变化成千倍的量级，过程开始时，黏度 $10^9 \sim 10^{10}$ 泊；结束时达 $10^{13} \sim 10^{14}$ 泊。可用于进行蠕变试验的仪器都可用来测定土的黏度。

土是力学性质非常复杂的材料，应该被看成非线性的具有弹塑性、黏滞性的介质，因此土具有弹塑-黏滞特性。

①弹性　表现在土中存在可恢复的变形；

②塑性　表现在不可逆的变形发展；

③黏滞性　表现在变形随时间而发展；

④非线性表现在应力—变形—时间之间的非线性关系。

(2) 土的蠕变

在恒定应力作用下，物体的变形随时间而增加的现象。土的蠕变特性与应力大小有关。如图 7-11(a) 所示，当施加的剪应力 τ 小于土的下屈服值 $(\sigma_1 - \sigma_3)_1$，土体会引起有限蠕变，但不破坏；当施加的剪应力小于上屈服值 $(\sigma_1 - \sigma_3)_3$ 时，也不会发生破坏，这时应变随时间 t 或时间对数 $\lg t$ 成线性增加；当施加的剪应力大于 $(\sigma_1 - \sigma_3)_3$ 时，土体内部结构便开始破坏，出现加速变形直至土体完全破坏。因此，为了确保工程安全，τ 超过 $(\sigma_1 - \sigma_3)_3$ 的部位应予加固。试验证明，加大球应力，促使土体排水，增加密度，使颗粒间接触面增大，可使蠕变速率减慢，上屈服值 $(\sigma_1 - \sigma_3)_3$ 提高。工程上常利用这一力学效应来提高工程的稳定性。

(3) 土的应力松弛

土在恒温、恒定应变下，应力随时间减小的现象。试验表明，当施加的恒定剪应变所诱生的剪应力 τ 值低于上屈服值 $(\sigma_1 - \sigma_3)_3$ 时，则剪应力随时间而逐渐减小至有限应力值；当施加的恒定剪应变所诱生的剪应力 τ 高于 $(\sigma_1 - \sigma_3)_3$ 时，则剪应力 τ 随时间而较快地减小到同一个极限应力值。土的应力松弛效应也不利于工程的稳定性，如工程上的挡土墙，墙后土体内的应力松弛会使部分应力逐渐传递给挡土墙，从而使挡土墙上的土压力随时间增加，导致挡土墙变形逐渐增大，进入危险状态。

(4) 土的强度时间效应

土的强度时间效应是土在恒定温度下的强度随加载时间的增加而减小的现象。这一效应也可用来测定长期强度，方法之一是在几个试样上施加不同的应变速率，求得应变速率与强度的关系曲线，外延这一曲线，可得长时间的强度，即土的长期强度。

(5) 蠕变的类型和特点

①蠕变的两种类型　稳定蠕变：也称为衰减性蠕变，低应力状态下发生的蠕变，图 7-11(a) 中 $(\sigma_1 - \sigma_3)_1$ 曲线。不稳定蠕变：也称为非衰减性蠕变，较高应力状态下发生的蠕变，图 7-11(a) 中 $(\sigma_1 - \sigma_3)_2$ 曲线和 $(\sigma_1 - \sigma_3)_3$ 曲线。

②典型蠕变三个阶段　土的典型蠕变可分为三个阶段，即图 7-11(a) 中 $(\sigma_1 - \sigma_3)_2$ 曲线中 $a - b$、$b - c$、$c - d$ 三个阶段。第一阶段 $(a - b)$，减速蠕变阶段：应变速率随时间增加而减小。第二阶段 $(b - c)$，等速蠕变阶段：应变速率保持不变。第三阶段 $(c - d)$：加速蠕变阶段：应变速率随时间增加而增加。

7.8.2　基本流变元件

一般的流变处于欧几里得刚体与理想的帕斯卡液体这两种极端理想物体之间。描述其应力—应变—时间的关系可以用胡克弹性体，牛顿黏滞体以及圣维南刚塑体等基本流变元件及其组合体。

　　欧几里得刚体为绝对刚体，施加任何外力均不变形。帕斯卡液体为不可压缩液体，能抵抗各向均匀压力而不产生体积应变，但不能抵抗剪切应力，即剪应力等于零。

　　图 7-12(a)所示为胡克弹簧示意图，它反映材料的弹性性质，其应力—应变关系就是胡克定律，与时间无关，即

$$\sigma = \eta\dot{\varepsilon} \tag{7-126}$$

式中，σ 为应力，对土体为骨架应力（即有效应力）；$\dot{\varepsilon}$ 为应变速率；E 为胡克弹簧常数。

　　图 7-12(b)所示为牛顿黏壶，它是缓冲器，反映理想牛顿液体材料的黏性，其应力与应变速率间呈线性关系，即

$$\sigma = \eta\dot{\varepsilon} \tag{7-127}$$

式中，η 为黏滞系数。

　　图 7-12(c)所示为圣维南刚塑体，它由两块相互接触、在接触面上具有黏滞力和摩擦力的板组成，可反映材料的刚塑性。当应力 σ 小于流动极限 σ^0 时，圣维南体没有变形；$\sigma > \sigma^0$ 时，达到屈服状态，变形可无限增长。

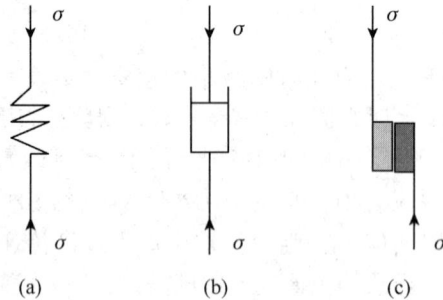

图 7-12　三种流变元件
(a)胡克弹簧　(b)牛顿黏壶　(c)圣维南刚塑体

7.8.3　土的流变模型

　　在流变学中，所有的流变模型均可由以上三个基本元件组合而成。在工程实际中，客观存在的土的性质都不是单一的，通常表现出复杂的特性，为此，必须对三种元件进行组合，才能准确地描述土的特性。三种元件的组合可形成黏弹性、黏弹塑性、黏性和黏塑性四种与时间有关的模型，称之为基本流变力学模型，对应于土的四种基本流变力学性态（对不随时间变化的瞬时变形部分不作分析）。取四种基本流变力学模型中的 1~4 个串联可得到 15 个流变力学模型（包括 4 个基本流变力学模型和 11 个复合流变力学模型），即理论流变力学模型所能描述的 15 种流变性态。下面对八种常用的典型的流变模型进行讨论，介绍其力学模型、本构方程、蠕变曲线、松弛曲线及其简单的性质，了解各个流变模型所适用的范围，并通过对八种土的流变模型比较。

7.8.3.1 黏性模型

模型 1，马克斯威尔(Maxwell)体

马克斯威尔体的力学模型由一个弹性元件和一个黏性元件串联而成，模型如图 7-13 所示。

以马克斯威尔体本构方程的推导为例，来说明本构方程的推导过程。

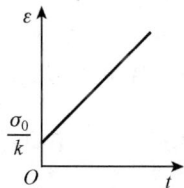

图 7-13 马克斯威尔模型

根据马克斯威尔体的力学模型有

$$\sigma = \sigma_1 = \sigma_2 \tag{7-128}$$

式中，σ 为模型所受应力；σ_1、σ_2 分别为弹性元件和黏性元件所受应力。由串联可得：

$$\varepsilon = \varepsilon_1 + \varepsilon_2 \tag{7-129}$$

式中，ε 为模型的总应变；ε_1、ε_2 分别为弹性元件和黏性元件的应变。

对弹性元件：

$$\dot{\varepsilon}_1 = \frac{1}{k}\dot{\sigma} \tag{7-130}$$

式中，$\dot{\varepsilon}_1$ 为模型总应变对时间的导数；$\dot{\sigma}$ 为模型应力对时间的导数。

对黏性元件

$$\dot{\varepsilon}_1 = \frac{1}{\eta}\sigma \tag{7-131}$$

式中，η 为黏性元件的黏性系数。

所以本构方程为

$$\dot{\varepsilon} = \frac{1}{k}\dot{\sigma} + \frac{1}{\eta}\sigma \tag{7-132}$$

马克斯威尔体在恒定载荷 σ 的条件下，当 $t = 0$ 时 $\sigma = \sigma_0$，且变形以常速率不断发展。可得马克斯威尔体的蠕变方程为

$$\varepsilon = \frac{1}{\eta}\sigma_0 t + \frac{\sigma_0}{k} \tag{7-133}$$

在恒定变形的条件下，$\dot{\varepsilon} = 0$，随着时间的增加，σ 逐渐减少，即松弛现象。马克斯威尔体的蠕变曲线和松弛曲线分别如图 7-14 和图 7-15 所示。

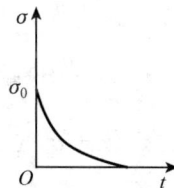

图 7-14 蠕变曲线

图 7-15 松弛曲线

马克斯威尔体具有瞬时变形、定常蠕变和松弛等性质，无弹性后效现象，属于不稳定蠕变。适用于具有以上性质的深部黏性土。

7.8.3.2 黏弹性模型

模型 2，开尔文(Kelvin)体

这种模型由弹性单元和黏性单元并联而成，如图 7-16 所示。

开尔文体的本构方程为

$$\sigma = k\varepsilon + \eta\dot{\varepsilon} \tag{7-134}$$

开尔文体在恒定载荷 σ 的条件下，应变随时间逐渐递减，在 t 增长到一定值时剪应变趋于零。在 $t = t_1$ 时卸载，$\sigma = 0$，此时 $\varepsilon = \varepsilon_1$，但随着时间增长，应变 ε 逐渐减小，当 $\varepsilon \to \infty$ 时，应变 $\varepsilon = 0$。所以开尔文体的蠕变方程为

$$\varepsilon = \frac{\sigma_0}{k}(1 - e^{-\frac{k}{\eta}t}) \tag{7-135}$$

式(7-135)表明，应力不变时，应变随时间逐渐增加，但增加的速率在逐渐减少，即该模型可描述衰减蠕变；若在 t_1 时刻，应变达到 ε_1 时将应力 σ 卸去，则 $t > t_1$ 时刻应变为

$$\varepsilon = \frac{\sigma_0}{k}(e^{-\frac{k}{\eta}(t-t_1)} - e^{-\frac{k}{\eta}t}) \tag{7-136}$$

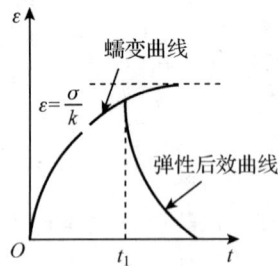

开尔文体的蠕变曲线和弹性后效曲线如图 7-17 所示。开尔文体具有衰减蠕变、弹性后效等性质，无松弛，无瞬时变形性质，属于稳定蠕变模型。它适用于具有衰减蠕变和弹性后效的一般黏弹性土。

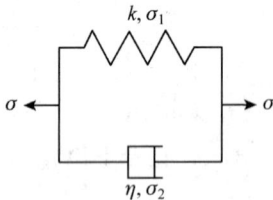

图 7-16 开尔文体模型　　图 7-17 开尔文体蠕变曲线和弹性后效曲线

模型 3，广义开尔文(modified Kelvin)体

广义开尔文体由一个开尔文元件和一个弹性元件串联组成，模型如图 7-18 所示。

广义开尔文体的本构方程为

$$\frac{\eta}{k_1}\dot{\sigma} + \left(1 + \frac{k_2}{k_1}\right)\sigma = \eta\dot{\varepsilon} + k_2\varepsilon \tag{7-137}$$

广义开尔文体在恒定载荷 σ 的条件下，其变形由弹性元件和开尔文体两部分组成，弹性元件的瞬时变形为 $\frac{\sigma_0}{k_1}$，之后开尔文体的应变随着时间逐渐递减，在 t 增长到一定值时剪应变就趋于零。所以，广义开尔文体的蠕变方程为

$$\varepsilon = \frac{\sigma_0}{k_1} + \frac{\sigma_0}{k_2}(1 - e^{-\frac{k_2}{\eta}t}) \tag{7-138}$$

式(7-138)表明，随着时间延长，应变逐渐增多，最后趋于 $\varepsilon = \frac{\sigma_0}{k_1} + \frac{\sigma_0}{k_2}$。若在 $t = t_1$ 时卸

载，$\sigma = 0$，广义开尔文体有一瞬时回弹，之后变形随着时间增长逐渐恢复到零。

广义开尔文体的蠕变曲线如图 7-19 所示。广义开尔文体具有瞬时变形、衰减蠕变和弹性后效等性质，无松弛性质，属于稳定蠕变。它适用于具有衰减蠕变、瞬时变形、弹性后效性质的黏弹性土。

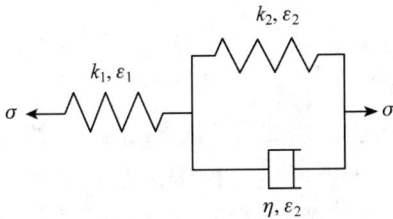

图 7-18　广义开尔文体模型 　　　　图 7-19　广义开尔文体蠕变曲线

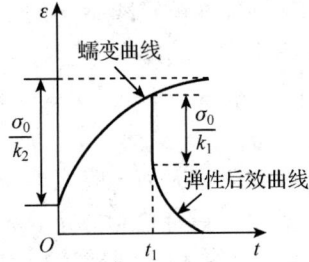

模型 4，饱依丁—汤姆逊(Poyting-Thomson)体

这种模型由一个马克斯威尔体和一个弹性元件并联组成，模型如图 7-20 所示。

饱依丁—汤姆逊体的本构方程为

$$\dot{\sigma} + \frac{k_1}{\eta}\sigma = (k_1 + k_2)\dot{\varepsilon} + \frac{k_1 k_2}{\eta}\varepsilon \qquad (7\text{-}139)$$

饱依丁—汤姆逊体在恒定载荷 σ 的条件下，首先产生瞬时弹性变形 $\varepsilon_0 = \dfrac{\sigma_0}{k_1 + k_2}$，随着

时间的增加，变形不断增加，当 $t \to \infty$ 时，$\varepsilon \to \dfrac{\sigma_0}{k_2}$，故其蠕变方程为

$$\varepsilon = \frac{\sigma_0}{k_2}\left(1 - \frac{k_1}{k_1 + k_2}\,\mathrm{e}^{\frac{-k_1 k_2}{(k_1 + k_2)\eta}t}\right) \qquad (7\text{-}140)$$

在 $t = t_1$ 时卸载，$\sigma = 0$，饱依丁—汤姆逊体有一瞬时回弹，之后变形随着时间增长逐渐恢复到零。饱依丁—汤姆逊体的蠕变曲线如图 7-21 所示。

饱依丁—汤姆逊体具有瞬时变形、衰减蠕变、弹性后效和松弛等性质，属于稳定蠕变。它适用于具有瞬时变形性质，衰减蠕变、弹性后效和松弛等性质的黏弹性土，例如砂岩、页岩、砂质页岩、喷出岩、黏土质板岩等。

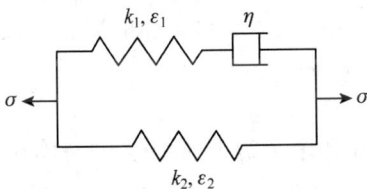

图 7-20　饱依丁—汤姆逊体模型 　　　　图 7-21　饱依丁—汤姆逊体蠕变曲线

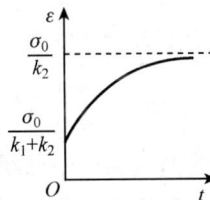

7.8.3.3　黏塑性模型

模型 5，理想黏塑性体

这种模型是由一个塑性元件和黏性元件并联组成的，模型如图 7-22 所示。

理想黏塑性体的本构方程为

$$\begin{cases} 当\sigma < \sigma_{s}, \varepsilon = 0, \\ 当\sigma \geqslant \sigma_{s}, \dot{\varepsilon} = \dfrac{\sigma - \sigma_{s}}{\eta}。 \end{cases} \qquad (7\text{-}141)$$

理想黏塑性体在恒定载荷 σ 的条件下，变形随着时间的增加均匀增长，在 $t = t_{1}$ 时卸载，变形不恢复。其蠕变方程为

$$\varepsilon = \frac{\sigma_{0} - \sigma_{s}}{\eta}t \qquad (7\text{-}142)$$

理想黏弹性图的应力—应变速率关系曲线和蠕变曲线分别如图 7-23 和图 7-24 所示。理想黏塑性体具有松弛、定常蠕变等性质，无瞬时变形性质，无弹性后效现象，属于不稳定蠕变。理想黏塑性体适用于有松弛、等速蠕变性质，但没有瞬时变形和弹性后效的黏塑性土。

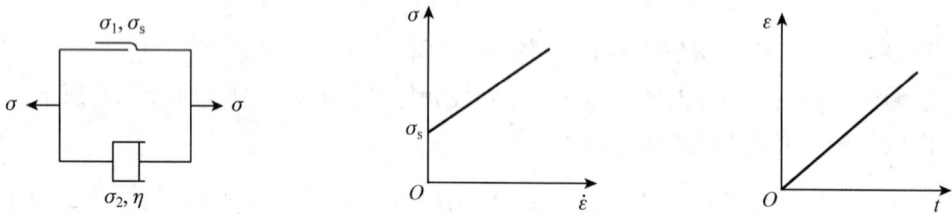

图 7-22　理想黏塑性体力学模型　　图 7-23　应力—应变速率关系曲线　　图 7-24　蠕变曲线

模型 6，宾汉姆(Bingham)体

这种模型由一个弹性元件和一个理想黏塑性体串联而成，模型如图 7-25 所示。

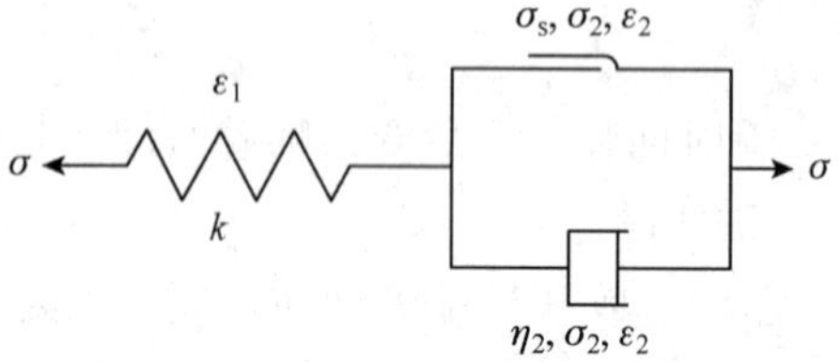

图 7-25　宾汉姆体模型

宾汉姆体的本构方程为

$$\begin{cases} 当\sigma < \sigma_{s} \text{ 时}, \varepsilon = \dfrac{\sigma}{k}, \dot{\varepsilon} = \dfrac{\dot{\sigma}}{k} \\ 当\sigma \geqslant \sigma_{s} \text{ 时}, \dot{\varepsilon} = \dfrac{\dot{\sigma}}{k} + \dfrac{\sigma - \sigma_{s}}{\eta} \end{cases}$$

$$(7\text{-}143)$$

宾汉姆体在恒定载荷 σ 条件下，当 $\sigma < \sigma_{s}$ 时，只有弹性变形；当 $\sigma \geqslant \sigma_{s}$ 时，宾汉姆体具有一瞬时应变，之后随着时间的增加，应变不断增加。所以宾汉姆体的蠕变方程为

$$\varepsilon = \frac{\sigma_{0} - \sigma_{s}}{\eta}t + \frac{\sigma_{0}}{k} \qquad (7\text{-}144)$$

宾汉姆体的蠕变曲线和松弛曲线分别如图 7-26 和图 7-27 所示。宾汉姆体在 $\sigma < \sigma_{s}$ 时，不发生蠕变，没有松弛性质；当 $\sigma \geqslant \sigma_{s}$ 时，若 $\dot{\varepsilon} = 0$，应力随着时间增加而逐渐减小，若 $\dot{\sigma} = 0$，应变随时间稳定增长。当 $\sigma < \sigma_{s}$，宾汉姆体只有瞬时变形性质，当 $\sigma \geqslant \sigma_{s}$ 时，宾汉姆体具有松弛、定常蠕变等性质，无弹性后效现象，属于不稳定蠕变。宾汉姆体适用于低应力时没有蠕变，高应力时具有定常蠕变、松弛等性质的黏塑性土。

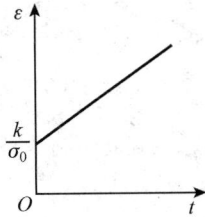

图 7-26 宾汉姆体蠕变曲线

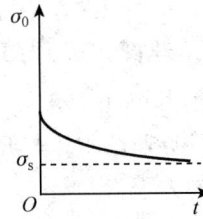

图 7-27 宾汉姆体松弛曲线

7.8.3.4 黏弹性—黏塑形模型

模型 7，西原体

这种模型由一个弹性元件、开尔文体和理想黏塑性体串联而成，最能全面反映土的黏弹性—黏塑性特征，如图 7-28 所示。

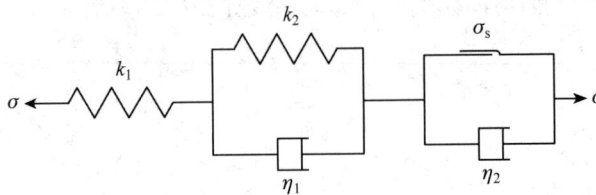

图 7-28 西原体力学模型

其本构方程为

当 $\sigma < \sigma_s$ 时

$$\frac{\eta_1}{k_1}\dot{\sigma} + \left(1 + \frac{k_2}{k_1}\right)\sigma = \eta_1\dot{\varepsilon} + k_2\varepsilon \tag{7-145}$$

当 $\sigma \geqslant \sigma_s$ 时

$$\ddot{\sigma} + \left(\frac{k_2}{\eta_1} + \frac{k_2}{\eta_2} + \frac{k_1}{\eta_1}\right)\dot{\sigma} + \frac{k_1 k_2}{\eta_1 \eta_2}(\sigma - \sigma_s) = k_2\ddot{\varepsilon} + \frac{k_1 k_2}{\eta_1}\dot{\varepsilon} \tag{7-146}$$

西原体在应力水平较低时，开始变形较快，一段时间后逐渐趋于稳定成为稳定蠕变，在应力水平等于和超过土的某一临界值(σ_s)时，逐渐转化为不稳定蠕变。所以西原体的蠕变方程为

当 $\sigma < \sigma_s$ 时

$$\varepsilon = \frac{\sigma_0}{k_1} + \frac{\sigma_0}{k_2}(1 - e^{-\frac{k_2}{\eta_1}t}) \tag{7-147}$$

当 $\sigma \geqslant \sigma_s$ 时

$$\varepsilon = \frac{\sigma_0}{k_1} + \frac{\sigma_0}{k_2}(1 - e^{-\frac{k_2}{\eta_1}t}) + \frac{\sigma_0 - \sigma_s}{\eta_2}t \tag{7-148}$$

西原体具有瞬时变形、衰减蠕变、定常蠕变弹性后效和松弛性质。它能反映许多土的这两种状态，特别适用于反映软岩的流变特性。

7.8.3.5 黏性—黏弹性—黏弹塑性模型

模型8，伯格斯(Burgers)体

这种模型是由马克斯威尔体与开尔文体串联而成，模型如图7-29所示。

伯格斯体的本构方程为

$$\ddot{\sigma} + \left(\frac{k_2}{\eta_1} + \frac{k_1}{\eta_2} + \frac{k_1}{\eta_1}\right)\dot{\sigma} + \frac{k_1 k_2}{\eta_1 \eta_2}\sigma = k_2\ddot{\varepsilon} + \frac{k_1 k_2}{\eta_1}\dot{\varepsilon} \tag{7-149}$$

伯格斯体在恒定载荷 σ 的条件下，$\dot{\sigma}=0$，伯格斯体的变形由开尔文体和马克斯威尔体的变形组成，故伯格斯体的蠕变方程为

$$\varepsilon = \frac{\sigma_0}{k_2} + \frac{\sigma_0}{\eta_2}t + \frac{\sigma_0}{k_1}\left(1 - e^{-\frac{k_1}{\eta_1}t}\right) \tag{7-150}$$

在 $t = t_1$ 时卸载，$\sigma=0$，伯格斯体有一瞬时回弹，之后变形随着时间增长逐渐恢复，但变形不会恢复到零。伯格斯体蠕变和卸载曲线如图7-30所示。

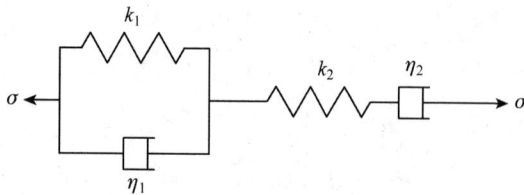

图7-29 伯格斯体模型

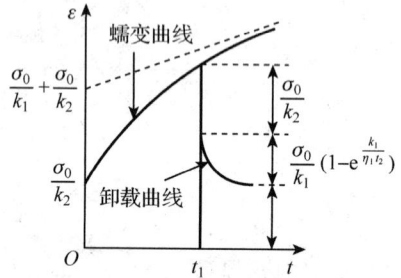

图7-30 伯格斯体蠕变和卸载曲线

伯格斯体具有瞬时变形、减速蠕变、等速蠕变、松弛等性质，有弹性后效现象，属于不稳定蠕变。伯格斯体适用于具有瞬时变形、减速蠕变、等速蠕变、松弛、有弹性后效等性质的黏性—黏弹性—黏弹塑性土，例如石灰岩、页岩、砂页岩、白云岩、大理岩等。

7.8.3.6 土的八种流变模型比较

土的八种流变模型反映了黏性、黏弹性、黏塑性、黏弹性—黏塑性、黏性—黏弹性—黏弹塑性五种不同的流变性态，但土的八种流变模型都是由三种基本的流变元件组成，特别是一些流变模型由两个简单的力学模型或一个力学模型与基本元件或串联或并联组成，它们相互之间存在着许多相似的性质，为了便于学习和研究，这里将它们的力学模型、简单性质及其使用范围进行了简单的总结见表7-2。

表7-2 土的8种流变模型性质

模型名称	模型结构	模型具有典型性质	模型适用土性质
马克斯威尔体	H − N	瞬时变形、定常蠕变、松弛	黏性
开尔文体	H ‖ N	弹性后效、衰减蠕变	黏弹性
广义开尔文体	H − (H ‖ N)	瞬时变形、弹性后效、衰减蠕变	黏弹性
饱依丁—汤姆逊体	H ‖ (H − N)	瞬时变形、弹性后效、衰减蠕变	黏弹性
理想黏塑性体	N ‖ S	松弛、定常蠕变	黏塑性

（续）

模型名称	模型结构	模型具有典型性质	模型适用土性质
宾汉姆体	$H-(N\|S)$	瞬时变形、定常蠕变、$\sigma \geq \sigma_s$ 时有松弛	黏塑性
西原体	$H-(H\|N)-(N\|S)$	弹性后效、瞬时变形、衰减蠕变、定常蠕变、$\sigma \geq \sigma_s$ 时有松弛	黏弹性—黏塑性
伯格斯体	$(H-N)\|(H\|N)$	瞬时变形、衰减蠕变、定常蠕变、松弛、弹性后效	黏性—黏弹性—黏弹塑性

土的 8 种流变模型反映了五种不同的流变性态，其中马克斯威尔体在低应力和高应力条件下均呈现出定常蠕变的性质，属于黏性流变性态；开尔文体、广义开尔文体、饱依丁—汤姆逊体在低应力和高应力条件下均呈现出衰减蠕变的性质，属于黏弹性流变性态；理想黏塑性体、宾汉姆体在低应力条件下无蠕变性质，在高应力条件下具有定常蠕变的性质，属于黏塑性流变性态；西原体在低应力条件下呈现衰减蠕变性质，在高应力条件下呈现衰减蠕变和定常蠕变并存的性质，并且具有弹性后效现象，蠕变应变等于滞后回弹应变，属于黏弹性—黏塑性流变性态；伯格斯体在低应力和高应力条件下都具有定常蠕变和衰减蠕变两种性质，并且定常阶段的应变速率和模型所受的正应力成正比，属于黏性—黏弹性—黏弹塑性流变性态。

小　结

本章首先介绍了土的固结理论研究进展，讨论了土体的压缩性及其主要影响因素。在此基础上重点讨论了单向固结理论、太沙基三维固结理论及其对称问题、比奥固结理论、土体大变形固结理论、动力固结理论及土体的流变理论。比较了不同固结理论的差别和适用条件。在土体流变理论中，重点介绍了 3 个基本流变元件、黏性模型、黏弹性模型、黏塑性模型、黏弹性—黏塑性及黏性—黏弹性—黏弹塑性模型 5 种模型，给出了马克斯威尔体、开尔文体、宾汉姆体、西原体等代表性的流变模型。这些理论模型的研究对于研究土体固结变形和地基沉降规律，解决实际工程问题具有重要的指导意义。

思考题

1. 推导太沙基一维固结理论方程，阐述太沙基固结理论的适用条件。
2. 太沙基—伦杜立克如何对固结方程进行简化解决二、三维固结问题？
3. 比较太沙基固结理论和比奥固结理论的异同。
4. 试论述大变形固结理论与太沙基一维固结理论的差别及其适用范围。
5. 试阐述土的动力固结理论提出背景及理论模型。
6. 如何利用基本流变元件构建土的流变模型？
7. 阐述各种土的流变模型的适用范围。

推荐阅读书目

1. 高等土力学. 卢庭浩. 机械工业出版社, 2005.
2. 理论土力学. 沈珠江. 中国水利水电出版社, 2000.
3. 高等土力学. 谢定义, 姚仰平, 党发宁. 高等教育出版社, 2008.
4. 高等土力学. 李广信. 清华大学出版社, 2004.

5. 高等土力学龚晓南. 浙江：浙江大学出版社，1996.

6. 软土工程若干理论与应用. 白冰，肖宏彬. 中国水利水电出版社，2002.

7. 土工原理. 殷宗泽. 中国水利水电出版社，2007.

第**8**章
土的动力特性与动力分析

[**本章提要**]　本章介绍了动力荷载的类型及特点、砂土液化的机理及其判别、动力荷载作用下土的强度特性、土的主要动力特征参数、土的动弹塑性模型、等效非线性黏弹性模型等土的动本构关系。要求掌握砂土液化的机理及其影响因素，掌握建筑抗震设计规范中关于地基液化的判别方法及步骤、掌握动力荷载作用下土的强度特性及土的主要动力特征参数；理解土的动弹塑性模型、动等效非线性黏弹性模型等土的动本构关系。

8.1　概述

　　地基土会受到各种不同的动力荷载作用，与静荷载相比，对土体产生的影响也有很大不同。土动力学就是研究在动荷载作用下土的变形、强度特性的变化规律，应用动力学原理，分析研究各种地基土在不同动力荷载作用下的变形和强度稳定性。由于具体的动力荷载特性差别较大，地基土体就可能在不同的应力水平和动应变幅度下表现出迥然不同的应力—应变规律。

　　动荷载都是在很短的时间内施加的，一般是百分之几秒到十分之几秒，如爆炸荷载只有几毫秒，通常在10s以内时应看作为动力问题。根据动力荷载的主要特点，一般分为3类：

　　①单一的大脉冲的瞬时冲击荷载　这类荷载加荷时间非常短，强度大而集中，所引起土体的振动，由于受到阻尼作用，振幅在不长的时间内衰减为零，故称为冲击荷载，如图8-1(a)所示。

　　②有限次、随机性的振动荷载　这类荷载主要特点为随机性。如地震、打桩引起的振动作用等，荷载随时间的变化没有规律可循，故称为不规则荷载，如图8-1(b)所示。

　　③多次重复的微振幅振动荷载　这类荷载一般数量级较小，表现为多次重复(加荷多达几万次以上)的动荷载，振动的振幅及频率变化范围较大，如车辆行驶对路基的作用、机器基础对地基土体的作用等。这种荷载以同一振幅和周期反复循环作用，故称为周期荷载，如图8-1(c)所示。

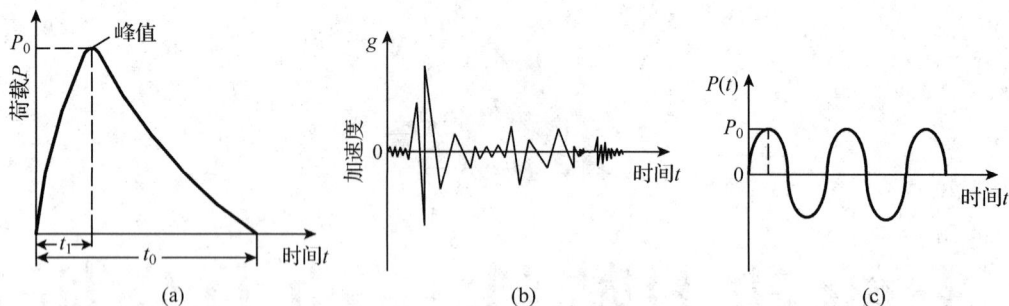

图 8-1 动荷载的类型

(a)冲击荷载 (b)不规则荷载 (c)周期荷载

8.2 砂土振动液化

在土力学中，将无黏性土、粉煤灰、尾矿砂、砂砾石等土类，特别是饱和松散的砂土，在振动荷载作用下，由于孔隙压力增大和有效应力减少而从固态变为液态的过程称为液化。液化的过程也就是土完全丧失抗剪强度的过程。地震、波浪以及车辆荷载、打桩、爆炸、机器振动等引起的振动力，均可能引起土的振动液化。

8.2.1 砂土振动液化机理

砂土液化机理及其影响因素一直是液化研究中的重点和难点。对于砂土振动液化的机理，可用图 8-2 来说明。

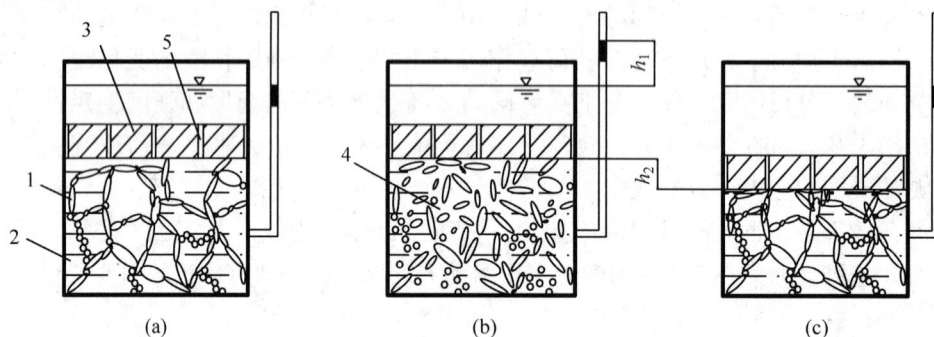

图 8-2 砂土液化过程示意图

(a)地震前 (b)地震中 (c)地震后

1-砂土颗粒；2-孔隙水；3-覆盖压力；4-液化状态；5-排水孔

在振动荷载(地震)作用下，全部上覆压力由土颗粒组成的土骨架所承担，饱和松砂层中的颗粒处于相对稳定的位置，如图 8-2(a)所示。

在振动荷载(地震)作用时，足够大的振动惯性力使砂土颗粒离开原来的稳定位置而运动，并力图达到一个新的稳定位置，这就必然使砂土趋于密实。砂土趋于密实的过程也就是土颗粒挤入土孔隙的过程。但对于饱和砂土来说，砂土中的孔隙完全被水充满，此时，运动着的土颗粒必然挤压孔隙水。而一般振动荷载(地震)作用时间都很短，仅在几十秒左右，在此极短的时间内，受挤压的孔隙水来不及排出，必然导致孔隙水应力的急剧上升。根据有效应力原理，当上升的孔隙水压力达到土中原先由土骨架承担并传递的全部有效应力时，土体中的有效应力为零，如图 8-2(b)所示。此时砂土颗粒之间不再传递应力，砂土颗粒处于悬浮状态，抗剪强度必然为零，此时砂土就成为液化土。

在振动荷载(地震)作用后，随着孔隙水的逐渐排出，孔隙水应力也随之逐渐下降并消散。砂土颗粒之间的有效应力逐渐增大，砂土颗粒重新接触并传递应力，组成新的骨架。砂土从而达到新的稳定状态。但此时砂土已被压缩，与受振动荷载(地震)作用前相比，更为密实，如图 8-2(c)所示。

根据饱和土的有效应力原理和无黏性土抗剪强度公式 $\tau_f = (\sigma - u)\tan\phi' = \sigma'\tan\phi'$ 可知，当有效应力为零即抗剪强度为零时，没有黏聚力的饱和松散砂土就丧失了承载能力，这就是饱和砂土振动液化的基本原理。

8.2.2　影响砂土液化的主要因素

由上可知，砂土饱和及振动是产生液化的必要条件。但实践证明，并非一切饱和松散砂土地基在地震时均发生液化。因此，为能够正确判断液化的发生，首先要明确影响砂土液化的主要因素。饱和砂土的液化是砂土本身特性(即内因条件)和外部的变化作用(即外因条件)这两大方面因素综合造成的。如土的性质属于内因，地震前土的初始应力状态、震动的特性等属于外因。

(1)内因方面

①土的类别　试验及实测资料均表明，粉细砂土、粉土较中粗砂土易液化。级配均匀砂土较级配良好的砂土易发生液化。

黏性土由于土颗粒之间具有黏聚力，很难因振动的惯性作用而运动。即使超孔隙水压力等于总应力，有效应力为零，抗剪强度也不会完全消失，难以发生液化。砾石等粗粒土因为透水性大，超孔隙水压力能迅速消散，不会造成孔隙水压力累积至总应力而使有效应力为零，也难以发生液化；只有中等粒组的砂土和粉土易发生液化。一般情况下，塑性指数高的黏土不易液化，低塑性和无塑性的土易液化。在振动作用下发生液化的饱和土，一般平均粒径小于 2mm，黏粒含量低于 10%~15%，塑性指数低于 7。GB 5001—2001《建筑抗震设计规范》则采用黏粒含量来反映细颗粒土对土的抗液化强度的影响。

②土的初始密实度　当土的初始密实度越大，在振动力作用下，土越不容易产生液化。在地震力作用下，砂土受剪时孔隙水压力增大的原因在于松砂的剪缩性。当砂土密实度增大之后，其剪缩性就会减弱，一旦砂土具有剪胀性时，剪切时内部产生负的孔隙水压力，土的阻抗能力增加，从而不容易发生液化现象。1964 年日本新潟地震表明，相对密实度 $D_r = 0.50$ 的地方普遍发生液化，而相对密实度 $D_r > 0.70$ 的地方则没有发生液化。

③土的饱和度　在完全饱和的状态下，水是不可压缩的，而在欠饱和的状态下，因含有的气泡水具有一定的压缩性。通过研究确定的孔隙水压力升高到上覆应力所需的往返剪切作用次数之间的关系如图 8-3 所示。图中的纵坐标为液化应力比。液化应力比可用应力比 $\sigma_d/2\sigma_3$ 表示。$\sigma_d/2\sigma_3$ 表示试样内 45°平面上的液化剪应力与该平面上有

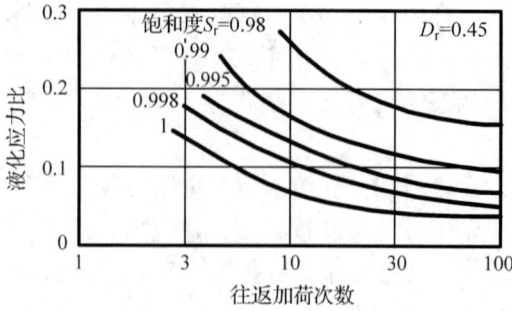

图8-3 饱和度对液化的影响

效正应力比。从图中可见，饱和度稍有减小，液化应力比就会有明显增大。另外，土的颗粒排列、土粒之间的胶结物质等，对砂土液化也有影响。如扰动土较原状土更容易液化，新沉积的土较古积土更容易液化。

（2）外因方面

①土的初始应力状态　由于土的孔隙水压力等于侧向固结压力是产生液化的必要条件，地震前地基土的固结压力可以用土层有效覆盖压力乘以侧压力系数来表示。因此，地震时土层埋藏越深，即覆盖压力越大，越不易液化。调查表明，当埋藏深度大于20m时，即使是松砂都很少发生液化。

②往复应力（地震）强度　砂土在一定的初始约束力下，是否发生液化取决于震动时产生的动剪应力大小。显然，当震动（地震）时产生的动剪应力大于砂土在初始约束力下的抗液化强度时，砂土就会发生液化。地震的地面加速度与液化的发生存在一定联系，因此，地面运动烈度可作为估计砂土发生液化可能性的一个重要因素，这一点，在建筑抗震设计规范的液化判别上已有所反映。

③往复次数（地震历时）　震动（地震）历时，即持续时间，是确定砂土液化可能性的一个重要因素。砂土液化室内试验说明，对于同一性质的土，施加同样大小的动应力时是否发生液化，还取决于振动的次数或振动时间的长短。对于同一种土类来说，往复应力越小，即强度越低，则需越多的振动次数才可产生液化。反之，则在很少振动次数时，就可产生液化。现场的震害调查也证明了这一点。

④地下水位的变化　地下水位的变化直接影响了砂土层液化的产生和发展。地下水位上升，在增加震动（地震）动剪应力强度的同时，减少了砂土液化剪应力，即削弱了砂土抗液化强度，处于该情况下的砂土层则更容易液化。大量地震调查资料都表明，地下水位距地表越浅，即地下水位上升，砂土层越容易液化。

此外，土体的超固结压力、砂土的结构性也将对土的振动液化产生一定影响，具体可参考有关文献。

8.2.3　饱和砂土的液化可能性判别

国内外学者通过各种试验手段进行研究，提出了一系列的砂土液化可能性的判别方法。液化判别的方法很多，建筑、铁路、公路、港工、水利等行业的抗震规范各有自己的判别方法，此外，未列入规范的判别方法也很多。这里重点介绍规范判别法。

通过对地震震害的调查，人们发现在地震中所可能产生的液化现象，与该砂土层的标准贯入击数有非常稳定和密切的关系。规范判别法就是建立在大量地震液化现场调查资料上的一种经验判别法。GB 50011—2001《建筑抗震设计规范》中，将液化的判别分两步：首先在初步勘察阶段可按液化判别标准将肯定不会出现液化的场地确定下来，这样在详细勘察阶段就不再考虑液化问题；不能确定的，在详细勘察阶段再按规范给的公式进一步判别。

(1)初步判别

饱和砂土和饱和粉土(不含黄土),当符合下列条件之一时,可初步判别为不液化或可不考虑液化影响:

①地质年代为第四纪晚更新世(Q_3)及以前时,7度、8度时可判别为不液化。

②粉土的黏粒(粒径小于0.005的颗粒)含量百分率,7度、8度和9度分别不小于10、13和16时,可判别为不液化土。采用天然地基的建筑,当上覆非液化土层厚度和地下水位深度符合下列条件之一时,可不考虑液化的影响:

$$\begin{cases} d_u > d_0 + d_b - 2 \\ d_w > d_0 + d_b - 3 \\ d_u + d_w > 1.5d_0 + 2d_b - 4.5 \end{cases} \tag{8-1}$$

式中,d_w为地下水位深度,m,宜按设计基准期内年平均最高水位采用,也可按近期内年最高水位采用;d_u上覆非液化土层厚度,m,计算时宜将淤泥和淤泥质土层扣除;d_b基础埋置深度,m,不超过2m时应按2m采用;d_0液化土特征深度,m,可按表8-1采用。

表8-1 液化土特征深度 单位:m

饱和土类别	7度	8度	9度
粉土	6	7	8
砂土	7	8	9

注:当区域的地下水位处于变动状态时,应按不利的情况考虑。

(2)公式判别

当饱和砂土、粉土的初步判别认为需要进一步进行液化判别时,应采用标准贯入试验判别法判别地下20m范围内图的液化;但对规范规定可不进行天然地基及基础的抗震承载力验算的各类建筑,可只判别地面下15m范围内土的液化。当饱和土标准贯入锤击数(未经干长修正)小于或等于液化判别标准贯入锤击数临界值时,应判为液化土。当有成熟经验时,尚可采用其他判别法。

在地面下20m深度范围内,液化判别标准贯入锤击数临界值可按下式计算:

$$N_{cr} = N_0\beta\left[\ln(0.6d_s + 1.5) - 0.1 - d_w\sqrt{\frac{3}{\rho_c}}\right] \tag{8-2}$$

式中,N_{cr}为液化判别标准贯入锤击数临界值;N_0为液化判别标准贯入锤击数基准值,应按表8-2采用;d_s为饱和土标准贯入点深度,m;d_w地下水位,m;ρ_c为粘粒含量百分率,当小于3或为砂土时,应采用3;β调整系数,设计地震第一组取0.80,第二组取0.95,第三组取1.05。

表8-2 液化判别标准贯入击数基准值 N_0

设计基本地震加速度(g)	0.10	0.15	0.20	0.30	0.40
液化判别标准贯入锤击数基准值	7	10	12	16	19

对存在液化砂土层、分土层的地基,应探明各液化土层的深度和厚度,按下式计算每个钻孔的液化指数,并按表8-3综合划分地基的液化等级:

$$I_{IE} = \sum \left[1 - \frac{N_i}{N_{cr}} \right] d_i w_i \qquad (8-3)$$

式中，I_{IE} 为液化指数；n 为在判别深度范围内每一个钻孔标准贯入试验的总数；N_i、N_{cr} 分别为 i 点坐标标准贯入锤击数的实测值和临界值，当实测值大于临界值时应取临界值；当只需判别 15m 范围以内的液化时，15m 以下的实测值可按临界值采用；d_i 为 i 点所代表的土层厚度，m，可采用与该标准贯入试验点相邻的上、下两标准贯入试验点深度差的一半，但上界不高于地下水位深度，下界不深于液化深度；w_i 为 i 土层单位土层厚度的层位影响权函数（单位为 m^{-1}）。当该层中点深度不大于 5m 时应采用 10，等于 20m 时应采用零值，5～20m 时应按线性内插法取值。

表 8-3　液化等级与液化指数的对应关系

液化等级	轻微	中等	严重
液化指数	$0 < I_{IE} < 6$	$6 < I_{IE} < 18$	$I_{IE} > 18$

各国均有各自液化判别的方法，如美国，由 Seed 和 Idriss 提出，经 Youd 和 Idriss 等改进和完善了的"简化方法"即 NCEER 法，即为目前普遍接受的方法之一。

8.3　动荷载下土的强度特性

由于动荷载的时间性和反复性（加卸荷）或周期性这两个特性，使得土在动荷载作用下，其力学性质与静载作用时相比有很大差异。土在动荷载下的强度，即动强度，是指土在静载作用下又受动荷载作用，在一定振动次数下，达到某一破坏应变所需的最大动应力。研究表明，随着动荷载作用的速度、反复作用次数、初始剪应力等的不同，土的动强度特性也不同。分述如下：

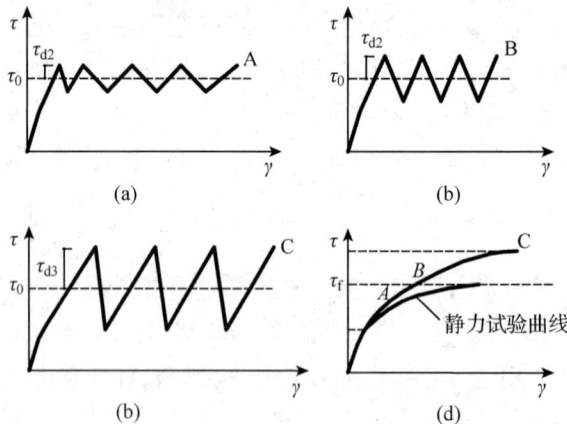

图 8-4　动应力幅值改变时土的应力应变关系

8.3.1　动荷载加荷幅值对土动强度的影响

在周期加荷试验中，如果试样等压固结后，先施加静力初始剪应力 τ_0，然后分别以不同幅值施加动剪应力，则当控制每组试验的动力循环次数 N 相同，改变动剪应力

τ_d 的幅值时，可得出如图 8-4(a)(b)(c) 所示的应力—应变曲线。由图可见，随着动剪应力 τ_d 的增大，加荷后剪应变将逐渐增大（相应于 A、B、C 点），将此三点同时整理在同一坐标图上，得到在某一动力循环次数 N 下的动剪应力与动剪应变曲线，如图 8-4(d) 所示，求出它最大的应力值，即为静荷 τ_0 和次数为 N 时的动强度。

8.3.2 动荷载加荷周数对土动强度的影响

图 8-5 是无初始剪应力达到不同剪应变时的周期剪应力比与加荷周数的关系曲线（图中 S_U 为静不排水强度）。由图可见，动强度随加荷周数的增加而减少。在周期加荷试验中，如果试样等压固结后，先施加静力初始剪应力 τ_0，当控制动剪应力 τ_d 的幅值相同，改变每组试验的动力循环次数 N 时，则动应力与应变曲线和抗剪强度都有所变化，且加荷周数越多，抗剪强度就越低，如图 8-5 所示。主要原因在于周期加荷使土样受到扰动而软化，导致强度降低。

8.3.3 静力初始剪应力对土动强度的影响

如果作用在试样上的初始剪应力改变时，动应力与应变曲线和抗剪强度也要增大或减少。在不同组的试验中，控制 N 值不变，改变 σ_s 值，可得出与图 8-6 同类型的应力—应变曲线。

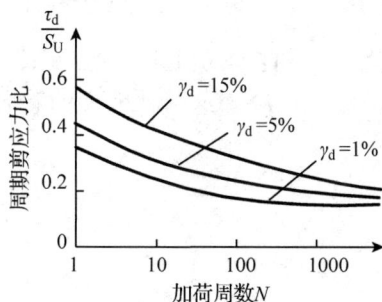

图 8-5 动强度与加荷周数的关系

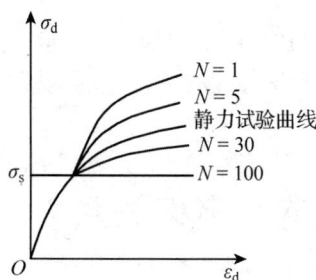

图 8-6 不同加荷周数时的动应力应变关系图

由图 8-7 看出，动强度大于静强度，在周期加荷 $N=100$ 时动强度才接近于静强度，振动次数相同时，动强度的增长率随着初始静应力的增大而减小；初始静应力相同时，动强度随着振动次数的增大而减小，并且逐渐接近或小于静强度。

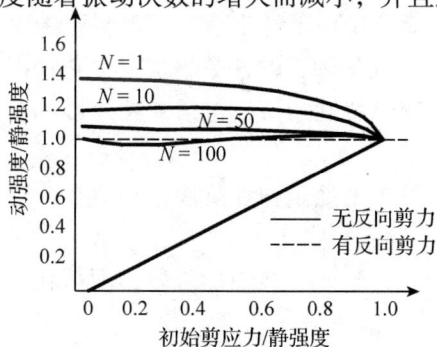

(a)

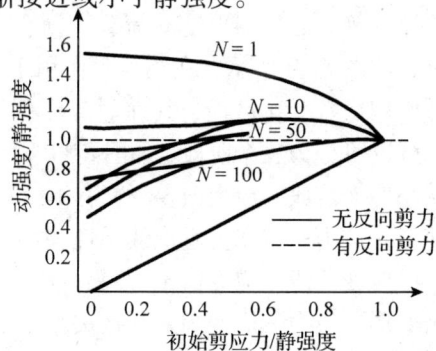

(b)

图 8-7 动强度的增长率与初始静应力的关系

(a)饱和黏性土 (b)非饱和黏性土

如果在三轴试验中、以不同速率加荷，如图 8-8 所示，则随着加荷速率的增大，土的强度也增大。这种强度的增大，随含水率的增加而愈加显著。干燥时的快速加荷与慢速加荷所得的内摩擦角几乎没有差别。如果把加荷时间 100s 时的强度视为静强度，则可由图 8-9 看出加荷速率增大时动力强度均增长的情况。

由此可见，在快速加荷时，土的动强度都大于静强度。许多研究指出，变形模量和极限强度甚至增大 1.1~3 倍。这种现象不仅出现在黏性土中，而且也发生在无黏性土中。但是，快速加荷引起动强度增大的现象在黏性土中更为显著，且随含水率的增大而提高。

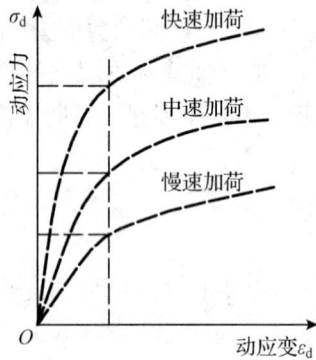

图 8-8　加荷速率对土的强度的影响　　　图 8-9　加载历时对土强度的影响

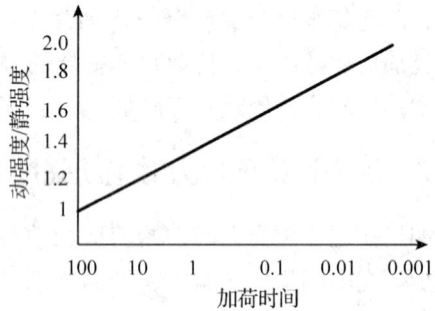

但在周期加荷下，增大加荷速率引起的强度增大和周期扰动引起的强度降低，与土的含水率和饱和度有关，土的动强度是增大还是减小要取决于这两种因素的共同作用结果。

8.4　土的动本构关系

动荷载作用下的应力应变关系是表征土动力性质的基本关系，也是分析土体动力失稳过程等一系列特性的依据。由于土具有明显的各向异性，加之土中水的影响，使土的动应力应变关系表现出明显的非线性和滞后性。

8.4.1　动载作用下的变形阶段划分

土在受静力之外如再受动荷载，则会在动荷载作用下产生新的变形与孔隙水压力的上升，如图 8-10 所示，在动荷载作用下应变与孔压随振动次数增加的变化情况。动应变随作用次数变化过程与其在静载作用下的变形特性相似，包括弹性变形和塑性变形两部分，可分为三个阶段，如图 8-11 所示。

①小应变阶段　应变值 γ_d 约为（10^{-3}~10^{-5}），土处于弹性阶段，动荷在卸除后无残余变形，应力—应变为近似线弹性关系。

②中应变阶段　应变值 γ_d 约为（10^{-1}~10^{-3}），土处于弹塑性阶段，动荷在卸除后有残余变形，应力—应变为非线性关系。

③大应变阶段　应变值 $\gamma_d > 10^{-1}$，土的变形以塑性变形为主处于塑性阶段，土已接近破坏。

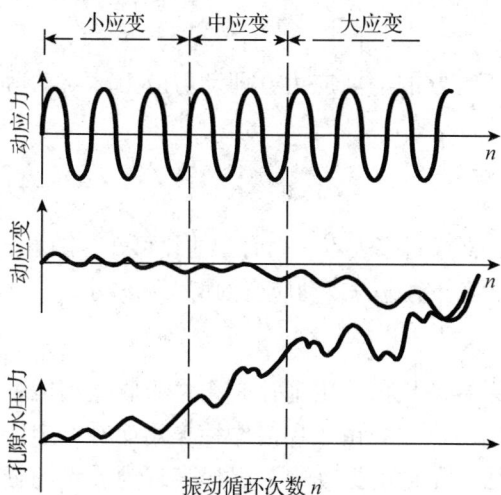

图 8-10 动载下强度、变形、孔压的发展

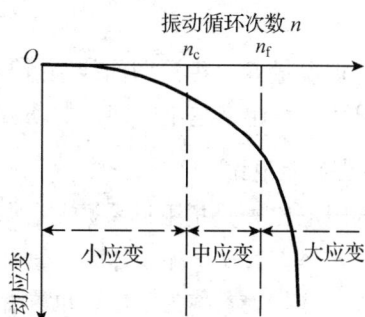

图 8-11 振动循环次数与动应变的关系

但当动应变增大后，如地震、爆破及压密施工等，动载将引起土结构的改变，从而引起土的残余变形和强度的丧失，土的动力特性将明显不同于小应变阶段。此外，对于饱和砂土，因结构破坏及孔隙水压力的迅速增长而出现的液化现象。因此，对于动荷载作用下的动力性能问题，应首先区别应变的不同阶段。

8.4.2　土的应力应变滞回圈与骨架曲线

土在周期荷载作用下的动力应力应变关系有两个基本特点，即非线性和滞后性。如果沿土中初始剪应力为零的平面上施加周期剪应力作用，则在一个周期内的应力应变关系曲线将形成一个滞回圈，即滞回曲线。绘出不同幅值下周期应力与应变的关系曲线，则所得各应力应变滞回圈的顶点的轨迹称为土的应力应变骨架曲线，如图 8-12 所示。骨架曲线表明了最大剪应力与最大剪应变之间的关系，反映了应力应变的非线性。滞回曲线表明了某一循环内剪应力与剪应变之间的相互关系，反映了应力应变的滞后性。

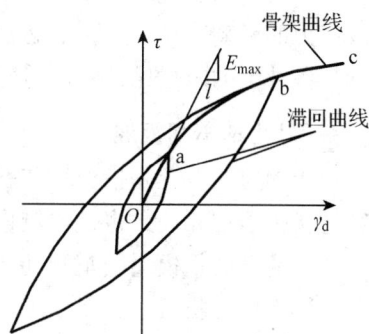

图 8-12　土的应力应变骨架曲线

8.4.3　土的主要动力特征参数

在实际应用中需要用某种数学的或物理的模型来描述土在动荷载作用下应力应变关系，这就是动力特征参数。土的动力特征参数一般分为两类。一类是与土的抗震稳定性直接有关的参数，如动强度、液化特性、震陷性质等；另一类是土作为地震波传播介质时表现出来的性质，也就是土层动力反应分析中使用的参数，如剪切波速、动模量(动弹性模量或动剪切模量)、阻尼特性(阻尼比或衰减系数)、振动条件下的体积模量和泊松比等。其中动剪切模量和阻尼比是表征土的动力特征的两个很重要的参数。

(1)土的动剪切模量

动剪切模量 G 是指产生单位动剪应变时所需要的动剪应力,即动剪应力 τ 与动剪应变 λ 比值,按下式计算:

$$G = \frac{\tau}{\gamma} \tag{8-4}$$

动剪切模量 G 可由滞回曲线顶点与原点的直线斜率表示。由骨架曲线可知,随着 τ 或 λ 的增大,G 越来越小,即土的动剪切模量随着动应力或动应变的增大而减小。

(2)土的阻尼比

土的阻尼比 λ 是指阻尼系数与临界阻尼系数的比值。阻尼比是衡量吸收振动能量的尺度。土体作为一个振动体系,其质点在运动过程中由于黏滞摩擦作用而有一定能量的损失,这种现象称为阻尼,也称黏滞阻尼。在自由振动中,阻尼表现为质点的振幅随振次而逐渐衰减。在强迫振动中,则表现为应变滞后于应力而形成滞回圈。由物理学可知,非弹性体对振动波的传播有阻尼作用,这种阻尼力作用与振动的速度成正比关系,比例系数即为阻尼系数,使非弹性体产生振动过渡到不产生振动时的阻尼系数,称为临界阻尼系数。

地基或土工结构物振动时,阻尼有两类,一类是逸散阻尼,由于土体中积蓄的振动能量以表面波或体波(包含剪切波和压缩波)向四周和下方扩散而产生的;另一类是材料阻尼,由于土粒间摩擦和孔隙中水与气体的黏滞性引起。在用有限元分析地震影响时,由于已经考虑了振动能量的扩散,故仅采用材料阻尼。无黏性土的阻尼比受有效应力的影响明显,黏性土的阻尼比随着塑性指数的增加而降低,随着时间增长而降低。各种土的阻尼比都随着剪应变的增加而增加。

(3)土的剪切波速

土的剪切波速是指剪切波在土中的传播速度。由于土的剪切波速与土的物理力学特性指标密切相关,也是比较重要的参数之一。

土的动剪切模量阻尼比主要用于土性分析、场地反应分析、地震区划分、结构地基共同作用分析等。土的剪切波速主要用于场地类别的判别,求算土的动剪切模量、土性分析、液化判别等。

8.4.4 影响土的动剪切模量与阻尼特性的主要因素

①动应变幅值 各类土的动模量和阻尼比受动应变幅值的影响较大,一般是随着动应变幅值的增大,动模量降低,阻尼比增高。

②平均有效应力 研究表明,在大应变范围内,土的动剪切模量与土的平均有效应力的幂函数成线性关系。各类土的动剪切模量都随试样的平均有效应力的加大而增高。这种现象在野外的表现就是动模量都随土层埋深的加大而增高。

③土的静力性质 土的一些静力物理力学性质,如黏性土压缩模量、孔隙比和饱和度以及砂土的相对密度都对动模量有一定影响。各类土的应力历史或超固结比对动力特性也有一定的影响。

④振动次数与频率 动荷载的循环次数和强迫频率也对动模量产生一定影响。

一般说来，影响动剪切模量的因素都会影响阻尼特性，使动模量降低的因素常常使阻尼常数提高，反之亦然。

8.4.5 土的动弹塑性模型

当动应力 τ 为正弦周期荷载时，黏弹性土体的滞回曲线应该是一椭圆曲线。但因土骨架在动应力作用下会产生塑性变形，因此滞回曲线所围成的面积包括黏性和塑性能量损耗两个部分。黏性能量损耗是与变形速度相关的，而塑性能量损耗与塑性变形有关。因此，土的阻尼也由两部分组成，一部分是黏性阻尼，另一部分是塑性阻尼。由于图存在塑性，其滞回曲线实际上并不是标准的椭圆曲线，在地震荷载作用下，土通常处于弹塑性变形阶段，可用弹塑性模型描述地震时土的应力应变关系。

(1)双曲线模型

通常用 Konger 和 Hardin 所给出的双曲线来描述土的动应力应变关系的骨干曲线，如图 8-13 所示，可用表达式

$$\tau = f(\gamma) = \frac{\gamma}{a + b\gamma} \tag{8-5}$$

式中，a、b 为土的试验参数。

可见，$1/a$ 是骨干曲线在原点的斜率，记为 $G_0 = 1/a$；$1/b$ 是骨干曲线的水平渐近线在纵轴上的截距，记为 $\tau_f = 1/b$。定义

$$\gamma_r = \tau_f / G_0 \tag{8-6}$$

式中，γ_r 为参考剪应变，其含义如图 8-13 所示

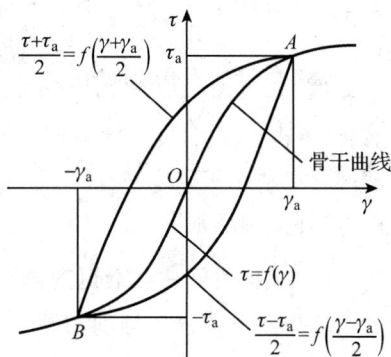

图 8-13 应力应变骨干关系及滞回圈构造方法示意

式(8-5)也可用下式表示

$$\tau = \frac{G_0 \gamma}{1 + \gamma/\gamma_r} \tag{8-7}$$

假定在 A 点发生反向加载，卸荷时的应力应变关系分支曲线可用下式表示

$$\frac{\tau - \tau_a}{2} = f\left(\frac{\gamma - \gamma_a}{2}\right) \tag{8-8}$$

根据双曲线骨干曲线表达式可以得到

$$\tau = \tau_a + \frac{G_0(\gamma - \gamma_a)}{1 - \dfrac{\gamma - \gamma_a}{2\gamma_r}} \tag{8-9}$$

假定在 B 点再次发生反向加载，再加荷时的应力应变关系分支曲线可用下式表示

$$\frac{\tau + \tau_a}{2} = f\left(\frac{\gamma + \gamma_a}{2}\right) \tag{8-10}$$

则根据双曲线骨干曲线表达式可得

$$\tau = -\tau_a + \frac{G_0(\gamma + \gamma_a)}{1 + \dfrac{\gamma + \gamma_a}{2\gamma_r}} \tag{8-11}$$

通常将上述通过骨干曲线的坐标原点平移、旋转180°和放大两倍来构造卸荷—再加荷应力应变关系分支曲线的方法称为 Masing 法则。针对等幅往返周期荷载服从这些规律，而实际地震运动的往返应力不是等幅的，要构造其不规则地震往返应力作用下卸荷—再加荷应力应变关系分支曲线的方法更复杂。

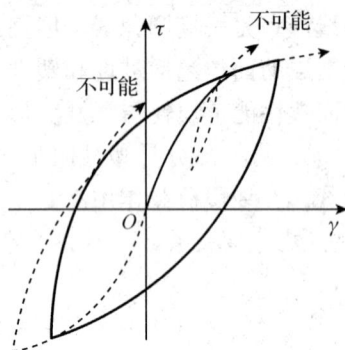

图 8-14　上大圈准则示意图

其中一个问题是，如果在$(\tau_a，\gamma_a)$卸荷后并没有达到$(-\tau_a，-\gamma_a)$就重新继续加荷，应力应变点将遵循什么样的规则发展？Finn 等人从土的不规则试验中总结了该规则——"外大圈"规则：如果应力应变点从$(\tau_a，\gamma_a)$卸荷后再加荷，应力应变点没有达到$(-\tau_a，-\gamma_a)$，这时，该再加荷曲线与从$(-\tau_a，-\gamma_a)$出发的再加荷曲线相重；如果这一再加荷曲线与初始骨干曲线相交，则应力应变点沿骨干曲线发展，称此为"上骨干曲线"准则。如果这一再加荷曲线与从$(-\tau_a，-\gamma_a)$出发的再加荷曲线相遇，则应力应变点沿从$(-\tau_a，-\gamma_a)$发生的再加荷曲线前进，称这为"上大圈准则"。图 8-14 完整地表示了这一规则。相应地，有"下骨干曲线"准则和"下大圈准则"，与上述"上大圈准则"统称为"外大圈准则"。

(2) 考虑骨干曲线衰退的修正双曲线模型

Matasovic 等人根据饱和砂土往返荷载试验结果，提出了土的初始滞回圈和任意后续滞回圈之间的关系可以用图 8-15 表示。假设从第 2 周开始的后续滞回圈用衰退骨干曲线和 Masing 法则来描述，则土的往返衰退特性表达方式，可以对初始骨干曲线的纵坐标进行折减到后续骨干曲线的纵坐标来表达。此初始骨架曲线为

$$\tau = \frac{G_0\gamma}{1 + \psi\,(\gamma/\gamma_r)^s} \qquad (8\text{-}12)$$

式中，ψ、s 为土的试验参数，用于调节骨干曲线纵坐标的位置和曲线曲率。

对无黏性或少黏性的可液化土，其骨干曲线的衰退可认为是因振动孔隙水压力的发展所引起的，因此骨干曲线的衰退特性可以根据振动孔隙水压力的大小对 G_0^*、τ_0^* 取为

$$G_0^* = G_0\,(1 - u^*)^n \qquad (8\text{-}13)$$

$$\tau_0^* = \tau_0[1 - (u^*)^\mu] \qquad (8\text{-}14)$$

式中，u^* 为振动孔压比；n、μ 为土的试验参数。

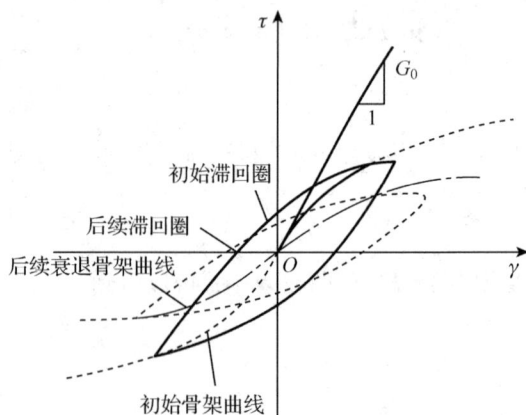

图 8-15　初始循环与后循环应力应变关系

则土的动态参考剪应变 γ_r^* 可表示为

$$\gamma_r^* = \frac{\tau_0^*}{G_0^*} = \frac{\tau_0(1 - (u^*)^\mu)}{G_0\,(1 - u^*)^n}$$

$$= \gamma_r\frac{1 - (u^*)^\mu}{(1 - u^*)^n} \qquad (8\text{-}15)$$

后续衰减骨干曲线可表示为

$$\tau = \frac{G_0^* \gamma}{1 + \psi (\gamma/\gamma_r^*)^s} \tag{8-16}$$

8.4.6 等效非线性黏弹性模型

等效非线性黏弹性模型是将土视为黏弹性体，采用等效弹性模量 E 或剪切变形模量 G 和等效阻尼比 λ 反映土的动应力应变关系的非线性和滞后性，并将模量与阻尼比表示为动应变幅的函数。该模型概念明确、应用方便，但不能反映土的变形累积(即塑性)。类似于线性黏弹性模型对弹性模量的定义，土的非线性变形特性可以用割线模量来描述，如图 8-16 所示，割线剪切变形模量 G 定义为:

$$G = \frac{\tau_a}{\gamma_a} = \frac{F(\gamma_a)}{\gamma_a} \tag{8-17}$$

式中，τ_a、γ_a 为应力和应变的幅值。

阻尼比定义为

$$\lambda = \frac{1}{4\pi} \frac{\Delta W}{W} \tag{8-18}$$

式中，W 为弹性应变能，其大小等于图 8-16 中的三角形面积；ΔW 为一个应力循环中的能量损耗，其大小等于图 8-16 中的滞回圈面积。

$$W = \frac{1}{2} \gamma_a f(\gamma_a) = \frac{1}{2} \gamma_a \tau_a \tag{8-19}$$

由于图 8-16 中的半月弧形截面 $AOBE$ 与 AOC 具有相同的形状，所以半月弧形截面 $AOBE$ 面积应是半月弧形 AOC 面积的四倍。在剪应变幅值为 γ_a 的一个应力循环中能量损耗 ΔW 为

$$\Delta W = 8 \left[\int_0^{\gamma_a} f(\gamma) \mathrm{d}\gamma - W \right] \tag{8-20}$$

将式(8-19)、(8-20)代入式(8-18)得

$$\lambda = \frac{2}{\pi} \left[\frac{2 \int_0^{\gamma_a} f(\gamma) \mathrm{d}\gamma}{\gamma_a f(\gamma_a)} - 1 \right] \tag{8-21}$$

对于双曲线模型，将式(8-7)代入式(8-17)、式(8-18)分别可得

$$G = \frac{G_0}{1 + \gamma_a/\gamma_r} \tag{8-22}$$

$$\lambda = \frac{4}{\pi} \left[1 + \frac{1}{\gamma_a/\gamma_r} \right] \left[1 - \frac{\ln(1 + \gamma_a/\gamma_r)}{\gamma_a/\gamma_r} \right] - \frac{2}{\pi} \tag{8-23}$$

图 8-17 给出了式(8-23)计算的 λ 与 G/G_0 的关系，也给出了实验资料的近似范围。可见在小应变范围内该模型计算的阻尼比 λ 值与试验值是吻合的，但随着剪应变的增大，该模型将过高地估计阻尼比。

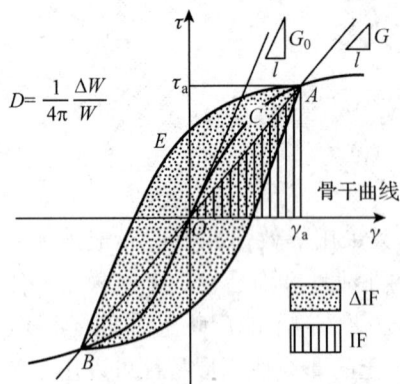

图 8-16 弹性应变能、损耗能量和
割线剪切模量定义

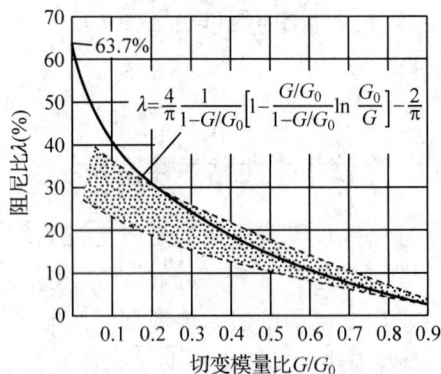

图 8-17 阻尼比与剪切变形模量比的关系

小 结

土动力学是土力学的分支学科，而土的动力特性是土动力学的核心内容，本章主要介绍了动力荷载的类型及特点、砂土液化的机理及其判别、动载作用下的变形阶段划分；动力荷载作用下的土的强度特性，包括动荷载加荷幅值对土动强度的影响、动荷载加荷周数对土动强度的影响、静力初始剪应力对土动强度的影响；土的主要动力特征参数、影响土的动剪切模量与阻尼特性的主要因素；重点介绍了土的动弹塑性模型、等效非线性黏弹性模型两个典型的土动本构关系。土动力学的内容比较丰富，也是目前已久的热点领域，研究者提出的土动本构关系也较多，有关更多的研究可参考相关专著或文献。

思考题

1. 砂土液化的机理是什么？有哪些因素影响了砂土液化，是如何影响的？液化的危害主要来自什么？
2. 判别砂土液化有哪些方法？各自是如何判断的？
3. 土体的动力荷载有哪些主要类型？各有哪些特点？
4. 土体的动力特性参数分哪几类？各有哪些参数？
5. 影响土的动剪切模量与阻尼特性的主要因素有哪些？
6. 阐述土的动弹塑性模型。

推荐阅读书目

1. 高等土力学. 卢庭浩. 机械工业出版社，2005.
2. 高等土力学. 谢定义，姚仰平，党发宁. 高等教育出版社，2008.
3. 高等土力学. 李广信. 清华大学出版社，2004
4. 土力学. 杨平. 机械工业出版社出版，2005

第9章

高等土工试验及测试

[**本章提要**]　高等土工试验是开展土力学研究的重要手段，本章首先介绍了水泥土和人工冻土无侧限抗压强度试验、人工冻土的单轴蠕变试验的设备、步骤、数据整理方法等；重点介绍了常规三轴压缩试验、GDS 静动三轴试验、冻土静动三轴试验软硬件设备系统、试验方法及数据处理；针对人工冻土冻胀融沉问题，详细给出了人工冻土冻胀融沉试验的设备、原理、步骤及数据整理；土与结构接触面的静动力学特性研究是土体与结构物相互作用研究的核心课题之一。主要介绍了张建民及张嘎等设计和研制的大型土与结构接触面循环加载剪切仪及其实验方法，以及作者本人研制的大型多功能冻土—结构接触面循环直剪设备 DDJ-1 及其实验方法。

9.1　特殊土无侧限抗压强度试验

9.1.1　水泥土无侧限抗压强度试验

水泥土无侧限抗压强度是工程中进行地基处理时常需掌握的参数，水泥土无侧限抗压强度试验目的是：测定水泥土试件的极限抗压强度和变形模量；绘制水泥土试件的应力应变曲线；描述水泥土试件破坏形式。

9.1.1.1　试验仪器设备

（1）胶砂搅拌机

目前水泥土搅拌还无专用搅拌机，可用胶砂搅拌机搅拌。

（2）振实台

该仪器主要由振动部件，机架部件和接近开关程控系统组成。该仪器采用接近开关计数自动控制，60 次后自动停止。

主要参数：振动部分总重量（20 ± 0.5）kg；落距（15 ± 0.3）mm；振动频率 60 次/（60 ± 2）s。

使用时固定于混凝土基座上。为了防止外部振动影响振实效果，可在整个混凝土基座下放一层厚约 5mm 天然橡胶弹性衬垫。

(3)压力试验机

本试验可供选择的试验机有以下两种:

(1)微机控制 CBR 试验机

此设备为无级调速电机垂直加载,通过微机控制,实现荷载与变形同步采集,试验过程中数据自动采集和保存。主要参数:①最大负荷 30kN;②轮辐式压力传感器:0~10kN、0~30kN 各一只;③有效测力范围:试验力 0.5%~100%;④精度 0.05% F. S;⑤加载速度为 1~1.25mm/min。

(2)万能试验机

主要参数:①最大负荷:100kN;②有效测力范围:试验力 0.4%~100%;③测力精度:示值的 ±1% 以内;④轮辐式压力传感器:0~100kN、0~30kN、0~10kN 各一只,精度 0.1% F. S;⑤ 试验速度范围:0.1~500mm/min,速度精度:示值的 ±0.5% 以内;⑥位移测量精度:示值的 ±0.5% 以内。

传感器:位移传感器示值精度 0.01mm,量程 10cm。电子天平:称量范围≥3000g,读数精度 0.1g。

试模:采用 70.7×70.7×70.7 砂浆有底试模。

9.1.1.2 试验参考步骤

(1)试验准备

烘干试验所需的土样,通过孔径为 1mm 的土壤分析筛,放进干燥器备用。进行试样配合比设计,确定水泥、风干土、水及外加剂的用量。

(2)试件制作与养护

制作试件时,先检查试模尺寸,试模内壁要涂刷薄层机油或脱模剂。将风干土、水泥在搅拌机中搅拌均匀,然后将水和外加剂倒入搅拌机中,搅拌直至浆液均匀。向试模内注入一半水泥浆,用捣棒均匀由外向内插捣,然后将试模放在振动台上振动 1min,再将其余的水泥浆注入试模再振动 1min,最后将试件表面刮平,铺上一层保鲜薄膜。相同水平试件制作 6 个进行平行试验。试件制作后放在标准养护室养护(24±2)h 后对试件进行编号并拆模。试件拆模后,应在标准养护条件下继续养护至所需龄期,然后进行试压。养护日期可根据实际情况任选 7d、14d、28d。养护期间试件之间的距离间隔应在 10mm 以上。

(3)强度测试

试件从养护室取出后,应尽快进行试验,以免试件内部的温、湿度发生显著变化。先将试件擦拭干净,测量尺寸,称重,计算试件的密度,并检查其外观。试件尺寸测量精确至 1mm,如果实测尺寸与公称尺寸之差不超过 1mm,按公称尺寸进行计算。将试件安放在试验机的下压板上,试件的承压面应与成型时的顶面垂直,试件中心应与试验机下压板中心对准。开动试验机,当上压板与试件接近时,调整上压板使接触面均衡受压。架上位移传感器,并清零。承压试验应连续均匀加载,直至试件破坏。试验加载速率可选择应力控制或应变控制加载方式。应变加载方式建议加载速度为 1mm/min;应力加载方式建议加载速率为 0.05kN/s。保存试验过程数据。

9.1.1.3 试验结果和分析

①确定立方体抗压强度，

$$f_{m,cu} = \frac{F_U}{A} \tag{9-1}$$

式中，$f_{m,cu}$ 为水泥土立方体抗压强度，MPa；F_U 为破坏荷载，N；A 为试件承压面积，mm^2

②确定立方体变形模量，当荷载为 50% 无侧限抗压强度时，水泥土的应力与应变之比称之为水泥土的变形模量。

$$E = \frac{f_{50}}{\varepsilon_{50}} = \frac{f_{50}}{\Delta h / h} \tag{9-2}$$

式中，E 为水泥土的变形模量，MPa；ε_{50} 为 50% 无侧限抗压强度时对应的轴向应变；f_{50} 为 50% 无侧限抗压强度，MPa；Δh 为 50% 无侧限抗压强度时试件变形量，mm；h 为试件原始高度，mm。

③绘制水泥土试件应力—应变曲线，描述水泥土试件破坏状态。

④对比分析其他条件相同时，研究干密度、水泥含量等对水泥土强度的影响。

9.1.2 人工冻土单轴抗压强度及蠕变试验

人工冻土是一种特殊土类，冻土力学参数在人工地层冻结工程的理论与实践研究中具有重大意义，准确确定人工冻土强度是进行冻结壁合理设计的前提。其中冻土单轴抗压强度是冻土最基本的力学特性，也是目前人工冻土工程中最常用的设计指标。单轴压缩蠕变试验结果表现了时间效应，即在恒定荷载作用下变形随时间增长的规律。

冻土单轴抗压强度与单轴压缩蠕变试验的试样规格均为 $\phi 61.8mm \times 150mm$ 或 $\phi 50mm \times 100mm$ 的圆柱体试样，通过本试验方法可获得某种低温条件下应力，并计算得到强度指标，单位计为 MPa。

本试验引用的标准为：GB/T 50123—1999《土工试验方法标准》；MT/T 593.1—1996《人工冻土物理力学性能试验 第 1 部分 人工冻土试验取样及试样制备方法》；MT/T 593.1—1996《人工冻土物理力学性能试验 第 4 部分 人工冻土单轴抗压强度试验方法》；MT/T 593.1—1996《人工冻土物理力学性能试验 第 6 部分 人工冻土单轴压缩蠕变试验方法》。

9.1.2.1 仪器设备

①冻土试验机，使用自行研制的 WDT - 100B 型微机控制电子式多功能冻土试验机。

②试验夹具。

③试模、捣棒及垫块。

a. 圆筒体试模由刚性金属制成的圆筒形和底板构成，用两片对接组装而成，试模组装后不能有变形和漏水现象。试模的尺寸误差，直径误差应小于 $1/200d$，高度误差应小于 $1/100h$。试模底板的平面度公差应不超过 0.02mm，组装试模时，圆筒形模的纵轴与底板应成直角，其允许公差为0.5°。

b. 试样成型使用的捣棒符合刚度要求。

c. 垫块采用厚度为6mm不锈钢板，该钢板直径应比试模直径小1mm。

④天平：称量200g，最小分度值0.01g；称量1000g，最小分度值0.1g。

⑤试验所需零碎设备：如金属直尺、天平、量筒、拌板、拌铲、切土器（原状土试样）等。

⑥低温环境。

a. 冻土强度试验必须在低温环境下进行，低温环境最低温度可达到-50℃，试验机最大加载能力100kN；b. 试验温度在-5~-1℃范围内时，其波动度不得超过±0.2℃；试验温度在-5℃以下时，其波动度不得超过±0.3℃；c. 只有一种试验温度时，应选择-10℃，需要研究不同低温状态下的冻土强度变化规律，其中应包含-10℃，如有特殊要求，可另外选择试验温度。

9.1.2.2 冻土强度试样制备方法

(1) 原状土冻土强度试样

①试样数量应满足试验项目的要求，制备试样时必须做好原始记录并对每块土样进行编号、贴上标签。

②原状土试样制备应按下列步骤进行：

a. 将土样筒按标明的上下方向放置剥去蜡封和胶带，开启土样筒，取出土样，检查土样结构；

b. 当确定土样未受扰动时切削试样，对低塑性和高灵敏度的软土制样时不得扰动；

c. 当确定土样已受扰动或取土质量不符合规定时，不应制备力学性质试验的试样，此时应及时配制与原状土物理状态相同的重塑土试样进行试验，模拟原状土的重塑土密度与天然土密度误差不大于0.03g/cm³，含水率与天然土含水率误差不大于1.0%。

③原状土切削试样的基本方法：利用切土器将试样切成要求直径，可将预定试样切成与上钉盘近似大小直径的土样，削平两端面，置于两钉盘之间顶紧，转动中轴，用切土刀或钢丝锯沿着所需直径靠板方向逐渐逐切，即可切成所需圆筒体试样。

(2) 重塑土冻土强度试样

①从土样筒或包装袋中取出土样，对土样的颜色、气味、是否含有夹杂物及均匀程度进行描述并登记。土样数量应满足试验项目的要求，并应留有1~2个备样。

②重塑土备样。将土样切成碎块拌和均匀，根据试验项目取足够数量的土样置于通风处晾干至可碾散为止，一般宜在105~110℃下烘干，对有机质含量超过5%的土或含石膏和硫酸盐的土应在65~70℃下烘干。将风干或烘干的土样放在橡皮板上，用木碾碾散；对不含砂和砾的土样可用碎土器碾散，碎土器不得将土粒破碎。对分散后的粗粒土和细粒土应过2mm孔径的筛，取筛下足够试验用的土样充分拌匀，测定风干含水率后装入保湿缸或塑料袋内备用。

③重塑土试样制备应按下列步骤进行：

a. 成型前彻底清洗模具，检查试模尺寸符合规定，并在模具内表面涂一层凡士林、矿物油或者其他不与冻土发生反应的脱模剂；

b. 根据试验所用的土量和含水率制备标准规格的试样，所需的加水量按(9-3)计算，进行配水并搅拌均匀，密封后放入保湿器内存放 24h 以上。

$$m_{\omega} = \frac{m_0}{1 + 0.01\omega_0} \times 0.01(\omega_1 - \omega_0) \qquad (9\text{-}3)$$

式中，m_{ω} 为制备试样所需要的加水量，g；m_0 为湿土(或风干土)质量，g；ω_0 为湿土(或风干土)的含水率(%)；ω_1 为制样要求的含水率，%。

c. 在圆柱筒内分层击实，粉质土宜为 3~5 层，黏土宜为 5~8 层，各层土试样质量相等，各层接触面应拉毛，最后一层试样表面整平，取出试样称量。

(3)试样技术指标

①原状土样同一组试样间密度的允许差值为 0.03g/cm³。

②扰动土样同一组试样的密度与要求的密度之差为 ±0.01g/cm³，同一组试样密度差值不大于 0.03g/cm³。

③同一组试样的含水率与要求的含水率之差不得大于 1.0%，同一组试样的含水率差值不大于 1.0%。

(4)试样的冷冻及找平方法

①将试样连同模具密封并在低于 -30℃下速冻 4~6h，随后在所需试验低温温度下脱模，并使用修土刀修整，使试样符合尺寸要求。将制备好的低温重塑土试样贴上标签(表明来源、层位、重量、日期)，装入塑料袋内密封，置于所需试验低温温度下恒温存放，在 24~48h 内可用于试验。

②试件在经冻结后，端面会产生鼓包现象而需要端面找平处理。找平处理后的端面应与试件的纵轴垂直，端面的平面度公差不大于 0.1mm。不进行端部找平层处理时可将试件上断面研磨整平。试样整平后端部有融化现象，需要重新放进低温箱冻结 1~2h。

(5)试验前试样尺寸测量方法

各项冻土强度试验之前需要测量试样的直径和高度，量试样上、中、下部直径，计算平均直径 D_0，精确至 0.02mm；再分别测量相互垂直的两个直径端部的四个高度，计算平均高度 h_0。

9.1.2.3　人工冻土单轴抗压强度试验方法

(1)试样数量

每层土每种试验温度下 3~4 个试样。

(2)实验步骤

冻土单轴抗压强度试验有两种加载方式：恒应变加载和恒应力加载，恒应变加载是按照一定的应变速率进行加载直至试样破坏，恒应力加载是按照一定的应力速率加载直至试样破坏。

①恒应变速率加载方式：

a. 选择应变控制速率 1.0%/min，如有特殊要求则另外确定加载速率。

b. 核实试样物理指标，检查试验设备、仪表及测试系统。

c. 将试样表面与上下承压板面擦干净，试样置于试验机上下压板之间，用保鲜膜封好试样表面以防含水率变化，使试件的纵轴与加压板中心一致。

d. 调整加压装置并安装横向与竖向应变计。

e. 启动冻土试验机，当上下压板与试件或钢垫板接近时，调整球座，使接触均衡。试验机的加压板与试件端面之间需保持紧密接触，中间不得夹入有缓冲作用的其他物质。可施加 10kPa 预加压力，以保证紧密接触，待荷载归零，开始加载。

f. 记录加载过程中的荷载值及试样横向与竖向位移值。记录方法为当轴向应变在 3% 以内时每增加 0.3%~0.5% 时记录一次，轴向应变超过 3% 时每增加 0.6%~1.0% 时记录一次。

g. 终止条件：发生下列三种情况之一时，停止试验：

当荷载值达到峰值或者稳定后，荷载下降 20%。

若荷载值一直增加，则轴向应变达到 20%（冻结砂土为 15%）为止。

当荷载值达到峰值或者稳定后，应变继续增加 3%~6%。

h. 试验结束后卸除荷载，取下试样，描述其破坏状态，并测试破坏后试样的含水率。

② 恒应力速率加载方式：

a. 确定应力加载速率，使试样在 (30 ± 5) s 内达到承载极限。

b. 启动冻土试验机，按照确定的应力增加速率加载。

c. 试验中的其他问题与应变速率控制加载方式下冻土单轴抗压强度试验步骤相同。

(3) 数据处理

① 应变计算：

$$\varepsilon_1 = \frac{\Delta h}{h_0} \tag{9-4}$$

式中，ε_1 为轴向应变；Δh 为轴向变形，mm；h_0 为试验前试样的高度，mm。

② 试样横截面积校正：

$$A_a = \frac{A_0}{(1 - \varepsilon_1)} \tag{9-5}$$

式中，A_a 为校正后试样的横截面积，mm^2；A_0 为试验前试样的横截面积，mm^2。

③ 应力计算：

$$\sigma = \frac{F}{A_a} \tag{9-6}$$

式中，σ 为轴向应力，MPa；F 为轴向荷载，N。

④ 单轴抗压强度：

以轴向应力为纵坐标，以轴向应变为横坐标绘制应力—应变曲线，取最大轴向应力作为人工冻土瞬时单轴抗压强度，简称冻土单轴抗压强度 σ_c。

⑤ 弹性模量：

工程中常用冻土单轴抗压强度一半与其所对应的应变比值来确定冻土弹性模量。

$$E = \frac{\sigma_c/2}{\varepsilon_{\frac{1}{2}}} \tag{9-7}$$

式中，E 为冻土的弹性模量，MPa；$\varepsilon_{\frac{1}{2}}$ 为最大轴向应力对应的轴向应变的 1/2。

⑥冻土泊松比：

$$\nu = \frac{\varepsilon_{径}}{\varepsilon_{轴}} \tag{9-8}$$

式中，ν 为冻土的泊松比；$\varepsilon_{径}$ 为径向应变，$\varepsilon_{径} = \dfrac{\Delta D}{D_0}$，为试样直径的平均变化量，mm，$D_0$ 为试验前试样的平均直径(mm)；$\varepsilon_{轴}$ 为轴向应变，即 ε_1。

⑦试验结果的取值问题：每一低温条件下，三个试件测试值的算术平均值作为该组试件的强度值(精确至 0.01MPa)；三个测值中的最大值或者最小值如有一个与中间值的差值超过 15% 时，则把最大及最小值一并舍去，并补做试样。

9.1.2.4　人工冻土单轴蠕变压缩试验方法

人工冻土单轴压缩蠕变指在无侧向应力时轴向压应力不变，其变形随时间而增加的性质，包含两种蠕变变形：Ⅰ类蠕变为衰减型蠕变，即冻土所受应力较小时其变形速率逐渐减小并趋近于零；Ⅱ类蠕变为非衰减型蠕变，即冻土所受应力大于某一确定值时，其变形速率由减小到恒定到增大，最后破坏。其中，Ⅱ类蠕变一般分为三个阶段(瞬时变形除外)：变形速率逐渐减小为非稳定蠕变阶段，变形速率为常数为稳定蠕变阶段，变形速率逐渐增大到试样破坏为止为加速蠕变阶段。

试验中需要确定的蠕变加载系数为试样所受应力与单轴抗压强度的比值，记为 k_i。

(1)试样数量

每层土每种试验温度下 5 个试样(多试样单轴蠕变试验)或 2 个试样(单试样分级加载单轴蠕变试验)，其中各有一个试样用于进行单轴抗压强度试验。

(2)试验步骤

以下试验步骤为某一个确定的低温温度下的蠕变试验方法，只有一种试验温度时，应选择 −10℃；若有多种试验温度时，其中应有 −10℃；若建立单轴压缩蠕变的数学模型，则需要进行 3~4 种不同低温温度下的单轴压缩蠕变试验。如果有特殊要求，可另选试验温度。

①多试样单轴压缩蠕变试验：

a. 核实试样的物理指标，检查试验设备、仪表及测试系统。

b. 通过(9.1.2.3)中规定的试验方法获得同组试样相同低温条件下的冻土单轴抗压强度。

c. 确定合适的加载系数并根据单轴抗压强度计算出逐级加载所需的荷载。

d. 将试样安装在试验机的上下压板之间，用保鲜膜封好试样表面以防含水率变化，安装轴向与径向应变计，调试荷载测试装置。

e. 启动冻土试验机，当上下压板与试件刚好接触时，荷载归零，给试样迅速加载至所需荷载并记录此时的瞬时变形。

f. 记录加载过程中的时间及试样的横向与竖向位移值。记录方法为加载开始时同时记录变形，给试样加至并稳定在所需荷载，开始记录时间和变形数据，以后分别每隔 1、3、6、10、10、15、30、30、60min 记录一次数据。试验过程中试样所受应力保持恒定，其波动度不得超过 0.01MPa。

　　g. 发生下列三种情况之一时，停止试验并记录时间与试样变形的终值：

　　Ⅰ类蠕变时试样变形已达稳定，即 $\dfrac{\mathrm{d}\varepsilon}{\mathrm{d}t}\leqslant 0.0005/\mathrm{h}$ 后 24h 以上；

　　Ⅱ类蠕变时试样趋于破坏；

　　轴向变形达到 20% 以上；

　　h. 试验结束后卸除荷载，取下试样，描述其破坏情况，并测试破坏试样的含水率。

　　i. 蠕变加载系数的取值问题：若获得蠕变曲线簇，可根据需要确定几个不同的蠕变加载系数 k_i，并重复上述③～⑧的试验步骤，k_i 取值为 0.3、0.4、0.5、0.7；若需要进行超过 100h 的蠕变试验，k_i 取值为 0.1、0.2、0.3、0.5。

　　②单试样分级加载单轴蠕变试验：

　　a. 根据需要确定合适的蠕变加载系数，确定方法同多试样单轴压缩蠕变试验方法的第⑨条。

　　b. 取最小一级的蠕变加载系数，按照多试样单轴压缩蠕变试验方法的①～⑥进行试验。

　　c. 终止条件：发生下列两种情况之一时，停止试验并记录时间与试样变形的终值，一级蠕变结束。

　　Ⅰ类蠕变时试样变形已达稳定，即 $\dfrac{\mathrm{d}\varepsilon}{\mathrm{d}t}\leqslant 0.0005/\mathrm{h}$ 后 24h 以上。

　　Ⅱ类蠕变时变形速率趋于常数，即 $\dfrac{\mathrm{d}^2\varepsilon}{\mathrm{d}t^2}\leqslant 0.0005/\mathrm{h}^2$ 超过 24h 但不超过 48h。

　　d. 依次取不同的加载系数，计算出所需荷载数值重复上述试验步骤。

　　e. 当某一级加载系数的蠕变试验进行到第三阶段时，不能再进行下一级的加载，可将此蠕变进行到试样破坏为止。

　　f. 试验结束后卸除荷载，取下试样，描述其破坏情况，并测试破坏试样的含水率。

(3) 数据处理

①应变计算：

$$\varepsilon_\mathrm{h} = \frac{\Delta h}{h_0} \tag{9-9}$$

$$\varepsilon_\mathrm{c} = \varepsilon_\mathrm{h} - \varepsilon_e \tag{9-10}$$

式中，ε_h 为轴向应变；Δh 为轴向变形，mm；h_0 为试验前试样的高度，mm；ε_c 为蠕变应变；ε_e 为弹性应变，即加载过程中的瞬时应变。

②应力计算：

$$\sigma_i = k_i\sigma_\mathrm{c} \tag{9-11}$$

式中，σ_i 为第 i 级加载时试样所受的应力，MPa；k_i 为第 i 级蠕变加载系数；σ_c 为该温度下试样的单轴抗压强度，MPa。

③荷载计算：

$$P_i = \sigma_i A_i \tag{9-12}$$

式中，P_i 为第 i 级加载时试样所需的荷载，N；A_i 为试样在第 i 级荷载时的横截面积，mm^2。

④单轴压缩蠕变的数学模型及蠕变参数：

根据试验数据建立相应的蠕变数学模型：

$$\varepsilon_c = f(T, \sigma_i, t) \tag{9-13}$$

式中，T 为试验温度，℃；t 为蠕变时间，h。

⑤计算蠕变参数，绘制应变与时间的关系曲线。

9.1.2.5　WDT—100B 型微机控制多功能冻土试验机简介

WDT—100B 型微机控制多功能冻土试验机为南京林业大学自行研制的实验仪器之

一（图 9-1），该冻土试验机由降温系统、加载系统、采集系统三部分组成，低温箱降温速度快、温度控制范围 0 ~ −50℃、温度波动满足试验要求，试验机采用伺服加载以及恒试验力、恒应力、恒位移、恒应变的多种加载方式（最大试验力 100kN，荷载精度为 0.05kN），量测与采集系统均实现了自动化，软件可同时测量试验力、试件的轴向变形及径向变形，适时实现温度、荷载控制、加载方式选择，自动捕捉破坏荷载，显

图 9-1　微机控制电子式多功能冻土试验机

示各种实验曲线，并处理获得相应参数。

9.2　土的三轴试验

9.2.1　常规三轴压缩试验

三轴压缩试验是根据 Mohr-Coulomb 强度理论，用 3 ~ 4 个试样，分别在不同的恒定周围压力下施加轴向压力，进行剪切直至破坏，从而确定土的强度参数。三轴剪切仪依施加轴向压力的方式不同，分为应变控制式和应力控制式两种，其中前者操作简便，应用较为广泛。试验目的是测定土的抗剪强度与应力、应变参数。

9.2.1.1　仪器设备及试验方法

（1）仪器设备

应变控制式三轴仪（图 9-2）：由压力室、轴向加压设备、周围压力系统、反压系统、孔隙水压力量测系统、轴向变形和体积变化量测系统组成，原理示意如图 9-3 所示。

附属设备：包括击样器、饱和器、切土器、

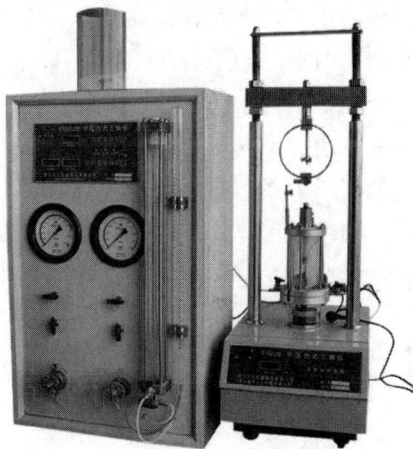

图 9-2　应变控制式三轴仪

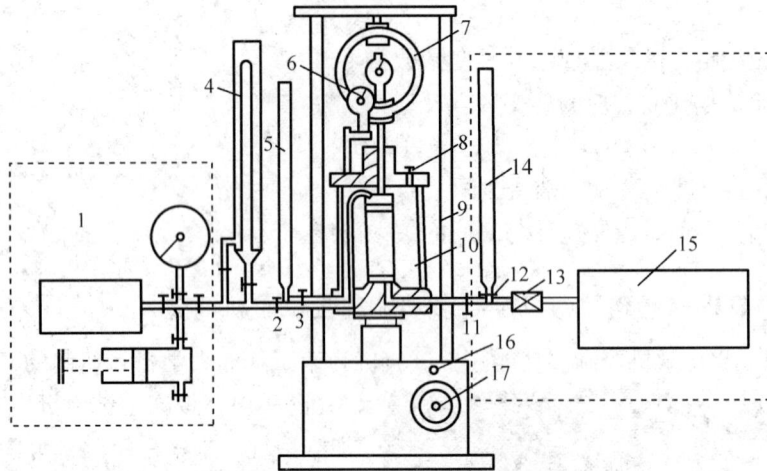

图 9-3 应变控制式三轴仪系统示意图

1-周围压力系统;2-周围压力阀;3-排水阀;4-体变管;5-排水管;6-轴向位移表;7-测力计;8-排气
孔;9-轴向加压设备;10-压力室;11-孔压阀;12-量管阀;13-孔压传感器;14-量管;15-孔压量测

原状土分样器、切土盘、承膜筒和对开圆膜。

天平:称量 200g,最小分度值 0.01g;称量 1000g,最小分度值 0.1g。

橡皮膜:应具有弹性的乳胶膜,对直径 39.1mm 和 61.8mm 的试样,厚度以 0.1~0.2mm 为宜,对直径 101mm 的试样,厚度以 0.2~0.3mm 为宜。

透水板:直径与试样直径相等,其渗透系数宜大于试样的渗透系数,使用前在水中煮沸并泡于水中。

其他:百分表、秒表、切土刀、卡尺等。

(2)试验方法

根据排水条件,三轴试验分为不固结不排水剪试验(UU)、固结不排水剪试验(CU)、固结排水剪试验(CD)三种试验类型。三轴压缩试验方法适应于细粒土和粒径小于 20mm 的粗粒土。

不固结不排水剪试验(UU):在整个过程中,从增加周围压力和增加轴向压力直到剪坏为止,均不允许试样排水;对饱和试样可测得总抗剪强度参数或有效抗剪强度参数和孔隙水压力系数。

固结不排水剪试验(CU):先使试样在某一围压力下固结排水,然后保持在不排水情况下增加轴向压力直到剪坏为止,可以测得总抗剪强度参数或有效抗剪强度参数和孔隙水压力系数。

固结排水剪试验(CD):在整个试验过程中允许试样充分排水,即在某一围压下排水固结,然后在充分排水的情况下增加轴向力直到剪坏为止,可以测定有效抗剪强度指标。

9.2.1.2 不固结不排水剪试验

(1)操作步骤

①仪器检查:

a. 围压量测精度为全量程的 1%,根据试样强度大小,选择不同量程的测力计,应使最大轴向压力的准确度不低于1%。

  b. 孔隙水压力量测系统内气泡应完全排除，系统内的气泡可用纯水或施加压力使气泡溶于水，并从试样底座溢出；测量系统的体积因数应小于 $1.5 \times 10^{-5} \mathrm{cm}^3/\mathrm{kPa}$。

  c. 管路应畅通，各连接处应无漏水，压力室活塞杆在轴套内应能滑动。

  d. 橡皮膜在使用前应做仔细检查，方法是扎紧两端，向膜内充气，在水中检查，应无气泡溢出，方可使用。

  ②试样制备：

  a. 本试验需 3~4 个试样，分别在不同周围压力下进行试验。

  b. 试样尺寸：最小直径为 $\phi35\mathrm{mm}$，最大直径为 $\phi101\mathrm{mm}$，试样高度宜为试样直径的 2~2.5 倍；当试样直径小于100mm时，试样允许的最大粒径为试样直径的1/10，其他为试样直径的1/5；对于有裂缝、软弱面和构造面的试样，试样直径宜大于60mm。

  c. 原状土试样制备：根据土样的软硬程度，分别用切土盘和切土器按上述步骤的规定，切成圆柱形试样，试样两端应平整，并垂直于试样轴，当试样侧面或端部有小石或凹坑时，允许用削下的余土修整，试样切削时应避免扰动，并取余土测定试样的含水率。

  d. 扰动土样试样制备：根据预定的干密度和含水率，按扰动土制样规定制备样后，在击实器内分层击实，粉质土宜为 3~5 层，黏质土宜为 5~8 层，各层土试样数量相等，各层接触面应刨毛；击完最后一层，将击样器内的试样整平，取出试样称量。

  e. 砂类土试样制备：在压力室底座上依次放上不透水板、橡皮膜和对开圆膜，根据砂样的干密度及试样体积，称取所需的砂样质量，分三层填入对开圆膜内，直至膜内填满为止。当制备饱和试样时，在对开圆膜内注入纯水至1/3高度，将煮沸的砂料冷却后分三层填入，达到预定高度。放上不透水板、试样帽，扎紧橡皮膜。对试样内部施加5kPa负压，使试样能站立，拆除对开圆膜。

  f. 对制备好的试样，量测其直径和高度。试样平均直径按下式计算：

$$D_0 = \frac{D_1 + 2D_2 + D_3}{4} \tag{9-14}$$

式中，D_1、D_2、D_3 分别为试样上、中、下部分的直径，mm。

  ③试样饱和：可采用抽气饱和、水头饱和及反压饱和三种方法之一进行试样饱和。

  一般常用抽气饱和法，具体为：将试样装入饱和器内，置于抽气缸内盖紧后，进行抽气；当真空度接近一个大气压后，对于粉质土(轻亚黏土)再继续抽气半小时以上，黏质土(粉质黏土、黏土)抽气 1h 以上，密实的黏质土抽气 2h 以上；然后注入清水，并使真空度保持稳定；待饱和器完全淹没水中后，停止抽气，解除抽气缸内的真空，让试样在抽气缸内静置 10h 以上，然后取出试样称重。

  ④试样安装：

  a. 在压力室的底座上，依次放上不透水板、试样及不透水试样帽；将橡皮膜套在承膜筒内，将两端翻出模外，用吸咀吸气，使橡皮膜贴紧承膜筒内壁，然后套在试样外，放气，翻起橡皮膜，取出承膜筒，用橡皮圈将橡皮膜分别扎紧在压力室底座和试样帽上。

  b. 装上压力室外罩。安装时应先将活塞提高，以防碰撞试样，然后将活塞对准试样帽中心,并均匀地旋紧螺丝,再将量力环对准活塞。

c. 开压力室外罩顶面排气孔,向压力室充水。当压力室快注满水时,降低进水速度;水从排气孔溢出后,关闭周围压力阀,旋紧排气孔螺栓。

d. 开周围压力阀,施加所需的周围压力。周围压力的大小应与工程的实际荷重相适应,并尽可能使最大周围压力与土体的最大实际荷重大致相等;也可按 100kPa、200kPa、300kPa、400kPa 施加。

e. 旋转手轮,当量力环的量表微动时表示活塞已与试样帽接触,然后将量力环的量表和变形量表的指针调整到零位。

⑤试样剪切:

a. 剪切应变速率宜每分钟应变 0.5%~1.0%。

b. 启动电动机,合上离合器,开始剪切。试样每产生 0.3%~0.4% 的轴向应变(或 0.2mm 变形值),测记一次测力计读数和轴向变形值。当轴向应变大于3%时,试样每产生 0.7%~0.8% 的轴向应变(或 0.5mm 变形值),测记一次。

c. 当测力计读数出现峰值时,剪切应继续进行至超过5%的轴向应变为止。当测力计读数无峰值时,剪切应进行到轴向应变为 15%~20%。

d. 试验结束,关电动机,关周围压力阀,脱开离合器,将离合器调至粗位,转动粗调手轮,将压力室降下,打开排气阀,排除压力室内的水,拆卸压力室罩,拆除试样,描述试样破坏形状。称试样质量,并测定含水率。

(2)数据处理

①计算:

a. 轴向应变计算公式:

$$\varepsilon_1 = \frac{\Delta h_i}{h_0} \tag{9-15}$$

b. 试样面积校正计算公式:

$$A_\alpha = \frac{A_0}{1 - \varepsilon_1} \tag{9-16}$$

c. 主应力差计算公式:

$$\sigma_1 - \sigma_3 = \frac{C \cdot R}{A_\alpha} \times 10 \tag{9-17}$$

式中,ε_1 为轴向应变值,%;Δh_i 为剪切过程中的高度变化,mm;h_0 为试样起始高度,mm;A_α 为试样的校正断面积,cm²;A_0 为试样的初始断面积,cm²;$\sigma_1 - \sigma_3$ 为主应力差,kPa;σ_1、σ_3 分别为大小总主应力,kPa;C 为测力计率定系数,N/0.01mm;R 为百分表读数。

②制图:

a. 以主应力差为纵坐标,轴向应变为横坐标,绘制主应力差与轴向应变关系曲线,参考图9-4。取曲线上主应力差的峰值作为破坏点,无峰值时,取15%轴向应变时的主应力差作为破坏点。

b. 以剪应力为纵坐标,以法向应力为横坐标,在横坐标轴以破坏时的 $\frac{\sigma_{1f} + \sigma_{3f}}{2}$ 为圆心，以$\frac{\sigma_{1f}-\sigma_{3f}}{2}$为半径，在$\tau-\sigma$应力平面上绘制破损应力圆，并绘制不同周围压力下破损应力圆的包线，求出不排水强度参数，参考图9-5。

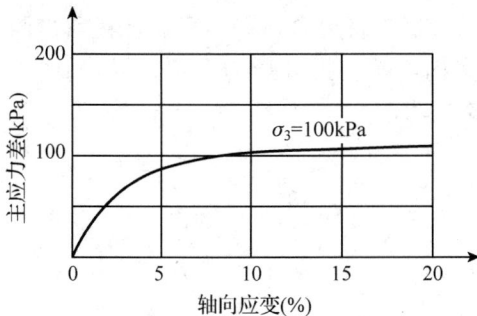

图9-4 主应力差与轴向应力关系曲线

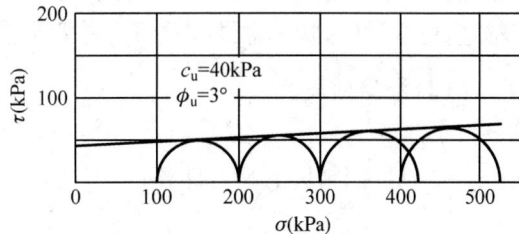

图9-5 不固结不排水剪强度包线

9.2.1.3 固结不排水剪试验

（1）操作步骤

①试验前仪器检查、试样制备、试样饱和按不固结不排水剪试验的有关要求进行。

②试样安装：

a. 开孔隙水压力阀，用玻璃量管中的蒸馏水对管路及压力室底座充水排气，并关阀。将煮沸过的透水板放在压力室底座上，然后依次放上湿滤纸、试样、湿滤纸及透水板，试样周围贴浸水的滤纸条7~9条，滤纸条两端与透水板连接。

b. 按规定用承膜筒将橡皮膜套在试样外，橡皮膜下端扎紧在压力室底座上。

c. 用软刷子或双手自下而上轻轻按抚试样，以排除试样与橡皮膜之间的气泡。

d. 打开排气阀，使试样帽中充水，放在透水板上，用橡皮圈将橡皮膜上端与试样帽扎紧，降低排水管，使管内水面位于试样中心以下20~40cm，吸除试样与橡皮之间的余水，关排水阀。

e. 压力室罩安装、充水及测力计调整同不固结不排水剪试验。

③试样排水固结

a. 调节排水管使管内水面与试样高度的中心齐平，测记排水管水面读数；开孔隙水压力阀，使孔隙水压力等于大气压力，关孔隙水压力阀，记下初始读数。

b. 将孔隙水压力阀调至接近周围压力值，施加周围压力后，再打开孔隙水压力阀，等孔隙水压力稳定后测定孔隙水压力。

c. 打开排水阀。当需要测定排水过程时，按规定测记排水管水面及孔隙水压力值，直至孔隙水压力消散95%以上。固结完成后，关排水阀，测记孔隙水压力和排水管水面读数。

d. 微调压力机升降台，使活塞与试样接触，此时轴向变形指示计的变化值为试样固结高度变化。

④试样剪切：

a. 选择剪切应变速率，进行剪切。黏土宜为每分钟应变0.05%~0.1%，粉土宜为每分钟应变0.1%~0.5%。

b. 将测力计、轴向变形指示计及孔隙水压力读数均调整至零。

c. 启动电动机，合上离合器，开始剪切。测力计、轴向变形、孔隙水压力测记同不固结不排水剪试验。

d. 试验结束，关电动机，关各阀门，脱开离合器，将离合器调至粗位，转动粗调手轮，将压力室降下，打开排气阀，排除压力室内的水，拆卸压力室罩，拆除试样，描述试样破坏形状。称试样质量，并测定含水率。

（2）数据处理

①计算

a. 试样固结后的高度计算：

$$h_c = h_0 \left(1 - \frac{\Delta V}{V_0} \right)^{\frac{1}{3}} \tag{9-18}$$

b. 试样固结后面积计算：

$$A_c = A_0 \left(1 - \frac{\Delta V}{V_0} \right)^{\frac{2}{3}} \tag{9-19}$$

c. 试样面积校正计算：

$$\varepsilon_1 = \frac{\Delta h_i}{h_0} \tag{9-20}$$

$$A_\alpha = \frac{A_0}{1 - \varepsilon_1} \tag{9-21}$$

d. 主应力差计算：

$$\sigma_1 - \sigma_3 = \frac{C \cdot R}{A_\alpha} \times 10 \tag{9-22}$$

e. 有效应力比计算：

$$\sigma'_1 = \sigma_1 - u$$
$$\sigma'_3 = \sigma_3 - u$$
$$\frac{\sigma'_1}{\sigma'_3} = 1 + \frac{\sigma'_1 - \sigma'_3}{\sigma'_3} \tag{9-23}$$

f. 孔隙水压力系数计算：

初始孔隙水压力系数

$$B = \frac{u_0}{\sigma_3} \tag{9-24}$$

破坏时孔隙水压力系数

$$A_f = \frac{\mu_f}{B(\sigma_1 - \sigma_3)} \tag{9-25}$$

式中，h_c 为试样固结后的高度，cm；ΔV 为试样固结后与固结前的体积变化，cm^3；A_c 为试样固结后的断面积，cm^2；σ'_1、σ'_3 分别为有效大小主应力，kPa；u 为孔隙水压力，kPa；B 为初始孔隙水压力系数；u_0 为施加周围压力产生的孔隙水压力，kPa；A_f 为破坏时的孔隙水压力系数；u_f 为试样破坏时，主应力差产生的孔隙水压力，kPa；其他符号意义同前。

②制图：

a. 以主应力差为纵坐标，轴向应变为横坐标，绘制主应力差与轴向应变关系曲线。

b. 以有效应力比为纵坐标，轴向应变为横坐标，绘制有效应力比与轴向应变关系曲线，参考图9-6。

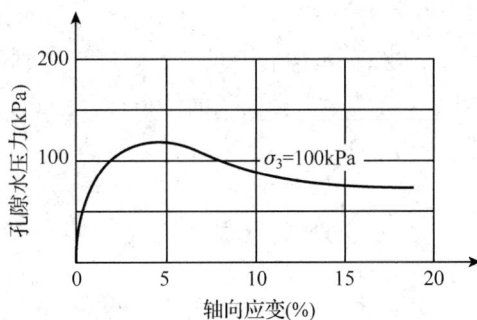

c. 以孔隙水压力为纵坐标，轴向应变为横坐标，绘制孔隙水压力与轴向应变关系曲线，参考图9-7。

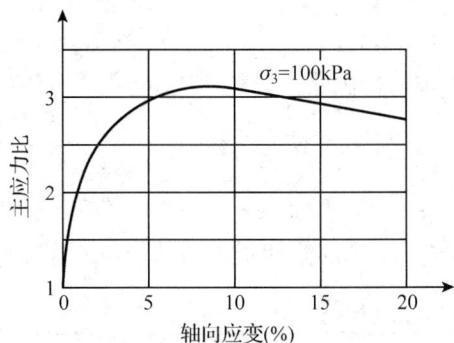

图 9-6　有效应力比与轴向应变关系曲线　　　　图 9-7　孔隙压力与轴向应变关系曲线

d. 以 $\dfrac{\sigma_1' - \sigma_3'}{2}$ 为纵坐标，以 $\dfrac{\sigma_1' + \sigma_3'}{2}$ 为横坐标，绘制有效应力路径曲线，并计算有效内摩擦角和有效黏聚力，参考图9-8。

有效内摩擦角：

$$\phi' = \sin^{-1}\tan\alpha$$

有效黏聚力：

$$c' = d/\cos\phi'$$

式中，ϕ' 为有效内摩擦角，°；c' 为有效黏聚力，kPa；α 为应力路径图上破坏点连线的倾角，°；d 为应力路径上破坏点连线在纵轴上的截距，kPa。

③以主应力差或有效应力比的峰值作为破坏点，无峰值时，以有效应力路径的密集点或轴向应变15%时的主应力差值作为破坏点，绘制破损应力圆及不同周围压力下的破损应力圆的包线，并求出总应力强度参数；有效内摩擦角和有效黏聚力，应以 $\dfrac{\sigma_1' + \sigma_3'}{2}$ 为圆心，以 $\dfrac{\sigma_1' - \sigma_3'}{2}$ 为半径绘制有效破损应力圆确定，参考图9-9。

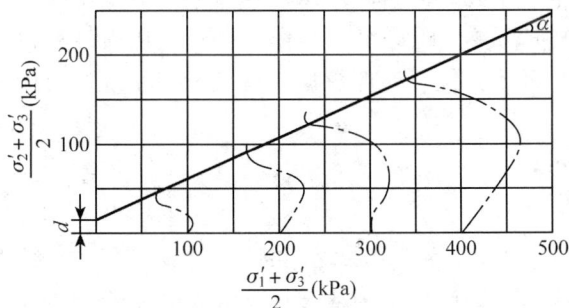

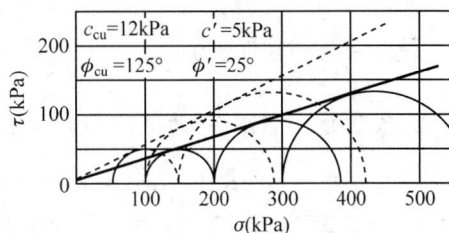

图 9-8　应力路径曲线　　　　　　　　　图 9-9　固结不排水剪强度包线

9. 2. 1. 4　固结排水剪试验

(1)操作步骤

试样的安装、固结、剪切步骤同固结不排水剪试验，但在剪切过程中应打开排水阀，剪切速率采用每分钟应变 0.003%~0.012%。

(2)数据处理

①计算：

a. 试样固结后高度、面积计算公式同固结不排水剪试验。

b. 剪切时试样面积的校正计算公式：

$$A_\alpha = \frac{V_c - \Delta V_i}{h_c - \Delta h_i}$$

式中，ΔV_i 为剪切过程中试样的体积变化，cm^3；Δh_i 为剪切过程中试样的高度变化，cm。

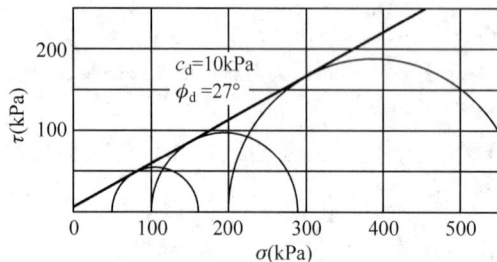

图 9-10　固结排水剪强度包线

c. 主力差、有效应力比及孔隙水压力系数计算同固结不排水剪试验。

②制图：

a. 主应力差与轴向应变关系曲线绘制同不固结不排水剪试验。

b. 主应力比与轴向应变关系曲线绘制同固结不排水剪试验。

c. 以体积应变为纵坐标，轴向应变为横坐标，绘制体应变与轴向应变关系曲线。

d. 破损应力圆绘制、有效内摩角和有效黏聚力确定同固结不排水剪试验，参考图 9-10。

9. 2. 2　GDS 静动三轴试验

9. 2. 2. 1　GDS 三轴试验简介

GDS 三轴试验仪器设备是英国 GDS(Geotechnical Digital Systems Instruments Ltd)公司研制生产的。该套设备吸取了当今世界上先进的机械制造工艺和自动控制技术，测量、控制精度高且实现了数字化操作，根据需要，既可手动操作，也可直接由计算机通过专用 GDSLAB 软件控制试验进行，并自动记录、处理数据。整套设备系统可分为硬件系统和软件系统。

9. 2. 2. 2　GDS 三轴试验仪器硬件系统

GDS 三轴仪硬件系统主要由三轴压力室、轴向加载系统、围压与反压控制系统、一个 8 通道数据采集板和一台计算机组成。三轴压力室中盛装试样和水，水充当围压传递媒介，由围压控制系统对压力室中的水加压，再通过水将围压施加到试样上。轴向加载系统负责对试样施加轴向压力，从而在试样中产生偏应力。计算机控制与分析系统使 GDS 三轴试验系统真正实现了自动化，也是其先进性的一个重要标志。

三轴压力室是 Bishop & Wesley 液压三轴压力室。该压力室的试验腔可以精确地控制试验条件。压力室通过 6 个螺旋杆与下面的试验腔相连，压力室如图 9-11 所示。

轴向加载系统通过压力室底部的驱动器施加轴向力和轴向变形，采用电动马达传递荷载，其最大轴向力可达 60kN。系统包括直径为 38mm、50mm、70mm 和 100mm 的底座和试样帽(包括拉伸试样帽)、可以更换的水下荷重传感器、量程为 2000kPa 的孔压传感器和量程为 +/-50mm 的轴向位移传感器。轴向加载系统如图 9-12 所示。

图 9-11 三轴压力室

图 9-12 电机控制轴向加载设备

围压与反压控制系统如图 9-13 所示。这两个 GDS 压力控制器与三轴压力室相连。每个压力控制器测试的压力均来自控制器圆柱腔内部的压力传感器，将测得的值转换成数字形式，然后根据需要命令步进马达前后移动来控制压力或体积。围压控制器通过细合成塑料管与压力室相连，用以测量控制三轴压力室中的水压力，也就是施加于试样上的围压。压力量测精度为 0.1kPa(微机读取时)或 1kPa(直接目读时)，压力控制精度为 1kPa。反压控制器通过细合成塑料管与试样底座相连，底座上预留有两个小孔，从而将反压控制器中的水与土样孔隙中的水连为一体。因此，反压控制器可以量测、控制试样中的孔隙水压力，以及试样中孔隙水体积变化。反压控制器的精度与围压控制器相同。

图 9-13 压力控制器与数据采集板

用来采集传感器读数的 8 通道数据采集板是一个 8 通道 16 位数据采集装置。每个通道可以由用户自定义增益和量程，每个传感器的供电电压为 +/-5V，输入信号的范围为 +/-3mV 到 +/-10V。探头电压为 +/-5VDC，电源来自一个标准的 IEC 电源线，可以接受的电压为 85~264V。电子计算机通过一个串口控制整套系统、采集数据和计算所需参数。整个系统连接示意图如图 9-14 所示。

9.2.3.3 GDS 三轴试验仪器软件系统

GDS 三轴试验系统使用由 GDS 公司开发的控制和数据采集软件。GDSLAB 是一套非常高端、灵活的软件。试验软件操作模块包括：数据采集模块、Satcon 模块(饱和、B 检测与固结)、饱和固结模块、标准三轴试验模块、渗透试验模块、非饱和土试验模

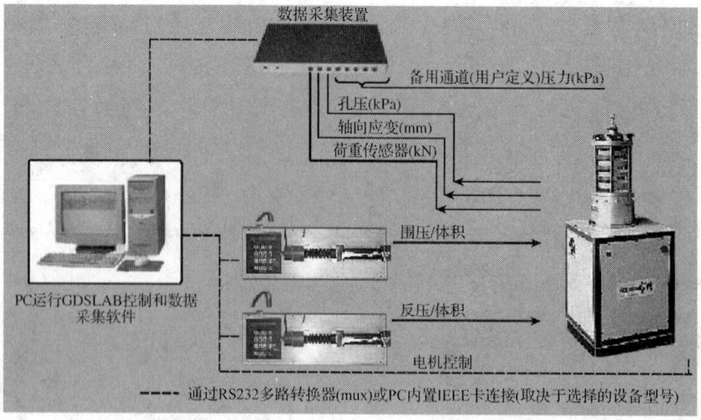

图9-14 GDS 三轴仪各部分连接示意图

块、先进加载试验模块、应力路径试验模块、K0 三轴试验模块等。

GDSLAB 需要与用户的硬件配套使用。当描述硬件与 PC 机的连接时，将创建一个文本文件(ini)或初始化文件。通过 GDSLAB"目标显示"在图形中可看到硬件配置情况。如图9-15，这使得设置系统和检查系统的连接性变得非常简单。

GDSLAB 的最大特点就是模块化设计，每个模块代表一种控制方式，用户可以根据自己的需要选择使用的模块。下面对本试验使用最多的饱和固结试验模块、标准三轴试验模块和动三轴试验模块进行简要介绍：

(1)饱和固结试验模块

该试验模块可以完成试样的饱和、B 检测和固结试验过程。

饱和试验可以独立地增加或降低围压和反压。饱和试验用于保持系统压力稳定变化，或者保持有效应力不变或者将有效应力变化至一个目标值。图9-16 为饱和模块操作界面。

B 检测是一个准备试验，通过测量 Skempton 孔隙水压力参数 B 检查试样是否充分饱和。图9-17 为 B 检测模块操作界面。固结试验一般施加恒定的围压和反压，同时监测试样的体积变化。图9-18 为固结试验模块操作界面。

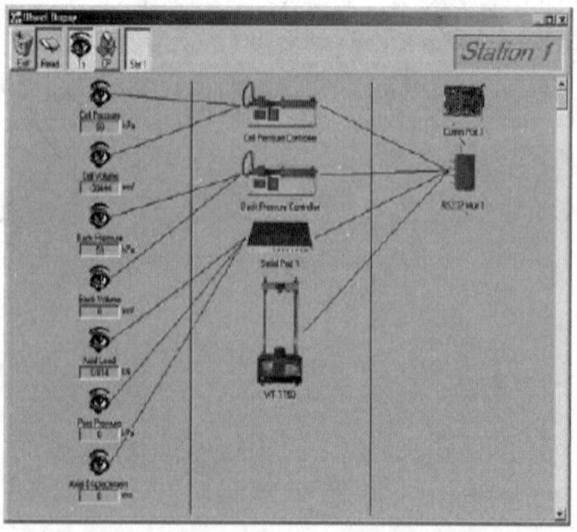

图9-15 GDSLAB 软件操作连接界面

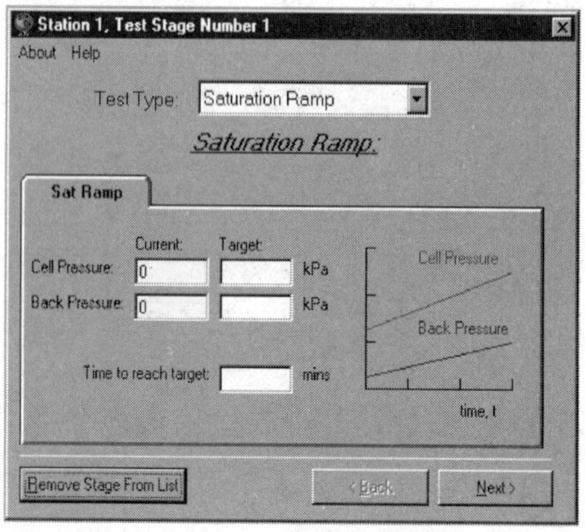

图9-16 饱和模块界面

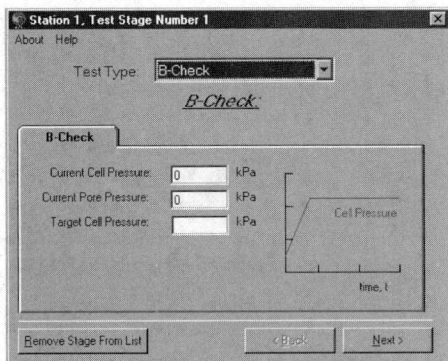

图 9-17 B 检测模块界面

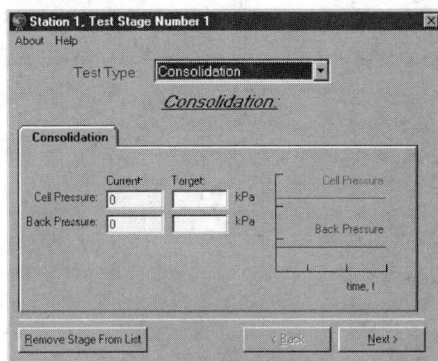

图 9-18 固结模块界面

（2）标准三轴试验模块

该试验模块可以完成标准的固结不排水（CU）、固结排水（CD）和不固结不排水（UU）试验。

不固结不排水试验控制试验中的剪切阶段，围压不变且轴向加载速度不变；固结不排水试验控制试验中的剪切阶段，围压不变且轴向加载速度不变；固结排水试验控制 CD 试验的剪切阶段，围压和反压不变，且轴向加载速度不变，测量反压体积。这里以固结不排水（CU）模块为例，如图 9-19 所示。图 9-20 是试验终止条件的控制。

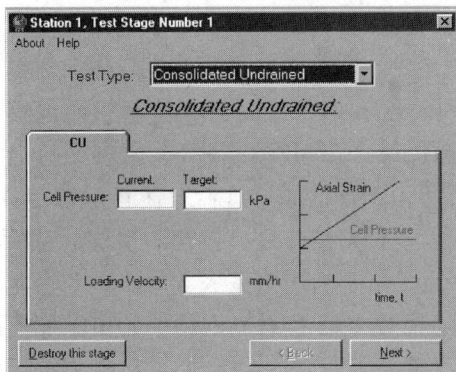

图 9-19 CU 试验界面

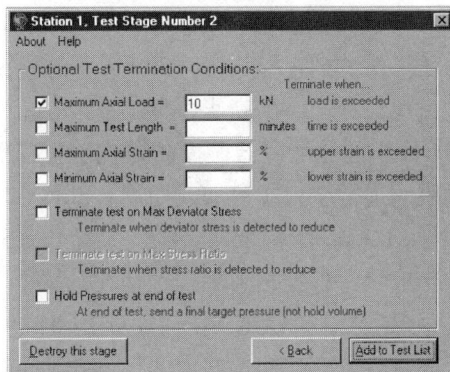

图 9-20 试验终止条件控制界面

（3）动三轴试验模块

从软件添加试验步骤的界面上选择试验动态加载控制模块，该模块分为两种加载类型，位移控制式加载与荷载控制式加载。位移控制就是指振动过程中通过控制施加的振幅幅值进行试样的拉压周期性受载，具体操作界面如图 9-21 所示；可以根据自己的方案设计输入相应的加载频率、振幅与围压等参数。采用荷载直接控制方式的可以由图 9-22 操作界面所示进行操作，与位移控制一样需要输入相应的频率、荷载与围压。这里需要指出的是荷载控制中需要输入被要求估计一个以 kN/mm 为单位的加载刚度值（stiffness），该数值需要对土质具体情况有个经验预估。

在动三轴模块中，填写上述界面后也需要一个终止条件的设定问题，该模块的试验条件与一般模块不同，其结束条件主要设置振次的多少而定；同时要注意根据振动

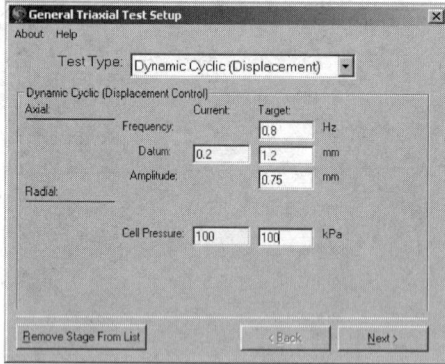

图9-21 位移控制动态加载界面

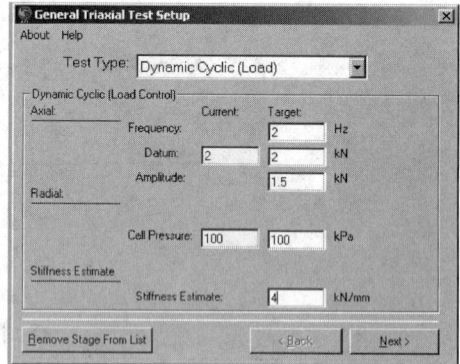

图9-22 荷载控制动态加载界面

过程中的排水条件分为排水与不排水的问题。

9.2.3 冻土静动三轴试验

9.2.3.1 FSTX-100 三轴试验仪器硬件系统

该三轴系统为可以实现温度控制的三轴仪。主要组成部分为：FSTX-100 三轴主体（荷载架与压力室）、液压体积控制系统（围压控制柜与反压控制柜）、SCON-2000 型采集控制系统以及温度控制单元，具体如图9-23 所示。

其中 FSTX-100 荷载架可以提供 100kN 的轴向力，三轴压力室可以承受最大 20MPa 的压力，试样直径从 38~70mm 可选。液压加载系统，为轴向、围压和反压作动器提供动力源，有低压和高压两种工作模式。围（反）压压力/体积控制柜，控制柜内部有个 20L 容积的储液容器，控制器内充防冻液，能提供最大 20MPa 的围压，轴向通过电液伺服阀进行应力应变加载控制。SCON-2000 内置 850MHz 的微处理器，拥有 64Mb RAM 和 64/128Mb 的硬盘存储器。内置 CATS 软件，是一套完整并且自包含的模块，包括函数生成程序，数据采集和数字化的输入/输出单元，与电脑连接完成数据采集和控制功能。温度控制单元控制压力室内土样的温度，通用数字信号调节控制单元由温度控制器来进行温度控制，并由两个热电偶进行加温和降温及反馈，热电偶直接安装在不锈钢压力室上，这样能够及时监测、反馈温度变化，升温和降温速度很快。压力室温度控制范围：-35℃~ +80℃，能进行低温试验，也可以进行高温试验。

图9-23 FSTX-100 型冻土三轴仪硬件组成

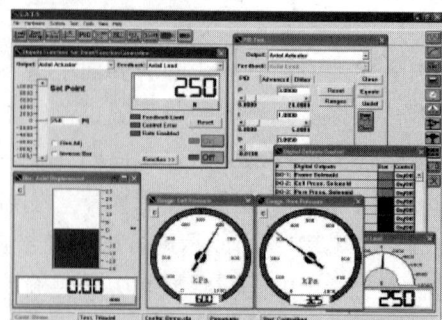

9-24 FSTX-100 型冻土三轴仪软件系统

9.2.3.2 FSTX-100 三轴试验仪软件系统

CATS-ADV 计算机辅助测试软件。32 位 Windows 计算机辅助测试软件(高级版),是目前市场上最先进的高级测试软件。该软件允许用户根据式样的尺寸,对感兴趣的参数(例如:应力,应变)直接进行测试计算参数的编程,从而简化了仪器和测试操作。这些参数实时进行计算并且可用于显示、制图或者控制。使用计算过的测试参数,可以直接消除设计测试程序时的复杂冗长的预计算过程。测试模块:饱和、固结、静态加载(UU、CU、CD 和应力路径)、动态加载和通用模块(高级加载模块,用户可自定义加载波形)。

在进行各试验开始需要打开软件中试验程序设计任务栏,新建一个试验文件,并选择调用试验的功能模块,这里模块包括饱和、固结、静态剪切、动态加载等。

这里以饱和程序设定为例,具体见下图。

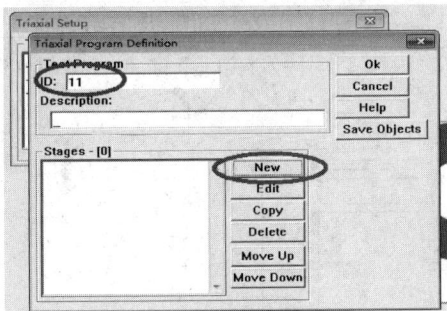

图 9-25 试验文件的建立

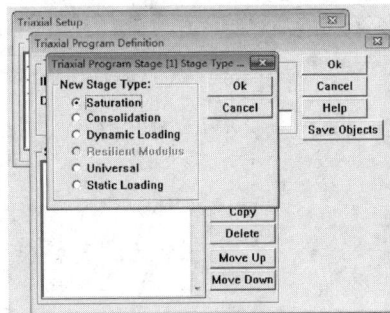

图 9-26 试验类型的选择

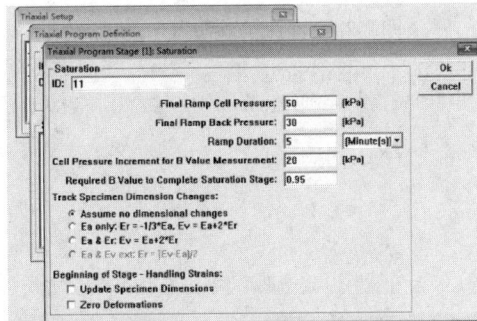

图 9-27 反压饱和的设定

9.3 人工冻土冻胀融沉试验

人工冻土冻胀融沉试验目的是:通过冻胀试验,研究土低温条件下热物理性质以及力学性质的变化规律;通过冻结后土的融沉试验,认识了解冻土在单向融化条件下的热物理以及融化时压缩性能的变化规律;通过冻融循环试验研究,了解并深入认识冻融条件下路基土等基础破坏的内在机理。

9.3.1 试验设备和试样制作

①设备 冻胀融沉仪，该设备主要包括五个组成部分——温度控制反馈系统、变形位移量测系统、补水系统、加载系统、冻融试样盒及其他附属设施。

②试样 尺寸为 79.8mm×50mm 的土样。原状土时直接按尺寸削切成形；扰动土时按照设定含水率、干密度配比压实成型。

9.3.2 试验原理

土在低温条件下，土中孔隙水由于发生相变，由液态变成固态时体积膨胀是土冻胀量产生的主要来源。在单向冻结条件下，随着试样中冻结锋面的推进，冻胀变形为最终一个方向上的变形稳定；同样冻土在单向融化时，随着温度的升高，土中冰晶体发生相变成为水，同时由于冻结过程中冰晶体的形成改变了土的结构，融化后由于体积改变，在重力或者一定荷载压力下土体伴随着水的析出发生沉降变形。冻胀试验使用的装置示意如图9-28所示，在底部制冷板的作用下试样发生自下而上的单向冻结。

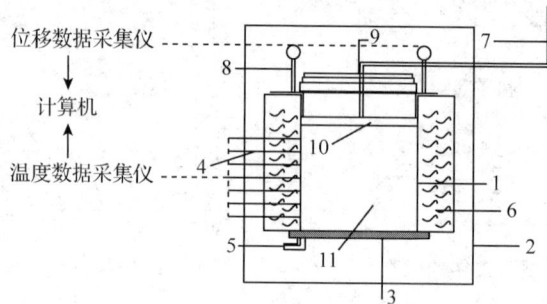

图9-28 冻胀试验装置示意图
1-试样筒；2-恒温箱；3-制冷块；4-热电偶测温点；5-水流散热管进出口；
6-保温材料；7-供水装置；8-变形监测；9-加压装置；10-透水石；11-土样

9.3.3 试验步骤

9.3.3.1 原状土样

(1) 第一阶段

①土样按照自然沉积方向放置，剥去蜡封和胶带，开启土样筒取出土样。

②土样切削器将原状土做成尺寸为 79.8mm×50mm 的试样，称量确定密度并取余土测定初始含水率。

③在有机玻璃试样盒内涂上一薄层凡士林，盒内放一张薄层滤纸，然后把试样装入盒内，让其自由滑落在底板上。

④试样顶面上再放一张薄滤纸和透水板(高透水性)支架，其中支架内放置在可与外部补水管连同的高吸力饱水海绵，支架上部安装加载盖，并保证紧密接触。

⑤将盛有试样的试样盒放入恒温箱内，试样周侧(每隔1cm)以及顶、底板上插入热敏电阻温度计，周围包裹保温材料，恒温箱调解为0℃。试样恒温24h并监测温度和变形。

⑥打开循环水，接通制冷板电源并设定实验要求的温度；当制冷板温度达到要求温度以及试样均匀达到1℃时，把试样盒移放在制冷底板上，接通并调节补水水位、位移传感器和加载装置后开始试验。

⑦使底板温度在要求的低温条件下保持0.5h，使得试样迅速从底面冻结，然后将底板温度调节到-2℃。黏土以0.3℃/h，砂土以0.2℃/h的速度下降，保持恒温箱和顶板温度为0℃。每隔10min记录水位、温度、变形量各一次。

⑧试验结束条件：冻结锋面到达顶面，位移变形稳定不变，即：当位移传感器读数2h内小于0.05mm时，同时电子温度计低于土体冻结温度（以试验数值为准，一般为-0.5℃左右）时，试验结束。

⑨记录冻胀量。

（2）第二阶段

①冻结完成后，关闭制冷板电源停止其工作，迅速在底板和试样盒之间放置隔热性能良好的隔热板。

②更换顶板上部的补水装置和加载盖为带有底部透水石的加热传压板。

③接上加载系统和变形量测系统，并调节好初始压力为1kPa，位移计为零位。

④用胶管连接加热传压板热水循环和温度调节为45~50℃的恒温水槽，并开始恒温水循环。

⑤试样开始融化时分别记录1、2、5、10、30、60min的变形量，直到变形量在2h小于0.05mm为止，并测记最后一次变形量。

⑥融沉稳定后，停止热水循环并开始加载进行压缩试验，加载等级根据实际工程需要确定。

⑦施加每级荷载后24h为稳定标准，并测记相应的压缩量，直到最后一级荷载压缩稳定为止。

⑧试验结束后，迅速分层取土测定含水率。

9.3.3.2 扰动土样

①称取风干土样500g，加纯水拌匀呈稀泥浆，装入内径为79.8mm的有机玻璃筒内，加压固结，直到达到所需的初始含水率后，将图样从有机玻璃筒中推出，并将高度修正到50mm。

②其他步骤同原状土样中所述。

9.3.4 结果整理

（1）冻胀率

冻胀率计算公式为：

$$\eta = \frac{\Delta h}{H_f} \times 100 \tag{9-26}$$

式中，η 为冻胀率，%；Δh 为试验期间总冻胀量，mm；H_f 为冻结深度（不包括冻胀量），mm。

（2）融沉系数

融沉系数计算公式为：

$$a_0 = \frac{\Delta h_0}{h_0} \tag{9-27}$$

式中，a_0 为冻土融沉系数；Δh_0 为冻土融沉量，mm；h_0 为冻土试样初始高度，mm。

（3）单位变形量

某一级荷载压力稳定后的单位变形量计算公式为：

$$S_i = \frac{\Delta h_i}{h_0} \tag{9-28}$$

式中，S_i 为某一级荷载压力下的单位变形量，mm；Δh_i 为某一级荷载压力下的变形量，mm。

9.4　土与结构接触面剪切试验

9.4.1　常规土与结构接触面循环加载剪切试验

土与结构接触面的静动力学特性研究涉及非线性、大变形、局部不连续等力学前沿问题，是土体与结构物相互作用研究的核心课题之一。接触面力学特性研究的一个基本途径是通过接触面基本力学特性试验，研究影响接触面力学特性的主要因素和基本规律，建立描述接触面力学特性的本构关系。因此，开发能够模拟土与结构接触面力学特性的试验设备和相关测试技术日益受到重视。下面主要介绍张建民及张嘎等设计和研制的一台可施加200kN切向和法向力的大型土与结构接触面循环加载剪切仪（以下简称 T H-20t CSA SSI）及其实验方法。

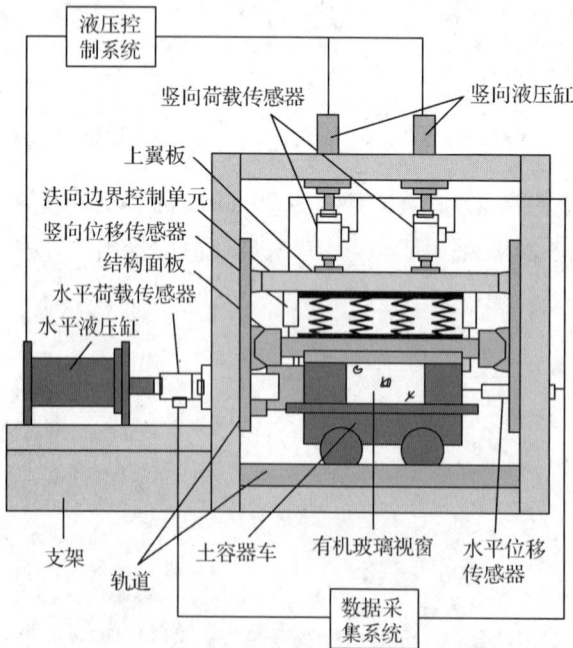

图 9-29　T H-20t CS ASSI 的原理图

9.4.1.1　试验设备

T H-20t CS ASSI 的原理如图 9-29所示。该设备可提供较大的接触面试验尺寸，可施加较大的荷载和相对位移。为了模拟和观测法向应力应变关系及其与切向应力应变关系的耦合，该设备可提供常压力、常位移和常刚度三种法向边界条件。可以方便地更换结构材料，以模拟在工程领域可能遇到的各种结构面，如混凝土、金属、土工织物等。加载与测量手段均实现了自动化，并提供了细观测量手段。该设备能够实现对各类粗粒土与结构接触面在单调和循环荷载作用下力学响应的模拟。

设备主要由支架、土容器车、液压加载及控制系统、法向边界控制单元、数据采集系统等部分组成。

9.4.1.2 主要工作原理

其主要工作原理为：在土容器车内装入土样，在结构面板上固定试验用的结构面；土容器车在水平液压系统驱动下做往返水平(接触面切向)运动，而在竖直(接触面法向)方向上不发生位移，实现接触面上土与结构的相对切向运动；结构面在水平方向固定不动，但可在竖直方向上自由运动，从而反映出接触面的相对法向运动(相对法向运动包括由于法向压力变化引起的接触面压缩和回弹，还包括由于剪切引起的接触面体变)。试验时上翼板固定不动，法向边界条件(即常压力、常位移和常刚度边界条件)由法向边界控制单元直接施加在结构面板上。接触面的切向和法向相对位移及应力由相应的荷载和位移传感器测得，通过数据采集系统将有关数据传到计算机中。通过有机玻璃视窗观察接触面附近土的细观状态以及接触面变形情形，并使用数字照相技术进行记录以便进行分析。

9.4.2 冻土与结构接触面循环加载剪切试验

杨平等人结合国家自然科学基金项目"人工冻土与结构相互作用接触面的变形机理与本构模型研究"，在综合考察已有常温土与结构接触面剪切仪的基础上，研制了一台大型多功能冻土—结构接触面循环直剪设备 DDJ-1。该设备在试样尺寸、加载方式、温度控制、数据采集和边界条件控制等方面做了许多探索、创新和改进，为系统研究冻土与结构接触面特性及建立实用冻土接触面本构模型提供试验基础和重要前提。

9.4.2.1 设备简介

DDJ-1 的主要结构包括加载系统(包括水平和竖直加载装置)；传感器系统(包括水平、竖直位移传感器；水平、竖直荷载传感器；温度传感器)；制冷及温控系统；数据采集及自稳系统；导轨系统；剪切盒系统；支架系统。DDJ-1 主体结构如图 9-30 所示，其主要性能指标见表 9-1 所列。可以看出：该设备能够提供较大的接触面尺寸；能实现 $-20 \sim -0$℃范围内对接触面温度的精确控制；能精确施加常刚度、常位移、常应力和零应力四种法向边界条件；能够模拟多种粗糙度的接触面；能实现循环剪切和单调剪切两种剪切形式；应力施加、位移控制和温度测量精准。

表 9-1 DDJ-1 的主要性能参数

试样尺寸(cm)		荷载(kN)		极限位移(mm)		最低温度
长	宽	法向	切向	法向	切向	-20℃
20	10	20	100	10	20	
	精度	0.3%	1%	1μm	1μm	0.1℃

9.4.2.2 法向加载控制系统

法向加载及采集系统的主要功能是精确施加试验所需的法向边界条件，并进行法向荷载和位移的实时采集，该功能的顺利实现是提高试验精度的核心问题之一。该设备所能提供的四种法向边界分别是：常应力法向边界、常位移法向边界、常刚度法向边界和零法向应力法向边界。其中，最大法向应力为 20kN；常刚度有三种选择分别是 800kg/cm（4 根弹簧）、1200kg/cm（6 根弹簧）、1600kg/cm（8 根弹簧）；常位移边界范围为 0～5mm。

9.4.2.3　切向加载及采集系统

切向加载及采集系统的主要功能是精确施加试验所需的剪切速度，并进行切向荷载和切向位移的实时采集。该系统由伺服电机、蜗轮蜗杆减速机、拉压力传感器、传力棒、水平位移传感器、升降机、土样盒和水平导轨等组成，如图 9-30 所示。水平往复或单调剪切的动力由三菱伺服电机提供，为确保试验设定的恒定剪切速率，在伺服电机和传力棒之间设置了升降机，同时在传力棒和减速机之间设置拉压力传感器以实现对水平剪切荷载的实时监控，水平位移传感器安装在土样盒右侧实现对土盒水平位移的监测。该系统能实现对往复循环剪切速率的无级变速控制，剪切速率控制范围为 0.02～20mm/min，最大剪切幅度为 20mm（即一个剪切周期 40mm），剪切速率误差 ±3%，最大水平剪切力为 100kN（5MPa）。接触面切向应力及相对位移均由传感器及相应的数据采集系统自动测得，保证了数据量测的准确性和实时性。

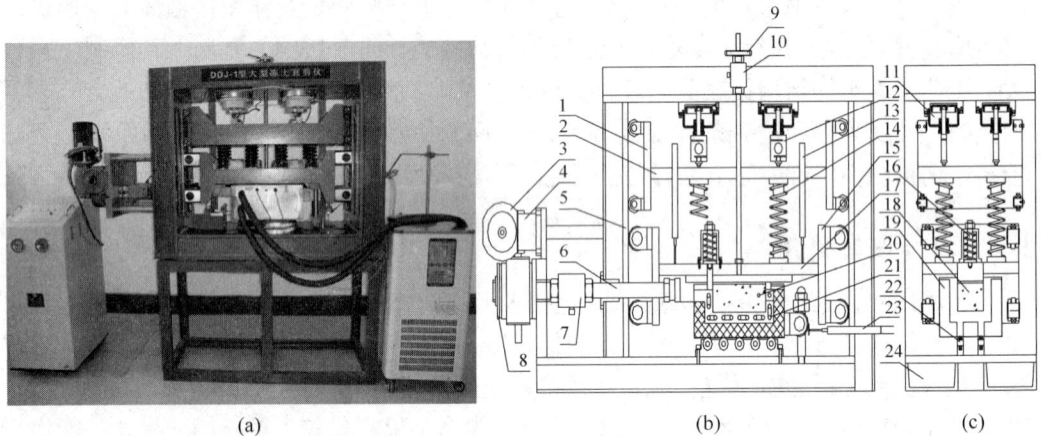

图 9-30　DDJ-1 全貌及原理示意图

（a）仪器全貌图　（b）正视示意图　（c）侧视示意图

1-移动支架 A；2-上翼板；3-伺服电机；4-减速机；5-竖导轨；6-传力棒；7-拉压力传感器；8-升降机；9-手轮；10-称重传感器；11-滚动膜片气缸；12-法向荷载传感器；13-法向位移传感器；14-弹簧；15-移动支架 B；16-挡土板；17-结构面板；18-试样盒；19-保温层；20-温度传感器；21-制冷孔；22－水平导轨；23-水平位移传感器；24-机架

9.4.2.4　制冷与温控系统

制冷与温控系统的主要功能是迅速把土样温度降到试验设定的温度，并维持此负温条件。制冷效率和温控精度是冻土与结构接触面剪切试验成功与否的核心技术。DDJ-1 制冷与温控系统由铜制土样盒、低温（恒温）搅拌反应浴及制冷孔、整体灌注式聚氨酯保温层和温度传感器组成，如图 9-31 所示。

铜制土样盒传热性能优良，且五个面内部由直径为 12mm 的冷却管道环绕，管道内部充满制冷液，试验时，制冷液高速流动实现对土体的降温目标；同时，铜制土样盒外部和结构面板顶部设置整体灌注式聚氨酯保温层，以防止热量的丧失，以维持温度的恒定；另外，温度传感器实时测量土样温度，并与计算机温控软件相连以随时调控反应浴来进一步维持冻土温度的恒定。制冷与温控系统的试验参数如

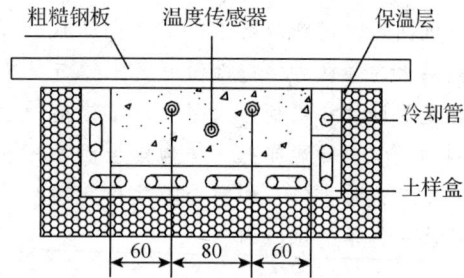

图 9-31　制冷与温控系统示意图

下：最低控制温度 -25℃，稳定的试验温控区间为 -20 ~ 0℃，温度控制精度为 ±0.1℃。温度传感器共有 6 个，分两层分布，上层布置 4 个，距左右两边的距离为 60mm，传感器中心距接触面距离为 20mm；下层布置 2 个，距左右两边距离为 100mm，传感器中心距接触面距离为 40mm。

9.4.2.5　工作原理和实验步骤

①尺寸为 200mm × 100mm × 75mm 的聚乙烯薄膜紧贴铜制试样盒内壁铺设，把养护好的土样放入铜制土样盒中，沿聚乙烯薄膜内壁的前后两个侧面每隔 5cm 植入 6 根粗棉线，并将试样表面修平整。

②将试验所需粗糙度的钢板用内置螺栓固定在结构面板下部，并用湿布擦拭粗糙面，启动竖向加载系统，将试验预定的法向边界条件（常刚度、常位移、常应力和零应力中的一种）通过上翼板施加在结构面板上，上翼板和结构面板左右两侧设有竖向导轨系统以保证结构面板只能沿竖向自由运动。

③启动制冷装置"低温（恒温）搅拌反应浴"，制冷液开始在试样盒的制冷孔中高速流动对土样实施降温，高精度温度传感器实时记录土样温度并同步反馈给温度自稳调节系统，当土样温度降到设定的数值，温度自稳系统转入保温模式。

④温度稳定后，启动水平加载系统，水平剪切力通过传力棒传递给土样盒，土样盒中的冻土体和结构面板之间就会以试验设定好的剪切速率实现单调或循环剪切，由于土样盒只能沿水平导轨运动，因此土样盒不会发生竖向位移。

⑤试验过程中，接触面的切向位移、切向荷载、法向位移、法向荷载以及接触面的温度都由各自的传感器采集，并和计算机控制软件实时交互。

⑥达到设定剪切次数后，关闭水平加载系统和竖向加载系统，提升结构面板，取下试样，记录接触带厚度并通过植入土体的棉线测量冻土沿高程的剪切位移。

小　结

高等土工试验是开展土力学研究的重要手段，本章介绍了水泥土和人工冻土无侧限抗压强度试验、人工冻土单轴蠕变试验的设备、步骤、数据整理方法等；重点介绍了常规三轴压缩试验（包括不固结不排水剪试验、固结不排水剪试验、固结排水剪试验）、GDS 静动三轴试验、冻土静动三轴试验软硬件设备系统、试验方法及数据处理；针对人工冻土冻胀

融沉问题，详细给出了人工冻土冻胀融沉试验的设备、原理、步骤及数据整理；土与结构接触面的静动力学特性研究是土体与结构物相互作用研究的核心课题之一。主要介绍了张建民等设计和研制的大型土与结构接触面循环加载剪切仪及其试验方法，以及作者本人研制的大型多功能冻土—结构接触面循环直剪设备 DDJ-1 及其试验方法。本章未涉及所有高等土工试验内容，如空心圆柱扭转试验等不在其列，而是结合了我校研究特色，补充了有关冻土力学的试验内容。

思考题

1. 简述人工冻土单轴抗压强度及蠕变试验方法与步骤。
2. 简述 GDS 三轴试验仪器软件系统及试验方法。
3. 简述人工冻土三轴试验系统与试验方法。
4. 简述人工冻土冻胀融沉试验与试验方法。
5. 简述土与结构接触面试验系统与试验方法。
6. 新试验装置的研发与开发思路是什么？

推荐阅读书目

1. 土工试验方法标准(GB/T 50123—1999). 中华人民共和国国家标准. 中国计划出版社, 1999.
2. 土木工程提高型实验教程. 杨平, 张大中, 邵光辉. 机械工业出版社, 2009

第 2 篇参考文献

龚晓南. 土塑性力学 [M]. 杭州：浙江大学出版社，1999.

国家质量技术监督局，中华人民共和国建设部. GB/T 50123—1999 土工试验方法标准. 北京：中国计划出版社，1999.

黄文熙. 土的工程性质[M]. 北京：水利电力出版社，1984.

李广信. 高等土力学[M]. 北京：清华大学出版社，2004.

卢庭浩. 高等土力学[M]. 北京：机械工业出版社，2005.

钱家欢，殷宗泽. 土工原理与计算 [M]. 2 版. 北京：中国水利水电出版社，1996.

沈珠江. 理论土力学[M]. 北京：中国水利水电出版社，2000.

侍倩. 土工试验与测试技术[M]. 北京：化学工业出版社，2004.

孙钧. 岩土材料流变及其工程应用[M]. 北京：中国建筑工业出版社，1999.

吴世明，等. 土动力学[M]. 北京：中国建筑工业出版社，2000.

谢定义，姚仰平，党发宁. 高等土力学[M]. 北京：高等教育出版社，2008.

徐学祖. 冻土物理学[M]. 北京：科学出版社，2001.

杨平，张大中，邵光辉. 土木工程提高型实验教程. 北京：机械工业出版社，2009.

杨平，赵联桢，王国良. 冻土与结构接触面剪切损伤模型研究[J]. 岩土力学，2016，37（2）：1217－1223.

杨平. 土力学[M]. 北京：机械工业出版社出版，2005.

殷宗泽，张海波，朱俊高，等. 软土的次固结[J]. 岩土工程学报，2003，25(5)：521－526.

殷宗泽. 土体沉降与固结[M]. 北京：中国电力出版社，1998.

詹美礼，钱家欢. 软土流变试验及流变模型[J]. 岩土工程学报，1993，15(3)：54－62.

张嘎，张建民. 大型土与结构接触面循环加载剪切仪的研制及应用[J]. 岩土工程学报，2003，25(2)：149－154.

赵联桢，杨平，王海波. 大型多功能冻土－结构接触面循环直剪系统研制及应用[J]. 岩土工程学报，2013，35(4)：707～713.

赵维炳，施建勇. 软土固结与流变[M]. 南京：河海大学出版社，1996.

中华人民共和国交通部. JTGE30—2005 公路工程水泥及水泥混凝土试验规程. 北京：人民交通出版社，2005

中华人民共和国交通部. JTGE40—2007 公路土工试验规程. 北京：人民交通出版社，2007.

中华人民共和国水利部. SL 237—1999 土工试验规程. 北京：中国水利水电出版社，1999.

C. C. 维亚洛夫. 土力学的流变原理[M]. 杜余培，译. 北京：科学技术出版社，1987.

Das B M. Advanced Soil Mechanics[M]. New York：Mcgraw-Hill Book Company，1983.

Fredlund D G. 非饱和土力学[M]. 北京：中国建筑工业出版社，1997.

Lianzhen Zhao，Ping Yang J G Wang，Lai-Chang Zhang，Cyclic direct shear behaviors of frozen soil－structure interface under，constant normal stiffness condition［J］. Cold Regions Science and Technology，2014，102：52－62.

Matasovic，N.，and Vucetic，M. Cyclic characterization of liquefiable sands[J]. Journal of the Deot. Eng.，ASCE，1993(11)：57－67.

Roscoe K H，and Burland J B. On the Generalized Stress-Strain Behavior of Wet Clay，Engineering Plastisity，UK：Cambridge University Pess，1990.

Wood DM. Soil Behavior and Critical State Soil Mechanica ［M］.UK：Cambridge University Pess，1990.

第3篇　土木工程数值计算

　　数值计算方法是研究数学问题、求数值解的算法及有关理论的一门学科，它的理论与方法随计算工具的发展而发展。在古代，人类研究的数学问题几乎总与计算有关，而计算工具的简陋，使求解问题受到很大限制。现代科学技术日新月异，尤其是计算机技术飞速发展，人类可以用计算机进行复杂的数值计算、数据处理（包括图形、图像、声音、文字），计算机不仅是现代计算工具，而且已成为工作环境的一部分，数值计算方法的应用已经普遍深入到各个科学领域。很多复杂的、大规模的计算问题都可以在计算机上进行计算，新的、有效的数值计算方法不断出现。目前，科学与工程中的数值计算已经成为各门自然科学和工程技术科学的一种重要手段，成为与实验和理论并列的一个不可缺少的环节。南京林业大学土木工程学院开设"土木工程及数值计算"课程十多年了，但一直没有合适的教材。此次，基于理论及应用并重的原则编著了本教材，旨在为研究生进行土木工程的有限元分析打下坚实的基础。全篇重点内容为：有限元分析方法，重点解决结构局部与整体稳定问题、岩土工程中的稳定性问题及动力作用下的基本方程与求解方法问题；ANSYS、ABAQUS、FLAC 及工程应用，结合实例介绍了这3个商用软件的分析流程、常用单元、网格划分技术等，基于对科研成果的分类总结，介绍了这些软件在混凝土结构耐久性研究、沥青路面结构裂缝和动态响应以及盾构隧道开挖对周边环境影响的模拟等方面的应用。全篇注意到了力学分析的基础性，又侧重土木工程应用上的实用性。

第**10**章
数值计算方法概述

[**本章提要**] 由于近几十年来计算机的迅速发展,数值计算方法的应用已经普遍深入到各个科学领域。科学与工程中的数值计算已经成为各门自然科学和工程技术科学的一种重要手段,成为与实验和理论并列的一个不可缺少的环节。本章就常见平衡问题的数值计算方法进行概述,并对现代 CAE 技术的发展趋势及 CAE 软件对工程进行性能分析和模拟的步骤进行了总结。

10.1　力学分析方法概述

力学问题的分析方法无外乎 3 种:理论分析、实验分析和计算机分析,分别得出解析解、实验值、数值解,故而又称为解析法、实验法和数值计算法。

10.1.1　解析法

通过分析力学问题中的各要素之间的关系,用最简练的语言或形式化的符号来表达它们的关系,得出解决问题所需的表达式,然后设计程序求解问题。这种求解力学问题的方法称为解析法。

解析计算法主要适用于方程性质简单、几何形状规则的一些简单情况或简化情况。例如用解析法进行围岩稳定性分析时,通常将岩体视为连续的、均质的、各向同性的力学介质,采用复变函数法进行围岩应力与变形计算,并能得出弹性解析解。解析法具有精度高、分析速度快和易于进行规律性研究等优点。但解析法目前多限于分析深埋地下工程围岩应力和变形,对于受地表边界和地面荷载影响的浅埋围岩分析在数学处理上存在一定的困难。工程实际中经常遇到的多孔、不均质、各向异性、求解区域复杂等问题,解析法难以解决。

10.1.2　实验法

实验法是试验者有目的、有意识地通过改变某些社会环境的实践活动来认识试验对象的本质及其发展变化规律的方法。实验法不仅要有明确的实验目的,而且有较严格的实验方案设计和控制,其实验结果既可以用于定量分析,也可以用于定性分析。

实验法是基于如下假定:某些自变量会导致某些因变量的变化,并以验证这种因果关系假设作为试验的主要目标。在试验开始时，先对因变量进行测量（前测），再引入自变量实施激发，然后选择其后的某一个时点对因变量进行再测（后测），比较前后两次测量的结果就可以对原假设完全证实或部分证实或证伪。

有些问题（如材料强度等）必须通过实验才能测定；现有理论不能解决的某些复杂力学问题，依靠实验方法得以解决。

10.1.3 数值计算法

数值计算法是根据现代科学计算中常用的数值计算方法及其基本原理，研究并解决数值问题的近似解，是数学理论与计算机和实际问题的有机结合。随着科学技术的迅速发展，运用数学方法解决科学研究和工程技术领域中的实际问题，已经得到普遍重视。数学建模是数值分析联系实际的桥梁，在数学建模过程中，无论是模型的建立还是模型的求解都要用到数值分析课程中所涉及的算法，如插值方法、最小二乘法、拟合法等，如何在数学建模中正确的应用数值分析内容，就成了解决实际问题的关键。

数值计算方法从近似解的求解方式来看又分为两大类：第一类是数学上的近似：建立基本微分方程——对基本微分方程进行近似的数值解（如有限差分法）；第二类是物理上的近似：先将连续体离散化（有限个单元）——对离散化模型求出数值解答，这是在力学模型上进行近似的数值计算。

10.2 常见的平衡问题数值计算方法

常见的平衡问题数值计算方法有变分法、差分法、有限元法、边界元法、关键块理论、数值流形方法、无单元法、广义有限元法等。

下面就各种数值计算方法基本原理及特点作一简介。

10.2.1 变分法

变分法（Variational Method）基本思想是把求微分方程解的问题转化为求泛函（泛涵的自变量是函数）的极值问题，最后求解对数方程组。

变分法是处理函数的数学领域，和处理数的函数的普通微积分相对应。泛函可以通过未知函数的积分和它的导数来构造，变分法最终寻求的是极值函数：它们使得泛函取得极大或极小值。

作为数学的一个分支，变分法的诞生，是现实世界许多现象不断探索的结果，人们可以追寻到这样一个轨迹：约翰·伯努利（Johann Bernoulli）1696 年向全欧洲数学家提出一个难题："设在垂直平面内有任意两点，一个质点受地心引力的作用，自较高点下滑至较低点，不计摩擦，问沿着什么曲线下滑，时间最短？"这就是著名的"最速降线"问题（The Brachistochrone Problem），又称最短时间问题、最速落径问题。它的难处在于和普通的极大极小值求法不同，它是要求出一个未知函数（曲线），来满足所给的条件。用现代的方式来表达，这个问题就是要使表示下降时间的积分取极小值。求最速降线的问题其意义大大超过了问题的本身，因为很多物理过程，均可用求某些物理量的极值来解决。科学家们从最速降线这个问题出发，创立了数学的一个分支——变分法。变分法又有位移变分法和应力变分法之分。

10.2.1.1　位移变分法

位移变分法常用的两个位移变分方程：拉格朗日变分方程——形变势能的增加等于外力势能的减小（即虚功）；伽辽金变分方程——位移分量满足位移边界条件及应力边界条件时，位移变分所应满足的方程。与此相对应就有两种位移变分法。

瑞次法——利用拉格朗日变分方程求解，即设定位移分量的表达式，使其满足位移边界条件，利用拉格朗日变分方程确定表达式中的系数，该法又被称为瑞次法。

伽辽金法——利用伽辽金变分方程求解，即设定位移分量的表达式，使其满足位移边界条件和应力边界条件，利用伽辽金变分方程确定表达式中的系数，该法又被称为伽辽金法。

位移变分法求得位移分量以后，不难得出应变分量（进而求得应力分量）。一般取不多的系数就可以求得较精确的位移，但由此求出的应力很不精确，为了应力充分精确，必须取更多的系数。

10.2.1.2　应力变分法

应力变分法应用应力变分方程，即形变势能的变分等于表面力的变分在实际位移上所做的功。在应力变分法中，设定应力分量的表达式，使其满足平衡微分方程和应力边界条件(但其中包含若干个待定系数)，利用应力变分方程决定这些系数。

10.2.2　有限差分法

有限差分法（Finite Difference Method）是微分方程和积分微分方程数值解的方法。基本思想是把连续的定解区域用有限个离散点构成的网格来代替，这些离散点称作网格的节点；把连续定解区域上的连续变量的函数用在网格上定义的离散变量函数来近似；把原方程和定解条件中的微商用差商来近似，积分用积分和来近似，于是原微分方程和定解条件就近似地代之以代数方程组，即有限差分方程组，解此方程组就可以得到原问题在离散点上的近似解。然后再利用插值方法便可以从离散解得到定解问题在整个区域上的近似解。具体地说，有限差分法以 Taylor 级数展开等方法，把控制方程中的导数用网格节点上的函数值的差商代替进行离散，从而建立以网格节点上的值为未知数的代数方程组。该方法是一种直接将微分问题变为代数问题的近似数值解法，数学概念直观，表达简单，是发展较早且比较成熟的数值方法。

为了克服有限元等方法不能求解大变形问题的缺陷，Cundall 根据有限差分法的原理，提出了 FLAC(Fast Lagrangian Analysis of Confinua)数值分析方法。从而把求解微分方程的问题转化为求解代数方程的问题。该方法能准确地模拟材料的屈服、塑性流动、软化直至大变形，更好地考虑岩土体的不连续和大变形特性，求解速度较快。其缺点是计算边界、单元网格的划分带有很大的随意性。它的求解方法虽与离散元法的显式按时步迭代求解相同，但是结点的位移连续，本质上仍属于求解连续介质范畴的方法。20 世纪 80 年代末由美国 ITASCA 公司开发的 FLAC 程序广泛采用差分方法进行求解，在岩土工程数值模拟中得到了广泛应用。

（1）有限差分格式

从精度来划分：有一阶格式、二阶格式、高阶格式。从差分的空间形式来考虑：中心格式、逆风格式。考虑时间因子的影响：显格式、隐格式、显隐交替格式。

（2）常用有限差分表达式

构造差分的方法有多种形式，目前主要采用的是泰勒级数展开方法。其基本的差分表达式主要有 4 种形式：一阶向前差分、一阶向后差分、一阶中心差分、二阶中心差分 。其中前两种格式为一阶计算精度，后两种格式为二阶计算精度。

有限差分法是用差分格式代替微分，差分的近似是数学上的近似，该法编程简明。

10.2.3 有限元法

有限元法（Finite Element Method）的基础是变分原理和加权余量法。基本求解思想是把计算域划分为有限个互不重叠的单元，在每个单元内，选择一些合适的结点作为求解函数的插值点，将微分方程中的变量改写成由变量与所选用的插值函数组成的线性表达式，借助于变分原理或加权余量法，将微分方程离散求解。

（1）有限元法的计算格式

根据所采用的权函数和插值函数的不同，有限元方法也分为多种计算格式。从权函数的选择来说，有配置法、矩量法、最小二乘法和伽辽金法；从计算单元网格的形状来划分，有三角形网格、四边形网格和多边形网格；从插值函数的精度来划分，又分为线性插值函数和高次插值函数等，不同的组合同样构成不同的有限元计算格式。

（2）有限元法中的权函数和插值函数

对于权函数，伽辽金法是将权函数取为逼近函数中的基函数；最小二乘法是令权函数等于余量本身；在配置法中，先在计算域 内选取 N 个配置点 ，令近似解在选定的 N 个配置点上严格满足微分方程，即在配置点上令方程余量为 0。

插值函数从表达形式上看，一般由不同次幂的多项式组成，但也有采用三角函数或指数函数组成的乘积表示，最常用的是多项式插值函数。

有限元插值函数从应该满足的条件来看，分为两大类，一类只要求插值多项式本身在插值点取已知值，称为拉格朗日多项式插值；另一类不仅要求插值多项式本身在插值点取已知值，还要求它的导数值在插值点取已知值，称为哈密特多项式插值。

（3）有限元法的求解过程

一般来说，有限元解题过程可分为如下 6 个步骤：

①连续体的离散化　将有关连续体离散成若干个单元，单元之间由节点相连接，由新的单元集合体取代原来的连续变形体作变形分析。当求解出各个单元的节点参量（位移、速度等）后，即可得到各个单元的物理量，从而实现对整个连续体的求解。

②位移模式的选择　连续体离散化后，要对典型单元进行特性分析。为了能用节点位移（速度）来表示单元体的位移、应变和应力，必须对单元中的位移分布做出假定。即假定一种位移模式（形函数）来近似地模拟其真实位移。位移模式选定以后，就可以进行单元力学特征分析。根据几何方程确定应变与单元节点位移的关系，再利用物理

方程给出单元体内任一点的应力状态。

③建立单元刚度矩阵　利用虚功原理建立作用于单元上的节点力和节点位移之间的关系式，即确定单元刚度方程。

④计算等效节点力。

⑤组装单元刚度矩阵形成整体刚度矩阵　根据连续体平衡条件建立联系整体节点位移和节点载荷的一个大型线性（或非线性）方程组，求解这个方程组得到节点位移值。

⑤求解未知节点位移、计算节点力。

（4）有限元法的应用现状

有限元法是应用最为广泛且商业化程度最高的数值计算方法。它是现代 CAE 技术的灵魂。四十多年来，有限元法的应用已由弹性力学平面问题扩展到空间问题、板壳问题，由静力平衡问题扩展到稳定问题、动力问题和波动问题。分析的对象从弹性材料扩展到塑性、黏弹性、黏塑性和复合材料等，从固体力学扩展到流体力学、传热学等连续介质力学领域。在工程分析中的作用已从分析和校核扩展到优化设计，并和计算机辅助设计技术相结合。可以预计，随着现代力学、计算数学和计算机技术等学科的发展，有限元法作为一个具有坚实理论基础和广泛应用效力的数值分析工具，必将在国民经济建设和科学技术发展中发挥更大的作用，其自身亦将得到进一步的发展和完善。目前土木工程领域广泛应用的 MARC、ADINA、ABAQUS、ETABS、SAP2000、MIDAS、ANSYS 等商用软件都是以有限元分析技术为基础，综合了计算力学、计算数学与现代计算技术形成的 CAE 软件。

10.2.4　边界元法

边界元法（Boundary Element Method）是在有限元法之后发展起来的一种较精确有效的工程数值分析方法，又称边界积分方程—边界元法。该法是英国人 Bribbia 总结了其他人的思想后提出的，该法位移和应力具有相同的精度。在实际应用中，耦合问题、裂缝问题用边界元法更方便。

边界元法以定义在边界上的边界积分方程为控制方程，通过对边界分元插值离散，化为代数方程组求解。它与基于偏微分方程的区域解法相比，由于降低了问题的维数，而显著降低了自由度数，边界的离散也比区域的离散方便得多，可用较简单的单元准确地模拟边界形状，最终得到阶数较低的线性代数方程组。

边界元法利用微分算子的解析解作为边界积分方程的权函数，具有解析与数值相结合的特点，通常具有较高的精度。特别是对于边界变量变化梯度较大的问题，如应力集中问题，或边界变量出现奇异性的裂纹问题，边界元法被公认为比有限元法更加精确高效。

边界元法因为网格剖分简单，计算工作量及对计算机内存容量要求低，在某些问题中也是一个很好的方法。边界元法也能求解物理和几何非线性问题及动力响应问题，但由于获取基本解的困难，相比有限元法还有很多工作要做。

边界元法所利用的微分算子基本解能自动满足无限远处的条件，因而边界元法特别便于处理无限域以及半无限域问题。边界元法的主要缺点是它的应用范围以存在相应微分算子的基本解为前提，对于非均匀介质等问题难以应用，故其适用范围远不如有限元法广泛，而且通常由它建立的求解代数方程组的系数阵是非对称满阵，对解题规模产生较大限制。对一般的非线性问题，由于在方程中会出现域内积分项，从而部分抵消了边界元法只要离散边界的优点。

10.2.5　关键块体理论

关键块理论（Key Block Theory）于 1985 年首先由 R. E. Goodman 教授和石根华博士提出并用于工程岩体稳定性分析。块体理论的主要思想是：在坚硬和半坚硬的岩层中，岩体被不同成因、不同时期、不同产状、不同规模的结构面切割成各种类型的空间镶嵌块体，根据个性各异的岩体中具有切割面或结构面这一共性，复杂地质条件下超大型调压井开挖围岩稳定性分析按照集合拓扑学原理，运用矢量分析或全空间赤平投影方法，构造出可能有的一切可动块体，通过运动学分析将这些块体分为稳定块体、潜在关键块体，并进行相应的重力和稳定性计算。块体理论抓住块状结构岩体的稳定性控制因素，分析结构面、结构体及其相互关系，研究控制开挖稳定的关键块体的特征，其分析结果尤其是对大型的、具有控制性的结构面和结构体是准确可信的。

1977 年，石根华在《中国科学》发表的《岩体稳定分析的赤平投影方法》，标志着块体理论雏形的形成。1985 年石根华与 R. E. Goodman 出版了《块体理论及其在岩体工程中的应用》（*Block Theory and Its Application to Rock Engineering*），标志着块体理论作为岩体工程分析的方法已趋于完善。近年来，块体理论在相关领域取得了一定的进展，成果主要有：考虑地震、地下水等荷载作用的关键块体稳定分析，考虑结构面随机分布的关键块体搜索，随机块体分析与块体稳定可靠度分析，黏弹塑性块体理论等。目前，块体理论在我国已成为工程岩体稳定分析的一种广泛应用的可靠、有效的分析方法，成功应用于三峡船闸高边坡、三峡地下厂房、百色水利枢纽、龙滩水电站、小湾拱坝工程等大量的重大岩体工程。实践证明，块体理论是适用于分析断层、节理发育破碎刚性岩体稳定性的有效方法。

该法理论上较为完善。在解决实际问题时，准确找到关键块是问题的关键，但应用中常因关键块找不准使结果失真。

10.2.6　数值流形方法

数值流形方法（Value Manifold Method）是石根华 20 世纪 90 年代初继创立块体理论和 DDA（非连续变形分析）之后，在此基础上首创的一种更新的、层次更高的现代数值方法。

流形方法以拓扑流形和微分流形为基础，它有分开的且独立的两套网格：即物理网格和数学网络。物理网格是由分析域的边界、节理、块体及不同材料区域的界面所组成，它是不能人为选择的材料条件。而数学网格可以任意选择，近期研究基本上均采用了有限元网格作为数学网格。数学网格可直接转换为有限数学覆盖；由数学覆盖与物理网络形成物理覆盖系统，而物理覆盖的交集（公共区域）称为流形意义下的单元。数值流形方法是在每个物理覆盖上建立覆盖函数（覆盖位移函数），在几个覆盖的公共区域内（单元），将其上所有覆盖位移函数加权求和即可形成适应于该域的总体位移函数，以此根据总势能变分原理建立求解岩体力学问题（包括一般结构体）的数值流形方法的分析格式。数值流形方法的特点是：①所用有限覆盖系统，可将连续体、节理及块体材料用这种通用的方法进行计算；②由于数学覆盖能够进行移动、分开（分离）和容易地消去和增加，使得通过移动覆盖，逐步计算大变形和移动边值问题（如滑坡问题，节理和块体的运动等）。

流形方法是一种新的数值方法，它的发展才刚刚起步，研究对象还比较狭窄，目前大多数是针对岩土工程的块体或不连续的裂缝数值模拟，而且基本上都直接采用有限元网格来作为流形方法的数学覆盖，还未能充分体现流形方法的优越性。流形方法还应该有更大的发展空间和更多的工作要做。

10.2.7　无单元法

无单元法（Element – Free Galerkin Method）是名目繁多的所谓无网格方法（Meshless Methods / Meshfree Methods）或颗粒方法（Particles Methods）中较有代表性的一种，形式上相对简单、明确，在方法分类上无单元法属于基于概率模型的计算方法，也是一种偏微分方程弱形式的近似解法。无单元法的理论发展历经滑动最小二乘法（Moving Least Square Method）—发散单元法（Diffuse Element Method）—无单元伽辽金法（即无单元法）—单位分解法（Partition of Unity）的主线，而最早的无网格方法可追溯至用于研究天文现象的光滑粒子法（Smoothing Particle Hydrodynamics）。滑动最小二乘法（MLS）是无单元法直接的数学基础，异于一般最小二乘法，滑动最小二乘法借助一个影响域有限单调递减的权函数，采取了局部最小二乘逼近的策略在各个局部均强调了数值解与真实解之间的拟合关系，有助于提高数值解的精度。

无单元法与传统的有限元法相比无单元法具有以下一些显著的优点：

①要求数据简单　使用无单元法进行数值分析，只需提供计算边界信息、材料参数和离散的结点信息等，完全不需要事先对计算区域进行网格划分，极大地简化了前处理工作。由此带来能方便地从 CAD 系统引入数据，且很容易地自动生成数据；没有了网格的限制，可比较容易地处理诸如大变形问题、跟踪裂纹扩展、模拟结构破坏过程等问题；在计算过程中可方便地增减结点，便于进行自适应分析；离散的结点模型可较为方便而自然地模拟如宏观的星系、微观的粒子以及理想化的物理质点系等。

②计算精度高　无单元法的解答自然地具有高次连续性，无须进行应力修匀等后处理，并能很好地反映解答的局部高梯度分布情况，值得关注的一点是，在材料泊松比接近 0.5，近于体积不可压缩状态时，若使用 FEM 分析，则将出现网格锁死和体积锁死（Mesh & Volumetric Locking）现象，数值解具有很大的误差，而使用无单元法，即使泊松比非常接近 0.5，仍可以得到令人满意的计算结果。

③在理论和应用的各个环节上均具有较高的开放性，便于对其进行控制和扩展无单元法中基函数、权函数、影响半径等的选择具有较大的随意性，对一些几何和物理边界条件的处理也可有多种方法。基于这种开放性，无单元法的研究前景是非常广阔的，特别是一些前沿科学的引入，必将使无单元法在理论和应用上取得质的飞跃。

无单元法的数学基础是滑动最小二乘法，应力集中问题、裂缝扩展问题用该法较好。

10.2.8 广义有限元法

广义有限元法(Generalized Finite Element Method)是在常规有限元的基础上吸收了流形方法的覆盖思想后提出的,由于自由度仍在结点上,编程较为容易。

传统的有限单元法在工程问题的数值模拟上占据着主导地位,因此对传统的有限元进行某一点的改进存在着深远的意义,广义有限元法正是对传统有限元方法改进的结果。

广义有限元法将传统有限元法的插值函数作为单位分解法(The Partition of Unity Eethods)的单位分解函数,可见广义有限元法是传统的有限元法和无网格法中的单位分解法(The Partition of Unity Methods)的综合。广义有限元法在热力学,固体力学等领域的应用,显示了广义有限元法的优越性。

10.3 现代 CAE 技术

10.3.1 CAE 技术概述

计算机辅助工程(Computer Aided Engineering,CAE)主要以有限元法、有限差分法、无网格法等数值计算方法为数学基础,综合了计算力学、计算数学、相关的工程管理学与现代计算技术形成的一门综合性、知识密集型的学科。其相关的软件称为CAE 软件。传统的 CAE 技术是指工程设计中的分析计算与分析仿真,具体包括工程数值分析、结构与过程优化设计、强度与寿命评估、运动/动力学仿真,验证未来工程的可用性与可靠性。

随着企业信息化技术的不断发展,CAE 软件与 CAD/CAM/CAPP/PDM/ERP 一起,已经成为支持工程行业和制造企业信息化的主导技术,在提高工程的设计质量,降低研究开发成本等方面都发挥了重要作用,成为实现工程创新的支撑技术。

虽然 CAE 技术经过近 50 年的洗礼已经逐渐成熟,但对于一门新技术发展成熟则需要面对无数的挑战,而对于 CAE 技术的用户企业与 CAE 软件提供商发展至今而言,仍然面临着如软件使用复杂、工程师理论知识欠缺、缺少实践经验、CAD 与 CAE 的集成、仿真数据管理分散、计算机硬件与软件结合以及计算速度等诸多实际问题和挑战。

10.3.2 CAE 技术的发展趋势

CAE 技术的发展趋势可以概括为:采用最先进的信息技术,吸纳最新的科学知识和方法,扩充 CAE 软件的功能以提高其性能。这主要包括以下 3 个方面:

(1)功能、性能和软件技术方面

包括三维图形处理与虚拟现实、面向对象的工程数据库及其管理系统、多相多态介质耦合、多物理场耦合以及多尺度耦合分析以及适应于超级并行计算机和机群的高性能 CAE 求解技术。

(2)多媒体用户界面与智能化

包括多媒体的用户界面、增强的建模和数据处理功能以及智能化用户界面。

(3)CAE 软件的无缝集成

多种专业领域的 CAE 计算分析软件的集成化,实现对大型工程和复杂产品的全面计算分析和运行仿真,将成为 CAE 软件集成化的另一个重要方向。

具体到土木工程领域,主要表现在以下方面:①与 CAD 的无缝集成;②强大可靠的网格剖分能力;③由求解线性问题发展的非线性问题(材料非线性、几何非线性);④由求解结构场发展到耦合场(如摩擦接触而产生的热问题,需要结构场和温度场的有限元分析结果交叉迭代求解,即"热力耦合"问题);⑤程序的开放性,即允许用户根据自己的实际情况对软件进行扩充,将一些特征模块加入到软件中。

10.3.3 CAE 分析的步骤

基于有限元为数学基础的 CAE 软件对工程进行性能分析和模拟时,一般要经历以下三个过程。

(1)前处理

对工程或产品进行建模,建立合理的有限元分析模型。通过前处理模块,给实体建模与参数化建模,构件的布尔运算,单元自动剖分,节点自动编号与节点参数自动生成,载荷与材料参数直接输入有公式参数化导入,节点载荷自动生成,有限元模型信息自动生成等。

CAE 软件对工程的分析、模拟能力,主要决定于单元库和材料库的丰富和完善程度,单元库所包含的单元类型越多,材料库所包括的材料特性种类越全,其 CAE 软件对工程或产品的分析、仿真能力越强。

(2)有限元分析

对有限元模型进行单元特性分析、有限元单元组装、有限元系统求解和有限元结果生成。在该模块中利用有限单元库,材料库及相关算法,约束处理算法,有限元系统组装模块,静力、动力、振动、线性与非线性解法库。针对分析对象的特征,分解成若干个子问题,由不同的有限元分析子系统完成。一般有如下子系统:线性静力分析子系统、动力分析子系统、振动模态分析子系统、热分析子系统等。

一个 CAE 软件的计算效率和计算结果的精度,主要决定于解法库。先进高效的求解算法与常规的求解算法,在计算效率上可能有几倍、几十倍,甚至几百倍的差异。

(3)后处理

根据工程或产品模型与设计要求,对有限元分析结果进行用户所要求的加工、检查,并以图形方式提供给用户,辅助用户判定计算结果与设计方案的合理性。

10.4 主要的 CAE 软件介绍

作为 20 世纪中期兴起的技术手段,有限元技术随着计算机技术的迅猛发展,得到了飞速的发展和广泛的应用。基于有限元技术,已经在国际上形成了数百亿规模的市场,而主要的有限元厂商则包括了 ANSYS、ABAQUS、Solidworks Simulation 、ADINA、ALGOR 和 MSC 等,其他一些基于有限元算法的专业分析软件则不胜枚举。表 10-1 是在我国土木工程领域应用较为广泛的有限元商用软件。

表 10-1 常用有限元软件介绍

软件名称	开发者	公布时间	编程语言	主要功能
ANSYS	Swanson	1970	FORTRAN	1, 2, 3, 4, 5, 6, 7
MARC	Marcal	1971	FORTRAN	1, 2, 3, 4, 5, 6, 7
ABAQUS	Hibbitt	1979	FORTRAN	1, 2, 3, 5, 6
ADINA	Bathe	1975	FORTRAN	1, 2, 4, 5, 6
MSC/NASTRAN	MacNeal	1970	FORTRAN	1, 2, 5, 6, 7
LS – DYNA3D	Hallqaist	1972	FORTRAN	1, 2, 3, 4, 5, 6, 7

注：1. Nonliner – Elastic；2. Elastic – Plastic；3. Visco – Plastic；4. Large – Strain；5. Contact；6. Nonliner – Dynamic；7. Nonliner – Break。

除了有限元软件外，还有基于其他数值计算方法的商用软件，比如前述基于有限差分法的 Flac。下面就本篇将重点介绍的三个软件 ANSYS、ABAQUS 及 FLAC 做一简单比较。

10.4.1 ANSYS

ANSYS 软件是美国 ANSYS 公司研制的大型通用有限元分析(FEA)软件，是世界范围内应用最为广泛的计算机辅助工程(CAE)软件，能与多数计算机辅助设计软件接口，实现数据的共享和交换，如 Creo、NASTRAN、Alogor、I-DEAS，AutoCAD 等，是融结构、流体、电场、磁场、声场分析于一体的大型通用有限元分析软件，在核工业、铁道、石油化工、航空航天、机械制造、能源、汽车交通、国防军工、电子、土木工程、造船、生物医学、轻工、地矿、水利、日用家电等领域有着广泛的应用。ANSYS 功能强大，操作简单方便，现在已成为国际最流行的有限元分析软件，在历年 FEA 评比中都名列第一。目前，中国 100 多所理工院校采用 ANSYS 软件进行有限元分析或者作为标准教学软件。

10.4.2 ABAQUS

ABAQUS 是一套功能强大的工程模拟有限元软件，其解决问题的范围从相对简单的线性分析到许多复杂的非线性问题。ABAQUS 包括一个丰富的、可模拟任意几何形状的单元库。并拥有各种类型的材料模型库，可以模拟典型工程材料的性能，其中包括金属、橡胶、高分子材料、复合材料、钢筋混凝土、可压缩超弹性泡沫材料以及土壤和岩石等地质材料，作为通用的模拟工具，ABAQUS 除了能解决大量结构(应力／位移)问题，还可以模拟其他工程领域的许多问题，例如热传导、质量扩散、热电耦合分析、声学分析、岩土力学分析(流体渗透／应力耦合分析)及压电介质分析。

10.4.3 FLAC

FLAC(Fast Lagrangian Analysis of Continua)是以有限差分法为数学基础的分析软件，程序的基本原理和算法与离散元法相近，是由 P. A. Cundall 提出的。它与离散元法的区别在于它应用了节点位移连续的条件，可用于连续介质的大变形分析。由于它不必形成像有限元法中那样的整体刚度矩阵，因此可以在内存较小的微机上计算较大规模的题目。

FIAC 是一款岩土工程模拟软件，内置 3 类共 12 种材料模型，包括 1 个开挖模型 null，3 个弹性模型和 8 个塑性模型，可以模拟地应力场的生成、洞室或边坡开挖、回填混凝土、锚杆锚索安设、地下渗流等。尤其是对锚杆的设置非常方便，可以在任何指定位置设置锚杆而不考虑网格的划分和结点的分布。FLAC 程序的另一特点是：它具有强大的前后处理功能。网格自动生成，界面美观。用户可以使用各种命令修正网格以适应各种复杂边界，计算结果均可以有图形输出，并可着色。这包括主应力分布向量、σ_x、σ_y、τ_{xy} 分布等值线，位移向量，U_x、U_y 等值线，塑性区范围，锚杆受力等等。使用方便快速。

ANSYS、ABAQUS、FLAC 都是 CAE 数值模拟分析软件，其中 ANSYS 和 ABAQUS 是大型通用有限元计算软件，应用于各个领域；而 FLAC 是快速拉格朗日有限差分计算程序，应用范围只限于土木工程。

前处理：ANSYS 要比其他两个计算软件强，ANSYS 可以为用户提供便于鼠标键盘操作的窗口。在此窗口中，用户可以用点—线—面—体的方法建立三维几何模型。ABAQUS/CAE 这方面仅次于 ANSYS，需要把各个部分分别建立然后再进行组合。FLAC3D 需要用户自己编写模型程序，形式复杂而且容易出错。

由于存在以上差异，运用 ANSYS 建立几何模型，利用 FORTRAN 程序将模型数据转换为 ABAQUS 或 FLAC 可以读入的模型程序已经可以实现。数值计算分析应用：就接触问题而言，ABAQUS 要好于其他软件；就结构优化设计或拓扑优化设计而言，AN-SYS 较好；就计算锚固问题而言，FLAC 要比其他计算软件好；就编程序建模而言，ABAQUS 仅次于 ANSYS；就应用范围而言，ABAQUS 和 ANSYS 应用范围广。

后处理：FLAC 要强于 ABAQUS、ANSYS，其操作简便，成图效果较好，文本编译也很方便。ANSYS 基于连续介质力学，可以生成节理单元，但在考虑随即的节理裂隙网络上有所欠缺，考虑节理裂隙网络后，可能出现计算结果不容易收敛。FLAC 基于连续介质前处理可以在 ANSYS 生成，容易加入锚杆单元，在节理裂隙网络生成上和 ANSYS 差不多，但是即使计算不收敛，获得计算结果也比较容易。

ANSYS 软件在计算机资源的利用，用户界面开发等方面也做出了较大的贡献。ABAQUS 软件则致力于更复杂和深入的工程问题，其强大的非线性分析功能在设计和研究的高端用户群中得到了广泛的认可，尤其是 ABAQUS 的疲劳和断裂分析功能，概括了多种断裂失效准则，对分析断裂力学和裂纹扩展问题非常有效。

小 结

本章简要介绍了变分法、差分法、有限元法、边界元法、关键块理论、数值流形方法、无单元法、广义有限元法等常见的平衡问题的数值计算方法的基本原理及特点，归纳了 CAE 发展趋势及分析步骤。

思考题

1. 力学问题的分析方法有哪些？

2. 简述常用数值计算方法及特点。

3. 简述 CAE 技术的发展趋势。

4. 简述 CAE 的分析步骤。

推荐阅读书目

1. 数值分析 . (美) F. 施依德 著 . 罗亮生，包雪松，王国英，译 . 科学出版社，2002.

2. 有限单元法基本原理和数值方法 . 王勖成，邵敏 . 清华大学出版社，1999.

3. 数值流形方法与非连续变形分析 . 石根华 . 清华大学出版社，1997.

4. 有限元分析基本教程 . 曾攀 . 清华大学，2008.

5. 有限元法及其应用 . 江见鲸，何放龙等 . 机械工业出版社，2006.

6. 土木工程数值计算方法与仿真技术 . 梁力，李明 . 东北大学出版社，2008.

第11章
有限元数值计算理论

[**本章提要**] 有限元数值计算作为工程领域重要的数学解析方法之一，能够求解复杂的物理力学模型，得到工程师需要的基本结果，可以为强大的建模、分析、可视化等数值计算功能提供强有力的支撑。本章主要介绍有限元数值计算分析的基本原理、计算理论的依据和一些数值计算的求解方法。

11.1 有限元数值分析的基本原理

11.1.1 有限元数值分析的概念和简介

有限元法(Finite Element Method，简称 FEM)出现于 20 世纪 50 年代，最初是作为一种处理固体力学问题的方法提出来的。在 20 世纪 40 年代以前，人们只能应用差分法、变分法、松弛法等方法来解决形式简单、边界规则的问题，对实际工程中复杂结构则只能进行近似分析，依靠经验、模型试验及加大安全因数等方法来保证工程安全。

1909 年 Ritz 提出了求解连续介质力学中场问题近似解的一个强有力的方法，这种方法利用未知量的试探函数将势能泛函近似化来进行求解。但是，Ritz 法的试函数是建立在整个求解区域上的，对边界条件要求很严格，只能用来解决边界比较规则的问题。1943 年 Gourant 对 Ritz 法作了极为重要的推广，采用分片(子域)插值的思想，把连续区域划分为许多三角形小区域，在这些三角形小区域上引进线性试函数，用最小势能原理分析了圣维南扭转问题。这种方法将各个三角形区域连续处的函数值取为问题的基本未知量，由于只要求在沿边界的有限个点上满足边界条件，因此，可以消除 Ritz 法对整体试函数必须满足边界条件的限制，从而解决一些边界较为复杂的问题。在同一时期，Mchenry & Hrenikoff 和 Newmark 的研究表明，用简单弹性杆排列来代替连续体，能得到连续介质问题的较好解答。但由于当时还没有计算机，这种思想还不能用来分析比较复杂的实际工程问题。1946 年第一台电子计算机出现以后，人们首先想到利用计算机求解结构力学中力法和位移法的基本方程，形成矩阵力法和矩阵位移法，例如，Argyris 等人在结构矩阵分析方面就取得了很大的研究成果。到了 20 世纪 50 年代中期，人们提出了把连续介质离散成一组单元，使无限自由度问题转化为有限自由度问题，再利用计算机求解。1956 年，Turner、Clugh 等人把求解钢架问题的思想，推广到弹性力学平面问题，把一维两节点单元改进为多于两节点的二维单元，用来分析连续体中的问题。在具体求解中，把连续体划分为具有三个节点的三角形单元的集合，每个单元中的位移函数采用近似表达式，认为单元内任意点的位移是其三个节点位移的线性函数，在此基础上求解连续体问题。这种方法可以分析形状十分复杂的结构，所以这种方法一出现就受到人们的普遍重视。1960 年，飞机结构工程师 Clough 在他的论文"平面应力分析的有限元法"中把这种解决弹性力学问题的方法给予特定的名词，称为"有限元法"。Clough 在这篇论文中，把结构力学分析方法推广到求解连续介质问题，进而提出有限元法的概念。与此同时，中科院冯康教授在研究变分问题的差分格式时，也独立地提出了分片插值的思想并推导了有限元计算的数学过程，提出了一个高效能的求解复杂偏微分方程(组)问题的计算方法。这种方法特别适用于解决大型复杂的结构工程和固体力学问题，冯康教授领导的研究小组在完成几个大型水坝应力计算中就应用了这一方法。

有限元法在工程界取得较大成功的同时，20 世纪 60 年代到 70 年代期间，数学界也对有限元法的理论基础进行了研究。由于有限元法是一种近似方法，在应用有限元求解实际问题时，解的误差、收敛性和稳定性等都是工程界的难题。例如，当把连续体离散化为大量的单元时，毕竟划分到什么程度、用什么划分方法才能够保证解答的稳定性和精度等问题，都不是工程界能够解决的问题。数学界对这些问题进行了深入研究，取得了较大的成就，给有限元法的应用奠定了坚实的数学基础。

以变分原理为基础的有限元法可以应用于各种连续介质问题和场问题，现代力学、计算数学和计算机技术的发展，使得有限元法的理论基础和应用效力不断提高。到 20世纪 60 年代末 70 年代初，随着计算机性能的提高，出现了大型通用有限元程序，它们具有功能强大、使用方便、计算结果可靠和运行效率高等优点，逐渐成为结构工程师强有力的分析工具。

近几十年来，伴随着计算技术的飞速发展，有限元法的理论和应用都得到了长足的发展。有限元法的理论日趋成熟、应用领域也越来越广。例如，在工程研究方面，过去主要依靠模型试验，而现在就可以用有限元法来代替部分模型试验，使得工作量大大减少。同时，有限元法的应用领域也不断扩展，已从最初的弹性力学平面问题扩展到固体力学的各个分支：弹性力学、塑性力学、岩石力学、土力学、断裂力学和损伤力学等；由平面问题扩展到空间问题、板壳问题等；由静力平衡问题扩展到稳定问题、动力问题和波动问题等；分析的对象也从弹性材料扩展到塑性、黏弹性、黏塑性和复合材料等；从固体力学扩展到流体力学、热力学、电磁学等连续介质领域。有限元法在工程分析中的作用也逐渐由分析和校核扩展到优化设计、工程预测和计算机辅助设计等。总之，有限元法已发展成为一种强有力的数值分析方法。随着计算机前后处理技术的发展，出现了一些十分成熟的有限元应用软件，使得有限元的应用更加方便。当前，在工程界比较流行、被广泛使用的大型有限元分析软件有 MSC – Nantran、Ansys、Sap、Abaqus、Marc、Adina 和 Algor 等。这些应用软件使得有限元法成为解决复杂工程问题的利器，在机械制造、材料加工、航空航天、汽车、土木建筑、电子电器、国防军工、船舶、铁道、石化、能源、生物、医学等各个领域都得到了广泛的应用，发挥着越来越大的作用。目前这些通用的有限元分析软件几乎覆盖了所有的工程领域，其使用也非常方便，只要有一定基础的工程师都可以在较短的时间内学会，并用来分析和解决实际工程问题。

有限元数值解就是在结构中选取一定数量的离散点，将其离散成小的单元等价系统，这些单元的集合体就是代表原来的结构。建立每个组成单元的平衡方程，然后结合起来，再引入边界条件，求解这种整体的平衡方程组，即得到原来结构离散点处的未知量（位移或应力）的解答。在有限元中最常用的是利用虚功原理和固体力学中的变分原理（最小势能原理），来得到每个节点的平衡方程式。

进行固体力学三维问题的有限元分析不仅复杂，也更费时，在一般的隧洞岩土工程中，考虑到结构系统的几何形状、荷载情况和受力特征，多数可将三维问题简化为二维平面问题来处理，这在计算上也方便了许多。平面问题可以有各式各样的单元体。就形状来说，可以是三角形、矩形、平行四边形、任意四边形等。在岩土材料和介质的非线性分析中，通常采用的三角形常应变单元的缺点是应力精度不高，算出的应力结果有明显的波动现象。在处理三维问题时还得采用四面体单元、节理单元、无限元。由于矩形单元不能适应曲线或非直角折线边界，也不能局部加密。而在岩土工程中大部分情况是具有曲线边界的，因此为了细致地研究某些部位也需要局部加密，要解决这些矛盾，可以把三角形单元和矩形单元或任意四边形单元组合起来。这样我们就可以用三角形去适应不同的边界，也可以用三角形单元去做粗线网格之间的过渡层。当岩体中的软弱夹层比较宽时，可以像围岩一样划分为平面单元，而一般的较软弱夹层都比较窄，一般只有几厘米，而节理和裂隙宽度几乎接近于零，这时仍沿用普遍平面单元显然是不合适的，可采用专门分析这类薄夹层和节理裂隙的特殊单元——节理单元。在地下洞室的支护中，喷锚支护除了承受二次应力场的全部荷载（全部形变压力）以外，还将承受"释放荷载"引起的内力；对普通锚杆一般可按一维轴力直杆单元考虑。总的来说，应用有限元分析问题主要有以下几点：

①可以分析几何形状及受荷条件复杂、非均质的各种实际结构；

②可以在计算中模拟各种复杂的材料本构关系、边界条件等；

③由于计算机前后处理技术的发展，可以进行大量方案的比较分析，迅速实现计算结果的可视化，有利于对工程方案进行优化。

11.1.2 有限元数值分析的基本过程

有限元法的基本思想是将研究对象离散化，用有限个容易分析的单元来代替复杂的研究对象，单元之间通过有限的节点相互连接，然后根据变形协调条件来综合求解。用有限元法进行分析时，首先将研究区域离散成为许多小单元，然后给定边界条件、荷载条件和材料特性，接着建立单元刚度矩阵、组装总体刚度矩阵和形成总体方程，再修正并求解总体方程，得到位移、应力、应变、内力等结果，最后处理和分析计算结果。从总体来说，有限元分析包括三个部分：前处理、处理（计算分析）和后处理。前处理是建立分析模型，完成单元网格划分并生成计算数据；后处理则是处理并分析庞杂的计算结果，并以适当方式（数表、曲线或图形等）显示结果，便于对结果进行分析研究。计算处理过程是有限元法的核心部分，下面讨论的有限元法的基本过程也主要围绕这一部分。有限元分析力学问题的基本过程分为以下五个步骤：连续体离散化、确定位移模式、单元分析、整体分析、求解答。下面以弹性力学平面问题为例，具体说明这五个步骤。

(1) 连续体离散化

这一步是把所要求解的连续区域划分为一组由虚拟的线或面构成的有限单元的组合体，即把连续体内的某些点设为单元的节点，这些节点通过特定的方式连线成为一个个单元，用这些有限个单元体的集合来代替原来的求解区域。一般由离散化的单元集成的组合体可以模拟原求解区域。通过连续体离散化，求解无限自由度的问题就近似转化为求解有限自由度问题。离散化是有限元前处理的重要组成部分，通过划分，可得到以下信息：节点信息，主要是节点的编号和节点的坐标；单元信息，主要是为单元编号和单元中节点的编号顺序。对平面问题，一种较常见、最简单的划分是三角形三节点单元划分。例如，图 11-1 所示的是某结构的单元划分，共 13 个节点，12 个单元。

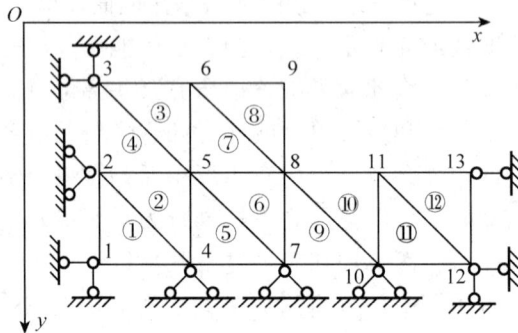

图 11-1 结构的单元划分

(2) 确定位移模式

离散化后对每一个单元体来说，由于单元体很小，可以对其内部的位移分布做一些近似的假设。一般把单元体内某点的位移假设为单元体各个节点位移的一个简单、合理的表达式。这种把单元体内位移和单元节点位移联系起来的函数称为位移函数，也叫位移模式。确定位移模式是有限元法进行分析的关键，它关系到有限元计算结果的收敛性和精度。一般取位移模式为多项式，这是因为多项式函数的求导数和微积分运算都比较简单，可以局部区域内逼近任意的光滑函数，并且可以通过项数的多少直接控制计算精度。单元位移模式的选择不是随意的，应能保证解答的收敛性，即具备完备性和协调性。

完备性要求单元的位移函数必须能够反映刚体位移和常应变状态，在选用的多项式位移模式中，必须包含常数项和一次项。单元发生刚体位移时，单元内各点的位移要么与坐标无关(平移时)要么就是坐标的线性函数(转动或转动加平移时)，而包含常数项和一次项的位移函数恰好可以反映这一特征。另一方面，单元应变一般可以分为两个部分：与单元中点的位置有关的应变和无关的常应变。从物理意义上来看，单元尺寸趋于无限小时，单元应变也趋于常量。而应变是位移的一阶导数，故形函数中必须包含线性项，以便反映常应变状态。

协调性要求所选的位移模式必须保证单元内部位移的连续性和相邻单元间位移的

协调性。协调性是保证在受荷变形时，单元内和相邻单元间不会出现开裂和重叠现象，相邻单元在其交界处具有唯一的位移函数。对于用多项式表达的单元位移模式，由于多项式函数是单值连续函数，所以能够满足单元内部位移协调条件，并且在相邻单元间也可以满足位移连续性要求。

（3）单元分析

单元分析的主要任务是建立单元刚度矩阵，即由单元的位移函数，再加上几何方程（应变—位移关系）和物理方程（应力—应变关系或本构关系），利用虚位移原理或最小势能原理来建立单元刚度矩阵。下面以三节点三角形单元为例来进行单元分析。

① 几何方程 几何方程是联系单元内任意点的位移和应变的方程，对于二维平面问题一般表示为

$$\varepsilon = \begin{pmatrix} \varepsilon_x \\ \varepsilon_y \\ \gamma_{xy} \end{pmatrix} = \begin{pmatrix} \partial u/\partial x \\ \partial v/\partial y \\ \partial u/\partial y + \partial v/\partial y \end{pmatrix} = \begin{pmatrix} \partial/\partial x & 0 \\ 0 & \partial/\partial y \\ \partial/\partial y & \partial/\partial x \end{pmatrix} \begin{pmatrix} u \\ v \end{pmatrix} \tag{11-1}$$

对三角形三节点单元来说

$$\varepsilon = \begin{pmatrix} \varepsilon_x \\ \varepsilon_y \\ \gamma_{xy} \end{pmatrix} = \begin{pmatrix} \partial/\partial x & 0 \\ 0 & \partial/\partial y \\ \partial/\partial y & \partial/\partial x \end{pmatrix} \begin{pmatrix} u \\ v \end{pmatrix} = \begin{pmatrix} \partial/\partial x & 0 \\ 0 & \partial/\partial y \\ \partial/\partial y & \partial/\partial x \end{pmatrix} N\delta^e = B\delta^e \tag{11-2}$$

式中，B 称为几何矩阵，其表达方式为

$$\begin{pmatrix} \partial N_i/\partial x & 0 & \partial N_j/\partial x & 0 & \partial N_m/\partial x & 0 \\ 0 & \partial N_i/\partial y & 0 & \partial N_j/\partial y & 0 & \partial N_m/\partial y \\ \partial N_i/\partial y & \partial N_i/\partial x & \partial N_i/\partial x & \partial N_j/\partial x & \partial N_m/\partial y & \partial N_m/\partial x \end{pmatrix}$$

$$= \frac{1}{2\Delta} \begin{pmatrix} b_i & 0 & b_i & 0 & b_m & 0 \\ 0 & c_i & 0 & c_j & 0 & c_m \\ c_i & b_i & c_i & b_j & c_m & b_m \end{pmatrix}$$

$$= \begin{bmatrix} B_i & B_j & B_m \end{bmatrix} \tag{11-3}$$

式中，$B_r = \dfrac{1}{2\Delta} \begin{pmatrix} b_r & 0 \\ 0 & c_r \\ c_r & b_r \end{pmatrix}$ $r = i,\ j,\ m$

② 物理方程 物理方程又称为本构方程，是联系单元应力和应变的方程。可用下式表示

$$\sigma = D\varepsilon \tag{11-4}$$

式中，D 为弹性矩阵，对弹性力学平面应力问题来说，其弹性本构矩阵如下

$$D = \frac{E}{1-\mu^2} \begin{pmatrix} 1 & \mu & 0 \\ \mu & 1 & 0 \\ 0 & 0 & (1-\mu)/2 \end{pmatrix} \tag{11-5}$$

若为平面应变问题，只要把上式中的 E 换为 $E/(1-\mu^2)$，把 μ 换成 $\mu/(1-\mu)$ 即可得到弹性力学平面应变问题的弹性矩阵。由式（11-2）和（11-4）可得到下式

$$\sigma = D\varepsilon = DB\delta^e = S\delta^e \tag{11-6}$$

式中，$S = DB$ 称为应力转换矩阵。对三角形三节点单元来说应力转换矩阵 S 为

$$S = DB = D[B_i \quad B_j \quad B_m] = [DB_i \quad DB_j \quad DB_m] = [S_i \quad S_j \quad S_m] \tag{11-7}$$

式中，$S_r = \dfrac{E}{2\Delta(1-\mu^2)} \begin{pmatrix} b_r & \mu c_r \\ \mu b_r & c_r \\ (1-\mu)c_r/2 & (1-\mu)b_r/2 \end{pmatrix} \quad r = i, j, m$

③单元刚度矩阵的建立　下面是虚功原理来推导单元刚度矩阵，设单元厚为 t，给单元的节点以虚位移 δ^{*e}，其在单元体内引起虚应变为 $\varepsilon^{*e} = B\delta^{*e}$，单元内的应力为 $\sigma = S\delta^e$，这样单元体内的虚应变能为

$$U^* = \iint \varepsilon^{*\mathrm{T}}\sigma t \mathrm{d}x\mathrm{d}y = \iint (B\delta^{*e})^{\mathrm{T}}S\delta^e t \mathrm{d}x\mathrm{d}y = (\delta^{*e})^{\mathrm{T}}\iint B^{\mathrm{T}}DBt \mathrm{d}x\mathrm{d}y\delta^e \tag{11-8}$$

而相应的节点力（外力在节点等效节点力）在虚位移做的虚功为

$$W^* = (\delta^{*e})^{\mathrm{T}}R^e \tag{11-9}$$

由虚功原理，节点力在虚位移上做的功 W^e 等于应力在虚应变上的虚应变能 U^*，即

$$(\delta^{*e})^{\mathrm{T}}R^e = (\delta^{*e})^{\mathrm{T}}\iint B^{\mathrm{T}}DBt \mathrm{d}x\mathrm{d}y\delta^e \tag{11-10}$$

由于虚位移的任意性，必有式（2-11）成立

$$R^e = \iint B^{\mathrm{T}}DBt \mathrm{d}x\mathrm{d}y\delta^e = \iint B^{\mathrm{T}}St \mathrm{d}x\mathrm{d}y\delta^e = K^e\delta^e$$

$$R^e = K^e\delta^e \tag{11-11}$$

式（11-11）就是单元刚度方程，式中的 $K^e = \iint B^{\mathrm{T}}DBt \mathrm{d}x\mathrm{d}y$（或 $K^e = \iint B^{\mathrm{T}}St \mathrm{d}x\mathrm{d}y$）即为所求的单元刚度矩阵。

由于三角形三节点单元的应变转换矩阵 B 和应力转换矩阵 S 中的元素均不含积分变量 x 和 y，所以其单元刚度矩阵可以直接得到

$$K^e = \iint B^{\mathrm{T}}St \mathrm{d}x\mathrm{d}y = B^{\mathrm{T}}St \iint \mathrm{d}x\mathrm{d}y = B^{\mathrm{T}}St\Delta$$

$$= t\Delta [B_i \quad B_j \quad B_m]^{\mathrm{T}}[S_i \quad S_j \quad S_m]$$

$$= \begin{pmatrix} K_{ii} & K_{ij} & K_{im} \\ K_{ji} & K_{jj} & K_{jm} \\ K_{mi} & K_{mj} & K_{mm} \end{pmatrix}_{6\times6} \tag{11-12}$$

单元刚度矩阵为 6×6 阶矩阵，其中 K_n 为 2×2 阶，具体表达式为

$$K_n = \frac{Et}{4\Delta(1-\mu^2)} \begin{pmatrix} b_r b_s + (1-\mu)c_r c_s/2 & \mu b_r c_s + (1-\mu)c_r b_s/2 \\ \mu c_r b_s + (1-\mu)b_r c_s/2 & c_r c_s + (1-\mu)b_r b_s/2 \end{pmatrix} \quad r = i,j,m; s = i,j,m \tag{11-13}$$

而 K_{sr}^{T} 为

$$K_{sr}^{\mathrm{T}} = \frac{Et}{4\Delta(1-\mu^2)} \begin{pmatrix} b_s b_r + (1-\mu)c_s c_r/2 & \mu b_s c_r + (1-\mu)c_s b_r/2 \\ \mu c_s b_r + (1-\mu)b_s c_r/2 & c_s c_r + (1-\mu)b_s b_r/2 \end{pmatrix} \quad r = i,j,m; s = i,j,m \tag{11-14}$$

因 $K_{rs} = K_{sr}^{\mathrm{T}}$ ，结合二者在单元刚度矩阵中的位置，可以看出单元刚度矩阵是一对称矩阵。

④整体分析　对于每一个单元，可通过其单元刚度矩阵单元的节点力和节点位移联系起来。同时，对于整个系统也可以用节点位移来表示节点力，联系二者的是总起刚度矩阵。

设求解域经过单元划分后有 n 个节点，对于其中任意一个节点 i ，从环绕 i 点的各单元移植而得到的节点荷载为

$$P_i = \sum P_i^e \tag{11-15}$$

式中， $\sum$ 表示对环绕节点的所有单元求和。对节点 i 来说， $\sum F_i^e$ 为环绕 i 点的各单元施加节点 i 的节点力。由力的平衡条件可以得到节点 i 的平衡方程为： $P_i = \sum F_i^e$

$$\begin{cases} \sum F_1^e = P_1 \\ \sum F_1^e = P_2 \\ \vdots \\ \sum F_n^e = P_n \end{cases} \tag{11-16}$$

由于 F_i^e 可以在单元刚度方程中得到，即可用单元的节点位移表示出来。如果在求和过程中 $\sum F_i^e$ 用整体编码表示节点的单元编码，在上式中通过归并叠加相同的项，可以得到下式

$$K\delta = P \tag{11-17}$$

此即整体刚度矩阵，其中 $\delta = \begin{bmatrix} u_1 & u_2 & \cdots & u_n \end{bmatrix}^{\mathrm{T}}$ 为总体节点位移列阵， $u_i = \begin{bmatrix} u_i & v_i \end{bmatrix}^{\mathrm{T}}$ 表示节点 i 在两个坐标方向的位移， $P = \begin{bmatrix} P_1 & P_2 & \cdots & P_n \end{bmatrix}^{\mathrm{T}}$ 为节点荷载列阵， P_i 为节点 i 点的节点力，即 $P_i = \begin{bmatrix} X_i & Y_j \end{bmatrix}$ ， K 为总体刚度矩阵，具体形式为

$$K = \begin{pmatrix} K_{11} & K_{12} & \cdots & K_{1n} \\ K_{21} & K_{22} & \cdots & K_{2n} \\ \vdots & \vdots & \vdots & \vdots \\ K_{n1} & K_{n2} & \cdots & K_{nn} \end{pmatrix} \tag{11-18}$$

总体刚度矩阵具有对称性、奇异性(不存在逆矩阵)和主对角线上元素恒为正值的特点。在整体刚度方程中，整体为位移列阵 δ 是待求未知量，节点荷载列阵 P 可由单元节点荷载叠加而成，总体刚度矩阵中 K 则需要通过集成得到，即把单元矩阵按整体节点编号扩展为大矩阵(和总刚矩阵同阶)，所有单元的单元刚度矩阵通过扩展后叠加即可得到总体刚度矩阵。

⑤求解答　对上面建立的整体方程式(11-17)，由于 K 的奇异性， K^{-1} 不存在而无法求解。必须通过引入边界条件(一般为已知位移边界条件)，排除刚体位移后，进行适当修正后方可求解。通过求解整体方程可以得到整体位移列阵 δ ，即每个节点的实际位移已知。按对应关系可很容易的从整体位移列阵中取出任一单元的单元位移列阵 δ^e 。有了单元位移列阵，就可得到单元应变列阵 ε ，再求解单元应力列阵 σ 。所有的单元求解后，就得到了整个求解区域上位移和应力的有限元解答。

11.1.3 岩土工程问题常见的几种单元

前面介绍的三节点三角形单元是一种最简单的单元形式，在单元内部的应力、应变都是常量，故称其为常应变单元或常应力单元。为了得到精度较高的解答，往往需要增加单元数目，这样不但使计算量大大增加，而且计算过程中舍入误差的积累有可能使单元细化后的精度受到影响，所以单元细化并不一定能够解决计算的精度问题。要解决这一问题，需要改变单元的形状和单元的位移模式。下面介绍几种常见的单元位移模式。

11.1.3.1 四节点矩形单元

单元形式如图 11-2 所示。坐标原点在矩形形心处，坐标轴与矩形边平行，为了研究方便建立两套坐标系统 $x - o - y$ 和 $\xi - o - \eta$，二者之间的关系为

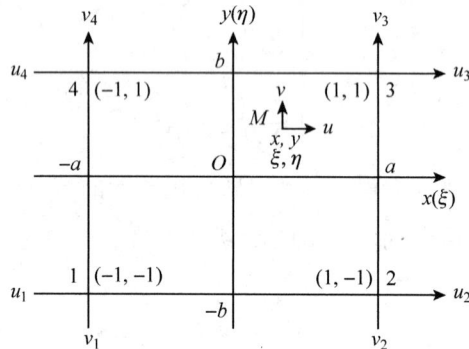

图 11-2 矩形四节点单元

$$\xi = \frac{x}{a} \qquad \eta = \frac{y}{b} \tag{11-19}$$

设图中矩形四节点单元中任意点的位移为

$$\begin{cases} u(x,y) = \alpha_1 + \alpha_2 x + \alpha_3 y + \alpha_4 xy \\ v(x,y) = \beta_1 + \beta_2 x + \beta_3 y + \beta_4 xy \end{cases} \tag{11-20}$$

其特征是：沿平行于某一坐标轴方向位移为坐标的线性函数。同三角形单元推导一样，可得

$$\begin{cases} u = N_1 u_1 + N_2 u_2 + N_3 u_3 + N_4 u_4 \\ v = N_1 v_1 + N_2 v_2 + N_3 v_3 + N_4 v_4 \end{cases} \tag{11-21}$$

即矩形四节点单元位移模式为

$$\binom{u}{v} = \begin{pmatrix} N_1 & 0 & N_2 & 0 & N_3 & 0 & N_4 & 0 \\ 0 & N_1 & 0 & N_2 & 0 & N_3 & 0 & N_4 \end{pmatrix}$$

$$\times \begin{bmatrix} u_1 & v_1 & u_2 & v_2 & u_3 & v_3 & u_4 & v_4 \end{bmatrix}^{\mathrm{T}} = N\delta^e \tag{11-22}$$

其形函数的表达式如下

$$\begin{cases} N_1 = \dfrac{1}{4}(1-\xi)(1-\eta) & N_2 = \dfrac{1}{4}(1+\xi)(1-\eta) \\ N_3 = \dfrac{1}{4}(1+\xi)(1+\eta) & N_3 = \dfrac{1}{4}(1-\xi)(1+\eta) \end{cases} \quad (\xi = \dfrac{x}{a}, \eta = \dfrac{y}{b}) \quad (11\text{-}23)$$

写成统一的表达式为

$$N_i = \frac{1}{4}(1 + \xi_i\xi)(1 + \eta_i\eta) \quad i = 1,2,3,4 \tag{11-24}$$

式中，ξ_i、η_i 为节点 i 的坐标值。

四节点矩形单元同样有应变转换关系 $\varepsilon = B\delta^e$，其应变转换矩阵为

$$B = [\,B_1 \quad B_3 \quad B_3 \quad B_4\,] \tag{11-25}$$

其中子矩阵

$$B_i = \frac{1}{4ab}\begin{pmatrix} b\xi_i(1+\eta_i\eta) & 0 \\ 0 & a\eta_i(1+\xi_i\xi) \\ a\eta_i(1+\xi_i\xi) & b\xi_i(1+\eta_i\eta) \end{pmatrix} \quad i = 1,2,3,4 \tag{11-26}$$

单元刚度矩阵为

$$K = \iint_A B^{\mathrm{T}} DBt \mathrm{d}x\mathrm{d}y = \begin{pmatrix} K_{11} & K_{12} & K_{13} & K_{14} \\ K_{21} & K_{22} & K_{23} & K_{24} \\ K_{31} & K_{32} & K_{33} & K_{34} \\ K_{41} & K_{42} & K_{43} & K_{44} \end{pmatrix}_{8\times8} \tag{11-27}$$

由于 $\xi = \dfrac{x}{a}$，$\eta = \dfrac{y}{b}$，故有 $\mathrm{d}x = a \cdot \mathrm{d}\xi$，$\mathrm{d}y = b \cdot \mathrm{d}\eta$，代入上式积分可得单刚子矩阵。

设单元厚度为常数，对于平面应力问题可以通过计算积分得到子矩阵的具体表达式为

$$K_{ij} = \frac{Et}{4ab(1-\mu^2)}\begin{bmatrix} C_{11} & C_{12} \\ C_{21} & C_{22} \end{bmatrix} \quad i = 1,2,3,4 \quad j = 1,2,3,4 \tag{11-28}$$

式中，$C_{11} = b^2\xi_i\xi_j(1 + \eta_i\eta_j/3) + a^2\eta_i\eta_j(1 + \xi_i\xi_j/3)(1-\mu)/2$

$\qquad C_{12} = ab(\mu\eta_i\xi_j + \xi_i\eta_j(1-\mu)/2)$

$\qquad C_{22} = a^2\eta_i\eta_j(1 + \xi_i\xi_j/3) + b^2\xi_i\xi_j(1 + \eta_i\eta_j/3)(1-\mu)/2$

$\qquad C_{21} = ab(\mu\xi_i\eta_j + \eta_i\xi_j(1-\mu)/2)$

矩形四节点单元中的应力分量不是常量，而是沿两个方向按线性规律变化，相对于三角形三节点单元来说精度有所提高。但是矩形单元有一个明显的缺点，就是这种单元不能适应与坐标轴不平行的斜线边界，对曲线边界的拟合也不及三角形单元，因而直接应用时会受到一定的限制。当然可以将其与三角形单元结合起来使用，但这时会增加程序的复杂性。解决非规则边界问题的最好方法是应用等单元划分研究区域。

11.1.3.2 八节点矩阵单元

如果在矩形四节点单元的四个边的中点也布置节点，这种单元称为矩形八节点单

元，如图 11-3 所示。局部坐标 $\xi - o - \eta$ 取法与四节点单元的相同。这种单元的位移模式为

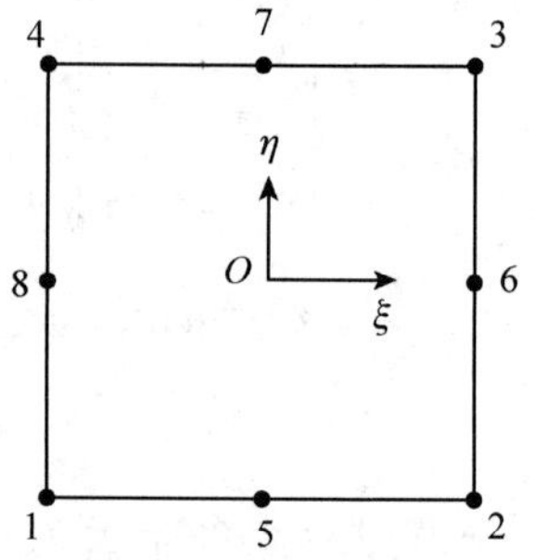

$$\begin{cases} u = N_1 u_1 + N_2 u_2 + N_3 u_3 + N_4 u_4 + N_5 u_5 + N_6 u_6 + N_7 u_7 + N_8 u_8 \\ v = N_1 v_1 + N_2 v_2 + N_3 v_3 + N_4 v_4 + N_5 v_5 + N_6 v_6 + N_7 v_7 + N_8 v_8 \end{cases}$$

$$(11\text{-}29)$$

其中形函数的表达式分别为

$$N_i = (1 + \xi_i \xi)(1 + \eta_i \eta)(\xi_i \xi + \eta_i \eta - 1)/4 \qquad i = 1,2,3,4$$

$$(11\text{-}30)$$

图 11-3　矩形八节点单元

$$N_i = (1 - \xi^2)(1 + \eta_i \eta)/2 \qquad i = 6,8 \tag{11-31}$$

$$N_i = (1 - \eta^2)(1 + \xi_i \xi)/2 \qquad i = 5,7 \tag{11-32}$$

可见在单元的四条边界上，形函数是按二次函数变化的。当然矩形八节点单元的形函数也可以写成如下统一的形式

$$N_i = (1 + \xi_i \xi)(1 + \eta_i \eta)(\xi_i \xi + \eta_i \eta - 1)(\xi_i^2 + \eta_i^2 - 1)/4 + $$
$$(1 - \eta^2)(1 + \xi_i \xi)(1 - \xi_i^2)/2 + (1 - \xi^2)(1 + \eta_i \eta)(1 - \eta_i^2)/2$$
$$i = 1,2,3,4,5,6,7,8 \tag{11-33}$$

应用矩形八节点单元分析的其他步骤同矩形四节点单元类似，这里从略。

11.1.3.3　三角形六节点单元

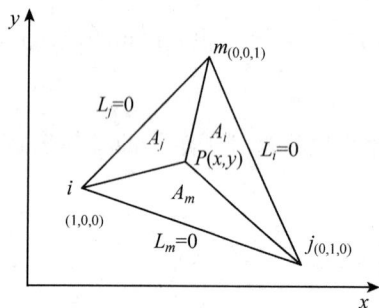

图 11-4　三角形单元的面积坐标

通常通过增加节点数量来提高三角形单元的精度，即构造高精度三角形单元。在介绍高精度三角形单元之前必须先掌握面积坐标的概念。因为直接采用直角坐标来分析高精度单元，形函数和单元分析的公式冗长复杂，而通过应用面积坐标可以很快构造出单元形函数，并且使计算单元刚度矩阵、节点等效荷载等过程中的积分运算变得容易些。

如图 11-4 所示，P 为单元内部的任一点，其与三角形三个顶点 i、j、k 的连线三角形分为三个部分，面积分别为 A_i、A_j、A_m，设三角形面积为 Δ，定义一下三个变量

$$L_i = A_i/\Delta \qquad L_j = A_j/\Delta \qquad L_k = A_k/\Delta \tag{11-34}$$

完全可以通过这三个量确定 P 点在三角形中的位置，即 $P(L_i, L_j, L_m)$。如此定义的面积坐标具有以下特点：

①三个顶点的面积坐标分别为 $i(1, 0, 0)$，$j(0, 1, 0)$，$m(0, 0, 1)$；

②三条边的方程分别为：$j-m$ 边：$L_i = 0$；$m-i$ 边：$L_j = 0$；$i-j$ 边：$L_m = 0$；

③某点的三个面积坐标不独立，存在关系：$L_i + L_j + L_m = 1$。

面积坐标与直角坐标间有如下转换关系

$$\begin{pmatrix} L_i \\ L_j \\ L_k \end{pmatrix} = \frac{1}{2\Delta} \begin{pmatrix} a_i & b_i & c_i \\ a_j & b_j & c_j \\ a_k & b_k & c_k \end{pmatrix} \begin{pmatrix} 1 \\ x \\ y \end{pmatrix} \tag{11-35}$$

$$\begin{pmatrix} 1 \\ x \\ y \end{pmatrix} = \begin{pmatrix} 1 & 1 & 1 \\ x_i & x_j & x_m \\ y_i & y_j & y_m \end{pmatrix} \begin{pmatrix} L_i \\ L_j \\ L_m \end{pmatrix} \tag{11-36}$$

式中，Δ 为三角形面积，a_r、b_r、c_r（$r=i$，j，m）的定义见本章第 2 节。

由式（11-35）可得

$$L_r = \frac{1}{2\Delta}(a_r + b_r x + c_r y) \quad r = i, j, m \tag{11-37}$$

将此式与式（11-35）进行比较，可知

$$L_r = N_r \quad r = i, j, m \tag{11-38}$$

由式（11-36）可得

$$x = L_i x_i + L_j x_j + L_m x_m = \sum L_r x_r \quad r = i, j, m \tag{11-39}$$

$$y = L_i y_i + L_j y_j + L_m y_m = \sum L_r y_r \quad r = i, j, m \tag{11-40}$$

由此可见，位移函数与坐标变换具有相同的形函数。用面积坐标表示的函数对直角坐标系进行求导数运算时，可以运用复合函数求导法则如

$$\frac{\partial f}{\partial x} = \frac{\partial f}{\partial L_i}\frac{\partial L_i}{\partial x} + \frac{\partial f}{\partial L_j}\frac{\partial L_j}{\partial x} + \frac{\partial f}{\partial L_m}\frac{\partial L_m}{\partial x} = \frac{1}{2\Delta}\left(b_i \frac{\partial f}{\partial L_i} + b_j \frac{\partial f}{\partial L_j} + b_m \frac{\partial f}{\partial L_m}\right) \tag{11-41}$$

$$\frac{\partial f}{\partial y} = \frac{\partial f}{\partial L_i}\frac{\partial L_i}{\partial y} + \frac{\partial f}{\partial L_j}\frac{\partial L_j}{\partial y} + \frac{\partial f}{\partial L_m}\frac{\partial L_m}{\partial y} = \frac{1}{2\Delta}\left(c_i \frac{\partial f}{\partial L_i} + c_j \frac{\partial f}{\partial L_j} + c_m \frac{\partial f}{\partial L_m}\right) \tag{11-42}$$

采用面积坐标时积分运算公式为

在全面积上 $\iint_A L_i^\alpha L_j^\beta L_m^\gamma \mathrm{d}A = \dfrac{\alpha!\beta!\gamma!}{(\alpha + \beta + \gamma + 2)!} \times 2\Delta$

在某一边（如 $i-j$）上 $\iint_A L_i^\alpha L_j^\beta \mathrm{d}s = \dfrac{\alpha!\beta!}{(\alpha + \beta + \gamma + 1)!} \times l_{ij}$

式中，l_{ij} 为 $i-j$ 边的边长。

下面将通过面积坐标构造六节点三角形单元，其他高精度单元可以参照此过程进行。如图 11-5 所示，取三角形三个顶点和三边中点共六个点作为单元节点，这种单元为二次单元，单元位移表示如下

$$\begin{cases} u = N_1 u_1 + N_2 u_2 + N_3 u_3 + N_4 u_4 + N_5 u_5 + N_6 u_6 \\ v = N_1 v_1 + N_2 v_2 + N_3 v_3 + N_4 v_4 + N_5 v_5 + N_6 v_6 \end{cases} \tag{11-43}$$

按照图中给出的直线方程，按照形函数的性质 $[N_i(i) = 1，N_i(j) = 0，i \neq j]$ 可以构造出形函数如下

$$N_i = (2L_i - 1)l_i \quad i = 1,2,3 \quad N_4 = 4L_1 L_2 \quad N_5 = 4L_2 L_3 \quad N_6 = 4L_1 L_3 \tag{11-44}$$

有了形函数的面积表达式，再结合面积坐标的求导、积分运算规律，就可以按照其他单元的分析过程进行分析，这里不再多述。

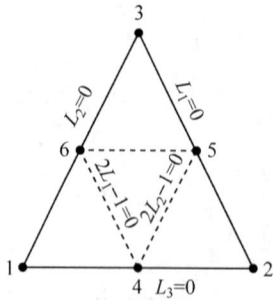

图 11-5 六节点三角形单元

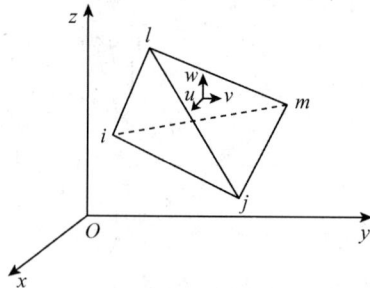

图 11-6 空间四面体单元

11.1.3.4 空间四面体四节点单元

如图 11-6 取四面体的四个角点作为节点,对空间问题,每一个节点有三个方向的位移,即

$$u = \begin{bmatrix} u & v & w \end{bmatrix}^{\mathrm{T}} \tag{11-45}$$

位移函数取为坐标的一次函数如下

$$\left. \begin{aligned} u &= \alpha_1 + \alpha_2 x + \alpha_3 y + \alpha_4 z \\ v &= \beta_1 + \beta_2 x + \beta_3 y + \beta_4 z \\ w &= \gamma_1 + \gamma_2 x + \gamma_3 y + \gamma_4 z \end{aligned} \right\} \tag{11-46}$$

以上位移函数中共有 12 个待定参数,可以通过四个节点的 12 个位移列方程组求得,最终得到如下位移模式

$$\left. \begin{aligned} u &= N_i u_i + N_j u_j + N_m u_m + N_l u_l \\ v &= N_i v_i + N_j v_j + N_m v_m + N_l v_l \\ w &= N_i w_i + N_j w_j + N_m w_m + N_l w_l \end{aligned} \right\} \tag{11-47}$$

形函数可以按照下式计算

$$N_i = (a_i + b_i x + c_i y + d_i z)/(6v) \quad i = i, j, m \tag{11-48}$$

式中

$$a_i = \begin{vmatrix} x_j & y_j & z_j \\ x_m & y_m & z_m \\ x_l & y_l & z_l \end{vmatrix} \quad b_i = - \begin{vmatrix} 1 & y_j & z_j \\ 1 & y_m & z_m \\ 1 & y_l & z_l \end{vmatrix} \quad c_i = - \begin{vmatrix} 1 & x_j & z_j \\ 1 & x_m & z_m \\ 1 & x_l & z_l \end{vmatrix} \quad d_i = - \begin{vmatrix} 1 & x_j & y_j \\ 1 & x_m & y_m \\ 1 & x_l & y_l \end{vmatrix}$$

$$\tag{11-49}$$

V 为四面体体积,可以表达式为

$$V = \frac{1}{6} \begin{vmatrix} 1 & x_i & y_i & z_i \\ 1 & x_j & y_j & z_j \\ 1 & x_m & y_m & z_m \\ 1 & x_l & y_l & z_l \end{vmatrix} \tag{11-50}$$

为了保证体积 V 为正值,单元编码 $i-j-m$ 应按一定的规律编排,在右手坐标系中,从最后一个节点看去,前三个节点 $i-j-m$ 为逆时针顺序排列。

单元位移模式的矩阵表达式为

$$u = \begin{pmatrix} u \\ v \\ w \end{pmatrix} = \begin{bmatrix} N_i I & N_j I & N_m I & N_l I \end{bmatrix} \delta^e = N \delta^e \qquad (11\text{-}51)$$

式中，单元节点位移列阵 $\delta^e = \begin{bmatrix} u_i & v_i & w_i & u_j & v_j & w_j & u_m & v_m & w_m & u_l & v_l & w_l \end{bmatrix}^{\mathrm{T}}$，$i$ 为三阶单元阵。

空间问题每一个点有六个应变分量，即

$$\varepsilon_x = \partial u / \partial x \qquad \varepsilon_y = \partial v / \partial y \qquad \varepsilon_z = \partial w / \partial z \qquad (11\text{-}52)$$

$$\gamma_{xy} = \partial u / \partial y + \partial v / \partial x \quad \gamma_{yz} = \partial v / \partial z + \partial w / \partial y \quad \gamma_{zx} = \partial u / \partial z + \partial w / \partial x \qquad (11\text{-}53)$$

单元的应变转换关系为

$$\varepsilon = B_{6 \times 12} \delta^e = \begin{bmatrix} B_i & -B_j & B_m & -B_l \end{bmatrix} \delta^e \qquad (11\text{-}54)$$

式中，$\varepsilon = \begin{bmatrix} \varepsilon_x & \varepsilon_y & \varepsilon_z & \gamma_{xy} & \gamma_{yz} & \gamma_{zx} \end{bmatrix}^{\mathrm{T}}$ 为应变列阵，应变转换矩阵 B 由四个分块矩阵组成，每个分块矩阵为 6×3 阶，具体表达式为

$$B_r = \frac{1}{6v} \begin{pmatrix} b_r & 0 & 0 \\ 0 & c_r & 0 \\ 0 & 0 & d_r \\ c_r & b_r & 0 \\ 0 & d_r & c_r \\ d_r & 0 & b_r \end{pmatrix} \quad r = i, j, m \qquad (11\text{-}55)$$

由此可见应变矩阵中不包含坐标常量，为一常量矩阵，即单元的应变分量均为常数，相应的应力分量也为常数，所以四节点四面体单元为常应变单元。和平面常应变单元类似，得到的单元刚度方程为

$$R = K^e_{12 \times 12} \delta^e \qquad (11\text{-}56)$$

式中，R 为等效单元荷载矩阵，单元刚度矩阵为

$$K^e = \iiint_v B^{\mathrm{T}} D B \mathrm{d}x \mathrm{d}y \mathrm{d}z = \begin{pmatrix} K_{ii} & -K_{ij} & K_{im} & -K_{il} \\ -K_{ji} & K_{jj} & -K_{jm} & K_{jl} \\ K_{mi} & -K_{mj} & K_{mm} & -K_{ml} \\ -K_{li} & K_{lj} & -K_{lm} & K_{ll} \end{pmatrix} \qquad (11\text{-}57)$$

式中，D 为空间问题本构矩阵，具体表达式可参阅有关文献，这里从略。单元刚度矩阵分块子阵的表达式为

$$K_{rs} = B^{\mathrm{T}} D B_s = \frac{E(1-\mu)}{36V(1+\mu)(1-2\mu)} \begin{pmatrix} k_{11} & k_{12} & K_{13} \\ k_{21} & k_{22} & K_{23} \\ k_{31} & k_{32} & K_{33} \end{pmatrix} r = i, j, m \quad s = i, j, m$$

$$(11\text{-}58)$$

设 $A_1 = \mu / (1 - \mu)$，$A_2 = (1 - 2\mu) / (2 - 2\mu)$，则矩阵中各参数分别为

$k_{11} = b_r b_s + A_2 (c_r c_s + d_r d_s)$　$k_{12} = A_1 b_r c_s + A_2 c_r b_s$　　　　$k_{13} = b_r d_s + A_2 d_r b_s$

$k_{21} = A_1 c_r b_s + A_2 b_r c_s$　　　　$k_{22} = c_r c_s + A_2 (b_r b_s + d_r d_s)$　$k_{32} = A_1 c_r d_s + A_2 d_r c_s$

$k_{31} = A_1 d_r b_s + A_2 b_r d_s$　　　　$k_{32} = A_1 d_r c_s + A_2 c_r d_s$　　　　$k_{33} = d_r d_s + A_2 (b_r b_s + c_r c_s)$

剩下的工作可以参照平面常应变单元进行，这里不再多述。

11.1.3.5　杆单元

在岩土工程中，对于一些地下洞室工程，必须在开挖之后，进行临时的支护。采用的主要方法是衬砌结构、喷锚支护等。可以将衬砌结构离散成折杆刚架的杆系单元来计算。这些刚架单元为一维的弯、剪和轴力组合受力的杆，如图 11-7 所示。对于预应力锚杆可以近似地按作用在锚头和锚尾处的一对轴压力来反映，不再考虑锚杆单元的作用。薄喷层可以按只受轴压和小偏压的折杆刚架杆系单元计算。在划分单元时，把岩体和锚杆的连接点视为单元的节点。应力释放产生的荷载，可视为作用在混凝土喷层和围岩介质的交界面上。因此，还必须研究杆单元的单元刚度矩阵，并且组装整体刚度矩阵，等效出荷载列矢量，建立有限元方程。

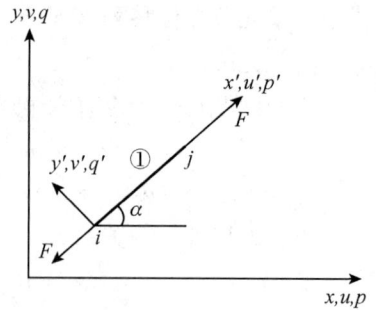

图 11-7　杆单元

在外荷载作用下，结构发生变形，单元必受到来自节点的作用力。桁架中的杆只承受轴向力 F，大小与杆的轴向伸长 ΔL 成正比

$$F = \frac{EA}{L}\Delta L \tag{11-59}$$

在局部坐标系中这种特性可以得到清楚的表述（这一点也是引入局部坐标系的理由之一）。若以 p'_i, q'_i, p'_j, q'_j 分别表示通过节点 i, j 作用于单元的力在 x', y' 轴上的投影，当 i, j 杆件与 x 轴夹角为零时，由静力平衡有

$$\left.\begin{aligned} p'_j &= \frac{EA}{L}(u'_j - u'_i) \\ p'_i &= -s = \frac{EA}{L}(u'_i - u'_j) \\ q'_j &= q'_i = 0 \end{aligned}\right\} \tag{11-60}$$

用矩阵的形式可以写成

$$\begin{pmatrix} p'_i \\ q'_i \\ p'_j \\ q'_j \end{pmatrix} = \frac{EA}{L}\begin{pmatrix} 1 & 0 & -1 & 0 \\ 0 & 0 & 0 & 0 \\ -1 & 0 & 1 & 0 \\ 0 & 0 & 0 & 0 \end{pmatrix}\begin{pmatrix} u'_i \\ v'_i \\ u'_j \\ v'_j \end{pmatrix} \tag{11-61}$$

若引入单元广义力矢量：$r' = [p'_i \quad q'_i \quad p'_j \quad q'_j]^T$，则式（11-61）可缩写为

$$r' = k'u' \tag{11-62}$$

式中，$K' = \dfrac{EA}{L}\begin{pmatrix} 1 & 0 & -1 & 0 \\ 0 & 0 & 0 & 0 \\ -1 & 0 & 1 & 0 \\ 0 & 0 & 0 & 0 \end{pmatrix}$

称为局部坐标系中的单元刚度矩阵，它只与杆的参数 E、A、L 有关，与杆的方位无关。便于应用的单元刚度矩阵公式为

$$K = \frac{EA}{L} \begin{pmatrix} \cos^2\alpha & \cos\alpha\sin\alpha & -\cos^2\alpha & -\cos\alpha\sin\alpha \\ \cos\alpha\sin\alpha & \sin^2\alpha & -\cos\alpha\sin\alpha & -\sin^2\alpha \\ -\cos^2\alpha & -\cos\alpha\sin\alpha & \cos^2\alpha & \cos\alpha\sin\alpha \\ -\cos\alpha\sin\alpha & -\sin^2\alpha & \cos\alpha\sin\alpha & \sin^2\alpha \end{pmatrix} \quad (11\text{-}63)$$

在得到了单元刚度矩阵之后，可以利用节点的平衡或虚功原理来组装整体刚度矩阵，也可以利用前面的给单元刚度矩阵一些行列充零后，进行对号入座来组装。同样荷载列矢量的等效也可以效仿前述，最后得到所需要的有限元方程。

11.2 有限元数值计算理论依据

有限元法最初是用于解决弹性力学中的平面问题，发展到现在，有限元法的应用范围早已突破了弹性力学的限制，逐渐发展为各学科、各行业均可广泛应用的一种数值计算方法。在建立有限元方程时，其推导过程和理论依据也各有不同。本小节主要以固体力学问题为例，介绍有限元法的基本理论。

有限单元方法一般以节点位移为未知求解变量，分析问题的主要步骤为：

①连续体的离散化　也就是将给定的物理系统分割成有限单元系统。一维结构的有限单元为线段，二维连续体的有限单元为三角形、四边形；三维连续体的有限单元可以是四面体、长方体或六面体。各种类型的单元有其不同的优缺点和适用条件。

②选择位移模型　假设的位移函数或模型只是近似地表示了真实位移分布。通常假设位移函数为多项式，最简要情况为线性多项式。实际应用中，没有一种多项式能够与实际位移完全一致，所要做的是选择多项式的阶次，以使其在可以承受的计算时间内达到足够的精度。

③利用虚位移原理推导单元刚度矩阵　单元刚度矩阵是根据虚位移原理，由单元材料和几何性质导出的平衡方程系数构成。单元刚度矩阵将单元节点位移和单元节点力联系起来，物体受到的分布力变换为节点处的等效集中力。

④集成整个离散化连续体的代数方程　也就是把各个单元的刚度矩阵集合成整个连续体的刚度矩阵，把各个单元的节点力矢量集合为总的力和载荷矢量，即形成总体刚度矩阵。总刚度矩阵、总荷载矢量以及整个物体的节点位移矢量之间构成整体平衡，其联立方程为：$K\delta = F$。这样得出物体系统的基本方程后，还需考虑边界条件或初始条件。

⑤求解位移矢量　即求解上述代数方程，这种方程可能简单，也可能很复杂，比如对非线性问题，在求解的每一步都要修正刚度矩阵和载荷矢量。

由节点位移计算出单元的应变和应力，还需要计算出其他一些导出量。这部分主要是后处理工作，可以利用多媒体技术来显示分析数值计算结果。在实际工作中，上述有限元分析只是在计算机软件处理中的步骤，要完成工程分析，还需要更多的前处理和后处理工作。

有限元的理论基础是变分原理，即由变分法导出的能量原理来推导有限元方程。从选择基本未知量的角度来看，可分为位移法有限元、力法有限元和混合法有限元。其中以位移法的应用最为广泛，它是以单元节点位移作为基本未知量的分析方法，与力法相比，位移法具有易于实现计算自动化的特点，可以通过计算机把复杂问题系统化，便于问题的解决。力法有限元又称为平衡性有限元，在某些特殊问题中，力法有限元由于未知量较少而被采用，其理论基础为最小余能原理或虚余功原理。混合法的应用较晚，在某些问题(例如板壳问题等)中具有一定的优势。以下介绍位移法有限元的基本原理：基于位移变分方程的变形体最小势能原理和变形体的虚功方程(原理)和单元刚度矩阵与整体刚度矩阵。

11.2.1　位移变分方程

以二维问题为例，研究某一单位厚度的弹性变形体，如图 11-8 所示，在外力作用下，变形后处于平衡状态。变形体中任一点 M 发生的实际位移可表示为(u, v)。现在假设一种状态，变形体发生了位移边界条件所允许的微小变形，即变形体中任一点的位移发生了微小变化。由于这些位移的微小变化是假设的，所以称之为虚位移或位移变分，用符号表示为 δu 和 δv。在位移发生变化的过程中，变形体的能量增加分为两个部分：动能增加和势能增加。由于变形体处于平衡状态，动能的变化为零，即变形体能量的增加全部为势能的增加，势能又称为形变势能，其变化微量 δU 称为形变势能变分。设变形体的微小变形过程是绝热的，没有热量的传递，则按能量守恒定律，变形体的能量的增加等于外力所做的功(虚功)。由于外力包括集中力 $F(X, Y)$、面力 $\overline{F}(\overline{X}, \overline{Y})$ 和体力 $\hat{F}(\hat{X}, \hat{Y})$ 三部分，所以外力功为这三部分功之和。按能量守恒定律，有

$$\delta U = \iint (\hat{X}\mathrm{d}x\mathrm{d}y\delta u + \hat{Y}\mathrm{d}x\mathrm{d}y\delta v) + \int (\overline{X}\mathrm{d}s\delta u + \overline{Y}\mathrm{d}s\delta v) + \sum (X\delta u + Y\delta v) \quad (11\text{-}64)$$

式中的二重积分在整个变形体内，线积分在全部边界上，化简式(11-64)得

$$\delta U = \iint (\hat{X}\delta u + \hat{Y}\delta v)\,\mathrm{d}x\mathrm{d}y + \int (\overline{X}\delta u + \overline{Y}\delta v)\,\mathrm{d}s + \sum (X\delta u + Y\delta v) \quad (11\text{-}65)$$

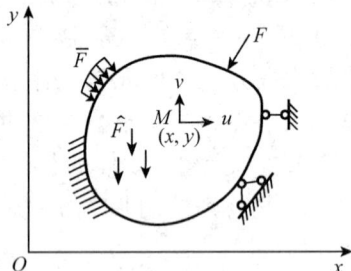

图 11-8　变形体受力图

此即位移变分方程，又称为拉格朗日变分方程，它表示形变势能的变分与位移变分之间的关系，一般用来推导最小势能原理和虚功原理。

11.2.2　最小势能原理

变形体在假设的微小变形过程中，变形体中各点的位移变分(虚位移)是微小的，变形体的几何形状尺寸的变化可以略去不计，由此可以得到在虚位移发生的过程中，外力的方向和大小可以认为不变化，只是外力的作用点有了微小变化(发生了虚位移)。

这样，就可以把位移变分方程中的变分记号 δ 提到积分号的外边，得到

$$\delta U = \delta\Big[\iint(\hat{X}u + \hat{Y}\nu)\,\mathrm{d}x\mathrm{d}y + \int(\overline{X}u + \overline{Y}\nu)\,\mathrm{d}s + \sum(Xu + Y\nu)\Big] \quad (11\text{-}66)$$

统一移项到左边可得

$$\delta\Big\{U - \Big[\iint(\hat{X}u + \hat{Y}\nu)\,\mathrm{d}x\mathrm{d}y + \int(\overline{X}u + \overline{Y}\nu)\,\mathrm{d}s + \sum(Xu + Y\nu)\Big]\Big\} = 0 \quad (11\text{-}67)$$

外力对变形体所做的功(W)可以认为是变形体的外力功势能(V)。外力功势能的零点取为变形体在不受外力作用的状态($u = 0$，$\nu = 0$)。外力功势能等于外力在实际位移上所做的功的负值，表达式为：

$$V = -W = -\Big[\iint(\hat{X}u + \hat{Y}\nu)\,\mathrm{d}x\mathrm{d}y + \int(\overline{X}u + \overline{Y}\nu)\,\mathrm{d}s + \sum(Xu + Y\nu)\Big] \quad (11\text{-}68)$$

变形体的总势能 Π 为形变势能和外力功势能之和，即

$$\Pi = U = V \quad (11\text{-}69)$$

则式(11-67)可以表达为

$$\delta\Pi = 0 \quad (11\text{-}70)$$

上式说明在给定外力的作用下，实际发生的位移应使总势能的一阶变分为零，即使总势能取驻值。也就是说，在满足位移边界条件的所有位移当中，实际存在的一组位移应使总势能取极值。进一步推导表明，总势能的二阶变分为正，又因为总势能的一阶变分为零，所以可知实际存在的位移使总势能取极小值。总结以上推导可得最小势能原理：在所有满足给定边界条件的位移场中，实际的位移场总使变形体的总势能取极小值。

11. 2. 3 虚功方程(原理)

变形体单位体积的形变势能，称为形变势能密度或比能。对于平面问题，弹性变形体内部的比能 U_0 为

$$U_0 = \frac{1}{2}\sigma_x\varepsilon_x + \frac{1}{2}\sigma_y\varepsilon_y + \frac{1}{2}\tau_{xy}\gamma_{xy} \quad (11\text{-}71)$$

若单纯用应变来表示，通过物理方程可以得到弹性变形体比能的另一种表示方法如下(以平面应力问题为例)

$$U_0 = \frac{E}{2(1-\mu^2)}\Big[\varepsilon_x^2 + \varepsilon_y^2 + 2\mu\varepsilon_x\varepsilon_y + \frac{1-\mu}{2}\gamma_{xy}^2\Big] \quad (11\text{-}72)$$

整个变形体的形变能 U 等于比能 U_0 在整个变形体内的积分(设变形体厚度为 t)

$$U = \iint U_0 t\,\mathrm{d}x\mathrm{d}y = \iint\frac{E}{2(1-\mu^2)}\Big[\varepsilon_x^2 + \varepsilon_y^2 + 2\mu\varepsilon_x\varepsilon_y + \frac{1-\mu}{2}\gamma_{xy}^2\Big]t\,\mathrm{d}x\mathrm{d}y \quad (11\text{-}73)$$

变形能 U 的变分 δU 为

$$\delta U = \iint\frac{E}{2(1-\mu^2)}\Big[2\varepsilon_x\delta\varepsilon_x + 2\varepsilon_y\delta\varepsilon_y + 2\mu\varepsilon_x\delta\varepsilon_y + 2\mu\varepsilon_y\delta\varepsilon_x + (1-\mu)\gamma_{xy}\Big]t\,\mathrm{d}x\mathrm{d}y$$

$$= \iint\Big[\frac{E}{(1-\mu^2)}(\varepsilon_x + \mu\varepsilon_y)\delta\varepsilon_x + \frac{E}{(1-\mu^2)}(\varepsilon_y + \mu\varepsilon_x) + \frac{E}{2(1+\mu)}\gamma_{xy}\delta\gamma_{xy}\Big]t\,\mathrm{d}x\mathrm{d}y$$

$$= \iint\big[\sigma_x\delta\varepsilon_x + \sigma_y\delta\varepsilon_y + \tau_{xy}\delta\gamma_{xy}\big]t\,\mathrm{d}x\mathrm{d}y \quad (11\text{-}74)$$

虚功原理一般可以表述为：若变形体在外力作用下处于平衡状态，则在虚位移过程中，外力在虚位移上的虚功等于应力在虚应变上做的功，或外力虚功等于变形后的虚应变能。用公式表示如下

$$\iint (\hat{X}\delta u + \hat{Y}\delta v)\,\mathrm{d}x\mathrm{d}y + \int (\overline{X}\delta u + \overline{Y}\delta v)\,\mathrm{d}s + \sum (Xu + Yv)$$

$$= \iint [\sigma_x \delta\varepsilon_x + \sigma_y \delta\varepsilon_y + \tau_{xy}\delta\gamma_{xy}]t\mathrm{d}x\mathrm{d}y \tag{11-75}$$

11.2.4　单元刚度矩阵与整体刚度矩阵

这里可以采用虚位移原理建立单元刚度矩阵，假想在单元 i，j，m 中发生了虚位移，相应的节点虚位移为 $(\delta^*)^e$，引起的虚应变为 ε^*。因为每一个所受的荷载都要移置到节点上，所以该单元所受的外力只是节点力 f^e。则由虚功方程可以得到

$$((\delta^*)^e)^{\mathrm{T}}f^e = \iint (\varepsilon^*)^{\mathrm{T}}\sigma t\mathrm{d}x\mathrm{d}y \tag{11-76}$$

将式 $\varepsilon = B\delta^e$ 以及 $\sigma = DB\delta^e$ 代入，得

$$((\delta^*)^e)^{\mathrm{T}}f^e = \iint B((\varepsilon^*)^e)^{\mathrm{T}}DB\delta^e t\mathrm{d}x\mathrm{d}y = \iint ((\delta^*)^e)^{\mathrm{T}}B^{\mathrm{T}}DB\delta^e t\mathrm{d}x\mathrm{d}y \tag{11-77}$$

由于 $(\delta^*)^e$ 中的元素是常量，上式右边中的 $((\delta^*)^e)^{\mathrm{T}}$ 可以提到积分号的前面去。又由于虚位移可以是任意的，从而矩阵 $((\delta^*)^e)^{\mathrm{T}}$ 也是任意的，所以等式两边与它相乘的矩阵应当相等，于是得

$$f^e = \iint B^{\mathrm{T}}DBt\mathrm{d}x\mathrm{d}y\delta^e \tag{11-78}$$

令

$$k = \iint B^{\mathrm{T}}DBt\mathrm{d}x\mathrm{d}y \tag{11-79}$$

则式（11-78）可以表示为

$$f^e = k\delta^e \tag{11-80}$$

这就建立了单元上的节点力与节点位移之间的关系。由于 D 矩阵中的元素是常量，而在线性位移模式的情况下，B 矩阵中的元素也是常量，并且 $\iint \mathrm{d}x\mathrm{d}y = A$，式（11-78）和式（11-79）可以简化为

$$f^e = B^{\mathrm{T}}DBtA\delta^e \tag{11-81}$$

$$k = B^{\mathrm{T}}DBtA \tag{11-82}$$

矩阵 k 就是该单元的刚度矩阵，它的元素表明该单元的各节点沿坐标方向发生单元位移时引起的节点力，它决定于该单元的形状、大小、方向和弹性常数，而与单元的位置无关，即不随单元或坐标轴的平行移动而改变。

对于平面应力问题中的简单三角形单元的刚度矩阵，写成分块形式如下：

$$k = \begin{pmatrix} k_{ii} & k_{ij} & k_{im} \\ k_{ji} & k_{jj} & k_{jm} \\ k_{mi} & k_{mj} & k_{mm} \end{pmatrix} \tag{11-83}$$

其中

$$k_{rs} = \frac{Et}{4A(1-\mu^2)} \begin{pmatrix} b_s b_r + (1-\mu)c_s c_r/2 & \mu b_r c_s + (1-\mu)c_r b_s/2 \\ \mu c_r b_s + (1-\mu)b_r c_s/2 & c_r c_s + (1-\mu)b_r b_s/2 \end{pmatrix}$$

$$(r = i,j,m; s = i,j,m) \tag{11-84}$$

对于平面应变问题，只需将上式中的 E 换为 $\dfrac{E}{1-\mu^2}$，μ 换为 $\dfrac{\mu}{1-\mu}$。

生成单元刚度矩阵与荷载向量以后，通过对结构全部 n 个单元刚度矩阵与荷载向量的累加，最终获得结构有限元分析的总体方程为

$$K\delta = F \tag{11-85}$$

式中，K 为总刚度矩阵，F 为总荷载向量，δ 为总体位移向量，且

$$K = \sum_{e=1}^{n} k^e, F = \sum_{e=1}^{n} f^e \tag{11-86}$$

刚度矩阵 K 具有如下物理意义与特性：

①矩阵元素表明该单元的各节点沿坐标方向发生单元位移时引起的节点力；

②根据功的互等定理，k 是对称矩阵，主对角线元素大于零；

③刚度矩阵 K 是稀疏矩阵，而且划分的单元越多越稀疏。

一般非零元素都将集中于刚度矩阵对角线附近，呈斜袋带状。在一般有限元矩阵方程求解中，有限元网格节点编码的秩序将影响矩阵的带状宽度，而在波前求解法中，有限元网格单元编码的秩序将影响矩阵的带状宽度。其带状外的零元素不必在计算机中储存，也不必参加计算，这样将大大减少计算机的储存量，降低计算时间。

在总体刚度矩阵中，由对角线到带状边界所包含的最多的元素数目称为半宽度，用 B 表示。一般半宽度 B 取决于各单元中相关节点整体编码的最大差值 D，其计算式

$$B = n(D+1) \tag{11-87}$$

式中，n 为每节点的自由度数，在平面问题中，$n = 2$ 所以在有限元前处理的网格生成系统中，一般都利用数学拓扑学等计算方法处理单元节点整体编码问题。

11.3　线性与非线性有限元的数值求解方法

对于以位移为基本未知量的有限元法，力学模型经有限元离散、单元分析、系统组集和引入边界条件后，一般可以得到以下形式的运动方程

$$M\ddot{\bar{u}} + C\dot{\bar{u}} + K\bar{u} = f \tag{11-88}$$

式中，M、C、K 分别为结构总体质量、阻尼和刚度矩阵，f 为外部载荷向量，反映了物体力的边界条件，一般为已知量。$\bar{u}$、$\dot{\bar{u}}$、$\ddot{\bar{u}}$ 分别为整体节点位移、速度和加速度向量。

适当引入位移边界条件后的系统刚度矩阵 K 一般为正定矩阵。注意到系统的质量阵、阻尼阵和刚度阵一般为对称且稀疏矩阵，在计算机中多采用二维等带宽或一维变带宽存储以提高存储和计算效率。一维变带宽存储具有存储紧凑、需要计算机的物理内存小的优点，但由于寻找元素较前者复杂，故不易编程且存取元素耗时较多。

对于静力学问题，方程组(11-88)简化为

$$K\bar{u} = f \text{ 或 } K\delta = f \tag{11-89}$$

对于动力学问题，加上初始条件，

$$\bar{u}\mid_{t=0} = \bar{u}_0, \dot{\bar{u}}\mid_{t=0} = \dot{\bar{u}}_0 或 \ddot{\bar{u}}\mid_{t=0} = \ddot{\bar{u}}_0 \tag{11-90}$$

方程(11-88)便可以求得唯一解。随着分析模型的不断复杂化和对精度要求的不断提高，代数方程组的规模越来越大，解代数方程组的时间在整个解题时间中占有很大的比例，动力学问题和非线性问题尤其如此。因此，时间离散和方程组求解方法对计算精度和速度有很大影响，有时甚至直接关系到计算的成败。

11.3.1　线性方程组的求解

线性代数方程组的解法可以分为两大类，即直接解法和迭代解法。直接解法的特点是，选定某种形式的直接解法以后，对于一个给定的线性方程组，事先可以按规定的算法步骤计算出它所需要的算术运算操作数，直接给出最后的结果。迭代解法的特点是，对于一个给定的线性方程组，首先假设一个初始解，然后按一定的算法公式进行迭代。在每次迭代过程中对解的误差进行检查，并通过增加迭代数不断降低解的误差，直至满足解的精度要求，并输出最后的解答。

11.3.1.1　直接解法

常用的直接解法有三角分解法、分块解法和波前法。当方程组阶次过高时，可以考虑采用迭代方法，其中常见的迭代法有高斯—塞德尔(Gauss - Seidel)迭代法、超松弛迭代法(SOR 法)等。

高斯消去法是所有直接解法的基础。对于 N 阶线性方程组，系数矩阵经 $N-1$ 次消元(行变换)后化为一个上三角阵，回代计算后可得到方程组的解。与高斯—约当消去法不同，高斯消去法则是直接把系数矩阵消成一个单位矩阵，因此在形式上没有回代的过程。但实际上，高斯—约当消去法的反消过程就相当于高斯消去法的回代过程。

三角分解法则利用了三角分解定理和有限元分析中系数矩阵的对称正定性质，将系数矩阵分解为如下形式：

$$K = LDL^T \tag{11-91}$$

式中，L 为对角元素为 1 的下三角矩阵，D 为对角矩阵，上标 T 表示矩阵转置。可以证明这样的分解存在且唯一。分解后分别向前、向后回代即可求得方程组的解。

与高斯消去法相比，三角分解的过程实际上相当于消去过程，两者的运算量基本相同。如果考虑系数矩阵一维变带宽存储时取数和送数所消耗的时间，三角分解法较高斯消去法要节省时间。

为达到一定的计算精度，离散模型划分的单元一般很多，相应的节点和节点自由度很多，方程组的阶次很高。即使采用一维变带宽储存，系数矩阵有时也不能全部进入内存。分块解法和波前法是解决计算机内存不足的有效方法。

分块解法和波前法的基本思想都是基于对高斯消元法的再分析上，由先组集合消元发展到组集和消元交替进行。分块解法采用自由度组集完一批消去一批的方法，而波前法采用组集合完一个自由度消去一个的方法。与分块解法比较，波前法需要的内存更小，但程序编制复杂，内外存交换频繁。基于组集和消元交替进行思想派生出的解法不少，不同的解法各有特点，但基本思想相同。

11.3.1.2　迭代解法

雅可比(Jacobi)迭代法和高斯—塞德尔(Gause-Seidel)迭代法是解线性方程组的常用迭代法，两种方法求解思路是相似的。

有如下形式

$$x_i = \frac{1}{K_{ii}}\left(f_i - \sum_{\substack{i=1\\j\neq 1}}^{N} K_{ij}x_j\right) \quad (i = 1,2,\cdots,N) \tag{11-92}$$

式中，x_i、f_i 分别为矢量 x 和 f 的第 i 个分量，K_{ij} 为矩阵 K 的第 i 行第 j 列对应的元素，下同。本章中，同一项中相同指标不满足爱因斯坦求和约定。

假设 x 的一个初值 $x^{(0)}$，由式(11-92)可以构造如下迭代格式：

$$x_i{}^{(n+1)} = \frac{1}{K_{ii}}\left(f_i - \sum_{\substack{i=1\\j\neq 1}}^{N} K_{ij}x_j{}^{(n)}\right) \quad (i = 1,2\cdots,N; n = 0,1,\cdots) \tag{11-93}$$

这就是雅可比迭代法，更注意的是，由于不能保证总是收敛的，因此不常采用该方法求解有限元线性方程组。在迭代格式(11-93)中，由于计算是顺序进行的，在计算某一个 $x_k^{(n+1)}$ 时，其前面的分量 $x_1^{(n+1)}$，$x_2^{(n+1)}$，$\cdots$，$x_{k-1}^{(n+1)}$ 已经求得，如果迭代过程收敛，它们应该比 $x_1^{(n)}$，$x_2^{(n)}$，$\cdots$，$x_{k-1}^{(n)}$ 更接近准确值，用前者代替应该可以起到加速收敛的作用。于是有

$$x_i{}^{(n+1)} = \frac{1}{K_{ii}}\left(f_i - \sum_{j=1}^{i-1} K_{ij}x_j{}^{(n+1)} - \sum_{j=i+1}^{N} K_{ij}x_j{}^{(n)}\right) \quad (i = 1,2,\cdots,N; n = 0,1,\cdots) \tag{11-94}$$

这就是著名的高斯—赛德尔迭代法。

理论分析表明，当线性方程组的系数矩阵为对称正定矩阵时，高斯—赛德尔迭代法一定收敛。因此，它成为有限元法中求解线性方程组的常用迭代方法。为提高迭代法的收敛速度，将式(11-94)改写成如下形式：

$$x_i{}^{(n+1)} = x_i^{(n)} + \frac{1}{K_{ii}}\left(f_i - \sum_{j=1}^{i-1} K_{ij}x_j{}^{(n+1)} - \sum_{j=i}^{N} K_{ij}x_j{}^{(n)}\right) \quad (i = 1,2,\cdots,N; n = 0,1,\cdots) \tag{11-95}$$

上式右端第二项代表两次迭代间的增量，引入系数 ω 得

$$x_i{}^{(n+1)} = x_i^{(n)} + \frac{\omega}{K_{ii}}\left(f_i - \sum_{j=1}^{i-1} K_{ij}x_j{}^{(n+1)} - \sum_{j=i}^{N} K_{ij}x_j{}^{(n)}\right) \quad (i = 1,2,\cdots,N; n = 0,1,\cdots) \tag{11-96}$$

式(11-96)就是超松弛迭代法(简称 SOR 法)的计算公式，系数 ω 称为松弛因子。可以证明，为保证迭代过程的收敛性，必须要求 $0 < \omega < 2$。为达到加速收敛的目的，常取 $\omega > 1$。显然 $\omega = 1$ 时，式(11-96)就退为高斯—赛德尔迭代。

11.3.2　工程中的非线性问题及特点

在工程结构中，个别弹性问题也存在着非线性问题，例如橡胶材料的变形问题等。但是由于塑性变形引起的非线性问题较普遍，对这类问题需要进行弹塑性分析，即研究它们的非线性特性。

塑性是一种在某种给定荷载下，材料产生永久变形的材料特性，对大多数的工程材料来说，当其应力低于比例极限时，应力—应变关系是线性的。另外，大多数材料在其应力低于屈服点时，表现为弹性行为，也就是说，当移走载荷时，其应变也完全消失，这种卸载后可以恢复和消失的变形称为弹性变形。卸载后不能恢复而残留下来的变形称为塑性变形。而在应力—应变曲线中，低于屈服点的称为弹性部分，超过屈服点的称为塑性部分，也称为应变强化或应变软化部分。实际上，弹性阶段与塑性阶段是结构整个变形过程中的两个连续阶段，有些材料的两个变化阶段比较明显，像韧性较好的材料；有些材料的两个变化阶段并不明显，像脆性材料等。

在工程问题中，存在诸多类型的非线性问题，其中主要有三种非线性问题：

①材料非线性　非线性的应力—应变关系是结构非线性的常见原因。许多因素可以影响材料的应力—应变性质，包括加载历史（如在弹—塑性响应状况下），环境状况（如温度），加载时间总量（如在蠕变响应状况下）。

②几何非线性　如果结构经受大变形，它变化的几何形状可能会引起结构的非线性的响应。如一根竹竿的垂向刚性。随着垂向载荷的增加，杆不断弯曲以至于动力臂明显减少，导致杆端显示出在较高载荷下不断增长的刚性。另外在大型斜拉桥的拉索与悬索桥的悬索结构中，几何非线性特性非常明显；

③状态非线性　许多普通结构表现出一种与状态相关的非线性行为。例如，一根只能拉伸的电缆可能是松散的，也可能是绷紧的。冻土可能是冻结的，也可能是融化的。这些系统的刚度由于系统状态的改变在不同的值之间突然变化。状态改变也许和载荷直接相关，也可能由某种外部原因引起。像接触问题是一种很普遍的线性行为，接触是状态变化非线性类型中一个特殊而重要的现象。

11.3.3　非线性方程组的求解

若式(11-96)中的 K 或 f 为 x 和（或）x 关于时间导数的函数，则方程组为非线性方程组。非线性方程组一般不可以直接求解，通常以一系列线性代数方程组的解去逼近，因此求解要复杂、耗时多。不同的线性逼近方法对应不同的非线性方程组的求解方法。目前常用的非线性方程组求解方法有：直接迭代法、牛顿法（也称为 Newton-Raphson 法或切线刚度法，简称 N-R 法）、修正的牛顿法（简称为 mN-R）、拟牛顿法、载荷增量法和弧长法等。

直接迭代法是一种最简单、最直观的方法。由于存在收敛速度慢、迭代过程不稳定、严重依赖于初值的选取等缺点，直接迭代法在实际应用中很少采用。牛顿法求解非线性方程组具有收敛速度快的优点，修正的牛顿法和拟牛顿法则提高了计算效率。弧长法克服了牛顿法不能越过极值点的缺点，比较适合于分析结构软化问题。

11.3.3.1　直接迭代法

设 x 的某个初始近似值为 $x^{(0)}$，相应的系数矩阵 $K^{(0)}$ 可以按下式得到

$$K^{(0)} = K(x^{(0)}) \tag{11-97}$$

可以得到一个改进的近似值，

$$x^{(1)} = (K^{(0)})^{-1}f \tag{11-98}$$

重复这样的过程，从第 n 次近似值到第 $n+1$ 次近似值的求解公式为

$$\left.\begin{array}{l} K^{(n)} = K(x^{(n)}) \\ x^{(n+1)} = (K^{(n)})^{-1}f \end{array}\right\} \tag{11-99}$$

不断重复上述迭代过程，直到相邻两次迭代的计算值的"偏差"

$$\Delta x^{(n)} = x^{(n+1)} - x^{(n)} \tag{11-100}$$

充分小为止。迭代过程的收敛性可以采用以下三类准则进行判断。

(1) 位移收敛准则

位移收敛准则利用近似解偏差的某种范数作为迭代收敛的判断标准。理论上说，近似解偏差的任意一种范数 都可以作为收敛判断的依据，但实际的有限元分析中，由于具有明确的物理意义便于控制，"偏差"的"∞"范数和"2"范数被广泛采用。即

$$\| \Delta x^{(n)} \|_{\infty} = \max | \Delta x_i^{(n)} \leqslant \alpha_1 \| \Delta x^{(n+1)} \|_{\infty} \tag{11-101}$$

$$\| \Delta x^{(n)} \|_2 = [(\Delta x^{(n)})^{\mathrm{T}} \cdot \Delta x^{(n)}]^{\frac{1}{2}} \leqslant \alpha_2 \| \Delta x^{(n+1)} \|_2 \tag{11-102}$$

其中，α_1 和 α_2 为事先定义的大于零的小数，代表规定的容许误差。应用中要注意两点：第一，相同容许误差的条件下，式(11-101)和式(11-102)对应的收敛标准是不同的，需要的迭代次数可能相差很多；第二，弹塑性有限元分析中应小心使用位移收敛标准，容许误差不宜过小，否则可能出现迭代不易收敛的现象。

(2) 平衡收敛准则

对于每个迭代步的近似值 $x^{(n)}$，可以求得

$$\psi^{(n)} = K(x^{(n)}) - f \tag{11-103}$$

一般地，$\psi^{(n)} \neq 0$，它代表了对平衡点偏离的一种度量，称为失衡力。平衡收敛准则就是利用这一失衡力的某种范数作为判断标准。

$$\| \psi^{(n)} \|_{\infty} \leqslant \beta_1 \| f \|_{\infty} \tag{11-104}$$

$$\| \psi^{(n)} \|_2 \leqslant \beta_2 \| f \|_2 \tag{11-105}$$

β_1 和 β_2 为事先指定的大于零的小数，代表失衡力的容许误差。

(3) 能量收敛准则

一些文献也建议采用如下形式的能量收敛准则，

$$(\psi^{(n)})^{\mathrm{T}} \Delta x^{(n)} \leqslant \gamma f^{\mathrm{T}} \Delta x^{(n)} \tag{11-106}$$

式中，γ 为事先指定的一个大于零的小量。

对于单变量的非线性方程，直接迭代法的优点是方法简单、易于编程，缺点是迭代过程不一定收敛，其收敛与否还与初始近似值的选项有关。即使收敛，收敛速度一般较慢。为避免迭代不收敛而陷入死循环，启动迭代分析之前应设定一个最大的迭代步数。

11.3.3.2 载荷增量法

载荷增量法是不同于直接迭代法的又一类线性化方法。这一方法从问题的初值出发，随着外部荷载 f 按增量形式逐步增大来研究结构的运动和变形。载荷增量法可以得到整个荷载变化过程中的研究对象的运动和变形。因此特别适合与加载历史有关的力

学问题(如弹塑性问题)的求解。

对于保守力系,令 $f = \lambda \bar{f}$,式中 λ 是一个用于描述载荷变化的参数,称为载荷参数,一般来说它与时间相关;$\bar{f}$ 为标准载荷向量,一般只是空间函数。式(11-106)可以表示为

$$\psi(x,\lambda) = P(x) - \lambda \bar{f} = K(x)x - \lambda \bar{f} = 0 \qquad (11\text{-}107)$$

对上式求全微分,得

$$K_T dx - d\lambda \bar{f} = 0 \qquad (11\text{-}108)$$

即

$$K_T \frac{dx}{d\lambda} = \bar{f} \qquad (11\text{-}109)$$

将时间离散,各时间分点对应的荷载参数依次为 $\lambda^0, \lambda^1, \cdots, \lambda^M$。设 $\lambda = \lambda^0$ 时方程(11-109)的解 x^0 已知,

$$x\big|_{\lambda = \lambda^0} = x^0 \qquad (11\text{-}110)$$

式(11-108)和(11-109)是一个典型的一阶微分方程组的初值问题,可以采用很多种方法求解,最简单有效的是显式欧拉法,

$$\begin{cases} x^{m+1} = x^m + \Delta\lambda^m (K_T^m)^{-1} \bar{F} \\ K_T^m = \dfrac{\partial \psi}{\partial x}\Big|_{x = x^m} \qquad (m = 0,1,2,\cdots) \\ \Delta\lambda^m = \lambda^{m+1} - \lambda^m \end{cases} \qquad (11\text{-}111)$$

为提高计算机精度,可以采用各种形式的 Runge-Kuna 法来求解上述问题。如两点的预估校正公式就可获得较好数值结果,但数值计算量可能会成倍增加。

11.3.3.3　弧长法

在用增量迭代法求解非线性有限元问题时,一般采用 New-Raphson 法,并通常假设荷载步增量或位移增量在迭代过程中保持不变,两者均存在各自的局限性。如图 11-9 所示,荷载水平不变的增量迭代法是求 P 为常数的水平线与解曲线相交的交点,由这些交点来定义整个解。当有限元模型出现局部软化、平衡路径分歧或极值点时,可能会出现解(交点)不存在、不唯一或者存在但不属于我们意欲求解的范围。采用位移不变的增量迭代法不仅存在类似的困难,而且由于位移自由度很多,位移增量很难控制。过去二三十年,人们一直在探索新的迭代控制方法来解决邻近极值点的求解问题,这些方法主要有:人工弹簧法、压缩平衡迭代法和弧长法,而其中又以弧长法最为有效。

弧长法最初是由 Riks 和 Wempner 提出的,继而由 Crisfield 和 Ramm 加以修正和发展。自弧长法建立以来已广泛应用于结构非线性分析,它克服了传统牛顿迭代法无法跨越结构非线性平衡路径上极值点的困难,能够在迭代求解过程中自动调节增量步长,跟踪各种复杂的非线性平衡路径全过程,例如跳跃(Snap Through)和跳回(Snap Back)现象。弧长法是目前结构非线性分析中数值计算最稳定、计算效率最高且最可靠的迭代控制方法之一。

弧长法是求取与解曲线正交的线族与解曲线相交的交点。由于解曲线自身未知,其正交线族实际上也是未知的。但在迭代过程中可将上次增量的收敛解或上次迭代解

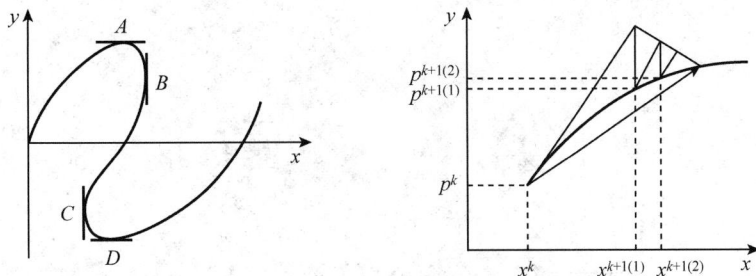

图 11-9　增量法求解

出的路径之切线近似地作为下次迭代解的切线。

设载荷参数为 λ^k 时位移 x^k 已知，载荷参数增量为 $\Delta\lambda^k$ 时，相应的位移增量为 Δx^k，则

$$\psi(x^k + \Delta x^k, \lambda^k + \Delta\lambda^k) = 0 \qquad (11\text{-}112)$$

对于弧长法而言，式(11-112)中的 Δx^k 和 $\Delta\lambda^k$ 均是未知的，有 $N+1$ 个未知量，而方程数有 N 个。求解这 $N+1$ 个未知量需要补充一个附加条件，即辅助方程。

$$f(\Delta x^k, \Delta\lambda^k) = \Delta l^k \qquad (11\text{-}113)$$

式中，Δl^k 为增量弧长，联立求解式(11-112)和式(11-113)可求得既满足平衡条件，又满足辅助方程 Δx^k 和 $\Delta\lambda^k$。采用不同的辅助方程可得到不同的弧长法，但每种方法都涉及四个部分：参数控制(即辅助方程)、弧长增量控制、初始荷载增量控制参数符号确定和荷载增量控制参数求解。

小　结

本章主要介绍有限元数值计算分析的基本原理、计算理论的依据和一些数值计算的求解方法。通过各种基本理论概念的介绍、理论公式的展开及适用性的分析，展示了有限元数值计算方法在工程应用领域的广泛应用。

思考题

1. 有限元方法的基本思想是什么？
2. 简述常见的几种计算单元，各有什么特点？
3. 上述几种数值计算解法的适用性如何？
4. 怎样用非线性数值解法实现在工程中的问题分析？

推荐阅读书目

1. 有限元基本理论及应用. 龚曙光, 边炳传. 华中科技大学出版社, 2013.
2. 有限元方法的数学理论. 杜其奎, 陈金如. 科学出版社, 2012.
3. 有限元分析基础与应用教程. 石伟编. 机械工业出版社, 2010.
4. 有限元分析及应用. 胡于进, 王璋奇. 清华大学出版社, 2009.

第**12**章

土木工程有限元分析法

[**本章提要**]　土木工程中采用有限元分析方法来解决求值问题是有效的手段，有限元的基本求解思想是把土木工程中的求解区域划分为有限互不重叠的单元，在每个单元内选择合适的节点作为求解函数的插值点，将微分中的变量改写成由各变量或其倒数的节点值与所选用的插值函数组成的线性表达式，借助于变分原理或加权余量法，将微分方程离散求解。本章主要介绍土木工程中采用有限元分析方法解决结构局部与整体稳定问题、岩土工程中的稳定性问题还有动力作用下的基本方程与求解方法问题。

12.1　结构局部与整体稳定问题分析

12.1.1　结构屈曲基本原理及分类

在结构失效形态中，屈曲是其中的一种，由于屈曲导致结构的不稳定，对于结构的设计来说是致命的，因为通常在结构强度还远没有达到极限时就发生了屈曲，使结构丧失承载能力。屈曲，即是结构丧失平衡形式的稳定性，也称失稳。结构在外力作用下，在屈曲发生前结构保持稳定平衡状态，当外力达到某一临界值时，结构内力与平衡形式或发生质的变化，或变形过大突然失去承载能力，这种现象是结构的屈曲。因此，一般稳定问题可以分为三类：

(1)平衡分岔失稳

对于完善的无缺欠的结构构件在外力作用下，构件材料力学性能没有发生质的变化，当给构件某一部位一个微小的干扰力，构件产生一定的反应，当解除干扰力时，构件恢复原来状态，这说明结构在外荷载作用下平衡是稳定的。当结构在某一干扰力作用时，微小的干扰力使结构发生一定的位移，当撤去干扰力，结构仍然平衡但不能恢复原来平衡状态。当外力增加时，结构丧失稳定即结构屈曲(Buckle)。这意味着该荷载为结构的临界荷载(Critical Load)；这也意味着结构还存在其他临界平衡状态。这一临界平衡状态的形态和干扰力种类、作用位置和结构的边界条件等因素有关，说明该平衡状态的形态是随遇的。因此，结构临界稳定平衡称为随遇平衡或中性平衡(Neutral Equilibrum)。

(2)极值点屈曲

对于非完善结构构件(有初始缺欠),在外荷载作用下,结构截面纤维塑性逐步开始扩展,当荷载达到某一临界值时,因构件某一截面达到承载的极限状态,使外荷载达到极限荷载,结构构件没有出现两种不同变形形态分岔点,构件变形的性质没有改变,故称该类型屈曲为极值失稳。

(3)越跃屈曲

对于板壳结构,在外荷载作用下,当荷载达到某一值时,原有的结构平衡形态突然越跃到另一状态平衡使结构不能被利用,该荷载为临界极限荷载。这种失稳现象称为越跃失稳定,特点是既无平衡分岔点,又无极值点。越跃失稳多发生在平壳和扁壳结构中。

区分结构失稳类型的性质十分重要,否则不可能正确估量结构的稳定承载力,同时,屈曲稳定理论的理解是结构稳定解析分析和数值分析的基础。

12.1.2　结构稳定问题的计算方法

从前面结构失稳现象分析可知,并不是结构所有的平衡状态是稳定的,根据结构势能原理和结构稳定随遇平衡理论,无论哪种结构的失稳现象,当结构处于平衡状态时,一个微小的干扰力使结构势能增加,结构状态发生变化,当干扰解除后,结构恢复原有的平衡状态,说明结构的平衡是稳定的平衡,但当撤去干扰力后,结构有了新的平衡状态说明该平衡是不稳定的。也可以说明结构由稳定过渡到不稳定平衡临界状态,说明:其中研究结构屈曲问题的主要内容是确定临界荷载,根据这一原理结构稳定问题计算方法有以下三种。

(1)平衡法

平衡法是根据结构屈曲时的平衡二重性准则进行的,因为在分岔点附近的两个极为邻近的平衡状态,其中具有荷载最小值的平衡的荷载是该结构的分岔屈曲荷载。平衡荷载法只能求解屈曲荷载,而不能判断结构平衡稳定性。但一般可获得临界荷载的精确解。

(2)能量法

结构在保守力作用下,可建立结构体系总势能。总势能是结构的应变能和外力势能两项之和。如果结构处于平衡状态,结构总势能必有驻值。根据势能驻值原理,总势能对位移的一阶微分为零,建立力平衡方程,可通过总势能对位移的二阶微分正负判断平衡稳定状态。

因此有:

结构平衡状态是稳定的:

$$\frac{\mathrm{d}^2 \Pi}{\mathrm{d}u^2} > 0 \tag{12-1}$$

结构平衡状态为中性平衡:

$$\frac{\mathrm{d}^2 \Pi}{\mathrm{d}u^2} = 0 \tag{12-2}$$

结构平衡状态是不稳定的：

$$\frac{\mathrm{d}^2 \Pi}{\mathrm{d}u^2} < 0 \qquad (12-3)$$

通过能量法的分析，可知总势能驻值原理可求解屈曲荷载，判断结构屈曲后平衡的稳定性。该方法可以近似计算结构临界屈曲荷载。

(3)动态分析法

对于非守恒系统外力做功与路径有关，因此其稳定平衡分析必须进行动态分析。其基本原理是处于平衡状态的结构体系，如果施加微小干扰使其产生微小振动，这时结构的变形和振动加速度都和作用在结构上的荷载有关：当荷载小于稳定的极限值时，加速度和变形的方向相反，因此干扰撤去以后，结构的平衡状态是稳定的；当荷载大于极限值时，加速度和变形的方向相同，即使将干扰撤去，运动仍是发散的，因此结构的平衡状态是不稳定的；该临界状态的荷载即为结构的屈曲荷载。

总之，结构屈曲荷载可通过以上三种方法求得，其中能量方法是数值分析方法的基础。对于极值点的屈曲构件，由于初始欠缺的存在，在外荷载作用下构件材料出现了非线性的特性，突然失去承载能力时，不会出现随遇平衡现象。因此，这种情况屈曲荷载为结构非线性极限荷载，求解时采用非线性求解方法。

12.1.3 有限元求解结构屈曲的基本方法

由上述理论分析可知结构通常发生两种屈曲：一是结构在外荷载作用下，结构材料还处于弹性范围时，出现了随遇平衡状态；二是由于结构构件为非完善结构构件(有初始缺欠)结构丧失承载力时，构件处于非线性状态。因此，屈曲分析是一种用于确定结构开始变得不稳定时的临界荷载和屈曲结构发生屈曲响应时的模态形状的特征值求解技术和结构非线性分析技术。土木工程结构屈曲根据屈曲的发生位置和范围分为两种，它们是整体稳定分析和局部稳定分析。结构的屈曲可能产生在结构材料弹性阶段或结构材料非线性阶段，因此，针对屈曲产生的条件，结构屈曲分析一般分为材料弹性的特征值屈曲分析和材料非线性屈曲分析。

(1)特征值屈曲分析

由于结构在随遇平衡状态，屈曲的形态是随遇的，因此根据分岔原理，结构的屈曲响应为结构特征值分析。特征值屈曲分析属于结构的线性分析。虽然很多时候不在工程实际中直接应用特征值屈曲分析的结果，但特征值屈曲分析仍然是屈曲分析中的重要部分，是非线性分析的基础。下面对特征值屈曲分析进行简要介绍。

结构分析中的应力刚度矩阵 S 可以加强或减弱结构的刚度，这主要依赖于应力是压应力还是拉应力。对于受压情况，当外力 F 增大时，弱化效应增加，当达到某个载荷时，弱化效应超过了结构的固有刚度，此时没有了净刚度，位移无限增加，结构发生屈曲。

根据势能驻值原理，结构特征值解析表达方程如下：

$$K_\varphi + \lambda S_\varphi = 0 \qquad (12-4)$$

式中，K 为刚度矩阵；S 为应力刚度矩阵；φ 为位移特征矢量；λ 为特征值。

利用上面的特征值公式，可以决定结构的分岔点，分岔点是指两条或多条载荷—变形曲线的交叉点，具有分岔屈曲的结构未达到屈曲载荷之前，其位移—变形曲线表现出线性关系，达到屈曲载荷后，曲线将跟随另外的路径发展。

关于特征值求解的几点说明：①特征值表示给定载荷的比例因子；②如果给定的载荷是单位载荷，特征值即是屈曲载荷；③特征矢量是屈曲形状。

一般来说，只对第一个特征值和特征矢量感兴趣。出于特征值屈曲不考虑任何非线性和初始扰动，因此它只是一种学术解，一般不用作实际应用。通常情况下，都希望得到结构的保守载荷，即下限载荷，而利用特征值屈曲分析可以得到屈曲载荷的上限。

(2)非线性屈曲分析

对于结构屈曲的形态有无数种形式，结构的初始缺欠可能随机出现在结构任何位置。因此，结构的极限荷载有无数个，因此，结构最小的极限临界下限荷载为结构第一模式下的非线性极限荷载，根据屈曲分岔原理，其中干扰力或位移应加在第一模态位移最大处，促使结构出现极值点屈曲。总之，非线性屈曲分析比线性屈曲分析更精确，该方法用一种逐渐增加荷载的非线性静力分析技术来求得使结构开始变得不稳定时的临界载荷。

12.1.4 非线性屈曲分析的具体注意事项

结构非线性屈曲分析的目的是根据特征值屈曲分析的结果，找到结构弹性屈曲临界荷载中最小的上限解和可能发生的屈曲形态(一般为第一模式)，根据这一结果在结构的屈曲变形最大处施加干扰力或变形，促使结构在此处发生屈曲，通过非线性求解确定结构的非线性下限解中的最小极限荷载。因此结构非线性屈曲分析是在结构上施加初始缺陷或干扰力的一种结构非线性分析。

特别要注意的是：

①一个非收敛的解，并不意味着结构达到了其最大载荷。它也可能是由于数值不稳定引起的，这可以通过细化模型的方法来修正。跟踪结构响应的载荷—变形历程，可以确定一个非收敛的载荷步，到底是到了一个实际的结构屈曲极限，还是反映了其他问题。可以通过使用弧长法来进行一个预分析，以预测屈曲载荷的近似值。将此近似值与用二分法求得的更精确的值作比较，来确定是否结构已真正达到了其最大载荷。

②如果结构上的载荷完全是在平面内的，即只有膜应力或轴向应力，则将不会产生导致屈曲所必须的面外变形，所进行的分析也就不能求得屈曲结果。要克服这个问题，可以在结构上施加一个很小的面外扰动，如一个适当的瞬时力或强制位移，以激发屈曲响应。对结构作一个预先的特征值屈曲分析来预测屈曲模态很有用，它可以帮助确定施加扰动的合适位置以激发所希望的屈曲响应。初始缺陷或初始扰动应与实际结构中的缺陷和扰动所在的位置和大小一致，因为屈曲载荷对这些参数非常敏感。

③在大变形分析中，力和位移保持其初始方向，但表面载荷跟随结构改变了的几何形状而改变，因此，进行屈曲分析前必须要确保所施加的载荷类型。在实际工程中将一个稳态分析进行到结构的临界载荷点，以计算出结构产生非线性屈曲的安全系数。仅仅说明结构在一个给定的载荷水平下是稳定的，在大多数实际的设计实践中并不够。

通常希望能够提供一个确定的安全系数，而这一点必须通过屈曲分析得到结构实际的极限载荷来实现。

12.2 岩土工程问题稳定性数值分析方法

在土力学中，边坡稳定分析是和另外两个分支即土压力和地基承载力同时发展起来的。1776 年，法国工程师库伦(C. A. Coulomb)提出了计算挡土墙土压力的方法，标志着土力学雏形的产生。朗肯(W. J. M. Rankine，英国，1857)在假设墙后土体各点处于极限平衡状态的基础上，建立了计算主动和被动土压力的方法。库伦和朗肯在分析土压力时采用的方法后来被推广到地基承载力和边坡稳定分析，形成了一个体系，这就是极限平衡方法。

极限平衡法是建立在大家所熟悉的摩尔—库伦强度准则基础上的，其表达式为：

$$\tau_f = c + \sigma \tan\varphi = c + (\bar{\sigma} - u) \cdot \tan\varphi \tag{12-5}$$

式中，τ_f 为破坏面上的剪应力；c 为土的有效黏聚力；σ 和 $\bar{\sigma}$ 为破坏面上总应力和有效应力；u 为滑裂面上的孔隙压力；φ 为土的有效内摩擦角。

极限平衡法的基本原理是：设土体的稳定安全系数为 F，则当土体的抗剪参数(摩擦系数 $\tan\varphi$ 和黏聚力 c)降低 F 倍后，土坡内某一最危险滑面上的滑体将濒于失稳的极限平衡状态。换句话说，欲求土坡的抗滑稳定安全系数，可先假设安全系数，将土体的摩擦系数和黏聚力都除以这个安全系数，作为计算参数进行计算，若能满足极限平衡条件，则所假定的安全系数即为所求。否则重设安全系数、重新计算，直至满足极限平衡条件为止。

需要特别指出，极限平衡法中安全系数的定义是：沿整个滑面的抗剪强度 τ 与滑面上实际剪应力 τ_f 之比值，即：

$$F = \frac{\tau}{\tau_f} \tag{12-6}$$

把此式写成 $\tau_f = \dfrac{\tau}{F}$ 就说明，将土体的抗剪强度 τ 除以 F，则该滑面处于极限平衡状态。可见，这样定义的安全系数，实质上就是材料的强度储备系数。

极限平衡方法的基本特点是：只考虑静力平衡条件和土的摩尔—库伦破坏准则。也就是说，通过分析土体在破坏那一刻的平衡来求得问题的解。当然，在大多数情况下，问题是超静定的。极限平衡方法处理这个问题的对策是引入一些简化假定，使问题变得静定可解。这种处理，使方法的严密性受到了损害，但是，对计算结果的精度损害并不大，由此带来的好处是使分析计算工作大为简化，因而在工程中获得广泛应用。

自从 Fellenius 提出圆弧滑动法以来，已经出现了数十种土坡稳定分析的方法，如瑞典圆弧法、简化毕肖普法、滑楔块法、不平衡推力传递法、简化简布法、改良圆弧法等。

对于各种计算方法，不管它的计算程序如何，以下原则都是共同的：
①假定问题是平面应变性质的。

②假定的滑动机理，即假定滑坡体沿既定的滑裂面滑动。

③假定的土体材料变形特性，即滑动土体被视为刚体。

④抗剪切力由静力学方法确定。但各种方法在满足平衡条件(即力平衡条件和力矩平衡条件)的程度上是不同的，有些简化方法甚至还违背了静力平衡条件。较为精确的方法充分考虑了土条之间的相互作用，但是也必须遵守两个合理性条件：在土条分界面上不能违反土体破坏准则；通常不允许土条之间出现拉应力。

⑤在极限平衡条件下，计算的抗滑力(或力矩)与实际的下滑力(或力矩)之比即为安全系数，且安全系数沿滑裂面处处相等。

⑥采用试算法找出最小的安全系数。

12.2.1 圆弧法计算原理

瑞典圆弧滑动法(简称瑞典法或费纽斯法)是条分法中古老而又最简单的方法。除了假定滑裂面是个圆柱面(剖面图上是一个圆弧)外，还假定不考虑土条两侧的作用力，安全系数定义为每一土条在滑裂面上所能提供的抗滑力矩之和与外荷载及滑动土体在滑裂面上所产生的滑动力矩和之比。由于不考虑条间力的作用，严格来说，对每一土条力的平衡条件是不满足的，对土条本身的力矩平衡也不满足，仅能满足整个滑动土体的整个力矩平衡条件。由此产生的误差，一般使求出的安全系数偏低 10%～20%，这种误差随着滑裂面圆心角和孔隙压力的增大而增大。

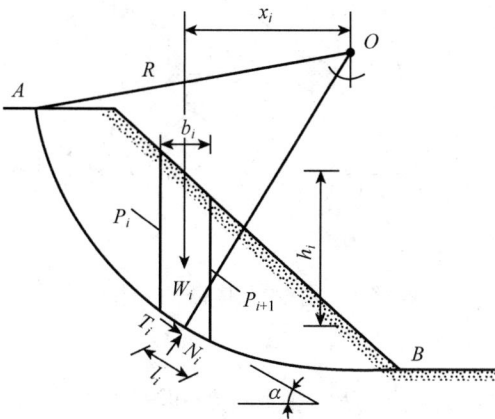

图 12-1 瑞典圆弧法计算简图

瑞典圆弧法的推导通常采用总应力法，但同样可用有效应力计算并按式(12-6)定义的安全系数求推导公式，为了考虑条间力的作用，并可认为假定每一土条两侧作用力的合力方向均和该土条底面平行，因而在进行土条底部法线方向力的平衡时，可以不予考虑。

图 12-1 表示一均质土坡及其中任一土条 i 上的作用力。土条高为 h_i，宽为 b_i，W_i 为其本身的自重；P_i 及 P_{i+1} 为作用于土条两侧的条间力合力，其方向和土条底部平行；N_i 及 T_i 分别为作用于土条底部的总法向反力和切向阻力；土条底部的坡角为 α_i，长为 l_i，R 则为滑裂圆弧的半径。根据摩尔—库伦准则，滑裂面 AB 上的平均抗剪强度为 τ_f，其表达式已由(式 12-6)给出。如果整个滑裂面 AB 上的平均安全系数为 F_s，按照式(12-6)的定义，土条底部的切向阻力 T_i 为：

$$T_i = \tau l_i = \frac{\tau f}{F_s} l_i = \frac{c'_i l_i}{F_s} + (N_i - u_i l_i)\frac{\tan\varphi'_i}{F_s} \tag{12-7}$$

将 $N_i = W_i\cos\alpha_i$ 代入上式可以求得：

$$F_s = \frac{\sum[c'_i l_i + (W_i\cos\alpha_i - u_i l_i)\tan\varphi'_i]}{\sum W_i\sin\alpha_i} \tag{12-8}$$

当土体内部有地下水渗流时，滑动土体中存在渗透压力，必须考虑它对土坡稳定性的影响。如图 12-1 所示，在滑动土体中任取一土条 i，如果将土和水一起作为脱离体来分析，土条的重量 W_i 就等于 $b_i(\gamma h_{1i} + \gamma_m h_{2i})$，其中 γ 为土的湿容重，γ_m 为饱和容重。

在土体两侧及底部都作用有渗透水压力。在稳定渗流情况下，土体通常均已固结，由附加荷重引起的孔隙应力均已消散，土条底部的孔隙应力 u_i 也就是渗透水压力，可以用流网确定。如果经过土条底部中点 M 的等势线与地下水面交于 N，则：

$$u_i = \gamma_w h_w \tag{12-9}$$

式中，γ_w 为水的容重；h_w 为 MN 的垂直距离。

若地下水面与滑裂面接近平行，或土条取得很薄，土条两侧的渗透水压力接近相等，可以相互抵消。将上式结果代入式（12-8），又因 $l_i = \dfrac{b_i}{\cos\alpha_i}$，得：

$$F_s = \frac{\sum c'_i l_i + \sum b_i(\gamma h_{1i} + \gamma_m h_{2i} - \gamma_m \dfrac{h_{wi}}{\cos^2\alpha_i})\cos\alpha_i \tan\varphi'_i}{\sum b_i(\gamma h_{1i} + \gamma_m h_{2i})\sin\alpha_i} \tag{12-10}$$

12.2.2　条分法计算原理

如果在土坡断面中任取一土条，如图 12-2 所示，其上作用着集中荷载 ΔP，ΔQ 及均布荷载 q，ΔW_γ 为土条自重，在土条两侧作用有条间力 T、E 及 $T + \Delta T$、$E + \Delta E$、ΔE、ΔS 及 ΔN 则为滑裂面上的作用力。一般来说，T、E、ΔS 及 ΔN 为基本未知量。

在平面应变问题的条件下，简布作了如下假定：

①整个滑裂面上的稳定安全系数是一样的，其定义表达式为 $F_s = \dfrac{\tau_f}{\tau}$。

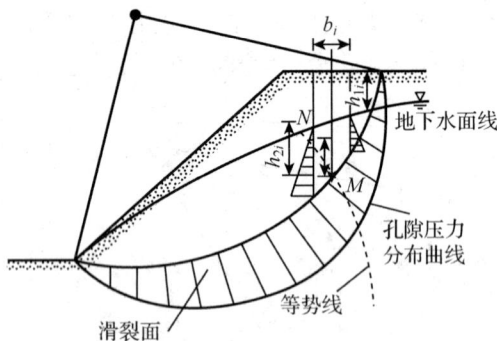

图 12-2　渗流对土体稳定的影响

②土条上所有垂直荷载的合力 $\Delta W = \Delta W_\gamma + q\Delta x + \Delta P$，其作用线和滑裂面的交点与 ΔN 的作用点为同一点。

③推力线的位置假定已知。根据土压力计算理论，可以简单地假定土条侧面推力成直线分布，如果坡面没有超载，对于黏性土（$c > 0$），则在这点以上（被动情况）或在这点以下（主动情况）。如果坡面有超载，侧向推力成梯形分布，推力线应通过梯形形心。

简布假定 ΔW 和 ΔN 的作用点是同一点，这是不大合理的，但其影响在推导公式中属于二阶微量，可以忽略。至于推力线位置的变化，主要影响着土条侧向力的分布，对于安全系数的影响很小。

根据力及力矩平衡条件，对每一土条，可以列出以下四个基本方程，即：

$$\tau = \frac{\tau_f}{F_s} = \frac{c'}{F_s} + (\sigma - u)\frac{\tan\varphi'}{F_s} \tag{12-11}$$

$$\sigma = p + t - \tau \cdot \tan\alpha \tag{12-12}$$

$$\Delta E = \Delta Q + (p + t)\Delta x \tan\alpha - \tau \cdot \Delta x(1 + \tan^2\alpha) \tag{12-13}$$

$$T = -E\tan\alpha_t + h_t\frac{dE}{dx} - zQ\frac{dQ}{dx} \tag{12-14}$$

式(12-11)是滑裂面上的平衡条件，u 为滑裂面上的孔隙压力；式(12-12)是力的垂直平衡方程，式中 $t = \dfrac{\Delta T}{\Delta x}$；式(12-13)是力的水平平衡方程，其中 σ 是用式(12-14)代入消去的；式(12-13)则是根据力矩平衡条件得出的，式中 Δx 的高次项已略去。将以上各式代入整理后得：

$$F_s = \frac{\sum \tau_f \Delta x(1 + \tan^2\alpha)}{E_a - E_b + \sum\left[\Delta Q + (p + t)\Delta x\tan\alpha\right]} \tag{12-15}$$

而

$$\tau_f = c' + (\sigma - u)\tan\varphi' = c' + (p + t - u - \tau\tan\alpha)\tan\varphi' \tag{12-16}$$

因为式子两边均含有 F_s 项，须用迭代法进行计算。

12.2.3　毕肖普法计算原理

毕肖普考虑了条间力的作用，并按照式(12-15)关于安全系数的定义，在 1955 年提出了一个安全系数的计算公式。如图 12-3 所示，E_i 及 X_i 分别表示法向及切向条间力，W_i 为土条的自重，Q_i 为水平作用力，N_i、T_i 分别为土条底部的总法向力（包括有效法向力及孔隙应力和切向力），其余符号如图 12-3 所示，根据每一土条垂直方向力的平衡条件有：

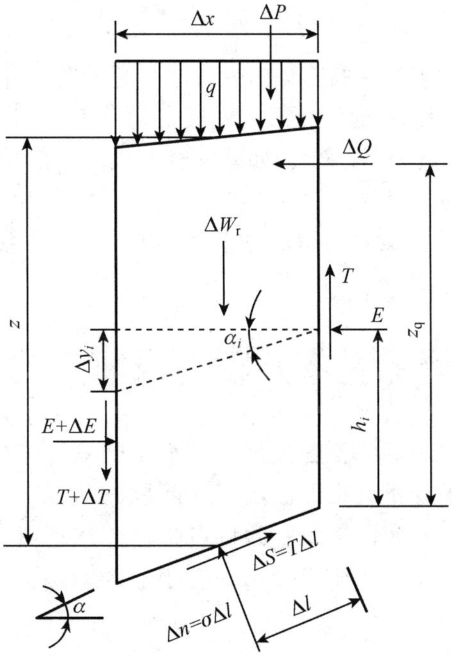

图 12-3　土条上的作用力

$$W_i + X_i - X_{i+1} - T_i \sin\alpha_i - N_i \cos\alpha_i = 0 \tag{12-17}$$

或

$$N_i \cos\alpha_i = W_i + X_i - X_{i+1} - T_i \sin\alpha_i \tag{12-18}$$

按照安全系数的定义及摩尔—库伦准则，T_i 可用式（12-14）表示，代入式（12-18），求得土条底部总法向力为：

$$N_i = \left[W_i + (X_i - X_{i+1}) - \frac{c'_i l_i \sin\alpha_i}{F_s} + \frac{u_i l_i \tan\varphi'_i \sin\alpha_i}{F_s} \right] \frac{1}{m_{\alpha i}} \tag{12-19}$$

$$m_{\alpha i} = \cos\alpha_i + \frac{\tan\varphi'_i \sin\alpha_i}{F_s} \tag{12-20}$$

在极限平衡时，各土条对圆心的力矩之和应当为零，此时条间力的作用将相互抵消，因此，得

$$\sum W_i X_i - \sum T_i R + \sum Q_i e_i = 0 \tag{12-21}$$

将式（12-19）、式（12-20）代入式（12-21），且 $x_i = R\sin\alpha_i$，最后得到的安全系数的公式为：

$$F_s = \frac{\sum \dfrac{1}{m_{\alpha i}} \mid c'_i b_i + \left[W_i - u_i b_i + (X_i - X_{i+1}) \right] \tan\varphi'_i \mid}{\sum W_i \sin\alpha_i + \sum Q_i \dfrac{e_i}{R}} \tag{12-22}$$

式中，X_i 及 X_{i+1} 是未知的，为使问题得解，毕肖普又假定各土条之间的切向条间力均略去不计，也就是假定条间力的合力是水平的，这样式（12-22）可简化为

$$F_s = \frac{\sum \dfrac{1}{m_{\alpha i}} \left[c'_i b_i + (W_i - u_i b_i) \right] \tan\varphi'_i}{\sum W_i \sin\alpha_i + \sum Q_i \dfrac{e_i}{R}} \tag{12-23}$$

这就是国内外使用相当普遍的简化毕肖普法。因为在 m_α 内也有 F_s 这个因子，所以在求 F_s 时要进行试算。在计算时，一般可先假定 $F_s = 1$，求出 m_α（或者假定 $m_\alpha = 1$），再求 F_s，再用此 F_s 出新的 m_α 及 F_s，如此反复迭代，直至假定的 F_s 和算出的 F_s 非常接近为止，根据经验，通常只要迭代 3 ~ 4 次就可以满足精度要求，而且迭代通常总是收敛的。必须指出：对于 α_i 为负值得那些土条，更注意会不会使 m_α 趋近于零，如果是这样，则毕肖普法就不能用。

12.3　动力学问题的基本方程与求解方法

随着科学技术与工程应用的不断发展，动力学问题越来越受到人们的重视，许多单纯对工程问题的静力学分析，难以满足工程问题的需要。动力学问题是研究物体在动荷载作用下的动力响应；动力学问题的特点是物体在动荷载作用下产生显著的加速度，由此产生的惯性力对物体的变形和运动有明显的影响，在计算分析时必须充分考虑这些作用和影响。

12.3.1　动力学问题概述

结构动力学是研究动荷载作用下结构动力反应规律的学科，讨论结构在动力荷载

作用下反应的分析方法，寻找结构固有动力特性、动力荷载和结构反应三者的相互关系。研究结构在动力荷载作用下的反应规律，能够为结构的动力可靠性(安全、舒适)设计提供依据。

静力学问题研究的对象是受不随时间变化的载荷作用。而动力学问题的对象是受随时间而变的载荷作用，从而使在结构中产生的位移、速度、应力和应变都随时间改变。当结构受随时间变化的载荷作用，且这种载荷的作用对结构的变形和应力的产生起主要作用，以致影响结构的安全性或舒适性。这时就要进行动力学分析，充分认识其规律性，从设计阶段就抑制这种不利状况的发生。例如，有时虽然动荷载不大，但结构在变应力的作用下，其某些固有频率与激励力的作用频率相接近时，就会引起很大的振动、变形或应力，这时，就必须对结构作动力学分析。又如，要利用结构在周期性作用力驱动下的定向振动，例如利用这种运动输送产品，这时，就必须巧妙地设计结构，是其具有某些与激励频率一致的固有频率，并且使结构对激励具有适当的响应能力。总之，不管是利用振动，还是抑制振动，都需要进行结构动力学分析。

当前结构动力学的研究内容有三类。第一类问题：反应分析(结构动力计算)；第二类问题：参数(或称系统)识别；第三类问题：荷载识别。第一类问题是已知系统动态特性和动载荷作用部位及大小，求出系统的响应—随时间变化的位移、速度、加速度和应力等。第二类问题是已知系统的输入输出特性，分析系统固有的动态特性，结构模态分析就属于这一类问题。第三类问题是在已知系统动态特性的条件下，通过测量系统的响应，或由响应准则预先给出响应要求，以此识别对响应的外载荷。

在现代结构和机械设计中，通常需要考虑两类荷载的作用——静力荷载(Static Loading)和动力荷载(Dynamic Loading)，因此结构的设计也经常分为静力设计和动力设计两部分。对于静力设计和静力强度计算已不存在什么问题，通过传统的经验设计和类比设计方法，根据相关规范，使用一般的通用程序即可进行。但在工程中动力荷载作用事实上是普遍存在的，很多情况下仅仅进行静力计算将不能满足工程使用要求，必须作动力分析和动态设计。

动力这个词可以简单地被定义为大小、方向和作用点随时间而改变的任何荷载，而在动力作用下结构的反应亦即产生的位移、内力、应力和应变也是随时间而改变的。可以认为静力荷载仅仅是动力荷载的一种特殊形式。由于荷载和响应随时间而变化，显然动力问题不像静力问题那样具有单一的解，而必须建立相应于过程中感兴趣的全部时间的一系列解答，因此动力分析显然要比静力分析更为复杂且更消耗时间。

但是，静力问题与动力问题还有更重要的区别，如图 12-4(a)所示，如果简支梁承受一静荷载 P，则它的弯矩、剪力及挠曲线形状直接依赖于给定的荷载，而且可以根据力的平衡原理用 P 求出。而如果荷载 $P(t)$ 是动力的，如图 12-4(b)所示，则所产生的梁的位移与加速度有联系，这些加速度又产生了与其反向的惯性力，于是梁的弯矩和剪力不仅要平衡外加荷载，而且还要平衡由于梁的加速度引起的惯性力(Inertial Forces)。

结构或构件上的动力作用其实就是惯性力作用，动力作用的大小(或者说显著与否)直接与惯性力大小和惯性力随时间变化情况有关。根据牛顿第二定律可知，惯性力大小与结构的质量(Mass)和加速度(Acceleration)分别成正比。结构加速度所引起的惯

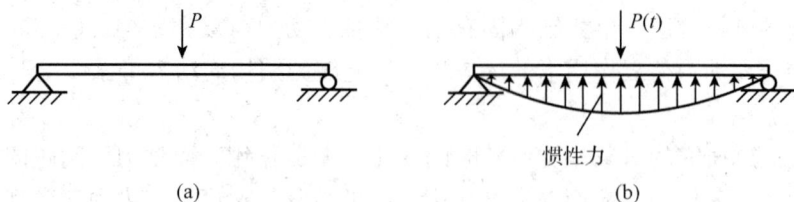

图 12-4 静动力荷载作用下的简支梁

(a)静荷载 (b)动荷载

性力,是结构动力学问题的一个更重要的区别特征。

一般来说,如果惯性力是结构内部弹性力所平衡的全部荷载中的一个重要部分,则在求解中必须考虑问题的动力特征。如果运动非常缓慢,以致惯性力小到可以忽略不计的程度,则即使荷载和位移可能随时间的变化而变化,但对任何瞬时的分析,仍可用近似静力(Quasi-static)结构分析的方法来解决。对于有些情况下,虽然也存在较大的惯性力,也仍然可以使用静力分析方法求解,例如离心荷载(Centrifugal Loading)。有时也可以通过在频域(Frequency Domain)内的频谱分析来研究一些工程振动问题,而没有必要进行考虑惯性力的全过程分析。

12.3.2 振动问题与波动问题

动力学分析主要目标是给定载荷、边界条件与初始条件下求解物体的动力响应,解答的形状一般包括波动解或振动解,对某一个特定的动力响应过程,解的形状的选择,要视实际问题的需要来确定。一般来说,当物体某一质点受到扰动后,它就要偏离原来的平衡位置而进入运动状态,由于质点间相对位置的改变,使得受扰动的质点间增加了附加的弹动力,从而与受扰动质点相邻的质点也受到影响而进入运动状态。这种作用依次传递下去,便形成一个由扰动源开始的波动现象。这种扰动借质点间的弹性力而逐渐传播的过程称为弹性波。如果介质是无限大的,扰动将会随时间的发展一直传播出去,然而实际的物体是有边界的,当扰动到达边界时,将要和边界发生相互作用而产生反射,由于扰动在其边界上来回反射,使整个物体呈现出在其平衡位置附近的一种周期性振动现象,这种现象称之为弹性体的振动。弹性波的传播和弹性体的振动,实际上可以看作同一物理问题的不同表现形式,在实际的弹性动力学问题中,有时需要考虑波动过程,有时则对振动现象感兴趣。对应于这两种情况,在数学上对动力响应的解答常分别采用波动解和振动解。

当载荷作用时间极为短促或变化极为迅速的情况下,如经受撞击、爆炸、地震力等荷载作用时,了解物体的瞬态变形和应力变化规律是重要的,这时宜采用波动解释;在一般的机械振动和工程结构的动力响应问题中,由于所研究对象几何尺寸相对来说比较小,则可以不考虑波动过程,而直接作为振动问题来分析更为简单可行。对于波动问题用有限单元法求解时,首先对控制微分方程进行空间离散,这个过程一般称为半离散化,并且产生一个与时间有关的常微分方程,有限元求解此方程时。常采用直接积分法,即时间步长法,这种直接积分法主要是采用条件稳定的中心差分显式求解(Explicit Aigorithms)和条件稳定的 Newmark 隐式求解(Implicie Algorithms)等方法,一般称为"空间有限元时间差分法"求解格式。对于振动问题，一般采用振型叠加分析方法求解自振频率及振型等。与静态问题一样，动态问题的求解精度与离散化网络的细密程度，即网格的优劣有着重要关系；与静态问题不同的是，优化网格要满足不同时段的要求，对于本来无弥散的偏微分方程，这种半离散化方法将引入离散化弥散，即对连续体的离散化而造成的数值弥散。所以在动态问题的分析中，优选一种网格并且适时优化网格更有重要的意义。

12.3.3　结构动力学及有限元方程

系统的受迫振动的微分方程：

$$m\ddot{x} + c\dot{x} + kx = R(t) \tag{12-24}$$

式中，m 为质量；c 为阻尼系数；k 为弹性系数；$\ddot{x}$、$\dot{x}$、x 分别为加速度、速度和位移。

(1)单元的动力方程(用"虚功"原理求解)

结构动力学有限元分析与静力学的有限元分析一样，首先要建立单元的有限元方程。为求解起见，要引入达朗贝尔原理。质点的达朗贝尔原理可以表述为：当非自由质点 m 运动时，主动力 F，约束反力 N 和惯性力 S 构成一个动平衡力系。惯性力是一种虚构的力，由质点的加速度引起。即：

$$F + N + S = 0 \tag{12-25}$$

现考察单元的动力学方程的建立。

①将位移函数 $\{\delta\}$ 表达成近似函数

单元内任一点位移 $\{\delta\} = [N]\{\delta\}^e = [N(x,y,z)]\{\delta(t)\}^e$，是单元内位移的近似函数，$[N]$ 只是位置的函数，与时间无关，而 $\{\delta\}^e$ 与时间有关。

$$\begin{cases} [N] = [N(x,y,z)] \\ \{\delta\}^e = \{\delta(t)\}^e \end{cases} \tag{12-26}$$

$$\{\dot{\delta}\} = [N]\{\dot{\delta}\}^e \tag{12-27}$$

$$\{\ddot{\delta}\}[N]\{\ddot{\delta}\}^e \tag{12-28}$$

②分析单元上的作用力

主动力：

$$\{R\} = R_p + R_s + R_v \tag{12-29}$$

式中，R_p 为集中力；R_s 为面力；R_v 为体积力。

阻尼力：与速度相关，并与速度方向相反，两者的比例关系为阻尼系数：

$$\{R_c\} = -C\{\dot{\delta}\} = -C[N][\dot{\delta}]^e \tag{12-30}$$

惯性力：与加速度、质量相关。单位体积惯性力 $\{R_m\} = -\rho\{\ddot{\delta}\} = -\rho[N]\{\ddot{\delta}\}^e$，阻尼力、惯性力与主动力方向相反。$\rho$ 为密度，单位体积质量。

(2)建立动力学平衡方程

利用虚功原理和达朗贝尔原理，系统处于动平衡，首先将载荷移置到节点上去，利用虚功原理，外力做的虚功：

$$\delta W = \sum \begin{cases} \text{集中力:} \{\delta^*\}^T \{R_P\} = \{\delta^*\}^{eT} [N]^T \{R_P\} \\[2mm] \text{面力:} \int_{S_1} \{\delta^*\}^T \{R_s\} dS_1 = \int_{s_1} \{\delta^*\}^{eT} [N]^T \{R_s\} dS_1 \\[2mm] \text{体积力:} \int_V \{\delta^*\}^T \{R_V\} dV = \int_V \{\delta^*\}^{eT} [N]^T \{R_V\} dV \\[2mm] \text{阻尼力:} \int_V \{\delta^*\}^T \{R_C\} dV = \int_V \{\delta^*\}^{eT} [N]^T \{R_C\} dV \\[2mm] \text{惯性力:} \int_V \{\delta^*\}^T \{R_m\} dV = \int_V \{\delta^*\}^{eT} [N]^T \{R_m\} dV \end{cases} \tag{12-31}$$

内力做的虚功:

$$\delta U = \int_V \{\varepsilon^*\}^T \{\sigma\} dV = \int_V \{\delta^*\}^{eT} [B]^T [D][B] \{\delta\}^e dV \tag{12-32}$$

根据虚功原理,应有 $\delta U = \delta W$

$$\{\delta^*\}^{eT} [N] \{R_P\} + \int_{S_1} \{\delta^*\}^{eT} [N]^T \{R_S\} dS_1$$

$$+ \int_V \{\delta^*\}^{eT} [N]^T \{R_V\} dV + \int_V \{\delta^*\}^{eT} [N]^T \{R_C\} dV$$

$$+ \int_V \{\delta^*\}^{eT} [N]^T \{R_m\} dV = \int_V \{\delta^*\}^{eT} [B]^T [D][B] \{\delta\}^e dV \tag{12-33}$$

由 $\{\delta^*\}^{eT}$ 的任意性,可约去,且由阻尼力,惯性力的定义可知:

$$\begin{cases} \{R_c\} = -C\{\dot{\delta}\} = -c[N]\{\ddot{\delta}\}^e \\[2mm] \{R_m\} = -\rho\{\ddot{\delta}\} = -\rho[N]\{\ddot{\delta}\}^e \end{cases} \tag{12-34}$$

代入上式,有

$$[N]^T \{R_P\} + \int_{s_1} [N]^T \{R_S\} dS_1 + \int_v [N]^T \{R_V\} dV$$

$$= \int_V [B]^T [D][B] \{\delta\}^e dV + \int_v C[N]^T [N] \{\dot{\delta}\}^e dV + \int_v \rho [N]^T [N] \{\ddot{\delta}\}^e dV$$

$$\tag{12-35}$$

令:

$$\begin{cases} [N]^T \{R_P\} + \int_{S_1} [N]^T \{R_S\} dS_1 + \int_V [N]^T \{R_V\} dV = \{R\}^e \\[2mm] \{K\}^e = \int_V [B]^T [D][B] dV \\[2mm] \{c\}^e = \int_V C[N]^T [N] dV \\[2mm] \{m\}^e = \int_V \rho [N]^T [N] dV \end{cases} \tag{12-36}$$

上式可表达为:

$$\{m\}^e \{\ddot{\delta}\} + \{c\}^e \{\dot{\delta}\} + [K]^e \{\delta\} = \{R\}^e \tag{12-37}$$

这就是单元的动力学有限元方程。

12.3.4　结构整体力学有限元方程

与静力学的集成原理相同。

①局部单元节点编号与整体的节点编号的对应关系，利用 $\{R_i\} = \sum_i^e \{R_i\}^e$，即一个节点上的节点力是该节点所在的所有单元的相应节点（同这个节点）上的节点力的总和来集成。

②由位移，得 $\{M\}\{\ddot{\delta}\} + \{C\}\{\dot{\delta}\} + \{K\}\{\delta\} = \{R\}$，其中，$\{M\} = \sum \{m\}^e$，$\{C\} = \sum \{c\}^e$，$\{K\} = \sum \{k\}^e$，其中，当 $\{c\} = 0$，称为无阻尼受迫振动，此时 $\{M\}\{\ddot{\delta}\} + \{K\}\{\delta\} = \{R\}$，当 $\{c\} = 0$，$\{R\} = 0$，称为无阻尼自由振动，此时 $\{M\}\{\ddot{\delta}\} + \{K\}\{\delta\} = 0$。

12.3.5 单元质量矩阵和阻尼矩阵的表达式

在动力学有限元方程中除刚度矩阵之外，还有两个重要的系数矩阵：即质量矩阵和阻尼矩阵。这一节将介绍单元质量矩阵和单元阻尼矩阵的表达式。

(1)单元质量矩阵

单元质量矩阵有两种表达形式：一致质量矩阵和集中（堆积）质量矩阵。

①一致质量矩阵　用公式 $\{m\}^e = \int_v \rho [N]^T [N] dV$ 计算的单元质量矩阵，称为一致质量矩阵，是因其中的 $[N]$ 就是位移模式形函数 $[N]$ 而得名。或者说，推导质量矩阵采用的形函数与采用推导单元刚度矩阵时采用的形函数是一致的。

以平面应力问题为例：三角单元 $[N] = [NI_i \quad NI_j \quad NI_m]$

$$[N] = \begin{bmatrix} N_i & 0 & N_j & 0 & N_m & 0 \\ 0 & N_i & 0 & N_j & 0 & N_m \end{bmatrix} (位移模式中的[N]) \tag{12-38}$$

则三角形单元的一致质量矩阵 $[m]^e$（以单位厚度计）：

$$[m]^e = \iint_\Delta \rho N^T N dxdy = \rho \iint_\Delta \begin{bmatrix} N_jN_i & 0 & N_j^2 & 0 & N_jN_m & 0 \\ 0 & N_jN_i & 0 & N_j^2 & 0 & N_jN_m \\ N_mN_i & 0 & N_mN_j & 0 & N_m^2 & 0 \\ 0 & N_mN_i & 0 & N_mN_j & 0 & N_m^2 \end{bmatrix} dxdy \tag{12-39}$$

由于 $N_i = L_i$，$N_j = L_j$，$N_m = L_m$，利用数值积分：

$$\iint_\Delta L_i^a L_j^b L_m^c dxdy = \frac{a!b!c!}{(a+b+c+2)!} 2\Delta \tag{12-40}$$

$$\begin{cases} \iint N_i^2 dxdy = \frac{2!2\Delta}{4!} = \frac{\Delta}{6} \\ \iint N_iN_j dxdy = \frac{2\Delta}{4!} = \frac{\Delta}{12} \end{cases} \tag{12-41}$$

从而得到 $[m]_e = \dfrac{\rho\Delta}{12}\begin{bmatrix} 2 & & & & & \\ 0 & 2 & & & 对 & 称 \\ 1 & 0 & 2 & & & \\ 0 & 1 & 0 & 2 & & \\ 1 & 0 & 1 & 0 & 2 & \\ 0 & 1 & 0 & 1 & 0 & 2 \end{bmatrix}$

②集中质量矩阵　将单元质量假想地集中到节点上去,也就是说只在节点上有质量。这样,一个节点的加速度就不会影响其他节点的惯性力(相互之间不受影响)。

具体处理方法是将质量平均分到所有节点上去。例如三角形三个节点单元,每个节点分到 1/3 的质量,即 $m_i = \dfrac{1}{3}\rho\Delta t$, t 为厚度, Δ 为三角形面积。

$$[m]_e = \frac{w}{3}\begin{bmatrix} 1 & & & & & \\ & 1 & & & & \\ & & 1 & & & \\ & & & 1 & & \\ & & & & 1 & \\ & & & & & 1 \end{bmatrix} = \frac{1}{3}\rho\Delta t\begin{bmatrix} 1 & & & & & \\ & 1 & & & & \\ & & 1 & & & \\ & & & 1 & & \\ & & & & 1 & \\ & & & & & 1 \end{bmatrix} \tag{12-42}$$

资料表明,集中质量矩阵计算出来的频率与一致质量矩阵的计算结果相差无几。在单元相同的情况下,集中质量矩阵计算的结果低于一致质量矩阵的计算频率,而振型则是一致质量矩阵的计算结果精确。由于集中质量矩阵式对角线矩阵,所以计算中常采用。

③附加质量　当有附加的质量在节点上时,要在计算整体质量矩阵时,加上这些附加质量 $[m_c]$,即: $[M] = \sum [m]^e + [m_c]$

(2)单元阻尼矩阵

根据阻尼的成因可以分为黏滞阻尼和结构阻尼。

①黏滞阻尼(比例阻尼)　前面得到的阻尼矩阵 $[C]^e = \int C[N]^{\mathrm{T}}[N]\mathrm{d}V$ 是将阻尼看作是正比于节点的运动速度,称为黏滞阻尼。它将消耗振动的动能(能量)。从 $[m]^e = \int \rho N^{\mathrm{T}}N\mathrm{d}V$ 可知,这个阻尼矩阵与质量矩阵成正比。

$$[C]^e = \alpha_c[m]^e \tag{12-43}$$

若 ρ 、 c 均为常数,则 $\alpha_c = c/\rho$,所以 $[C]^e = \int C[N]^{\mathrm{T}}[N]\mathrm{d}V$ 称为比例阻尼(相当于质量矩阵而言)。

②结构阻尼　比例于结构的变形速度 $[\dot{\delta}]$,由于材料内部的摩擦引起的,称为结构阻尼。这时的阻尼力可以简化为 $\{R_c\} = \mu D\{\dot{\delta}\}$,这样可以得到单元的结构阻尼矩阵使其具有 $[C]^e = \int C_k[B]^{\mathrm{T}}[D][B]\mathrm{d}V$ 的形式,所以结构阻尼正比于刚度矩阵:

$$[C]^e = \alpha_k[k]^e \tag{12-44}$$

小　结

　　本章主要介绍土木工程中采用有限元分析方法解决结构局部与整体稳定问题、岩土工程中的稳定性问题还有动力作用下的基本方程与求解方法问题。通过有限元方法在各种结构静、动力学中的计算方法分析，展示其在土木工程中应用的基本理论支撑。

思考题

1. 土木工程中的基本有限元方法的应用有哪些？
2. 常见的一些工程问题中，有限元分析方法的优势或特点有哪些？
3. 在结构与局部稳定分析中，如何来理解有限元分析方法？
4. 怎样用有限元的思想理解动力学问题的分析？

推荐阅读书目

1. 有限元结构分析并行计算．周树荃．北京：科学出版社，1984.
2. 有限元法概论 上册．龙驭球．北京：高等教育出版社，1991.
3. 有限元分析基础与应用教程．石伟编．北京：机械工业出版社，2010.
4. 有限元分析及应用．胡于进，王璋奇．北京：清华大学出版社，2009.

第**13**章
ANSYS 及工程应用

[**本章提要**] 大型通用有限元分析软件 ANSYS 融结构、流体、电场、磁场、声场于一体，广泛应用于机械制造、石油化工、轻工、造船、航空航天、汽车交通、电子、土木工程、水利等领域。本章主要介绍 ANSYS 的特点、常用单元类型，结合实例介绍了 ANSYS 有限元软件的分析流程、网格划分技术及命令流的应用。本章最后用 ANSYS 进行了钢筋混凝土梁受力分析及钢筋锈蚀对钢筋混凝土结构影响的模拟，展示其在土木工程中的广泛应用。

13.1 ANSYS 简介

13.1.1 有限元软件 ANSYS 发展概况

1970 年，美国著名力学专家，美国匹兹堡大学力学系教授 John Swanon 洞察到计算机模拟工程应该商品化，于是在美国宾夕法尼亚州的匹兹堡创建了 ANSYS 公司，它是目前 CAE 行业最大的公司。三十多年来，ANSYS 软件取得了巨大成功，它不断融入新的技术，不断满足用户的要求，从而不断使程序向前发展。ANSYS 软件融结构、流体、电场、磁场、声场于一体，广泛应用于机械制造、石油化工、轻工、造船、航空航天、汽车交通、电子、土木工程、水利等领域，得到研究与设计人员的青睐，并为全球工业界所广泛接受，拥有全球最大的用户群。而且，它能与多数 CAD 软件接口，实现数据的共享与交换，是现代产品设计中的高级 CAD 工具之一。同时，ANSYS 也是目前世界范围应用最为广泛的 CAE 软件，是迄今为止世界范围内唯一通过 ISO9001 质量认证的分析设计类软件，是美国机械工程师协会（ASME）、美国国家核安全局（NQA）及近 20 种专业技术协会认证的标准分析软件。它是我国 17 个部委推广使用的分析软件。

ANSYS 有限元分析软件，不断吸取计算方法和计算机技术的最新进展，将有限元分析、计算机图形学和优化技术相结合，成为解决现代工程问题必不可少的有力工具。ANSYS 在功能上非常强大，主要体现在前后处理能力，使得 ANSYS 在功能、性能、易用性、可靠性以及对运行环境的适应性方面，基本上满足了用户的当前需求，帮助用户解决了成千上万个工程实际问题。

ANSYS 引入了人工智能方法，使得这类有限元软件可以更高速地完成建模和对结果的解释评价工作，并且可以从结果入手，进行模型的改进和优化工作，这些是通过软件自动完成的，从而对用户的要求更低，解决问题的效率更高，也更能与 CAD 系统连接，形成一个整体。

13.1.2 ANSYS 软件特点

与其他有限元软件相比，ANSYS 软件的优势体现在与 CAD 软件的无缝集成、强大的网格处理能力、求解高精度非线性问题、求解耦合场能力以及程序的开放性等方面，下面作进一步介绍。

(1) ANSYS 与 CAD 软件的无缝集成

为了满足工程师快捷地解决复杂工程问题的要求，ANSYS 软件开发了与著名 CAD 软件(例如 Pro/Engineer、UniGraphics、IDEAS、Bentley 和 AutoCAD 等)连接的数据接口，实现了双向数据交换，使用户在用 CAD 软件完成部件和零件的造型设计后，能直接将模型传输到 CAE 软件中进行有限元网格划分并进行分析计算，及时调整设计方案，提高分析效率。

(2) 强大的网格处理能力

如前所述，有限元法求解问题的基本过程主要包括：分析对象的离散化、有限元求解、计算结果的后处理三部分。结构离散后的网格质量直接影响到求解时间及求解结果的正确与否。复杂的模型需要非常精确的六面体网格才能得到有效的分析结果，另外，在许多工程问题求解过程中，模型的某个区域产生极大的应变，单元畸变严重，如果不进行网格重新划分将使求解中止或结果不正确。ANSYS 凭借其对体单元精确的处理能力和网格划分自适应技术，使其在实际工程应力方面具有很大的优势，受到越来越多的用户欢迎。

(3) 高精度非线性问题求解

随着科学技术的发展，线性理论已经不能满足设计的要求，许多工程问题如材料的破坏与失效、裂纹扩展等仅靠线性理论根本不能解决，必须进行非线性分析求解，例如薄板成形就要求同时考虑结构的大位移、大应变(几何非线性)和塑性(材料非线性)。

(4) 耦合场求解能力

有限元分析方法最早应用于航空航天领域，主要用来求解线性结构问题，实践证明这是一种非常有效的数值分析方法。理论上已经证明，只要用于离散求解对象的单元足够小，所得的数值解就可足够逼近于精确值。现在用于求解结构线性问题的有限元方法和软件已经比较成熟，发展方向是结构非线性、流体动力学和耦合场问题的求解。

(5) 程序面向用户的开放性

ANSYS 为了满足用户的需求，在软件的功能、易用性等方面花费了大量的投资，由于用户的要求千差万别，不管他们怎样努力也不可能满足所有用户的要求，因此必须给用户一个开放的环境，允许用户根据自己的实际情况对软件进行扩充，包括用户自定义单元特性、用户自定义材料本构、用户自定义流场边界条件等。ANSYS 的二次开发环境可以满足不同类型用户的需求。

利用 ANSYS 软件，工程师可以构造非常复杂的模型，并将模型置于各种复杂环境下进行分析，有效评估设计的合理性，使设计达到最优化，减少实际检验所需的投资，有效地降低产品设计周期，提高效率和效益。

13.2 APDL 及土木工程常用单元

13.2.1 APDL 简介

APDL 即 ANSYS 参数化设计语言(ANSYS Parametric Design Language，APDL)，它是一种解释性语言，可用来自动完成一些通用性强的任务，也可以用于根据参数来建立模型，实现参数化有限元分析的全过程。

APDL 不仅是设计优化和自适应网格划分等经典特性的实现基础，而且它也为日常分析提供了很多便利。下面就 APDL 的基本特性参数、程序控制、宏、函数和表达式、用户子程序等作一介绍。

13.2.1.1 参数定义

参数就是 APDL 中的变量。ANSYS 中的参数主要有：标量参数和数组参数。下面分别介绍其使用方法。

1. 标量参数

APDL 中的标量参数可分为数值参数和字符参数两种。标量参数在使用之前无须显示声明，而数组参数则必须声明其大小。

(1)定义标量参数

用户可以使用 ∗SET 命令来定义标量参数，在命令流输入窗口中输入以下语句，然后按 Enter 键即可，如

```
* SET, ABC, -24
* SET, QR, 2.07E11
* SET, XORY, ABC
* SET, CPARM, 'CASE1'
```

这四条语句定义三个数值参数(ABC、QR 和 XORY)和一个字符参数(CPARM)。定义数值型参数时(前三句)，不必声明参数是整型还是实型，ANSYS 默认是双精度类型；定义字符型参数时(第四句)要求被赋的值包括在单引号内。

一般字符型参数用来提供文件名和扩展名，先把文件名或扩展名赋给字符参数，然后在用到该文件名或扩展名的地方可以用字符参数来代替。

参数命名时必须符合以下规则：

①必须以字母开头，下面的参数名是非法的：5ET(以数字开头)。

②只能由字母、数字和下划线组成，下面的参数名是非法的：M#TY(含有无效字符"#")。

③字符个数不能超过 8 个，下面的参数名是非法的：BIG_ VALUE（超过 8 个字符）。

④不能用 ANSYS 保留的关键字作为参数名，如 UX、UY、ALL、PICK、CHAR 和 ARRAY 等。

⑤名称为 ARG1～ARG9 和 AR10～AR99 的参数均为 ANSYS 保留作为宏程序的局部参数使用，所以不能用来定义用户参数。

⑥参数名不能与工具栏按钮名相同。

（2）列表显示参数

定义了参数后，可以使用 ∗STATUS 命令把参数显示出来。在命令流输入窗口中输入"∗STATUS"命令，然后按 Enter 键，将列表显示所有已定义的参数。

2. 数组参数

APDL 参数的另一大类型就是数组参数。与标量参数不同，每个数组参数代表着一组值。数组参数按维数可分为：一维数组、二维数组和三维数组。

数组参数按数据类型可分为：

（1）一般数组参数（ARRAY Parameter）

默认声明的参数均为该类型。行、列、面的索引均为从 1 开始的连续整数，元素值可为整数或实数。

（2）字符数组参数（CHAR Array Parameter）

元素值为字符串（由不多于 8 个的字母或数字组成）。其行、列、面的索引同一般数组参数。

（3）表数组参数（TABLE Array Parameter）

这是一种特殊的数值型数组参数，它允许程序通过线性插值计算数组以确定元素之间的任何值。行、列、面的索引可定义为任何实数。元素值可以是整数或实数。

13.2.1.2　程序控制

通常情况下，APDL 命令将按顺序执行，对于需要重复进行的操作，如果采用重复输入命令的方法则相当麻烦，APDL 提供了循环语句可以简化这样的程序。常用的 AP-DL 程序控制包括：

（1）宏的嵌套

下例是两个宏文件，执行宏 mystart 将调用另一个宏 mysphere：

宏 mystart 如下：

```
* CREATE, mystart, mac
/prep7
/view,, -1, -2, -3
mysphere, 1.2
finish
* END
```

宏 mysphere 如下：

```
* CREATE, mysphere, mac
sphere, arg1
* END
```

APDL 宏程序允许多达 20 层的嵌套调用，被调用的宏执行完后返回到其上一级宏程序中继续执行。

（2）宏内无条件转移

下面是一个无条件转移的例子：

```
/prep7
k, 1
k, 2, 0.1
k, 3, 0.2
k, 4, 0.2, 0.2
k, 5, 0.1, 0.2
k, 6,, 0.2
* GO,: BRANCH1
l, 1, 2
l, 2, 3
l, 4, 5
l, 5, 6
: BRANCH1
l, 2, 5
```

在遇到 ＊GO 命令的行，程序将无条件跳转到“：”后的标签处继续执行，从而跳过了中间的一些划线命令，标签文字不得超过 8 个字符。

（3）宏内条件转移

＊IF 命令可以实现宏内的条件转移，其语法格式如下：

```
* IF, VAL1, Oper, VAL2, Base
```

其中，VAL1 和 VAL2 为条件判断的两个数据；Oper 为比较操作符，常用的有 EQ（等于）、NE（不等于）、LT（小于）、GT（大于）、LE（小于等于）、GE（大于等于）、ABLT（取绝对值后小于）和 ABGT（取绝对值后大于）等；Base 表示条件判断为真时要执行的操作。

（4）重复执行命令

下面命令是一个重复执行的例子：

```
E, 1, 2
* REPEAT, 5, 0, 1
```

第一行 E 命令由节点 1、2 生成单元，第二行的 ＊REPEAT 命令使其共执行 5 次

（包括其初次执行），从第二次开始，每一次执行时第二个节点的号将按 1 递增，第一个节点不变（按 0 递增），最后将生成 5 个单元：1-2、1-3、1-4、1-5 和 1-6。

说明：大部分以斜线（"/"）或星号（"*"）开头的命令以及宏程序命令不能用该命令重复执行，但以斜线开头的图形操作命令可以重复执行。另外，应避免使用 * REPEAT 重复执行那行需要交互操作的命令。

（5）循环语句

下面命令是一个简单的循环语句：

```
* DO, I, 1, 5
LSREAD, I    ! 读入荷载步 I
OUTPR, ALL, NONE    ! 改变输出控制
ERESX, NO
LSWRITE, I    ! 写荷载步 I
* ENDDO
```

第一行用 * DO 命令使 I 从 1 到 5 依次取值，* DO 和 * ENDDO 之间的命令将依次循环执行。此外，循环语句还可以和 * IF、* EXIT、* CYCLE 命令组合使用来控制程序流程。遇到 * EXIT 命令将退出最近一层 * DO 循环；遇到 * CYCLE 命令将跳过 * CYCLE 和 * ENDDO 间的所有命令，直接开始下一次循环。

13. 2. 1. 3　宏

宏实际上就是一系列的 APDL 控制语句的集合。把一系列 ANSYS 命令语句存到一个文件当中，并将扩展名定义为 * . mac，即形成了一个宏文件。在 ANSYS 的前处理中，利用宏可以完成大量的程序化操作，用户也可以用宏创建用户自己的命令，从而方便 ANSYS 的使用。

宏给用户一个扩展的思路：比如对于参数化分析，考虑几何尺寸对承载性能的影响，则可将模型的尺寸设为参数，并建立一个宏文件，对不同的尺寸，只需要改变几个参数，然后运行宏即可生成新的模型，可省掉大量的重复操作。

1. 宏的创建

ANSYS 另提供了多种创建宏的方法，对于较简单的宏，可以在 ANSYS 中直接生成；对于比较复杂的宏，最好通过文本编辑器创建，而且最好是在已有宏的基础上加以修改，这样不容易出现错误。ANSYS 常用的创建宏的方法有四种：

（1）通过 * CREATE 命令创建

在命令流窗口中依次输入下列语句即可创建一个名 matprop. mac 为宏：

```
* CREATE, matprop, mac
……
* END
```

* CREATE 命令要求与 * END 命令配合使用，二者之间的命令属于宏文件的内容。

第一行中的 matprop 代表宏文件名，mac 代表宏文件的扩展名。如果 matprop. mac 文件已经存在，该文件将被覆盖。

(2) 通过 ∗ CFOPEN、∗ CFWRITE 和 ∗ CFCLOS 命令创建

在命令流窗口中依次输入下列语句即可创建一个名 model. mac 为宏：

```
∗ CFOPEN, model, mac
......
∗ CRCLOS
```

第一行用 ∗ CFOPEN 命令打开一个名为 model. mac 的宏文件，接着用 ∗ CFWRITE 命令写入宏命令，最后一行用 ∗ CFCLOS 命令关闭宏文件。和 ∗ CREATE 命令不同的是，用此方法在写入文件时参数的操作将代入参数当前的值而不是参数名。

(3) 通过/TEE 命令创建

在命令流窗口中依次输入下列语句即可创建一个名为 lines. mac 为宏：

```
/TEE, new, lines, mac
/prep7
k, 1
k, 2, 0.1
k, 3, 0.2
k, 4, 0.2, 0.2
k, 5, 0.1, 0.2
k, 6,, 0.2
/TEE, END


/TEE, append, lines, mac
l, 1, 2
l, 2, 3
l, 4, 5
l, 5, 6
l, 2, 5
/TEE, END
```

第一行中"/TEE, NEW, lines, mac"是创建一个新的宏文件，名为 lines. mac，接下来输入的语句将被输入到宏文件中，同时所有的命令会被执行，直到遇"/TEE, END"语句为止；中间的"/TEE, append, lines, mac"是继续追加新的命令到 lines. mac 宏文件中，接下来的语句也将被执行并存入宏文件，直到遇到"/TEE, END"语句为止。

宏语句中如有参数操作，参数也会被更新，但存入文件的命令语句代入的是参数名，而不是参数值。

(4) 单击 Utility Menu→Macro→Create Macro 菜单创建

单击 Utility Menu→Macro→Create Macro 菜单即可创建宏。

2. 宏的运行

运行宏程序之前，首先该宏文件应该在当前宏的搜索路径下，默认的搜索路径有如下几项：

①ANSYS11.0 安装文件夹下的/ansys_ inc/v100/ansys/apdl 目录

②由环境变量 ANSYS_ MACROLIB 定义的目录或程序的注册目录

③由环境变量 $ HOME 定义的目录

④当前的工作目录。

对于位于搜索路径内的宏文件，直接在命令流窗口中输入宏文件名也可运行该宏。

13.2.1.4　函数和表达式

(1)函数

APDL 提供了丰富的数据函数，包括数学运算和字符运算，常用的见表 13-1 所列。

(2)表达式

APDL 中参数可以进行一系列数学运算和逻辑运算符号：+［加］、−［减］、*［乘］、/［除］、ABS(x)［x 绝对值］。

表 13-1　常用数学函数

函数类型	含义
ABS(x)	求 x 的绝对值
SIGN(x, y)	叫做符号函数，其功能是取某个数的符号(正或负)
EXP(x)	x 指数函数 e
LOG(x)	自然对数 ln(x)
LOG10(x)	常用对数 lg(x)
SQRT(x)	求 x 的平方根
NINT(x)	求最接近 x 的整数
MOD(x, y)	求 x/y 的余数(y =0 时返回 0)
RAND(x, y)	产生在 $x \sim y$ 之间的随机数
GDIS(x, y)	正态分布函数，平均值为 x，方差为 y
SIN(x), COS(x), TAN(x)	三角函数，默认情况下 x 的单元为弧度，可用 * AFUN 命令转换为角度
SINH(x), COSH(x), TANH(x)	双曲函数 ASIN(x), ACOS(x), ATAN(x) 反三解函数，默认情况下返回值为弧度
ATAN2(y, x)	反双曲函数，默认情况下返回值为弧度
VALCHR(CPARM)	字符参数 CPARM 数值(如果 CPARM 含有非数字字符则返回 0)
CHRVAL(PARM)	返回数值参数 PARM 的字符值，小数位数取决于量级
UPCASE(CPARM)	将字符串 CPARM 转换为大写
LWCASE(CPARM)	将字符串 CPARM 转换为小写

13.2.1.5　用户子程序

ANSYS 程序的开放式结构允许用户将自己编写的 Fortran 子程序与 ANSYS 代码程

序连接在一起，从而达到扩充 ANSYS 功能的目的。

13.2.2 土木工程常用单元

(1) link(杆)系列

link1(2D)和 link8(3D)用来模拟桁架，注意一根杆划一个单元。

link10 用来模拟拉索，注意要加初应变，一根索可分多个单元。

link180 是 link10 的加强版，一般用来模拟拉索。

(2) beam(梁)系列

beam3(2D)和 beam4(3D)是经典欧拉(Euler – Bernolli)梁单元，假设梁的剪切变形被忽略，用来模拟框架中的梁柱，画弯矩图。用 etab 读入 smisc 数据然后用 plls 命令。注意：虽然一根梁只划一个单元在单元两端也能得到正确的弯矩图，但是要得到和结构力学书上的弯矩图差不多的结果还需多分几段。该单元需要手工在实常数中输入 Iyy 和 Izz(注意方向)。

beam44 适合模拟薄壁的钢结构构件或者变截面的构件，可用"/eshape，1"显示单元形状。

beam188 和 beam189 号称超级梁单元，基于铁木辛科(Timoshenko)梁理论，有诸多优点：考虑剪切变形的影响，截面可设置多种材料，可用"/eshape，1"显示形状，截面惯性矩不用自己计算而只需输入截面特征，可以考虑扭转效应，可以变截面(8.0 版本以后)，可以方便地把两个单元连接处变成铰接(8.0 版本以后，用 ENDRELEASE 命令)。缺点是：8.0 版本之前 beam188 用的是一次形函数，其精度远低于 beam4 等单元，一根梁必须多分几个单元。8.0 版本之后可设置"KEYOPT(3) =2"变成二次形函数，解决了这个问题。

(3) shell 单元系列

shell41 一般用来模拟膜。

shell63 可针对一般的板壳，注意仅限弹性分析。它的塑性版本是 shell43。

加强版是 shell181(注意：18 * 系列单元都是 ansys 后开发的单元，考虑了以前单元的优点和缺陷，因而更完善)，优点是：能实现 shell41、shell63、shell43…的所有功能并比它们做的更好，偏置中点很方便(比如模拟梁板结构时常要把板中面往上偏置)，且可以分层。

(4) solid(体)系列

土木中常用的就 solid45、46、65、95 等。

solid45 是最常用的体单元，solid95 是它的带中结点版本。

solid46 可以容忍单元的长厚比达到 20 比 1，可以用来模拟钢板、碳纤维板、钢管等。

solid65 是专门的混凝土单元，可以考虑开裂。

(5) combin(弹簧)系列

常用的有 combin7、combin14、combin39、combin40 等。

combin7 可以用来模拟铰接点。combin14 是最简单的带阻尼弹簧。combin39 是非线性弹簧，在实常数中可以灵活定义力 – 位移关系，可用来模拟钢筋与混凝土的黏结滑移等。combin40 可模拟隔震结构。

(6) contact(接触)系列

常用的有 conta52，可用来模拟橡胶垫支座。这个很简单，可以用命令流添加(eintf)。TARGE16 * 和 CONTA17 * 系列可用接触向导添加，三维的接触往往会造成收敛困难，和混凝土非线性分析一样，需要凭经验调参数反复试算。

13.3 ANSYS 的分析过程

ANSYS 的数学基础是有限元法，其基本思想是将连续的结构离散成有限个单元，并在每一个单元中设定有限个节点，将连续体看作是只在节点处相连接的一组单元的集合体；同时选定场函数的节点值作为基本未知量，并在每一个单元中假设一个近似插值函数表示单元中场函数的分布规律；然后利用力学中的变分原理建立求解节点未知量的有限元方程，这样就将一个连续域中的无限自由度的问题转化为离散域的自由度问题。求解后可以利用已知的节点值和插值函数确定单元以及整个集合体上场函数。基于此，典型的 ANSYS 分析经历以下三个步骤。

13.3.1 前处理

前处理的目的是建立一个符合实际情况的结构有限元模型。在 Preprocessor 处理器中进行。包括：分析环境设置(指定分析工作名称、分析标题)、定义单元类型、定义实常数、定义材料属性(如线弹性材料的弹性模量、泊松比、密度)、建立几何模型(一般用自底向上建模：先定义关键点，由这些点连成线，由线组成面，再由线形成体)、对几何模型进行网格划分(分为三个步骤：赋予单元属性、指定网格划分密度、网格划分)。

ANSYS 软件提供了 100 种以上的单元类型，用来模拟工程中的各种材料和结构，各种不同单元组合在一起，成为具体物理问题的抽象模型。如在隧道工程中衬砌用 beam3 梁单元模拟，弹簧单元 COMBIN14 模拟围岩与结构的相互作用。边坡工程中边坡土体用平面单元来模拟。水利工程中对大坝进行三维模拟分析时用实体单元，二维分析时用平面单元；水库闸门用壳单元模拟。桥梁结构模拟分析中，用梁单元模拟不同截面的钢梁、混凝土梁，壳单元模拟桥面板箱梁等薄壁结构，杆单元可以模拟预应力钢筋和桁架。房屋建筑结构中，梁单元模拟框架柱，壳单元模拟屋面板，实体单元模拟大体积混凝土，杆单元模拟预应力钢筋等。

13.3.2 加载求解

该工作通过 SOLUTION 处理器实现。

首先要指定分析类型(静力分析、模态分析、谐响应分析、瞬态动力分析、谱分析等)，然后设置分析选项(不同分析类型设置不同选项，有非线性选项设置、线性设置和求解器设置)、设置载荷步选项(包括时间、子步数、载荷步、平衡迭代次数和输出控制)、施加加载(ANSYS 结构分析的载荷包括位移约束、集中力、面载荷、体载荷、惯性力、耦合场载荷，将其施加于几何模型的关键点、线、面、体上），最后是利用求解器求解。

一般都要对结构进行静力分析，结果必须满足设计要求。当动荷载与静荷载相比较小时，只进行静力分析即可。但实际工程中可能受到显著的动荷载作用，比如房屋受地震作用、船舶受海浪作用、桥梁受车辆作用等，此时必须进行动力分析。ANSYS动力分析包括模态分析、谐响应分析、瞬态动力学分析和谱分析四种类型，可解决各类工程动力问题。

ANSYS 中，结构的固有振动特性分析称为模态分析，分析结构的固有频率和振型，分析结果为其他动力分析的基础。谐响应分析用于确定线性结构在随时间以正弦规律变化的载荷作用下的稳态响应，得到结构的响应随频率变化的规律。瞬态动力学分析用于计算结构在随时间任意变化的载荷作用下的动力学响应，以得到结构在稳态载荷、瞬态载荷和简谐载荷随意组合下随时间变化的位移、应变、应力和力。谱分析是将模态分析的结果和已知谱联系起来计算结构响应的分析方法，用于确定结构对随机荷载或随时间变化荷载的动力响应。

ANSYS 中还可以进行非线性分析，结构非线性问题有三种类型：几何非线性、材料非线性、状态非线性。由于应变位移非线性关系引起的有限元分析总刚度方程非线性的问题为几何非线性问题。由于材料本构关系的非线性引起的结构刚度的非线性问题为材料非线性问题。与结构状态相关的非线性问题为状态非线性问题，最常见的是接触问题。进行非线性分析在设置求解选项时，除了一般的分析选项载荷步设置外，还要设置非线性选项，这个至关重要，设置收敛准则及平衡迭代次数。

13.3.3 后处理

ANSYS 程序提供两种后处理器：通用后处理器和时间历程后处理器。通用后处理器也简称为 POST1，用于分析处理整个模型在某个载荷步的某个子步、或者某个结果序列、或者某特定时间或频率下的结果，例如结构静力求解中载荷步 2 的最后一个子步的压力，或者瞬态动力学求解中时间等于 6 秒时的位移、速度与加速度等。时间历程后处理器也简称为 PoST26，用于分析处理指定时间范围内模型指定节点上的某结果项随时间或频率的变化情况，例如在瞬态动力学分析中结构某节点上的位移、速度和加速度从 0 秒到 10 秒之间的变化规律。后处理器可以处理的数据类型有两种：一是基本数据，是指每个节点求解所得自由度解，对于结构求解为位移张量也称为节点解；二是派生数据，是指根据基本数据导出的结果数据，通常是计算每个单元的所有节点、所有积分点或质心上的派生数据，所以也称为单元解。不同分析类型有不同的单元解，对于结构求解有应力和应变等。

当完成计算以后，通过后处理模块查看结果。可以轻松获得求解计算结果，包括位移、温度、应变、热流等，还可以对结果进行数学运算，然后以图形或者数据列表的形式输出。结构的变形图、内力图(轴力图、弯矩图、剪力图)，各节点的位移、应力、应变，还有位移应力应变云图都可以得出，为分析问题提供重要依据。

以上步骤既可以通过 GUI(图形界面)操作完成，也可以通过命令流完成。下面针对具体问题(5 个实例)详述具体实施过程。5 个实例均以 GUI 的形式完成分析。

13.3.4 应用举例

13.3.4.1 梁的有限元建模与变形分析

计算分析模型如图 13-1 所示,习题文件名:beam。

要求选择不同形状的截面分别进行计算,梁截面分别采用 13-1b、13-1c、13-1d 三种截面(单位:m)。

梁承受均布载荷:1.0e5 Pa

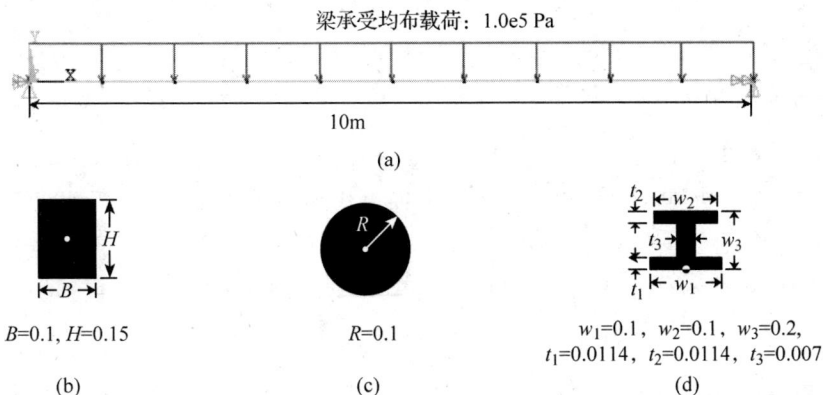

图 13-1 梁的计算分析模型

(a)计算简图 (b)矩形截面 (c)圆形截面 (d)I 字形截面

(1)进入 ANSYS

程序→ANSYS 12→ANSYS Product Launcher→File Management→Working Directory(输入工作目录)→Job name:Beam→Run。

(2)设置计算类型

Main Menu:Preference→Select Structural→OK。

(3)选择单元类型

ANSYS Main Menu:Preprocessor→Element Type→Add/Edit/Delete→出现 Element Type 对话框,单击"Add"按钮,出现 Library of Element Types 对话框,在 Library of Element Types 列表框中选择 Beam 2 node 188→OK(回到 Element Type 窗口)→Close(关闭 Element Type 窗口)。

(4)定义材料参数

Main Menu:Preprocessor→Material Props→Material Models→Structural→Linear→Elastic→Isotropic→Input EX:2.1e11,PRXY:0.3→OK→关闭 Define Material Models Behavior窗口。

(5)定义截面

ANSYS Main Menu:Preprocessor→Sections→Beam→Common Sections→分别定义矩形截面、圆截面和工字形截面:矩形截面:ID = 1, B = 0.1, H = 0.15→Apply→圆截面:ID = 2, R = 0.1→Apply→工字形截面:ID = 3, W1 = 0.1, W2 = 0.1, W3 = 0.2, t1 = 0.0114, t2 = 0.0114, t3 = 0.007→OK。

(6) 生成几何模型

➤生成特征点

ANSYS Main Menu：Preprocessor→Modeling→Create→Key points→In Active CS→出现 Create Key points in Active Coordinate System 窗口：在 NPT Key point number 输入 1，在 X，Y，Z Location in active CS 分别输入 0，0→Apply→出现相同的窗口同样地输入第 2 点的坐标(10，0)和第 3 点的坐标(5，1)→OK。

➤生成梁

ANSYS Main Menu：Preprocessor→Modeling→Create→Lines→Lines→Straight lines→点击两个特征点 1(0，0)，2(10，0)→OK。

(7) 网格划分

ANSYS Main Menu：Preprocessor→Meshing→Mesh Attributes→Picked lines→点取前步所生成的线→OK→出现 Line Attributes 窗口：选择 SECT Element section：1（根据所计算的梁的截面选择编号）；Pick Orientation Key point(s)：Yes→拾取：特征点 3(5，1)→OK→Mesh Tool→出现 Mesh Tool 窗口：点取 Size Controls：lines Set →出现 Element Size on Picked Li... 窗口：点取 Pick All→出现 Element Sizes on Picked Lines 窗口：在 NDIV No. of element divisions 里输入 5→OK→回到 Mesh Tool 窗口：点取 Mesh→出现 Mesh lines 窗口：点取 Pick All。

(8) 模型施加约束

①最左端节点施加约束

ANSYS Main Menu：Solution→Define Loads→Apply→Structural→Displacement→On Nodes→出现 Apply U,ROT on Nodes 窗口：点取 1（0，0）→OK→出现 Apply U,ROT on Nodes 窗口：在列表中选择(UX，UY，UZ，ROTX)→OK。

②最右端节点施加约束

③ANSYS Main Menu：Solution→Define Loads→Apply→Structural→Displacement→On Nodes→出现 Apply U,ROT on Nodes 窗口：点取 2（10，0）→OK→出现 Apply U,ROT on Nodes 窗口：在列表中选择(UY，UZ，ROTX)→OK。

④施加 Y 方向的载荷

ANSYS Main Menu：Solution→Define Loads→Apply→Structural→Pressure→On Beams→出现 Apply PRES on Beams 窗口：点取 Pick All→出现 Apply PRES on Beams 窗口：在 VALI Pressure value node I 里输入：100000→OK。

(9) 分析计算

ANSYS Main Menu：Solution→Solve→Current LS→出现 Solve Current Load Step 窗口→OK→关闭 /STATUS Command 窗口。

(10) 结果显示

ANSYS Main Menu：General Postproc→Plot Results→出现 Plot Deformed Shape 窗口：点取 Def + undeformed→OK→回到 Plot Results→Contour Plot→Nodal Solu→出现

Contour Nodal Solution Data 窗口：选择 DOF solution，Y-Component of displacement，Z-Component of rotation，Rotation vector sum，在 Undisplaced shape key 里选择 Deformed shape with undeformed model→OK。

(11)退出系统

ANSYS Utility Menu：File→Exit→Save Everything→OK。

13.3.4.2 坝体的有限元建模与应力应变分析

计算分析模型如图 13-2 所示，习题文件名：dam。

(1)进入 ANSYS

程序→ANSYS 12→ANSYS Product Launcher→File Management→Working Directory（输入工作目录）→Job name：Dam→Run。

(2)设置计算类型

Main Menu：Preference→Select Structural→OK。

(3)选择单元类型

ANSYS Main Menu：Preprocessor→Element Type→Add/Edit/Delete→出现 Element Type 对话框，单击"Add"按钮，出现 Library of Element Types 对话框，在 Library of Element Types 列表框中选择 Solid Quad 4node 42→OK（回到 Element Type 窗口）→点取 Options→出现

图 13-2 坝体的计算分析模型

PLANE42 element type options 窗口：

在 Element behavior K3 中选择 Plane Strain→OK→关闭 Element Types 窗口。

(4)定义材料参数

Main Menu：Preprocessor→Material Props→Material Models→Structural→Linear→Elastic→Isotropic→Input EX：2.1e11，PRXY：0.3→OK→关闭 Define Material Models Behavior 窗口。

(5)生成几何模型

①生成特征点

ANSYS Main Menu：Preprocessor→Modeling→Create→Key points→In Active CS→出现 Create Key points in Active Coordinate System 窗口：在 NPT Key point number 输入 1，在 X，Y，Z Location in active CS 分别输入 0，0→Apply→出现相同的窗口同样地输入第 2 点的坐标（1，0）、第 3 点的坐标（1，5）和第 4 点（0.45，5）→OK。

②生成坝体截面

ANSYS Main Menu：Preprocessor→Modeling→Create→Areas→Arbitrary→Through KPS→依次连接四个特征点 1（0，0），2（1，0），3（1，5），4（0.45，5）→OK。

(6)网格划分

ANSYS Main Menu：Preprocessor→Meshing→Mesh Tool→出现 Mesh Tool 窗口：点

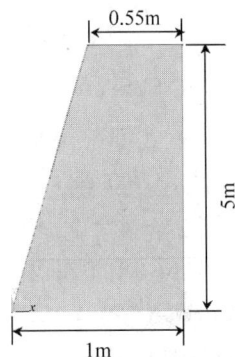

Size Controls：lines **Set** →出现 **Element Size on Picked Li...** 窗口：依次点取两条横边 →出现 **Element Sizes on Picked Lines** 窗口：在 NDIV　No. of element divisions 里输入：15→ Apply → 出 现 **Element Size on Picked Li...** 窗 口：依 次 点 取 两 条 纵 边 → 出 现 **Element Sizes on Picked Lines** 窗口：在 NDIV　No. of element divisions 里输入：20→OK→ 回到 **MeshTool** 窗口：点选 Quad，Mapped→Mesh→出现 **Mesh Areas** 窗口：点取 Pick All （网格划分成功）。

（7）模型施加约束

①分别给下底边和竖直的纵边施加 x 和 y 方向的约束

ANSYS Main Menu：Solution→Define Loads→Apply→Structural→Displacement→on lines→ 出 现 **Apply U,ROT on Lines** 窗 口：点 取 底 边 和 竖 直 边 → OK → 出 现 **Apply U,ROT on Lines** 窗口：在 Lab2　DOFs to be constrained 里选择 UX，UY→OK。

②给斜边施加 x 方向的分布荷载

ANSYS Main Menu：Solution→Define Loads→Apply→Functions→Define/Edit→出现 **Function Editor** 窗口：1）在下方的下拉列表框内选择 x，作为设置的变量；2）在 Result 窗口中出现{x}，写入所施加的荷载函数：1000 * {x}；3）File > Save（文件扩展名：func）→关闭 **Function Editor** 窗口→ANSYS Main Menu：Solution→Define Loads→Apply→ Functions→Read File→将 .func 文件打开，在 Table parameter name 任给一个参数名，它 表示随之将施加的荷载→OK→ANSYS Main Menu：Solution→Define Loads→Apply→ Structural → Pressure → 出 现 **Apply PRES on lines** 窗 口：点 取 斜 边 → OK → 出 现 **Apply PRES on lines** 窗口：在 [SFL] Apply PRES on lines as a 里选择：Existing table→OK→ 出现 **Apply PRES on lines** 窗口：选择前步定义的参数名→OK。

（8）分析计算

ANSYS Main Menu：Solution→Solve→Current LS→OK→出现 **Solve Current Load Step** 窗口：OK→关闭 **/STATUS Command** 窗口。

（9）结果显示

ANSYS Main Menu：General Postproc → Plot Results → Deformed Shape → 出现 **Plot Deformed Shape** 窗口：选择：Def + undeformed→OK→回到 Plot Results 窗口→ Contour Plot→Nodal Solu→出现 **Contour Nodal Solution Data** 窗口：点取 DOF Solution： X-Component of displacement，Y-Component of displacement；点取 Stress：X-Component of stress，Y-Component of stress，Z-Component of stress；在 Undisplaced shape key 里选择： Deformed shape with undeformed model→OK。

（10）退出系统

ANSYS Utility Menu：File→Exit→Save Everything→OK。

13.3.4.3　受内压力作用的球体的有限元建模与分析

计算分析模型如图 13-3 所示，习题文件名：sphere。

（1）进入 ANSYS

程序 → ANSYS 12 → ANSYS Product Launcher→File Management→Working Directory（输入工作目录）→ Job name：Sphere →Run。

（2）设置计算类型

Main Menu：Preference→Select Structural→OK。

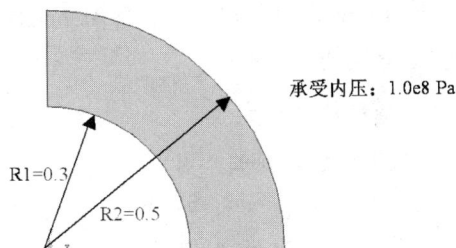

承受内压：1.0e8 Pa

R1=0.3
R2=0.5

图 13-3　受均匀内压的球体计算
分析模型（截面图）

（3）选择单元类型

ANSYS Main Menu：Preprocessor→Element Type→Add/Edit/Delete→出现 Element Type 对话框，单击"Add"按钮，出现 Library of Element Types 对话框，在 Library of Element Types 列表框中选择 Solid Quad 4node 42→OK（回到 Element Type 窗口）→点取 Options→出现 PLANE42 element type options 窗口：

在 Element behavior K3 中选择 Axisymmetric→OK→关闭 Element Types 窗口。

（4）定义材料参数

ANSYS Main Menu：Preprocessor→Material Props→Material Models→Structural→Linear →Elastic→Isotropic→Input EX：2.1e11，PRXY：0.3→OK→关闭 Define Material Models Behavior 窗口。

（5）生成几何模型

①生成特征点

ANSYS Main Menu：Preprocessor→Modeling→Create→Key points→In Active CS→出现 Create Key points in Active Coordinate System 窗口：在 NPT　Key point number 输入 1，在 X，Y，Z Location in active CS 分别输入 0.3，0→Apply→出现相同的窗口同样地输入第 2 点的坐标（0.5，0）、第 3 点的坐标（0，0.5）和第 4 点（0，0.3）→OK。

②生成球体截面

ANSYS 菜单栏：Work Plane ＞ Change Active CS to ＞ Global Spherical→ANSYS Main Menu：Preprocessor→Modeling→Create→Lines→Lines→In Active Coord→依次连接 1，2，3，4 点→OK→Preprocessor→Modeling→Create→Areas→Arbitrary→By Lines→依次拾取四条边→OK→ANSYS 命令菜单栏：Work Plane ＞ Change Active CS to ＞ Global Cartesian。

（6）网格划分

ANSYS Main Menu：Preprocessor→Meshing→Mesh Tool→出现 Mesh Tool 窗口：点 Size Controls：lines　Set →出现 Element Size on Picked Li... 窗口：依次点取两条直边 →出现 Element Sizes on Picked Lines 窗口：在 NDIV　No. of element divisions 里输入：10→ Apply → 出 现　Element Size on Picked Li... 窗口：依次点取两条曲边 → 出现 Element Sizes on Picked Lines 窗口：在 NDIV　No. of element divisions 里输入：20→OK→

回到 **MeshTool** 窗口：点选 Quad，Mapped→Mesh→出现 **Mesh Areas** 窗口：点取 Pick All（网格划分成功）。

（7）模型施加约束

①给水平直边施加约束

ANSYS Main Menu：Solution→Define Loads→Apply→Structural→Displacement→on lines → 出 现 **Apply U,ROT on Lines** 窗 口：点 取 水 平 直 边 → OK → 出 现 **Apply U,ROT on Lines** 窗口：在 Lab2 DOFs to be constrained 里选择 UY→OK。

②给竖直边施加约束

ANSYS Main Menu：Solution→Define Loads→Apply→Structural→Displacement→Symmetry B. C. →On Lines→拾取竖直边→OK。

③给内弧施加径向的分布荷载

ANSYS Main Menu：Solution→Define Loads→Apply→Structural→Pressure→On Lines →出现 **Apply PRES on lines** 窗口：拾取小圆弧→OK→出现 **Apply PRES on lines** 窗口：在 VALUE Load PRES value 里输入：100e6→OK。

（8）分析计算

ANSYS Main Menu：Solution→Solve→Current LS→OK→出现 **Solve Current Load Step** 窗口：OK→关闭 **/STATUS Command** 窗口。

（9）结果显示

ANSYS Main Menu：General Postproc → Plot Results → Deformed Shape → 出现 **Plot Deformed Shape** 窗口：选择：Def + undeformed→OK→回到 Plot Results 窗口→ Contour Plot→Nodal Solu→出现 **Contour Nodal Solution Data** 窗口：点取 DOF Solution：X-Component of displacement，Y-Component of displacement；点取 Stress：X-Component of stress，Y-Component of stress，Z-Component of stress；在 Undisplaced shape key 里选择：Deformed shape with undeformed model→OK。

（10）退出系统

ANSYS Utility Menu：File→Exit→Save Everything→OK。

13. 3. 4. 4 圆筒的温度场分布的有限元建模分析

如图 13-4 所示的短圆筒，内半径为 0.3m，外半径为 0.5m，高度为 1m。假定圆筒内、外壁温度均为 200℃，上端面温度为 300℃，下端面绝热，导热系数为 40W/(m·℃)，计算圆筒的温度场分布。

（1）进入 ANSYS

程序→ANSYS 12→Ansys Product launcher→File Management→Working Directory（输入工作目录）input jobname：cylinder→Run。

（2）设置计算类型

ANSYS Main Menu：Preferences…→select Thermal→OK。

(3)选择单元类型

ANSYS Main Menu：Preprocessor→Element Type→Add/Edit/Delete→Add→select Thermal Solid Quad 4node 55→OK（back to Element Types window）→Options···→select K3：Axisymmetric→OK→Close（the Element Type window）。

(4)定义材料参数

ANSYS Main Menu：Preprocessor→Material Props→Material Models→Thermal→Conductivity→Isotropic→input KXX：40→OK。

(5)生成几何模型

①生成特征点

ANSYS Main Menu：Preprocessor→Modeling→Create→Keypoints→In Active CS→依次输入四个点的坐标：input：1(0.3, 0), 2(0.5, 0), 3(0.5, 1), 4(0.3, 1)→OK。

②生成圆柱体截面

ANSYS Main Menu：Preprocessor→Modeling→Create→Areas→Arbitrary→Through KPS→依次连接四个特征点，1(0.3, 0), 2(0.5, 0), 3(0.5, 1), 4(0.3, 1)→OK。

(6)网格划分

ANSYS Main Menu：Preprocessor→Meshing→Mesh Tool→(Size Controls) lines：Set→拾取两条水平边：OK→input NDIV：5→Apply→拾取两条竖直边：OK→input NDIV：15→OK→(back to the mesh tool window) Mesh：Areas，Shape：Quad，Mapped→Mesh→Pick All (in Picking Menu)。

(7)模型施加约束

分别给两条直边施加约束

ANSYS Main Menu：Solution→Define Loads→Apply→Thermal→Temperature→On Lines→拾取左，右两边，Value：200→Apply(back to the window of apply temp on lines)→拾取上边，Value：300→OK。

(8)分析计算

ANSYS Main Menu：Solution→Solve→Current LS→OK(to close the solve Current Load Step window)→OK。

(9)结果显示

ANSYS Main Menu：General Postproc→Plot Results→Contour Plot→Nodal Solu···→select：DOF solution, Temperature→OK。

(10)退出系统

ANSYS Utility Menu：File→Exit···→Save Everything→OK。

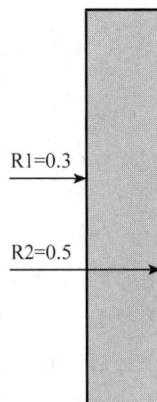

图 13-4　受温度载荷的圆筒示意图

13. 3. 4. 5　方板的有限元分析

　　一侧固定的方板如图 13-5 所示，长宽均为 1m，厚度为 5cm，方板的右侧受到均布拉力 q = 200MPa 的作用。材料的弹性模量为 E = 2.1 × 10^{5}MPa，泊松比为 0.3。对方板采用两种不同位移约束方式进行计算，分析采用那种约束方式比较合理。位移约束方式如下：

　　① 对 12 边同时施加 x 和 y 方向的位移约束；

　　② 对 12 边施加 x 方向的位移约束，对 12 边的中间一点施加 y 方向的位移约束。

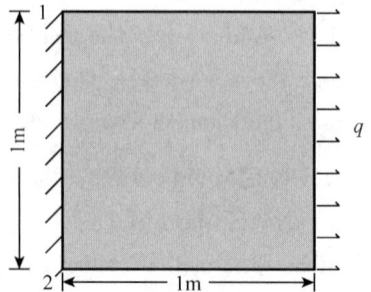

图 13-5　矩形板示意图

（1）对 12 边同时施加 x 和 y 方向的位移约束

① 进入 ANSYS

程序→ANSYS12→ANSYS Product Launcher→File Management→change the working directory into yours→input Initial jobname：plane1→Run。

② 设置计算类型

ANSYS Main Menu：Preferences→select Structural→OK。

③ 选择单元类型

ANSYS Main Menu：Preprocessor→Element Type→Add/Edit/Delete→Add→select Solid Quad 4node 42→OK（back to Element Types window）→Options…→select K3：Plane stress w/thk→OK→Close（the Element Type window）。

④ 定义材料参数

ANSYS Main Menu：Preprocessor→Material Props→Material Models→Structural→Linear →Elastic→Isotropic→input EX：2.1e11，PRXY：0.3→OK。

⑤ 定义实常数

ANSYS Main Menu：Preprocessor→Real Constants…→Add…→select Type 1→OK→input THK：0.05→OK→Close（the Real Constants Window）。

⑥ 生成几何模型

➤生成特征点

ANSYS Main Menu：Preprocessor→Modeling→Create→Keypoints→In Active CS→依次输入五个点的坐标：input：1（0，0），2（1，0），3（1，1），4（0，1），5（0.5，0.5）→OK。

➤生成平板

ANSYS Main Menu：Preprocessor→Modeling→Create→Areas→Arbitrary→Through KPS →连接特征点 1，2，5→Apply→连接特征点 2，3，5→Apply→连接特征点 3，4，5→Apply→连接特征点 4，1，5→OK。

⑦ 网格划分

ANSYS Main Menu：Preprocessor→Meshing→Mesh Tool→（Size Controls）lines：Set→Pick All（in Picking Menu）→input NDIV：1→OK→（back to the mesh tool window）Mesh：Areas，Shape：Tri，Free→Mesh→Pick All（in Picking Menu）→Close（the Mesh Tool window）。

⑧ 模型施加约束

➤给模型施加 x 方向约束

ANSYS Main Menu：Solution→Define Loads→Apply→Structural→Displacement→On Lines→拾取模型左部的竖直边：Lab2：UX→OK。

➤给模型施加 y 方向约束

ANSYS Main Menu：Solution→Define Loads→Apply→Structural→Displacement→On Lines→拾取模型左部的竖直边：Lab2：UY→OK。

⑨模型施加荷载

ANSYS Main Menu：Preprocessor→Loads→Define Loads→Apply→Structural→Pressure →On Lines→Value：−200→OK。

⑩分析计算

ANSYS Main Menu：Solution→Solve→Current LS→OK(to close the solve Current Load Step window)→OK。

⑪结果显示

ANSYS Main Menu：General Postproc→Plot Results→Deformed Shape…→select Def + Undeformed→OK (back to Plot Results window)→Contour Plot→Nodal Solu→select：DOF solution, UX, UY, Def + Undeformed→OK。

⑫退出系统

ANSYS Utility Menu：File→Exit→Save Everything→OK。

(2) 对 12 边施加 x 方向的位移约束，对 12 边的中间一点施加 y 方向的位移约束

①进入 ANSYS

程序→ANSYS 12→ANSYS Product Launcher→File Management→change the working directory into yours→input Initial jobname：plane2→Run。

②设置计算类型

ANSYS Main Menu：Preferences→select Structural→OK。

③选择单元类型

ANSYS Main Menu：Preprocessor→Element Type→Add/Edit/Delete→Add→select Solid Quad 4node 42→OK (back to Element Types window)→Options…→select K3：Plane stress w/thk→OK→Close (the Element Type window。

④定义材料参数

ANSYS Main Menu：Preprocessor→Material Props→Material Models→Structural→Linear →Elastic→Isotropic→input EX：2.1e11, PRXY：0.3→OK。

⑤定义实常数

ANSYS Main Menu：Preprocessor→Real Constants…→Add…→select Type 1→OK→input THK：0.05→OK→Close (the Real Constants Window)。

⑥生成几何模型

➤生成特征点

ANSYS Main Menu：Preprocessor→Modeling→Create→Keypoints→In Active CS→依次输入六点的坐标 input：1(0, 0), 2(1, 0), 3(1, 1), 4(0, 1), 5(0.5, 0.5), 6(0,

0. 5→OK。

➢生成平板

ANSYS Main Menu：Preprocessor→Modeling→Create→Areas→Arbitrary→Through KPS→连接特征点1，2，5→Apply→连接特征点2，3，5→Apply→连接特征点3，4，5→Apply→连接特征点4，1，5→OK。

⑦ 网格划分

ANSYS Main Menu：Preprocessor→Meshing→Mesh Tool→（Size Controls）lines：Set→Pick All（in Picking Menu）→input NDIV：1→OK→（back to the mesh tool window）Mesh：Areas，Shape：Tri，Free→Mesh→Pick All （in Picking Menu）→Close（ the Mesh Tool window）。

⑧ 模型施加约束

➢给模型施加 x 方向约束

ANSYS Main Menu：Solution→Define Loads→Apply→Structural Displacement→On Lines→拾取模型左部的竖直边：Lab2：UX→OK。

➢给模型施加 y 方向约束

ANSYS Main Menu：Solution→Define Loads→Apply→Structural→Displacement→On Keypoints→拾取 Keypoint6：Lab2：UY→OK。

⑨ 模型施加荷载

ANSYS Main Menu：Preprocessor→Loads→Define Loads→Apply→Structural→Pressure→On Lines→Value： - 200→OK。

⑩ 分析计算

ANSYS Main Menu：Solution→Solve→Current LS→OK（to close the solve Current Load Step window）→OK。

⑪结果显示

ANSYS Main Menu：General Postproc→Plot Results→Deformed Shape…→select Def + Undeformed→OK（ back to Plot Results window）→Contour Plot→Nodal Solu→select：DOF solution，UX，UY，Def + Undeformed→OK。

⑫退出系统

ANSYS Utility Menu：File→Exit→Save Everything→OK。

13. 4　工程应用实例分析

13. 4. 1　钢筋混凝土结构有限元模型建立

混凝土是目前应用最为广泛的建筑材料之一，它可以很方便地与钢筋、型钢、钢管及其他一些结构材料组合成多种多样的构件和节点，应用于各种结构形式中。为了了解混凝土结构的详细受力机理和破坏过程，往往需要利用三维实体单元进行非线性有限元分析。而混凝土本身同时具有开裂、压碎、塑性等诸多复杂力学行为，在三维条件下这些力学行为更加难以确定，给实际应用带来了较大的困难。

13.4.1.1 混凝土承载力及裂纹弥散分析

混凝土在外力作用下变形，受到外部约束时（支承条件、钢筋等），将在混凝土中产生拉应力，使得混凝土开裂。众所周知，材料的力学性能是进行工程设计、评定材料、研制新材料、新工艺及选用替代材料的重要依据。在过去的很长一段时期内，它都是以传统力学理论为基础的。传统的强度计算理论是长期以来在工程上对构件强度或结构强度进行计算的方法。它以材料力学、结构力学为基础，假定材料为均匀的各向同性的连续体（避开客观存在的缺陷和裂纹），采用连续介质力学的方法对构件进行整体的受力和变形分析。计算时，只要某一危险点的工作应力不超过允许应力，即

$$\sigma \leqslant [\sigma] \tag{13-1}$$

就认为构件或结构是安全的；反之，就认为是不安全的。这种强度计算理论已有了100多年的历史，它在过去的工程设计和实际运用中发挥了重要的作用。当混凝土所受的应力状态超过其极限承载力时，裂缝就会出现。

13.4.1.2 钢筋混凝土结构模型建立

根据钢筋的处理方式，有限元模型主要有分离式、分布式和组合式。在建模过程中，一般采用体分割法，即用工作平面根据钢筋的位置不断地将体分割，分割后体上的一条线定义为力筋线，最终形成许多复杂的体和多条力筋线。然后分别进行单元划分，施加荷载和边界条件，最后求解。此法基于几何模型的处理，优点是力筋位置比较准确，求解结果比较准确，特别是对体内普通钢筋和体内有黏结预应力的钢筋；用这种方法建模后，钢筋和混凝土能够直接共同工作。下面以钢筋混凝土梁为例，以命令流的形式详述分析过程及结果。

(1)定义单元及材料属性

```
finish
/clear
/prep7
rd0 =20.0 ! 钢筋直径
et, 1, solid65
et, 2, link8
mp, ex, 1, 33e3
mp, prxy, 1, 0.20
r, 1
hntra =28
hntrl =2.6
tb, concr, 1
tbdata,, 0.7, 1.0, hntrl, 1
mp, ex, 2, 2.1e5
mp, prxy, 2, 0.30
```

（2）几何建模

```
r, 2, acos(1)*
0.25* rd0* rd0
! 定义梁体即单元划分
blc4, , , 100, 200, 3000
/view, 1, 1, 1, 1
/ang, 1
gplot
! 定义网分时边长控制
lsel, s, loc, z, 1, 2999
lsel, r, loc, y, 0
latt, 2, 2, 2
lesize, all,,, 20 ! 钢筋网格数目
lmesh, all
lsel, s, loc, z, 0
lesize, all,,, 4 ! 截面上的网格数目 4×4
vsel, all
vatt, 1, 1, 1
mshape, 0, 3d
mshkey, 1
vmesh, all
allsel, all
finish
```

（3）施加约束并求解

```
/solu
! 施加约束
lsel, s, loc, z, 0
lsel, r, loc, y, 0
dl, all,, uy
dl, all,, uz
lsel, all
lsel, s, loc, z, 3000
lsel, r, loc, y, 0
dl, all,, uy
lsel, all
ksel, s, loc, x, 0
ksel, r, loc, y, 0
```

```
dk, all, ux
allsel, all
! 施加荷载
qmz = 0.3
asel, s, loc, y, 200
sfa, all, 1, pres, qmz
allsel, all
nsubst, 40
outres, all, all
time, qmz* 10
neqit, 40
solve
finish
```

有限元模型如图 13-6 所示。

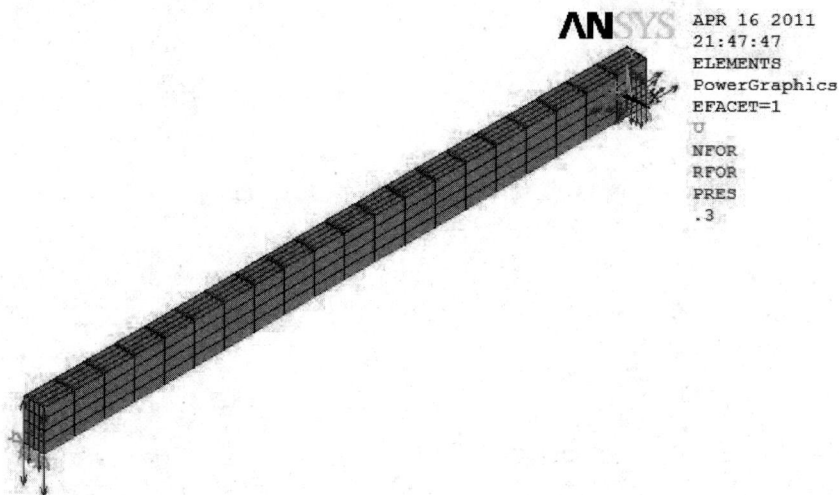

图 13-6　钢筋混凝土梁的有限元模型

13.4.1.3　加载与求解过程

施加荷载阶段，可以把荷载施加在实体模型上，但求解之前要保证所有的荷载施加在有限元模型上，荷载可以分为 DOF 约束、力、表面荷载、体积荷载、惯性力及耦合场。

```
/solu
nsel, s, loc, y, 15
sf, all, pres, 100
nsel, all
OUTRES, ALL, ALL,
nsub, 10
solve
fini
```

13.4.1.4 计算实例及结果分析

荷载施加导致应力场的重分布，结构上表面均为受压状态，下表面均为受拉状态，当拉应力或剪应力超过结构极限强度时，出现有裂纹，构件拉应力、钢筋变形和拉－剪裂纹如图 13-7 至图 13-9 所示。

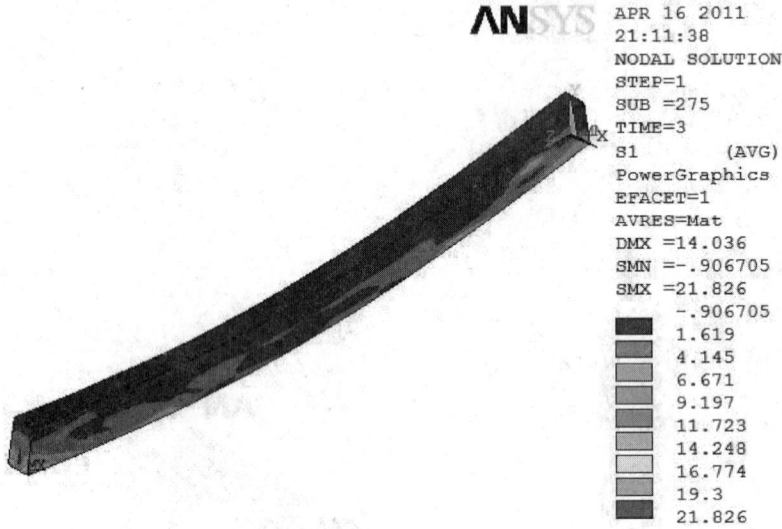

图 13-7　构件拉应力（第一主应力）（Pa）

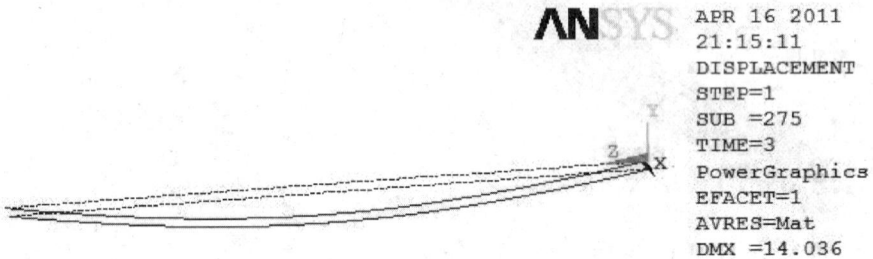

图 13-8　钢筋变形图

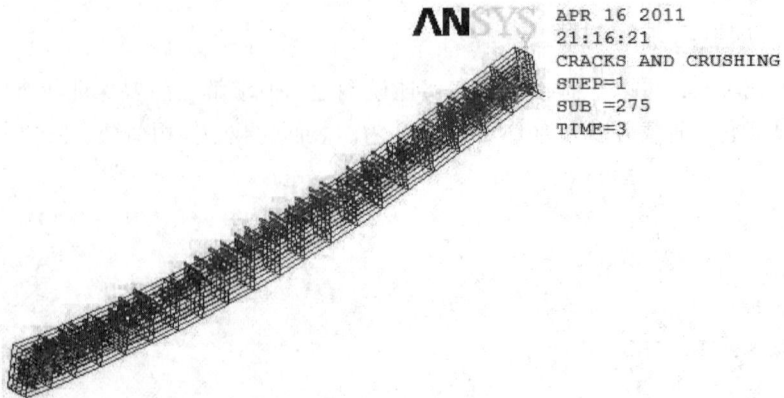

图 13-9　结构出现拉—剪裂纹

13.4.2 钢筋锈蚀引起的混凝土结构物理场模拟

13.4.2.1 问题描述

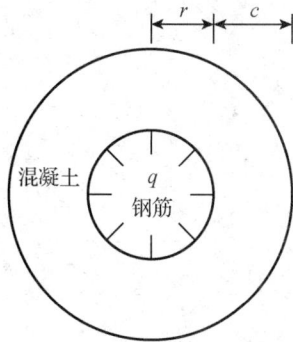

图 13-10 施加径向压应力模型

如图 13-10 配置单根钢筋的混凝土截面（钢筋半径 r，保护层厚度 c）。混凝土中钢筋锈胀过程实质为锈蚀产物体积逐渐膨胀，对其保护层混凝土产生径向压力，导致保护层开裂的过程。顺筋方向均匀锈蚀的钢筋混凝土结构锈胀引起的应力场分析可以建立 2D 模型。对于钢筋锈胀的模拟有三种方法：温度膨胀环模拟钢筋均匀锈蚀，在混凝土中预留钢筋孔通过施加径向压力或径向位移模拟钢筋均匀锈蚀膨胀。下面用通过施加径向压力的方法模拟钢筋锈蚀引起的应力场。

试件截面如图 13-11 所示（配置 6 根直径为 16mm 的钢筋，保护层厚度可以在 25 ~ 60mm 之间取），薄板尺寸为 $300mm \times 200mm \times 30mm$，板中预留孔模拟钢筋位置和直径，ANSYS 中的 SOLID65 是用于混凝土材料非线性分析的单元，程序内部采用了两参数的 Drucker-Prager 强度准则进行弹性极限判断，用五参数的 William-Warnke 强度准则进行破坏曲面描述。这里考虑混凝

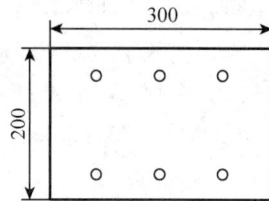

图 13-11 配筋截面

土的受拉性能时，忽略其中极有限的延性，ANSYS 中的混凝土材料模型可以模拟拉裂和压碎（用命令"TB, CONCR"定义这种材料）。

混凝土开裂后，作用在垂直于裂缝方向的拉应力将部分或全部由相邻未开裂的混凝土承担。在有限元计算中则表现为混凝土应力—应变关系矩阵的改变。在 ANSYS 程序中，通过在垂直于裂缝方向引入一个软弱面来修改应力应变关系，以反映高斯积分点处的裂缝的存在，同时引入一个剪力传递系数 β_t（$0 \le \beta_t \le 1$，在 TB，CONCR 命令第 1 个常数中指定），这是考虑到虽有裂缝，但由于咬合、暗销等作用，混凝土尚可保持部分抗剪能力。若取 $\beta_t = 1$，则和未开裂时一样，即抗剪能力不受开裂的影响；若取 $\beta_t = 0$，则混凝土的抗剪能力全部丧失。不同的研究者在各自发表的文章中使用不同的数值，有的还建议 β_t 应随裂缝宽度而减小的计算公式。这里取 $\beta_t = 0.3$。如果裂缝张开后又闭合，则开裂面的法向的压应力跨裂缝传递，并且引进闭合裂缝剪应力传递系数 β_c（TBDATA 命令中的第 2 个常数，这里取 0.5）。

13.4.2.2 求解步骤

以下以命令流的形式给出求解过程。

!! 板尺寸 300* 200* 30，四孔，直径 16mm，

!! 保护层厚度 25mm，60mm

!! 约束形式，z 方向竖向支撑，远端 x，y 方向水平铰支

!! 荷载为单孔周边均匀加载

!!!!!!!!!!!!!!

```
FINI
/CLEAR
/filname, Cracking problem
* SET, CON_FT, 1.3
* SET, CON_FC, 12.5
* SET, R, 10
* SET, NDIV, 5
* SET, PI, 4* ATAN(1)
* SET, CONCRETE, 2
/PREP7
et, 1, 42
ET, 2, SOLID65
MP, EX, CONCRETE, 2E4
MP, NUXY, CONCRETE, .18
TB, CONCR, CONCRETE, S
TBDATA,, 0.3, 0.5, CON_FT, -1
k, 1, 33, 33
rectng, 0, 66, 0, 66
kwpave, 1
pcirc, 9,, 0, 360
aovlap, 1, 2     ! 先交才能删
adele, 2
wprota, -45, 0, 90
asbw, 3
wprota, 90, 0, 90
asbw, 1
asbw, 2
wprota, 0, -90, 0
wprota, 135, 0, 0
wprota, -90, 0, 0
wprota, 90, 0, 0
wprota, 90, 0, 0
NUMMRG, ALL
numcmp, all
lccat, 13, 16
lccat, 12, 15
lccat, 11, 6
lccat, 14, 10
NUMMRG, ALL
```

```
numcmp, all
lsel, s,,, 1, 2, 1, 0
lesize, all,,, 6,,,,, 1
lsel, s,,, 5,, 0, 0
lesize, 5,,, 3,,,,, 1
lsel, s,,, 7, 9, 1, 0
lesize, all,,, 3,,,,, 1
lsel, s,,, 17, 20, 1, 0
lesize, all,,, 6,,,,, 1
type, 1
mshkey, 1
amesh, 1
amesh, 2
amesh, 3
amesh, 4
ldele, 17, 20, 1, 0
agen, 2, 1, 4, 1, 234
agen, 2, 1, 4, 1, 35, -134
agen, 2, 1, 4, 1, 199, -134
NUMMRG, ALL
numcmp, all
wpoffs, 33, -33, 0
rectng, 0, 35, 0, 66
lsel, s,,, 67,, 0, 0
lesize, 67,,, 3,,,,, 1
lsel, s,,, 65,, 0, 0
lesize, 65,,, 3,,,,, 1
lsel, s,,, 66,, 0, 0
lesize, 66,,, 6,,,,, 1
lsel, s,,, 68,, 0, 0
lesize, 68,,, 6,,,,, 1
amesh, 17
agen, 2, 17,,, 133
agen, 2, 17,,, -66, -134
agen, 2, 17,,, 199, -134
NUMMRG, ALL
numcmp, all
KNODE, 0, 33
LSTR, 58, 30
```

```
FLST, 2, 4, 3
FITEM, 2, 2
FITEM, 2, 58
FITEM, 2, 30
FITEM, 2, 55
A, P51X
lsel, s,,, 77,, 0, 0
lesize, 77,,, 5,,,,, 1
lsel, s,,, 79,, 0, 0
lesize, 79,,, 5,,,,, 1
amesh, 21
NUMMRG, ALL
numcmp, all
KNODE, 0, 206
LSTR, 3, 59
FLST, 2, 4, 3
FITEM, 2, 58
FITEM, 2, 3
FITEM, 2, 59
FITEM, 2, 30
A, P51X
NUMMRG, ALL
numcmp, all
lsel, s,,, 80,, 0, 0
lesize, 80,,, 5,,,,, 1
amesh, 22
NUMMRG, ALL
numcmp, all
LSTR, 50, 29
FLST, 2, 4, 3
FITEM, 2, 3
FITEM, 2, 50
FITEM, 2, 29
FITEM, 2, 59
A, P51X
lsel, s,,, 83,, 0, 0
lesize, 83,,, 5,,,,, 1
amesh, 23
NUMMRG, ALL
```

```
numcmp, all
KNODE, 0, 302
LSTR, 52, 42
LSTR,   19, 60
FLST, 2, 4, 3
FITEM, 2, 52
FITEM, 2, 19
FITEM, 2, 60
FITEM, 2, 42
A, P51X
lsel, s,,, 85,, 0, 0
lesize, 85,,, 5,,,,, 1
amesh, 24
NUMMRG, ALL
numcmp, all
KNODE, 0, 129
LSTR, 61, 41
FLST, 2, 4, 3
FITEM, 2, 19
FITEM, 2, 61
FITEM, 2, 41
FITEM, 2, 60
A, P51X
lsel, s,,, 86,, 0, 0
lesize, 86,,, 5,,,,, 1
amesh, 25
NUMMRG, ALL
numcmp, all
LSTR, 20, 57
FLST, 2, 4, 3
FITEM, 2, 61
FITEM, 2, 20
FITEM, 2, 57
FITEM, 2, 41
A, P51X
NUMMRG, ALL
numcmp, all
lsel, s,,, 91,, 0, 0
lesize, 91,,, 5,,,,, 1
```

```
amesh, 26
NUMMRG, ALL
numcmp, all
wpoffs, 35, 0, 0
rectng, 0, 98, 0, 66
lsel, s,,, 95,, 0, 0
lesize, 95,,, 8,,,,, 1
lsel, s,,, 94,, 0, 0
lesize, 94,,, 6,,,,, 1
amesh, 27
NUMMRG, ALL
numcmp, all
agen, 2, 27,,,,, -134
NUMMRG, ALL
numcmp, all
rectng, 0, 98, 0, -68
NUMMRG, ALL
numcmp, all
amesh, 29
NUMMRG, ALL
numcmp, all
type, 2
EXTOPT, ESIZE, 0, 2
vext, all,,, 0, 0, 30
eplot   ! 分网后显示
! 建模完毕
save
wpoffs, -68, 33, 0

/SOLU
ALLS
asel, s, loc, z, 30    ! 选择 z = 30 处坐标值
NSLA, S, 1     ! 选择所有面上节点
D, ALL, UZ   ! 把约束加到节点上
FLST, 2, 18, 1, ORDE, 9
FITEM, 2, 874
FITEM, 2, 924
FITEM, 2, 979
FITEM, 2, -983
```

```
FITEM, 2, 1569
FITEM, 2, 1572
FITEM, 2, -1577
FITEM, 2, 1769
FITEM, 2, -1772
! *
/GO
D, P51X, , , , , , UX, UY, , , ,
CSWPLA, 11, 1, 1, 1,
csys, 11    ! 柱坐标
nsel, all
rescontrol,, all   ! 最后一个荷载步结果写入文件
EQSLV, PCG, 1E-4
CNVTOL, u, 1E-3, 0.04, 2,,
* do, i, 1, 3
time, i
NSUBST, 5      ! 子步数
ASEL, s, area,, 41, 42
ASEL, a, area,, 54, 55
ASEL, a, area,, 49, 50
ASEL, a, area,, 57, 58
SFA, all, 1, PRES, 0.2* i
SOLVE
* enddo
* do, i, 1, 2
time, i
NSUBST, 5      ! 子步数
ASEL, s, area,, 41, 42
ASEL, a, area,, 54, 55
ASEL, a, area,, 49, 50
ASEL, a, area,, 57, 58
SFA, all, 1, PRES, 0.01* i
SOLVE
* enddo
end
save
/post1
```

图 13-12 为模拟钢筋锈胀的有限元模型；进入 POST1 可以提取应力、应变、变形

场等。图 13-13 为后处理提取出的结果之一，加载后初始裂缝分布图。

图 13-12 钢筋锈胀的有限元模型

图 13-13 初始裂缝分布情况

小 结

本章主要介绍 ANSYS 有限元软件的分析流程及单元类型，并结合实例用交互式输入及命令流两种方式介绍了 ANSYS 有限元软件在结构受力分析中的应用。通过钢筋混凝土梁受力分析及钢筋锈蚀对钢筋混凝土结构影响的仿真分析，展示其在土木工程中的广泛应用。

思考题

1. ANSYS 具有哪几种网格划分技术？
2. ANSYS 有哪几种常用单元，各有什么特点？
3. ANSYS 有哪几种分析模块？
4. ANSYS 分析的流程是怎么样的？

推荐阅读书目

1. ANSYS 14.0 有限元分析从入门到精通. 张秀辉，等. 机械工业出版社，2013.
2. ANSYS 14.0 理论解析与工程应用实例. 张洪才. 机械工业出版社，2013.
3. ANSYS 非线性有限元分析方法及范例应用. 张洪伟，高相胜，张庆余. 中国水利水电出版社，2013.
4. ANSYS11.0 土木工程有限元典型范例. 赖永标，胡仁喜，黄书珍. 电子工业出版社，2007.

第 **14** 章

ABAQUS 及工程应用

[**本章提要**] ABAQUS 作为大型通用有限元分析软件，能够求解广泛的线性和非线性问题，具有强大的建模、分析介绍功能。本章主要介绍 ABAQUS 有限元软件的分析流程，单元类型及网格划分技术，并采用实例的形式，通过介绍 ABAQUS 在分析沥青路面结构的静态裂缝问题和动态响应问题，展示其在土木工程中的广泛应用。

ABAQUS 是世界上最先进的大型通用有限元分析软件之一，它能够求解广泛的线性和非线性问题，包括结构的静态、动态、热和电响应等。ABAQUS 强大的建模、分析功能为其在土木工程中的广泛应用奠定了坚实基础。在我国高速公路的建设和使用过程中，遇到了大量的工程技术问题，如软土地基上路面结构的沉降问题、桥台地基的沉降问题、沥青路面结构的车辙问题和沥青路面结构的裂缝问题等。这些技术问题的解决一方面依赖于材料技术和施工技术水平的提高；另一方面依赖于对所遇到的技术问题的深层次认识。ABAQUS 有限元程序就是提高对这些技术问题深层次认识的强有力的工具。

14.1 有限元软件 ABAQUS 简介

14.1.1 ABAQUS 软件

ABAQUS 公司成立于 1978 年，是世界知名的高级有限元分析软件公司，总部设在美国罗德岛州普罗维登斯市，在法国 Surésnes 设有研发中心。其主要业务为非线性有限元分析软件 ABAQUS 的开发、维护及售后服务。ABAQUS 软件在技术、品质以及可靠性等方面具有非常卓越的声誉，对简单或复杂的线性和非线性工程问题，都提供了一套完整强大的有限元理论解决方案。ABAQUS 公司致力于发展统一的有限元分析平台，以用于多种产品开发，适合各种用户的需求。

2005 年 10 月，ABAQUS 公司成为在三维建模和产品生命周期管理上享有盛誉的达索公司(Dassault Systèmes)的一个子公司。SIMULIA 是达索公司的品牌，包括著名的 ABAQUS 和 CATIA 的分析模块等。它将把人们从以往不关联的分析仿真应用，带入到协同的、开放的、集成的多物理场仿真平台。SIMULIA 提供各种仿真模拟功能，通过卓越的技术、出众的质量以及完善的服务，使工业界的工程师和科学家可以利用仿真结果去提高产品性能，减少物理模型的制作，加快产品创新进程。

ABAQUS 是一套功能强大的工程模拟有限元软件，其解决问题的范围从相对简单的线性分析到许多复杂的非线性问题。ABAQUS 包括一个丰富的、可模拟任意几何形状的单元库。并拥有各种类型的材料模型库，可以模拟典型工程材料的性能，其中包括金属、橡胶、高分子材料、复合材料、钢筋混凝土、可压缩超弹性泡沫材料以及土壤和岩石等地质材料。

作为通用的模拟工具，ABAQUS 除了能解决大量结构（应力/位移）问题，还可以模拟其他工程领域的许多问题，例如热传导、质量扩散、热电耦合分析、声学分析、岩土力学分析（流体渗透/应力耦合分析）及压电介质分析。

ABAQUS 为用户提供了广泛的功能，且使用起来又非常简单。大量的复杂问题可以通过选项块的不同组合很容易的模拟出来。例如，对于复杂多构件问题的模拟可通过把定义每一构件的几何尺寸的选项块与相应的材料性质选项块结合起来。在大部分模拟中，甚至高度非线性问题，用户只需提供一些工程数据，如结构的几何形状、材料性质、边界条件及载荷工况。在一个非线性分析中，ABAQUS 能自动选择相应载荷增量和收敛限度，不仅能够选择合适参数，而且能连续调节参数以保证在分析过程中有效地得到精确解。用户通过准确的定义参数就能很好地控制数值计算结果。

由于 ABAQUS 优秀的分析能力和模拟复杂系统的可靠性，使得 ABAQUS 被各国的工业和研究广泛采用。ABAQUS 产品在大量的高科技产品研究中都发挥着巨大的作用。

14.1.2 ABAQUS 产品的组成

ABAQUS 由两个主要的分析模块组成：ABAQUS/Standard 和 ABAQUS/Explicit。其中 ABAQUS/Standard 附带了三个特殊用途的分析模块：ABAQUS/Aqua（模拟近海结构如海上石油钻井平台，也可以模拟波浪、风载及浮力的影响）、ABAQUS/Design（设计敏感度的计算）和 ABAQUS/Foundation（可以更有效地使用 ABAQUS/Standard 的线性静态和动态分析功能）。此外，ABAQUS 还分别为 MOLDFLOW 和 MSC. ADAMS 提供了 MOLDFLOW 接口和 ADAMS/Flex 接口。

ABAQUS/CAE 是集成的 ABAQUS 工作环境，包含了 ABAQUS 模型的建模、交互式提交作业与监控运算过程以及结果评估（后处理）等能力。ABAQUS/Viewer 是 ABAQUS/CAE 的子模块，它只包含其中的后处理功能。这些模块之间的关系如图 14-1 所示。

14.1.2.1 ABAQUS/Standard 和 ABAQUS/Explicit

在 ABAQUS 的组成模块中，ABAQUS/Standard 和 ABAQUS/Explicit 是两个核心求解器。其中 ABAQUS/Standard 是一个通用分析模块，可以求解广泛领域的线性和非线性问题，包括静力、动力、构件的热和电响应的问题；ABAQUS/Explicit 是一个具有专门用途的分析模块，采用显式动力学有限元格式，适用于模拟短暂、瞬时的动态事件，如冲击和爆炸问题，此外它对改变接触条件的高度非线性问题也非常有效，如模拟成型问题。两者的主要区别见表 14-1 所列。

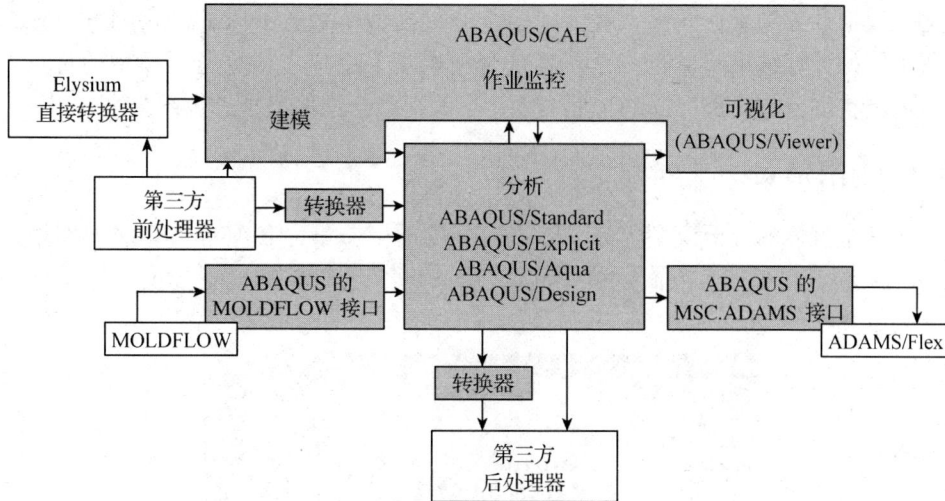

图 14-1 ABAQUS 的组成

表 14-1 ABAQUS/Standard 与 ABAQUS/Explicit 的主要区别

项 目	ABAQUS/Standard	ABAQUS/Explicit
单元库(Element library)	提供了广泛的单元库	为显式分析提供了广泛的单元库,它是 ABAQUS/Standard 单元库的子集
分析程序(Analysis procedures)	通用和线性扰动分析程序	通用分析程序
材料模型(Material models)	提供了广泛的材料模型	与 ABAQUS/Standard 类似,一个显著区别是允许失效的材料模型
接触公式(Contact formulation)	强大的解决接触问题的能力	对非常复杂的接触模拟尤其适用
求解技术(Solution technique)	无条件稳定的、基于刚度的求解技术	有条件稳定的、显式积分求解技术
磁盘和内存需求(Disk space and memory)	每个增量步中可能存在大量的迭代步,因而磁盘和内存需求较大	与 ABAQUS/Standard 相比,通常磁盘和内存需求较小

14.1.2.2 ABAQUS/CAE 和 ABAQUS/Viewer

ABAQUS/CAE(Complete ABAQUS Environment)是 ABAQUS 的交互式图形环境。通过生成或输入分析结构的几何形状,并将其分解为便于网格划分的若干区域,然后对生成的几何体赋予物理和材料特性、载荷以及边界条件。ABAQUS/CAE 具有对几何体划分网格的强大功能,并可检验所形成的分析模型。模型生成后,ABAQUS/CAE 可以提交、监视和控制分析作业。而 Visualization(可视化)模块(也称为 ABAQUS/Viewer)可以用来进行模型的后处理。

14.2 ABAQUS 常用单元

单元是有限元分析的基础,对于同一个分析模型,采用不同的单元类型将可能获得不同的模拟计算结果；同样，对于同一个分析模型，采取不同的网格划分方式，也会获得不同的计算结果。对于一个具体的分析模型，用户应根据分析模型的特点，采取合适的网格划分方式和合适的单元类型，以获得最合理的模拟计算结果。

14.2.1 有限单元

对于一个具体的分析模型，为了获得较好的网格质量，必须对 ABAQUS 网格进行控制（图 14-2），包括三个方面：单元形状（Element shape）、网格划分技术（Technique）和网格划分算法（Algorithm）。

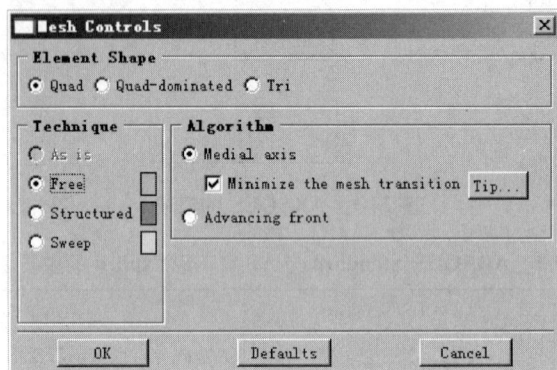

图 14-2 ABAQUS 中的网格控制（Mesh Controls）

ABAQUS 中的单元形状（Element Shape）分为一维、二维和三维单元，如图 14-3 所示。常见的有三角形单元 Triangles（简写为 Tri），四边形单元 Quadrilaterals（简写为 Quad），四面体单元 Tetrahedra（简写为 Tet），六面体单元 Hexahedra（简写为 Hex）。

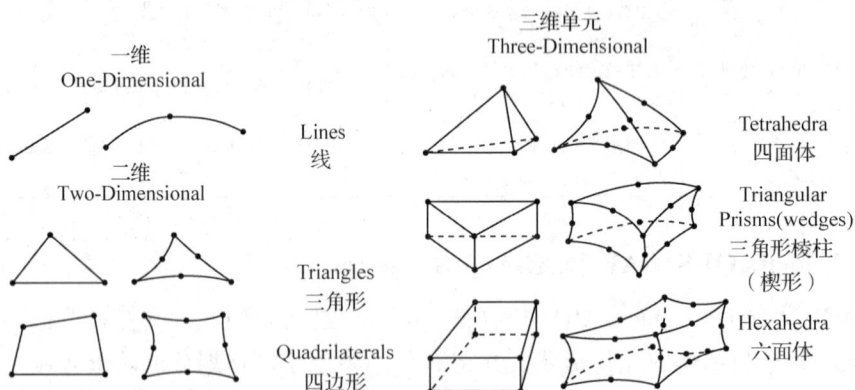

图 14-3 ABAQUS 中的单元形状

有限单元和刚性体是 ABAQUS 模型的基本构件。有限单元是可变形的，而刚性体在空间运动不改变形状。任何物体或物体的局部均可以定义为刚性体；大多数单元类型都可以用于刚性体的定义。刚性体相比变形体的优越性在于对刚性体运动的完全描述只需要在一个参考点（Reference Point）上的最多 6 个自由度。相比之下，可变形的单元拥有许多自由度，需要较大代价的单元计算才能完整地确定变形。当变形可以忽略或者不是关心的区域时，将模型的一个部分作为刚性体可以极大地节省计算时间，而不影响整体结果。

ABAQUS 提供了广泛的单元，其庞大的单元库提供了一套强有力的工具以解决各种不同的问题。

14.2.1.1 单元的表征

对于 ABAQUS 中的每个单元，其单元由如下部分组成：

- 单元族（Family）。
- 自由度（Degrees of Freedom），与单元族直接相关。
- 结点数（Number of Nodes）。
- 数学描述（Formulation）。
- 积分（Integration）。

ABAQUS 中每个单元都有唯一的名字，如 T2D2、S4R 或者 C3D8I。单元的名字标示了一个单元上述 5 个方面问题的特征。

(1) 单元族

图 14-4 中给出了应力分析中最常用的单元族，包括实体单元、壳单元、梁单元和刚性体单元等。不同单元族之间的主要区别在于每个单元族所假定的几何类型不同。

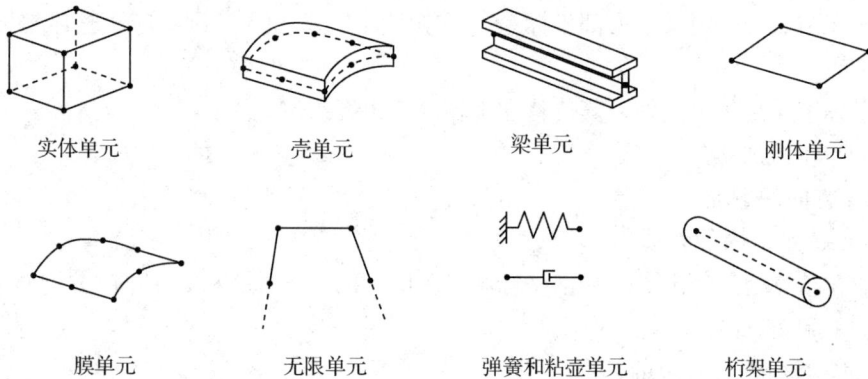

实体单元　　　　壳单元　　　　梁单元　　　　刚体单元

膜单元　　　无限单元　　弹簧和粘壶单元　　桁架单元

图 14-4　常用单元族

单元名字中的第 1 个字母或者字母串标示该单元属于哪一个单元族。例如，S4R 中的 S 表示它是壳（Shell）单元，而 C3D8I 中的 C 表示它是实体（Continuum）单元。

(2) 自由度

自由度（dof）是分析中计算的基本变量。对于应力/位移模拟，自由度是在每一结点处的平移。某些单元族，如梁和壳单元族，还包括转动自由度。对于热传导模拟，自由度是在每一结点处的温度，因此，热传导分析要求使用与应力分析不同的单元。

在 ABAQUS 中使用的自由度顺序约定如下：

- 1　1 方向平动（U1）
- 2　2 方向平动（U2）
- 3　3 方向平动（U3）
- 4 绕 1 轴的转动（UR1）
- 5 绕 2 轴的转动（UR2）

- 6 绕 3 轴的转动(UR3)
- 7 开口截面梁单元的翘曲
- 8 声压、孔隙压力或静水压力
- 9 电势
- 11 对于实体单元的温度(或质量扩散分析中的归一化浓度),或者在梁和壳的厚度上第一点的温度
- 12 + 在梁和壳厚度上其他点的温度(继续增加自由度)

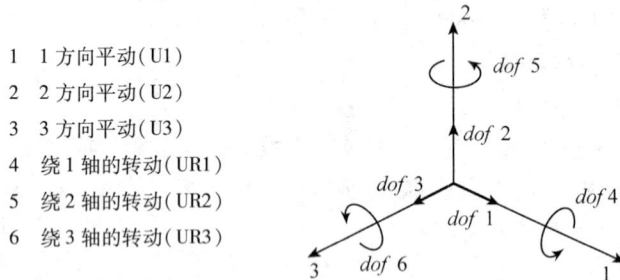

前 6 个基本自由度如图 14-5 所示。

1　1 方向平动(U1)
2　2 方向平动(U2)
3　3 方向平动(U3)
4　绕 1 轴的转动(UR1)
5　绕 2 轴的转动(UR2)
6　绕 3 轴的转动(UR3)

图 14-5　ABAQUS 中定义的 6 个基本自由度

除非在结点处定义了局部坐标系,否则方向 1、2 和 3 分别对应于整体坐标的 1、2 和 3 方向。

轴对称单元是一个例外,其位移和旋转的自由度约定如下:

- 1 r 方向的平动
- 2 z 方向的平动
- 6 $r-z$ 平面内的转动

除非在结点处已经定义了局部坐标系,否则方向 r(径向)和 z(轴向)分别对应于整体坐标的 1 和 2 方向。

(3)结点数目—插值的阶数

ABAQUS 仅在单元的结点处计算单元的位移、转动、温度和其他自由度。在单元内的任何其他点处的位移是由结点位移插值获得的。通常插值的阶数由单元采用的结点数目决定。

仅在角点处布置结点的单元,如图 14-6(a)所示的 8 结点实体单元,在每一方向上采用线性插值,常常称它们为线性单元或一阶单元。

在每条边上有中间结点的单元,如图 14-6(b)所示的 20 结点实体单元,采用二次插值,常常称它们为二次单元或二阶单元。

在每条边上有中间结点的修正三角形或四面体单元,如图 14-6(c)所示的 10 结点四面体单元,采用修正的二阶插值,常常称它们为修正的单元或修正的二次单元或二阶单元。

ABAQUS/Standard 提供了对于线性和二次单元的广泛选择。除了二次梁单元和修正的四面体和三角形单元之外,ABAQUS/Explicit 仅提供线性单元。

一般情况下,一个单元的结点数目清楚地标识在其单元名字中。如 8 结点实体单

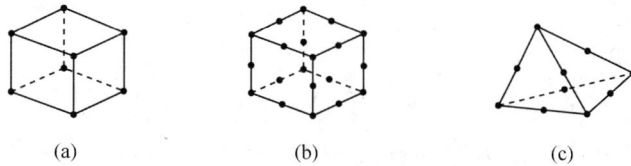

图 14-6 线性实体、二次实体和修正的四面体单元
(a)线性单元 (b)二次单元 (c)修正的二次单元

元称为 C3D8;8 结点一般壳单元称为 S8R。梁单元族采用了稍有不同的约定:在单元的名字中标识了插值的阶数,如一阶三维梁单元称为 B31,二阶三维梁单元称为 B32。对于轴对称壳单元和膜单元采用了类似的约定。

(4)数学描述

单元的数学描述是指用来定义单元行为的数学理论。在不考虑自适应网格(Adaptive meshing)的情况下,在 ABAQUS 中所有的应力/位移单元的行为都是基于拉格朗日(Lagrangian)或材料(Material)描述:在分析中,与单元关联的材料保持与单元关联,且材料不能从单元中流出和越过单元的边界。与此相反,欧拉(Eulerian)或空间(Spatial)描述则是单元在空间固定,材料在它们之间流动。欧拉方法通常用于流体力学模拟。ABAQUS/Standard 应用欧拉单元模拟对流换热。在 ABAQUS/Explicit 中的自适应网格技术,将纯拉格朗日和欧拉分析的特点相结合,允许单元的运动独立于材料。

为了适应不同类型的行为,在 ABAQUS 中的某些单元族包含了几种采用不同数学描述的单元。如壳单元族具有三种类型:一种适用于一般性目的的壳体分析,另一种适用于薄壳,余下的一种适用于厚壳。

ABAQUS/Standard 中的某些单元族除了具有标准的数学描述外,还有一些其他可供选择的数学描述,这些描述通过在单元名字末尾附加字母来识别,如实体、梁和桁架单元族包括了采用杂交公式的单元,它们将静水压力(实体单元)和轴力(梁和桁架单元)处理为一个附加的未知量,这些杂交单元由其名字末尾的"H"字母标识(C3D8H 或 B31H)。

有些单元的数学描述允许耦合场问题求解,如以字母 C 开头和字母 T 结尾的单元(如 C3D8T)具有力学和热学的自由度,可用于模拟热—力耦合问题。

(5)积分

ABAQUS 应用数值方法对各种变量在整个单元体内进行积分。对于大部分单元,ABAQUS 运用高斯积分法来计算每一单元内每一积分点处的材料响应。对于 ABAQUS 中的一些实体单元,可以选择应用完全积分或者减缩积分,对于一个给定的问题,这种选择对于单元的精度有着明显的影响。

ABAQUS 在单元名字末尾采用字母"R"来标识减缩积分单元(如果一个减缩积分单元同时又是杂交单元,末尾字母为"RH")。如,CAX4 是 4 结点、完全积分、线性、轴对称实体单元;而 CAX4R 是同类单元的减缩积分单元。

ABAQUS/Standard 提供了完全积分和减缩积分单元;除了修正的四面体和三角形单元外,ABAQUS/Explicit 只提供了减缩积分单元。

14.2.1.2 实体单元

在不同的单元族中，连续体或者实体单元能够用来模拟范围最广泛的构件。顾名思义，实体单元简单地模拟部件中的一小块材料。由于它们可以通过其任何一个表面与其他单元相连，因此实体单元能够用来构建具有几乎任何形状、承受几乎任意载荷的模型。ABAQUS 具有应力/位移和热—力耦合的实体单元。

在 ABAQUS 中，应力/位移实体单元的名字以字母"C"开头，随后的两个字母表示维数，并且通常表示(并不总是)单元的有效自由度，字母"3D"表示三维单元，"AX"表示轴对称单元，"PE"表示平面应变单元，而"PS"表示平面应力单元。

(1)实体单元库

三维实体单元可以是六面体(砖形)、楔形或四面体形。在 ABAQUS 中，应尽可能采用六面体单元或二阶修正的四面体单元，一阶四面体单元(C3D4)具有简单的常应变公式，为了得到精确的解答需要非常细密的网格。

二维实体单元可以是四边形或三角形，应用最普遍的三种二维单元为：

①平面应变(Plain Strain)单元　假设离面应变 ε_{33} 为零，可以用来模拟厚结构；

②平面应力(Plain Stress)单元　假设离面应力 σ_{33} 为零，可以用来模拟薄结构；

③无扭曲的轴对称单元(CAX 类单元)　可模拟 360° 的环，适合于分析具有轴对称几何形状和承受轴对称载荷的结构。

二维实体单元必须在 1 – 2 平面内定义，并使结点编号顺序绕单元周界是逆时针的。

(2)自由度

应力/位移实体单元在每一结点处都有平移自由度。相应地在三维单元中，自由度 1、2 和 3 是有效的，而在平面应变单元、平面应力单元和无扭曲的轴对称单元，只有自由度 1 和 2 是有效的。

(3)单元性质

所有的实体单元必须赋予截面性质，它定义了与单元相关的材料和任何附加的几何数据。对于三维和轴对称单元不需要附加几何信息：结点坐标就能够完整地定义单元的几何形状。对于平面应力和平面应变单元，可能需要指定单元的厚度，或者采用为 1 的默认值。

(4)数学描述和积分

在 ABAQUS/Standard 中，实体单元族可供选择的数学描述，包括非协调模式(Incompatible Mode)的数学描述(在单元名字的最后一个或倒数第 2 个字母为 I)和杂交单元的数学描述(单元名字的最后一个字母为 H)。

在 ABAQUS/Standard 中，对于四边形或六面体(砖形)单元，可以在完全积分和减缩积分之间进行选择。在 ABAQUS/Explicit 中，只能使用减缩积分的四边形或六面体实体单元。数学描述和积分方式都会对实体单元的精度产生显著的影响。

(5)单元输出变量

默认情况下，诸如应力和应变等单元输出变量都是参照整体笛卡儿直角坐标系的。

因此，在积分点处 σ_{11} 应力分量是作用在整体坐标系的 1 方向，如图 14-7(a)所示。即使在一个大位移模拟中单元发生了转动，如图 14-7(b)所示，仍默认是在整体笛卡儿坐标系中定义单元变量。

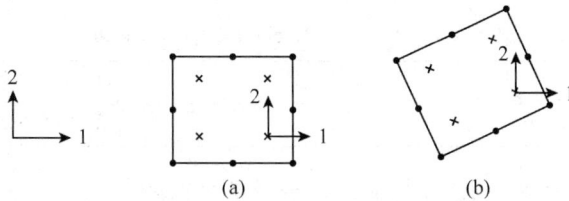

图 14-7　实体单元默认的材料方向

　　然而，ABAQUS 允许用户为单元变量定义一个局部坐标系。该局部坐标系在大位移模拟中随着单元的运动而转动。当所分析的物体具有某个自然材料方向时，如在复合材料中的纤维方向，局部坐标系是十分有用的。

14.2.1.3　壳单元

　　壳单元用来模拟那些一个方向的尺寸(厚度)远小于其他方向的尺寸，并且沿厚度方向的应力可以忽略的结构。

　　在 ABAQUS 中，壳单元的名字以字母"S"开头。所有轴对称壳单元以字母"SAX"开头。在 ABAQUS/Standard 中也提供了带有反对称变形的轴对称壳单元，它以字母"SAXA"开头。除了轴对称壳的情况外，在壳单元名字中的第 1 个数字表示在单元中结点的数目，而在轴对称壳单元名字中的第 1 个数字表示插值的阶数。

　　在 ABAQUS 中具有两种壳单元：常规的壳单元和基于连续体的壳单元。通过定义单元的平面尺寸、表面法向和初始曲率，常规的壳单元对参考面进行离散；另一方面，基于连续体的壳单元类似于三维实体单元，它们对整个三维物体进行离散和建立数学描述，其运动和本构行为类似于常规壳单元。

(1)壳单元库

　　在 ABAQUS/Standard 中，一般的三维壳单元有三种不同的数学描述：一般性目的(General-purpose)的壳单元，仅适合薄壳的(Thin-only)的壳单元和仅适合厚壳(Thick-only)的壳单元。一般性目的的壳单元和带有反对称变形的轴对称壳单元考虑了有限的膜应变和任意大转动。三维"厚"和"薄"壳单元类型提供了任意大的转动，但是仅考虑了小应变。一般性目的的壳单元允许壳的厚度随着单元的变形而改变。所有其他的壳单元假设小应变和厚度不变，即使单元的结点可能发生有限的转动。在程序中包含线性和二次插值的三角形和四边形单元，以及线性和二次的轴对称单元。所有的四边形壳单元(除了 S4)和三角形单元 S3/S3R 均采用减缩积分。而 S4 壳单元和其他三角形单元则采用完全积分。表 14-2 列出了 ABAQUS/Standard 中的壳单元。

表 14-2　ABAQUS/Standard 中的 3 种壳单元

一般性目的的壳	仅适合薄壳	仅适合厚壳
S4, S4R, S3/S3R, SAX1 SAX2, SAX2T	STRI3, STRI65 S4R5, S8R5, S9R5, SAXA	S8R, S8RT

所有在 ABAQUS/Explicit 中的壳单元是一般性目的的壳单元，具有有限的膜应变和小的膜应变公式。该程序提供了带有线性插值的三角形和四边形单元，也有线性轴对称壳单元。表 14-3 列出了在 ABAQUS/Explicit 中的壳单元。

表 14-3　ABAQUS/Explicit 中的 2 种壳单元

有限应变壳	小应变壳
S4R，S3/S3R，SAX1	S4RS，S4RSW，S3RS

对于大多数显式分析，使用大应变壳单元是合适的。然而，如果在分析中只涉及小的膜应变和任意的大转动，采用小应变壳单元则更富有计算效率。S4RS、S3RS 没有考虑翘曲，而 S4RSW 则考虑了翘曲。

（2）自由度

在 ABAQUS/Standard 的三维壳单元中，名字以数字"5"结尾的（例如 S4R5、STRI65）单元每一结点只有 5 个自由度：3 个平移自由度和 2 个面内转动自由度（即没有绕壳面法线的转动）。然而，如果需要的话，可以使结点处的全部 6 个自由度都被激活，例如，施加转动的边界条件，或者结点处于壳的折线上。

其他的三维壳单元在每一结点处有 6 个自由度（3 个平移自由度和 3 个转动自由度）。轴对称壳单元的每一结点有 3 个自由度：

- 1　r 方向的平移
- 2　z 方向的平动
- 6　$r-z$ 平面内的转动

（3）单元性质

所有的壳单元必须提供壳截面性质，它定义了与单元有关的厚度和材料性质。在分析过程中或者在分析开始时，可以计算壳的横截面刚度。若选择在分析过程中计算刚度，通过在壳厚度方向上选定的点，ABAQUS 应用数值积分的方法计算力学行为。所选定的点称为截面点（Section Point），如图 14-8 所示。相关的材料性质可以是线性的或者是非线性的。用户可以在壳厚度方向上指定任意奇数个截面点。

若选择在分析开始时一次计算横截面刚度，可以定义横截面性质来模拟线性或非线性行为。在这种情况下，ABAQUS 以截面工程参数（面积、惯性矩等）的方式直接模拟壳体的横截面行为，所以，无需让 ABAQUS 在单元截面上积分任意变量。因此，这种方式计算成本较小。以合力和合力矩的方式计算响应，只有在被要求输出时，才会计算应力和应变。当壳体的响应是线弹性时，建议采用这种方式。

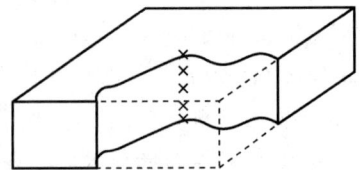

图 14-8　壳单元厚度方向上的截面点

（4）单元输出变量

以位于每一壳单元表面上的局部材料方向的方式，定义壳单元的输出变量。在所有大位移模拟中，这种轴随着单元的变形而转动。用户也可以定义局部材料坐标系，在大位移分析中它随着单元变形而转动。

14.2.1.4 梁单元

梁单元用来模拟一个方向的尺寸(长度)远大于另外两个方向的尺寸,并且仅沿梁轴方向的应力是比较显著的构件。

在 ABAQUS 中梁单元的名字以字母"B"开头。下一个字符表示单元的维数:"2"表示二维梁,"3"表示三维梁。第三个字符表示采用的插值:"1"表示线性插值,"2"表示二次插值和"3"表示三次插值。

(1)梁单元库

在二维和三维中有线性、二次及三次梁单元。在 ABAQUS/Explicit 中没有提供三次梁单元。

(2)自由度

三维梁在每一结点有 6 个自由度:3 个平移自由度和 3 个转动自由度。在 ABAQUS/Standard 中有"开口截面"(Open – section)梁单元(如 B31OS),它具有一个代表梁横截面翘曲(Warping)的附加自由度(7)。

二维梁在每一个结点有 3 个自由度:2 个平移自由度(1,2)和 1 个绕模型的平面法线转动的自由度(6)。

(3)单元性质

所有的梁单元必须提供梁截面性质,定义与单元有关的材料以及梁截面的轮廓(Profile)(即单元横截面的几何);结点坐标仅定义梁的长度。通过指定截面的形状和尺寸,用户可以从几何上定义梁截面的轮廓。另一种方式,通过给定截面工程参数,如面积和惯性矩,用户可以定义一个广义的梁截面轮廓。

若用户从几何上定义梁的截面轮廓,则 ABAQUS 通过在整个横截面上进行数值积分计算横截面行为,允许材料的性质为线性和非线性。

若用户通过提供截面的截面工程参数(面积、惯性矩和扭转常数)来代替横截面尺寸,则 ABAQUS 在单元截面上无需对任何变量进行积分。因此,这种方式计算成本较少。采用这种方式,材料的行为可以是线性或者非线性。以合力和合力矩的方式计算响应,只有在被要求输出时,才会计算应力和应变。

(4)数学描述和积分

线性梁(B21 和 B31)和二次梁(B22 和 B32)允许剪切变形,并考虑了有限轴向应变,因此,它们既适合于模拟细长梁,也适合于模拟短粗梁。尽管允许梁的大位移和大转动,在 ABAQUS/Standard 中的三次梁单元(B23 和 B33)不考虑剪切弯曲和假设小的轴向应变,因此它们只适合于模拟细长梁。

ABAQUS/Standard 提供了线性和二次梁单元的派生形式(B31OS 和 B32OS),适合模拟薄壁开口截面梁。这些单元能正确地模拟在开口横截面中扭转和翘曲的影响,如 I 字梁和 U 形截面槽。

(5)单位输出变量

三维剪切变形梁单元的应力分量为轴向应力(σ_{11})和由扭转引起的切应力(σ_{12})。

在薄壁截面中，切应力产生于薄壁截面中，亦有相应的应变度量。剪切变形梁也提供了对截面上横向剪力的评估。在 ABAQUS/Standard 中的细长（3 次）梁只有轴向变量作为输出，空间的开口截面梁也仅有轴向变量作为输出。

所有的二维梁单元仅采用轴向的应力和应变。也可以根据需要输出轴向力、弯矩和绕局部梁轴的曲率。

14.2.1.5　桁架单元

桁架单元是只能承受拉伸或者压缩载荷的杆件，它们不能承受弯曲，因此，适合于模拟铰接框架结构。此外，桁架单元能够用来近似地模拟缆索或者弹簧（如网球拍）。在其他单元中，桁架单元有时还用来代表加强构件。所有桁架单元的名字都以字母"T"开头。随后的两个字符表示单元的维数，如"2D"表示二维桁架，"3D"表示三维桁架。最后一个字符代表在单元中的结点数目。

（1）桁架单元库

在二维和三维中有线性和二次桁架。在 ABAQUS/Explicit 中没有二次桁架。

（2）自由度

桁架单元在每个结点只有平移自由度。三维桁架单元有自由度 1、2 和 3，二维桁架单元有自由度 1 和 2。

（3）单元性质

所有的桁架单元必须提供桁架截面性质、与单元相关的材料性质定义和指定的横截面面积。

（4）数学描述和积分

除了标准的数学公式外，在 ABAQUS/Standard 中有一种杂交桁架单元，这种单元适合于模拟非常刚硬的连接件，其刚度远大于所有结构单元的刚度。

（5）单元输出变量

输出轴向的应力和应变。

14.2.2　刚性体

在 ABAQUS 中，刚性体是结点和单元的集合体，这些结点和单元的运动称为刚性体参考结点（Rigid Body Reference Node）的单一结点的运动所控制，如图 14-9 所示。

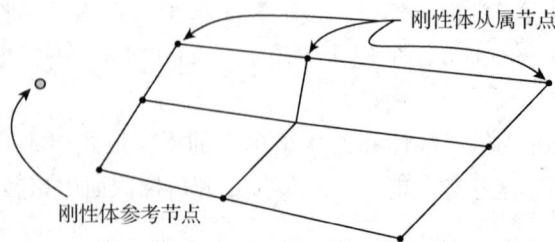

图 14-9　组成刚性体的单元

定义刚性体的形状可以是一个解析表面，通过旋转或者拉伸一个二维几何图形得到这个表面；或者是一个离散的刚性体，通过剖分物体生成由结点和单元组成的网格得到这个刚性体。在模拟过程中，刚性体的形状不变，但可以产生大的刚体运动。离散刚性体的质量和惯量可以由其单元的贡献计算得到，也可以特殊设置。

通过在刚性体参考点上施加边界条件，可以描述刚性体的运动。在刚体上生成的载荷来自施加在结点上的几种载荷和施加在部分刚性体单元上的分布载荷，或者来自施加在刚性体参考点上的载荷。通过结点连接和通过接触可变形的单元，刚性体与模型中的其他部分发生相互作用。

14.2.2.1 刚性体使用的时机

刚性体可以用于模拟非常坚硬的部件，这一部件可以是固定的或者是进行大的刚体运动。它还可以用于模拟在变形部件之间的约束，并且提供了指定某些接触相互作用的简便方法。

使模型的一部分成为刚性体有助于达到验证模型的目的。例如，在开发复杂的模型时，所有潜在的接触条件是难以预见的，可以将远离接触区域的单元包含在刚性体中，成为其中的一部分，从而获得更快的运行速度。当用户对模型和接触对的定义感到满意时，可以消除这些刚性体的定义，这样展现在模拟全过程中的就是一个可精确变形的有限元了。

将部分模型表示为刚性体而不是变形的有限单元体，其主要的优点在于计算效率。已经成为部分刚性体的单元不进行单元层次的计算。尽管需要某些计算工作以更新刚性体结点的运动和设置集中与分布载荷，但是在刚性体参考点处的最多 6 个自由度完全确定了刚性体的运动。

在 ABAQUS/Explicit 分析中，对于模拟结构中相对比较刚性的部分，若其中的波动和应力分布是不重要的，应用刚性体特别有效。在坚硬区域对单元的稳定时间增量估计可能导致非常小的整体时间增量，所以在坚硬区域应用刚性体代替可变形的有限单元，可以产生更大的整体时间增量。刚性体和部分刚性体的单元并不影响整体时间增量，也不会显著影响求解的整体精度。

在 ABAQUS 中，由解析刚性表面定义的刚性体相比离散的刚性体可以节省一些计算成本。如在 ABAQUS/Explicit 中，因为解析刚性表面可以十分光滑，而离散刚性体本身有很多面，所以与解析刚性表面接触比与离散刚性体接触，在计算中产生的噪声较少。然而，只有有限的形状能够被定义为解析刚性表面。

14.2.2.2 刚性体部件

一个刚体的运动是由单一结点控制的：刚性体参考点。它有平移和转动的自由度，对于每一个刚性体必须给出唯一的定义。

刚性体参考点的位置一般并不重要，除非对刚性体施加转动或者希望得到绕通过刚性体的某一轴的反力矩。在以上任何一种情况下，结点必须位于通过刚性体的某一理想轴上。

除了刚性体参考点外，离散的刚性体包括由指定到刚体上的单元和结点生成的结点集合体。这些结点称为刚性体从属结点(Rigid Body Slave Nodes)(图14-9),它们提供了与其他单元的连接。部分刚性体上的结点具有如下两种类型之一:

① 销钉结点(Pin),它只有平移自由度;

② 束缚结点(Tie),它有平移和转动自由度。

刚性体结点的类型取决于这些结点附属的刚性体单元的类型。当结点直接布置在刚性体上时,也可以指定或修改结点类型。对于销钉结点,仅是平移自由度属于刚性体部分,并且刚性体参考点的运动约束了这些结点自由度的运动;对于束缚结点,平移和转动自由度均属于刚性体部分,刚性体参考点的运动约束了这些结点的自由度。

定义在刚性体上的结点不能被施加上任何边界条件、多点约束(Multi-point Constrains)或者约束方程(Constraint Equations)。然而,边界条件、多点约束、约束方程和载荷可以施加在刚性体参考点上。

14.2.2.3 刚性单元

在ABAQUS中,刚性体的功能适用于大多数单元,它们均可成为刚性体的一部分,而不仅仅局限于刚性单元(Rigid Element)。如只要将单元赋予刚体,壳单元或者刚性单元可以用于模拟相同的问题。控制刚性体的规则,诸如如何施加载荷和边界条件,适合于所有组成刚性体的单元类型,包括刚性单元。

所有刚性单元的名字都以字母"R"开头。下一个字符表示单元的维数,如"2D"表示单元是二维的,"AX"表示单元是轴对称的。最后的字符代表在单元中的结点数目。

(1)刚性单元库

三维四边形(R3D4)和三角形(R3D3)刚性单元用来模拟三维刚性体的二维表面。在ABAQUS/Standard中,另外一种单元是2结点刚性梁单元(RB3D2),主要用来模拟受流体拽力和浮力作用的海上结构中的部件。

对于平面应变、平面应力和轴对称模型,可以应用2结点刚性单元。在ABAQUS/Standard中,也有一种平面2结点刚性梁单元,主要用于模拟二维的海上结构。

(2)自由度

仅在刚性体参考点处有独立的自由度。对于三维单元,参考点有3个平移和3个转动自由度;对于平面和轴对称单元,参考点有自由度1、2和6(绕3轴的运动)。

附属到刚性单元上的结点只有从属自由度。从属自由度的运动完全取决于刚性体参考点的运动。对于平面和三维刚性单元只有平移的从属自由度。相应于变形梁单元,在ABAQUS/Standard中的刚性梁单元具有相同的从属自由度:三维刚性梁为1~6,平面刚性梁为1、2和6。

(3)物理性质

所有刚性单元必须指定其截面性质。对于平面和刚性梁单元,可以定义横截面面积;对于轴对称和三维单元,可以定义厚度,而厚度的默认值为零。只有在刚性单元上施加体力时才需要这些数据,或者在ABAQUS/Explicit中定义接触时才需要厚度。

(4)数学描述和积分

由于刚性单元不能变形,所以它们不用数值积分点,也没有可选择的数学描述。

（5）单元输出变量

刚性单元没有单元输出变量。刚性单元仅输出结点的运动。另外，可以输出在刚性体参考点处的约束反力和反力矩。

14.2.3 实体单元的使用

对一个特定问题的数值模拟，其精度很大程度上依赖于模型中采用的单元类型。

14.2.3.1 单元的数学描述和积分

对一个悬臂梁进行静态分析，如图 14-10 所示，探究单元阶数（线性或二次）、单元数学描述和积分水平对结构模拟精度的影响。

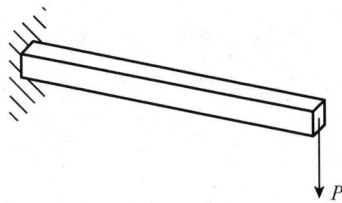

图 14-10　自由段受集中载荷 P 的悬臂梁

梁长 150mm、宽 2.5mm、高 5mm；一端固定，在自由端施加 5N 的集中载荷。材料的杨氏模量 E 为 70GPa，泊松比为 0.0。采用梁的理论，在载荷 P 作用下，梁自由端的挠度为

$$\delta_{\text{tip}} = \frac{Pl_3}{3EI}$$

式中，$I = bd^3/12$，l 为梁的长度，b 为梁的宽度，d 为梁的高度。

当 $P = 5N$ 时，自由端挠度是 3.09mm。

（1）完全积分（Full Integration）

所谓"完全积分"是指当单元具有规则形状时，所用的高斯积分点的数目足以对单元刚度矩阵中的多项式进行精确积分。对六面体和四边形单元而言，所谓"规则形状"是指单元的边是直线并且边与边相交成直角，在任何边中的结点都位于边的中点上。完全积分的线性单元在每一个方向上采用两个积分点。因此，三维单元 C3D8 在单元中采用 $2 \times 2 \times 2$ 个积分点。完全积分的二次单元（仅存在于 ABAQUS/Standard）在每一个方向上采用 3 个积分点。对于二维四边形单元，完全积分的积分点位置如图 14-11 所示。

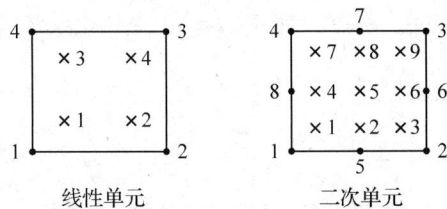

图 14-11　完全积分时二维四边形单元中的积分点

应用 ABAQUS/Standard 模拟悬臂梁问题，采用了几种不同的有限元网格，如图 14-12 所示。采用线性或者二次的完全积分单元进行模拟，以说明两种单元的阶数（一阶与二阶）和网格密度对结果精度的影响。

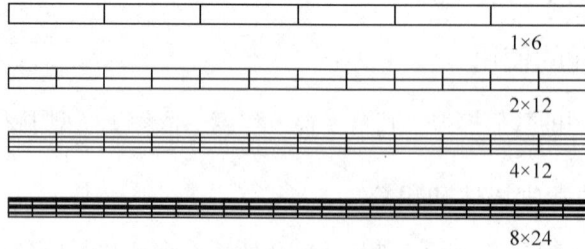

图 14-12 悬臂梁模拟所采用的网格

各种模拟情况下的自由端位移与梁理论解的比值，如表 14-4 所列。

表 14-4 采用积分单元的梁挠度比值

单元	网格尺寸（高度×长度）			
	1×6	2×12	4×12	8×24
CPS4	0.074	0.242	0.242	0.561
CPS8	0.994	1.000	1.000	1.000
C3D8	0.077	0.248	0.243	0.563
C3D20	0.994	1.000	1.000	1.000

应用线性单元 CPS4 和 C3D8 所得到的挠度值相当差，以至于其结果不可用。网格越粗糙，结果的精度越差，但是即使网格划分得相当细（8×24），得到的自由端位移仍然只有理论值的 56%。需要注意的是，对于线性完全积分单元，在梁厚度方向的单元数目并不影响计算结果。自由端的误差是由于剪力自锁（Shear Locking）引起的，这是存在于所有完全积分、一阶实体单元中的问题。

剪力自锁引起单元在纯弯曲时过于刚硬。可以解释如下：考虑承受纯弯曲结构中的一小块材料，如图 14-13 所示。材料产生弯曲、变形前平行于水平轴的直线成为常曲率的曲线，而沿厚度方向的直线仍保持为直线，水平线与竖直线之间的夹角保持为 90°。

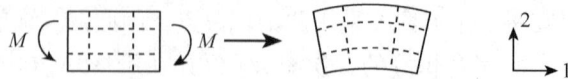

图 14-13 在弯矩 M 作用下材料的变形

线性单元的边不能弯曲，所以，如果应用单一单元来模拟这一小块材料，其变形后的形状如图 14-14 所示。

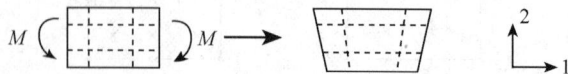

图 14-14 在弯矩 M 作用下完全积分、线性单元的变形

上述图中示出了通过积分点的虚线。显然，上部虚线的长度增加，说明 1 方向的应力(σ_{11})是拉伸的。类似地，下部虚线的长度缩短，说明 σ_{11} 是压缩的。竖直方向虚线的长度没有改变(假设位移是很小的)，因此，所有积分点上的 σ_{22} 为零。所有这些都与受纯弯曲的小块材料应力的预期状态是一致的。但是，在每一个积分点处，竖直线与水平线之间的夹角开始为 90°，变形后却改变了，说明这些点上的剪应力 σ_{12} 不为零。显然，这是不正确的：在纯弯曲时，这一小块材料中的剪应力应该为零。

产生这种伪剪应力的原因是由于单元的边不能弯曲，它的出现意味着应变能正在产生剪切变形，而不是产生所希望的弯曲变形，因此总的挠度变小，即单元是过于刚硬的。

剪力自锁仅影响受弯曲载荷完全积分的线性单元的行为。在受轴向或剪切载荷时，这些单元的功能表现良好。而二次单元的边界可以弯曲(图 14-15)，故它没有剪力自锁的问题。从表 14-3 可见，二次单元预测的自由端位移接近于理论解答。但是，如果二次单元发生扭曲或弯曲应力有梯度，将有可能出现某种程度的自锁，这两种情况在实际问题中是可能发生的。

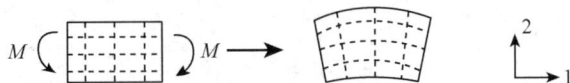

图 14-15 在弯矩 M 作用下完全积分、二次单元的位移

只有确信载荷只会在模型中产生很小的弯曲时，才可以采用完全积分的线性单元。如果对载荷产生的变形类型有所怀疑，则应采用不同类型的单元。在复杂应力状态下，完全积分的二次单元也有可能发生自锁，因此，如果在模型中应用这类单元，应仔细检查计算结果。然而，对于模拟局部应力集中的区域，应用这类单元是非常有用的。

(2)减缩积分(Reduced Integration)

只有四边形和六面体单元才能采用减缩积分方法，而所有的楔形体、四面体和三角形实体单元，虽然它们与减缩积分的六面体或四边形单元可以在同一网格中使用，但却只能采用完全积分。

减缩积分单元比完全积分单元在每个方向上少用一个积分点。减缩积分的线性单元只在单元的中心有一个积分点(实际上，在 ABAQUS 中这些一阶单元采用了更精确的均匀应变公式，即计算了单元应变分量的平均值)。减缩积分单元在其名字中含有字母"R"。

对于减缩积分的四边形单元，积分点的位置如图 14-16 所示。

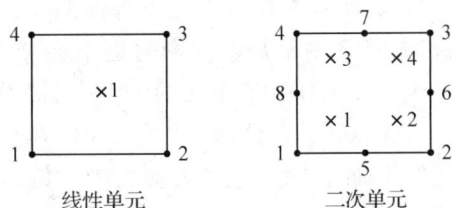

线性单元   二次单元

图 14-16 采用减缩积分的二维单元的积分点

应用前面用到的 4 种单元的减缩积分形式和在图 14-12 所示的 4 种有限元网格，采用 ABAQUS 对悬臂梁问题进行了模拟，其结果列于表 14-5 中。

表 14-5　采用减缩积分单元的梁挠度比值

单元	网格尺寸(高度×长度)			
	1 × 6	2 × 12	4 × 12	8 × 24
CPS4R	20.3 *	1.308	1.051	1.012
CPS8R	1.000	1.000	1.000	1.000
C3D8R	70.1 *	1.323	1.063	1.015
C3D20R	0.999 * *	1.000	1.000	1.000

注：＊没有刚度抵抗所加载荷；＊＊在宽度方向使用了两个单元。

线性的减缩积分单元由于存在着来自本身的所谓沙漏(Hourglassing)数值问题而过于柔软。为了说明这一问题，再次考虑用单一减缩积分单元模拟受纯弯曲载荷的一小块材料(图 14-17)。

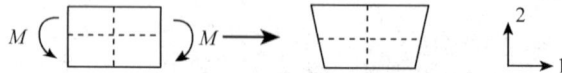

图 14-17　在弯矩 M 作用下减缩积分线性单元的变形

单元中虚线的长度没有改变，它们之间的夹角也没有改变，这意味着在单元单个积分点上的所有应力分量均为零。由于单元变形没有产生应变能，因此这种变形的弯曲模式是一个零能量模式。由于单元在此模式下没有刚度，所以单元不能抵抗这种形式的变形。在粗划网格中，这种零能量模式会通过网格扩展，从而产生无意义的结果。

ABAQUS 在一阶减缩积分单元中引入了一个小量的人工"沙漏刚度"以限制沙漏模式的扩展。在模型中应用的单元越多，这种刚度对沙漏模式的限制越有效，这说明只要合理地采用细划的网格，线性减缩积分单元可以给出可接受的结果。对多数问题而言，采用线性减缩积分单元的细划网格所产生的误差(表 14-5)在一个可接受的范围之内。建议当采用这类单元模拟承受弯曲载荷的任何结构时，沿厚度方向上至少应采用 4 个单元。当沿梁的厚度方向采用单一线性减缩积分单元时，所有的积分点都位于中性轴上，该模型是不能抵抗弯曲载荷的(这种情况在表 14-5 中用"＊"标出)。

线性减缩积分单元能够很好地承受扭曲变形，因此在任何扭曲变形很大的模拟中可以采用网格细划的这类单元。

在 ABAQUS/Standard 中，二次减缩积分单元也有沙漏模式。然而，在正常的网格中这种模式几乎不能扩展，并且在网格足够加密时也不会产生什么问题。由于沙漏，除非在梁的宽度上布置两个单元，C3D20R 单元的 1×6 网格不收敛，但是，即便在宽度方向上只采用一个单元，更细划的网格却收敛了。即使在复杂应力状态下，二次减缩积分单元对自锁也不敏感。因此，除了包含大应变的大位移模拟和某些类型的接触分析之外，这些单元一般是最普遍的应力/位移模拟的最佳选择。

(3)非协调单元(Incompatible Mode Elements)

仅在 ABAQUS/Standard 中有非协调模式单元，它的主要目的是克服完全积分、一阶单元中的剪力自锁问题，在其名字中含有字母"I"。由于剪力自锁是单元的位移场不能模拟与弯曲相关的变形而引起的，所以在一阶单元中引入了一个增强单元变形梯度的附加自由度。这种对变形梯度的增强允许一阶单元在单元域上对于变形梯度有一个线性变化，如图 14-18(a)所示。标准的单元数学公式使单元中的变形梯度为一个常数，如图 14-18(b)所示，从而导致与剪力自锁相关的非零剪切应力。

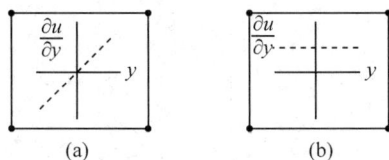

图 14-18　变形梯度的变化

(a)非协调模式(增强变形梯度)单元　(b)采用标准公式的一阶单元

这些对变形梯度的增强弯曲是在一个单元的内部，与位于单元边界上的结点无关。与直接增强位移场的非协调模式公式不同，在 ABAQUS/Standard 中采用的数学公式不会导致沿着两个单元交界处的材料重叠或者开洞，如图 14-19 所示。因此，在 ABAQUS/Standard 中应用的数学公式很容易扩展到非线性、有限应变的模拟，而这对于应用增强位移场单元是不容易处理的。

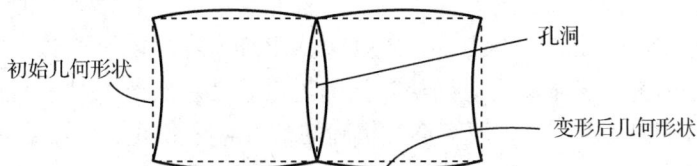

初始几何形状　　孔洞　　变形后几何形状

图 14-19　在应用增强位移场而不是增强变形梯度的非协调单元之间可能的运动非协调性

（ABAQUS/Standard 中的非协调模式单元采用了增强变形梯度公式）

在弯曲问题中，非协调模式单元可能产生与二次单元相当的结果，但是计算成本却明显降低。然而，它们对单元的扭曲很敏感。图 14-20 用故意扭曲的非协调模式单元来模拟悬臂梁：一种情况采用"平行"扭曲，另一种采用"交错"扭曲。

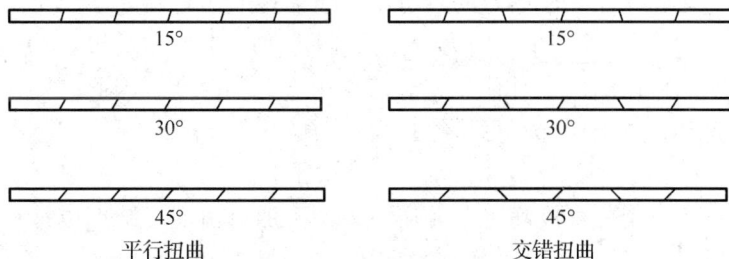

15°　　　　　　15°

30°　　　　　　30°

45°　　　　　　45°

平行扭曲　　　　交错扭曲

图 14-20　非协调模式单元的扭曲网格

对于悬臂梁模型，图 14-21 绘出了自由端位移相对于单元扭曲水平的曲线，比较了三种在 ABAQUS/Standard 中的平面应力单元：完全积分的线性单元、减缩积分的二次单元以及线性非协调模式单元。与预想完全一致，各种情况下完全积分的线性单元得到很差的结果。另一方面，减缩积分的二次单元获得了很好的结果，直到单元扭曲得很严重时其结果才会恶化。

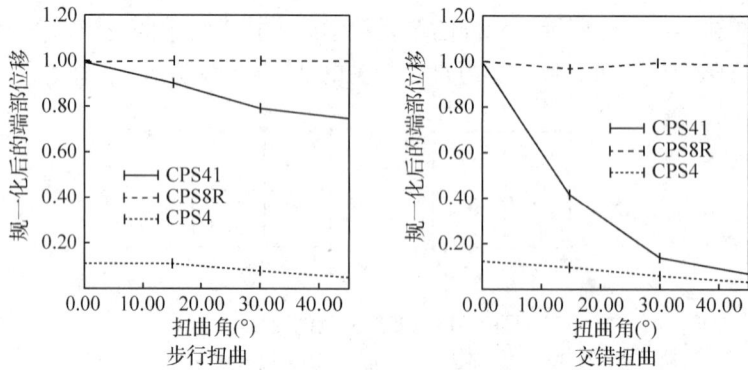

图 14-21 平行和交错扭曲对非协调模式单元的影响

当非协调单元是矩形时，即使在悬臂梁厚度方向上网格只有一个单元，给出的结果与理论值也十分接近。但是，即便是很低水平的交错扭曲也使得单元过于刚硬。平行扭曲也降低了单元的精度，只不过降低的程度相对小一些。

如果应用得当，非协调模式单元是非常有用的，它们可以以很低的成本获得较高精度的结果。但是，必须小心地确保单元扭曲是非常小的，当为复杂的集合体划分网格时，这可能是难以保证的。因此，在模拟这种几何体时，必须再次考虑应用减缩积分的二次单元，因为它们显示出对网格扭曲的不敏感性。然而，对于网格严重扭曲的情况，简单地改变单元类型一般不会产生精确的结果。网格扭曲必须尽可能地最小化，以改进结构的精度。

(4) 杂交单元 (Hybrid Elements)

在 ABAQUS/Standard 中，对于每一种实体单元都有相应的杂交单元，包括所有的减缩积分和非协调模式单元。在 ABAQUS/Explicit 中没有杂交单元，使用杂交公式的单元在其名字中含有字母"H"。

当材料行为是不可压缩(泊松比 = 0.5)或非常接近于不可压缩(泊松比 > 0.475)时，采用杂交单元。橡胶就是一种典型的具有不可压缩性质的材料。不能用常规单元来模拟不可压缩材料的响应(除了平面应力情况)，因为在此时单元中的压应力是不确定的。

如果材料是不可压缩的，其体积在载荷作用下并不改变。因此，压应力不能由结点位移计算。这样，对于具有不可压缩材料性质的任何单元，一个纯位移的数学公式是不适宜的。

杂交单元包含一个可直接确定单元压应力的附加自由度。结点位移只用来计算偏(剪切)应变和偏应力。

(5) 单元汇总

上述四类单元的特点和使用场合，如表 14-6 所列。

表 14-6 各种单元的特点及使用场合

单元类型	单元特点	使用场合
线性完全积分单元	每个方向上采用 2 个积分点；弯曲荷载下存在剪力自锁现象(过于刚硬)，计算精度较差	适合于承受轴向或剪切载荷的场合
二次完全积分单元	每个方向上采用 3 个积分点；扭曲或弯曲应力有梯度时存在剪力自锁现象，计算精度较差	特别适合于局部应力集中的场合
线性减缩积分单元(四边形和六面体)	比完全积分单元在每个方向上少用一个积分点，只在单元的中心有 1 个积分点；弯曲载荷下存在沙漏现象(过于柔软)，计算精度较差	适合于扭曲变形很大的场合
二次减缩积分单元(四边形和六面体)	比完全积分单元在每个方向上少用 1 个积分点；对沙漏和自锁现象不敏感	适用于几乎所有的场合(大位移模拟和某些接触分析除外)，为首选的单元类型
非协调单元	可以克服线性完全积分单元的剪力自锁现象；在一阶单元中引入了一个增强单元变形梯度的附加自由度；对单元的扭曲很敏感	适用于不存在扭曲的场合
杂交单元	杂交单元包含一个可直接确定单元压应力的附加自由度；结点位移只用来计算偏(剪切)应变和偏应力	适合于模拟不可压缩材料

14.2.3.2 实体单元的选择

对于某一具体的模拟，如果想以合理的代价得到高精度的结果，那么正确地选择单元是非常关键的。在使用 ABAQUS 的经验日益丰富后，毫无疑问每个用户都会拥有自己的单元选择技巧来处理各种具体的应用。

下面的使用建议适用于 ABAQUS/Standard 和 ABAQUS/Explicit：

• 尽可能地减小网格的扭曲。使用扭曲的线性单元的粗糙网格会得到相当差的结果。

• 对于模拟网格扭曲十分严重的问题，应用网格细划的线性、减缩积分单元(CAX4R、CPE4R、CPS4R、C3D8R 等)。

• 对三维问题应尽可能地采用六面体单元(砖形)。它们以最低的成本给出最好的结果。当几何形状复杂时，采用六面体划分全部的网格可能是非常困难的，因此还需要楔形和四面体单元。这些单元(C3D4 或 C3D6)的一阶模式是较差的单元(需要细划网格以取得较好的精度)。只有必须完成网格划分时，才应用这些单元。即便如此，它们必须远离需要精确结果的区域。

• 某些前处理器包含了自由划分网格算法，用四面体单元划分任意几何体的网格。对于小位移无接触的问题，在 ABAQUS/Standard 中的二次四面体单元(C3D10)能够给出合理的结果。这个单元的另一种模式是修正的二次四面体单元(C3D10M)，它适用于 ABAQUS/Standard 和 ABAQUS/Explicit，对于大变形和接触问题，这种单元是强健的，展示了很小的剪切和体积自锁。但是，无论采用何种四面体单元，所用的分析时间都长于采用了等效网格的六面体单元。不能采用仅包含线性四面体单元(C3D4)的网格，除非使用相当大量的单元，否则结果将是不精确的。使用 ABAQUS/Standard 时，还需要考虑以下建议：

● 除非需要模拟非常大的应变或者模拟一个复杂的、接触条件不断变化的问题，对于一般的分析工作，应采用二次、减缩积分单元（CAX8R、CPE8R、CPS8R、C3D20R 等）。

● 在存在应力集中的局部区域，采用二次、完全积分单元（CAX8、CPE8、CPS8、C3D20 等）。它们以最低的成本提供了应力梯度的最好解答。

● 对于接触问题，采用细划网格的线性、减缩积分单元或非协调模式单元（CAX4I、CPE4I、CPS4I、C3D8I 等）。

14.2.4　网格划分技术

14.2.4.1　结构网格划分

(1) 基本技术

ABAQUS 中的网格划分技术有三种：结构网格划分（Structured Meshing）技术、扫掠网格划分（Swept Meshing）技术和自由网格划分（Free Meshing）技术（图 14-22）。

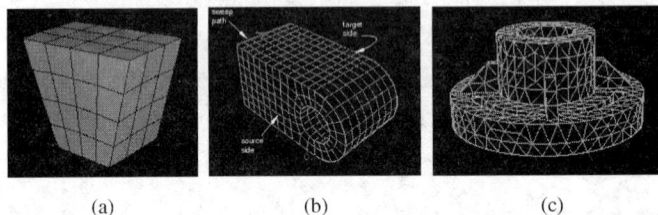

图 14-22　ABAQUS/CAE 中的三种网格划分技术

（a）结构网格划分　（b）扫掠网格划分　（c）自由网格划分

结构网格划分技术采用简单的、预先定义的网格拓扑技术进行网格划分。ABAQUS/CAE 把区域几何信息转换为具有规则形状的区域网格，如图 14-23 所示。对于简单的二维区域，可以指定四边形或四边形为主的单元进行结构网格划分；对于简单的三维区域，可以指定六面体或六面体为主的单元进行结构网格划分。

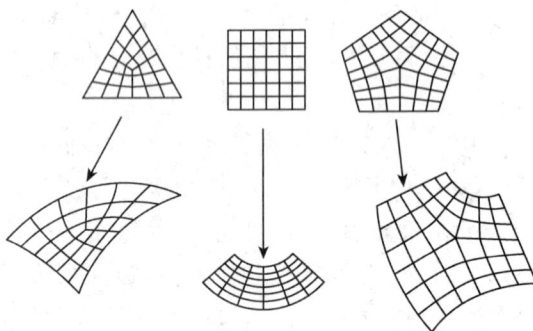

图 14-23　二维结构网格划分样式

在对分析模型的一个区域进行网格划分时，网格边界上的结点一般总是位于几何区域的边界上。但是由于结构网格划分是采用具有规则形状的单元进行网格划分的，在存在凹形边界条件时（Concave Boundaries），采用结构网格划分将会使得部分网格内部结点落入区域几何体之外，导致产生扭曲的无效网格如图 14-24（a）所示。

对于上图中部分结点位于区域之外的情况，可采用如下三种方法对网格进行改善，改善后的网格如图 14-24（b）所示。

● 增加网格种子数，重新划分。

● 剖分凹陷区域。

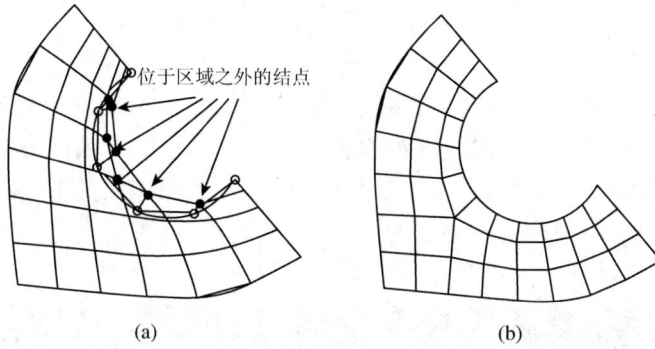

图 14-24 对于凹形边界采用结构网格划分的情形
（a）部分结点位于区域之外 （b）没有结点位于区域之外

● 采用其他的网格划分方法，如自由网格划分。

（2）使用限制

对于如图 14-25 所示的分析模型区域（二维），无法采用结构网格划分技术进行网格划分：

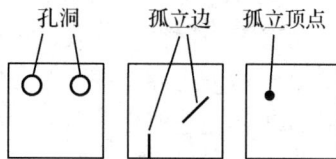

图 14-25 不能采用结构网格划分的区域（二维）

对于如图 14-26 所示的分析模型区域（三维），也无法采用结构网格划分技术进行网格划分：

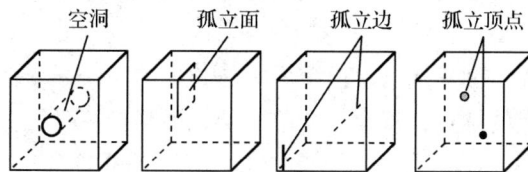

图 14-26 不能采用结构网格划分的区域（三维）

对于如图 14-27 所示的分析模型区域（三维），可以采用剖分的方法，然后再进行结构网格划分：

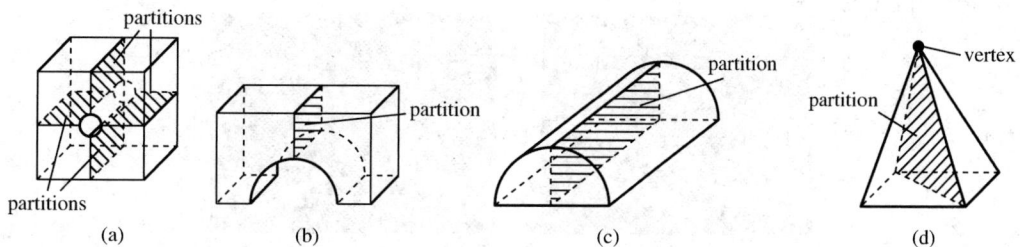

图 14-27 剖分后可进行结构网格划分的模型区域（三维）
（a）孔洞 （b）弧度大于 90° （c）少于 3 条边 （d）顶点上多于三条边

14.2.4.2 自由网格划分

与结构网格划分技术不一样，自由网格划分不需要事先定义好网格样式，当然也无法预见划分后的网格样式，但是这种网格划分技术具有非常大的灵活性，这对于特别复杂的模型网格划分非常有用。对于二维区域，可以采用三角形、四边形和四边形为主的单元形状进行自由网格划分，对于三维区域，可以采用四面体进行自由网格划分（图14-28）。

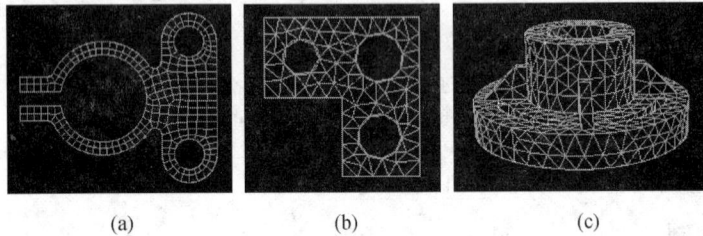

图14-28 采用不同单元形状进行自由网格划分的例子
（a）四边形 （b）三角形 （c）四面体

对一个实体采用四面体单元进行自由网格划分时，一般需要两个步骤：
- 在实体区域外部表面上创建三角形边界网格。
- 将三角形作为四面体的外部表面创建四面体单元。

14.2.4.3 扫掠网格划分

（1）基本步骤

扫掠网格划分技术可以对复杂的实体和表面区域进行网格划分。其划分时主要有两个步骤：
- 在模型的一个面上创建网格，这个面称作扫掠源面（Source Side）；
- 复制上述网格上的结点，每次一个单元层，沿着扫掠路径（Sweep Path），直到达到最终的目标面（Target Side）。

扫掠路径可以是任意形式的边：如直边、圆形边、样条边。如果扫掠路径为一个圆形边，最终生成的网格称作旋转扫掠网格（Revolved Swept Mesh），如果扫掠路径为一个直边，最终生成的网格称作拉伸扫掠网格（Extruded Swept Mesh）。图14-29为两种扫掠网格的例子。

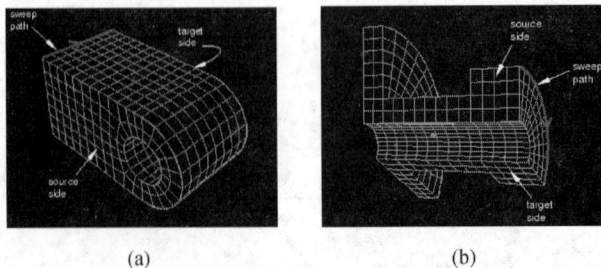

图14-29 两种扫掠网格
（a）拉伸扫掠 （b）旋转扫掠

如果模型区域可以进行扫掠网格划分，将采用六面体、六面体为主或楔形单元产生扫掠网格。相应的，在扫掠源面上（二维网格），将采用四边形、四边形为主或三角形进行自由网格划分。

（2）使用限制

使用扫掠网格划分技术进行三维模型区域网格划分时，具有如表 14-7 所列使用限制。

表 14-7 扫掠网格划分使用的限制

类别	无法进行扫掠网格划分	可以进行网格划分
孤立的边或顶点（连接扫掠源面到目标面的任何面上）	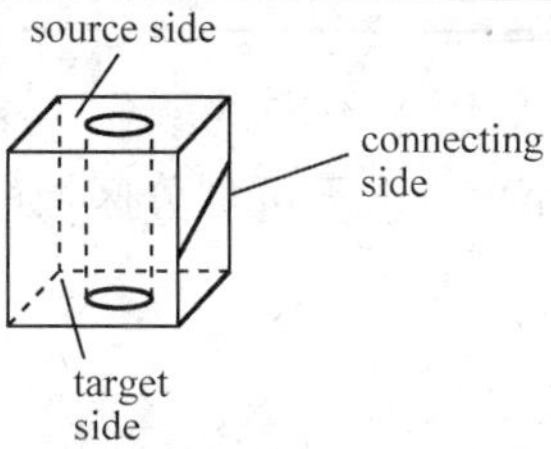 source side / connecting side / target side	
孤立的边或顶点（目标面上）	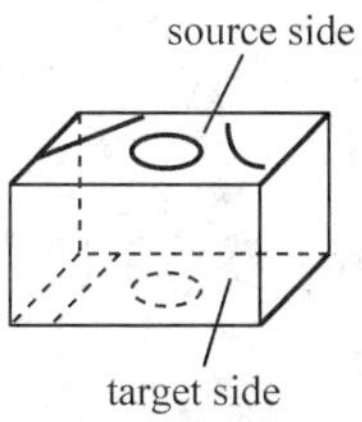 source side / target side	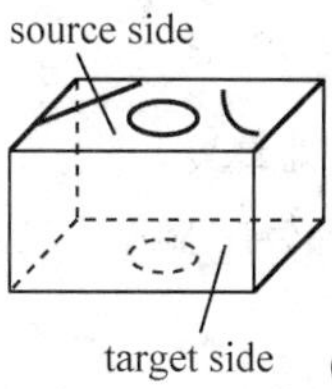 source side / target side （扫掠）
扫掠区域横截面变化或不是平面的	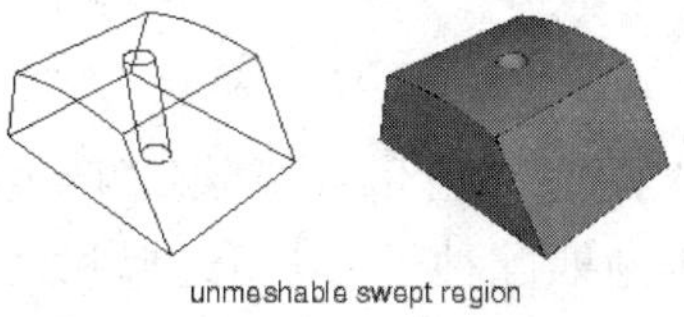 unmeshable swept region	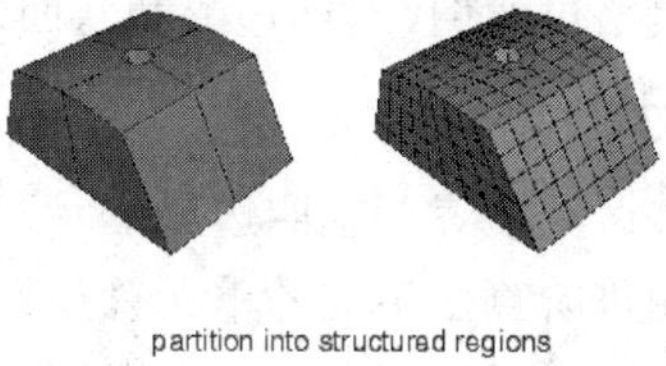 partition into structured regions （结构）
旋转扫掠时孤立的点与旋转轴接触	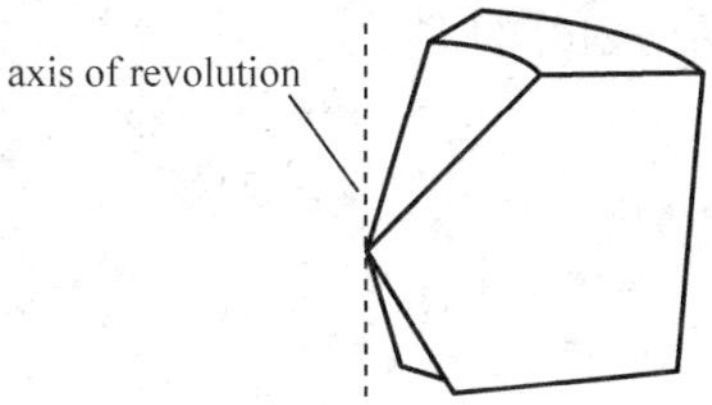 axis of revolution	
旋转图形的部分边缺失	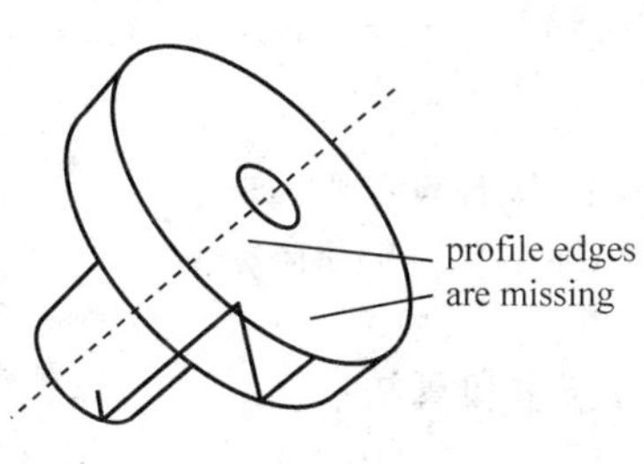 profile edges are missing	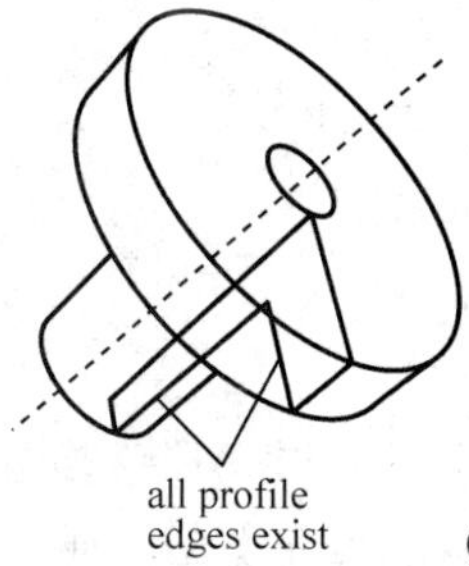 all profile edges exist （扫掠）

（续）

类别	无法进行扫掠网格划分	可以进行网格划分
存在与旋转轴接触的边	edge along axis of revolution exist	

ABAQUS 对于不同的网格划分技术采用了不同的颜色：结构网格划分（绿色）、自由网格划分（粉红色）、扫掠网格划分（黄色）、不可划分区域（橘色）。

14.2.4.4　网格划分算法

ABAQUS 软件提供了两种网格划分算法：中性轴算法（Medial Axis）和进阶算法（Advancing Front）。

（1）中性轴算法

首先把划分区域分解为许多简单的区域，然后采用结构网格划分技术进行所有区域的划分。

如果划分区域相对简单、包含大量单元，采用中性轴算法比进阶算法生成网格快；减少网格过渡（仅对四边形和六面体网格划分有效）将有助于提高网格质量。

（2）进阶算法

在区域边界产生四边形单元，然后逐步在区域内部继续产生四边形单元。

由进阶算法生成的单元总是精确地匹配种子（以四边形和六面体为主的网格）；当划分面时，进阶算法支持虚拟拓扑技术，而中性轴算法不支持。

图 14-30 是上述两种算法进行网格划分的例子。

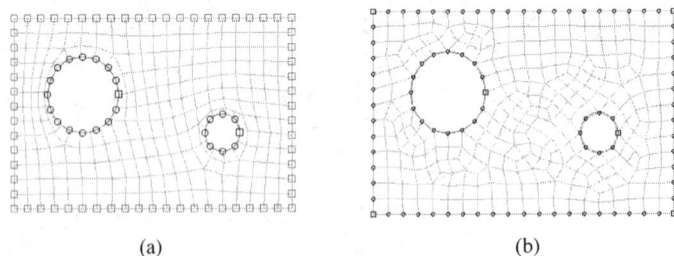

(a)　　　　　　　　　　　　(b)

图 14-30　两种网格划分算法

(a) 中性轴算法　　(b) 进阶算法

（3）ABAQUS/CAE 缺省网格划分技术和算法

对常见的单元类型，如四边形（Quad）、六边形（Hex），ABAQUS/CAE 缺省的网格划分技术和算法，见表 14-8 所列。

表 14-8 ABAQUS/CAE 缺省的网格划分技术和算法

表 14-8 ABAQUS/CAE 缺省的网格划分技术和算法

单元类型 （Element Shape）	网格划分技术 （Meshing Technique）	网格划分算法 （Algorithm）
四边形	自由	中性轴
六面体	扫掠	中性轴
四边形占主要	自由	进阶算法
六面体占主要	扫掠	进阶算法

14.3 ABAQUS 的分析流程

14.3.1 ABAQUS/CAE 的组成（Components）

ABAQUS/CAE 主窗口由标题栏、菜单栏、工具栏、环境栏、模型树、工具区、视图区和提示区等组成。

（1）标题栏（Title Bar）

标题栏显示了正在运行的 ABAQUS/CAE 版本和当前的模型数据库名字。

（2）菜单栏（Menu Bar）

菜单栏包含了所有当前可用的菜单，通过对菜单的操作可调用 ABAQUS/CAE 的全部功能。ABAQUS/CAE 的菜单栏和工具区会随着环境栏中模块的不同而发生变化，同时环境栏自身也会随着模块的不同而发生变化。这为模型的建模和分析提供了极大的方便。

标题栏　　　　　菜单栏　　　　　工具栏　　　环境栏

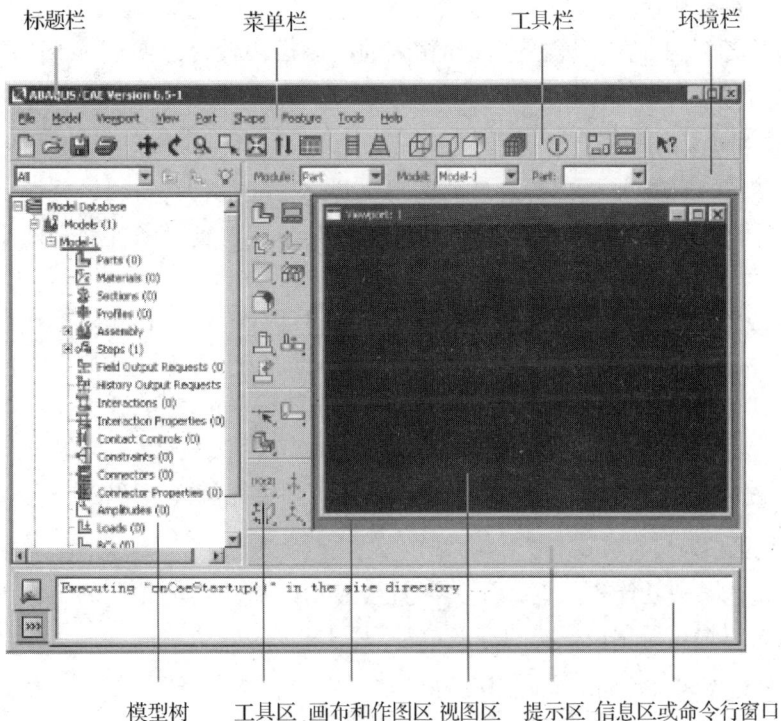

模型树　工具区 画布和作图区 视图区　提示区 信息区或命令行窗口

图 14-31 ABAQUS/CAE 主窗口的组成

（3）工具栏（Toolbar）

工具栏提供了菜单访问的快捷访问方式（图 14-32），这些功能也可以通过菜单直接访问。

图 14-32 ABAQUS/CAE 工具栏的组成

（视图操作，View manipulation）：允许用户从不同角度显示模型的全部或局部区域，给用户定义模型，尤其是三维模型，带来了极大方便。

（查询，Query）：运用查询工具可获取模型几何与特征信息、探测（Probe）取值与 X - Y 图、对计算结果进行应力线性化等。

（显示组，Display groups）：该工具允许用户有选择地显示模型的不同区域，为复杂模型定义边界条件和载荷等提供了极大方便。

（4）环境栏（Context bar）

ABAQUS/CAE 具有一组功能模块（Modules），每个模块对应处理模型的一个方面。用户可以在环境栏的模块（Module）列表中的各模块之间进行切换。用户要进入 ABAQUS/CAE 的各功能模块，除了在环境栏中的模块列表中选择以外，还可以直接在左侧模型树中进行切换。

对于初学者而言，在环境栏中选择相应的功能模块较为方便；对于高级用户，直接在左侧模型树中切换将更加快捷。

（5）模型树（Model tree）

模型树提供了模型及其包含对象的图形化描述，如部件、材料、分析步、荷载和输出需求等。当用户熟悉模型树后，可快速完成菜单、工具栏和各种管理器等的绝大多数操作，大大提高工作的效率。

在一些特别情况下，模型树将非常有用，如对部分部件进行删除操作后，可能会影响到装配件（Assembly）的状态，而这时在 Assembly 模块看不到任何异常，但提交运算总是得不到正确的结果或计算不收敛。这时在模型树中依次点击［Model Database］→［Models］→［Model - 1］→［Assembly］→［Instances］，下一级子目录中将出现一个或多个红"×"，删除相应的部件实体后，再提交运算，结果可能就会一切正常。

（6）工具区（Toolbox Area）

当用户进入某一功能模块时，工具区就会显示该功能模块相应的工具。使用工具区中的工具可以快速调用该模块的许多功能。

（7）画布和作图区（Canvas and Drawing Area）

画布（Canvas）可设想为一个无限大的屏幕或布告板，用户可在其中放置视图

(Viewports)。作图区是画布的可见部分。

(8) 视图区(Viewport)

视图区是画布上用来显示 ABAQUS/CAE 模型的部分。其中视图区标题和边界称为视图区装饰，图标、状态块、标题块和视图方向标识称为视图区标注(错误！未找到引用源。)。

(9) 提示区(Prompt Area)

用户在进行各种操作时，提示区将显示相应的信息，提示用户进行正确的操作。

(10) 信息区(Message Area)和命令行接口(Command Line Interface)

这两个区域位于同一位置，默认状态下显示的是信息区。两者可以通过主窗口左下角 ![icon](Message Area)图标和 >>> (Command Line Interface)图标相互切换。

ABAQUS/CAE 在信息区显示状态和警告信息，可采用鼠标拖拽操作改变其大小，也可采用滚动条查阅信息区信息。

当切换到命令行状态时，利用 ABAQUS/CAE 内置的 Python 编译器，可以使用命令行接口输入 Python 命令和数学表达式。接口中包含了主要(＞＞＞)和次要(……)提示符，实时提示用户按照 Python 的语法缩进命令行。

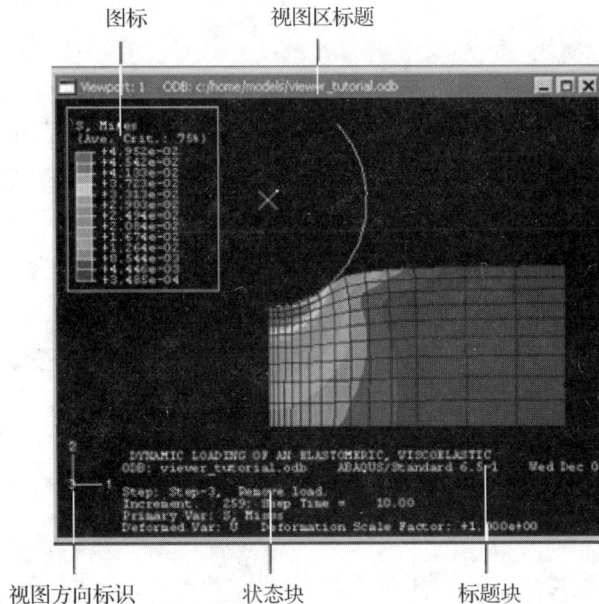

图 14-33　ABAQUS/CAE 视图区的组成

14.3.2　ABAQUS/CAE 中的分析模块(Modules)

ABAQUS 分析由三个阶段组成：前处理、模拟(计算)和后处理(图 14-34)。在 ABAQUS/CAE 中点击环境栏 Module: 后的下拉框，如图 14-35 所示。可以看出，ABAQUS/CAE 的分析模块由 10 个模块组成，依次为 Part(部件)、Property(特性)、Assembly(装配)、Step(分析步)、Interaction(相互作用)、Load(载荷)、Mesh(网格)、

Job(作业)、Visualization(可视化)和 Sketch(草图),其中 Sketch(草图)模块可以看作是 Part(部件)模块的子模块。上述 10 个模块中,除了 Sketch(草图)模块外,其他 9 个模块是 ABAQUS/CAE 推荐的默认建模顺序。当用户熟悉 ABAQUS/CAE 后,也可灵活地在不同模块切换,以方便模型的创建和分析。

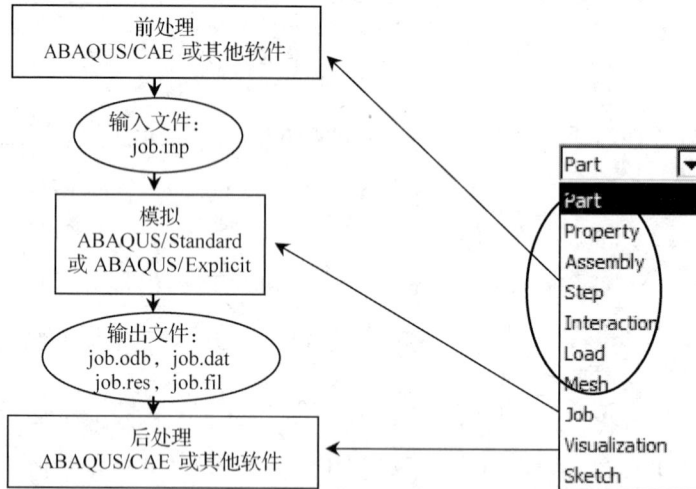

图 14-34　ABAQUS 分析的三个阶段　　　　图 14-35　ABAQUS/CAE 的分析模块

(1)Part(部件)模块

Part(部件)模块可创建 3D、2D 和轴对称变形体、离散刚体和分析刚体(图 14-36),几何属性(基特征 Base Feature)可以为:实体(Solid)、壳(Shell)、线(Wire)和点(Point);使用特征操作工具可对部件特征进行编辑、删除、抑制、恢复和重新生成等操作。

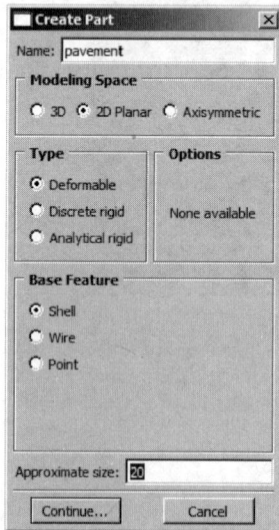

图 14-36　Create Part 对话框　　　　图 14-37　Edit Material 对话框

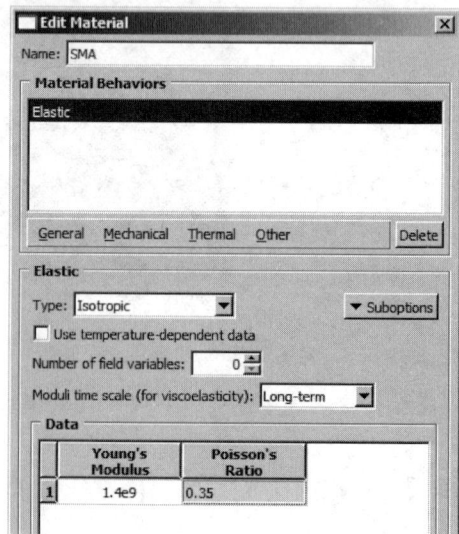

(2)Property(特性)模块

Property(特性)模块主要用于定义材料的本构模型(图 14-37),ABAQUS 中包含了大量可用于道路工程和岩土工程的材料本构模型。在这个模块中，定义材料属性一般分为三个基本步骤：定义材料本构模型、定义材料截面、将材料截面赋予部件(Part)不同区域。

(3)Assembly(装配)

Assembly(装配)模块将部件(Part)进行实体(Instance)化(图14-38)，通过移动、旋转以及布尔操作，可将多个实体组配成一个装配件(Assembly)。

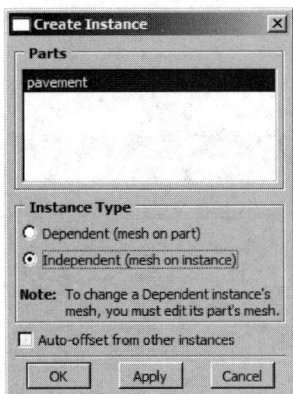

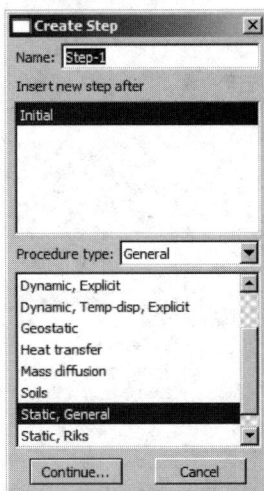

图 14-38　Create Instance 对话框　　图 14-39　Create Step 对话框

(4)Step(分析步)模块

Step(分析步)模块主要作用是创建分析步(图14-39)和输出需求(场变量输出、历史输出)，还可以指定自适应网格和分析控制。

分析类型(Procedure Type)分为两类：线性扰动分析(Linear Perturbation)，通常用于频率的计算和振型的提取；通用分析(General)，几乎包含了所有的分析类型，在道路工程(包括部分岩土工程)中常用的类型如下：

①耦合温度—位移场分析(Coupled temp-displacement)　可用于进行沥青路面结构的车辙分析。

②动态显式分析(Dynamic，Explicit)　可用于进行路面结构在移动荷载下的响应分析。

③动态显式温度位移场耦合分析(Dynamic，Temp-disp，Explicit)　可用于进行沥青路面结构在移动荷载下的车辙分析。

④地应力场分析(Geostatic)　进行软土地基固结分析的首要步骤。

⑤土体的固结和渗流分析(Soils)　进行软土地基固结和渗流分析。

⑥静态通用分析(Static，General)　一般的静力分析。

⑦黏弹性和蠕变分析(Visco)　可进行沥青混合料的蠕变分析。

(5)Interaction(相互作用)

Interaction(相互作用)模块可创建模型不同区域之间的力学或热接触(Interactions)、约束(Constrains)，以及模型内两点之间或模型内一点与地面之间的连接件。

（6）Load（载荷）

Load（载荷）模块可用来定义模型的边界条件、载荷、场变量以及荷载情况（图 14-40）。

（7）Mesh（网格）

Mesh（网格）模块可定义网格密度，进行单元的控制（单元形状、网格划分技术和划分算法等，如图 14-41 所示），指定单元类型，划分并细化模型网格，并验证模型网格质量。

图 14-40　Create Load 对话框　　　图 14-41　Mesh Control 对话框

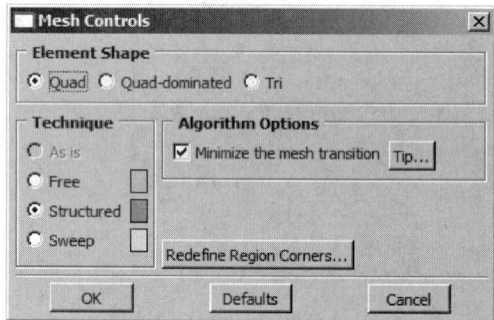

（8）Job（作业）

Job（作业）模块可创建（图 14-42）、提交分析作业，监控分析过程，并可在分析结束之前终止分析作业。Job（作业）模块在提交分析作业时，ABAQUS 自动在当前工作目录创建 ∗.inp 文件；也可在单独生成 ∗.inp 文件后，采用其他的字处理程序进行编辑修改，然后在 ABAQUS Command 环境下提交分析。

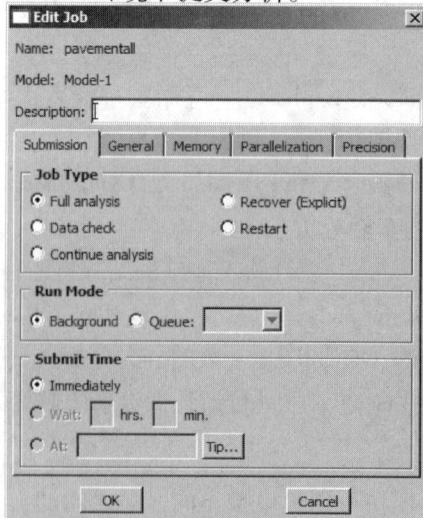

图 14-42　Edit Job 对话框

(9) Visualization(可视化)

Visualization(可视化)模块(也称为 ABAQUS/Viewer)是 ABAQUS/CAE 的后处理模块,可显示变形前后模型图、云图等。输出结果可显示场变量输出和历史变量输出,可将输出结果导出到外部文件中,还可将输出结果以动画形式输出。

(10)Sketch(草图)

Sketch(草图)模块是二维绘图程序,可用来创建部件、梁、区域的二维平面图,或定义可用来拉伸、扫掠、旋转而形成三维部件的二维平面图。该模块还可导入由 Auto-CAD 等生成的 *.dxf 文件(导入方法为:在 ABAQUS/CAE 环境下依次选择[File]→[Import]→[Sketch])。

该模块实际上已包含在 Part(部件)模块中。在 Part 模块中的使用方法为:创建 Part 进入到 Sketch 环境下,点击[Add]→[Sketch…]或点击左侧工具区 ▦ (Add Sketch)按钮,选择由 AutoCAD 导入的 Sketch,从而可以创建所需的 Part。

14.3.3 ABAQUS/CAE 中的常用工具(Tools)

ABAQUS/CAE 中的常用工具,如查询(Query)、集合(Set)、面(Surface)、剖分(Partition)、数据点(Datum)等,可为模型定位、网格划分等提供非常便捷的条件,这些工具出现在除作业模块(Job Module)以外的其他所有前处理模块中。

在各个模块中可以使用的工具稍有不同,如图 14-43 所示。在 Part 模块中独有的工具是修补(Repair),Step 模块中独有的工具是 Filter(过滤),Interaction 和 Load 模块中独有的工具是幅值(Amplitude),Mesh 模块中独有的工具是虚拟拓扑(Virtual Topology)。

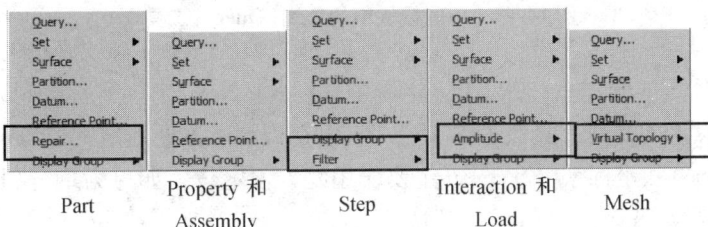

图 14-43 不同模块中的工具(Tools)

14.3.3.1 ABAQUS/CAE 中的常用工具

(1)查询(Query)

查询(Query)工具是 ABAQUS/CAE 中使用最为频繁的工具之一,该工具出现在除作业模块(Job Module)以外的其他所有前处理模块中。查询可分为通用查询(General Queries)和与模块有关的查询(Module Queries),通用查询包括点/结点、距离、特征、单元、网格等,与模块有关的查询在 Part、Property、Assembly 和 Mesh 模块中可用,在 Step、Interaction 和 Load 模块中不可用(图 14-44)。

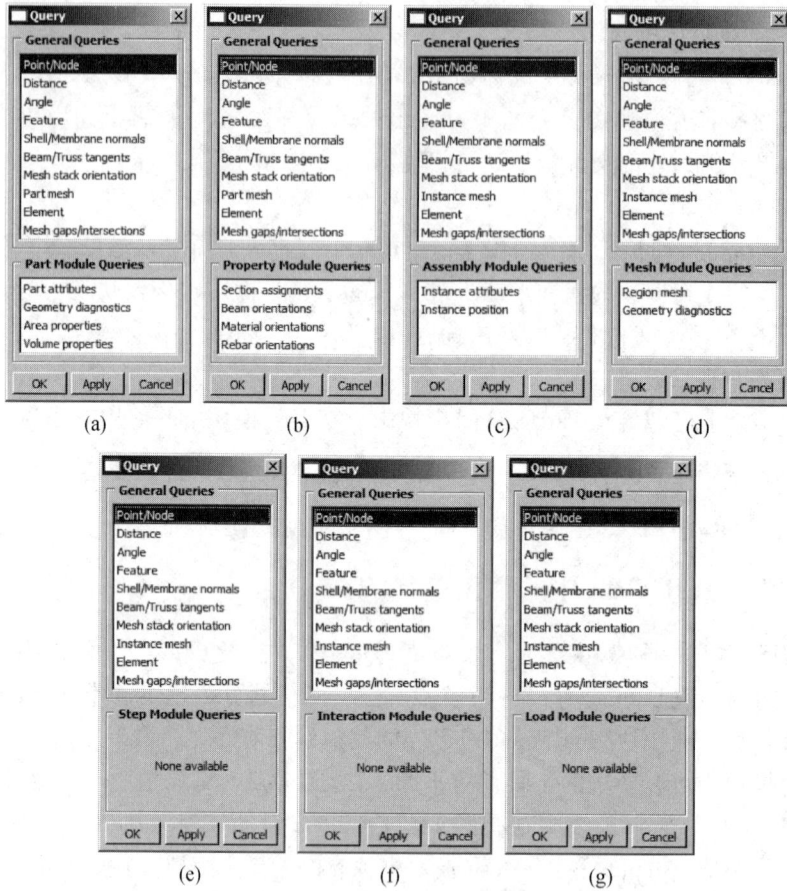

图 14-44　不同模块中的查询（Query）工具

（2）数据点（Datum）

采用数据点（Datum）工具（图 14-45），可以在模型上方便地定义点（Point）、轴（Axis）、平面（Plane）和坐标系（CSYS），主要作用是方便定位，如可为剖分（Partition）等工具提供辅助定位点等。

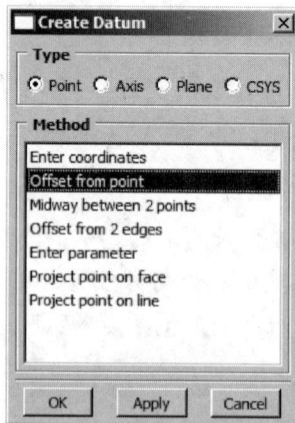

图 14-45　数据点（Datum）工具

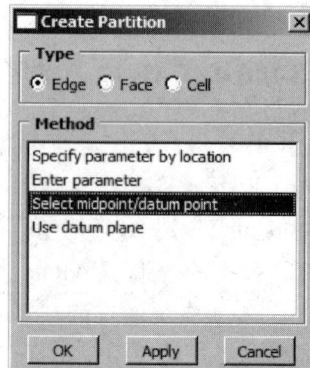

图 14-46　剖分（Partition）工具

(3)剖分(Partition)

剖分(Partition)工具是 ABAQUS/CAE 中使用最为频繁的工具之一。采用剖分(Partition)工具可把复杂模型划分为相对简单的区域,以方便施加边界条件、荷载和划分网格,或赋予不同的材料属性等。根据需要,可以对边(Edge)、面(Face)和实体(Cell)进行剖分(图 14-46)。

(4)集合(Set)与面(Surface)

集合与面工具是 ABAQUS/CAE 中使用最频繁的工具之一。使用集合(Set)与面(Surface)可以方便地定义模型区域、边界和接触面等。在 *.inp 文件中,使用集合(Set)与面(Surface)可方便地施加边界条件、荷载和接触对等。

在 ABAQUS/CAE 前处理模块中,除了作业(Job)模块外,均可方便地定义集合与面。在 ABAQUS/CAE 中具有两种不同效用范围的集合与面。一种是作用于整个装配件(Assembly)的集合与面,可以在 Assembly、Step、Interaction、Load 和 Mesh(为独立实体划分网格时)模块中进行定义;另一种是仅仅作用于某个部件(Part)上的集合与面,可在 Part、Property 和 Mesh(为非独立实体划分网格时)模块中进行定义。相对而言,前一种集合与面使用较为方便,尤其在 *.inp 文件操作中更是如此。

定义面(Surface)时,只有部件(Part)或装配件(Assembly)的外边界可以定义为面(Surface),其内部区域是不能定义为面(Surface)的,这在使用时应当引起注意。而集合(Set)定义时则没有这种限制。通常只有在需要定义接触、施加面荷载时才需要定义面(Surface)。

(5)显示组(Display Group)

在处理复杂模型时,显示组(Display Group)工具通过显示模型的特定区域,可方便地施加边界条件与荷载、定义集合与面等,是非常有用的工具。在 ABAQUS/Viewer 中,采用该工具可获取复杂模型特定区域的力学响应(应力、应变、位移和应变能等)。

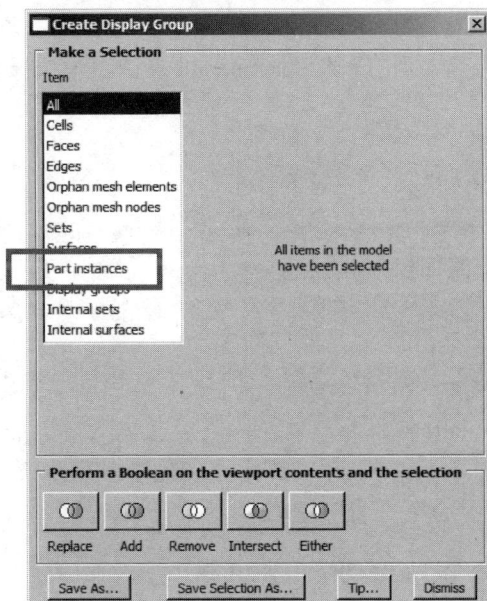

图 14-47 装配(Assembly)等模块中的显示组(Display Group)工具

显示组(Display Group)提供了替换(Replace)、增加(Add)、去除(Remove)等布尔操作,可灵活地显示模型的特定区域。

各个模块中的显示组(Display Group)工具可显示的内容(Item)稍有不同,其中装配(Assembly)、分析步(Step)等模块中的显示组工具,如图 14-47 所示,而部件(Part)和特性(Property)模块中的显示组工具则缺少部件实体(Part Instances)这一项。

14.3.3.2　算例:路面结构的受力分析

主要目的:熟悉 ABAQUS/CAE 中的常用工具。

问题描述:具有五层结构的沥青路面(表 14-9),路面总厚度为 69cm。在路面顶面作用标准行车荷载,即垂直压力 0.7MPa,两荷载圆半径为 1δ(10.65cm),圆心距为 3δ(31.95cm)。求取轮隙中心点下沥青稳定碎石层(ATB)层底的拉应力。模型深度取 3m,宽度取 6m。

表 14-9　路面材料特性

结构层	材料名称	厚度(cm)	弹性模量 E(MPa)	泊松比 μ
表面层	沥青玛蹄脂 SMA	4	1400	0.35
中面层	沥青混凝土 AC20	6	1200	0.3
下面层	沥青稳定碎石 ATB	24	1000	0.3
上基层	级配碎石 GM	15	500	0.35
下基层	水泥稳定碎石 CTB	20	1500	0.25
土基	压实土 SG	—	40	0.4

1. 启动 ABAQUS/CAE

可采用以下两种方法中的任何一种方法,来启动 ABAQUS/CAE:

①菜单法　[开始]→[程序]→[ABAQUS 6. * -1]→[ABAQUS CAE]。

②命令法　在 ABAQUS Commander 环境(DOS 窗口)下键入命令:abaqus cae。

启动 ABAQUS/CAE 后,在出现的 Start Session 对话框中选择 Create Model Database。

2. 创建部件

ABAQUS/CAE 窗口顶部的环境栏 Module: Part ▼ 显示当前工作模块为 Part 模块(这是 ABAQUS/CAE 的默认模块),可以定义模型各部分的几何形体。可按以下步骤创建具有五层结构的沥青路面模型。

(1)创建部件

点击左侧工具区 ⬙(Create Part)按钮,或在主菜单中选择[Part]→[Create],出现如图 14-48 所示的 Create Part 对话框。在 Name 后面输入 pavement,将 Modeling Space (模型空间)设为 2D Planar(二维平面),将 Approximate size 设为 20,其余参数保持默认值。点击 Continue... 按钮,进入绘图环境(Sketch)。

与其他有限元程序一样,ABAQUS 有限元程序中没有规定尺寸单位,需要用户自行定义一致的尺寸单位。常用的尺寸单位见表 14-10 所列[建议采用国际单位制 SI 或 SI （mm）]：

表 14-10　常用的尺寸单位

Quantity	SI	SI（mm）	US Unit（ft）	US Unit（inch）
Length	m	mm	ft	In
Force	N	N	lbf	Lbf
Mass	kg	tonne（10^3 kg）	slug	lbf s^2/in
Time	s	s	s	S
Stress	Pa（N/m^2）	MPa（N/mm^2）	lbf/ft^2	psi（lbf/in^2）
Energy	J	mJ（10^{-3} J）	ft lbf	in lbf
Density	kg/m^3	tonne/mm^3	slug/ft^3	lbf s^2/in^4

对话框中的"Approximate size"，表示绘图环境（Sketcher）页面显示的大小（Sheet size）为 20 个单位。一般情况下应根据模型的大小进行选择，如该值设置过小，则绘制的模型将超出显示边界。反之如果该值设置得过大，则绘制出的模型过小，给绘图操作带来不便。出现上述两种情况时，可点击绘图环境（Sketch）中工具区左下角的 ▦ （Sketcher Options），弹出 Sketcher Options 对话框（图 14-49），可修改显示页面大小（Sheet Size）。

（2）绘制路面结构模型的外轮廓

在绘图环境中，左侧的工具区中显示可用的绘图工具按钮，视图区内显示格栅，视图区正中两条相互垂直的点划线为当前二维模型的 X 轴和 Y 轴，两者相交于坐标原点。

点击绘图工具区 ⚡ （Create lines：Connected）按钮，窗口底部的提示区中显示"Pick a starting point for the line—or enter X，Y："（选择线段起点，或直接输入 X，Y 坐标），在提示区中输入坐标（-3.00，0.00）（输入时不需要括号，下同）。这时提示区中的信息变为"Pick a end point for the line—or enter X，Y："，移动鼠标至点（3.00，0.00）再次点击，再依次移动鼠标至点（3.00，3.00）、（-3.00，3.00）、（-3.00，0.00）点击，单击鼠标右键并选择 Cancel procedure，或按键盘上的 Esc 键，结束线段的绘制。

如果在绘图过程中操作有误，可点击绘图工具区上的撤销工具 ↻ （Undo/Redo Last Action）撤销上一步操作（不能无限撤销，仅对上一步撤销有效），或点击删除工具 ✐ （Delete Entities）删除错误的几何图形。

点击提示区"Sketch the section for the planar shell"后的 Done 按钮，退出绘图环境。

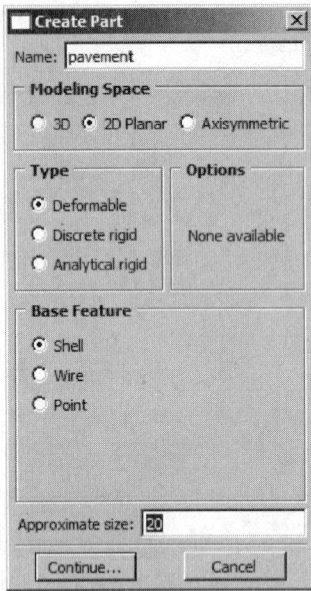

图 14-48 Create Part 对话框   图 14-49 Sketcher Options 对话框

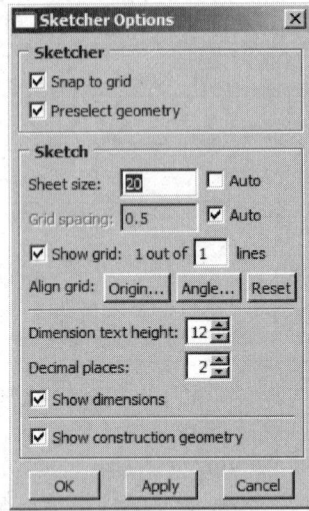

（3）剖分路面模型

在 ABAQUS/CAE 菜单上依次点击[Tools]→[Datum]，将出现如图 14-45 所示的对话框。将 Type 设为 Point，Method 设为 Offset from point，点击对话框下部的 Apply 按钮，这时提示区显示"Select a point from which to offset"（选择偏移基准点），点击模型左上顶点，在提示区"Offset(X，Y，Z)"后键入(0.0，-0.04，0.0)，按键盘上的 Enter 键确认，此时模型上显示一黄色小圆圈。再次点击 Create Datum 对话框上的 Apply 按钮。

按照同样的步骤，仍以模型左上角顶点为偏移基准点，依次在提示区"Offset(X，Y，Z)"后键入(0.0，-0.10，0.0)、(0.0，-0.34，0.0)、(0.0，-0.49，0.0)、(0.0，-0.69，0.0)，以完成各路面结构层的定位。

在 ABAQUS/CAE 菜单上依次点击[Tools]→[Partition]，将出现如图 14-46 所示的对话框，将 Type 设为 Face，Method 设为 Sketch，点击 Apply 按钮。或直接在左侧工具区中点击 (Partition Face：Sketch)按钮。这时 ABAQUS/CAE 将自动进入绘图环境。

点击绘图工具区 (Create lines：Connected)按钮，点击创建的第一个数据(Datum)点。将鼠标指针放在模型右上角，滚动鼠标滚轮放大模型，当鼠标指针移至模型右边界上出现"×"时，单击鼠标左键，按 Esc 键完成线段的绘制，完成路面表面层的剖分。

按照上述步骤，完成路面结构其他层次的剖分(图 14-50)。点击绘图环境提示区上的 Done 按钮，退出绘图环境。再次提示区上的 Done 按钮，以完成路面结构的剖分。

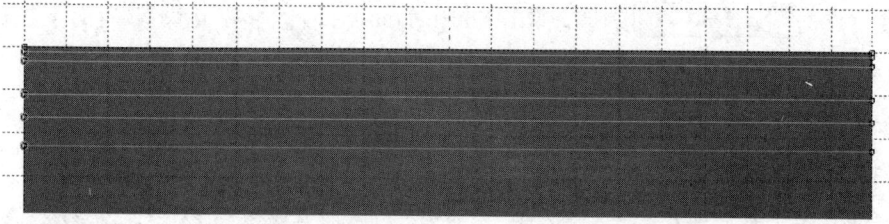

图 14-50 剖分后的路面结构模型(路面部分)

(4)保存模型

点击窗口顶部工具栏上的 (Save Model Database)按钮,键入所需的文件名(如 pavementall),ABAQUS/CAE 会自动加上 . cae 后缀。

3. 创建材料和截面属性

在 ABAQUS/CAE 窗口顶部环境栏 Module: 中选择 Property(特性)模块。按以下步骤创建材料和截面属性,并赋予截面属性。

(1)创建材料

点击左侧工具区 (Create Material)按钮,弹出 Edit Material 对话框(图 14-51)。在 Name 后输入 SMA,依次点击对话框中的[Mechanical]→[Elasticity]→[Elastic]。在 Young's Modulus(杨氏模量)下的表格中输入 1. 4e9,Poisson's Ratio(泊松比)中输入 0. 35,点击 OK 按钮,完成材料 SMA 的创建。

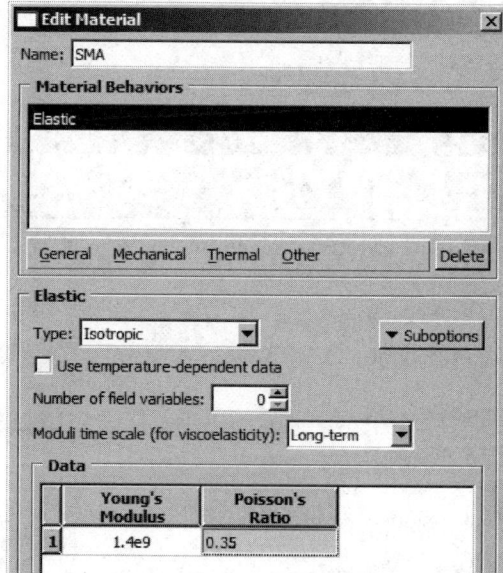

图 14-51 Edit Material 对话框

按照上述步骤完成其他材料(AC20、ATB、GM、CTB 和 SG)的创建。

(2)创建截面属性

点击左侧工具区 (Create Section)按钮,弹出 Create Section 对话框,保持默认参数不变，点击 `Continue...` 按钮，弹出 Edit Section 对话框。在 `Material:` 后的下拉框中选择 SMA，点击 `OK` 按钮，完成截面 Section-1 的创建。

按同样的步骤，创建 AC20、ATB、GM、CTB 和 SG 等材料的截面属性。

(3) 赋予截面属性

点击左侧工具区 (Assign Section) 按钮，这时提示区显示"Select the regions to be assigned a section"，在视图区中模型最上部分区域点击鼠标左键，再点击提示区的 `Done` 按钮，弹出 Edit Section Assignment 对话框（图 14-52），在 `Section:` 后的下拉框中选择 Section-1，点击 `OK` 按钮完成 SMA 材料的定义。

按照同样步骤，完成其他材料的定义（图 14-53）。在创建截面属性时，如果没有指定截面名称，则截面名称默认为 Section-1、Section-2 等的形式，

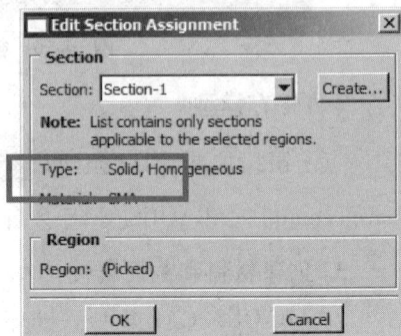

图 14-52　Edit Section
Assignment 对话框

这样在赋予截面属性时容易出错。这时最好的办法是，选择截面后，检查 Edit Section Assignment 对话框中的材料名称是否正确。

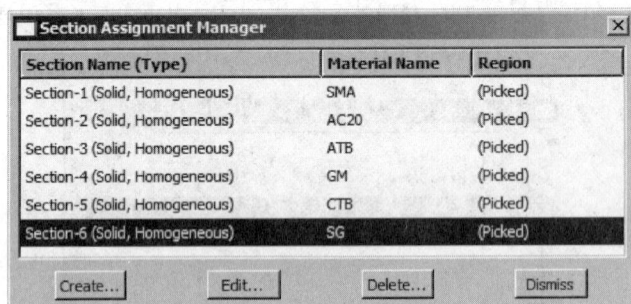

图 14-53　Section Assignment Manager 对话框

4. 创建装配件

在 ABAQUS/CAE 窗口顶部的环境栏 `Module:` 中选择 Assembly（装配）模块，以创建装配件。

(1) 创建装配件

点击左侧工具区 (Instance Part) 按钮，弹出 Create Instance 对话框（图 14-54），将 Instance Type 设为 Independent（mesh on instance），点击 `OK` 按钮，以完成部件的实体化。

部件实体（Instance）具有两种类型：非独立实体（Dependent Instance）和独立实体（Independent Instance）。两者的主要区别在于，划分网格时，非独立

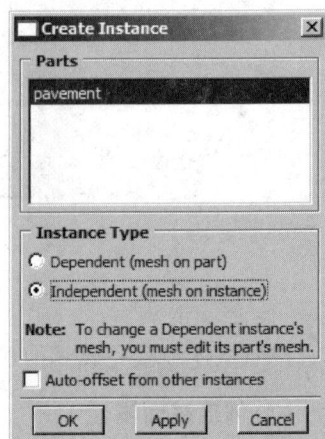

图 14-54　Instance Instance 对话框

实体的网格存在于部件上，独立实体的网格存在于实体上。

　　两种类型的实体可以在窗口左侧的模型树中相互转化，具体步骤如下：在模型树中，依次点击［Model-1］→［Assembly］→［Instances］前的 + 号，右键点击 pavement-1，在弹出的菜单上选择 Make Dependent，即可将独立实体变为非独立实体。反之亦然。

（2）定义边界集合

　　依次点击菜单［Tools］→［Set］→［Create］，在弹出的 Create Set 对话框中的 Name 后输入 left，点击 Continue... 按钮，点击提示区的 ▦（Show/Hide Select Options），弹出 Option 对话框（图 14-55），在下拉框中选择 Edges，并将选择实体的方法设为 Select Entities Inside the Drag Shape（选择拖拽框内的实体，即 被选中），在视图区中划选模型左侧边界，点击提示区中 Done 按钮完成集合 left（模型左边界集合）的定义。

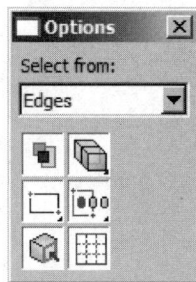

图 14-55　Option 对话框

　　按照同样方法，定义模型右侧边界为集合 right，模型底部边界为集合 bottom。

5. 创建分析步

　　在 ABAQUS/CAE 窗口顶部的环境栏 Module: 中选择 Step（分析步）模块，以创建分析步。

　　点击左侧工具区 ⊙▣（Create Step）按钮，弹出 Create Step 对话框，保持默认参数不变，点击 Continue... 按钮，弹出 Edit Step 对话框，保持默认参数不变，点击 OK 按钮，完成分析步的创建。

6. 边界条件定义和荷载施加

　　在 ABAQUS/CAE 窗口顶部的环境栏 Module: 中选择 Load（载荷）模块，以完成边界条件的定义和荷载的施加。

（1）边界条件定义

　　点击左侧工具区 ⌐（Create Boundary Condition）按钮，弹出 Create Boundary Condition 对话框（图 14-56），将 Name 设为 Fix-xy，将 Step 设为 Initial，Category 设为 Mechanical，Type for Selected Step 设为 Symmetry/Antisymmetry/Encasrte，点击 Continue... 按钮，点击提示区右下角的 Sets，弹出 Region Selection 对话框（图 14-57），其中显示了先前定义的三个集合：bottom、left 和 right。选择 bottom，点击 Continue... 按钮，在弹出的 Edit Boundary Condition 对话框（图 14-58）中，选择 ZASYMM，点击 OK 按钮，完成模型底部的边界条件定义。此时，视图区模型底部显示该边界条件的标识。

　　按照同样的步骤，完成模型左侧、右侧边界条件的定义，其中模型左侧边界在 Create Boundary Condition 对话框将 Name 设为 Fix-left，Region Selection 对话框中选择集合 left，Edit Boundary Condition 对话框中选择 XSYMM；模型右侧边界在 Create Boundary

Condition 对话框将 Name 设为 Fix-right，Region Selection 对话框中选择集合 right，Edit Boundary Condition 对话框中选择 XSYMM。

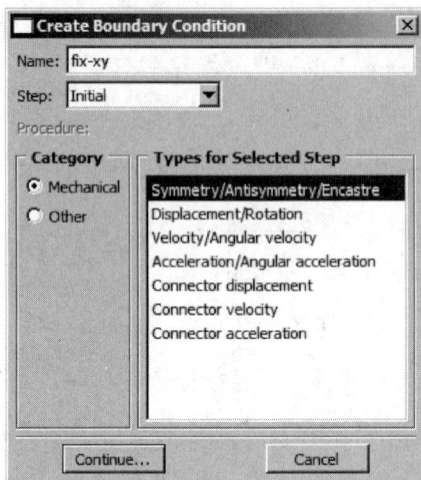

图 14-56 Create Boundary Condition 对话框

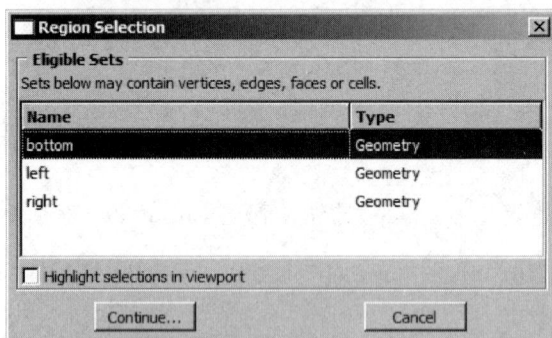

图 14-57 Region Selection 对话框

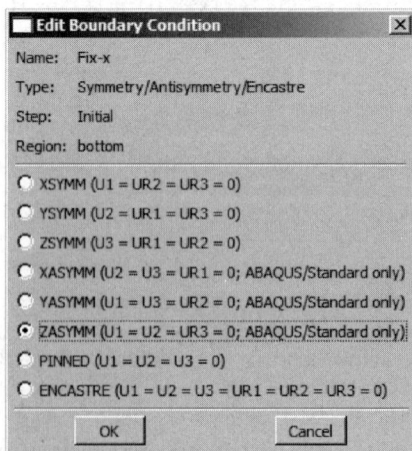

图 14-58 Edit Boundary Condition 对话框

(2)荷载施加

在 ABAQUS/CAE 菜单上点击[Tools]→[Datum]，在弹出的 Create Datum 对话框中将 Type 设为 Point，Method 设为 Offset from point，点击模型左上角的点，在提示区"Offset(X，Y，Z)"后输入(3.00，0.00，0.00)(图 14-59 中 O 点)，按同样的方法，创建另外四点 P、Q、R 和 S 点[与 O 点的偏移量依次为(- 0.26625，0.00，0.00)、(- 0.05325，0.00，0.00)、(0.05325，0.00，0.00)、(0.26625，0.00，0.00)]。

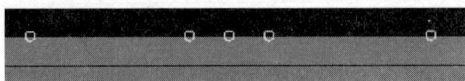

图 14-59　创建 Datum 点

在 ABAQUS/CAE 菜单上点击[Tools]→[Partition]，在弹出的 Create Partition 对话框中将 Type 设为 Edge，将 Method 设为 Select midpoint/datum point，点击 Apply 按钮，在视图区中选择模型顶部的边，点击 P 点，点击提示区 Create Partition 按钮；再选择 PS 线段，点击 Q 点，点击提示区 Create Partition 按钮，以完成线段 PQ 的创建；按同样的方法，创建 RS 线段。创建的 PQ、RS 线段将作为标准荷载加载的部位。

点击左侧工具区 (Create Load)按钮，在弹出的 Create Load 对话框中将 Step 设为 Step-1，将 Types for Selected Step 设为 Pressure，点击 Continue... 按钮，同时选择 PQ、RS 线段(选择 PQ 后，按住 Shift 键不放，再选择 RS 线段)，在弹出的 Edit Load 对话框(图 14-60)中，在 Magnitude 后输入 117371，点击 OK 按钮，完成荷载的施加。

标准轴载 0.7MPa 是作用在两个表面上的，而简化为平面问题后，施加的荷载大小不再是 0.7MPa。应该按照静力等效原则进行适当转换，转换后的大小为：$25 \times 10^3/0.213 = 117371$Pa。

7. 划分网格

在 ABAQUS/CAE 窗口顶部的环境栏 Module: 中选择 Mesh(网格)模块，为模型划分网格。

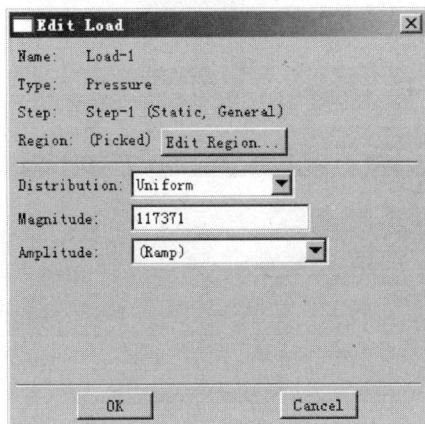

图 14-60　Edit Load 对话框

（1）模型剖分

在 ABAQUS/CAE 菜单上点击［Tools］→［Partition］，在弹出的 Create Partition 对话框中将 Type 设为 Face，将 Method 设为 Sketch（或点击左侧工具区 按钮），点击 OK 按钮，在视图区中选择整个模型，点击提示区中 Done 按钮，ABAQUS 自动进入绘图环境。点击左侧工具区上 按钮，选择 P 点作为线段起点，作垂线至与模型底部相交，按 Esc 键。按同样方法，分别以 Q 点、R 点和 S 点为起点分别作为线段起点，终点均为模型底部的垂点。点击提示区中 Done 按钮，退出绘图环境并完成模型的分割。

（2）种子定义

点击左侧工具区 （Seed Part Instance）按钮，在弹出的 Global Seeds 对话框中，保持默认参数不变，点击 OK 按钮，完成模型种子（Seeds）定义。

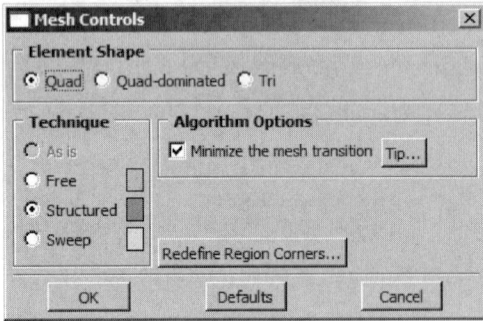

（3）网格控制

点击左侧工具区 （Assign Mesh Controls）按钮，在视图区中选择整个模型，点击提示区中 Done 按钮，弹出 Mesh Controls 对话框（图 14-61），将 Technique 设为 Structure，点击 OK 按钮，点击提示区中 Done 按钮，完成网格控制的定义。

图 14-61   Mesh Controls 对话框

（4）指定单元类型

点击左侧工具区 （Assign Element Type）按钮，在视图区中选择整个模型，点击提示区中 Done 按钮，弹出 Element Type 对话框（图 14-62）。将 Geometric Order 设为 Quadratic（二次单元），将 Family 设为 Plane Strain，此时对话框中显示单元为 CPE8R（8 结点二次平面应变减缩积分单元），点击 OK 按钮，点击提示区中 Done 按钮，完成模型单元的定义。

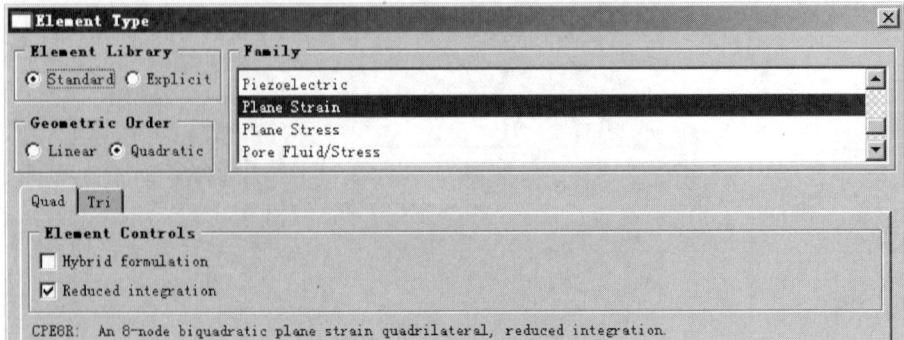

图 14-62   Element Type 对话框

（5）划分网格

点击左侧工具区 ▦（Mesh Part Instance）按钮，在视图区中选择整个模型，点击提示区中的 Yes 按钮，完成网格的划分。完成后的模型网格如图 14-63 所示。

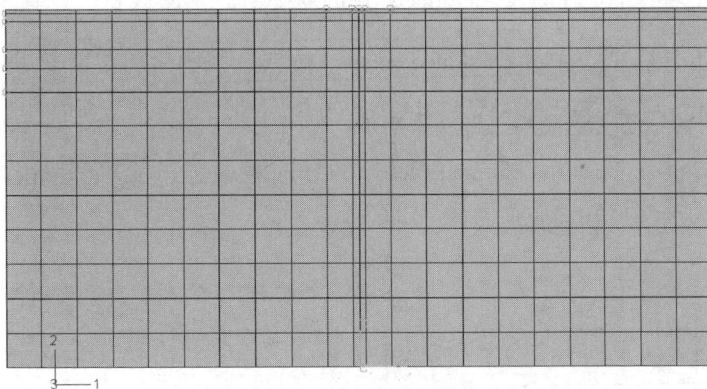

图 14-63　完成后的模型网格

8. 创建并提交作业

在 ABAQUS/CAE 窗口顶部的环境栏 Module: 中选择 Job（作业）模块，创建并提交作业。

点击左侧工具区 ▯（Create Job）按钮，弹出 Create Job 对话框，在 Name 后输入 pavementall，保持其他参数不变，点击 Continue... 按钮，弹出 Edit Job 对话框，保持默认参数不变，点击 OK 按钮，完成作业的创建。

点击左侧工具区 ▯（Job Manager）按钮，弹出 Job Manager 对话框（图 14-64）。点击对话框右侧的 Submit 按钮，提交作业。点击 Monitor... 按钮，可随时监控作业的运行状态。

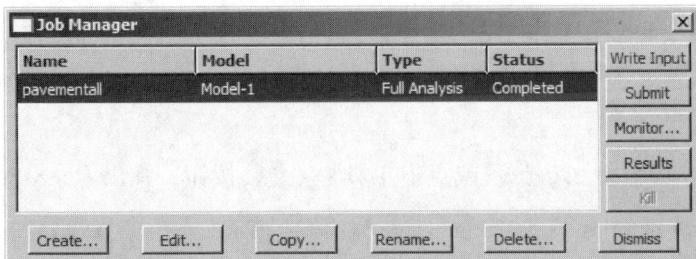

图 14-64　Job Manager 对话框

9. 后处理

在 ABAQUS/CAE 窗口顶部的环境栏 Module: 中选择 Visualization（可视化）模块，进

行后处理。当刚进入 Visualization 模块时，默认情况下左侧工具区 ⌐（Plot Fast Representation）被选中，在视图区显示模型未变形前的外部轮廓。

（1）模型未变形和变形显示

点击左侧工具区 ▦（Plot Undeformed Shape）按钮，视图区将显示模型未变形网格图；点击左侧工具区 ▨（Plot Deformed Shape）按钮，视图区将显示模型变形网格图。点击提示区右下角 Deformed Shape Options... 按钮，弹出 Deformed Shape Plot Options 对话框，选中对话框上 Superimpose undeformed plot 前的复选框，点击 OK 按钮，此时视图区将同时显示模型的变形和未变形图（图 14-65）。

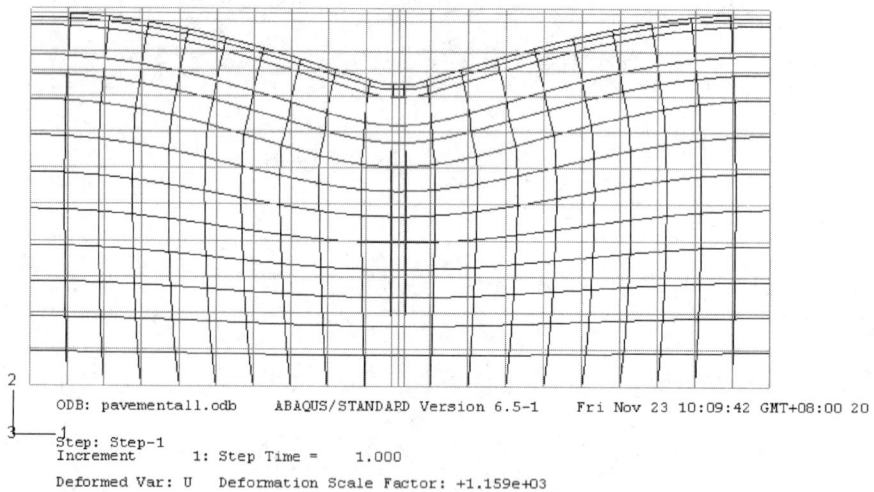

图 14-65　模型未变性和变形显示

（2）云图显示

点击左侧工具区 ⌐（Plot Contours）按钮，视图区显示模型的云图。

（3）查询取值

点击菜单［Result］→［Field Output…］，弹出 Field Output 对话框（图 14-66），将 Output Variable 设为 S，在 Invariant（不变量）中选择 Max. Principal（最大主应力），点击 OK 按钮。

点击菜单［Tools］→［Queries］或点击工具栏上 ⓘ 按钮，弹出 Query 对话框，将 Visualization Module Queries 设为 Probe value（探测取值），点击 OK 按钮。弹出 Probe Values 对话框（图 14-67），在 Probe: 后的下拉框中选择 Nodes，同时选中 S，Max. Principal 前的复选框，在视图区模型上移动鼠标，点选两轴载轮隙中心线下沥青稳定碎石（ATB）层底点，此时在 Probe Value 对话框下部将显示被选中的最大主应力值 0.0173MPa（APBI 软件计算结果为 0.0543MPa）。如果需要，可以点击 Write to File... 按钮，将结果保存在文件中。

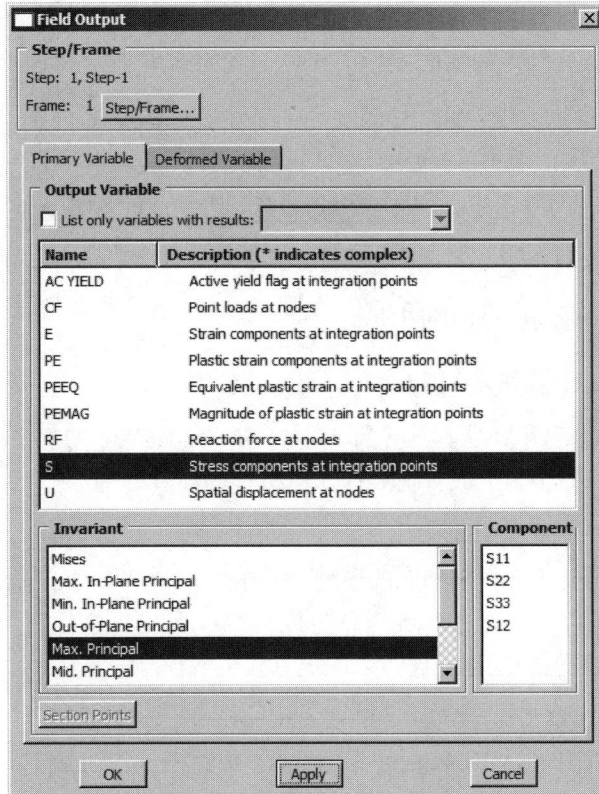

图 14-66 Field Output 对话框

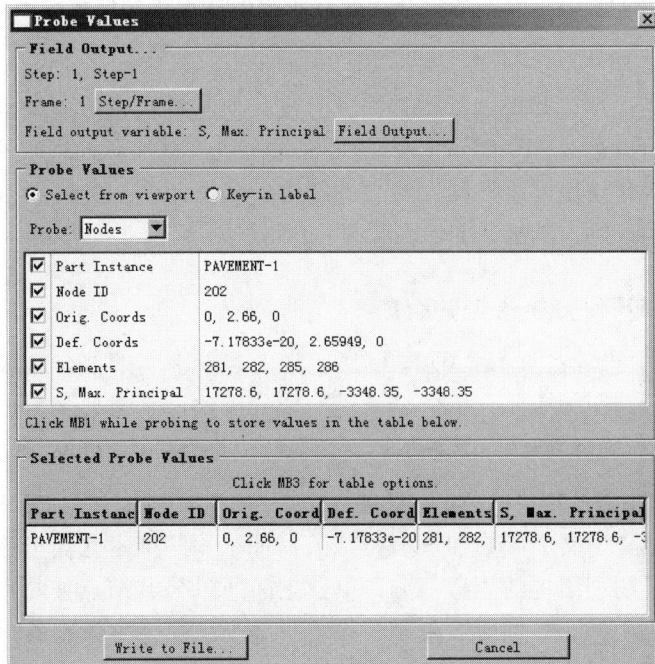

图 14-67 Probe Values 对话框

上图中结点 202 具有 4 个 S，Max. Principal 值，这是由于此结点同时为单元 281，282，285 和 286 的共有结点的缘故。为了获得正确的结果，点击 Probe Value 对话框中 `Cancel` 按钮，在弹出的对话框中点击 `No` 按钮。点击提示区 `Contour Options...` 按钮，弹出 Contour Plot Opitions 对话框，点击 Labels 选项卡，选中 Show element labels 前的复选框，点击 `OK` 按钮。此时在视图区中显示单元 281、282 位于沥青稳定碎石（ATB）层上，即前两个结果为所需结点的 S，Max. Principal 值。

14.3.4　ABAQUS 分析模型的组成

14.3.4.1　ABAQUS 分析的过程

从上面实例可以看出，一个完整的 ABAQUS/Standard 或 ABAQUS/Explicit 分析过程，通常由三个明确的步骤组成：前处理、模拟计算和后处理。

（1）前处理（ABAQUS/CAE）

在前处理阶段需要定义物理问题的模型，并生成一个 ABAQUS 输入文件（＊.inp）。尽管一个简单分析可以直接用文本编辑器生成 ABAQUS 输入文件，但通常的做法是使用 ABAQUS/CAE 或其他前处理程序，以图形方式生成模型。

（2）模拟计算（ABAQUS/Standard 或 ABAQUS/Explicit）

模拟计算阶段使用 ABAQUS/Standard 或 ABAQUS/Explicit 求解输入文件中所定义的数值模型，它通常以后台方式进行。以应力分析的输出为例，包括位移和应力的输出数据保存在二进制文件中以便于后处理。完成一个求解过程所需的时间可以从几秒到几天不等，这取决于所分析问题的复杂程度和所使用计算机的运算能力。

（3）后处理（ABAQUS/CAE）

一旦完成了模拟计算并得到了位移、应力或其他基本变量后，就可以对计算结果进行评估。评估可以通过 ABAQUS/CAE 的可视化模块或其他后处理软件在图形环境下交互式进行。可视化模块可以将读入的二进制输出数据库中的文件以多种方法显示结果，包括彩色等值线图、动画、变形图和 X－Y 曲线图等。

14.3.4.2　ABAQUS 分析模型的组成

从上文的实例可以看出，ABAQUS 模型通常由若干不同的部分组成，它们共同描述了所分析的物理问题和需要获得的结果。一个分析模型至少要包含如下信息：离散化的几何形体、单元截面属性、材料数据、载荷和边界条件、分析类型和输出要求。

（1）离散化的几何形体（Discretized Geometry）

有限单元和结点定义了 ABAQUS 所模拟的物理结构的基本几何形体。模型中的每一个单元都代表了物理结构的离散部分，单元之间通过公共结点彼此相互连接，模型的几何形状由结点坐标和结点所属单元的联结所确定。模型中所有的单元和结点的集合称为网格。通常，网格只是实际结构几何形状的近似表达。

（2）单元截面属性（Element Section Properties）

ABAQUS 拥有广泛的单元库，其中许多单元的几何形状不能完全由它们的结点坐标来定义。例如工字梁截面的尺寸数据就不能通过单元结点来定义，这些附加的几何数据可由单元的物理特性定义。

(3)材料数据(Material Data)

必须指定所有单元的材料特性。然而，由于高质量的材料数据很难得到，尤其是对于一些复杂的材料模型，所以 ABAQUS 计算结果的有效性受材料数据的准确程度和范围的制约。

(4)载荷和边界条件(Loads and Boundary Conditions)

载荷使物理结构产生变形，因而产生应力。最常见的载荷形式包括：点载荷(集中载荷)、表面压力载荷、体力(如重力)和热载荷等；应用边界条件可以使模型的某一部分受到约束从而保持固定(零位移)或使其移动指定大小的位移值。

在静态分析中，需要满足足够的边界条件以防止模型在任意方向上的刚体移动，否则，没有约束的刚体位移会导致刚度矩阵产生奇异。求解时求解器将发生问题，并可能引起模拟过程过早中断。在模拟过程中，如果存在刚体位移，ABAQUS/Standard 将发出警告信息。如果在静态分析中，出现警告信息"numerical singularity"(数值奇异)或"zero pivot"(主元素为零)，用户必须检查整个或部分模型是否缺少限制刚体平动或转动的约束。

在动态分析中，由于结构模型中的所有分离部分都具有一定的质量，其惯性力可防止模型产生无限大的瞬时运动，因此，在动力分析时，求解器的警告信息通常提示了某些其他的模拟问题，如过度塑性。

(5)分析类型(Analysis Type)

ABAQUS 可以进行多种不同类型的模拟分析。最常见的两种类型是：静态(Static)和动态(Dynamic)应力分析。静态分析获得的是外载荷作用下结构的长期响应。在其他情况下，可能用户关心的是结构的动态响应。

(6)输出要求(Output Requests)

ABAQUS 的模拟计算过程会产生大量的输出数据。为了避免占用过多的磁盘空间，用户可根据所研究问题的实际需要对输出数据进行限制。

14.4 工程应用实例分析

14.4.1 路面结构裂缝静态响应的实例分析

问题描述：路面结构同第三节算例，材料特性、边界条件和荷载等均与之相同。在下面层沥青稳定碎石 ATB 层底面已有一条长 3.0cm 的垂直裂缝。现求此路面结构在标准荷载作用下裂缝的扩展规律。

在 ABAQUS/CAE 中打开第三节算例中生成的文件 pavementall. cae，另存为 Crack-cae. cae，并将环境栏 Module: 设为相互作用(Interaction)模块。

(1)裂缝区域剖分

将图 14-68(a)中的区域 2 适当放大。在 ABAQUS/CAE 菜单上，依次点击[Tools]→

［Datum⋯］，在弹出的 Create Datum 对话框中，将 Method 设为 Offset from point，单击 Apply 按钮，在视图区中单击点 A，其坐标为(0.05325，2.66，0)，在提示区中输入 (0.0，0.015，0.0)，单击 Enter 键(此点记为点 B)。按照同样的方法，仍以点 A 为偏离点，在提示区中分别输入(0.0，0.03，0.0)、(0.0，0.045，0.0)、(0.0，0.06，0.0)，分别单击 Enter 键(这些点依次记为点 C、D、E)。按照同样的方法，以点 E 为偏离点，在提示区中分别输入(−0.026625，0.0，0.0)、(−0.05325，0.0，0.0)、(−0.079875，0.0，0.0)、(0.1065，0.0，0.0)、(−0.213，0.0，0.0)，分别单击 Enter 键(依次记为点 F、G、H、I、J)。单击 Create Datum 对话框中的 OK 按钮。

单击左侧工具区 按钮，在视图区中选择区域 1、2、3，单击提示区中的 Done 按钮，此时弹出如图 14-69 所示的窗口，提示欲剖分区域的网格将失效，单击 OK 按钮进入 Sketch 绘图环境。在该绘图环境中，剖分裂缝区域，剖分后的裂缝区域如图 14-68(b)所示。

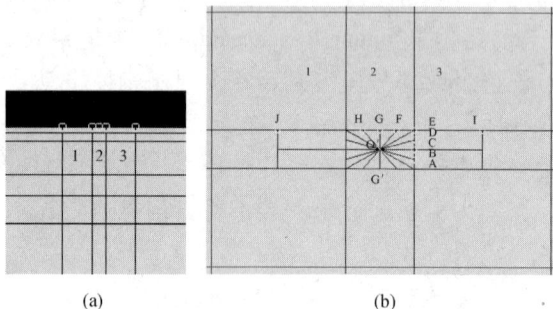

图 14-68 裂缝区域剖分   图 14-69 网格失效警告

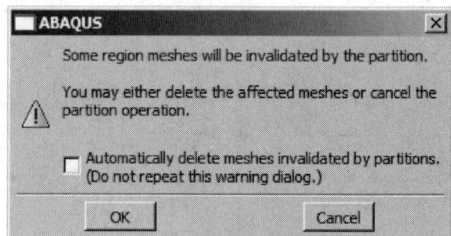

(2)裂缝定义

在 ABAQUS/CAE 菜单上，依次点击［Special］→［Crack］→［Assign Seam⋯］，在视图区中选取线段 O′G′，单击提示区中的 Done 按钮，此时线段以粗线表示，完成裂缝区域的定义。

在 ABAQUS/CAE 菜单上，依次点击［Special］→［Crack］→［Create⋯］，在弹出的 Create Crack 对话框中点击 Continue... 按钮，此时提示区显示"Select the crack front (first contour region)"，在视图区中选择 O′点作为裂缝尖端点，点击提示区中的 Done 按钮；此时提示区的信息变为"Specify crack extension direction using： Normal to crack plane q vectors "，选择 q vectors ，单击 Enter 键接受 q 向量起点默认值 (0.0，0.0)，在提示区中输入(0.0，1.0)，作为 q 向量终点值。此时弹出 Edit Crack 对话框(图 14-70)，单击 Singularity 选项卡，将 Midside node parameter(0 < t < 1)设为 0.25，并将 Degenerate element Control at Crack Tip/Line 设为 Collapse element side，single node，以完成奇异单元结点的设置。

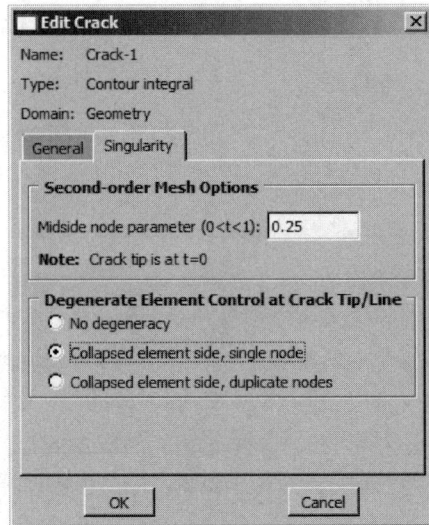

图 14-70 Edit Crack 对话框

（3）裂缝输出定义

在 ABAQUS/CAE 窗口顶部的环境栏 Module: 中选择 Step（分析步）模块，以定义裂缝尖端的 J 积分或应力强度因子 K 的输出。

单击左侧工具区 🖥 （History Output Manager）按钮，在弹出的 History Output Requests Manager 对话框中单击右侧的 Edit... 按钮，弹出 Edit History Output Request 对话框（图 14-71），将 Domain 设为 Contour integral，在 Number of contour（积分回路数目）后输入 3，将 Type 设为 Stress intensity factors（应力强度因子）。如果要输出 J 积分，可将 Type 设为 J - integral。单击 OK 按钮，再单击 Dismiss 按钮。

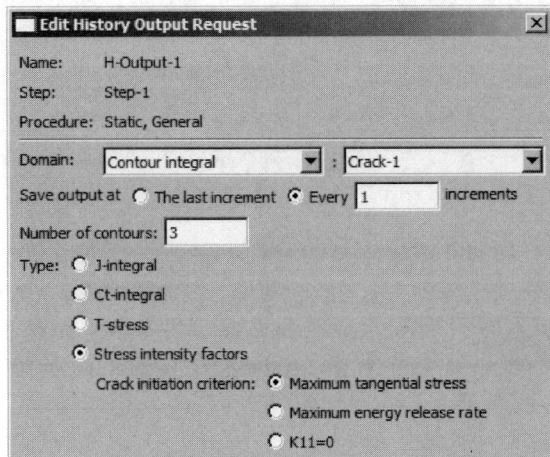

图 14-71 设置裂缝尖端的 J 积分或应力强度因子 K 的输出

（4）划分网格

在 ABAQUS/CAE 窗口顶部的环境栏 Module: 中选择 Mesh（网格）模块，单击左侧工

具区 ![Seed Edge按钮图标] (Seed Edge：Biased)按钮，在视图区中选择如图 14-72 所示的边（单击点应靠近荷载一侧，同时选择多条边时应按住 Shift 键），单击提示区的 Done 按钮，此时提示区信息变为"Bias ratio（ > = 1）"，输入 2.50，按 Enter 键确认；此时提示区信息变为 Number of elements along the edges，输入 8，按 Enter 键确认，单击提示区的 Done 按钮完成种子的布设。

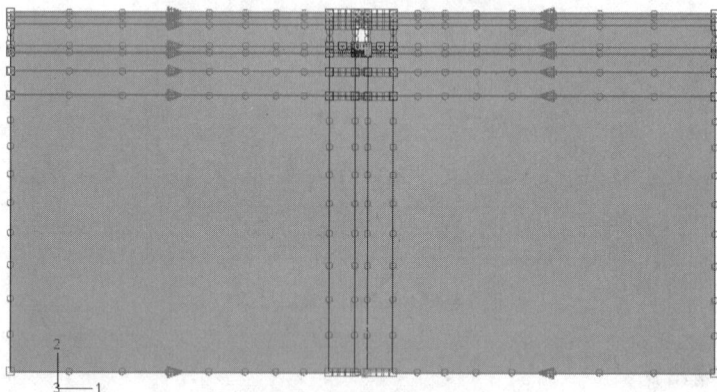

图 14-72　网格种子的布设

按照上述步骤，完成其他区域的种子布设以及网格的生成（图 14-73）。

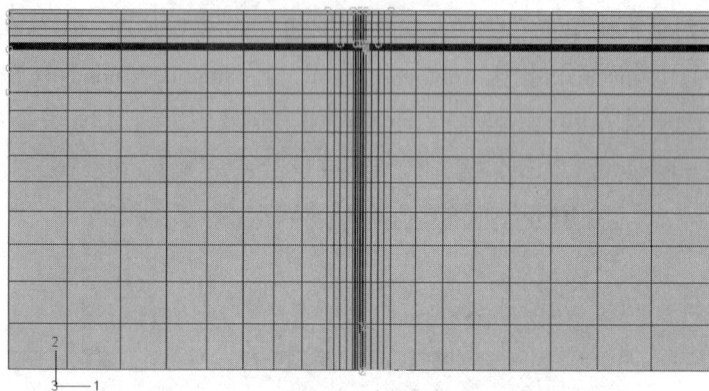

图 14-73　ABAQUS/CAE 中划分的网格

（5）提交计算及后处理

在 ABAQUS/CAE 窗口顶部的环境栏 Module: 中选择 Job（作业）模块，创建并提交作业。

点击左侧工具区上的 ![Job Manager图标]（Job Manager）按钮，弹出 Job Manager 对话框。点击对话框右下部的 Rename... 按钮，在弹出的 Rename Job 对话框中将 pavementall 更改为 Crack-cae，点击 OK 按钮；再点击对话框右侧的 Submit 按钮，提交作业。计算完成后，单击工具区的 按钮，保存模型数据库。

点击 Job Manager 对话框中的 Results 按钮，ABAQUS 自动进入 ABAQUS/Visualization 模块(也即 ABAQUS/Viewer)。

点击左侧工具区上 (Plot Contours)按钮，可得裂缝尖端的 Mises 应力云图(图 14-74)。

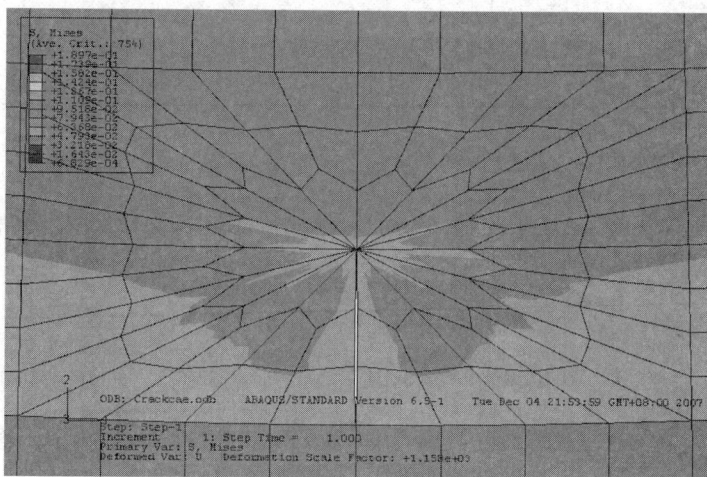

图 14-74　裂缝尖端的 Mises 应力云图(CAE)

同样，在 Crackcae. dat 文件中可知，裂缝尖端的 J 积分为 5.65×10^{-10} N/m(平均值)，裂缝尖端的应力强度因子 K_1 为 7.88×10^{-4} MPa·$m^{1/2}$(平均值)。

14.4.2　路面结构裂缝动态响应的实例分析

14.4.2.1　动态分析一：平面 ABAQUS/CAE 建模

在 ABAQUS/CAE 中，打开上节例子中生成的文件 Crackcae. cae，另存为 Crackcae-dynamic. cae。设置材料属性，将环境栏 Module: 设为 Property 模块。点击左侧工具区 (Material Manager)按钮，在弹出的 Material Manager 对话框中选择材料 SMA，点击右侧的 Edit... 按钮，弹出 Edit Material 对话框。设置模量：将 Young's Modulus 改为 1.4e9。改变 Young's Modulus，主要是为了前后单位一致(国际单位制 SI)。设置密度：点击[General]→[Density]，将 Mass Density 设为 2400。设置阻尼：点击[Mechanical]→[Damping]，将 Alpha 设为 0.9。点击 OK 按钮。依上述步骤，按表 14-11 设置好其他材料的参数。

表 14-11　材料的动力分析参数

材料	Young's Modulus (Pa)	Mass Density (kg/m³)	Alpha
沥青玛蹄脂 SMA	1.4e9	2400	0.9
沥青混凝土 AC-20	1.2e9	2400	0.9
沥青稳定碎石 ATB	1.0e9	2400	0.9
级配碎石 GM	5.0e8	2300	0.4
水泥稳定碎石 CTB	1.5e9	2300	0.8
压实土 SG	4.0e7	1800	0.4

1. 更改分析类型和数据输出需求

将环境栏 Module: 设为 Step 模块。

（1）更改分析类型

点击左侧工具区 (Step Manager) 按钮，弹出 Step Manager 对话框，选择 Step-1，点击 Replace... 按钮，弹出 Replace Step 对话框（图 14-75），选择 Dynamic, Explicit，点击 Continue... 按钮，弹出 Edit Step 对话框，将 Time Period 设为 0.1，点击 OK 按钮。点击 Step Manager 对话框中的 Dismiss 按钮。

（2）更改数据输出需求

点击左侧工具区 (Field Output Manager) 按钮，弹出 Field Output Requests Manager 对话框，点击右上角的 Edit... 按钮，弹出 Edit Field Output Request 对话框，将 Save output at 设为 10 equally spaced intervals，如图 14-76 所示。点击 OK 按钮，再点击 Dismiss 按钮。将 Save output at 设为 10 equally spaced intervals 的主要目的是，将场变量结果按每 10 个增量步进行输出，减少磁盘空间的占用。

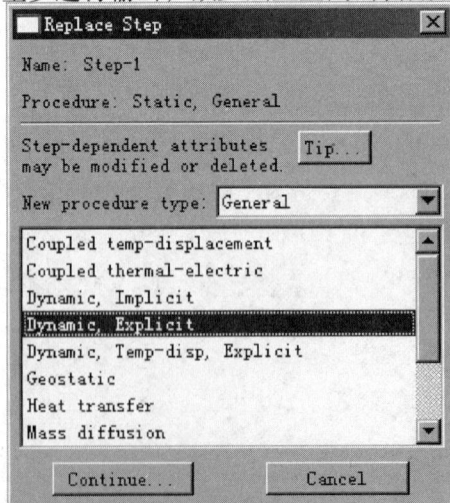

图 14-75　Replace Step 对话框

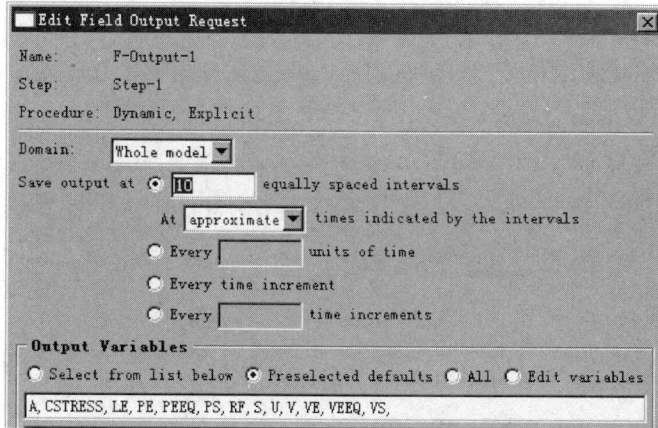

图 14-76 Edit Field Output Request 对话框

点击左侧工具区 ▣ (History Output Manager) 按钮，弹出 History Output Requests Manager 对话框，点击右上角的 Edit... 按钮，弹出 Edit History Output Request 对话框，将 Domain 设为 Whole model，将 Save output at 设为 10 equally spaced intervals，如图 14-77所示。点击 OK 按钮，再点击 Dismiss 按钮。

如果不将 Domain 设为 Whole model，则在后续运算中会出错。Crackcae-dynamic. dat 文件中的出错信息为：

* * * ERROR：THIS KEYWORD IS NOT AVAILABLE IN ABAQUS/EXPLICIT

LINE IMAGE：* contourintegral, crackname = H – OUTPUT – 1_ CRACK – 1, type = KFACTORS,

contours = 3, cracktipnodes

即 ABAQUS 只能输出静态分析时裂缝尖端应力强度因子的计算结果，不能直接输出动态分析时的计算结果。

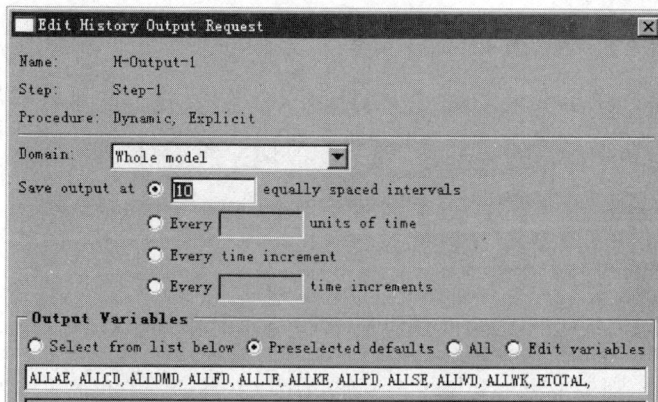

图 14-77 Edit History Output Request 对话框

2. 更改加载数据

将环境栏 Section: 设为 Load 模块。

（1）设置加载幅值曲线

为模拟标准轴载驶近和驶离裂缝的过程，将静载改为半正弦动载荷：

$p(t) = 0.11737 * \sin(10\pi t) * 10^6$，$0 \leq t \leq 0.1s$。

依次点击菜单［Tools］→［Amplitude］→［Create…］，弹出 Create Amplitude 对话框，保持默认参数不变，点击 Continue... 按钮，弹出 Edit Amplitude 对话框。按图 14-78 设置好各数据值，然后点击 OK 按钮。

（2）更改加载数值

点击左侧工具区 ▣（Load Manager）按钮，弹出 Load Manager 对话框，点击右上角

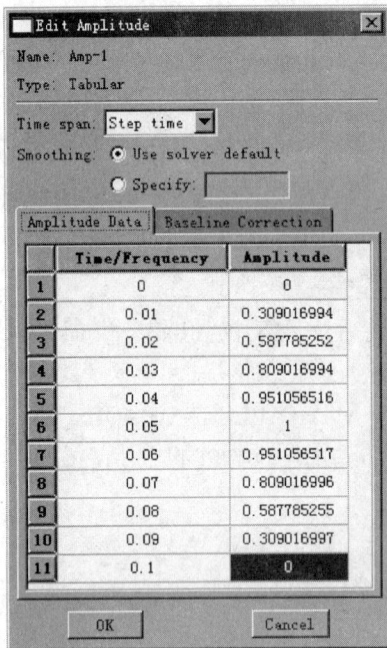

图 14-78 Create Amplitude 对话框 图 14-79 Edit Load 对话框

的 Edit... 按钮，弹出 Edit Load 对话框（图 14-79），将 Magnitude 设为 117370，将 Amplitude 设为 Amp-1。点击 OK 按钮，再点击 Dismiss 按钮。

3. 更改单元类型

将环境栏 Module: 设为 Mesh 模块。

点击左侧工具区 ▦（Assign Element Type）按钮，在视图区选择整个模型，点击提示区的 Done 按钮，弹出 Element Type 对话框（图 14-80），将 Element Library 设为 Explicit，将 Geometric Order 设为 Linear，将 Family 选择为 Plane Strain，并点击 Quad 选项卡。这时对话框下部显示单元类型为 CPE4R。点击 OK 按钮。

4. 提交运算

将环境栏 Module: 设为 Job 模块。

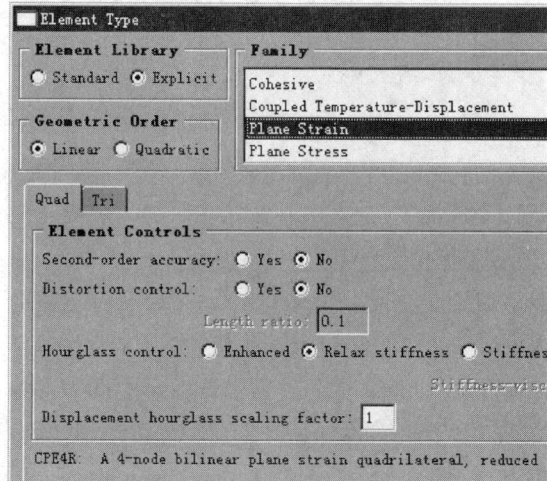

图 14-80 Element Type 对话框

点击左侧工具区 ⬛ (Job Manager)按钮，弹出 Job Manager 对话框，点击 `Rename...` 按钮，将 Crackcae 改为 Crackcae-dynamic。点击右侧 `Submit` 按钮，这时会弹出如图 14-81 所示的提示窗口，直接点击 `Yes` 按钮。

ABAQUS/CAE 将在工作目录中生成 Crackcae-dynamic. inp 文件，并调用 ABAQUS/Explicit 求解器进行求解，直至求解结束。

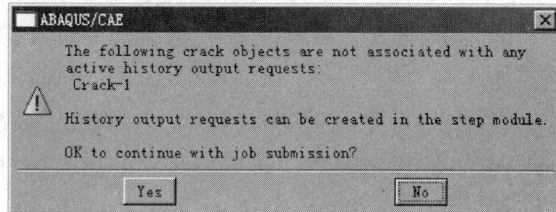

图 14-81 裂缝没有与历史输出需求关联的警告

5. 应力强度因子的计算

点击 Job Manager 对话框右侧 `Results` 按钮，ABAQUS/CAE 将直接进入 Visualization 模块，并自动打开 Crackcae-dynamic. odb。

点击左侧工具区 ⬛ (Plot Contours)按钮，点击菜单栏 ⬛ (Box Zoom View)按钮，将裂缝区域局部放大。

点击菜单[tools]→[Query…]或点击菜单栏上的 ⓘ 按钮，弹出 Query 对话框，选择 Probe Value，单击 `OK` 按钮，弹出 Probe Values 对话框(图 14-82)，将 Step/Frame 设为 Frame：1，将 Field Output 设为 U，U1，其他参数设置如图 14-82 所示。

依次向下点击裂缝线上的结点：28(裂尖)，1007，1008，34。此时在 Probe Values 对话框下部将显示与上述结点有关的信息(此处主要是结点变化前后的坐标等)，用鼠标左键选中第一行数据，按住左键不放并拖动鼠标选择全部数据，按组合键 Ctrl + C，

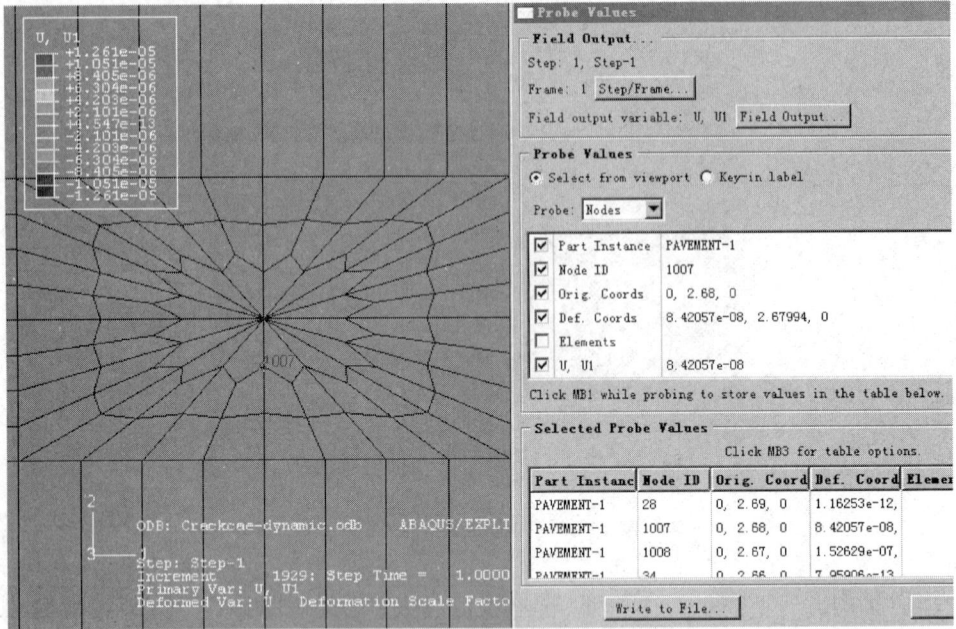

图 14-82 **Probe Values** 对话框

可在 Microsoft Excel 等软件中用组合键 Ctrl + V 复制上述数据，进行数据处理。

可计算获得 0.01s 时裂缝尖端区域的应力强度因子 $K_{\mathrm{I}} = 5.80 \times 10^{-4}$；在上述 Probe Values 对话框中，将 Step/Frame 设为 Frame：2，可计算得 0.02s 时裂缝尖端区域的应力强度因子 $K_{\mathrm{I}} = 7.28 \times 10^{-4}$，以此类推，可计算获得其他时刻裂缝尖端的应力强度因子 K_{I}，如图 14-83 所示。

可见，裂缝尖端区域的应力强度因子随时间的变化与荷载变化趋势基本一致，但存在一定的滞后现象。与静态计算结果相比可以发现，动态时裂缝尖端区域的应力强度因子峰值（1.18×10^{-3}MPa·m$^{1/2}$）稍大于静态时的应力强度因子（7.88×10^{-4}MPa·m$^{1/2}$）。

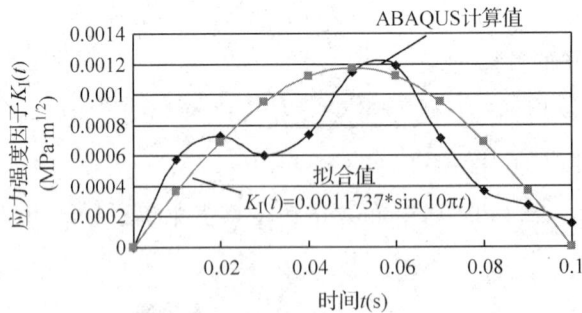

图 14-83 裂缝尖端的应力强度因子 K_{I}

14.4.2.2 动态分析二：三维 ABAQUS/CAE 建模

在 ABAQUS/CAE 中打开上节中生成的文件 Crackcae-dynamic.cae。点击菜单[File]→[Save As…]，在弹出的 Save Model Database As 对话框中 File Name 后输入 Crackcae-dynamic-3d. cae。

1. 绘制 3D 模型

点击左侧工具区 ▦ (Part Manager) 按钮，弹出 Part Manager 对话框，点击 `Delete...` 按钮，点击 `Yes` 按钮确认删除原有 Part。

点击对话框右上角的 `Create...` 按钮，弹出 Create Part 对话框。将 Name 设为 Crackcae-dynamic-3d，将 Approximate Size 设为 20，其他参数不变，点击 `Continue...` 按钮，进入 Sketch 绘图环境。

按照第 3 节中同样的方法，绘制路面结构平面模型。点击提示区的 `Done` 按钮，退出 Sketch 绘图环境。弹出 Edit Base Extrusion 对话框(图 14-84)，将 Depth 设为 6。

按照第 3 节中同样的方法，在模型上设置 5 个数据点[与模型左上角点偏离量分别为 (0.0，-0.04，0.0)、(0.0，-0.10，0.0)、(0.0，-0.34，0.0)、(0.0，-0.49，0.0)、(0.0，-0.69，0.0)]。点

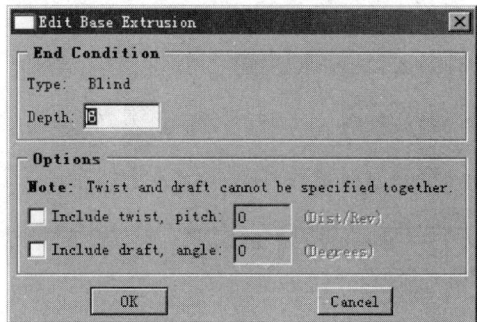

图 14-84 Edit Base Extrusion 对话框

击左侧工具区上 ⌐ (Partition Face：Sketh)按钮，在视图区中选择 $A_1B_1C_1$ 平面，点击提示区的 `Done` 按钮，这时提示区的信息变为 Select an edge or axis that will appear `vertical and on the right ▼`(选择的边或轴将垂直显示在右边)，在视图区中选择线段 C_1B_1，ABAQUS/CAE 自动进入 Sketch 绘图环境。按第 3 节例子中同样的方法，剖分 $A_1B_1C_1$ 平面，剖分后点击提示区的 `Done` 按钮，退出 Sketch 绘图环境。此时，视图区如图 14-85(a)所示。

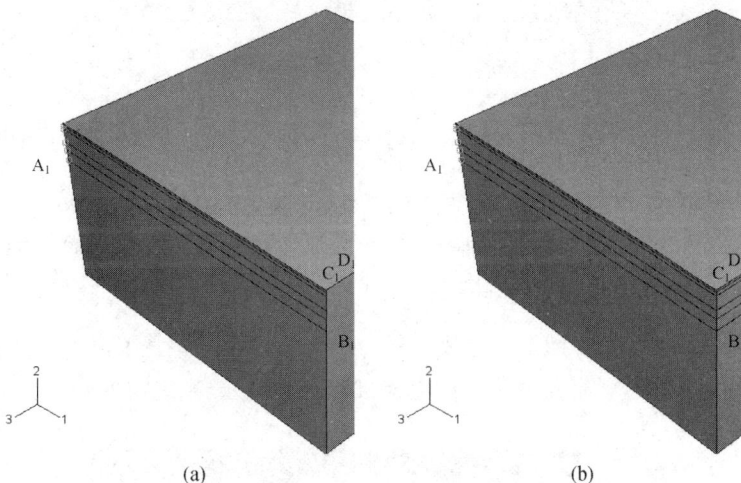

图 14-85 三维模型的剖分

(a)剖分 ABC 平面　(b)剖分整个实体

点击左侧工具区上按钮(或依次点击菜单 [Tools]→[Partition])，弹出 Create Partition 对话框，将 Type 设为 Cell，Method 设为：Extrude/Sweep Edges)，在视图区中选择 A_1B_1 线段，点击提示区的 Done 按钮，提示区信息变为 How do you want to sweep?，点击 Extrude Along Direction 按钮，选择线段 C_1D_1，点击提示区中的 OK 按钮，再点击提示区的 Create Partition 按钮，完成了路面结构模型的一次剖分(土基与路面结构层的划分)。按照上述步骤，完成其他结构层次的剖分，完成后的模型如图 14-85(b)所示。

2. 材料属性指定

将环境栏 Module: 设为 Property 模块。

分别点击左侧工具区 按钮和 按钮，可以发现材料属性和截面定义仍然有效。

点击左侧工具区 按钮，在视图区中选择模型上部区域，点击提示区 Done 按钮，弹出 Edit Section Assignment 对话框，将 Section 设为 Section-1，点击 OK 按钮，完成路面表面层 SMA 材料的指定。按照同样的步骤完成其他材料截面的指定。

3. 生成装配件

将环境栏 Module: 设为 Assembly 模块。这时弹出如图 14-86 所示的警告窗口，是由于删除了原有的 Part 所造成的。不用理会，点击 Dismiss 按钮。

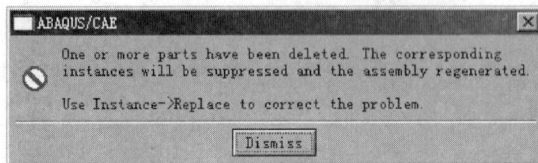

图 14-86 部分部件缺失的警告

点击左侧工具区 按钮，弹出 Create Instance 对话框，将 Instance Type 设为 Independent(mesh on instance)，点击 OK 按钮，完成部件 Crackcae-dynamic-3d 的实体化。这时弹出如图 14-87 所示的警告窗口(部件维数与原有部件实体的维数不匹配)。这时依次点击左侧模型树[Model Database]→[Models(1)]→[Model-1]→[Assembly]→[Instances(1)]，右键点击 pavement-1，选择 delete，点击 Yes 按钮，确认原有部件实体的删除。再按上述创建部件实体的步骤，完成部件 Crackcae-dynamic-3d 的实体化。

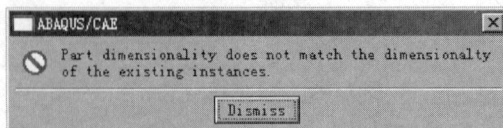

图 14-87 部件维数与原有实体不匹配的警告

4. 三维裂缝的表征

将环境栏 Module: 设为 Interaction 模块。

(1)裂缝的创建

在 $A_1B_1C_1$ 平面上进行裂缝的剖分，完成剖分后的裂缝如图 14-88 所示。

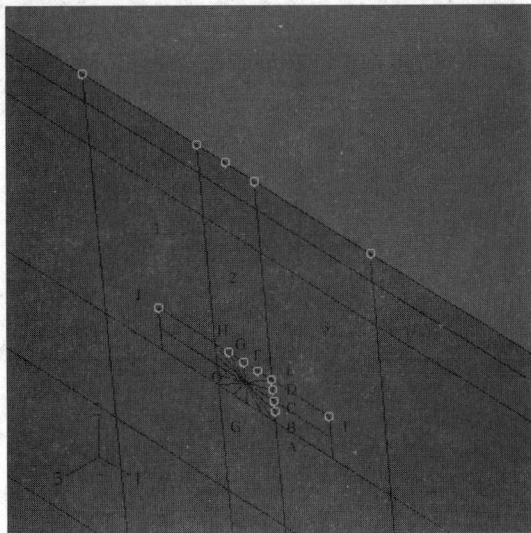

图 14-88 裂缝区域的平面剖分

点击左侧工具区上 按钮，在视图区中选择裂缝所在的区域，点击提示区的 Done 按钮，在视图区中选择△EO′F，点击提示区的 Done 按钮，点击提示区 Extrude Along Direction 按钮，点击菜单区 按钮，选择模型中任意一条与 1－2 平面垂直的线段，点击提示区中的 OK 按钮，再点击提示区的 Create Partition 按钮，完成了裂缝区域的一次剖分。如果在上述剖分过程中，不是选择△EO′F，而是选择线段 EF，剖分后在 Massage Area 将会显示如下信息：

Warning：The selected cell was not completely partitioned.

Use the Geometry Diagnostics tool to view the free edges.

这样会产生自由边，而没有真正地完成剖分。

按照同样的方法完成所有裂缝区域的剖分。这一步容易出错，一定要非常细致。完成剖分后，可点击菜单区的 按钮，弹出 Views 工具条，可方便进行不同角度视图的显示，可用于检查裂缝剖分的正确性。

点击左侧工具区 按钮，分别在视图区(图 14-89)中选择点 1、2、3，在提示区中输入偏移值(0.0，0.0，－2.50)，按 Enter 键确认，创建 3 个数据点 4、5、6；再次点击左侧工具区 ![] 按钮，分别在视图区中选择点 1、2、3，在提示区中输入偏移值(0.0，0.0，－3.50)，按 Enter 键确认，创建 3 个数据点 7、8、9。

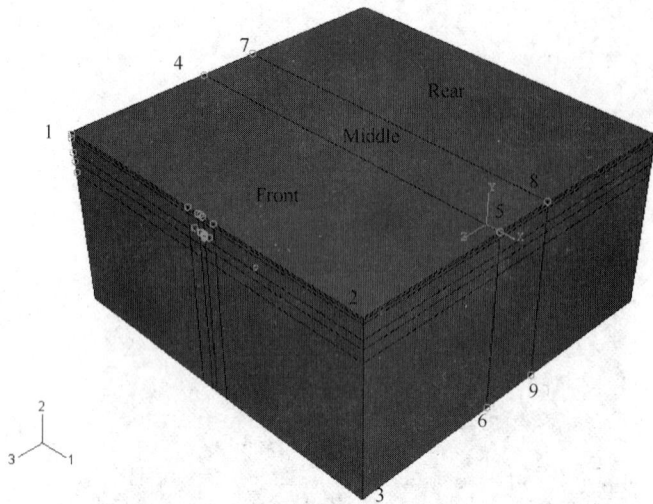

图 14-89 三维实体的剖分

点击左侧工具区 🔲 (Partition Cell：Defining Cutting Plane) 按钮，在视图区中选择整个模型，点击提示区 `Done` 按钮，再点击提示区的 `3 Points` 按钮，在视图区中选择数据点 4、5、6，再点击提示区的 `Create Partition` 按钮。

依次点击菜单 [Tools]→[Set]→[Create...]，在弹出的 Create set 对话框中将 Name 设为 Front，点击 `Continue...` 按钮，在视图区中选择模型前部区域（应特别注意裂缝区域的选择），点击提示区 `Done` 按钮。

点击菜单栏上 🔲 (Create Display Group) 按钮，弹出 Create Display Group 对话框，将 Item 设为 Sets，在右边选择 Front，点击对话框下部的 ⑩ (Repalce)。此时可方便地进行 Front 集合定义的检查。

按照同样的步骤，再次点击左侧工具区 🔲 (Partition Cell：Defining Cutting Plane) 按钮，在视图区中选择数据点 7、8、9，再点击提示区的 `Create Partition` 按钮。

在 Create Display Group 对话框中，将 Item 设为 All，点击 ⑩ (Repalce)。视图区将显示如图 14-89 所示的模型。

按同样步骤，完成 Middle、Rear 两个集合的定义。

（2）裂缝的定义

按上述 Display Group 方法，仅显示集合 Middle。局部放大该裂缝区域。

依次点击菜单 [Special]→[Crack]→[Assign Seam…]，点击提示区的 █▤▤ (Show/Hide Selection Opitions) 按钮，在弹出的 Options 工具条上，点击 🔲 (Select the Entity Closest to the Screen) 按钮，使之变为 🔲 (即取消该功能)。在视图区中移动鼠标，如图 14-90(a) 所

示时点击鼠标左键，此时提示区信息变为"Ambiguous selection，please choose one"，点击 `Next` 按钮，此时视图区如图 14-90(b)所示，连续三次点击 `OK` 按钮。

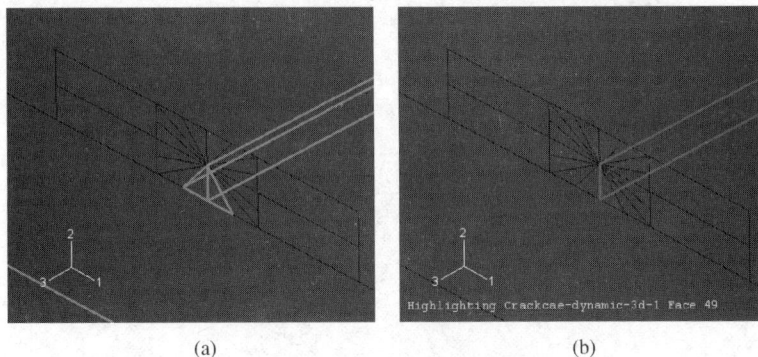

(a)   (b)

图 14-90 裂缝尖端的选取

（a)模糊选取   (b)精确选取

依次点击菜单[Special]→[Crack]→[Edit]→Crack-1，这时弹出如图 14-91 所示的警告窗口。点击 `Yes` 按钮，弹出 Edit Crack 对话框，点击 Crack front：(Picked)后的 `Edit...` 按钮。点击 Options 工具条上 按钮(使之变为)，并将 Select from 设为 Edges。在视图区中移动鼠标，如图 14-92 所示时点击鼠标左键，多次点击提示区 `Next` 按钮，直至选到正确的裂缝尖端线为止，点击 `OK` 按钮。点击 Edit Crack 对话框中的 `OK` 按钮。

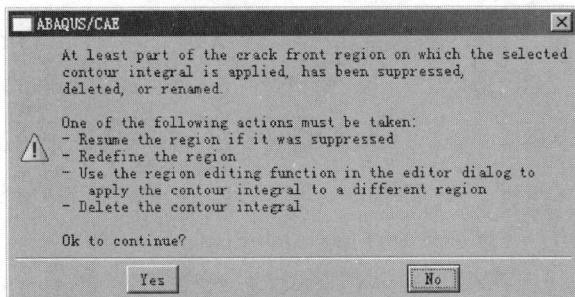

图 14-91 部分裂缝尖端区域被压缩、删除或更名的警告信息

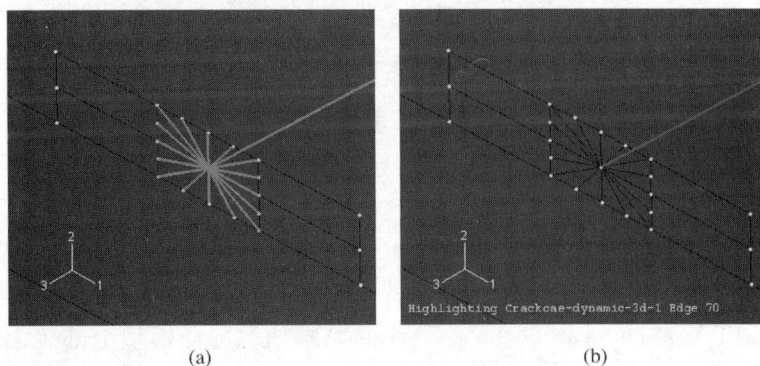

(a)   (b)

图 14-92 裂缝尖端线的选取

（a)模糊选取   (b)精确选取

也可采用下列步骤选择裂缝尖端线：

依次点击菜单［Special］→［Crack］→［Edit］→Crack－1，这时弹出如图 14-91 所示的警告窗口。点击 Yes 按钮，弹出 Edit Crack 对话框，点击 Crack front：（Picked）后的 Edit... 按钮。点击工具栏 （Render Model：Wireframe）按钮，这时在视图区可方便地选择出裂缝尖端线（图 14-93）。

按上述 Display Group 方法，显示整个模型。

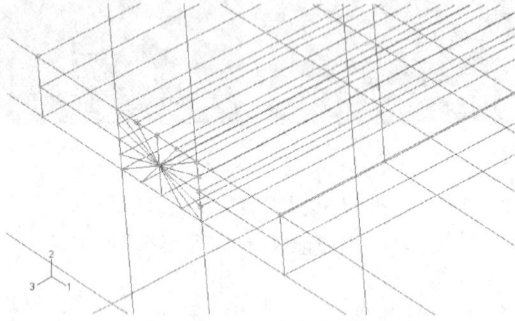

图 14-93　裂缝尖端线的选取（Wireframe）

5. 荷载的施加

将环境栏 Module: 设为 Load 模块。

点击左侧工具区 （Boundary Condition Manager）按钮，弹出 Boundary Condition Manager 对话框。点击右上角 Edit... 按钮，弹出如图 14-94 所示的警告窗口（提示集合 left 已失效），点击 Yes 按钮，弹出 Edit Boundary Condition 对话框。点击 Edit Region... 按钮，点击 Views 工具条上的 按钮，在视图区中依次选择整个 2－3 平面上的所有平面（注意：不得包含其他平面上的面），点击提示区的 Done 按钮。点击对话框中的 OK 按钮，完成边界条件 Fix－left 的定义。

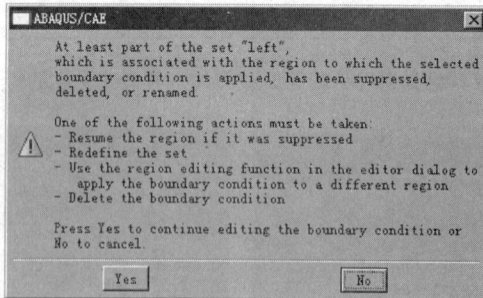

图 14-94　集合 left 已失效的警告信息

按同样的步骤，完成边界条件 Fix－right、Fix－xy 的定义。

点击左侧工具区 （Partition Face：Sketch）按钮，选择模型上部表面。在 Sketch 绘图环境中，将模型上表面沿 3 轴负方向均匀划分 72 个网格（1，2，…，36，1′，2′，…，36′），每个方格的尺寸为 0.213m×0.167m（图 14-95）。

图 14-95 动荷载作用区域的剖分

依次点击菜单[Tools]→[Amplitude]→[Delete]→Amp-1，点击 Yes 按钮，确认删除。

点击左侧工具区 ▢ (Load Manager)按钮，弹出 Load Manager 对话框，点击右上角 Edit... 按钮，弹出如图 14-96 所示的警告窗口，点击 Yes 按钮，弹出 Edit Load 对话框(图 14-97)，点击 Region：(Picked)后的 Edit Region... 按钮，选择网格 10~27 和 10′~27′，点击提示区的 Done 按钮；点击对话框上 Distribution 后的下拉框，选择 User-defined，将 Magnitude 设为 1，点击 OK 按钮，点击 Load Manager 对话框上的 Dismiss 按钮。定义好载荷的模型，如图 14-95 所示。

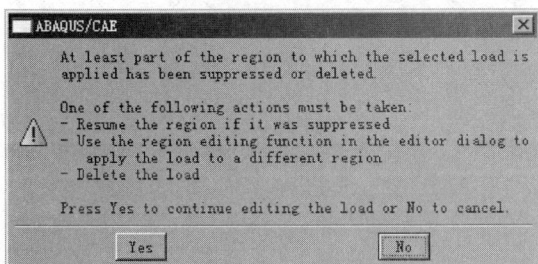

图 14-96 部分荷载作用区域被压缩或删除的警告信息

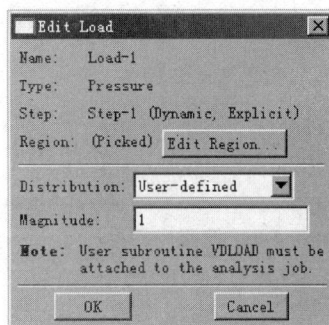

图 14-97 Edit Load 对话框

汽车以 108km/h 的速度行驶，则 0.1s 前进 3m。按照网格尺寸的大小可知，汽车荷载在 0.1s 内占有的网格数 = 3/0.167 = 18 个，网格编号依次为 10~27 和 10′~27′。

动载荷分布子程序(vdload30.for)的编写：

```
C User subroutine VDLOAD
      subroutine vdload (
```

```
C Read only (unmodifiable) variables -
     *      nblock, ndim, stepTime, totalTime,
     *      amplitude, curCoords, velocity, dircos,
     *      jltyp, sname,
C Write only (modifiable) variable -
     *      value )
C
     include 'vaba_param.inc'
parameter (zini=4.5,vel=30,dlen=0.166666667,pressure=0.7d6)
C
     dimension curCoords(nblock,ndim),
     *      velocity(nblock,ndim),
     *      dircos(nblock,ndim,ndim),
     *      value(nblock)
     character* 80 sname
C     - - - - - - - - - - - - - - - - - - - - - - - - - - - - - -
C     distan 为 steptime 时间内荷载移动的距离(车速 vel 为 30km/h);
C     zmax 和 zmin 分别为荷载的上下边界(两者相距 dlen 为 0.166666667m);
C     - - - - - - - - - - - - - - - - - - - - - - - - - - - - - -
     distan=vel* stepTime
     zc=zini-distan
     zmax=zc
     zmin=zmax-dlen
     do 100 k=1, nblock
     if(curCoords(k,3).lt. zmax.and. curCoords(k,3).ge. zmin) then
          value(k)=pressure
     else
          value(k)=0
     end if
100  continue
     return
     end
```

6. 网格的定义

将环境栏 Module: 设为 Mesh 模块。

点击左侧工具区 (Partition Face：Sketch)按钮，将集合 Front 剖分成如图 14-98 所示(主要是增加一条裂缝区域的剖分线 SS′，以提高网格质量)。点击左侧工具区

（Partition Cell：Extrude/Sweep Edges）按钮，选择整个模型，点击提示区 `Done` 按钮，选择线段 SS'，点击提示区 `Done` 按钮，点击 `Extrude Along Direction` 按钮，选择一条与 1 – 2 平面垂直的任意线段，ABAQUS/CAE 将显示拉伸的方向。如果拉伸方向不对，点击 `Flip` 按钮，再点击 `OK` 按钮；如果拉伸方向正确，直接点击 `OK` 按钮。点击 `Create Partition` 按钮。

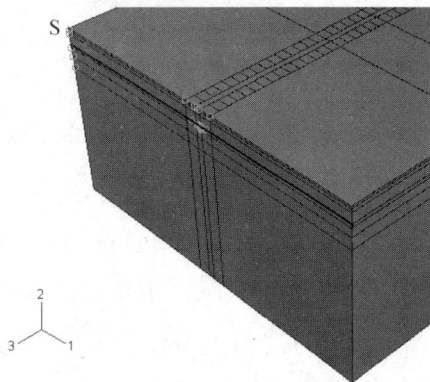

图 14-98　裂缝区域网格的剖分

　　按照前述 Display Group 方法，在模型中仅显示集合 Front。点击 Views 工具条上 ![icon] 按钮，显示集合 Front 的 2 – 1 平面。点击左侧工具区 ![icon]（Partition Face：Sketch）按钮，将 2 – 1 平面剖分成与 1 – 2 平面相同的区域。

　　按本章前述的方法，布置 2 – 1 平面和 1 – 2 平面的种子。

　　按照上面同样的步骤，布置集合 Middle 和 Rear 上相关平面的种子。沿 3 轴负方向三个集合 Front、Middle 和 Rear 分别布置 15、6 和 15 个种子。

　　点击左侧工具区 ![icon]（Assign Element Type）按钮，选择整个模型，点击 `Done` 按钮，弹出 Element Type 对话框，将 Element Library 设为 Explicit，将 Geometric Order 设为 Linear，将 Family 设为 3D Stress，此时对话框下部显示单元类型为 C3D8R，点击 `OK` 按钮。

　　点击左侧工具区 ![icon]（Mesh Part Instance）按钮，选择整个模型，点击提示区的 `Yes` 按钮。完成网格划分后的模型，如图 14-99 所示。

图 14-99　网格划分后的模型

7. 作业的提交

将环境栏 Module: 设为 Job 模块。

点击左侧工具区 ⬜ (Job Manager) 按钮，弹出 Job Manager 对话框，点击 Rename... 按钮，将 Crackcae-dynamic 改为 Crackcae-dynamic-3d，点击 OK 按钮；点击 Edit... 按钮，弹出 Edit Job 对话框，点击 General 选项卡，点击 User subroutine file 后的 Select...，指向 C：\Temp\vdload30. for；再单击 Precision 选项卡，将 ABAQUS/Explicit precision 设为 Double，点击 OK 按钮。点击 Job Manager 对话框右侧 Submit 按钮，弹出未设置裂缝输出的警告窗口，点击 Yes 按钮，ABAQUS 开始计算，直至计算结束。

8. 后处理

点击 Job Manager 对话框右侧 Results 按钮，ABAQUS/CAE 将直接进入 Visualization 模块，并自动打开 Crackcae-dynamic-3d. odb。

点击左侧工具区 ⬜ (Plot Contours) 按钮，视图区将自动显示模型的 Mises 应力云图。点击工具栏上 ⬜ 按钮，显示 Middle。点击左侧工具区 ⬜ (Active/Deactive View Cut) 按钮，此时视图区如图 14-100 所示。点击菜单栏 ⬜ (Box Zoom View) 按钮，将裂缝区域局部放大。

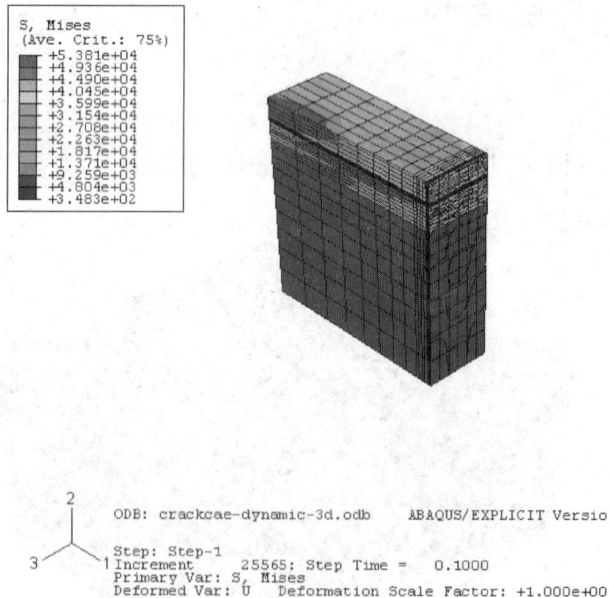

图 14-100 View Cut 视图

点击菜单 [Tools]→[Query…] 或点击菜单上的 ⓘ 按钮，弹出 Query 对话框，选择 Probe Value，单击 OK 按钮，弹出 Probe Values 对话框，将 Step/Frame 设为 Frame：

1，将 Field Output 设为 U，U1。按照本章同样的方法，获取裂缝线上结点的 U1 值。

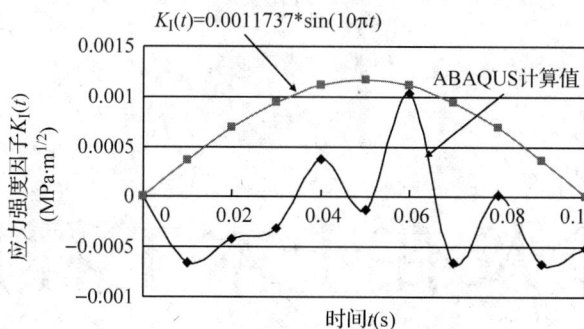

图 14-101 裂缝尖端的应力强度因子 K_I

可得裂缝区域的应力强度因子，如图 14-101 所示。可见，裂缝区域的应力强度因子随时间的变化时存在一定的振荡现象，与荷载变化趋势基本一致，但存在一定的滞后现象。与静态计算结果相比可以发现，动态时裂缝区域的应力强度因子峰值(1.04×10^{-3}MPa·$m^{1/2}$)稍大于静态时的应力强度因子(7.88×10^{-4}MPa·$m^{1/2}$)。

小 结

本章主要介绍 ABAQUS 有限元软件的分析流程，单元类型及网格划分技术，并采用实例的形式，介绍了 ABAQUS 在分析沥青路面结构的静态裂缝问题和动态响应问题上的工程应用。

思考题

1. ABAQUS 具有哪几种网格划分技术？
2. ABAQUS 有哪几种常用单元，各种单元的选择须注重什么因素？
3. ABAQUS/CAE 中有哪几种分析模块？
4. ABAQUS 分析的流程是怎么样的？

推荐阅读书目

1. ABAQUS 有限元分析实例详解. 石亦平，周玉蓉. 机械工业出版社，2006.
2. ABAQUS 非线性有限元分析与实例. 庄茁，张帆，等. 科学出版社，2005.
3. ABAQUS 在土木工程中的应用. 王金昌，陈页开. 浙江大学出版社，2006.
4. ABAQUS 有限元软件在道路工程中的应用. 廖公云，黄晓明. 东南大学出版社，2008.

第**15**章
FLAC 及在土木工程应用

[**本章提要**] FLAC 作为专用的岩土工程有限差分计算方法的分析软件，具有强大的计算功能和广泛的模拟能力，尤其在大变形问题的分析方面具有独特的优势。其界面简洁明了，特点鲜明，使用特征和计算特征在众多数值模拟软件中别具一格。本章主要介绍 FLAC 有限差分元软件的分析流程，单元类型及网格划分技术，并采用实例的形式，通过介绍 FLAC 在分析盾构隧道开挖对周边环境影响的模拟，展示其在土木工程中的广泛应用。

FLAC(Fast Lagrangian Analysis of Continua)是由 Itasca 公司研发推出的连续介质力学分析软件，是该公司旗下最知名的软件系统之一。FLAC 是国际通用的岩土工程专业分析软件，具有强大的计算功能和广泛的模拟能力，尤其在大变形问题的分析方面具有独特的优势。其界面简洁明了，特点鲜明，使用特征和计算特征在众多数值模拟软件中别具一格。软件提供的针对于岩土体和支护体系的各种本构模型和结构单元，更突出了 FLAC 的"专业"特性。因此在国际岩土工程界非常流行，目前已在全球七十多个国家得到广泛应用，在国际土木工程(尤其是岩土工程)学术界和工业界享有盛誉。

15.1 有限差分软件 FLAC 简介

FLAC 有二维和三维计算软件两个版本，即 $FLAC^{2D}$(1984)和 $FLAC^{3D}$(1994)。这里进行一下说明，在阐述软件系列时，以 FLAC 统一称谓 $FLAC^{2D}$ 和 $FLAC^{3D}$；分述 $FLAC^{2D}$ 和 $FLAC^{3D}$ 时，FLAC 仅指代 $FLAC^{2D}$。FLACV3.0 以前的版本为 DOS 版本，V2.5 版本仅仅能够使用计算机的基本内存(64K)，因而求解的最大节点数仅限于 2000 个以内。1995 年，FLAC 升级为 V3.3 的版本，由于能够扩展内存，因此大大增加了计算规模。FLAC 目前已发展到 V5.0 版本。$FLAC^{3D}$ 作为 FLAC 的扩展程序，不仅包括了 FLAC 的所有功能，并且在其基础上进行了进一步开发。

15.2 FLAC 理论背景

作为一款岩土工程模拟软件，其最核心的部分为计算理论与应力—应变关系(即本构方程)。鉴于 $FLAC^{3D}$ 为 FLAC 的扩展软件，两者基本原理大体相同，本章将以

FLAC^{3D}为主介绍其计算的基本理论和本构模型。

FLAC/FLAC^{3D}软件名称源于其采用的拉格朗日连续介质法(Fast Lagrangian Analysis of Continua),因拉格朗日连续介质法属有限差分法,因此,FLAC/FLAC^{3D}是有限差分软件,而非有限元软件。此外,FLAC/FLAC^{3D}还采用了混合离散法和动态松弛法,这与有限元软件不同。本节将简略介绍这些基本理论。

15.2.1 有限差分法

在采用数值计算方法求解偏微分方程时,若将每一处导数由有限差分近似公式替代,从而把求解偏微分方程的问题转换成求解代数方程的问题,即所谓的有限差分法。如果给定了初值和(或)边界值,有限差分法有可能是解微分方程组的最古老的数学方法。在有限差分法中,空间离散点处的控制方程组中每一个导数直接由含场变量(如应力和位移)的代数表达式替换,这些变量没有在单元内部进行定义。相比而言,有限元方法有一个重要的前提,即:应力和位移场变量应由参数控制的特征函数,以指定的模式在每一单元内变化。理论公式包括了调整这些参数以使误差项和能量项最小。

两种方法都会产生待求的代数方程组。尽管这些方程是由不同的方法得出的,但是在某些特殊情况下,显而易见,两种方法得出的最终方程是一样的。因此,对有限元和有限差分的优缺点进行争论是毫无意义的。

然而多年来,解决问题的特定"传统"方法已经根深蒂固。例如,有限元程序通常将单元矩阵合并为一个大的总刚度矩阵,然而,有限差分法却不这样做。这是因为有限差分法可以有效地在每一步重新生成有限差分方程。即 FLAC 用"显式的"时程方法求解代数方程,但是在有限元中,隐式的、基于矩阵的求解方法更为常见。

有限差分法求解偏微分方程的步骤如下:

步骤1:区域离散化,即把所给偏微分方程的求解区域细分成由有限个格点组成的网格。

步骤2:近似替代,即采用有限差分公式替代每一个格点的导数。

步骤3:逼近求解。换而言之,这一过程可以看作是用一个插值多项式及其微分来代替偏微分方程的解的过程。

由于岩土工程问题的基本方程(平衡方程、几何方程、本构方程)和边界条件多以微分方程的形式出现,对此,FLAC/FLAC^{3D}采用有限差分法求解,这便是 FLAC/FLAC^{3D}被称为有限差分软件的原因。

15.2.2 混合离散法

在三维常应变单元中,四面体具有不产生沙漏变形的优点(例如,节点合速度引起的变形不产生应变率,自然也不会产生节点力增量)。但是,将其应用于塑性结构中时,四面体单元提供不了足够的变形模式。例如,在特殊情况下,某些本构方程要求单元在不产生体积变形的情况下发生单独变形,但四面体单元无法满足这一要求。因为在这种情况下,单元通常会表现出比理论要求的刚度大得多的响应特性。为解决这一难题,FLAC^{3D}采用了"混合离散化法"。

混合离散化法的基本原理是通过适当调整四面体应变率张量中的第一不变量,来给予单元更多体积变形方面的灵活性。在这一方法中，区域先离散为常应变多面体单元；接着，在计算过程中，每个多面体又进一步离散为以该多面体顶点为顶点的常应变四面体，如图 15-1 所示，并且所有变量均在四面体上进行计算；最后，取多面体内四面体应力、应变的加权平均值作为多面体单元的应力、应变值。在此特定变形模式下，单个常应变单元将经历一个与不可压缩塑性流动理论不符的体积改变过程。在这一过程中，四面体组（或称区域）的体积保持不变，并且每个四面体都能映射区域的性质，以使其力学行为符合理论预期。

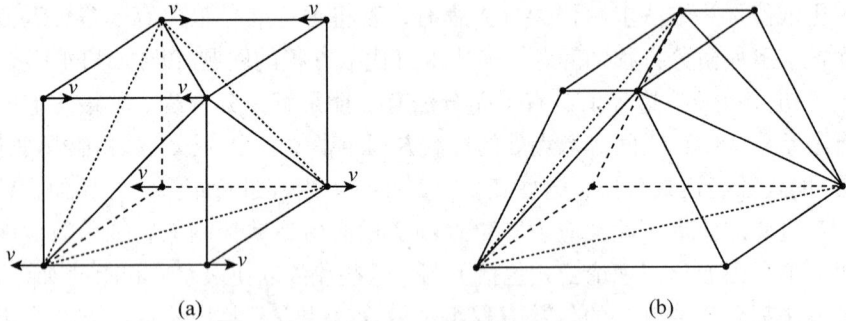

图 15-1 有限差分区域的四面体离散
（a）标准六面体的四面体离散 （b）多面体的四面体离散

15.2.3 材料本构模型

岩土本构关系是指通过一些试验测试少量的岩、土体弹塑性应力—应变关系曲线，然后再通过岩土塑性理论及某些必要的补充假设，将这些试验结果推广到复杂应力、组合状态上去，以求取应力—应变的普遍关系；将这种应力—应变关系以数学表达式表达，即称为岩土本构模型。岩土材料的多样性及其力学特性的差异性，使得人们无法采用统一的本构模型来表达其在外力作用下的力学响应特性，因而开发出了多种岩土本构模型。FLAC^{3D} 中内置 12 种岩土本构模型以适应各种工程分析的需要，它们是：1 个空模型；3 个弹性模型（各向同性，横观各向同性和正交各向同性弹性模型）；8 个塑性模型（德鲁克—普拉格模型、摩尔—库仑模型、应变硬化/软化模型、遍布节理模型、双线性应变硬化/软化遍布节理模型、修正的剑桥模型、双屈服模型和霍克—布朗模型）。

（1）空模型

空模型通常用来表示被移除或开挖的材料，且移除或开挖区域的应力自动设置为零。在数值模拟的后续阶段，空模型材料也可以转化成其他的材料模型。采用这种模型，可以进行诸如开挖、回填之类的模拟。

（2）弹性模型

弹性本构模型具有卸载后变形可恢复的特性，其应力—应变规律是线性的，与应力路径无关。各向同性弹性模型提供了材料性质最简单的表述，这种模型适用于应力—应变特性呈线性关系的无卸载和滞后现象的均质、各向同性、连续介质材料。横观各向同性弹性模型适用于模拟在各层的法线方向和切线方向的弹性模量有明显差异的层状弹性材料。正交各向异性弹性模型适用于具有良好各向异性弹性性质的弹性材料。例如，它可以用来模拟处于极限强度下的柱状玄武岩。

（3）塑形模型

摩尔—库仑模型是最通用的岩土本构模型，它适用于那些在剪应力下屈服，但剪应力只取决于最大、最小主应力，而第二主应力对屈服不产生影响的材料。遍布节理模型、应变软化模型、双线性应变软化/遍布节理模型和双屈服模型实际上是摩尔—库仑模型的衍生模型。当除黏聚力和摩擦角外的其他摩尔—库仑参数都取很大的值时，它们会得到和摩尔—库仑模型一样的计算结果。

德鲁克—普拉格模型适用于模拟摩擦角较小的软黏土，但是并不广泛适用于其他岩土工程材料，将它内置于 FLAC^{3D} 中主要是用来同其他未内置摩尔—库仑模型的数值计算软件作比较。遍布节理模型适用于模拟因内部存在软弱层致使材料强度具有显著各向异性特性的摩尔—库仑材料。应变硬化/软化摩尔—库仑模型适用于模拟外荷载超过屈服极限时抗剪强度会增大或减小的摩尔—库仑材料。双线性应变硬化/软化遍布节理模型是广义的遍布节理模型，它允许材料基质和节理的强度发生硬化或软化。双屈服模型是应变软化模型的延伸，它适用于模拟会产生不可恢复压缩变形和剪切屈服的岩土材料。修正的剑桥模型适用于模拟体积变化会对变形和抗屈服能力产生影响的岩土材料。霍克—布朗模型为一个经验关系式，它表示各向同性的完整岩石或岩体的非线性强度屈服面，其塑性流动法则是随侧限应力水平变化的函数。

15. 2. 4　本构模型的选择

本构模型是对岩土材料力学性质特性的经验性描述，表达的是外载条件下岩、土体的应力—应变关系，因此，本构模型的选择是数值模拟的一个关键性步骤。当为某个具体的工程分析选择本构模型时，必须考虑以下两点：工程材料的已知力学特性；本构模型的适用范围。表 15-1 给出的是各本构模型适用的典型材料和应用范围。

德鲁克—普拉格模型和摩尔—库仑模型是计算效率最高的两种塑性模型，其他塑性模型的计算则需要更大的内存和更多的时间。不过，这两个模型并不能直接计算出塑性应变；要获得塑性应变，需采用应变软化、双线性遍布节理或双屈服模型，它们适用于破坏后的阶段对材料力学特性有重要影响的分析，如矿柱屈服、坍塌或回填的研究。

表 15-1　FLAC^{3D} 中的本构模型

本构模型	代表的材料类型	应用范围
空模型	空	洞穴、开挖以及回填模拟
各向同性弹性模型	均质各向同性连续介质材料，具有线性应力应变行为的材料	低于强度极限的人工材料（如钢材）力学行为的研究、安全系数的计算等
正交各向异性弹性模型	具有三个相互垂直的弹性对称面的材料	低于强度极限的柱状玄武岩的力学行为研究
横观各向同性弹性模型	具有各向异性力学行为的薄板层装材料（如板岩）	低于强度极限的层状材料力学行为研究
德鲁克—普拉格塑性模型	极限分析、低摩擦角软黏土	用于和隐式有限元软件模型

（续）

本构模型	代表的材料类型	应用范围
摩尔—库伦塑性模型	松散或胶结的粒状材料：土体、岩石、混凝土	岩土力学通用模型（如边坡稳定、地下开挖等）
应变强化/软化摩尔—库伦塑性模型	具有非线性强化和软化行为的层状材料	材料破坏后力学行为（失稳过程、矿柱屈服、顶板崩落等）的研究
遍布节理塑性模型	具有强度各向异性的薄层状材料（如板岩）	薄层状岩石的开挖模拟
双线性应变强化/软化摩尔—库伦塑性模型	具有非线性强化和软化行为的层状材料	层状材料破坏后的力学行为研究
双屈服塑性模型	压应力引起体积永久缩减的低胶结粒状散体材料	注浆或水力充填模拟
修正剑桥模型	变形和抗剪强度是体变函数的材料	位于黏土中的岩土工程研究
霍克—布朗塑性模型	各向同性的岩质材料	位于岩体中的岩土工程研究

德鲁克—普拉格模型、摩尔—库仑模型、遍布节理模型、应变软化模型、双线性应变软化/遍布节理模型及双屈服模型均采用相同的拉伸破坏准则，该准则定义一个有别于抗剪强度的抗拉强度，以及一个与拉伸破坏相关的流动法则。对德鲁克—普拉格模型、摩尔—库仑模型、遍布节理模型来说，拉伸破坏时，抗拉强度是保持不变的。如果要模拟拉伸软化，则需采用应变软化模型、双线性应变软化节理模型和双屈服模型。值得注意的是，理应伴随拉伸破坏和拉伸应变出现的孔隙并不记录下来，因为一旦应变率表现出压缩变形的特征时，所有模型都会立即采用压缩荷载进行处理。

双屈服模型和修正剑桥模型有以下两个共同点：考虑了体积变化对材料变形和屈服特性的影响；体积模量和剪切模量是塑性体积变形的函数。

上述的共同点使得很多用户容易产生混淆，以为这两种模型是可以相互替代的，实际上这两个模型有很大的不同，双屈服模型适用于模拟前期固结压力比较低的矿井回填材料，修正的剑桥模型则更适用于模拟前期固结压力对材料特性有重要影响的软黏土。其不同之处具体体现在以下两方面。

① 在剑桥黏土模型中 弹性变形是非线性的，弹性模量取决于平均应力的大小；剪切破坏受塑性体积应变的影响：材料的硬化或软化程度取决于其前期固结程度；随着应力的增加，材料将朝着临界状态发展，在此临界状态下，剪应力不断增加，比容和应力保持不变；不能承受拉伸应力。

② 在双屈服模型中 在弹性加载和卸载过程中，弹性模量保持不变；由于发生的是体应变屈服，剪切和拉伸屈服与塑性体积变化没有关系；剪切屈服遵从摩尔—库仑准则，拉伸屈服通过拉伸强度评价；通过表格定义摩擦角和黏聚力与塑性剪切应变的关系以及拉伸强度与塑性拉伸应变的关系，以此来反映剪切或拉伸屈服时材料的硬化或软化；体应变屈服发生时，帽盖压力并不随剪切或拉伸塑性变形变化，但随体积塑性应变增加；可定义拉伸极限强度和拉伸软化程度。

霍克—布朗模型包括广义霍克—布朗准则和随侧限应力变化的塑性流动法则。在低侧限应力下，因轴向劈裂及楔入效应的影响，材料在破坏时会产生明显的体胀现象；在高侧限应力下，因侧向应力的约束作用要大于轴向劈裂及楔入效应的影响，材料几乎不产生体胀。

15.3　FLAC 的安装与启动过程

15.3.1　软件安装电脑硬件要求

为了安装并运行 FLAC，计算机必须满足下列最低要求。

(1)硬盘

FLAC 与 GIIC 同时安装至少需要 35M 的硬盘空间。除此之外，至少要有 100M 的空间用于模型储存文件。

启动 FLAC 并使用 GIIC 至少需要 60M 的内存。其中，大约 26M 作为 Java(TM)运行时间环境(JRE)运行 GIIC，6M 用于 GIIC 类文件，和 28M 用于 FLAC 可执行代码和动态链接库(DLIS)。按照模型产生的默认值分配 24M 的内存用于加载可执行代码。用户希望增加被分析的单元数量时，可以配备给 FLAC 更多的内存。

通常，在除去 FLAC 和它的模型存储所需要的内存以外，应该留给 Windows 4~6M 的内存；否则，Windows 开始在内存和模拟缓存(在硬盘上)间不停交换文件，这种交换会降低 FLAC 的运算速度。同时运行应用程序越多，所能运行的 FLAC 模型就应该越少。为了快速地运行典型的岩土工程模型，推荐计算机内存至少是 128M，如果计算机只有 64M 内存，那么 GIIC 的运行将会非常的慢。

(2)示

为了获得最好的效果，推荐采用 1024×768 像素和 16 位彩色调色板的显示器。

(3)操作系统

FLAC 是一个 32 位 Windows 应用程序。任何基于英特尔并能运行 Windows98 及以上版本的计算机，都适合运行 FLAC，代码不能够在 16 位系统上运行，如 Win3. x。另外，Itasca 也不支持 DEC Alpha Chip 计算机，FLAC 在这类计算机上很可能不会正常运行。

(4)输出设备

由 FLAC 生成的图形直接送到 Windows 默认的打印机。图形也可以转换到 Windows 剪贴板，或者输出到加强图元文件的格式(EMF)和其他图形格式(PCX，BMP 或 JPEG)文件中。

在个人计算机网络的操作—网络版 FLAC 允许只在中心计算机(服务器)上安装一个硬性钥匙，从网络上任一个计算机进行操作。网络硬件钥匙需要特别的授权和安装，需要者可与 Itasca 联系。

15.3.2　安装的一般程序

(1)安装过程

运用标准的 Windows 过程可以从光盘进 FLAC 工作包安装在 Windows 上，光盘上没有压缩的文件，也可以直接复制。然而，直接复制的过程不会安装运行所需要的硬件钥匙驱动。

光盘还包括完整的 FLAC 手册和用于查看手册的 Acrobat Reader。在线手册可以直接从光盘获得，或者复制到另外的位置。手册需要大约 30M 的磁盘空间。

将光盘放入光驱，会自动运行安装程序。安装 FLAC 的时候，安装程序（"SETUP. EXE"）会启动，并指导你如何安装，在随后的对话框中做出选择。请注意，光盘中包括所有的 Itasca 软件产品。在选择部件对话框中，必须点击 FLAC 盒以在你的计算机上安装 FLAC。在安装的过程中，在线手册也会复制到你的计算机上。在选择部件对话框中，你可以选择拒绝复制手册。通过 Windows 控制面板上添加/删除程序可以卸载 FLAC 工作包。

在安装程序的时候，会创建一个默认的目录结构。根目录是"＼ITASCA"，子目录和它们所包含的内容见表 15-2。通过默认的目录结构可以找到 FLAC 手册中提到的所有文件，而且手册中描述的所有数据文件也包含在这些目录里（表 15-2）。

表 15-2　Itasca 目录内容

目录	子目录		文件选择
Fishtank			一般 FISH 语言文件
FLAC	Backgrid		单精度或双精度的可执行编码
			理论和背景—数据文件
		Grid	产生网格
		Intface	交界面
		Models	本构模型—理论和应用
		Theory	背景—显示有限差分法
	Fish		FISH 功能和数据文件
		FIN	程序指南
		Library	FISH 功能库
		Tutorial	对初学者的指导和 FISH 参考命令
	Fluid		流体力学的相互作用—数据文件
		Two-phase	Two—Phase 流动选项
	GUI		绘图交互式界面—JAVA 类文件
	Options		可选择特点—数据文件
		Creep	蠕变本构模型
	Problems	Dynamic	动力分析
		Themal	热力学选项
			确定问题和举例应用—数据文件
		Examples	举例应用
		Verify	验证问题
	Struck		结构单元的数据文件
	Tutorial		用户指南—数据文件
		Beginner	开始
		FISH	FISH 入门指南
		Solving	问题解答

（续）

目录	子目录		文件选择
JRE			JAVA 运行时间环境
Manual			FLAC 在线指南
Models			本构模型动态链接库
Systems			"FLAC. INI" 文件, 硬件驱动
Utility			Readme 文件, 电影播放器

为了运用在线手册, 双击位于目录 "ITASCA \ MANUALS \ FLAC" 下的 "CONTENTS. PDF" 文件即可。如果直接从光盘上复制在线文件, 应确定包括了索引子目录。

最后, 在代码开始运行之前, 若用单机钥匙, 确定将 FLAC 硬件钥匙连接到 LPTI 或 USB 端口上; 若用网络钥匙, 确定将计算机联网。

(2) FLAC 的启动

默认的安装程序会给 FLAC 的单精度和双精度版本创建一个带有图标的 "Itasca Codes" 组。同时还会创建一个环境变量指向 "ITASCA" 目录, 硬件钥匙锁需要的驱动也会安装, 当然必须确保 FLAC 硬件钥匙连接到你的电脑 LPTI 端口。

如果要载入 FLAC, 只需轻轻点击 Itasca 代码组中的相应图标。当第一次运行 FLAC 时, 会让你指定一个标题, 这个标题会显示在所有的由 FLAC 产生的图形上。可以随时用命令 SET custl 和 SET cust2 修改用户名。

FLAC 会以命令驱动的模式启动, 然后立即转到图形模式。图形模式会从 "FLAC. INI" 文件开始。图形模式可能会花几秒钟进行初始化, 同时 JRE 正在载入运行 GIIC。初始化的时间会受到其他运行程序的影响。如果你发现图形模式初始化明显地延迟, 那就有必要关掉其他的应用软件。

(3) 程序初始化

程序启动后, FLAC 会在最近的目录寻找文件名为 "FLAC. INI" 的文件, 如果找不到, 就在 ITASCA 环境变量指向的目录里。"FLAC. INI" 文件包含所有应用 FLAC 时所用到的预设程序属性的命令。当从光盘安装 FLAC 时, "FLAC. INI" 文件会被自动安装在 " \ ITASCA \ FLAC" 目录下, 并包含 GIIC 命令。这样当每次加载 FLAC 时, GIIC 会自动启动。

如果 "FLAC. INI" 文件不存在, FLAC 会在命令驱动模式下继续运行, 不会发生任何错误。注意在 "FLAC. INI" 文件中的一些命令可能产生一些错误的信息。例如, 如果在定义一个网络之前, 你试图给这个网络一些特性, 就会出现正常的错误信息。

15.4　FLAC 常用单元

15.4.1　FLAC 主要功能模块

15.4.1.1　FLAC 的热力学

选项包括热传导模型和对流模型。热传导模型可以模拟材料内瞬时热传导及热导致的位移和应力的发展。对流模型则考虑了对流传热，可以模拟与温度相关的流体密度和流体中的热对流。此选项具有如下特征：

①关于材料的热力特征有四种材料模型：三个热传导模型（各向同性传导，各向异性传导以及与温度相关传导模型）和一个对流模型。

②在 FLAC 的标准版本中，不同的区域可有不同的模型和特征。

③任何力学模型可同任意的热力学模型共同使用。

④可以设定各种不同的热力学边界条件。

⑤热源能以线性源或体积源的方式传入材料，热源应该是随时间呈指数衰减的。

⑥FLAC 提供了显示和隐式解答两种算法。

⑦热力学选项通过热力膨胀系数提供对应力和孔压的单方向耦合。

⑧通过 FISH 语言可以访问温度项，允许用户定义与温度相关的特性。

15.4.1.2 蠕变分析

FLAC 的这个选项可以用来模拟呈现蠕变性质的材料特性——时间相关的材料特性。FLAC 中已经有了六种蠕变模型，分别是：

①经典的黏弹性模型。

②二分量幂定律。

③用于核废料隔离研究的参考蠕变公式（WIPP）模型。

④WIPP 模型和德鲁克—普拉格（Drucker-Prager）模型合成的 WIPP 蠕变黏塑性模型。

⑤伯格（Burger）蠕变模型和摩尔—库伦模型合成的伯格蠕变黏塑性模型。

⑥岩盐的本构模型。

第一个模型是马克斯韦尔（Maxwell）体的经典表达式。第二个模型可用于采矿业（例如，采盐业或采碳酸钾业），第三个模型一般用于研究盐矿中核废物的地下储藏的相关热力学分析。第四个模型是第一个模型的基础上扩展而成的，它包括一个开尔文体和一个摩尔—库伦体。第五个模型是第三个模型的变化形式，包括一个德鲁克—普拉格（Drucker – Prager）塑性体。第六个模型也是第三个模型的变化形式，它包括体积和偏量压实特性。

15.4.1.3 两相流分析

FLAC 中的两相流选项可以进行两种非融合流体通过孔隙介质而流动的数值建模。公式适用于模拟诸如水库之类的问题，在这些问题中，一种流体引起另一种流体的位移，两种同时在孔隙介质流动，但它们之间并不发生质量转移。公式不适用于描述活塞运动类的流动过程，这些过程中两流体间的锐界面以流体流动的平均速度移动。

在两相流中，孔隙由两种流体完全填充。其中一种流体（浸润流体，由下标 w 表示）比另一种流体（非浸润流体，由下标 rw 表示）更能浸润孔隙介质。因此，在非浸润流体中的压力将会比在浸润流体中的高，压力差 $P_g - P_w$ 是毛细管压力 P_c，它是饱和度 S_w 的函数。每一流体的流动由达西定律表示，在定律中有效内部渗透性是单相流（或饱和体）内部渗透性的一部分，这部分（或称作相对渗透性）是饱和度 S_w 的函数。在 FLAC

的数值实现中，内置了 van Genuchten 形式的毛细管压力曲线和相对渗透性的经验法则。

用 FLAC 进行流动建模可以单独进行，也可以和力学建模同时进行。在后一种情况下，固体颗粒骨架假定是不可压缩的（等同于单相流中有效应力增量是太沙基有效应力增量，孔隙压力由平均的饱和重量的流体压力增量替代）。

体积变形造成流体压力的变化。

毕肖普（Bishop）有效应力用于检查本构模型中的塑性屈服。

体积变形导致孔隙率的变化，并依次影响渗透性和毛细管压力曲线参数。FLAC 中并没有自动考虑这些相关性，但是多数两相流参数和流体特性可以通过 FISH 来访问，用户可以使用适当的 FISH 函数实现上述关系。FLAC 中两相流体具有如下特性：

①对应于各向同性和各向异性渗透的流体移动规律。

②不同区域可能有不同的流体流动特性。

③可以指定两种流体的压力、流量和不可渗透的边界条件。

④流体源头可以作为点源（INTERIOR discharge，INTERIOR-nwdischargr）或体积源（INTERIOR well，INTERIOR nwwell）而嵌入到材料中，这些源头可以模拟流体的流入或流出，且能随时间变化。

任何力学模型都可以和两相流逻辑共同使用。需要注意的是两相流计算不能用于轴对称体，是否提供两相流和热力学的耦合视版本而不同。

15.4.1.4　动力学分析

动力学分析选项提供了二维的平面应变或轴对称的全动力分析。基于显示差分法的计算方法，使用由周围区域实际密度得出的集中网络点质量（而不是静态求解的假定质量），求解全部运动方程。方程式能耦合到结构单元模型中，因此可以用于地震产生的土—结构相互作用的分析。动力特性也可以耦合到地下水流动模型中，这样可以分析与液化有关随时间变化的孔压的改变。动力学模型同样可以耦合到热力学模型选项中以计算热力荷载和动力荷载的共同作用。动力学选项将 FLAC 的分析能力扩展到多个学科大范围内的动力学问题，比如地震工程、地震学和矿业中的岩爆。

15.4.1.5　基于 C++的用户自定义模型 UDM

这种方法类似于用 FISH 写用户自定义模型的方法。用 C++写成的模型编译成 DLL 文件（动态链接库），它可以在任何需要的时候载入。模型的主要功能是给定应变增量，获得新的应力。但是，模型必须能同时提供其他的信息，比如名称，并且能够完成运行，比如写或者读保护的文件。

在 C++语言中，重点是以面向对象的方法规划结构，利用类去表示对象。同时对象联系的数据由对象封装，且在对象外部是不可见的。同对象的联系通过在封装数据中运行的成员函数实现。另外，对于对象的分级制度有强大的支持，新对象类型可以由基类衍生，并且基类的成员函数可以由衍生类重载。这样安装明显有利于程序的模块性能。例如，主程序可能需要在不同的地方访问各类衍生类，这里只要通过基类而不用——指明衍生类。系统运行时会自动调用适宜的衍生类的成员函数。

15.4.2　结构单元概述

在岩土工程中，涉及很多岩土体与结构的相互作用，由于结构材料形式各异、性质各不相同，所以土与结构的相互作用一直都是岩土数值模拟中的一大难题。作为岩土工程专业程序，FLAC 和 FLAC^{3D} 提供了丰富而功能强大的结构单元模型，这些结构单元功能成为 FLAC 和 FLAC^{3D} 软件中的一大亮点。FLAC 和 FLAC^{3D} 共有的结构单元包括：梁(beam)单元、锚索(cable)单元、桩(pile)单元、壳(shell)单元、土工格栅(geogrid)单元和初衬(liner)单元，而 FLAC 又特有二维条形锚(strip)单元和二维支撑(support)单元。

FLAD^{3D} 中共有三种线型结构单元和三种壳型单元，本节将介绍各种结构单元的基本原理，包括局部坐标系的定义、相关参数和命令。

15.4.2.1　梁(beam)单元

梁结构单元由两个节点之间的具有相同对称截面的直线段构成，而一个整体的结构梁则由许多这样的梁结构组合而成。默认每个梁构件具有各向同性、无屈服的线弹性材料，也可以指定塑性力矩，或者在两个梁构件之间设置塑性铰链。在创建梁单元时，程序自动将通过两个端点的位置和矢量来定义梁构建的坐标系统，如图 15-2 所示，规则如下：

中心轴与 x 轴一致；

x 轴的方向为从节点 1 到节点 2；

y 轴与矢量 Y 在横截面上的投影对齐。

梁结构构建的力和力矩符合规定，如图 15-3 所示，梁结构构件有 12 个活动自由度，对于结构节点的位移和旋转相应有力和力矩，对于构件中点的轴向、剪切和弯曲特性的 6 个自由度。

结构单元的参数一般分成必选参数和可选参数，必选参数是必须要赋值的参数，而可选参数一般在特定的条件下才使用。梁单元一共有 10 个参数，其中必选参数 6 个，

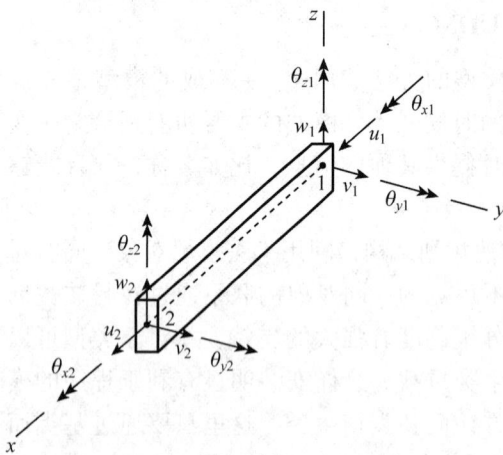

图 15-2　梁单元坐标系统及 12 个自由度　　　　　图 15-3　梁构件力和力矩的符号规定

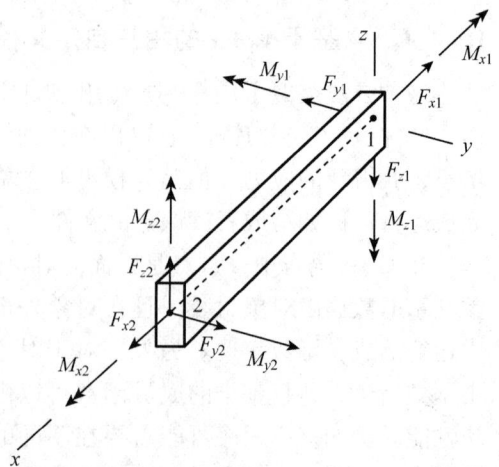

可选参数 4 个。

必选参数有：

emod——弹性模量，E；

nu——泊松比，v；

xcarea——横截面积，A；

xciy——梁结构 y 轴的惯性矩，I_y；

xciz——梁结构 z 轴的惯性矩，I_z；

xcj——极惯性矩，J。

梁单元的可选参数有：

density——密度，ρ（动力分析或考虑结构单元的重力）；

pmoment——塑性矩，M_p（考虑梁的塑性弯矩）；

thexp——热膨胀系数，α_1（热力学分析）；

ydirection——矢量 Y（定义投影到横截面的梁结构的 y 轴方向）。

15.4.2.2　锚索（cable）单元

锚索常用来加固岩石工程，其主要作用借助于水泥沿其长度提供的抗剪能力，以产生局部阻力从而抵抗岩块裂缝的位移。如果除了轴向强度以外，还要考虑结构抵抗剪切变形的挠度，那么这种类型的锚索应该由桩结构单元来模拟；如果挠度影响不重要，则用锚索单元就足够了。锚索加固单元由几何参数、材料参数和水泥浆特性来定义。一个锚索构件假设为两节点之间具有相同的横截面及材料参数的直线段，任意曲线的锚索则可以由多个锚索构件组合而成。锚索构件是弹塑性材料，在拉、压中屈服，但不能抵抗弯矩。水泥浆填满的锚索与岩石（实体单元）发生相对移动时会产生抵抗力。锚索构件的局部坐标系统由两个结构节点的位置来定义，规则如下：

中心轴与 x 轴一致；

x 轴的方向为从节点 1 到节点 2；

y 轴与不平行局部 x 轴的全局 y 轴或全局 x 轴在横截面上的投影对齐（图 15-4）。

锚索构件有两个自由度，对每个轴向位移相应有轴向力，可以用一维本够模型来描述锚索的轴向特性，轴向刚度 K 与加固横截面 A、弹性模量 E 及构件长度 L 的关系如下：

$$K = \frac{AE}{L} \tag{15-1}$$

可以指定锚索的拉伸屈服强度和压缩强度，锚索在应用时不能超过这两个极限，如图 15-5 所示；如果没有指定 F_t 或 F_c，则说明在相应方向上无强度极限。

锚索与周围岩石的接触具有黏结性和自然摩擦，在理想情况下（图 15-6），节点轴向上采用弹簧—滑块来描述。锚索与水泥浆的接触面和水泥浆与岩石的接触面发生相对位移时，对水泥浆加固环的剪切描述如下：水泥浆剪切刚度 K_g；水泥浆黏结强度 c_g；水泥浆摩擦角 φ_g；水泥浆外圈周长 P_g；有效周边应力 σ_m。

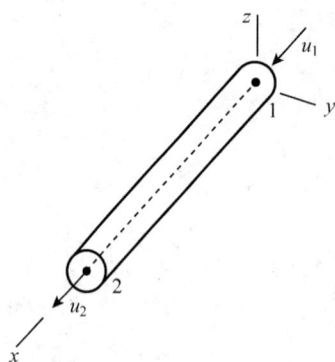

图 15-4　锚索构件的局部坐标系及两个自由度

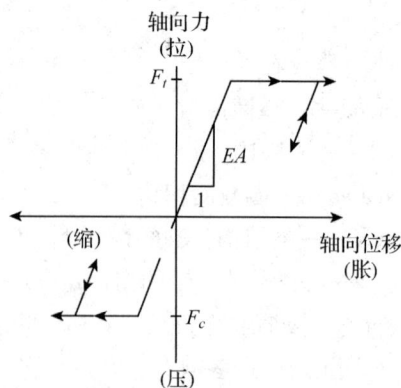

图 15-5　锚索构建的材料性能

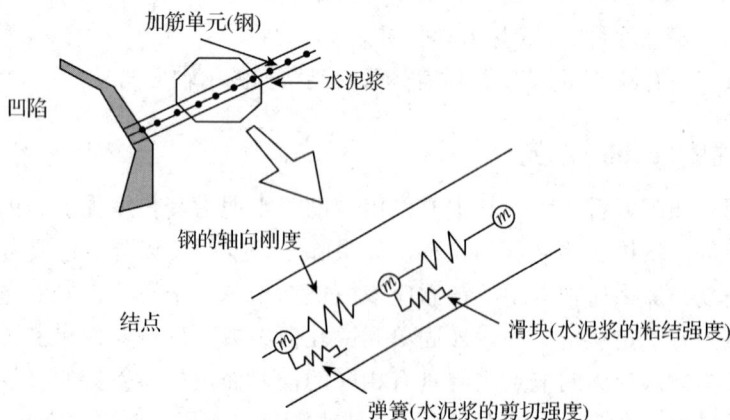

图 15-6　全长灌浆锚索的力学机理

锚索单元一共有 11 个参数，其中必选参数 9 个，可选参数为 2 个。必选参数有：

emod——弹性模量，E；

xcarea——横截面积，$A [L^2]$；

gr_coh——单位长度上水泥浆的黏结力，$c_g [F/L]$；

gr_fric——水泥浆的摩擦角，$\phi_g [°]$；

gr_k——单位长度上水泥浆刚度，$k_g [F/L^2]$；

gr_per——水泥浆外圈周长，$p_g [L]$；

slide——大变形滑动标志（默认：off）；

slide_tol——大变形滑动容差；

ycomp——抗压强度（力），F_c。

可选参数有：

density——密度，ρ（动力分析或考虑结构单元的重力）；

thexp——热膨胀系数，α_t（热力学分析）。

15.4.2.3　桩(pile)单元

桩结构单元要通过几何参数、材料参数和耦合弹簧参数来定义。两个结构节点之间的直线段表示为一个桩单元构件，两节点之间的构件具有相同的对称横截面参数。任意曲线的桩可以由多个桩构件组合而成。

桩构件的刚度矩阵与梁构件的刚度矩阵是相同的。除了提供梁的构造特性外，桩还提供了与实体单元法线方向和剪切方向发生的相互摩擦作用。在这点上，桩实际上是组合了梁和锚索的作用，适合于模拟法向和轴向都有摩擦作用的桩基，因此桩单元是常用的结构单元形式。由于结构单元的建模与实体单元位置没有具体要求，因此利用桩结构单元可以轻松实现群桩的分析。

每个桩构件都有自己的局部坐标系（图 15-7）。用这个系统来指定惯性矩和分布荷载，以及定义其上的力和力矩的符号。桩构件局部坐标系是由其两节点（1 和 2）的位置和矢量 Y 来定义的，定义规则如下：

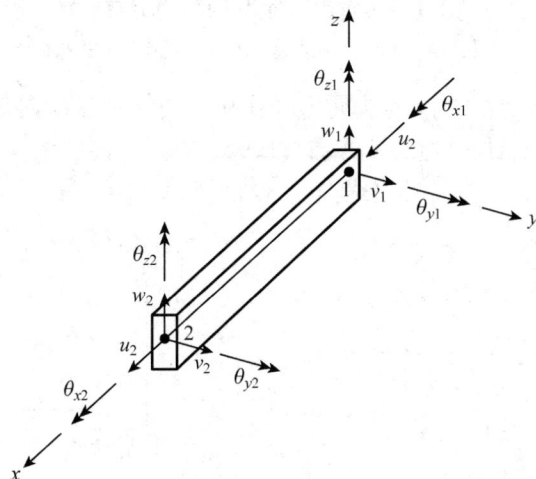

图 15-7 桩单元构件的局部坐标系及 12 个自由度

中心轴与 x 轴重合；

x 轴方向是从节点 1 到节点 2；

y 轴在横截平面中。

桩与实体单元之间的相互作用是通过耦合弹簧来实现的。耦合弹簧为非线性、可滑动的连接体，能够在桩身节点和实体单元之间传递力和弯矩。切向弹簧的作用同灌浆锚杆的切向作用机理是相同的。法向弹簧可以模拟法向荷载的作用以及桩身与实体单元节点之间缝隙的形成，还可以模拟桩周土对桩身的挤压作用。

（1）切向耦合弹簧的作用

桩土接触面的剪应力作用主要考虑其黏聚力和摩擦力。其机理同灌浆锚索是相同的（图 15-8），只需要将切向耦合弹簧的性质代替灌浆的性质就可以了。切向耦合弹簧的特性包括：刚度 K_s、黏聚力 C_s、内摩擦角以及桩外边界半径。桩周切向弹簧的作用通过以上几个参数和桩周有效应力进行反映。

（2）法向耦合弹簧的力学作用

桩土接触面的法向作用主要考虑黏聚力和摩擦角，法向耦合弹簧的特性包括：刚度 k_n、黏聚力 c_n、内摩擦角、缝隙以及有效应力，通过这些参数来反映桩土之间发生

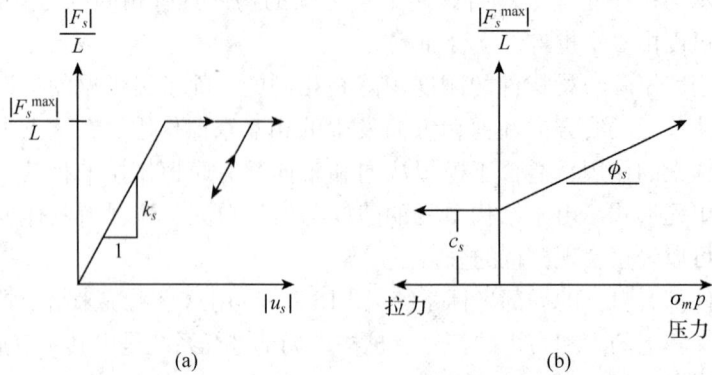

图 15-8　桩周切向弹簧的力学性质
（a）剪应力/长度—相对剪切位移　（b）剪应力强度指标

相对法向移动时，桩土界面之间的法向力学作用。当桩承受横向荷载时，桩土之间就会产生缝隙。如果荷载反向，缝隙必须首先闭合，然后才能够承受反方向的力。将 gap 的参数设置为 on 就可以考虑缝隙对横向受载桩的影响（图 15-9 ）。

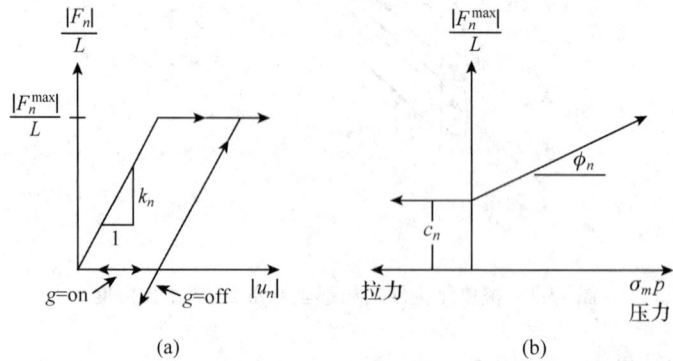

图 15-9　桩单元法向材料的力学特性
（a）剪应力/长度—相对剪切位移　（b）剪应力强度指标

（3）锚杆的作用机理

桩单元还有一种功能，就是可以模拟锚杆支护的特性，使用命令 SEL pile prop rockbolt on 可以激活锚杆特性，能够计算支护四周的约束应力、锚杆与周围单元之间的应变软化特性以及锚杆拉断、拉裂等现象。具体的功能包括：

pileSEL 单元本身延轴向方向可能屈服，屈服长度可以采用（tyield）指定。

根据用户定义的最大拉裂应变（tfstrain），可以模拟锚杆的断裂。各节点处的应变包括轴向和弯曲塑性应变。轴向应变是桩构件各节点塑性应变的平均值。整个塑性拉应变的计算公式为：

$$\varepsilon_{pl} = \sum \varepsilon_{pl}{}^{\alpha x} + \sum \frac{d}{2} \frac{\theta_{pl}}{L} \tag{15-2}$$

式中，d 为锚杆直径；L 为 pileSEL 长度；θ 为 pileSEL 的平均转角。

如果应变超过了限值，桩构件中的力和弯矩就会设为 0；pileSEL 单元就认为已经破坏。

作用桩身的侧限压力在设置桩单元后随着计算的进行会不断发生变化，默认情况下，桩身侧限有效应力是根据当前应力分布来计算的。

可以用 cs cftable 并且随着 cs cfincr flag，给定侧向应力系数。

用户可以采用表(table)的形式指定切向耦合弹簧的黏聚力和内摩擦角，以此来模拟应变软化。

每个桩结构拥有下列 20 个参数：

emod——弹性模量，$E(F/L^2)$；

nu——泊松比，ν；

xcarea——横截面积，$A(L^2;)$

xciy——关于桩结构 y 轴的二次矩(惯性矩)，$I_y(L^4)$；

ciz——关于桩结构 z 轴的二次矩(惯性矩)，$I_z(L^4)$；

xcj——极惯性矩，$J(L^4)$；

cs_scoh——剪切耦合弹簧单位长度上的内聚力，$C_S(F/L)$；

cs_sfric——剪切耦合弹簧的摩擦角，$\varphi_s(°)$；

cs_sk——剪切耦合弹簧单位长度上刚度，$K_S(F/L^2)$；

cs_ncoh——法向耦合弹簧单位长度上的内聚力，$C_n(F/L)$；

cs_nfric——法向耦合弹簧的摩擦角，$\varphi_n(°)$；

cs_nk——法向耦合弹簧单位长度上刚度，$K_n(F/L^2)$；

cs_ngap——法向耦合弹簧裂缝标志，g(默然为 off)；

perimeter——外圈长度，$P[L]$；

slide——大变形滑动标志(默认：off)；

slide_tol——大变形滑动容差。

如果用命令 sel pile prop rockbolt on 激活了锚杆特性，则另附加 7 个参数：

cs_cfincr——激活增加约束应力的标志(默然为 off)；

cs_cftable——相对有效约束应力系数与偏应力的表号；

cs_sctable——相对应的剪切耦合弹簧内聚力与剪切位移的表号；

cs_sftable——相对应的剪切耦合弹簧摩擦角与剪切位移的表号；

rockbolt——激活锚杆特性标志(默然为 off)；

tfstrain——拉破坏应变；

tyield——轴向抗拉强度$[F]$。

可选参数包括：

density——密度，ρ(可选项，用于动力学分析和考虑重力荷载)(M/L^3)；

thexp——热膨胀系数，$\alpha_1(1/T)$；

ydirection——矢量 Y，用来定义投影到横截面的桩结构的 y 轴方向(可选项，默认为全局的 y 轴或 x 轴方向，但不能平行与桩构件的 x 轴)；

pmoment——塑性矩，M_p(可选项，不指定则为无穷大)，(FL)。

15.4.2.4　土工格栅(geogrid)单元

每个土工格栅结构单元的力学性能，可以分成格栅材料自身的结构响应以及格栅构件与实体单元之间的相互作用。默认情况下，土工格栅构件一般采用 CST 壳有限单元，即能抵抗薄膜荷载而不能抵抗弯曲荷载。土工格栅一般具有无破坏极限，并且是各向或正交各向异性、线性弹性材料。土工格栅与 FLAC^{3D} 实体单元之间发生直接的剪切摩擦作用，格栅法向的运动从属于 FLAC^{3D} 实体单元。可以认为土工格栅单元是一维锚索的二维扩展，一般用来模拟与土体发生相互剪切作用的柔性薄膜，如实际工程中的土工网织物和土工格栅。

当计算迭代开始时，土工格栅构件所使用的节点局部坐标系统就进行定位设置（图 15-10）。土工格栅是内嵌于 FLAC^{3D} 实体单元之内的，土工格栅与土界面特性如图 15-11 所示，界面的剪切特性包括黏聚力和摩擦作用，它由下面的耦合弹性参数所控制：

①单位面积的刚度 D；

②黏滞强度；

③有效侧限压力下的摩擦角。

有效侧限压力垂直作用于土工格栅表面，并在每个土工格栅结点处依据与该点相连的单个区域上的作用力来计算，用表示土工格栅表面的法线方向。σ_m 值计算如下：

$$\sigma_m = \sigma_{ZZ} + p \tag{15-3}$$

式中，p 为孔隙压力。

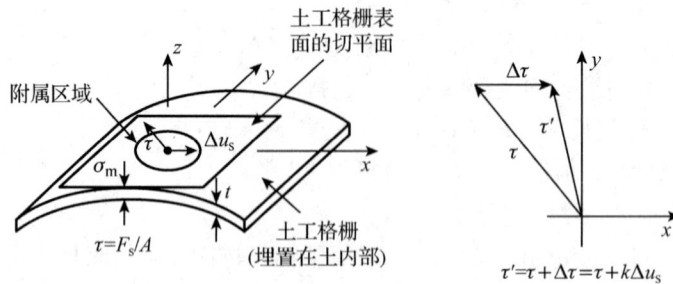

图 15-10　栅结构件的局部坐标系统及自由度

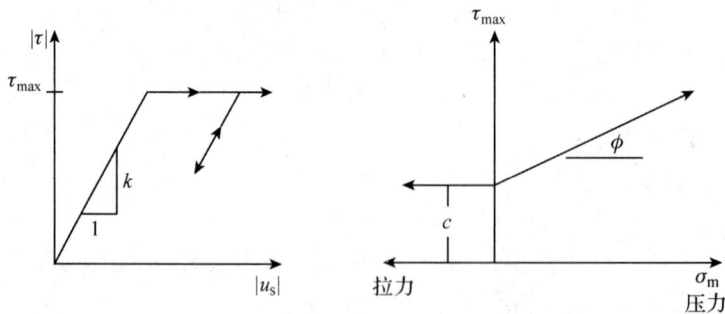

图 15-11　土工格栅构件的力学性质

每种格栅均拥有下列 9 个参数：

density——密度，ρ（可选项，用于动力学分析和考虑重力荷载）$[M/L^3]$；

isotropic——各向同性材料参数：包括弹性模量 $E[F/L^2]$ 和泊松比 ν；或正交各向异性参数：e_{11}，e_{12}，e_{22}，e_{33}；

thexp——热膨胀系数，可用于热力学分析；

thickness——厚度，$t\,[L]$；

cs_scoh——耦合弹簧的黏聚力 $c\,[F/L^2]$；

cs_sfric——耦合弹簧的摩擦角 $\varphi\,[°]$；

cs_sk——耦合弹簧的切向刚度 $k\,[F/L^3]$；

slide——大变形滑动标致（默认：off）；

slide_tol——大变形滑动误差。

15.4.2.5 初衬（liner）单元

初衬结构单元是 3 节点（每个节点有 6 个自由度，3 个移动，3 个旋转）扁平有限单元，它能够抵抗剪力及弯矩荷载，其模拟的衬砌结构由多个与土体单元相连的初衬构件单元组成，它不但能够承受主方向的拉压应力，而且能够模拟管片与土体之间的分离及随后的重新接触，另一方面，它能够模拟管片与土体之间的摩擦相互作用，单元模型如图 15-12 所示。

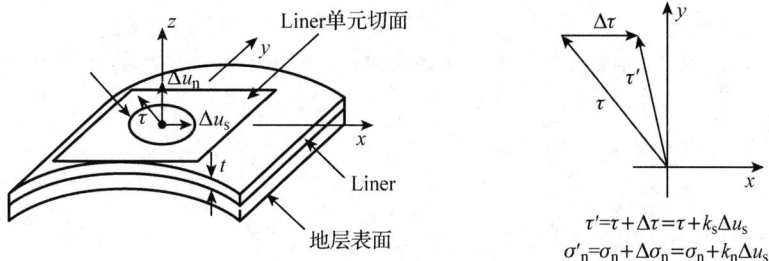

$$\tau'=\tau+\Delta\tau=\tau+k_s\Delta u_s$$
$$\sigma'_n=\sigma_n+\Delta\sigma_n=\sigma_n+k_n\Delta u_s$$

图 15-12 单元与土体接触

Liner 单元模拟的支护结构与周围介质相互作用通过以下设置 Liner 单元的下列属性实现：

（1）正向连接弹簧

①单位面积刚度；

②抗拉强度：反应土与管片结构之间的正向接触与分离。

（2）剪切连接弹簧

①单位面积刚度；

②黏结强度；

③残余黏结强度；

④摩擦角及接触面主向应力：反映了土与管片之间的侧向摩擦作用。

Liner 单元的受力与变形如图 15-13 所示，当支护结构与土体接触面受拉时，有效黏结力下降，并且抗拉强度变为零，此时主向相对位移继续跟踪，当接触面间（管片与周围介质）的孔隙重新闭合时，主向压应力可以继续计算获得。

环间 Liner 单元的连接可以采用以下方式：

①冷连接（cold-joint），弯矩和剪力不能直接在环与环间传递，只能通过其相邻的介质传递；

②全连接，相邻的 Liner 单元在连接处共用一个节点，连接处重叠单元不能发生移动或旋转；

③结点连接，即结点间的连接在 6 个方向的自由度上用弹簧来模拟，每个自由度都可具有一定的特性。

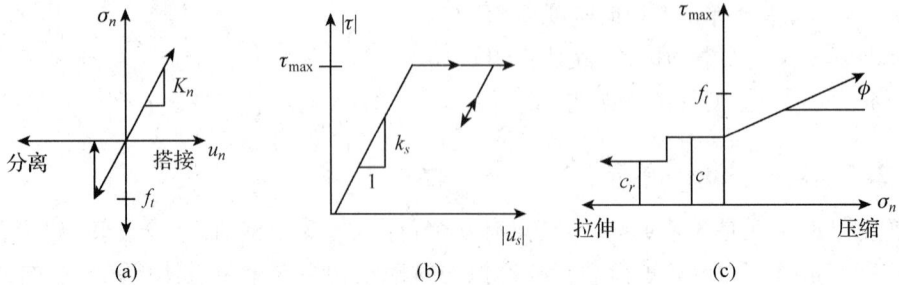

图 15-13　初衬单元的力学特征

（a）主向应力与位移关系　（b）剪应力与位移关系　（c）剪应力与强度准则

初衬单元共有 12 个参数：

density——密度，ρ（可选项，用于动力学分析和考虑重力荷载）；

isotropic——各向同性材料参数：包括弹性模量和泊松比 ν；或正交各向异性参数：e_{11}，e_{12}，e_{22}，e_{33}；

thexp——热膨胀系数，可用于热力学分析；

thickness——厚度，$t\,[L]$；

cs_ncut——法向耦合弹簧的抗拉强度，$ft\,[F/L^2]$；

cs_nk——法向耦合弹簧的刚度，k_n，$[F/L^3]$；

cs_scoh——切向耦合弹簧的黏聚力，$c\,[F/L^2]$；

cs_scohres——切向耦合弹簧的参与凝聚力，$c_r[F/L^2]$；

cs_sfric——耦合弹簧的摩擦角，$\varphi\,[°]$；

cs_sk——耦合弹簧的切向刚度，$k\,[F/L^3]$；

slide——大变形滑动标致（默认：off）；

slide_tol——大变形滑动误差。

15.5　FLAC 分析过程

目前的 FLAC 版本拥有较好的图形用户界面（GIIC），提供了丰富的工具栏、命令按钮和鼠标操作功能，这使用户节约了大量用来熟悉命令语句的时间，因此更易入门。在图形界面中，FLAC 也提供了命令行的输入，类似于以前 FLAC 版本的 DOS 界面，这主要是为了方便熟悉命令操作的老用户。

一般情况下，使用 FLAC 的图形用户界面就可以完成绝大多数的计算和分析功能，只有在定义复杂的 FISH 函数等极少数情况下才必须使用命令流方式。因此，读者在初次学习 FLAC 时，要尽量掌握其图形用户界面的使用方法。

15.5.1 FLAC2D 使用界面介绍

FLAC 在安装时默认的路径为"C：\ Program Files \ Itasca \ flac5.0"。执行【开始】/【所有程序】/【Itasca】/【FLAC】/【FLAC 5.0】可以开启 FLAC 程序，首先打开的是 FLAC 的 DOS 窗口，其中会显示该版本的可选模块内容、内存大小以及精度类型，随后程序自动打开 GIIC 用户界面。打开 FLAC 相当于新建一个计算工程，首先需要用户设定该工程的一些选项，即 Model Options 对话框，如图 15-14 所示。Model Option 对话框要求用户填写关于计算模式、系统单位、用户界面选项、工程记录的显示格式等信息，也可以通过 Open Old Project 按钮打开已有的工程文件。

这里先不做任何设置，单击 OK 按钮进入 FLAC 界面，如图 15-15 所示，可以发现 FLAC 的图形界面主要包括以下部分：

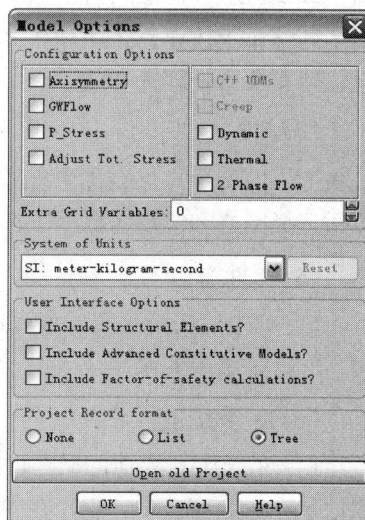

图 15-14　模型设置对话框

(1) 标题栏

显示了当前的版本信息。

(2) 菜单栏

包含了当前可用的主菜单，其中最常用的是 File 菜单，提供了文件的保存、读入、图形输出等功能，而 Tools 菜单和 View 菜单与界面操作中的按钮功能相同，因此不常用到。FLAC 在图形界面中设置了 Help 帮助菜单，提供了较详细的提示信息，在其他界面下也有 Help 菜单，读者可以对照其中的提示了解当前窗口的内容。

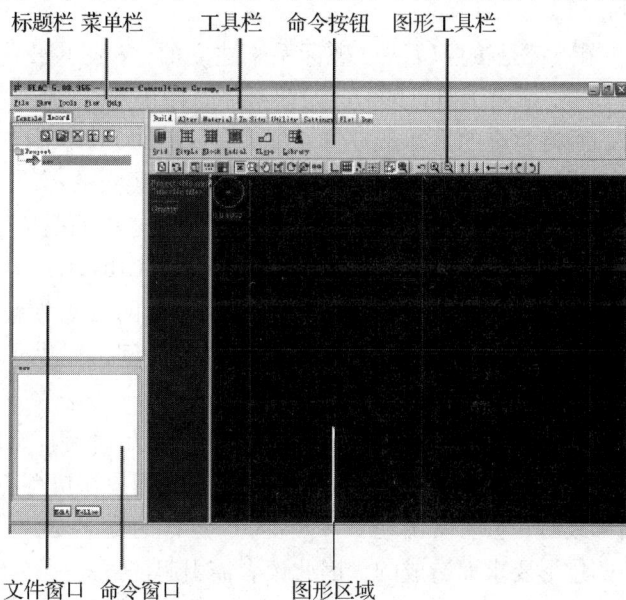

图 15-15　FLAC 图形用户界面

(3) 工具栏和命令按钮

FLAC 用户界面中按照分析的先后顺序，设计了多个工具栏标签，不同的标签下又有一系列命令按钮，这些标签和按钮共同完成网格的建立、边界条件的设置、材料赋值、计算及后处理等功能。

(4) 图形工具栏

为了便于用户进行图形操作，提供了图形的缩放、平移、旋转等功能，以及为了方便选择网格和节点，提供了标尺、坐标显示等功能。

(5) 文件窗口

FLAC 生成的结果文件直观地保存在文件窗口中，方便用户了解计算的先后关系和对不同计算结果的调用。

(6) 命令窗口

用户在 FLAC 界面的操作(主要是工具栏标签和按钮操作)都按照 FLAC 命令流的方式记录在命令窗口中，用户在熟悉界面操作的同时，也能熟悉 FLAC 自身的命令语句。命令窗口最大的特点是，用户可以对命令窗口中的语句进行修改，相当于可以随时进行"撤销"和"恢复"操作，这为用户使用提供了极大的便利。

(7) 图形区域(绘图区)

显示当前状态下的网格、边界、后处理等信息，窗口左侧包含绘图内容的图例、说明。

15.5.2　网格和节点

FLAC 采用的是有限差分网格，与常用的有限元网格相比存在一些不同，用户在初次使用 FLAC 时往往会遇到一些概念上的误解，所以有必要对 FLAC 特有的建模方式和网格特点做简要的介绍。

FLAC 的网格和节点都是按照 (I, J) 坐标系来建立的，I 表示水平的 X 轴，J 表示竖直的 Y 轴。图 15-16 中标出了节点的 (I, J) 坐标系，图中黑点的位置对应的坐标就是 (I, J)，阴影部分的网格对应的坐标系是 (I, J)。在以前的 FLAC 版本中，网格和坐标的定义都是按照"数网格"的办法进行的，这给用户造成了很大的不便。同时，FLAC 中的网格 ID 号不同于常规有限元网格或 FLAC[3D] 中的顺序编号，而是需要 I、J 两个变量才能定义，这对于 FLAC 初学者来说很难接受。不过，在 GIIC 用户界面中，程序提供了用户与网格、节点之间的直接交流，用户不再需要了解网格或节点出自哪一行哪一列，就可以准确无误地选择范围，这大大节约了用户的时间，提供了计算效率，同时也降低了出错的概率。

FLAC 中的网格是差分网格，必须具有外凸四边形的几何特征，因此类似于三角形、内凹四边形这样的网格形式在 FLAC 中是非法。有些用户在执行 Set large 大变形模式计算或进行网格修改时，会常常出现 Bad geometry 这样的错误提示，很多都是因为差分网格不满足外凸四边形要求而造成的，因此读者需引起注意。

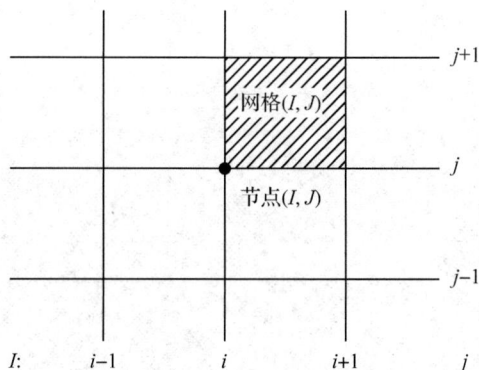

图 15-16　FLAC 差分网格和节点示意图

15.5.3　FLAC3D 使用界面介绍

FLAC^{3D}界面简洁，功能选项少，很多初学者难以适应。这里将从 FLAC^{3D}的图形界面、分析基本组成部分、常用命令以及结果输出等方面对其进行简单介绍。

15.5.3.1　图形界面

执行【开始】/【所有程序】/【Itasca】/【FLAC3D】/【FLAC3D 3.0】，可以开启 FLAC^{3D}程序，进入如图 15-17 所示的图形界面。FLAC^{3D}的图形界面主要包括以下几个部分：

(1)标题栏

显示当前版本信息。

(2)菜单栏

菜单栏分为两种情况，即初始菜单模式和当前菜单模式。初始菜单模式包括：File 菜单、Display 菜单、Option 菜单、Plot 菜单、Window 菜单和 Help 菜单。File 菜单提供文件的保存、读入、图形输出等功能；Display 菜单提供计算模型的单元、节点、本构模型等信息的输出功能；Option 菜单提供 log 文件、变形网格、图片输出等的设置选项；Plot 菜单用于当前计算模型显示的切换；Help 帮助菜单，则提供较详细的版本信息。

当前菜单模式包括：File 菜单、Edit 菜单、Setting 菜单、Plotitems 菜单和 Window 菜单。File 菜单提供当前计算结果图形的格式设置和输出等功能；Edit 菜单提供当前模型的切片、放大等功能；Setting 菜单提供图形前景、背景等的设置选项；Plotitems 菜单提供当前计算模型显示的设置选项；Window 菜单，则用于初始命令窗口和当前命令窗口的切换。

(3)命令窗口

用户在命令输入栏中输入的所有命令都会在命令窗口中记录并显示出来。当用户发现命令输入错误时，可以通过输入正确语句覆盖先前语句予以修改。少数界面操作也会在命令窗口中记录 FLAC^{3D}自身的命令语句格式。

(4)图形区域(绘图区)

显示当前状态下的网格、边界、后处理等信息，窗口左侧包含绘图内容的图例、

标题栏　　　菜单栏　　　　　　　图形窗口

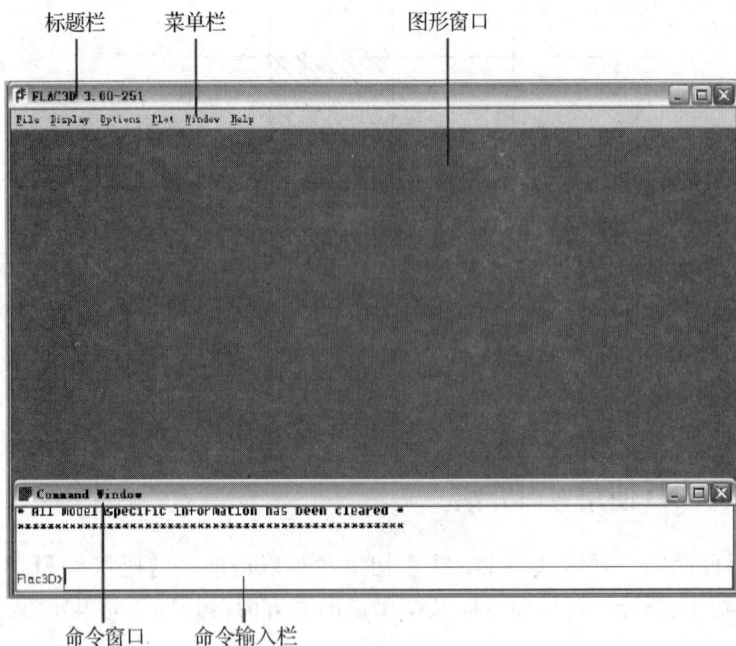

命令窗口　　命令输入栏

图 15-17　FLAC3D 的图形界面

说明。在命令输入栏中输入相关命令，可实现图形的缩放、平移、旋转；以及单元和节点编号的显示等操作。

15.5.3.2　分析的基本组成部分

FLAC^{3D} 的一般求解流程，若从模拟命令执行的角度来说，可以归纳为三大基本组成部分如图 15-18 所示，即建立分析模型、模拟求解部分和输出计算结果部分。建立分析模型部分包括生成网格单元、设置初始条件和边界条件以及初始应力平衡等部分；模拟求解部分包括加载及场方程的有限差分求解；输出计算结果部分主要为图表的绘制、相关数据的输出等。

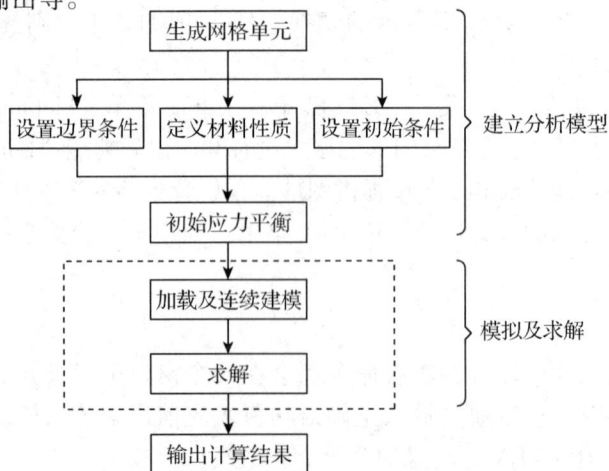

图 15-18　FLAC3D 分析的基本组成部分

在 FLAC^{3D}建立分析模型部分，材料性质的定义、初始条件和边界条件的设置并无明显的先后顺序。初始应力平衡是分析中十分重要的一个环节，后续章节将会具体阐述，但并非为必须项，需根据实际分析对象所处的工况而定。至于用虚框框定的加载及顺序建模变更和求解环节，具有较大的灵活性，需用户根据模拟的目的设定相应的加载顺序和收敛标准。在输出计算结果时，用户可根据分析的需要，可有选择地选定绘图项和信息输出项。

15.5.3.3 简单分析命令概要

FLAC^{3D}通过软件内置的关键命令来控制命令流的运行，因此初步学习 FLAC^{3D}时，需对分析中一些常用命令的含义及用法有充分的了解。表 15-3 给出的是采用 FLAC^{3D}进行简单分析时所需要的一些基本命令，其基本含义，读者可参考 FLAC^{3D}用户手册中的 COMMAND REFERENCE 部分，其具体用法则在后续命令流中予以说明。

表 15-3 简单分析的基本命令

功能	命令	功能	命令
清除、调用命令文件	New Call	初始平衡及计算求解	Step Solve Set mech Set gravity
生成网格	Generate impgrid	执行变更	Model Property Apply Fix
定义材料本构关系和性质	Model Property	计算结果保存及调用	Save Restore
定义边界、初始条件	Apply Fix Initial	图形绘制及结果输出	Plot Hish

15.5.3.4 结果输出

数值模拟的最终目的是为了进行工程分析，而计算结果中所记录和包含的信息是进行分析的依据。这里，简略介绍计算结果中图片和记录的输出。

计算结果中的图片输出可以按下述步骤依次进行：

步骤 1：通过 File 菜单中的 PrintType 选项设置输出图片格式，如图 15-19 所示。

步骤 2：通过 File 菜单中的 Print Setup 选项设置输出图片的大小和质量，如图 15-20 所示，图中空格中的数字可以根据用户的需要进行更改。

通过 File 菜单中的 Print 选项输出图片并保存，图片保存的路径可以根据用户的需要进行更改，如图 15-21 所示。

图 15-19 设置输出图片的格式

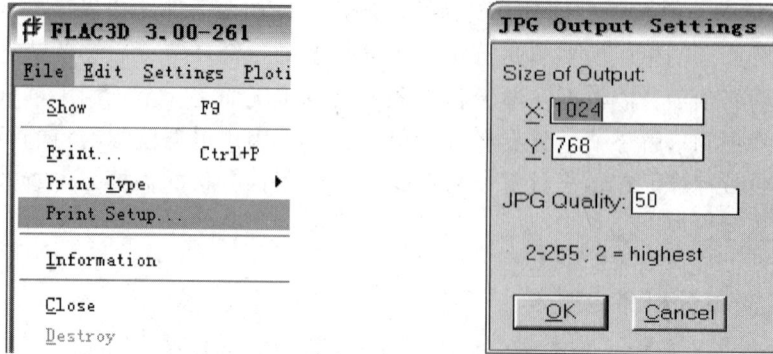

图 15-20 设置输出图片的大小和质量

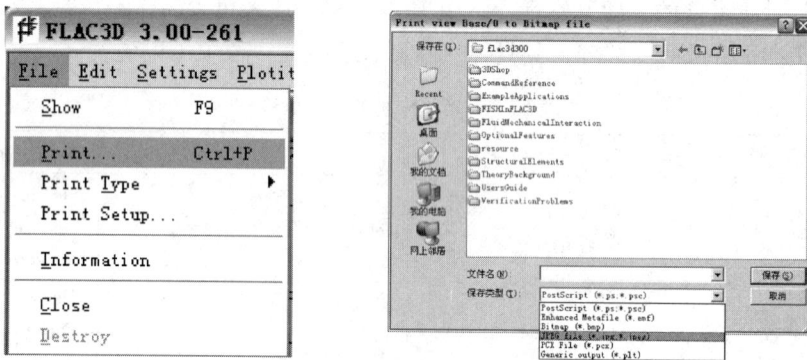

图 15-21 图片的输出及其保存

15.6 一个简单的实例

下面将介绍一个简单的分析实例，帮助读者初步了解应用 FLAC 建模与分析的基本步骤，掌握 FLAC 分析的基本菜单操作。

15.6.1 问题描述

计算对象为矩形均质弹性土层，在自重作用下达到平衡状态。随后地层表面进行了垂直开挖，要求分析开挖后土体的应力和变形，如图 15-22 所示。

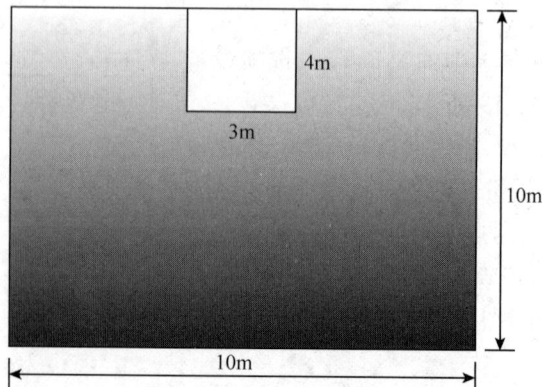

图 15-22 实例示意图

材料特性：土体密度 1500kg/m³，体积模量 3.0MPa，剪切模量 1.0MPa。

土层计算范围：10m×10m。

开挖范围：4m×3m。

15.6.2 启动 FLAC

FLAC 可以在命令驱动模式或者菜单驱动模式下运行。这里推荐读者采用菜单驱动模式，即 GIIC 模式，因为菜单模式下可以完成 FLAC 建模、计算等几乎所有的功能，而且菜单模式下编辑网格、边界条件设置更简单，不用像命令模式下那样需要读者记住差分网格的编号，因此可以大大提高计算效率，减少错误。

执行【开始】\【所有程序】\【Itasca】\【FLAC】\【FLAC5.0】命令，在打开的 Model Option 窗口中不做任何设置直接选择 OK，在 Project File(*.prj)窗口中设置该工程的 Title 为：Simple test，单击窗口中的?（即问号标志），选择工程的保存路径和文件名，设置文件名为 *-1.prj。

注意：FLAC 的保存路径允许中文，也可以有空格，比如 Program files 这样的路径，但建议采用全英文的路径。

15.6.3 建立网格

在工具栏 Build 标签下，单击标签，弹出 How many zones? 窗口，默认状态下，X 轴(水平，I)和 Y 轴(竖直，J)的网格数目均为 10，这里不作改动，单击 OK 确认。确认后会在 FLAC 绘图区看到生成的 10m×10m 网格。

同时，在记录窗口中，会看到刚才网格生成操作形成的命令。命令第一行是由于在启动 FLAC 时没有在 Model Option 中进行设置，因此命令中的 Config 后面没有跟其他关键词。命令第二行是 GRID 生成网格的命令，建立了 10×10 的网格，网格的单位尺寸默认为 1m。第三行程序自动对生成的网格赋值为弹性材料，这主要是为了便于在图形区域显示生成的网格，如果未进行材料赋值，绘图区将不显示网格。

在命令窗口中进行键盘操作时，比如修改命令中的某个参数，或者使用 Ctrl+C 命令复制命令时，软件会出现如图 15-23 警告提示。警告大意是，命令窗口的记录标签中保存的内容是当前模型的状态，如果用户手动编辑命令的内容，那么必须在编辑完成后单击Rebuild按钮来完成用户的修改。如果用户仅仅需要在当前状态下增加一条命令，

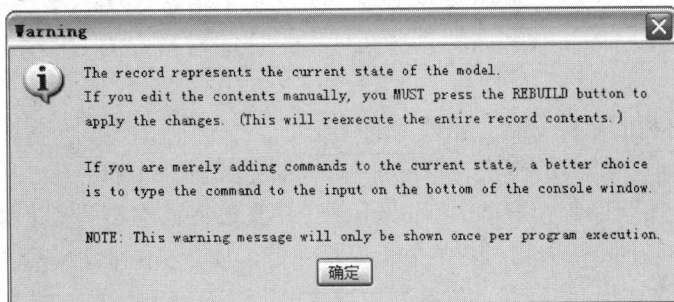

图 15-23 首次在命令窗口中操作时软件的提示

那么更好的方法是在控制窗口底部的命令行来输入相关的命令。这个警告提示在每个程序执行中只出现一次。

图 15-24 为网格建立以后程序的控制窗口和记录窗口，可以看出控制窗口和记录窗口对于命令记录的差别。控制窗口记录了详细的操作信息，包括系统目录的设置、操作过程中的提示(以! 开头)等，而记录窗口中只保留了执行命令。另外，控制窗口中显示的信息不能修改，只能通过窗口底部的命令窗口"flac:"来输入独条的命令，而记录窗口中的命令类似于一个文本框，用户可以随意修改。

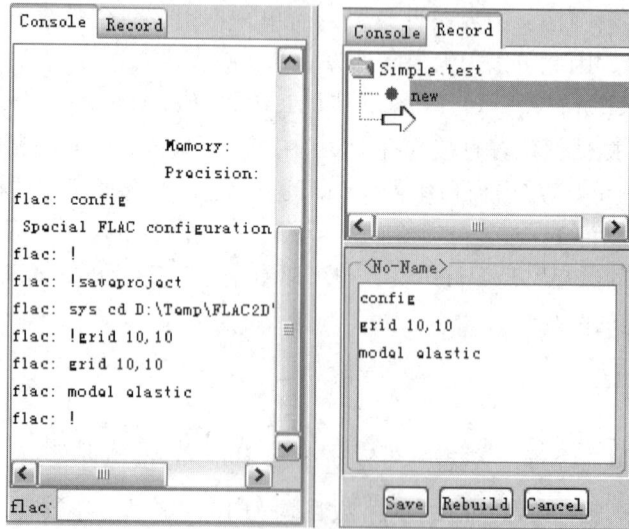

图 15-24 FLAC 中的控制窗口与记录窗口

15.6.4 定义材料

单击工具栏 Materials 标签下的按钮，软件的界面切换到材料赋值的窗口，如图 15-25所示。窗口右侧中间的文本框中列出了当前状态下的材料类型，默认状态下只有一个 null 材料，这个材料一般用于对初步建立的网格进行删除操作，以达到最终建模的目的。由于本实例中不涉及到网格的删除，因此需要新建一个材料。单击窗口右下角 Material groups 中的 Create 按钮，弹出 Define Material 对话框，其中主要选项的含义是：

①Class　材料的类别，常用来表示某一类材料的名称。比如土层中有多层黏土，不同的黏土层有不同的参数和名称，那么可以把这些材料归为一类，定义一个名称。这里不做修改。

②Name　材料的名称，这里修改为 Soil。

③Mass-density　材料的密度，单位是 kg/m³，这里输入 1500。

④Model　包括 elastic 和 Mohr-Coulomb 两个单选按钮，本实例土层材料为弹性。

⑤Elastic Properties　包括材料的体积模量和剪切模量(或弹性模量、泊松比，通过 Alternate 复选框来切换)，模量的默认单位均为 Pa。本实例中给出的体积模量和剪切模量分别为 3e6 和 1e6。

注意：输入体积模量和剪切模量后，程序自动按照弹性公式计算弹性模量和泊松比。读者可以根据泊松比的范围大致判断输入数据的正确性。

设置好材料定义后，单击 OK 按钮确认。随后即在材料列表中增加了一项自定义的 User：Soil 材料，程序自动为该材料设置一种颜色。

还有一种方法可以快速创立需要的材料类型。单击 Material groups 中的 Database 按钮，在弹出的 Material list 对话框中包含了一些常见材料的数据，用户可以双击调用这些材料数据，也可以在已有材料数据的基础上进行修改。

下面将定义的材料赋值到网格中。在材料赋值窗口的左上角是 Zone range mode（网格范围选择模式）的单选按钮，一共有 3 种网格范围可供选择。

①Rectangle　矩形范围，单击鼠标左键在绘图区域中拖拽形成矩形的网格范围。

②Region　区域范围，通过 Mark 标记可以将建立的网格分割成不同的区域范围，默认状态下建立的网格只有一个 Region。

③Layer　层状范围，在绘图区单击鼠标左键即选定左键位置的一层网格，也可以执行鼠标拖拽操作。这个选项一般可用于不同土层情况下的材料赋值。

读者可以分别采用这三种方法将所建立的网格全部选中，另外也可以通过窗口中的 Set All 按钮将网格全部选中。

注意：当使用鼠标进行网格选择时，绘图区中被选择的网格将会被高亮显示。当选择完成时，在材料定义窗口的左侧列表框内会生成刚才材料定义的命令语句。通过文本框上方的四个编辑按钮，可以对材料的定义进行修改和恢复操作。

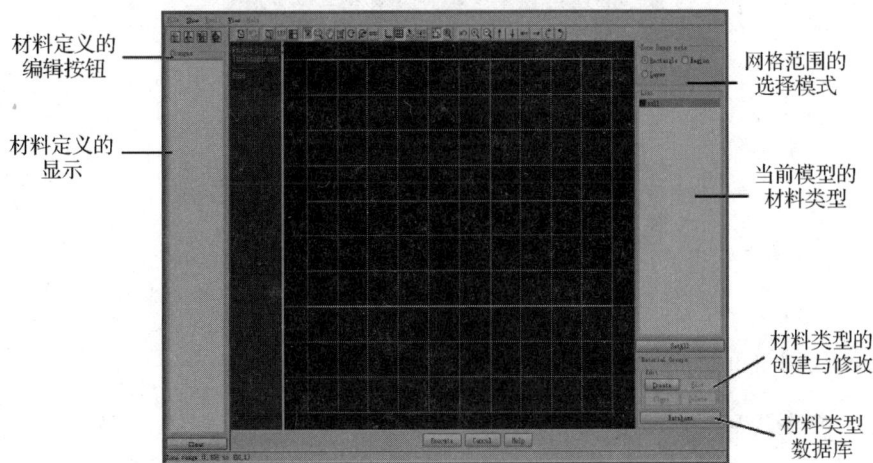

图 15-25　材料赋值窗口

材料定义完成后，单击材料赋值窗口下部的 Execute 按钮确认操作。

15.6.5　定义边界条件

本例中边界条件设置为：模型底部边界的水平、竖直方向的速度约束；模型两侧边界水平向速度约束。

注意：同 FLAC^{3D} 一样，FLAC 程序中的主要变量是节点速度，因此边界条件也按照速度的概念来设置。一般的，当模型未进行任何运算时，节点的初始速度为 0，此时若固定节点的速度（如本例），也就等效于施加了固定的位移边界条件。

单击工具栏 In – situ 选项卡中的 ![Fix按钮] 按钮，进入 Fix 边界条件设置窗口。可以看出，Fix 边界条件窗口与刚才的材料赋值窗口类似，主要变化是窗口右侧的选项面板。

固定边界模式包括自由(Free)和固定(Fix)两种。固定边界类型包括节点速度、流体及温度三种类型。由于本例中没有选择流体和温度计算模式，所以一些单选框呈灰色不能选择。单击固定边界模式中的 Fix 单选框，在 Type 中单击 GP Velocity 中的 X&Y 单选框，表示将节点的 x 方向和 y 方向均进行固定。单击鼠标左键，沿着模型底部的节点进行拖拽操作，选择模型底部的所有节点，并松开左键。此时在刚才选择的节点旁边出现字母"B"标志，表明该处节点两个方向的速度均(Both)被固定了。同时，在 Fix 边界条件设置窗口的左侧显出了刚才边界条件设置对应的命令如下：

Fix x y j 1

同理，单击 GP Velocity 中的 X 单选框，对模型两侧的边界进行操作。操作完成后，模型底部和两侧边界的节点上出现了字母 B 或者字母 X 的标志，如图 15-26 所示。

图 15-26 模型底部和两侧边界的固定边界条件

执行窗口下部的 Execute 按钮确认操作。

15.6.6 重力设置

单击 Settings 选项卡中 ![Gravity按钮] 的按钮，打开重力设置对话框，如图 15-27 所示。对话框中主要包括重力的大小和方向。单击对话框中的 ![地球按钮] 按钮，即可以设置默认重力大小($9.81 \mathrm{m/s^2}$)和方向(竖直向下)。单击 Execute 按钮完成设置。

15.6.7 初始应力计算

在进行加载(卸载)计算前，首先要获得一个平衡的初始应力状态。获得平衡状态的方法有很多种，本例中采用最简单的方法：直接施加重力荷载使网格达到平衡。

单击 Run 选项卡中 ![Solve按钮] 的命令，打开 Solve 求解对话框，如图 15-28 所示。直接单击 OK 按钮确认。这时，FLAC 程序会进行短暂的运行(由于网格数量很少，所以运行所需时间很短)并结束。

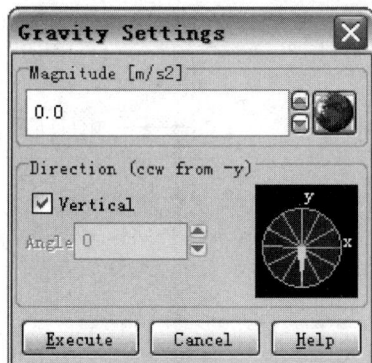

图 15-27 重力设置对话框

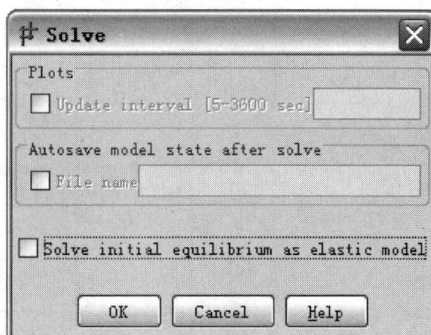

图 15-28 Solve 求解对话框

15.6.8 保存状态文件

初始应力计算完成后，先将计算结果进行保存。单击 FLAC 窗口左下角的 Save 按钮，在出现的 Save State File(∗.sav)对话框中，可以看到启动 FLAC 时定义的工程名称(Title)。在 Filename 中输入保存文件名为 ∗ − 1 − 1.sav，并单击 OK 按钮确定，如图 15-29 所示。

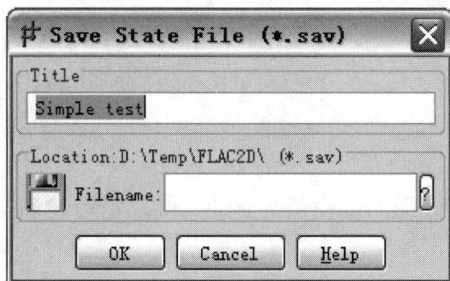

图 15-29 保存状态文件对话框

注意：与 FLAC^{3D}一样，FLAC 状态文件的后缀为 .sav。

15.6.9 查看初始应力计算结果

下面对初始应力的计算结果进行检查，检查的主要目的是为了确保初始应力计算的正确性，计算结果的检查也是后处理的一部分。主要采用工具栏上的 Plot 选项卡。

单击 Plot 选项卡中的 Model 按钮，打开 Plot items 绘图项目对话框。首先绘出模型的竖向应力云图。在 Name 输入框中填写图名 syy，这是为了在一个计算中出现多个后处理图片时方便区分。单击快捷项目按钮的 grid 按钮，再在项目目录树中选择 Contour-Zone/Total stress/syy，双击鼠标左键或单击目录树上部的 Add 按钮，即可将 y 方向总应力加到已选绘图项目中，如图 15-30 所示。执行 OK 按钮确定。

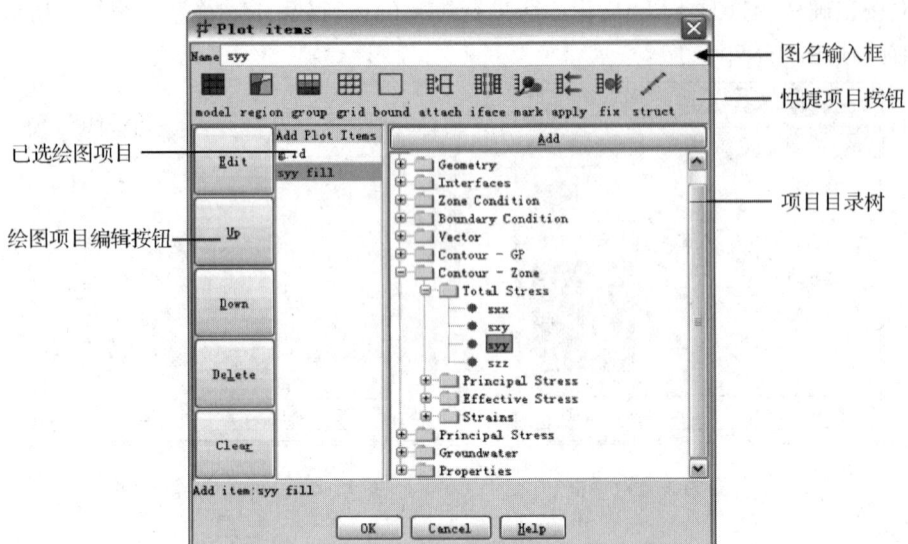

图名输入框

快捷项目按钮

项目目录树

已选绘图项目

绘图项目编辑按钮

图 15-30　后处理 Plot items 对话框

执行后在绘图区增加了一个标签为 syy 的云图。从应力云图上可以看出，模型的竖向应力沿高度均匀分布，模型表层的竖向应力基本为 0，而随着深度的增加，竖向应力的数值(绝对值)逐渐增大，且为负(压为负)。这个计算结果与实际应力状态的基本规律相符。另一方面，还应从具体数值上进行判断。从应力云图的图例上发现，-1.25E+05 的数值对应的颜色分界线基本位于模型云图中的 1.5m 标高处，即此处上覆土体高度为 8.5m，土体密度为 1500kg/m^3，计算得到的竖向应力理论值应为：$8.5 \times 1500 \times 9.8 = 124950$ kPa，这与 FLAC 计算得到的结果十分接近，可以认为本例的初始应力计算合理。

注意：利用可以计算得到的理论值与 FLAC 结果进行比较是判断初始应力计算结果是否合理的重要方法。

另外，关于 FLAC 的云图还有一些注意事项：

FLAC 的应力云图范围小于差分网格的范围，这是因为应力云图属于网格云图(Contour-Zone)，网格云图是通过网格中心点处的数值及他们之间的插值得到的，所以形成的云图在外围网格的半个网格内是空白的。很多 FLAC 初学者会对这个问题很困惑，其实这个是软件自身绘图功能决定的。

FLAC 云图的图例显示的数值是位于两种颜色的交叉处，这与 FLAC^{3D} 是不同的。FLAC^{3D} 中云图图例中的特定的颜色对应的是一个数值范围。

FLAC 云图的显示不随模型网格范围的变化而变化，这一点也与 FLAC^{3D} 不同。

FLAC 绘图区的出图一般不采用抓屏的办法，而是采用软件自带的打印绘图功能。

执行【File】/【Print setup】菜单，在弹出的打印设置对话框中设置输入的格式(包括 Windows 格式、图片格式、矢量图格式及 AutoCAD 格式)、彩色还是灰度、是否需要标题等，如图 15-31 所示。本例中选择 Windows 格式中的剪贴板，并选择灰度格式，设置好后单击 OK 按钮确定。再执行【File】/【Print plot】菜单，在弹出的打印图形对话框中可以填写图形的名称和范围，单击 OK 确定便将刚生成的 FLAC 竖向应力云图拷贝到剪切板，可以在 Word 等文档中粘贴相应的图形，如图 15-32 所示。

另外一种快捷的方法是，在绘图区内单击鼠标右键，执行 Copy to clipboard 命令，同样会弹出 Print plot 对话框，通过设置图形名称和范围即可将图形拷贝到剪切板上。利用 FLAC 自身的 Print Plot 功能生成的图形具有较高的清晰度，而且图例、坐标等比较规范，因此建议读者出图时采用软件自身的这种 Print Plot 方法。

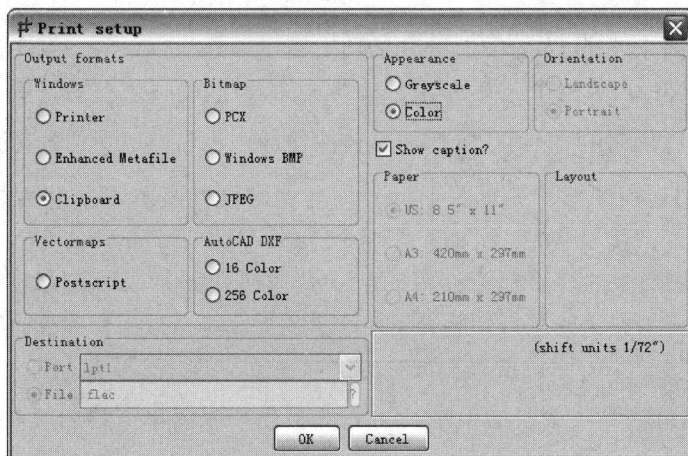

图 15-31   打印设置对话框

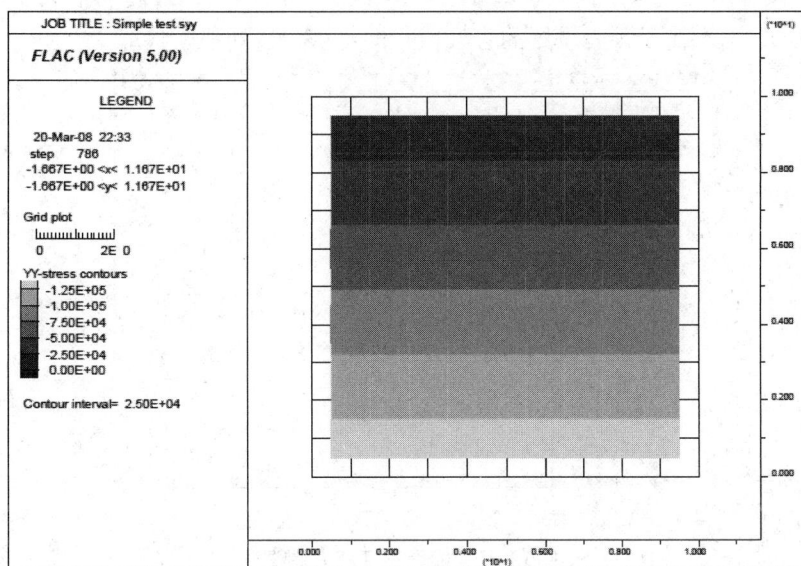

图 15-32   通过拷贝得到的竖向应力云图

15.6.10   查看最大不平衡力

不平衡力是 FLAC 计算中的一个主要概念，也是 FLAC 计算收敛的主要控制标准。在 FLAC 中，所有的网格均为四边形差分网格，对于其中的每个节点其周围至多有 4 个网格向其施加力的作用，这些力的合力称为不平衡力。如果这些力达到平衡，即表示这些网格作用到节点上的合力为0，在一个平衡的力学体系中，节点处的不平衡力应该为0，或者相对于体系所受的荷载而言，不平衡力相对很小，也可以近似认为是0。在FLAC运算过程中，程序自动寻找所有节点上不平衡力的最大值并保存下来，称为最大不平衡力。

读者可以在FLAC的命令窗口中看到solve命令前有一条记录不平衡力的命令：

History 999 unbalanced

该命令将不平衡力设置成ID为999的历史变量，是为了不与计算中用户定义的历史变量ID相冲突，因为用户定义的历史变量的ID号是按照定义的先后顺序从1开始的。单击工具栏Plot选项卡中的 按钮，该按钮的作用是建立快速绘图。快速绘图的内容包括：增加当前图形、编辑图形列表、绘制网格和绘制不平衡力。执行【unbalanced force】命令，就可以在绘图区增加一个标签为Unbalanced force的图形，如图15-33所示。图形中的横坐标为计算时步，纵坐标为最大不平衡力的大小，单位是N。可以看出，随着计算的进行，最大不平衡力的大小逐渐减小，达到收敛。由于图形中纵坐标的刻度为1×10^3N，所以很难看出计算收敛时最大不平衡力的大小。可以采用图形放大的方法将计算收敛时的不平衡力曲线显示出来，单击绘图工具栏中的 按钮，在曲线绘图区中选择图15-33中的放大范围，必要的时候可进行多次放大，最后在图中较清楚地得到最大不平衡力的数值约为25.3N。这种放大绘图查看曲线数值的方法也可以用于其他历史变量。需要注意的是，由于程序的原因，最终的最大不平衡力基本不可能为0，只要小于预先设置的容许值，即可认为达到平衡状态。

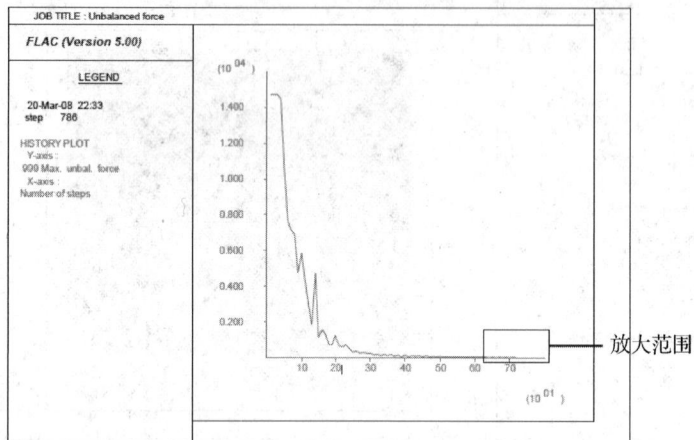

图15-33 最大不平衡力曲线

15.6.11 实际开挖

下面将在初始应力计算结果的基础上进行荷载施加，本例中的荷载是模型开挖造成的应力释放。上述计算得到的初始应力计算文件保存后，FLAC窗口左下角的命令窗口呈灰色显示，表示此时处于保存状态，是不可编辑的。如果要进行命令修改或在此基础上执行其他菜单操作(比如修改边界条件等)，需要单击左下角的Edit按钮，使命令处于可编辑的状态，这样生成的命令才会保存在当前的状态文件中。若不单击Edit

按钮，直接操作工具菜单，则生成的命令会自动保存在新的 sav 文件的窗口中。在进行荷载施加前，需要对初始应力计算中节点的速度、位移进行清零处理。单击工具栏的 In – situ 选项卡中 ![Initial] 的按钮，在打开的初始条件窗口中，单击右下角的 ![Displmt & Velocity] 按钮，这样在窗口左侧的初始条件显示栏中就出现了两行命令：

Initial xdisp 0 ydisp 0

Initial xvel 0 yvel 0

执行窗口下部的 Execute 按钮确认。在 FLAC 命令窗口中也将出现上述两行命令，而且对应的是一个新建的状态文件。也就是说，此时的操作不是针对 * -1-1. sav 文件进行的编辑，而是在 * -1-1. sav 文件基础上进行的编辑。

首先进行开挖操作。开挖主要应用 Material 选项卡中的材料赋值操作。单击 Material 选项卡中的 Assign 按钮，在材料列表中选择黑色代表的 null 材料（空材料），选择网格范围模式为 Rectangle 矩形，准备选择需要开挖掉的网格。为了便于选择，可以将绘图区的坐标尺打开。单击绘图工具栏中的 ![L] 按钮（位于工具栏中间）即可打开坐标尺。单击鼠标左键，选择 x 范围为 3 ~ 7m，y 范围为 7 ~ 10m 的 4m × 3m 的 12 个网格。选择好后，单击 Execute 按钮确定。完成开挖后的模型形状如图 15-34 所示。

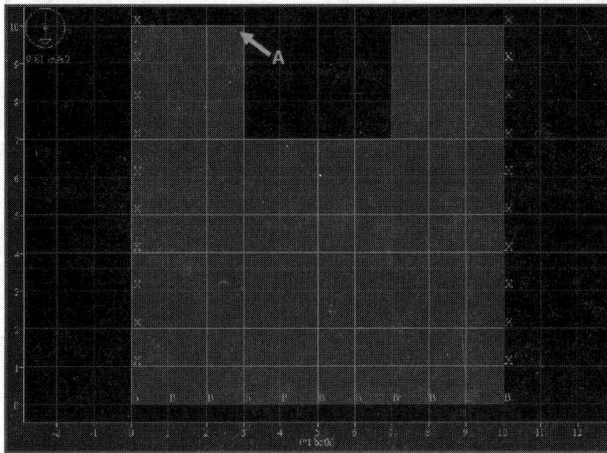

图 15-34 开挖后的网格

15.6.12 设置历史变量

完成好开挖操作后就可以进行计算了。我们在计算过程中常常要对一些关键网格或节点的响应（包括变形、应力、孔压等）进行监控，以了解这些响应随着计算的进行而发生的变化。本例中选择开挖顶面左侧顶点（图 15-34 中的 A 点）的水平位移进行监测。历史变量的监测需要用到工具栏中的 Utility 选项卡。单击 Utility 选项卡中的 ![History] 按钮，进入历史变量设置窗口。在窗口右侧的变量模式 Mode 中选择 GP（节点），在 History information 目录树中选择 X Components/xdisp，如图 15-35 所示，然后在绘图区单击图 15-35 中对应的 A 点，这时窗口左侧的变量列表中就增加了一个 history 选项，单击 Execute 按钮确定。读者会发现在绘图窗口中 A 点处的位置增加了一个数字标号 1，这个数字表示该点定义了一个 ID 号为 1 的历史变量。同时，在左下角的命令窗口中增加了一行命令：

`History 1 xdisp i = 4, j = 1`

可见，刚才操作的 A 点对应的 I，J 坐标应该是 $I = 4$，$J = 11$。利用界面操作的优势就是，让用户专心于考虑具体点的宏观位置，而不用关心该点处于哪个差分节点上，以及对应的横向网格数是多少，竖向网格数是多少。因此，利用 FLAC 的界面操作可以大大提高使用者的效率，并且能降低用户的出错率。

**图 15-35　设置节点水平
位移的历史变量**

15.6.13　开挖计算并保存

下面开始执行开挖计算。计算主要使用的是工具栏中的 Run 选项卡。单击 Run 选项卡中的 Solve 按钮，打开 Solve 对话框，不做任何修改，直接单击 OK 按钮执行求解。只需很短的时间，程序便完成了求解过程。完成计算后，要对计算的状态文件进行保存。单击 FLAC 界面左下方的 Save 按钮，输入保存文件名为 * -1-2. sav。

15.6.14　后处理

计算完成后查看得到的相关结果，称为后处理，本例中后处理的内容包括开挖后的竖向应力云图、变形后的网格、监测点的响应及不平衡力曲线等。

(1) 查看竖向应力云图

可以从已经建立的 syy 标签中看到实施开挖后模型的竖向有效应力云图。若云图未发生变化，可以点击绘图工具栏上的 ⟳ 按钮对绘图区进行刷新。

(2) 查看网格变形情况

在数值计算后处理方案中，常常将原有网格与变形后的网格进行比较，以形象地展示模型变形的趋势。单击 Plot 选项卡中的 Model 按钮，打开 Plotitems 对话框。在对话框的 Name 输入框中输入图形的名称为 Grid。单击两次名称输入框下面的 ⊞grid 按钮，在 Add Plot Items 列表中增加了两个 grid 选项，目的是一个 grid 表示变形前的网格，另一个 grid 表示变形后的网格。单击第一个 grid 选项，并单击左边的 Edit 按钮，在弹出 Plot Item Switches 对话框中可以修改 grid 的颜色、放大倍数等变量。这里将 Color 修改为 lred，Magnify 放大系数改为 20，单击 OK 按钮确定，再单击 OK 执行修改。

注意：Plot Item Switches 中的 Color，Magnify 等选项有时需要根据计算结果与其他图形显示的颜色进行修改。

从图 15-36 中可以看出，在弹性土体中进行开挖后，网格整体呈现上浮的趋势，其中开挖底面出现较大的隆起，而开挖面两侧的土体会发生一定的朝向开挖坑内的水平位移。这些计算结果与常识基本符合。

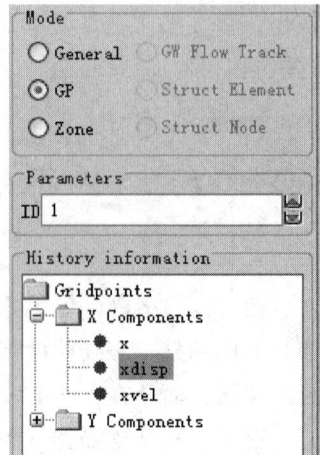

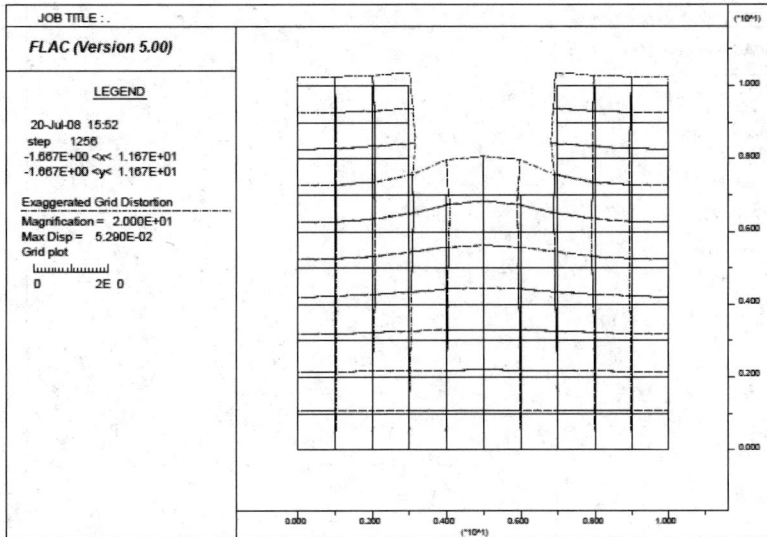

图 15-36 开挖计算后网格计算图

(3) 查看关键点 A 的变形情况

单击 Plot 选项卡中的 ![History] 按钮，弹出 History Plot 对话框。同样，首先设置图名 Name 为：Xdis-A。在 Item ID 列表栏中可以看到共有两个历史变量，分别是 ID 号为 1 的监测点的水平位移和 ID 号为 999 的最大不平衡力。选择监测点的水平位移，并单击 OK 按钮确定，可以得到监测点水平位移随着计算时步的变化情况，如图 15-37 所示。从图中可以看出，随着计算的进行，A 点的水平位移逐渐增大，随后又减小并达到稳定。这种求解过程中的曲线震荡是由于 FLAC 的算法决定的，是合理的，读者不用担心。

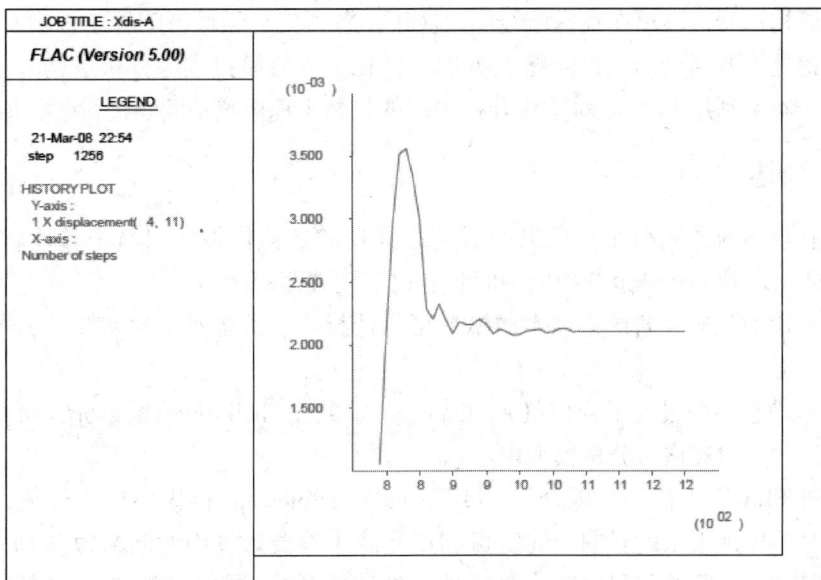

图 15-37 开挖计算过程中 A 点的水平位移随计算时步的变化

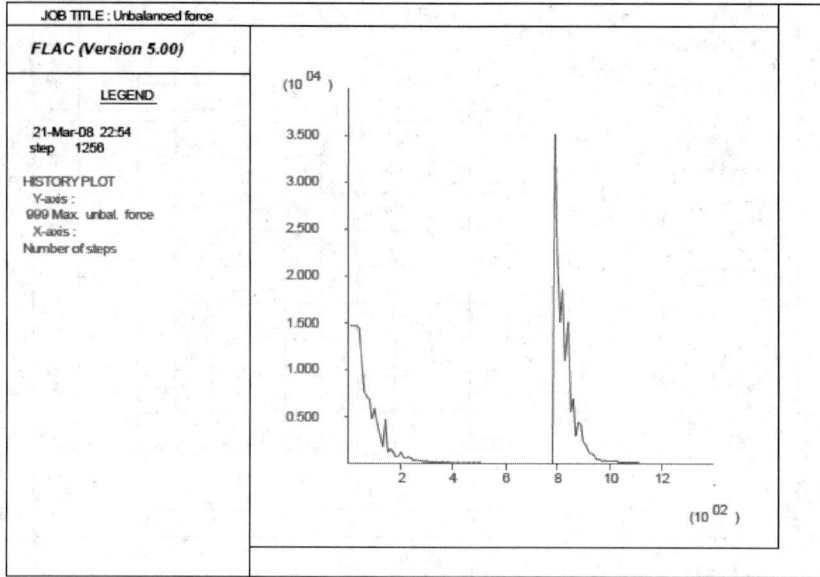

图 15-38 两次计算中的不平衡力变化曲线

(4) 查看最大不平衡力的变化

在 Unbalanced force 窗口中可以看到不平衡力的变化。同样，可以单击按钮刷新图形，如图 15-38 所示。可以看出，由于土体的开挖引起了较大的不平衡力，但随着计算的进行不平衡力也能逐渐减小，模型再次达到平衡状态。

15.7 盾构开挖对软黏土地层的扰动模拟

采用盾构法开挖隧道在我国已经广泛应用于各项工程领域，随着工程项目的增多，盾构法开挖隧道所遇到的工程问题也更加多样化，数值模拟成为分析盾构开挖问题的方法之一。本文利用 FLAC^{3D} 对盾构开挖引起的软黏土地层扰动问题进行了数值模拟。

15.7.1 概述

目前有较多的商业程序都可以开展盾构开挖的数值模拟，相当于其他软件而言，FLAC 和 FLAC^{3D} 在分析隧道开挖问题时具有以下几方面的优势：

①FLAC^{3D} 有比较完备的土体本构模型可供选择，能够针对工程实际分析各种类型的土层或岩层。

②FLAC^{3D} 程序中设置了管片单元(liner)、壳单元(shell)等结构单元，可以比较方便地将隧道中的衬砌嵌入分析模型中。

③通过 FLAC^{3D} 中流—固耦合(Fluid-Mechanical Interaction)模块可以较充分地考虑开挖隧道过程中地下水的影响，同时可利用孔隙水渗流计算中时间参数与真实时间相对应的优势结合实际施工程序较为真实地模拟盾构开挖过程的时间性，分析地层随时间变形过程。

本章通过一个比较典型的分析实例——软黏土地层盾构开挖对地层扰动影响分

析——为广大 FLAC^{3D}应用者提供一个讨论平台，为解决 FLAC^{3D}模拟盾构隧道问题提供帮助。

15.7.2　问题的描述

在展开程序模拟前，要对所模拟问题有个大概的机理性认识，这种认识也是进行程序模拟的基础。任何数值模拟都不应该脱离问题实际而独立存在，否则就变成了为了模拟而进行模拟的程序游戏。这应该是我们进行数值模拟的一个基本认识。在探讨程序模拟之前，先来讨论一下盾构开挖问题的物理过程，即问题的发生机理。盾构开挖过程中（图 15-39），由于对土体的开挖和扰动破坏了土体原始应力状态，使土体单元产生了应力增量，引发周围地层产生不排水变形从而引起土体位移，同时在饱和土地层由于应力状态的变化产生超孔隙水压力，由于超孔隙水压力的存在，在软黏土地层中隧道周围土体会在开挖过后相当一段时间内产生了持续位移，如此一系列的持续变形构成了盾构开挖扰动地层变形过程。

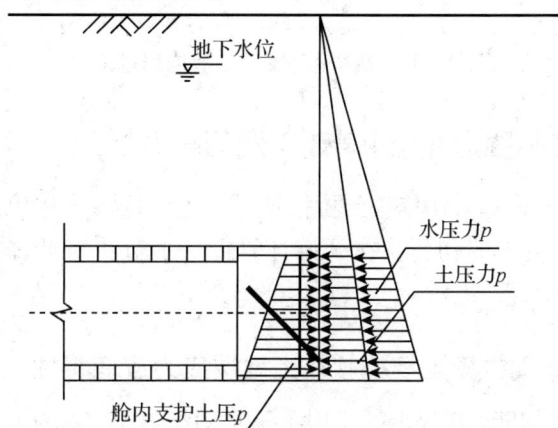

图 15-39　土压平衡盾构平衡原理

根据以往隧道施工时的观测，盾构隧道的施工扰动过程以隧道轴线地表点的经时变位曲线（图 15-40）为例，地表点的地层移动经历 5 个阶段：

①先期沉降，盾构尚未到达该点时的变位，表现为地表下沉。对于砂质土，其可能是由于地下水下降引起的，对于极软黏性土，则沉降可能是由于开挖面过量取土引起的。

②开挖面前方地基变位盾构机前方刀盘即将到达之前发生的变位，表现为地表隆起或下沉。其主要是由于盾构机对开挖面土层施加的支护压力过大或过小，致使开挖面失去平衡状态，从而发生地基变位。

③盾构机通过时低级表面产生变形，一般从盾构开挖面到达该地表点的正下方开始，直至盾尾即将脱离该点为止的发生的地基变位，地表表现为隆起或沉降。产生这部分地基变位的原因，主要是盾壳对土体的摩擦力，破坏了土体的结构强度，另外超挖及盾构姿态的非水平向也加剧了地基变位。

④盾构机尾部脱离时变位，指盾尾空隙形成至注浆结束为止的那段时间内的下沉或隆起。管片从盾尾脱离之前，盾壳对土体有一约束力，方向指向土体，一旦盾尾脱

离，盾构机壳土体之间产生空隙，如果在盾构脱离后未能及时注浆或填充率不足，则空洞断面就会向内缩小，引起应力释放力，产生地表沉降，相反，如果注浆压力过大，则会导致地表隆起。

⑤后期沉降，指从注浆结束开始，直到下沉停止的那部分下沉，引起这部分沉降的原因，主要是固结变形与蠕变变形，在软黏土地基表现尤为明显。

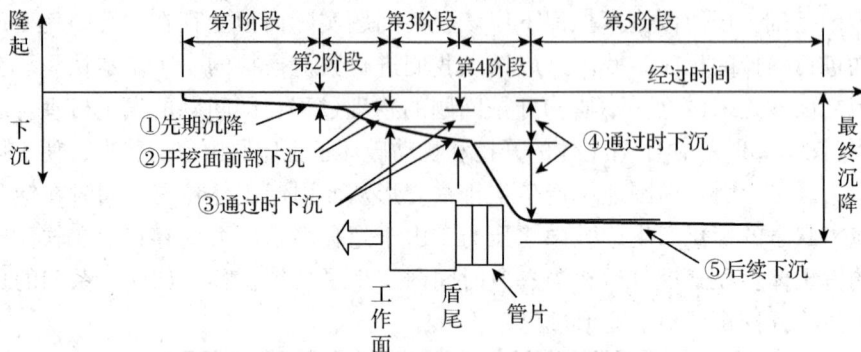

图 15-40　盾构通过黏土过程变形过程

15.7.3　FLAC³ᴰ模拟隧道开挖中若干问题的解决

本章中土体的本构模型采用修正剑桥模型，考虑流固耦合作用，同时使用 shell 结构单元来模拟盾构隧道中的初衬。在开始计算前，本节将对计算中的若干问题进行阐述。

15.7.3.1　采用修正剑桥模型模拟软黏土地层应力应变特性

英国学者 Rosco 等 1969 年提出了应用于正常固结黏土或弱超固结黏土的修正剑桥模型。它实际上是一个能够反映土体应力—应变性能的弹塑性本构模型，它能够反映土体的弹性非线性、硬化/软化以及屈服特性等土体特有性质，比较适合用于描述含水率较高的软弱黏土。

具体修正剑桥模型的理论可以参考相关工具书，这里不再展开。这里仅就 FLAC³ᴰ中采用修正剑桥模型的参数选取、具体程序模拟展开讨论。

由于修正剑桥模型的参数需要在原有室内实验参数的基础上进行一定的二次推导转化，且现有国内相关文献报道的相关的参数转化均比较粗略，这里结合 FLAC³ᴰ有限差分程序应用修正模型中的参数进行的阐述。FLAC³ᴰ中针对修正剑桥模型需要输入的参数主要有 M、λ_κ、υ_λ、P_1、P_{c0} 五个参数，具体转换如下：

(1) 摩擦常量 M

可以根据下式确定，式中 ϕ' 为有效内摩擦角。

$$M = \frac{6\sin\phi'}{3 - \sin\phi'} \tag{15-4}$$

正常固结曲线及等压膨胀曲线（λ, κ）：

$$\lambda = C_C/\ln(10) = C_C/2.3 = 3 \tag{15-5}$$

$$\kappa \approx C_S/\ln(10) \tag{15-6}$$

C_C、C_S 可由正常固结线和等压膨胀线（$e \sim \lg p$ 曲线）得到如图 15-41 所示，这里实际选取 κ 时通常可在 $\left(\dfrac{1}{5} \sim \dfrac{1}{3}\right)\lambda$ 范围内选取。

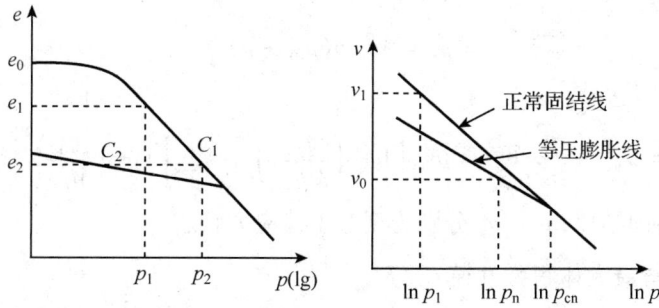

图 15-41　正常固结线与等压膨胀线的两种表达

（2）正常固结曲线位置[$e \sim \lg p$ 曲线，（ ν_λ,p_1 ）]

确定土体的正常固结曲线（曲线）（ $\nu \sim \ln p$ 曲线）位置是一个相对较复杂的过程，牵涉到一些公式的推导，这里着重阐述一下。要确定正常固结曲线必须确定正常固结线上的初始计算点（ ν_λ,p_1 ），在土体破坏状态线（Critical State Line）（图 15-42）上，有如下关系式：

$$q = Mp' \tag{15-7}$$
$$V = \Gamma - \lambda\ln(p') \tag{15-8}$$

在土体不排水强度有如下式关系（Britto）：

$$c_u = \frac{Mp_1}{2}\exp\left(\frac{\Gamma - \nu_{cr}}{\lambda}\right) \tag{15-9}$$

由在稳定状态面（Stable State Boundary Surface）有：

$$\Gamma = \nu_\lambda - (\lambda - \kappa)\ln(2) \tag{15-10}$$

联立式（15-7）到式（15-10）可得到土体初始正常等压固结曲线的参数 p_1、ν_λ。这里 p_1 可取 1。

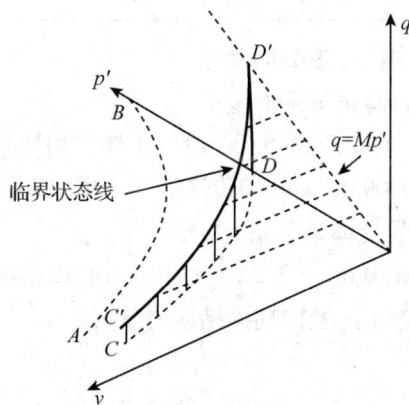

图 15-42　在（ p' , ν , q ）空间中的临界状态线

（3）前期固结应力 p_{c0}

设土体历史上受到过的最大应力为 p_{max}、q_{max}

对于屈服方程：

$$q^2 = M^2[p(p_{c0} - p)] \tag{15-11}$$

前期固结应力 p_{c0} 有：

$$p_{c0} = p_{max} + \frac{q^2_{max}}{M^2 p_{max}} = p_{max}\left[1 + \left(\frac{q_{max}}{Mp_{max}}\right)^2\right] = p_0\left[1 + \left(\frac{q_0}{Mp_0}\right)^2\right]OCR \tag{15-12}$$

式中，OCR 为超固结比；p_0、q_0 分别为现有土体应力状态。

（4）切模量与最大体积弹性模 G、K_{max}

修正剑桥模型中定义土体单元的实际计算时的体积模量与平均有效应力、孔隙比容相关，式(15-13)在计算过程中随着土体的应力应变状态而自动改变。

$$K = \frac{vp}{\kappa} \tag{15-13}$$

这里需要设置剪切模量和最大体积模量以保持系统的稳定，剪切模量 G 可根据实际室内试验测得值确定，而最大体积模量 K_{max} 则应根据土体的实际应力状态合理选取，如果选取过大，则系统计算中有可能会出现收敛速度慢等情况。计算中采用的土体物理力学性质参数和修正剑桥模型参数分别见表 15-4 和表 15-5 所列。

表 15-4　选用土体物理力学性质

内摩角	孔隙比	孔隙率	侧向土压力系数 K_0	渗透系数（cm/s）	干密度（kg/m³）
19	1.13	0.53	0.674	2.66E-0.7	1.269

表 15-5　修正剑桥模型系数

内摩擦常数 M	正常固结曲线 λ	回弹曲线 κ	超固结比 OCR	基准应力 p_1（Pa）	基准比容 v_λ
0.73	0.09377	0.02344	1.2	1	3.27

下面给出了在 FLAC^{3D} 中设置参数的命令：

Model cam-clay　　　开启修正剑桥模型；

prop shear 150000 bulk_bound 20e6　　设置土体剪切模量及最大体积模量；

Prop mm 0.73 lambda 0.0938 kappa 0.0234　　定义修正剑桥模型参数（本例所采用的参数值均取自表 15-5 所列土体参数）；

Prop mpc 0.395e 6 mpl 1.0 mv_i 3.32　　定义 fish 以根据土体初始应力状态设置修正模型所需要的平均有效应力 p_0 及前期固结应力 p_{c0}；

Def camclay_ini_p

Pnt = zone_head

Loop while pnt #null

OCR = 1.2　　超固结比；

s1 = −z_sxx(pnt)　　单元 x 向应力分量；

s2 = − z_ syy(pnt)　　单元 y 向应力分量；

s3 = − z_ szz(pnt)　　单元 z 向应力分量；

P0 = (s1 + s2 + s3)/3. 0 − z_ pp(pnt)　　平均有效应力 p；

Z_ prop(pnt,′cam_ cp′) = p0

q0 = sqrt(((s1 − s2) ∗ (s1 − s2) + (s2 − s3) ∗ (s2 − s3) + (s3 − s1) ∗ (s3 − s1) ∗ 0. 5　　偏应力 q = (s3 − s1) ∗ 0. 5

temp1 = q0/(z_ prop(pnt,′mm′) ∗ p0)　　$temp1 = \dfrac{q_0}{MP_0}$

Pc = p0 ∗ (1. 0 + temp1 ∗ temp1) ∗ OCR　　前期固结应力 p_c 参考式；

Z_ prop(pnt,′mpc′) = pc

Pnt = z_ next(pnt)

Endloop

end

Camclay_ ini_ p

注意：这里所选取的地层参数原型均取自典型上海软黏土

15. 7. 3. 2　流固耦合模拟隧道开挖地层变形时效性

在介绍流固耦合固结理论之前，首先来认识一下什么是排水/不排水分析。排水/不排水分析是分析渗透速度(Seepage Speed) 和加载速度(Loading Speed) 对地层的影响。诸如黏土这种透水性差的地基在饱和状态下受荷时，地层中的水不能及时地排出去，将和土骨架(Soil Skeleton) 一同受力。与土壤相比，水的体积模量(Bulk Modulus) 较大时，水将承受大部分的荷载，这种状态的分析称为不排水分析。

相反，像砂土地层那样透水性较好的地基，不管加载速度有多快，荷载大部分由土壤骨架承担，这种状态的分析通常被称为排水条件分析或排水分析。

黏土地层的固结分析是与排水/不排水分析密切相关的分析功能。固结分析与非排水相同是分析水在荷载作用下产生的超孔隙水压力随时间变化的过程。这种固结现象实际上就是没有及时排除的承受荷载的水随着时间的推移会逐渐通过边界流出，超孔隙水压力也会随着时间逐渐减小，土壤骨架随之产生变形，土壤骨架上的有效应力也随之发生改变。

FLAC^{3D} 可以模拟流体在类似土等多孔介质中的流动。这种流体的模拟可以是独立于一般力学计算而独自循环迭代计算，也可以与力学计算耦合计算以实现流体—固体相互影响的效应。流体—固体相互影响(Fluid/Solid Interaction) 的一种现象就是我们所常称之为的固结效应，即孔隙水压在土体里的缓慢消散引起了土体进一步变形。这种固结效应通常会涉及两种力学上的影响，一种是孔压的变化引起土体有效应力的改变（这种改变会影响土体的力学性能，比如有效应力的降低可能引起塑性屈服）；另一种是这种孔压变化以及由其引起的孔隙水流通可能引发土体体积的改变。FLAC^{3D} 为我们提供了一个良好的分析模拟平台，其基本实现了基于数值方法采用流固耦合分析固结现象的设想。

采用流固耦合分析中，所必须要谨记的一点是：每当系统的应力边界或位移边结发生变化时，均需关闭流体场，单独计算力学场使系统达到平衡，然后考虑流固耦合计算或单渗流场计算。

本例中隧道开挖过程的程序实现如图 15-43 所示。首先去除需开挖管片环的地层单元，同时添加管片单元模拟该环管片的支护，在开挖面上施加支护应力，关闭 FLAC^{3D} 中的流体渗流分析部分，计算模型在单力学场中的土体不排水变形量，迭代计算使模型在不排水状态下达到平衡，然后开启流体渗流场，使用流固耦合计算土体在该环开挖时间内的排水变形量（固结变形量），耦合计算该时步完成后，进入下一环开挖过程计算，如此往复循环，直至隧道完成。

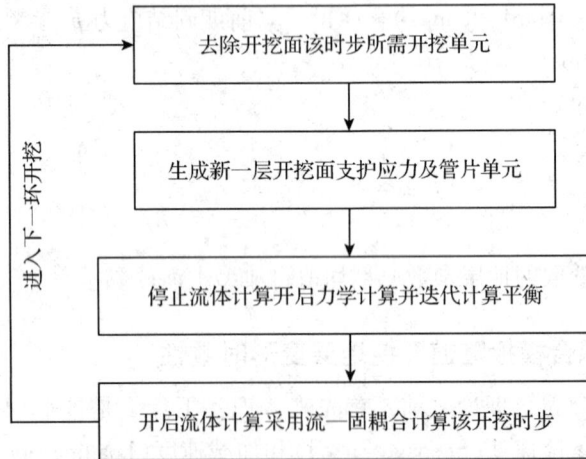

图 15-43 FLAC^{3D} 程序处理盾构开挖循环流程

15.7.3.3 壳单元模拟隧道衬砌支护

在 FLAC^{3D} 中提供了 shell、liner 等隧道管片结构单元可供模拟隧道管片。Shell 单元可直接黏附在地层单元上，liner 单元则可提供管片与地层的接触面，通过设置接触面参数以实现地层与隧道共同作用现象的模拟。

考虑分析的重点，本例分析（图 15-44）中采用 shell 单元模拟隧道管片，未采用 liner 单元的接触面形式，如采用 liner 单元形式则可在下列程序后加入接触面；命令，将 sel shell 改为 sel liner 即可，读者如有兴趣可自行调试。实际程序处理如下所示。

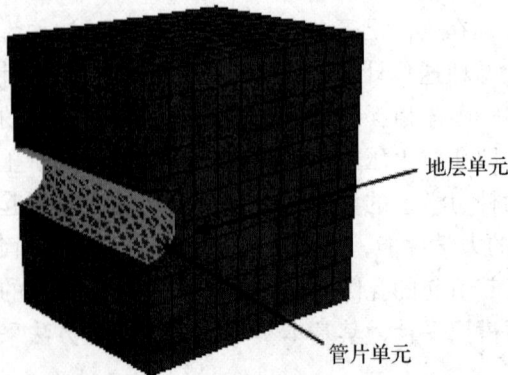

图 15-44 管片单元在 FLAC^{3D} 中的添加

```
sel shell id =1 range cyl endl 0 a1 0 end2 0 a2 0 rad 3.0 group&tunnelnot；
```
施加管片单元

```
sel node local xdir 1 0 0ydir 0 -1 0     range x -0.1 0.1；壳单元节点号的排列
sel node fix lsys              range x -0.1 0.1
sel node fix x yr zr           range x -0.1 0.1
sel node local xdir 0 0 -1 ydir 0 -1 0  range y -0.1 0.1
sel node fix lsys              range y -0.1 0.1
sel node fix y xr zr           range y -0.1 0.1
sel shell id =1 prop iso =      thick =0.35 density 2450；设定管片
(3.45e10, 0.3)                  宽度、密度、弹性模量等结构
sel shell apply press -160e3     range cid n1 n2；在管片底面施加施
                                工载荷
```

15.7.4 计算文件

具体建模及计算命令如下所述，在实际运用该例进行计算处理时，要注意对关心问题进行关键点的各方面监测，这里程序省去监测点的布置。

```
new
Config fiuid          ；设置流体场
; = = = = = = = = = = = = = = = = = = = = = =
; 划分模型单元网格
gen zone radcyl p0 0 0 0 p1 5 0 0 p2 0 20 0 p3 0 0 5 &   ；作为算例，这里模型设置大
小
    dim 3 3 3 3 size 2 10 4 2   ratio 1.0 1.0 1.0 1.2 fill & 单元剖分等将模型加大或细
化剖分
    group tunnel
    gen zone brick p0 0 0 5 p1 5 0 5 p2 0 20 5 p3 0 0 15 & ratio 1.0 1.0 1, 0    size
2 10 4
    gen zone brick p0 5 0 0 p1 25 0 0 p2 5 20 0 p3 5 0 15 & Ratio 1.0 1.0 1.0   size
8 10 6
    Group soil range group tunnel not
    Gen  zone  refiect  normal  0 0 -1
; = = = = = = = = = = = = = = = = = = = = = =
; 设置显示位移云图
Plot create displ
Plot set back white
Plot set rot 0 0 40
Pot set mag 1
Plot add axes red
Plot add contour disp out on
```

```
Plot show
; = = = = = = = = = = = = = = = = = = = = = = = = = = = =
; 加位移边界条件
Fix     x          range x       -0.1            0.1
Fix     x          range x       24.9    25.1
Fix     y          range y  -0.1       0.1
Fix     y          range y  19.9          20.1
Fix     z          range z       -14.9          -15.1
; = = = = = = = = = = = = = = = = = = = = = = = = = = = =
; 设置 cam_clay 模型参数
Model cam-clay
Prop shear 150000 bulk_bound 20e6
Prop mm 0.73 lambda 0.0938 kappa 0.0234    ; 干密度 1.27g/cm³
Prop mpc 0.395e6 mp1 1.0mv_13.32
Ini dens 1270
; = = = = = = = = = = = = = = = = = = = = = = = = = = = = = =
; 设置流体特征参数
Model fl_iso          ; 设置等向流体
Prop perm 2.66e-13    ; 设置渗透系数
Ini fdens 1000        ; 流体密度
Ini fmod 2e9          ; 流体模量
Ini sat 1.0           ; 饱和度
Set grav 0, 0, -10
; = = = = = = = = = = = = = = = = = = = = = = = = = = = = = =
; 初始地应力及孔压设置
Ini szz -190500 grad 0 0 1.27e4;       孔压的设置需根据地层特性(孔隙率 n)设置
Ini szz add -0.795e5 grad 0 0 0.53e4
Ini sxx -128509.5  grad 0 0 0.57e4
Ini sxx add -0.795e5 grad 0 0 0.53e4; 有效水平土压力应严格按照侧向土压力系数
Ini sxx add -0.795e5 grad 0 0 0.53e4; (下式所示)与竖向有效应力乘积设置
Ini syy -128509.5grad 0 0 0.57e4       K₀ =1-sinφ'
Ini syy add -0.795e5 grad 0 0 0.53e4
Ini pp 1.5e5       grad 0, 0, -10000
Fix pp 0 rang z 14.9 15.1;             静水位孔压设置
; = = = = = = = = = = = = = = = = = = = = = = = = = = = = =
; 设置修正剑桥模型参数
def camclay_ini_p
  Pnt = zone_head
  Loop while pnt #null
```

```
    OCR =1. 2              ; 必须保证平均有效应力为正，即土体单元为受压状态
    S1 = - z_sxx(pnt)
    S2 = - z_syy(pnt)
    S3 = - z_szz(pnt)                  ; 平均有效应力
```

$$P0 = (s1 = s2 = s3)/3.0 - z\_pp(pnt) \qquad p_0 = \frac{\sigma_1 + \sigma_2 + \sigma_3}{3} - u_0$$

```
    Z_prop(pnt,'cam_cp') =p0
Qo =sqrt(((s1 - s2)* (s1 - s2) + (s2 - s3)* (s2 - s3) + (s3 - s1)* (s3 - s1))*
0.5)  ; 偏应力
```

$$Temp1 = q0/(z\_prop(pnt,'mm')* p0) \qquad q_0 = \frac{1}{2}\sqrt{\left[(\sigma_1 - \sigma_2)^2 + (\sigma_1 - \sigma_3)^2 + (\sigma_2 - \sigma_3)^2\right]}$$

```
    Pc =p0* (1.0 +temp1* temp1)* OCR
    Z_prop(pnt,'mpc') =pc
    Pnt = z_next(pnt)
      Endloop
    End
    Camclay_ini_p
    ; = = = = = = = = = = = = = = = = = = = = = = = = = = = = = = = =
    ; 迭代初始平衡
    Set fl off mech on
    Solve                        ; 位移归零
    ini xdis =0 ydis =0 zdis =0
    Ini xdis =0 ydis =0 zdis =0
    Sav initial_equivalence. sav      ; 记录流体时间
    Hish fltime
    ; = = = = = = = = = = = = = = = = = = = = = = = = = = = = = = = =
    ; 定义开挖面支护压力参数
    Def    sup_stress
```

```
    Lumda =0. 9                    ; 支护压力比 λ = σs/σ0
```

```
    O_press = - 208009. 55          ; 地层应力
    O_grad =1. 39e4                ; 地层应力梯度
    S_grad =o_press* lumda          ; 设定开挖面梯形支护压力
    S_grad =o_grad* lumda
    End
    Sup_stress
    ; = = = = = = = = = = = = = = = = = = = = = = = = = = = = = = = =
    ; 设置第一环开挖参数
    Def  excate_step1        ; 参数化的编排有利于避免输入错误且容易变更
```

```
N = 1
A1 = 2 * n - 2              ; A1—该开挖环隧道轴线方向启始点距离
A2 = 2 * n                  ; A2—该开挖环隧道轴线方向终止点距离
B1 = 2 * n - 0.01
B2 = 2 * n + 0.01
N1 = 16 * n - 1            ; N1、N2—施加施工荷载的管片单元号
N2 = 16 * n
T = 4 * 3600 * n           ; T—该开挖时步开挖过后所需时间(需将前面的 End
    开挖环的时间累加)
Excate_step1
; = = = = = = = = = = = = = = = = = = = = = = = = = = = = = = = = =
; 开挖第一环地层单元并设置管片支护
Model null range cy1 end1 0 a1 0 end2 0 a2 0 rad 3.0
    ; 添加管片支护
Sel shell id = 1 range cy1 end1 0 a1 0 end2 0 a2 0 rad 3.0 group tunnel not
Sel node local xdir 1 0 0 ydir 1 0 0 ydir 0 -1 0   range x -0.1 0.1
Sel node fix lsys                                  rangex -0.1 0.1
Sel node fix x yr zr                               range x -0.1 0.1
Sel node local xdir 0 0 -1 ydir 0 -1 0            range y -0.1 0.1
Sel node fix lsys                                  rangey -0.1 0.1
Sel node fix y xr zr                               range y -0.1 0.1
Sel shell id = 1 prop iso = (3.45e10, 0.3) thick = 0.35 & Density = 2450
Sel shell apply press -160e3 range cid n1 n2
; = = = = = = = = = = = = = = = = = = = = = = = = = = = = = = = = =
; 开挖面施加支护压力
Apply nstress s_press grad 0 0 s_grad range cy1 end 1 0 & B1 0 end2 0 b2 0
rad 3.0
; = = = = = = = = = = = = = = = = = = = = = = = = = = = = = = = = =
; 关闭流体场,计算不排水平衡
Set fl off
Solve
; 开启流体场,耦合计算该开挖环时段地层的排水固结
Set fl on
Solve age t
; = = = = = = = = = = = = = = = = = = = = = = = = = = = = = = = = =
; 开挖第二环
Def excate_step2
n = 2
A1 = 2 * a1 - 2
```

```
A2 =2* n
B1 =2* n -0. 01
B2 =2* n -0. 01
N1 =16* n -1
N2 =16* n
T =4* 3600* n
End
Excate_step2
Model null range cy1 end1 0 a1 0 end2 0 a2 0 rad 3. 0
```

; 添加管片支护

```
Sel shell id =1 range cy1 end1 0 a1 0 end2 0 a2 0 rad 3. 0 group tunnel not
Sel node local xdir 1 0 0 ydir 0 -1 0          range x -0. 1 0. 1
Sel node fix lsys                              range x -0. 1 0. 1
Sel node fix x yr zr                           range x -0, 1 0. 1
Sel node local xdir 0 0 -1 ydir 0 -1 0         range y -0. 1 0. 1
Sel node fix lsys                              range y -0. 1 0. 1
Sel node fix y xr zr                           range y -0. 1 0. 1
Sel shell id =1 prop iso = (3. 45e10, 0. 3) thick =0. 35& Density =2450
Sel shell apply press -160e3 range cid n1 n2
Sel shell apply press -160e3 range cid n1 n2
Apply nstress s_press grad 0 0 s_grad range cy1 end 1 0 & B 0 end2 0 b2 0 rad
3. 0
Set fl off
Solve
set fi on
solve age t
```

; =

; 为节约篇幅这里省略中间各环的开挖步骤

; =

; 开挖第十环

```
Def excate_step 10
N =10
A1 =2* n -2
A2 =2* n
B1 =2* n -0. 01
B2 =2* n +0. 01
N1 =16* n -1
N2 =16* n
T =4* 3600* n
```

```
End
Excate_step 10
Model null range cy1 end1 0 a1 0 end2 0 a2 0 rad 3.0
Sel shell id =1 range cy1 end1 0 a1 0 end2 0 a2 0 rad 3.0 group tunnel not
Sel node local xdir 1 0 0 ydir 0 -1 0          range x -0.1 0.1
Sel node fix lsys                              range x -0.1 0.1
Sel node fix x yr zr                           range x -0.1 0.1
Sel node local xdir 0 0 -1 ydir 0 -1 0         range y -0.1 0.1
Sel node fix lsys                              range y -0.1 0.1
Sel node fix y xr zr                           range y -0.1 0.1
Sel shell id =1 prop iso = (3.45e10, 0.3) thick =0.35 & Density 2450
Sel shell apply press -160e3 range cid n1 n2
Apply nsterss s_press grad 0 0 s_grad range cy1 end 1 0 & B1 0 end2 0 2 0 rad
3.0
Set fl off
Solve
Set fl on
Solve age t
```

15.7.5 计算结果分析

模型网格划分如图 15-45 所示, 本模型出于计算时间考虑, 模型边界选取相对较小, 读者可根据各自分析需要, 将模型尺寸适当加大。

如图 15-46 所示, 为开挖至第五环时地层变形云图及位移矢量图, 可以发现在算例中设置开挖面支护压力小于地层原始静止土压力时, 地层会发生明显的向隧道内部的位移, 可以发现开挖面土体最大位移量为 9.929cm。

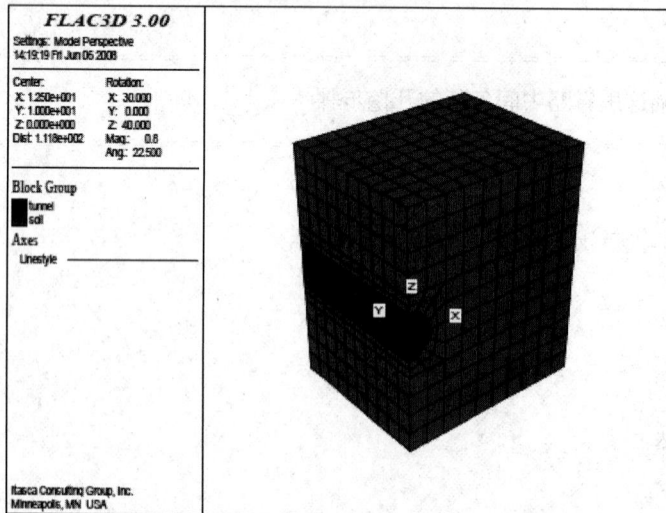

图 15-45 模型网格划分

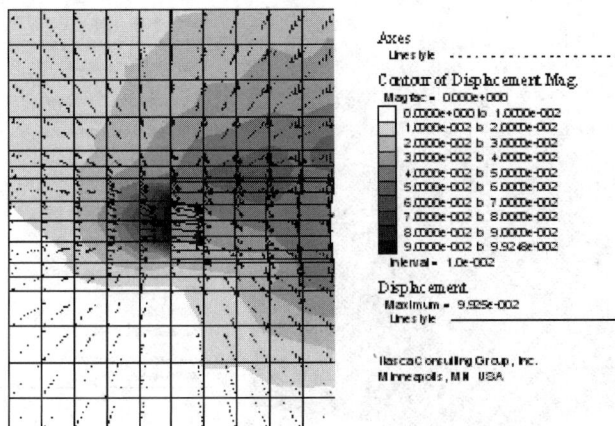

图 15-46　开挖至第五环时地层变形云图及位移矢量分布图

图 15-47 所示，为开挖至第五环时地层中孔压云图及孔隙水渗流矢量图，可以发现，由于开挖面附近土体的膨胀，引起开挖面附近形成负的超孔隙水压力，从而孔隙水由上部向下部开挖面附近流动。

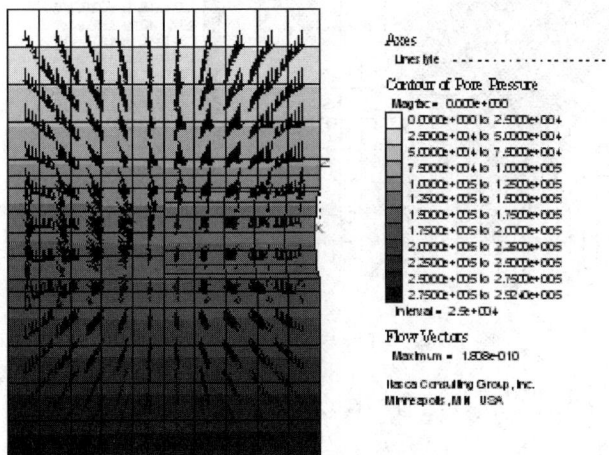

图 15-47　开挖至第五环时地层孔压云图及孔隙水渗流矢量分布图

开挖完成时地层孔压云图及渗流矢量分布如图 15-48 所示，可以看到，由于扰动引起的地层中的孔隙水压力与原始地层静水位状态下孔压分布明显不同（也即产生了所谓的超静孔隙水压力），超孔压的产生进一步引起了孔隙水在地层内部的渗透流动，由图中流体矢量可发现孔隙水在开挖完成后仍持续发生向隧道方向渗透，这种渗透将持续相当一段时间。

开挖完成时地层的沉降云图如图 15-49 所示，可以发现地层的变形在距离隧道较近的区域沉降较大，而随着离开隧道的距离的加大沉降也逐渐缩小。如果将地表横向布置沉降观测点将很容易描绘出地表沉降槽曲线，感兴趣的读者可以尝试着描绘。

计算中对横断面中的 B 点的孔压进行了监测，孔压随开挖过程的变化曲线如图 15-50所示。从图中可以看出，孔压随着时间/开挖过程经历了先降低再回升的过程，在开挖面接近 B 点时，B 点孔压降低至最低，而随着开挖的进行及时间的推移，B 点

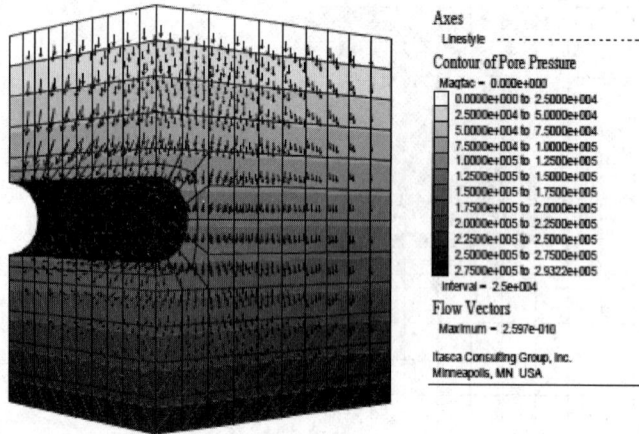

图 15-48   开挖完成时地层孔压云图及孔隙水渗流矢量分布图

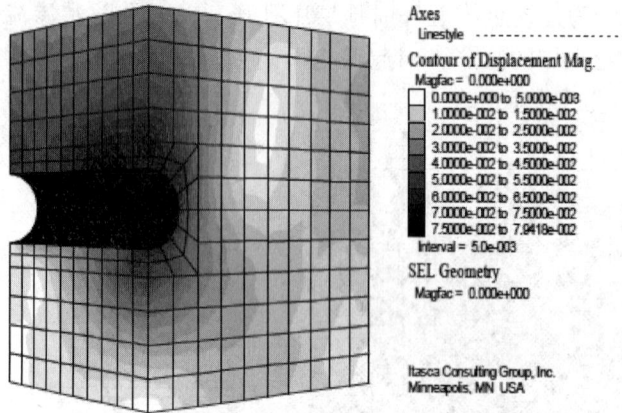

图 15-49   开挖完成时地层变形云图

孔压逐渐回升。这也说明了在开挖面越接近的地方对地层的扰动越大。

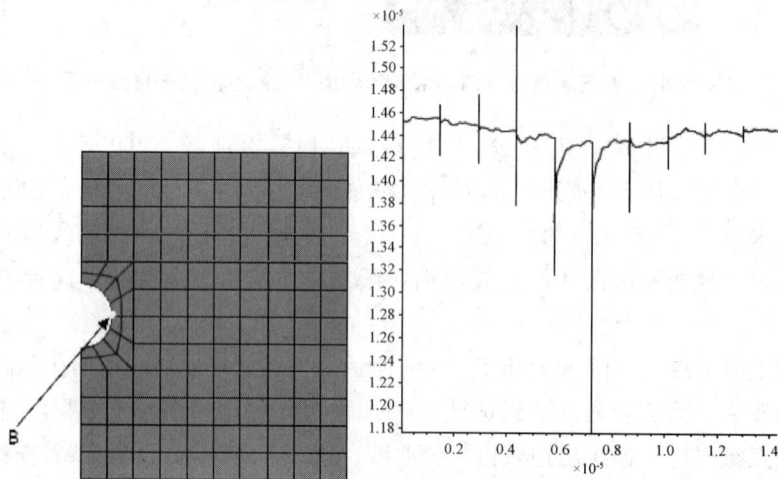

图 15-50   在 $y = 10\text{m}$ 处横断面 B 点孔压随时间/开挖过程变化曲线

小　结

　　本章主要介绍 FLAC 有限差分元软件及其具体工程应用的相关内容，从问题的建模分析流程，单元类型及网格划分技术，到计算的边界初始条件，计算工况的设定，并结合与具体采用实例形式的对比，包括通过介绍 FLAC 在分析盾构隧道开挖对周边环境影响的模拟，展示其在土木工程中的广泛应用。

思考题

1. FLAC 具有哪几种网格划分技术？
2. FLAC 有哪几种常用单元，各有什么特点？
3. FLAC 有哪几种分析模块？
4. FLAC 分析的流程是怎么样的？

推荐阅读书目

1. FLAC \ FLAC3D 基础与工程实例 . 2 版 . 陈育民，徐鼎平 . 中国水利水电出版社，2013.

2. FLAC 原理、实例与应用指南 . 刘波，(美)韩彦辉 . 人民交通出版社，2005.

3. FLAC 3D 数值模拟方法及工程应用：深入剖析 FLAC3D 5.0. 王涛 . 中国建筑工业出版社，2015.

第 3 篇参考文献

曹国金，姜弘道．无单元法研究和应用现状及动态[J]．力学进展，2002，32(4)：526 – 534.

陈育民，徐鼎平．FLAC/FLAC³ᴰ基础与工程实例[M]．北京：中国水利水电出版社，2008.

程玉民，陈美娟．弹性力学一种边界无单元法[J]．力学学报，2003，35(2)：181 – 186.

韩西，钟厉，李博．有限元分析在结构分析与计算机仿真中的应用[J]．重庆交通学院学报，2001，20(supp)：124 – 126.

江见鲸，何放龙，等．有限元法及其应用[M]．北京：机械工业出版社，2006.

赖永标，胡仁喜，黄书珍．ANSYS11.0 土木工程有限元典型范例[M]．北京：电子工业出版社，2007.

赖永标，胡仁喜，黄书珍．ANSYS11.0 土木工程有限元典型范例[M]．北京：电子工业出版社，2007.

李伯虎，柴旭东，朱文海，等．现代建模与仿真技术发展中的几个焦点[J]．系统仿真学报，2004，16(9)：1871 – 1878.

李树忱，程玉民．基于单位分解法的无网格数值流形方法[J]．力学学报，2004，36(4)：496 – 500.

梁国平，何江衡．广义有限元方法[J]．力学进展，1995，25(4)：562 – 565.

梁力，李明．土木工程数值计算方法与仿真技术[M]．沈阳：东北大学出版社，2008.

廖公云，黄晓明．ABAQUS 有限元软件在道路工程中的应用[M]．南京：东南大学出版社 2008.

廖红建，王铁行，谢永利．岩土工程数值分析[M]．北京：机械工业出版社，2009.

刘波，韩彦辉(美国)．FLAC 原理，实例与应用指南[M]．北京：人民交通出版社，2005.

刘晶波，杜修力．结构动力学[M]．北京：机械工业出版社，2005.

吕召会．有限元法在工程设计中的应用[J]．电子机械工程，2005，21(4)：59 – 60.

栾茂田，田荣，杨庆．广义节点有限元法[J]．计算力学学报，2000，17(2)：192 – 200.

彭自强，李小凯，葛修润．广义有限元法对动态裂纹扩展的数值模拟[J]．岩石力学与工程学报，2004，23(18)：3132-3137.

钱家欢，殷宗泽．土工数值分析[M]．北京：中国铁道出版社，1991.

石根华．岩体稳定分析的赤平投影方法[J]．中国科学，1977，(3)：269 – 271.

石根华．数值流形方法与非连续变形分析[M]．北京：清华大学出版社，1997.

石亦平，周玉蓉．ABAQUS 有限元分析实例详解[M]．北京：机械工业出版社，2006.

王金昌，陈页开．ABAQUS 在土木工程中的应用[M]．杭州：浙江大学出版社，2006.

王轲，张芳，陈国平，等．基于有限元的结构动力学响应映射技术研究[J]．振动与冲击，2010，29(11)：35-38.

王勖成，邵敏．有限单元法基本原理和数值方法[M]．北京：清华大学出版社，1999.

王勖成，邵敏．有限单元法基本原理和数值方法[M]．北京：清华大学出版社，1999.

王芝银，李云鹏．数值流形方法及其研究进展[J]．力学进展，2003，33(2)：261 – 266.

杨平，卢延浩．土力学[M]．北京：机械工业出版社，2005.

于亚婷，杜平安，王振伟．有限元法的应用现状研究[J]．机械设计，2005，22(3)：6 – 9.

曾攀．有限元分析基本教程[M]．北京：清华大学出版社，2008.

张洪才．ANSYS 14.0 理论解析与工程应用实例[M]．北京：机械工业出版社，2013.

张洪伟，高相胜，张庆余．ANSYS 非线性有限元分析方法及范例应用[M]．北京：中国水利水电出版社，2013.

张奇华，邬爱清，石根华．关键块体理论在百色水利枢纽地下厂房岩体稳定性分析中的应用

［J］．岩石力学与工程学报，2004，23（15）：2609 - 2614.

张铜生，张富德．简明有限元法及其应用［M］．北京：地震出版社，1990.

张秀辉，等．ANSYS 14.0 有限元分析从入门到精通［M］．北京：机械工业出版社，2013.

张永刚．有限元法发展及其应用［J］．科技情报开发与经济，2007，17（11）：178 - 179.

赵少飞，栾茂田，吕爱钟．土工极限平衡问题的非线性有限元数值分析［J］．岩土力学，2004，25（supp2）：121 - 125.

郑颖人，赵尚毅，等．有限元极限分析法发展及其在岩土工程中的应用［J］．中国工程科学，2006，8（12）：39 - 61.

郑颖人，赵尚毅．有限元强度折减法在土坡与岩坡中的应用［J］．岩石力学与工程学报，2004，23（19）：3381-3388.

周小平，周瑞忠．无单元法研究现状及展望［J］．工程力学，2005，22（1）：12 - 20.

庄茁，张帆等．ABAQUS 非线性有限元分析与实例［M］．北京：科学出版社，2005.

（美）F. 施依德，数值分析［M］．罗亮生，包雪松，王国英，译．北京：科学出版社，2002.